Stoffe – Teilchen – Reaktionen

Basiswissen Chemie für Chemieberufe

von

Michael Wächter

Verlag Handwerk und Technik · Hamburg

ISBN 3.582.0**1235**.2

Verlag Handwerk und Technik G.m.b.H.,
Lademannbogen 135, 22339 Hamburg;
Postfach 63 05 00, 22331 Hamburg – 2000
Computersatz: comSet Helmut Ploß, 21031 Hamburg
Druck: Druckerei zu Altenburg GmbH, 04600 Altenburg/Thüringen

Vorwort

Das vorliegende Lehrbuch wurde für die berufliche Ausbildung in chemisch-technischen Berufen für alle Ausbildungsjahre konzipiert. Abgestimmt auf die Lehrpläne/Richtlinien der meisten Bundesländer, führt es in die für den Chemielaboranten und andere Berufe des Berufsfeldes Physik, Chemie und Biologie wichtigen Teilgebiete der Chemie ein.

Die Kapitel 1 und 2 vermitteln das für den nachfolgenden Lehrstoff notwendige Basiswissen. Die Erarbeitung der weiteren Teilbereiche der Chemie kann in beliebiger Reihenfolge oder parallel erfolgen. Sie werden hier unter den Oberbegriffen analytische Chemie (Kapitel 3) sowie anorganische Chemie (Kapitel 4) und organische Chemie und Technologie (Kapitel 5) präsentiert.

Jedes Kapitel verknüpft die zu vermittelnden Inhalte mit Aspekten zu deren geschichtlicher Entwicklung und Bedeutung. Die inhaltliche Bandbreite, von der Theorie über die Labortechnik bis hin zur Industrieproduktion ist immer auch mit ökonomischen und ökologischen Fragestellungen verknüpft. Das Zusammenspiel der Chemie mit ihren Nachbardisziplinen Physik, Chemietechnik, Ökologie und Biologie wird vielfach erläutert.

Neben dem Lehrbuchtext mit Grafiken, Fotos und Tabellen, befinden sich jeweils in der rechten Spalte auch zum Text gehörende Übungsaufgaben und Laborversuche.

Auf extra hervorgehobenen Sonderseiten werden besonders aktuelle Themen für den Leser gut überschaubar, illustriert und kompakt behandelt.

Fast jedes Teilkapitel endet mit einer Zusammenfassung wichtiger Ergebnisse des Lernprozesses und zusätzlichen Üb(erleg)ungsaufgaben zur Anwendung und Vertiefung des Erlernten.

Der Anhang dieses Buches enthält u. a. Verweise auf die gemäß Gefahrstoffverordnung zu beachtenden Risikohinweise und Sicherheitsratschläge einen außerordentlich umfangreichen Tabellenteil sowie ein Schlagwortverzeichnis, sodass dieses Werk im Theorie- und Laborunterricht auch als Nachschlagewerk eingesetzt werden kann.

Der Verfasser

Inhaltverzeichnis

Sonderseiten

1 Einführung in die Chemie

1.1 Die Chemie als messende Naturwissenschaft

1.1.1 Naturwissenschaftliche Arbeitsmethoden

Seitdem es Menschen gibt, denken sie über Gott und die Welt nach. Aus ihren Beobachtungen und Modellen wuchsen **Lehrsysteme** heran. Sie versuchten, den Kosmos, die Schöpfung bzw. das Universum zu verstehen und zu erklären.

Durch die Aufklärung in Gang gesetzt, erfolgte dann langsam ein Übergang: vom spekulativen Probieren auf der Basis des magischen Weltbildes des Mittelalters hin zum rationalen Denken der Neuzeit. Die kritische Vernunft der Forscher verließ sich nunmehr nur noch auf „rationale" Annahmen – auf **Hypothesen** also, die sich nun in wiederhol- und nachprüfbaren Erfahrungen und Versuchen (**„Experimente"**, unter definierten Bedingungen) als vernünftig erwiesen hatten.

Das stets nachprüfbare Experiment allein wurde zum Prüfstein für die Richtigkeit einer Hypothese. Dieses wurde erst dann als **Beweis** für das zuvor vermutete Naturgesetz anerkannt – oder eben als deren Widerlegung (Negation). Behauptete ein Forscher nun, die Erde kreise um die Sonne oder es gebe „Atome" (Abb. 1.1.1-2), so war er den physikalischen Beweis für seine zunächst eher philosophische Hypothese schuldig. Es genügte z. B. nicht mehr, sich in Anerkennung der „Mutter der Wissenschaften" (der Theologie) auf Lehrautoritäten wie die Bibel, Aristoteles oder adelige und fromme Augenzeugen angeblicher, gottgewirkter Wunder zu berufen. Nun galt es, selbst den Nachweis der Richtigkeit einer (Hypo-)These anzutreten, im überprüfbaren Experiment, mit bestimmten Versuchsanordnungen oder zumindest in logisch zwingenden und eindeutigen Gedankenexperimenten. Durch eigene Wahrnehmung oder **Messung** sollte jeder Kritiker die Aussagekraft des Experimentes und die Wirklichkeit einer Theorie **überprüfen** können.

Experimente und dazugehörige **Messinstrumente** (wie Waage, Fernrohr, Versuchsgärten und Laboratorien) wurden daher unentbehrliche Hilfsmittel jedes seriösen Forschers – und bald bürgerte es sich ein, Messergebnisse, Theorien und ganze Naturgesetze mathematisch, in Zahlen und Symbolen zu formulieren. Die Forschung wurde „empirisch" – nur das tatsächlich Messbare wurde noch als „wirklich" und „real" anerkannt. Alles empirisch nicht Fassbare wurde der spekulativen Metaphysik, der Philosophie und Theologie zugewiesen, den **„Geisteswissenschaften"**. Von diesen spalteten sich die **„Naturwissenschaften"** und die – auf ihnen basierende – **industrielle Technik** nun ab.

Abb. 1.1.1-1 Die Sterne

Früher hielten die Menschen Sterne für Götter und Sterndeuter erstellten aus Geburtsdaten und Sternbildern astrologische Horoskope zur Voraussage zukünftiger Geschicke. Heute ist die Naturwissenschaft namens **Astronomie** an die Stelle des Aberglaubens getreten: Nur die auf beweisbaren Fakten beruhenden Hypothesen werden noch als akzeptable Theorien und Modelle vom Forschungsgegenstand („Kosmos", „Fixstern", „Galaxie" u. Ä.) akzeptiert.

Abb. 1.1.1-2 Demokrit (griechisch: ΔΗΜΟΚΡΙΤΟΣ)

Der griechische Naturphilosoph lebte etwa 460–370 v. Chr. Er ist hier auf einem griechischen Kleingeldschein abgebildet worden – zusammen mit einem Modell des von ihm „entdeckten" kleinstmöglichsten Teilchens der Materie im Kosmos, dem **Atom** (von griechisch ατομος, gesprochen: „atomos", das Unteilbare). Er nahm die Existenz kleinstmöglicher Stoffportionen allein aus Gründen der Logik an. Erst über 2200 Jahre später ließen sich die Existenz der Atome **beweisen** und ihre Masse und Größe vermessen.

Üb(erleg)ungsaufgaben

Überlegen und diskutieren Sie, ob und wie folgende Behauptungen **naturwissenschaftlich** überprüft werden könnten:

a) Die Erde ist eine Scheibe (bzw.: Sie ist rund),
b) Jericho ist die älteste Stadt der Welt,
c) im 1. Jahrhundert der Zeitrechnung starb ein gewisser Jesus von Nazareth in Palästina,
d) die im Sternbild Zwillinge Geborenen haben eine gespaltene Persönlichkeit,
e) morgen wird es in Berlin regnen,
f) Gott erschuf das Universum und alle Atome darin vor etwa 15 Milliarden Jahren,
g) Herr A liebt seine Ehefrau.

Welche Naturwissenschaft wäre für welche der o. g. Behauptungen a) bis g) zuständig ?

Aus der **Astrologie** (Sterndeuterei), die den Gestirnen magische Kräfte zuschrieb (und somit den „Aberglauben" der Mesopotamier an astrale Gottheiten übernahm), erwuchs so die wissenschaftlich arbeitende **Astronomie** (Stern- oder Himmelskunde).

Aus der **Mythologie** über urzeitliche, tierisch-göttliche Fabelwesen und magisch wirksame Heil- und Wunderkräuter wurden Wissenschaften wie die **Biologie, Archäologie** und **Medizin.** Und aus der **Probierkunst** mittelalterlicher **Alchimisten** und Goldmacher sowie der mit Arzneien an Patienten herumprobierenden Wunderdoktoren und „Quacksalber" entstanden die **Chemie** und **Pharmazie.** Auf der Basis **experimentell überprüfbarer** Theorien und Messungen wurde die Chemie also zur Naturwissenschaft.

Abb. 1.1.2-1 Alchimistisches Laboratorium

Die Probierkunst mittelalterlicher Alchimisten basierte noch auf Spekulationen, verhalf ihnen aber schon zu wichtigen Erkenntnissen und Erfahrungen – auch ohne exakte Messungen.

Als **„wissenschaftlich"** kann eine Arbeitsweise daher nur bezeichnet werden, wenn:

1. eine konkrete (auf bewiesenen Tatsachen [Naturgesetzen] oder zumindest auf vernünftigen Theorien oder „Axiomen" beruhende) **Hypothese** besteht, die empirisch (messend) **überprüfbar** ist – und wenn:
2. ein Versuch oder **Experiment** unter festgelegten Bedingungen und wiederholbar hierzu so durchgeführt wird, dass es – aufgrund dieser Bedingungen – zur logisch eindeutigen Bestätigung (Verifikation – oder aber zur Widerlegung, der Negation) dieser Hypothese geeignet ist.

Erste Laborversuche

1. Messen Sie im Labor mithilfe dortiger Messeinrichtungen:
   a) die Volumina von je 10 g Wasser, Ethanol und Zinkgranalien ab,
   b) die Masse von je 100 ml Wasser und Ethanol,
   c) die Temperatur eines Eis-Kochsalz-Kältegemisches,
   d) die Dichte eines Kupferstückes

   (Hilfsmittel: Waage, Wasser und Messzylinder zum Erfassen des verdrängten Wasservolumens).

2. Beweisen Sie im Labor durch experimentelle Messungen:
   a) dass Aluminium eine geringere Dichte als Blei hat,
   b) dass Wachs einen höheren Schmelzpunkt hat als Wassereis.

   (Tipp zur Versuchsanordnung: Wasserbad und Thermometer verwenden, Temperatur-Zeit-Diagramm erstellen!)

Diese „try-and-error"-Einstellung wurde zwar als positivistisch und **materialistisch** kritisiert, hat aber zum technisch-wissenschaftlichen Fortschritt (und somit auch zum Auf- und Ausbau der chemischen Industrie!) wesentlich beigetragen. Allerdings zeigt sich, dass auch die empirische Naturwissenschaft letztendlich auf viele unbeweisbare Annahmen, so genannte **Axiome,** angewiesen ist und an ihre Grenzen stoßen muss.

1.1.2 Messgrößen im Universum

Da die Naturwissenschaften **empirisch** arbeiten, also **experimentell messend,** kommt den Messinstrumenten und Maßeinheiten entscheidende Bedeutung zu. Unser Universum – alles, was in ihm an Wirklichkeit empirisch messbar ist – ist der Aufeinanderfolge von **Ursache** und **Wirkung** unterworfen, erstreckt sich in Raum und Zeit. Einige dieser Größen im messbaren Universum haben sich als „(Grund-)Dimensionen" erwiesen, während sich einige andere Größen von diesen „Grunddimensionen" ableiten lassen. So ist z. B. die Geschwindigkeit v eine abgeleitete Größe: $v = \frac{s}{t}$ (Weg pro Zeit)!

Basismesseinheiten, beispielhafte Messwerte aus der Praxis und wichtige, hieraus abgeleitete Messgrößen finden Sie in Tabelle Nr. 1 im Anhang dieses Lehrbuches.

Abb. 1.1.2-2 Messbare Größen

Die grundlegenden, physikalischen, messbaren Größen des Universums (Masse, Zeit, Weg oder Entfernung, Temperatur, Stoffmenge, Licht- und Stromstärke) werden in den Grundmaßen des **m-kg-s-Systems** gemessen (vgl. Tabelle 1 im Anhang).

International hat man bei der „Meterkonvention" allgemein gültige **Bezugspunkte** (Naturkonstanten wie z. B. die Schwingungskonstanten bestimmter Atomarten, die Lichtgeschwindigkeit oder den absoluten Nullpunkt der Temperatur) und ein dementsprechendes System – die oben genannten **SI-Einheiten** m, kg, s, ferner A, mol und cd – vereinbart („SI" steht für „Système international", französisch). Alle anderen Messeinheiten können von diesen Basiseinheiten abgeleitet werden.

1.1.3 Zusammenhänge zwischen universalen Messgrößen und Dimensionen

Die **SI-Basiseinheiten** wie auch die von ihnen **abgeleiteten Maßeinheiten** basieren – wie die Hypothesen, Modelle und auch das moderne, naturwissenschaftlich geprägte Weltbild insgesamt – auf grundlegenden Annahmen, den **Axiomen.** Diese Zusammenhänge sollen hier an der Frage, wie **groß** und **schwer** diese kleinstmöglichen Stoffportionen namens „Atom" denn sind, kurz aufgezeigt werden.

Die zur Strecken- und Raummessung grundgelegten Einheiten m bzw. km³ setzen nämlich z. B. voraus, dass es **gerade Linien** gibt. Es zeigte sich jedoch spätestens 1905, dass diese Voraussetzung (Axiom) nicht beweisbar ist. Im Gegenteil: 1915 brachte Einsteins „Allgemeine Relativitätstheorie" ein neues Verständnis von **Raum** und **Schwerkraft.** Die von zwei Massen (z. B. Atomen oder Gestirnen) aufeinander wirkende **Gravitation** (Schwerkraft) offenbarte sich ihm als eine Art krümmende Eigenschaft des Raumes selbst – nicht nur als eine im Raum zwischen den Massen wirkende Kraft. Lichtstrahlen, die sich entlang „gerader" Linien ausbreiten, können daher in starken Gravitationsfeldern leichte Ablenkungen erfahren – die „Geradheit" einer „absolut geraden Linie" ist somit nur relativ: Sie **existiert nicht** absolut.

Zudem gelten im **Mikrokosmos** der Atome oft Gesetze, die unseren Alltagserfahrungen widersprechen. Im Alltag scheint uns z. B. eine kontinuierliche Zunahme an (Wärme- oder Bewegungs-)Energie möglich zu sein – in **atomaren** Dimensionen, der „Welt" des Mikrokosmos, jedoch wird Energie von Atomen nur **diskontinuierlich** abgegeben und aufgenommen, in „Paketen" oder „Quanten". Elementarteilchen, aus denen sich Atome aufbauen, können sogar plötzlich aus reiner Energie entstehen, scheinbar aus dem Nichts (Einsteins berühmte Formel $E = m \cdot c^2$). Sie können Eigenschaften aufweisen, die denen einer Welle **oder** Strahlung gleichen.

Viele dieser kaum vorstellbaren, „quantenmechanischen" Erscheinungen haben Bereiche (wie z. B. die Atommodelle oder die spektroskopischen Analyseverfahren) der modernen Chemie stark beeinflusst. Wenn wir im Folgenden also davon sprechen, dass die Materie – alle Stoffe, die der Chemiker untersucht oder einsetzt – aus Atomen besteht, dann muss stets daran gedacht werden:

Im diskontinuierlichen Mikrokosmos, der Welt der **Elementarteilchen** und **Atome,** der atomaren Maße [wie Pikogramm (1 pg = 10^{-12} g) und Nanometer (1 nm = 10^{-9} m)], gelten **andere** Gesetze als im uns alltäglichen Kontinuum. Trotzdem können sie (die Gesetze der **Quantenmechanik**) in der Chemie genutzt werden.

Basisgröße und Symbol	Messeinheit und Symbol	Ableitung oder Definition
Länge *l*, Strecke *s*	Meter m	1 m = Strecke, die das Licht im Vakuum innerhalb von 1/299792458 s zurücklegt
Masse *m*	Kilogramm kg	1 kg = Masse des internationalen kg-Prototyps
Zeit *t*	Sekunde s	1 s = 9192631770 Perioden des Überganges zwischen Hyperfeinstrukturniveaus im Grundzustand des Nuklids ^{133}Cs
Stoffmenge *n*	Mol mol	1 mol = Menge von $6{,}023 \cdot 10^{23}$ Teilchen (bzw. 12 g ^{12}C-Kohlenstoff)
Geschwindigkeit *v*	Meter pro Sekunde m/s	Länge pro Zeit(-einheit)
molare Masse *M*	Gramm pro Mol g/mol	Masse pro Stoffmenge
Dichte ϱ	Gramm pro ml bzw. g/cm³	Masse pro Volumen
Kraft *F*	Newton N = kg m/s²	Masse mal Beschleunigung
Druck *p*	Pascal Pa = kg/m s²	Kraft pro Fläche, 1 Pa = N/m²
Energie *E*, Arbeit *W*	Joule J = N m = W s = kg m² s²	Kraft mal Weg, 1 J = N m

Tabelle 1.1.3-1 Beispiele für wichtigste Basiseinheiten (nach DIN 1301) und abgeleitete Messgrößen des SI-Systems

Eine ausführliche Auflistung finden Sie in Tabelle 1 im Anhang.

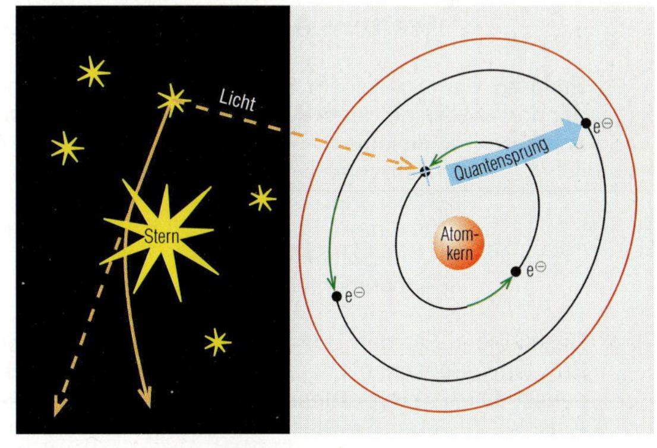

Abb. 1.1.3-1 „Relativistische" Effekte

Einstein entdeckte 1905, dass das **Licht** sich durch den schwerkraftgekrümmten **Raum** in **Quantenform** fortpflanzt. Er leitete hieraus ab, dass alle Gegenstände, beschleunigt auf annähernd Lichtgeschwindigkeit, eine **geschwindigkeitsabhängige Massezunahme** erfahren (wird doch die zur Beschleunigung erforderliche Energie bzw. Kraft immer größer). Zugleich verlangsamt sich für den fast auf Lichtgeschwindigkeit beschleunigten Körper die Zeit – mathematische Folgerungen, die durch die Beschleunigung instabiler Elementarteilchen physikalisch tatsächlich gemessen und somit bewiesen werden konnten. **Raum und Zeit sind daher relativ** – im Hinblick auf **Atome** ebenso wie zum Standpunkt des sie messenden Beobachters („Relativitätstheorie", „Quantenmechanik").

1.1

Zusammenfassung zu Kapitel 1.1

Arbeitsmethoden der Naturwissenschaften und Messgrößen im Universum

1. Eine **Arbeitsweise** wird als **„wissenschaftlich"** anerkannt, wenn:
   a) eine konkrete **Hypothese** besteht, die **empirisch** überprüfbar ist – und wenn:
   b) ein Versuch oder **Experiment** hierzu so durchgeführt wird, dass es zur logisch eindeutigen **Bestätigung** (oder aber Negation, also Widerlegung) dieser **Hypothese** geeignet ist.
2. Eine **Hypothese** ist eine auf bewiesenen Tatsachen (Naturgesetzen) oder zumindest auf **„Axiomen"** beruhende Vermutung, Problem- oder Fragestellung, deren Richtigkeit sich **experimentell** prüfen lässt.
3. Ein **Axiom** ist eine logisch vernünftige, aber experimentell nicht prüfbare Theorie oder Grundannahme, auf der eine wissenschaftliche Theorie beruht. Axiome bedürfen von der Logik her in der Regel keines Beweises. Zumeist sind sie daher auch nicht empirisch beweisbar.
4. Ein **Experiment** ist ein methodisch angelegter, das heißt **unter festgelegten Bedingungen** stattfindender und daher allgemein mess-, prüf- und **wiederholbarer** Versuch zur Bestätigung (Verifikation) oder Widerlegung (Negation) einer **Hypothese.**
5. Ein wissenschaftlicher **Beweis** ist eine durch Experimente überprüfte und als allgemein **richtig** oder zutreffend erwiesene (Hypo-)These. Bewiesene, naturwissenschaftliche Thesen von grundlegender Wichtigkeit werden **„Naturgesetz"** genannt.
6. **„Empirisch"** nennt man alle Sachverhalte und Erscheinungen im Universum, die sich messen lassen.
7. Das messbare Universum erstreckt sich (empirisch) in den **Basisgrößen** von Länge, Zeit, Masse, Stoffmenge, Temperatur, Strom- und Lichtstärke. Diese werden in den **SI-Grundeinheiten** des **m-kg-s-**Systems gemessen. Alle anderen Messeinheiten (und Dimensionen) lassen sich mathematisch auf dieses System von Grundmesseinheiten zurückführen – sie sind abgeleitete Dimensionen und Einheiten (Anhang, Tabelle 1).

Weitere Anwendungs- und Üb(erleg)ungsaufgaben zu Kapitel 1.1

1. Erklären Sie in je einem Satz folgende **Begriffe** und nennen Sie einige deren **Arbeitsbereiche** bzw. **Kennzeichen:**
   a) Biologie,
   b) Astrologie,
   c) Mechanik,
   d) Volumen,
   e) verifizierte Hypothese,
   f) experimentelle Forschung.
2. Beschreiben Sie den Unterschied zwischen einer bloßen, unwissenschaftlichen **Vermutung** und einer wissenschaftlichen **Hypothese** an einem selbst gewählten Beispiel. Erklären Sie auch die Begriffe „Axiom" und „Theorie".
3. Welcher der folgenden Sätze ist – nach Ihrer Meinung - empirisch, also **rechnerisch oder experimentell überprüfbar?**
   Wie könnte ein entsprechendes **Experiment** durchgeführt werden?
   Begründen Sie Ihre Antwort und rechnen Sie ggf. genannte Werte mithilfe der Tabelle 1 „Messeinheiten" im Anhang nach!
   a) Affe und Mensch haben einen gemeinsamen, bereits ausgestorbenen Vorfahren gehabt,
   b) am 7. 12. 2035 wird in Westfalen eine Sonnenfinsternis zu beobachten sein,
   c) zur Beschleunigung eines Körpers der Masse m = 4 kg von fünf auf zehn km/h ist eine Kraft von etwa 5,74 N erforderlich,
   d) Julius Cäsar wurde im Jahr 44 v. Chr. ermordet,
   e) das Licht sich mit fast Lichtgeschwindigkeit von uns entfernender Galaxien verliert an Energie („Rotverschiebung" im Spektrum),
   f) der „Luftdruck" an der Marsoberfläche beträgt etwa ein Promill des irdischen Luftdruckes,
   g) die Arbeitsleistung eines menschlichen Herzens pro Sekunde (2,237 Ws) übertrifft die bei Verbrennung von 2 mmol Methangas (CH_4) frei werdende Wärmeenergie E um 693 Joule.
4. Erklären Sie den Begriff **„Naturkonstante".** Können Größen wie die Lichtgeschwindigkeit, der Luftdruck in Meereshöhe oder der absolute Nullpunkt eigentlich solche allgemein gültigen Bezugsgrößen oder Naturkonstanten darstellen?
5. Zählen Sie die **SI-Grundeinheiten** der 7 Basisgrößen des m-kg-s-Systems auf. Nennen Sie auch 4 abgeleitete Messgrößen.

1.2 Stoffe und ihre Eigenschaften

1.2.1 Was untersuchen Chemiker?

Nachdem die Chemie die Anwendung wissenschaftlicher Untersuchungsmethoden gelernt hatte, wurde die chemische Industrie schnell zu einem der bedeutendsten Wirtschaftszweige unserer Industriegesellschaft. Schon die Alchimisten des Mittelalters untersuchten und produzierten Stoffe und Materialien durch Stoffumwandlungen. Ein **Chemiker** tut dieses jedoch systematisch und auf der Basis begründeter Vermutungen (= **Hypothesen**), die in wiederholbaren Versuchen (= **Experimenten**) jederzeit überprüfbar sind:

> Die **„Chemie"** ist die **Wissenschaft der Stoffe und Stoffumwandlungen.**

Sie unterscheidet sich somit von den Naturwissenschaften Biologie (der Wissenschaft von der belebten Natur) und Physik (der Wissenschaft von der unbelebten Natur): Dem Chemiker geht es immer um wäg- und untersuchbare **Stoffe** und die Vorgänge, bei denen sie neu entstehen. Und nur solche Vorgänge, bei denen **neue** Stoffe mit neuen Eigenschaften entstehen, nennt man chemische **Reaktionen.** Alle anderen Erscheinungen sind rein physikalische Vorgänge.

Im Hinblick auf Proben, Produkte und Materialien unterscheiden Chemiker Reinstoffe von Stoffgemischen. **Reinstoffe** wie zum Beispiel Wasser, Eisen, Kochsalz oder Polyethylen können zwar unterschiedliche **Formen** aufweisen (Eiswürfel und Wasserdampf, Schlüssel und Magnet, Plastikfolie und -stab) – der gleiche Stoff hat aber immer auch die gleichen, nur für ihn typischen **Stoffeigenschaften** (wie z.B. Farbe, Härte, Schmelzpunkt, Löslichkeit, Brennbarkeit usw.). Das gilt – gleiche Bedingungen vorausgesetzt – für das gesamte Universum.

Bei **Stoffgemischen** (wie z.B. Salzwasser, Bier, Edelstahl, Luft und bunten Plastikspielsachen) sind diese Eigenschaften **un**einheitlich, denn sie hängen von der **Art** und **Menge** der beigemischten Reinstoffe ab. So kann ja auch beispielsweise der Tau- bzw. Schmelzpunkt von Wassereis (bei 1013 hPa Druck liegt er immer bei 0 °C) durch die Zugabe von Salz erniedrigt werden. Es entsteht das Stoffgemisch Salzwasser: Je nach Art und Menge des Streusalzes kann der Schmelzpunkt nun auf –2 °C oder aber auch auf –11 °C gesenkt werden.

Abb. 1.2.1-1 Chemiker untersuchen und produzieren Stoffe

Man nennt das Analyse (Untersuchung) und Synthese (Herstellung neuer Verbindungen), hier am Beispiel eines modernen Labors.

Abb. 1.2.1-2 Der Stoff Gold (verschiedene Formen)

Jeder Stoff kommt in den verschiedensten Formen vor, behält aber **immer** seine typischen Stoff-Eigenschaften wie z.B. Dichte, Farbe, Härte und Beständigkeit (keine Korrodierbarkeit) sowie Schmelz- und Siedepunkt.

Übungsaufgaben zu Kap. 1.1 und 1.2

a) **Erklären Sie** folgende Begriffe in je einem Satz: Chemie, Stoffgemisch, Reinstoff, chemische Verbindung, Lösung, physikalische Stoffeigenschaft, wissenschaftliche Arbeitsmethode, chemische Reaktion. Nennen Sie zu jedem Begriff (außer zu „Chemie") auch 2 Beispiele!

b) **Teilen Sie** folgende **Materialien ein** in heterogene und homogene Stoffgemische, Reinstoffe und Elemente (nach Abb. 1.2.1-3): Messing, Zuckerwasser, Bier, Sauerstoff, Badeschaum, Milch, Hautcreme, Silber, Chlorgas, Ethanol, Wasser.

c) **Zählen Sie** fünf alltägliche **Vorgänge auf,** die **chemische Reaktionen** sind. (Ist z.B. die Verdauung eine solche?)

Einheitliche Stoffgemische, die flüssig sind, nennt man **Lösungen.**

Der im flüssigen **Lösemittel** gelöste Reinstoff verhält sich manchmal anders als im Reinzustand – dennoch behalten die Bestandteile im Stoffgemisch „Lösung“ ihre charakteristischen Stoffeigenschaften bei: Salzwasser wird – wie reines Kochsalz selbst – immer salzig schmecken und farblose Flammen orange aufleuchten lassen – es sei denn, der Salzanteil der Lösung ist so gering, dass er kaum noch nachweisbar ist.

Ähnlich wie bei Stoffgemischen zwischen heterogen und homogen unterschieden wird, so unterteilt man auch Reinstoffe in **chemische Verbindungen** einerseits und die chemisch unzerlegbaren **Elemente** andererseits. Letztere bilden die Grundstoffe der Chemie:

Laborversuche

Lösen Sie in drei Reagenzgläsern je eine Spatelspitze Kupfersulfat in ca. 2 ml Wasser.
Geben Sie mit einer Pasteurpipette in das 1. Reagenzglas ca. 2 ml verdünnte Natriumsulfidlösung, in das 2. Glas ca. 2 ml Hexan und in das 3. Glas ca. 2 ml Natriumcarbonatlösung (Sodalösung).
Geben Sie an, in welchen Fällen chemische Reaktionen eingetreten sind: An welchen Stoffeigenschaften lassen sich die neuen Stoffe erkennen?

Beachten Sie hier wie auch bei **allen** (!) folgenden Kurzversuchen die **Betriebsanweisungen** des Lehrers/der Lehrerin mit den **R-/S-Sätzen** nach der **Gefahrstoff-Verordnung** und seine/ihre Hinweise zur Arbeitssicherheit und **Entsorgung!**

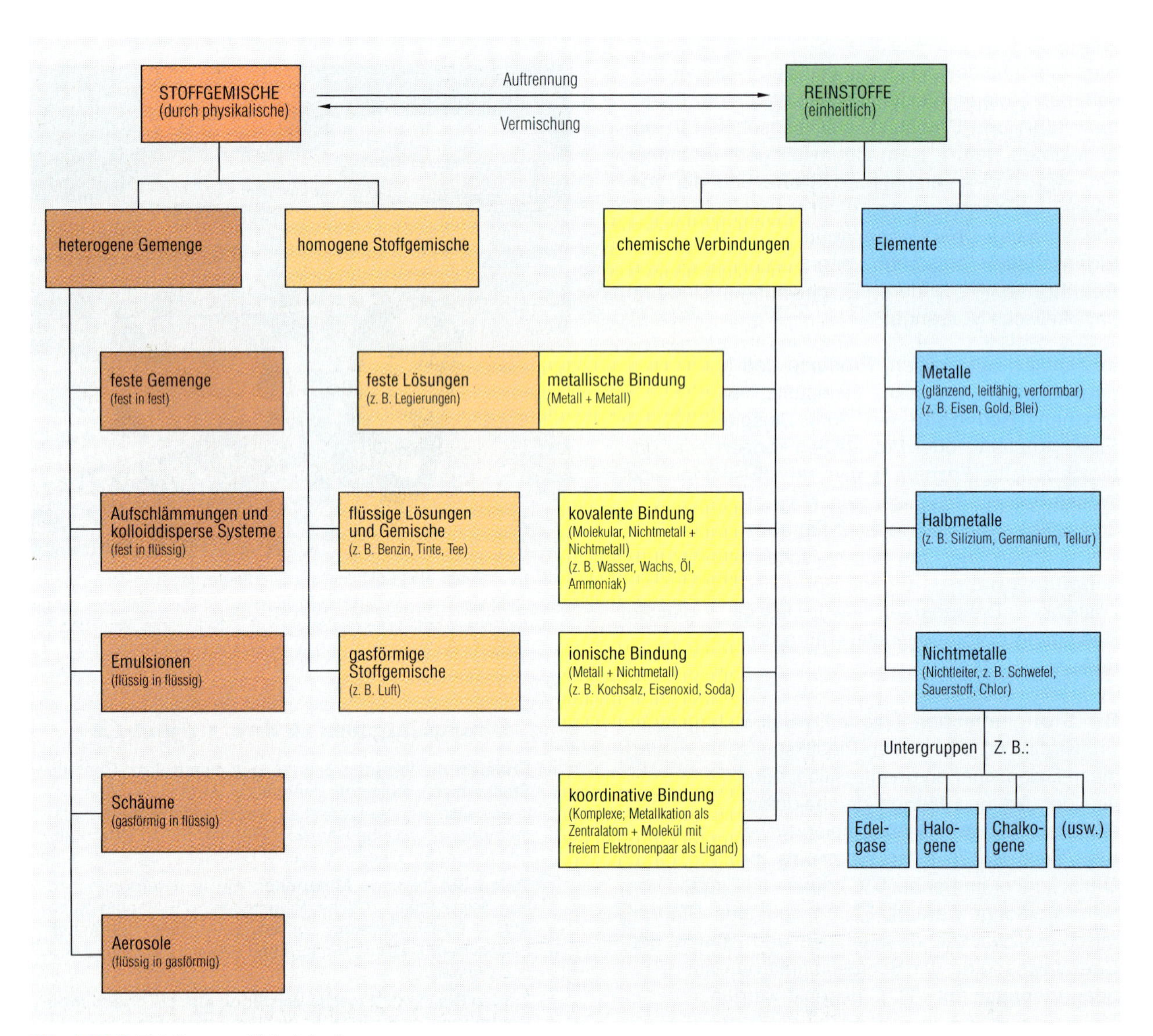

Abb. 1.2.1-3 Einteilung von Materialproben

Zur Untersuchung von Reinstoffen und Stoffgemischen können **physikalische und chemische Stoffeigenschaften** genutzt werden.

Reinstoffe besitzen immer und überall die gleichen Stoffeigenschaften, während die der Stoffgemische uneinheitlich sind – sie hängen von Art und Menge ihrer Anteile (Komponenten) ab. In Tabelle 1.2.1-1 wird dies am Beispiel einiger Reinstoffe und Gemische verdeutlicht.

„Chemische" Stoffeigenschaften sind die Fähigkeiten eines Stoffes, sich in andere, neue Stoffe umzuwandeln (also chemische **Reaktionen** eingehen zu können – wie z. B. Verbrennung und Rostbildung). Eigenschaften wie Wärmeleitfähigkeit, Härte, Farbe, Dichte usw. sind rein physikalischer Natur. In Tabelle 2 und 3 im Anhang dieses Buches finden Sie Stoffeigenschaften für Reinstoffe – einige Elemente und alle wichtigen Verbindungen – aufgelistet.

Stoffeigenschaften:	Physikalische Eigenschaften: a–d	Chemische Eigenschaften: e–f
Reinstoff 1: Wasser	a) farblos, b) 0,0 °C, c) keine, d) 1,0 g/ml, hohe Wärmeleitfähigkeit, geruchlos, farblos, ungiftig	e) keine, f) Vermischung unter sehr starker Erwärmung („Hydratation")
Reinstoff 2: Kochsalz	a) farblos, b) 801 °C, c) keine, d) 2,8 g/cm^3 , wasserlöslich, typischer Geschmack, ungiftig	e) keine (orange Flammfärbung), f) Gasbildung, Gas wirkt ätzend, riecht stechend
Reinstoff 3: (Quarz-)Sand	a) beige, b) ca. bei 1713 °C, c) Nichtleiter, unlöslich d) 2,65 g/cm^3	e + f) keine (erstarrte Schmelze bildet glasartige Masse)
Stoffgemenge 1: Salzwasser, Kochsalzlösung (homogen)	a) farblos, c) elektr. Leiter 2. Ordnung (Elektrolyt), b) + d) unter 0 °C bzw. über 1,0 g/ml (je nach Salzkonzentration)	e) keine (orange Flammenfärbung), f) bei höherer Salzkonzentration Gasentwicklung (vgl. Kochsalz)
Stoffgemenge 2: Sand-Salz-Gemisch (heterogen)	a) weiße und beige Körner, mit Lupe einzeln erkennbar, b) weiße Körner +801 °C, beige bei ca. 1713 °C, c) keine, d) beige Körnchen wasserunlöslich	e) keine (orange Flammfärbung), f) Gasbildung (vgl. Kochsalz) – beige Körnchen (Quarzsand) bleiben unverändert zurück
Stoffgemenge 3: Wasser-Sand-Gemisch (heterogen)	a) braune Aufschlämmung mit Bodensatz („Sediment"), b) Wasser: +100 °C, c) keine	e) keine, f) keine, aber Vermischung unter sehr starker Erwärmung („Hydratation")

Tabelle 1.2.1-1 Eigenschaften von Reinstoffen und Stoffgemischen
Angegeben sind: a = Farbe (als Festkörper), b = Schmelzpunkt (bei 1013 hPa Luftdruck), c = elektr. Leitfähigkeit (fest), d = u. a. Dichte (bei +20 °C), e = Brennbarkeit (in Luft), f = Reaktion auf Zugabe von konz. Schwefelsäure

1.2.2 Aggregatzustände, Gemenge und Mischungen

Kein Stoff in der Natur existiert in absoluter, 100%iger Reinheit. Dort finden wir stets **Stoffgemische,** die dann unter Ausnutzung unterschiedlicher Stoffeigenschaften ihrer Bestandteile in **Reinstoffe** aufgetrennt werden müssen. Das kann zum Beispiel das Überschreiten der stoffspezifischen **Schmelz- und Siedepunkte** sein, um Einzelbestandteile von Stoffgemengen und Gemischen in andere Aggregatzustände zu überführen (siehe Abb. 1.2.2-1).

Beim Erwärmen von Festkörpern nimmt nämlich z. B. die Bewegungsenergie ihrer kleinsten Teilchen zu. Am **Schmelzpunkt** werden diese so schnell und mobil, dass die Festkörperstruktur zerfällt: Die Schmelze (flüssig) lässt sich nun abgießen oder -filtrieren. Bei noch stärkerer Erwärmung (Teilchenbeschleunigung) überwinden die Teilchen schließlich gegenseitige Anziehungskräfte und verlassen die flüssige Phase; Gasblasen entstehen und Dämpfe entweichen in den freien Raum.

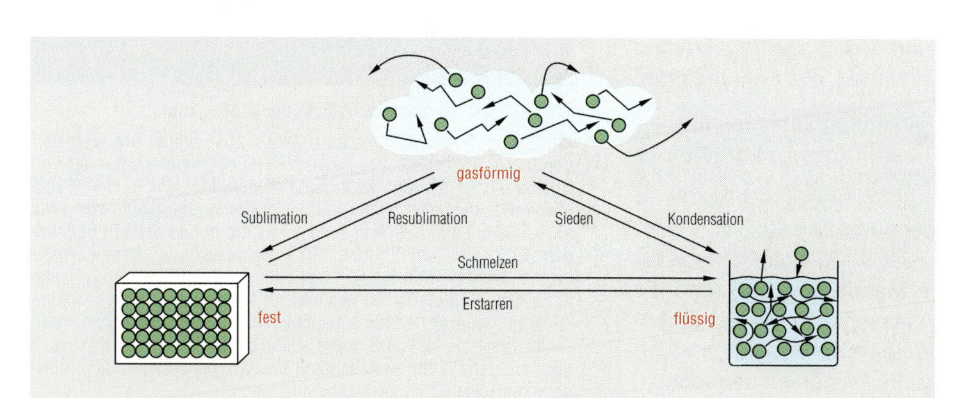

Abb. 1.2.2-1
Aggregatzustandsänderungen
Die Zufuhr von Wärme erhöht die Unordnung und Eigenbewegung der kleinsten Stoffteilchen.

1.2.3 Konzentrationsangaben für Stoffgemische

1.2

Für **homogene Gemische** (Lösungen und Gasgemische) sind **Konzentrationsangaben** üblich – im Alltag meist in Form von Volumen- oder Masseprozent (vol %, m %). Es gibt also verschiedene Arten von Konzentrationsangaben, denn Masse (m), Stoffmenge (n) und Volumen (v) einer Stoffportion sind – wie wir in Kapitel 1.1 gesehen haben – ja keine identischen Größen.
Die für Lösungen im Labor häufigste Konzentrationsangabe ist die **Stoffmengenkonzentration $c = n/V$ in mol/l.** Auch die **Masse-Konzentration $\beta = m/V$** sowie die **Volumenkonzentration $\sigma = V_B/V_{Gesamt}$** werden häufig benutzt.

Besonders wichtig ist hierbei also die Unterscheidung der **Masse m** (SI-Basiseinheit: **kg**) und der **Stoffmenge n** (SI-Basiseinheit: **mol**) einer Stoffportion (ähnlich, wie wir z.B. im Alltag auch zwischen Nennwert und Anzahl der Münzen oder Banknoten bei einer Hand voll Geld unterscheiden):

Die **Stoffmenge 1 mol** ist definiert als eine Menge, die 12 g reinen Kohlenstoffs der Atomsorte (des „Isotops" ^{12}C) entspricht. Das entspricht der unvorstellbaren **Menge von $6{,}023 \cdot 10^{23}$ atomaren Teilchen.**

Einzelne Atome sind nämlich unvorstellbar klein. Sie sind so klein, dass selbst in einem einzigen Mol Wasser (das wären 18 ml, also etwa ein Schnapsgläschen voll) genügend Wasserteilchen enthalten sind, um – nach gleichmäßiger Verteilung dieser 18 ml Wasser über die gesamte Erde, alle Ozeane, Wolken, Eis- und Schneekristalle zusammengenommen – in **jeden** Tropfen Wasser auf diesem Planeten mindestens ein Wasserteilchen aus unserem Schnapsgläschen zu geben.
Die Masse der Stoffmenge $n = 1$ mol eines Reinstoffes wird **molare Masse M** genannt: **$M = m/n$.** Bei den chemischen Elementen, die alle aus nur einer einzigen Sorte atomarer Teilchen bestehen, spricht man auch von der **r**elativen **a**tomaren **M**asse **(RAM).** Je nach der relativen atomaren bzw. molaren Masse dieser kleinsten Teilchen ergibt sich dann für ein Mol Stoff jeweils eine andere Masse: Ein Mol Heliumgas (= $6{,}023 \cdot 10^{23}$ He-Atome) wiegt daher nur 4 g, die gleiche Anzahl an Goldatomen (Symbol: 1 mol Au) jedoch rund 197 g. Goldatome sind fast 50-mal schwerer (massereicher) als Heliumatome.

In der Chemie ist daher zu beachten, dass die **Masse m** und **Stoffmenge n** eines Stoffes zwei unterschiedliche Größen sind.

(Ähnlich sind ja auch 1 kg Federn und 1 kg Gold von Volumen, Dichte und Preis her zwei völlig unterschiedliche Mengen ...). Über die **molare Masse $M = m/n$** (und die **Dichte $\varrho = m/v$** eines Stoffes) lassen sich alle existierenden, in Tabelle 1.2.3-1 aufgeführten Konzentrations- und Gehaltsangaben für Stoffgemische ineinander umrechnen.

Laborversuche

Geben Sie in einem Uhrglas einige Tropfen Essigsäure (verdünnt) auf eine Spatelspitze Sodapulver. Es entstehen eine Salzlösung (Natriumazetat) und ein Gas (Kohlendioxid). Wiederholen Sie den Versuch mit Kochsalz und ein 2. Mal mit einigen Körnchen Kaliumpermanganat an der Stelle des Sodapulvers!
Überlegen Sie auch hier: In welchen Fällen sind **chemische Reaktionen** eingetreten und an welchen **Stoffeigenschaften** lassen sich die neuen Stoffe (Reaktionsprodukte) erkennen? Wie könnte man sie isolieren (als Reinstoffe abtrennen) oder ihre jeweilige Konzentration bestimmen?

Masse-konzentration β: $\beta = m_B/V_{Gesamt}$	kg/m^3 = g/l = mg/ml	im Labor auch üblich: g/100 ml, ppm, ppb, ppt, ppq, Masse % (siehe: Analytik)
Volumengehalt φ_B (≈ Volumenprozent): $\varphi_B = \frac{V_B}{V_{Gesamt}} \cdot 100$	vol % = cl/l	auch üblich: Promille, ppm, ppb, ppt, ppq (s.: Analytik), ähnlich: Volumenkonzentration $\sigma = V_B/V_{Gesamt}$
Stoffmengenkonzentration c_n (Molarität): $c_B = \frac{n_B}{V_{Gesamt}}$	mol/m^3 = mmol/l	im Labor zumeist üblich: mol/l = mmol/ml, ähnlich: Äquivalentkonzentration $c(eq) = n(eq)/V_{Gesamt}$
Molenbruch χ_B: $\chi_B = \frac{\chi_B}{\chi_{Gesamt}}$	–	(mol / mol) – auch in: mol %, ähnlich: Molalität $b = n_B/m_{Gesamt}$
Massengehalt w_B (Gewichtsprozent): $w_B = \frac{m_B}{m_{Gesamt}} \cdot 100$	–	(kg/kg = g/g) – auch in: „Masse %", ppm, ppb, ppq etc.

Tabelle 1.2.3-1 **Einige Konzentrationsangaben**

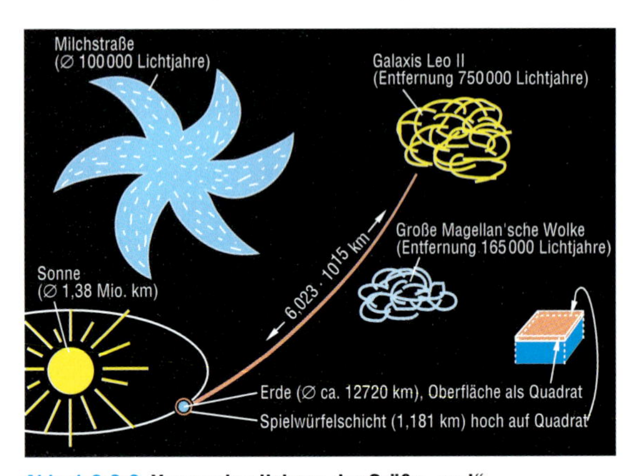

Abb. 1.2.3-2 **Veranschaulichung der Größe „mol".**

Hätte man 1 mol Spielwürfel ($6{,}023 \cdot 10^{23}$ Stück, mit je 1 cm^3 Volumen), so ergäbe das einen Würfel mit einem Volumen von rund $6 \cdot 10^8$ km^3. Man könnte mit diesem Mol Würfel die – hier eben und quadratisch gedachte – gesamte Oberfläche der Erde (510,1 Mio. km^2) mit einer rund 1,181 km hohen Schicht überziehen ($6{,}023 \cdot 10^8$ km^3 / $5{,}101 \cdot 10^8$ km^2). Aneinander gereiht ergäbe dieses Mol eine $6{,}023 \cdot 10^{23}$ cm oder rund 6 Trillionen km lange Kette. Sie würde (von uns ausgehend) aus unserer Galaxis hinausreichen, vorbei an der 165 000 Lichtjahre entfernten Magellan'schen Wolke etwa bis fast zur Galaxis „Leo-System II" – ein Funkspruch oder Lichtstrahl von Kettenanfang bis Kettenende wäre dann übrigens nur 636 680 (Licht-)Jahre unterwegs ...

Wie verfährt man nun konkret, wenn z. B. aus konzentrierter Salzsäure durch Verdünnen mit Wasser ein bestimmtes Volumen verdünnter Säure mit $w(HCl) = 5\,\%$ ($\varrho = 1{,}02$ g/ml) herzustellen ist?

Zur **Herstellung von Reagenzlösungen** bestimmter Konzentration verwendet man das so genannte **Mischungskreuz-**Rechnen oder allgemein gültige Mischungs-Gleichungen.

Das erforderliche Volumen $V_{konz.}$ an konz. Lösung (hier: Salzsäure mit $w(HCl) = 36\,\%$) berechnet sich aus dem Quotienten des Produktes der benötigten Endvolumen $V_{verdü.}$ an (verdünnter) Reagenz-Lösung, der Endkonzentration $w_{verdü.}$ (hier: 5 %) und der Enddichte $\varrho_{verdü.}$ durch das Produkt aus der Ausgangskonzentration $c_{konz.}$ und der Ausgangsdichte $\varrho_{konz.}$:

$$V_{konz.} = \frac{V_{verdü.} \cdot w_{verdü.} \cdot \varrho_{verdü.}}{c_{konz.} \cdot \varrho_{konz.}}$$

Die benötigte Wassermenge V_{Wasser} ergibt sich nach:

$$V_{Wasser} = \frac{V_{verdü.} \cdot \varrho_{verdü.} - V_{konz.} \cdot \varrho_{konz.}}{\varrho_{Wasser}}$$

Durch Einsetzen der o. g. Gleichung für $V_{konz.}$ in den Term für das erforderliche Wasservolumen

$$V_{Wasser} = \frac{(V_{verdü.} \cdot \varrho_{verdü.} - V_{konz.} \cdot \varrho_{konz.})}{\varrho_{Wasser}}$$

ergibt sich:

$$V_{Wasser} = \frac{V_{verdü.} \cdot \varrho_{verdü.} \left(1 - \frac{w_{verdü.}}{c_{konz.}}\right)}{\varrho_{Wasser}}$$

Nach der **allgemeinen Mischungsgleichung** lässt sich auch errechnen, welcher Massenanteil w entsteht, wenn zwei Ausgangslösungen 1 und 2 (mit den Ausgangsmassen m_1 und m_2 und den Ausgangs-Massenanteilen w_1 und w_2) gemischt werden:

$$m_1 \cdot w + m_2 \cdot w = m_1 \cdot w_1 + m_2 \cdot w_2$$

Wenn die Massenanteile gegeben sind, kann aus dieser allgemeinen Mischungsformel das Massenverhältnis m_1/m_2 berechnet werden:

$$m_1\,(w - w_1) = m_2\,(w_2 - w) \qquad \text{und:}$$

$$\frac{m_1}{m_2} = \frac{w_2 - w}{w - w_1}$$

Man schreibt nun die beiden Massenanteile ω_1 und ω_2 untereinander und errechnet über das folgende **Mischungskreuz** den gesuchten Wert:

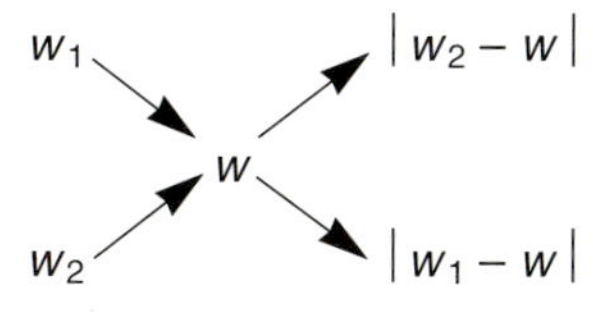

(Beispiele hierzu rechts neben diesem Text).

Rechenbeispiele zum Mischungsrechnen

1. Rechnen mit allgemeiner Mischungsgleichung:

Angenommen, Sie benötigen für eine Reaktion 100 ml einer Salzsäure mit dem Massenanteil $w(HCl) = 5\,\%$ (Dichte: 1,02 g/ml), haben aber nur konzentrierte Salzsäure und destilliertes Wasser zur Verfügung – wie stark ist die Säure zu verdünnen?

Ein Blick auf die Vorratsflasche oder in Tabellen zeigt Ihnen, dass Ihre konz. Salzsäure eine Dichte von $\varrho = 1{,}18$ g/cm^3 und einen Massenanteil von $w(HCl) = 36\,\%$ aufweist, das Wasser $\varrho = 1{,}0018$ g/cm^3. Die gewünschten 102 g Salzsäure der Konzentration $w(HCl) = 5\,\%$ bzw. Dichte $\varrho = 1{,}02$ g/cm^3 bestehen zu 5,1 g (5 %) aus Chlorwasserstoffgas und zu 96,9 g (95 %) Wasser.

Diese 5,1 g HCl-Gas sind in 12 ml bzw. 14,2 g konz. Salzsäure gelöst (36 %).
Sie enthalten außerdem 14,2 – 5,1 = 9,1 g Wasser.

Deshalb sind 12 ml der konzentrierte Salzsäure in 87,8 g (= 87,8 ml) Wasser zu gießen, um 100 ml Salzsäure mit einem Massenanteil von $w(HCl) = 5\%$ bzw. Dichte $\varrho = 1{,}02$ g/cm^3 zu erhalten.

2. Rechen mit dem Mischungskreuz:

Wenn also aus 36%iger Salzsäure durch Verdünnen mit Wasser 100 m$_L$ Salzsäure mit $w_{verdü.}(HCl) = 5\,\%$) hergestellt werden sollen, so ergibt sich als Mischungskreuz:

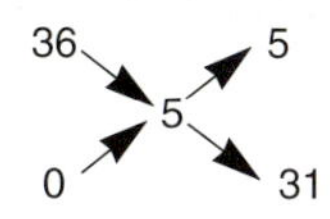

– es sind also 5 Massenteile konz. Salzsäure (mit $w_{konz.}(HCl) = 36\,\%$) in 31 Massenteile Wasser zu gießen.

Um genau 100 ml herzustellen, muss nun über die Dichte ($\varrho_{verdü.} = 1{,}02$ g/ml) gerechnet werden.

Aus $m_1 + m_2 = 102$ g folgt:
$m_1 : m_2 = 5 : 31 = 0{,}16$

– für die Masseanteile m_1 und m_2 ergibt sich also:
$m_1 = 14{,}17$ g und $m_2 = 87{,}83$ g.

Durch Umrechnung über die Dichte der konzentrierten Salzsäure $\varrho_{konz.} = 1{,}18$ g/cm^3 ergibt sich, dass 12,0 ml Sazlsäure (mit $w_{konz.}(HCl) = 36\,\%$) in 87,8 ml Wasser zu gießen sind.

Üb(erleg)ungsaufgaben zum Mischungsrechnen

1. Welcher Massenanteil $w(HCl)$ ergibt sich, wenn 100 g Säure mit $w(HCl) = 10\,\%$ und 50 g mit $w(HCl) = 5\,\%$ gemischt werden?
2. In welchem Masseverhältnis sind Salzsäure mit $w(HCl) = 20\,\%$ und Wasser zu mischen, um eine Säure mit $w(HCl) = 5\,\%$ zu erhalten?
3. Berechnen Sie den Massenanteil $w(HCl)$ einer Mischung aus 200 g Salzsäure mit $w(HCl) = 20\,\%$ und 50 g Säure mit $w(HCl) = 5\,\%$!
4. Wie groß ist $c(HCl)$ in mol/l bei einer Salzsäure mit $w(HCl) = 1\,\%$ ($M = 36{,}45$ g/mol HCl)?

1.2.4 Verfahren zur Auftrennung von Stoffgemischen

Zur Auftrennung von Stoffgemischen, -gemengen und Lösungen in die Einzelbestandteile und Reinigung von Stoffen existieren in Labor und Industrie verschiedene **Stofftrennverfahren** (vgl. Tabelle 1.2.4-1). Diese Verfahren nutzen **unterschiedliche Stoffeigenschaften** zur Trennung von Gemischen in ihre Bestandteile aus – wie z. B.: **Teilchengrößen** (Sieben, Filtration), **Siede- und Schmelzpunkte** (Destillieren, Sublimieren, Rektifikation) bzw. unterschiedliche Teilchenbeweglichkeiten infolge der Aggregatzustände (Sedimentieren und Dekantieren) sowie **Löslichkeitsgrenzen** (Umkristallisation, Extraktion). Sogar unterschiedliche Laufgeschwindigkeiten von Teilchen in Lösemitteln und Gasgemischen können genutzt werden, um – wie bei einem Wettlauf – schnelle und langsamere Läufer bzw. Teilchen voneinander zu trennen (dieses Verfahren wird **Chromatographie** genannt und an späterer Stelle des Buches erläutert). Abbildungen der für die Stofftrennverfahren erforderlichen Laborgeräte finden Sie auf den Seiten 10–11 und 14–16.

Abb. 1.2.4-1 Gewinnung von Reinstoffen
Laborapparaturen zur Trennung von Stoff- und Reaktionsgemischen

Stofftrennverfahren	Zur Trennung genutzte Stoffeigenschaft(en)	Gemisch (Aggregatzustände der Bestandteile)	Erläuterungen zum Trennvorschlag
Sieben	unterschiedliche Korn- und Partikelgrößen	heterogene Pulver (fest/fest)	Siebgitter hält Körner zurück, die größer als Gitterabstände sind
Sedimentation und Dekantieren	unterschiedliche Dichte zweier Stoffe und Beweglichkeit einer Flüssigkeit	Aufschlämmung oder Sediment (fest in flüssig)	oben stehende, bewegliche Flüssigkeit wird vom Bodensatz abgegossen
Filtration	unterschiedliche Teilchengrößen	Rauch (fest in gasförmig) oder Aufschlämmung (fest in flüssig)	Filterporen halten Partikel zurück, die Porengröße überschreiten
Scheiden (Trennung flüssiger Phasen)	unterschiedliche Dichte nicht mischbarer Flüssigkeiten	Flüssigkeitengemische, instabile Emulsionen (flüssig über flüssig)	Scheidetrichter ermöglicht Beenden des Abfließens bei Erreichen der Phasengrenze
Flotation	unterschiedliche Benetzbarkeit und Dichte der Partikel	Feststoffgemische (fest/fest; in flüssigem Trennmittel)	Schwimmaufbereitung, Abschöpfung nicht benetzter, schwimmender Partikel
Aus-/Umkristallisation	unterschiedliche Löslichkeit bzw. Löslichkeitsgrenzen von Stoffen in Lösemitteln, unterschiedliche Kristallbildung	Lösungen – Feststoffgemische (fest/fest; in Lösemitteln bzw. Flüssigkeiten gelöst)	Verdunsten und Eindampfen; der schwerer lösliche Stoff bildet bei Abkühlung Kristalle (oder Sediment)
Extraktion	unterschiedliche Löslichkeit von Stoffen in Lösemitteln	feste, flüssige oder gasförmige Substanzen, in einer bzw. zwei nicht miteinander mischbaren Lösemitteln	ein Bestandteil löst sich besser / schneller in einem der Lösemittel als die anderen
Chromatographieren	unterschiedliche Wandergeschwindigkeit von Stoffen in bewegten Lösemitteln oder Gasphasen	Gasgemische oder Lösungen (mobile Phasen)	mobile Phasen wandern mit unterschiedlicher Geschwindigkeit an Detektoren vorbei oder über stationäre Phasen
Sublimation	unterschiedliche Schmelz-/Siedepunkte bzw. Sublimation	Feststoffgemische (fest/fest)	einer der Stoffe sublimiert
Destillation	unterschiedliche Siedepunkte	Lösungen und Flüssigkeitsgemische (auch verflüssigte Gasgemische!), – ggf. mit Wasserdampf oder Unterdruck	der flüchtigste Stoff verdampft bei Erwärmung als erster; Kühlung der Dämpfe (Kondensation)
Rektifikation	unterschiedliche Siedepunkte	Lösungen und Flüssigkeitsgemische (auch verflüssigte Gasgemische!)	Gegenstromdestillation, mehrfache Destillation mit Rückfluss des Destillates

Tabelle 1.2.4-1 **Stofftrennverfahren**

Genau genommen ist die Durchführung eines Laborverfahrens zur **Auftrennung** von Stoffgemischen auch schon der erste Schritt zur chemischen Untersuchung (Analyse) einer unbekannten Probe – auch wenn hier Stoffe nur voneinander **getrennt** werden (z. B. destillativ), ohne dass eine Stoffumwandlung (chemische Reaktion) abläuft.

Viele Jahrhunderte lang sammelten Alchimisten so Erfahrungen, ohne sich über die Unterschiede zwischen **Stoffgemischen** und **Verbindungen** einerseits und Stoff**trenn**verfahren und chemischen Reaktionen andererseits im Klaren zu sein: Sie probierten und destillierten – sie lösten und sublimierten, filtrierten und „kalzinierten", extrahierten und spekulierten. Und nur langsam lösten sie sich bei ihrer Arbeit von magisch-astrologischen, „vorwissenschaftlichen" Vorstellungen, die ihr damaliges (Nach-) Denken bis in die symbolischen Versuchsdeutungen hinein bestimmten (vgl. Abb. 1.2.4-2).

Erst durch die Beschränkung auf **Experimente,** die Entdeckung der Gase und den Einsatz der **Waage** und anderer **Messinstrumente** kamen den Forschern des 18. Jahrhunderts – wie Lavoisier, Dalton und Avogadro – dann erste wirklich **chemische** Erkenntnisse: über das wahre „Wesen" der Verbrennung zum Beispiel (als Reaktion mit einem Gas des Stoffgemisches „Luft"), der chemischen **„Elemente"** (als chemisch unzerlegbarer Stoffe, deren Masse sich bei Reaktionen nur erhöhen kann) und **„Verbindungen"** sowie deren kleinstmöglicher Bausteine (der „Atome" und „Moleküle").

Die systematisch-überlegte, wissenschaftlich exakt messende Durchführung von Stofftrennverfahren und chemischen Reaktionen (Abb. 1.2.4-3), die Aufbereitung und Untersuchung von Rohstoffen, Reaktionsabläufen und -produkten mit immer exakteren Methoden und Geräten und auch die Gründung produzierender Unternehmen mit chemisch-technischen Großlaboratorien ließen die Chemie zu einem industriell und wirtschaftlich bedeutenden **Faktor der modernen Gesellschaft** von heute werden – dem **Arbeitsfeld** für Chemie- und Lacklaborant(inn)en, chemisch-technische Assistent(inn)en, Chemikant(inn)-en, Chemieingenieure, Pharmazeut(inn)en und viele andere Berufe bis hin zu Technikern und (Kern-)Physikern.

Deren **Einsatz** und **Kooperation** führten dann zu ungeahnten Erfolgen – von der chemischen oder gar industriellen Synthese neuer Arznei-, Werk-, Wirk- und Duftstoffe z. B. bis hin zum Ende der 90er Jahre neu aufgeflammten „Wettkampf" zwischen den Forscherteams in Russland, Deutschland und den USA um die technische Herstellung neuer „überschwerer" Atome und Elemente (vgl. Abb. 1.2.4-4), – im Oktober '99 bis hin zur Ordnungszahl 118.

Abb. 1.2.4-2 Alchimistisches Laboratorium
(mit Probierherd und Destillatorium, um 1600)

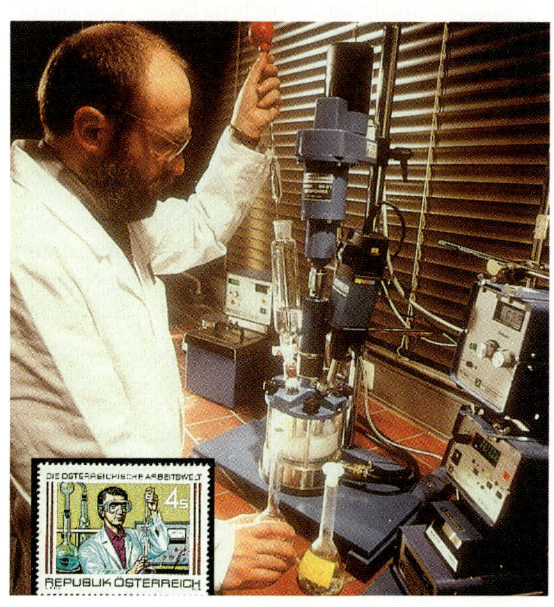

Abb. 1.2.4-3 Moderner Laborversuch
Zu den Reaktionsgefäßen sind im modernen Chemielabor und Technikum Überwachungs- und Messgeräte hinzugekommen, um Reaktionsverläufe instrumentell zu verfolgen, zu überwachen und steuern und die Produkte zu analysieren. Laborsynthesen beginnen dabei in der Regel mit der quantitative Abmessung eingesetzter Edukte – per Waage oder, wie hier im Bild, bei Lösungen volumetrisch mit der Pipette.

Abb. 1.2.4-4 Ein „Linearbeschleuniger"
Die Erst-Herstellung einiger Atome neuer chemischer Elemente war eher eine Frage der Technik (und Physik) als der Chemie. Elemente Nr. 108–112 wurden bis 1998 von den Schwerionenforschern in Darmstadt „entdeckt", Nr. 114 im Januar 1999 in Dubna bei Moskau.

1.2

Zusammenfassung zu Kapitel 1.2

Stoffe und ihre Eigenschaften

1. **Chemie** ist die Wissenschaft der Stoffe und Stoffumwandlungen. Eine **chemische Reaktion** ist ein Vorgang, bei dem ein neuer Stoff mit neuen Eigenschaften entsteht.

2. **Stoffgemische** lassen sich durch physikalische Verfahren in ihre Bestandteile, die einzelnen Reinstoffe, auftrennen. Solche **physikalische Stofftrennverfahren** sind zum Beispiel Sieben, Filtrieren, Destillieren, Extraktion und Chromatographie. Bei ihnen finden **keine** chemischen Reaktionen statt.
   - In **heterogenen Stoffgemischen** lassen sich Einzelbestandteile optisch erkennen.
   - **Homogene** Stoffgemische bestehen hingegen aus einer einzigen, gasförmigen, flüssigen oder festen Phase.

3. Ein **Reinstoff** ist **physikalisch nicht weiter auftrennbar.** Er besitzt stets gleiche, nur für ihn charakteristische **Stoffeigenschaften.** Diese können physikalischer Natur (z. B.: Siede- und Schmelzpunkt, Härte, Farbe, Löslichkeit, Verformbarkeit usw.) oder chemischer Natur sein (z. B.: Brennbarkeit, Reaktionsfähigkeit gegenüber Metallen, Säuren, Laugen o. Ä.). In den Stofftrennverfahren werden sie zur Auftrennung von Gemischen und zur Reinigung von Produkten genutzt.

4. Reinstoffe unterteilen sich in Elemente und chemische Verbindungen. **Chemische Verbindungen** sind Reinstoffe, die **nur** durch chemische Reaktionen in Elemente zerlegt werden können.

5. Als **Element** wird ein Reinstoff bezeichnet, der sich auch durch chemische Reaktionen **nicht** weiter in andere Stoffe zerlegen lässt. Die Elemente unterteilen sich in **Metalle** (glänzend, verformbar, hohe elektrische und Wärme-Leitfähigkeit), **Halb- und Nichtmetalle.** Es gibt im Universum etwa 109 Elemente. Aus ihnen bauen sich alle chemischen Verbindungen auf.

6. Alle Reinstoffe nehmen – abhängig jeweils von ihrer momentanen Temperatur und dem Druck – die drei **Aggregatzustände** fest, flüssig und/oder gasförmig ein.

7. Die **Konzentration** eines Stoffes in einem Stoffgemisch (z. B. einer Lösung) ist ein Maß für die Masse, Stoffmenge oder den Volumenanteil eines Stoffes pro Volumenanteil Stoffgemisch (bzw. Lösung). Sie wird in den Einheiten **mol/l (Stoffmengenkonzentration)** oder **g/l (Massekonzentration)** oder aber dimensionslos als Zahlenverhältnis in Form eines Molenbruches, Volumen- oder Masseanteils angegeben.

Üb(erleg)ungsaufgaben zu Kapitel 1.2

1. **Konzentrationsangaben:** Alkohol hat eine Dichte von ϱ = 0,7893 g/ml und eine molare Masse von M = 46,7 g/mol, das heißt: Eine Stoffmenge von 1 mol Ethanol (Trinkalkohol) entspricht einer Masse von 46,7 g reinem Alkohol. Wasser hat eine Dichte von ϱ = 1 g/ml und eine molare Masse von M = 18 g/mol.
   a) Berechnen Sie das molare Volumen von Alkohol und Wasser: Welches Volumen haben je 1 Mol Wasser und 1 Mol Alkohol?
   b) Wie viel g Alkohol und Wasser wären zu mischen, um einen Molenbruch χ_{Wasser} (ein Stoffmengenverhältnis von 1:1) zu erhalten?
   c) Welche Masse- und Volumenanteile (w_B bzw. φ_B) an Alkohol hätte diese Mischung dann?
   d) Ein Weißwein enthält 10,5 vol% Alkohol. Wie groß ist die Masse- und Stoffmengenkonzentration an Alkohol demnach?
   e) Beschreiben Sie, wie dieses Gemisch in Reinstoffe getrennt werden kann! Welche einzelnen Arbeitsschritte müssen Sie hierzu im Labor durchführen? Welche Arbeitsgeräte benötigen Sie? Und wie stellen Sie fest, ob die Trennung erfolgreich war?

2. **Stofftrennverfahren:** Schlagen Sie Stofftrennverfahren für folgende Stoffgemische vor. Geben Sie auch an, welche Stoffeigenschaften Sie zur Trennung der Bestandteile ausnutzen!
   a) Wasser und Benzin,
   b) Kochsalz und Iod,
   c) Sand und Wasser,
   d) Zucker und Wasser,
   e) Eisenpulver und Schwefelpulver,
   f) Öl und Fett.

3. **Aggregatzustandsänderungen:** Zählen Sie die drei Aggregatzustände auf und benennen Sie alle sechs zwischen ihnen möglichen Übergänge!

1.3 Grundlagen der Laborarbeit

1.3.1 Wie arbeiten Chemiker? (Laboratorien und ihre Laborordnung)

Im Unterschied zu den Probierstuben der Alchimisten sind die modernen Laboratorien in Forschung und Industrie zur **Sicherheit** der dort arbeitenden Menschen Laborordnungen und Betriebsanweisungen unterworfen. So werden z. B. Essen, Trinken, Geschmacksproben und Rauchen bei der Arbeit untersagt, Schutzbrillen und -kleidung und regelmäßige **Sicherheitsbelehrungen** vorgeschrieben. Auch sollte der Besuch eines Erste-Hilfe-Kurses oder zumindest das Studium wichtigster Erste-Hilfe-Regeln erfolgen.

Die größten **Unfallgefahren** und häufigsten **Verletzungsursachen** im Chemielabor (neben Stürzen, Quetschungen und Stauchungen) sind: **Glasbruch** (Schnittwunden), **Verbrennungen** (Brandwunden entstehen meistens durch Berühren heißer Gegenstände!), **Verätzungen** (insbesonders gefährdet sind ungeschützte Augen!), aber auch **Vergiftungen** (Abzüge benutzen! Hautkontakte mit Gefahrstoffen vermeiden!) und **Stromschläge.**

Sicherheitseinrichtungen – wie: Not-Aus-Knopf, Feuerlöschgerät, Augen- und Personendusche, Warnhinweise, Abzugs- und Belüftungseinrichtungen sowie spezielle Vorratsräume und Entsorgungseinrichtungen für Gefahrstoffe gemäß der **Gefahrstoffverordnung (GefStoffVO)** – dürfen in keinem Labor fehlen.

Vor dem Umgang mit Chemikalien hat sich jede(r), der/die in einem Chemielabor arbeitet, zudem über mögliche **Risiken und Gefahren** zu informieren (**„R-Sätze“**) und bei der Arbeit dementsprechende **Sicherheitsmaßnahmen** (**„S-Sätze“**) und **Entsorgungshinweise** (**„E-Sätze“**) zu befolgen. Diese haben nach der GefStoffVO in Kurzform auf allen größeren Vorratsflaschen für Chemikalien zu stehen.

So bedeuten R-/S-Sätze z. B. Folgendes: „R 1“ heißt: „In trockenem Zustand explosionsfähig“, „R 34“: „Verursacht Verätzungen“ und „S 24“: „Berührung mit der Haut vermeiden“.

Die für die Sicherheit im Labor unverzichtbaren Listen mit Warnhinweisen, R-/S- und E-Sätzen, die zu einigen wichtigsten Gefahrstoffen einzeln aufgeführt sind, finden Sie in Tabelle 8 im Anhang dieses Buches.

1.3.2 Die Laborgeräte

Eine gewisse **Grundaustattung an Laborgeräten** schließlich findet sich ebenfalls in jedem Labor. Die Geräte, die unentbehrlich sind für jeden Chemiker, finden Sie auf den folgenden Sonderseiten.

Abb. 1.3.1-1 Warnhinweise auf Vorratsbehältern für Gefahrstoffe

Aufgaben zur Erkundung des Arbeitsplatzes Chemielabor (Vorbereitungen für Laborversuche)

a) **Sicherheitsvorschriften und -einrichtungen:** Informieren Sie sich bei der Sicherheitsbelehrung durch den Lehrer/die Lehrerin über die **Sicherheitsvorschriften und -einrichtungen** im Labor: Wo befinden sich Not-Aus-Schalter, Löschdecke, Feuerlöscher, Erste-Hilfe-Kasten, Augen- und Personendusche? Was bedeuten Warnhinweise und R-/S-Sätze? Wie soll mit Gefahrstoffen umgegangen werden? Wie entsorgt man sie? Was gehört zur persönlichen Grundausrüstung im Labor?

b) **Arbeitsgeräte:** Suchen Sie sich in Arbeitsgruppen im Labor folgende **Geräte** zusammen bzw. merken Sie sich ihre **Standorte** im Labor: Reagenzgläser und Reagenzglasständer, Becherglas, Pipette, Bunsenbrenner, Trichter, Filter, Thermometer, Waage, Stativ mit Muffe und Klammer, Dreifuß mit Ceranplatte, Messzylinder, Abdampfschale, Tropfpipette, Magnesiarinne und -stäbchen, Kanister zur Entsorgung von Chemie-Abfällen. Sie werden diese Geräte für die folgenden Versuche benötigen. Am Ende des Labortages sind sie zu reinigen und wieder zurückzuräumen!

c) **Bunsenbrenner:** Zerlegen und untersuchen Sie den Bunsenbrenner. Bauen Sie ihn wieder zusammen, entzünden Sie das Gas bei leicht geöffneter Gaszufuhr und geschlossener Luftzufuhr. Wie ändert sich die Flamme, wenn Sie die Luftzufuhr langsam immer weiter öffnen? Suchen Sie mit dem Magnesiastäbchen die heißeste Stelle in der Brennerflamme: Wo glüht es zuerst? Wo sind Oxidations- und Reduktionszone?

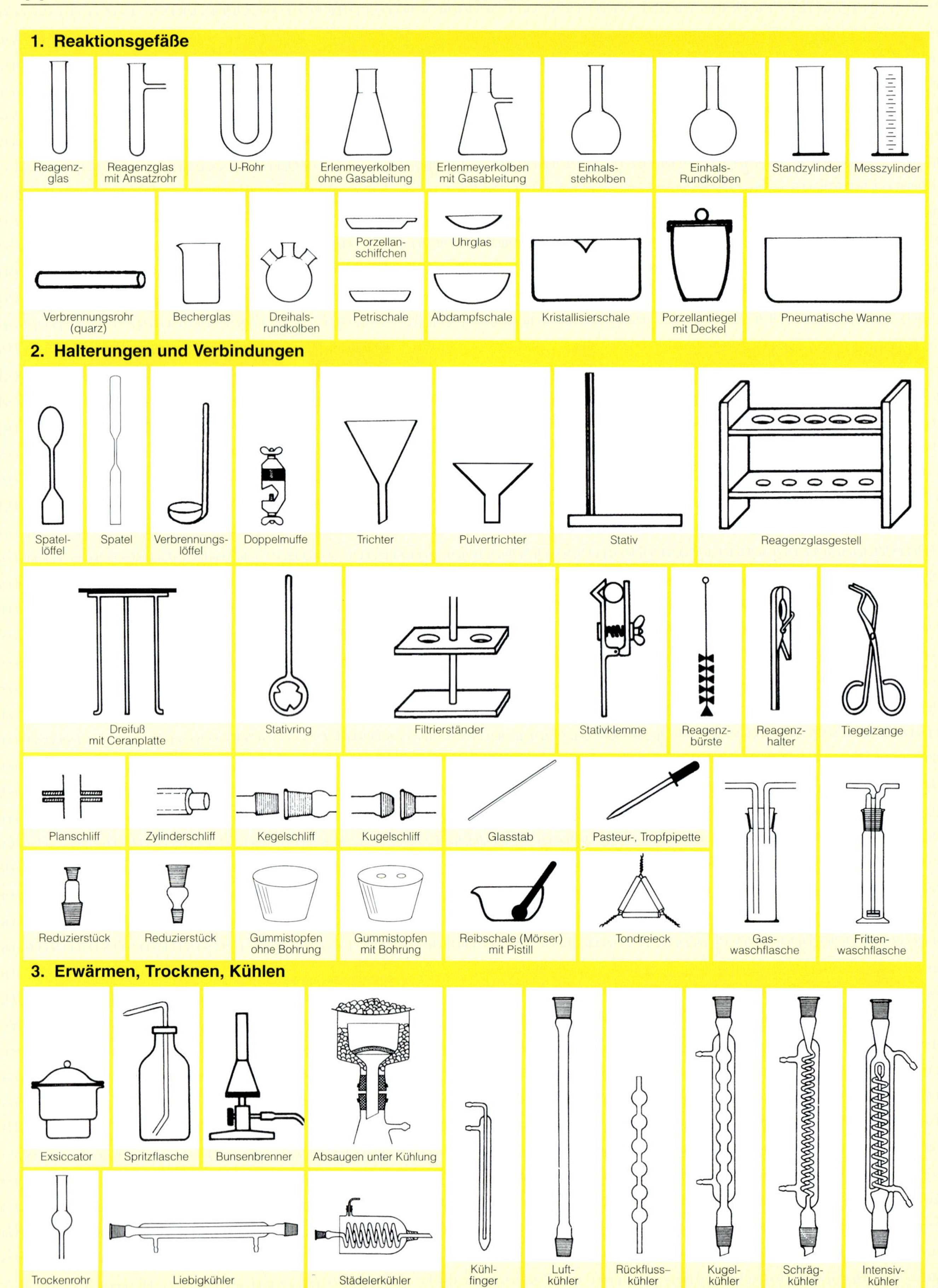
1. Reaktionsgefäße
Reagenzglas
Reagenzglas mit Ansatzrohr
U-Rohr
Erlenmeyerkolben ohne Gasableitung
Erlenmeyerkolben mit Gasableitung
Einhalsstehkolben
Einhals-Rundkolben
Standzylinder
Messzylinder
Verbrennungsrohr (quarz)
Becherglas
Dreihalsrundkolben
Porzellanschiffchen
Uhrglas
Petrischale
Abdampfschale
Kristallisierschale
Porzellantiegel mit Deckel
Pneumatische Wanne
2. Halterungen und Verbindungen
Spatellöffel
Spatel
Verbrennungslöffel
Doppelmuffe
Trichter
Pulvertrichter
Stativ
Reagenzglasgestell
Dreifuß mit Ceranplatte
Stativring
Filtrierständer
Stativklemme
Reagenzbürste
Reagenzhalter
Tiegelzange
Planschliff
Zylinderschliff
Kegelschliff
Kugelschliff
Glasstab
Pasteur-, Tropfpipette
Reduzierstück
Reduzierstück
Gummistopfen ohne Bohrung
Gummistopfen mit Bohrung
Reibschale (Mörser) mit Pistill
Tondreieck
Gaswaschflasche
Frittenwaschflasche
3. Erwärmen, Trocknen, Kühlen
Exsiccator
Spritzflasche
Bunsenbrenner
Absaugen unter Kühlung
Kühlfinger
Luftkühler
Rückflusskühler
Kugelkühler
Schrägkühler
Intensivkühler
Trockenrohr
Liebigkühler
Städelerkühler

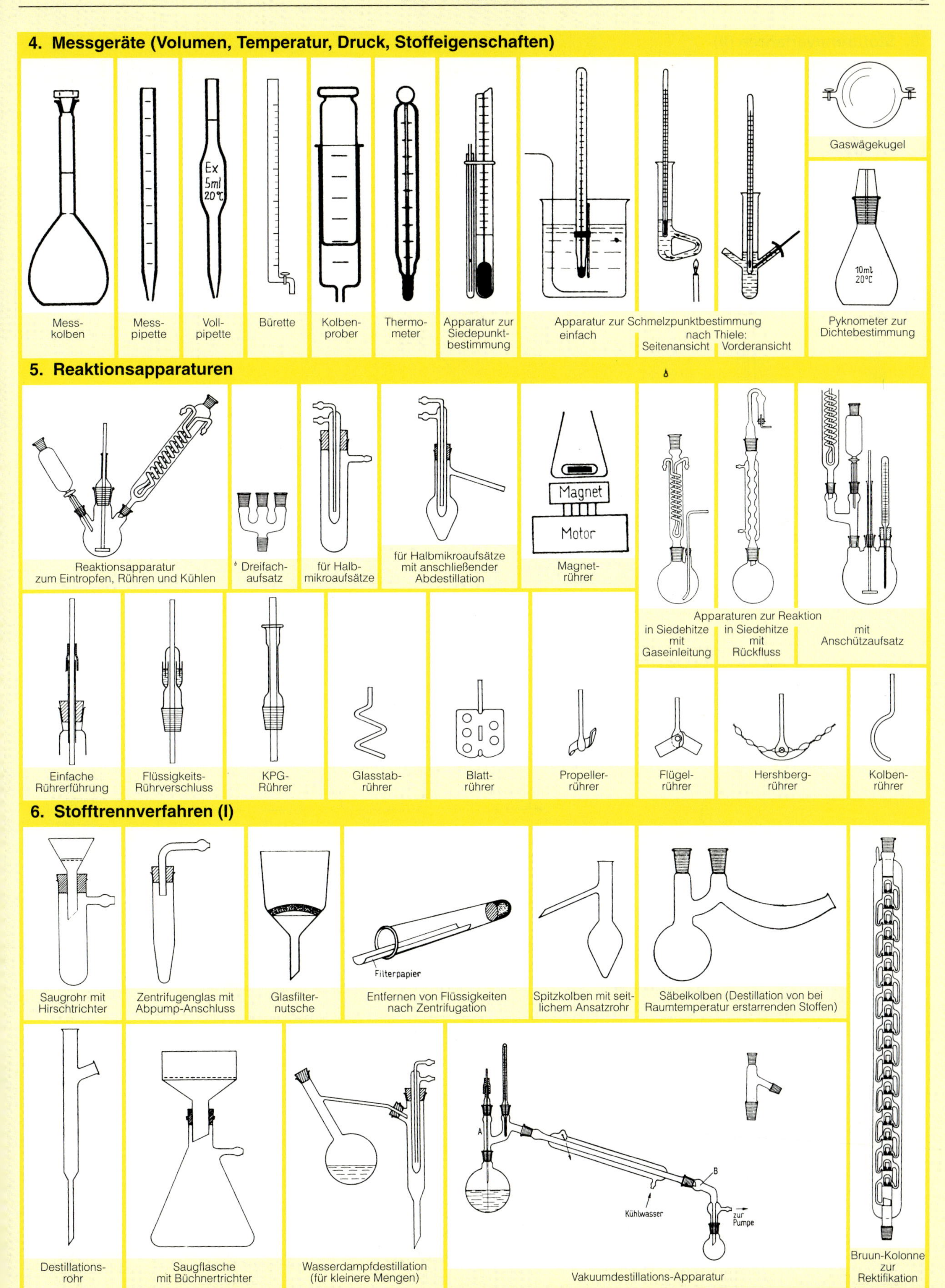
4. Messgeräte (Volumen, Temperatur, Druck, Stoffeigenschaften)
Ex
5ml
20°C
Mess-kolben
Mess-pipette
Voll-pipette
Bürette
Kolben-prober
Thermo-meter
Apparatur zur Siedepunkt-bestimmung
Apparatur zur Schmelzpunktbestimmung
einfach
nach Thiele:
Seitenansicht
Vorderansicht
Gaswägekugel
10ml
20°C
Pyknometer zur Dichtebestimmung
5. Reaktionsapparaturen
Reaktionsapparatur zum Eintropfen, Rühren und Kühlen
Dreifach-aufsatz
für Halb-mikroaufsätze
für Halbmikroaufsätze mit anschließender Abdestillation
Magnet
Motor
Magnet-rührer
Apparaturen zur Reaktion
in Siedehitze mit Gaseinleitung
in Siedehitze mit Rückfluss
mit Anschützaufsatz
Einfache Rührerführung
Flüssigkeits-Rührverschluss
KPG-Rührer
Glasstab-rührer
Blatt-rührer
Propeller-rührer
Flügel-rührer
Hershberg-rührer
Kolben-rührer
6. Stofftrennverfahren (I)
Saugrohr mit Hirschtrichter
Zentrifugenglas mit Abpump-Anschluss
Glasfilter-nutsche
Filterpapier
Entfernen von Flüssigkeiten nach Zentrifugation
Spitzkolben mit seitlichem Ansatzrohr
Säbelkolben (Destillation von bei Raumtemperatur erstarrenden Stoffen)
Destillations-rohr
Saugflasche mit Büchnertrichter
Wasserdampfdestillation (für kleinere Mengen)
A
B
Kühlwasser
zur Pumpe
Vakuumdestillations-Apparatur
Bruun-Kolonne zur Rektifikation

6. Stofftrennverfahren (II)

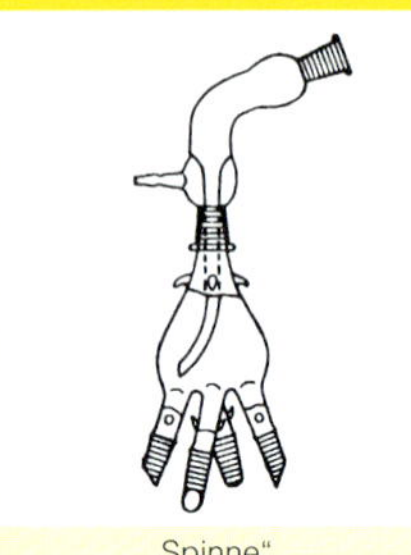

„Spinne"

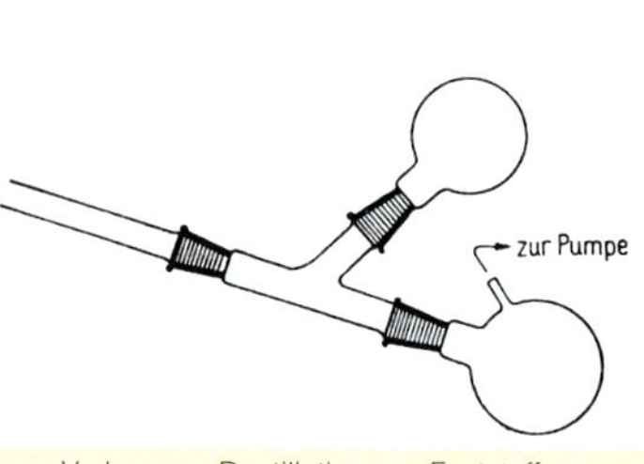

Vorlage zur Destillation von Feststoffen

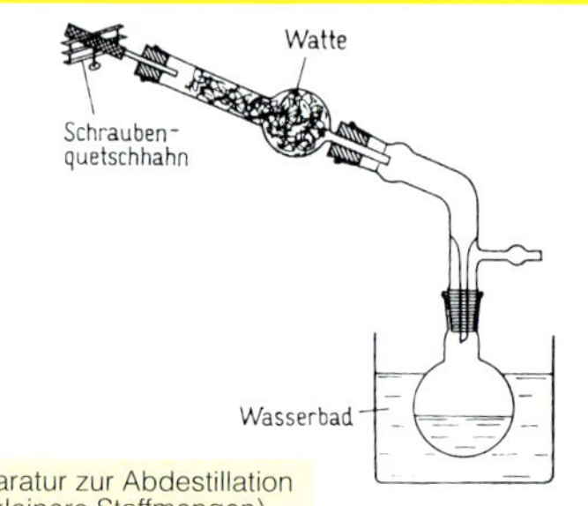

Apparatur zur Abdestillation (für kleinere Stoffmengen)

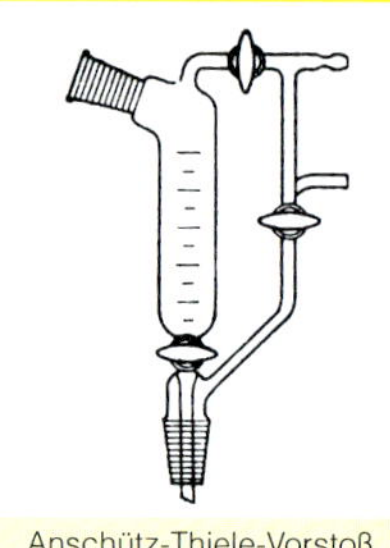

Anschütz-Thiele-Vorstoß

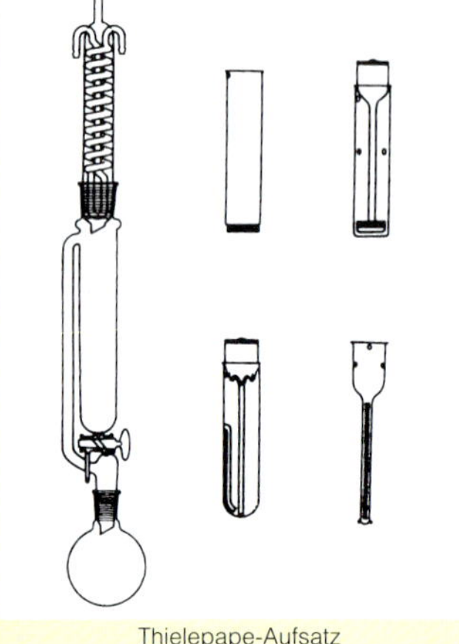

Thielepape-Aufsatz mit vier Einsatz-Typen zur Extration

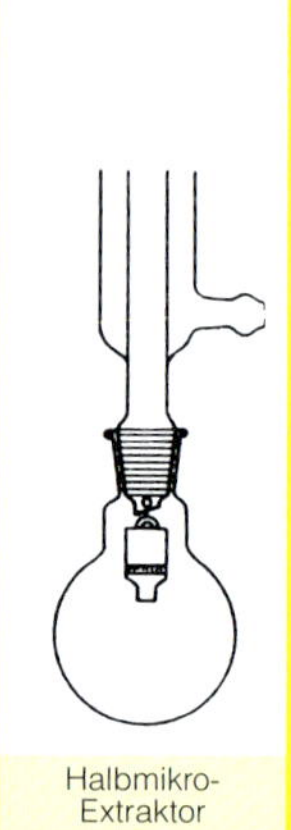

Halbmikro-Extraktor

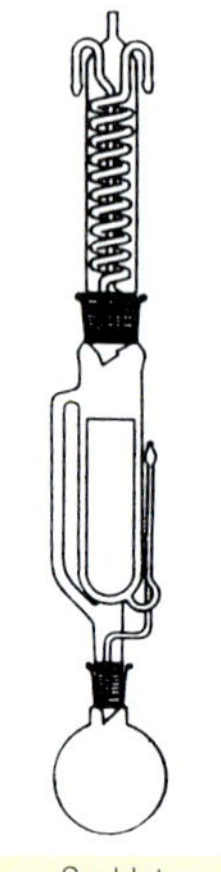

Soxhlet-Extraktor

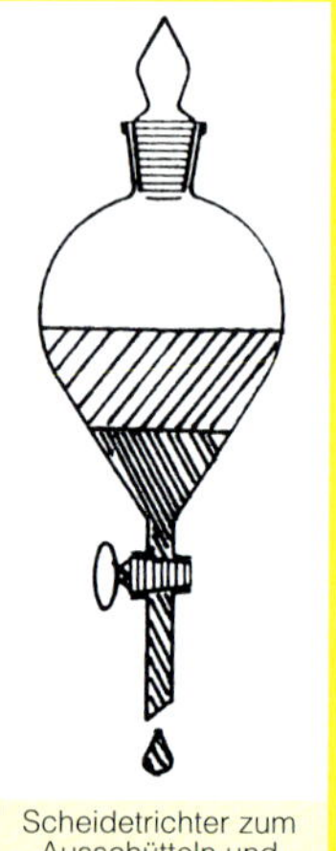

Scheidetrichter zum Ausschütteln und Extrakt-Abtrennen

Wasser-abscheider

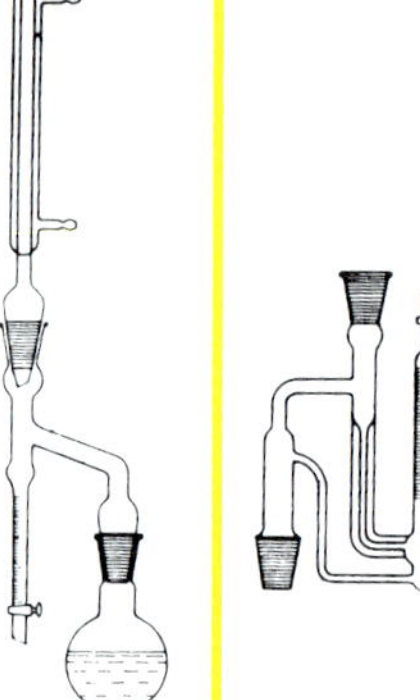

Wasser-abscheider

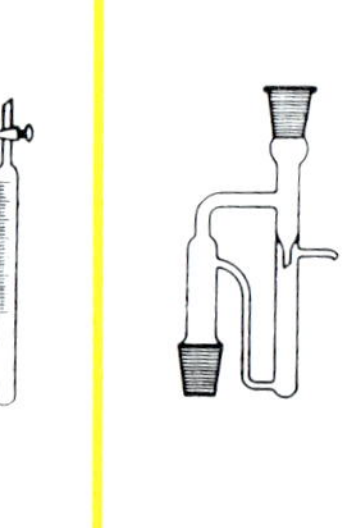

Wasser-abscheider

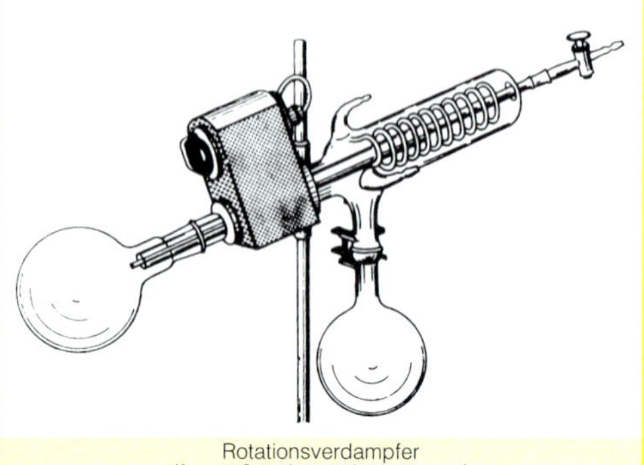

Rotationsverdampfer (für größere Lösemittelmengen)

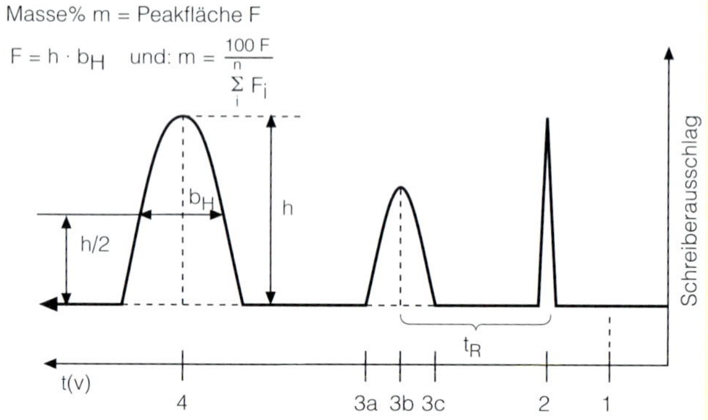

Gaschromatogramm, schematisch
1 = Injektion
2 = Luft Peak
3 = Standard-substanz (bekannter Peak)
4 = Analysen-substanz mit Bestimmung der Peakfläche nach der Dreiecks-methode

t_R = Retentionszeit (2 bis 3)

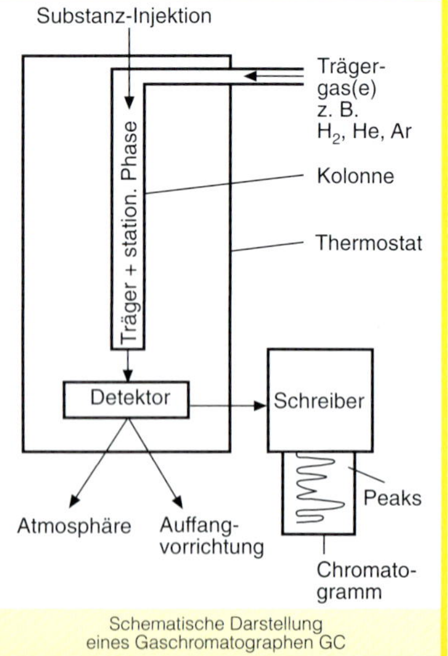

Schematische Darstellung eines Gaschromatographen GC

Chromato-graphie-rohre für die Adsorb-tionschroma-tographie

Zerstäuber (bringt Reagenz auf chromato-graphierte Stoffe, macht Chromato-gramm bei DC sichtbar)

Drei Arten der Papierchromatographie /DC: (Apparatur links, Chromatogramm rechts)

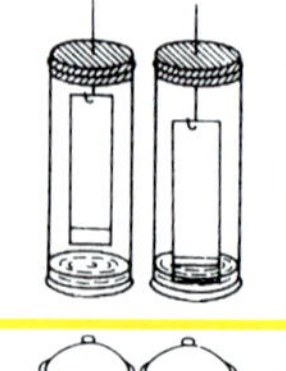

1. Aufsteigend
Das Papier hängt mit dem unteren Ende in der mobilen Phase, deren Aufsteigen durch die Kapillarkräfte bewirkt wird.

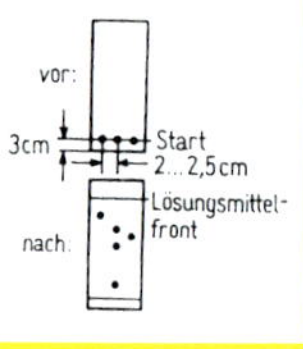

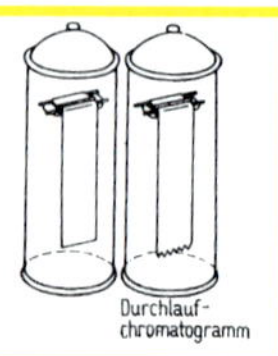

2. Absteigend
Das Papier taucht mit dem oberen Ende in die mobile Phase, deren Absteigen durch die Schwerkraft bewirkt wird.

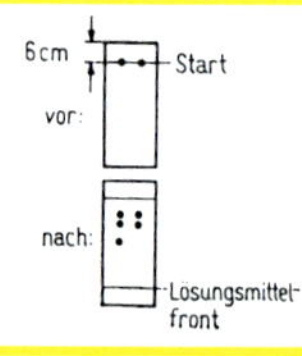

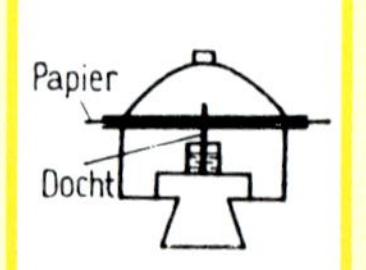

3. Radial-horizontal
Die mobile Phase wird in der Mitte eines runden Papierbogens kontinuierlich aufgebracht.

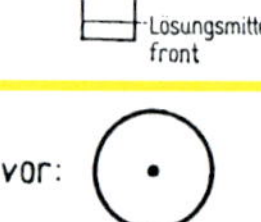

1.3.3 Labortechnische Grundoperationen

Eine der wichtigsten Tätigkeiten eines Chemikers im Labor ist es, Stoffgemische in Reinstoffe aufzutrennen – in so genannten **Trennoperationen.** Hierzu stehen ihm, dem Laboranten, ebenso wie den Chemietechnikern, in der großtechnischen Industrieproduktion eine ganze Reihe von **Laborgeräten** und **Stofftrenn- und -reinigungsverfahren** zur Verfügung:
vom (Aus-)**Sieben** über **Sedimentation** und **Dekantieren** oder die **Filtration** bis hin zum **Scheiden** (Trennung flüssiger Phasen), ferner die **Flotation,** das **Aus-/Umkristallisieren,** die **Extraktion,** das **Chromatographieren,** die **Sublimation, Destillation** und die Gegenstrom-Destillation-**Rektifikation** genannt (vgl. Tabelle 1.2.4-1, S. 10).

Die für diese Trennoperationen erforderlichen **Laborgeräte** finden Sie auf den Sonderseiten „Laborgeräte" S. 14–16 abgebildet.

Neben oben genannten Stofftrennverfahren gilt es im Labor oft, die so gereinigten Stoffe zur Untersuchung vorzubereiten **(Probenahme und -vorbereitung, Durchführung der Messung)** oder auch gezielt und in bestimmten Mengen mit anderen Reagenzlösungen und Substanzen zusammenzubringen **(Misch- und Lösevorgänge).**

Vom Ansatz her unterscheidet man hier **analytisches Arbeiten** (**Analyse** = Untersuchung eines Reinstoffes oder Stoffgemisches auf Art, Eigenschaften und Menge vorhandener Bestandteile – in der Regel durch Messungen und/oder chemische Reaktionen) und **präparatives Arbeiten** (**Synthese** = gezieltes Herstellen bestimmter Präparate zur Verwendung als Rohstoff, Reagenz oder Untersuchungssubstanz durch chemische Reaktionen).

Zur Durchführung kontrollierter chemischer Reaktionen bedarf es neben der **Vermischung** und **Messung** oft auch der gezielten **Erwärmung** (im Sand-, Öl-, Wasserbad, im Kolben mit Pilzheizhauben, in Reagenz- und Bechergläsern, Quarzrohren oder Abdampfschalen oder auch direkt in der Brennerflamme oder dem Muffelofen) oder **Abkühlung** (Wasser- oder Luftstromkühlung, Abkühlung im Kältegemisch von Salz und Eis oder Ethanol und Trockeneis, also festem Kohlendioxid), des **Unterdruckes** (Wasserstrahl- oder Vakuumpumpe), bestimmter Gasatmosphären (Kipp'scher Gasentwickler, Gasdruckflaschen) oder der **Zuführung elektrischer Energie** (Elektroden, Gleichstromquelle/Transformator).

In modernen Labors existieren zudem viele technische und elektrische Apparaturen, z. B. für die **instrumentelle Analyse.** Diese werden in einem späteren Kapitel dieses Buches vorgestellt (Kap. 3.3).

Übungsaufgaben

Zählen Sie alle Geräte, Sicherheitsmaßnahmen, Apparaturen und Arbeitsschritte auf, die zur Durchführung folgender „Laboroperationen" erfoderlich sind:

a) Lösen von 1 g Wachs in 100 ml Petroleumbenzin,
b) Destillation eines Rotweines,
c) Gefrieren einer Salzlösung im Reagenzglas,
d) Herstellung von genau 240 ml Kohlendioxidgas aus konz. Salzsäure und Kalk- oder Marmorpulver,
e) Reaktion von Aluminiumpulver mit 1 Tropfen Brom (flüssig).

Schlagen Sie die **R-/S-Sätze** der genannten Gefahrstoffe nach (in Tabelle 8 im Anhang, in der Betriebsanweisung und oder Versuchsvorschriften des Lehrers/Ausbilders – oder Ihrem Schul-/Ergänzungsheft für Ihren Laborunterricht bzw. das Laborpraktikum zu diesem Buch)!

Abb. 1.3.3-1 Beispiel einer Reaktion
Das blaue Salz Kupfersulfat kann durch Aluminium „zerlegt" werden (Analyse), Aluminiumsulfat [$Al_2(SO_4)_3$] wird „synthetisiert".

Acetylen-Flasche explodierte

Münster. Zu einem Einsatz am Kesslerweg wurde gestern die Feuerwehr gerufen. Auf einem Betriebsgelände brannte eine Schrottpresse. Nach Auskunft der Wehr war aus ungeklärten Gründen wohl eine Acetylen-Flasche (gasförmiger Kohlenwasserstoff, der für Schweißarbeiten gebraucht wird) in die Presse geraten, die unter Druck explodierte und dadurch einen Folgebrand auslöste. Die Umgebung der Presse wurde gekühlt, die Maschine selbst entleert und das brennende Material schnell gelöscht.

Chemikalien verwechselt

Wuppertal. Eine Verwechslung war Ursache für die Explosion von Wuppertal, durch die über 100 Menschen verletzt worden sind. Das meldete die Bayer AG gestern: Danach wurde bei der Herstellung eines Zwischenproduktes für ein Anti-Parasitenmittel Pottasche und Ätzkali vertauscht. Beim Aufheizen sei es zu einer heftigen Reaktion gekommen, die zu einer Explosion geführt hätte. Eine Gesundheitsgefahr habe „zu keinem Zeitpunkt" bestanden, meldete ein Firmensprecher.

Zum Thema Arbeitssicherheit

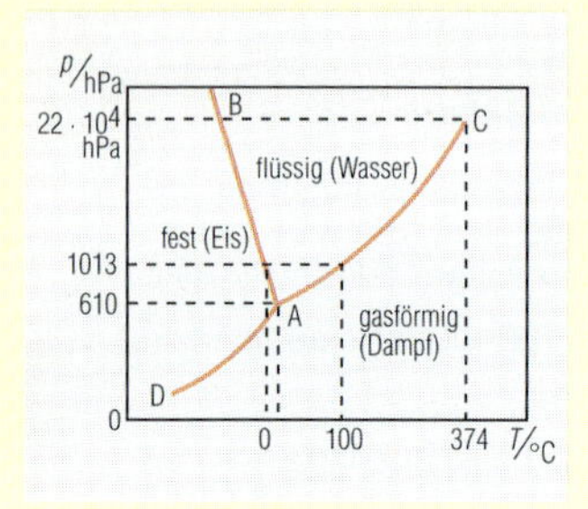

Abb. 1 Zustandsdiagramm

Wasser siedet bei p = 1013 hPa und eine T = +100 °C. Bei +0,009 °C und 610 hPa kann es sieden **und** gefrieren (Tripelpunkt). Oberhalb von T = +374 °C oder p = 22 MPa – bei 218 atm – werden Sieden und Kondensation unmöglich (kritischer Punkt).

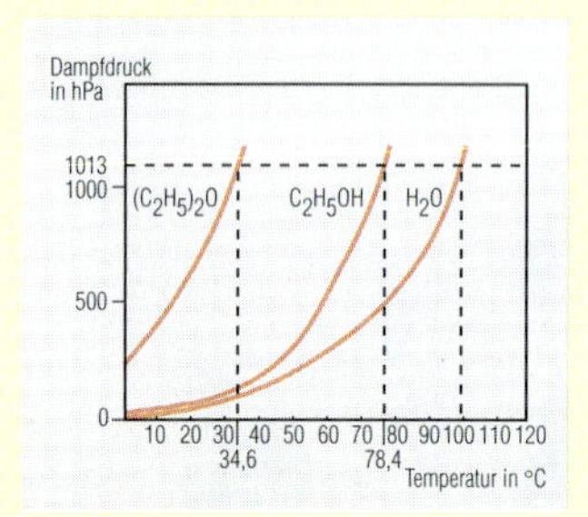

Abb. 2
Dampfdruck und Polarität

Wasser (zwei polare O–H-Bindungen pro Molekül) siedet bei T = +100 °C, Ethanol (eine O–H-Bindung) jedoch bei +78,4 °C. Ether (unpolar) siedet bei +34,5 °C – trotz höherer molarer Masse!

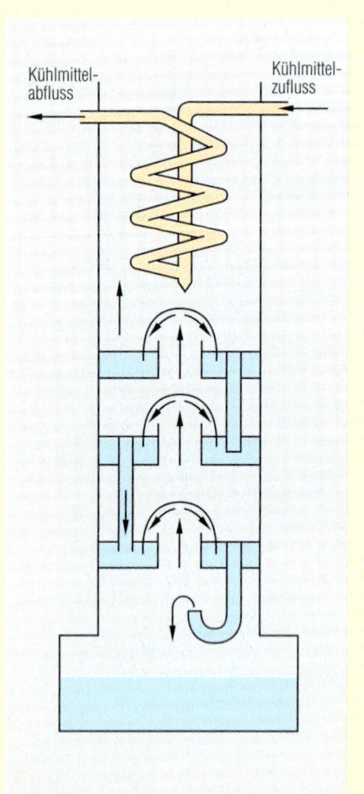

Abb. 5
Bödendarstellung in Rektifikationskolonne (schematisch)

Bereits die Alchimisten des Mittelalters entdeckten, dass man Stoffgemische durch Erhitzen trennen kann. Die ausgetriebenen Dämpfe kühlten sie in Glaskolben und gewannen so Flüssigkeiten, die sie z. B. Holz-, Wein- und Salmiakgeist nannten.

Die einfache **Destillation** beruht auf der gezielten Überschreitung des Siedepunktes der flüchtigsten Komponente eines Stoffgemisches – sie wird im **Destillat** angereichert. Ihr Siedepunkt hängt ab von der molaren Masse M (je kleiner das Molekül, um so flüchtiger), der Polarität des Moleküls und dem Druck p. Der Außendruck wirkt dem Bestreben der Teilchen entgegen, in die gasförmige Phase überzutreten (= Dampfdruck p der Flüssigkeit). Am Siedepunkt halten sie sich die Waage:

$$p_{\text{Außen}} = p_{\text{Dampf}}$$

und über die **Clausius-Clapeyron'sche-Gleichung**

$$\frac{\text{d} \ln p}{\text{d} T} = \frac{\Delta H_{\text{Verd.}}}{\text{R} \cdot T^2}$$

wird der Dampfdruck einer Flüssigkeit über ihre Verdampfungsenthalpie $\Delta H_{\text{Verd.}}$, die Konstanten R und C berechenbar:

$$\ln p = -\frac{\Delta H_{\text{Verd.}}}{\text{R} \cdot T} + C$$

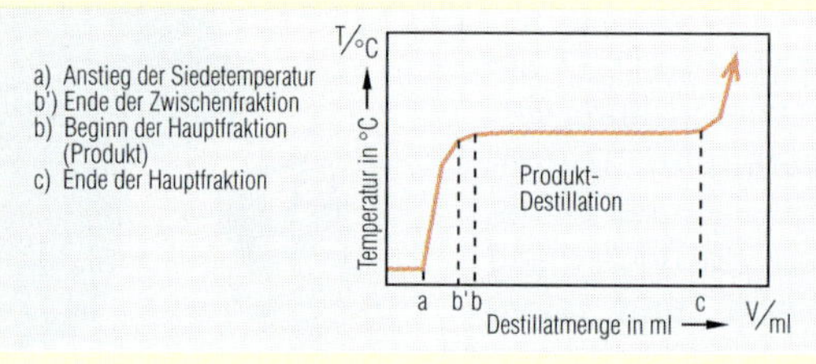

Abb. 3 Siedekurve

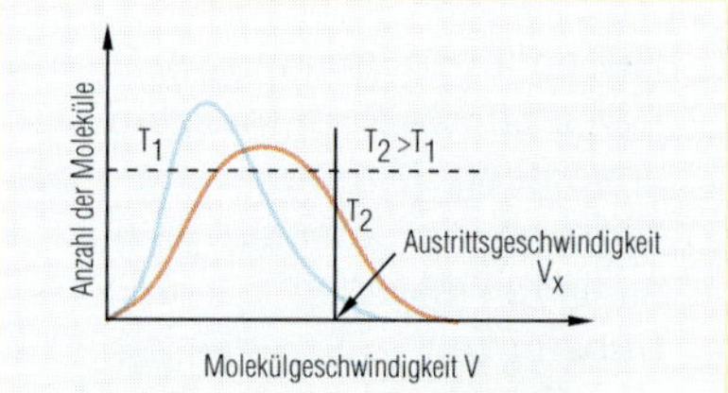

Abb. 4 Geschwindigkeitsverteilung

Trägt man die Destillatmenge (in ml) in einem v/T-Diagramm auf (Abb. 3), so ergibt sich die so genannte **Siedekurve.** Sie zeigt, dass schon vor Erreichen der Siedetemperatur einige Tropfen Destillat in die Vorlage gelangen können. Der Grund dafür liegt darin, dass **die Geschwindigkeit der Moleküle** statistisch verteilt ist – ganz so wie die Durchschnittsgeschwindigkeit von Marathonläufern. Bei Temperaturerhöhung erhöht sich die Durchschnittsgeschwindigkeit der Teilchen. Der Anteil derer, die die Austrittsgeschwindigkeit und somit die Gasphase erreichen, nimmt also zu. Auch bei Raumtemperatur können einige besonders schnelle Moleküle diese Geschwindigkeit schon erreichen. Das ist der Grund dafür, dass Wasser schon bei +20 °C verdunsten kann, ohne zu sieden.

Flüssigkeiten, deren Siedepunkte nun nahe beieinander liegen, sind destillativ schwer zu trennen. Man könnte das Gemisch mehrmals destillieren, um die Trennwirkung zu erhöhen, das Destillat ständig zurückfließen lassen (Destillation unter Rückfluss; **Gegenstromdestillation**) – oder aber mehrere Trennböden in die Trennsäule einbauen. Füllt man die Trennsäule jedoch komplett mit Füllkörpern an, so wird der Dampf-Kondensat-Kontakt in diesem Gegenstrom so stark, dass eine **Rektifikation** abläuft: eine wiederholte Destillation des durch Rückfluss aufgefangenen Kondensates. Im Verlaufe der Rektifikation ändert sich die Konzentration des Gemisches langsam, bis dass eine im Vergleich zur Destillation viel vollständigere Trennung erreicht worden ist (vgl. Abb. 6).

Im Labor ebenso wie in der Industrie sind daher Destillationsapparaturen und Rektifikationskolonnen unentbehrliche Hilfsmittel geworden. Selbst Gemische aus mehr als zwei Flüssigkeiten wie **Erdöl** oder verflüssigte, tiefkalte **Luft** können so in ihre Bestandteile aufgetrennt werden (vgl. Kap. 4.1 und 5.1 dieses Buches zur Chemie und Technologie der Luft und des Erdöls).

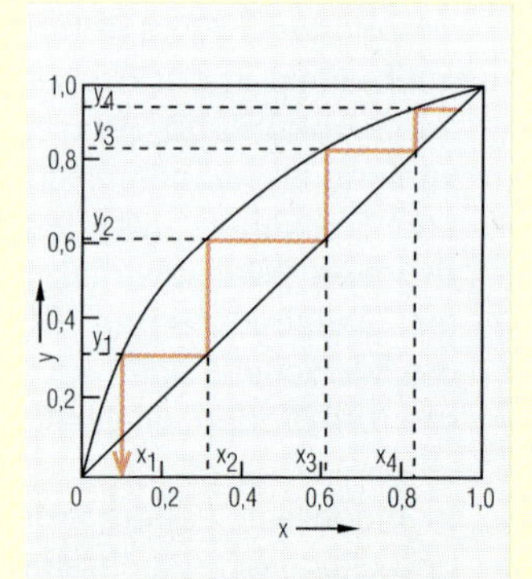

Abb. 6
Konzentrationsänderung bei der Rektifikation

Grafisch kann hier die Anzahl theoretischer Böden in einer Kolonne ermittelt werden.

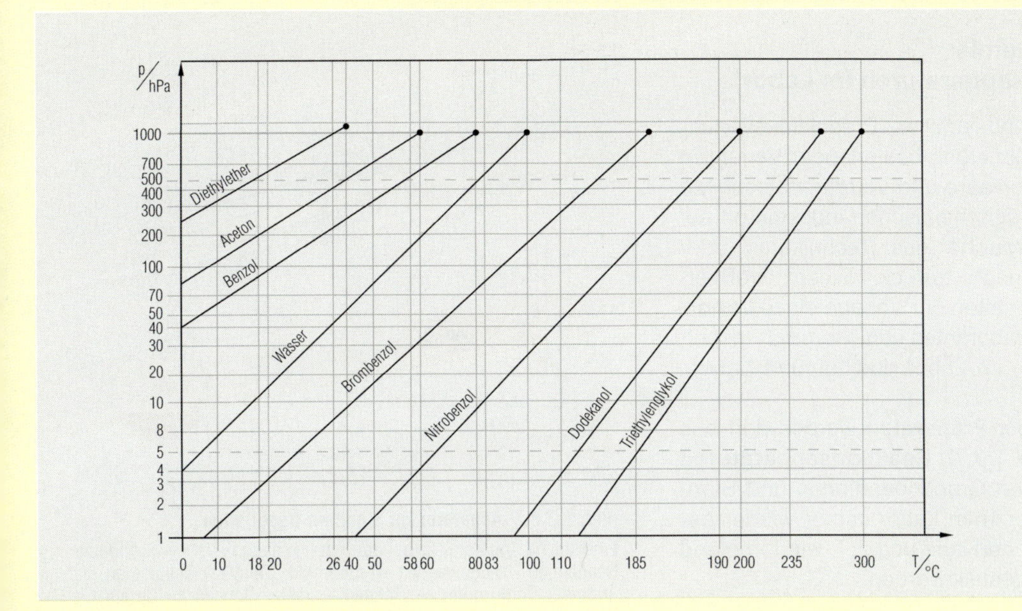

Abb. 7
Abhängigkeit der Siedetemperatur vom Druck

Wenn nun aber die Siedetemperatur, wie oben beschrieben, vom Außendruck abhängt, dann lassen sich sogar hitzeempfindliche Flüssigkeiten destillativ abtrennen, die sich beim Erwärmen normalerweise schon vor Erreichen ihres Siedepunktes zersetzen würden: durch die **Vakuumdestillation.** Dieser „Trick" funktioniert in seiner einfachsten Version im Labor folgendermaßen: Man nehme einen stabilen, ggf. dickwandigeren Glaskolben mit dem zu destillierenden, hitzeempfindlichen Gemisch, setze eine Destillationsbrücke auf und erzeuge über eine **Wasserstrahlpumpe** Unterdruck. Der Druckabfall wirkt auf das Gemisch nun wie eine Temperaturerhöhung, denn wir hatten ja festgestellt, dass am Siedepunkt die Gleichgewichtsbeziehung $p_{Außen} = p_{Dampf}$ gilt – also kann der Siedepunkt statt durch Temperaturerhöhung auch durch Außendruck-Minderung erreicht werden.

Manchmal tritt jedoch der Fall auf, dass zwei Flüssigkeiten sich auch durch mehrfache Destillation nicht trennen lassen: Ihr Gemisch bildet ein **Azeotrop.** Azeotrope sind Gemische von Flüssigkeiten, deren Schmelzpunkt ein Minimum aufweisen – sie liegen sogar tiefer als die des flüchtigen Reinstoffes. Es ist gerade so, als ob sich die Flüssigkeiten magisch anziehen: Die Anziehungskräfte zwischen den Molekülen können selbst durch Destillation nicht überwunden werden. Jeder Weinbrand-Destillateur kennt dieses Phänomen: „Absoluter" Alkohol (absolut wasserfrei) kann nicht abdestilliert werden, er enthält stets einen Rest von 4 Masse-% Wasser, denn dieses Gemisch siedet bei +78,15 °C – reiner Alkohol jedoch bei 78,3 °C. In einem solchen Fall ist wiederum ein „Trick" möglich: Man setzt dem Wasser-Ethanol-Azeotrop eine dritte Flüssigkeit hinzu, ein **„Schleppmittel".** Hierfür geeignet wäre also ein Stoff, der eine der beiden Flüssigkeiten abstößt, sich nicht mit ihr mischt. In unserem Beispiel Benzen (ältere Bezeichnung: Benzol) – eine nicht mit Wasser mischbare, unpolare Flüssigkeit. Bei der Destillation des neuen, nicht azeotropen **Drei-Komponenten-Gemisches** würden nun zunächst alle drei Stoffe überdestillieren, bis schließlich ein Stoff (hier das Wasser, das vom Benzol „abgestoßen" wird) völlig entfernt ist. Zurück bliebe ein Benzen-Ethanol-Gemisch.

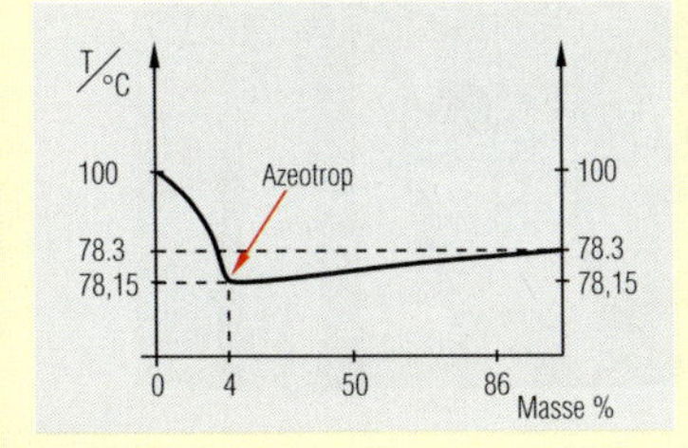

Abb. 8
Das Azeotrop Wasser–Ethanol

Binäre azeotrope Gemische ►
Die Tabelle zeigt häufig im Labor vorkommende Azeotrope mit Wasser (H_2O), Ethanol (C_2H_5OH), Methanol (CH_3OH) und andere Lösemittel. Auch 3, 4 oder mehr Lösemittel können Azeotrope bilden.

Azeotropes Gemisch (binär)	Azeotrop-Siede-Punkt in °C	Siedepunkt der Komponenten in °C		Azeotrop-Zusammensetzung in Masse-%	
Wasser – Ethanol	78,15	100	78,3	4	96
Wasser – Ethylacetat	70	100	78	9	91
Wasser – Methansäure	107,3	100	100,7	23	77
Wasser – Dioxan	87	100	101,3	20	80
Wasser – Tetrachlorkohlenstoff	66	100	77	4	96
Wasser – Benzen (Benzol)	69,2	100	80,6	9	91
Wasser – Toluen (Toluol)	84,1	100	110,6	20	80
Ethanol – Ethylacetat	72	78,3	78	30	70
Ethanol – Benzen (Benzol)	68,2	78,3	80,6	32	68
Ethanol – Chloroform	59,4	78,3	61,2	7	93
Ethanol – Tetrachlorkohlenstoff	64,9	78,3	77	16	84
Ethylacetat – Tetrachorkohlenstoff	75	78	77	43	57
Methanol – Tetrachlorkohlenstoff	55,7	64,7	77	21	79
Methanol – Benzen (Benzol)	48,3	64,7	80,6	39	61
Chloroform – Aceton	64,7	61,2	56,4	80	20
Toluen – Ethansäure	105,4	110,6	118,5	72	28

1.3

1.3.4 Präparative Chemie (und Reaktionsapparaturen im Labor)

Zur Entwicklung neuer, industrieller Produktionsverfahren – oder auch zur Optimierung bestehender Verfahren – greifen die Chemieingenieure und Verfahrenstechniker in Produktionsbetrieben der chemischen Industrie oft auf halbtechnische **Großversuche** (des „Technikums“ oder der „Entwicklungsabteilung“) zurück. Diese Großversuche entstammen nicht selten der Vorlage eines **Laborversuches,** den Chemielaboranten und chemisch-technische Assistenten (CTAs) im Labor durchgeführt haben.

Zur Herstellung von Labor-**Präparaten** werden dort aus den Laborgeräten (Kap. 1.3.2) **Reaktionsapparaturen** aufgebaut. Die wichtigsten Grundoperationen und Standardapparaturen, die hierzu im Labor immer wieder benutzt werden, sollen hier nun kurz und z. T. wiederholend in Kap. 1.3.5 – 1.3.7 vorgestellt werden.

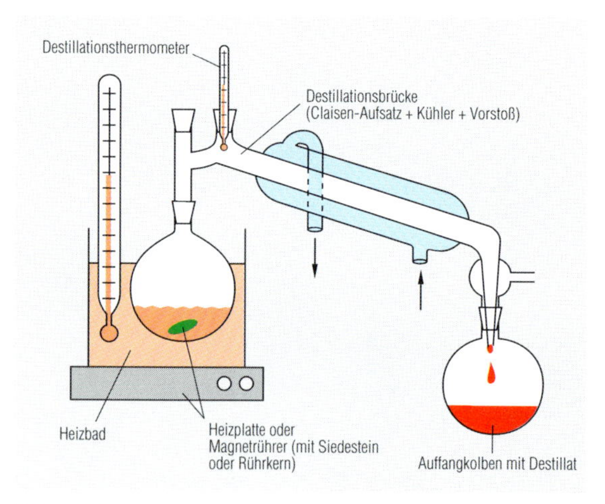

Abb. 1.3.5-1 Apparatur zur Standard-Destillation

Eine solche Apparatur kann natürlich – je nach Art der verwendeten Reagentien – abgewandelt werden. Mit „Destille“ sollte man sie übrigens nicht immer bezeichnen – dieses Wort ist für Geräte zur Herstellung von Branntwein (und für den Branntwein-Ausschank allgemein) reserviert ...

1.3.5 Die Destillation

Eine Destillation erfolgt beim **Sieden** eines Flüssigkeits- oder Reaktionsgemisches, wenn der **Dampf** der jeweils flüchtigsten Komponente gekühlt und kondensiert wird. Sie kann – je nach **Gleichgewichtslage** des Reaktionsgemisches – unter unterschiedlichen Bedingungen ablaufen. Hierzu sind dann unterschiedliche Apparaturen erforderlich:

a Die Standardapparatur für eine **Destillation unter Normaldruck** (Abb. 1.3.5-1) besteht aus einem **Einhals-Rundkolben** (z. B. mit Normschliff NS 29; beheizt durch ein Ölbad oder eine Pilzheizhaube) mit **Destillationsbrücke** (= Claisen-Aufsatz, Liebigkühler und Siede-(punkts-)thermometer), **Vakuumvorstoß** und **Vorlage** (zum Auffangen des Destillates). Der Vorlagekolben kann z. B. in einem Korkring auf einer Hebebühne („Laborboy“) mit Drahtnetz-Auflage ruhen.
Zur Abdestillation besonders flüchtiger Umsetzungsprodukte wird die Vorlage in ein **Kältebad** gestellt (Eiswasser, als Kühlsole Eis-Kochsalz-Gemische oder gar – im Extremfall – in ein Trockeneis-Ethanol-Bad).

b Für eine **Vakuumdestillation** (zur Absenkung des Siedepunktes durch Druckminderung) wird die Standard-Destillationsapparatur (a) z. B. am Vakuumvorstoß mit einer **„Spinne“** versehen (sie enthält mehrere, drehbare Vorlagekölbchen) und über eine **Woulfe'sche Flasche** (mit Belüftungshahn und Manometer) an eine vakuumziehende Wasserstrahlpumpe angeschlossen.

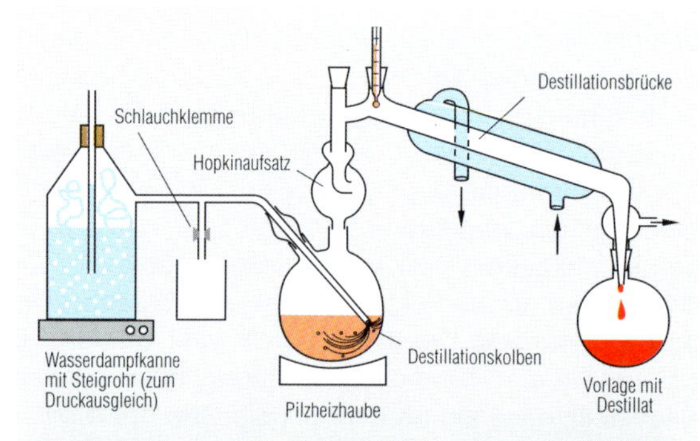

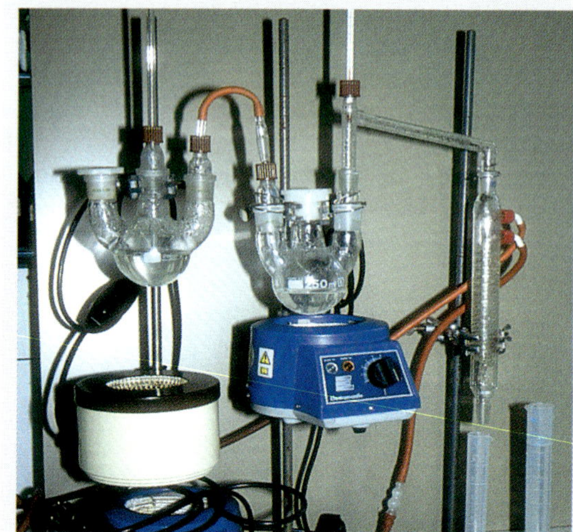

Abb. 1.3.5-2 Apparatur zur Wasserdampf-Destillation

Die Grafik zeigt die Standardapparatur mit Wasserdampfkanne (links). Bei Bedarf kann der Destillationskolben (Mitte) mit einer 2. Pilzheizhaube nachgeheizt werden. Entscheidend ist hierbei die Kontrolle der Siedetemperatur. Das z. T. noch nicht kondensierte Destillat durchläuft einen Rückflusskühler (rechts). Als Vorlage dient ein Messzylinder (rechts außen).

Je nach Wassertemperatur erreicht man so bei relativ hohem Wasserverbrauch (ca. 1 l Wasser pro 0,6 l gefördertes Gas!) und ausreichendem Wasserdruck ca. 1000–2000 Pa (= 10–20 hPa). Alternativ werden auch Drehschieberölpumpen oder – für ein Hochvakuum unter 0,13 Pa – Quecksilber- oder Öl-Diffusionspumpen eingesetzt.

1.3.6 Reaktionen in Siedehitze

Wenn das Umsetzungsprodukt **nicht** aus dem Reaktionsgemisch abdestilliert werden soll, so sind andersartige Apparaturen bzw. Versuchs-Aufbauten erforderlich. Oft soll die Reaktion nämlich trotzdem in **Siedehitze** oder zumindest bei **erhöhter Innentemperatur** ablaufen (was bei den so genannten „organischen" Kohlenstoff-Verbindungen fast immer erforderlich ist). Auch ein **Rührvorgang** oder eine **Zugabe von Edukten** können **während der Reaktion** erforderlich sein. Hierzu gibt es folgende Varianten:

a) Die Apparatur zum **Kochen unter Rückfluss.** Sie stellt die einfachste Variante dar und besteht aus einem heizpilz-, paraffin-, siliconöl- oder ölbadbeheiztem Einhals-Rundkolben mit aufgesetztem Rückfluss- oder Dimrothkühler, Normschliff-Trockenrohr (mit $CaCl_2$ zum Feuchtigkeitsausschluss) und ggf. einem Bad-Thermometer.

b) Die Apparatur für einen **Zufluss bei Siedehitze:** Sie besteht z.B. aus einem beheiztem Einhals-Rundkolben mit Anschützaufsatz (NS 29) oder aber einem **Zweihals-Rundkolben** mit senkrecht aufgesetztem **Tropftrichter** (graduiert, NS 29), seitlich aufgesetztem Rückfluss- bzw. Intensivkühler (mit Gasableitungsstück und/oder Normschliff-Trockenrohr und ggf. einem Bad-Thermometer).

c) Zum **Zufluss bei Siedehitze unter Rühren** ist der Aufbau auf einem **Dreihals-Rundkolben** (Nr. I in Abb. 1.3.6-1 oben links) erforderlich. Hier empfiehlt sich ein Dreihals-Rundkolben mit drei **senkrechten** NS 29, da der dritte Hals (Mittelschliff) für Rührerhülse und -welle benötigt wird (z.B.: KPG-Rührer mit Schwenkflügel-Rührblatt).

d) Zur gleichzeitigen Messung der **Innentemperatur** wird Apparatur Nr. II in Abb. 1.3.6-1 oben rechts benötigt: Ein Seitenschliff des Dreihals-Rundkolbens trägt einen **Anschütz-Aufsatz mit Rückflusskühler und Tropftrichter** (beiden wird je ein NS-Trockenrohr aufgesetzt), der andere Seitenschliff ein **Innenthermometer** (mit Quickfit-Kernschliff-Schraubverbindung).
Alternativ könnte hier die zuvor unter c) beschriebene Apparatur Nr. I benutzt werden.

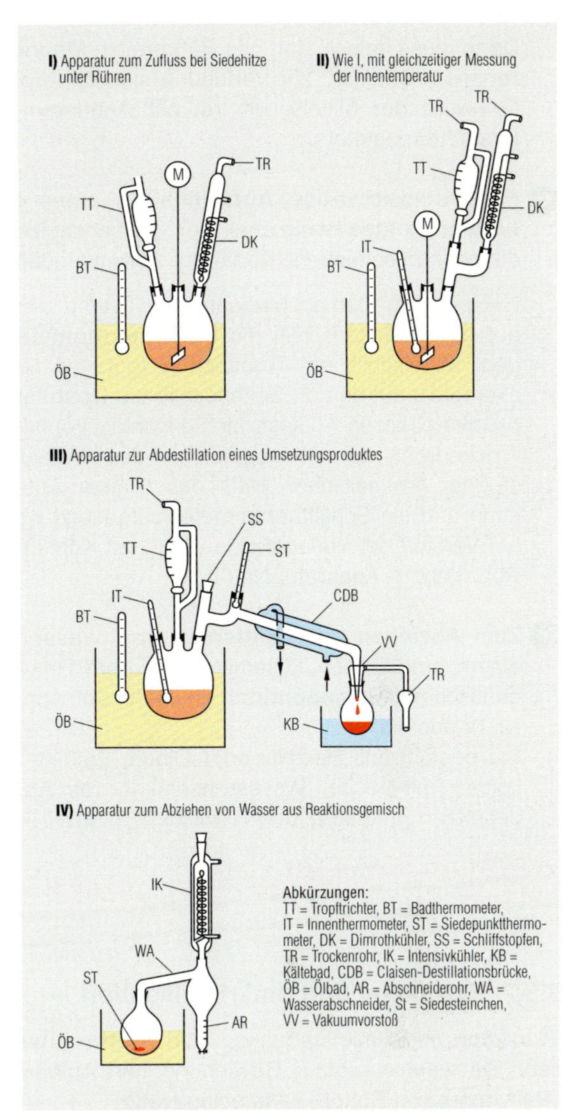

Abb. 1.3.6-1 Apparaturen für Reaktionen bei Siedehitze

Üb(erleg)ungsaufgaben

1. Zeichnen oder kopieren Sie die Glasgeräte aus Kap. 1.3 auf Karteikarten, OHP-Folien- oder Papierschnipsel ab. Bauen Sie hieraus auf dem Papier oder Overhead-Projektor die im Text der Kap. 1.3.5–1.3.7 beschriebenen Apparaturen auf! Diskutieren Sie im Team die Funktion der einzelnen Apparatur-Teile. Welche Auswirkungen hätte das Weglassen oder Umordnen der Apparaturteile? Welche Varianten wären möglich?
2. Welche Geräte und Apparaturen benötigen Sie für folgende Laborarbeiten (R-/S-Sätze)?
   a) Umsetzung von Ethanol mit Benzoesäure und Trennung des Produktes Ethylbenzoat (Benzoesäureethylester) von der wässrigen Phase,
   b) Umsetzung von Ethylbenzoat mit Natronlauge zu Ethanol und Benzoesäure, Abtrennung der Benzoesäure durch Vakuumdestillation und Reinigung durch Umkristallisation.

Dann muss jedoch statt des Rührers ein **Magnetrührer** mit „Rührfisch" zur Verfügung stehen: In diesem Fall wird der Mittelschliff frei zur Anbringung des Innenthermometers.

e Für die gleichzeitige **Abdestillation eines Reaktionsproduktes** ist ein ähnlicher Versuchsaufbau wie die oben beschriebene Apparatur zu verwenden:

Heizpilz oder -bad auf Magnetrührer, Dreihals-Kolben, auf einem Seitenschliff ein **Innenthermometer,** auf dem Mittelschliff ein Tropftrichter (ggf. mit NS-Trockenrohr), auf dem 2. Seitenschliff die **Destillationsbrücke** (Claisen-Aufsatz, Liebig-Kühler, Vorstoß) mit Trockenrohr am Absaugstutzen des Vakuumvorstoßes. Am seitlichen Hals des Claisen-Aufsatzes kann nun ein Schliffthermometer aufgesetzt werden, am Vorstoß der Vorlagekolben (ggf. mit Kühlung, vgl. Abb. 1.3.6-1, Apparatur Nr. III).

f Zum **Abziehen oder Entfernen von Wasser** oder einem organischen Lösemittel aus dem Reaktionsgemisch (mit **Schleppmittel**) empfiehlt sich Apparatur Nr. IV aus Abb. 1.3.6-1.
Sie besteht aus Heizpilz oder Ölbad, Einhals-Rundkolben (mit NS 29), Wasserabscheider (am Abscheidestutzen graduiert) und Rückfluss-(Intensiv-)kühler.

1.3.7 Extraktion und Umkristallisation

Extraktion und Umkristallisation sind **Stofftrennverfahren.** Sie werden oft zur Gewinnung und Aufbereitung (Reinigung) von Rohprodukten eingesetzt.

a Der **Soxhlet-Extraktor** wird hierzu – mit Papphülse und Extraktionsgut bestückt – auf einen ölbadbeheizten Kolben mit seitlich aufgesetztem Rückflusskühler aufgebaut. Das Extraktionsgut kann so auch **digeriert** werden („digerieren" = mit einem Mehrfachen des Volumen an Extraktionsmittel kochen). Man gewinnt hier **„Extrakte".**

b Zur **Umkristallisation** kann ein Einhals-Rundkolben auf einem Heizpilz mit einem Dimrothkühler bestückt werden (Abb. 1.3.7-1). Auf diesem sitzt dann der Tropftrichter mit Druckausgleich und – zum Ausschluss von Feuchtigkeit – ein NS-Trockenrohr mit Kalziumchlorid ($CaCl_2$). Durch die Umkristallisation wird das erhaltene Rohprodukt gereinigt. Das (Um-) **Kristallisat** wird anschließend von der Mutterlauge durch **Abnutschen** befreit (Saugflasche mit Büchner-Trichter oder Glasfilternutsche, Wasserstrahlpumpe).

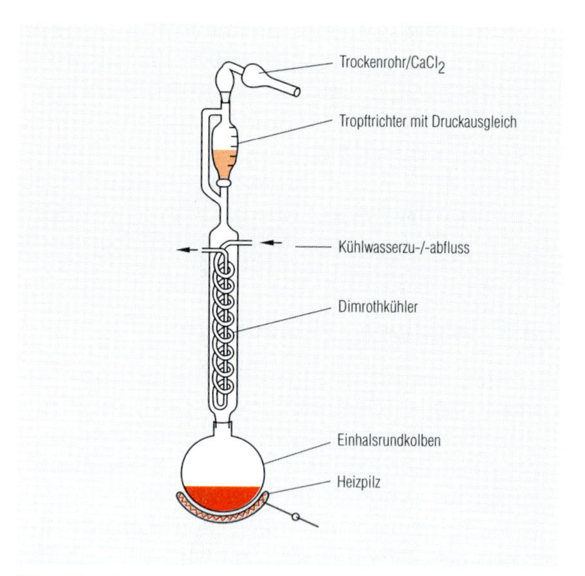

Abb. 1.3.7-1 Standardapparatur zur Umkristallisation

Beispiele für präparative Arbeitsvorschriften (Teil I)

1. **Darstellung und Analyse von Benzoesäure**
Sie benötigen ein Rührwerk mit 250 ml Rückflussapparatur und sollen eine Vakuumfiltration durchführen (Nutsche). Im 250 ml Mehrhals-Rundkolben werden 100 ml Natronlauge (w_{NaOH} = 0,08) und 20 g Benzoesäureethylester (= Ethylbenzoat) vorgelegt und 90 min unter Rühren am Rückfluss gekocht. Die klare Lösung wird mit 35 ml Wasser verdünnt und das Gemisch auf 20 °C abgekühlt. Nun wird so lange Salzsäure (w_{HCl} = 0,08) zugetropft, bis die Suspension auf pH 2–3 absinkt (Kontrolle mit Universalindikatorpapier UIP) und die entstandene Ausfällung abgenutscht. Sie wird dreimal mit wenig kaltem Wasser gewaschen und über mehrere Stunden oder über Nacht bis zur Massekonstanz auf einer Petrischale getrocknet (Trockenschrank, 90 °C).
Bestimmen Sie von der Rohbenzoesäure die Säurezahl (SZ – wird in Kap. 3.4.2 erklärt; Mehrfach-Bestimmung), geben Sie den Rest in den gereinigten Mehrhalskolben zurück und führen Sie mit Wasser eine Umkristallisation durch und trocknen Sie das Umkristallisat.
Bestimmen Sie die Masse der erneut getrockneten, nun gereinigten Benzoesäure (zur Berechnung der Ausbeute: theoretische und tatsächliche Ausbeute) und führen Sie eine SZ-Bestimmung der Reinbenzoesäure durch.
Zur SZ-Bestimmung sind 200–250 mg der Substanz in einem Erlenmeyerkolben auf 4 Nachkommastellen genau einzuwiegen und in 20 ml Brennspiritus zu lösen (Blindwert bestimmen!). Anschließend werden zu den Proben 50 ml Wasser zugegeben und mit Maßlösung, c_{KOH} = 0,1 mol/l, gegen Phenolphthalein als Indikator titriert.

2. **Carboxylierung von Phenolen:**
In einem 500-ml-Rundkolben mit Magnetrührer, Heizpilz und Rückflusskühler werden 85 g $KHCO_3$ + 19 g Resorcin und 170 ml Wasser gelöst und 120 min am Rückfluss gekocht. Anschließend versetzt man das abgekühlte Gemisch VORSICHTIG und zunächst tropfenweise mit konz. Salzsäure (es entweicht CO_2-Gas!). Wenn der pH-Wert dauerhaft unter 3 bleibt, wird im Eisbad auf 0 °C abgekühlt, das Kristallisat abgenutscht und das Rohprodukt aus Wasser unter Aktivkohle umkristallisiert. Ausbeute: Sie erhalten so etwa 6–8 g 2,4-Dihydroxybenzoesäure.

1.3.8 Präparatives Arbeiten

Die „präparative" Arbeit sollte – wie jede Laborarbeit – sorgsam, **planmäßig** und möglichst **effektiv** gestaltet werden (vgl. Zusammenfassung zu Kap. 1.3 und Abb. 3.1.1-3). Im Allgemeinen sind dazu folgende Arbeitsschritte **(Laboroperationen)** erforderlich:

Arbeitsschritt	Hinweise/Ziele
1. Studium der Arbeitsvorschrift (ganz) und der R-/S-/E-Sätze aller Pro- und Edukte der Reaktion	Stoffeigenschaften und Reaktionsarten kennen, Vorsichts- und Sicherheitsmaßnahmen treffen!
2. Aufstellen eines Planes über die durchzuführenden Arbeiten, mögl. Variante festlegen	Reihenfolge der Arbeitsschritte festlegen (Leerzeiten vermeiden, Effizienz anstreben!)
3. Stoffe und Geräte überprüfen (Reinheit) und bereitstellen	übersichtliche Anordnung, ggf. Vor- oder Blindversuche
4. Aufbau der Apparatur	Funktionsprüfung!
5. Einleiten und Steuern der Umsetzungsprozesse	Beobachtungen und Abänderungen notieren!
6. Abtrennen, Aufbereiten und Auswiegen des Roh-/Endproduktes	sorgfältige Übertragung und Reinigung des Rohproduktes anzielen
7. Analyse des Präparates (Identifizierung, Reinheitsprüfung)	analytische Methoden einsetzen zur Prüfung der Qualität der Arbeit
8. Dokumentation: Protokoll übersichtlich gliedern, Arbeitsablauf bzw. -schritte auflisten, Arbeitsergebnis deuten (Analyseergebnis, Ausbeuteberechnung)	Gliederung: a) Arbeitsaufgabe, b) Stoffe und Geräte, c) Durchführung, d) Beobachtungen, e) Ergebnisse und Deutungen (Ausbeute? Reinheit?)
9. Protokoll archivieren	für spätere Vergleiche!

Als Beispiele für präparative Arbeitsanweisungen finden Sie hier vier relativ unterschiedliche, typische **Versuchsvorschriften** aus der „organischen" Chemie (Seite 22 und 23). Hier sollten Sie zunächst einmal die entsprechenden Versuchsaufbauten (Reaktionsapparaturen) und **Verfahrensweisen** und erforderliche Sicherheits-Maßnahmen **überlegen** und diskutieren, vielleicht auch üben, diese und ähnliche **Apparaturen** im Labor **aufzubauen.**

In den vier hier beschriebenen Beispielen laufen folgende chemische Reaktionen ab:

1. Die brennbare Flüssigkeit Benzoesäureethylester (Ethylbenzoat) wird mit Wasser und mithilfe von Salzsäure in Ethanol und Benzoesäure zerlegt,
2. der Stoff Resorcin wird mit dem Salz Kaliumhydrogencarbonat ($KHCO_3$) zu 2,4-Dihydroxybenzoesäure umgesetzt,
3. Salizylsäure und Essigsäureanhydrid reagieren zum Arzneimittel „Aspirin",
4. Hexandisäure und Ethanol verbinden sich zu Hexan- bzw. Adipinsäurediethylester.

Abb. 1.3.8-1 Formeln berühmter Präparate

Links die der Acetylsalicylsäure („Aspirin", ein Arzneimittel), rechts die Formel des Laborpräparates Ascorbinsäure („Vitamin C", ein Endiol).

Beispiele für präparative Arbeitsvorschriften (Teil II)

3. **„Aspirin" – Acetylierung von Salicylsäure:**
   Für eine der Synthese von Acetylsalicylsäure im **Halbmikro-Maßstab** vermischen Sie in einem (Erlenmeyer-) Kolben 5 ml Essigsäureanhydrid mit 2 g Salicylsäure (offizieller Name nach „IUPAC": ortho-Hydroxybenzoesäure) und 5 Tropfen konz. Schwefelsäure. Erhitzen Sie das Gemisch 2–3 Minuten im Wasserbad und hydrolysieren Sie anschließend das überschüssige Anhydrid durch Zugabe einiger Tropfen Wasser zur noch heißen Lösung. Geben Sie nun 100 ml Wasser hinzu, saugen Sie den entstandenen Niederschlag ab (Nutsche) und waschen Sie ihn mit kaltem Wasser (mehrmals). Das Rohprodukt wird über Nacht bei 90 °C getrocknet.
   (Zur **präparativen** Durchführung im größeren Maßstab wäre ein beheizter Rundkolben mit aufgesetztem Rückflusskühler erforderlich. Das Rohprodukt sollte dann umkristallisiert, getrocknet, ausgewogen und einer SZ-Bestimmung und/oder IR-Spektroskopie unterzogen werden!)

4. **„Diethyladipat-Synthese durch azeotrope, säurekatalysierte Veresterung":**
   Zur Herstellung eines Präparates Hexandi- bzw. Adipinsäurediethylester geben Sie in einen 500-ml-Rundkolben mit Heizpilz, Wasserabscheider und Rückflusskühler mit Trockenrohr 100 ml Benzen (Benzol, **Vorsicht: krebserzeugend, giftig beim Einatmen!**) als Schleppmittel, 80 g Ethanol (oder Brennspiritus), 72 g Adipinsäure und ca. 5 g para-Toluolsulfonsäure-monohydrat als Katalysator.
   Das Gemisch wird am Rückfluss gekocht, bis das Wasservolumen im Abscheider konstant bleibt (mindestens 5–6 Stunden, sofern nicht unterbrochen wird!). Anschließend lässt man abkühlen und zieht das überschüssige Ethanol sowie das Schleppmittel Benzol am Rotationsverdampfer im Vakuum ab (Wasserstrahlpumpe).
   Der Kolben wird nun in eine Vakuum-Destillationsapparatur eingebaut. Legen Sie vorsichtig ein Wasserstrahl-Vakuum an und führen Sie eine fraktionierte Destillation durch. Sie erhalten bei einer achtstündigen Siedehitze ca. 80–95 g farblose Flüssigkeit (Siedepunkt im Wasserstrahl-Vakuum bei 136 °C, $n^{20}_D = 1{,}428$, Formel: $C_2H_5O\text{–}CO\text{–}(CH_2)_4\text{–}CO\text{–}O\text{–}C_2H_5$).

Noch Hinweise zu den vier Präparaten Seite 22 und 23: Acetylsalicylsäure ($C_9H_{10}O_3$), Hexandisäure ($C_7H_{12}O_4$), Kohlendioxid (CO_2), Wasser (H_2O), Salicylsäure ($C_7H_6O_3$) und Benzoesäure ($C_7H_6O_2$) haben keine R-/S-Sätze, der Stoff Resorcin heißt „offiziell", d. h. nach „IUPAC" 1,3-Dihydroxy-benzol / Benzol ist **giftig:** Warnhinweise T+F / R 45-11-48/23/24/25; S 53–45. Weitere R-/S-Sätze siehe Tabelle 1.3.8-1 (S. 24).

Am Beispiel der in Praktika oft durchgeführten **Synthese von Essigsäureethylester** (ein gutes Lösemittel für Farben und Lacke!) zeigen sich die Unterschiede präparativen Arbeitens zur Halbmikrotechnik:

- In der **Halbmikrotechnik** werden einfach je 10–15 ml Ethanol und Essigsäure sowie 1–2 ml konz. Schwefelsäure eingesetzt. Der Ester wird in einem **Halbmikro-Destilliergerät** abgetrennt. Dieses besteht aus einem 25-ml-Destillierkolben im Heizbad mit aufgesetztem Tropftrichter, einem Kühlfinger, der in einen Destilliervorstoß taucht, und der Vorlage (Abb. 1.3.8-2, links). Ausbeute: maximal ca. 13 ml Ester (relativ unrein).
- In der **präparativen** Variante (Abb. 1.3.8-2, rechts) kann eine größere Ausbeute höherer Reinheit erzielt werden, insbesonders durch Einsatz einer erhöhten Eduktmenge an Alkohol.

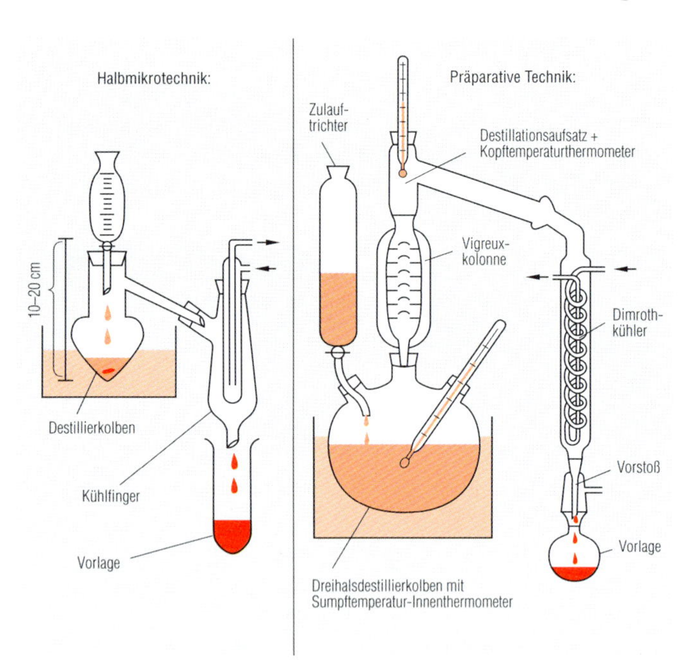

Abb. 1.3.8-2 Essigsäureethylester-Synthese

Links die Apparatur zur Durchführung im Halbmikromaßstab, rechts für eine größere Präparat-Menge

Bei der größeren Versuchsdurchführung (vgl. Text) ist z. B. zu beachten, dass die Apparatur spannungsfrei aufgebaut wird, dass die Destillations-Geschwindigkeit (etwa 0,5 Tropfen je Sekunde bei einem Rücklaufverhältnis von ca. 1:5) durch **Steuerung der Heizung** (hier ideal: elektrisch beheiztes Wasserbad) der Zutropfgeschwindigkeit angeglichen werden kann und dass der **Scheidetrichter** aufgrund der CO_2- Entwicklung mehrmals entlüftet wird. Als Hauptdestillat ist die Fraktion im Bereich 76,5–78,0 °C abzutrennen.

Die sieben erforderlichen Arbeitsschritte – nach den vorbereitenden Arbeiten – wären hier:

1. je 25 ml Ethanol (96 %) und konzentrierte Schwefelsäure sowie einige Siedesteinchen in einen 250-ml-Dreihalskolben geben,
2. den Kolbeninhalt auf 80 °C bringen und aus dem Tropftrichter nach und nach ein Gemisch aus je 200 ml Ethanol und Essigsäure zutropfen lassen. Der Kolbeninhalt wird dabei bis zum Sieden erhitzt und der gebildete Ester über die Vigreuxkolonne abdestilliert, bis die Kopftemperatur in der Kolonne etwa 80 °C erreicht (Siedepunkte: Ester = 77 °C, Ethanol = 78 °C, Essigsäure = 118 °C, Wasser = 100 °C),
3. das Destillat im Scheidetrichter portionsweise mit 1 mol/l Sodalösung versetzen (entfernt Essigsäure!) und durchschütteln, bis die organische Phase neutral reagiert. Wässrige Phase abtrennen,
4. Rohester im Scheidetrichter mit dem gleichen Volumen an $CaCl_2$-Lösung (50 %) schütteln und wässrige Phase abtrennen (= „Aussalzen" von Ethanol),
5. isolierten Rohester mit gekörnten $CaCl_2$ versetzen und im Scheidetrichter schütteln (= Entfernen von in Wasser gelöstem Ester),
6. den so getrockneten Rohester mit einer Vigreuxkolonne erneut destillieren,
7. Estervolumen (Ausbeute) messen und Reinheitsbestimmungen vornehmen (optische Brechzahl n_D = 1,3736, ϱ_{Ester} = 0,8997 g/ml).

Abschließend wird die **Ausbeute** in Bezug auf die eingesetzte Essigsäuremenge berechnet (vgl. Kap. 1.5.7 zur Ausbeuteberechnung („Stöchiometrie") und Kap 1.5.9 zum Massenwirkungsgesetz, abgekürzt oft: MWG!).

Stoffname(n)	Summenformel	R- und S-Sätze	Warnhinweise
Benzoesäureethylester	$C_9H_{10}O_2$	R 11; S 16-23-29-33	F
1,3-Dihydroxybenzol	$C_6H_6O_2$	R 22-36/38; S 2-26	Xn
Essigsäureanhydrid	$C_2H_5O_3$	R 10-34-36; S 26-45	C, Xi
Essigsäureethylester	$C_5H_{10}O_2$	R 11; S 16-23-29-33	F
Ethanol	C_2H_6O	R 11; S 7-16	F
Kaliumhydrogencarbonat	$KHCO_3$	R 21/22; S 2-13-17-46	Xi
Natronlauge	NaOH	R 35; S 1/2-26-37/39-45	C
Salzsäure	HCl	R 34-37; S 1/2-26-45	C
Schwefelsäure (konzentriert)	H_2SO_4	R 35; S 1/2-26-30-45	C
(*para*-)Toluolsulfonsäure	$C_7H_8SO_3$	R 34; S 1/2-26-37/39-45	C, Xi

Tabelle 1.3.8-1 Formeln und R-/S-Sätze zu einigen der oben genannten Stoffen

Zusammenfassung zu Kapitel 1.3

Hinweise zur Laborarbeit

Neben der Beachtung der Risiken, die der Umgang mit Gefahrstoffen in sich trägt **(R-Sätze),** und der Vorkehrung entsprechender Sicherheitsmaßnahmen **(S-Sätze)** ist eine erfolgreiche, sichere Arbeit im Chemielabor nur möglich, wenn folgende Arbeitsgrundsätze befolgt werden:

1. Stets genau nach **Versuchsvorschrift** / Betriebsanweisung arbeiten; Mengen- und Chemikalienangaben genau einhalten!
2. Arbeitsplatz und -geräte **saube**r halten – Geräte nach Benutzung **sofort** reinigen und wegräumen!
3. **Versuchsaufbau und -durchführung** nach der Lektüre der R-/S-Sätze und Versuchsvorschriften zunächst **planen,** Geräte und Chemikalien bereitstellen, Apparatur aufbauen und **erst dann** den Versuch durchführen!
4. Laufende Versuche **genau beobachten,** alle Beobachtungen und Messwerte notieren! Legen Sie sich hierzu für den Laborunterricht ein Heft zu (fest gebunden, keine losen Zettel) zum Notieren von Versuchsbeobachtungen und Messergebnissen während der Laborarbeit (als Schmierheft) und ein evtl. weiteres Heft zum Abheften (oder besser: Einkleben) der Laborordnung (Betriebsanweisung), der R-/S-Sätze, aller Versuchsvorschriften, zum Verfassen der **Arbeitsberichte und Versuchsprotokolle** nach der Laborarbeit.

Üb(erleg)ungsaufgaben zu Kapitel 1.3

1. Zählen Sie die **Warnhinweise für Gefahrstoffe** auf, ordnen Sie ihnen die Abkürzungen C, E, F+, F, O, T+, T, Xi und Xn zu und nennen Sie jeweils einen Gefahrstoff, der mit einem dieser Warnhinweise gekennzeichnet werden muss!

2. Beschreiben oder skizzieren Sie folgende **Laborapparaturen und Versuchsaufbauten** mit allen für diese labortechnischen Operationen erforderlichen Bestandteilen:
   a) die folgenden Kleingeräte: Stativ mit Doppelmuffe und Klemme, Erlenmeyerkolben mit Ansatzrohr, Zweihals-Rundkolben, Gas- oder Frittenwaschflasche, Dreifachaufsatz und Kühlfinger,
   b) eine Apparatur zur Abdestillation eines Umsetzungsproduktes oder Lösemittels,
   c) Apparaturen zur Standard- und zur Wasserdampfdestillation,
   d) eine Reaktionsapparatur mit Dreihals-Rundkolben als Reaktionsgefäß zum Eintropfen, Rühren und Kühlen.

3. Zählen Sie einige Sicherheitseinrichtungen im Labor sowie dort für den Umgang mit Chemikalien geltenden **Gesetze und Verbote** auf **(Betriebsanweisungen, Laborordnung). Begründen** Sie diese Ge- und Verbote! Warum sind z. B. Kunststoff-Kittel, Sandalen, Rauchen und Trinken sowie das Absetzen der Schutzbrille an heißen Sommertagen in Laboratorien untersagt? Welche Funktionen erfüllen R-/S-/E-Sätze und Sicherheitsbeauftragte?

4. Welche **Sicherheits- und Entsorgungsmaßnahmen** müssen Sie beachten bzw. treffen, wenn Sie z. B. den Auftrag bekommen, eine Lösung von 5 g Quecksilberoxid in 100 ml konzentrierter Salpetersäure herzustellen? Wie wären nach Versuchsende
   a) ein Rest dieser Lösung und
   b) verdünnte Ammoniumdichromatlösung zu entsorgen?

5. Welchen **Grund** haben folgende, für den **Umgang mit Vollpipetten** geltenden Regeln?
   a) Die Pipettenspitze sollte unversehrt sein,
   b) die Flüssigkeit ist nicht mit dem Mund, sondern mit dem Peleus- oder Saugball anzusaugen,
   c) sie ist nicht bis, sondern über die Marke hinaus anzusaugen – nicht aber in den Saugball hinein,
   d) nach dem Abnehmen des Saugballes ist die Pipette sofort mit dem Finger zu schließen,
   e) die Pipette wird danach von außen mit Zellstoff abgewischt,
   f) man darf den Flüssigkeitsmeniskus durch leichtes Nachgeben des Fingers nur bei senkrecht gehaltener Pipette absinken lassen,
   g) die Pipette sollte dabei an der Gefäßwandung anliegen und danach nicht ruckartig hochgehoben werden,
   h) bei der Übertragung der Flüssigkeit in das Aufnahmegefäß muss die Pipettenspitze ebenfalls an die Gefäßwandung gelegt werden, statt sie frei auslaufen oder eintauchen zu lassen,
   i) nach dem Auslaufen sollte etwa 15 Sekunden gewartet (an der Wandung halten!), abgestreift und nicht ausgeblasen werden.

6. Welche der Aufgabe 5 entsprechenden Regeln gelten beim Befüllen von **Messkolben** und für die Benutzung von **Büretten,** Analyse- bzw. **Präzisionswaagen** und **Bunsenbrennern?**

1.4 Atomare Teilchen und ihre Eigenschaften

1.4.1 Die Atome – Entstehung und Aufbau

Alles in unserer stofflichen Umwelt, einschließlich wir selbst, besteht aus **Atomen.** Sie sind „der Stoff der Schöpfung", nur ein paar zehnmillionstel Millimeter große Bausteine, aus denen sich alle Materialien des Universums zusammensetzen (vgl. Abb. 4.3.11-8, S. 273). Am Anfang entstanden sie aus Elementarteilchen – und diese wiederum aus unvorstellbar großen Mengen an Energien:

Vor rund 14–20 Milliarden Jahren begannen Zeit, Raum und Energie sich explosionsartig von einem einzigen Punkt aus auszudehnen („**big bang**", Urknall). Unvorstellbare hohe Energiemengen und -dichte wies dieses „Baby-Universum" auf, Temperaturen um 10^{32} Kelvin. Durch Ausdehnung und Abkühlung konnten **„Quarks"** entstehen – aus reiner Energie. Und 10^{-7} Sekunden nach dem Urknall – bei 10^{14} Kelvin – vereinigten sich diese zu **Elementarteilchen** wie **Proton** (Symbol: $\mathbf{p^+}$ oder $^1{}_1H^+$), **Neutron** ($^1{}_0$**n**) und **Elektron** ($\mathbf{e^-}$) sowie zu ihren „Gegenspielern", dem Antineutron (n*), Antiproton (p^-) und Antielektron (e^+). Als jedoch nur noch 10^{14} Kelvin Hitze im Weltall herrschten, vernichteten sich all diese Materie- und Antimaterieteilchen gleichzeitig unter Umwandlung in Energie – bis auf einen winzigen Rest, einen kleinen Überschuss an **Materie.** Hieraus besteht das ganze, heutige Universum.

Bei 10^9 Kelvin (etwa 23 Sekunden nach dem Urknall) konnten sich diese übrig gebliebenen Protonen, Neutronen und Neutrinos mit Elektronen zu den ersten **Atomen** vereinigen: denen des Elementes Wasserstoff. Dadurch nämlich, dass ein Proton ein Elektron einfängt, entsteht ein **Wasserstoffatom** (chem. Elementsymbol: **H,** Masse- und Ordnungszahl: jeweils 1): $\mathbf{p^+ + e^- \rightarrow {}^1{}_1H}$ – das einfachste und kleinste Atom, das es gibt.

Einige dieser H-Atome ($^1{}_1$H-Isotope) nahmen auch Neutronen in den Atomkern auf, sodass durch Verschmelzung von Proton (im Atomkern) und Neutron neue, schwerere Atomsorten (Isotope) entstanden: **schwerer Wasserstoff** (Symbol: $^2{}_1$H oder D wie Deuterium) und **Helium** (in den beiden „Sorten" $^3{}_2$He und $^4{}_2$He). In den Abbildungen auf dieser Seite sind diese Vorgänge grafisch und in der Symbolsprache der Kernphysiker und Chemiker dargestellt: Die einzelnen Atomsorten **(Isotope)** werden durch **Elementsymbole** wie H und He dargestellt, die hochgestellte Zahl gibt die Anzahl der n^- und p^+-Teilchen im Kern an (genannt: relative **Atommasse,** RAM), die tiefstehende **Ordnungszahl** entspricht der Anzahl der p^+-Teilchen im Kern.

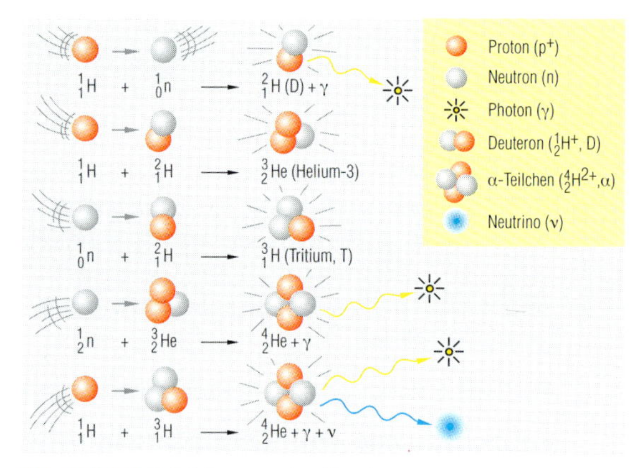

Abb. 1.4.1-1 Entstehung erster Atomkerne

Proton, Neutron und hieraus gebildete Atomkerne verschmolzen im noch jungen Universum zu ersten Isotopen – die Bausteine der Elemente der „Vorperiode", von Wasserstoff (H) und Helium (He), entstanden.

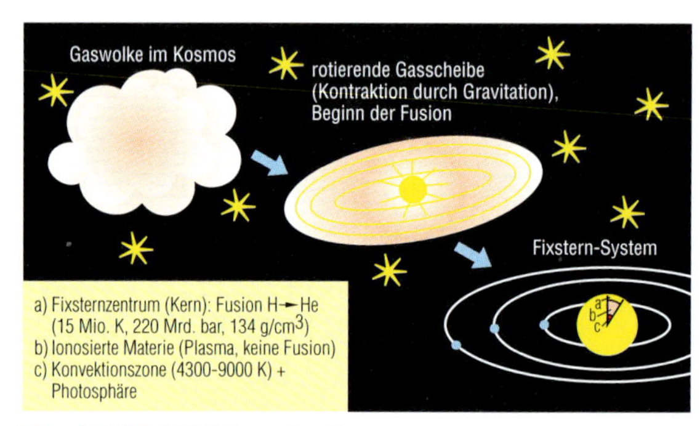

Abb. 1.4.1-2 Entstehung der Sterne

Etwa eine Jahrmillion dauerte es, bis dass das Gasgemisch im jungen Universum aus Wasserstoff (H) und etwas Helium (He) sich mithilfe der Schwerkraft (Gravitation) erstmals zu spiral- und kugelförmigen Gebilden zusammenziehen konnte, zu Galaxien aus Sternen der 1. Generation. In den Zentren dieser Fixsterne erreichten die Temperaturen durch Druck und Kontraktion auf viele Millionen Kelvin: Die Kernfusion zu schwereren Isotopen und Elementen begann.

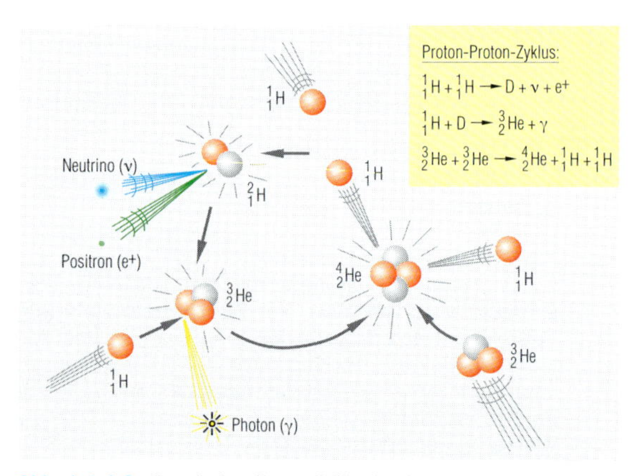

Abb. 1.4.1-3 Der dreistufige ppI-Mechanismus des „Wasserstoff-Brennens", hier in Formelsprache

Diese Atomkernfusion liefert gewaltige Energiemengen aus dem Inneren der Sonne – jede Sekunde wandeln sich so im Inneren der Sterne seit über 10 Milliarden Jahren Milliarden Tonnen von Wasserstoff um – zu Helium und reiner Energie.

Die Schwerkraft verdichtete Wolken aus Wasserstoff- und Heliumgas zu Fixsternen. Mit der ersten thermonuklearen Zündung in einem 1. Stern der 1. Generation begann somit **die chemische Evolution der Materie** – die Entstehung aller Elemente und ihrer Isotope, die es heute gibt. Bei etwa 8 Millionen Kelvin fusionieren H-Atome in Sternen zunächst zu **Helium.** In Sternen, die massereicher (und im Inneren daher noch heißer) oder älter sind als unsere Sonne, wurden dann auch alle schwereren Atomkerne produziert, so z. B. **Kohlenstoff** (C) und **Sauerstoff** (O) bis hin zum **Eisen** (Fe).

Im Sterninneren liegen bei solchen **Kernfusionen** (wie sie kurzzeitig auch künstlich bei der Explosion einer H-Bombe nachgeahmt werden können) Temperaturen von z. B. 15 Millionen Kelvin vor und Gasdrücke um 221 Milliarden bar. Unter diesen Bedingungen liegen nur noch „nackte" **Atomkerne** vor, die aus Protonen und Neutronen bestehen – ihre „Hülle" aus Elektronen haben sie verloren. Sie schießen dann ineinander, verschmelzen zu neuen Isotopen – und ein Teil ihrer Masse wird in Form von Energie abgestrahlt.

Je nach Druck und Temperatur laufen andere Fusionsmechanismen ab: Jeweils 3 He-Atome können am ehesten zu einem Kohlenstoffatom $^{12}_{6}C$ fusionieren, C-Atome zu Neon-, Natrium- und Magnesium-Atomen (Symbole: Ne, Na, Mg) usw. (vgl. rechts). Nach H und He sind daher die Elemente C, Ne, Na und Mg mit die **häufigsten Elemente im Universum,** gefolgt von O (Sauerstoff), Si (Silizium), P (Phosphor) Schwefel S (Schwefel) – auf jeweils 1 Billion, also 10^{12} **H-Atome** (das sind etwa 10^{-11} g) kommen im Universum z. B. fast 100 Milliarden (= $10^{10,8}$) He-Atome, nur je etwa 10–100 Lithium-, Beryllium- und Boratome ($10^{2,9}$–$10^{2,2}$), je etwa 100 Millionen C-, N-, O- und Ne-Atome ($10^{8,8}$–$10^{7,9}$) – aber nur noch etwa ganze acht Silberatome ($10^{0,7}$), vgl. Abb. 1.4.2-2 (S. 28).

Bevor Aufbau und Häufigkeit der Atome auf der Erde erläutert werden, soll noch erwähnt werden, wie Atome (Isotope) entstanden sind, die noch massereicher als Eisenatome ($^{56}_{26}Fe$) sind – bis hin zum Uran ($^{238}_{92}U$). Das geschieht nämlich nur bei „Nova-Explosionen", die die thermo-nukleare Aktivität der Sterne beenden. Novae schleudern ihre Materie (inklusive der schwereren Elemente) dann in die Tiefen des Alls – in Form von Wolken und Nebeln, aus denen sich wieder neue Gestirne bilden. Als Stern der 2. oder 3. Generation enthielt unsere **Sonne** so von Anfang an – vor etwa 5 Milliarden Jahren – auch schwerere Elemente, und die Erde mit ihr. Die Atome, aus denen unsere Körper bestehen und die Elemente, die wir im Chemielabor einsetzen – sie entstanden also vor über 5 Milliarden Jahren im Inneren längst vergangener Fixsterne unserer Galaxis.

Abb. 1.4.1-4 Die drei leichtesten Elemente

H, He und Li bestehen aus den kleinsten Atomen des Kosmos. Das drittleichteste Element Lithium, ein Metall, und auch Element Nr. 4, das giftige Beryllium (Be), sind jedoch ca. 108-mal seltener – und auch das hat kernpysikalische Ursachen: Zu etwa 86 % reagieren die leichteren Helium-3-Kerne zu ^{4}He und zu p^{+}, den Protonen – und nur geringe Anteile He-3 reagieren nach dem „ppII-Mechanismus" auch mit He-4 zu $^{7}_{4}Be$ + Photon (ab 20 Mio.°K). Lithium (Li) und Beryllium (Be) gehören daher zu den selteneren Elementen im All!

Üb(erleg)ungsaufgaben

Listen Sie die Elementsymbole der etwa zehn häufigsten Atomsorten im Kosmos auf und führen Sie mögliche **Gründe** für diese **Häufigkeitsverteilung** an. Benutzen Sie hierzu die Elemente-Tabelle (Tabelle Nr. 2 im Anhang), den Text der folgenden Lehrbuchseite und folgende Zusatzinformationen:

a) Sterne mit weniger als 0,1 Sonnenmassen (M_O) erreichen das **Stadium der Wasserstoff-Fusion** nie, aber ab 0,4 M_O wird die Fusion von He-Atomkernen nach $3\,^{4}_{2}He \rightarrow\, ^{12}_{6}C$ möglich **(Heliumfusion).**

b) Ab 0,7 M_O ist die **Kohlenstoff-Fusion** möglich, in der je 2 C-Atomkerne verschmelzen, um $^{20}_{10}Ne$ (Neon) + $^{4}_{2}He$ zu bilden – oder $^{23}_{11}Na$ (Natrium) + $^{1}_{1}H$ (oder auch $^{24}_{12}Mg$ (Magnesium) + Photon bzw. $^{23}_{12}Mg$ + Neutron).
Im Zuge des Heliumbrennens entsteht „nebenbei" auch Sauerstoff: $^{12}_{6}C + ^{4}_{2}He \rightarrow\, ^{16}_{8}O$ + Photon.

c) Ab ca. 1,4 Mrd. Kelvin verschmelzen je 2 **Sauerstoff**-Atomkerne zu Silizium-28, Phosphor-31 oder den beiden Schwefelisotopen $^{32}_{16}S$ + $^{31}_{16}S$ – alternativ auch zu Chlor und Argon.

d) Riesensterne ($m > 1\ M_O$) erreichen Zentraltemperaturen, in denen sogar der Aufbau von Elementen bis hin zum **Eisen** möglich wird – und zwar umso schneller, je massereicher sie bei ihrer Bildung sind. (Ein Stern mit 20 M_O schleudert bei seiner Explosion als **Supernova** mehrere Sonnenmassen Materie in das All. Bei Temperaturen von über 4 Mrd. Kelvin entstehen hier auch noch **schwerere** Elemente, wobei Atome wie z. B. Eisen unter Energieaufnahme (!) z. B. zu U- + Pb-Atomen fusionieren. Bei jeder Atombombenexplosion und in jedem Kernkraftwerk können wir also aus den „Brennelementen" nur jene Energien gewinnen, die bei der Explosion dieser Supernovae in jene überschweren Atomkerne hineingeschmolzen wurde).

1.4.2 Die Häufigkeit der Elemente im Universum und auf unserer Erde

Entsprechend der oben beschriebenen Entstehungsgeschichte wird die **Häufigkeitsverteilung der Atomsorten im Kosmos** erklärbar. Denn 98 % aller Atome im Universum sind H- und He-Atome. Schwerere Elemente wie Na, K, S, Si und Fe sind demgegenüber sehr seltene Raritäten im All – ähnlich wie die für die Entwicklung des Lebens auf der Erde so wichtigen C-, N- und O-Atome. Zu unserem Glück sammelten sich bei der Entstehung unseres Planeten jedoch hauptsächlich die im All so seltenen, schwereren Atomsorten auf der Erde an – in einer Wolke nur aus Wasserstoff- und Heliumgas hingegen wäre kein Leben entstanden.

In der „interstellaren Materie" und auf Planeten haben die Atomkerne aufgrund niedrigerer Temperaturen Elektronen einfangen können – und der Aufbau einer Atomhülle aus Elektronen machte es möglich, dass im Universum nicht nur etwa 100 Stoffe – die **„Elemente"** – entstehen konnten, sondern viele Millionen verschiedene Stoffe, die „chemischen **Verbindungen**". Vor der Erläuterung, wie diese Bindungen zwischen Atomen zum Entstehen neuer Stoffe führen können, müssen wir jedoch noch einmal zu Aufbau und Eigenschaften dieser „Atome" zurückkehren – und somit auch zur Entdeckungsgeschichte: Wie haben die Chemiker und Physiker die atomaren Bausteine der Materie entdeckt?

Abb. 1.4.2-1 Gaswolken und -planeten im All

Außerhalb der Fixsterne können Atomkerne **Elektronen** einfangen und chemische **Verbindungen** eingehen – insbesonders, wenn in Gaswolken oder auf Planeten genügend und verschiedenartige Atomsorten aufeinander treffen. Wenn keine zu hohen Temperaturen herrschen oder nicht allzu energiereiche Strahlung, dann können so entstandene **Atomverbände** (Moleküle, chemische Verbindungen) existieren.

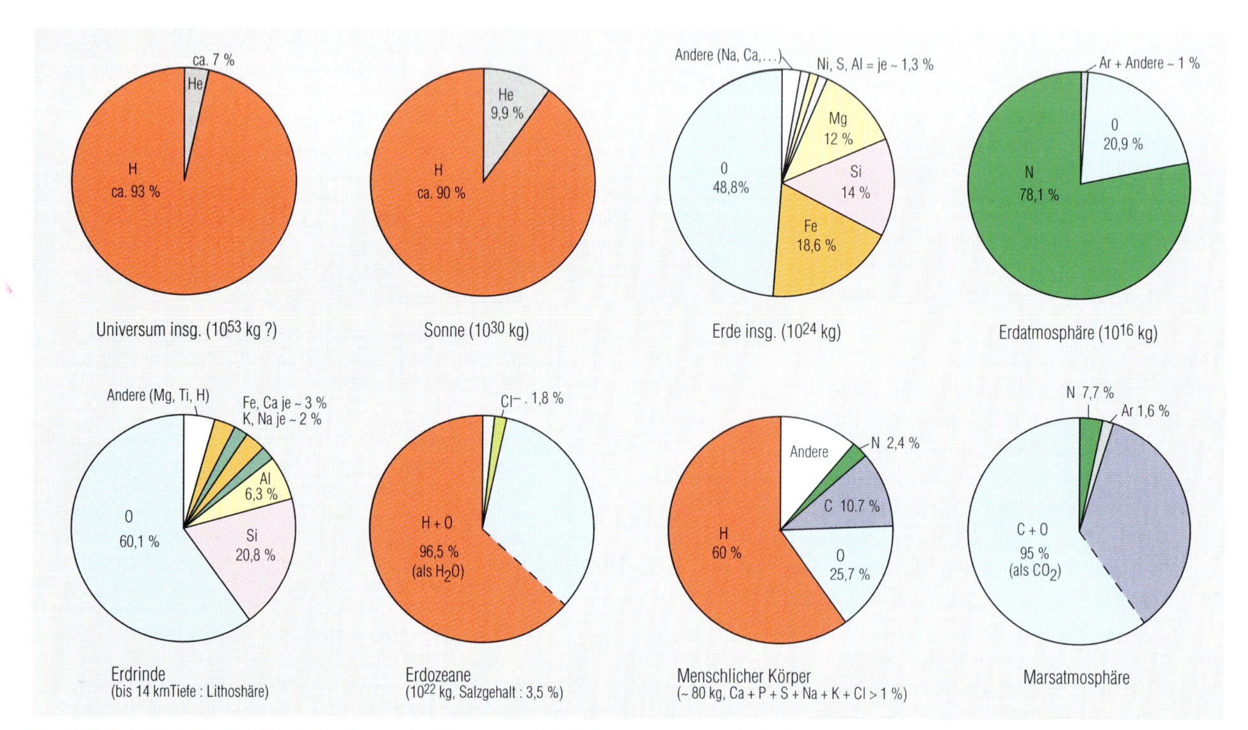

Abb. 1.4.2-2 Relative Häufigkeit der Elemente (Atomsorten) im Universum und auf der Erde

Auf Planetenoberflächen reichern sich aufgrund von Anziehungskräften schwerere Elemente an, während insgesamt im All fast nur H- und He-Atome vorkommen.

1.4.3 Woraus bestehen Atome? (Atome und Stoffmengen bei chemischen Reaktionen)

Atome sind unvorstellbar klein. Schon im 6. Jh. v. Chr. hatten griechische Naturphilosophen wie Leukipp und **Demokrit** vermutet, dass die Materie im Kosmos aus kleinsten, unveränderlichen und unteilbaren Teilchen bestehen würde. „Unteilbar" heißt auf Griechisch ατομος („atomos") und so benannten sie sie **„Atome".** Ein Jahrhundert später wurde ihre Lehre, die Atomistik, jedoch von Aristoteles verworfen (auf der Basis von Spekulationen über den „Stein der Weisen" und vier angebliche Grundstoffe [Elemente] Wasser, Feuer, Luft und Erde entwickelte sich hieraus die **Alchimie** – oft mit dem Ziel der Herstellung von Gold, Heil- und Wundermitteln).

Sir Robert **Boyle** veröffentlichte 1661 sein satirisches Buch „Der skeptische Chemiker" und rechnete gnadenlos mit den Alchimisten seiner Zeit ab. Bestand haben sollten nur Theorien, die sich **beweisen** lassen – und als Urstoff oder **Element** sollten daher nur Stoffe gelten, die sich als unzerstörbar und unherstellbar erwiesen haben (wie z. B. Gold, Schefel, Eisen, Chlor).

Ein **Element** ist also ein nur aus einer „Atomsorte" aufgebauter Reinstoff, er lässt sich chemisch also **nicht** zerlegen.

Auf der Basis dieses neuen Elementbegriffes gründete John **Dalton** für die damals schon bekannten vierzig Elemente dann 1808 die naturwissenschaftliche **Atomtheorie:** Jedes Element muss, so folgerte er, aus Atomen einer **bestimmten** Art bestehen – diese **kleinstmöglichen Stoffportionen der Elemente** müssen sich voneinander also durch Größe und Masse unterscheiden, innerhalb eines Elementes aber voneinander ununterscheidbar sein und sich einander gleichen wie ein Ei dem anderen.

Nur wenige Jahre zuvor nämlich hatte Antoine L. **Lavoisier** entdeckt, dass die **Gesamtmasse** bei chemisch reagierenden Stoffgemischen unverändert bleibt (**Gesetz von der Erhaltung der Masse,** Deutung von Boyle: Atome verschwinden nicht, sie **verbinden** sich nur!) und dass chemische Elemente sich miteinander nur **in ganz bestimmten, gleich bleibenden Masseverhältnissen** zu neuen Stoffen verbinden (**Gesetz der konstanten Masseverhältnisse,** Boyle: Es entstehen „compounded atoms", Atomverbände aus ganz bestimmten Anzahlen von Atomen). Wir nennen diese Atomverbände heute **„Moleküle".** Die konstanten Masseproportionen erklären sich also ähnlich wie – die vom Kachelmuster her benötigten – unterschiedlichen Mengen verschiedener Fliesensorten, die ein Fliesenleger zur Herstellung bestimmter Kachelmuster benötigt (Beispiel Schachbrettmuster: 2 Fliesensorten immer im Verhältnis 1:1).

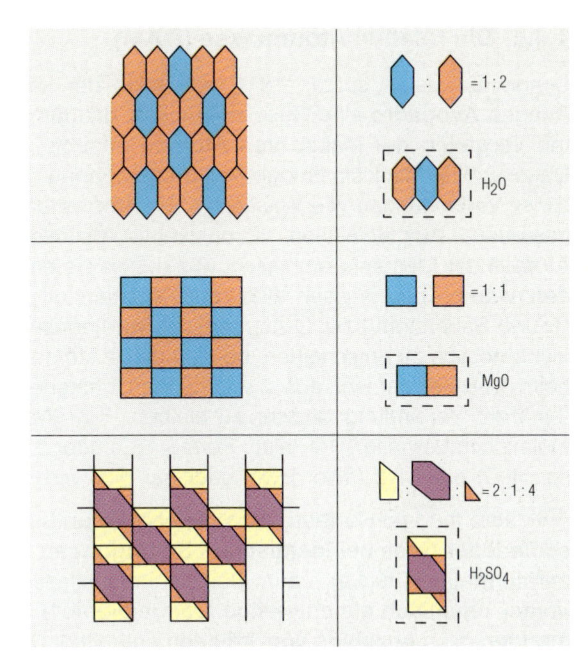

Abb. 1.4.3-1 Mengenverhältnisse in Kachelmustern

Atomverbände (Moleküle) setzen sich aus Atomen immer in ganz bestimmten Zahlenverhältnissen zusammen – ähnlich wie Muster aus Fliesen und Kacheln. Aus zwei Elementen kann so durch eine Stoffumwandlung (chemische Reaktion) ein neuer Stoff entstehen: Die Atomsorten (Isotope) der beiden Elemente haben sich in ganz bestimmten Zahlen- und Masseverhältnissen zu Atomverbänden zusammengefunden.

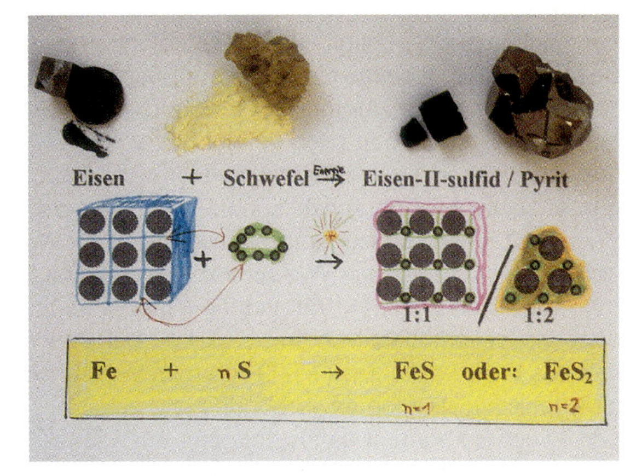

Abb. 1.4.3-2 Pyrit – entstanden aus Eisen- und Schwefelteilchen

Die Elemente Eisen (ein Schwermetall, Symbol: Fe) und Schwefel (ein zitronengelbes Nichtmetall, Symbol: S) bilden die Verbindung „Eisensulfid". In der Natur existiert diese Eisen-Schwefel-Verbindung als Mineral (Pyrit, Formel: FeS_2) – daneben gibt es auch Eisen-II-sulfid (Formel: FeS) sowie Eisen-III-sulfid (Fe_3S_3).

Laborversuche

Erhitzen Sie eine Spatelspitze Schwefelpulver (S) mit einem Kupferblechschnipsel (Cu) im Reagenzglas bis zum Aufglühen. Untersuchen Sie das Reaktionsprodukt: Sie haben die Verbindung Kupfer-I-sulfid (Cu_2S) hergestellt; jeweils 2 Cu-Atome haben mit einem S-Atom einen Verband gebildet.

1.4.4 Die relative Atommasse (RAM)

Schon drei Jahre später, 1811, entdeckte der Italiener Anadeo **Avogadro** eine Gesetzmäßigkeit, die den direkten **Vergleich der Masse von Atomen** erlaubte. Nach Dalton sollten die kleinstmöglichen Stoffportionen chemischer Verbindungen wie Wasser ja aus Atomverbänden bestehen – aus Molekülen, die bestimmte Anzahlen von Atomen der Elemente enthielten, aus denen sie entstanden waren (bei Wasser also: aus Wasserstoff- bzw. H- und Sauerstoff- bzw. O-Atomen). Es war jedoch noch nicht möglich zu entscheiden, ob sich diese Atome – um beim Beispiel der nur aus 2 Atomsorten bestehenden, „binären" Verbindung Wasser zu bleiben – im Wassermolekül im Verhältnis 1:1 (also: Formel HO) oder 2:1 (also: H_2O) oder 1:2 (also: HO_2) oder gar 4:5 verbinden.

Avogadro fand nun heraus, dass **gleiche Volumina verschiedener Gase bei identischen Bedingungen** (Temperaturen und Drücke) – zum Beispiel in Gasflaschen – **immer chemisch gleichwertige („äquivalente") Stoffmengen,** also **Anzahlen von Teilchen** enthalten. Die der Stoffmenge von 1 g Wasserstoff oder 12 g Kohlenstoff entsprechende Menge nennt man seither „Äquivalentmasse" oder wie Avogadro auf italienisch: ein „Mol". Dabei muss stets bedacht werden, dass **Stoffmenge *n*** und **Masse *m* nicht** das Gleiche sind – ähnlich wie auch 1 kg Kleingeldmünzen nicht identisch ist mit 1 kg Kleingeldmünzen: Auf Wert und Währung der einzelnen Geldstücke kommt es an – ebenso wie bei den Atomen auf ihre chemische Wertigkeiten und Äquivalentmassen).

Das war aber nun genau die Gesetzmäßigkeit, die **Dalton** zum **Beweis** seiner Atomhypothese und zum Vergleich der Masse von Atomen noch gefehlt hatte: Nun brauchte man nur noch je einen Liter Wasserstoff- und Sauerstoffgas abzuwiegen und schon konnte man messen, dass Sauerstoffatome sechzehnmal schwerer sind als Wasserstoffatome. Und da sich Wasserstoff (H) und Sauerstoff (O) in ihrer chemischen Verbindung Wasser stets in einem Masseverhältnis von $m_H : m_O$ = **1:8** vereinigen, kann es nur so sein, dass ein O-Atom im Wassermolekül gleich mit zwei H-Atomen verbunden ist.

Von Avogadro stammt daher übrigens auch jener Name für die kleinstmöglichen Teilchen chemischer Verbindungen, das **Molekül:** Das italienische „molecula" heißt „kleinste Masse". Und für Avogadro und Dalton war es der schönste Beweis ihrer Theorien, dass bei der elektrolytischen Zerlegung von Wasser in seine Elemente stets doppelt so viele Wasserstoff- wie Sauerstoffvolumina entstanden – im Wassermolekül musste das Atomzahlen- bzw. Stoffmengenverhältnis also H : O = 2 : 1 sein. Daher auch die Formel $\mathbf{H_2O}$ (Abb. 1.4.4-2).

Die Atommasse für alle 92 in der Natur vorkommenden Atomsorten wurde somit durch Wägungen und Vergleiche bestimmbar – über **„stöchiometrische"** Berechnungen (also von Massebilanzen und -verhältnissen chemi-

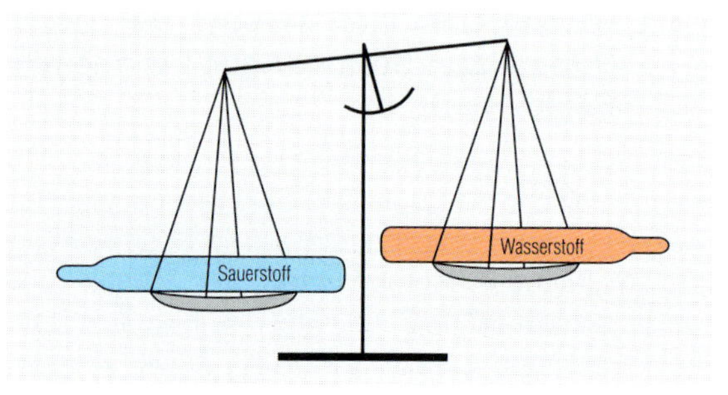

Abb. 1.4.4-1 Atommassenvergleich nach Avogadro

Da gleiche Raumteile Gas unter gleichen Bedingungen gleich viele Teilchen enthalten, ist ein Vergleich der RAM bei Gasen durch einfache Wägung möglich. O-Atome sind z. B. 16 x schwerer als gleiche Anzahlen an H-Atomen.

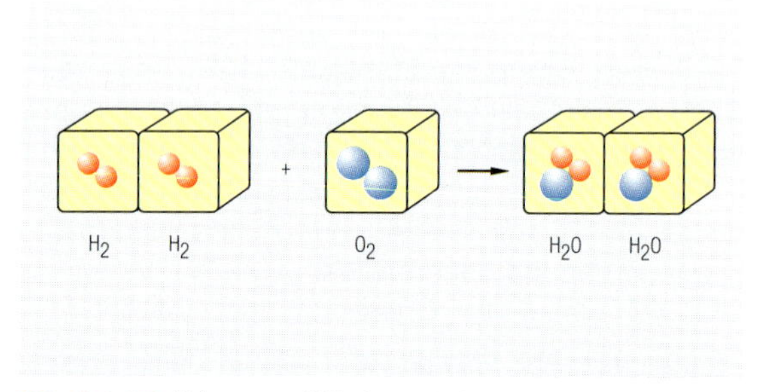

Abb. 1.4.4-2 Volumenverhältnissen bei der Knallgasreaktion

2 Raumteile H-Gas und 1 Raumteil O-Gas ergeben 2 Raumteile Wasserdampf. So zeigte Avogadro, dass gasförmige Elemente wie Sauer- und Wasserstoff in Form zweiatomiger Moleküle vorliegen müssen (Symbole: H_2 und O_2).

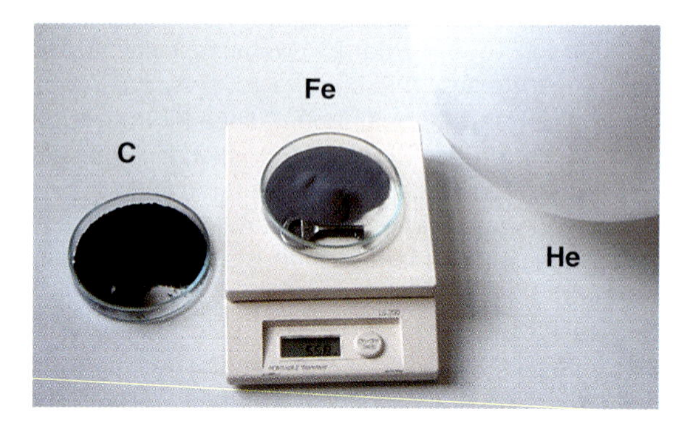

Abb. 1.4.4-3 Je 1 mol Gas, Eisen und Kohlenstoff

12 g Kohlenstoff, 55,8 g Eisen und 22,48 l Gas haben entsprechende Stoffmengen (je 1 mol). Später entdeckte man, dass **1 mol immer rund $6{,}023 \cdot 10^{23}$ Teilchen** enthält – nicht nur bei Gasen, seien es nun 12 g Kohlenstoff, 199 g Gold oder 4 g Helium. Zu Ehren von Avogadro wurde diese Zahl **„Number Avogadro"** getauft (Abkürzung: N_A) und die Stoffmengen-Maßeinheit „mol" (von „molecula".

Mit ihrer Hilfe können Sie nun auch die Masse eines einzelnen Kohlenstoffatoms berechnen – denn 12 g Kohlenstoff sind ein mol. Die einem mol eines Elementes entsprechende Masse einer chemischen Verbindung (in g) nennt man **„molare Masse"** – sie entspricht immer der Masse von $6{,}023 \cdot 10^{23}$ Molekülen bzw. Teilchen einer Verbindung. Atomare Masseeinheiten werden in Bezug auf einzelne Atome in **„units"** angegeben (Abkürzung: *u*) – ein ***u*** entspricht der Masse von einem Zwölftel ^{12}C-Atom, also gilt:
1 u = etwa 1 g : $6{,}023 \cdot 10^{23}$ Teilchen/mol.

scher Reaktionen). Als die damals bekannten Elemente ihrer Atommasse nach aufgereiht wurden (1817 waren es schon über 50 Stück), da entdeckten die Chemiker Lothar **Meyer** und Dimitri **Mendelejew** im Jahre 1869 schließlich, dass bestimmte chemische Eigenschaften sich in dieser Aufreihung periodisch wiederholten: Das **periodische System der Elemente (PSE)** war geboren.
Wie aber erklärte sich das sich regelmäßig wiederholende Auftreten bestimmter chemischer Eigenschaften der Elemente in dieser Aufreihung? Und woher stammte die „Wertigkeit" der einzelnen Atomsorten (die Fähigkeit, nur bestimmte Anzahlen von Wasserstoffatomen binden oder ersetzen zu können)? Dazu bedurfte es neuer Vorstellungen und Modelle vom „Atom".

Üb(erleg)ungsaufgaben

1. Berechnen Sie aus den Angaben im Text, wie viel Gramm Sauerstoff- und Wasserstoffgas entstehen, wenn man 1 l H_2O in Elemente zerlegt.
2. Welche Stoffportion enthält mehr Teilchen: 1 mol Kohlenstoff (12 g) oder 3 mol Helium (12 g)?
3. Geben Sie die Atomzahlen- und Masseverhältnisse der Elemente in den Verbindungen mit den Formeln H_2O, NH_3 und CH_4 sowie C_2H_6 an.
(Die relativen Atommassen (RAM) betragen: H = 1 *u*, C = 12 *u*, N = 14 *u*, O = 16 *u*).
4. Berechnen Sie die Masse von 2 mmol Kohlenstoff. Wie viel C-Atome sind das?
5. Kupfer (Cu) + Schwefel (S) verbinden sich zu Kupfer-I-sulfid immer im Masseverhältnis 4:1. Was entsteht, wenn 8 g Cu und 8 g S zur Reaktion gebracht werden? Und wie ist es bei den Ausgangsmengen 8 g Cu + 4 g S oder bei 10 g Cu + 2 g S?

1.4

1.4.5 Aufbau und Natur der Atome nach Rutherford und Bohr

Sir **Rutherford** war es, der 1912 ein erstes **Atommodell** entwickelte, das auch Vorstellungen über das Innere eines Atoms aufwies. In einem Versuch mit radioaktiven Teilchenstrahlen hatte er eine hauchdünne Goldfolie beschossen. Zu seinem Erstaunen gingen fast alle Strahlen ungehindert hindurch. Nur etwa jedes zehntausendste α-Teilchen wurde von den Goldatomen der Folie abgelenkt – gerade so, als ob man mit einer Schrotflinte auf eine Wand aus Pappkartons zielt, die einige wenige Murmeln enthalten. Seine Erklärung – sein Atommodell – war klar: Die Atome (Kartons) mussten fast ganz leer sein, nur sehr kleine, massive „Kerne" (Murmeln) konnten in den leeren Hüllen (Kartons) enthalten sein. Atome bestehen also **fast ganz aus leerem Raum** – der **Atomhülle** – und zu nur einem kleinen, zentralen Teil aus dem **Atomkern.** Dieser beinhaltet aber über 99 % der Atommasse und an ihm prallten die positiv geladenen α-Strahlen ab.

(Auch die erst 1932 entdeckten, ebenfalls massiven, aber ladungslosen Neutronen mussten also im Atomkern sitzen, die fast schwerelosen, leicht beweglichen Elektronen sich hingegen in der Hülle bewegen – ähnlich vielleicht wie der „Strom" im Leiternetz!?)

Die Frage, wie Atome nun chemische **Bindungen** eingehen, war bis dahin noch nicht geklärt. Physiker wie von Fraunhofer, Kirchhoff und Bunsen hatten jedoch die **Spektralanalyse** entwickelt und entdeckt, dass Atome Lichtstrahlen nur ganz bestimmter **Wellenlänge** λ aussenden können. Sie hatten 1860/61 auf diese Weise sogar neue Atomsorten bzw. Elemente entdeckt, die sie Rubidium und Caesium nannten – von „rubidus" (lat.) = rot und „caesius" = blau. Dennoch haben sie – im Unterschied zu Bohr – aber nicht ganz verstanden, warum diese von Atomen über das Licht abgegebenen Energiemengen nur immer bestimmte Farben bzw. Wellenlängen und somit stets gleich bleibende Energiegehalte aufweisen.

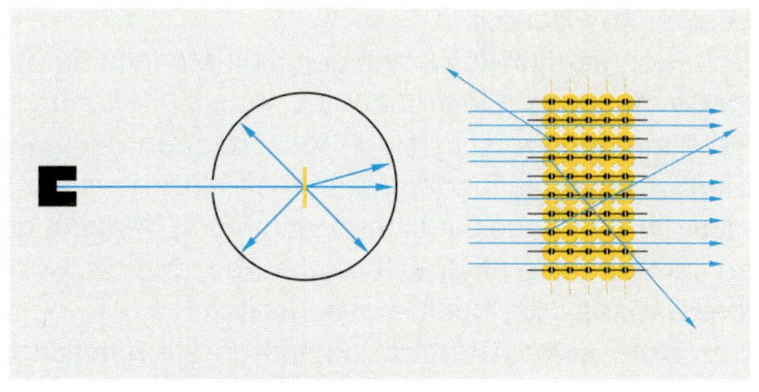

Abb. 1.4.5-1 Rutherfords Streuversuch

Aus der Ablenkung einiger Teilchenstrahlen schloss er auf das Vorhandensein kleiner, massiver Kerne in ansonsten fast leeren Atomhüllen.

Abb. 1.4.5-2 Ein Lithiumatom nach dem Bohr'schen Atommodell

3 p+ und 4 n bilden den Atomkern, 2 + 1 Elektronen bewegen sich in der Hülle. Das äußere Elektron springt bei Anregung (Energieaufnahme, **Absorption**) eine Schale höher und strahlt beim Zurückfallen ein Lichtquant mit genau dieser aufgenommenen Energiemenge, also von charakteristischer Wellenlänge ab **(Emission).** Von der abgestrahlten Wellenlänge kann man auf die Art des abstrahlenden Atoms schließen. Lithium wird z. B. durch eine karminrote Flammfärbung erkannt, Natrium durch orangegelb und Kupfersalze verraten sich durch eine grünliche Färbung.

Max **Planck** hatte diesen Zusammenhang von Wellenlänge und Energiegehalt bei Strahlen erkannt – und gefolgert, dass Lichtenergie von Atomen nicht stetig und kontinuierlich abgegeben wird, sondern in **Quanten.**

Energie kann von einzelnen Atomen nicht in beliebigen Mengen, sondern **diskontinuierlich,** also nur stoßweise und „gequantelt", in so genannten **„Quanten"** (Wirkungspaketen) abgegeben oder auch aufgenommen werden (**Emission** und **Absorption**) – eben wie ein Sandhaufen nur aus Sandkörnern, eine Stoffportion aus Atomen oder Molekülen und ein Volk aus Einzelpersonen besteht. Albert **Einstein** übertrug 1905 Plancks Quantentheorie von der Abstrahlung dann auf das Licht selbst – auch Licht selbst sollte aus kleinstmöglichen Energiepaketen bestehen, aus „Lichtatomen", die er **Photonen** nannte.

Der Däne Niels **Bohr** behauptete 1913, Elektronen würden in der Atomhülle den positiv geladenen Kern umrunden – ähnlich wie Planeten die Sonne, aber nur auf ganz bestimmten Bahnen.

Bohr konnte mithilfe seines genialen Modells die Wellenlänge der von Elektronen im Wasserstoffatom abgestrahlten oder verschluckten (absorbierten) Lichtquanten nämlich in verblüffender Weise rechnerisch mit der Bahnzahl der Elektronen in Übereinstimmung bringen, die diese Lichtquanten abstrahlten oder absorbierten, wenn sie ihre Bahnen oder Schalen wechselten.

Das **Bohr'sche Atommodell** sah darum nämlich für die Atomhülle **Schalen** vor (K-, L-, M-Schale usw.), in denen sich die Elektronen aufhielten – und es erklärte **das periodische Auftreten chemischer Eigenschaften** der Elemente im PSE (und ihrer maximalen **Wertigkeit oder „Valenz"** v_N) mit diesem **periodischen Aufbau der Atomhülle** aus Schalen (vgl. Tabelle rechts). Bei der Anordnung aller Elemente nach ihrer Atommasse tritt nämlich eine bemerkenswerte **periodische Wiederkehr von Elementeigenschaften** auf: Etwa jedes achte Element ist ein farbiges, Salz bildendes und giftiges Nichtmetall (ein Halogen), stets gefolgt von einem farb- und geruchlosen, unbrennbaren Edelgas und einem sehr leichten, weichen, hoch empfindlichen Alkalimetall (wie Lithium und Natrium).

Das heißt dann auch: Nicht die Atommasse (RAM), sondern die **Anzahl** der **Elektronen** auf der energiereichsten, äußeren Schale („Valenzelektronen"-Anzahl oder maximale chemische Wertigkeit genannt) bestimmt die chemischen **Eigenschaften** und Wertigkeiten der Elemente!

> Chemische **„Wertigkeit" (Valenz)** nennt man die Anzahl H-Atome, die ein Atom in einer Verbindung binden oder ersetzen kann.

Wasserstoff- und Alkalimetall-Atome sind also zum Beispiel **einwertig,** während bindungsunfähige Edelgasatome **keine** Wertigkeit haben. Die Außenschale ihrer Atome sind voll **(„Edelgaskonfiguration").**

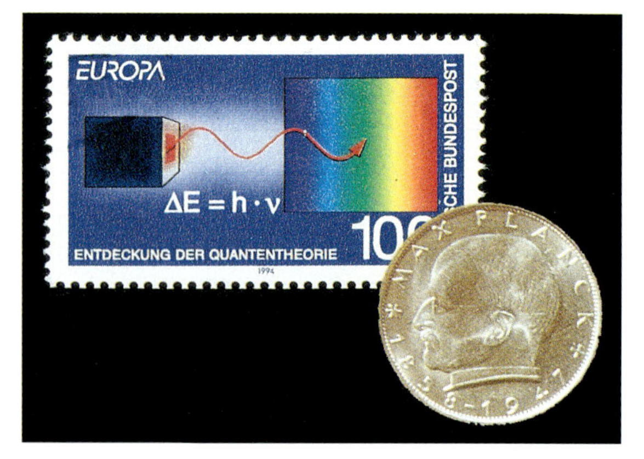

Abb. 1.4.5-3 **Max Planck (1858–1947)**

Planck – hier auf einem älteren 2-DM-Stück und einer Briefmarke – entdeckte, dass sich die Energiedichte eines strahlend-glühenden Körpers aus dessen Strahlungsfrequenz ν berechnet werden kann und nur kleine, ganzzahlige Werte annimmt ($E = h \cdot \nu$) – für Energiemengen existiert daher eine **kleinstmögliche „Energieportion"**, das **Quant.** 1918 erhielt Planck für seine **Quantentheorie** den Nobelpreis. Seine Entdeckung wurde zudem zu einem entscheidenden Beitrag zu Einsteins Relativitätstheorie.

Isotop	Kern		e^- pro Schale				Element-Eigenschaft	Wertigkeit
	p^+	n	K	L	M	N		
$^{1}_{1}H$	1	0	1	0	0	0	Gas	+I / –I
$^{2}_{1}H = D$	1	1	1	0	0	0	Gas	+I / –I
$^{3}_{1}H = T$	1	2	1	0	0	0	Gas	+I / –I
$^{3}_{2}He$	2	1	2	0	0	0	Edelgas	keine
$^{4}_{2}He$	2	2	2	0	0	0	Edelgas	keine
$^{6}_{3}Li$	3	3	2	1	0	0	Alkalimetall	+I
$^{7}_{3}Li$	3	4	2	1	0	0	Alkalimetall	+I
$^{9}_{4}Be$	4	5	2	2	0	0	Erdalkalimetall	+II
$^{11}_{5}B$	5	6	2	3	0	0	Nichtmetall	+III / –III
$^{12}_{6}C$	6	6	2	4	0	0	Nichtmetall	+IV bis –IV
$^{14}_{6}C$	6	8	2	4	0	0	Nichtmetall	+IV bis –IV
$^{14}_{7}N$	7	7	2	5	0	0	Nichtmetall	+V bis –III
$^{16}_{8}O$	8	8	2	6	0	0	Chalkogen	–II (u.a.)
$^{19}_{9}F$	9	10	2	7	0	0	Halogen	–I
$^{20}_{10}Ne$	10	10	2	8	0	0	Edelgas	keine
$^{23}_{11}Na$	11	12	2	8	1	0	Alkalimetall	+I
$^{24}_{12}Mg$	12	12	2	8	2	0	Erdalkalimetall	+II
$^{25}_{12}Mg$	12	13	2	8	2	0	Erdalkalimetall	+II
$^{27}_{13}Al$	13	14	2	8	3	0	Metall	+III
$^{28}_{14}Si$	14	14	2	8	4	0	Halbmetall	+IV bis –IV
$^{31}_{15}P$	15	16	2	8	5	0	Nichtmetall	+V, +III, –III
$^{32}_{16}S$	16	16	2	8	6	0	Chalkogen	+VI, –II u.a.
$^{35}_{17}Cl$	17	18	2	8	7	0	Halogen	–I, +VII u.a.
$^{36}_{17}Cl$	17	19	2	8	7	0	Halogen	–I, +VII u.a.
$^{38}_{18}Ar$	18	20	2	8	8	0	Edelgas	keine
$^{40}_{18}Ar$	18	22	2	8	8	0	Edelgas	keine
$^{39}_{19}K$	19	20	2	8	8	1	Alkalimetall	+I
$^{40}_{20}Ca$	20	20	2	8	8	2	Erdalkalimetall	+II
$^{45}_{21}Sc$	21	24	2	8	9	2	Metall	+I, +III

Tabelle 1.4.5-1 **Aufbau der Atomhülle nach Bohrs Atommodell** (ausgewählte Isotope der Elemente Nr. 1–20, nach der Protonen-Anzahl geordnet)

Nach **Bohrs Atommodell** zeigt sich nun Folgendes:

a Die **Atomhülle** unterteilt sich in Schalen. Die innerste, kernnächste und somit energieärmste Schale wird K-Schale genannt, die zweitinnerste ist die L-Schale, die dritte die M-Schale usw.

b Die Anzahl der Protonen im Kern entspricht der Elektronenanzahl in neutralen Atomen. Sie wird die **Ordnungszahl** genannt (OZ).

c Die Summe der Protonen und Neutronen im Kern, also seine Nukleonenzahl, entspricht der relativen Atommasse **(RAM).**

d Die Neutronenzahl des Kerns (NZ) errechnet sich als Differenz aus RAM und OZ (RAM – OZ = NZ).

e Es tritt eine **periodische Wiederkehr von Elementeigenschaften** auf (Chalkogen / Halogen / Edelgas / Alkalimetall / Erdalkalimetall). Die Anzahl der Elektronen auf der energiereichsten, äußeren Schale („**Valenzelektronen**"-Anzahl oder maximale chemische Wertigkeit genannt) bestimmt die chemischen **Eigenschaften** und **Wertigkeiten** der Elemente. (Chemische „Wertigkeit" [Valenz] nennt man, wie gesagt, die Anzahl H-Atome, die ein anderes Atom in einer Verbindung binden oder ersetzen kann!).

Die Elemente weisen also entsprechend ihrer Stellung im Periodensystem der Elemente (PSE) je nach Hauptgruppenzugehörigkeit ganz typische **Stoffeigenschaften** auf:

- **Edelgase** sind reaktionsunfähige, gasförmige Nichtmetalle und daher allesamt nicht brennbar und ungiftig (8. Hauptgruppe, keine „Wertigkeit").
- **Alkalimetalle** sind brennbar, reagieren mit Wasser und haben alle niedrigere Dichte und Schmelzpunkte als Wasser. Sie können in chemischen Verbindungen stets nur ein Wasserstoffatom binden oder ersetzen (ihre chemische „Wertigkeit" ist also wie die der H-Atome: einwertig, sie stehen im Periodensystem der Elemente (PSE) links untereinander in der 1. Hauptgruppe)
- **Erdalkalimetalle** ähneln den Alkalimetallen, binden oder ersetzen jedoch doppelt so viele H-Atome, sind also chemisch zweiwertig (2. Hauptgruppe).
- **Chalkogene** sind Nichtmetalle, die mit Metallen kalkähnliche Verbindungen bilden („Chalkogen" heißt: Kalkbildner) und sich dabei zwei-, maximal jedoch sechswertig verhalten (6. Hauptgruppe).
- **Halogene** sind aggressive Nichtmetalle, die mit Metallen salzähnliche Verbindungen bilden („Halogen" heißt: Salzbildner) und sich dabei einwertig verhalten. Mit Wasserstoffgas reagieren sie zudem zu ätzenden Gasen, deren Lösungen in Wasser ebenso ätzende „Säuren" bilden (7. Hauptgruppe).

Üb(erleg)ungsaufgaben

1. Wie viel **Valenzelektronen** haben alle Elemente der vierten Hauptgruppe? Wie viel die der Alkalimetalle und Halogene?
2. Berechnen Sie die RAM der N-, S- und Na-Atome. Wie viel Neutronen sitzen jeweils im Kern der drei Isotope $^{12}_{6}C$, $^{14}_{6}C$ und $^{14}_{7}N$?
3. Vergleichen Sie die Stellung der Elemente Nr. 1–20 im Periodensystem mit dem Aufbau ihrer Atome: Wurden die Ordnungszahlen nach der Anzahl der Elektronen, Neutronen oder Protonen vergeben?
4. Erklären Sie die Begriffe
   - Wertigkeit (= Valenz),
   - Nukleonenzahl,
   - L-Schale,
   - Valenzelektron,
   - Halogen,
   - Isotop und
   - Edelgas in je einem Satz.

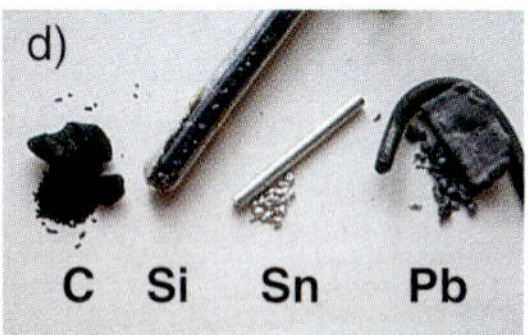

Abb. 1.4.5-4 Elemente einiger Gruppen im PSE

a) Drei Proben der die Flamme färbenden **Alkalimetalle** Lithium, Natrium und Kalium (Li, Na, K)

b) **Erdalkalimetalle** (Magnesium, Kalzium und Barium)

c) **Nebengruppenelemente** – hier finden sich wichtige Gebrauchsmetalle (hier im Bild: Titan, Chrom, Mangan, Eisen, Cobalt, Nickel)

d) Vier Elemente der **4. Hauptgruppe** (C, Si, Sn, Pb) – sie zeigen, dass der metallische Charakter im PSE von oben nach unten zunimmt

e) Drei **Halogene** (Chlorgas, Brom, Iodkristalle)

f) Ein **Edelgas**. Auch hier nehmen Dichte und Siedetemperatur im PSE von oben nach unten zu.

Insgesamt nimmt also – wie schon der Vergleich zwischen Aussehen und Stellung im PSE zeigt – der **Metallcharakter** der Elemente im PSE von unten nach oben und von links nach rechts hin ab.

1.4.6. Das wellenmechanische Atommodell

1924 kam Louis **de Broglie** auf die hervorragende Idee, diese bis hierher unerklärlichen, ja widersprüchlichen Modelle von kontinuierlichen Lichtwellen und Wellenlängen und die diskontinuierliche Quantelung von Licht in „Stößen" und „Paketen", ja fast in „Lichtatome", zu vereinen. Licht sollte **gleichzeitig Welle und Teilchen** sein, die Natur seines sich stetig im Raum ausbreitenden Wellenfeldes und das Wesen einer Teilchenstrahlung aufweisen. De Broglie nannte das mit bewegten atomaren Teilchen (wie den Elektronen) verbundene Wellenfeld **„Materiewellen"** und Erwin **Schrödinger** entwickelte hieraus die Wellenmechanik. Der Teilchen-Welle-Dualismus galt fortan nun auch für die als Teilchen gedachten Atombausteine – auch Elektronen und Protonen sind wie Photonen „Welle" und „Strahlung". Bei bekannter Geschwindigkeit wurde die Wellenlänge eines Elektrons und seine **Aufenthaltswahrscheinlichkeit** Ψ^2 berechenbar.

Hieraus entwickelten sich in der Chemie die **Orbitaltheorien** für Atom- und Molekülorbitale (AO/MO). Nach den Ergebnissen der Wellenmechanik ist der wahrscheinliche Aufenthaltsraum, das Energieniveau bzw. **„Orbital"** eines Elektrons (nach Bohr seine „Bahn"), ein geschlossener Wellenzug um das Atomzentrum, eine „Bahn", deren Umfang einer ganzen Zahl von Wellenlängen entsprechen muss (siehe unten). Kommt durch Anregung – z. B. durch die Wärme einer Brennerflamme – eine Wellenlänge hinzu, so vergrössert sich der **Bahnumfang** $\mathbf{2\pi r}$ um genau diese eine **Wellenlänge** λ (Bohr: Das Elektron-Teilchen „springt" eine Bahn höher) – gibt das Elektron nun dieses Energiequant wieder ab, so wird sein Orbital („Bahnumfang") um eine Quantenzahl ($\cong$ 1 λ) kleiner.

Die Energieniveaus der Atomhülle – die „Elektronenkonfiguration" – werden daher durch vier **Quantenzahlen (*n, l, m, s*)** beschreibbar. Die **Hauptquantenzahl *n*** entspricht den Schalen K–Q im Bohr'schen Atommodell, die **Nebenquantenzahl *l*** der kleinen Achse der Ellipsenbahn des Elektrons (bzw. der räumlichen Gestalt des Atomorbitals) und die magnetische **Quantenzahl *m*** zeigt die Spektrallinienspaltungen durch das Elektron an, seine Bahn-Ausrichtung im Raum). Sodann gibt es noch die **Spinquantenzahl *s***, sie steht für die Drehrichtung des Elektrons. In einem Atom kann es nie zwei Elektronen mit vier gleichen Quantenzahlen geben – und zwei Elektronen mit gleichen oder zumindest ähnlichen Quantenzahlen *n*, *l* und *m*, aber entgegengesetztem Spin *s* bilden in der Regel ein Elektronenpaar.

Diese vier Quantenzahlen beschreiben das Energieniveau des Elektrons in einem Atom. Im Grundzustand ruht jedes Elektron (jede Elektronenwelle) auf dem niedrigsten, noch freien Niveau.

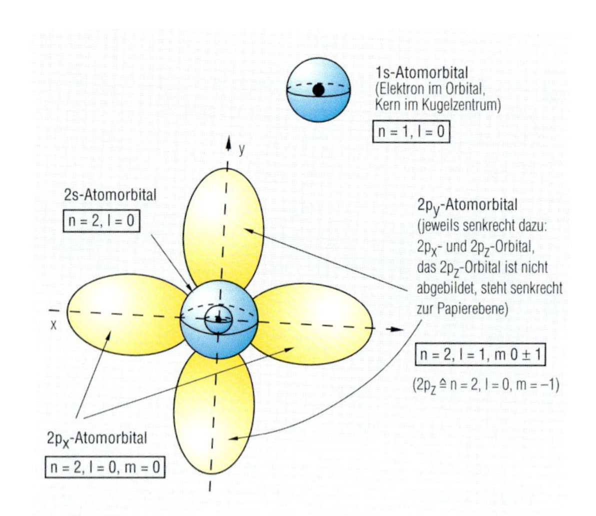

n	*l*	*m*	*s*	*N*
1	0	0	$\pm {}^1/_2$	2
2	0	0	$\pm {}^1/_2$	2
2	1	0, ±1	$\pm {}^1/_2$	2
3	0	0	$\pm {}^1/_2$	2
3	1	0, ±1	$\pm {}^1/_2$	2
3	2	0, ±1, ±2	$\pm {}^1/_2$	2

Abb. 1.4.6-1 Die vier Quantenzahlen *n, l, m, s*

Sie geben Energieniveaus einzelner Elektronen im Atom an. Die maximale Anzahl N der Elektronen pro Atomorbital (AO) beträgt immer 2 (nähere Erklärungen im Text). Die Gesamtheit der Energie-Zustände aller Elektronen eines Atoms nennt man die „Elektronenkonfiguration" des Atoms.

$_1H$	$1s^1$	
$_2He$	$1s^2$	= [He]
$_3Li$	$1s^2\ 2s^1$	= [He] $2s^1$
$_6C$	$1s^2\ 2s^2\ 2p^2$	= [He] $2s^2\ 2p^2$
$_9F$	$1s^2\ 2s^2\ 2p^5$	= [He] $2s^2\ 2p^5$
$_{10}Ne$	$1s^2\ 2s^2\ 2p^6$	= [Ne]
$_{11}Na$	$1s^2\ 2s^2\ 2p^6\ 3s^1$	= [Ne] $3s^1$
$_{12}Mg$	$1s^2\ 2s^2\ 2p^6\ 3s^2$	= [Ne] $3s^2$
$_{13}Al$	$1s^2\ 2s^2\ 2p^6\ 3s^2\ 3p^1$	= [Ne] $3s^2\ p^1$
$_{14}Si$		= [Ne] $3s^2\ 3p^2$
$_{17}Cl$		= [Ne] $3s^2\ 3p^5$
$_{74}W$		= [Xe] $6s^2\ 4f^{14}\ 5d^4$
$_{89}Ac$		= [Rn] $7s^2\ 6d^1$

Abb. 1.4.6-2 Die Elektronenkonfiguration einiger der Elemente in tabellarischer Aufstellung

(Auswahl; Auffüllung vom kernnächsten Orbital an, also in der Reihenfolge: 1s 2s 2p 3s 3p <u>4s</u> 3d 4p <u>5s</u> 4d ...)

In den Elektronenkonfigurationen stehen große Zahlen für die Schale (entspricht der Hauptquantenzahl ***n***), Buchstaben für das Atomorbital (AO; entsprechen der kleinen Achse der Bahnellipse bzw. der Neben-Quantenzahl ***l***) und hochgestellte Zahlen für die Anzahl der Elektronen auf diesem Energieniveau bzw. AO. Bei größeren Atomen wird der Atomrumpf als Edelgas in eckigen Klammern angegeben und nur Außenelektronen einzeln aufgeführt. Die Orbitale bzw. Energieniveaus werden von den Elektronen der oben angegebenen Reihe nach aufgefüllt – angefangen Auffüllung vom kernnächsten Orbital an; vgl. Tabelle 2b im Anhang.

Bohrs Atommodell von den Teilchenverbänden, die Schalen und Kreisbahnen oder Ellipsen um den Atomkern als Massezentrum aufweisen, hatte geholfen, das **Bindungsverhalten** der Atome und somit die Eigenschaften chemischer Verbindungen zu erklären.

Die räumliche Gestalt von Molekülen aber konnte es nicht erklären. Auch aus kernphysikalisch-wellenmechanischer Sicht ist es inzwischen überholt, denn Elektronen sind keine Teilchen wie Planeten. Sie weisen eine quantenmechanische Doppelnatur auf, sind Welle und Teilchen zugleich.

Diese von De Broglie und Schrödinger postulierte, schwer verständliche Doppelnatur des Lichtes und der Elementarteilchen im Mikrokosmos, aus denen sich Atome zusammensetzen, wird mithilfe von **Einsteins Relativitätstheorie** von 1905 verständlicher. Einstein war es, der entdeckt hatte, dass Materie nach $E = mc^2$ in Energie umgerechnet werden kann, sodass De Broglie 1924 deshalb den **Wellencharakter** des Elektrons annahm.

Schrödinger bezog ihn 1926 auf das Atommodell und deutete Bohrs „Schalen" in der Atomhülle als stehende Wellen um den Atomkern. Die Amplitude Ψ der Materiewelle setzte er mathematisch in Abhängigkeit zur Geschwindigkeit v, der Zeit t und den Raumkoordinaten x, y und z im Atom. Ψ^2 erwies sich dabei als berechenbarer, räumlicher Anteil der Gesamtladung des Elektrons – diese **Ladungsdichte Ψ^2** ist somit **ein Maß für die Aufenthaltswahrscheinlichkeit** des Elektrons an einem bestimmten Ort. Die vektorielle (räumliche) Berechnung von Räumen 90%iger oder 99%iger Aufenthaltswahrscheinlichkeit lieferte somit die „Orbitalmodelle" für die Aufenthaltsbereiche der Elektronen im Atom, von denen einige auf dieser Seite abgebildet sind.

(In Wirklichkeit sind diese Wellenfiguren oder s- und p-Orbitale um den Atomkern komplexe, dreidimensionale, oft kugel- und hantelförmige **Wellensysteme** – ähnlich zweidimensionalen Wellenmustern, die auf schwingenden, mit Sand bestreuten Trommelfellen entstehen können.

Noch geheimnisvoller zeigten sich die **„Materiewellen** im gequantelten Diskontinuum des Mikrokosmos" übrigens Werner Heisenberg, der deren **„Unschärferelation $h \cong \Delta p_x \cdot \Delta x$" entdeckte.** Bei bekannter Geschwindigkeit bzw. Impulsgröße p_x eines subatomaren Teilchens im Diskontinuum (z. B. des Elektrons im Atom) ist dessen Aufenthaltsort x prinzipiell niemals genauer als jene Zahl h bestimmbar. Wir können also nur den Impuls des Elektrons genau bestimmen – dann bleibt der genaue Aufenthaltsort unbekannt – oder aber wir kennen seinen Aufenthaltsort im Atom genau – dann aber bleiben Impuls und somit Masse und Geschwindigkeit des Teilchens ein Geheimnis ...)

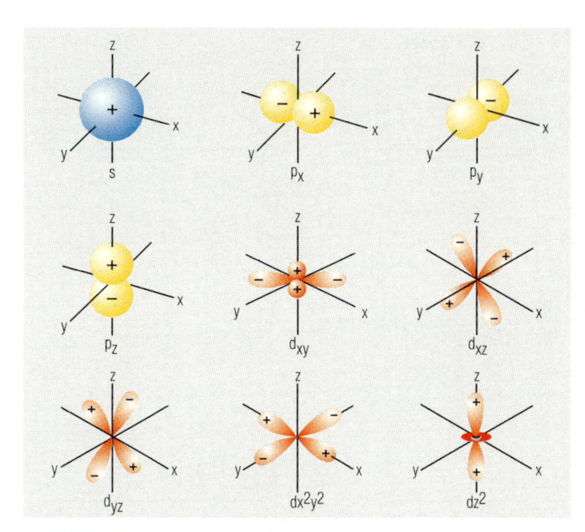

Abb. 1.4.6-3 Einfachere Orbitale

Nach dem wellen- oder quantenmechanischen Atommodell existieren die Elektronen in Form stehender Wellen um den Atomkern und nehmen bestimmte, gequantelte Energiezustände an. Diese können über eine Wahrscheinlichkeitsrechnung als mögliche Aufenthaltsbereiche oder -räume (so genannte **Orbitale**) der Elektronen gedeutet werden. Sie lassen sich in Form der Quantenzahlen ausdrücken und geometrisch darstellen. In der Abbildung wurden **s-, p-** und **d-Orbitale** dargestellt.

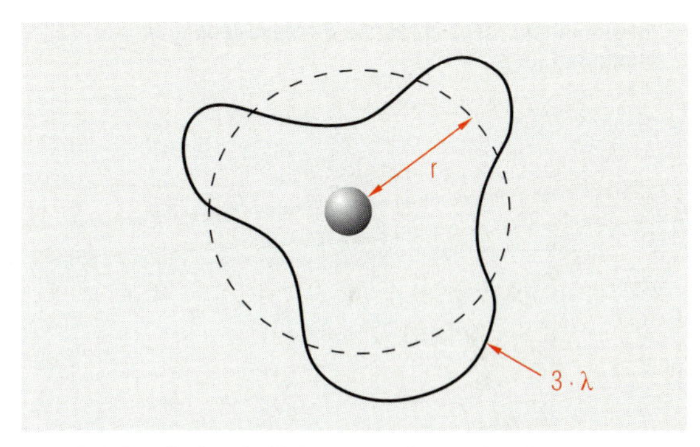

Abb. 1.4.6-4 Stehende Elektronenwelle am Atomkern

Die auf dem als Kreisbahn gedachten Orbital stehende Welle des Elektron(enstrahl)s mit einer Wellenlänge λ hat hier ein Dreifaches vom Kreisumfanges $2 \cdot \pi \cdot r$. Umfang und Wellenlänge lassen sich somit gleichsetzen: $2 \cdot \pi \cdot r = 3 \cdot \lambda$. Über die Wellenlänge λ ist das Energieniveau $E = h \cdot v$ somit berechenbar (Umrechnung der Wellenlänge in die Frequenz). So wie bei Gitarrensaiten Schwingungen nur möglich sind, bei denen die Saitenlänge l_s ein ganzzahliges Vielfaches n der halben Wellenlänge λ ist ($l_s = n \cdot \lambda/2$), so muss auch ein ähnlicher Zusammenhang zwischen dem Atomkernabstand r der Elektronenwelle und ihrer Wellenlänge λ bestehen. Die Funktion $4 \pi r^2 \cdot \psi^2$ ist ein Maß für die Wahrscheinlichkeitsdichte des Elektrons in Abhängigkeit vom Atomradius r_0:

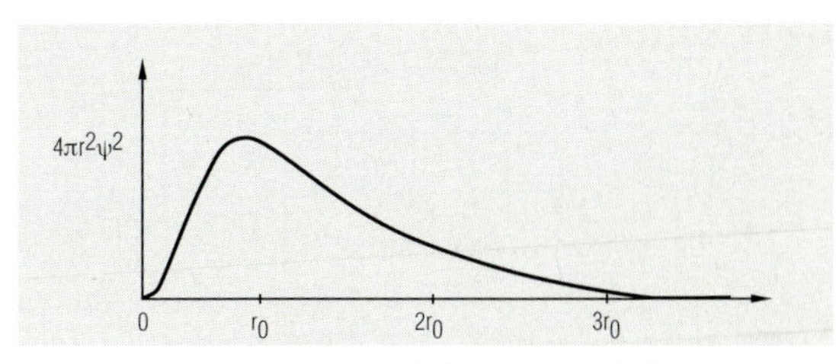

Abb. 1.4.6-5 Die radiale Dichteverteilung $4\pi r^2 \psi^2$ im 1s-Orbital

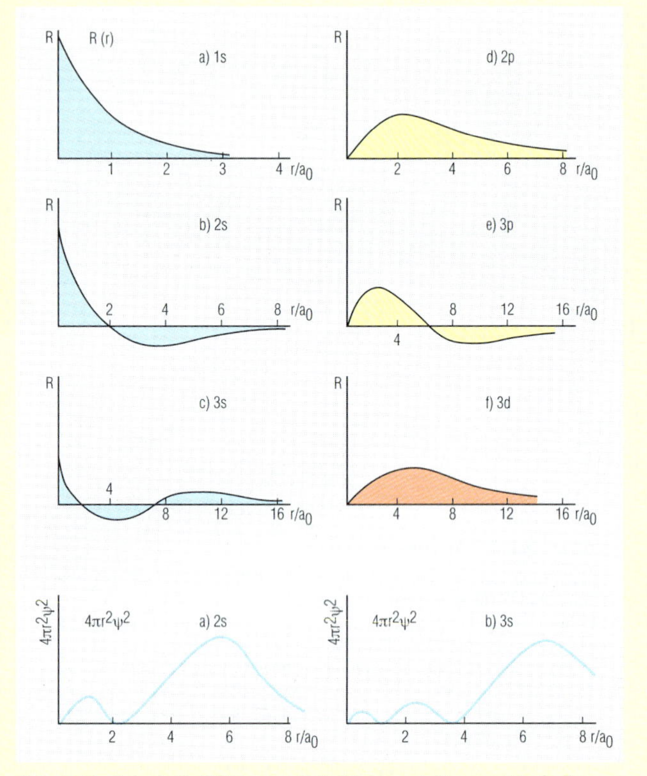

Abb. 1 **Radialanteile R(r) und radiale Dichteverteilungen ($4\pi r^2\psi^2$) von Atomorbitalen**

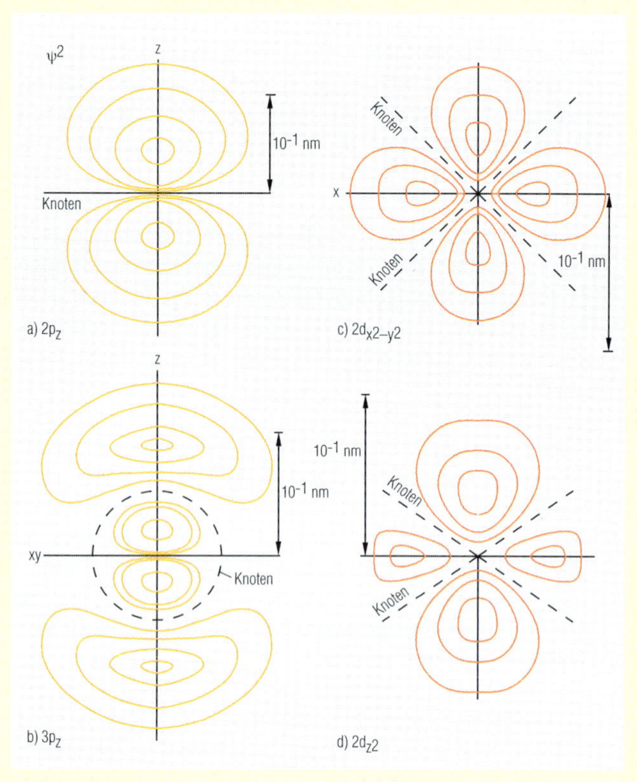

Abb. 2 **Grafische Darstellungen von ψ^2 (vgl. S. 35)**

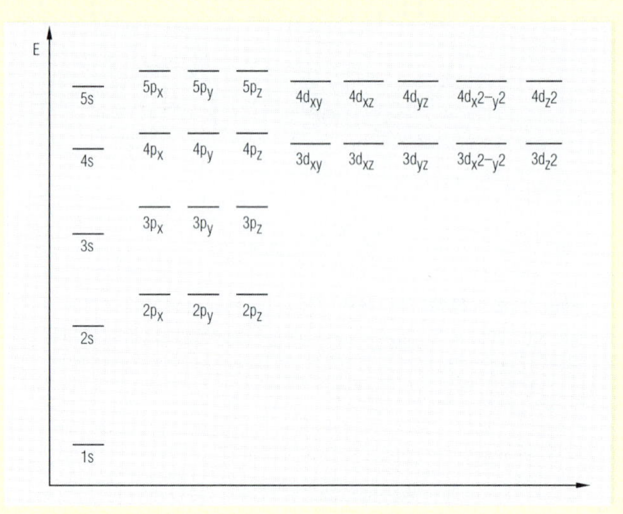

Abb. 3 **Energieniveaudiagramm für Atomorbitale**

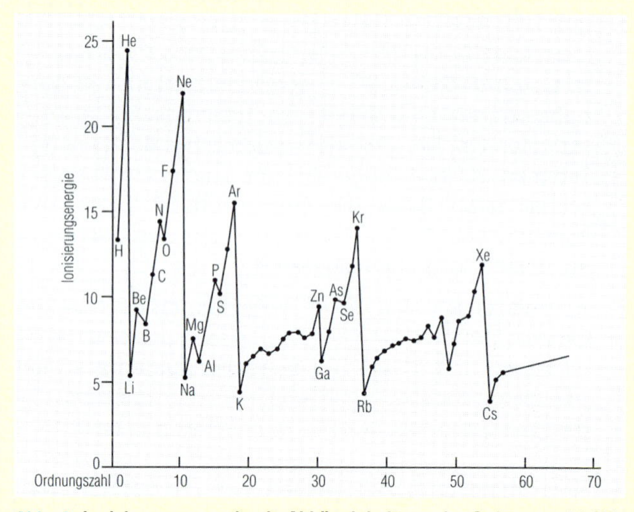

Abb. 4 **Ionisierungsenergien in Abhängigkeit von der Ordnungszahl OZ der Atome**

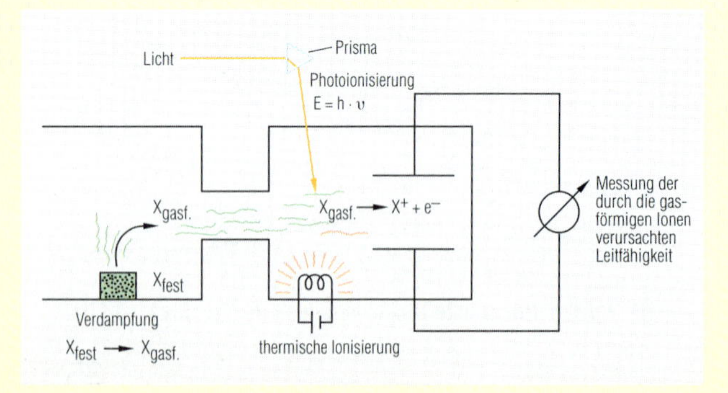

Abb. 5 **Bestimmung der Ionisierungsenergie**

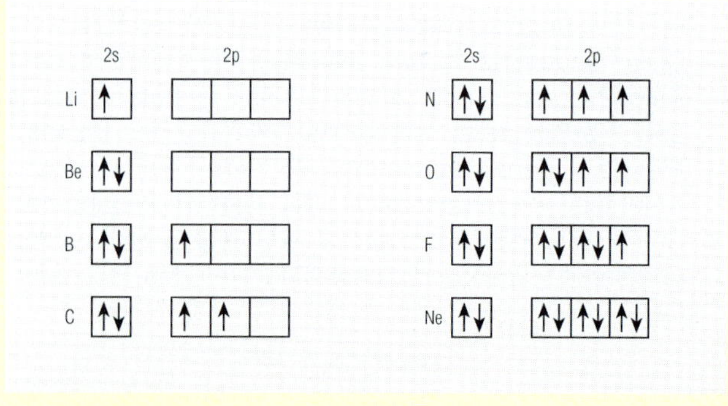

Abb. 6 **Elektronenkonfiguration bei OZ 3 bis 10**

1.4.7 Chemische Verbindungen

Atome bilden miteinander Verbindungen. Nichtmetall-Atomverbände halten in der Regel über bindende Elektronenpaare zusammen (dann nennt man sie **Moleküle**), bei Metall-Nichtmetall-Verbindungen werden Atome durch Elektronenübertragung elektrisch aufgeladen – hier sind es elektrische Anziehungskräfte, die die Verbände aus unterschiedlichen, nun geladenen Atomen **(Ionen)** zusammenhalten.

Man unterscheidet zwischen positiv geladenen Atomen, den **Kationen** (sie haben einen Mangel an Elektronen, sodass Protonenladungen aus dem Atomkern nach außen hin wirksam werden) und **Anionen,** die in ihrer Hülle mehr Elektronen aufweisen als Protonen im Kern.

1.4.8 Moleküle – wie Atomverbände entstehen

Wenn Wasserstoffgas im Labor aus Zink und Schwefelsäure oder Aluminium und Salzsäure hergestellt wird, so beobachtet man etwas Erstaunliches: Das frisch entstehende Gas kann den der Säure beigefügten Farbstoff Dichromat mühelos entfärben. Leitet man jedoch Wasserstoffgas aus der Gasflasche oder über ein Rohr in Dichromatlösung, so geschieht nichts.

Eine ähnliche Merkwürdigkeit stellte Avogadro fest: Wasserstoffgas reagiert mit Sauerstoff im Volumenverhältnis 2:1 – aus drei Litern eines solchen Knallgasgemisches entstehen statt drei Litern Wasserdampf jedoch nur 2 Liter. Wie aber sollen aus 3 Mol Gasteilchen 2 Mol H_2O werden?

Die Erklärung liegt im Verhalten der Wasserstoff**atome.** Im Moment des Entstehens („in statu naszendi") haben sie nur ein vereinzeltes Außenelektron, welches sie unter Freigabe von Energie „gerne" an Dichromat-Teilchen abgeben. Frisch entstehender, **atomarer („naszierender") Wasserstoff** ist daher sehr reaktiv. Fehlt ihm jedoch der Reaktionspartner, so bilden die 1s-Atomorbitale **(AO)** beider H-Atome ein gemeinsames, nun mit einem Elektronenpaar gefülltes **„Molekülorbital" (MO).**

Das **H_2-Molekül** – man vergleiche es mit dem Heliumatom – hat somit unter Freigabe von Energie aus zwei AO eine Außenhülle (MO) aufgebaut, die in der Elektronenkonfiguration $1s^2$ nun dem kleinsten Edelgasatom entspricht. Man sagt: Es hat die **„Edelgaskonfiguration"** – hier: [He] – erreicht (vgl. Abb. 1.4.6-2 und Tabelle 2b im Anhang). Dass das ein energetisch äußerst günstiger Zustand ist, zeigt sich daran, dass Edelgase wie Helium und Neon auch unter extremsten Bedingungen **keine** Verbindungen mit anderen Elementen eingehen.

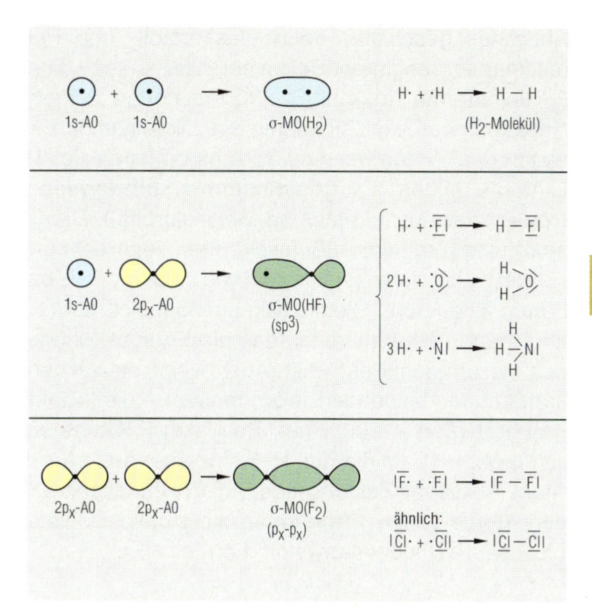

Abb. 1.4.8-1 Verschmelzung von AOs zu MOs

Im Bild: Überlappung von AOs (Atomorbitalen) aus H-, F-, O-, und N-Atomen zu Hybrid- und Molekülorbitalen der Moleküle H_2, HF, H_2O, NH_3 und F_2

Laborversuche

1. Geben Sie etwas Zinkpulver in ein Reagenzglas mit 1–5 ml verdünnter Schwefelsäure (R-/S-Sätze beachten: Schutzbrille, Abzug!)
2. Geben Sie im Reagenzglas je einige ml verdünnte Kaliumdichromatlösung und verdünnte Schwefelsäure zusammen. Versetzen Sie die Mischung mit einer Spatelspitze Zinkpulver und beobachten Sie. Filtrieren Sie das Gemisch nach Ende der Gasentwicklung. Deuten Sie Ihre Versuchsbeobachtungen!
   (Entsorgung giftiger Dichromat- und Chromatabfälle: Immer erst mit Zink und Säure zur Reaktion bringen und nur das grüne Reaktionsprodukt – dreiwertige Chromsalze – zu den Schwermetallabfällen geben!)
3. Unterscheidung polarer und unpolarer Elektronenpaarbindungen bei Lösemittel-Molekülen: Geben Sie einige Tropfen Tetrachlorkohlenstoff (CCl_4) oder n-Hexan (C_6H_{14}) (beides unpolare Lösemittel mit geringerer EN-Differenz zwischen den Bindungspartnern) in ein Reagenzglas mit 2–3 ml des polaren Lösemittels Wasser (H_2O – hohe EN-Differenz zwischen O und H!). Schütteln und beobachten Sie! Wiederholen Sie den Versuch mit Iodwasser.

Deuten Sie Ihre Beobachtungen unter Beachtung des Begriffes „Löslichkeit". Bedenken Sie, dass Halogenatome ebenso paarweise miteinander verbunden sind wie H-Atome (EN-Differenz in solchen Molekülen = 0).

Üb(erleg)ungsaufgaben

In welchen Schritten könnten sich aus den Molekülen der Elemente H_2, O_2 und Schwefel (S_8) H_2O-, H_2S-, SO_2- und H_2O_2-Moleküle bilden?

Welche Bindungen müssten zerstört oder aufgebaut werden und welche Elektronen bilden die bindenen Elektronenpaare in den Molekülorbitalen?

Ähnliches geschieht, wenn Wasserstoff- und Fluorgas miteinander reagieren. Selbst bei –200 °C setzt diese heftig „exotherme" (das heißt: Wärmeenergie freigebende) Reaktion noch explosionsartig ein: Die einzelnen Außenelektronen in den 1s- und 2p-Atomorbitalen der H- und F-Atome bilden ein **gemeinsames, bindendes Elektronenpaar** aus, ein MO (sp-Molekülorbital). Dem Fluoratom sind nun acht Außenelektronen zuzurechnen – ein **„Oktett"** von Valenzelektronen wie beim im PSE benachbarten Neonatom. Gleichzeitig befindet sich der H-Atomkern nun in einem Orbital, das die Edelgaskonfiguration des Heliumatoms aufweist. Auch wenn die Anziehungskraft auf das bindende Elektronenpaar – die **„Elektronegativität (EN)** – durch den Kern des F-Atoms wesentlich größer ist als die des H-Atomkerns: Auch für das H-Atom ist dieser Zustand energetisch günstiger. Die beiden Atome bilden somit fortan ein stabiles Molekül, die Flusssäure (Fluorwasserstoff, Formel: HF).

Auch Chlor- und Wasserstoffgemische sowie Wasserstoff-Sauerstoff-Gemische reagieren übrigens – im richtigen Volumen- bzw. Stoffmengenverhältnis gemischt – äußerst explosiv. Die Produkte dieser Chlorknallgas- und Knallgasreaktionen heißen übrigens Chlorwasserstoffgas (Formel: HCl) und Wasser (H_2O) – ihr Gemisch, die wässrige Chlorwasserstoff-Lösung, wird als Salzsäure bezeichnet.

Wasserstoff kann auch mit weiteren nichtmetallischen Elementen oder Verbindungen zur Reaktion gebracht werden – zum Beispiel zur Herstellung von Ammoniak (NH_3), Methangas (CH_4), Schwefelwasserstoff (H_2S) oder auch Methanol (CH_3OH). Ja, sogar größere Moleküle wie die des Traubenzuckers (Formel: $C_{12}H_{22}O_{11}$) werden von Pflanzen auf diese Weise synthetisiert. Immer jedoch sind es **Moleküle,** die bei der Bildung von **Verbindungen aus Nichtmetallen** entstehen – und **gemeinsam genutzte Elektronenpaare** in „bindenden" Molekülorbitalen sind es, die die Atome dieser Moleküle zusammenhalten. (Dieser Bindungstyp wird daher „kovalente" oder **„Elektronenpaarbindung"** genannt!).

1.4.9 Ionen – geladene Atome und Atomverbände

Wenn das Alkalimetall Lithium mit dem Halogen Fluorgas reagiert –, oder ähnlich Natrium in Chlorgas verbrannt wird – so entstehen Salze, die Alkalimetallhalogenide Lithiumfluorid (LiF) bzw. Natriumchlorid ($NaCl$). Letzteres kennen wir als Kochsalz. Ebenso heftig – unter Freisetzung energiereicher UV-Strahlung und grellweißen Lichtes – reagiert brennendes Magnesiumband mit Luftsauerstoff (Abb. 1.4.9-2). Woher aber kommt hier die „Triebkraft" dieser so heftigen Reaktion zwischen den Atomen der Elemente?

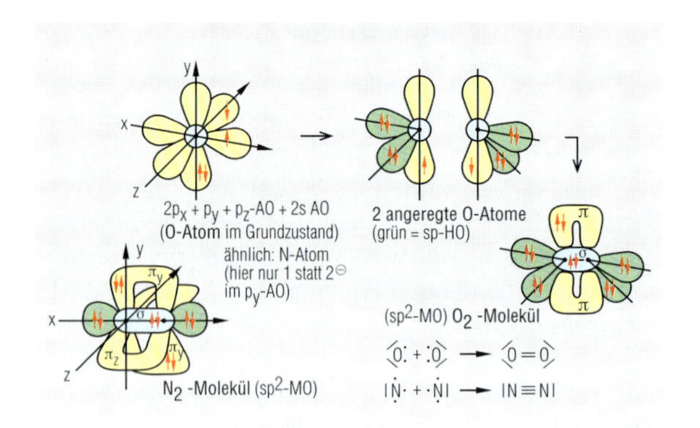

Abb. 1.4.8-2 Molekülorbitale
Im Bild die MOs des Sauerstoffs und des Stickstoffs

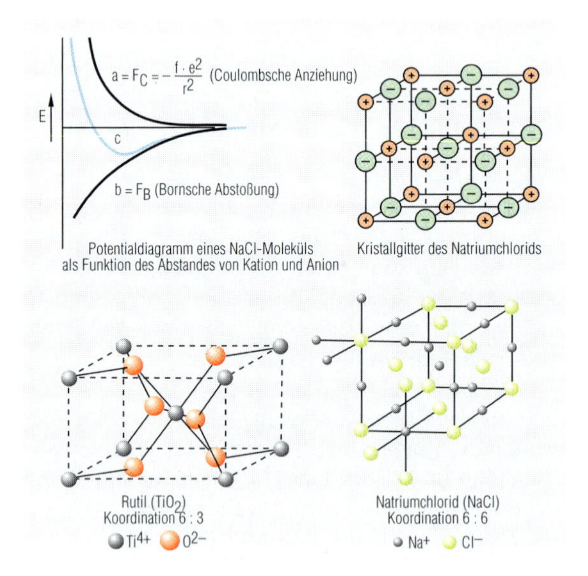

Abb. 1.4.9-1 Ionenkristallmodelle
Metall-Nichtmetall-Verbindungen (wie zum Beispiel Natriumchlorid und Lithiumfluorid) bestehen aus geladenen Atomen und Atomverbänden. Metallkationen und Nichtmetall-Anionen werden durch elektrische Anziehungskräfte zusammengehalten. So entstehen spröde, harte Ionenkristalle mit sehr hohen Schmelzpunkten – nur deren Lösungen oder Schmelzen leiten den elektrischen Strom. Im starren Kristallgitter aber sitzen die Ionen (Ladungsträger) nahezu unbeweglich fest.

Laborversuche

1. Herstellung ionischer Verbindungen:
   Mischen Sie 1 Spatelspitze Magnesiumpulver und 4–5 Iodkristalle im Reagenzglas und erhitzen Sie vorsichtig zunächst langsam, nach Verdampfen des Iods stärker, bis alles Iod verdampft ist. Testen Sie die Wasserlöslichkeit der Ausgangs- und Endstoffe!
2. Prüfen Sie die elektrische Leitfähigkeit folgender Lösungen und Flüssigkeiten:
   a) dest. Wasser,
   b) Natriumchloridlösung,
   c) *n*-Hexan,
   d) Zuckerwasser,
   e) Ethanol oder Methanol.
   Wie erklären Sie sich ihre Messwerte?

Nach Bohrs Atommodell erklärt sich der Vorgang so: Metallatome besitzen auf ihrer äußersten Schale nur sehr wenig Valenzelektronen – die Alkalimetalle sogar nur ein einzelnes Elektron. Nichtmetallatome haben – von den beiden Sonderfällen, den „Zwergatomen" Wasserstoff und Helium einmal abgesehen – recht viele Außenelektronen. Bei den reaktionsunfähigen Edelgasatomen sind es sogar immer acht Elektronen auf der äußersten Schale – ein **„Elektronenoktett".** Offenbar ist dieser „Edelgas-Zustand", das Oktett von Valenzelektronen nun so energiearm, dass es die Atome anderer Elemente durch Aufnahme oder Abgabe von Außenelektronen anstreben, selbst auf die „Gefahr" hin, dass Elektronen- und Protonenzahl sich im Atom nicht mehr die Waage halten: Ein Ion, ein elektrisch geladenes Atom, entsteht.

Das ist bei der Synthese (Herstellung) von Lithiumfluorid aus den Elementen der Fall: Das Fluoratom entreißt dem Lithiumatom ein Elektron, das heißt, es „oxidiert" das Lithium. Dadurch erhöht sich die Anzahl der Valenzelektronen im F-Atoms auf acht – das „Oktett" in der Außenschale oder – nach dem wellenmechanischen Atommodell gesprochen – die **„Edelgaskonfiguration"** des Neonatoms ist erreicht. Dafür ist das Fluoratom zwar nun zu einem **Anion** geworden (denn es hat ja nun eine negative elektrische Ladung mehr in der Hülle, als es an Protonenladungen im Kern hat), aber sein Zustand ist um ein Vielfaches energetisch günstiger (er ist im Falle von Fluor sogar so günstig, dass es keine Chemikalie gibt, die mit solchen Fluoridanionen wieder zum Element reagieren kann: Fluor ist das „elektronenbegierigste" aller Elemente oder wie der Chemiker sagt: das stärkste **Oxidationsmittel** überhaupt!).

Das Lithium-Atom seinerseits erreicht ebenfalls einen energetisch günstigeren Zustand: Durch die „bereitwillige" Elektronenabgabe **(Oxidation)** – die Abgabe seines einzigen Valenzelektrons(!) – ist seine äußerste Schale nun leer geworden, seine Hülle hat die Edelgaskonfiguration des Heliumatoms angenommen. Damit ist auch hier, obwohl nun ein einfach positiv geladenes **Kation** entstanden ist, ein recht günstiger Zustand erreicht und viel Reaktionsenergie frei geworden.

Ähnlich reagieren alle Metalle mit Nichtmetallen zu ionischen, das heißt salzartigen Verbindungen. Im Unterschied zu den molekularen Verbindungen sind die ionischen **Metall-Nichtmetall-Verbindungen** feste, **spröde** (nicht verformbare) und kristalline Stoffe mit **hohen** Schmelz- und Siedepunkten, deren **Schmelzen und Lösungen elektrisch leitfähig** sind, da ihre Ionen beweglich und somit zum Ladungstransport geeignet sind. Im **Ionenkristall** hingegen werden sie an Gitterplätzen festgehalten.

Abb. 1.4.9-2 Magnesium verbrennt unter Abstrahlung grellweißen Lichtes.

Bei diesem Vorgang wird sehr viel Energie freigesetzt (Wärme, sichtbares Licht, UV-Strahlung). Die Reaktion nach dem Schema $2\,Mg + O_2 \rightarrow 2\,MgO$ läuft nach dem gleichen Mechanismus ab wie die von Lithium mit Fluorgas (Schema: $2\,Li + F_2 \rightarrow 2\,LiF$).

Bei diesen Reaktionen laufen insgesamt drei Vorgänge ab und jeder der drei Schritte ermöglicht es dem reagierenden System von Mg- und O- bzw. Li- und F-Atomen, Energie nach außen hin abzugeben:

I. die **Oxidation** (Elektronenabgabe) des Mg- bzw. Li-Atoms (es entsteht ein Kation Mg^{2+} bzw. Li^+),

II. die **Reduktion** (Elektronenaufnahme) des Nichtmetallatoms zum Anion O^{2-} bzw. F^- und:

III. die **elektrische Anziehung** zwischen den entgegengesetzten elektrischen Ladungen von Kation (+) und Anion(–), wobei ein Lithiumfluorid- bzw. Magnesiumoxid-Ionenkristall entsteht.

Üb(erleg)ungsaufgaben

1. Geben Sie an, welche Atomarten bei folgenden Reaktionen Elektronen an den Reaktionspartner abgeben könnten. Beachten Sie dabei, dass Metalle nicht mehr reduziert werden können (keine Elektronen mehr aufnehmen) und dass im PSE die jeweils stärkeren Oxidationsmittel links bzw. oben stehen (höchstmögliche EN: Fluor!):
   a) Mg + O b) K + H c) K + Br
   d) Li + N e) Li + O f) Na + S
   g) Ca + O h) Al + Cl i) N + H
   j) C + H k) Pb + I l) Si + Ne
   m) Li + Mg
   In welchen der hier genannten Fällen kann statt der Ionenbindung „nur" eine Elektronenpaar-Bindung entstehen? In welchen Fällen ist eine chem. Bindung zwischen den genannten Atomsorten nicht möglich ?
2. Geben Sie an, welche der folgenden Formeln für ionische Verbindungen stehen und welche Formeln von Atombau und Stellung im PSE her unbedingt falsch sein müssen:
   a) Li_3N b) H_2S c) Al_4C_3
   d) Na_7P e) MgO_3 f) MgO
   g) HBr h) KOH i) K_2O
   j) KH k) H_2O l) CH_3
   m) I_2 n) HI_2 o) SF_6
   p) $CHCl_3$
3. Geben Sie an, welche Anionen und Kationen in den in Aufgabe 2 genannten, ionischen Verbindungen enthalten sind (Tabelle!).

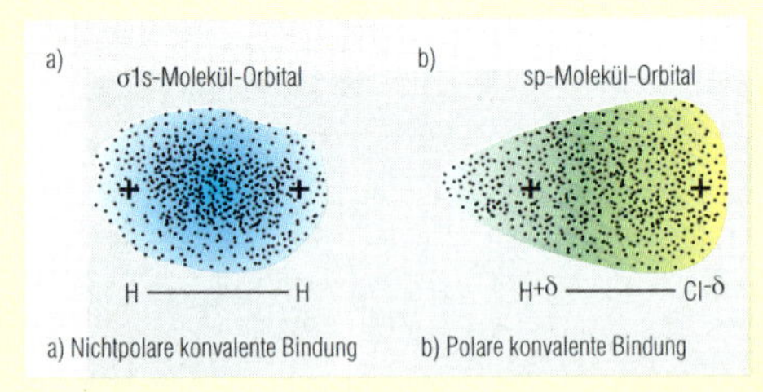

Abb. 1 Kovalente Bindungen

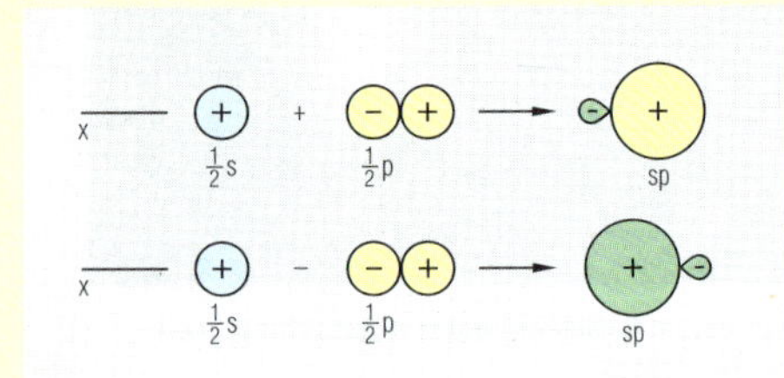

Abb. 2 Hybridisierung zum sp-MO

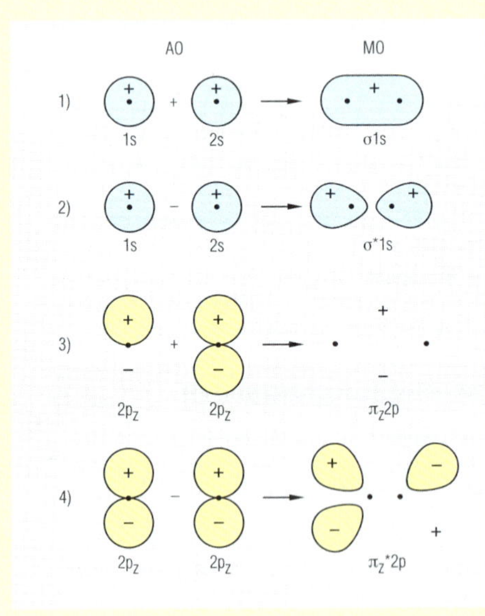

Abb. 4 σ-, σ*-, π- und π*-Molekülorbitale

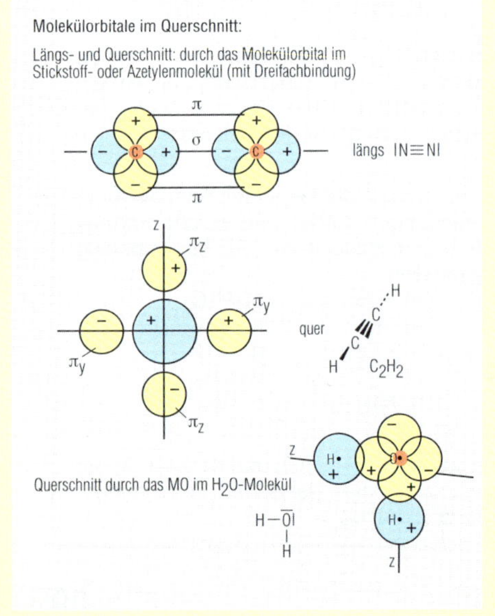

Abb. 5 MOs im Querschnitt

Ein **Molekülorbital (MO)** entsteht als kovalente Bindung zwischen zwei Atomen, indem sich je ein unvollständig besetztes **Atomorbital (AO)** eines Atoms gegenseitig überlappen. Die Elektronen halten sich als Materiewellen ja jeweils in der Nähe der Atomkerne auf. Vereinzelte Elektronen haben jedoch das Bestreben, sich paarweise zu vereinigen, sodass bindende Elektronenpaare bzw. Molekülorbitale entstehen können.

Der einfachste Fall ist die Vereinigung zweier H-Atome (1s-AO) zum H_2-Molekül: Diese Bindung ist in Bezug auf die Bindungsachse und in Bezug auf die Spiegelebene zwischen den beiden Atomkernen **symmetrisch.** Achsensymmetrische, lineare Bindungen (Molekülorbitale) werden als **σ-MO** bezeichnet (σ-Bindung). Auch ein räumlich passend angeordnetes p-Orbital – z. B. in einem Fluor- oder Chloratom – und ein s-Orbital können zu einer σ-Bindung verschmelzen **(„hybridisieren")**, wie sie z. B. in Chlorwasserstoff-, Wasser- und Amoniakmolekülen vorliegen (vgl. Abb. 1, 2 und 3).

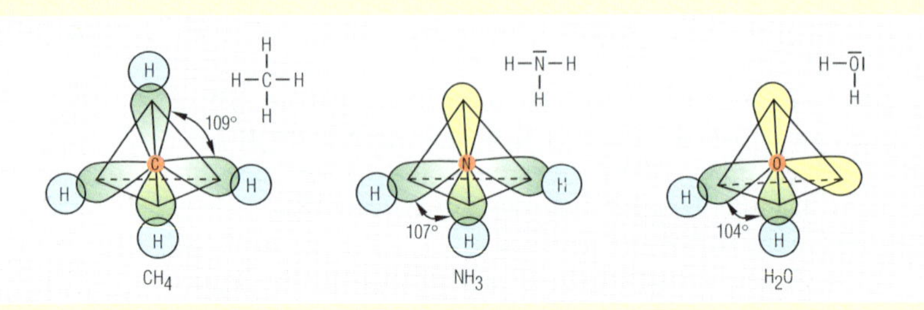

Abb. 3 Molekülgeometrien

Die s-Bindungen (sp-MO) führen in den Molekülen von Wasser, Ammoniak und Methan zu (pseudo-)tetraedrischen Bindungsstrukturen (104–109°).

Elektronen mit gleicher Spinquantenzahl *s* jedoch bilden ein **antibindendes MO:** Es kommt keine Bindung zustande. Antibindende Orbitale werden in der MO-Theorie mit dem Symbol * belegt: **σ*1s** ist also ein antibindendes MO aus zwei 1s-Atomorbitalen.

Die Vereinigung von Atomorbitalen zu einem bindungs**un**symmetrischen MO bewirkt eine **π-Bindung.** Auch diese kann – je nach Besetzung mit Elektronen – wieder bindend **(π-MO)** oder antibindend **(π*-MO);** vgl. in Abb. 4). Stabile, kovalente Bindungen entstehen nur, wenn die Anzahl möglicher bindender MOs die der möglichen antibindenden MOs im Molekül übertrifft.

Aus der Struktur der Atomorbitale (den Quantenzahlen jedes beteiligten AO und der Besetzung mit Elektronen) ergeben sich entsprechende Molekülstrukturen (Abb. 3). Diese können tetraedrisch (CH_4), planar (BF_3), linear ($BeCl_2$) oder oktaedrisch (SF_6) sein, denn die gleichartig geladenen Elektronenpaare stoßen einander immer ab, sodass größtmögliche Abstände zwischen den Molekülorbitalen entstehen.

Aufgrund der Struktur der p- und d-Orbitale (Quantenzahlen l = 1 und 2) sind durch deren Verschmelzung (Hybridisierung) zu Molekülorbitalen auch **Mehrfachbindungen** möglich. Beispiele hierfür sind die Moleküle O_2, $H_2C{=}CH_2$ oder auch die **Dreifachbindung** im Ethin- und im N_2-Molekül, vgl. Abb. 5.

In gewisser Weise kann im Sinne der MO-Theorie auch die nichtkovalente, metallische Bindung als aus MOs bestehend aufgefasst werden (Abb. 6): Durch Überlappung der Metallatomorbitale entsteht gleichermaßen ein gigantisches MO über das ganze Metallstück. Vermutlich stammt daher der metallische Glanz.

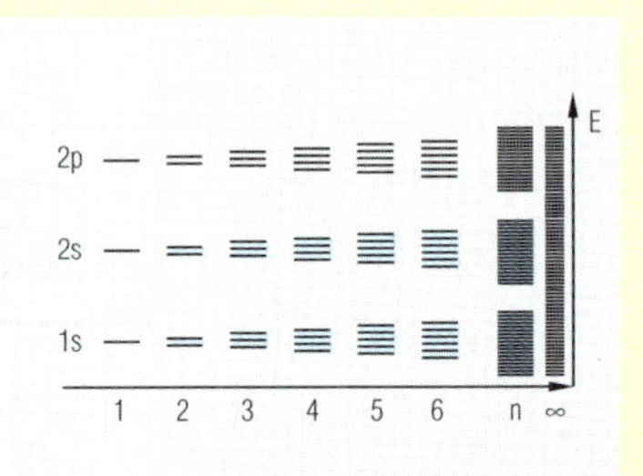

Abb. 6
AO-Überlappungen in Metallgittern

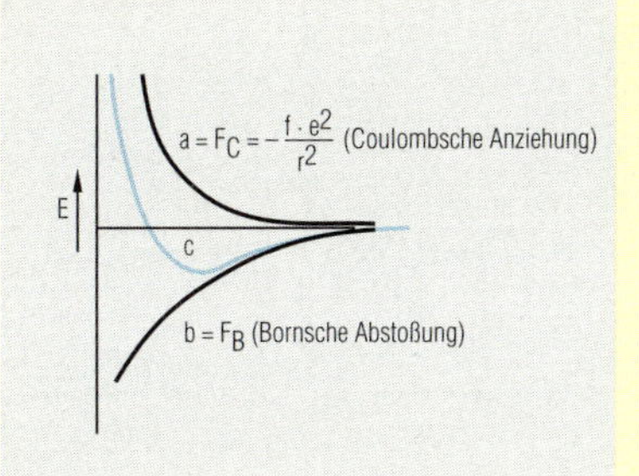

Abb. 7
Potentialdiagramm von Na^+ und Cl^-

Wenn Kation und Anion aufgrund der elektrischen Anziehungskräfte einander nahe kommen, so ist trotzdem eine Berührung beider nicht möglich: Der **Coulomb'schen Anziehungskraft F_C** – die von der Anzahl der Elementar- oder Ionenladungen **e** und dem Abstand **r** zwischen den Ionen abhängt – wirkt die **Born'sche Abstoßungskraft F_B** entgegen. Diese entsteht zwischen den Valenzelektronen beider Atomhüllen. Also pendelt sich r auf möglichst niedrigem Energieniveau ein – in der „Mulde" der Kurve c des Potentialdiagramms (Abb. 7). Je nach Größe und Ladung der beteiligten Ionen entstehen so sieben mögliche Kristallkörper (Abb. 8). Diese können an ihren Winkeln (Raumachsen) und Seitenlängen erkannt werden. Nach Symmetrieachsen eingeteilt, unterscheidet man nur sechs **Kristallsysteme** (Obertypen), die dann viele **Kristallformen** ausbilden können (Abb. 9).

Am einfachsten zu beschreiben sind hier die kubischen und die hexagonal dichteste Packung, die z. B. auch in den Kristallgittern der 3 Metalle Pb, Zn und Fe auftreten

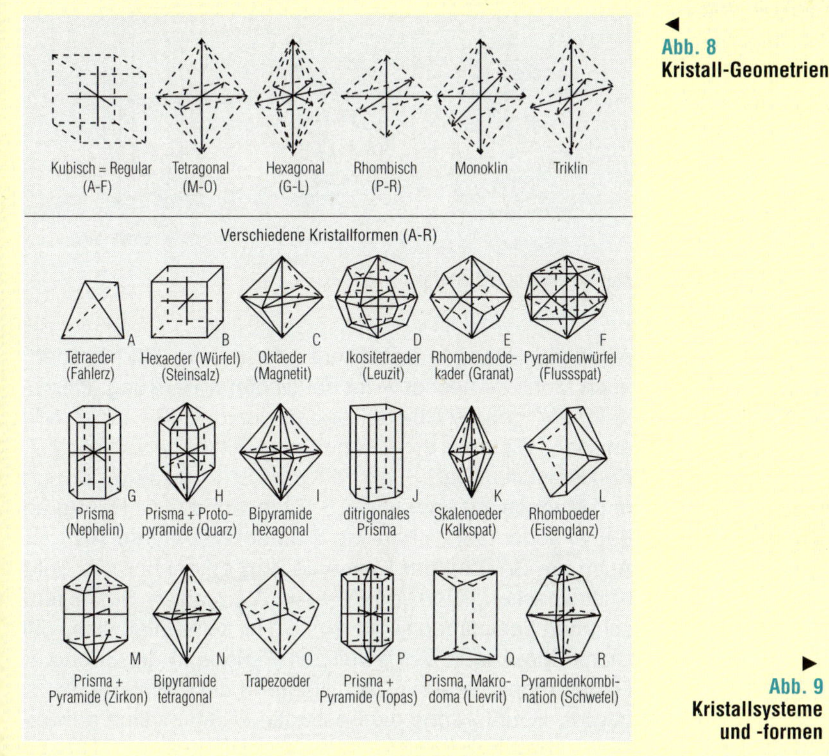

◄ **Abb. 8**
Kristall-Geometrien

	Achsen	Winkel	Beispiele / System
	a = b = c	α = β = γ = 90°	NaCl, Cu kubisch
a, b, c	a = b ≠ c	α = β = γ = 90°	TiO_2, β-Sn, SnO_2 tetragonal
a, b, c	a ≠ b ≠ c	α = β = γ = 90°	HgCl, J_2, α-S_B orthorhombisch
	a ≠ b ≠ c	α = γ = 90° ≠ β	$KClO_3$, β-S_B, B monoklin
	a ≠ b ≠ c	α ≠ β ≠ γ ≠ 90°	$K_2Cr_2O_7$, $CuSO_4 \cdot 5\,H_2O$, $CaSiO_3$ triklin
a, b, c	a = b = c	α = β = γ ≠ 90°	$CaCO_3$, As, Bi, Eis rhomboedrisch
a, b, c	a = b ≠ c	α = β = 90° γ = 120°	SiO_2, Graphit hexagonal

► **Abb. 9**
Kristallsysteme und -formen

Abb. 10
Pyritkristalle

Relative Größen von Atomen und Ionen
(Atom- und Ionenradien in pm)

IA	IIA	IIIB	IVB	VB	VIB	VIIB	VIIIB	VIIIB	VIIIB	IB	IIB	IIIA	IVA	VA	VIA	VIIA	
H 30 208 H^-																	He 93
Li 152 60 Li^+	Be 90 31 Be^{2+}											B 68	C 77	N 70	O 66 140 O^{2-}	F 64 136 F^-	Ne 112
Na 186 95 Na^+	Mg 160 65 Mg^{2+}											Al 143 50 Al^{3+}	Si 117	P 110	S 104 184 S^{2-}	Cl 99 181 Cl^-	Ar 154
K 231 133 K^+	Ca 197 97 Ca^{2+}	Sc 160 81 Sc^{3+}	Ti 146	V 131	Cr 125	Mn 129	Fe 126	Co 125	Ni 124	Cu 128 95 Cu^+	Zn 133 74 Zn^{2+}	Ga 122 62 Ga^{3+}	Ge 122 53 Ge^{4+}	As 171	Se 117 198 Se^{2-}	Br 114 195 Br^-	Kr 169
Rb 244 148 Rb^+	Sr 215 113 Sr^{2+}	Y 180 93 Y^{3+}	Zr 157	Nb 141	Mo 136	Tc 130	Ru 133	Rh 134	Pd 138	Ag 144 126 Ag^+	Cd 149 97 Cd^{2+}	In 162 81 In^{3+}	Sn 140 71 Sn^{4+}	Sb 141	Te 137 221 Te^{2-}	J 133 216 J^-	Xe 190
Cs 262 169 Cs^+	Ba 217 135 Ba^{2+}	La 188 115 La^{3+}	Hf 157	Ta 143	W 137	Re 137	Os 134	Ir 135	Pt 138	Au 144 137 Au^+	Hg 144 110 Hg^{2+}	Tl 171 95 Tl^{3+}	Pb 175 84 Pb^{4+}	Bi 146	Po 140	At 140	Rn 220

Abb. 11
Relative Größe der Atome (schwarz), **Kationen** (blau) und **Anionen** (rot) in Abhängigkeit von ihrer Stellung im Periodensystem

(Abb. 13). Im Bleikristall befindet sich auf jeder Würfelfläche ein weiteres Pb-Atom **(kubisch flächenzentriert, kfz).** Im Kochsalz ist – wie im Eisen – die kubisch dichteste Packung **(kubisch raumzentriert, krz)** verwirklicht: Jedes Ion ist von 6 Nachbarn der anderen Ladung umgeben (Koordination 6:6). Im Caesiumchlorid hingegen mit seinem wesentlich größeren Kation ist die Koordination eine andere (vgl. Abb. 12: Koordination 8:8). Andere Ionen bilden tetraedrische Systeme (CaF_2, ZnS, ähnlich Diamant), Schichtengitter (CdI, $PdCl_2$ – ähnlich Graphit) oder Prismen – je nachdem, welche Größenunterschiede die Ionen aufweisen.

Die **Koordinationszahl** gibt die Anzahl der im Kristallgitter befindlichen Nachbar-Ionen an. Ihre Abhängigkeit vom Verhältnis der Ionenradien $r_x : r_y$ wird durch die folgende Tabelle deutlich: Gitter mit Ionen starker Größenunterschiede weisen kleine Koordinationszahlen auf – Gitter mit annähernd gleichgroßen Ionen haben hohe Koordinationszahlen.

Verbindung XY	räumliche Anordnung	$r_x : r_y$	Koordinationszahl
ZnTe	tetraedisch	0,074 : 0,221 = 0,33	4
NaCl	oktaedrisch	0,095 : 0,181 = 0,53	6
CsCl	kubisch	0,169 : 0,181 = 0,93	8

Zusätzlich wirken die Ionenladungen (Anzahl der Ladungen pro Ion) auf die Stoffeigenschaften ionischer Verbindungen:

Verbindung + Ionenladung (±e)	Gitterabstand (pm)	Schmelzpunkt (°C)	Gitterenergie (kJ/mol)
NaF (1)	231	993	908,5
MgO (2)	211	ca. 2800	3931,4
ZrN (3)	215	2980	> 5000
TiC (4)	223	ca. 4300	sehr hoch

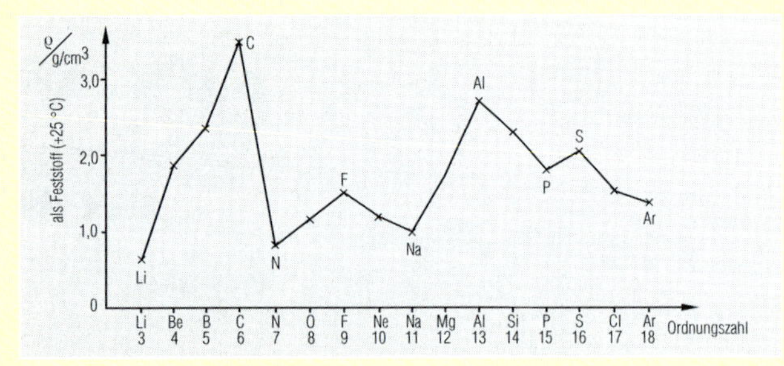

Abb. 14 Die Dichte der Elemente

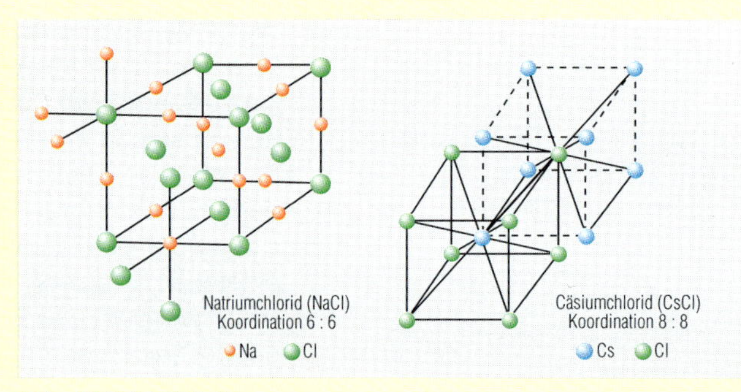

Abb. 12 Kristallstrukturen

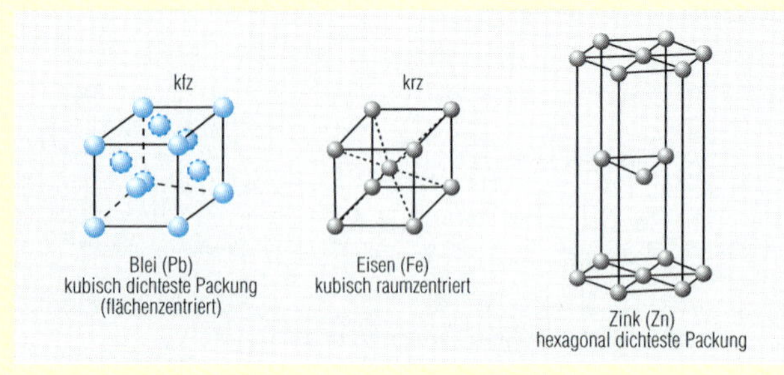

Abb. 13 Kristallstrukturen

Auch die Ritzhärte kristalliner Stoffe – in „Härtegraden“ nach Mohs gemessen – ist bei dichterer Packung (kleinere Ionen!) größer: So hat Bariumselenid (BaSe, Ionenradien: Ba^{2+} 135 pm / S^{2-} 198 pm) eine Ritzhärte von nur 2,7, Kalziumsulfid (CaS; Ca^{2+}: 97 pm, S^{2-}: 184 pm) von 4,0 und Magnesia (MgO) von 6,5. Titancarbid (TiC, Härtegrad 89) ist sogar fast so hart wie Diamant (Härtegrad 10).

Auch am Beispiel der Elemente wird erkennbar, wie sehr Kristallpackung und Ionen- bzw. Atomradien Stoffeigenschaften bestimmen (Abb. 14). So ist kein Zufall, dass die Dichte-Maxima in der jeweiligen Periode in der 3. und 4. Hauptgruppe liegen (C, Al), während die Elemente der 1. bzw. 8. Hauptgruppe als Feststoffe Dichteminima aufweisen – trotz höherer Atommassen! Nur Stickstoff scheint hier eine Ausnahme darzustellen.

Ähnliches gilt für die molaren **Standard-Schmelz-** und **Verdampfungsenthalpien** (Abb. 15 und 16): Sie geben an, welche Energiemenge einem Mol eines Stoffes zugefügt werden muss, um ihn am Schmelz- bzw. Siedepunkt vollständig in den anderen Aggragatzustand zu überführen. Auch hier liegen die Höchstwerte (in kJ/mol) – genau wie bei den Schmelz- und Siedepunkten (in °C) – bei den Elementen C und Si (bzw. Al).

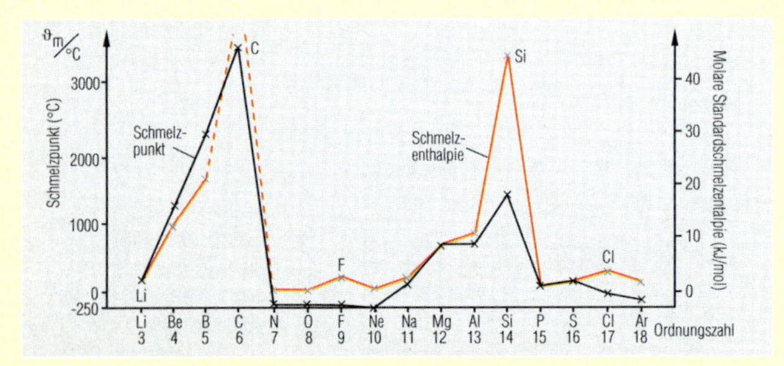

Abb. 15
Schmelzpunkte ϑ_m und -enthalpien der Elemente Nr. 3 bis 18

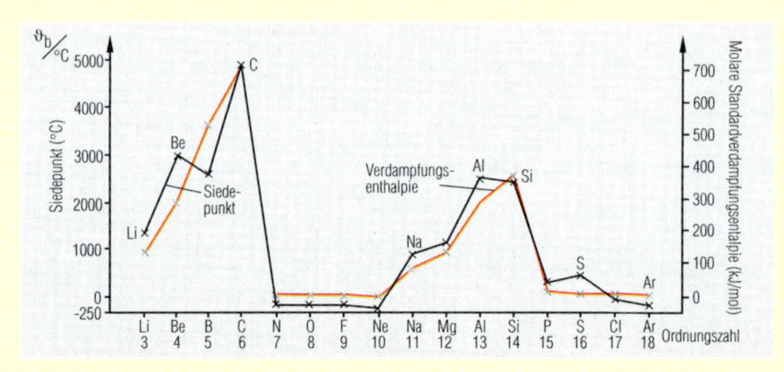

Abb. 16
Siedepunkte ϑ_b und Verdampfungsenthalpien der Elemente Nr. 3 bis 18

Zusammenfassung zu Kapitel 1.4

Atomare Teilchen und ihre Eigenschaften

1. **Atome** sind kleinstmögliche Stoffportionen der Elemente. **Moleküle** sind die kleinstmöglichen Stoffportionen chemischer Verbindungen und bestehen aus mindestens zwei Atomen. Elektrisch geladene Atome und Atomverbände (Moleküle) werden Ionen genannt.
2. Atome bestehen aus einem massiven, positiv geladenen **Atomkern** und einer fast leeren **Atomhülle** (= Rutherfords Atommodell). Die Atomhülle besteht aus **Schalen,** in denen elektrisch negativ geladene Teilchen, die **Elektronen,** auf bestimmten **Bahnen** den Kern „umkreisen". Die Bausteine der Atomkerne werden **Nukleonen** genannt. Sie sind positiv geladen **(Protonen)** oder elektrisch neutral **(Neutronen);** (= Bohrs Atommodell).
3. Die äußerste Schale eines Atoms enthält die Elektronen auf dem höchsten Energieniveau, und zwar maximal vier Elektronenpaare bzw. acht **Valenzelektronen.** Ihre Anzahl bestimmt die höchstmögliche Wertigkeit (Valenz) und die chemischen Eigenschaften eines Elementes. Sie entspricht der Hauptgruppenzugehörigkeit des Atoms im PSE. Die chemische **Wertigkeit** eines Atoms gibt an, wie viele H-Atome es bei chemischen Reaktionen an sich binden oder ersetzen kann. H- und F-Atome sowie Alkalimetalle sind immer einwertig.
4. Atome und Ionen mit acht Valenzelektronen **(„Elektronenoktett")** haben einen energetisch besonders niedrigen und günstigen Zustand erreicht (die **„Edelgaskonfiguration"**) – kleinere Atome auch schon mit zwei Außenelektronen (H^-, He, Li^+, Be^{2+}, B^{3+}, C^{4+}). Alle anderen Atome sind bestrebt, durch chemische Reaktionen diesen Zustand zu erreichen, indem sie **Valenzelektronen aufnehmen oder abgeben** – sodass **ionische Metall-Nichtmetall-Verbindungen** entstehen – oder indem sie **bindende Elektronenpaare** bilden **(Elektronenpaarbindungen in molekularen Nichtmetall-Nichtmetall-Verbindungen).**
5. Chemische (Summen-)**Formeln** geben in Form der **Elementsymbole** die Art der beteiligten Elemente (die Atomsorten in einem Molekül) wieder sowie – in Form kleiner, tiefgestellter Zahlen (**Atommultiplikatoren,** Indices) hinter dem Elementsymbol – die **Atomzahlen- bzw. Stoffmengenverhältnisse,** in denen sich diese chemischen Verbindungen gebildet haben. Das Element mit der niedrigsten Elektronegativität (im PSE weiter links und unten) steht dabei auch in der Formel links.
6. Die **Elektronegativität (EN)** ist ein Maß für die Kraft eines Atoms, mit der es ein **bindendes** Elektronenpaar zu sich herüberzieht. Sie ist bei Fluor am größten (EN = 4,0), gefolgt von Sauerstoff (EN = 3,5) sowie Stickstoff und Chlor. Die Metalle weisen geringe EN auf ($EN_{Alkalimetalle}$ = ca. 0,9).
7. Der **EN-Unterschied (ΔEN)** zweier Bindungspartner ist ein Maß für die **„Polarität"** der Bindung zwischen den beiden Atomen. Bei hohen ΔEN-Werten wird das Elektronenpaar ganz vom elektronegativeren Atom beansprucht – es liegt eine **Ionenbindung** vor (Beispiel: LiF, NaCl). Bei sehr geringen ΔEN-Werten liegt eine **unpolare Elektronenpaarbindung** vor (Der Stoff ist molekular, Beispiele: H_2 , N_2 , CH_4 und SiC). Moleküle, in denen das bindende Elektronenpaar von einem der Bindungspartner stärker angezogen wird, weisen eine **polare Elektronenpaarbindung** auf (Beispiele: HF, HCl, H_2O, NH_3 und H_2S).
8. **Ionische Verbindungen** sind **salzartig:** Sie sind als Feststoff spröde, kristallin und elektrisch nicht leitfähig und haben sehr hohe Schmelz- und Siedepunkte. Ihre Schmelzen und Lösungen leiten den elektrischen Strom (Ionenwanderung). **Molekulare Verbindungen** haben – insbesonders bei kleineren, unpolaren Molekülen – recht niedrige Schmelz- und Siedepunkte. Sie weisen keine elektrische Leitfähigkeit auf.
9. Die Abgabe von Elektronen eines Atoms wird **Oxidation** genannt. Die Aufnahme von Elektronen durch ein Atom wird **Reduktion** genannt. Elemente mit hoher Elektronegativität (wie Fluor, Chlor und Sauerstoff) wirken daher stark elektronenanziehend bzw. oxidierend **(Oxidationsmittel),** die Atome von Wasserstoff und unedlen Metallen geben ihre Elektronen leicht ab **(Reduktionsmittel).**
10. Im Mikrokosmos existieren Licht- und andere Strahlungen und somit auch Energie nur „diskontinuierlich", in Form kleinstmöglicher Portionen, so genannten **„Quanten",** Photonen („Quantentheorie"). Subatomare Partikel wie Elektronen und Nukleonen weisen zudem einen Teilchen-Welle-Dualismus auf – sie sind als **Materiewellen** aufzufassen. Ein so genanntes **(Atom-)Orbitale (AO)** ist eine „stehende Elektronenwellen" bzw. Bereich hoher Ladungsdichte und Aufenthaltswahrscheinlichkeit einer Elektronenwelle in der Nähe des Atomkerns. Bei der Verbindung zweier Atome bildet sich ein **Molekülorbital (MO).**

Übungsaufgaben zu Kapitel 1.4

1. Wie groß ist eigentlich die Zahl N_A (= $6{,}023 \cdot 10^{23}$)?

   Zwei Rechenaufgaben zur Veranschaulichung:

   a) Nehmen Sie an, Sie hätten rund ein Mol Spielwürfel, nämlich 10^{24}, mit einem Volumen von je 1 cm^3. Berechnen Sie Volumen, Kantenlänge und Grundfläche eines Würfels, den Sie aus diesem „Mol"spielwürfel zusammensetzen könnten: Wie hoch wäre dieser Würfel? Und würde er ausreichen, um die Fläche Australiens (8,96 Millionen km^2) zu bedecken?

   b) Bei Einebnung aller Hügel und Gebirge und völlig gleichmäßiger Bedeckung der Erdoberfläche mit Wasser entstünde ein Meer von $h = 3$ km Wassertiefe auf einer Fläche A von 510 Mio. km^2. Berechnen Sie hieraus das Volumen ($V = A \cdot h$) sowie – aus N_A, der Dichte ϱ_{Wasser} = 1000 g/l und der molaren Masse $M = 18$ g/mol des Wassers – die Anzahl X der Moleküle in einem Liter Wasser. Nehmen Sie nun an, Sie könnten diese Anzahl X Moleküle radioaktiv markieren und gleichmäßig in den Weltmeeren des Volumens $V = A \cdot h$ verteilen: Wie viel markierte Moleküle kämen nach gleichmäßiger Durchmischung (vom Verhältnis her – Quotienten bilden!) auf jedes Liter irdischen Wassers?

2. 1 mol Wasserstoff (M = 2,016 g/mol) enthält 1 N_A = $6{,}023 \cdot 10^{23}$ H_2-Moleküle. Wie groß ist die genaue Masse m_{H_2} eines Wasserstoffmoleküls in mg?

3. Der Durchmesser eines Atoms liegt bei 100 pm (1 pm = 10^{-12} m). Wie viele Atome sind erforderlich, um aneinandergereiht eine Kette vom Durchmesser eines menschlichen Haares (0,065 mm) zu erhalten? (Wenn Sie als Durchschnittslänge eines Haares 10 cm annehmen, so können Sie sogar abschätzen, aus wie viel Atomen ein Menschenhaar besteht!).

4. Ein Mol Gas nimmt bei 0 °K und 1013 hPa einen Raum von 22,48 l ein. Berechnen Sie:

   a) wie viel Moleküle sich in 1 ml Luft befinden und:

   b) welches Volumen eine Menge von 1 Milliarde Moleküle Luft einnimmt! (Vergleichen Sie Ihr Rechenergebnis mit den im obenstehenden Laborversuch erhaltenen Werten für ein Öl-Molekül!).

5. Beschreiben Sie die Atommodelle nach Rutherford, Bohr und nach Schrödingers wellenmechanischem Modell! Wie stellt man sich hier jeweils ein Elektron bzw. den Aufbau der Atomhülle vor?

6. Erklären Sie die folgenden Begriffe in je einem Satz:
   a) Energiequant (Photon),
   b) Valenzelektron,
   c) Wertigkeit,
   d) Atomorbital,
   e) Elektronegativität (EN),
   f) Elektronenpaarbindung,
   g) Edelgaskonfiguration,
   h) Reduktion,
   i) Oxidation,
   j) Ionenbindung und
   k) molekular-kovalente Bindung.

7. Geben Sie die Wertigkeit der Atome in folgenden Verbindungen an:
   a) AlH_3
   b) H_2O
   c) P_2O_5
   d) MnO_2
   e) $KMnO_4$
   f) Bi_2S_5
   g) $Ca_3(PO_4)_2$ und
   h) CHF_3

Laborversuch

Wie groß sind Moleküle und wie viel Moleküle sind ein Mol?

a) **Vorbereitung:** Bestimmen Sie das Volumen eines Wassertropfens durch Auslauf aus einer Bürette (z. B.: Abzählen von 50 oder 100 Tropfen, Ablesen des Volumens, Dividieren durch die Anzahl der Tropfen). Bestimmen Sie durch Volumenmessung und Wägung die Dichte von Olivenöl bzw. Triolein (= Triölsäureglyzerinester).

b) **Messung:** Streuen Sie nun auf die Wasseroberfläche in einem größeren Uhrglas oder einer Schale Bärlappsporen (Lykopodium) oder Zimt- oder, wenn Zimt nicht zur Verfügung steht, Pfefferpulver. Geben Sie sodann ein Tröpfchen einer Lösung von Olivenöl (oder, was fast das Gleiche ist, Triolein, M = 884 g/mol; Dichte: 0,91 g/cm^3) in n-Oktan (oder Waschbenzin) von bekannter Konzentration. Während das Oktan bzw. Benzin verdunstet, bleibt das Öl in einer dünnen, fast kreisförmigen, monomolekularen Schicht zurück, die von den Bärlappsporen oder dem Gewürzpulver begrenzt wird. Messen Sie deren Durchmesser mit einem Lineal ab.

c) **Kontroll- und Ergänzungsmessungen:** Fügen Sie einen weiteren Tropfen hinzu und messen Sie erneut den Durchmesser des Ölfleckes, dessen Fläche sich nun verdoppelt haben müsste. Geben Sie einen 3. Tropfen hinzu (= Verdreifachung der Kreisfläche).

d) **Versuchsauswertung:** Die Höhe h der einmolekularen Ölschicht lässt sich aus ihrem Volumen $\boldsymbol{V = \pi \cdot r^2 \cdot h}$ berechnen. Setzt man den Raumbedarf eines Triolein-Moleküls an mit dem eines Würfels der Kantenlänge h gleich (h wäre dann auch etwa der Durchmesser oder die Länge eines Triolein-Moleküls!), so ist dieses Molekül-Volumen $\boldsymbol{V_M = h^3}$. Triolein ist eine Esterverbindung von je drei Molekülen Ölsäure mit einem Molekül Glyzerin (Formel: $C_{57}H_{104}O_6$ oder genauer: $C_3H_5(C_{17}H_{33}COO)_3$, molare Masse M = 884 g/mol). Über $V_M = h^3$ und die Triolein-Konzentration ($\boldsymbol{c = n/v}$ $= m/M \cdot v$) lässt sich die in einem Mol enthaltene Anzahl $\boldsymbol{N_A}$ von (Triolein-)Molekülen abschätzen. Avogadro hatte diese Zahl N_A für Gase mit $N_A = 6{,}023 \cdot 10^{23}$ Teilchen/mol bestimmt.

Versuchsbeispiel: Bei einem Versuch mit Olivenöl der Dichte ϱ = 0,91 g/ml ergab sich aus einem Tropfen von 0,000024 ml bzw. 0,024 mm^3 mit 0,022 mg Ölgehalt (= 0,000249 mmol) ein Fleckdurchmesser von 16 cm (Kreisradius r = 8 cm). Das Volumen V des Ölfleckes ergibt sich nach $V = \pi \cdot r^2 \cdot h$, die Schichtdicke h beträgt also $V/\pi \cdot r^2 = 1{,}2 \cdot 10^{-6}$ mm – was etwa dem Moleküldurchmesser entsprechen muss, wenn die Ölschicht einmolekular ist. Somit ergibt sich das Volumen V_M eines Ölmoleküls zu $V_M = h^3 = 1{,}7 \cdot 10^{-18}$ mm^3. Ein Mol Triolein (884 g) hat – aus der Dichte $r = m/v$ berechnet – ein Volumen von 884 : 0,91 = 970 ml. Die Division dieses molaren Volumens durch das Volumen V_M des Einzelmoleküls liefert die Anzahl N_A der Teilchen pro Mol (hier ca. 5,71 · 1023 Teilchen/mol).

1.5 Stoffumwandlungen und deren Gesetzmäßigkeiten

1.5.1 Verbindungen und Reaktionen

In der vorangegangenen Lektion haben wir Erklärungen dafür kennengelernt, dass Atome miteinander zu Ionen und Molekülen reagieren. Nun wollen wir erfahren, welche Arten von Wechselwirkungen und Verbindungen es unter ihnen gibt.

Abb. 1.5.1-1 Ein verflüssigtes Gas

Zwischen den Einzelatomen wirken nur äußerst schwache Anziehungskräfte. Sie werden erst wirksam, wenn die thermische Eigenbewegung der Atome stark abgebremst wird – durch extreme Abkühlung. Heliumatome werden sogar erst bei etwa −270 °C – nur noch wenige Grad über dem absoluten Nullpunkt – so langsam, dass sie einander anziehen können – das Gas kondensiert als „superfluide" Flüssigkeit, die schon bei etwa 3 K (−270 °C) wieder siedet.

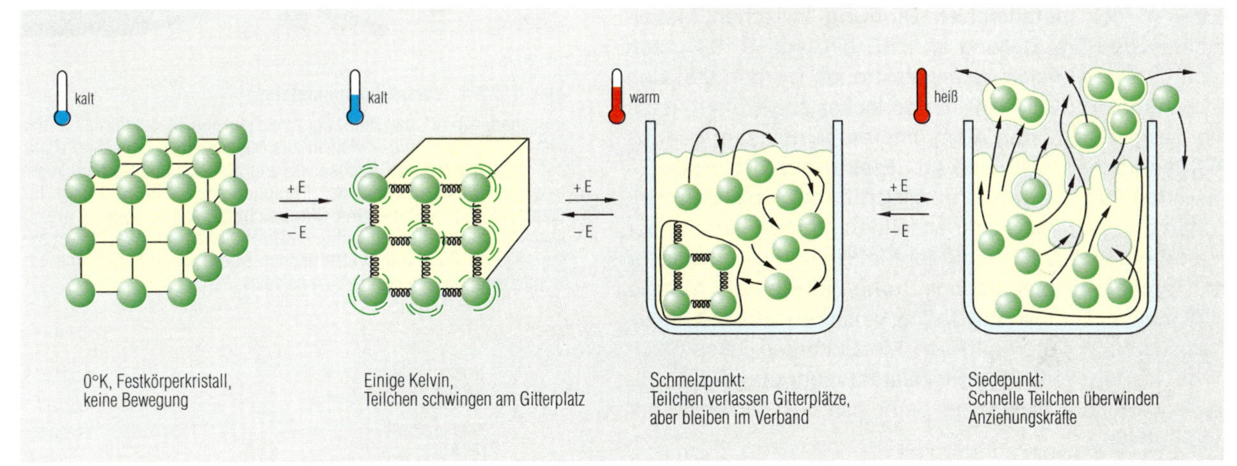

Abb. 1.5.1-2 Anordnung der Teilchen bei verschiedenen Aggregatzuständen

Bei tiefen Temperaturen ordnen sich die Atome und Moleküle aufgrund von Anziehungskräften in regelmäßigen Kristallgittern. Beim Erwärmen wird diese Ordnung zunehmend zerstört, sodass der Festkörper schmilzt: Die Teilchen ziehen einander weiter an, haben aber eine zu große thermische Eigenbewegung, um sich zu ordnen. Am Siedepunkt schließlich werden die Teilchen so sehr beschleunigt, dass sie die Anziehungskräfte überwinden und den gemeinsamen Verband verlassen. Mit hoher Eigenbewegung rasen sie – fast ganz unabhängig voneinander – durch den Raum (so haben z. B. die N_2-Moleküle der Luft schon bei ±0 °C eine Geschwindigkeit von ca. 620 km/h oder 450 m/s – das ständige Bombardement mit Gasmolekülen bewirkt dann den „Luftdruck").

Lediglich **Edelgasatome** weisen energetisch derartig günstige – weil niedrige – Niveaus auf, dass sie **keinerlei Bindungen** eingehen. Die Elemente der 8. Hauptgruppe im PSE sind darum allesamt **atomar,** nicht brennbar und reaktionsunfähig – zudem farb- und geruchlos, gasförmig und ungiftig. Zwischen ihren Atomen wirken nur äußerst geringe Anziehungskräfte: Schon bei Zufuhr geringster Mengen an **Wärmeenergie** werden sie so leicht beschleunigt, dass gegenseitige Anziehungskräfte leicht überwunden werden. Immer mehr Atome verlassen daher die Flüssigkeitsphase und entweichen als Gas in den Raum. Und da kleine, leichte Teilchen durch gleiche Energiemengen viel leichter und schneller beschleunigt werden können – nichts anderes geschieht, wenn ein Stoff erwärmt wird –, ist das Edel- und Ballongas **Helium** mit den leichtesten Edelgasatomen, die es gibt, der „Rekordhalter" mit dem niedrigstmöglichen Siedepunkt im gesamten Universum.

(**„Wärme"** ist übrigens nichts anderes als die in den Teilchen eines Stoffes **„gespeicherte" Bewegungsenergie:** Je heißer ein Stoff, desto größer die **thermische Eigenbewegung** seiner Teilchen. Darum diffundieren heiße Gase und Dämpfe auch schneller im Raum – und heiße Lösemittel lösen eher und mehr feste Stoffe auf als kalte! Bei −273,15 °C, am absoluten Nullpunkt, aber kommt alle Eigenbewegung der Atome und Moleküle zum Erliegen. Eine tiefere Temperatur gibt es nicht.)

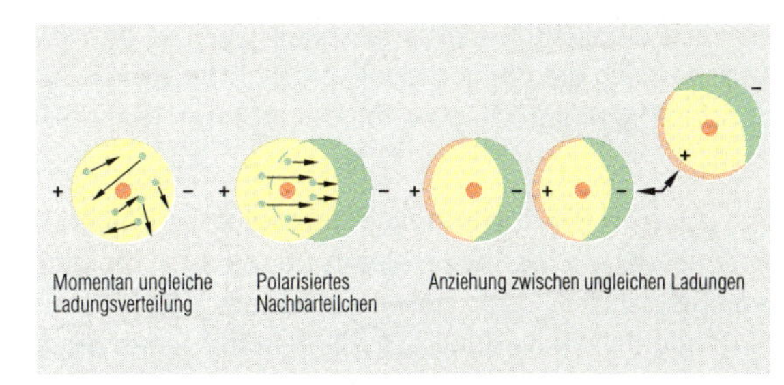

Abb. 1.5.1-3 Die van-der-Waals-Kräfte

Zwischen Edelgasatomen und unpolaren Molekülen (wie z. B. N_2, H_2, O_2) wirken aufgrund momentan ungleicher Verteilung von Ladungen Anziehungskräfte. Je größer das Teilchen, umso kräftiger die van-der-Waals-Kräfte: Methan (CH_4) siedet und kondensiert bei −161,5 °C (molare Masse: 16 g/mol), das Gas Ethan mit fast doppelt so großen, achtatomigen Molekülen (Formel: C_2H_6, molare Masse: 30,1 g/mol) erst bei −88,6 °C und n-Octan (C_8H_{18}), Bestandteil des Benzins, ist bei einer molaren Masse von 114,2 g/mol bereits bei Raumtemperatur flüssig (Siedepunkt +125,7 °C).

1.5.2 Vier Arten der chemischen Bindung

1 **Metalle** weisen weitaus höhere Schmelz- und Siedepunkte auf als Edelgase, obgleich sie als Elemente doch ebenfalls in Form einzelner Atome vorliegen müssten. Sie kennzeichnen sich durch **vier Merkmale:**

> **metallischer Glanz, Verformbarkeit** auch im festen Zustand, **gute Wärme- und Elektrizitätsleitung.**

Diese Merkmale metallischen Charakters weisen auf die Eigenart der **metallischen Bindung** zwischen Metallatomen und die Stellung im PSE hin (vgl. S. 33 unten rechts). Die wenigen Valenzelektronen werden von den Atomrümpfen (Kationen) nur so locker angezogen, dass sie von benachbarten Atomrümpfen gemeinsam benutzt werden können. Wie eine Art **„Elektronenkitt"** oder ein „Elektronengas" bewegen sie sich nahezu beliebig zwischen den im Kristallgitter sitzenden Atomen hin und her (daher die **Verformbarkeit** der Metalle und die mit fallender Temperatur zunehmende, **hohe Leitfähikeit:** Metalle sind **Leiter 1. Ordnung!).** Die Valenz-Elektronen in einem Verband (Aggregat) von Metallatomen lassen sich sogar keinem konkreten Einzelatom mehr zuordnen – alle Atomorbitale bilden ein gemeinsames „Valenzband" oder Orbital.

2 Sodann gibt es bei den Nichtmetallen Elemente, deren Atomorbitale durch „Überlappung" bindende Elektronenpaare bilden – **Molekülorbitale** entstehen. Verbindungen mit **kovalenter** bzw. **Elektronenpaar-Bindung** wie zum Beispiel Stickstoff (N_2), Wasser (H_2O) und Ethanol (C_2H_5OH) sind elektrische Nichtleiter und – von Ausnahmen wie z. B. Riesenmolekülen abgesehen – ebenfalls von relativ niedrigem Siede- und Schmelzpunkt. Je nach Elektronegativitätsdifferenz ΔEN der Bindungspartner sind die **Moleküle** und ihre Bindungen **unpolar** oder **polar.** Auch bei den unpolaren Verbindungen gilt im Prinzip eine ähnliche Gesetzmäßigkeit wie bei den Edelgasen, nämlich die, dass Siede- und Schmelzpunkt mit steigender Molekülgröße bzw. mit der molaren Masse zunehmen.

Bei **polaren Bindungen** sind die Moleküle jedoch kleine, elektrische Dipole: Das elektronegativere Molekülende weist durch teil- oder zeitweise höhere Elektronendichte eine negative Teilladung auf (Minuspole) – das entgegengesetzte Ende eine positive Teilladung (Elektronenmangel, Pluspol). **Polare Stoffe** weisen daher – durch zusätzliche elektrostatische Anziehungskräfte zwischen den polarisierten Molekülen – etwas **höhere Siede- und Schmelzpunkte** auf als unpolare Stoffe mit vergleichbar schweren Molekülen. So haben z. B. Methangas (CH_4), Fluorwasserstoff (HF) und Wasser (H_2O) vergleichbare molare Massen von 18 g/mol und der Siedepunkt von

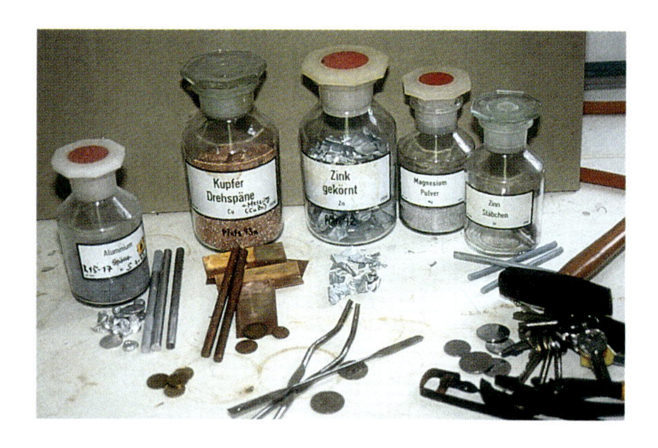

Abb. 1.5.2-1 Verschiedene Metalle

Aufgrund der Art der Bindung zwischen den Metallatomen – der metallischen Bindung – weisen alle Metalle einen typischen Glanz auf. Die reflektierende Wechselwirkung zwischen den äußerst leicht bewegten Elektronen und den Photonen des Lichts wird dann für unser Auge als **metallischer Glanz** sichtbar. Weitere typisch metallische Eigenschaften sind ihre Verformbarkeit und die hohe Leitfähigkeit für Wärme und elektrischen Strom (Grund: die hohe Beweglichkeit ihrer Elektronen, siehe Text).

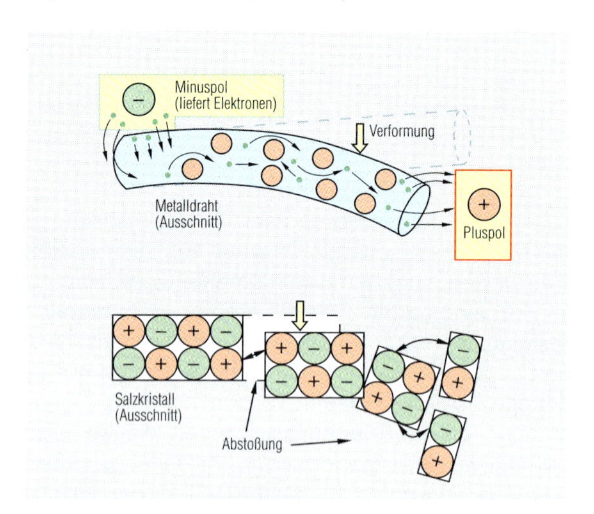

Abb. 1.5.2-2 Der Metallkristall

Jedes Metall ist verformbar und elektrisch leitfähig – Ionenkristalle hingegen sind spröde Nichtleiter.

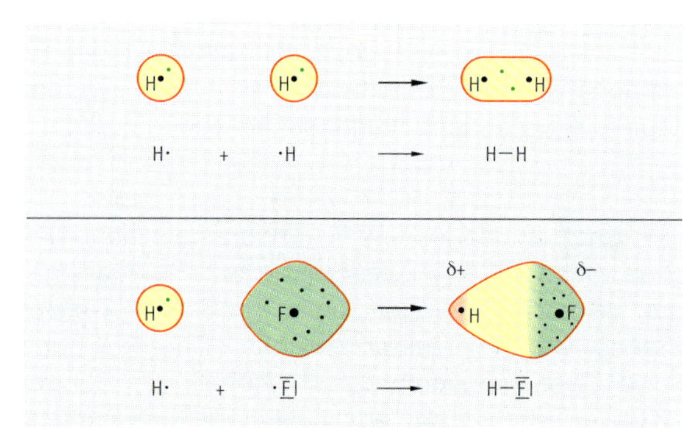

Abb. 1.5.2-3 Bildung eines H_2-Moleküls und eines HF-Moleküls

Das bindende Elektronenpaar ist im Fluorwasserstoff (HF) ungleich verteilt – es entsteht aufgrund des hohen DEN-Wertes ein Dipol.

CH_4 liegt mit –164 °C ähnlich tief wie beim Neon (RAM = 20 u). H_2O- und HF-Moleküle jedoch sind so starke **Dipole,** dass zwischen ihnen zusätzliche Wasserstoffbrücken-Bindungen entstehen können. Ihre Moleküle bilden bei Raumtemperatur daher zu Dutzenden, Hunderten und Tausenden kompakte Aggregate und Cluster. Um diese voneinander zu trennen und die Moleküle zu beschleunigen, sind viel größere Mengen an Wärmeenergie erforderlich. H_2O und HF sind daher bei Raumtemperatur flüssig – und der Polarität der OH-Bindung ist zu verdanken, dass das Wasser auf unserem Planeten die Rolle des wichtigsten Lösemittels einnehmen konnte – die eines lebensfreundlichen, ja -spendenden Mediums dazu.

3 Als dritte Art der chemischen Bindung hatten wir die **ionische Bindung** der **Metall-Nichtmetall-Verbindungen** kennengelernt. Hier waren es elektrisch geladene Teilchen, zwischen denen äußerst starke Anziehungskräfte wirken. Daher sind ionische Feststoffe in der Regel sehr **hart, elektrisch nicht leitfähig** und haben außerordentlich **hohe Schmelz- und Siedepunkte** – um so höher, je stärker geladen ihre Ionen und je kompakter sie im Kristall aneinander gepackt sind. Ein **Ionenkristall** kann daher auch nur mit außerordentlichem Energieaufwand zerstört werden. Dann aber kommen plötzlich abstoßende Kräfte zwischen gleichartig geladenen, nun sich gegenüberstehenden Ionen zur Geltung. Die hohe Ordnung des Kristalls zerfällt sofort: Der Stoff zerbricht und zerbröselt, ist **„spröde"** und kein bisschen verformbar. Sind die Ionen aber erst einmal frei beweglich geworden – in **Salzschmelzen und Lösungen** ist das der Fall –, **dann leiten ionische Verbindungen den elektrischen Strom gut,** und zwar um so besser, je heißer Lösung und Schmelze sind (thermische Eigenbewegung, **Leiter 2. Ordnung**).

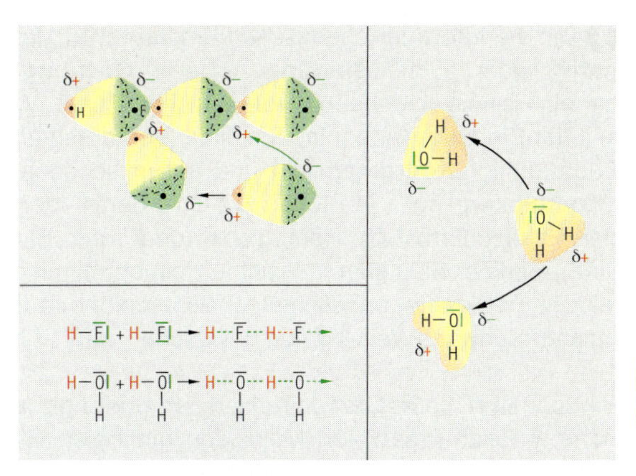

Abb. 1.5.2-4 Zwischen polaren Molekülen (Dipolen) wirken höhere Anziehungskräfte.

Die Schmelz- und Siedepunkte liegen daher höher.

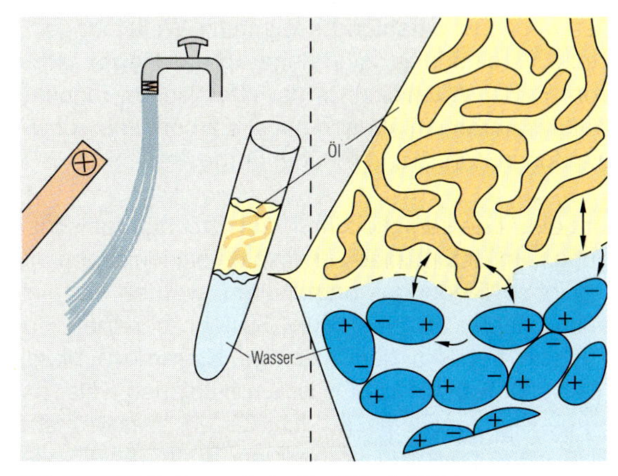

Abb. 1.5.2-5 Polare und unpolare Flüssigkeiten stoßen einander ab.

Daher vermischen sich Fette, Öle und Hexan z. B. nicht mit Wasser. Ein Wasserstrahl lässt sich dafür durch elektrostatische Ladungen ablenken – der der unpolaren Flüssigkeit nicht.

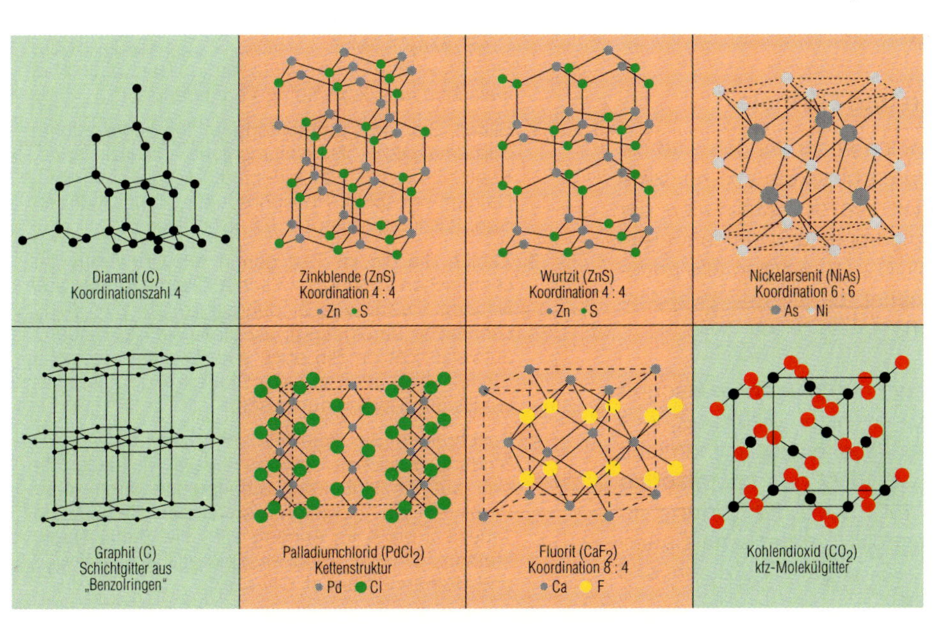

Abb. 1.5.2-6 Kristallgitter

Festkörper bilden Kristalle aus Molekülen und Ionen, je nach Art der Bindung. Hier abgebildet sind folgende Beispiele:

- kovalent, vor hellgrünem Hintergrund: Diamant (Koordination 4), Graphit (Schichtgitter), CO_2, (alles drei Molekülgitter),
- metallisch, (S. 42, Abb. 13): Pb (kubisch dichteste, flächenzentrierte Packung), Fe (kubisch raumzentriert), Zn (hexagonal dichteste Packung),
- ionisch, (z. T. S. 42, hier: vor hellrotem Hintergrund) ZnS (Koordination 4:4), NaCl (6:6), NiAs (6:6), CaF_2 (8:4), CsCl (8:8), $PdCl_2$ (Kettenstruktur).

4 Die vierte Art der chemischen Bindung wird „**koordinativ**" oder auch „**Bindung höherer Ordnung**" genannt, weil sie unabhängig von der chemischen Wertigkeit der Bindungspartner ist. Sie bildet sich durch eine Art Zuordnung **(„Koordination")** und tritt in so genannten „**Komplexen**" auf – in Stoffen wie Chlorophyll (dem grünen Pflanzenfarbstoff), Hämoglobin (dem roten Blutfarbstoff), Berliner Blau oder in Fixiersalzlösungen, mit denen in der Fotografie unbelichtetes Silberchlorid aus benutzten Schwarz-Weiß-Filmen gewaschen wird.

Bindungen höherer Ordnung entstehen durch **geometrische Anordnungen** von Molekülen mit freien Elektronenpaaren (so genannten „**Liganden**") um größere Metallkationen (die „**Zentralatome**") des Komplexes (Bildung von Mischorbitalen, so genannte „**Hybridisierung**"). Bindungen höherer Ordnung absorbieren Photonen (also Lichtstrahlung bestimmter Wellenlänge). Komplexe Verbindungen sind daher **in der Regel farbig** und von großer Wichtigkeit in der chemischen Industrie (als Katalysatoren, in Wasch- und Färbemitteln usw.). Sie werden in Kap. 3 und 4 näher vorgestellt.

Um die Andersartigkeit ihrer **nicht**stöchiometrischen Bindung – im Unterschied zur kovalenten, ionischen und metallischen Bindung – anzudeuten, werden sie nicht nur nach einem andersartigen System benannt, sondern auch in Formeln durch **eckige Klammern** bezeichnet (Beispiel: $[Cu(NH_3)_4]SO_4$ ist ein tiefblaues Salz, das aus einer Kupfersulfatlösung ($CuSO_4$ in Wasser) entsteht, also einer ionischen Verbindung, in der jeweils vier Ammoniakmoleküle (NH_3) als Liganden ein Kupfer-II-Kation (Cu^{2+}) als Zentralatom umlagern. Das Sulfation SO_4^{2-} verbleibt bei der Kristallisation in normaler, ionischer Bindung am kationischen Komplex $[Cu(NH_3)_4]^{2+}$.

1.5.3 Nomenklaturregeln und Formeln

Unter den unüberschaubar vielen Verbindungen sind die einfachsten zweifellos die, deren Moleküle aus nur zwei Atomen bestehen. Abgesehen von den Molekülen der Halogene (F_2 bis I_2, 7. Hauptgruppe) und der anderen, gasförmigen Nichtmetalle (H_2, N_2, O_2) werden alle anderen Verbindungen **binär** genannt, da sie aus zwei Atomarten (Elementen) bestehen.

Zur Benennung **(Nomenklatur)** der binären, **ionischen** Verbindungen stellt man das weniger elektronegative Element (oft ein Kation) – gegebenenfalls mit Angabe seiner **Wertigkeit** – voran und hängt den **lateinischen Namen** des Elementes höherer EN mit der **Endung -id** an: Natriumchlorid, Magnesiumoxid (Oxygenium = Sauerstoff), Eisen-II-sulfid (Sulfur = Schwefel), Kalziumhydrid (CaH_2), Eisen-III-oxid (Fe_2O_3).

Üb(erleg)ungsaufgaben

1. Nennen Sie jeweils drei Elemente, die in Form von metallischer, kovalenter (= molekularer) sowie ganz ohne Bindung existieren.
2. Zählen Sie typische Stoffeigenschaften von Verbindungen mit polarer, unpolarer, ionischer, metallischer und komplexer Bindung zwischen den Atomen auf. Welcher dieser Gruppen würden Sie Stoffe mit folgenden Formeln zuordnen: BN, NaI, SiC, CO_2, NaOH, CuZn (Messing), Li_3N, KNO_3, $NaHg_x$ (ein Natrium-Amalgam), C_3H_8, KOCl, HCN, $C_5H_{11}OH$, CH_3ONa, $CuCl_2$, $[Cu(H_2O)_6]Cl_2$, $CuSO_4$?

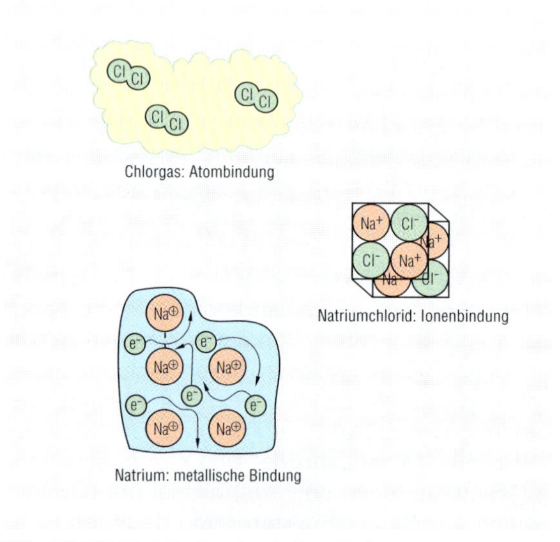

Abb. 1.5.2-7 **Modelle der chemischen Bindung**

Üb(erleg)ungsaufgaben

1. Benennen Sie folgende Verbindungen: NO, KBr, FeS, $FeCl_3$, Al_2O_3, PbO, PbO_2, CO_2, CO, CuS, Cu_2S, Mn_2O_7, MnO_2, $AuCl_3$, Sb_2S_5, Bi_2S_3, Cl_2O_7, OF_2. Beachten Sie die andersartige Benennung bei ionischen bzw. kovalenten Verbindungen!
2. Bilden Sie die Summenformeln folgender Stoffe: Siliziumdioxid, Aluminiumchlorid, Kalziumoxid, Kupfer-II-bromid, Zink-II-jodid, Magnesiumnitrid, Natrium-phosphid, Phosphorpentachlorid, Iodheptoxid, Siliziumtetrafluorid, (Di-)Bortrioxid.
3. Zählen Sie die im Text genannten vier Arten der chemischen Bindung zwischen zwei Atomen auf. Nennen Sie für jede Bindungsart einen Stoff (eine chemische Verbindung), die diese Art der Bindung aufweist! Zählen Sie auch jeweils einige typische Stoffeigenschaften auf, die Stoffe mit den genannten Bindungstypen aufweisen.
4. Beschreiben Sie Beispiele dafür, wie die Art der Bindung zwischen Atomen sowie Molekülgröße sich auf die Höhe der Siedepunkte chemischer Verbindungen auswirken. Vergleichen Sie hierzu in Tabelle 2 bis 4 im Anhang z. B. die Stoffe Neon, Methan, Wasser, Fluorwasserstoff, Lithiumfluorid und Methanol (Formel: CH_3OH).

Binäre **molekulare Verbindungen** werden im Prinzip ebenso benannt. Um sie von ionischen Verbindungen im Namen zu unterscheiden, werden hier jedoch statt römischer Ziffern für die Wertigkeit griechische **Zahlsilben** (mono = 1, di- = 2, tri- = 3, tetra = 4, penta = 5, hexa = 6, hepta = 7) eingefügt, die die **Atomzahlenverhältnisse** im Molekül wiedergeben – ähnlich wie die Atommultiplikatoren in den Summenformeln: (Mono-) Stickstoffdioxid (NO_2), Distickstofftrioxid (N_2O_3), Diphosphorpent(a)oxid (P_2O_5), (Mono-) Schwefelhexafluorid (SF_6), Kohlenstofftetrachlorid (CCl_4).

Daneben gibt es für einige, wichtige Stoffe natürlich auch **Trivialnamen:** Niemand würde das H_2O „Diwasserstoffoxid" nennen – es handelt sich ja um Wasser. Auch Methan (CH_4), Ammoniak (NH_3), Chlor- und Fluorwasserstoff (HCl und HBr) sowie – bei den Ionenverbindungen – Kochsalz (NaCl) und gebrannter Kalk (CaO) sind im Alltag gebräuchliche Trivialnamen.

Für **Kohlenstoffverbindungen,** die sich von den **Kohlenwasserstoffen (C_xH_y)** ableiten, existiert darüber hinaus ein Extra-System. Kohlenstoff bildet mehr chemische Verbindingen als der Rest aller anderen chemischen Elemente. In der **organischen Chemie – der Chemie der Kohlenstoffverbindungen** – geht man bei der Benennung daher von den Kohlenwasserstoffen **(KW)** aus, deren einfachste Vertreter die ***n*-Alkane** mit der Summenformel $\mathbf{C_nH_{2n+2}}$ darstellen. Die drei einfachsten Mitglieder dieser „homologen Reihe" mit n = 1, 2 und 3 sind: Methan (CH_4), Ethan (C_2H_6) und Propan (C_3H_8), aber die Anzahl n der C-Atome kann auch 12 oder 20 betragen. Die genauere Benennung organischer KW-Verbindungen, bei denen übrigens auch C=C-Doppelbindungen und sogar C≡C-Dreifachbindungen existieren, verzweigte und ringförmige Moleküle, wird in Kap. 2 und 5 behandelt.

Anorganische Verbindungen aus **drei** verschiedenen Elementen sind in der Regel den **drei Stoffklassen Säuren, Basen und Salze** zuzuordnen.

1 **Metalloxide** reagieren gelegentlich mit Wasser zu **Basen,** die **Hydroxide** genannt werden:
$Na_2O + H_2O \rightarrow 2\ NaOH$. So entstehen Basen wie zum Beispiel Kaliumhydroxid (KOH, auch Ätzkali genannt) und Kalziumhydroxid (auch Ätzkalk oder gelöschter Kalk genannt, Formel: $Ca(OH)_2$).

2 Bei **Nichtmetalloxiden,** die mit Wasser reagiert haben, bilden sich oft **Säuren,** in denen ein Nichtmetall seine höchstmögliche Wertigkeit erreicht:
$CO_2 + H_2O \rightarrow H_2CO_3$ oder $P_2O_5 + 3\ H_2O \rightarrow 2\ H_3PO_4$.
Wichtige anorganische Sauerstoffsäuren sind also Stoffe wie H_2SO_4 = Schwefelsäure, H_3PO_4 = Phosphorsäure, H_2CO_3 = Kohlensäure. Ihre Moleküle geben leicht **H^+-Ionen** ab, um sie durch **Metallionen** zu ersetzen, so bilden z. B. Schwefelsäure und Natriumhydroxid Glaubersalz: $H_2SO_4 + NaOH \rightarrow Na_2SO_4 + H_2O$).

Zur Benennung organischer Verbindungen

Ein anderes Benennungs-System gilt für Kohlenstoffwasserstoff- oder KW-Verbindungen, in die oft auch ein drittes oder sogar viertes Element eingebaut ist. Sie richtet sich nach dem Namen des KW-Grundgerüstes, also z. B. der n-Alkane. Die „Fremd"-Atome in organischen Molekülen (die also weder C noch H sind) werden übrigens „Heteroatome" genannt.

In organische KW-Moleküle kann an der Stelle einzelner H- oder Hetero-Atome auch eine **„funktionelle Gruppe"** aus ganzen Atomverbänden treten: Halogenide, Hydroxy-Gruppen (-OH), Carbonylgruppen (-C=O), Aldehydgruppen (-CHO), Carboxyl- oder Carbonsäure- oder Carboxylgruppen (-COOH), Aminogruppen ($-NH_2$) und viele mehr. Hieraus leiten sich dann **organische Stoffklassen** ab. In den von der **IUPAC** (International Union of pure and applied Chemistry) offiziell festgelegten Benennungen werden diese ebenfalls mit typischen **Endsilben** verdeutlicht, die man an die Namen der Alkane hängt (In den folgenden Beispielen wurden diese Silben **fett** gedruckt): Da gibt es Stoffklassen wie z. B. die Alkan**ole** (z. B.: Metha**nol** = Methylalkohol, Formel: CH_3OH), Alkan**ale** (z. B.: Methan**al** = Formaldehyd, Formel: HCHO), Alkan**one** (z.B. Propan**on** = Azeton, CH_3–CO–CH_3), Alkan**säuren** (z. B.: Methan**säure** = Ameisensäure, H–COOH) oder auch die Halogenalkane (z. B.: Trichlormethan = Chloroform, $CHCl_3$). Näheres hierzu in den Kapiteln 2.3 und 5.

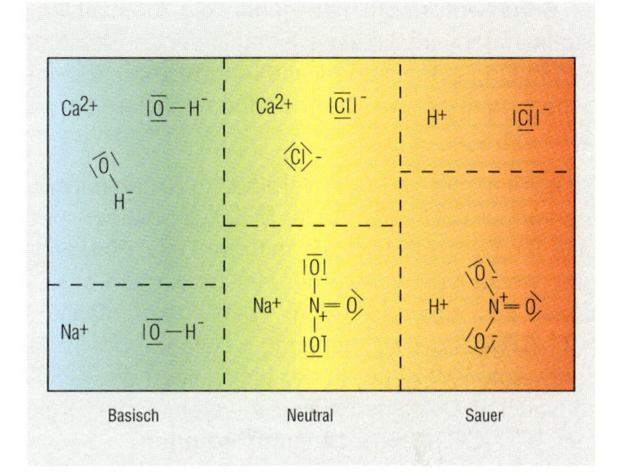

Abb. 1.5.3-1 Strukturformeln von je 2 Basen, Säuren und Salzen

Im Bild die der zwei Basen Natrium- und Kalziumhydroxid, genannt Ätznatron und gelöschter Kalk (ionische Verbindungen, Summenformeln NaOH und $Ca(OH)_2$, (blau), der zwei Säuren Chlorwasserstoff (= Salzsäure) und Salpetersäure (HCl, HNO_3, rot) und zweier ihrer Salze ($NaNO_3$, $CaCl_2$, orange).

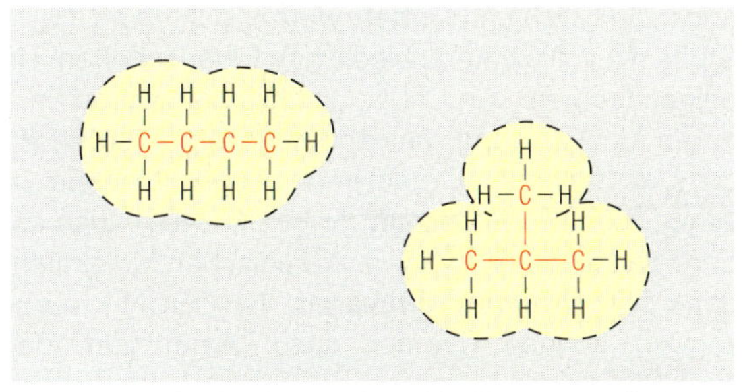

Abb. 1.5.3-2 Strukturformeln der beiden Isomere von C_4H_{10} (*n*- und Isobutan)

Im n-Butangas sind die Moleküle unverzweigt (Siedepunkt –0,5 °C), im Isobutan (genauere Benennung: 2-Methyl-propan) verzweigt. Die verzweigten Moleküle üben niedrigere van-der-Waals-Kräfte aufeinander aus – Isobutangas kann daher erst bei –11,7 °C verflüssigt werden.

3 Dabei entstehen **Salze.** Diese Salze erhalten die Endung **-at**: Kaliumsulfat (K_2SO_4), Natriumphosphat (Na_3PO_4), Natriumcarbonat (Na_2CO_3 – auch Soda genannt. Sodann gibt es demgegenüber noch Salze einer vergleichsweise niedrigeren Wertigkeitsstufe (Endung: **-it**) oder einer „überhohen" Wertigkeitsstufe (Vorsilbe: **-per**), also beispielsweise Natriumsulfit (Na_2SO_3), Kaliumnitrit (KNO_2) und Kaliumperchlorat ($KClO_4$).

Die Benennung der Säuren, Basen, Salze und Komplexe soll jedoch an späterer Stelle erläutert werden (Kap. 2), gilt es doch, sich zunächst einen genaueren Überblick zu verschaffen darüber, wie man Molekülstrukturen in **Formelsprache** verkürzt wiedergeben kann und welche **Stoffklassen** und **Stoffkreisläufe** es in Natur und Industrie insgesamt gibt.

In der Symbolsprache der Chemiker werden an der Stelle der Namen **Formeln** benutzt. Die Chemiker unterscheiden in der international üblichen Formelschreibweise **Summenformeln** (sie geben die Atomzahlen- bzw. Stoffmengenverhältnisse wieder, in denen Elemente eine Verbindung eingegangen sind) und **Strukturformeln** (sie geben zusätzlich an, welche Atome miteinander verbunden sind).

So kann nämlich z. B. die Verbindung **Butan** mit der Summenformel C_4H_{10} zweierlei Molekülstrukturen besitzen, eine lang gestreckte Kette mit drei C–C–Einfachbindungen, wobei jede weitere der vier Bindungen pro C-Atom dann zu einem H-Atom geht (vereinfacht etwa: $H_3C–CH_2–CH_2–CH_3$, genannt: n-Butan) – oder aber eine verzweigte KW-Kette, in der ein C-Atom drei Bindungen zu Nachbar-C-Atomen aufweist (vereinfachte Strukturformel: $H_3C–CH–(CH_3)_2$, genannt: **Isobutan**).

> Moleküle gleicher Summenformel, die aber unterschiedliche Strukturen und Strukturformeln aufweisen, nennt man **Isomere.**

Auch im Falle von C_2H_6O gibt es diese **Isomerie: Ethanol** (vereinfachte Strukturformel: $CH_3–CH_2–OH$ oder auch: C_2H_5OH) und **Dimethylether** ($CH_3–O–CH_3$) – zwei Stoffe mit völlig unterschiedlichen Eigenschaften. Und die beiden Isomere von CH_4N_2O schließlich waren es, durch deren Umwandlung ineinander gezeigt werden konnte, dass von lebenden Organismen ausgeschiedene, organische Stoffe wie **Harnstoff** ($H_2N–CO–NH_2$) auch im Reagenzglas und aus „toten", anorganischen Molekülen (hier: dem Salz **Ammoniumcyanat,** $NH_4^+OCN^-$) hergestellt werden können (Isomer dazu: Ammoniumisocyanat: $NH_4^+ONC^-$).

Während Summenformeln **aus den Elementsymbolen und den** hinter das jeweilige Symbol gestellten **Atommultiplikatoren** gebildet werden (Beispiele: NH_3, C_2H_6O, H_2CO_3, $KHSO_4$), werden in den Strukturformeln **Bindestriche** (| – oder -) und **Punkte** (•) verwendet.

Üb(erleg)ungsaufgaben

1. Nennen Sie Stoffklassen, deren Moleküle mindestens drei verschiedene Atomsorten aufweisen:
   a) aus der anorganischen Chemie,
   b) aus der organischen Chemie (KW-Verbindungen mit Heteroatomen).
2. Geben Sie an, welchen Stoffklassen folgende Verbindungen zuzurechnen sind und benennen Sie die hier mit Formeln angegebenen Stoffe:

CH_4,	MgO,	$Mg(OH)_2$,
H_2SO_4,	$MgSO_4$,	HI,
KI,	KOH,	CH_3OH,
CCl_4,	$CHCl_3$,	CO_2,
Na_3PO_4,	$CuSO_4$,	Na_2SO_3,
Na_2S,	H_2S,	C_6H_{14},
$NaNO_2$,	$NaClO_4$,	$CH_3–CH_3$ (= C_2H_6),
$CH_3–CHO$,	$CH_3–COOH$	

   und als Salz der letztgenannten Carbonsäure: $CH_3–COONa$.
   Welche dieser Stoffe sind Ihnen schon aus Labor und Alltag bekannt?
3. Schätzen Sie ab, welche Produkte – entsprechend den im Text erwähnten Regeln – bei den Reaktionen folgender Ausgangsstoffe miteinander entstehen müssten:
   a) $HNO_3 + NaOH \rightarrow ?$
   b) $H_2SO_4 + Ca(OH)_2 \rightarrow ?$
   c) $SO_3 + H_2O \rightarrow ?$
   d) $CaO + H_2O \rightarrow ?$
   e) $K_2O + H_2O \rightarrow ?$
   f) $N_2O_5 + H_2O \rightarrow ?$
   g) $CH_4 + Cl_2 \rightarrow ?$
   h) $CH_3COOH + LiOH \rightarrow ?$

   Welche der Reaktionsprodukte könnten Sie benennen?

   Welche Stoffeigenschaften müssten sie aufweisen?

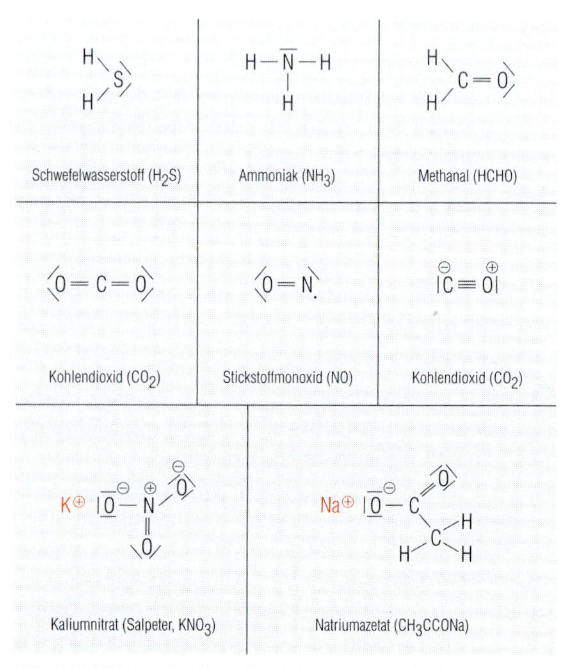

Abb. 1.5.3-3 **Strukturformeln einiger Gase und Salze**

Diese symbolisieren jeweils ein Valenzelektronenpaar, das als **freies Elektronenpaar** einem einzelnen Atomorbital (AO) bzw. Atom zugeordnet ist (Beispiel: $|\mathbf{F}|^-$ – das Fluoridion besitzt auf der Außenschale ähnlich dem Neonatom vier freie Elektronenpaare – Edelgaskonfiguration) oder als **bindendes Elektronenpaar** in einem Molekülorbital (MO) zwischen zwei Atomen sitzt (Beispiel: **H–H** – das H_2-Molekül wird durch ein Elektronenpaar bzw. MO zusammengehalten).

Atomarer Wasserstoff hingegen hätte ein ungepaartes Valenzelektron pro H-Atom. Einzelelektronen werden durch Punkte dargestellt (atomarer Wasserstoff also als **H•**). Wenn aus diesen Einzelelektronen Elektronenpaare werden, so werden die Punkte miteinander zum Bindestrich verbunden: H• + •H → H–H. Atomare Teilchen mit ungepaarten Elektronen sind chemisch sehr aggressiv und reaktionsfreudig, sie werden auch als **„Radikale"** bezeichnet. Gelegentlich werden Radikale auch in Summenformeln mit einem Sternchen (*) bedacht, um sie als solche zu kennzeichnen (Beispiel: 2 H* ↔ H_2 oder auch Cl_2 ↔ 2 Cl*).

In größeren Molekülen wird vereinfachend nicht jede Einzelbindung durch Bindestrich symbolisiert. Oft werden ganze **Atomgruppen** zusammengefasst, sodass vereinfachte Strukturformeln entstehen. Sie enthalten für Atomgruppen teilweise Summenformeln (siehe oben und rechts). Auch werden oft freie Elektronenpaare weggelassen (Beispiel: H–O–H oder auch O=O statt <O=O> für H_2O und O_2). In der organischen Chemie lässt man zudem auch noch H-Atome weg, symbolisiert KW-Ketten durch **Zickzack-Linien** (wobei jeder Knick ein C-Atom bzw. eine CH_2-Gruppe darstellt) und ringförmige Moleküle durch **geometrische Symbole.**

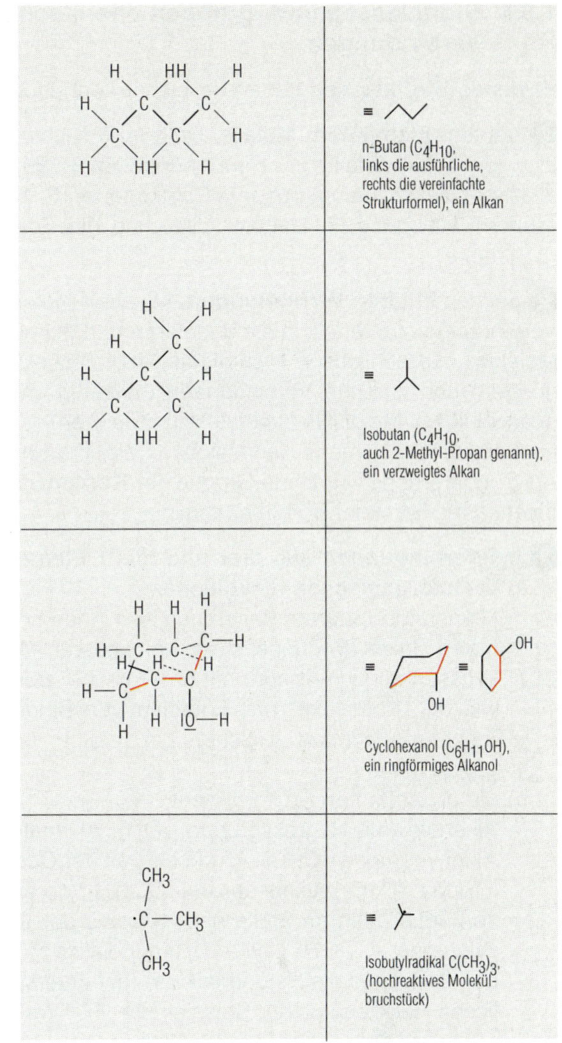

Abb. 1.5.3-4 Strukturformeln organischer Verbindungen

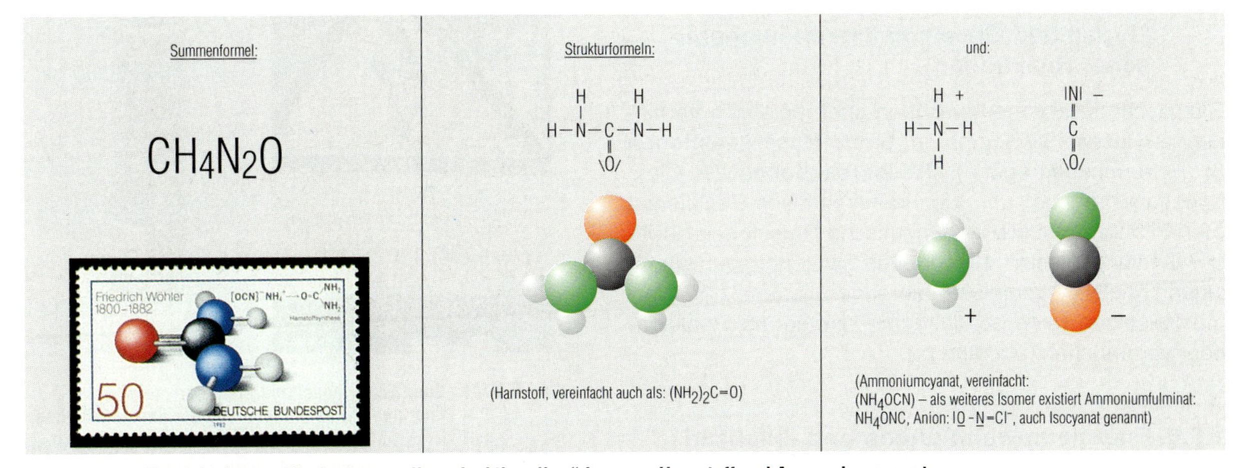

Abb. 1.5.3-5 Formeln der zwei bedeutungsvollen „funktionellen" Isomere Harnstoff und Ammoniumcyanat

1828 gelang es Friedrich Wöhler erstmals, aus einer Kohlenstoffverbindung der unbelebten Natur – dem Salz Ammoniumcyanat – den „organischen" Stoff „Harnstoff" mit der Formel $H_2N–CO–NH_2$ herzustellen – durch Erhitzen im Reagenzglas (statt, wie beim Menschen bisher „üblich", als Stoffwechselprodukt, welches im Urin ausgeschieden wird). Er bewies damit, dass auch „organische" Stoffe hergestellt werden können, ohne dass lebende Organismen beteiligt sind.

1.5.4 Stoffklassen und -gruppen chemischer Verbindungen

Folgende **Stoffklassen** haben wir bisher kennengelernt:

❶ bei den **Elementen:** Metalle, Halb- und Nichtmetalle bzw. die Alkalimetalle (1. Hauptgruppe im PSE), Erdalkalimetalle (2. Hauptgruppe), Chalkogene (6. Hauptgruppe), Halogene (7. Hauptgruppe) und die Edelgase (8. Gruppe).

❷ bei den **binären Verbindungen:** kovalent-molekulare Verbindungen (unterteilt in die unpolaren und die polaren Moleküle, ausschließlich Nichtmetall-Nichtmetall-Verbindungen) und ionische Verbindungen (salzartig und fast ausschließlich Metall-Nichtmetall-Verbindungen). Gemeinsames Namens-Kennzeichen: die Endung **-id**. Als Sondergruppe wurde die Gruppe der **Kohlenwasserstoffe** (KW, Formeln: C_xH_y) benannt.

❸ bei **Verbindungen aus drei und mehr Elementen:**

a) die **anorganischen** Stoffgruppen: (Sauerstoff-)Säuren, Basen und aus ihnen herstellbaren Salze (Endungen: **-at**, bei anderen Wertigkeitsstufen auch **-it** oder mit der Vorsilbe **-per-**) sowie die „Komplexe" (mit koordinativen Bindungen „höherer" Ordnung zwischen Zentralatom und Liganden) und:

b) die **organischen** Stoffgruppen: Alkanole (mit Hydroxygruppe –OH), Alkanale (mit Aldehydgruppe –CHO), Alkanone (mit der Carbonylgruppe –C=O), Alkansäuren (–COOH), deren Salze (Metallionen an Stelle des H-Atoms der Carboxylgruppe –COOH) sowie die Aminoalkane (Gruppe: $–NH_2$) und die Halogenalkane (mit unterschiedlichen Halogenatomen, Beispiel: die „FCKWs").

1.5.5 Wie verlaufen chemische Reaktionen? (Typen und Gesetzmäßigkeiten chemischer Reaktionen)

Chemische Reaktionen zwischen anorganischen Verbindungen lassen sich grob in **Säure-Base-Reaktionen** (= Protonenübertragung), **Redoxreaktionen** (= Elektronenübertragung) und Ligandenaustausch-Reaktionen (bei Komplexen) einteilen. Chemische Reaktionen (Stoffumwandlungen) sind aber immer von Energieumwandlungen begleitet, sodass reagierende Systeme z. B. Wärme freisetzen (eine so genannte exotherme Reaktion) oder verbrauchen (endotherm).

1.5.6 Energieumwandlungen und -bilanzen

Die **Energie** (Symbol: ***E***) ist, physikalisch gesehen, eine andere Erscheinungsform von **Arbeit (*W*)** und **Wärme (*Q*)**. Die **Energiemenge** wird in der Einheit **Joule (J) = kg · m²/s²** angegeben (früher: Kalorien).

Abb. 1.5.6-1 **Viele Energiequellen liefern nur „sekundäre" Energie – durch Energie- und Stoffumwandlungen.**
Durch chemische Reaktionen lässt sich chemisch in den Stoffen gespeicherte Energie umwandeln, z. B. Wärme- und Lichtenergie erzeugen, aber auch mechanische und elektrische Energie. Andere Reaktionen verbrauchen Energie geradezu. Von steigender ökologischer Bedeutung sind Energiequellen, die **„primäre" Energie** liefern (und nicht nur **chemische Energie** umwandeln): Sonnenlicht, Wind- und Wasserkraft.

Ob nun kleine Moleküle in Bewegung zu bringen sind **(= Wärme,** in Materialien enthalten als thermische Eigenbewegung der Atome und Molkeküle) oder schwere Lasten transportiert werden müssen (= **Arbeit,** mechanisch als Beschleunigung einer Masse entlang einer Strecke formulierbar) – in beiden Fällen kann die aufgebrachte **Energiemenge** (bzw. Arbeit oder Wärme) in der Einheit Joule (J) = kg · m^2/s^2 (oder z. B. in **kJ** oder der veralteten Einheit **kcal** gemessen oder berechnet werden (vgl. Tabelle 1 im Anhang!). Auch bei (Licht-)**Strahlung** ist das der Fall, denn die Wellenlänge λ elektromagnetischer Strahlung lässt sich rechnerisch als Bewegungsenergie der flinken, scheinbar ruhemasselosen „Lichtteilchen" (Photonen) deuten (vgl. Kap. 1.4).

Energie erscheint uns, die wir einzelne Moleküle nicht wahrnehmen können, im Alltag als wahres Chamäleon: Chemische, in den Stoffen und Atombindungen gespeicherte Energie wird z. B. in Kohlekraftwerken und PKW-Motoren umgewandelt in **Wärmeenergie** (Verbrennung), **mechanische Energie** (Druck, Beschleunigung) oder **elektrische Energie** (in Batterien aus chemischer Energie erzeugt). Chemische Energie wird auch umgewandelt in **Strahlungsenergie** – z. B. in Taschenlampen und Röntgenapparaturen – und Strahlungsenergie lässt sich wieder in **chemische Energie** zurückverwandeln (z. B. bei der Belichtung eines Urlaubsfilmes, aber auch beim Sonnenbrand). Auch kann sie in mechanische Energie (Bewegungsenergie der Luftmoleküle, Beispiel: Radio) oder auch in Wärmeenergie (z. B.: Mikrowelle) umgewandelt werden.

Auch in der Chemie gibt es Vorgänge (Reaktionen), bei denen Energie in den unterschiedlichsten Formen aufgenommen oder abgegeben wird. Vom Blitzlichtpulver über die Batterie und die Schweißgasflamme bis hin zum Sprengstoff – stets wird bei chemischen Reaktionen Energie freigesetzt oder verbraucht. Reaktionen, die der Umgebung Wärmeenergie entziehen, nennt man **endotherm.** Eine Verbrennung hingegen ist eine **exotherme** Reaktion: Das Reaktionssystem gibt Energie nach außen hin ab. Sein „Speicher"-Gehalt an chemischer Energie sinkt um diesen Wert ab.

Insgesamt geht Energie auch bei chemischen Reaktionen niemals verloren **(Gesetz von der Erhaltung der Energie),** so wie ja auch die Masse bei chemischen Reaktionen nicht verloren geht **(Gesetz von der Erhaltung der Masse,** erstes chemisches Grundgesetz).

Es finden aber wohl (wiederum analog zur Stoffumwandlung) Umwandlungen bestimmter Erscheinungs**formen** von Energie in andere Energieformen statt (so wie ja auch Elemente und Verbindungen nur bestimmte Erscheinungsformen atomarer Teilchen sind …).

Laborversuche

1. Mischen Sie im Reagenzglas einige Spatelspitzen Bariumhydroxid mit einigen Spatelspitzen Ammoniumthiozyanat durch Umrühren eines auf Raumtemperatur stehenden Thermometers. Beobachten Sie die „Wärmeentwicklung" und mögliche Reaktionsprodukte (Geruchsprobe nur durch vorsichtiges Fächeln!).
2. Wiederholen Sie diesen Versuch, indem Sie einige Spatelspitzen gebrannten Kalk (Kalziumoxid) mit einigen ml Wasser verrühren (erneut vorsichtig mit dem Thermometer und unter Beobachtung der Temperaturänderung!)
3. Geben Sie unter Beachtung der R-/S-Sätze 2-3 ml konz. Schwefelsäure vorsichtig (!) in ein Reagenzglas, in dem sich etwa 5 ml Wasser und ein Thermometer befinden. Notieren Sie etwa alle 10 Sekunden die Temperatur.

Das Energie-Zeit-Diagramm zeigt die Senkung der chemischen Energie H um den Betrag ΔH bei einer exothermen Reaktion im Zeitraum Δt an:

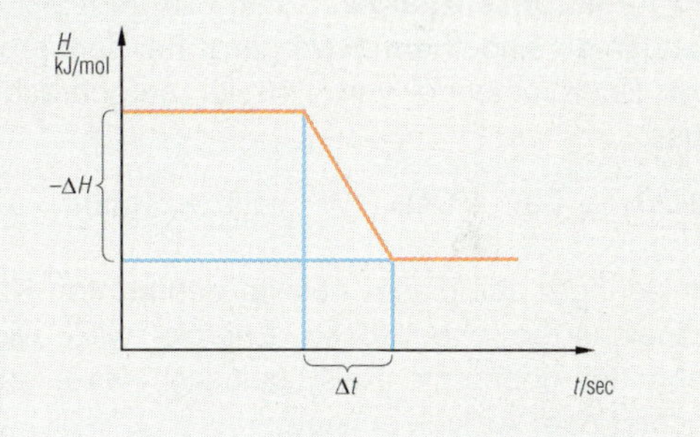

Bei einer endothermen Reaktion wird die Umgebungswärme Q aufgenommen und in Form von chemischer Energie H in den Produkten gespeichert ($+\Delta H$):

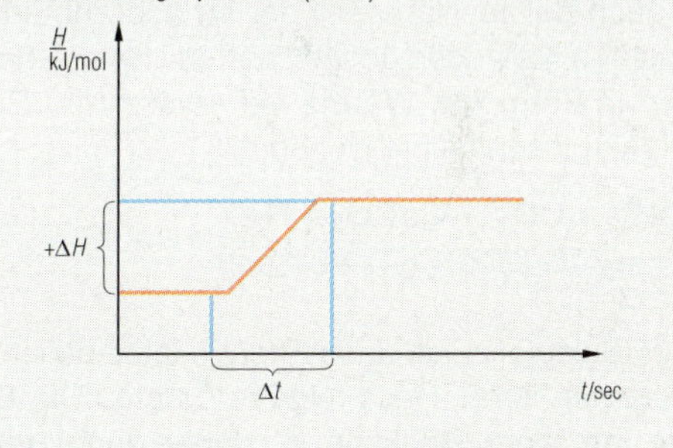

Oft muss zum Start einer exothermen Reaktion Aktivierungsenergie ($E_{akt.}$) zugefügt werden:

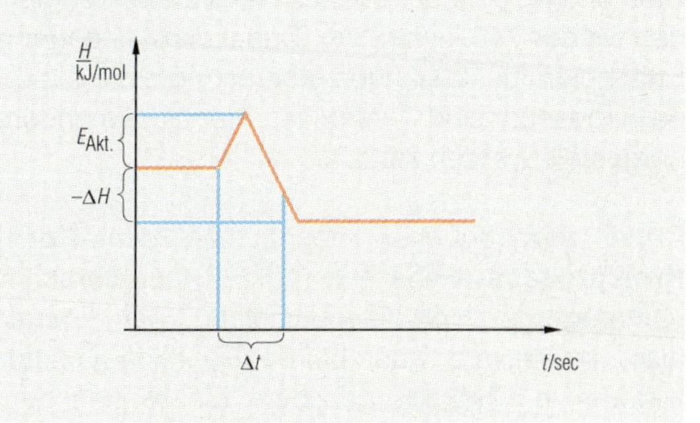

Abb. 1.5.6-2 **Reaktionsenthalpie-Diagramme**

Die in Form von **chemischer** Energie in Ausgangsstoffen (Edukten) und Produkten einer Reaktion gespeicherte Energie wird **Enthalpie** genannt (Symbol: H). Die Enthalpieänderung ΔH eines Systems ist bei **exothermen** Reaktionen **negativ,** denn die reagierenden Stoffe geben (Wärme-)Energie nach außen hin ab. Asche und Abgase haben eine niedrigere Enthalpie als Luft und Brennstoff, denn der Brennstoff hat den Betrag ΔH, seine Verbrennungsenthalpie, in Form von Wärmeenergie abgegeben.

Bei endothermen Reaktionen – wenn also z. B. ein Stoff nur entsteht, wenn man den Reaktionspartnern fortlaufend Wärmeenergie zuführen muss oder wenn Reaktionsmischungen sich spontan abkühlen und zur Reaktion **Umgebungswärme** verbrauchen – sind die Reaktionsprodukte energiereicher, die Reaktion hat eine **positive Reaktionsenthalpie.** So ist zum Beispiel das Kalkbrennen ein endothermer Vorgang, bei dem pro Mol Kalk eine Energiemenge von 746 kJ aufgebracht werden muss:

$CaCO_3 \rightarrow CaO + CO_2$ (ΔH = +746 kJ/mol).

Ein geringer Teil dieser nun im gebrannten Kalk (CaO) gespeicherten chemischen Energie wird wieder frei, wenn der gebrannte Kalk „gelöscht“ wird, sodass gelöschter oder Ätzkalk entsteht:
$CaO + H_2O \rightarrow Ca(OH)_2$ (ΔH = –272 kJ/mol). Wenn der gelöschte Kalk dann im Mörtel aushärtet – er reagiert mit dem Gas Kohlendioxid wieder zu Kalk zurück –, dann wird auch der restliche Teil der im gebrannten bzw. nun gelöschten Kalk noch gespeicherten chemischen Energie wieder in Form von Wärme frei (exotherme Reaktion) – die Reaktionsenthalpie ist negativ:

$Ca(OH)_2 + CO_2 \rightarrow CaCO_3 + H_2O$
(ΔH = –(746–272) = –474 kJ/mol).

Dieses Beispiel zeigt, dass Energie letztendlich nicht verloren gehen kann. Hess folgerte daraus: Die **Enthalpieänderung** einer Reaktion ist daher auch **unabhängig vom Reaktionsweg,** auf dem das Produkt entsteht **(„Heß’scher Satz“):** Auch wenn in unserem Beispiel CaO und CO_2 wieder direkt zu Kalk zurückreagieren, werden wieder 746 kJ/mol frei. Daher wird es sogar möglich, Enthalpien für Vorgänge zu berechnen, die experimentell nicht messbar sind – wenn das Produkt auf anderem Weg hergestellt werden kann.

Derlei Berechnungen nennt man den **Born-Haber-Kreisprozess** (siehe Abb. 1.5.6-3) zur Berechnung der „Gitterenergie“ von Natriumchlorid, der Energiemenge also, die frei wird, wenn bei der Reaktion (Oxidation) von Natrium in Chlorgas gebildete Einzelionen zum NaCl-Kristallgitter zusammenfinden.

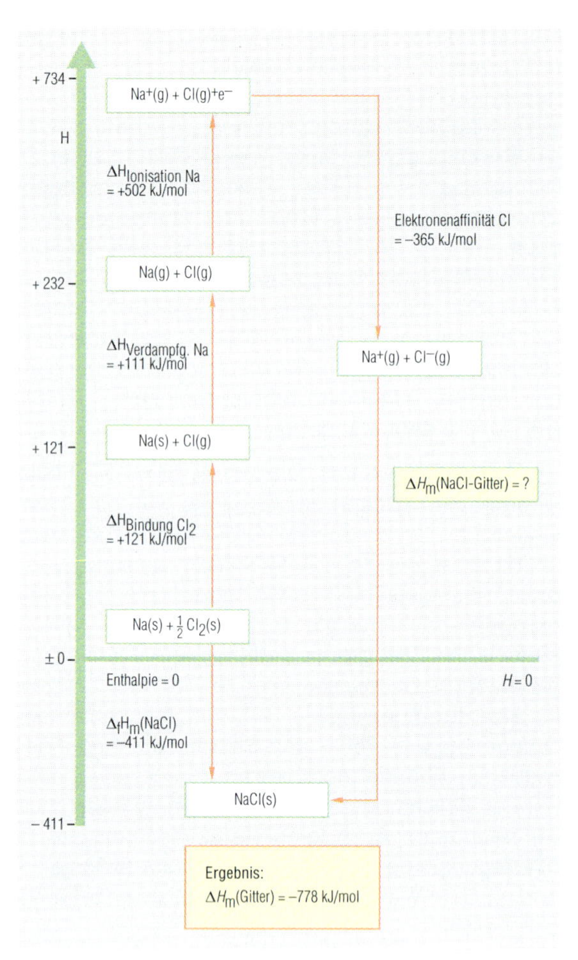

Abb. 1.5.6-3 Born-Haberscher Kreisprozess

Auch alle Einzelschritte im Ablauf eines Reaktionsweges sind mit Energieumwandlungen verbunden – wie hier am Beispiel der Reaktion von Natrium mit Chlor dargestellt ist. Die Grafik zeigt den Weg zur Berechnung der nicht messbaren **Gitterenthalpie** von Natriumchlorid aus bei der Bildung aus den Elementen messbaren Enthalpien nach dem Born-Haber'schen Kreisprozess.

Bindungsenthalpien

1. Zur Erzeugung von 1 mol Atome aus den Elementen (H–H, F–F, Cl–Cl, O=O etc.) erforderliche Energien, gerundet:

H	218 kJ/mol	(aus: H–H)
C	718 kJ/mol	
N	473 kJ/mol	(aus: N≡N)
O	246 kJ/mol	(aus: O=O)
F	77 kJ/mol	
Cl	121 kJ/mol	
P	315 kJ/mol	
S	223 kJ/mol	

2. Zur Spaltung von 1 mol Bindungen erforderliche Energien, gerundet:

H–F	563 kJ/mol		C–H	413 kJ/mol
H–Cl	432 kJ/mol		C–Cl	328 kJ/mol
H–Br	366 kJ/mol		Cl–Cl	121 kJ/mol
H–I	299 kJ/mol			
H–S	339 kJ/mol	(pro Bindung)		
H–O	463 kJ/mol	(pro Bindung)		

Tabelle 1.5.6-1 Bindungsenthalpien

Auch bei Aggregatzustandsänderungen und Lösung oder Ausfällung von Stoffen in und aus Lösemitteln finden nämlich Energieumwandlungen statt. Daher sind auch (Kristall-)**Gitter-, Schmelz-, Verdampfungs-** und **Lösungsenthalpien** bestimmbar. Aber auch alle **Einzelschritte** im Ablauf eines Reaktionsweges sind mit Energieumwandlungen verbunden – wie in Abb. 1.5.6-3 am Beispiel der Reaktion von Na + Cl_2 **(Born-Haberscher Kreisprozess)** und in Abb. 1.5.6-4 am Beispiel der Reaktion von Chlorradikalen mit Methangas dargestellt ist. Stets werden atomare Teilchen bewegt, verknüpft oder getrennt.

Selbst wenn „nur" Magnesiumband oder Blitzlichtpulver verbrannt wird: Die Oxidation läuft in mehreren Teilschritten ab. Die metallischen Bindungen zwischen den Mg-Atomen müssen zunächst getrennt werden (**Verdampfungsenthalpie** zuführen, Schmelzpunkt 657 °C), zweitens müssen kovalente O=O-Doppelbindungen des Luftsauerstoffs gespalten werden (**Aktivierungs- bzw. Bindungsenergie** zuführen, bei 298 K: 495 kJ/mol), drittens müssen die nun vereinzelten O-Atome den Mg-Atomen Elektronen entreißen, sie oxidieren (**Ionisierungsenergie** dem Mg-Atom zuführen, bei der Reduktion des elektronegativen O-Atoms wird dafür die **„Elektronenaffinität"** in Form von Energie frei) und viertens bilden die Mg^{2+}- und O^{2-}-Ionen den Ionenkristall (MgO-**Gitterenergie** wird frei). Das ist ein so außerordentlich exothermer Reaktionsschritt, dass so viel Strahlungs- und Wärmeenergie frei wird, dass selbst UV-Licht und ausreichend Wärme zur Erzeugung von Mg-Dampf (Siedepunkt Mg: 1102 °C bzw. 1379 K!) gebildet werden (Abb. 1.4.9-2).

Entsprechendes ist auch bei Reaktionen zwischen molekularen Verbindungen (wie z. B. Chlor- und Methangas) der Fall, wie Abb. 1.5.6-4 zeigt. Die **Aktivierungsenergie** für die Methanverbrennung in Chlorgas wird zur Startreaktion, der Spaltung des Cl_2-Moleküls in Atome benötigt. 122 kJ/mol würden genügen, um die Cl–Cl-Einfachbindungen zu trennen, und am Ende würden durch **Folge- und Nebenreaktionen** außer Monochlormethan (CH_3Cl) und Chlorwasserstoffgas (HCl) auch Stoffe wie Ethan ($CH_3–CH_3$) und Tetrachlorkohlenstoff (CCl_4) nachweisbar sein.

Ähnlich wie die bei der Mg-Verbrennung frei werdende Energie genutzt werden kann, um die exotherme Reaktion von Chlor mit Methan zu starten, können exotherme Reaktionen oder Vorgänge auch die Energie für andere, endotherme Reaktionen liefern. Pflanzen speichern die von der Sonne empfangene Licht- bzw. Strahlungsenergie, indem sie **endotherm** Glucosemoleküle aufbauen (Formel: $C_6H_{12}O_6$) und diese in Form von Riesenmolekülen „lagern" (als Stärke, Formel: $(C_6H_{10}O_5)_n$ mit n = ca. 10 000–15 000). Bei Bedarf werden diese dann exotherm abgebaut (vgl. Abb. 1.5.6-5 und 1.5.6-6).

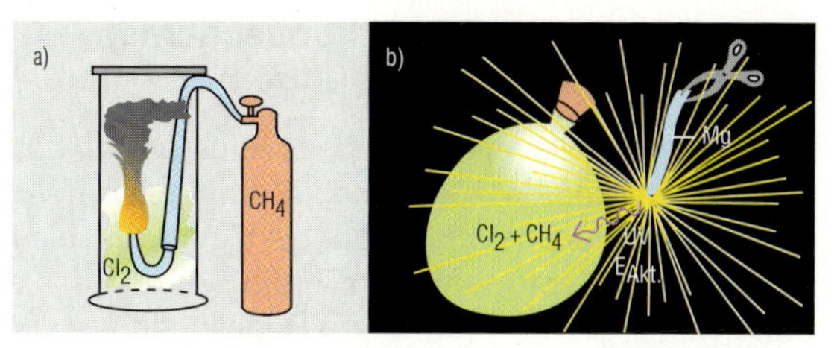

Abb. 1.5.6-4 Abbildung von zwei Apparaturen zur Reaktion von Methan mit Chlor:

a) Verbrennung von Methangas in Chlor-Atmosphäre,

b) Belichtung des Gasgemisches. Im Fall b) liefert z. B. die Verbrennung von Mg-Band (= exotherme Umwandlung von chemischer in Licht-Energie) die Aktivierungsenergie. Die Energiebilanzen der Teilreaktionen sind:

1. $Cl_2 \rightarrow 2\ Cl^*$ ($\Delta H = +122$ kJ/mol)
2. $Cl^* + CH_4 \rightarrow CH_3^* + HCl$
   a: C–H-Bindung trennen: $\Delta H = +413{,}4$ kJ/mol,
   b: H–Cl-Bindung bilden: $\Delta H = -431{,}8$ kJ/mol)
3. $CH_3^* + Cl^* \rightarrow CH_3Cl$
   (C–Cl-Bindung bilden: $\Delta H = -328{,}4$ kJ/mol)

Abb. 1.5.6-5 Pflanzen speichern Lichtenergie in Form von chemischer Energie (Glucose, Stärke).

Nachts decken sie dann ihren Energiebedarf durch den exothermen Abbau der Glucose: $C_6H_{12}O_6 + 6\ O_2 \rightarrow 6\ CO_2 + 6\ H_2O$ ($\Delta H = -2816$ kJ/mol $= -15{,}6$ kJ/g)

Abb. 1.5.6-6 Tiere und Menschen nutzen den Stärkeabbau ebenfalls zur Energiegewinnung.

Fette und Öle enthalten vergleichsweise höhere, chemisch gespeicherte Energiemengen. Unsere Körper speichern überschüssige Energien hieraus in Form von Fetten.

(Zum Vergleich mit der im Text erwähnten Glucose:
Im Fettbaustein Stearinsäure – Formel: $C_{18}H_{36}O_2$ – stecken zum Beispiel 11347 kJ/mol, die beim Fettabbau (oder -verdauung) frei werden: $C_{18}H_{36}O_2 + 26\ O_2 \rightarrow 18\ CO_2 + 18\ H_2O$
($\Delta H = -11347$ kJ/mol = 38,9 kJ/g).

Es ist von daher auf Dauer günstiger, den Hunger bzw. Energiebedarf auf Dauer von stärkereicher Nahrung wie z. B. Kartoffeln und Salaten zu decken als von Fett oder fetthaltiger Schokolade!)

1.5.7 Formeln und Reaktionsschemen – chemische „Gleichungen"!?

Es wurde bereits erläutert, dass Elementsymbole und Atommultiplikatoren zusammen **Summenformeln** einer chemischen Verbindung bilden, die die Art und die **Atomzahlen- bzw. Stoffmengenverhältnisse** in einer Verbindung wiedergeben. Chemische Reaktionen werden ähnlich in **Reaktionsschemen** wiedergegeben, die die Namen bzw. Formeln der **Edukte** (= Ausgangsstoffe, links von Reaktionspfeil) und der Produkte (rechts) aufführen

$Cu + S \rightarrow Cu_2S$
(in Worten gelesen: Kupfer und Schwefel reagieren zu Kupfer-I-sulfid)

und:

$CH_4 + Cl_2 \rightarrow CH_3Cl + HCl$.
(Methan und Chlor reagieren zu Monochlormethan und Chlorwasserstoff).

Die folgenden zwei „Sonderseiten" erklären ausführlich, wie man Reaktionsschemen korrekt erstellt. Früher hat man sie auch chemische „Gleichungen" genannt, die „ausgeglichen" sind, doch sind die Reaktionsprodukte eben **nicht** den Edukten gleich (höchstens deren Gesamtmasse!). Bei der Verwendung von **Formeln** symbolisiert jedes Elementsymbol dann einen reagierenden Stoff (und ein mol seiner Atome, Ionen oder Moleküle!) und das **Reaktionsschema** gibt insgesamt die kleinstmöglichen Stoffportionen wieder, die diese chemische **Reaktion** eingehen.

1.5.8 Ausbeuteberechnungen, Volumen- und Massebilanzen: Grundlagen der Stöchiometrie

Die **Stöchiometrie** ist die Lehre von der Messung und Berechnung der Stoffmengen bei Stoffumwandlungen. Über die quantitativen (mengenmäßigen) Aussagen, die ein Reaktionsschema liefert, können mithilfe **molarer Größen** (RAM, molare Massen ***M*** in g/mol, molares Volumen V_M der Gase: 22,48 l/mol bei den Normbedingungen T_0 = 273 K und p_0 = 1013 hPa) **stöchiometrische Dreisatz-Rechnungen** durchgeführt werden: Volumina und Massen von Edukten und Produkten können vorausberechnet werden (bei Flüssigkeiten und Feststoffen unter Einbeziehung ihrer Dichte ϱ), ja sogar Erfolg und Ausbeute (in %) einer großtechnisch durchgeführten, aber z. B. nur teilweise beendeten Reaktion. Rechts finden Sie zwei Beispiele solcher Berechnungen für die Herstellung von Kupfer-I-sulfid (Cu_2S) im Reagenzglas und für das Kalkbrennen in einer Fabrik, die den gebrannten Kalk dann an die Baustoffindustrie verkauft.
(Reaktionsschema:
$CaCO_3 \rightarrow CaO + CO_2$ (ΔH = +746 kJ/mol),
also ein endothermer Vorgang!)

Beim Kalklöschen entsteht so ein $Ca(OH)_2$-haltiger Mörtel, der an Luft als Kalk, $CaCO_3$ aushärtet.

Abb. 1.5.7-1 **Synthese von Kupfer-I-sulfid**

Das Schema 2 Cu + S $\rightarrow$ Cu_2S gibt nicht nur an, welche Stoffe in welchen Atomzahlenverhältnissen die Verbindung Cu_2S bilden (nämlich 2:1), sondern auch – wie sich durch **Multiplikation der Stoffmengenverhältnisse 2:1 mit der jeweiligen RAM** ergibt – die Masseverhältnisse. Da ja 1 mol Cu-Atome 63,5 g wiegt und 1 mol S-Atome 32 g, sind jeweils 2 · 63,5 = 127 g Kupfer erforderlich, um 32 g Schwefel zu binden: 127 g Cu + 32 g S $\rightarrow$ 159 g Cu_2S. Das gilt auch für Teile oder Vielfache dieser molaren Massen (63,5 mg Cu reagieren also mit 16 mg Cu und 1270 t Cu mit 32 t Kupfer und so weiter) sowie für alle chemischen Reaktionen.

Berechnung am Beispiel des Kalkbrennens

Eine Kalkbrennerei soll **1000 kg** gebrannten Kalk (CaO) erzeugen – wie viel Kalk ($CaCO_3$) muss dazu eingesetzt werden? Nun, 10^6 g CaO sind genau m/MCaO = 10^6 g : (40+16) g/mol CaO – eine Tonne CaO enthält also **17857** mol gebrannten Kalk. Entsprechend dem Reaktionsschema sind also ebenso viele mol Kalk als Rohstoff einzusetzen. 17857 mol $CaCO_3$ sind $m = n \cdot M$ = 17857 · 100 g (denn: M_{kalk} = 40 + 12 + (3 · 16) = 100 g/mol). Die Unternehmensführung muss also etwa **1,786 Tonnen Kalk** organisieren lassen.

Sind nun zum Beispiel aufgrund von Verunreinigungen durch „Gangart" (andere Gesteinsarten im Kalk) dann nur 890 statt 1000 kg CaO entstanden, so können Sie die **Ausbeute in %** oder die Reinheit bzw. Gangart-Menge in Ihrer Rohstoff-Charge aus dem Kalksteinbruch be- und mit dem Lieferanten abrechnen.

Da die Reaktion **endotherm** ist, müssen übrigens pro Tonne CaO 17857 mol · 746 kJ/mol = 13,32 · 106 kJ = 13320 MJ an **Energie** bereitgestellt werden. Der Heizwert von Heizöl beträgt 41,451 MJ/kg. Somit kann nun auch berechnet werden, wie viel Tonnen Heizöl verbrannt werden müssen, um 1 Tonne CaO zu erzeugen. Als Nebenprodukt entstehen allein aus dem Kalk 17857 mol CO_2-Abgas. Wenn dieses bei Normalluftdruck (1013 hPa) nach dem Kalkbrennen auf 273 K abkühlen sollte, so entspricht das dem Volumen $V = n \cdot V_M$ = 17857 mol · 22,48 l/mol = 4,01 · 106 l = 4,01 km³ CO_2-Abgas. Die Verbrennung der zur Erzeugung von **13320 MJ Heizenergie** erforderlichen Heizölmenge (von insgesamt 13320 MJ · 41,451 MJ/kg = 552 Tonnen Öl) liefert natürlich noch ein Vielfaches dieser Abgasmenge ...

Eine 100-jährige Buche setzt nun z. B. stündlich 2,3 kg CO_2-Gas wieder zu 1,7 kg Sauerstoff um
(nach: $6\,CO_2 + 12\,H_2O \rightarrow C_6H_{12}O_6 + 6\,H_2O + 6\,O_2\uparrow$).

Sie können also auch noch ausrechnen, wie lange es dauert, bis ein Wald aus ca. 1000 mächtigen Buchen über 1500 Tonnen CO_2-Abgas wieder in O_2 zurückverwandelt hat. Und angenommen, es werden für die Verbrennung des Heizöls rund 1000 Tonnen Sauerstoffgas verbraucht: Wie lange hat ein solcher Wald gebraucht, um diese O_2-Menge freizusetzen?

Die Regeln für die Erstellung von Reaktionsschemen in Formelschreibweise

1. Regeln zum Erstellen der Summenformeln:

1. **Schreiben Sie die Elementsymbole der beteiligten Atomsorten hintereinander**
(Was im PSE weiter links steht und eine niedrigere EN hat, steht auch in der Formel weiter links!) Beispiel: Al/O.
2. **Bestimmen Sie die Wertigkeiten der Atome**
(entsprechen – wie bereits erklärt – meistens der Anzahl der Valenzelektronen, der Ionenladung oder werden im Namen der Verbindung mit angegeben!) hier: Al^{3+} und für das Oxidion O^{2-}.
3. **Ermitteln Sie das kleinste, gemeinsame Vielfache (kgV) dieser beiden Zahlen**
– hier aus 2 und 3: 2 · 3 = 6.
4. **Teilen Sie das kgV durch die Wertigkeit. Sie erhalten so das Atomzahlenverhältnis,**
hier für Al 6 : 3 = 2 und für O 6 : 2 = 3. Es verbinden sich also jeweils 2 Al-Atome mit 3 O-Atomen, die Formel von Aluminiumoxid ist: Al_2O_3! Setzen Sie also die Ziffer 2 als Atommultiplikator hinter das Elementsymbol Al, die 3 hinter das O.

2. Regeln zum Erstellen von Reaktionsschemen
(aus den chemischen Formeln der reagierenden Stoffe):

1. **Schreiben Sie links die Formeln der Edukte** hin, dann den Reaktionspfeil → und **rechts vom Pfeil die Formeln der Produkte.**
2. **Vervollständigen Sie dieses Schema** durch Voranstellen großer, ganzer Zahlen („Koeffizienten") so, dass auf beiden Seiten des Schemas von jeder Atomsorte gleich viele Atome stehen, denn Atome verschwinden ja nicht bei Reaktionen oder tauchen plötzlich auf!
(Rechenhilfe: das kgV – wie beim Erstellen der Formeln!)
3. **Überprüfen Sie,** ob wirklich rechts und links des Reaktionspfeiles gleich viele Atome stehen!
Wichtig: Wenn Sie die chemische Formeln mitsamt der Atommultiplikatoren erstellt haben (oberer Kasten, Regeln Nr. 1–4; die kleinen, tiefgestellten Zahlen hinter den Elementsymbolen, siehe Nr. 4) **– erst dann dürfen Sie im 2. Schritt große Zahlen vor die chemischen Formeln der Stoffe setzen (die so genannten Koeffizienten).**

Beispiel Nr. 1: a) Stickstoff und Wasserstoff verbinden sich zu Ammoniak – also: $\mathbf{N_2 + H_2 \rightarrow NH_3}$

b) kgV von 2 und 3 ist 6, also werden 3 Wasserstoffmoleküle benötigt, um 2 Ammoniakmoleküle zu bilden – dann sind auch auf beiden Seiten 2 N- und 3 · 2 = 6 H-Atome: $\mathbf{N_2 + 3\ H_2 \rightarrow 2\ NH_3}$

Beispiel Nr. 2: a) Das Ammoniakgas wird verbrannt: $\mathbf{NH_3 + O_2 \rightarrow NO + H_2O}$**,**
– hier muss man zuvor natürlich wissen, dass NO als Produkt entsteht, also welche Wertigkeit das N-Atom nach der Reaktion hat (hier: von Wertigkeit bzw. Oxidationszahl –III nach +II, dafür ändert der Sauerstoff seine Oxidationszahl von null zu –II, denn er nimmt ja je Atom 2 e^- auf.)

b) H links 3, rechts 2, kgV = 6:, $\mathbf{2\ NH_3 + O_2 \rightarrow NO + 3\ H_2O}$**,** aber:
nun N links 2, rechts 1, also ist vor NO der Koeffizient 2 zu setzen. Wenn Sie das tun, haben Sie links zwei O und rechts 2 + 3 = 5 O-Atome. kgV von 2 + 5 ist 10, also wird O gleichzahlig, wenn Sie links mit 5 und rechts mit 2 multiplizieren: $\mathbf{2\ NH_3 + 5\ O_2 \rightarrow 4\ NO + 6\ H_2O}$**.**
Wenn Sie nun Ammoniak (N) links mit 2 multiplizieren, so haben Sie rechts und links je 4 N-Atome: $\mathbf{4\ NH_3 + 5\ O_2 \rightarrow 4\ NO + 6\ H_2O}$**.**

c) Überprüfung: N links 4, rechts 4 / H links 12, rechts 12 / O links 10, rechts 10 – stimmt!

1.5

Üb(erleg)ungsaufgaben zu Reaktionsschemen

1. Erstellen Sie für folgende chemischen Reaktionen die **Reaktionsschemen** und bedenken Sie, dass die Elemente H, N, O und die Halogene nie in Form freier Atome vorliegen, sondern stets zweiatomige Moleküle bilden!
   a) Wasserstoffgas verbrennt zu Wasser(-stoffoxid),
   b) Magnesium verbrennt,
   c) Eisen reagiert mit Schwefel zu Eisen-II-sulfid,
   d) Chlorgas reagiert mit Natriumiodid zu Iod und Speisesalz NaCl,
   e) Kupfer-II-oxid reagiert mit Magnesium zu Magnesiumoxid und Kupfer,
   f) Kufer-II-oxid reagiert auch mit Aluminium, u.a. zu Kupfer,
   g) Methangas verbrennt (Methan = CH_4) zu Kohlendioxid und Wasser,
   h) Schwefel schmilzt und verdampft,
   i) Phosphor verbrennt zu Diphosphorpentoxid,
   j) Aluminium reagiert mit Fluorgas zu Aluminium-II-fluorid.
   (Achtung! Zwei dieser Aufgaben sind **falsch** gestellt! Welche? Und warum?).

2. **Erstellen Sie Reaktionsschemen** in Formelschreibweise für folgende Vorgänge:
   a) Nickel bildet mit Schwefel Nickel-II-sulfid,
   b) Kohlenstoff bildet mit Schwefel aus den Elementen Schwefelkohlenstoff, CS_2,
   c) Kohlenstoff verbrennt zu Kohlendioxid,
   d) Kohlenstoff verbrennt zu Kohlenmonoxid,
   e) Wasserstoff und Chlorgas vereinigen sich zu Chlorwasserstoff,
   f) Chlorwasserstoffgas reagiert mit Lithiummetall, dabei entsteht Wasserstoff und ein Salz,
   g) Kalzium verbrennt, es entsteht „gebrannter Kalk“,
   h) Natrium verbrennt,
   i) Natrium reagiert mit Wasser zu Ätznatron (NaOH) und Wasserstoff,
   j) Kalzium reagiert mit Wasser zu Ätzkalk – Formel $Ca(OH)_2$ – und einem Gas,
   k) Kupfer-II-oxid reagiert mit Ruß (C), u.a. zu Kupfer,
   l) Blei-II-oxid reagiert mit Eisenpulver zu Blei + Eisen-II-oxid,
   m) Blei-IV-oxid reagiert mit Eisen-II-oxid zu Blei-II-oxid und Eisen-III-oxid,
   n) Ätznatron reagiert mit Chlorwasserstoff zu Salzwasser,
   o) Arsen reagiert mit Schwefeldampf zu Arsen-III-sulfid,
   p) Kalk ($CaCO_3$) zerfällt beim Erhitzen in zwei Oxide,
   q) Mangan-VII-oxid reagiert mit Wasserstoff zu Wasser und Mangan,
   r) wie q), nur es entstehen Wasser und Mangan-IV-oxid,
   s) Aluminium reagiert mit HCl-Gas u.a. zu Aluminiumchlorid,
   t) HCl-Gas reagiert mit Mangan-II-Sulfid, u.a. zu Mangan-II-chlorid,
   u) Ethangas (C_2H_6) verbrennt,
   v) Ethin, Strukturformel H–C≡C–H, verbrennt unvollständig, es entstehen Ruß und Wasserdampf,
   w) Magnesiumnitrid reagiert mit Wasser zu Ammoniak und Magnesiumhydroxid,
   x) Phosphin (eine Phosphor-Wasserstoff-Verbindung) verbrennt, sodass Wasser und Phosphorpentoxid entstehen – und zum Schluss:
   y) Kupfer-II-chlorid reagiert mit Ätznatron (vgl. oben).

Hinweise: Beim Erstellen von Reaktionsschemen für einfachere Vorgänge werden Sie mit den oben genannten Regeln klarkommen, wenn Sie sich nur einmal die Mühe gemacht haben, Sie mehrmals einzuüben! Für Reaktionen, bei denen einige Atome ihre Wertigkeiten ändern, weil **Elektronen ausgetauscht** werden (Elektronenübertragungs- oder auch Redoxreaktionen genannt), hier noch ein paar Hilfen:

In **Redoxreaktionen** werden zwischen den Reaktionspartnern (meistens Ionen, gelegentlich Atome oder Moleküle) Elektronen ausgetauscht. Reaktionsschemen hierzu lassen sich bei Beachtung der Wertigkeiten bzw. Oxidationszahlen einfacher erstellen, wenn man sie in 2 Teilschritte unterteilt: 1. Die Elektronenabgabe (OXidation genannt) und 2. die Elektronenaufnahme (REDuktion genannt). (Dieser Reaktionstyp heißt darum: REDOX-reaktion!)

Beispiel:
Natrium reagiert mit Schwefel, also als Gesamtschema wäre das: $\mathbf{2\,Na + S \rightarrow Na_2S}$.
Bei komplizierteren Fällen würde man (an diesem Beispiel erklärt) jedoch so vorgehen:

1. Oxidation: $\mathbf{Na \rightarrow Na^+ + e^-}$,
   also ein Na-Atom gibt jeweils ein Elektron ab.
2. Reduktion: $\mathbf{S + 2\,e^- \rightarrow S^{2-}}$,
   also jedes Schwefelatom wird durch Aufnahme von 2 Elektronen zum Sulfidion (Edelgaskonfiguration entsprechend Argon!).
3. Nun wäre die obere Gleichung (Oxidation) überall mit 2 zu multiplizieren, da ja je S-Atom zwei Na-Atome als Reaktionspartner benötigt (für die Anzahl der e^-: das kgV!).
4. Nun werden beide Teilgleichungen zusammengezählt, Ergebnis: $\mathbf{2\,Na + S + 2\,e^- \rightarrow 2\,Na^+ + S^{2-} + 2\,e^-}$
   (oder: $\rightarrow \mathbf{Na_2S + 2\,e^-}$)
5. Durch Streichen der beiden Elektronen links und rechts des Pfeiles erhält man die oben genannte Brutto-Reaktionsgleichung für die Bildung von Na_2S, Natriumsulfid.
   Für dieses Beispiel mag diese Methode etwas umständlich erscheinen, aber Sie werden sehen, bei komplizierteren Reaktionen werden Sie diese Methode später hilfreich finden!

Übrigens: Bei Reaktionen in wässriger Lösung werden oft die Ionen des Wassers $\mathbf{(OH^-/H^+/H_2O)}$ etc. je nach Bedarf zu den Teilgleichungen zugefügt (bei pH über 7: $\mathbf{OH^-/H_2O}$, bei pH unter 7: $\mathbf{H^+/H_2O}$), da sie sich am Ende oft entsprechend kürzen.

Reaktionsschemen geben also chemische Reaktionen in Form von Symbolen und Abkürzungen wieder (chemische Formeln und Zahlen). Chemische Formeln stehen dabei für einen Stoff (ein Molekül), Reaktionsschemen für einen Vorgang (eine Stoffumwandlung).

1.5.9 Chemische Gleichgewichte – das „Massenwirkungsgesetz (MWG)“

Nicht alle Reaktionen durchlaufen die Umsetzung von Edukten in Produkte zu 100 %, oft ist eine Rückreaktion möglich. So läuft Silberbesteck in Gegenwart von Schwefel oder schwefelhaltigen Stoffen wie Schweiß und Eigelb schwarz an: **$2\,Ag + S \rightarrow Ag_2S$.** Bei Unterdruck und unter Erhitzen lässt sich jedoch Silber-I-sulfid auch wieder in die Elemente zerlegen: **$Ag_2S \rightarrow 2\,Ag + S$.** Die Reaktion ist also **reversibel,** in beiden Richtungen möglich. Ebenso die der Kalkbrennerei: Bei Energiezufuhr verläuft die endotherme Reaktion in Richtung auf die Produkte $CaO + CO_2$, doch umgekehrt können sich diese (in Wasser) auch wieder exotherm zu $CaCO_3$ zurückbilden. Man sagt: Das System $CaO + CO_2 \leftrightarrow CaCO_3$ gehorcht dem **Prinzip des kleinsten Zwanges** (= „Prinzip von Le Chatelier“). Bei Erwärmung weicht es der „Zwangszufuhr“ von Energie in Richtung auf $CaO + CO_2$ aus – in der Kälte aber weicht es der „Zwangskühlung“ aus, indem es exotherm $CaCO_3$ bildet. Der **Doppelpfeil** zeigt dabei an, dass prinzipiell beide Richtungen der Reaktion möglich sind – die Richtung hängt ja ganz von den äußeren Bedingungen oder Zwängen ab. Viele reversible Reaktionen laufen daher nie bis zum Ende ab: Es stellt sich ein **Gleichgewicht** ein – ähnlich wie bei einer Waage oder Wippe.

Auch die Ammoniakproduktion aus den Elementen nach: **$3\,H_2 + N_2 \leftrightarrow 2\,NH_3$** folgt als Gleichgewichtsreaktion dem Prinzip des kleinsten Zwanges: 4 mol gasförmiger Edukte reagieren jeweils zu 2 mol Produkten. Diese nehmen nur noch die Hälfte des Ausgangsvolumens ein. Bei hohem **Druck** läuft – von Erwärmung und Katalysatoren noch begünstigt – die Reaktion also eher in Richtung auf das Ammoniak hin ab (Synthese), während bei **Unterdruck** höchstens das Gegenteil eintreten kann – die Zerlegung des Ammoniaks zurück in die Elemente (Analyse).

Die Chemiker Guldberg und Waage entdeckten 1867 nun, dass bei **Gleichgewichtsreaktionen** das Verhältnis zwischen dem mathematischen Produkt aller Reaktionsprodukt-Konzentrationen $c_{Produkte}$ und dem Produkt der Konzentration aller Edukte c_{Edukte} bei jeder Reaktion einen für sie charakteristischen, konstanten Wert K_{MWG} annimmt. Diese Gesetzmäßigkeit nennt man **Massenwirkungsgesetz (MWG),** die Konstante K_{MWG} heißt daher Gleichgewichts- oder Massenwirkungskonstante:

$$K_{MWG} = \frac{c_{Produkte}}{c_{Edukte}}$$

Das gleiche Verhältnis gilt bei V = const. natürlich auch, wenn statt der Konzentrationen $c = n/V$ gleich die Stoffmengen $n = V \cdot c$ eingesetzt werden:

$$K_{MWG} = \frac{n_{Produkte}}{n_{Edukte}}$$

Beispiel für eine stöchiometrische Berechnung:

Das Gas Ammoniak (NH_3) wird nach dem Haber-Bosch-Verfahren aus den Elementen hergestellt. Durch Reaktion mit Salpetersäure (HNO_3) kann es zum Düngemittel Ammoniumnitrat (NH_4NO_3) umgesetzt werden.

Wie viel kg NH_4NO_3 lassen sich aus 22,48 m^3 Wasserstoffgas erzeugen, wenn die Ausbeute an Ammoniak 20 % beträgt?

a) Die Reaktion verläuft entsprechend dem Schema:
$3\,H_2 + N2 \rightarrow 2\,NH_3$ – das heißt, dass 22,48 m^3 Wasserstoff (= 1000 mol) bei völliger Umsetzung zu 666 mol Ammoniakgas reagieren (Verhältnis 3:2) – und zwar unter Volumenabnahme:

$\boxed{H_2}\boxed{H_2}\boxed{H_2} + \boxed{N_2} \rightarrow \boxed{NH_3}\boxed{NH_3}$

3 mol H_2 + 1 mol $N_2 \rightarrow$ 2 mol NH_3

6 g H_2 + 28 g $N_2 \rightarrow$ 34 g NH_3

Bei einer Ausbeute von 20 % entstehen also 666 : (100/20) = 133,2 mol Ammoniakgas.

b) Jeweils 1 mol Ammoniak reagiert mit 1 mol Salpetersäure zu 1 mol Ammoniumnitrat:
$NH_3 + HNO_3 \rightarrow NH_4NO_3$
also: 17 g NH_3 + 49 g HNO_3 ergeben 66 g Produkt.

c) Aus 133,2 mol Ammoniak entstehen also
133,2 · 66 = 8791 g Ammoniumnitrat.

Abb. 1.5.9-1
Eine Ammoniak-Produktionsanlage
Sie liefert den Rohstoff Ammoniak, der zu Salpetersäure und zu Stickstoff-Düngemitteln wie Ammoniumnitrat weiterverarbeitet wird. Links im Bild NH_3-Tanks eines Kalkammonsalpeter-Produzenten.

Übungsaufgaben

1. Wie viel Liter Sauerstoff entstehen bei Normalbedingungen, wenn eine Pflanze nach dem Schema **$6\,CO_2 + 12\,H_2O \rightarrow C_6H_{12}O_6 + 6\,H_2O + 6\,O_2\uparrow$** 44 g CO_2-Gas umgesetzt hat? Und wie viel mol bzw. g Glucose $C_6H_{12}O_6$ hat sie dann zugelegt?
2. Wie viel Liter Stickstoffgas müssen aus der Luft gewonnen werden, um 10 t Ammoniak (NH_3) zu produzieren? Wie viel Wasserstoffgas (kg, mol oder m^3) sind erforderlich?

Eine chemische Gleichgewichtsreaktion ist also dann beendet, wenn das Produkt der Stoffmengen der Endstoffe geteilt durch das Produkt der Stoffmengen der Ausgangsstoffe konstant ist.

Diese Gleichgewichtskonstante ist zwar **temperaturabhängig** (Prinzip des kleinsten Zwanges!), lässt aber ein **Berechnen des Gleichgewichtszustandes** einer Reaktionsmischung zu. Wenn zum Beispiel Essigsäure (CH_3COOH) und Ethanol (C_2H_5OH) zu Wasser und dem Aromastoff Essigsäure-Ethylester ($CH_3COOC_2H_5$) umgesetzt werden sollen – nach:

$$\mathbf{CH_3COOH + C_2H_5OH \leftrightarrow CH_3COOC_2H_5 + H_2O,}$$

dann ist in dem Reaktionsgemisch das Verhältnis K_{MWG} aus dem Produkt der Ester- und Wasserkonzentrationen $c_{Ester} \cdot c_{Wasser}$ und dem Produkt der Essigsäure- und Ethanolkonzentrationen $c_{Essigsäure} \cdot c_{Ethanol}$ bei konstanter Temperatur (hier: +25 °C) stets gleich groß:

$$K_{MWG} = \frac{(c_{Ester} \cdot c_{Wasser})}{(c_{Essigsäure} \cdot c_{Ethanol})} = 4$$

Für die Rückreaktion – die Spaltung des Esters – ergibt sich der Kehrwert:

$$K_{MWG} = \frac{(c_{Essigsäure} \cdot c_{Ethanol})}{(c_{Ester} \cdot c_{Wasser})} = \frac{1}{4}$$

Angenommen, es werden nun je 1 mol Essigsäure und Ethanol gemischt. Welche Ester-Ausbeute kann dann maximal erzielt werden?

Zunächst lassen sich die Stoffmengen n der Produkte gleichsetzen: $n_{Ester} = n_{Wasser}$; im Gleichgewicht sind also je x mol Ester und Wasser sowie 1-x mol Ethanol und Essigsäure enthalten. Nach dem MWG gilt:

$$K_{MWG} = \frac{(n_{Ester} \cdot n_{Wasser})}{(n_{Essigsäure} \cdot n_{Ethanol})} = 4$$

Hier also:

$$K_{MWG} = \frac{x^2}{(1\text{-x mol Essigsäure}) \cdot (1\text{-x mol Ethanol})} = 4$$

Für x ergibt sich daraus – siehe rechts – mathematisch ein Maximum von 0,667 mol Ester. Mehr kann – auch bei „100 % Ausbeute" – nicht entstehen.

Bei Gasen gelten nun, wie Boyle, Mariotte und Gay-Lussac entdeckt haben, im Hinblick auf den Druck p, das Gasvolumen v und die Temperatur T der Gas-Stoffmengen n ebenfalls mathematische Zusammenhänge, die als die Gasgesetze bezeichnet werden. Sie werden, für eine gleich bleibende Stoffmenge n geltend, folgendermaßen formuliert:

a) $\mathbf{p \cdot V = const.}$ (Das Produkt aus Druck und Volumen ist konstant)
b) $\mathbf{p/T = const.}$ (Das Verhältnis des Druckes zur Temperatur ist konstant)
c) $\mathbf{V/T = const.}$ (Der Quotient aus Volumen und Temperatur einer gasförmigen Stoffmenge ist ebenfalls konstant).

Berechnungen zum MWG

Zum Estergleichgewicht (siehe Text):

a) Schema:
$CH_3COOH + C_2H_5OH \leftrightarrow CH_3COO{-}C_2H_5 + H_2O$

b) Bei 298 K gilt:

$$K_{MWG} = \frac{(c_{Ester} \cdot c_{Wasser})}{(c_{Essigsäure} \cdot c_{Ethanol})} = \frac{(n_{Ester} \cdot n_{Wasser})}{(n_{Essigsäure} \cdot n_{Ethanol})} = 4$$

c) Bei $n_{Essigsäure} = n_{Ethanol} = 1$ mol gilt dann auch:
Es entstehen x mol Ester + x mol Wasser und es verbleiben je Edukt 1-x mol übrig.
Also: $K_{MWG} = \frac{x^2}{(1\text{-x mol}) \cdot (1\text{-x mol})} = 4$

d) Für die allgemeine Form quadratischer Gleichungen $x^2 + ax + b = 0$ gibt es zwei Lösungen:

$$x_{1,2} = -\frac{a}{2} \pm \sqrt{\left(\frac{a}{2}\right)^2 - b}$$

e) Nun gilt es den Ausdruck

$$\frac{x_2}{(1-x) \cdot (1-x)} = 4$$

dementsprechend nach x aufzulösen:

$$\frac{x^2}{(1-x)^2} = \frac{x^2}{(1 - 2x + x^2)} = 4$$

Daraus folgt:
$x^2 = 4\,(1 - 2x + x^2) = 4 - 8x + 4x^2$
oder nach der Umformung:
$-3\,x^2 + 8x - 4 = 0$
bzw. bei Division durch 3:
$-x^2 + {}^8/_3\,x + {}^4/_3 = 0$
(vgl. oben: $x^2 + ax + b = 0$)

f) Für die Lösungen ergibt sich:

$$x_{1,2} = -\frac{a}{2} \pm \sqrt{\left(\frac{a}{2}\right)^2 - b}$$

$$= \frac{4}{3} \pm \sqrt{\left(-\frac{4}{3}\right)^2 - \frac{4}{3}} = \frac{4}{3} \pm \sqrt{-\frac{16}{9} - \frac{12}{9}}$$

Daher ist:

$$x_1 = \frac{4}{3} + \sqrt{\left(\frac{4}{9}\right)} = \frac{4}{3} + \frac{2}{3} = 2$$

(was ausscheidet, da nur weniger als 1 mol Ester entstehen kann)

$$x_2 = \frac{4}{3} - \sqrt{\left(\frac{4}{9}\right)} = \frac{4}{3} - \frac{2}{3} = \frac{2}{3}$$

Für x ergibt sich daraus mathematisch ein Maximum von 2/3 = 0,667 mol Ester.

Übungsaufgaben zu den Gasgesetzen

1. Eine Gasflasche mit dem Volumen von 50 l wird bei 150 bar (= 150 000 hPa) Innendruck geöffnet. Welches Volumen nimmt das Gas beim Luftdruck von p = 1 bar (1000 hPa) ein?
2. Die gleiche Gasflasche erwärmt sich von 273 K im Sonnenlicht auf 300 K. Wie hoch steigt der Innendruck? (Wenn die Stahlwand maximal 180 bar aushält: Wird die Druckgasflasche platzen?)
3. In einem Kolbenprober werden 100 ml Gas auf 50 ml zusammengepresst (komprimiert). Wie hoch steigt der Innendruck?

Hieraus ließ sich ableiten, dass auch gilt:

$\frac{p \cdot V}{t}$ **= const.** – was bezeichnet wird als **das allgemeine Gasgesetz,** und die Konstante wird als Gaskonstante R bezeichnet, wenn es sich um ein Mol Gas handelt. Wenn man z. B. bei einer Zustandsänderung den Druck *p* einer Gasmenge konstant hält (= isobare Zustandsänderung), so lässt sich folglich das Volumen *V*, das diese Gasmenge einnimmt, für jede beliebige Temperatur *T* errechnen. Setzt man das Volumen konstant (indem das Gas z. B. in eine Druckgasflasche gesperrt wird), so lässt sich für jede beliebige Temperatur *T* der so entstehende Gasdruck *p* berechnen (= isochore Zustandsänderung). Und bei konstanter Temperatur *T* schließlich kann die bei einer bestimmten Druckänderung *p* erfolgende Volumenänderung ΔV berechnet werden (= isotherme Zustandsänderung). Betrachtet man eine Stoffmenge von ***n* = 1 mol,** so nimmt die Gas-Konstante $\mathbf{R} = \frac{p \cdot V}{T}$ den Wert **R = 83,11 hPa/K · mol** an, das sind 0,08311 bar/K · mol. Somit wird umgekehrt auch *n* berechenbar, wenn die drei Zustandsgrößen *p*, *V* und *T* bekannt sind, denn es gilt ja nun:

$$p \cdot V = n \cdot R \cdot T$$

Dank dieser Gasgesetze kann das MWG auch auf Gasreaktionen angewendet werden. So z. B. auf die Ammoniaksynthese. Zunächst gilt ja entsprechend dem Reaktionsschema $3\,H_2 + N_2 \rightarrow 2\,NH_3$:

$$K_{MWG} = \frac{(n_{Ammoniak})^2}{(n_{Wasserstoff})^3 \cdot (n_{Stickstoff})}.$$

Da entsprechend dem allgemeinen Gasgesetz $p \cdot V = n \cdot R \cdot T$ die Stoffmenge *n* zum Druck *p* (bzw. zum Partialdruck einer Komponente aus dem Gasgemisch) ebenso proportional ist (wenn *v* und *T* konstant gehalten werden) wie zur Konzentration ($c = n/V$), gilt auch:

$$K_{MWG}\,(V, T = \text{const.}) = K_p = \frac{(p_{Ammoniak})^2}{(p_{Wasserstoff})^3 \cdot (p_{Stickstoff})} \quad \text{und:}$$

$$K_{MWG}\,(p, T = \text{const.}) = K_c = \frac{(c_{Ammoniak})^2}{(c_{Wasserstoff})^3 \cdot (c_{Stickstoff})}$$

Die konzentrationsbezogene Gleichgewichtskonstante, die demnach in $(\text{mol/l})^{-1}$ = l/mol ausgedrückt wird, bezeichnet man als $\mathbf{K_c}$. Wird statt der Konzentration der Teil- oder Partialdruck eines Gases in einem Gasgemisch berücksichtigt (K_{MWG} wird dann in der Einheit hPa^{-1} bemessen), so bezeichnet man sie als $\mathbf{K_p}$. Bei der Ammoniaksynthese beträgt $K_p = 6{,}5 \cdot 10^8\ bar^{-1}$.

Bei der Herstellung von Wasser aus den Elementen bei der Knallgasexplosion nach $2\,H_2 + O_2 \leftrightarrow 2\,H_2O$ ist $K_p = 1{,}33 \cdot 10^{80}\ bar^{-1}$. Diese unvorstellbar große Zahl zeigt an, dass das Gleichgewicht bei diesem Extremfall fast ganz auf der Seite des Wassers liegt (denn dann bleibt nach der Explosion kein H_2-Molekül mehr übrig – es sei denn, Sie bringen $10^{80} \cdot 10^{80} = 10^{160}$ mol H_2-Gas zur Reaktion: Dann könnten Sie ganze drei Moleküle der Edukte übrig behalten – jedoch würden Sie hierzu im gesamten Universum nicht genug Wasserstoffgas finden …).

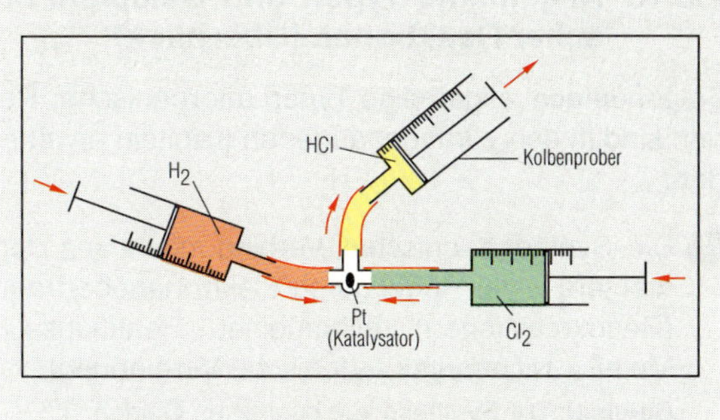

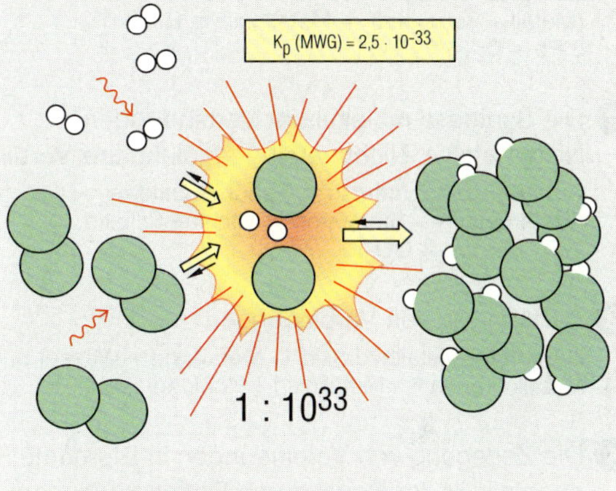

Abb. 1.5.9-2 Die Chlorknallgasreaktion (Gleichgewichtskonstante K = 2,5 · 10^{33})

Die Bedeutung der Konstante zeigt die folgende Anwendung des MWG auf die Chlorknallgasreaktion:

Formulierung des MWG:

Für allgemeine Reaktion, bei der a Mol des Stoffes A und b mol des Stoffes B zu c mol C und d mol D reagieren, lautet das Schema:

$$a\,A + b\,B \rightarrow c\,C + d\,D.$$

Hier gilt: $$K_{MWG} = \frac{c_C{}^c \cdot c_D{}^d}{c_A{}^a \cdot c_B{}^b}$$

Die Konzentration kann als „Molarität" angegeben werden (das heißt: in mol/l) oder als Molenbruch bzw. Stoffmengenanteil (in mol/mol), bei Gasgemischen als Partialdruck (Druck des Stoffes x dividiert durch den Gesamtdruck des Gasgemisches).

Anwendung des MWG (auf die Synthese von HCl):

Für $H_2 + Cl_2 \rightarrow 2\,HCl$ gilt:

$$K_p = \frac{(p_{HCl})^2}{(p_{H_2}) \cdot (p_{Cl_2})}$$

Wenn das Mengenverhältnis H : Cl = 1 : 1 ist, dann gilt auch:

$$K_p = \frac{(p_{HCl})^2}{(p_{H_2})^2}$$

Wenn K_p die Größe von 2,5 · 1033 hat (dimensionslos, da die Einheit sich herauskürzt: hPa^2 / hPa^2), dann ergibt sich:

$$p_{HCl} : p_{H_2} = \sqrt{(25 \cdot 10^{32})} = 5 \cdot 10^{16}.$$

Das bedeutet, dass nach der Chlorknallgasreaktion im Gleichgewichtszustand das HCl / H_2-Verhältnis auf $5{,}0 \cdot 10^{16}$: 1 gestiegen ist. Auf 1 H_2-Molekül kommen nun 50 Billiarden HCl-Moleküle. Im Prinzip ist diese explosionsartig ablaufende Reaktion vollständig abgelaufen – was man von Gleichgewichtsreaktionen nur selten behaupten kann.

1.5

1.5.10 Allgemeine Typen und Beispiele chemischer Reaktionen (Überblick)

Folgende acht allgemeine Typen anorganischer Reaktionen sind in den vorangegangenen Kapiteln erwähnt worden:

1. Die Synthese ionischer Verbindungen aus den Elementen, in der Regel durch Elektronenübertragungen (Redoxreaktionen), allgemeines Reaktionsschema: Metall + Nichtmetall → Ionische Verbindung;
   Beispiel: Die Synthese von basischen Oxiden (Metall + Sauerstoff → Metalloxid, z. B.: $2\ Pb + O_2 \rightarrow 2\ PbO$)

2. Die Synthese molekularer Verbindungen: Nichtmetall + Nichtmetall → Molekulare Verbindung;
   Beispiel: Die Synthese von sauren Oxiden (Nichtmetall + Sauerstoff → Nichtmetalloxid, z. B.: $C + O_2 \rightarrow CO_2$)

3. Die Analyse von Verbindungen
   Beispiele: Metallhydroxid → Metalloxid + Wasser und: Metallcarbonat → Metalloxid + Kohlendioxid

4. Die Zerlegung von Verbindungen in Elemente, ebenfalls in der Regel durch Redoxreaktionen;
   Beispiel: Metallsulfid → Metall + Schwefel

5. Die Synthese anorganischer Basen:
   Metalloxid + Wasser → Metallhydroxid (Lauge, Base)

6. Die Synthese anorganischer Sauerstoffsäuren: Nichtmetalloxid + Wasser → Sauerstoffsäure;
   (diese Säuren sind eine Art Nichtmetallhydroxid)

7. Die Neutralisation:
   Säure + Base → Salz + Wasser
   (z. B.: $HNO_3 + KOH \rightarrow KNO_3 + H_2O$)

8. Die Bildung von Komplexen mit koordinativer Bindung,
   allgemein:
   Metallion + Molekül mit freiem Elektronenpaar bzw.:
   Zentralatom Z + n Ligand(en) L → Komplex $[Z(L)_n]$.

Näheres zu chemischen Reaktionen (Energetik, Verlauf, Mechanismus) finden Sie in Kapitel 2.4, Seite 124 ff: Einführung in die physikalische Chemie. **Alle anorganischen Reaktionen** können – von Spezialfällen abgesehen(!) – einem dieser acht Reaktionstypen zugeordnet werden, denn in der Regel finden bei diesen Reaktionen immer nur **Elektronen- und Protonenübertragungen** statt. Reaktionen zwischen organischen Verbindungen verlaufen jedoch oft nach anderen Mechanismen. Sie werden in Kapitel 2.3 und ausführlicher in Kapitel 4 vorgestellt (organische Chemie, Technologie).

Übungs- und Wiederholungsaufgaben zu Kapitel 1.2–1.5

1. Erklären Sie folgende Begriffe in je einem Satz:
   a) Redoxreaktion,
   b) Koeffizient,
   c) Atommultiplikator,
   d) Reaktionsschema,
   e) Reaktionspfeil,
   f) Anion,
   g) Kation,
   h) Reduktion,
   i) Oxidation,
   j) Edukt,
   k) Elektronenkonfiguration,
   l) Elektron,
   m) Elektronegativität (EN),
   n) bindendes Elektronenpaar,
   o) freies Elektronenpaar,
   p) ungepaartes Elektron,
   q) Stoffmengenverhältnis,
   r) Summenformel,
   s) Strukturformel ,
   t) kovalente Bindungen,
   u) Wertigkeit,
   v) Oxidationszahl,
   w) RAM,
   x) OZ,
   y) Schale/Orbital,
   z) Valenzelektron.

2. Benennen Sie folgende Verbindungen:

FeO,	Fe_2O_3,	$Fe(OH)_2$,	$Fe(OH)_3$,
$FeCl_3$,	$FeSO_4$,	$Fe_2(SO_4)_3$,	K_2SO_4,
$NaNO_3$,	HI,	MnO,	MnO_2,
Mn_2O_3,	Mn_2O_7,	P_2O_5,	P_2O_3,
CO,	CO_2,	CF_4,	CH_4,
C_2H_6,	C_2H_5OH,	CH_3COOH,	CH_3COONa,
KOH,	$Ca(OH)_2$	$NaNO_2$,	N_2O_3,
NO_2,	NO,	N_2O_5,	NH_3,
NH_4Cl,	I_2O_7,	$BrCl$,	IF_5,
SF_6,	SO_2,	SO_3,	KH,

3. Erstellen Sie die Reaktionsschemen folgender Reaktionen in Formelschreibweise:
   a) Methangas entsteht aus den Elementen,
   b) Ethan (C_2H_6) verbrennt,
   c) Methan reagiert in Chlorgas zu Chlorwasserstoff und Tetrachlormethan,
   d) Tetrachlormethan reagiert mit Lithium zu Kohlenstoff und Lithiumchlorid,
   e) Natrium verbrennt,
   f) Natriumoxid reagiert mit Wasser zu Natriumhydroxid,
   g) Natrium reagiert mit Wasser zu Natriumhydroxid und Wasserstoff,
   h) Chlorwasserstoff reagiert mit Natriumsulfid zu Schwefelwasserstoff und Kochsalz,
   i) (Di-)Stickstoffpentoxid reagiert mit Wasser zu Salpetersäure (HNO_3),
   j) Magnesiumoxid reagiert mit Wasser zu Magnesiumhydroxid,
   k) Magnesiumoxid reagiert mit Chlorwasserstoff zu Magnesiumchlorid und Wasser,
   l) Aluminiumpulver verbrennt,
   m) Magnesium reagiert mit Luftstickstoff zu Magnesiumnitrid,
   n) Magnesiumphosphid reagiert mit Wasser zu Magnesiumhydroxid und Phosphin (PH_3),
   o) Ammoniakgas zerfällt in die Elemente,
   p) Kohlendioxid reagiert mit Wasser zu Kohlensäure,
   q) Brom reagiert mit Aluminium,
   r) Iod reagiert mit Zink zu Zink-II-iodid,
   s) Zink-II-iodid reagiert mit Chlorgas zu Zinkchlorid und Iod,
   t) Schwefel reagiert mit Zinn zu Zinn-IV-sulfid.

4. Ordnen Sie die in Aufgabe 3 aufgelisteten Reaktionen allen acht im Text genannten Reaktionstypen zu.

Zusammenfassung zu Kapitel 1.5

Stoffumwandlungen und ihre Gesetzmäßigkeiten

1. Es gibt **vier Arten der chemischen Bindung** zwischen Atomen: die **metallische, kovalent-molekulare** und die **ionische** Bindung sowie **„koordinative" Bindungen** höherer Ordnung **in Komplexen.** Bei den kovalent-molekularen Bindungen werden Atomkerne über ein **bindendes Elektronenpaar** bzw. **Molekülorbital (MO)** miteinander verbunden. Hier unterscheidet man **unpolare** Bindungen (zwischen Atomen ähnlicher Elektronegativität) und **polare** Bindungen (zwischen Atomen höherer Elektronegativitätsdifferenz).
2. **Stoffeigenschaften** werden durch die Art der Bindung bestimmt: Alle Metalle sind glänzend, verformbar und gute Wärme- und Elektrizitätsleiter. Alle Ionenverbindungen weisen sehr hohe Schmelz- und Siedepunkte auf und nur ihre Schmelzen und Lösungen leiten den elektrischen Strom. Molekulare Verbindungen haben – insbesonders bei geringer Polarität und geringer molarer Masse – niedrige Schmelz- und Siedepunkte.
3. Die **Summenformel** einer Verbindung besteht aus Elementsymbolen und hinter ihnen gestellte Atommultiplikatoren. Diese geben die Atomzahlenverhältnisse in einem Molekül und die Stoffmengenverhältnisse in einer Verbindung wieder. Entsprechend zeigen **Reaktionsschemen** in Formelschreibweise die Stoffmengenverhältnisse bei chemischen Reaktionen an. Mitilfe der molaren Größen (molare Masse, Molvolumen, molare Reaktionsenthalpien) werden so **stöchiometrische Berechnungen** wie z. B. Masse- und Energiebilanzen möglich.
4. Zur Benennung **(Nomenklatur)** der binären, **ionischen Verbindungen** stellt man das weniger elektronegative Element (oft ein positiv geladenes Ion) – gegebenenfalls mit Angabe seiner Wertigkeit – voran und hängt den lateinischen Namen des Elementes höherer EN mit der Endung **-id** an. Sauerstoffhaltige Salze erhalten die Endung **-at,** in Ausnahmefällen auch **-it** oder die Vorsilbe **-per.**
   Molekulare Verbindungen werden im Prinzip ebenso benannt. Um sie von ionischen Verbindungen im Namen zu unterscheiden, werden hier jedoch statt römischer Ziffern für die Wertigkeit griechische **Zahlsilben** (mono = 1, di- = 2, tri- = 3, tetra= 4, penta = 5, hexa = 6, hepta = 7) eingefügt, die die Atomzahlenverhältnisse im Molekül wiedergeben – ähnlich wie die Atommultiplikatoren in den Summenformeln.
5. Zur anorganischen Chemie zählen neben binären Verbindungen die **Säuren, Basen und Salze.** Säuren entstehen oft aus Nichtmetalloxiden und Wasser, Basen (Hydroxide) aus Metalloxiden und Wasser und Salze aus Säuren und Basen. In der organischen Chemie geht man bei Benennung und Einteilung ganzer Stoffklassen von **Kohlenwasserstoffen** der allg. Summenformel C_nH_{2n+2} aus. An die Stelle einzelner H-Atome kann in organischen Molekülen auch eine **„funktionelle Gruppe"** aus verschiedenen Atomverbänden treten (Halogenide, Hydroxy-Gruppen (-OH), Carbonylgruppen (–C=O), Aldehydgruppen (–CHO), Carboxyl- oder Carbonsäuregruppen (–COOH), Aminogruppen ($-NH_2$) und viele mehr).
   Hieraus leiten sich dann **organische Stoffklassen** ab. In den von der **IUPAC** (International Union of pure and applied Chemistry) offiziell festgelegten Benennungen werden diese ebenfalls mit typischen Endsilben verdeutlicht, die man an die Namen der Alkane hängt – z. B. die Alkan**ole** (z. B.: Methan**ol** = Methylalkohol, Formel: CH_3OH), Alkan**ale** (z. B.: Methan**al** = Formaldehyd, Formel: HCHO), Alkan**one** (z.B. Propanon = Azeton, CH_3–CO–CH_3), Alkan**säuren** (z. B.: Methansäure = Ameisensäure, H–COOH) oder auch die Halogenalkane (z. B.: Trichlormethan = Chloroform, $CHCl_3$).
6. **Exotherme** Reaktionen haben eine **negative Reaktionsenthalpie,** da sie Energie freisetzen. Energie und Masse gehen bei chemischen Reaktionen nicht verloren. Die Enthalpieänderung einer Reaktion ist **unabhängig vom Reaktionsweg (= Satz von Heß).**
7. Bei Reaktionen zwischen anorganischen Verbindungen werden in der Regel Elektronen oder Protonen übertragen, gelegentlich auch Ionen oder Liganden ausgetauscht.
8. Chemische Reaktionen folgen dem **Prinzip des kleinsten Zwanges (= Prinzip von Le Chatelier).** Bei **Gleichgewichtsreaktionen** ist der Quotient aus dem Produkt der Stoffmenge aller Reaktionsprodukte und der aller Edukte konstant **(Massenwirkungsgesetz, MWG).** Diese Gleichgewichtskonstante ist temperaturabhängig. Für die Rückreaktion nimmt sie den Kehrwert an.
9. Der Quotient aus dem Produkt von Druck p und Volumen V einer Gasmenge und dem Produkt aus ihrer Stoffmenge n und der Temperatur T ist konstant. Diese allgemeine Gas-Konstante R beträgt 83,11 hPa/K mol: $\frac{p \cdot V}{n \cdot T} = \mathrm{R}$ (oder: $\boldsymbol{p \cdot V = n \cdot \mathrm{R} \cdot T}$, **allgemeines Gasgesetz**). Das molare Volumen V_m eines idealen Gases beträgt unter Normalbedingungen (273 K, 1013 hPa) stets 22,48 l/mol.

Lern- und Merksätze

Grundbegriffe der Chemie, zu Kapitel 1.5

Redoxreaktion	Elektronenübertragungsreaktion
Koeffizient	Ziffern, die in Reaktionsschemen vor den Summenformeln stehen, z. B. „**23** NaOH" bedeutet 23 Moleküle Natriumhydroxid (Ätznatron)
Atommultiplikator	Kleine Ziffern in chem. Formeln, die das Stoffmengen- bzw. Atomzahlenverhältnis wiedergeben, in dem die Elemente in einer Verbindung enthalten sind
Reaktionsschema	Wiedergabe einer chemischen Reaktion in Formelschreibweise
Reaktionspfeil	Symbol für Stoffumwandlung in einem Reaktionsschema
Anion	negativ geladenes Ion
Kation	positiv geladenes Ion
Reduktion	Elektronenaufnahme (die Oxidationszahl wird kleiner!)
Oxidation	Elektronenabgabe (z. B. an Sauerstoff, Fluor usw.)
Edukt	Ausgangsstoff einer chem. Reaktion
Elektronenkonfiguration	Aufbau der Atomhülle (in Schalen und Aufenthaltsräumen (Orbitalen) für Elektronen) – angestrebt wird eine Konfiguration, die den Edelgasatomen entspricht (Elektronenoktette in der Außenschale, volle Außenschale)
Elektron	negativ geladener Atombaustein in der Atomhülle
Elektronegativität (EN)	Kraft, mit der ein Atom ein bindendes Elektronenpaar anzieht. Die EN ist bei F = 4,0 und bei O = 3,5, bei allen anderen Elementen (im PSE weiter links und unten) geringer
bindendes Elektronenpaar	Valenzelektronen, die von 2 Atomen gemeinsam genutzt werden (sitzen in einem Molekülorbital MO), sodass eine kovalente Bindung entsteht
freies Elektronenpaar	Valenzelektronen eines Atoms, die gemeinsam in einem Aufenthaltsraum der Außenschale sitzen (es passen maximal 2 Elektronen in ein solches Atomorbital AO)
ungepaartes Elektron	Valenzelektron, das alleine in einem AO sitzt (Teilchen mit ungepaartem Elektron heißen Radikale, sie sind sehr reaktiv!)
Stoffmengenverhältnis	Verhältnis, in dem sich die Atome mehrerer Elemente miteinander verbinden. Die Stoffmenge entspricht der Anzahl der Atome oder Moleküle, nicht aber der Masse der Bindungspartner!
Summenformel	Angabe der Zusammensetzung einer Verbindung in Form von Elementsymbolen und Atommultiplikatoren, die das Stoffmengenverhältnis angeben, in dem die Elemente jene Verbindung eingehen (z. B. „CO_2")
Strukturformel	Formel, die darüber hinaus auch die Bindungsverhältnisse zwischen den Atomen einer (meist molekularen) Verbindung angibt, indem Elektronenpaare durch Bindestriche wiedergegeben werden (z. B. „H–H" oder „$H_2C{=}CH_2$")
kovalente Bindungen	Bindungen zwischen 2 Atomen über bindende Elektronenpaare (Molekülorbitale). Sie können unpolar sein (EN-Differenz der Bindungspartner annähernd null!) oder auch polar (EN-Differenz um 1,0)
Wertigkeit	gibt an, wie viele H-Atome ein Atom in einer Bindung binden oder ersetzen kann
Oxidationszahl	entspricht der formalen oder realen Ionenladung und gibt an, wie viele Elektronen ein gebundenes Atom ganz oder teilweise aufgenommen oder abgegeben hat (mit + oder –); bei Redoxreaktionen ändern sich Oxidationszahlen !
RAM	relative Atommasse (im Vergleich zum H-Atom bzw. genauer: im Vergleich zu einem Zwölftel der Masse des C-12-Isotopes), Einheit: u ($6{,}023 \cdot 10^{23}$ u = 1 g)
OZ	Ordnungszahl eines Elementes (= Protonenzahl)
Schale/Orbital	Aufenthaltsbereich der Elektronen in der Atomhülle. Die Atomhülle weist 1 bis max. 7 Schalen auf; in kleineren Atomen fasst eine Schale nur 4, bei H und He sogar nur 1 Orbital. Jedes Atomorbital kann max. 2 Elektronen aufnehmen.
Valenzelektron	Elektron in der Außenschale, die Anzahl der Valenz-/Außen-Elektronen bestimmt die chem. Eigenschaften (und die Wertigkeit) eines Elementes (Atoms)

Üb(erleg)ungsaufgaben zu Kapitel 1.5

Bearbeiten Sie mithilfe der Tabellen Nr. 7 und 9 im Anhang (Eigenschaften von Gasen) folgende Aufgaben:

1. Suchen Sie **alle einatomigen Gase** heraus und erklären Sie mithilfe von PSE und Atombau, warum sich deren Atome nicht – wie bei Wasserstoff, Fluor und Sauerstoff auch – paarweise verbinden.
2. Vergleichen Sie die Dichte, Siedepunkte und Wasserlöslichkeit der **Edelgase** und der **Halogene** untereinander sowie mit der jeweiligen molaren Masse (bzw. dem Atomgewicht): Welche Gesetzmäßigkeiten lassen sich hier feststellen? Wie könnten entsprechende Regeln lauten (z. B.: Je größer ..., desto ...)?
3. Vergleichen Sie die Schmelz- und Siedepunkte, die Dichte und die molare Masse der **Wasserstoffverbindungen** der 6. und 7. Hauptgruppe untereinander sowie die von HF und H_2O mit Ammoniak und Methan: Welche Gesetzmäßigkeiten sind hier erkennbar?
4. Welche dieser **Gase** sind **ätzend** (korrosiv), bilden mit Wasser Säuren oder Basen? Welches ist das giftigste? (vgl. MAK-Werte, die gesetzlich **m**aximal zulässige **A**rbeitsplatz-**K**onzentration MAK!)
5. Welches Gas hat den jeweils höchsten oder niedrigsten Wert für die Dichte, die Löslichkeit, den Siedepunkt sowie den Dampfdruck? Erklären Sie die Extremwerte von der **Masse** bzw. **Größe** der Gasmoleküle her.
6. Welche Besonderheiten fallen auf bei den Stoffen Wasser, HF, HCN und He (z. B. bezüglich der Siedepunkte im Vergleich zu Gasen gleich großer molarer Masse? Und welche Gase sind eigentlich in unserer Atemluft enthalten?
7. Einige Gase haben bei Löslichkeit das Zeichen xx, einige das Zeichen für unendlich. Suchen Sie mögliche Gründe hierfür und geben Sie bei xx 2 Beispiele mit Reaktionsschemen an.
8. Welche Stoffe aus Tabelle 7 und 9 dürfen bei +20 °C in verflüssigter Form in geschlossenen Druckgasflaschen transportiert werden (diese halten bis zu 150 bar Überdruck aus)? Informieren Sie sich auch über die Begriffe „Dewar-Gefäß" (abgebildet bei den Laborgeräten), „kritischer Druck" und „kritische Temperatur".
9. Erklären Sie mithilfe von Abb. 3 die Begriffe kritischer Druck und kritische Temperatur an einem selbst gewählten Beispiel. Nennen Sie 2 Gase, die sich bei T = +20 °C allein durch Druckerhöhung verflüssigen lassen.
10. Suchen Sie unter den Gasen dort 3 unterschiedliche Paare aus, die jeweils miteinander chemisch **reagieren** können, und geben Sie die entsprechenden Reaktionsschemen an (Beispielsweise: Verbrennung, Säure-Base-Reaktion mit Salzbildung, Hydrolyse, Synthese von chemischen Verbindungen wie z. B. bei der Chlorknallgasreaktion u. Ä.).
11. Suchen Sie vier farbige Gase heraus.
12. Fassen Sie (in Gruppenarbeit) die Ihnen beim Vergleich (Aufgaben 1–11) aufgefallenen **Gesetzmäßigkeiten** in einigen Sätzen zusammen: Welche **Zusammenhänge** bestehen zwischen Atommasse und Stellung im PSE einerseits und den Stoffeigenschaften molekularer Verbindungen – am Beispiel der Gase – andererseits?

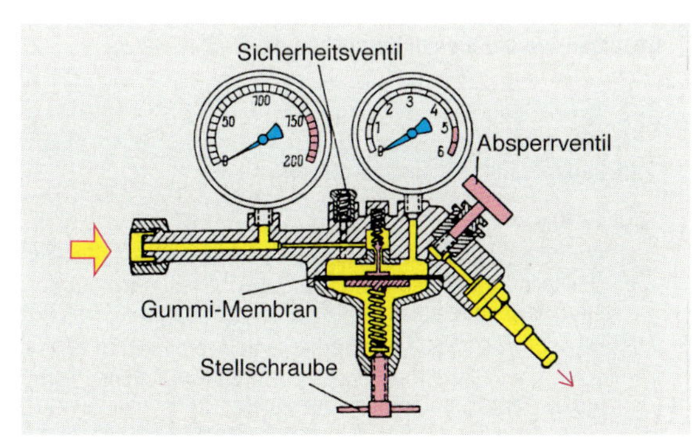

Abb. 1 **Druckminderventil**

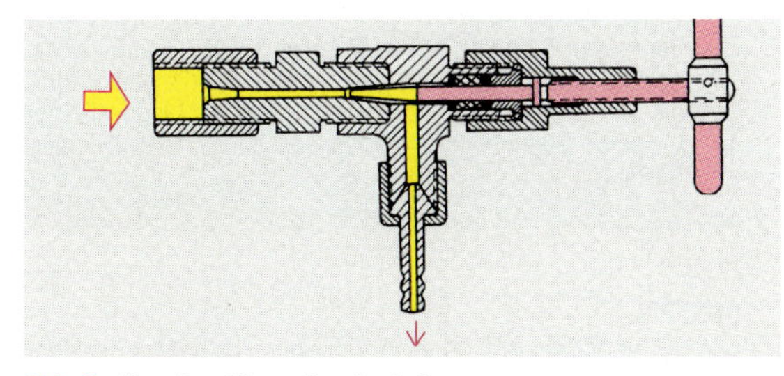

Abb. 2 **Kegelventil zur Druckminderung**

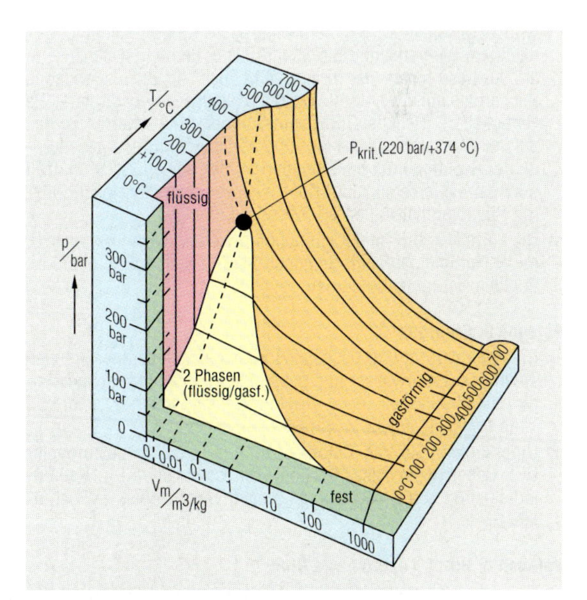

Abb. 3 **Dreidimensionales Zustandsdiagramm (am Beispiel H_2O):**

der Zustand „gasförmig" als Funktion von Druck und Temperatur $p \cdot V = n \cdot R \cdot T$

Laborversuche zu Kapitel 1.5

Beispiel: Untersuchung der chemischen Eigenschaften von Alkalimetallen und Halogenen

Versuch 1: Das Metall Lithium

a) Ein sehr kleines (!) Stück Lithium wird abgeschnitten, mit dem Filterpapier abgetrocknet und in ein kleines, hinter der Glasscheibe des Abzuges stehendes Becherglas auf etwa 10 ml Wasser geworfen **(Schutzbrille!).** Nach der Reaktion wird je eine Probe des verbliebenen „Wassers" auf 3 Reagenzgläser verteilt: – in das 1. Reagenzglas gebe man 1 Tropfen Phenolphthaleinlösung (ein Nachweismittel für ätzende Laugen; Vorsicht: Phenolphthaleinlösung besteht zu über 99 % aus reinem Ethanol: brennbar, nicht in die Nähe offener Flammen kommen!) – aus dem 2. Reagenzglas nehme man mit einem Glasstab 1 Tropfen Flüssigkeit und gebe ihn auf ein Stück Universal-Indikatorpapier (UIP), um zu testen, ob die Lösung sauer reagiert (Rotfärbung), wie eine Lauge (Blaufärbung, bei basischer Reaktion) oder neutral (das UIP bleibt orange) – in das 3. Reagenzglas gieße man etwas Kupfersulfatlösung.

b) Ein **sehr** kleines (!), höchstens sonnenblumenkerngroßes Stück Lithium wird abgeschnitten, einseitig von der Kruste befreit, sodass das Metall sichtbar wird (Vorsicht, schneiden Sie sich nicht! Keinesfalls Lithium in das Auge bekommen: Erblindungsgefahr durch Verätzung! **Schutzbrille und Handschuhe!),** mit dem Filterpapier abgetrocknet und in einen metallischen Verbrennungslöffel gegeben. Unter dem Abzug wird der Verbrennungslöffel in den oberen, luftreichen Bereich der Brennerflamme gehalten. Nach Beendigung der Reaktion wird der erkaltete Verbrennungslöffel in einem Becherglas mit Wasser gesäubert. Auch diese Wasserprobe wird mit Phenolphthalein und/oder UIP auf etwaigen Laugengehalt untersucht!

c) Ein angefeuchtetes Magnesiastäbchen wird in ein Lithiumchlorid gehalten (eine chemische Verbindung aus Lithium und einem Nichtmetall) und sodann – mit anhaftendem Salzkristall – in die nichtleuchtende Brennerflamme. Wiederholen Sie den Versuch mit der in Versuch 1a und b entstandenen, wässrigen Lösung!

Versuch 2: Die Metalle Natrium und Kalium – ähnlich wie Lithium?

a) Ein sehr kleines (!), höchstens maiskorngroßes Stück Natrium wird abgeschnitten, mit dem Filterpapier abgetrocknet und – nachdem Sie vorsichtig die Schnittfläche betrachtet haben – in ein kleines, hinter der Glasscheibe des Abzuges stehendes Becherglas auf etwa 10 ml Wasser geworfen (Schutzbrille!). Die Heftigkeit der Reaktion führt zum Schmelzen des Natriums, das auf der Wasseroberfläche hin- und herschwimmt und gegen Ende der Reaktion oder bei Behinderung der Bewegung zerplatzen oder gar explodieren kann! Kontrollieren Sie mit Ihrem UIP oder mit Phenolphthalein den pH-Wert der Lösung!

b) Die Salze Natrium- und Kaliumchlorid werden wie in Versuch 1c in die Flamme gebracht. Beginnen Sie mit Kaliumsalz, erst zum Schluss Natriumsalz nehmen.

Versuch 3: Chlorgas

a) Chlorgas wird in Wasser geleitet oder gelöst. Riechen Sie **vorsichtig** am Chlorwasser und geben Sie im Reagenzglas auf einige ml Chlorwasser einige Tropfen Wasser, welches zuvor mit Tinte schwach angefärbt wurde!

b) Untersuchen Sie das Chlorwasser mit Ihrem Indikatorpapier UIP! Geben Sie in dieses Reagenzglas sodann etwa 1 ml Kaliumiodidlösung und einige Tropfen Hexan, verschließen und schütteln Sie es.

Versuch 4: Brom – ähnlich wie Chlor?

a) Unter dem Abzug werden 2–3 Tropfen Brom unter Aufsicht des Lehrers/der Lehrerin in einen verschließbaren Standzylinder gegeben. Ein mit Lauge blau gefärbtes Stück UIP (aus Versuch 1a oder 3) wird in dem Bromdampf einige Minuten lang stehen gelassen. Anschließend wird in den Zylinder Wasser gegeben und der Dampf mit Wasser geschüttelt und das Bromwasser auf 3 Reagenzgläser verteilt.

b) Das Bromwasser wird wie das Chlorwasser in Versuch 3b untersucht. Geben Sie anschließend etwa 1 ml Hexan in das 1. Reagenzglas mit Bromwasser, verschließen Sie es (Gummistopfen oder Daumen) und schütteln Sie vorsichtig.

c) In einem 2. Reagenzglas wird ein Stückchen Magnesiumband (blankgerieben) oder 1 Spatelspitze Zinkpulver in etwa 2 ml Bromwasser gegeben. Unter dem Abzug wird die entstandene Flüssigkeit einige Minuten später filtriert und das Filtrat verdampft.

d) Im 3. Reagenzglas wird etwas Bromwasser wie in Versuch 3b mit Kaliumiodidlösung und Hexan geschüttelt.

Versuch 5: Iod

a) Ein winziger Iodkristall wird unter dem Abzug im Reagenzglas kurz erhitzt. Versuchen Sie, die Dämpfe in ein kleines Becherglas mit ca. 10 ml Wasser zu gießen. Geben Sie anschließend in das erkaltete Reagenzglas mit dem Iodrest dieses Wasser, verschließen Sie es und schütteln Sie kräftig, bis dass das Wasser eine gelblich-braune Farbe annimmt. Geben Sie einige Tropfen Hexan hinzu und schütteln Sie erneut!

b) Eine Spatelspitze Magnesium- oder Zinkpulver wird zusammen mit einem Körnchen Iod unter dem Abzug zunächst leicht, nach Entstehen des Ioddampfes kräftiger erhitzt (Schutzbrille!), bis dass alles Iod vertrieben wurde und das Reaktionsprodukt (weiße Salzkruste) nach dem Erkalten in Wasser gelöst ist. Die Salzlösung wird sodann mit etwas Chlor- oder Bromwasser und einem Tropfen Hexan geschüttelt.

c) Einige Körnchen Blei werden wie in Versuch 5b mit einem Iodkörnchen zusammen erhitzt (Herstellung von Blei-II-iodid). Zum Vergleich des erkalteten Reaktionsproduktes kann versucht werden, dieses in Wasser zu lösen oder den gleichen Stoff auf dem Umweg über das Zusammengeben von Kaliumjodidlösung und Bleinitratlösung (oder Bleiazetatlösung) – jeweils einige Tropfen – herzustellen.

Beachten Sie bei diesen Versuchen die R-/S-/E-Sätze!

Hinweise zur Auswertung (Arbeitsbericht, Versuchsprotokoll):

Sie sollten zu jedem Versuch

a) die gemachten Beobachtungen stichwortartig auflisten (Beispiel: grüne Dämpfe, steinhartes Metall, nach faulen Eiern riechende Lösung o. Ä.),

b) diese in einigen Sätzen zusammenfassend erklären (Beispiel: Die violette Hexanlösung zeigte das Entstehen von Iod an), auch im Vergleich mit anderen, ähnlichen Versuchen, die in der Versuchsvorschrift genannt werden, und

c) zu jeder chemischen Reaktion ein Reaktionsschema erstellen.

Vergessen Sie nicht die **R-/S-Sätze** für die Gefahrstoffe gemäß **GefStoffVO** – z. B. für die drei Alkalimetalle, für die 3 Halogene, für Wasserstoff, Hexan, Magnesium, Bleisalze, Ethanol (Phenolphthaleinlösung), Natron- und Kalilauge!

Aufgabe:

Wie viel ml Wasserstoff ergeben sich eigentlich bei der Reaktion von je 20 mg Lithium und Kalium mit Wasser?

2 Stoffklassen, -umwandlungen und -kreisläufe

2.1 Trübungen und Niederschläge – die Fällungsreaktionen

2.1.1 Zwei-Phasen-Systeme – Löslichkeit und Löslichkeitsgrenzen

Gase sind in beliebigen Mengenverhältnissen mischbar. Sollen jedoch **Flüssigkeiten** miteinander gemischt oder Gase und Feststoffe in Flüssigkeiten **gelöst** werden, so gibt es lösemittel- und stoffspezifische Löslichkeitsgrenzen. Diese sind temperaturabhängig:

Mit steigender Temperatur sinkt die Löslichkeit von Gasen in Flüssigkeiten, während sie **bei Feststoffen** in der Regel **ansteigt.** Entscheidend ist in jedem Fall auch die **Polarität** des Lösemittels: Polare Lösemittel – wie z. B. Wasser – lösen ionische und polare Feststoffe gut (diese werden dann **hydrophil** genannt), jedoch keine unpolaren Verbindungen (denn diese sind **hydrophob**).

Kohlenwasserstoffe, halogenierte Kohlenwasserstoffe, Ester, Fette und Öle hingegen gehören zu den unpolaren Lösemitteln: Für unpolare, hydrophobe Feststoffe sind sie in der Regel gute Lösemittel, denn unpolare Feststoffe sind **lipophil.** Ionische und polare Feststoffe hingegen sind nicht fettlöslich **(lipophob).**

Der Grund für dieses Verhalten liegt im Lösevorgang: Wird z. B. ein Feststoff in einem Lösemittel LM gelöst, so werden Anziehungskräfte zwischen LM-Molekülen und denen des Feststoffes wirksam **(van-der-Waals-Kräfte),** sodass einzelne Moleküle des Feststoffes den Verband verlassen können. Mit zunehmender thermischer Eigenbewegung der Moleküle wird dieser Lösevorgang schneller. In einem zweiten Schritt umgeben sich die gelösten Moleküle mit den Molekülen des Lösemittels (lateinisch: Solvens) – eine Solvat-Hülle bildet sich. Dieser Vorgang heißt daher **Solvatation.**

Werden **ionische** Verbindungen in einem polaren LM wie Wasser gelöst, so muss das LM die elektrischen Anziehungskräfte zwischen den Ionen überwinden, um sie voneinander zu trennen und aus dem Kristallgitter zu lösen. Dieser Vorgang, die **Dissoziation,** ist daher in der Regel endotherm, die **Dissoziationsenthalpie** $\Delta H_{\text{Diss.}}$ ist also oft positiv. Die Dipolmoleküle des Wassers umgeben sodann die isolierten Ionen – diese Solvatation wird bei Wasser als LM **Hydratation** genannt und ist exotherm (negative Hydratationsenthalpie $\Delta H_{\text{Hydr.}}$ bei der Bildung der **Hydrathülle**). Das Vorzeichen der Summe der beiden Vorgänge, die **Lösungsenthalpie** $\mathbf{\Delta H_{\text{Lösg.}}}$, zeigt dann an,

Laborversuche zur Löslichkeit

1.a **Vorbereitung:** Lösen Sie etwa 6 g Kalk (Kalziumcarbonat) in 30 ml Essigsäure. Filtrieren Sie die Lösung und dampfen Sie das Filtrat langsam bis zur Kristallbildung ein. Durch Verdunstung entstehen Kristallnadeln von Kalzium-II-azetat ($Ca(CH_3COO)_2 \cdot 2\,H_2O$).

Die Salzbildung kann durch heiße Luft (Fön) oder weiteres Erhitzen beschleunigt werden (Eindampfen bis fast zur Trockenheit), was jedoch kleinere Kristalle ergibt.

b **Löslichkeit und Temperatur:** Füllen Sie 4 Reagenzgläser mit je 5–10 ml Wasser und messen Sie dessen Temperatur. Lösen Sie im 1. Reagenzglas 1,1 g KNO_3, im 2. Glas 3,6 g $Ca(CH_3COO)_2 \cdot 2\,H_2O$, im 3. Glas 4 g wasserfreies Kalzium-II-chlorid und im 4. Glas 4,2 g $CaCl_2 \cdot 6\,H_2O$ (Kalziumchloridhexahydrat).
Messen Sie erneut die Temperaturen. Erhitzen Sie sodann die ersten zwei Reagenzgläser und fügen Sie etwa 0,2 g KNO_3 in Glas 1 hinzu. Dekantieren Sie die Lösungen vom Ungelösten und kühlen Sie sie danach ab.

Hinweis: Beim Lösen von Salpeter (KNO_3), Kalziumazetat ($Ca(CH_3COO)_2 \cdot 2\,H_2O$) und Kalziumchlorid wird Wärmeenergie messbar verbraucht bzw. freigesetzt (endotherm/exotherm). Die Löslichkeit von Salpeter steigt mit der Temperatur an, sodass sich beim Abkühlen der übersättigten Lösung Kristalle bilden, während die Löslichkeit von $Ca(CH_3COO)_2 \cdot 2\,H_2O$ fällt: Die Lösung wird beim Erwärmen trübe, klart aber bei Abkühlung wieder auf.

2. **Eine übersättigte Lösung:** Geben Sie 6 g Natriumazetattrihydrat (Formel: $Na(CH_3COO) \cdot 3\,H_2O$) in ein sauberes Reagenzglas und schmelzen Sie das Salz vorsichtig und unter ständigem Drehen in der Flamme. Tauchen Sie ein Laborthermometer ein und geben Sie sodann ein Impfkristall Natriumazetattrihydrat hinzu.
Wiederholen Sie diesen Versuch, indem Sie die Schmelze vor Zugabe des Impfkristalls etwas – oder in einem 3. Versuch deutlich – unter +58 °C abkühlen lassen.

Hinweis: Natriumazetattrihydrat spaltet bei +58 °C Kristallwasser ab, indem sich das wasserfreie Natriumazetat teilweise löst (vollständig im Kristallwasser: ab ca. +79 °C). Diese Lösung kann durch Abkühlen stark übersättigt werden.
Unterhalb 58 °C ist diese Natriumazetat-trihydrat-Lösung so beständig, dass bei Impfkristallzugabe Kristalle in wenigen Sekunden durch die Lösung bzw. Schmelze wachsen können, wobei eine Temperaturerhöhung auf 58 °C eintritt.

3. **Ein Kolloid:** Geben Sie in einem Becherglas 100 ml dest. Wasser, sodann 0,5 ml Kalium-hexacyanoferrat-II-Lösung und danach 2 Tropfen Eisen-III-chlorid-Lösung zusammen.
Filtrieren Sie die so entstandenen Kristalle von „Berliner Blau“: Aufgrund der geringen Konzentration entstehen hier so kleine Berliner-Blau-Kristalle (Formel etwa: $KFe[Fe(CN)_6]$), dass eine kolloidale Lösung entsteht.

Hinweis: Das Reaktionsschema dieser Reaktion in Worten lautet: Kaliumhexacyanoferrat-II + Eisen-III-Chlorid → „Berliner Blau“ + Kaliumchlorid.
In Formeln (vereinfacht):
$K_4[Fe(CN)_6] + FeCl_3 \rightarrow KFe[Fe(CN)_6] + 3\,KCl$

ob der Lösevorgang insgesamt endotherm (und somit durch Erwärmung verkürzbar) ist oder exotherm:
$\Delta H_{Lösg.} = \Delta H_{Diss.} + \Delta H_{Hydr.}$

Bei vielen Salzen kristallisiert die Hydrathülle mit aus. Dieses **Kristallwasser** kann aus dem Kristallgitter durch Erhitzen gelöst werden, z. B. wenn blaues Kupfersulfatpentahydrat im Reagenzglas erhitzt wird. Umgekehrt können in den Lücken eines Wassereis-Kristalles auch kleine Gasmoleküle (z. B. CH_4) mit eingeschlossen werden. Beim Schmelzen solcher Einschlussverbindungen **(Klathrate)** werden sie wieder frei.

2.1

2.1.2 Phasengleichgewichte: Fällung, Abscheidung, pK_L-Werte

In Kapitel 1 wurden die vier Arten der chemischen Verbindung bereits angesprochen (Kap. 1.5.2), die Gleichgewichte zwischen Lösung und ungelöstem Bodensatz – also die Löslichkeit und Lösungsenthalpien von Stoffen in Lösemitteln – bestimmen. Tatsächlich gilt das MWG auch für gesättigte Lösungen von Salzen des Typs AB mit Bodensatz: $(A_m B_n)_{fest} \leftrightarrow m\,A^{n+} + n\,B^{m-}$,
denn hier ist:

$$K_{MWG} = \frac{c_A{}^m \cdot c_B{}^n}{c_{AB}}$$

Der Wert c_{AB} für die Konzentration des **un**gelösten Bodenkörpers AB kann jedoch – da dessen Menge die Konzentration der gesättigten Lösung nicht beeinflusst – gleich eins gesetzt werden. Dadurch ergibt sich das stöchiometrische **Löslichkeitsprodukt** $K_L = c_A{}^m \cdot c_B{}^n$ (Das Löslichkeitsprodukt ist also das Produkt der in wässriger Lösung maximal erreichbarer Ionenkonzentrationen, es wird in einigen Büchern auch mit **Lp.** abgekürzt).

Bei gleichionigen Zusätzen, also der Zugabe von Kationen (A^{n+}) oder Anionen (B^{m-}), beginnt eine **Ausfällung,** sobald das **Ionenprodukt** $c_A{}^m \cdot c_B{}^n$ das Löslichkeitsprodukt K_L überschreitet: $c_A{}^m \cdot c_B{}^n > K_L$, denn die Lösung ist nun **übersättigt.** Umgekehrt löst sich ein Bodensatz in einer verdünnten Lösung so lange auf, bis dass deren Ionenprodukt $c_A{}^m \cdot c_B{}^n$ wieder das Löslichkeitsprodukt K_L erreicht. Für jede **ungesättigte Lösung** gilt also:
$c_A{}^m \cdot c_B{}^n < K_L$. Das Löslichkeitsprodukt liegt bei Werten (bei 1:1-Verbindungen) zwischen 10^2 mol²/l² (NaOH, KOH) und 10^{-52} mol²/l² (HgS).

Um nicht mit unhandlichen Potenzen hantieren zu müssen, wird – ähnlich wie in Bezug auf die Konzentration der H^+-Ionen der pH-Wert gebildet wird – auch K_L oft in negative, dekadische Logarithmen umgerechnet, also den **pK_L-Wert: pH = –log $c_{Protonen}$**
und dementsprechend: **pK_L = –log K_L**

Der pK_L-Wert für HgS beträgt also 52, der für KOH –2, denn: –log (10^2) = –2 (der pK_L-Wert ist also der negative, dekadische Logarithmus des K_L).

Wasserlöslichkeit einiger Stoffe bei +25 °C: (Vergleichsbeispiele; ausführliche Tabellen finden Sie im Anhang, Tabelle 18):	
Ethanol, Schwefelsäure:	∞
Rohrzucker, $C_{12}H_{22}O_{11}$	2039 g/l
Pottasche, K_2CO_3	1130 g/l
Speisesalz, NaCl	389 g/l
Butanon-2, MEK	275 g/kg
Isobutanol, $C_4H_{90}H$	85 g/kg (Lösung ist also max. 8,5 Masse%)
Diethylether, $(C_2H_5)O$	54 g/l (= 7,5 ml Ether/100 ml H_2O – umgekehrt: max.1,5 ml H_2O 100 ml Ether)
n-Octanol, $C_8H_{17}OH$	20 g/kg
Gips, $CaSO_4 \cdot 2\,H_2O$	0,2 g/l
Kupfer-II-sulfid, CuS	0,00033 g/l = 0,33 mg/l

Wasserlöslichkeit wichtiger Gase:	
Tetrafluormethan, CH_4	0,0038 l Gas/kg H_2O
Helium, He	0,0083 l Gas/l H_2O
Stickstoff, N_2	0,0156 l Gas/l
Sauerstoff, O_2	0,31 l/kg
Kohlendioxid, CO_2	0,87 l/kg (= 1,7 g/l)
Schwefelwasserstoff, H_2S	2,582 l/kg
Schwefeldioxid, SO_2	39,4 l/kg
Chlorwasserstoffgas, HCl	448 l/kg
Ammoniakgas, NH_3	685,7 l/kg

Üb(erleg)ungsaufgaben

1. Vergleichen Sie in Tabelle 18 im Anhang die Löslichkeiten der Erdalkalihydroxide, -carbonate und -sulfate untereinander. Welche Zusammenhänge zwischen Stellung im PSE (Kationengröße und -ladung) und Löslichkeit erkennen Sie? Gibt es ähnliche Zusammenhänge bei den Silberhalogeniden oder den Sulfiden ZnS, CdS, HgS?
(Hinweis zur Umrechnung: K_L hat nur bei 1:1-Elektrolyten die Einheit mol²/l², Beispiel: Für Kochsalzlösung gilt noch $c(Na^+) = c(Cl^-) = \sqrt{K_L}$, da: $c(Na^+) \cdot c(Cl^-) = K_L$ (NaCl), aber schon bei $CaCl_2$ gilt z. B. $c(Ca^{2+}) \cdot c(Cl^-) \cdot c(Cl^-) = K_L$ ($CaCl_2$), hier ist die Einheit also mol³/l³!
2. Berechnen Sie die pK_L-Werte und die Löslichkeit in mmol/l für die Silberhalogenide, Kupfer-I-iodid und Blei-II-carbonat. Wie groß ist die Löslichkeit von HBr, H_2S und N_2 in mol/l?
Errechnen Sie auch den pK_L-Wert eines Gases aus Tabelle 18 im Anhang aus der Löslichkeit!
3. Vergleichen Sie die Polarität und Wasserlöslichkeit der oben tabellierten Gase miteinander! Welche Zusammenhänge existieren hier?
4. Die Löslichkeit von Ammoniakgas beträgt maximal 685,7 l/kg Wasser bei +25 °C, das Gas hat eine Dichte: 0,72 g/l (mit $v_m \cong 24$ l/mol). Berechnen Sie hieraus die Konzentration $c(NH_3)$ in mol/l von konzentriertem (gesättigtem) Ammoniakwasser!
5. Berechnen Sie mithilfe der Tabelle oben näherungsweise die Löslichkeiten von NH_3, HCl, O_2, He und H_2S in g/l und mol/l.

Je größer das Löslichkeitsprodukt (und je kleiner der pK_L-Wert!), **desto besser löslich der Feststoff.**

Löslichkeit und K_L sind, wie gesagt, vom Stoff, vom **Lösemittel** und von der Temperatur abhängig; ausführliche Tabellen mit pK_L-Werten finden Sie im Anhang in Tabelle 18.

Die Löslichkeit L als Sättigungskonzentration eines Stoffes pro Formeleinheit AB errechnet sich in mol/l aus K_L nach: $\boldsymbol{L = c_A = c_B = c_{AB} = \sqrt{K_L}}$. Aber Achtung: Für **leicht lösliche** Salze ($pK_L > 0$, also $K_L > 1\ mol^n/l^n$) wird L alternativ oft auch in g Salz pro 100 g Lösemittel angegeben (statt in mol/l)! Die Löslichkeit von HgS in mol/l beträgt also:

$$L_{HgS} = \sqrt{K_L} = \sqrt{(10^{-52}\ mol^2/l^2)} = 10^{-(52:2)}\ mol/l = 10^{-26}\ mol/l.$$

In reinem Wasser beträgt die Hg^{2+}-Gleichgewichtskonzentration 10^{-26} mol/l, also nur etwa ein Quecksilberkation pro Kubikmeter Wasser. H_2S-reiche Fäulnisgase wären also ein gutes „Reinigungsmittel" zur Aufbereitung von quecksilberverseuchtem Abwasser.

Leitet man ein **Fällmittel** wie z. B. H_2S-Gas in eine Lösung, die neben Hg^{2+} mehrere Schwermetall-Kationen enthält, so fallen **der Reihe nach** zuerst die Kationen mit dem größten pK_L-Wert aus – die mit dem kleinsten pK_L bleiben am längsten in Lösung. Sie fallen erst aus, wenn zusätzlich der pH-Wert durch Zugabe einer Base angehoben wird, da dann auch die Sulfidionenkonzentration gemäß folgendem Gleichgewicht über die Sättigungskonzentration von H_2S-Gas in Wasser hinaus steigen kann: $\boldsymbol{H_2S + 2\ OH^- \leftrightarrow HS^- + OH^- + H_2O \leftrightarrow S^{2-} + 2\ H_2O}$.

In der qualitativ-anorganischen Chemie macht man sich diese pH-abhängigen Lösungs-Gleichgewichte zunutze, wenn die Schwermetallionen durch Ausfällung und Filtration voneinander getrennt werden müssen („Trenngang der Kationen", vgl. Kapitel 3.1).

2.1.3 Verteilungsgleichgewichte

Da sich Gleichgewichte auch bei **Phasenübergängen** am Siede- bzw. Schmelzpunkt, ja sogar bei Verteilungsvorgängen gelöster Stoffe zwischen **Phasengrenzflächen** (z. B. bei Extraktionen und Osmose) bilden, gelten hier dem **MWG** ähnliche Gesetzmäßigkeiten.
In Kap. 1 wurde hier bereits das **Prinzip von Le Chatelier** erwähnt (vgl. auch S. 77): Durch Energiezufuhr können alle Gleichgewichte beeinflusst werden – auch die, für die Lösungs-, Verdampfungs- und Schmelzenthalpien gelten. Ein anderes Beispiel ist **der „Nernst'sche Satz"** für **Verteilungsgleichgewichte** gelöster Stoffe zwischen zwei (Flüssigkeits-)Phasen. Nehmen wir an, eine Substanz – zum Beispiel Iod – hat Gelegenheit, sich in zwei verschiedenen nichtmischbaren Flüssigkeiten gleichzeitig zu lösen – zum Beispiel in Wasser und *n*-Hexan.

Laborversuche (Fällungsreaktionen)

1. Lösen Sie etwas Natriumsulfid – chem. Formel: Na_2S – in Wasser und stellen Sie in einem gefüllten Reagenzglasständer folgende verdünnte Lösungen bereit (jeweils 1 ml genügt!): 1. Bleiazetat- oder Bleinitratlösung, 2. Kupferchloridlösung und 3. Kupfersulfatlösung. Geben Sie zu jeder der Lösungen einige Tropfen Natriumsulfidlösung.

   Hinweis für Ihre Versuchsdeutung: Natriumsulfid besteht aus Ionen, die Natrium-Kationen nehmen an dieser chemischen Reaktion nicht teil! Entgegengesetzt geladene Ionen ziehen sich an. Im Labor an die R- und S-Sätze für die Giftstoffe (Bleisalze, Bariumsalze) und für Natron-/Kalilauge denken!

2. Lösen Sie etwas Natriumsulfat – chem. Formel: Na_2SO_4 – (oder Kaliumsulfat, Magnesiumsulfat, Ammoniumsulfat) in Wasser und geben Sie hiervon jeweils einige Tropfen in bereitgestellte Lösungen (je 1 ml) von Bleiazetat- oder -nitratlösung, ferner zu etwas Kupferchloridlösung und zu je 1 ml Bariumchloridlösung und Kalziumchloridlösung.

   Hinweis: Natriumsulfat enthält das Anion SO_4^{2-}.

Übungsaufgaben

1. Erstellen Sie die Reaktionsschemen zu den oben beschriebenen Laborversuchen (Fällungsreaktionen)!
2. Oft ist die Löslichkeit einer Verbindung im Vergleich zu anderen Stoffen von der Stellung im PSE her erklärbar. Ionenladung und -größe bestimmen z. B. die Lösungsenthalpien und Löslichkeitsprodukte in erheblichem Maße. Vergleichen Sie im Folgenden die aufgeführten pK_L-Werte mit der Stellung der Atome bzw. Ionen im PSE: Erkennen Sie z. B. Zusammenhänge zwischen Ionengrößen und pK_L-Werten? Welche Gesetzmäßigkeiten lassen sich hieraus ableiten?

a)	AgCl	9,7	AgBr	12,3	AgI	16,1
	AgOH	7,82	Ag_2SO_4	4,85	Ag_2S	50,1
b)	CaF_2	10,4	BaF_2	5,8		
c)	$PbCl_2$	4,8	$PbBr_2$	5,7	PbI_2	7,85

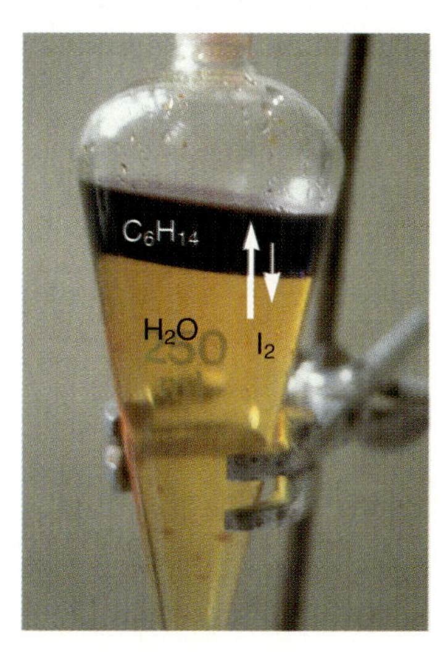

Abb. 2.1.3-1
Ein Verteilungsgleichgewicht: Iod verteilt sich zwischen einer wässrigen und einer Hexanphase.

In diesem Fall verteilt sich die Substanz auf beide Flüssigkeiten ohne Rücksicht auf die Gesamtmenge der einzelnen Stoffe derart, dass das Verhältnis der Konzentrationen *c* in beiden Phasen zueinander konstant ist

(Nernst'sches Verteilungsgesetz): $\frac{c_1}{c_2} = a = \text{konst.}$

Die für dieses Gleichgewicht charakteristische Konstante **a,** die von den beiden Flüssigkeiten, von der gelösten Substanz und der Temperatur abhängt, bezeichnet man als den **Verteilungskoeffizienten.** Diese Gleichung gilt allerdings nur, wenn die Molekülgröße der verteilten Substanz in beiden Phasen gleich ist. Aus ihr folgt aber z. B. auch, dass z. B. Iod aus Wasser mithilfe von *n*-Hexan nie zu 100 % extrahiert werden kann …

links: Extraktion von I_2 mit Hexan, **rechts:** Diffusion von $KMnO_4$ in H_2O.

Abb. 2.1.3-2

Extraktion und Diffusion – beide Erscheinungen erklären sich von der Eigenbewegung der Teilchen her Die thermische Eigenbewegung von Lösemittelmolekülen oder Gasteilchen verteilt gelöste Stoffe, indem sie deren Moleküle durch Stöße in Bewegung versetzt (Diffusion). Gelangen diese dabei über eine Phasengrenzfläche in ein anderes Lösemittel, so spricht man von Extraktion (von lat. „extrahere" = herausziehen).

2.1

Laborversuch zum Nernst'schen Verteilungsgesetz

1. Erstellen Sie folgende Lösungen:
   Lösung I: Lösung von Iod in Hexan,
   Lösung II: 5%-ige Kaliumiodid-Lösung.

   In einen Messzylinder werden nun 10 ml der Lösung I einpipettiert, in ein zweites 5 ml der Lösung I und 5 ml reines Hexan – sodass eine halb so konzentrierte Iod-Hexan-Lösung entsteht. In beiden Rohren wird nun mit Lösung II überschichtet (eine Lösung des farblosen Salzes Kaliumiodid in Wasser, das Salz soll die Löslichkeit von Iod in Wasser etwas verbessern). Nach dem Schütteln ist das Iod auf beide Phasen verteilt.
   Die untere, wässrige Phase wird mit Pipette und Peleusball abgesaugt. Anschließend wird zur konzentrierten Lösung Hexan in abgemessener Menge so lange zugegeben, bis die Farbintensität in beiden Reagenzgläsern die gleiche ist (bei annähernd gleicher Schichtdicke).

   Wie viel Hexan wurde benötigt?
   (Versuchen Sie Ihr Ergebnis zu erklären!)

2. Bestätigen Sie nun das Nernst'sche Verteilungsgesetz: In ein großes Reagenzglas werden 10 ml der Lösung I einpipettiert. In ein zweites Reagenzglas werden 5 ml der Lösung I und 5 ml Hexan einpipettiert. In beiden Rohren wird nun mit gleichen, abgemessenen Mengen der Lösung II überschichtet. Nach dem Schütteln ist das Iod auf beide Phasen verteilt.
   Die wässrigen Phasen werden abpipettiert und in zwei Reagenzgläser gleicher Größe einpipettiert. Anschließend wird zu der konzentrierteren (dunkleren), wässrigen Lösung Wasser in abgemessener Menge so lange zugegeben, bis die Farbintensität in beiden Reagenzgläsern die gleiche ist (bei annähernd gleicher Schichtdicke).

2.1.4 Zur Geschwindigkeit und Vollständigkeit von Fällungsreaktionen

Bei der Abtrennung bestimmter Ionen oder anderer gelöster Feststoffe treten in der Praxis oft Probleme auf, oft ist die Ausfällung unvollständig oder auch zu langsam.

Bei **Abscheidungen** von Feststoffen durch Ausfällung aus wässriger Lösung wird die Vollständigkeit der Fällung durch Löslichkeit und **Reaktionsgeschwindigkeit** bestimmt. **Ionenreaktionen** (zwischen Kationen und Anionen) verlaufen zwar äußerst **schnell,** aber bei **molekularen** Reaktionen wird eine Gleichgewichtsverlagerung und möglichst hohe Ausbeute nur über **längere Zeiträume** und durch höhere Temperaturen und Drücke erreicht – die Abscheidung von Schwefel aus angesäuerten Thiosulfatlösung, die Ammoniaksynthese und viele Reaktionen insbesondere in der organischen Chemie sind hierfür Beispiele.

Trotz der Schnelligkeit aufgrund der elektrischen Anziehungskräfte zwischen Ionen sind Ionenreaktionen dennoch ebenfalls **nie zu 100 %** vollständig. Wenn z. B. beim Nachweis von Chloridionen im Becherglas mit $AgNO_3$-Lösung Silberchlorid ausgefällt wird (bei +20 °C), gilt: K_L (AgCl) = ca. 10^{10} mol^2/l^2). Dann verbleiben – sagen wir: in 150 ml – nach einer Ausfällung von z. B. $^1/_2$ mmol Chloridionen durch 5 ml 0,4 mol/l $AgNO_3$-Lösung (bzw. 2 mmol Ag^+-Ionen) 1,5 mmol Ag^+ in 150 ml. Bei dieser Silberkonzentration

$c_{Ag} = \frac{1{,}5 \text{ mmol}}{150 \text{ ml}} = 0{,}01 \text{ mol/l}$ gilt:

$$c_{Chlorid} = \frac{K_L}{c_{Ag}} = 10^{-8} \text{ mol/l.}$$

Die Lösung ist trotzdem gesättigt:
K_L (AgCl) = $c_{Cl^-} \cdot c_{Ag^+} = 10^{-2}$ mol Ag^+/l $\cdot$ 10^{-8} mol Cl^-/l. Um noch mehr Chloridionen auszufällen, müsste die Silberionen-Konzentration erhöht werden – die Cl^--Konzentration würde jedoch nie auf null sinken (denn c_{Ag} lässt sich nicht ins Unendliche steigern!).

Abb. 2.1.4-1

Eine kolloidale „Lösung" – die Filtration missglückt: Kleinste Eisenoxid-Teilchen „rutschen" durch die Filterporen bis ins 2. Filtrat. Kollodiale Teilchen müssen daher zum Abfiltrieren vorher „ausgeflockt" werden – so wird z. B. Abwasser mit Flockungsmittel versetzt, um Schwebeteilchen im Klärwerk abzufiltrieren.

Beim Abscheiden und Filtrieren kann – neben der Reaktion überschüssigen Fällungsmittels (z. B. NaOH oder NH_3) mit Kationen (wie z. B. Al^{3+} oder Cu^{2+}) unter **Bildung von Komplexen** (wie $[Al(OH)_4]^-$ + $[Cu(NH_3)_4]^{2+}$) – noch ein Problem auftreten, das die Ausbeute an Niederschlag stark dezimiert: die Bildung kolloidaler Lösungen. In Niederschlägen liegen normalerweise filtrierbare Feststoffteilchen vor (größer als 100 nm = 10^{-7} m). In „echten" Lösungen hingegen liegen Ionen und Moleküle vor, deren Größe unterhalb von 1 nm (10^{-9} m) liegt – und im Größenbereich von **1–100 nm** bilden Teilchen im Dispersionsmittel **kolloidale Lösungen** (z. B. $SiO_2 \cdot H_2O$, NiS, CoS, As_2S_3, AgCl, siehe Abb. 2.1.4-1). Kolloidale Lösungen sind keine echten Lösungen, sondern eigentlich zweiphasige Stoffgemische (Aufschlämmungen). Entsprechend ihrer Teilchengröße (zwischen grobdispers wie bei Aufschlämmungen und ionen- oder molekulardispers wie in echten Lösungen) bilden sie kein Sediment und sind nicht filtrierbar. Man erkennt sie an der Ausbildung von Lichtkegeln beim Beleuchten **(Tyndall-Effekt).** Gelegentlich verhilft hier die Zugabe eines Ausflockungsmittels oder ein Aufkochen zusammen mit $NH_4(CH_3COO)$ und Filterpapierschnipseln zur Teilchenvergrößerung, sodass kolloidal „gelöste" Stoffe doch noch abfiltriert werden können.

Auch der Einschluss von **Fremdionen** bei der Bildung von Niederschlägen (z. B. durch Absorption oder Bildung von Mischkristallen) kann Versuchsergebnisse verfälschen – so z. B. bei den in Kapitel 3.2 beschriebenen „gravimetrischen" Verfahren. In der **Gravimetrie (= Fällungsanalyse)** versucht man, den unbekannten Ionengehalt einer Wasserprobe dadurch zu bestimmen, dass man das Ion als unlösliche Verbindung möglichst vollständig (quantitativ) ausfällt, den Niederschlag trocknet, auswiegt und über die molaren Massen und Reaktionsschemen stöchiometrisch zurückrechnet, welche Stoffmenge oder Masse des Ions in der Probe enthalten war (vgl. Versuch 1, rechts).

Sodann existiert bei der Analyse unbekannter Proben oft das Problem, dass sich ein zu untersuchender Stoff nicht in Wasser lösen lässt. Man versucht es dann mit verschiedenen Säuren (zunächst verdünnnte Salzsäure, schließlich gesteigert bis hin zu konzentrierter Salpetersäure). Löst sich die Probe auch in Königswasser nicht – einem sehr reaktiven Gemisch aus Salz- und Salpetersäure –, so muss ein Aufschluss durchgeführt werden. **Aufschlussverfahren** sind Verfahren zur Überführung unlöslicher Substanzen in wasserlösliche Verbindungen. So wird z. B. das unlösliche Bariumsulfat $BaSO_4$ in einem Gemisch aus Soda und Pottasche geschmolzen – nach dem Waschen des Niederschlages (zur Befreiung vom Kaliumsulfat) bleibt Bariumcarbonat zurück, das sich dann bequem in verdünnter Essigsäure lösen lässt.

Laborversuch zu Gravimetrie und MWG

1. 1 ml einer Bariumchlorid-Lösung wird auf etwa das 10-fache verdünnt und mit verdünnter Schwefelsäure in der Kälte vollständig gefällt. Die Suspension wird filtriert. Das Filtrat wird mit konzentrierter Schwefelsäure auf Vollständigkeit der Fällung überprüft. Der Filter mit dem Niederschlag wird in einem Porzellantiegel über der Sparflamme getrocknet und durch langsames stärkeres Erhitzen zum Verkohlen und Verglühen gebracht. Bei schwacher Rotglut werden die letzten Kohlereste verbrannt.
2. Von drei Proben einer kaltgesättigten Bariumhydroxid-Lösung versetzt man eine mit gesättigter NaCl-Lösung, die zweite mit konzentrierter Natronlauge, die dritte mit gesättigter Bariumchlorid-Lösung.
3. Herstellung von Schwefel (Kolloid):
Ein Körnchen Natriumthiosulfat (chem. Formel: $Na_2S_2O_3$) wird in Wasser gelöst, die Lösung wird mit etwa 3-5 Tropfen verdünnter Salzsäure versetzt, welche das Thiosulfation unter Bildung von Schwefel, Wasser und Schwefeldioxid (drei molekulare Stoffe) sowie Natriumchlorid zersetzt. Versuchen Sie, den hier „kolloidal" entstehenden Schwefel abzufiltrieren!

Zur Auswertung: Schreiben Sie die Beobachtungen auf und erklären Sie die Erscheinungen. Welche Reaktionsprodukte machen sich durch Geruch oder Färbung bemerkbar?

Üb(erleg)ungsaufgaben

1. Erstellen Sie die Reaktionsschemen der oben beschriebenen Laborversuche.
2. Welchen K_L-Wert hat der dort in Versuch 1 abgetrennte Niederschlag? Vergleichen Sie ihn mit den pK_L-Werten folgender, bei der Gravimetrie oft ausgefällter Stoffe: $Fe(OH)_3$, AgCl, $MgNH_4HPO_4$ (Tabelle 18, Anhang).
3. Erklären Sie folgende Begriffe in je einem Satz oder an einem Beispiel:
a) kolloidale Lösung,
b) übersättigte Lösung,
c) Phasenübergang,
d) Verteilungsgleichgewicht,
e) Nernst'sches Verteilungsgesetz,
f) Impfkristall,
g) Aufschlussverfahren,
h) Gruppenfällung,
i) Massenwirkungsgesetz,
j) Abhängigkeit der Löslichkeit von Temperatur, Lösemittel-Polarität und Dissoziationsenthalpie.
4. Warum muss bei einem Aufschluss von $BaSO_4$ nach $\mathbf{BaSO_4 + K_2CO_3 \leftrightarrow BaCO_3 + K_2SO_4}$ (vgl. Text) die Salzschmelze zunächst mit heißem Wasser ausgewaschen werden, bevor man das Bariumcarbonat in Essigsäure löst?
5. Erstellen Sie die Reaktionsschemen für folgende Vorgänge:
a) Ausfällung von $Fe(OH)_3$ aus $FeCl_3$-Lösung mit Ammoniakwasser,
b) Bildung von kolloidalem Nickelsulfid aus $NiSO_4$-Lösung bei Einleitung von H_2S-Gas,
c) zu Versuch 3 (oben auf dieser Seite).

2.2 Protonen- und Elektronenübertragungen – die Protolyse- und Redoxreaktionen

2.2.1 Säuren, Basen, Salze – die Protonenübertragung (Protolyse)

Nach ersten Definitionen sind **Säuren** Stoffe, die Sauerstoff (so Lavoisier, gestorben 1794) und Wasserstoff enthalten (Davy, 1816) und Letzteren durch Metall ersetzen können (Liebig, 1838). Nach der Dissoziations-Theorie von **Arrhenius** und Ostwald sind Säuren Stoffe, die in wässriger Lösung unter Abgabe von **Protonen** (H^+) dissoziieren (1884), während **Basen** dieses unter Freisetzung von **Hydroxidionen** (OH^-) tun. **Brönsted** erkannte, dass diese Basen im Grunde genommen nur Protonen aufnehmen (z.B. am OH^--Ion), während **Lewis** den Säurebegriff Brönsteds auf elektronisch oder koordinativ ungesättigte Teilchen ergänzte („Lewis-Säuren" besitzen mindestens eine Elektronenlücke, „Lewis-Basen" mindestens ein freies Elektronenpaar. An dieses kann sich dann z.B. das H^+-Ion anlagern).

Säuren sind in wässriger Lösung elektrisch leitfähig, ätzend und reagieren mit unedlen Metallen unter Bildung von Salzen und Wasserstoffgas, mit Metalloxiden und -hydroxiden unter Bildung von Salz und Wasser **(= Neutralisationsreaktion).** Verdünnte, ungiftige Säuren wie z.B. Zitronen-, Essig- und Kohlensäure schmecken sauer – daher der Name. Hochverdünnte, schwache Basen hingegen schmecken wie Seifenlauge – wässrige Lösungen von Basen werden daher auch **Laugen** genannt.

Säuren können also nach Brönsted als Protonen spendende Wasserstoffverbindungen definiert werden **(„Protonendonatoren"),** Basen als **„Protonenakzeptoren"**. So reagiert z.B. Chlorwasserstoffgas mit Wasser, wenn es in diesem gelöst wird, zu Salzsäure
$HCl + H_2O \leftrightarrow H_3O^+ + Cl^-$.

Es gibt ein Proton an Wasser ab, sodass ein Hydroniumion (H_3O^+) und ein Chloridion (Cl^-) zurückbleiben. Wasser ist hier also der Protonenakzeptor: $H_2O + H^+ \leftrightarrow H_3O^+$, eine **Säure-Base-Reaktion („Protolyse")** zwischen Wasser (als Base) und Chlorwasserstoff (als Säure) hat stattgefunden.

Wird stattdessen Ammoniakgas in Wasser gelöst, so reagiert Wasser wie eine Säure, während das Ammoniakgas (Lewis-Base) ein Proton anlagert – Salmiakgeist bzw. Ammonakwasser entsteht:
$NH_3 + H_2O \leftrightarrow NH_4^+ + OH^-$ (Produkte: Ammonium- und Hydroxidionen in wässriger Lösung) – wiederum eine Säure-Base-Reaktion.

Abb. 2.2.1-1 **Doppelkontaktanlage zur Schwefelsäure-Produktion**

Abb. 2.2.1-2 **Das sulfidische Erz Pyrit (FeS_2) – ein Rohstoff zur Schwefelsäureherstellung**

Laborversuche

1. Geben Sie in je ein Reagenzglas mit 1–2 ml verdünnter Salzsäure folgende Stoffproben:
   a) 1 Spatelspitze Zinkpulver,
   b) ca. 1 cm Magnesiumband,
   c) ca. 1 cm^2 Kupferblech,
   d) wie c, aber zuvor geglüht,
   e) 1 Spatelspitze Kupfer-II-oxid,
   f) 1 Spatelspitze Soda (Na_2CO_3)
   g) 1 Spatelspitze Ätzkalk (das ist $Ca(OH)_2$, also Kalziumhydroxid).

Üb(erleg)ungsaufgaben

1. Geben Sie an, welches Ion bzw. welche zugehörige Base entsteht, wenn folgende Teilchen als **Protonendonator** reagieren:
   H_3O^+, HCl, H_2S, H_2O, H_2CO_3, H_3PO_4, H_4SiO_3, $KHSO_4$, $HCOOH$, $HOOC–COOH$ (= Oxalsäure), HNO_3, H_2SO_3, NaH_2PO_4, NH_4^+.
2. Geben Sie an, welche Säure entsteht, wenn folgende Teilchen als **Protonenakzeptor** reagieren: HCO_3^-, S^{2-}, HS^-, OH^-, H_2O, NH_2^-, NH_3, PO_4^{3-}, $H_2PO_4^-$, MnO_4^-.
3. Welche **Reaktionsprodukte** erwarten Sie bei folgenden (Säure-Basen-)Reaktionen:
   a) $NH_3 + H_2O \leftrightarrow$? b) $H_2S + H_2O \leftrightarrow$?
   c) $HBr + H_2O \leftrightarrow$? d) $NH_3 + HF \leftrightarrow$?
   e) $CO_2 + H_2O \leftrightarrow$? f) $NaHCO_3 + H\ Cl \leftrightarrow$?
   g) $KHSO_4 + KOH \leftrightarrow$? h) $SO_3 + H_2O \leftrightarrow$?
   i) $Ca(OH)_2 + CO_2 \leftrightarrow$? j) $Na_2O + CH_3COOH \leftrightarrow$?
   k) $Mg + CO_2 \leftrightarrow$? l) $MgO + H_2O \leftrightarrow$?
   m) $H_2 + N_2 \leftrightarrow$? n) $Li + H_2O \leftrightarrow$?
   Nutzen Sie die Tabellen der Säuren und Basen auf S. 76. Welche hiervon sind **keine** Säure-Base-Reaktionen?
4. Erstellen Sie die **Summen- und Strukturformeln** folgender Stoffe und bestimmen Sie die **Lewis-Basen und -Säuren:** Ammoniak, Ammoniumchlorid, Wasser, Kohlensäure, Natriumcarbonat, Ameisensäure, Kaliumhydrogensulfid, Magnesiumhydroxid.

Auch ohne Wasser als Lösemittel können sich die Gase NH_3 und HCl durch Protolyse (Übertragung von H^+) zu Salmiaksalz vereinigen:
$NH_3 + HCl \leftrightarrow NH_4Cl$ (Ammoniumchlorid).

Viele Säuren geben ihr Proton ja nach Lewis aufgrund einer **Elektronenlücke** ab, weil die **Bindung zum H-Atom polarisiert** ist und an einem stark elektronegativen Atom sitzt (z. B. F, O, Cl, Br oder S). Alle Halogen- und Chalkogenwasserstoffe reagieren daher sauer – und bei der Essigsäure (CH_3COOH) ist es daher auch nur das eine am O-Atom gebundene H-Atom, das abgegeben werden kann, während ein Stoff wie Phosphorsäure (H_3PO_4) eine dreiwertige Säure darstellt (am P-Atom sitzen drei OH-Gruppen!): Als Säurerestion bleibt nach **vollständiger** Protolyse ein PO_4^{3-}-Ion zurück.

Je nach Reaktionspartner und -bedingung kann die Protolyse mehrwertiger Säuren als **Gleichgewichtsreaktion** nur in Teilschritten verlaufen – aus Phosphorsäure können z. B. auch Dihydrogenphosphationen ($H_2PO_4^-$) oder Hydrogenphosphationen (HPO_4^{2-}) werden. Und das Salz „basisches Bleiazetat" oder Blei-II-hydroxidacetat ($Pb(CH_3COO)OH$) kann dementsprechend als nur teilweise von Säure neutralisierte Base $Pb(OH)_2$ aufgefasst werden.

Die wichtigsten Säuren und Basen sind auf Seite 76 in Tabelle 2.2.2-2 und 3 erfasst. Von ihren Neutralisationsprodukten (Kation der Base und negativ geladenes Säurerest-Anion) leiten sich alle **Salze** ab.

2.2.2 Der pH-Wert und die Säurestärke (pK_S-Wert)

Auch Wasser kann in Form einer Protonenabgabe (Protolyse) reagieren, sogar mit sich selbst **(„Autoprotolyse")**, sodass Hydroxid- und Hydroniumionen entstehen:
$\mathbf{H_2O + H_2O \leftrightarrow H_3O^+ + OH^-}$
– was allerdings in so geringem Maße geschieht, dass von 10 Millionen Molekülen immer nur eines in die Ionen zerfällt. Immerhin ist die Gleichgewichtskonzentration an H_3O^+ in reinem Wasser bei +20 °C dadurch $\mathbf{c(H_3O^+) = 10^{-7}}$ **mol/l** (ebenso die an OH^-, vgl. **MWG,** Kapitel 1). Beim Lösen von Säuren in Wasser wird die H_3O^+-Konzentration natürlich stark erhöht – und zwar um so stärker, je besser die Säure Protonen an Wassermoleküle abgibt. Die **Säurestärke** ist ein Maß für diese Fähigkeit und sie entspricht der Hydroniumionenkonzentration einer 1molaren Lösung der Säure in Wasser (pK_S-Wert, vgl. Tabelle 2.2.2-1). Es ergibt sich folgende Rangfolge, nach **Säurestärke (pK_s-Werten)** geordnet: $HClO_4$, H_2SO_4, HI, HCl, HNO_3, H_3PO_4, HF, HAc, H_2CO_3, H_2S, HCN, H_2O. Wasser ist hier also die schwächste Säure. Klar, denn: In reinem Wasser gilt ja:
$pH = -\log (10^{-7}) = 7$

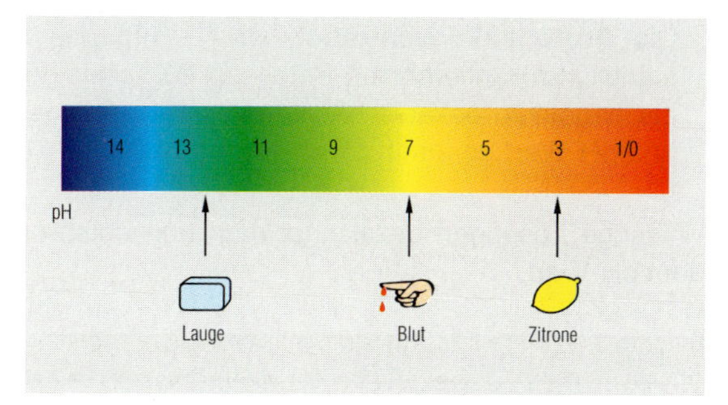

Abb. 2.2.1-3 Der pH-Wert und die Protonenkonzentration

Rechnen mit pK_S-Werten
(Anwendung des MWG auf die Protolyse):

$$K_{MWG} = \frac{c(H_3O^+) \cdot c(OH^-)}{c(H_2O)^2}$$

– da $c(H_2O)$ als konstant betrachtet werden kann (das Gleichgewicht $H_2O + H_2O \leftrightarrow H_3O^+ + OH^-$ liegt fast ganz links!), wurde das *Ionenprodukt des Wassers als **KW-Wert** definiert:

$KW = c(H_3O^+) \cdot c(OH^-)$, bei 25 °C gilt:

$KW = 10^{-14}\ mol^2/l^2$

Man rechnet üblicherweise mit negativen, dekadischen Logarithmen der Säurekonstanten K_S (= K_{MWG} für die Dissoziation von Säuren in H^+ und Säurerest-Anion), der Basekonstanten K_B (= K_{MWG} für die H^+-Aufnahme durch die Base), der Protonenkonzentration $c(H_3O^+)$, der Hydroxidionenkonzentration $c(OH^-)$ und des Ionenproduktes K_W des Wassers (vgl. pK_L-Werte Kap. 2.1.2, Seite 68), daher gilt:

pH	$= -\log c(H_3O)^+$
pOH	$= -\log c(OH^-)$
pK_W	$= -\log K_W = 14$
pK_W	$= pH + pOH = 14$
pK_S	$= -\log K_S$
pK_B	$= -\log K_B$
pK_L	$= -\log K_L$

Abb. 2.2.2-1 Illustration zur Autoprotolyse

Von 10^7 = 10 Millionen Wassermolekülen ist bei +25 °C lediglich eines in die Ionen OH^- und H^+ dissoziiert – die Häufigkeit dissoziierter H_2O-Moleküle inmitten undissoziierter Moleküle entspricht der Menge von etwa einem Buchstaben pro Bibliothek.

> Die **Protonenkonzentration** wird – um das umständliche Hantieren mit Potenzen zu vermeiden – als negativer, dekadischer Logarithmus angegeben und **pH-Wert** genannt: **pH = –log $c(H_3O^+)$.**

Wässrige Lösungen bezeichnet man nun entsprechend dem pH-Wert:

bei:	als:
pH < 7	sauer
pH = 7	neutral
pH > 7	alkalisch (oder: basisch)

Die Gleichgewichtskonstante für die Autoprotolyse des Wassers und das von ihr abgeleitete Ionenprodukt (der **K_W-Wert** = 10^{-14} mol^2/l^2 bei +25 °C) sind temperaturabhängig. So beträgt der pK_W-Wert in Eiswasser 14,9 (0 °C) und fällt bei +80 °C auf 12,6 – das heißt, dass im Gleichgewicht **$2\ H_2O \leftrightarrow H_3O^+ + OH^-$** in heißem Wasser mehr Ionen vorliegen als in Kälte. Die entstehenden Hydroniumionen bilden stets eine Hydrathülle aus Lösemittelmolekülen (Hydratation:
$H_3O^+ + 3\ H_2O \leftrightarrow [H_3O \cdot 3\ H_2O]^+ \leftrightarrow [H_9O_4]^+$,
ebenso werden Hydroxidionen zum Trihydrat umgebildet:
$OH^- + 3\ H_2O \leftrightarrow [H_7O_4]^-$).
Wichtiger jedoch ist, dass Wasser, wie wir gesehen haben, je nach Reaktionspartner als Brönsted-Säure (z. B. gegenüber NH_3) und als Brönsted-Base (z. B. gegenüber HCl) wirken kann.

> Teilchen, die als Säure und Base reagieren können, nennt man **Ampholyte.**

Beispiele hierzu sind neben Wasser auch das „amphotere" Aluminiumhydroxid oder das Hydrogencarbonation:

$2\ H^+ + OH^- \leftrightarrow H^+ + H_2O \leftrightarrow H_3O^+$

$2\ H^+ + CO_3^{2-} \leftrightarrow H^+ + HCO_3^- \leftrightarrow [H_2CO_3] \leftrightarrow H_2O + CO_2$)

$4\ H^+ + [Al(OH)_4]^- \leftrightarrow 3\ H^+ + Al(OH)_3\downarrow + H_2O$
$\leftrightarrow Al^{3+} + 4\ H_2O$.

> **„Amphoter"** nennt man Metallhydroxide, die als Ampholyte reagieren (so z. B. die Hydroxide der Metalle Al, Be, Zn, Cd, Sn, Pb).

Wie hängen aber nun das Ionenprodukt **K_W** des Wassers mit dem **K_S-Wert** der Säuren in wässriger Lösung zusammen? Auch dieser Zusammenhang basiert auf dem MWG: Für die Protolyse von Essigsäure lässt sich ebenso wie für die Autoprotolyse des Wassers die Gleichgewichtskonstante errechnen:

$CH_3COOH + H_2O \leftrightarrow H_3O+ + CH_3COO^-$

$$K_{MWG} = \frac{c(H_3O^+) \cdot c(CH_3COO^-)}{c(CH_3COOH) \cdot c(H_2O)}$$

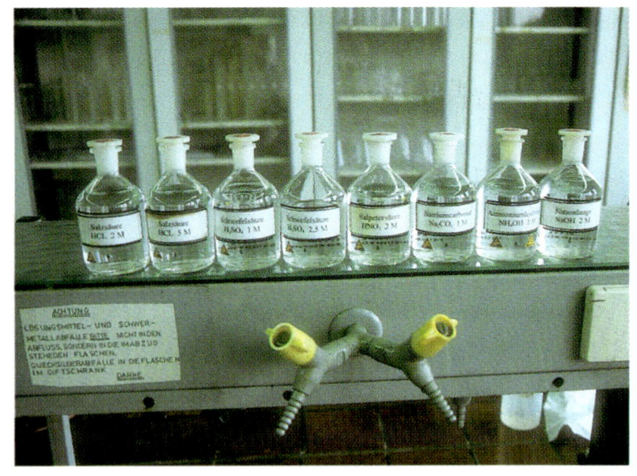

Abb. 2.2.2-2 **Saure und basische Lösungen im Labor**

Säure	pK_S-Wert	Säure	pK_S-Wert
$HClO_4$	-10	H_2CO_3	+6,25
HI	-10	H_2S	+6,90
HBr	-9	HSO_3^-	+7,10
HCl	-7	H_2PO_4-	+7,12
H_2SO_4	-3	H_3BO_3	+9,24
$HClO_3$	-2,7	NH_4^+	+9,25
HNO_3	-1,4	HCN	+9,4
H_3O^+	0	HCO_3^-	+10,4
H_2SO_3	+1,90	H_2O_2	+11,6
$[Fe(H_2O)_6]^{3+}$	+2,46	HPO_4^{2-}	+12,3
HF	+3,14	HS^-	+12,9
CH_3COOH	+4,75	H_2O	+14,0
$[Al(H_2O)_6]^{3+}$	+4,85	NH_3	+23?
C_3H_7COOH	+4,82	OH^-	+29?

Allgemein teilt man Säuren folgendermaßen ein:

- pK_S < 0: **sehr starke Säuren** (Beispiele: $HClO_4$, HI, HBr, HCl, H_2SO_4, HNO_3)
- pK_S 0–4: **starke Säuren** (Beispiele: HSO_4^-, H_3PO_4, HF, $[Fe(H_2O)_6]^{3+}$)
- pK_S 4–10: **schwache Säuren** (Beispiele: H_2CO_3, H_2S, $H_2PO_4^-$, NH_4^+, HCN)
- pK_S 10–14: **sehr schwache Säuren** (also starke Basen, Beispiele: HS^-, HCO_3^-, H_2O_2)
- pK_S > 14: **überaus schwache Säuren** bzw. sehr starke Basen (Beispiele: NH_2^-, OH^-)

Tabelle 2.2.2-1 **pK_S-Werte einiger Säuren**

Laborversuche zum pH- und pK_S-Wert

1. Eine konz. Salzsäure enthält etwa 10 mol HCl-Gas pro Liter Lösung. Nehmen Sie 1 Tropfen konz. Salzsäure mit der Pipette (also etwa 0,05 ml), verdünnen Sie ihn durch Dazugießen von 5 ml Wasser (das ist das Hundertfache! Ihre Säure enthält nunmehr 10/100 = 0,1 mol/l) und bestimmen Sie mit Universalindikatorpapier (pH-Papier) oder mittels pH-Meter den pH-Wert der Lösung.
2. Nehmen Sie 1 ml der so verdünnten Lösung, gießen Sie 99 ml Wasser hinzu (Verdünnung 1/100!) und bestimmen Sie den pH-Wert erneut. Wiederholen Sie auf diese Weise mindestens 3 Verdünnungsschritte jeweils 1:100 und drei pH-Messungen. Tabellieren Sie Ihre Messwerte! Reagenzgläser kennzeichnen und aufheben!

Indem man die Gleichgewichtskonstante K_{MWG} mit der ebenfalls (vereinfachend) als Konstante anzusehenden „Wasserkonzentration"

$$c(H_2O) = \frac{1000 \text{ ml}}{18 \text{ g/mol}} = 55{,}5 \text{ mol/l}$$

multipliziert, erhält man die **Säurekonstante K_S** als ein Maß dafür, wie weit die in Wasser erfolgende Dissoziation in diesem Gleichgewicht erfolgt:

$$K_S = K_{MWG} \cdot c(H_2O) = \frac{c(H_3O^+) \cdot c(CH_3COO^-)}{c(CH_3COOH)}$$
$$= 10^{-4{,}75} \text{ mol/l}$$

Die Säurekonstante K_S (oder ihr negativer, dekadischer Logarithmus pK_S) ist als ein **Maß für die Stärke einer Säure** anzusehen, denn je mehr Säuremoleküle in Proton und Säurerest-Anion zerfallen, desto stärker ist diese Säure. Entsprechend bildet man für Basen wie Ammoniak auch **K_B-Werte (Basekonstanten):**

$$K_B = K_{MWG} \cdot c(H_2O) = \frac{c(OH^-) \cdot c(NH_4^+)}{c(NH_3)} = 10^{-4{,}75} \text{ mol/l}$$

Ammoniak als Base ($pK_B = 4{,}75$) ist daher ähnlich stark wie Essigsäure als Säure ($pK_S = 4{,}75$) – die wässrige Lösung des Salzes Ammoniumazetat $NH_4(CH_3COO)$ reagiert daher im Gegensatz zur sauren Ammoniumchloridlösung oder zur basischen Natriumazetatlösung neutral.

In wässriger Lösung gilt aufgrund des konstanten K_W-Wertes bei 25 °C immer: **$K_S \cdot K_B = K_W = 10^{-14}$ mol²/l²** (oder logarithmiert: **$pK_S + pK_B = pK_W = 14$**). Bei starken Protolyten (Säuren und Basen) errechnet sich ihr pH- bzw. pOH-Wert aus der Anfangskonzentration c_O der Säure bzw. Base, da diese ja zu annähernd 100 % dissoziiert.

Bei schwachen, einwertigen Protolyten gilt:

$$pH = \frac{1}{2} \sqrt{(pK_S - \log c_0)}$$

bzw. analog bei schwachen Basen:

$$pOH = \frac{1}{2} \sqrt{(pK_B - \log c_0)}$$

Hier kann man natürlich auch unlogarithmiert rechnen:
$c(OH^-) = \quad (K_B \cdot c_0)$
oder umgeformt:

$$c(H^+) = \frac{K_w}{\sqrt{(K_B \cdot c_0)}}.$$

Bei mehrwertigen Säuren und Basen wird näherungsweise nur mit der Konstanten der ersten Protolysestufe gerechnet, die 2. Stufe kann hier vernachlässigt werden.

Laborversuche zum pH- und pK_S-Wert

3. Stellen Sie eine Lösung von 1/10 mol Ätznatron (NaOH) in 100 ml Wasser her (durch Auffüllen eines mit 1/10 mol NaOH versehenen 100-ml-Messkolbens mit Wasser bis zur Eichmarke) und messen Sie den pH-Wert der so entstandenen Natronlauge mit einer Konzentration von 0,1 mol NaOH/100 ml l = 1 mol/l.

4. Nehmen Sie 1 ml der so verdünnten Lösung, gießen Sie 99 ml Wasser hinzu (Verdünnung = 1/100!) und bestimmen Sie den pH-Wert erneut. Wiederholen Sie auch auf diese Weise mindestens 3 Verdünnungsschritte jeweils 1:100 und drei pH-Messungen. Tabellieren Sie Ihre Messwerte!

5. Bestimmen Sie nun mit Universalindikatorpapier (pH-Papier, UIP) den pH-Wert folgender Säuren und Basen: verd. und konz. CH_3COOH (Essigsäure), verd. HNO_3 (Salpetersäure), verd. und konz. NH_4OH. Der Verdünnungsgrad soll 1 : 1000 betragen.

Auswertung: Vergleichen Sie die tabellierten Messwerte und stellen Sie eine Reihe bezüglich der Säure-/Basenstärke auf!

6. **pH-Messungen an Salzlösungen:**
Lösen Sie jeweils eine Spatelspitze folgender Salze im Reagenzglas mit destilliertem Wasser und stellen Sie den pH-Wert fest! Notieren Sie die Ergebnisse! NaCl, NH4Cl, $AlCl_3 * 6\ H_{2O}$, CH_3COONa, K_2CO_3.

Auswertung: Vergleichen Sie auch hier die Messwerte – auch mit denen der dazugehörigen Säuren und Basen! Bei Werten unter pH = 7 hat ein Ion mit Wasser zu H^+-Ionen oder zu H_3O^+-Teilchen (Hydroniumionen) reagiert, bei pH > sind auf ähnlichem Weg OH^--Ionen entstanden oder H^+-Ionen dem Wasser entzogen worden (Gleichgewichtsreaktion: $H_2O \leftrightarrow H^+ + OH^-$)! Schreiben Sie die Reaktionsgleichungen auf!)

7. **Die „Kreuzprobe" – ein Ammoniumnachweis:**
Auf ein kleines Uhrglas gebe man eine Spatelspitze NH_4Cl, ein NaOH-Plätzchen und einige Tropfen Wasser. Ein mit Wasser befeuchteter pH-Papierstreifen wird auf der Innenseite eines zweiten Uhrglases befestigt und damit das erste Uhrglas zugedeckt. Zur Kontrolle befestigt man auf der Außenseite des zweiten Uhrglases einen weiteren pH-Papierstreifen. Notieren Sie die Beobachtungen!

Hinweis: Reaktionen, bei denen eine starke Base (oder Säure) eine schwächere Base (bzw. Säure) aus ihrem Salz vertreibt, nennt man Verdrängungsreaktionen (vgl. S. 77). Hier werden H^+-Teilchen ausgetauscht (Protolyse); wer hat hier wem ein Proton gegeben?

8. **Verdrängungsreaktionen** (zu S. 77):
   a) In ein Reagenzglas wird etwas Natriumacetat (fest) gegeben und (im Abzug!) konz. Schwefelsäure zugegeben. (Vorsicht!) Geruch? Mit feuchtem pH-Papier prüfen!
   b) In ein zweites Reagenzglas gibt man etwas NaCl (fest) und versetzt (im Abzug) mit konz. Schwefelsäure. (Vorsicht!) Prüfen mit feuchtem pH-Papier!
   c) In ein 3. Glas gibt man etwas Kalium- oder Natriumcarbonat (1 Spatelspitze) und einige ml Essigsäure. Man wiederhole den Versuch mit Kalk oder Marmor (= Kalziumcarbonat) und verdünnter Salzsäure!

Name der Säure (wässr. Lösung)	Summen-formel	*M* (g/mol)	*ϱ* (g/cm^3) konz.	Säureanionen + Dissoziationsgrad α in %	pK_s-Wert in 1. Diss.-Stufe	max. Säurekonzentration in H_2O; Eigenschaften
Flusssäure	HF	20	0,958	Fluorid (1,8 %)	3,17	beliebige Konz.
Salzsäure	HCl	36,5	um 1,1	Chlorid (ca. 80 %)	0,18	max. ca. 35 %
Iodwasserstoffsäure	HI	127,9	ca. 1,6	Iodid (100 %)	< 0 (!)	420 l HI-Gas/l H_2O, 42 %
Schwefelwasserstoffsäure	H_2S	34,1	um 1,1	Sulfid (0,035 %)	7,05	max. 2,58 l Gas/kg H_2O
Schwefelsäure	H_2SO_4	98,1	1,84	Sulfat (13-51 %)	1,77	beliebig / ölig (Kp.:+338 °C)
Salpetersäure	HNO_3	63,0	1,52	Nitrat (ca.82 %?)	–1,32	beliebig (mit Stickoxiden)
Phosphorsäure	H_3PO_4	98,0	1,8	Phosphat (10-17%)	2,16	beliebig / ölig
Kohlensäure	H_2CO_3	62	um 1,0	Carbonat (2,2 %)	6,37	zerfällt stets in CO_2 + H_2O
Ameisensäure	$HCOOH$	46	1,214	Formiat (um 0,4 %)	3,74	beliebig
Essigsäure	CH_3COOH(oder: HAc)	60,05	1,0492	Azetat (0,43 %)	4,76	beliebig
Blausäure	HCN	27	0,7	Cyanid (0,002 %)	9,31	beliebig
Wasser	H_2O	18	0,999	Oxid/Hydroxid	7,00 (neutral)	H_3O^+ / OH^-

Tabelle 2.2.2-2 **Die wichtigsten (anorganischen) Säuren**

Lauge	Formel	Eigenschaften
Natronlauge	$NaOH$ (Ätznatron)	gut löslich, als Feststoff hygroskopisch
Kalilauge	KOH (Ätzkali)	gut löslich, als Feststoff hygroskopisch
Kalkwasser	$Ca(OH)_2$ (Ätzkalk)	kaum löslich, dennoch ätzend
Barytwasser	$Ba(OH)_2$ (Bariumhydroxid)	kaum löslich, dennoch ätzend
Ammoniakwasser	NH_4OH (Ammonium-hydroxid)	(Dissoziationsgrad um 1,3 %)

Tabelle 2.2.2-3 **Die wichtigsten anorganischen Basen**

Der pK_S-Wert von NH_4^+ als Säure beträgt 9,25 [pK_B (NH_4^+) = 4,75].

pH-Wert	Flüssigkeit
1,2	Magensäure (Magensaft) / ähnl.: 0,1 mol/l Ethandisäure (Oxalsäure) pH = 1,3
2,2	Essigessenz, Zitronensaft
3,2	Limonade, Cola, Apfelsaft (ca. 3,0–3,3)
4,2	saure Milch, Moorbad
5,0	Kaffee (frisch aufgebrüht)
5,6	sauberes Regenwasser (alles unter 5,6 ist „saurer Regen“, also verunreinigt!)
7,0	destilliertes Wasser bei 25 °C (bei +4 °C ca. pH 7,05)
7,4	Blut, Kohlensäure-Puffer (kann um ca. 0,5 schwanken)
8,2	Seewasser
10,5	Waschmittellösung (z. B. mit Natron oder Kernseifen-Anteilen)
12,5	Kalkwasser
14	Natronlauge (1 mol/l)

Tabelle 2.2.2-4 **pH-Werte ausgewählter Flüssigkeiten**

Indikator	Färbung des Indikators bzw. Farbumschlag (bei: etwaiger pH-Wert der Lösung)
Phenolphthalein	farblos (0–8); Umschlag (8–10); rosaviolett (ab 10)
Methylorange	rot (0–3); Umschlag (3–4); gelb (4–14)
Methylrot	rot (0–4,5); Umschlag (4,5–6); gelb (6–14)
Thymolblau*	gelb (3–8); Umschlag (8–9,5); blau (9,5–14)
Bromthymolblau*	gelb (2-6); Umschlag (6–7,5); blau 7,5–14
Bromkresolpurpur	gelb (0–5); Umschlag (5–7); rosaviolett (ab 7)
Universalindikator	rot (0–5); orange (5–6); gelb + grün (6–9); blau (9–14)

Tabelle 2.2.2-5 **Säure-Base-Indikatoren**

* Thymolblau färbt sich unterhalb von ca. pH = 2 rot, Bromthymolblau ebenso. Diese beiden Indikatoren haben somit zwei Umschlagsbereiche. Universalindikatoren sind Indikator-Gemische: Ihre Farbübergänge sind daher fließend; Umschlagsbereiche pH 0–14.

2.2.3 Verdrängung, Neutralisation, Titration

Die ersten **Mineralsäuren,** die die Alchimisten im 13. Jahrhundert herstellen konnten, waren Schwefel- und Salpetersäure. Zur Schwefelsäureherstellung verbrannte man in geschlossenen, mit etwas Wasser gefüllten Gefäßen Schwefel-Salpeter-Gemische – oder man führte eine **„Trockendestillation"** von kristallwasserhaltigem Alaun (Kaliumaluminiumsulfathydrat) oder Vitriol (Kupfer- oder Eisen-II-sulfathexahydrat) durch. Vom 18. Jahrhundert an wurde die **Vitriolsiederei** zum Gewerbe, da ihr Produkt für die Stoff-Färberei und Bleicherei gebraucht werden konnte.

Salpetersäure stellte man schon im 15. Jahrhundert her. Salpeter-Alaun-Gemische oder Salpeter-Vitriol-Gemische lieferten beim Erhitzen nämlich Salpeter- statt Schwefelsäure, da Nitrate mit Schwefelsäure reagieren:

a) $\mathbf{K_2SO_4 \cdot Al_2(SO_4)_3 \cdot 24\,H_2O}$
$\rightarrow \mathbf{K_2SO_4 + Al_2O_3 + 3\,SO_3\uparrow + 24\,H_2O\uparrow}$

b) $\mathbf{SO_3 + H_2O \leftrightarrow H_2SO_4}$

c) $\mathbf{H_2SO_4 + KNO_3 \leftrightarrow KHSO_4 + HNO_3\uparrow}$

Daher kondensierten hier Salpetersäure-Dämpfe in den Vorlagen der „Salpeterbrennereien". Als **„Scheidewasser"** diente ihr Produkt zur Unterscheidung des salpetersäureunlöslichen Goldes von Falschgold **(„Edelmetallscheidung"),** aber auch zur Cochenillefärberei, für das Kupferstechen und Messingarbeiten, die Kürschnerei und Hutmacherei. Durch die Auflösung von Salmiaksalz (NH_4Cl) in Salpetersäure konnte man vom 16. Jahrhundert an auch **„Königswasser"** herstellen – ein chlorproduzierendes Säuregemisch, das auch den „König" der Metalle, das Gold, zu lösen vermag.

Salpeter wird von Schwefelsäure ($pK_S = -3$) angegriffen, da hier die Schwefelsäure die schwächere und zudem flüchtigere Salpetersäure ($pK_S = -1{,}4$) aus ihrem Salz vertreibt – eine Gleichgewichtsreaktion. Wenn eine stärkere Säure (oder Base) die schwächere aus ihrem Salz „vertreibt", so nennt man diesen Vorgang **„Verdrängungsreaktion".** Mithilfe von H_2SO_4 lässt sich so z. B. Essigsäure aus Natriumazetat herstellen. Essigsäure reagiert dann mit Soda (Na_2CO_3) oder Pottasche (K_2CO_3) zu Kohlensäure. Die Kohlensäure setzt aus Zyankali (KCN) Blausäure (HCN) frei.

Aus Salmiaksalz kann umgekehrt mithilfe von Ätznatron (NaOH) Ammoniak freigesetzt werden:
$NH_4Cl + NaOH \leftrightarrow NaCl + NH_3\uparrow + H_2O$ – auch hier liegt das Gleichgewicht ganz rechts, sodass das System nach dem **Prinzip von Le Chatelier** in Richtung auf das flüchtigere Produkt NH_3 „ausweicht". Die stark endotherme Verdrängungsreaktion von Bariumhydroxid mit Ammoniumthiocyanat zeigt eindrucksvoll, dass die **Triebkraft chemischer Reaktionen** eben nicht nur in deren Energiebilanz liegt – das Salzgemisch kann beim Umrühren spontan auf unter –10 °C abkühlen:
$Ba(OH)_2 + 2\,NH_4SCN \leftrightarrow Ba(SCN)_2 + 2\,NH_3\uparrow + H_2O$.

Abb. 2.2.3-1 Eine Vitriolsiederei (17. Jahrhundert)

Übungsaufgaben zu pH-Berechnungen und Säurestärken

1. Berechnen Sie mithilfe des Textes S. 75 folgende Werte:
   a) den pH-Wert von Salzsäure mit 10 mol/l, 1 mol/l und 0,0001 mol/l,
   b) den pH-Wert der Essigsäure ($pK_S = 4{,}75$) bei 1 mol/l und bei 0,001 mol/$_L$,
   c) den pOH- und pH-Wert einer 0,01molaren Natronlauge,
   d) den pOH- und pH-Wert von 0,1 molarer Ammoniaklösung,
   e) den pK_S-Wert einer unbekannten Säure HX, deren einmolare Lösung einen pH-Wert von 5,0 aufweist,
   f) die Protonenkonzentration in einer Lösung, die nach der Reaktion von 1000 ml Salzsäure (c = 1 mol/l) mit 1 mol Ätzkali (KOH) übrig bleibt,
   g) den etwaigen pH-Wert einer jeweils einmolaren Lösung von $KHSO_4$ und NH_4Cl.
2. Welche der folgenden wässrigen Salzlösungen muss entsprechend der K_S-Werte sauer oder alkalisch reagieren: NH_4ClO_4, NaI, K_2CO_3, $NaHCO_3$, CH_3COOK, CH_3COONH_4 und/oder Na_3PO_4? Prüfen Sie Ihre Vermutung durch pH-Messungen im Labor!
3. Um wie viel Stufen steigt der pH von HCl (c = 0,1 mol/l) bei Verdünnung 1:10000? Was geschieht bei einer 2. Verdünnung um das 10 000fache?
4. Autoprotolyse geschieht auch in anderen Lösemitteln, z. B. Essigsäure:
   $\mathbf{2\,CH_3COOH \leftrightarrow CH_3COOH_2^+ + CH_3COO^-}$. Wie lauten die Autoprotolyse-Schemen für 2 NH_3 (flüss.), $CH_3OH + H_2SO_4$ (konz)?

Laborversuch

CO_3^{2-}-Nachweis durch Verdrängung

Für diesen Versuch biegen Sie sich ein Glasrohr zu einem rechten Winkel (ungefähres Längenverhältnis 1 : 2; das Rohr sollte etwa 30 cm lang sein). Die längere Seite ziehen Sie zu einer Spitze aus. Das Ende des Röhrchens wird durch einen durchbohrten Stopfen gesteckt, der auf ein Reagenzglas passen soll.

Geben Sie nun eine Spatelspitze $CaCO_3$ in ein Reagenzglas und geben etwas Salzsäure hinzu. Dann setzen Sie schnell das gebogene Rohr auf. Den entstehenden Gasstrom leiten Sie in ein zweites Reagenzglas, das eine frisch dekantierte oder filtrierte und somit klare Bariumhydroxidlösung enthält. Beobachtung? Reaktionsgleichungen!

So gesehen lassen sich auch **Neutralisationsreaktionen** als Verdrängungsreaktionen auffassen, da H_2O als die schwächere Säure verdrängt wird:
$$\mathbf{Ca(OH)_2 + H_2SO_4 \leftrightarrow CaSO_4 \downarrow + H_2O.}$$

Selbst Wasser vermag noch schwächere „Säuren“ (wie z. B. Ethanol) aus ihren „Salzen“ zu verdrängen:
$$\mathbf{C_2H_5ONa + H_2O \rightarrow C_2H_5OH + NaOH.}$$

Sogar die „alkalische Fettverseifung“ ähnelt formal einer Verdrängungsreaktion. Fette und Öle sind nämlich Esterverbindungen von Fett- und Ölsäuren (vereinfacht: R–COOH) mit Glycerin (vereinfacht: $R'(OH)_3$; hier stellen R und R′ Kohlenwasserstoffe dar. Beim „Verseifen“ verdrängt eine starke Base hieraus das Glycerin. Kocht man Fette oder Öle mit Laugen wie z. B. Kalilauge (Schema b) oder auch Pottaschelösung, so entstehen **Schmier- und Kernseifen,** die Natrium- und Kalium**salze** der Fettsäuren R–COOH:

a) $\mathbf{R'(OH)_3 + 3\ R{-}COOH \leftrightarrow R'(OOC{-}R)_3 + 3\ H_2O}$

b) $\mathbf{R'(OOC{-}R)_3 + 3\ KOH \leftrightarrow R'(OH)_3 + 3\ H_2O + 3\ R{-}COOK}$

In Schema a) wird Wasser formal aus Glyzerin verdrängt, fast, als ob das molekulare Glyzerin ein „Salz“ des Wassers wäre, und in b) reagiert das ebenfalls molekulare Fett $R'(OOC{-}R)_3$ formal ebenfalls fast wie das „Salz“ einer schwachen Base, die durch KOH verdrängt wird (genauer: S_N, vgl. S. 106/107).

Der pH-Wert einer Lösung kann im Labor über ein pH-Meter oder **Säure-Base-Indikatoren** bestimmt werden. Säure-Base-Indikatoren wie z. B. Lackmus sind im Allgemeinen organische Säuren (nennen wir sie: H–In), die sich undissoziiert von ihrem Säurerestanion (also: In^-) **farbig** unterscheiden. Sie sind in Tabelle 2.2.2-5 aufgelistet.

Auch Rotkohlsaft reagiert wie ein Indikator: Beim Einlegen und Kochen in Essig ist er rot, im Neutralen blauviolett („Blaukraut“) und im Basischen (z. B. in Natron- oder Sodalösung) blaugrün. Durch die Gleichgewichtsreaktion $H{-}In \leftrightarrow H^+ + In^-$ ergibt sich auch für Indikatoren ein pK_S-Wert und das Gleichgewichtsverhältnis $c(H{-}In) : c(In^-)$ – und somit der Farbumschlag des Indikators – wird durch pH-Änderungen beeinflusst (sichtbarer Umschlagsbereich etwa: $pH = pK_S\ (H{-}In) \pm 1$ – hier nimmt der Indikator Mischfarben an).
Zur Bestimmung einer Säurekonzentration über eine **Säure-Base-Titration** wird die Probe mit etwas Säure-Base-Indikator versetzt. Anschliessend gibt man unter Rühren aus einer Bürette langsam abgemessene Mengen einer Lauge bekannter Konzentration – die so genannte **Titerlösung.**

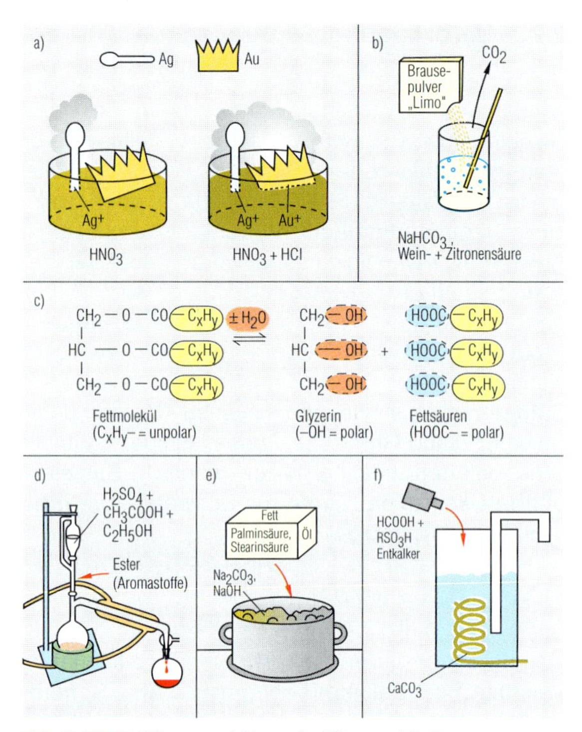

Abb. 2.2.3-2 Säuren und Basen in Alltag und Labor

Im Bild: a) Scheide- und Königswasser – nur Letzteres löst auch echtes Gold, b) Brausepulver, c) Versuchsapparatur zu Esterherstellung, d) Struktur eines Fettsäure-, Glyzerin- und Fettmoleküls, e) Fettverseifung, Schmier- und Kernseife, f) Entkalker – eine Säure löst Kalk ($CaCO_3$) unter CO_2-Bildung auf.

Abb. 2.2.3-3 Rotkohl alias Blaukraut – ein biologischer Säure-Base-Indikator

Abb. 2.2.3-4 Säure-Base-Titration im Labor

Aus der Bürette wird tropfenweise Maßlösung zugegeben, bis dass der Indikator in der Probe umschlägt

Wenn alle Hydroniumionen H_3O^+ mit den Hydroxidionen OH^- der Titerlösung reagiert haben, ist der **Äquivalenzpunkt** erreicht – im Falle gleichstarker Säuren und Basen reagiert die Probelösung nun neutral (pH = 7). Bei der Zugabe eines weiteren Tropfens Lauge wird der pH-Wert dann schlagartig ansteigen. Ein Indikator mit einem Umschlagsbereich um pH = 7 wird hier einen Farbumschlag aufweisen.
Am Äquivalenzpunkt lässt sich aufgrund der Gleichheit der Stoffmengen $n_{Säure}$ und n_{Base} ($\boldsymbol{n_{Säure} = n_{Base}}$) nun die zuvor unbekannte Konzentration $c_{Säure}$ aus dem verbrauchten Titervolumen V_{Base} errechnen:

$$\boldsymbol{c_{Säure} \cdot V_{Säure} = c_{Base} \cdot V_{Base}}$$

$$\Rightarrow \boldsymbol{c_{Säure} = \frac{(c_{Base} \cdot V_{Base})}{V_{Säure}}}$$

Bei mehrwertigen (mehrprotonigen) Säuren wie z. B. der Schwefelsäure (H_2SO_4) ist hierbei zu berücksichtigen, dass von einem einwertigen Titer (z. B. KOH) die doppelte Stoffmenge benötigt wird. Beispiel: Wenn für die Titration von 50 ml H_2SO_4 15 ml KOH (c_{KOH} = 0,1 mol/l) verbraucht werden, so liegt am Äquivalenzpunkt die doppelte Stoffmenge an Base vor wie die der Säure: $2n\,(KOH) = n(H_2SO_4)$. Somit ergibt sich:

$$\boldsymbol{c_{Säure} = \frac{(c_{Base} \cdot V_{Base})}{V_{Säure}}}$$

$$= \frac{(0{,}1 \text{ mol KOH/l} \cdot 15 \text{ ml} \cdot 2)}{50 \text{ ml}}$$

$$= \frac{(3{,}0 \text{ mol/mol} \cdot \text{l})}{50 \text{ ml}} = 0{,}06 \text{ mol/l}$$

Liegen nun die Säure und die dazugehörige (korrespondierende) Base in gleicher Konzentration vor – wenn also im oben genannten Beispiel genau die Hälfte der Säure durch die Base neutralisiert wurde – so folgt hier aus K_S entsprechend dem MWG:
pH = pK_S (am Punkt halber Neutralisation).
Über diese **„Halbtitration"** lässt sich somit der pK_S-Wert von Säuren durch pH-Messung bestimmen. Handelt es sich noch dazu um eine schwache Säure oder Base und deren Salz, so liegt ein „Puffergemisch" vor.

Puffer sind Lösungen, deren pH-Wert stabil bleibt – auch dann, wenn etwas Säure oder Lauge zugegeben wird.

So sind Mischungen im **Stoffmengenverhältnis 1 : 1** („äquimolare Gemische") aus schwachen Säuren oder Basen und ihren Salzen wie aus NH_3 + NH_4Cl, aus CH_3COOH + CH_3COONa, aus NaH_2PO_4 + Na_2HPO_4 oder CO_2 in H_2O + $NaHCO_3$ **Pufferlösungen:** Bei Säurezugabe reagiert das jeweilige Salz (bzw. NH_3), bei Basenzugabe die jeweilige Säure (bzw. NH_4^+- und $H_2PO_4^-$-Ionen), sodass die Beziehung pH = pK_S näherungsweise bestehen bleibt.

Üb(erleg)ungsaufgaben

1. Welche der folgenden Salzlösungen sind entsprechend der pK_S-Werte alkalisch?
   a) $[Al(H_2O)_6]_2\,(SO_4)_3$
   b) C_3H_7COONa,
   c) $(NH_4)_2SO_4$,
   d) $[Cu(H_2O)_6]SO_4$,
   e) $(NH_4)_2S$,
   f) $(NH_4)_2CO_3$,
   g) $NH_4H_2PO_4$,
   h) $NaHCO_3$?
2. Geben Sie an, welche der folgenden Stoffgemische (von jeweils 1 + 1 mol in wässriger Lösung) miteinander reagieren oder sich als Pufferlösungen eignen:
   a) $CH_3COOH + KHSO_4$
   b) $HCOOH + HCOOK$
   c) $H_2SO_4 + K_2SO_4$
   d) $NH_3 + CH_3COO(NH_4)$
   e) $NH_3 + (NH_4)HSO_4$
   f) $H_3PO_4 + Na_3PO_4$
   g) $KH_2PO_4 + Na_2HPO_4$
   h) $NaSH + H_2S$.

   Welche pH-Werte müssten diese Lösungen entsprechend der pK_S-Werte (Tabelle 2.2.2-1) aufweisen?
3. Bortrifluorid BF_3 und Ammoniak bilden eine stabile Verbindung. Zeichnen Sie deren Strukturformel und geben Sie an, ob BF_3 hier als Lewis-Säure oder Lewis-Base reagieren kann!

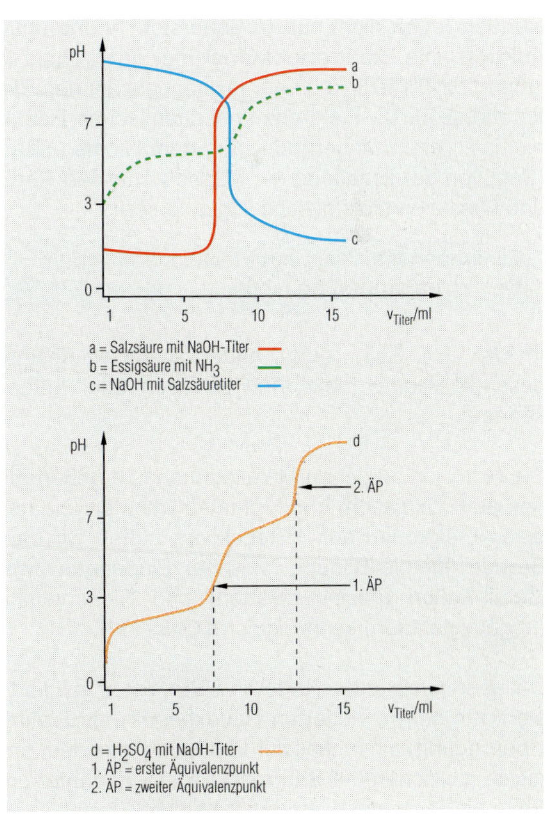

Abb. 2.2.3-5 Titrationskurven

2.2.4 Verschiedene Begriffe von Oxidation und Reduktion – die Elektronenübertragung

Zunächst wurde die Bildung von Oxiden aus brennbaren Stoffen und Sauerstoff als Oxidation bezeichnet. Sauerstoff galt als Reaktionspartner aller Oxidationsreaktionen: Mit Nichtmetallen reagiert er zu „Säureanhydriden" (Nichtmetalloxide reagieren ja mit Wasser zu Säuren, daher sein Name: **Sauer**stoff) und mit unedlen Metallen zu basischen Metalloxiden.

Ihn, den Sauerstoff, galt es auch z. B. mithilfe von Holzkohle aus den Oxiden zu vertreiben, wenn in der antiken und mittelalterlichen Metallurgie aus gerösteten Erzen (Kupfer-, Eisen- und Bleioxid) die Metalle gewonnen werden sollten – Oxide wie z. B. Kupferoxid wurden zu Metallen reduziert:

a) Erzröstung: **$2\,CuS + 3\,O_2 \rightarrow 2\,SO_2 + 2\,CuO$**

b) Reduktion des Oxids: **$2\,CuO + C \rightarrow CO_2\uparrow + Cu\downarrow$**

In Schachtöfen stellte man so zunächst Kupfer-Zinn-Legierungen her (Beginn der **Bronzezeit**), ab 1400 v. Chr. auch Eisen (Beginn der **Eisenzeit,** in Europa ab 1000 v. Chr.).

Schließlich entdeckte man, dass auch andere Nichtmetalle den Metallatomen Valenzelektronen entreißen. Das führte zur Neudefinition des Oxidations-Begriffes: Nun wurde unter Oxidation eine **Elektronenabgabe** verstanden (eben nicht nur an Sauerstoff) – und unter **Reduktion** eine **Elektronenaufnahme,** da sich die Ionenladung bzw. Wertigkeit oder Oxidationszahl des Elementes reduziert. Da Elektronen bei chemischen Reaktionen niemals verschwinden oder aus dem Nichts auftauchen (Satz von der Erhaltung der Masse!), müssen **Red**uktion und **Ox**idation stets gleichzeitig ablaufen:

> Elektronen-Übertragungs-Reaktionen werden **Redoxreaktionen** genannt.

In Kap. 1.4, Seite 38/39, hatten schon wir festgestellt, dass die Atome Elektronen abgeben oder aufnehmen können.

Die Reaktion zwischen Metallatomen (sie geben Elektronen ab = Oxidation) und Nichtmetallatomen (sie nehmen diese Elektronen auf = Reduktion) hatten wir dann als Beispiel für die Bildung ionischer Bindungen zwischen Metall-Kation (positiv geladen) und Nichtmetall-Anion (negativ geladen) kennengelernt (Seite 47).

Da aber auch jeder Heiz- und Brennstoff oxidiert wird, steht mit dem erweiterten Redoxbegriff (als Elektronen-Übertragung) ein Modell zur Verfügung, das dem der Protolyse (zwischen der Säure als Protonendonator und der Base als Protonenakzeptor) ähnelt (vgl. Tabelle 2.2.4-1).

Abb. 2.2.4-1 Der Hochofen – großtechnische Durchführung einer Redoxreaktion

Links im Bild ist ein Winderhitzer erkennbar. Hier wird durch das Verbrennen der aus dem Ofen austretenden Gichtgase ($N_2/CO/CO_2$ u. a. angesaugte Luft aufgeheizt und als „Wind" im den Hochofen geblasen. Hinter dem Winderhitzer der Schrägaufzug für die Begichtungskübel mit Eisenerzkoks und Zuschlägen (z. B. Kalk), die die Eisenbegleiter als Schlacke binden. Unten die Hütte für den Roheisenabstich, rechts hinten Anlagen zur Gichtgasentstaubung und Abgasreinigung.

Zur Gewinnung von weltweit jährlich über 41 Mio. t Eisen aus Eisenoxid wird im Hochofen Koks verbrannt. In der Schmelzzone (1300–1700 °C) unten im Ofen entsteht dabei Kohlenmonoxid, welches im mittleren Teil, der Kohlungs- und Reduktionszone, mit Eisenoxiden zum Metall reagiert. Es entstehen neben Roheisen und Schlacke große Mengen an Kohlendioxid und im Roheisen gelöstes Eisencarbid:

$2\,C + O_2 \rightarrow 2\,CO$ (Schmelzzone)
$3\,Fe_2O_3 + CO \rightarrow 2\,Fe_3O_4 + CO_2Fe_3O_4 + CO \rightarrow 3\,FeO + CO_2$
$FeO + CO \rightarrow Fe + CO_2$,

zudem stellt sich das „Boudouard-Gleichgewicht" ein:

$2\,CO \leftrightarrow C + CO_2$

und Kohlenstoff reagiert z.T. mit Roheisen:

$3\,Fe + C \rightarrow Fe_3C$.

Eisencarbid sowie Verunreinigungen durch weitere Verbindungen (FeS, Phosphor, Ferrosilizium) werden aus dem Roheisen entfernt, indem in dieses noch flüssige Roheisen in Konvertern Pressluft oder Sauerstoff geblasen wird. Dieser oxidiert die Nichtmetalle wieder zu Oxiden (CO_2, SO_2), Phosphaten und Silikatschlacke. (Näheres hierzu in Kap. 4.3).

Üb(erleg)ungsaufgaben

Geben Sie an, welches Atom bei den folgenden Reaktionen reduziert wird – und durch wen:

a) $Mg + CuO \rightarrow MgO + Cu$
b) $2\,Na + Cl_2 \rightarrow 2\,NaCl$
c) $Pb(NO_3)_2 + Zn \rightarrow Zn(NO_3)_2 + Pb$
d) $SbCl_3 + Fe \rightarrow FeCl_3 + Sb$
e) $2\,H_2S + 3\,O_2 \rightarrow 2\,SO_2 + 2\,H_2O$
f) $2\,H_2S + SO_2 \rightarrow 3\,S + 2\,H_2O$
g) $Zn + 2\,HCl \rightarrow ZnCl_2 + H_2$
h) $PbO_2 + H_2 \rightarrow PbO + H_2O$.

Denn ebenso wie Säure-Base-Reaktionen sind Redox-Reaktionen ebenfalls Gleichgewichtsreaktionen: Sie können unter „Zwang“ auch „rückwärts“ laufen.

Elektrisch erzwungene Redoxreaktionen werden **„Elektrolyse“** genannt.

Der Bereich **Elektrochemie** ist von großer, technischer Bedeutung.

2.2.5 Oxidations- und Reduktionsmittel

Redoxreaktionen sind auch zwischen zwei Nichtmetallatomen möglich. So reagiert z. B. Chlorgas als Oxidationsmittel auf Iodidionen in wässriger Lösung: Die Chloratome entreißen den Iodid-Anionen je ein Valenzelektron und werden so selbst zum Chlorid-Anion reduziert:
$\mathbf{Cl_2 + 2\,I^- \rightarrow 2\,Cl^- + I_2}$.

Ebenso reagieren auch unedlere Metalle mit den Salzlösungen edlerer Metalle; zum Beispiel Mg-Band in Bleinitratlösung:
$\mathbf{Mg + Pb^{2+} \rightarrow Pb\downarrow + Mg^{2+}}$.

Das Element mit der jeweils höheren Elektronegativität EN (wie z. B. Halogene, O_2 oder Edelmetall-Kationen) reagiert gegenüber dem elektropositiveren Element (wie z. B. unedle Metalle, H_2 , C, S oder Anionen wie I^-, SO_3^{2-} und S^{2-}) als **Oxidationsmittel** – jedoch nie umgekehrt. Gute Oxidationsmittel neben Halogenen, O_2 und Edelmetall-Kationen sind im Labor $KMnO_4$, $K_2Cr_2O_7$, Peroxide, PbO_2, HNO_3 und Chlorate sowie Perchlorate. Gute **Reduktionsmittel** haben das Bestreben, Elektronen abzugeben und werden selbst oxidiert. Das sind neben unedlen Metallen und Anionen wie I^-, SO_3^{2-} und S^{2-} auch Hydride, Thiosulfat, H_2S, CO und atomarer Wasserstoff.

Wichtig zur Formulierung von Redoxreaktionen und oft auch zur Ermittlung des Reduktions- oder Oxidationsmittels ist die **Oxidationszahl** (oder: „fiktive Ladungszahl“). Sie ergibt sich, indem man **alle,** auch kovalente Elektronenpaar-Bindungen, formal als **ionische** Bindungen betrachtet und das jeweilige bindende Elektronenpaar dem elektronegativeren Bindungspartner zurechnet (bei Bindungen zwischen gleichartigen Atomen: Jedes Atom erhält eines der zwei Elektronen).

Die (fiktive) Ionenladung der Einzelatome eines Moleküls (oder auch die tatsächliche Ionenladung einatomiger Ionen) wird **Oxidationszahl** genannt:
Bei Elementen beträgt sie immer null, bei Fluor (in seinen Verbindungen) immer –1 und bei Alkalimetall-Verbindungen immer +1. Sauerstoff erhält (außer in O_2, Fluor- und Peroxid-Verbindungen) immer –2, Erdalkalimetall-Kationen immer +2.

Definition	**Oxidation** = Elektronenabgabe	**Reduktion** = Elektronenaufnahme
vom eingesetzten Mittel bzw. dessen Wirkung her	**Oxidationsmittel** = Stoff, der andere Stoffe oxidiert (wirkt oxidierend)	**Reduktionsmittel** = Stoff, der andere Stoffe reduziert (wirkt reduzierend)
vom Vorgang der Elektronenübertragung her	Oxidationsmittel = **Elektronenakzeptor** (wird selbst also reduziert, daher auch „Reduktans“ genannt)	Reduktionsmittel = **Elektronendonator** (wird selbst also oxidiert, daher auch „Oxidans“ genannt)

Tabelle 2.2.4-1 Der erweiterte Redoxbegriff

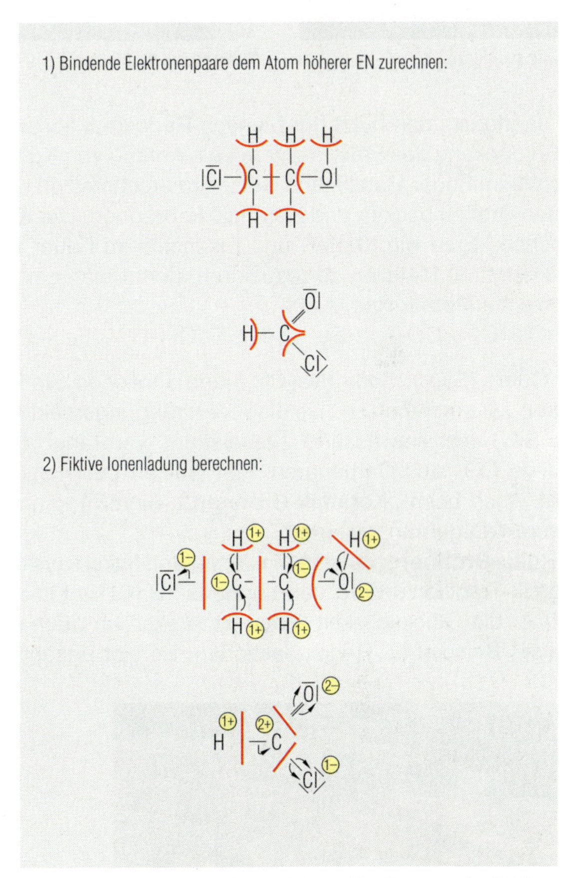

Abb. 2.2.5-1 Regeln und Beispiele zur Bestimmung der Oxidationszahl

Abb. 2.2.5-2 Redoxreaktionen im Reagenzglas

Von links nach rechts: Aluminium reagiert mit Brom, Iod mit Magnesium und Blei-II-Nitrat-Lösung mit einem Zinkspan.

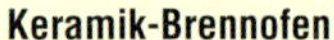

Keramik-Brennofen

Torfbad zur Reduktion der Oxide in der Glasur (Raku)

Seit Jahrtausenden nutzt der Mensch Redoxreaktionen – die Entdeckung des Feuers war mit ein Anfang von Kultur. Er lernte im Feuer Metalle und Gläser zu erschmelzen und in Öfen Brot zu backen und Keramik zu brennen. Die Kulturtechnik, Erze wie Kupfer- und Eisenoxid im Feuer mit Kohlenstoff zu Metallen zu reduzieren, nennt man carbothermische **Metallurgie**, z. B.:
$2\,CuO + C \rightarrow CO_2 + 2\,Cu$ – oder: $FeO + C \rightarrow Fe + CO$.

Aus Quarz (SiO_2), Soda (Na_2CO_3) und ähnlichen Stoffen **Gläser** zu erschmelzen, ist eine Verdrängungsreaktion: Das SiO_2 als entwässerte Kieselsäure verdrängt das flüchtige CO_2 aus Carbonaten, den Salzen der Kohlensäure. Auch beim **„Keramik-Brennen“** (Sintern) können Glasuren aufgebrannt werden.
Die **Raku-Brennerei** entstand in Japan und Korea aus der Keramik-Tradition des 16. Jahrhunderts. „Raku“ heißt: das Schöne, die Glückseligkeit. Raku ist tatsächlich auch ein schönes Beispiel für Redoxreaktionen. Es gibt unzählige Arten, Raku zu brennen, immer wird hierbei jedoch die bei rund 1000 °C glühende Keramik aus dem Ofen genommen und in Torf, Laub, Heu, Sägespäne, Rindenmulch oder andere **organische Reduktionsmittel** gegeben (möglichst luftdicht!). Die verkohlende Substanz und ihr Rauch ändern die Keramik- und Glasurfarbe, indem sie Oxide reduzieren. Auch Blatt- und Grasabdrücke können sich so in der noch weichen Glasurhaut verewigen: Das Resultat ist immer ein unnachahmliches, künstlerisches Unikat.

Beim Brennen (mit Propan und Luft, bei 500–1000 °C) entstehen in der Glasur farbige Salze und Oxide: tiefblaue Kobaltsalze (zur Glasur-Färbung schon seit dem 3. Jahrtausend v. Chr. genutzt!), türkisfarbene Kupfersalze, rotbraune Eisen-III-Oxide oder aber – in reduzierender Flamme (bei Propanüberschuss) – hellgrüne Eisen-II-salze.

Folgende Redoxreaktionen können z. B. ablaufen:

a) Beim Brennen: $C_3H_8 + 5\,O_2 \rightarrow 3\,CO_2\uparrow + 4\,H_2O\uparrow$
$SiO_2 + Na_2CO_3 \rightarrow Na_2SiO_3$ (Glasur, vereinfacht) $+ CO_2\uparrow$
$CoSO_4 \cdot n\,H_2O$ (rosarot) $\rightarrow CoSO_4$ (tiefblau) $+ n\,H_2O\uparrow$
$Fe_2O_3 + 2\,C$ (Ruß, aus C_3H_8) $\rightarrow CO_2\uparrow + CO\uparrow + 2\,FeO$

b) Im Torf-/Laub-/Heubad
(verkohlende organische Stoffe):
$2\,CuO + C \rightarrow CO + Cu_2O$; $Cu_2O + C \rightarrow 2\,Cu + CO$
$2\,FeO + 2\,CuSO_4 + C \rightarrow 2\,FeSO_4 + Cu_2O + CO\uparrow$
Co_3O_4* $+ C + 3\,SiO_2$ (Glasur) $\rightarrow 3\,CoSiO_3 + CO\uparrow$

* Co_3O_4 ist $CoO \cdot Co_2O_3$, SiO_2 entstammt der Glasur

Raku- und Tonkeramik
Tonkeramik ist oft und durch Eisenoxide ocker bis rostbraun gefärbt, Raku hingegen färbt Glasur und Keramik ein.

Raku-Keramikschale
Die Glasur enthielt Kupfer- und Kobaltsalze. Hieraus entstand beim Brennen tiefblaues Kobaltsilikat und bei der Reduktion ein schöner, rotschimmernder Kupferglanz.

Sauerstoff ist ein äußerst reaktionsfähiges Gas. Bei jeder Verbrennung reagiert das Molekül mit gasförmigen oder verdampften Brennstoffen, indem es als „Biradikal“ (ungepaarte Elektronen) dem Brennstoff (Reduktionsmittel) ein Elektron entreißt. Es entstehen neue Molekülbruchstücke mit ungepaarten Elektronen (Radikale), die dann in Kettenreaktionen Oxide bilden.
Diese Kettenreaktion in der Flamme kann bei Sauerstoffmangel unterbrochen werden – der Brennstoff verkohlt in der Gasphase (= **Rußbildung** in Kerzenflammen oder leuchtender Brennerflamme) und die Kohlenstoffteilchen werden zum Leuchten angeregt. Dreht man am Bunsenbrenner die Luftzufuhr voll auf, so wird die Flamme wieder oxidierend: Das Leuchten hört auf und die Kohlenstoffteilchen werden zu Kohlendioxid verbrannt (rauschende Brennerflamme, durch vollständige Verbrennung wesentlich heißer!).

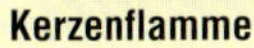
Kerzenflamme

Rauschende und leuchtende Brennerflamme

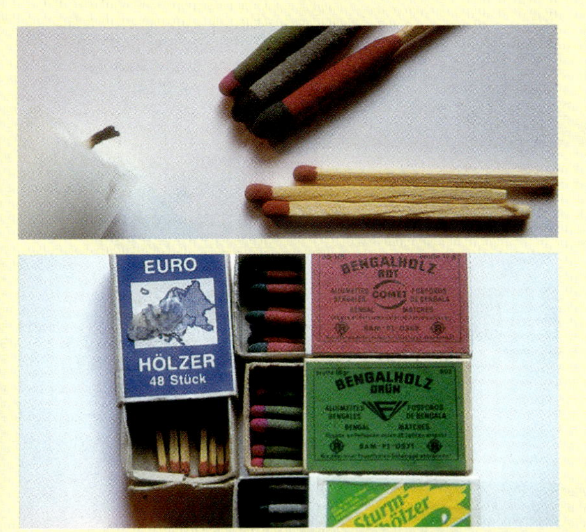

Zündhölzer und Brennstoffe (unterschiedliche Arten)

Zündhölzer liefern die Aktivierungsenergie zum Start der Verbrennung. Der Kopf von Sturmzündhölzern enthält Phosphorsulfid (P_4S_3 – die vier Phosphoratome weisen hier unterschiedliche Oxidationszahlen/-stufen auf) und Kaliumchlorat ($KClO_3$ – Chlor mit der Oxidationszahl +V!). Schon in der Hitze spaltet Kaliumchlorat Sauerstoff ab (katalysiert durch Braunstein, MnO_2), doch nach Aktivierung durch mechanische bzw. Reibungs-Energie startet im Zündholzkopf folgende Redoxreaktion:

Reduktion:	$12\,e^- + 2\,KClO_3$	$\rightarrow 2\,KCl + 6\,O^{2-}$	(x8)
Oxidation:	$P_4S_3 + 16\,O^{2-}$	$\rightarrow 3\,SO_2 + P_4O_{10} + 32\,e^-$	(x3)
Redox:	$16\,KClO_3 + 3\,P_4S_3$	$\rightarrow 16\,K\,Cl + 9\,SO_2 + 3\,P_4O_{10}$	

Jedes Mol Chlorationen (ClO_3^-) nimmt hier als Oxidationsmittel 6 Elektronen auf. Ein P_4S_3-Molekül gibt 32 e^- ab (14 vom Phosphor und 18 von den 3 S-Atomen). Als kleinstes gemeinsames Vielfaches (kgV) von 12 und 32 ergibt sich 96, sodass 16 Chlorationen und 3 Phosphorsulfid-Teilchen miteinander reagieren müssen. Im Redox-Reaktionsschema kürzen sich dann die 96 Elektronen und die 48 Oxidanioinen (O_2^-) heraus und als Produkte der stürmisch-exothermen Reaktion bleiben Kaliumchlorid (salzartig), Schwefeldioxid (gasförmig, säuerlicher Geruch) und Phosphoroxid (P_4O_{10}, weißer Rauch) zurück. Die frei gewordene Reaktionswärme verdampft und entzündet dann Bestandteile des jeweiligen Brennstoffes (Holz, Wachs, Benzin usw.).

Gemische aus brennbaren Stoffen und Oxidationsmitteln wie $KClO_3$ + KNO_3 dienen auch der **Erzeugung pyrotechnischer Effekte:** Beimischungen von Metallspänen (Fe, Al, Mg) sorgen für **Funkenflug** an Wunderkerzen und Zumischungen wie $Ba(NO_3)_2$, $Sr(NO_3)_2$, CuO, Chilesalpeter ($NaNO_3$) oder Caesiumsalze erzeugen intensiv **gefärbte Flammen** (Bengalhölzer, Feuerwerkskörper, Signalpatronen). Im Schwarzpulver schließlich werden bei hoher Abbrandgeschwindigkeit sehr schnell sehr viel Gase erzeugt, eingebaute **Pfeiffen** („Heuler“) oder feste **Ummantelungen** („Silvesterkracher“) nutzen ggf. den Gasdruck der Produkte, z. B.:

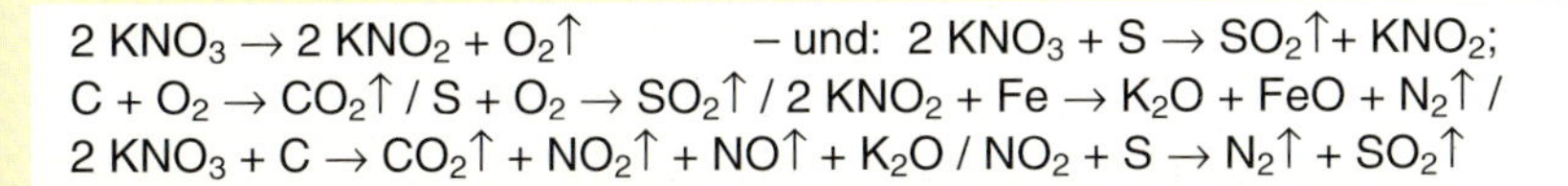
$2\,KNO_3 \rightarrow 2\,KNO_2 + O_2\uparrow$ – und: $2\,KNO_3 + S \rightarrow SO_2\uparrow + KNO_2$;
$C + O_2 \rightarrow CO_2\uparrow$ / $S + O_2 \rightarrow SO_2\uparrow$ / $2\,KNO_2 + Fe \rightarrow K_2O + FeO + N_2\uparrow$ /
$2\,KNO_3 + C \rightarrow CO_2\uparrow + NO_2\uparrow + NO\uparrow + K_2O$ / $NO_2 + S \rightarrow N_2\uparrow + SO_2\uparrow$

Pyrotechnische Effekte

Redoxreaktionen können unter Freisetzung großer Mengen an thermischer, elektrischer oder mechanischer **Energie** ablaufen. Da anorganische, insbesonders ionische Reaktionen zudem sehr schnell ablaufen, werden in der **Sprengtechnik** oft Redoxreaktionen genutzt, deren Produkte gasförmig sind. Wenn dann aus wenigen Salzkörnchen innerhalb von hunderttausendstel Sekunden mehrere Liter oder gar Kubikmeter Gase erzeugt werden, so ist das Resultat natürlich eine heftige Explosion. Diese kann in Form einer **Deflagration** (ein heftiges Zischen oder Verpuffen wird hörbar) bis hin zur **Detonation** (Ausbreitung der Produkte mit Überschallgeschwindigkeit, dem auch bei Flugzeugen auftretenden „Überschall-Knall") ablaufen.

Abb. 2.2.5-3

Detonation eines Sprengmittels

2.2

Edukte solcher Reaktionen sind z. B. TNT, Ammoniumperchlorat-Aluminium-Gemische, Nitroglycerin, Pikrinsäure, Schwarzpulver, Mixturen spezieller Reduktionsmittel mit Kaliumperchlorat und Ammoniumnitrat.

Abb. 2.2.5-4

Start des Space-Shuttle

Die Feststoffraketen (Booster) enthalten Alkali- und Ammoniumchlorate und -perchlorate als Oxydatoren und Kunstharze als Brennstoffe (Binder), der Shuttle z. B. O_2, N_2O_4, Fluorhydrazin und als Brennstoffe H_2, NH_3 oder Kohlenwasserstoffe.

Schwarzpulver z. B. besteht aus Schwefel, feinem Kohlenstoff und Salpeter (KNO_3) in einem ganz bestimmten Mischungsverhältnis. Der hochoxidierte Stickstoff (im NO_3^- mit der Oxidationszahl +5) entreißt den Feststoffen (C + S) die Elektronen und schlagartig entstehen Produkte wie CO_2, NO_2, CO, SO_2, N_2, COS, NO, N_2O_3, N_2O_5 usw. – alles Gase. Der Erfolg ist bekannt. Wenn dann noch organische Substanzen mit hoher, molekularer Masse als Edukte eingesetzt werden, sodass entsprechend den z. T. komplizierteren Reaktionsschemen aus 1 mol Edukt z. B. gleich 20 oder 40 mol Gas entstehen, so wird aus dem scheinbar harmlosen Pulver ein hoch brisanter, lebensgefährlicher Sprengstoff.

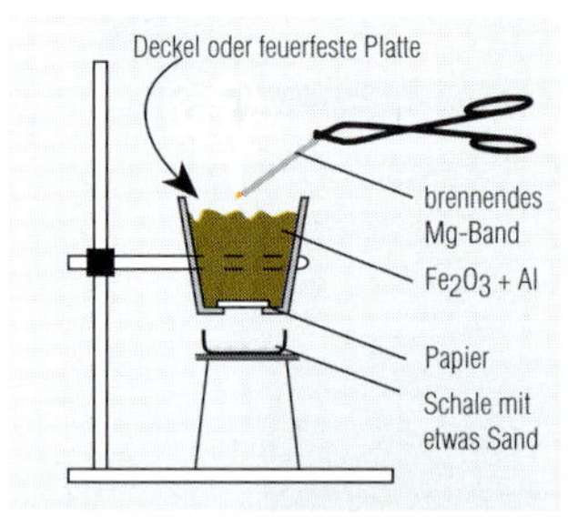

Abb. 2.2.5-5

Thermitgemisch zum Schweißen von Bahnschienen

Hier reagiert Aluminium mit Eisenoxid so stark exotherm, dass flüssiges Eisen von über +1000 °C entsteht.

Auch Reaktionen zwischen Elementen von sehr großer EN-Differenz (wie z. B. $H_2 + Cl_2$ oder F_2 + K) laufen u. U. explosionsartig ab. Nehmen wir die Reaktion von Lithium mit Iod. Sie verläuft in den 2 Schritten Reduktion und Oxidation:

Ox.:	**Li**	$\rightarrow$ **$Li^+ + e^-$**	**(x2)**
Red.:	**$I_2 + 2e^-$**	$\rightarrow$ **$2\ I^-$**	**(x1)**
Redox:	**$2\ Li + I^2 + 2\ e^-$**	$\rightarrow$ **$2\ LiI + 2\ e^-$**	

– es entsteht also Lithiumiodid.

In dieser Form lassen sich Reaktionsschemen zu allen Redoxreaktionen erstellen.

Immer wenn sich in einer Reaktion **Oxidationszahlen** ändern, so werden Elektronen übertragen: Bei der **Oxidation** (am **Reduktions**mittel) wird die Oxidationszahl **größer** – bei der Reduktion (am Oxidationsmittel) wird sie kleiner.

So auch im Beispiel oben: Li geht von null im Elementarzustand zu +1 im Kation, Iod von null nach –1 im Anion.

Abb. 2.2.5-6

Feuerwerk

In der Pyrotechnik setzt man explosiven Treibstoffgemischen flammfärbende Alkali- und Kupfersalze bei.

Laborversuch

Erhitzen Sie im Reagenzglas bis jeweils zum Aufglühen:

a) ein Gemisch aus Eisenpulver und Kupfer-II-oxid,
b) ein Gemisch aus Eisenpulver und Blei-II-oxid (Abzug!),
c) ein Gemisch aus Aktivkohle (oder Holzkohlepulver) und Kupfer-II-oxid,
d) ein Gemisch aus Aktivkohle (oder Holzkohlepulver) und Blei-II-oxid.
e) Füllen Sie einen Standzylinder mit Kohlendioxid (aus Salzsäure und Pottasche oder Kalk hergestellt), füllen den Boden mit etwas Sand. Entzünden Sie nun ein Magnesiumband und bringen Sie es zügig in die CO_2-Atmosphäre.

Auswertung: Erstellen Sie die Reaktionsschemen dieser Redoxreaktionen und ordnen Sie die Elemente Mg, C, Pb, Cu und Fe nach ihrer jeweiligen Reduktionskraft.

Ob eine theoretisch formulierbare Reaktion allerdings auch abläuft, das ist abhängig von der Stärke der u. U. konkurrierenden Oxidations- bzw. Reduktionsmittel. Im Prinzip herrschen bei Redoxreaktionen nämlich immer zwei konkurrierende Gleichgewichtssysteme – wie z. B. bei der von Magnesium mit Kupfersulfatlösung:
$Mg \leftrightarrow Mg^{2+} + 2\ e^-$ neben: **$Cu \leftrightarrow Cu^{2+} + 2\ e^-$**

2.2.6 Galvanische Elemente und Spannungsreihen

In einem **galvanischen Element** lassen sich Reduktion und Oxidation nun räumlich trennen. Hierdurch kommt es zu einer Umwandlung von chemischer in elektrische Energie.
Bei galvanischen Elementen – benannt nach deren Entdecker Luigi Galvani – tauchen zwei Metallstücke M+N **(„Elektroden")** in zwei Elektrolytlösungen. Die Metallstücke werden über einen elektrischen Leiter miteinander verbunden, die Lösungen über ein ebenfalls mit Salzlösung gefülltes Glasrohr **(„Salzbrücke").** Somit schließt sich ein Stromkreis und es lässt sich über einen Spannungsmesser ablesen, dass hier eine elektrische Spannung abgreifbar wird – eine **„Batterie"** ist entstanden, in der nun der elektrische Strom über den elektrischen Leiter von einer Halbzelle zur anderen fließt.
In jeder **Halbzelle** existiert dabei ein Gleichgewicht zwischen oxidierter und reduzierter Form. So taucht z. B. ein Metallstab (Elektrode) in die entsprechende Metallsalzlösung. Durch einen Kurzschluss dieser beiden Zellen erreicht man, dass messbare elektrische Spannungen (elektrochemische Redox-**Potentiale**) entstehen bzw. Elektronen vom stärken Reduktionsmittel zum Oxidationsmittel fließen können.

Die **„Normalwasserstoffelektrode (NWE)"** besteht aus einem Platinblech, welches von unten mit Wasserstoffgas umspült wird. Dieses kann vom Platin aufgesaugt werden (Absorption). Diese gasumspülte Pt-Elektrode verhält sich nun so wie „metallischer" Wasserstoff.

Die **elektromotorische Kraft (EMK)** dieser Halbzelle „NWE" mit
H_2 (in Pt bei p = 1013 hPa „gelöst") // H^+ (c = 1 mol/l) wird als **„Normalpotential $U°$"** bezeichnet und gleich null Volt gesetzt ($U°$= 0,0 V).

Jedes andere Element (z. B. Zn in $ZnSO_4$-Lösung, 1-molar) baut nun im Vergleich zur NWE eine ganz charakteristische Spannung auf, die als „Redoxpotential $\Delta U°_H$" bezeichnet wird. Im galvanischen Element Zn/Zn^{2+}// H^+ / H_2 wird z. B. die Säure das Metall Zink anätzen (Redoxreaktion): $Zn + 2\ H^+ \rightarrow Zn^{2+} + H_2\uparrow$

Daher gibt hier das Zink der **Donatorhalbzelle** seine Elektronen über den Metalldraht an das Platinblech bzw. an die **Akzeptorhalbzelle** ab. An dessen Oberfläche rea-

Die Stärke eines Oxidationsmittels wird in galvanischen Elementen im Vergeich zur Normalwasserstoffelektrode (NWE) gemessen: M / M^{n+} (c = 1 mol/l) // H^+ (c = 1 mol/l) / H_2 (in Pt)
Ein galvanisches Element sieht folgendermaßen aus:

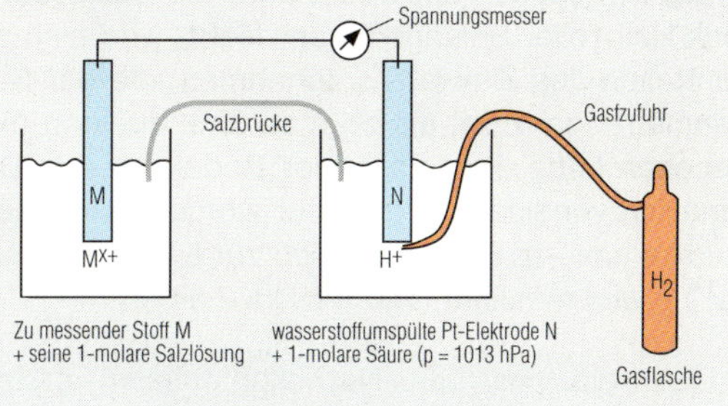

Spannungsmesser
Salzbrücke
Gasfzufuhr
M
N
M^{x+}
H^+
H_2
Zu messender Stoff M + seine 1-molare Salzlösung
wasserstoffumspülte Pt-Elektrode N + 1-molare Säure (p = 1013 hPa)
Gasflasche

Abb. 2.2.6-1 Aufbau des galvanischen Elementes

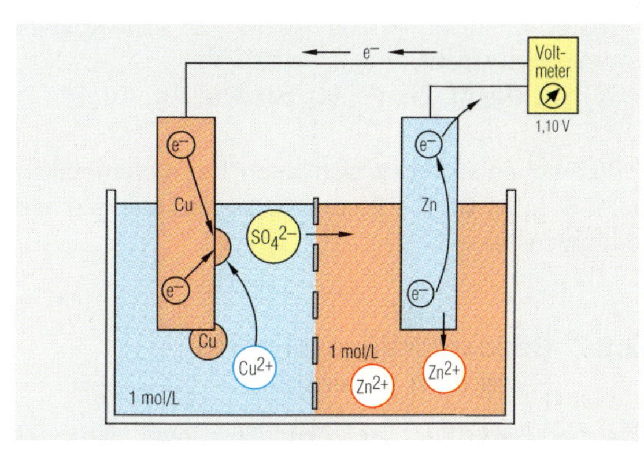

Abb. 2.2.6-2 Ein Daniell-Element

Daniell-Element nennt man galvanische Elemente mit Cu- und Zn-Halbzelle.

Abb. 2.2.6-3 „Batterien" – handelsübliche galvanische Elemente

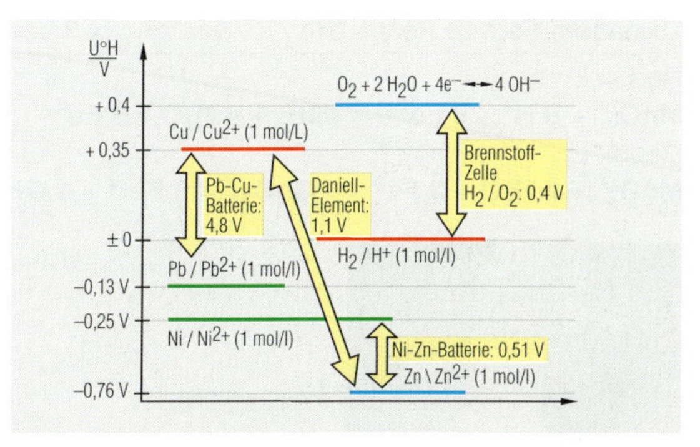

Abb. 2.2.6-4 Potentialdifferenzen verschiedener galvanischer Elemente

gieren die Protonen der Säure mit diesen Elektronen zu Wasserstoffgas. Zum Ladungsausgleich wandern **gleichzeitig** die Anionen der Säure über die **Salzbrücke** in die Zink-Halbzelle. Solange Strom fließt, wird also die Konzentration des Zinksalzes zunehmen, die der Säure abnehmen – ganz so, als ob man Zink direkt in die Säure gegeben hätte. Nur, dass hier Reduktion und Oxidation räumlich voneinander getrennt worden sind: Die Potentialdifferenz – z. B. im Vergleich zur NWE („Normalpotential") – wird messbar (vgl. Tabelle 2.2.6-1).

Über die aus den Normalpotentialen erstellbare **„Spannungsreihe der Metalle"** lässt sich nun sagen, welche Metalle das jeweils stärkere Reduktionsmittel darstellen – eine Reihe, die etwa folgendermaßen aussieht:
K, Na, Mg, Al, Zn, Fe, H_2, Sn, Cu, Ag, Au, Pt.

2.2

Entsprechendes lässt sich auch für Nichtmetalle ermitteln: **S, I, Br, Cl, F** – Fluor ist also das stärkste aller Oxidationsmittel.

2.2.7 Redoxreaktionsschemen – wie man sie erstellt

Da bei Reduktion und Oxidation zwei Redox-Gleichgewichte in Konkurrenz treten, aber gleich viel Elektronen übertragen werden, muss ein Redox-Gesamt-Schema auch im Hinblick auf **Ionenladungen ausgeglichen** werden.
In wässriger Lösung sind sie zudem **oft an Säure-Base-Reaktionen gekoppelt,** z. B. wenn Kaliumpermanganatlösung ($KMnO_4$) als Oxidationsmittel für Eisen-II-ionen eingesetzt wird: In schwefelsaurer Lösung entstehen Mangan-II-ionen (Mn^{2+} aus $KMnO_4$, welches hier fünfwertig ist, vgl. Redox I) im basischen Milieu jedoch Braunstein (MnO_2, $KMnO_4$ ist dreiwertig, vgl. Redox II):

Reduktion I:
$MnO_4^- + 5\,e^- + 8\,H^+ \leftrightarrow Mn^{2+} + 4\,H^2O$ (bei pH < 6)
Reduktion II:
$MnO_4^- + 3\,e^- + 2\,H_2O \leftrightarrow MnO_2\downarrow + 4\,OH^-$ (bei pH > 7)
Oxidation: $Fe^{2+} \leftrightarrow Fe^{3+} + e^-$ (x 3 bzw. x 5)

Redox I:
$\mathbf{MnO_4^- + 8\,H^+ + 5\,Fe^{2+} \rightarrow Mn^{2+} + 4\,H_2O + 5\,Fe^{3+}}$
Redox II:
$\mathbf{MnO_4^- + 2\,H_2O + 3\,Fe^{2+} \rightarrow MnO_2\downarrow + 3\,Fe^{3+} + 4\,OH^-}$

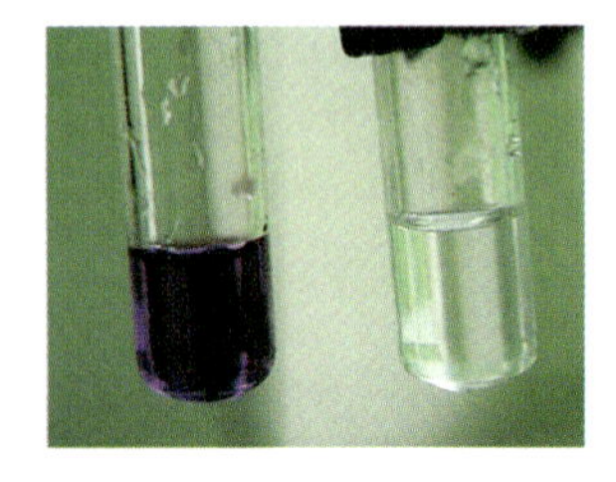

Abb. 2.2.7-1
Die Reaktion von Permanganatlösung mit schwefelsaurer Eisen-II-sulfatlösung

Redox-Normal-Potentiale $\Delta U°_H$ in Volt (im Vergleich zur NWE): oxidierte Form + n e^- ↔ red. Form	
$Li^+ (aq) + e^- \leftrightarrow Li$	−3,04 V
$Cs^+ (aq) + e^- \leftrightarrow Cs$	−2,92 V
$K^+ (aq) + e^- \leftrightarrow K$	−2,92 V
$Na^+ (aq) + e^- \leftrightarrow Na$	−2,71 V
$Mg^{2+} (aq) + 2e^- \leftrightarrow Mg$	−2,36 V
$Al^{3+} (aq) + 3e^- \leftrightarrow Al$	−1,66 V
$Mn^{2+} (aq) + 2e^- \leftrightarrow Mn$	−1,18 V
$Zn^{2+} (aq) + 2e^- \leftrightarrow Zn$	−0,76 V
$Cr^{3+} (aq) + 3e^- \leftrightarrow Cr$	−0,74 V
$S (fest) + 2e^- \leftrightarrow S^{2-}$	−0,48 V
$Fe^{2+} (aq) + 2e^- \leftrightarrow Fe$	−0,44 V
$Cr^{3+} (aq) + e^- \leftrightarrow Cr^{2+}$	−0,41 V
$Ni^{2+} (aq) + 2e^- \leftrightarrow Ni$	−0,25 V
$Sn^{2+} (aq) + 2e^- \leftrightarrow Sn$	−0,14 V
$Pb^{2+} (aq) + 2e^- \leftrightarrow Pb$	−0,13 V
$2\,H^+(aq) + 2e^- \leftrightarrow H_2\uparrow$	**±0,00V**
$Cu^{2+} (aq) + e^- \leftrightarrow Cu^+(aq)$	+0,15 V
$Cu^{2+} (aq) + 2e \leftrightarrow Cu$	+0,35 V
$O_2 + 2\,H_2O + 4e^- \leftrightarrow 4\,OH^-(aq)$	+0,40 V
$I_2 (fest) + 2e^- \leftrightarrow 2\,I^-(aq)$	+0,54 V
$I_2 (aq) + 2e^- \leftrightarrow 2\,I^-(aq)$	+0,62 V
$Fe^{3+} (aq) + e^- \leftrightarrow Fe^{2+}(aq)$	+0,77 V
$Ag+(aq) + e^- \leftrightarrow Ag$	+0,80 V
$Hg^{2+} (aq) + 2e^- \leftrightarrow Hg$	+0,85 V
$NO_3^- (aq) + 4\,H^+ + 3e^- \leftrightarrow NO\uparrow + 2\,H_2O$	+0,96 V
$Br_2 (l) + 2\,e^- \leftrightarrow 2\,Br^- (aq)$	+1,07 V
$Pt^{2+}(aq) + 2\,e^- \leftrightarrow Pt$	+1,20 V
$Cr_2O_7^{2-}(aq) + 14\,H^+ + 6\,e^- \leftrightarrow 2\,Cr^{3+}(aq) + 7\,H_2O$	+1,33 V
$Cl_2(g) + 2e^- \leftrightarrow 2\,Cl^- (aq)$	+1,36 V
$Au^{3+}(aq) + 3\,e^- \leftrightarrow Au$	+1,41 V
$MnO_4^-(aq) + 8\,H^+(aq) + 5\,e^- \leftrightarrow Mn^{2+}(aq) + 4\,H_2O$	+1,51 V
$Ce^{4+}(aq) + e^- \leftrightarrow Ce^{3+}(aq)$	+1,61 V
$Au^+(aq) + e^- \leftrightarrow Au$	+1,68 V
$H_2O_2(aq) + 2\,H^+(aq) + 2\,e^- \leftrightarrow 2\,H_2O$	+1,77 V
$S_2O_8^{2-}(aq) + 2e^- \leftrightarrow 2\,SO_4^{2-} (aq)$	+2,01 V
$F_2 (g) + 2\,e^- \leftrightarrow 2\,F^- (aq)$	+2,85 V

Zunehmende Reduktionskraft der reduzierten Form (z. B. der Metalle) ↑

Zunehmende Oxidationskraft der oxidierten Form (z. B. der Metallkation, Nichtmetall) ↓

Tabelle 2.2.6-1

Üb(erleg)ungsaufgaben

Geben Sie an, ob bei Zusammengabe folgender Stoffe aufgrund der o. g. Redoxpotentiale Reaktionen möglich sind:
a) Cu + HCl,
b) Zn + HBr
c) Zn + $CuSO_4$-Lösung
d) Cu + $FeCl_3$-Lösung (→ Fe^{2+})
e) Ag + HNO_3 (konz.)
f) Pt + HNO_3 (konz.).

1. Voraussetzungen für das Erstellen des Schemas:
a) Die Formeln der Ausgangsstoffe (Edukte) der Reaktion kennen,
b) die Formeln des oder der Reaktions-Produkte (er)kennen können,
c) Oxidationszahlen bestimmen können (zur Identifikation von Reduktions- und Oxidationsmittel).

2. Erstellen von Redox-Reaktionsschemen auf oben genannter Grundlage:
Hier empfiehlt sich ein Vorgehen in folgender Reihenfolge (Ionen-Methode):

Schritt	Vorgang
1.	**Gerüstgleichung** erstellen,
2.+3.	**Teilgleichungen** für Elektronenabgabe und -aufnahme erstellen,
4.	**Atomzahlen ergänzen** (H- und O-Atome),
5.+6.	**Elektronen** und ggf. Komplexgruppen **ergänzen** (Ausgleich der Atom- und Ladungszahlen),
7.	**kgV** der Anzahl der ausgetauschten Elektronen bilden und Teilgleichungen multiplizieren,
8.	**multiplizierte Teilgleichungen addieren,**
9.	Elektronen und gleichartige Teilchen **wegkürzen** und
10.	**Richtigkeits-Kontrolle** des Reaktionsschemas durch Abzählen der Atome und Ladungen.

Nach Einübung und durch Anwendung dieser Vorgehensweise lässt sich **jedes** beliebige Reaktionsschema für Redoxreaktionen erstellen – ohne Hunderte von Reaktionsschemen auswendig lernen zu müssen!

Im Einzelnen werden diese 10 Arbeitsschritte folgendermaßen geleistet:

❶ Erstellen Sie eine **Gerüstgleichung,** die die Edukte und Produkte enthält, deren Elemente eine Änderung der Oxidationszahlen erfahren haben (also Elektronen ausgetauscht haben).

❷ Formulieren Sie die **Teilgleichung für die Oxidation** (Elektronenabgabe des Reduktionsmittels; Anwachsen der Oxidationszahl) – schreiben Sie das Element nur dann als freies Atom oder Ion auf, wenn es tatsächlich als solches vorliegt!

❸ Formulieren Sie die **Teilgleichung für die Reduktion** (Elektronenaufnahme des Oxidationsmittels, Reduzierung der Oxidationszahl) – schreiben Sie das Element nur dann als freies Atom oder Ion auf, wenn es tatsächlich als solches vorliegt!

❹ **Ergänzen** Sie jede Teilgleichung so, dass die **Atomzahlen** der einzelnen Elemente auf beiden Seiten gleich werden. In neutralen und sauren Lösungen können zum Ausgleich der Sauerstoff- und anschließend der Wasserstoff-Bilanz H_2O und H^+-Teilchen hinzugefügt werden, in alkalischen Lösungen OH^-/H_2O. Bei diesem Ausgleichen keine Oxidationszahlen von H- und O-Atomen ändern! (Bei überschüssigen O-Atomen also im Sauren und Neutralen H^+ hinzufügen und auf der anderen Seite H_2O entstehen lassen, im Alkalischen H_2O hinzufügen und dafür auf der anderen Seite OH^- entstehen lassen!)

❺ Bei Komplexen auf der anderen Seite die **Komplexgruppen** ergänzen.
(Keine Oxidationszahlen ändern!)

❻ Zum **Ausgleich der elektrischen Ladungen** auf beiden Seiten der Teilgleichungen erforderliche Anzahlen von **Elektronen hinzufügen** (bei Elektronenaufnahme links, bei -abgabe rechts vom Reaktionspfeil); die Anzahl der Elektronen entspricht der Größe der **Oxidationszahlen-Änderung** des jeweiligen Elementes!

❼ Jede **Teilgleichung** so **multiplizieren,** dass die Anzahlen der abgegebenen und aufgenommenen Elektronen sich entsprechen (**kgV** bilden!);

❽ Die beiden multiplizierten **Teilgleichungen addieren** und die auf beiden Seiten der Gleichung gleichartig auftauchenden Glieder wegkürzen. Alle Elektronen müssen sich nun ebenfalls streichen lassen!

❾ Sofern ein Reaktionsschema in Ionenschreibweise nicht genügt (z. B., weil die Masse von Edukten oder Produkten stöchiometrisch berechnet werden soll), sind **die an der Reaktion nicht beteiligten Ionen** auf beiden Seiten des Reaktionsschemas in gleicher Form und Anzahl zu **ergänzen.**

❿ **Kontrolle** der Richtigkeit **durch Abzählen** der Atomzahlen und Ladungen auf beiden Seiten.

Übungsbeispiele

1. Erstellen Sie das Schema der Oxidation von Schwefelwasserstoff durch konz. Salpetersäure (u. a. zu Schwefel und Stickstoffmonoxid).
2. Erstellen Sie das Schema der Chlorherstellung aus Kaliumdichromatlösung und konz. Salzsäure.

Lösung der zwei Übungsbeispiele von Seite 87;
Erstellen von Reaktionsschemen nach der Ionen-/10-Schritte-Methode)

Beispiel: a) **Reaktion von HNO_3 mit H_2S**

Schritt	Vorgang	Ergebnis am gewählten Beispiel			
1	Gerüstgleichung erstellen:		$HNO_3 + H_2S$	→	$NO + S + H_2O$
2	Oxidations-Teilgleichung:	Ox.:	H_2S	→	S
3	Reduktions-Teilgleichung:	Red.:	HNO_3	→	NO
4	Atomzahlen-Ergänzungen:	Ox.:	H_2S	→	$2\,H^+ + S$
		Red.:	$NO_3^- + 4\,H^+$	→	$NO + 2\,H_2O$
5	Komplexgruppen-Ergänzungen:		(entfällt hier)		
6	Ladungsausgleich:	Ox.:	H_2S	→	$2\,H^+ + S + 2\,e^-$
		Red.:	$NO_3^- + 4\,H^+ + 3\,e^-$	→	$NO + 2\,H_2O$
7	kgV für e⁻ bilden (Multipl.)	3 · Ox:	$3\,H_2S$	→	$6\,H^+ + 3\,S + 6\,e^-$
		2 · Red.:	$2\,NO_3^- + 8\,H^+ + 6e^-$	→	$2\,NO + 4\,H_2O$
8	Addition der Teilgleichungen:	Redox:	$3\,H_2S + 2\,NO_3^- + 8\,H^+ + 12\,e^-$	→	$6\,H^+ + 3\,S + 12\,e^- + 2\,NO + 4\,H_2O$
9	Kürzung:		$3\,H_2S + 2\,HNO_3$	→	$3\,S + 2\,NO + 4\,H_2O$
10	Richtigkeitskontrolle durch Abzählen:		(je Seite 3 S-Atome, 2 N-, 6 O-Atome und 8 H^+)		

Beispiel: b) **Reaktion von Dichromat mit Salzsäure**

Schritt	Vorgang	Ergebnis am gewählten Beispiel			
1	Gerüstgleichung erstellen:		$K_2Cr_2O_7 + HCl$	→	$KCl + Cr^{3+} + H_2O + Cl_2$
2	Oxidations-Teilgleichung:	Ox.:	Cl^-	→	Cl_2
3	Reduktions-Teilgleichung:	Red.:	$Cr_2O_7^{2-}$	→	Cr^{3+}
4	Atomzahlen-Ergänzungen:	Ox.:	$2\,Cl^-$	→	Cl_2
		Red.:	$Cr_2O_7^{2-} + 14\,H^+$	→	$2\,Cr^{3+} + 7\,H_2O$
5	Komplexgruppen-Ergänzungen:		(entfällt hier)		
6	Ladungsausgleich:	Ox.:	$2\,Cl^-$	→	$Cl_2 + 2\,e^-$
		Red.:	$Cr_2O_7^{2-} + 14\,H^+ + 6\,e^-$	→	$2\,Cr^{3+} + 7\,H_2O$
7	kgV für e- bilden (Multiplikation)	3 · Ox:	$6\,Cl^-$	→	$3\,Cl_2 + 6\,e^-$
		1 · Red.:	$Cr_2O_7^{2-} + 14\,H^+ + 6\,e^-$	→	$2\,Cr^{3+} + 7\,H_2O$
8	Addition d. Teilgleichungen:	Redox:	$14\,H^+ + Cr_2O_7^{2-} + 6\,Cl^- + 6\,e^-$	→	$2\,Cr^{3+} + 7\,H_2O + 3\,Cl_2 + 6\,e$-
9	Kürzung:		$14\,H^+ + Cr_2O_7^{2-} + 6\,Cl^-$	→	$2\,Cr^{3+} + 7\,H_2O + 3\,Cl_2$
10.	Richtigkeitskontrolle durch Abzählen:		(je Seite 14 H^+, 2 Cr-Atome, 7 O- und 6 Cl-Atome)		

Erweiterung auf volle, neutrale Stoffe: Die 14 Protonen werden in Form von Salzsäure zugegeben (14x HCl), von den 14 Chloridionen werden sechs Stück oxidiert. Daher sind auf beiden Seiten der Gleichung 8 Chloridionen zu ergänzen, die sich an der Reaktion nicht beteiligt haben. Entsprechend können beiderseitig 2 Kaliumionen ergänzt werden, um die Herkunft des Dichromations anzuzeigen.

Ergebnis: $14\,H^+ + 14\,Cl^- + 2\,K^+ + Cr_2O_7^{2-} \rightarrow 2\,Cr^{3+} + 2\,K^+ + 8\,Cl^- + 3\,Cl_2 + 7\,H_2O$ bzw.:

$14\,HCl^- + K_2Cr_2O_7 \rightarrow 2\,CrCl_3 + KCl + 3\,Cl_2 + 7\,H_2O$

Übungsbeispiele

a) H_2O_2 reagiert mit schwefelsaurer Kaliumpermanganatlösung,

b) Zinnober (HgS) wird in Königswasser (HCl + HNO_3) gelöst, wobei u. a. der Tetrachloromercuratkomplex $[HgCl_4]^{2-}$ entsteht.

Lösungen zu diesen Übungsbeispielen (links):

a) $2\,MnO_4^- + 16\,H^+ + 5\,H_2O_2 \rightarrow 2\,Mn^{2+} + 8\,H_2O + 5\,O_2$

bzw:

$2\,KMnO_4 + 3\,H_2SO_4 + 5\,H_2O_2 \rightarrow 2\,MnSO_4 + 5\,O_2 + K_2SO_4 + 8\,H_2O$;

b) $8\,H^+ + 2\,NO_3^- + 3\,HgS + 12\,Cl^- \rightarrow 2\,NO + 4\,H_2O + 3\,S + 3\,[HgCl_4]^{2-}$

bzw:

$3\,HgS + 2\,HNO_3 + 12\,HCl \rightarrow 3\,S + 3\,H_2[HgCl_4] + 2\,NO + 4\,H_2O$.

2.2.8 Batterien und Elektrolysen – Einführung in die Elektrochemie

Zwei Halbzellen galvanischer Elemente entwickeln keine Spannung, wenn beide Halbzellen **Elektroden** (z. B. Silber) und **Elektrolytlösungen** gleicher Art und Konzentration (z. B. $c = 1$ mol Ag^+/l) aufweisen – die Differenz $\boldsymbol{\Delta U}$ ihrer (Redox-)Normalpotentiale zur NWE ist ja gleich null:

$$\Delta U = U_{Ag/Ag^+\,(c = 1\text{ mol/l})} - U_{Ag/Ag^+\,(c = 1\text{ mol/l})} = 0 \text{ V}.$$

Wird nun in einer der Halbzellen die Lösung um ein Zehntel verdünnt, so entwickelt sich eine Spannung 0,059 Volt, denn das Gleichgewicht $Ag \leftrightarrow Ag^+ + e^-$ der nun verdünnten Halbzelle wird verlagert – zwischen den zuvor identischen Halbzellen entsteht eine messbare Potentialdifferenz ΔU:

$$\Delta U = U_{Ag/Ag^+\,(c = 0{,}1\text{ mol/l})} - U_{Ag/Ag^+\,(c = 1\text{ mol/l})}$$
$$= U_{\text{Akzeptor}} - U_{\text{Donator}} = 0{,}059 \text{ V}.$$

Die Halbzelle mit der **geringeren** Elektrolytkonzentration ist zur **Donatorhalbzelle** geworden **(= Minuspol):** Ihr Gleichgewicht $Ag \leftrightarrow Ag^+ + e^-$ strebt unter Abgabe von Elektronen an die Akzeptorhalbzelle an, den Konzentrationsunterschied durch Auflösen des Elektrodenmaterials wieder auszugleichen. In der (konzentrierteren!) **Akzeptorhalbzelle** scheidet sich hingegen Metall aus der Elektrolytlösung ab – sie reduziert $AgNO_3$-Lösung **(= Pluspol!).**

In diesen quantitativen Zusammenhang der Elektrolytkonzentration c mit dem Elektrodenpotential U fließt auch die Wertigkeit n des Elektrolyten mit ein, sodass sich die **Nernst'sche Gleichung** ergibt:

$$\frac{U_{Me/Me^{n+}\,(c = x\text{ mol/l})}}{U^\circ_{Me/Me^{n+}\,(c = 1\text{ mol/l})}} + \frac{0{,}059 \text{ V}}{n} \cdot \lg c(Me^{n+})$$

Sie ermöglicht die Berechnung eines Elektrodenpotentials in Abhängigkeit von der Konzentration c im Vergleich zum Standardelektrodenpotential $U°$, das diese Elektrode in einmolarer Salzlösung bei +25 °C besitzt (im Vergleich zur NWE). Wird z. B. eine Nickel-Konzentrationszelle (c = 0,01 mol Ni^{2+}/l; Standard(redox)potential im Vergleich zur NWE: $U°_1$ = –0,25 V) an eine Cadmium-Halbzelle (c = 1 mol Cd^{2+}/l; Standardpotential $U°_2$: –0,40 V) geschaltet, so entspricht die Spannung der so aufgebauten **Nickel-Cadmium-Batterie** nicht einfach der Differenz der Standardpotentiale $\Delta U° = U°_1 - U°_2 = 0{,}20$ V.

Es ergibt sich für U_1 (Ni/Ni^{2+}, c = 0,01 mol/l) nach Nernst:

$$U_1 = U°_{1\,(Ni/Ni^{2+},\ c = 1\text{ mol/l})} + 0{,}059/2 \text{ V} \cdot \lg 0{,}01$$
$$= -0{,}25 \text{ V} + 0{,}0295 \cdot -2$$
$$= -0{,}25 \cdot -0{,}059 = +\,0{,}0147 \text{ V}$$

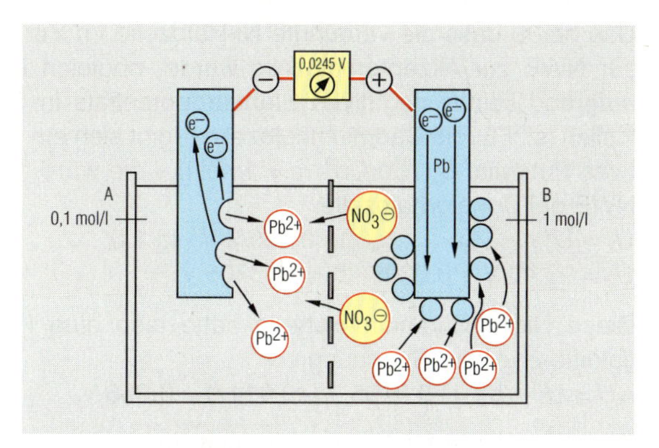

Abb. 2.2.8-1 Zwei Konzentrationshalbzellen

Befindet sich in Halbzelle A eine 0,1molare Pb $(NO_3)_2$-Lösung, in B jedoch eine 1,0molare Bleisalzlösung, so baut sich bei 25 °C eine Spannung ΔU von 0,059 : 2 = 0,0245 V auf. Die Zelle A mit der geringeren Konzentration wird zur Donatorhalbzelle (Minuspol), ihre Bleielektrode geht in Lösung: $Pb \rightarrow Pb^{2+} + 2\,e^-$, gleichzeitig wird aus der Elektrolytlösung in B Blei abgeschieden. Zelle B hat zur NWE ein Potential von $U°_B$ = –0,13 V – gegenüber der NWE würde in Zelle B also Blei in Lösung gehen (B wäre Elektronenakzeptor).

U_A berechnet sich nach Nernst aus:
$U°_{Pb/Pb^{2+}} + 0{,}059/2 \cdot \lg c(Pb^{2+})$, beträgt also
–0,13 V + 0,0245 · (–1) = 0,1545 Volt.

Nernst'sche Gleichung in allg. Form:

$$U_{Ox/Red} = U°_{Ox/Red} + \frac{R \cdot T}{n \cdot F} \cdot \ln \frac{c_{Ox}}{c_{Red}}$$

Symbole:

$U°$ = Standardpotential zur NWE
Ox = oxidierte Form
Red = reduzierte Form
R = allg. Gaskonstante 8,314 J/K · mol
T = Temperatur (in Kelvin)
n = Anzahl ausgetauschter Elektronen pro Formelumsatz (FU)
F = Faraday-Constante 96500 C/mol
ln = natürl. Logarithmus (ln x = 2,303 lg x)

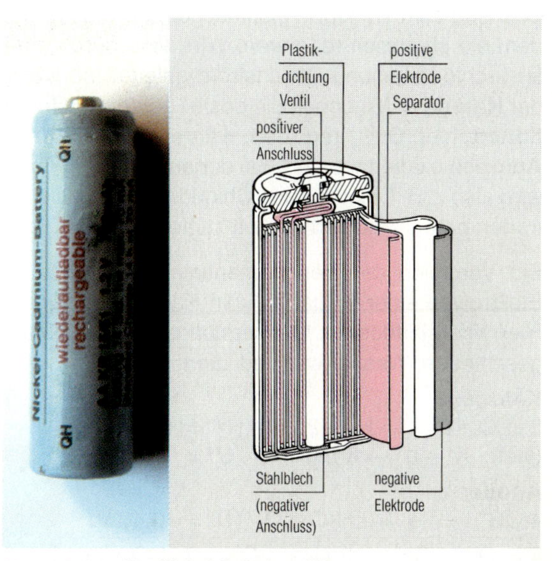

Abb. 2.2.8-2 Der Nickel-Cadmium-Akku

Das heißt, dass die verdünnte Ni-Halbzelle im Vergleich zur NWE zur Akzeptorhalbzelle würde, obgleich Nickel aufgrund seines negativen Standardpotentials in Säure löslich ist. Für die Cadmiumhalbzelle ergibt sich ein negatives Potential U_2 (Cd/Cd^{2+} c = 1 mol/l) – sie wäre für die NWE die Donatorhalbzelle:

$U_2 = U°_{2\ (Cd/Cd^{2+}\ c = 1\ mol/l)} + 0{,}059/2\ V \cdot \lg 1{,}0$

$U_2 = -0{,}40\ V + 0{,}0295 \cdot 0 = -0{,}3705\ V.$

Diese Nickel-Cadmium-Batterie hätte also eine Potentialdifferenz bzw. Spannung von

$\Delta U = U_1 - U_2 = -0{,}3705 - (+0{,}0147) = 0{,}356\ V.$

Die Nernst'sche Gleichung gilt auch für Konzentrationszellen von Nichtmetallen. Hier liegt jedoch die reduzierte Form des Redoxpaares in der Elektrolytlösung vor. In einer Chlor-Halbzelle ist daher die konzentriertere Lösung die Donatorhalbzelle – sie besitzt das niedrigere Elektrodenpotential, denn hier gehen weniger Cl-Atome unter Elektronenaufnahme in Lösung als in einer Chlor-Halbzelle mit der verdünnteren Lösung.

Das Elektrodenpotential einer **Wasserstoffhalbzelle ist pH-abhängig.**

Hier gilt: $U°_{H/H^+}$ = NWE = 0 und:

$U_{H/H^+} = U°_{H/H^+} + 0{,}059\ V \cdot \lg c(H^+)$, daher auch:

$\mathbf{U_{H/H^+} = -0{,}059\ V \cdot pH.}$

Im **pH-Meter** wird daher die Spannung einer Halbzelle im Vergleich zur Standardhalbzelle der Bezugselektrode des pH-Meters gemessen. Der pH-Wert berechnet sich dann nach $\mathbf{pH = \frac{U}{0{,}059\ V}}$.

In einer vorausgegangenen Reaktion hatten wir unter äußerem Zwang ablaufende Redoxreaktionen als **Elektrolyse** bezeichnet. Salzlösungen sind ja als Leiter 2. Ordnung zum Transport elektrischer Ladung nur fähig, indem sie chemisch reagieren. Wird also durch eine Kupfer-II-chlorid-Lösung Gleichstrom geleitet, so werden an der **Katode** (= Minuspol) die positiv geladenen Ionen (**Kationen,** hier: Cu^{2+}) reduziert, während an der **Anode** die **Anionen** oxidiert werden. Bei der **anodischen Oxidation** wird also z. B. Chlorgas aus Chlorid frei oder es wird Elektrodenmaterial oxidiert und oft zugleich auch gelöst.

Ein Vergleich der Redoxpotentiale zeigt, dass bei der Elektrolyse einer Kalilauge kein Kalium entstehen kann. Hier wird stattdessen Wasserstoffgas an der Katode abgeschieden: Wasser wird reduziert:

Katode:

$2\ H_2O + 2\ e^- \rightarrow H_2 + 2\ OH^-$ ($U°$ = 0,0 V) · 2

(statt: $K^+ + e^- \rightarrow K$ mit $U°$ = –2,92 V)

Anode:

$4\ OH^- \rightarrow 4\ e^- + 2\ H_2O + O_2$ ($U°$ = +0,40 V)

$4\ H_2O + 4\ OH^- \rightarrow 2\ H_2 + 4\ OH + 2\ H_2O + O_2$

bzw. gekürzt: $2\ H_2O \rightarrow 2\ H_2 + O_2$

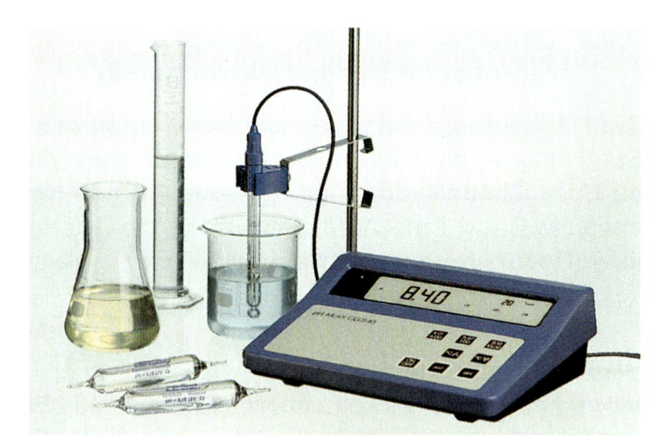

Abb. 2.2.8-3 Ein pH-Meter

Über eine Glas-Elektrode mit Pufferlösung als Bezugselektrode mit Spannungsmesser wird durch Eintauchen in eine Probelösung deren pH-Wert elektrochemisch messbar.

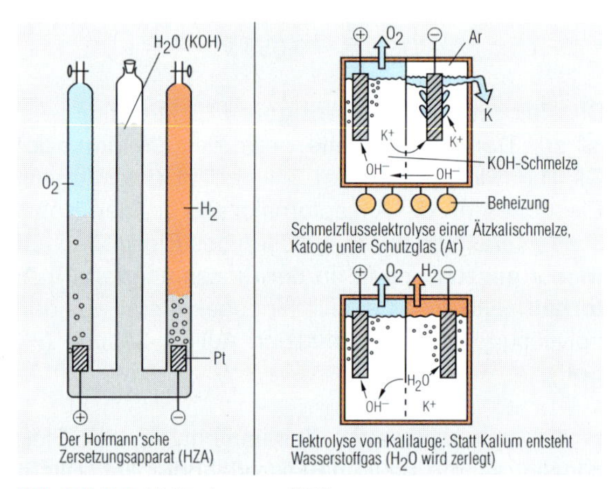

Abb. 2.2.8-4 Elektrolyse von KOH

Nur in Abwesendheit von Wasser kann an der Kathode Kalium entstehen. Im Bild: a) Elektrolyse wässriger Kalilauge im Hofmann'schen Zersetzungsapparat, b) Schmelzflusselektrolyse von Ätzkali, KOH.

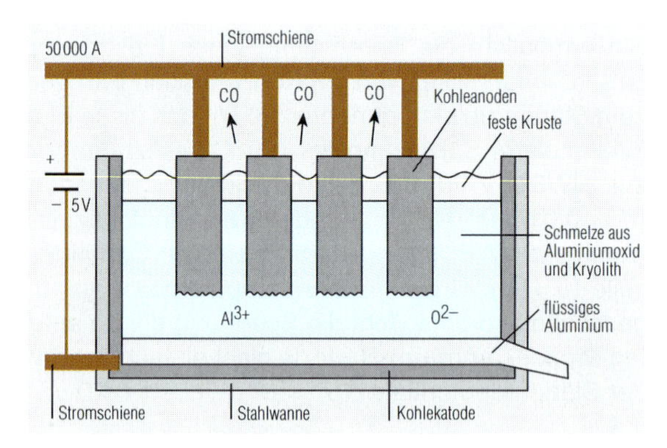

Abb. 2.2.8-5 Schmelzflusselektrolyse von Al_2O_3

Zur Aluminiumgewinnung werden große Mengen Aluminiumoxid mit Kryolith $Na_3[AlF_6]$ eingeschmolzen und bei über 950 °C mit 50 000 A bei 5 V elektrolysiert. An den Kohleanoden entstehender Sauerstoff reagiert dabei zu Kohlenmonoxid:

$O^{2-} \rightarrow O_2 + 4\ e^-$, Folgereaktion: $2\ C + O_2 \rightarrow 2\ CO$.

In der katodischen Stahlwanne entsteht über der Kohlekatode flüssiges Aluminium ($Al^{3+} + 3\ e^- \rightarrow Al$) vgl. Kap. 4.3.

Bei der Elektrolyse von Kalilauge (KOH in wässriger Lösung!) läuft also die **Knallgasreaktion** ab, freilich in umgekehrter Richtung und unter Energieverbrauch. Zur Herstellung von Kalium-Metall muss also wasserfreie Ätzkalischmelze elektrolysiert werden **(Schmelzflusselektrolyse),** und zwar unter Luftausschluss (Abb. 2.2.8-4). Großtechnisch werden auf diese Weise Metalle produziert, die sich auf chemischem Wege auch mit noch so starken Reduktionsmitteln nicht oder nur schwierig aus ihren Verbindungen herstellen lassen (z. B. Magnesium, Aluminium, Natrium und Zink, vgl. Kap. 4.3 und Abb. 2.2.8-5). Umgekehrt kann auch Fluor nur elektrolytisch durch anodische Oxidation von Fluoriden (oder HF) gewonnen werden – nicht aber chemisch durch Oxidationsmittel.

Elektrische Energie kann auch einem galvanischen Element, das sich im Gleichgewicht befindet (z. B.: entladene Batterie), zugeführt werden. Die hier ablaufenden Vorgänge sollen am Beispiel des **Ni-Cd-Akkumulators** verdeutlicht werden (vgl. Abb. 2.2.8-2). Im geladenen Zustand liefert er mit KOH-Elektrolytlösung (20 %) eine Spannung von 1,3 V über folgende Redoxreaktionen:

a) Minuspol:
$\mathbf{Cd + 2\,OH^-_{(aq)} \rightarrow Cd(OH)_{2(aq)} + 2\,e^-}$

b) Pluspol:
$\mathbf{2\,NiOOH + 2\,H_2O + 2e^- \rightarrow 2\,Ni(OH)_2 + 2\,OH^-_{(aq)}}$.

Beim **Entladen** reagiert somit am Minuspol (Donatorhalbzelle) Cadmium zu Cadmiumhydroxid, während am Pluspol die Elektronen des Cadmiums das Nickel-III-oxidhydroxid zu Nickel-II-hydroxid reduzieren.

Legt man eine genügend hohe Spannung an, so lässt sich die Gleichgewichtsreaktion zwischen diesen beiden Redoxpaaren umkehren:

Die Reaktion
$Cd + 2\,NiOOH + 2\,H_2O \leftrightarrow Cd(OH)_2 + 2\,Ni(OH)_2$ läuft beim Entladen nach rechts in Richtung auf die beiden Hydroxide ab, bei Anlegen eines äußeren Zwanges (Prinzip von Le Chatelier) jedoch nach rechts, sodass beim **Aufladen** des Ni-Cd-Akkus also wieder NiOOH und Cadmium entsteht.

Bekannter noch ist der **Bleiakkumulator (Autobatterie).** Hier besitzt der Pluspol eine Blei-IV-Oxidschicht, sodass bei Stromentnahme (pro Zelle 2 Volt Spannung!) mit H_2SO_4 (c = 20 %) als Elektrolyt Folgendes abläuft:

a) Minuspol:
$\mathbf{Pb \rightarrow Pb^{2+} + 2\,e^-}$

b) Pluspol:
$\mathbf{PbO_2 + 4\,H^+ + 2e^- \rightarrow Pb^{2+} + 2\,H_2O}$
$\mathbf{Pb + PbO_2 + 2\,H_2SO_4 \leftrightarrow 2\,PbSO_4 + H_2O}$

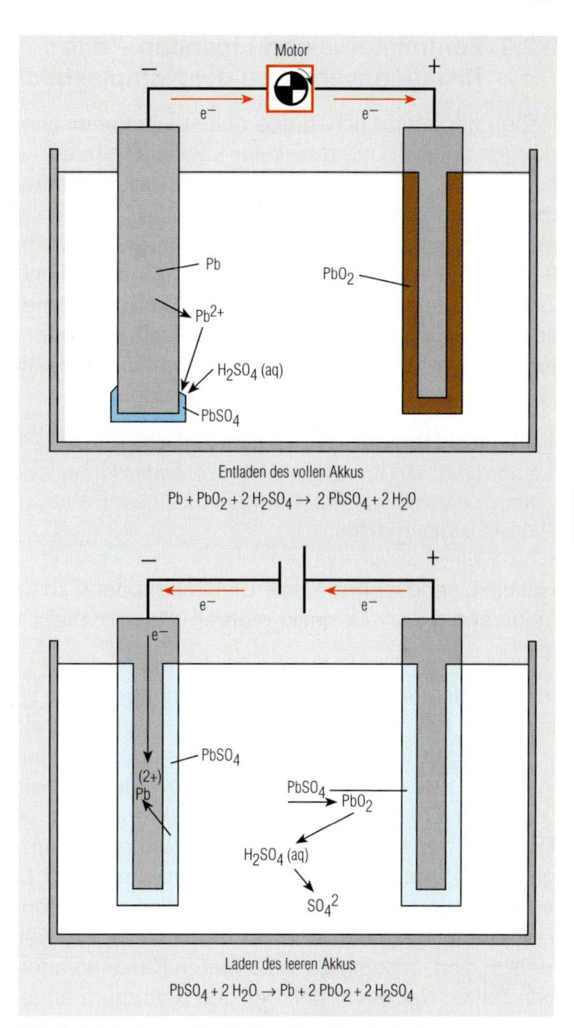

Abb. 2.2.8-6 Be- und Entladen einer Autobatterie

Elektrotechnik im PKW

Bei **Stromerzeugung** entsteht Wasser sowie auf beiden Elektroden ein Bleisulfat-Niederschlag. Bei der erzwungenen Umkehrreaktion **(Laden)** wird am Minuspol $PbSO_4$ wieder zu Blei reduziert, am Pluspol entsteht PbO_2 (denn die Bleielektroden verhindern, dass hier stattdessen das H_2O zerlegt wird).

Hartbleielektroden einer Autobatterie (Pb mit 4–10 % Sb) lassen sich zu vielen dünnen Platten wälzen. Die große Elektrodenoberfläche liefert so beim Starten kurzzeitig mehr Energie, bringt aber Nachteile während des Betriebes mit sich. Daher wird heute zumeist nur bis zu 1,7 % Sb hinzulegiert, dafür aber auch Zusätze von Arsen (0,1 %), Kupfer (0,03 %), Selen (0,02 %) und Zinn (0,01 %).

6 Akkuzellen liefern die 12-V-Spannung einer Autobatterie. Durch Bildung von „Schwammblei" am Minuspol verlieren die Elektroden jedoch langsam ihre große, aktive Oberfläche: Der Akku altert. Auch das Antimon wirkt nachteilig, da es die elektrolytische Wasserzersetzung ermöglicht: Die Batterie „gast".

Die Startleistung einer Batterie bei 27 °C fällt mit der Temperatur: Am Gefrierpunkt liefert eine Autobatterie daher nur noch 65 % ihrer Startenergie, bei –20 °C nur noch ca. 42,6 %. Bei –20 °C ist der Leistungsbedarf des Motors zum Starten jedoch mehr als doppelt so groß wie bei +27 °C – von daher muss bei genügend tiefer Temperatur jede Autobatterie versagen. In Sibirien baut man – wenn keine heizbare Garage existiert – nach dem Einparken Autobatterien daher in der Regel aus, um sie mit in geheizte Räume zu nehmen.

2.2.9 Zentralatome und Liganden – das Reaktionsverhalten der Komplexbildner

Neben den metallischen und den stöchiometrischen Bindungen (ionisch und molekular-kovalent) gibt es – wie in Kapitel 1.5.2, S. 46 erwähnt – auch **koordinative Bindungen** in Komplexen. Diese bilden sich, wenn Wechselwirkungen zwischen Molekülen mit freien Elektronenpaaren (Lewis-Basen als **Liganden**) und kationischen Zentralatomen möglich sind. Diese **Zentralatome** müssen dazu besonders klein sein (Kationen) oder hohe Kernladungszahlen aufweisen. Es zieht dann Elektronenpaare an und umgibt sich so mit Liganden.

Die **Koordinationszahl** (Ko.-Z.) gibt an, wie viel koordinative Bindungen ein Zentralatom eingehen kann, und sie ist unabhängig von dessen Wertigkeit und Oxidationszahl.

2.2

Hat ein Ligand mehrere freie Elektronenpaare, so kann er mehrzähnig sein: Er deckt mehrere Koordinationsstellen ab.

In **Formeln** von Koordinationsverbindungen – sie werden in eckige Klammern gesetzt: [ ] – werden Zentralatome vor die Liganden gesetzt. Liganden stehen oft zusätzlich in runden Klammern. **Anionische Komplexe** erhalten latinisierte Namen mit Endung **-at,** während Zentralatome **kationischer Komplexe** deutsche Namen haben. **Mengenverhältnisse** werden durch Zahlwörter und **Oxidationszahlen der Zentralatome** werden durch römische Ziffern mitangegeben. Diese Komplexe bilden, wenn sie ionisch sind, zusammen mit anderen Kationen oder Anionen Salze. Nur die in den eckigen Klammern angegebenen Teilchen gehören zur koordinativen Bindung.

Wichtige Komplexe sind z. B.:

$[Ag(NH_3)_2]Cl$,	Silberdiamminchlorid (Ko.-Z. = 2)
$[Cu(H_2O)_4]SO_4$,	Kupfer-II-tetraquo-sulfat (Ko.-Z. = 4)
$[Cr(H_2O)_6]Cl_3$,	Chrom-III-hexaquo-chlorid (Ko.-Z. = 6)
$[Co(NH_3)_6]Cl_3$,	Hexamminkobalt-III-chlorid (Ko.-Z. = 6)
[Fe(CO)5]	Eisenpentacarbonyl (Ko.-Z. = 5)
$K_4[Fe(CN)_6]$,	Kaliumhexacyanoferrat-II (gelbes Blutlaugensalz)
$K_3[Fe(CN)_6]$,	Kaliumhexacyanoferrat-III (rotes Blutlaugensalz)

$[Co(H_2N{-}CH_2{-}CH_2{-}NH_2)_2Cl_2]Cl$ oder kürzer:

$[Co(en)_2Cl^2]Cl$ Dichlorobis(ethylendiamin)-kobalt-III-chlorid (Ko.-Z. = 6)

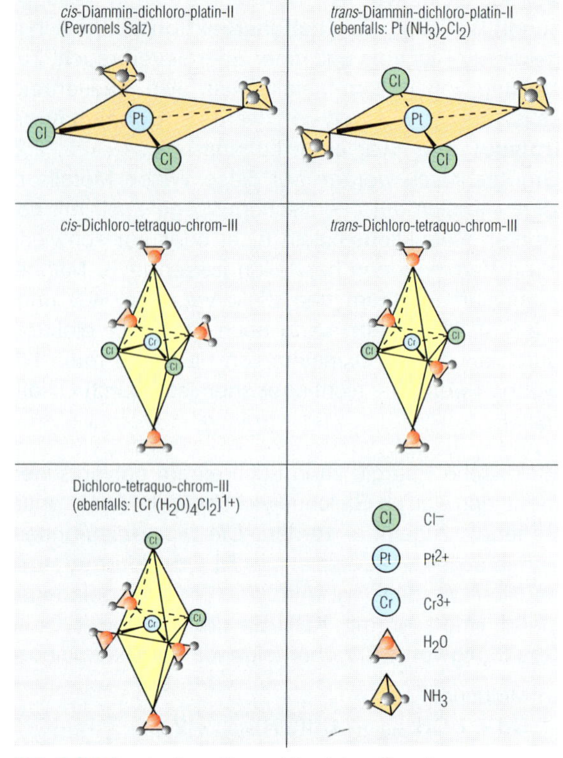

Abb. 2.2.9-1 *cis-/trans*-Geometrie einiger Komplexe

Wichtige organische Liganden:			
Cl-	Chloro-	CN-	Cyano-
Br-	Bromo-	SCN-	Thiocyano-
I-	Iodo-	OH-	Hydroxo-
NH_3	Ammin(o)-	$S_2O_3^{2-}$	Thiosulfato-
H_2O	Aquo-	F^-	Fluoro-

Laborversuche

1. Lösen Sie 1 Spatelspitze Kupfersulfat in 2–3 ml Wasser. Geben Sie nun 3 ml konz. NaCl-Lösung und 2–3 Tropfen konz. Salzsäure hinzu. Fügen Sie anschließend konz. NH_3 hinzu, bis pH = 10 erreicht ist.

2. Versetzen Sie 1 ml $AgNO_3$-Lösung mit 1 Tropfen NaCl-Lösung und lösen Sie den Niederschlag (AgCl) durch Zugabe einiger Tropfen verdünnter NH_3-Lösung! Geben Sie nun 1 Tropfen KBr-Lösung hinzu. Den AgBr-Niederschlag können Sie nun nur noch in konz. Ammoniak lösen. Nach Zugabe von 1 Tropfen KI-Lösung reicht NH_3 nicht mehr als Komplexbildner aus, um AgI zu lösen. Hier sollten Sie, wie man es in der Schwarz-Weiß-Fotografie auch mit AgBr macht, Natriumthiosulfatlösung (Fixiersalz: $Na_2S_2O_3$) zugeben. Es entsteht der lösliche Dithiosulfato-argentat-I-komplex: $[Ag(S_2O_3)_2]^{3-}$).

Auswertung: Versuchen Sie, die Reaktionsschemen zu formulieren, z. B. für einen typischen Ligandenaustausch, wie z. B.:
$[Cu(H_2O)_4]^{2+} + 4\ NH_3 \leftrightarrow [Cu(NH_3)_4]^{2+} + 4\ H_2O$

Im zuletzt genannten Kobaltkomplex sitzen zwei **Ethylendiamin-Moleküle** als je zweizähniger Ligand:

$H_2N–CH_2–CH_2–NH_2$ hat an beiden Aminogruppen **$–NH_2$** je ein freies Elektronenpaar ähnlich dem N-Atom im Ammoniak. Das Kobalt-III-Kation besitzt sechs 3d-Elektronen, vier davon sind jedoch ungepaart. Es erreicht durch die Komplexbindung deren Umstellung auf drei 3d-Elektronenpaare, sodass die sechs Elektronenpaare der sechs Ligandenatome die beiden verbliebenen 3d-Orbitale, das 4s-Orbital und die drei 4p-Orbitale besetzen (also Bildung von d^2sp^3-Hybridorbitalen, Ko.-Z. = 6, zum Erreichen der **Edelgaskonfiguration** des Krypton-Atoms).

Komplexe mit der Ko.-Z. 2 sind in der Regel linear, mit Ko.-Z. = 4 entweder quadratisch-planar oder tetraedrisch und mit der Ko.-Z. = 6 sind sie oktaedrisch. Seltener ist die Ko.-Z. 5, hier sind sie trigonal-bipyramidal.

Bei oktaedrischen Komplexen mit zwei verschiedenen Liganden (A, B) vom Typ MeA_2B_4 gibt es noch die beiden Möglichkeiten, dass die beiden Liganden A zwei benachbarte **(„*cis-*“)** oder zwei gegenüberliegende **(„*trans-*“)** Ecken des Oktaeders besetzen (Abb. 2.2.9-1). Auch bei planarer Anordnung von vier Liganden ist eine solche ***cis-trans*-Isomerie** möglich. *Cis-trans*-Isomere haben oft unterschiedliche Färbung und Wirkung, so ist z. B. das „Peyron'sche Salz“ (entdeckt 1844) *cis*-Diammindichloroplatin-II (Formel: $[Pt(NH_3)_2Cl_2]$) ein Medikament gegen Blasen- und Hodentumoren – das *trans*-Isomer jedoch ist wirkungslos.

Die typische Reaktionsweise an koordinativen Bindungen ist der **Ligandenaustausch.** Man beobachtet ihn z. B. beim Zusammengeben von Eisen-III-chloridlösung (durch Eisen-III-hexaquo- oder -chloropentaquo-Komplexe gelb) mit Ammonium- oder Kaliumthiocyanatlösung:

$$[Fe(H_2O)_5Cl]^{2+} + SCN^- \leftrightarrow [Fe\,(H_2O)_5SCN]^{2+} + Cl^-.$$

Der Thiocyanato-Komplex ist der wesentlich stabilere, darum werden schließlich alle Aquo-Liganden ausgetauscht, bis dass – in salzsaurer Lösung – blutrotes Eisen-III-thiocyanat entsteht. Will man jedoch analytisch Kobaltionen nachweisen – sie reagieren mit Thiocyanat als Nachweismittel zum blauen Kobalt-

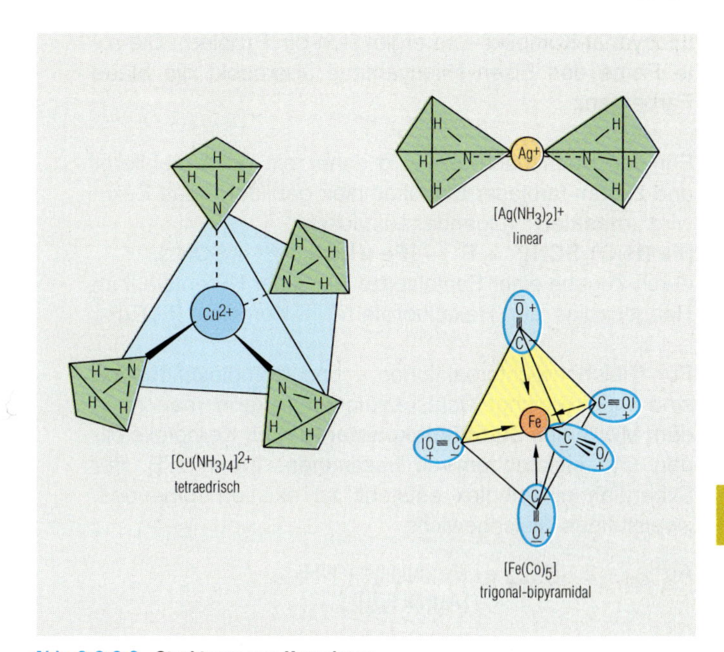

Abb. 2.2.9-2 Strukturen von Komplexen
Viele Komplexe werden in der Industrie als Katalysatoren eingesetzt.

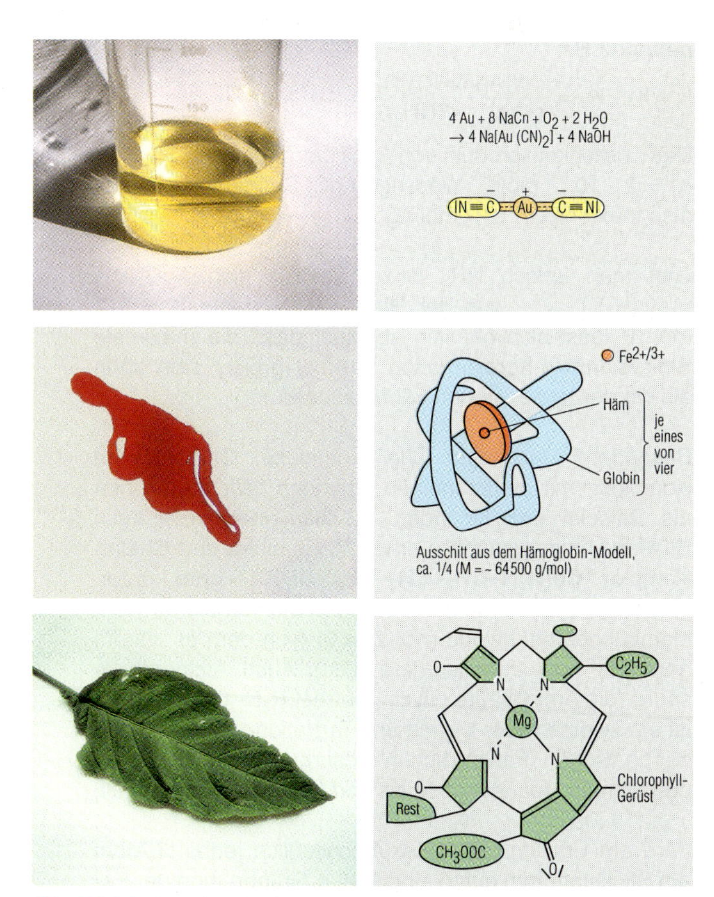

Abb. 2.2.9-3 Komplexe in Natur und Industrie
Im Bild: Goldgewinnung durch Zyanidlaugung (Dicyanoaureat-I-Komplex), Struktur des Blutfarbstoffes Hämoglobin (ein Eisenkomplex) und des Blattgrüns Chlorophyll (ein magnesiumorganischer Komplex).

thiocyanat-Komplex – so ergibt sich ein Problem: Die rote Farbe des Eisen-Thiocyanates überdeckt die blaue Farbe ganz.

Für den Kobaltnachweis wird daher ein noch stabilerer und zudem farbloser Eisenkomplex gebildet – das Eisen wird **„maskiert"** (Ligandenaustausch:
$[Fe(H_2O)_5SCN]^{2+} + F^- \leftrightarrow [Fe(H_2O)_5F]^{2+} + SCN^-$),
durch Zugabe einer Spatelspitze NaF oder KF entsteht im Reagenzglas der Hexafluoroferrat-III-Komplex $[FeF_6]^{3-}$.

Für Gleichgewichtsreaktionen – und Komplexbildungen sind stets Gleichgewichtsreaktionen – kann man nach dem MWG eine **Stabilitätskonstante K** für Komplexe bilden und elektrochemisch bestimmen. Wenn z. B. der Silberdiamminkomplex entsteht, so existiert folgendes, zweistufiges Gleichgewicht:

$$Ag^+_{(aq)} + 2\,NH_{3(aq)} \leftrightarrow [Ag(NH_3)]^+ + NH_{3(aq)} \leftrightarrow [Ag(NH_3)_2]^+_{(aq)}$$

und demzufolge für jeden Schritt (1 und 2) eine Gleichgewichtskonstante K_{MWG}.
Die Stabilitätskonstante für den Silberdiamminkomplex beträgt z. B.:

$$K = K_1 \cdot K_2 = \frac{c([Ag(NH_3)_2]^+)}{c(Ag^+) \cdot c(NH_3)_2} = 10^7\ mol^{-2}\ l^2$$

Das Löslichkeitsprodukt von AgCl beträgt
$K_L = 2 \cdot 10^{-10}\ mol^2 l^2$. Wässrige AgCl-Suspension enthält also maximal ca. 10^{-5} mol $Ag^+_{(aq)}$/l.

Gibt man jedoch NH_3 hinzu, so löst sich AgCl als $[Ag(NH_3)_2]^+_{(aq)}$ – aus der Stabilitätskonstante K = 10^7 $mol^{-2}l^2$ lässt sich nämlich ablesen, dass die maximale Silberdiammin-Konzentration 10^7-mal größer sein kann als die der hydratisierten Silberkationen.

Besonders stabil sind Chelatkomplexe. Chelate sind Komplexe mit mehrzähnigen Liganden. Wir hatten hier als Beispiel den Liganden 1,2-Diaminoethan – auch Ethylendiamin genannt – erwähnt. Es bildet den Chelat-Komplex **$[Co(H_2N{-}CH_2{-}CH_2{-}NH_2)_2Cl_2]Cl$** – oder kürzer: **$[Co(en)_2Cl_2]Cl$** – mit dem Namen Dichlorobis(ethylendiamin)kobalt-III-chlorid (Ko.-Z. = 6) (von dem es zudem noch cis- und trans-Isomere gibt!). Auch Aminoethansäure (die Aminosäure Glycin, Formel **$H_2N{-}CH_2{-}COOH$)** ist ein zweizähniger Ligand und Tartrationen reagieren in der basischen „Fehling'schen" Lösung mit Cu^{2+}-Ionen als dreizähnige Liganden, sodass dort kein $Cu(OH)_2$ ausfällt.

Wird am Ethylendiaminmlekül schließlich jedes H-Atom am Stickstoffatom durch eine Acetat-Gruppe (von der Essigsäure CH_3COOH) ersetzt, so entsteht der sechszähnige Ligand EDTA (Ethylendiamintetraessigsäure, vgl. Abb. 2.2.9-4).

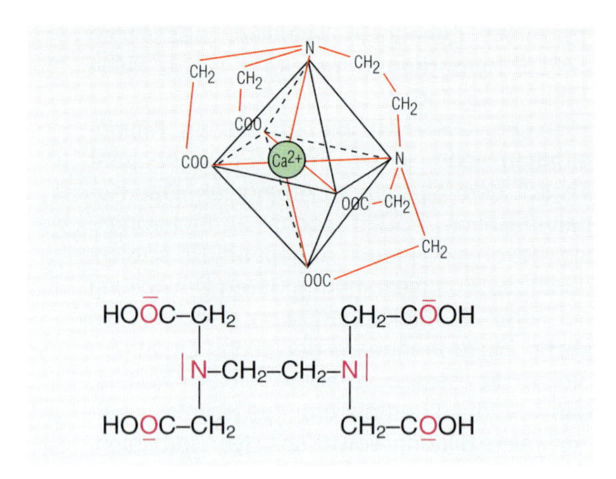

Abb. 2.2.9-4 Strukturformel von EDTA

Mit EDTA werden bei komplexometrischen Analyseverfahren unbekannte Kationenkonzentrationen erfasst. Ein **„Komplexon"** wie EDTA besetzt an Zentralatomen „mühelos" gleich alle sechs Koordinationsstellen. Komplexone eignen sich für **Nachweisreaktionen** (z. B. Dimethylglyoxim für Ni^{2+}), als **Wasserenthärter** (binden Ca^{2+}), aber auch als **„Gegengifte"** bzw. Medikamente zur Entfgiftung bei Schwermetallvergiftungen (z. B. EDTA-Ca-Salze gegen Blei- oder DTPA bzw. Diethylentriaminpentaessigsäure gegen Plutoniumvergiftungen).

Stabilitäts(bildungs)konstanten		Beispiel
$[Fe(CN)_6]^{3-}$	10^{44}	
$[Co(NH_3)_4]^{3+}$	10^{35}	$Hg^{2+} + 4\,I^- \rightleftharpoons [HgI_4]^{2-}$
$[HgI_4]^{2-}$	10^{30}	1 : 10^{30}
$[Au(CN)_2]^-$	10^{21}	Freie Ionen ⇨ / ← komplex
$[AlF_6]^{3-}$	10^{20}	
$[Ag(CN)_2]^-$	10^{20}	
$[Ag(S_2O_3)]^{3-}$	10^{13}	
$[Cu(NH_3)_4]^{2+}$	10^{13}	
$[Zn(NH_3)_4]^{2+}$	10^{10}	
$[Ag(NH_3)_2]^+$	10^7	
$[AgCl_2]^-$	10^5	
$[Co(NH_3)_6]^{2+}$	10^5	

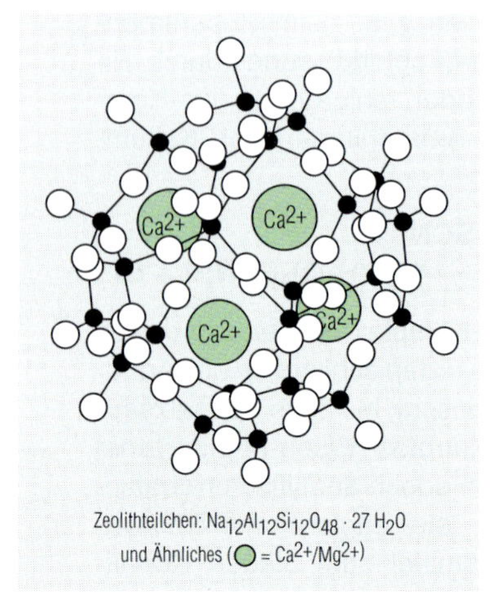

Abb. 2.2.9-5
Komplexe in Waschmitteln
Zeolith-Teilchen (als Enthärter und Phosphatersatz in Waschmitteln) bilden mit Ca^{2+}- und Mg^{2+}-Ionen käfigartige Komplexe.

Zusammenfassung zu Kapitel 2.2

Protonen- und Elektronenübertragungen, Komplexe

1. **Säuren** sind Protonendonatoren, **Basen** Protonenakzeptoren. **Protolyse- bzw. Säure-Base-Reaktionen** sind stets **Gleichgewichtsreaktionen** zwischen korrespondierenden (zusammengehörigen) Säure-Base-Paaren, die an einer Protonenübertragung (Protolyse) beteiligt sind. Für jede Säure (Base) lässt sich daher nach dem MWG eine **Säurekonstante K_S** (bzw. **Basekonstante K_B**) berechnen. Diese ist ein Maß für die Stärke einer Säure bzw. Base: Je kleiner der pK_S-Wert einer Säure, desto stärker ist sie. In Wasser sind jedoch nur pK_S-Werte zwischen 0 (für H_3O^+) und 14 (für H_2O) wirksam.

2. Der negative, dekadische Logarithmus der Säurekonstante wird **pK_S-Wert** genannt. Sie steht für korrespondierende Säure-Base-Paare im Zusammenhang mit dem **Ionenprodukt** des Wassers (= KW-Wert = 10^{-14} mol^2/l^2): **$pK_W = 14 = pK_S + pK_B = pH + pOH$.**

3. Starke Säuren (und Basen) verdrängen schwache aus ihren jeweiligen Salzen **(Verdrängungsreaktion).**

4. Unbekannte Säure- bzw. Basekonzentrationen werden durch **Säure-Base-Titration** bestimmt. Ein **Indikator** zeigt hier das Erreichen des **Äquivalenzpunktes** an, an dem die Stoffmenge der zugesetzten **Titer**lösung dem der unbekannten Probe an Säure bzw. Lauge entspricht (bei 1:1-Neutralisation).

5. Bei halber Neutralisation lässt sich für schwache Säuren und Laugen über den pH-Wert der pK_S-Wert bestimmen **(Halbtitration),** da hier ein Puffer vorliegt: $pH = pK_S$.

6. Ein **Puffer** ist ein äquimolares Gemisch aus einer schwachen Säure (oder Base) und ihrem Salz (korrespondierendes Säure-Base-Paar im **Stoffmengenverhältnis 1:1**). Der **pH-Wert** einer Pufferlösung bleibt bei Zugabe nicht allzu großer Mengen an Säure oder Base **stabil**!

7. Eine **Oxidation** ist eine Abgabe von Elektronen: Die **Oxidationszahl** erhöht sich, der Stoff (das Oxidans) gibt Elektronen an das **Oxidationsmittel** bzw. den **Elektronenakzeptor** ab. Bei einer **Reduktion** wird die Oxidationszahl aufgrund von Elektronenaufnahme kleiner: Das **Reduktionsmittel** wirkt als **Elektronendonator**. Elektronenübertragungen **(Redoxreaktionen)** sind immer Gleichgewichtsreaktionen.

8. Durch Anlegen einer äußeren Spannung kann eine Redoxreaktion erzwungen werden **(= Elektrolyse):** Hierbei scheiden sich positiv geladene Ionen **(= Kationen)** am Minuspol ab **(= Katode,** katodische Reduktion), negativ geladene Ionen **(= Anionen,** anodische Oxidation) am Pluspol **(= Anode).**

9. In einem **galvanischen Element** laufen Reduktion und Oxidation räumlich getrennt voneinander ab. Die dabei fließende elektrische Ladung kann als elektr. Energie genutzt werden **(„Batterie").** Das **Standard-Normalpotential $U°$** einer Halbzelle wird im Vergleich zur Normalwasserstoffelektrode **(NWE)** gemessen. Das Potential einer Halbzelle hängt vom Standardpotential des Redox-Paares und der Konzentration der Elektrolytlösung ab **(Nernst'sche Gleichung),** es beträgt bei +25 °C:
$U_{(Me/Me^{n+}\ c\,=\,x\ mol/l)} = U°_{(Me/Me^{n+}\ c\,=\,1\ mol/l)} + 0{,}059/n \cdot V \cdot \lg c(Me^{n+})$.

10. Da das Potential einer Wasserstoffhalbzelle pH-abhängig ist, kann der pH-Wert elektrochemisch über ein galvanisches Element **(pH-Meter)** gemessen werden.

11. **Koordinative Bindungen** zwischen **Zentralatom** und **Liganden** haben geometrische Strukturen und werden durch **Koordinationszahlen** angegeben, da sie unabhängig von stöchiometrischen Wertigkeiten entstehen. Solche Komplexe sind oft farbig und sehr stabil. Komplexe mit mehrzähnigen Liganden **(Komplexone)** werden **Chelate** genannt.

12. Die **Stabilitätskonstante** ist ein Maß für die Stabilität koordinativer Bindungen. Moleküle verdrängen Liganden aus bestehenden Komplexen, wenn sie selbst mit dem Zentralatom stabilere Komplexe bilden können. Solche Gleichgewichtsreaktionen heißen **Ligandenaustausch.**

Üb(erleg)ungsaufgaben zu Redoxreaktionen (Kapitel 2.2)

1. **Erklären Sie** folgende **Grundbegriffe** in mind. einem Satz mit je einem Beispiel:
   a) Redoxreaktion,
   b) Oxidationszahl,
   c) Reduktion,
   d) Oxidationsmittel,
   e) Redoxpotential,
   f) Galvanisches Element,
   g) Halbzelle,
   h) NWE,
   i) Elektrode,
   j) Salzbrücke,
   k) Batterie,
   l) Spannungsreihe (der Metalle/Nichtmetalle etc.)

2. Geben Sie mithilfe der **Spannungsreihen** der Metalle bzw. Nichtmetalle an, ob bei folgenden Stoffen miteinander **Redoxreaktionen möglich** sind:
   a) Chlor + NaI,
   b) Brom + KF,
   c) Iod + NaBr,
   d) Fluor + HCl,
   e) Fluor + Wasser,
   f) Schwefel + NaBr,
   g) Brom + Natriumsulfid,
   h) Lithium + Aluminiumchlorid,
   i) Zink + Kupfersulfatlösung,
   j) Zink + Iod,
   k) Kupfer + Magnesiumsulfat,
   l) Eisen + Kupferoxid,
   m) Blei-IV-oxid + Kohlenstoff,
   n) Aluminium + Eisen-III-oxid,
   o) Neon + Fluor,
   p) Aluminiumoxid + Aluminium,
   q) Gold-III-chlorid + Silber,
   r) Salzsäure + Kupfer,
   s) Essigsäure + Aluminium.

3. **Erstellen Sie** die **Reaktionsschemen** folgender Redox- (und: Säure-Base-!)Reaktionen:
   a) Salzsäure + Soda,
   b) Salpetersäure + Kalk,
   c) Schwefelsäure + Salpeter,
   d) Kupferoxid + Schwefelsäure,
   e) Kalilauge + Salpetersäure,
   f) Wasserstoff + Chlorgas,
   g) Magnesium + Stickstoff,
   h) Magnesium + Kohlen-dioxid,
   i) Eisenpulver + Kupferoxid,
   j) Silbernitratlösung + Blei (Blei wird zweiwertig),
   k) Salmiaksalz (Ammoniumchlorid) + Natronlauge,
   l) Schwefeltrioxid + Stickstoffmonoxid, u. a. zu Stickstoffdioxid,
   m) Silber + Bleioxid.

4. **Vervollständigen Sie** folgende **Reaktionsschemen** (hier liegt der Schwierigkeitsgrad höher als in Aufg. 3; Redoxreaktionen in **zwei** Teilschritten **Red**(uktion)/**Ox**(idation) formulieren):
   a) $Al(OH)_3 + H_2SO_4$ zu $Al_2(SO_4)_3 + H_2O$
   b) $FeS + O_2$ zu $Fe_2O_3 + SO_2$
   c) $C_6H_{14} + O_2$ zu $CO_2 + H_2O$
   d) $Cu + HNO_3$ zu $Cu(NO_3)_2 + NO + H_2O$
   e) $Na_3SbS_4 + HCl$ zu $Sb_2S_5 + H_2S + NaCl$
   f) $Fe^{2+} + MnO^{4-} + H^+$ zu $Fe^{3+} + Mn^{2+} + H_2O$
   g) $C_{14}H_{10} + Cr_2O_7^{2-} + H^+$ zu $C_{14}H_8O_2 + Cr^{3+} + H_2O$
   h) $C_2H_5OH + MnO_4^- + H+$ zu $CH_3COOH + Mn^{2+} + H_2O$
   i) $NaNO_3 + Al + NaOH + H_2O$ zu $NH_3 + NaAlO_4$
   j) $MnO_4^- + Sn^{2+} + H^+$ zu $Mn^{2+} + Sn^{4+} + H_2O$
   k) $BrO_3^- + Fe^{2+} + H^+$ zu $Br^- + Fe^{3+} + H_2O$
   l) $Cr_2O_7^{2-} + I^- + H^+$ zu $Cr^{3+} + I_2 + H_2O$
   m) $MnO_4^- + H_+ + Cl^-$ zu $Mn^{2+} + Cl_2 + H_2O$
   n) $MnO_4^- + NO_2^- + H^+$ zu $Mn^{2+} + NO_3^- + H_2O$
   o) $MnO_4^- + C_2O_4^{2-} + H^+$ zu $Mn^{2+} + CO_2 + H_2O$
   (Die Oxidationszahl von C in $C_2O_4^{2-}$ ist hier +III)
   p) $MnO_4^- + H_2O_2 + H^+$ zu $Mn^{2+} + O_2 + H_2O$
   und nur für „Profis":
   q) $C_3H_5N_3O_9$ (= Trinitroglyzerin) zu: $CO_2 + H_2O + N_2 + O_2$.

Hilfestellungen zu Aufgabe Nr. 4:

Da Sie bei Redoxreaktionen Red. + Ox. in Teilreaktionen formulieren können, können Sie bei fast allen Aufgaben jeweils eine Teilreaktion so einsetzen, wie Sie sie schon in vorhergehenden Schemen verwendet haben, ganz oft z. B. die Reduktion von Permanganat MnO_4^- im sauren Medium:
Red. = $\mathbf{MnO_4^- + 8\ H^+ + 5\ e^- \rightarrow Mn^{2+} + 4\ H_2O}$ – nur sind die jeweiligen kgV natürlich unterschiedlich! In der letzten Teilaufgabe haben zwei C-Atome die Oxidationszahl –I und eines +/–0, sodass sich rein rechnerisch der Durchschnittswert –2/3 ergibt. Ähnl. Durchschnittswerte ergeben sich auch bei anderen organ. Verbindungen.

Alternativ kann man zur **Ermittlung der Oxidationszahlen** einzelner Atome in größeren Molekülen auch Strukturformeln erstellen, bindende Elektronenpaare dem jeweils elektronegativeren Partner zurechnen und danach alle Atome wie hypothetische Ionen behandeln, um deren Oxidationszahlen zu bestimmen.

Einfacheres **Beispiel:** Im $\mathbf{CH_4}$-Molekül ist daher C –IV, denn: EN(C) > EN(H)! Und im Methanolmolekül $\mathbf{CH_3OH}$? Hier gibt es 3 (statt 4) C–H-Bindungen, deren Bindungselektronen jeweils dem C-Atom zugerechnet werden, nun auch eine C–O-Bindung (Elektronen dem O-Atom zurechnen!) und eine H–O-Bindung (Elektronenpaar ebenfalls zum O-Atom), sodass das Molekül zur Ermittlung der Oxidationszahlen behandelt wird, als ob es aus folgenden Ionen bestünde: 4x H^+-Ion (Ox.-zahl +I), ein O^{2-}-Ion und ein C^{2-}-Ion (ein C-Atom mit 3 zusätzlichen Elektronen von den H-Atomen, aber einem an O abgegebenen Valenzelektron, also mit 6 statt 4 Elektronen: C^{2-}).

2.3 Einführung in die organische Chemie (OC): Molekulare Reaktionen am Beispiel einfacher Kohlenstoffverbindungen

2.3.1 Die Besonderheiten des C-Atoms; Hybrid- und Molekülorbitale

Keine Atomsorte ist bindungsfähig wie das Kohlenstoffatom. Während es von allen anderen 110 Elementen zusammengenommen nur **rund 150 000 chem. Verbindungen** gibt (technisch bedeutsam davon vielleicht nur 1 000–10 000 Stück), existieren ca. **6,5 Millionen Kohlenstoff-Verbindungen** – und pro Jahr kommen rund 30 000 Neuentdeckungen oder -herstellungen hinzu. Fast alle davon sind molekular – und rund 63 000 organische Verbindungen sind ab Lager käuflich.

Bis ca. 1828 hielt man alle Stoffe, aus denen lebende Organismen bestehen oder die von ihnen produziert werden, für „mit Lebenskraft begabt" und unterschied so **organische Stoffe** von den anorganischen Stoffen. Dann stellte man fest, dass organische Stoffe stets Kohlenstoff enthalten (Beispiel: Verkohlung von Zucker nach dem Karamellisieren).

1828 gelang es Friedrich Wöhler erstmals, aus einer Kohlenstoffverbindung der unbelebten Natur – dem Salz Ammoniumcyanat, Formel $\mathbf{NH_4OCN}$ – den „organischen" Stoff mit der Formel $\mathbf{H_2N{-}CO{-}NH_2}$ **(Harnstoff)** herzustellen, durch Erhitzen im Reagenzglas (statt, wie beim Menschen bisher „üblich", als Stoffwechselprodukt, welches im Urin ausgeschieden wird).

Seither versteht man unter „Organischer Chemie" die **Chemie der Kohlenstoffverbindungen** – ausgenommen einfachster Verbindungen wie Carbonate, Carbide, Kohlenstoffoxide und Metallcyanide. Über die **qualitative Elementaranalyse** weist man nach, dass organische Verbindungen fast immer aus den Elementen **C, H, O, N, S, P** und **Halogenen** bestehen und sich alle von den **Kohlenwasserstoffen** C_xH_y ableiten lassen.

C-Atome bilden nämlich in Verbindung mit H-Atomen bis zu vier Molekülorbitale aus. Das vereinzelte, unangeregte C-Atom hat im Grundzustand eine **Elektronenkonfiguration** von $\mathbf{1s^2\ 2s^2\ 2p^2}$ – auf der „Außenschale" also ein Elektronenpaar im kugelförmigen 2s-Atomorbital (Atomorbital wird mit AO abgekürzt, Molekülorbital mit MO) und zwei ungepaarte Valenzelektronen in den drei möglichen 2p-AO. Kohlenstoff dürfte demnach gegenüber Wasserstoff nur „zweibindig" sein. Tatsächlich existieren CH_4-Moleküle. Hier muss also – abweichend von den in Abb. 1.4.8-1 dargestellten Regeln der MO-Theorie – ein Sonderfall vorliegen.

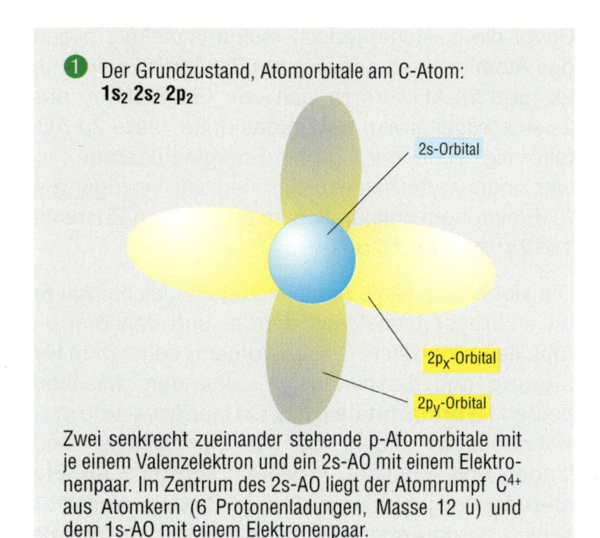

Zwei senkrecht zueinander stehende p-Atomorbitale mit je einem Valenzelektron und ein 2s-AO mit einem Elektronenpaar. Im Zentrum des 2s-AO liegt der Atomrumpf C^{4+} aus Atomkern (6 Protonenladungen, Masse 12 u) und dem 1s-AO mit einem Elektronenpaar.

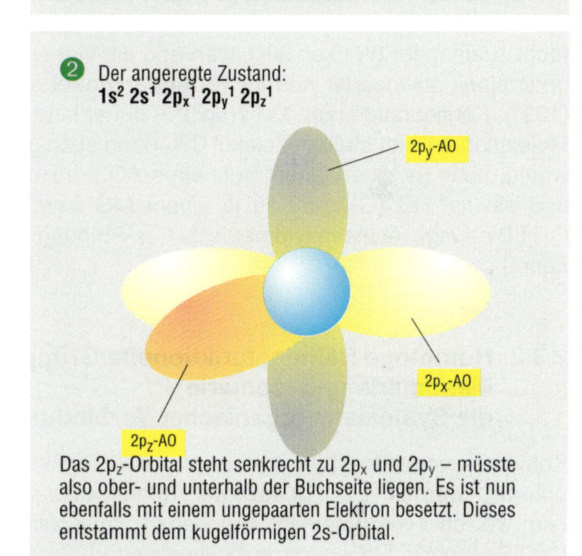

Das $2p_z$-Orbital steht senkrecht zu $2p_x$ und $2p_y$ – müsste also ober- und unterhalb der Buchseite liegen. Es ist nun ebenfalls mit einem ungepaarten Elektron besetzt. Dieses entstammt dem kugelförmigen 2s-Orbital.

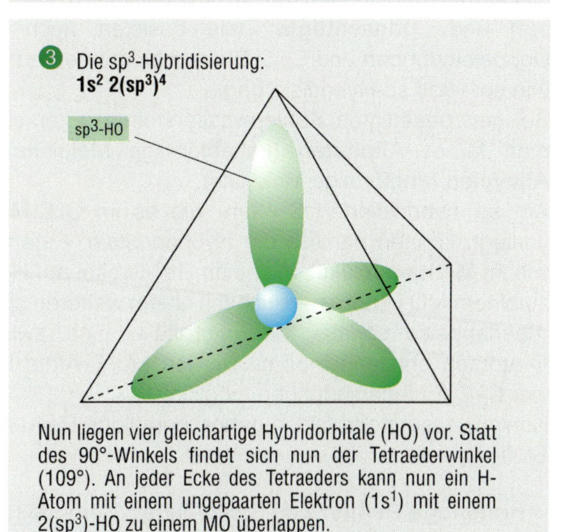

Nun liegen vier gleichartige Hybridorbitale (HO) vor. Statt des 90°-Winkels findet sich nun der Tetraederwinkel (109°). An jeder Ecke des Tetraeders kann nun ein H-Atom mit einem ungepaarten Elektron ($1s^1$) mit einem $2(sp^3)$-HO zu einem MO überlappen.

Abb. 2.3.1-1 **Atom- und sp^3-Hybridorbitale des Kohlenstoffatoms**

Bevor die C-Atome jedoch Methanmoleküle bilden, wird das Atom in einen **angeregten Zustand** versetzt und die 2s- und 2p-AO formen sich um: Ein Elektron aus dem 2s-AO (kugelförmig) wird in das dritte, leere 2p-AO (hantelförmig) „gehoben" (unter Energieaufnahme), sodass vier ungepaarte Valenzelektronen zur Verfügung stehen (C-Elektronenkonfiguration im angeregten Zustand: $\mathbf{1s^2\ 2s^1\ 2p_x^1\ 2p_y^1\ 2p_z^1}$).

Die vier Atomorbitale nehmen zudem gleichartige Formen an – „Mischorbitale" aus dem s- und den drei p-Atomorbitalen bilden sich. Diesen Vorgang nennt man **Hybridisierung** und die hieraus vorgehenden „Mischorbitale" heißen **Hybridorbitale (HO).** Da hier ein s- und drei p-AO Hybridorbitale bilden, die alle vier gleiche Bindungslängen und -energien bewirken, liegt hier **sp^3-Hybridisierung** vor und die sp^3-Hybrid-Orbitale sind im Unterschied zu den ebenfalls hantelförmigen p-Orbitalen unsymmetrisch. Die drei p-Atomorbitale standen alle senkrecht zueinander (Winkel: 90°), während die vier sp^3-Hybridorbitale zueinander nun im **Tetraederwinkel** stehen **(109°),** Konfiguration nun: $\mathbf{1s^2\ 2(sp^3)^4}$ – daher sind alle 4 Molekülorbitale im Methanmolekül $\mathbf{CH_4}$ dann auch gleichwertig, denn es „überlappen" ja je ein s-AO (im H-Atom) und ein sp^3-HO (C-Atom) zu je einem MO bzw. einer C–H-Bindung (achsensymmetrisch, „s-Bindung" genannt).

2.3.2 Homologe Reihen, funktionelle Gruppen, Mesomerie und Isomerie – die Systematik organischer Verbindungen

Kohlenwasserstoffe können in zwei große Stoffklassen unterteilt werden – in **„gesättigte"** Kohlenwasserstoffe (sie weisen, vom Methan abgesehen, ausschließlich C–C-Einfachbindungen an sp^3-hybridisierten C-Atomen auf) und **„ungesättigte"** (sie besitzen auch C=C-Doppelbindungen und C≡C-Dreifachbindungen aufgrund von sp^2- und sp-Hybridisierung).
Bei den gesättigten Kohlenwasserstoffen unterscheidet man ferner **Aliphaten** (kettenförmige Moleküle) und **Alicyclen** (ringförmige Moleküle).
Am sp^3-hybridisierten C-Atom, wie es im CH_4-Molekül vorliegt, können nämlich die Hybridorbitale – statt sich, wie im **Methan**molekül, mit einem $1s^1$-Orbital am H-Atom zu einem MO vereinen – auch mit einem weiteren sp^3-HO „überlappen", sodass Molekülorbitale auch zwischen C-Atomen entstehen. Somit werden pro C-Atom bis zu vier C–C-Einfachbindungen möglich!
Kohlenwasserstoffe bilden daher „homologe Reihen" von Stoffgruppen.

Homologe Reihen sind Stoffgruppen, deren Mitglieder sich jeweils um eine $-CH_2$-Gruppe unterscheiden.

Laborversuch zur Herstellung von Methan

Spannen Sie ein schwer schmelzbares Reagenzglas schräg in ein Stativ und legen Sie einen durchbohrten Gummistopfen, ein Stück Glasrohr, Gummischlauch und eine pneumatische Wanne bereit. Verreiben Sie wasserfreies Natriumazetat und Natronkalk (NaOH + CaO) im Masseverhältnis 1:2 und erhitzen Sie das Gemisch im Reagenzglas bis zur beginnenden Rotglut. Testen Sie vorsichtig, ob die Luft aus der Apparatur verdrängt wurde (Knallgasprobe) und leiten Sie das nun entweichende Gas zum Auffangen in die pneumatische Wanne (Reaktionsschema dieser „Decarboxylierung":
$CH_3COONa + NaOH \rightarrow CH_4 + Na_2CO_3$).

Stoffklasse	Strukturmerkmal(e)	Untergruppen
Aliphaten	alle azyklischen Kohlenwasserstoffe	gesättigte und ungesättigte KW mit geradkettigen oder verzweigten Molekülen
Alicyclen	alle zyklischen, nichtaromatischen KW (ohne Fremd- bzw. Heteroatome; also rein karbozyklische Verbindungen)	gesättigte und ungesättigte KW mit ringförmigen Molekülen (karbozyklisch: nur C-Atome im Ring, heterozyklisch: mit Heteroatomen im Ring)
Paraffine **(Alkane)**	alle gesättigten Aliphaten (geradkettig und verzweigt; Summenformel: C_nH_{2n+2}	unverzweigte Moleküle (n-Alkane) und verzweigte Moleküle (Iso-Alkane)
Olefine (= Alkylene, **Alkene)**	alle offenkettigen KW mit C=C-Doppelbindung – geradkettig oder verzweigt und einfach ungesättigt	unverzweigte und verzweigte Moleküle (n- und Iso-Alkene) eine oder mehrere Doppelbindungen (Alkadiene, Alkatriene usw.)
Azetylene **(Alkine)**	alle offenkettigen KW mit C≡C-Dreifachbindung	unverzweigte und verzweigte Moleküle (n- und Iso-Alkine) eine oder mehrere Dreifachbindungen (Alkadiine, Alkatriine usw.)
Aromaten	alle zyklischen KW mit delokalisierten p-Elektronen in speziellen Ringsystemen (u. U. auch mit Heteroatomen im Ring!)	ein- und mehrkernige Aromaten, kondensierte und nichtkondensierte Ringsysteme (sie weisen konjugierte Doppelbindungen ähnlich dem Benzol auf und sind sehr stabil und energiearm!)

Tabelle 2.3.2-1 **Einteilung der Kohlenwasserstoffe (KW)**

Die ungesättigten Kohlenwasserstoffew (Alkene, Alkine, Alkadiene usw.) und Aromaten weisen zudem C–C-Mehrfachbindungen auf. Ihre Atome sind andersartig hybridisiert (keine sp^3-Hybridorbitale).
Das andere Extrem ist im Diamantkristall realisiert: Hier existieren nur noch tetraedrische C–C-Einfachbindungen – alle Atome sind sp^3-hybridisiert.

Allein zwischen den beiden Elementen C und H sind daher Tausende von verschiedenen aliphatischen Verbindungen bekannt. Unter Berücksichtigung weiterer Bindungsmöglichkeiten, also auch der „ungesättigten" Mehrfachbindungen, ergeben sich unter den vielen Gruppen von Kohlenwasserstoffen $\mathbf{C_xH_y}$ grob zunächst die in Tab. 2.3.2-1 tabellierten Stoffklassen (hier z. T. mit Trivialnamen genannt).

a) Die Alkane (Summenformel: C_nH_{2n+2}):

Alkane sind kettenförmige Kohlenwasserstoffe (unverzweigt als **n-Alkane** bezeichnet, bei verzweigten Molekülen als **Iso-Alkane**), ihre Summenformeln entsprechen $\mathbf{C_2H_{2n+2}}$, denn sie leiten sich vom **Methan CH_4** ab: Durch Wasserstoffabspaltung verknüpfen sich 2 Methanmoleküle zum nächstgrößeren Alkan, dem Ethan (CH_3–CH_3 bzw. C_2H_6), drei CH_4-Moleküle bilden das „Campinggas" Propan (CH_3–CH_2–CH_3 bzw. C_3H_8) und so weiter. So entsteht die Stoffklasse bzw. **„homologe Reihe"** der Alkane. Alle Alkane sind molekulare, **unpolare** Verbindungen (lipophil, **hydrophob**), **brennbar** und **wasserunlöslich** – dafür aber untereinander und mit **unpolaren** Lösemitteln mischbar. Sie reagieren unter Lichteinwirkung mit Chlor und Brom und haben alle eine **Dichte von unter 1 g/ml,** sind **farblos,** von **petroleumartigem** Geruch und wirken **schwach narkotisierend** (bis C_{12}). Dennoch sind sie **ungiftig.**

Bei C_5–C_{17} sind sie flüssig, bei noch höherer molarer Masse fest und allesamt äußerst beständig gegen Einwirkung von Säuren, Laugen und viele andere Chemikalien. Sie werden industriell zumeist **petrochemisch** durch fraktionierte Destillation und Rektifikation gewonnen – aus **Erdöl, Erdgas** und Teer. Alkane kleinerer molarer Masse kommen in der Natur als Gemische in Erd-, Sumpf- und Grubengas sowie gelöst auch im Erdöl vor.

Vom Butan an sind **verzweigte Moleküle** möglich, z. B. also das Isobutan. Die Isoalkane haben also die gleichen Summenformeln wie die n-Alkane, aber andere Strukturformeln. Dieses Phänomen wird „Isomerie" genannt. Isomere haben fast identische Eigenschaften, unterscheiden sich z. B. im Siedepunkt nur um wenige Grad Celsius.

Die n-Alkane (C_nH_{2n+2})	Formel	Die n-Alkane (C_nH_{2n+2})	Formel
Methan	CH_4	*n*-Hexan	C_6H_{14}
Ethan	C_2H_6	*n*-Heptan	C_7H_{16}
Propan	C_3H_8	*n*-Octan	C_8H_{18}
n-Butan	C_4H_{10}	*n*-Nonan	C_9H_{20}
n-Pentan	C_5H_{12}	*n*-Decan	$C_{10}H_{22}$

usw. bis n = ca.1000: („Polyethylen", ein Kunststoff, etwa: CH_3–$(CH_2)_{900}$–CH_3).

Tabelle 2.3.2-2 Die n-Alkane: (C_nH_{2n+2})

Abb. 2.3.2-1
Methan (CH_4) in Laborgasflaschen

Üb(erleg)ungsaufgabe

In **„homologen Reihen"** unterscheiden sich die Mitglieder dieser Stoffklassen voneinander jeweils nur um ein **–CH_2-Glied** im Molekül (vgl. Tabellen 10–15 im Anhang).

1. Geben Sie dementsprechend das jeweils nächstgrößere Molekül einer homologen Reihe für folgende Stoffe an: CH_3–CH_2Cl, CH_3–COOH, $CHCl_3$, C_2H_5–CHO, CH_3–$(CH_2)_5$–COCl, C_2H_5–O–CH_3 und H–CHO.
2. Zeichnen Sie die Strukturformeln der jeweils kleinstmöglichen Moleküle der homologen Reihen, zu denen folgende Stoffe gehören: CH_3–CH_2Br, CH_3–CH_2–COONa, C_2H_5–CHO, CH_3–CH_2–SH, $CHCl_3$, CH_3–$(CH_2)_5$–COCl, C_4H_9–NH_2, C_2H_5–O–CH_3 und C_5H_{11}–CHO.

Abb. 2.3.2-2
Rußende Dieselölflamme
Ungesättigte Kohlenwasserstoffe (Alkene, Alkine, Aromaten) brennen mit stark rußender Flamme, – Alkane nicht.

Um sie namentlich unterscheiden zu können, hat die **IUPAC** (**I**nternational **U**nion of **P**ure and **A**pplied **C**hemistry) für die Benennung der Isoalkane folgende Regeln festgelegt:

1. Suchen Sie die längste C–C-Kette
2. Nummerieren Sie hierin die C-Atome so, dass die Seitenketten oder andere Atomgruppen möglichst niedrige Positionszahlen bekommen
3. Benennen Sie Haupt- und Seitenketten (und ggf. Atomgruppen)
4. Setzen Sie die Namen der Seitenketten (Endung: **-yl**) vor den der Hauptkette
5. Setzen Sie die Positionsziffern der Seitenketten an der Hauptkette vor die jeweilige Kette.

Beispiele:
Nicht: Propylpropan, sondern: 2-Methyl-pentan,
nicht: 1,1-Dimethyl-butan oder 4-Methyl-pentan,
sondern: 2-Methyl-pentan.

2.3

b) Die Alkene (Summenformel: C_nH_{2n}):

Alkane, denen 2 H-Atome an benachbarten C-Atomen fehlen, weisen an dieser Stelle stattdessen eine C=C-Doppelbindung auf. Diese ist nun nicht mehr frei drehbar und chemisch weniger beständig. Das einfachste Alken wäre also **Ethen** ($H_2C{=}CH_2$), auch Ethylen genannt. Wie die Cycloalkane, so haben auch Alkene die Summenformel **C_nH_{2n},** sind aber wesentlich **reaktionsfreudiger,** da die C=C-Doppelbindung leicht angreifbar ist. Sie sind nicht voll mit Wasserstoff „abgesättigt" worden, sondern **sp^2-hybridisiert.**

Größere Moleküle können auch mehrere C=C-Doppelbindungen aufweisen, was im Namen durch die Silben -di-, -tri- und -tetra- ausgedrückt wird. Sie haben dann entsprechend weniger H-Atome und gehören z. B. zu den **Alkadienen** (2x C=C-Doppelbindung) oder den **Alkatrienen** (3x). Je nach Stellung der Doppelbindungen im Molekül unterscheidet man **isolierte** (vereinzelte), **kumulierte** (gehäufte, d. h. direkt benachbarte) oder **konjugierte** Doppelbindungen.

In Molekülen mit den besonders stabilen, konjugierten Doppelbindungen wechseln sich Doppel- und Einfachbindungen ab, z. B. im Alkatrien
$H_2C{=}CH{-}CH{=}CH{-}CH{=}CH{-}CH_3$, welches man n-Heptatrien-1,3,5 nennen müsste (vom Heptan abgeleitet; das Molekül besitzt 3 Doppelbindungen an den C-Atomen 1, 3 und 5 – Positionsziffern werden hier zur Unterscheidung von denen der zusätzlich möglichen Seitenketten hinter den Hauptketten-Namen gestellt).
Ungesättigte Kohlenwasserstoffe mit konjugierten Doppelbindungen sind besonders stabil; technisch wichtig ist besonders das **Butadien** – es ist Ausgangsstoff der Kautschuksynthese.

Üb(erleg)ungsaufgaben

1. Zeichnen Sie die Strukturformeln folgender Isomere und schlagen Sie Tabelle 10 im Anhang auf, um die maximale Anzahl möglicher Isomere (AmI) nachzuschlagen:

Methylpropan, Isobutan	C_4H_{10}
2-Methyl-butan, Isopentan	C_5H_{12}
2,2-Dimethyl-propan, Neopentan	C_5H_{12}
2-Methyl-pentan	C_6H_{14}
3-Methyl-pentan	C_6H_{14}
2,2-Dimethyl-butan	C_6H_{14}
2,3-Dimethyl-butan	C_6H_{14}
2,5-Dimethyl-hexan	C_8H_{18}

2. Vergleichen Sie in dieser Tabelle 10 die molaren Massen, Siede- und Schmelzpunkte und die Dichte der Alkane miteinander:
   Welche Gesetzmäßigkeiten und Zusammenhänge erkennen Sie?
   Gibt es ähnliche Zusammenhänge bei Alkenen, Alkinen und Aromaten?
3. Wie viele Isomere sind möglich, wenn an einem Ethanmolekül je ein H-Atom durch ein Fluor- und ein Chloratom ausgetauscht werden (also vom FCKW Monochlor-monofluor-ethan)?

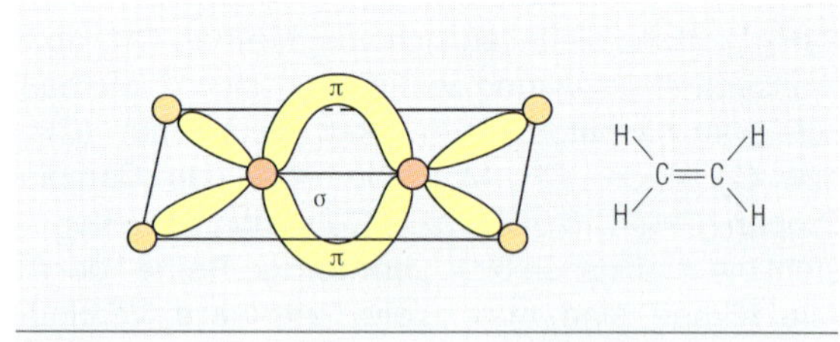

Abb. 2.3.2-3 [illegible] rung am C-[illegible] Ethen

Ethen ist einer der wichtigsten Grundstoffe der chemischen Industrie: Jährlich werden **über 40 Mio. t** Ethen produziert (!) und zu Polyethylen (PE), Eth(yl)enoxid, Styrol, Ethanol, Acetaldehyd, Vinylchlorid (PVC) u. a. weiterverarbeitet!

Laborversuch zur Darstellung und Untersuchung von Ethen

In einem Zweihals-Rundkolben mit Tropftrichter und Gasableitung (durch einen Kühler und eine Sicherheitswaschflasche in eine Gas-Waschflasche mit ca. 10–15 ml Bromwasser) werden 10 g Zinkpulver und 50 ml Ethanol vorgelegt und zum Sieden erhitzt.
Aus dem Tropftrichter wird sodann 1,2-Dibromethan zugetropft und das Erhitzen eingestellt (sofortiger Beginn der Gasentwicklung). Das gasförmige Produkt (Ethen) wird durch die Waschflasche mit Bromwasser (nicht zu konzentriert, aber erkennbar gefärbt) geleitet, in der es zu 1,2-Dibromethan reagiert (nukleophile Addition, vgl. Kapitel 2.3.3, S. 108.

c) Die Alkine (Summenformel: C_nH_{2n-2}):

Wenn man dem Alken $H_2C{=}CH_2$ nochmals 2 H-Atome entzieht, so entsteht das im Vergleich zum Ethen noch empfindlichere **Ethin,** Strukturformel **H–C≡C–H** mit einer **Dreifachbindung** (auch **Acetylen** genannt, Abb. 2.3.2-4). Alkine haben also die Summenformel C_nH_{2n-2}, sie können u. U. explosionsartig zerfallen und **reagieren äußerst heftig,** z. B. mit Sauerstoff. Ethin bildet zudem wie eine Säure Anionen (Formel: $H{-}C{\equiv}C|^-$) und explosive Salze: die **Acetylide.**

d) Die Aromaten (mit 4n+2 π-Elektronen):

Die **Aromaten** bilden eine dritte, besondere Gruppe neben den gesättigten und ungesättigten Kohlenwasserstoffen (KWs). Sie sind wesentlich **beständiger als „normale" ungesättigte KWs.** Sie weisen **ringförmige Systeme von konjugierten Doppelbindungen** auf, die sich im Ring verteilen, sozusagen „rotieren" oder „verschmelzen", sodass im Ring unklar wird, wo nun Einfach- und wo Doppelbindungen lokalisiert sind. Im sp^2-hybridisierten C-Atom, wie es z. B. in Ethen oder 1,3,5-Hexatrien vorliegt, existieren neben den achsensymmetrischen **σ-Bindungen** (den C–H- und C–C-Einfachbindungen) ja auch noch zwei senkrecht dazu stehende **p-Orbitale** mit den Einzelelektronen, die nicht an der sp^2-Hybridisierung teilgenommen haben.

Im Ethen verbinden sich diese zu einer zweiten, nun aber „nur" spiegel- bzw. flächensymmetrischen **π-Bindung.** Hat man nun eine Reihe konjugierter Doppelbindungen (also: **–C=C–C=C–C=**), so ist die Überlappung von p-Orbitalen zu π-Bindungen zu beiden Nachbar-C-Atomen möglich, „abwechselnd" sozusagen:
Die π-Elektronen werden **delokalisiert** (Abb. 2.3.2-5).

> Der wirkliche Bindungszustand kann nur in hypothetischen Grenzformeln angegeben werden, zwischen denen er liegt. Diese Erscheinung wird **Mesomerie** genannt.

Durch die Delokalisation wird das Molekül insgesamt um den **„Mesomerieenergie"** genannten Betrag stabiler. Besitzt das Molekül nun ein zyklisches System von 4n+2 delokalisierten π-Elektronen, so ist es – wie quantenmechanische Berechnungen gezeigt haben – sehr stabil. Nach der Entdeckung Hückels ist dieses das entscheidende Kennzeichen der Aromatizität **(Hückel-Regel):**

> Hat ein Molekül **4n+2 π-Elektronen,** so ist es **„aromatisch"** – wobei n Beträge von 1, 2, 3 usw. einnimmt, je nach Molekülgröße).

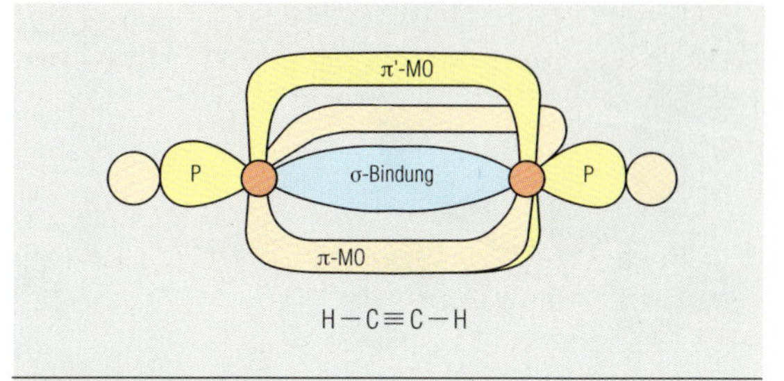

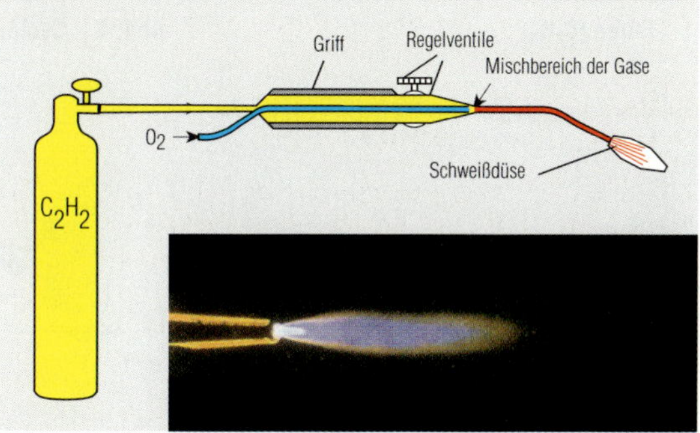

Abb. 2.3.2-4 sp-Hybridisierung am C-Atom im Ethin (= Acetylen); Schweißflamme

Auch Acetylen ist einer der wichtigsten Grundstoffe der chemischen Industrie und wird im Millionen-Tonnen-Maßstab weiterverarbeitet. Es ist bei größerem Überdruck explosiv und wird daher in gelb lackierten Gasflaschen in Aceton gelöst. (40 l Aceton pro Gasflasche lösen bei 18 bar 6,3 kg Ethingas). Pro Jahr werden etwa 1 Million Tonnen Ethin produziert (vom Ethen allerdings 40 Mio. t).

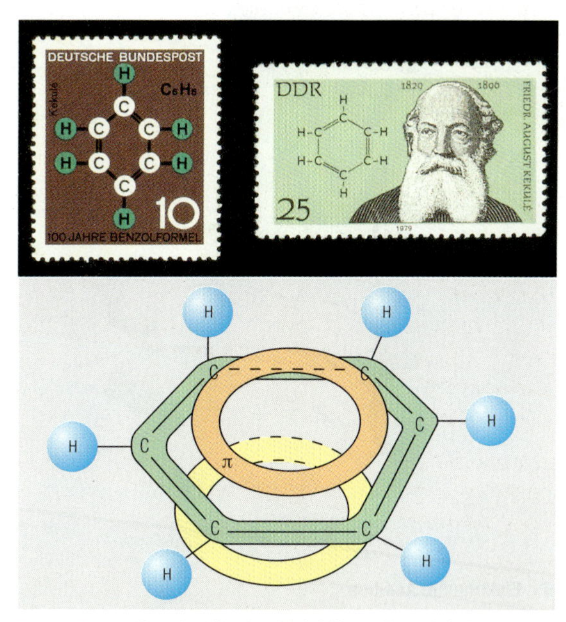

Abb. 2.3.2-5 Das ringförmige Molekül von Benzol (= Benzen).

Rund 14 Mio. t Benzol jährlich werden durch „Cracken" aus **Erdöl** gewonnen (vgl. Kapitel 4, Abschnitt Petrochemie). Benzol dient als unverzichtbarer Rohstoff für die Arzneimittel-, Kunststoff- und Farben-Industrie zur Produktion von Zwischenprodukten wie Phenol, Styrol, Anilin, Cyclohexan, Nitrobenzol, Benzoesäure und anderer aromatischer und cycloaliphatischer Verbindungen, ferner als Kraftstoffzusatz zur Erhöhung der Octanzahl und als unpolares Extraktions- und Lösemittel für Fette und Wachse.

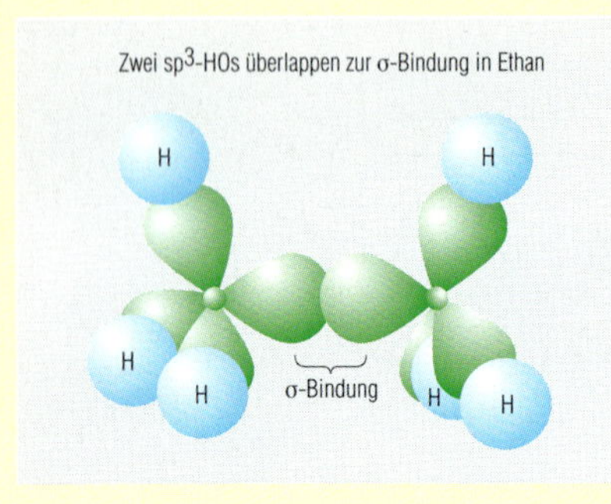

Abb. 1 **Ethan (C_2H_6)**

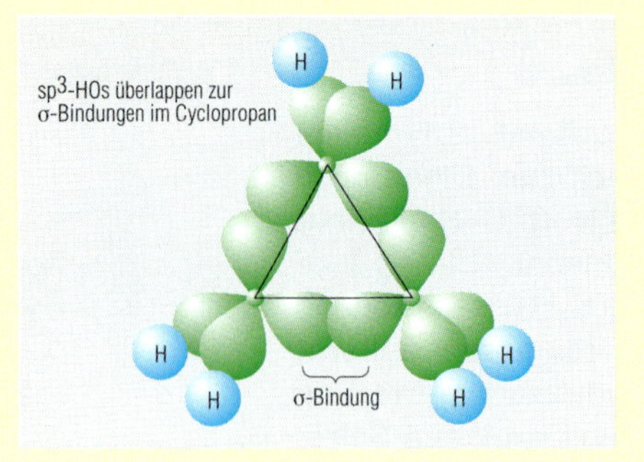

Abb. 2 **Cyclopropan (C_3H_6)**

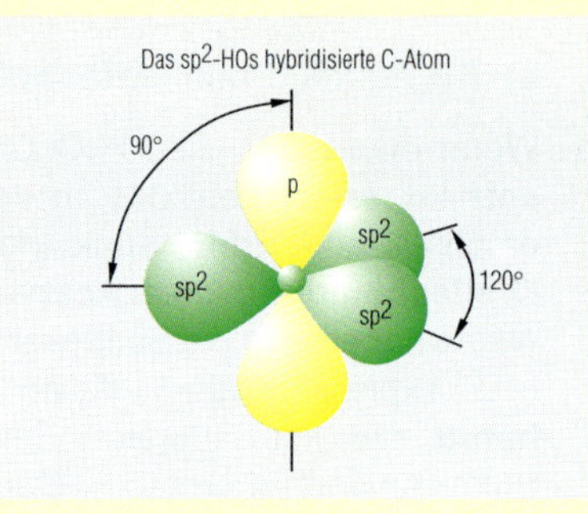

Abb. 3 **sp^2-Hybridorbitale**

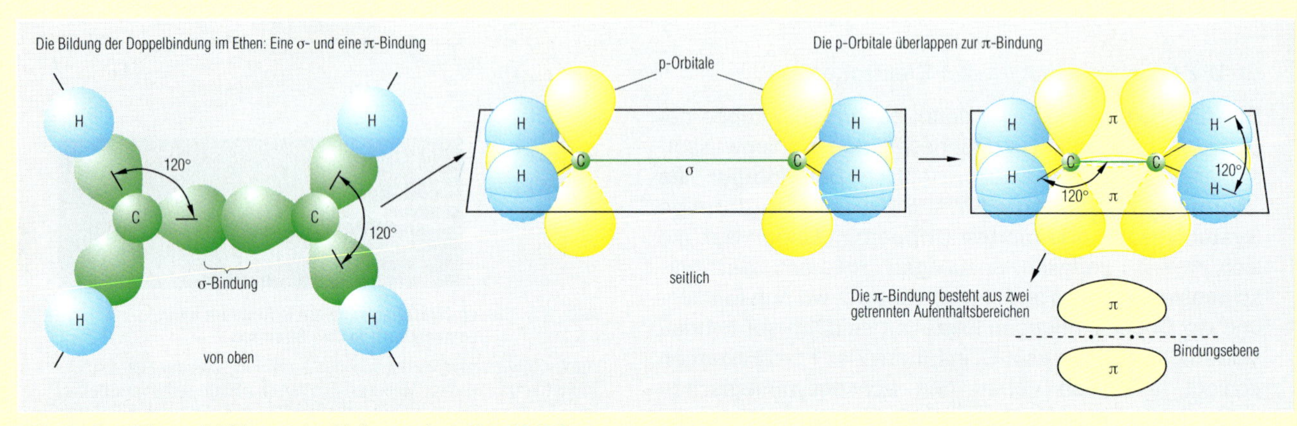

Abb. 4 **Das Ethenmolekül: σ- und π-Bindungen** (vgl. Abb. 2.3.2-3)

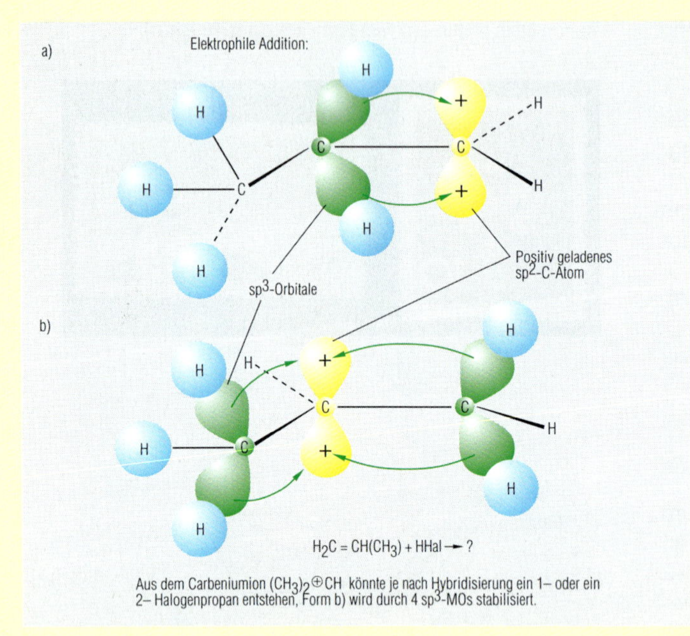

Abb. 5 **Elektrophile Addition**

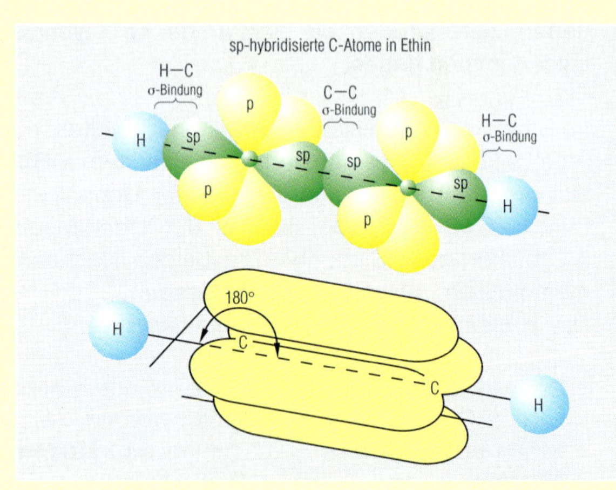

Abb. 6 **sp-Hybridorbital im Ethin** (vgl. Abb. 2.3.2-4)

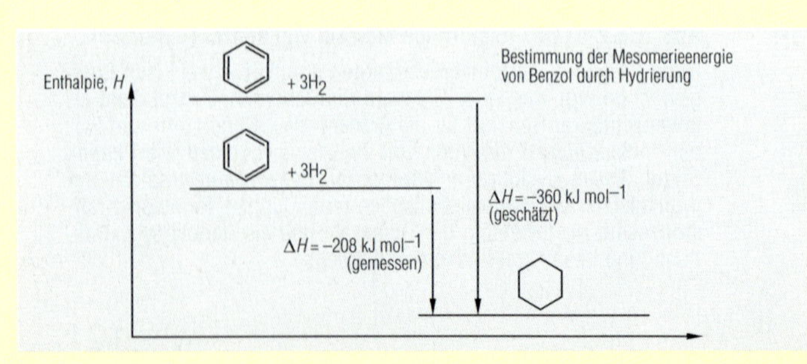

Abb. 7 **Bestimmung der Mesomerieenergie**

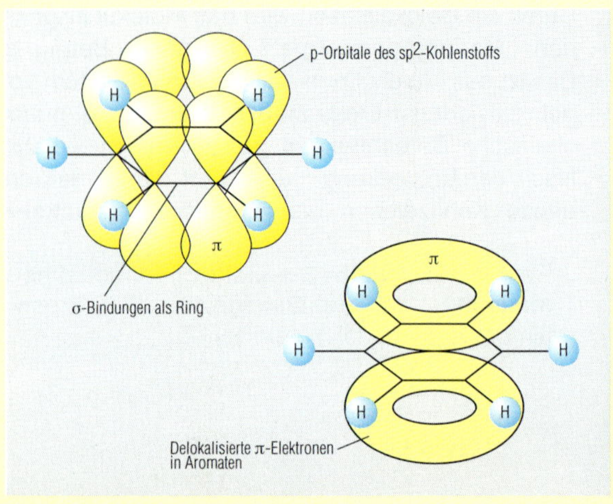

Abb. 8 **sp_2-Hybridorbitale im Benzol** (vgl. Abb. 2.3.2-5)

Der wichtigste Aromat ist das Benzol (also sozusagen das „Cyclo-Hexatrien-1,3,5") mit der Summenformel $\mathbf{C_6H_6}$. Ein an Alkanketten hängender Benzolrest $C_6H_5^-$ wird allerdings auch als **„Phenylgruppe"** bezeichnet (Symbol: φ oder ⌬) und in Strukturformeln einfach als Sechseck dargestellt, in welches man einen Kreis zeichnet (den „Benzolring", vgl. Abb. 2.3.2-5).

Funktionelle Gruppen, Mesomerie und Isomerie

Mesomere sind Moleküle, deren wirklicher Zustand nicht in Strukturformeln wiedergegeben werden kann, da er zwischen zwei (oder mehreren) mesomeren **Grenzstrukturen** liegt).

Werden z. B. in einem Benzolmolekül an zwei benachbarten C-Atomen je ein H-Atom durch Chloratome ausgetauscht („substituiert"), so lässt sich ja nicht sagen, ob zwischen den substituierten C-Atomen eine Einfach- oder Doppelbindung liegt (konjugierte Doppelbindung bzw. Aromatizität!).

Isomere sind mehrere, verschiedenartig strukturierte Moleküle mit zufällig gleichen Summenformeln.

Zum Beispiel n-Butan und Isobutan sind Isomere. Auch zur Formel C_2H_6O gibt es die beiden Isomere Ethanol – etwa: C_2H_5–OH – und Dimethylether oder Methoxymethan: CH_3–O–CH_3.

Die Anzahl möglicher Isomere steigt mit der Molekülgröße: Butane gibt es zwei, zum Pentan drei und zu Octan (C_8H_{18}) bereits 18 mögliche Isomeren. Bei 40 C-Atomen (Tetracontan, $C_{40}H_{82}$) gibt es dann schon 62,5 Billionen mögliche Isomeren …

In KW-Molekülen können nun **„Heteroatome"** enthalten sein (vgl. Kap. 1.5.3) – also an den Alkanketten oder Aromaten hängende Atomgruppen oder Einzelatome (Halogene, O, S, N, P, Si oder auch Metallatome!). Diese bilden **„funktionelle Gruppen".** Diese verändern bzw. bestimmen die chemischen Eigenschaften organischer Verbindungen entscheidend. Die dazugehörigen Stoffklassen in der organischen Chemie finden Sie auf der folgenden Sonderseite in Tabelle 2.3.2-3 systematisch aufgelistet – eine „Landkarte" als Orientierungshilfe in der Fülle der unendlich vielfältigen, chemischen Möglichkeiten des Kohlenstoffs.

Laborversuche zur Herstellung von Kohlenwasserstoffen

Laborversuche zur Herstellung von Kohlenwasserstoffen:

1. **Die Kolbe-Synthese:** Ein Hofmann'scher Zersetzungsapparat mit Pt-Elektroden wird mit einer kaltgesättigten Natriumazetatlösung luftfrei befüllt und bei maximal 2 Ampere Gleichstrom elektrolysiert. Das Gas, das über der Katode entsteht, wird an der Spitze des Glasrohres abgebrannt (Wasserstoff). Das Gas über der Anode wird durch Einführen eines Glasstabes mit einem Tropfen Bariumhydroxidlösung oder durch eine Prüfung auf Brennbarkeit untersucht. An der Anode entsteht ein Gemisch aus CO_2 und Ethan. Bei Verwendung von Propionat entsteht stattdessen Propan, aus Butyraten Butan. Bariumhydroxidlösung weist CO_2 als $BaCO_3$ nach.
2. Zur Darstellung von Benzol wird ein Gemisch aus 3 g Benzoesäure und 6 g Natronkalk (NaOH + CaO) verrieben und in einen 25ml-Rundkolben gegeben. Dieser wird mit einem durchbohrten Gummistopfen mit Glasrohr verschlossen, von dem aus die Dämpfe in ein Reagenzglas mit seitlichem Gasableitungsrohr geleitet werden sollen, das in einem Eisbad gekühlt wird. Die beim Erhitzen des Benzoesäure-Natronkalk-Gemisches entstehenden Dämpfe sollen im Reagenzglas gekühlt werden und kondensieren (keinesfalls einatmen, krebserregend!).
In der Destillationsvorlage sammeln sich Wasser und Benzol, da Natriumbenzoat in Hitze zu Benzol decarboxyliert wird.

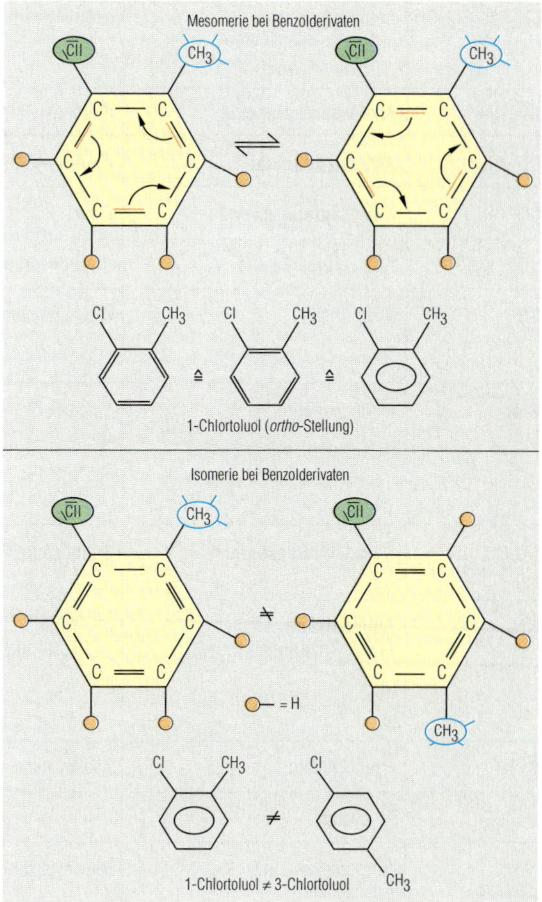

2.3

Abb. 2.3.2-6

Bindungsverhältnisse in konjugierten Doppelbindungen mit delokalisierten π-Elektronen, Beispiele für Aromaten, Isomerie und Mesomerie

Funktionelle Gruppe **R** = KW-Rest	**Bezeichnung der Stoffklasse** und der funktionellen Gruppe nach IUPAC	Veraltete Stoffklassen und Gruppenbezeichnung	**Beispiele:** bedeutendste Vertreter dieser homologen Reihe mit Formeln und (Trivial-)Namen, ggf. Eigenschaften und Bedeutung, φ = Phenylrest
R-Hal $Hal^- = F^-, Cl^-, Br^-, I^-$	**Halogenalkane** (und Halogenalkene, Halogenalkine, halogenierte Aromaten)	Alkylhalogenide und Arylhalogenide	CH_2Cl_2: „Methylenchlorid", $CHCl_3$: Chloroform, $CH_xCl_yF_z$: FCKWs/Halone, PCB: polychlorierte Biphenyle, $H_2C{=}CHCl$: Vinylchlorid, PVC, DDT, HCH = Hexachlorcyclohexan, $Cl_2C{=}CCl_2$: PER, Perchlorethylen
R–O–H	**Alkanole** (auch: Hydroxyalkane / Alkandiole,-triole / als Anion R–O–: Alkanolat)	Alkohole (als Anion: Alkoholat), Glykole (= Diole)	**primäre Alkohole: R–CH_2OH, sekundäre Alkohole: R_2CHOH, tertiäre Alkohole: R_3C–OH,** Glykol (Ethandiol): $HOCH_2$–CH_2OH, Glyzerin (Propantriol): $HOCH_2$–CHOH–CH_2OH, Hydroxy-Aromaten nennt man: **Phenole** (φ-OH)
R–O–R	**Alkoxyalkane**	Ether	aber: R–CO–O–CO–R = Säureanhydride, R–CH(OH)–OR = Halbacetale, R–$CH(OR)_2$ = Vollacetale (oder: Ketale)
R–CO–H (oder auch: **R–CHO**)	**Alkanale**	Aldehyde	H_2CO = Formaldehyd, CH_3CHO = Acetaldehyd; Formylgruppe: –CHO, Acetylgruppe: –$COCH_3$, Propionylgruppe: –COC_2H_5, aber: R–CO–NH–CO–R = Imide
R–CO–R	**Alkanone** (+ Alkandione); Tautomerie: Alkanone mit H-Atom am C-Atom neben der CO-Gruppe sind zugleich Enole!)	Ketone (+ Diketone)	CH_3COCH_3 = Aceton (durch „Keto-Enol-Tautomerie" identisch mit Propenol!), $CH_3COC_2H_5$ = Butanon oder Methylethylketon MEK, φ-$COCH_3$ = Acetophenon R–CO–CO–R: 1,2-Diketon (= α-Diketon), R–CO–CR_2–CO–R: 1,3-/β-Diketon, R–CO–CR_2–CR_2–CO–R: γ-Diketon
R–CO–OH	**Alkansäuren** (+ Alkandisäure, -trisäure ...)	(Di-, Tri-)Carbonsäure, Carboxylalkan	HCOOH = Ameisensäure, CH_3COOH = Essigsäure, $(COOH)_2$ = Oxalsäure, HOOC–(CH_2)n–COOH = Dicarbonsäuren mit n = 1: Malon-, n = 2 Bernstein-, n = 3 Glutar-, n = 4 Adipinsäure, φ-COOH = Benzoesäure, HO–φ–COOH Salizylsäure (ortho-Stellung), HOOC–φ–COOH Phthalsäure (ortho)
HO–R–COOH	Hydroxyalkansäuren	Hydroxycarbonsäuren	z. B. Milch-, Äpfel-, Zitronensäure u. Ä.
R–$CH(NH_2)$–COOH	Aminosäuren, 1-Amino-alkansäuren	α-Aminocarbonsäuren	Alanin: CH_3–$CH(NH_2)COOH$, Valin: $(CH_3)_2CH(NH_2)COOH$, Serin: $(CH_2OH)CH(NH_2)COOH$, Phenylalanin: R– = –CH2–φ, **Peptide und Proteine:** –$(CO–NH–CR)_n$–
R–CO–Hal	**Alkansäurehalogenide**	(Carbon-)Säurehalogenide	C_2H_5–CO–Cl = Propion(yl)chlorid
R–CO–NH_2	**Alkansäureamide**	(Carbon-)Säureamide	CH_3CONH_2 = Essigsäureamid, $(NH_2)_2CO$ = Harnstoff
R–CO–OR	**Alkansäuralkylester**	Ester	intramolekulare Ester der Hydroxycarbonsäuren = **Lactone**
R–COO–CO–RR-	Alkansäureanhydride	(Carbon-)Säureanhydride	intramolekulare Carbonsäureamide heißen: **Lactame**
R–SH	Alkanthiole	Hydrogensulfidalkane	Cystein: HS–CH_2–$CH(NH_2)$–COOH – ist eine Aminosäure! R–S–S–R **„Disulfidbrücke"** (aus 2 Thiolen, z. B. Cystein, unter Abspaltung von H_2S)
R–S–R	Dialkylsulfide	Thioether	**weitere S-Verbindungen:** R–CS–H Thioalkanale, R–CO–SH Thiocarbonsäuren, R–CS–SH: Dithiocarbonsäure, R–CS–R Thioketone, R–SO–R Dialkylsulfoxide, R–SO_2–R Dialkylsulfone, R–O–SO_3H Schwefelsäureester oder (Mono-/Di-)Alkylsulfate (aus Alkanolen und Schwefelsäure)
R–SO_2OH = R–SO_3H	(Alkan-)**Sulfonsäuren**	Sulfonsäuren	es existieren Derivate (Abkömmlinge) ähnlich den Carbonsäuren, Beispiel: H_2N–φ–SO_3H = Sulfanilsäure, H_2N–φ–SO_2NH_2 = Sulfanilamid
R–NH_2	**Aminoalkane,** Amine (+ Di-, Triaminoalkane)	Alkylamin (+ Di-,Tri-alkylamine)	**primäre Amine: R–NH_2, sekundär: R_2NH, tertiär: R_3N, quartäres Ammoniumsalz: $R_4N^+X^-$** andersartig: aromatische Amine, z. B.: **φ-NH_2 = Anilin,** φ-NH-CO-CH_3 = Acetanilid, H_2N–φ–OH = Aminophenole / R–CO–NH_2 = Säureamid, kein Amin! / CH_3–CS–NH_2 = Thioacetamid
R–C≡N|	Cyano-Alkane	Alkylcyanide, Nitrile	Nitriloessigsäure: HOOC–CH_2–CN, Methylcyanid: CH_3CN
R–N̄=C=O⟩	Isocyanate		ähnlich: R_2C=N=O Zyanat
R–NO und R–NO_2	Nitrosoalkane und Nitroalkane	Nitrosylalkane	primäre + sekundäre Nitrosoverbindungen lagern sich um zu Oximen / wichtig: Nitrosylamine / R–O–NO_2 = Salpetersäureester
R–Mg–Hal	Magnesiumalkylhalogenide	Grignard-Verbindungen	ähnlich: R_3Al = Aluminiumtrialkyle, R_4Pb = Bleitetralkyle

Tabelle 2.3.2-3 **Stoffklassen und funktionelle Gruppen in der organischen Chemie**

2.3.3 Reaktionen am C-Atom

a) Substitutionsreaktionen

Der Reaktionsmechanismus der Substitution kennzeichnet sich durch den **Austausch** eines Atoms oder einer Atomgruppe (Latein: „substituere“ = an die Stelle setzen, ersetzen) in einem Molekül. Das kann geschehen, indem ein **Radikal nukleophil** oder **elektrophil** angreift. **Radikalische Substitution, S_R-Reaktion** heißt: Ein Teilchen mit ungepaartem Elektron nähert sich einem Molekülorbital; **Nukleophile Substitution, S_N-Reaktion:** Ein Teilchen mit Elektronenüberschuss, also eine **Lewis-Base,** nähert sich dem positiv geladenen, Elektronen anziehenden Atom**kern** (Latein: Nucleus) eines C-Atoms; „nukleophil“ heißt übertragen also etwa: atomkernliebend. **Elektrophile Substitution, S_E-Reaktion** heißt: Ein „Elektronen liebendes“ Teilchen, also eine Lewis-Säure mit Elektronenmangel oder -lücke, nähert sich einem elektronenreichen Molekül, z. B. dem π-Elektronensystem des Benzolringes.

In Kap. 1.5.6, S. 53 hatten wir Methan und Chlor erwähnt. Die Reaktion dieses Gemisches bei Belichtung ist ein Beispiel für eine S_R-Reaktion. Die Aktivierungsenergie für die Methanverbrennung in Chlorgas wird zur **Startreaktion,** der Spaltung des Cl_2-Moleküls in Atome benötigt (Radikalbildung durch homolytische Spaltung):
$Cl_2 \rightarrow 2\ Cl^*$ ($\Delta H = +122$ kJ/mol)
(Eine homolytische Spaltung würde dagegen ein Chloridanion Cl^- und ein Chlorkation Cl^+ erzeugen, Letzteres wäre stark elektrophil).

Der 2. Schritt wäre nun der Angriff des Chlorradikals auf die σ-Bindung:
$Cl^* + CH_4 \rightarrow CH_3^* + H{-}Cl$
(ein zweistufiger Substuitutionsvorgang, nämlich
1. C–H-Bindung trennen: $\Delta H = +413{,}4$ kJ/mol,
2. H–Cl-Bindung bilden: $\Delta H = -431{,}8$ kJ/mol).

Da hier wieder ein Radikal entsteht (CH_3^*), liegt hier eine **Kettenreaktion** vor, denn das Methylradikal greift das nächste Chlormolekül an: **$CH_3^* + Cl{-}Cl \rightarrow CH_3{-}Cl + Cl^*$** – und dieses neue Chlorradikal kann das nächste Methanmolekül angreifen, sodass sich der Kreis schließt. Fast jede Halogenierung von Alkanen läuft nach diesem S_R-Mechanismus (dem der radikalischen Substitution) ab.

Dadurch, dass Radikale auch miteinander reagieren können, sind **Kettenabbruch-Reaktionen** möglich, z. B.:
$2\ Cl^* \rightarrow Cl_2$ oder: **$2\ CH_3^* \rightarrow C_2H_6$** oder:
$CH_3^* + Cl^* \rightarrow CH_3{-}Cl$
(C–Cl-Bindung bilden: $\Delta H = -328{,}4$ kJ/mol).
Auch können z. B. Chlorradikale Produkte wie Monochlormethan CH_3Cl oder Ethan C_2H_6 erneut angreifen, was neue, zumeist wiederum endotherme Kettenreaktionen

Addition:	Ein kleines Molekül B wird an ein **großes** Molekül A angelagert, allgemein: **$A + B \leftrightarrow AB$** (B = Wasser, HCl, Ammoniak usw.)
Substitution:	Eine funktionelle Gruppe B wird gegen eine andere Gruppe C ausgetauscht, also: **$AB + C \leftrightarrow AC + B$** oder: **$AB + HC \leftrightarrow A - C + HB$** (u. Ä.)
Eliminierung:	Ein kleines Molekül (z. B. Wasser) wird aus einem großen Molekül abgespalten, z. B.: **$A_{-B} \leftrightarrow A + B$**
Polymerisation*:	Viele kleine Moleküle bilden ein Riesenmolekül, z.B.: **$nA + A + A - \leftrightarrow A{-}(A{-})_n{-}A$**

Tabelle 2.3.3-1 **Die wichtigsten Reaktionsmechanismen**

* Durch Polymerisation sind in der Natur Polymere mit über 1 Mio. Monomer-Bausteinen entstanden ($n > 10^6$). Auch in der **Kunststoffindustrie** werden gezielt Polymere von Alkanen hergestellt (z. B. Polyethylen, PP, PVC, Plexiglas, Styropor, PUR, Polycarbonat, Teflon, Nylon usw.). Wichtige Bio-Polymere sind die Desoxyribonukleinsäure (DNS, bestehend aus organischen Basen, Zuckerbausteinen und Phosphatgruppen, mit molekularen Massen von 2500 bis vier Milliarden, die Proteine und polymerisierte Kohlenhydrate wie Stärke, Zellulose und Glykogene. An jeweils 1–2 ausgewählten Beispielen sollen diese Reaktionsmechanismen in Kap. 2.3.3 vorgestellt werden. Ausführlich wird die organische Chemie in diesem Buch dann nach der analytischen Chemie (Kap. 3) und der Chemie und Technologie anorganischer Verbindungen (Kap. 4) in Kapitel 5 behandelt werden.

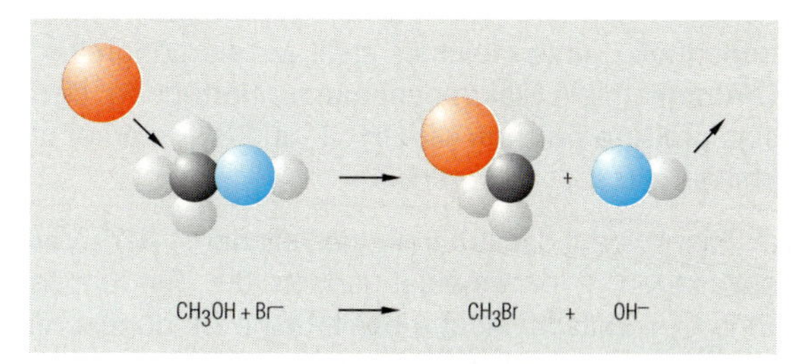

Abb. 2.3.3-2 **Eine Substitutionsreaktion**

Laborversuche

1. Geben Sie jeweils 2 ml Ethanol, 2 Tropfen der in Aufgabe 2 auf S. 106 genannten Halogenalkane und 1 ml Silbernitratlösung ($c = 0{,}1$ mol/l) in ein Reagenzglas. Schließen Sie die drei Reagenzgläser, schütteln Sie und messen Sie die Zeit bis zum Auftreten des AgBr-Niederschlages – welchen pH-Wert erreicht die Lösung nach 20 Minuten?
2. Geben Sie 0,1 ml Iodethan und einige Tropfen Universalindikator zu 20 ml 0,1molarer $AgNO_3$-Lösung. Rühren Sie das Gemisch und achten Sie auf den pH-Wert (pH-Zeit-Diagramm erstellen!).
   Wiederholen Sie den Versuch ggf. im Wasserbad (erwärmen), mit $NaNO_3$-Lösung (0,1 mol/l) oder mit Kalilauge!

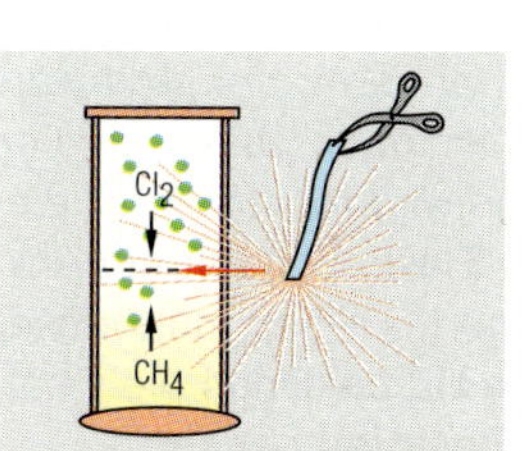

Abb. 2.3.3-3
S_R-Reaktion von Chlor mit Methan bei Belichtung

auslöst. In **Folge- und Nebenreaktionen** entstehen bei dieser Verbrennung oder gar Explosion also außer Monochlormethan und Chlorwasserstoffgas auch Stoffe wie Chlorethan und Tetrachlorkohlenstoff.

Leider laufen derlei Reaktionen auch zwischen FCKWs bzw. Chlorradikalen und Ozon und zwischen Stickoxiden und unverbrannten KWs der Autoabgase ab, sodass in der Atmosphäre „Ozonloch", Photosmog und saurer Regen entstehen (vgl. Kap. 2.5 zur Ökologie).

Ein anderer Mechanismus läuft ab, wenn z. B. das wasserunlösliche Iodmethan CH_3I lange genug mit Kalilauge erhitzt wird. Mit der Zeit entsteht ein homogenes Gemisch, denn das **Nukleophil** OH^- nähert sich dem C-Atom von der der C–I-Bindung gegenüberliegenden Seite her („backside-attack"). Die anderen drei Bindungen am C-Atom klappen dabei um, wie ein Regenschirm, in den der Sturm fährt (**„Konfigurationsumkehr"**, Abb. 2.3.3-5, – für einen Moment muss ein energetisch **sehr** ungünstiger Zustand überwunden werden), sodass ein Iodid-Anion das Molekül verlässt, während dieses eine Hydroxidgruppe an sich bindet:

$HO^- + CH_3{-}I \leftrightarrow (HO{\sim}CH_3{\sim}I) \leftrightarrow HO{-}CH_3 + I^-$.

Die **Nukleophilie** eines Atoms hängt von seiner **Polarisierbarkeit** ab – je leichter verformbar seine Elektronenhülle, umso leichter stellt es als „Angreifer" dem C-Atomkern ein Elektronenpaar zur Verfügung. Demnach sind größere Teilchen wie SH^-, I^- und NH_3 stärker nukleophil als z. B. Cl^-, F- und H_2O.

Im Hinblick auf das austretende Teilchen – den „Verlierer" sozusagen – entscheidet jedoch die Bindungsstärke: Eine C–I-Einfachbindung besitzt eine Bindungsenthalpie von nur 218 kJ/mol, während z. B. ein Fluoratom mit einer „Bindungskraft" von 489 kJ/mol am C-Atom „hängt" (Bindungsenthalpie der C–F-Einfachbindung).

Bei der S_N-Reaktion unterscheidet man zwei **Reaktionsmechanismen:**
Bei der **S_N2-Reaktion** (z. B. zwischen Monoiodmethan und Kalilauge) erfolgen Bindungsspaltung und Bindungsbildung **gleichzeitig** und über einen energetisch ungünstigen **Übergangszustand ÜZ.** Zwei Moleküle bestimmen daher die Reaktionsgeschwindigkeit – der Mechanismus ist **bimolekular.**

Reagiert aber z. B. 2-Brom-2-methylpropan mit Kalilauge, so bildet sich langsam über einen ÜZ ein **Zwischenprodukt** (in unserem Beispiel als Carbeniumion das 2-Methyl-propan-kation (CH_3C^+), an dem drei Methylgruppen den Elektronenmangel des zentralen, „tertiären" C-Atoms teilweise ausgleichen). Dann wird recht schnell ein zweiter ÜZ durchlaufen und ein Elektrophil (oft ein Anion) an das Carbeniumion angelagert. Dieser monomolekulare Mechanismus (nur der erste ÜZ bestimmt die Reaktionsgeschwindigkeit) wird **S_N1-Reaktion** genannt.

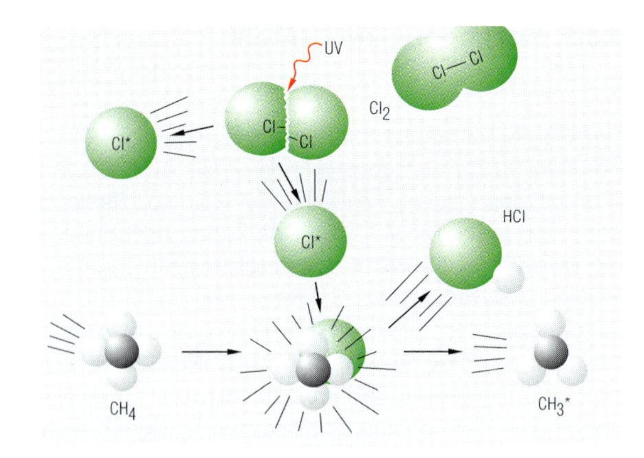

Abb. 2.3.3-4 Teilchenmodell der radikalischen Substitution S_R durch Chlor im Methanmolekül

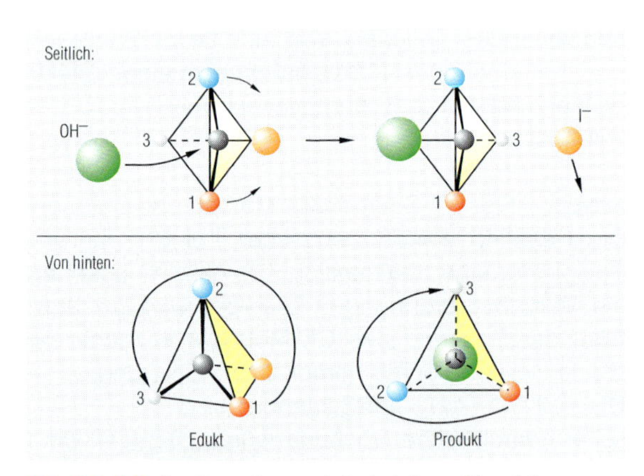

Abb. 2.3.3-5 Konfigurationsumkehr bei der nukleophilen Substitution S_N
Hier reagiert z. B. Kalilauge mit 1-Chlor-1-iod-ethan.

Üb(erleg)ungsaufgaben

1. Vergleichen Sie die Polarität, Bindungsstärke und Größe der folgenden Angreifer und möglicher Abgangsgruppen und geben Sie an, ob bzw. unter welchen Bedingungen folgende Substitutionsreaktionen als S_N-Reaktionen möglich sein könnten.
   Beachten Sie auch, dass größere Molekülgruppen nukleophile Angreifer „abschirmen" können („sterische Behinderung"):
   a) Brommethan + Natronlauge,
   b) 2-Brom-2-methylpropan + Kalilauge,
   c) Chlor + Methanol,
   d) Iod + Methanol,
   e) Iod + 2-Hydroxy-2-ethyl-butan.
2. Welche der folgenden Reaktionen zwischen Halogenalkan und Ag^+-Ion zu AgBr und Alkanol (mit einer Hydroxidgruppe vom Wasser) müsste schneller ablaufen:
   a) 1-Brombutan + wässriger Silbernitrat-lösung,
   b) 2-Brombutan und Silbernitratlösung,
   c) 2-Brom-2-methylpropan und Silbernitratlösung?
3. Welche Produkte erwarten Sie, wenn Bromethan mit Ammoniak und/oder Ammoniumhydrogensulfid reagiert?

Wenn man aus Alkoholen (z. B. Ethanol) und Natrium das stark nukleophile Alkanolat herstellt, so können über eine S_N-Reaktion z. B. Ether hergestellt werden **(„Williamson-Synthese"):**

1. **$2\ C_2H_5OH + 2\ Na \rightarrow 2\ C_2H_5O^- Na^+ + H_2\uparrow$ (Redoxreaktion),**
2. **$C_2H_5O^- + C_2H_5^-Br \rightarrow C_2H_5O{-}C_2H_5 + Br^-$ (S_N-Reaktion).**

Bei der Substitution einer OH-Gruppe (in der katalytisch protonierten Carboxylgruppe der Carbonsäuren, wie z. B. der Essigsäure, $CH_3{-}CO{-}OH$) durch einen Alkohol (wie z. B. $CH_3O{-}H$) kann durch S_N-Reaktionen eine **Veresterung** zu Ester-Produkten wie $CH_3{-}CO{-}OCH_3$ durchgeführt werden. Umgekehrt kann der Ester durch den nukleophilen Angriff von Wasser oder OH^--Ionen auch wieder in Alkohol und Carbonsäure gespalten werden (**Verseifung** oder **Esterspaltung**):

$CH_3{-}CO{-}OCH_3 + H_2O \leftrightarrow CH_3COOH + CH_3OH.$

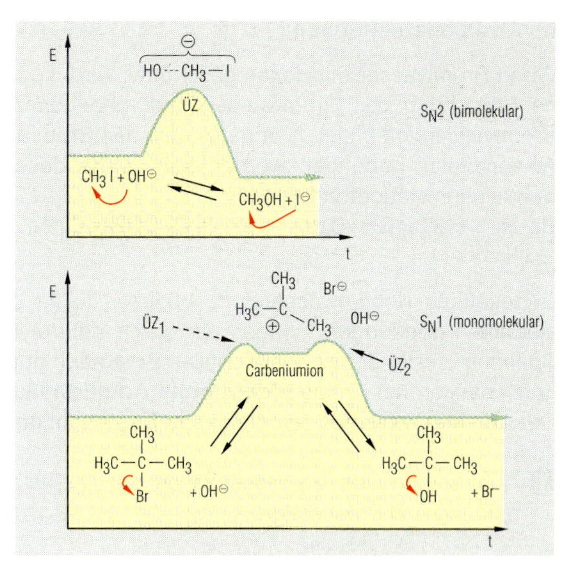

Abb. 2.3.3-6 Energiediagramme und Verlauf der S_N1- und S_N2-Reaktion

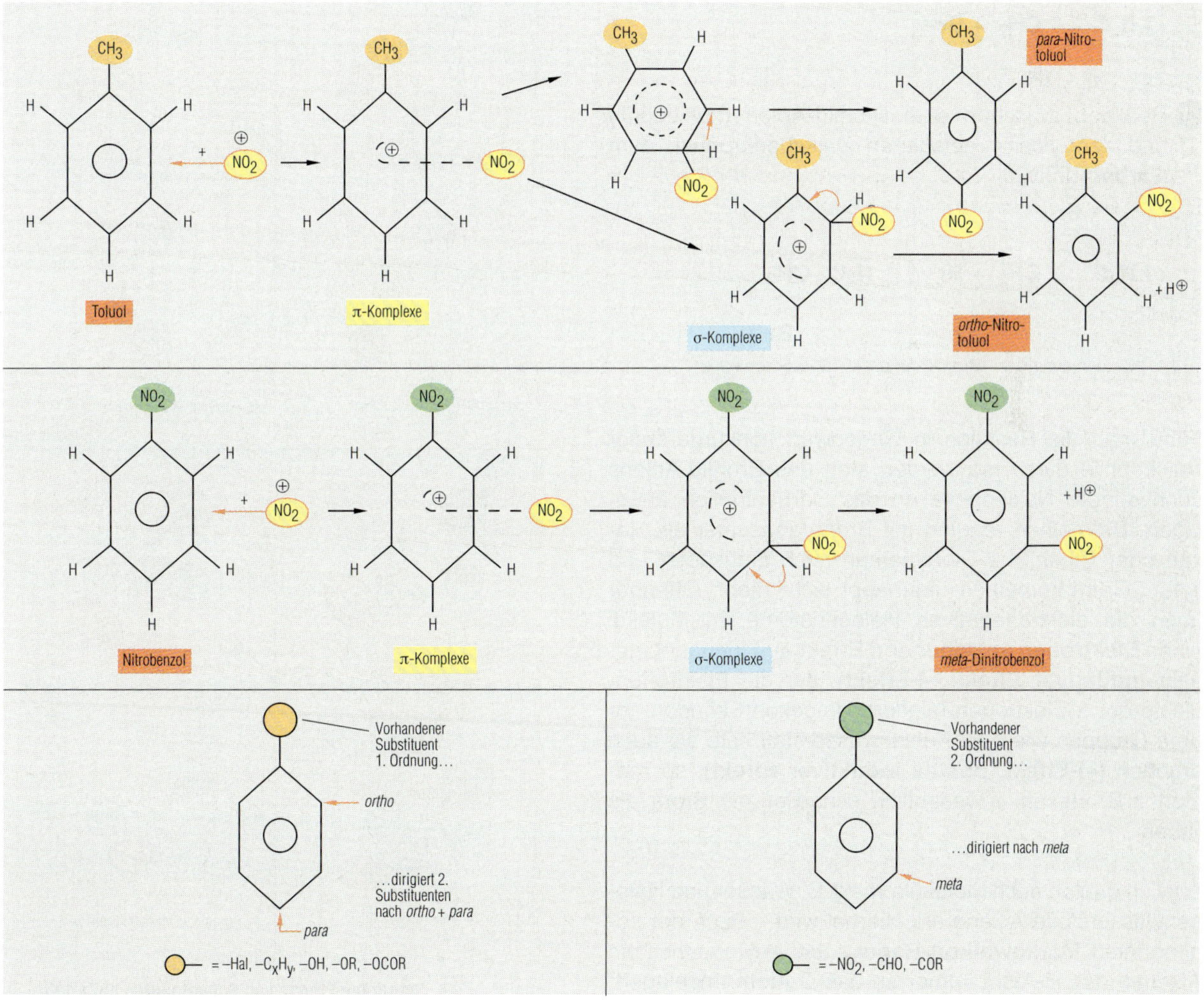

Abb. 2.3.3-7 Elektrophile Substitution am Aromaten

b) Additionsreaktionen

Wenn Bromwasser mit Hexen geschüttelt wird, so tritt eine Entfärbung des Bromwassers auf, ohne dass sich Bromwasserstoff bildet. Hier muss also das Brom an das Alkenmolekül gebunden worden sein, ohne dass eine Substitution stattgefunden hat:

$Br{-}Br + H_2C = CH{-}C_4H_9 \rightarrow Br{-}H_2C{-}CHBr{-}C_4H_9$.

Ungesättigte Kohlenwasserstoffe besitzen leicht polarisierbare π-Bindungen, sodass ein durch heterolytische Spaltung entstandenes, elektrophiles Br^+-Kation gute Angriffschancen hat – eine **elektrophile Addition** läuft ab. Der Ad_E-Mechanismus zeigt folgende Einzelschritte:

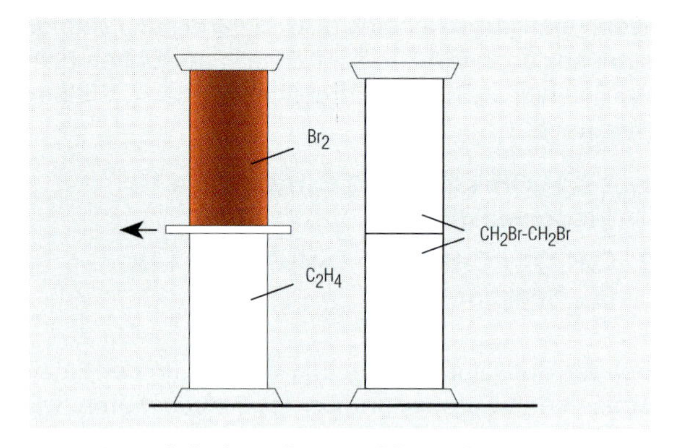

Abb. 2.3.3-8 Laborherstellung von Dibromethan

Die aus der Reaktion von Alkenen mit Halogenen und Halogenwasserstoffen hergestellten **halogenierten Kohlenwasserstoffe** (Organohalogenide, Halogen-KWs) werden als Lösungs-, Entfettungs-, Schäum- und Kühlmittel sowie Treibgase eingesetzt (Freone, Frigene, FCKWs). Auch Insektizide und Kunststoffe wie Teflon werden aus ihnen synthetisiert (vgl. auch Kapitel 2.5: Ökologie).

1 Annäherung des Br_2-Moleküls an die C=C-Doppelbindung und Polarisation:

$Br{-}Br + H_2C{=}CH_2 \leftrightarrow Br^- \ldots Br^+H_2C{=}CH_2$

$\leftrightarrow$ **H_2C**—**CH_2** (verbrückt über **Br**, $\oplus$) **+ $Br^\ominus$**

2 Reaktion zwischen dem Bromid-Anion (nukleophil) und dem positiv geladenen Zwischenprodukt, dem **Carbeniumion:**

$\leftrightarrow$ **H_2C**—**CH_2** (verbrückt über **Br**, $\oplus$) **+ $Br^\ominus$** $\rightarrow$ **$H_2C{-}CH_2$** (mit **Br** an CH_2)

Carbeniumion + Bromid-Anion → 1,2-Diobromethan

Führt man die Reaktion in Gegenwart konkurrierender Nukleophile durch, so werden statt des Bromid-Anions auch andere Nukleophile an das Carbeniumion angelagert. Bromethen reagiert mit Brom langsamer als Hexen oder Ethen, 1,2-Dibromethan noch langsamer und 1,1,2,2-Tetrabromethen überhaupt nicht mehr. Offenbar üben die elektronegativen Halogenatome im Molekül einen **Elektronen anziehenden Effekt** aus (genannt: negativ-**induktiver Effekt, –I-Effekt**), der die Elektronendichte der π-Elektronen mindert. Umgekehrt können andere Gruppen wie z. B. Kohlenwasserstoffreste sie auch erhöhen **(+I-Effekt, positiv induktiver Effekt),** so reagiert z. B. Hexen – wesentlich schneller mit Brom als Ethen.

Ähnlich greifen auch Moleküle wie z. B. Wasser und Halogenwasserstoffe Alkene an. Hierbei wird – nach der sogenannten **Markownikoff-Regel** – bei asymmetrischen Alkenen das H-Atom immer an das C-Atom angelagert, das bereits die meisten H-Atome gebunden hat (Merk-

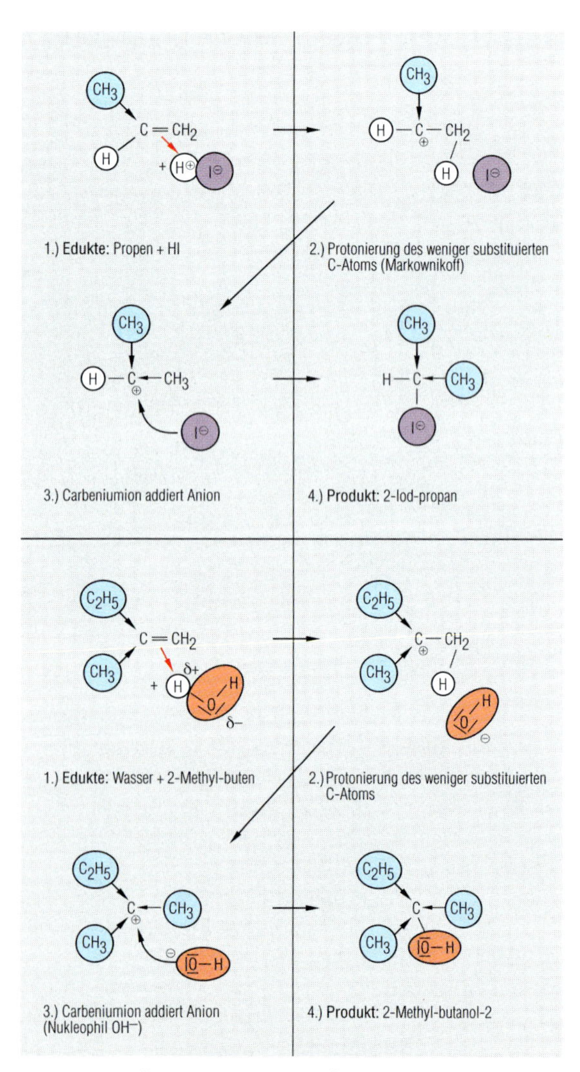

Abb. 2.3.3-9 Steuernde Effekte von Substituenten bei Additionsreaktionen an ungesättigte KWs

satz: Wer hat, dem wird gegeben werden ...). Propen reagiert mit HI daher z. B. zu 2-Iod-propan CH_3–CHI–CH_3, nicht zu 1-Iod-propan C_2H_5–CH_2I.

Alkene wie Ethen (= Ethylen) sind dank ihrer Möglichkeit zu elektrophiler Addition **wichtige, großtechnisch genutzte Zwischenprodukte.**

Die Additionsreaktion (oder kürzer: **A-Reaktion**) von Hydroniumionen (H_3O^+) bzw. Wasser an Alkene führt z. B. zu Alkanolen **(Alkoholen)** und auch andere Stoffklassen werden aus Alkenen synthetisiert, indem man Elektrophile addiert.
Auch an C=O-Doppelbindungen lassen sich Moleküle addieren. So reagieren Alkanale wie Acetaldehyd (Ethanal, CH_3–CH=O) z. B. mit Hydroxidgruppen R–OH der Alkanole oder Kohlenhydrate (z. B. Ethanol oder Glucose) zu Halbacetalen (Beispiel: CH_3–CH(OH)–OR), die dann mit weiteren Alkanolen zu Acetalen weiterreagieren können (Beispiel: CH_3–$CH(OCH_3)_2$ u. Ä.). **Acetale** sind wie Ester wichtige **Aromastoffe.**

c) Polymersationsreaktionen

Additionen und Substitutionen können auch so ablaufen, dass Einzelmoleküle **(Monomere)** ketten- und netzartig aneinandergeknüpft werden, bis dass Riesenmoleküle (**Polymere,** molare Masse über 10^4 u) entstehen.

Die Synthese von Polymeren wird **Polymerisation** genannt.

Diese kann in Form von radikalischer **Polyaddition** ablaufen, als ionische und koordinative Polymerisation oder als **Polykondensation,** indem Monomere unter Substitution und Abspaltung kleinerer Moleküle zu Polymeren heranwachsen.
Wie bei der radikalischen Substitution (S_R) wird in einer Startreaktion ein **Radikal** erzeugt, z. B. aus Ethen-Gas und Spuren von O_2 (20–200 ppm) oder aus „Vinylchlorid" (Chlorethen, H_2C=CHCl). Dieses greift dann ein weiteres Monomer an:

R–CH=CH* + R–CH=CH_2 → R–CH=CH–RCH=CH*

– das radikalische Dimer entsteht. Dieses addiert ein weiteres Monomer zum Trimer usw. – bis dass Polymere wie z. B. Polyeth(yl)en (PE), Polyvinylchlorid (PVC), Polytetrafluorethen („Teflon"), Polystyrol (PS), Polyacrylnitril (PAN) oder Polymethacrylsäuremethylester („PMMA", „Plexiglas") entstehen.
Bei einer **Polykondensation** hingegen nutzt man z. B. die Esterbildungsreaktion aus: Carbonsäuren (wie z. B. eine Dicarbonsäure wie HOOC–$(CH_2)_4$–COOH) werden mit Alkanolen (wie z. B. Ethandiol = Ethylenglykol, HO–CH_2–CH_2–OH) unter Wasserabspaltung verestert. Wenn jedes Monomer zwei oder mehr reaktionsfähige funktionelle Gruppen aufweist, so werden daraus polymere Ketten- und Netzstrukturen.

Abb. 2.3.3-10 Produktion von Kunststoffen wie Polyethylen (PE), Polypropylen (PP) und Polycarbonat

Eine einzige Produktionsanlage stellt heute im Schnitt über 200.000 t Kunststoff jährlich her. Ein Kilogramm Massen-Kunststoff (z. B. PE, PP, Polystyrol, PVC) kostete 1998 vom Material her ca. 2–3 DM – in Deutschland werden für fast 20 Mrd. DM Kunststoffe pro Jahr produziert und geformt.

Abb. 2.3.3-11 Kunststoff-Formteile zur „Weiterverarbeitung"

Zur industriellen Formung werden Verarbeitungsverfahren wie das Hohlblasen, Aufschäumen, Beschichten, Streichen, Warmformen, Formpressen, Spritgießen und Extrudieren eingesetzt. Hauptabnehmer sind die Baustoff-, Spielzeug- (Bild) und Verpackungsmittelindustrie, der Fahrzeug- und Gerätebau, die Elektrotechnik sowie die Konsumwaren-, Agrar- und Chemie-Industrie (insgesamt ca. 40–50 Mio. t Kunststoffe und 15 Mio. t Chemiefasern [für Synthetik-Textilien] jährlich).

Abb. 2.3.3-12 Polymere Kunststoffe im Alltag

Die Weltjahresproduktion 1996 betrug 30 Mio. t PE (Polyethylen), 15 Mio. t PP (Polypropylen), 8 Mio. t PS (Polystyrol, inkl. Styrol-Butadien-Copolymere), 22 Mio. t PVC (Polyvinylchlorid), 10 Mio. t Polyester, 4–5 Mio. t Polyamid, 6–7 Mio. t PUR (Polyurethanschäume) und mehrere Mio. t synthetischer Kautschuk (zumeist aus Butadien-Polymerisaten; vom Biopolymer Zellulose wären noch 18 Mio. t Baumwolle sowie 1,9 Mio. m^3 Holz hinzuzurechnen).

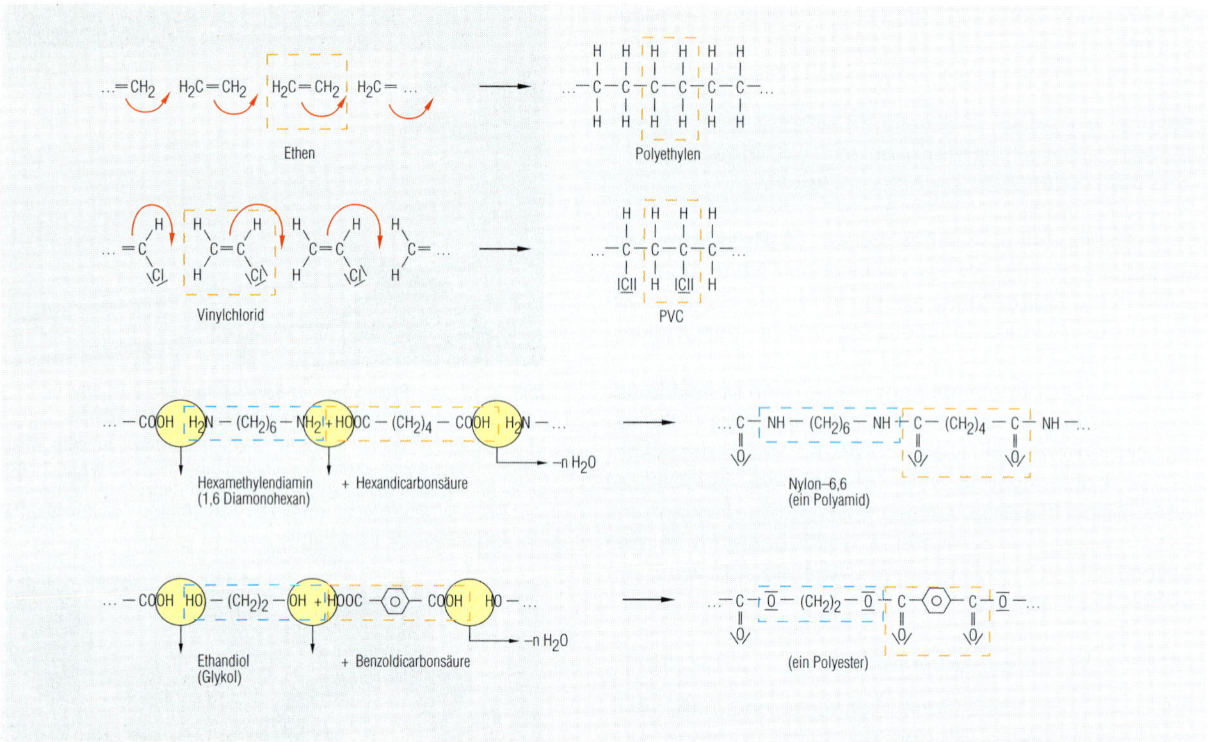

Ethen → Polyethylen

Vinylchlorid → PVC

Hexamethylendiamin (1,6 Diamonohexan) + Hexandicarbonsäure –n H_2O → Nylon-6,6 (ein Polyamid)

Ethandiol (Glykol) + Benzoldicarbonsäure –n H_2O → (ein Polyester)

Abb. 2.3.3-13 Synthesewege und Strukturen wichtiger Polymere

Im oben genannten Beispiel entstünde z. B. ein lineares Polyestermolekül mit der Struktur

…**OOC–(CH$_2$)$_4$–CO**O–CH$_2$–CH$_2$–O**OC–(CH$_2$)$_4$**
–COO–CH$_2$–CH$_2$–O**OC–(CH$_2$)$_4$–CO**…

(**Fettgedruckt:** Monomere der Dicarbonsäure, normal gedruckt: Ethandiol-Bausteine)

Über die **Polyaddition** z. B. von Alkoholen R–OH (ideal z. B.: 1,4-Butandiol) an Isocyanate (funktionelle Gruppe: –N=C=O, ideal hierzu, aber giftig: „Toluylen-2,4-diisocyanat") entstehen Polymere wie Urethane:

n R–N=C=O + n HO–C$_4$H$_8$–OH →
n R–NH–(C=O)–O–C$_4$H$_8$–O–(O=C)–NH–R…

Abb. 2.3.3-14
Karamellisierender Zucker
Kohlenhydrat-Moleküle, Summenformel etwa: $C_n(H_2O)_n$ eliminieren bei Erwärmung Wasserdampf – bis hin zur Verkohlung. Pflanzen bauen ähnlich aus monomeren Kohlehydraten Polymere wie Stärke und Zellulose auf (vgl. Kap. 1.6).

d) Eliminierungsreaktionen

So wie Ethen Brom zu 1,2-Dibromethan addiert (vgl. Abb. 2.3.3-8), so kann 1,2-Dibromethan auch leicht dazu gebracht werden, mit Zink unter Abspaltung von Brom (bzw. ZnBr$_2$) zu reagieren:

BrH$_2$C–CH$_2$Br + Zn → H$_2$C=CH$_2$ + ZnBr$_2$.

Reaktionen, bei denen Atome oder Atomgruppen abgespalten werden, ohne dass andere Substituenten an ihre Stelle treten, nennt man **Eliminierungsreaktionen (E-Reaktionen).** Wenn dabei benachbarte C-Atome kleine Moleküle wie Br$_2$, HBr, H$_2$O, CH$_3$OH, HCl, NH$_3$ usw. eliminieren, entstehen C=C-Doppelbindungen.

Abb. 2.3.3-15 Natürliches Vorkommen organischer (Carbon-)Säuren (zu Seite 111)

e) Protolysereaktionen an organischen Verbindungen

Die Alkan- oder Carbonsäuren mit der funktionellen Gruppe –COOH am Alkylrest R– sind stark polar. Sie bilden untereinander Wasserstoffbrücken aus, bewirken hohe Schmelz- und Siedetemperaturen und in wässriger Lösung liegt der pH-Wert unter 7.

In der **Carboxylgruppe** –COOH liegt nämlich ein C-Atom vor, das aufgrund seiner Doppelbindung an das elektronegativere O-Atom **(Carbonylgruppe C=O)** positiv polarisiert ist. Es gleicht den Elektronenmangel dadurch aus, dass es vom anderen O-Atom Elektronen anzieht. Dadurch wird die dortige O–H-Bindung **(Hydroxygruppe –OH)** so geschwächt, dass sie ein Proton abspaltet (Acidität). Das verbliebene **Carboxylat-Anion –COO⁻** stabilisiert sich durch Mesomerie so, dass beide O-Atome gleichartige Bindungen zum C-Atom aufbauen – der Bindungszustand liegt zwischen zwei mesomeren Grenzstrukturen:

R–C=O / |O–H ↔ R–C=O / |O|⁻ + H⁺ ↔ R–C–O|⁻ + H⁺ / ‖ O

In der homologen Reihe nimmt die Acidität der Carbonsäuren ab: Methansäure (= Ameisensäure, H–COOH) hat einen **pK_S-Wert** von 3,74 – der der Ethansäure (Essigsäure) liegt bei 4,76 und Propansäure (Propionsäure) bei 4,87: Der Alkylrest hat einen **+I-Effekt.**

Nur noch schwach acide sind schließlich die **Fettsäuren,** deren Alkylreste 16–18 C-Atome aufweisen (**Stearinsäure,** nach IUPAC: Oktadekansäure und **Palmitinsäure** bzw. Hexadekansäure).

Abb. 2.3.3-17 Oxalsäure in Rhabarber

Sie kommt in Klee und Rhabarber vor und reagiert mit Kalzium zu unlöslichem Kalziumoxalat. In zu großen Mengen kann sie daher auf Mensch und Tier giftig wirken.

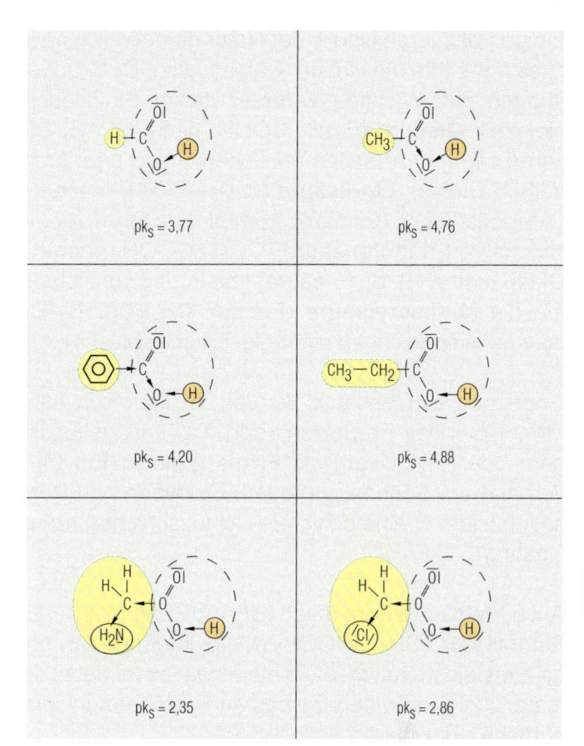

Abb. 2.3.3-16 Durch Substituenten entstehen Carbonsäuren unterschiedlicher Acidität.

Laborversuche zur Synthese von Carbonsäuren

1. **Synthese von Methan- und Ethansäure:**
   a) Im 100-ml-Rundkolben mit Liebigkühler wird ein Gemisch aus 10 ml Wasser, 5 g Natriummethanoat (Na-Formiat, HCOONa) und 10 ml konz. Schwefelsäure erhitzt. Das Destillat wird am Geruch, mit Universalindikator und auf Reaktionsfähigkeit hin gegenüber Magnesiumpulver geprüft.
   b In einer Porzellanschale werden Kaliumhydrogensulfat und Natriumazetat miteinander gerieben und auf Geruch nach Essig geprüft.
   c) Zum Vergleich der Methan- und Ethansäure gebe man je 3 ml konz. Methan- bzw. Ethansäure in ein Reagenzglas, versetze beide Alkansäuren mit 6 ml verdünnter Schwefelsäure (ca. 33%ig oder 4 mol/l) und je 1 ml etwa 3%ige Permanganatlösung: Die Lösung mit Methansäure wird nach ca. 30–60 Sek. entfärbt, da sie aufgrund der Aldehydgruppe im HO-CHO-Molekül reduzierend wirkt.
2. **Buttersäure** lässt sich aus Butter herstellen, wenn man etwa 1 g Butter in ein Reagenzglas gibt, mit 3 ml Brennspiritus und festem Kaliumhydroxid versetzt (etwa vier Plätzchen) und unter dauerndem Schütteln vorsichtig zum Sieden erhitzt (Siedesteinchen!). Wenn das Gemisch etwa 3 Minuten lang gesiedet hat, wird es abgekühlt, mit 3–4 ml Wasser verdünnt und vorsichtig mit konz. Schwefelsäure angesäuert (Geruchsprobe, vorsichtig!).

Auswertung: Die Butterfette (Triglyzeride, Glyzerin-Fettsäure-Ester) werden verseift, sodass durch Substitution hier unter anderem Kaliumbutyrat entsteht (C_3H_7COOK), aus dem die Schwefelsäure die Buttersäure dann verdrängt.

Einige Fettsäuren sind in der Natur gelegentlich auch „ungesättigt“, ihre Alkylreste weisen also C=C-Doppelbindungen auf. Wichtige Vertreter dieser Stoffklasse sind hier z. B. **Ölsäure** ($C_{17}H_{33}COOH$, nach IUPAC: Oktadezen-9-säure, ihre seifen-ähnlichen Salze und ihre Ester heißen Oleate), **Linolsäure** ($C_{17}H_{31}COOH$, nach IUPAC: Oktadekadien-9,12-säure, kommt in Mohn-, Lein- und Nussöl vor), **Linolensäure** ($C_{17}H_{29}COOH$, nach IUPAC: Oktadekatrien-9,12,15-säure) und in der Kunststoffindustrie die **Methacrylsäure** (Formel: **CH_2=C(CH)$_3$–COOH,** polymerisiert leicht zu einer glasartigren Masse).

Linol- und Linolensäure werden im Gemisch mit ihren Mn-, Co- oder Pb-Salzen (den Trocknungsbeschleunigern oder Sikkativen) als **Firnis** genutzt: Ein Firnisfilm verharzt am Sonnenlicht, durch Oxidation und Polymerisation bildet er eine polymere Schutzschicht (Lackierung, Coating).

Auch Methacrylsäure (nach IUPAC: Propensäure) und ihr Ester $H_2C=C(CH_3)COOCH_3$ (Methylmethacrylat) polymerisieren leicht. Polymethylmethacrylat bildet dabei splitterfeste, licht- und witterungsbeständige Thermoplaste z. B. namens „Plexiglas“.

Werden Substituenten mit **–I-Effekt** in Alkansäuremoleküle eingebaut – z. B. elektronegative Halogenatome –, so erhöht sich die Säurestärke **(Acidität)** kräftig: Chlorethansäure hat pK_S = 2,86, die Fluorethansäure CH_2F–COOH pK_S = 2,23 und die Trichlorethansäure CCl_3–COOH sogar einen pK_S-Wert von 0,70. Auch eine zweite –COOH-Gruppe erhöht die Acidität, insbesonders, wenn zwischen beiden Carboxylgruppen nur kleine Alkylreste liegen.

Wichtige Abkömmlinge **(Derivate)** der homologen Reihe der Carbonsäuren sind die **Hydroxycarbonsäuren** (mit zusätzlichen OH-Gruppen im Alkylrest, Beispiele: Milch-, Äpfel- und Weinsäure) sowie die **Aminosäuren** (mit der Aminogruppe $-NH_2$). Letztere haben mit der NH_2-Gruppe allerdings gleichzeitig basische Eigenschaften, da diese ja als Protonenakzeptor reagieren kann. Sie liegen darum oft als **Zwitterionen** vor.

In dieser Form weist das Molekül ein Carboxylat-Anion **und** eine protonierte Aminogruppe als Kation auf. Die Möglichkeit, über diese beiden funktionellen Gruppen zu **Peptiden** zu polymerisieren (Polykondensation unter Wasserabspaltung, polymeres Produkt: Die **Proteine,** Grundstruktur –C–C–N–C–C–N–C–C–N–), macht sie biologisch so überaus bedeutungsvoll.
Proteine bilden Biopolymere, die zudem oft katalytisch wirken (als Enzym). So katalysiert z. B. das Protein „Hämoglobin“ mit koordinativer Bindung zu einem Eisenkation die Redoxreaktion von Fe^{2+} mit einem O_2-Molekül.

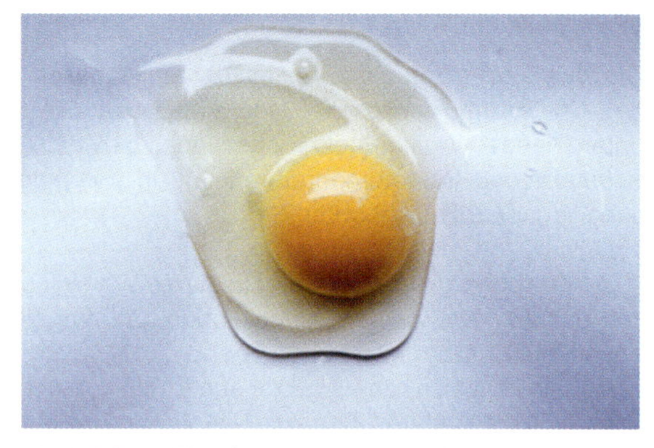

Abb. 2.3.3-18 Eiweiße – Polymere aus vielen zigtausend Aminosäuremolekülen

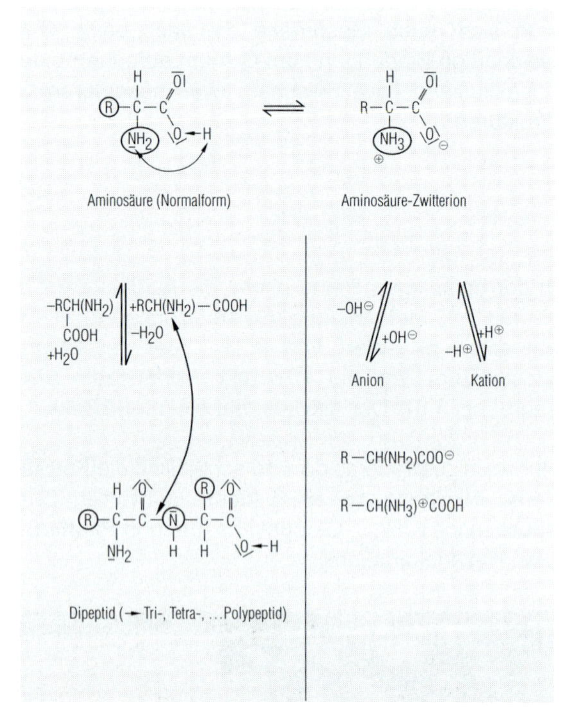

Abb. 2.3.3-19 Aminosäure in Normalform, als Zwitterion und als Dipeptid

Abb. 2.3.3-20 Oxidation eines Alkanols (hier Brennspiritus) zum „Aldehyd“, rechts die Iodoformprobe (s. Seite 113)

f) Redoxreaktionen am C-Atom

In diesem Kapitel wurden bereits die durch Substitution ineinander umwandelbaren Stoffgruppen der Halogenalkane (R–Hal), Alkanole (R–OH) und Ether (R–O–R) vorgestellt. Durch **Redoxreaktionen** (vgl. Kapitel 2.2.4, Seite 80) können hieraus weitere funktionelle Gruppen bzw. Stoffklassen erzeugt werden: Wenn man z. B. heiße, geglühte Kupferdraht-Netzrollen in Methanol taucht, so werden diese wieder blank, da der schwarze CuO-Belag **Alkanole zu Alkanalen** wie Methanal (= Formaldehyd) oxidiert:

$$H{-}CH_2{-}OH + CuO \rightarrow H{-}CHO + Cu + H_2O.$$

Die **Oxidationszahl** der höheren Alkanole (ab Ethanol, $CH_3{-}CH_2{-}OH$) wird bei dieser Reaktion von −1 auf +1 erhöht. Wenn Kaliumpermanganatlösung als Oxidationsmittel eingesetzt wird, lassen sich z. B. Methanol und Oxalsäure oxidieren: Das Methanol wird zum Methanal (und u. U. zu Methansäure!) oxidiert:

$$5\ CH_3OH + 2\ KMnO_4 + 3\ H_2SO_4 \rightarrow 5\ HCHO + 8\ H_2O + K_2SO_4 + 2\ MnSO_4.$$

Oxalsäure entfärbt Permanganat unter Gasbildung (Redoxreaktion):

$$5\ (COOH)_2 + 2\ KMnO_4 + 3\ H_2SO_4 \rightarrow 10\ CO_2 + K_2SO_4 + 2\ MnSO_4 + 8\ H_2O.$$

Auch die zum **Nachweis von Alkanolen** eingesetzte **Iodoformprobe** ist eine Redoxreaktion. Der gelbe Iodoformniederschlag mit charakteristischem Geruch zeigt Ethanol an. Iod bildet mit Natronlauge Hypoioditionen OI^-, die Ethanol oxidieren:

$$C_2H_5OH + OI^- \rightarrow CH_3CHO + H_2O.$$

Durch den negativ induktiven Effekt der C=O-Bindung werden die aciden H-Atome am C-Atom neben der Aldehydgruppe leicht durch Iodatome substituiert:

$$CH_3CHO + 3\ I_2 + 3\ OH^- \rightarrow CI_3{-}CHO + 3\ I^- + 3\ H_2O.$$

Triiodethanal wird von Natronlauge decarbonyliert, sodass Triiodmethan (Iodoform) und Natriummethanat entstehen:

$$CI_3CHO + NaOH \rightarrow CHI_3\downarrow + HCOONa.$$

Die Iodoformprobe funktioniert auch mit Propanon oder Butanon (z. B. 5 Tropfen Propanon, 3 ml Natronlauge und 2–3 Tropfen Iodlösung):

$$CH_3COCH_3 + 3\ I_2 + 4\ OH^- \rightarrow CHI_3 + CH_3COO^- + 3\ H_2O + 3\ I^-.$$

Da man Alkanale auch durch **katalytische Dehydrierung** aus Alkanolen herstellen kann (Ethen wird z. B. am $PdCl_2$ / $CuCl_2$-Katalysator mit Luftsauerstoff zu Ethanal = Acetaldehyd $H_3C{-}CHO$ umgesetzt), hat man die Alka-

Laborversuche: Redoxreaktionen am C-Atom

1. Geben Sie 3–5 ml Methanol in ein Reagenzglas. Fügen Sie 5 ml Kaliumpermanganatlösung und 5 Tropfen konz. Schwefelsäure hinzu. Entfärben Sie das überschüssige Permanganat nach der Reaktion ggf. durch vorsichtige Zugabe von Oxalsäurelösung.
2. **Alkanolnachweis durch Veresterung mit Borsäure und durch die Iodoformprobe:**
   a) Geben Sie 4 ml eines Alkanols (Methanol, Ethanol, Propanol, Butanol), 2 g Borsäure (H_3BO_3) und vorsichtig ca. 3 ml Schwefelsäure in ein Reagenzglas (oder eine Porzellanschale) und erwärmen bzw. entzünden Sie das Gemisch vorsichtig. Die grüne bzw. grün gesäumte Flamme der verbrennenden Dämpfe zeigt das Vorhandensein der Borsäuretrialkylester $(R{-}CH_2{-}O)_3B$ an. Sie ist bei Methanol am besten erkennbar.
   b) Versetzen Sie im Reagenzglas 3 Tropfen Ethanol mit 1 ml Natronlauge (ca. 1 mol/l bzw. 4%ig), erwärmen Sie auf ca. 60 °C und fügen Sie 15 Tropfen etwa 1,5 molare Iodlösung hinzu (ca. 22%ig).
3. **Alkanole und ihre Oxidationsprodukte:** Man prüfe die Oxidierbarkeit von primärem, sekundärem und tertiärem Alkanol durch Eintauchen geglühter Kupferbleche (mit noch heißem Kupferoxidbelag). Primäre Alkanole werden zu Alkanalen oxidiert, sekundäre zu Alkanonen.
4. **Alkanal-Reaktionen:** In zwei Reagenzgläsern werden je 4–5 ml ammoniakalische Silbernitratlösung („Tollens Reagenz“) und 1 ml Methanallösung (35 %) oder Ethanal geschüttelt und im siedenden Wasserbad erwärmt. Alternativ kann man auch im Reagenzglas je 3 ml Fehling'sche Lösung I und II mischen, 10 Tropfen Methanallösung oder Ethanal zugeben und unter dauerndem Schütteln vorsichtig zum Sieden erhitzen. Man wiederhole diese Versuche mit Propanal, Propanon oder Benzaldehyd zum Vergleich.
5. **Oxidation von Alkanolen:** Lösen Sie 2 g $Na_2CrO_4 \cdot 2\ H_2O$ (Natriumdichromat-dihydrat) in einem Reagenzglas mit 5 ml Wasser, fügen Sie sodann 1 ml konz. Schwefelsäure und 2 ml Propanol-2 hinzu. Erwärmen Sie die Mischung leicht.
6. **Additionsreaktion von Methanal:** Ein 250-ml-Rundkolben wird mit 30 ml 35%iger Methanallösung gefüllt, der man 3–6 ml wässrige $Ca(OH)_2$-Suspension zufügt. Bei aufgesetztem Rückflusskühler wird bis zum heftigen Einsetzen der Reaktion erwärmt (Vorsicht: Das Stoffgemisch wird u. U. in den Kühler gerissen!).

   Zu Versuch 6: Kalziumhydroxid katalysiert die Poly-Additions-Reaktion von Methanal, wobei zunächst als Dimer Glykolaldehyd $HO{-}CH_2{-}CHO$ entsteht. Dieses addiert ein drittes Molekül, sodass sich als Trimere 2,3-Dihydroxypropanal und 1,3-Dihydroxypropanon bilden. Diese reagieren weiter, bis dass Kohlenhydrate wie Fructose und Sorbose entstehen – daher der Karamell-Geruch (Aldol-Addition).

7. In einer ähnlichen Reaktion können auch je 3 ml Methanallösung (35%ig) und NH_3 (konz.) im Reagenzglas unter dem Abzug vorsichtig erwärmt werden, bis dass das Wasser verdampft ist. Als Produkt der Additionsreaktion bleibt kristallines Hexamethylentetramin $C_6H_{12}N_4$ zurück.

   Additionen mit Alkanonen sind ebenfalls möglich: Hierzu können z. B. im Reagenzglas 5 ml Propanon mit 10 ml konz. $NaHSO_3$-Lösung geschüttelt werden (Wasserkühlung!), wobei als kristallines, farbloses Addukt 2-Hydroxypropansulfonat entsteht.

nale früher **„Aldehyde"** genannt (von: **al**cohol **dehyd**rogenatus, vgl. Abb. 2.3.3-20). Diese können mit Fehling'scher Lösung weiteroxidiert werden, sodass **Carbonsäuren** entstehen (Oxidationszahl +3):

$$\mathbf{R{-}CHO + Cu^{2+} + 4\ OH^- \rightarrow R{-}COOH + Cu_2O + 2\ H_2O}$$

Chromat schließlich oxidiert Alkanole direkt zur Carbonsäure auf:

$$\mathbf{3\ C_2H_5OH + 2\ Cr_2O_7^{2-} + 16\ H_3O^+ \rightarrow 3\ CH_3COOH + 4\ Cr^{3+} + 27\ H_2O}$$

In den **„Alco-Test-Röhrchen",** die in den 70er und 80er Jahren Alkohol im Atem von Autofahrern nachweisen sollten, wurde diese Redoxreaktion eingesetzt. Dichromat oxidiert hier Ethanol (oder auch Propanol-2) zu Ethanal (bei Propanol-2 entsteht das Keton: Propanon, auch Azeton genannt). Die Farbe im Röhrchen schlägt von orange nach grün um. Im Falle von Propanol-2 läuft die Reaktion nach folgendem Schema ab:

$$\mathbf{Cr_2O_7^{2-} + 3\ (CH_3)_2CH(OH) + 8\ H^+ \rightarrow 2\ Cr^{3+} + 3\ CH_3COCH_3 + 7\ H_2O.}$$

Aldehyde reduzieren Silber-Kationen zu Silber, das sich an der Glaswand als **Silberspiegel** niederschlagen kann (Produktion verspiegelter Gläser) oder die Lösung dunkel färbt (Tollensprobe). Aus Methanal wird hierbei Ammoniumcarbonat, während Ethanal zu Ammoniumazetat oxidiert wird.

Ähnlich läuft die **„Fehling-Probe"** ab, eine Redoxreaktion, bei der Kupfer-II-Kationen Alkanale zu Alkansäure-Anionen oxidieren, wobei Kupfer-I-oxid (rot) ausfällt.

Schließlich ändern sich Oxidationszahlen am C-Atom oft auch, wenn keine Oxidationsmittel eingesetzt werden, sondern **Disproportionierungs-** oder **Additionsreaktionen** ablaufen. Eine solche Reaktion läuft z. B. ab, wenn im Reagenzglas 2 ml Benzaldehyd, 1 ml Propanon, 5 ml Brennspiritus und 1 ml Natronlauge (ca. 10%ig) am Sieden gehalten werden, bis Gelbfärbung eintritt (am Ende kühlen!); als Addukt entsteht Dibenzalpropanon:

$$\mathbf{2\ C_6H_5{-}CHO + CH_3COCH_3 \rightarrow C_6H_5{-}CH{=}CH{-}CO{-}CH{=}CH{-}C_6H_5 + 2\ H_2O}$$

Diese Reaktion wird Cannizzaro-Reaktion genannt (vgl. S. 122, Versuch Nr. 6).

Stanislao Cannizzaro (1826–1910) untersuchte neben den Disproportionierungs-Reaktionen der Aldehyle zu Alkanolen und Alkansäuren auch die Masse und Größe von Molekülen. Er bestätigte dabei Avogrados Theorien über die Zweiatomigkeit vieler Gasteilchen (Abb. 1.4.4-2).

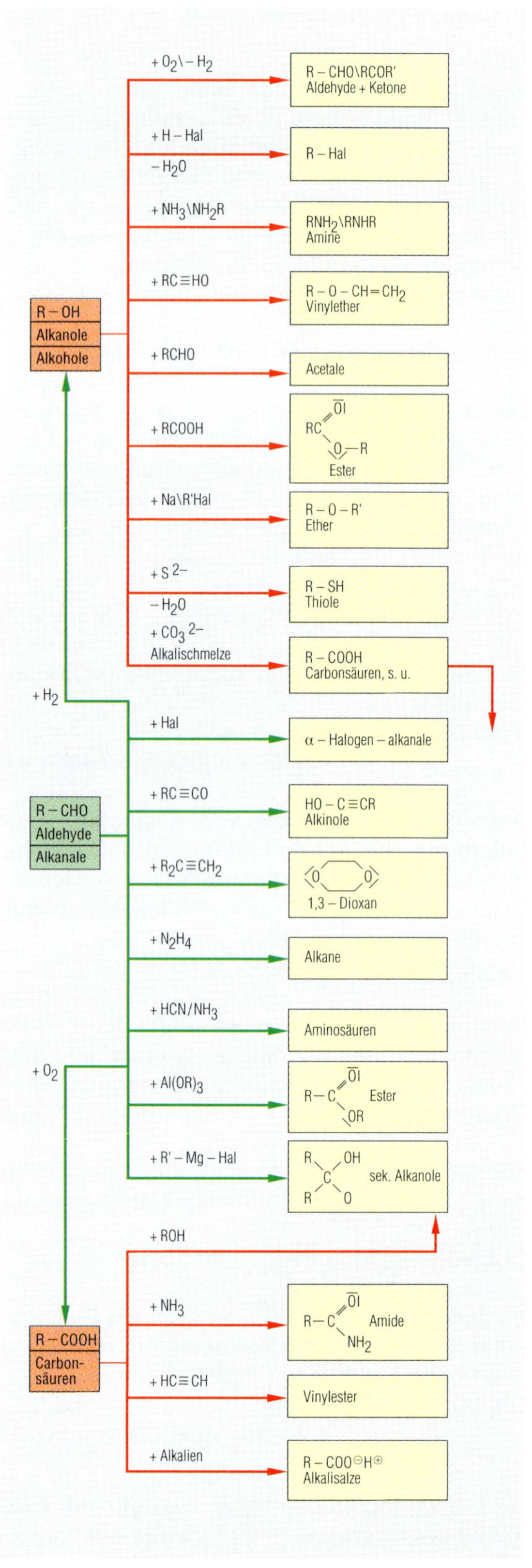

Abb. 2.3.3-21 **Wichtige, allgemeine Reaktionen der Alkanole, Alkanale und Carbon- bzw. Alkansäuren**

2.3.4 Alicyclen und Stereochemie – Chemie im dreidimensionalen Raum

Die **Stereochemie** ist die Lehre von den räumlich-geometrischen Verhältnissen.

Molekülorbitale am C-Atom stehen im Regelfall tetraedrisch, also in 10°-Winkeln zueinander (**sp^3-hybridisiert,** z. B. im Ethan), planar in 120°-Winkeln (**sp^2-hybridisiert,** aber mit senkrecht zur Ebene der σ-Bindungen stehenden π-Orbitalen, z. B. im Ethen) oder linear (**sp-hybridisiert,** also mit zwei zueinander und zur Ebene der σ-Bindung senkrecht stehenden π-Orbitalen, z. B. im Ethin). Durch Zyklisierung, große oder stark polarisierende Substituenten und Delokalisation von π-Elektronen werden diese Winkel verändert. Das kann zu Spannungen im Molekül und sterischen Hinderungen von Reaktionen führen.

So lassen sich auch fünf Typen von Isomeren unterscheiden: Neben **Gerüst-** (Beispiel: n-Butan / Isobutan), **Positions-** (wie 1-Butanol / 2-Butanol) und **funktionellen Isomeren** (wie Ethanol und Methoxymethan) treten auch geometrische oder **„*cis-/trans-*"Isomere** (wie ***cis***-2-Buten und ***trans***-2-Buten sowie **Spiegelbildisomere** auf. (Vgl. Ähnliches bei Komplexen, Kapitel 2.2.9-1).

So stellen Malein- und Fumarsäure z.B. **geometrische Isomere** dar:

```
H–C–COOH            H–C–COOH
  ||                  ||
H–C–COOH         HOOC–C–H
Maleinsäure (cis)   Fumarsäure (trans)
```

Die Fumarsäure hat einen höheren Schmelzpunkt, ist stabiler und wasserlöslicher als das *cis*-Isomer Maleinsäure. Durch momentane, katalytische Aufhebung der nicht frei drehbaren Doppelbindung lässt sich Malein- in Fumarsäure umwandeln.

Die Umwandlung trans → cis ist demgegenüber schwieriger: Hier müssten zwei größere Substituenten (Carboxylgruppen) nebeneinander gedreht werden (sterische Hinderung). Andererseits kann nur die Maleinsäure ein Anhydrid bilden, während eine entsprechende Wasserabspaltung aus einem Fumarsäure-Molekül misslingt: Die COOH-Gruppen kommen dazu nicht nahe genug aneinander.

Spiegelbildisomere existieren immer dann, wenn ein C-Atom vier verschiedene Substituenten trägt (oder Reste, Atomgruppen; Beispiel: Glyzerinaldehyd HO–CH_2–C*H(OH)–CHO, das entscheidende C*-Atom trägt die vier Gruppen –H, –OH, –CHO und –CH_2OH). Ein solches **asymmetrisches C*-Atom** kann die Schwingungsebene linear polarisierten Lichtes drehen **(„optische Aktivität").**

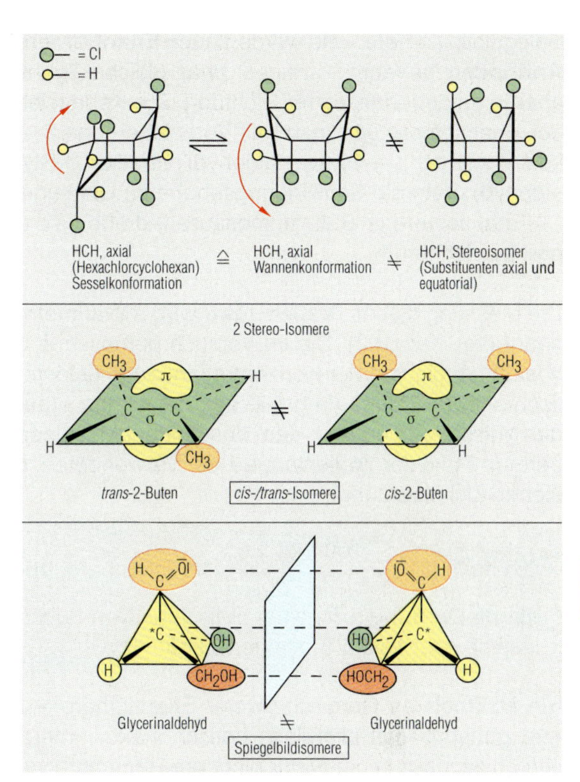

Abb. 2.3.4-1 Räumliche Struktur sterischer Isomere von Hexachlorcyclohexan (HCH), 2-Buten und dem optisch aktiven Glyzerinaldehyd

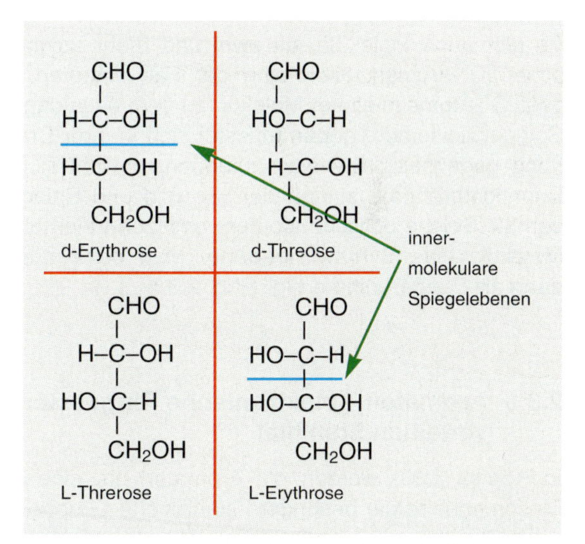

Abb. 2.3.4-2 Die vier Enantiomere von Erythrose und Threose

Die Erythrosemoleküle sind zueinander optisch aktiv (Spiegelbildisomere), ebenso die beiden Threosemoleküle. Auch Erythrose- und Threosemoleküle bilden zueinander optische Isomere, verhalten sich zueinander aber nicht mehr wie Bild und Spiegelbild (sind also **Diastereomere**!).

Merke:
Zu Verbindungen mit n optisch aktiven C*-Atomen existieren insgesamt 2^n optische Isomere bzw. n diastereomere Antipodenpaare.

Spiegelbildisomere – sie werden auch **Enantiomere** oder **Antipoden** genannt – zeigen zwar gleiche Drehwerte, aber in entgegengesetzter Richtung. Zur Kennzeichnung der Enantiomere gibt man das Vorzeichen des Drehwinkels α mit an: (+)-Glyzerinaldehyd (veraltet: d-Glyzerinaldehyd) dreht die Schwingungsebene im Uhrzeigersinn, (–)-Enantiomere (z. B. L-Aminosäuren) drehen sie entgegengesetzt herum.

Die Messung dieses Drehwertes α wird „Polarimetrie" genannt (vgl. Kap. 3.2). Die im Versuch gemessene Größe α ist abhängig von der Konzentration ***c*** des gelösten, optisch aktiven Stoffes (in g/100 ml), der Länge *l* (auch: ***s***) des Messrohres (in dm), dem Lösemittel LM, seiner Temperatur ***T*** und der Wellenlänge λ der verwendeten, polarisierten Lichtstrahlung.

Die nach $[\alpha]^T_\lambda = \frac{100\ \alpha_{gemessen}}{l \cdot c}$ berechenbare, **spezifische Drehung** $[\alpha]^T_\lambda$ einer optisch aktiven Substanz ist eine spezifische Stoffeigenschaft.

Ein äquimolares Gemisch zweier Enantiomere – **Racemat** genannt – ist allerdings optisch inaktiv. Interessant jedoch ist, dass in der Natur nicht nur Racemate vorkommen: Viele Reaktionen laufen selektiv ab, so verdaut unser Organismus z. B. nur L-Aminosäuren – die (–)- bzw. d-Enantiomere werden unverdaut ausgeschieden.

Es gibt auch Moleküle mit zwei und mehr asymmetrischen C*-Atomen. Hier kann der Fall eintreten, dass zwei C*-Atome in einem Molekül (zu dem es ja dann vier Spiegelbildisomere geben müsste) sich in ihrer Drehwirkung gegenseitig teilweise aufheben, obwohl sich das Enantiomerenpaar zueinander wie Bild und Spiegelbild verhält. Solche optische Isomere besitzen innerhalb des Moleküls eine **Symmetrieebene.** Man bezeichnet sie dann als Diastereomere (vgl. Abb. 2.3.4-2).

2.3.5 Aromaten – elektronische Ringsysteme verleihen Stabilität

In Kapitel 2.3.2 wurden die Aromaten als eine durch Mesomerieenergie besonders stabilisierte Gruppe zyklischer Kohlenwasserstoffe vorgestellt, die 4n+2 π-Elektronen aufweisen (Hückel-Regel). Ihre **mesomere Stabilisierung** macht es schwierig, Aromaten einer Additionsreaktion zu unterziehen, denn dann würde die **Delokalisierung der π-Elektronen** aufgehoben. Auch reagieren Aromaten selten nach einem S_N-Mechanismus, da nukleophile Angreifer durch das aromatische π-Elektronen-System von den Kernen der C-Atome im Ring abgeschirmt werden. Stattdessen ist hier die **elektrophile Substitution** vorherrschend (Abb. 2.3.3-7), bei der sich

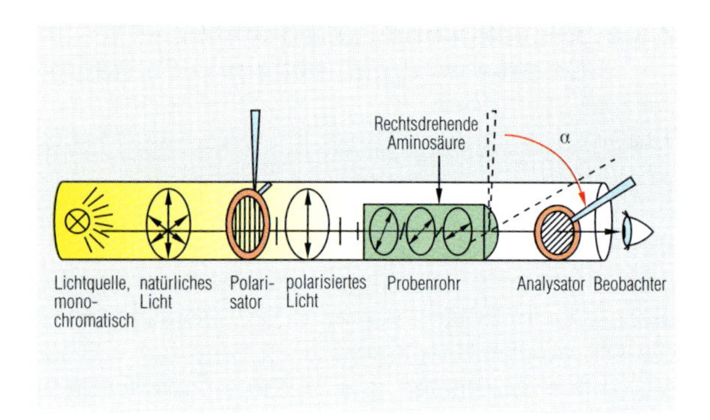

Abb. 2.3.4-3 Messung der optischen Aktivität einer Substanz im Polarimeter

Über die Polarimetrie werden besonders **Eiweiß-** und **Zuckergehalte** bestimmt.

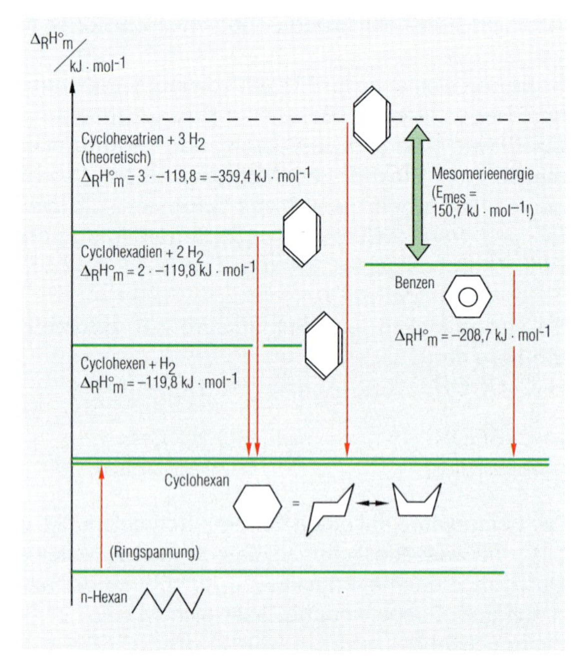

Abb. 2.3.5-1 Vergleich der energetischen Stabilität und Struktur von Cyclohexan und Benzol

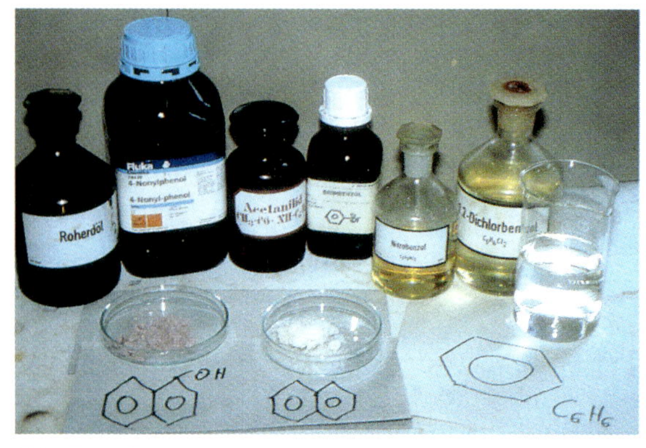

Abb. 2.3.5-2 Benzolderivate

Im Bild: Acetanilid, Naphthen (= Naphthalin), β-Naphthol und Chlor- und Nitrobenzol

nach Addition eines Elektrophils an das aromatische System der π-Elektronen (Zwischenprodukt: **p-Komplex**) über einen nichtaromatischen ÜZ **(σ-Komplex)** durch Eliminierung eines Substituenten wieder ein Aromat entsteht:

$$\text{Benzol} + X^{\oplus} \leftrightarrow \pi\text{-Komplex} \leftrightarrow \sigma\text{-Komplex} \leftrightarrow \text{substituiertes Benzol} + H^{\oplus}$$

Benzol + Elektrophil	π-Komplex	σ-Komplex	substituiertes Benzol

Elektrophile Angreifer können Kationen sein wie das **Nitroniumion, NO_2^+** oder das **Sulfoniumion, SO_3H^+,** die in Salpetersäure und Oleum durch Eliminierung von Wasser entstehen (eine protonierte Hydroxidgruppe wird abgestoßen) – oder aus **Halogenen, Halogenalkanen** und **Säurechloriden** (funktionelle Gruppe: –COCl statt –COOH), die durch Polarisation mithilfe von **Lewis-Säuren** wie $AlCl_3$, $ZnCl_2$ oder $FeBr_3$ zum Elektrophil werden:

Nitroniumion (zur Nitrierung):
$2\,HNO_3 \leftrightarrow NO_3^- + \mathbf{NO_2^+} + H_2O$

Sulfoniumion (zur Sulfonierung):
$2\,H_2SO_4 \leftrightarrow HSO_4^- + \mathbf{SO_3H^+} + H_2O$

katalyt. Halogen-Heterolyse (zur Halogenierung):
$Cl_2 + AlCl_3 \leftrightarrow \mathbf{Cl^+} + [AlCl_4]^-$

Alkylion-Bildung (zur Alkylierung):
$C_2H_5\text{–}Cl + AlCl_3 \leftrightarrow \mathbf{C_2H_5^+} + [AlCl_4]^-$

Acylion-Bildung (zur Acylierung):
$CH_3CO\text{–}Cl + AlCl_3 \leftrightarrow \mathbf{CH_3CO^+} + [AlCl_4]^-$

So lässt sich aus Benzol im Labor z. B. folgende Produktpalette herstellen (industrielle Umsetzung vgl. Abb. 2.3.5-3):

a) durch **Nitrierung** mit **„Nitriersäure“,** einem Salpetersäure-/Schwefelsäure-Gemisch, Nitrobenzol (oder gar Di- und Trinitrobenzol),

b) durch **Sulfonierung** mit Oleum ($H_2SO_4 \cdot SO_3$) Benzolsulfonsäure ($C_6H_5\text{–}SO_3H$) – und deren Salze, die Sulfonate (z. T. wichtige Detergentien!),

c) durch **Bromierung** mit Brom + Eisen (bzw. $FeBr_3$-Katalysator) Brombenzol,

d) durch die **Friedel-Crafts-Alkylierung** mit Chlorethan + $AlCl_3$ Ethylbenzol,

e) durch **Friedel-Crafts-Acylierung** mit Essigsäurechlorid ($CH_3\text{–}CO\text{–}Cl$) und AlCl– oder ZnCl– (als Katalysator) Acetophenon ($C_6H_5\text{–}CO\text{–}CH_3$).

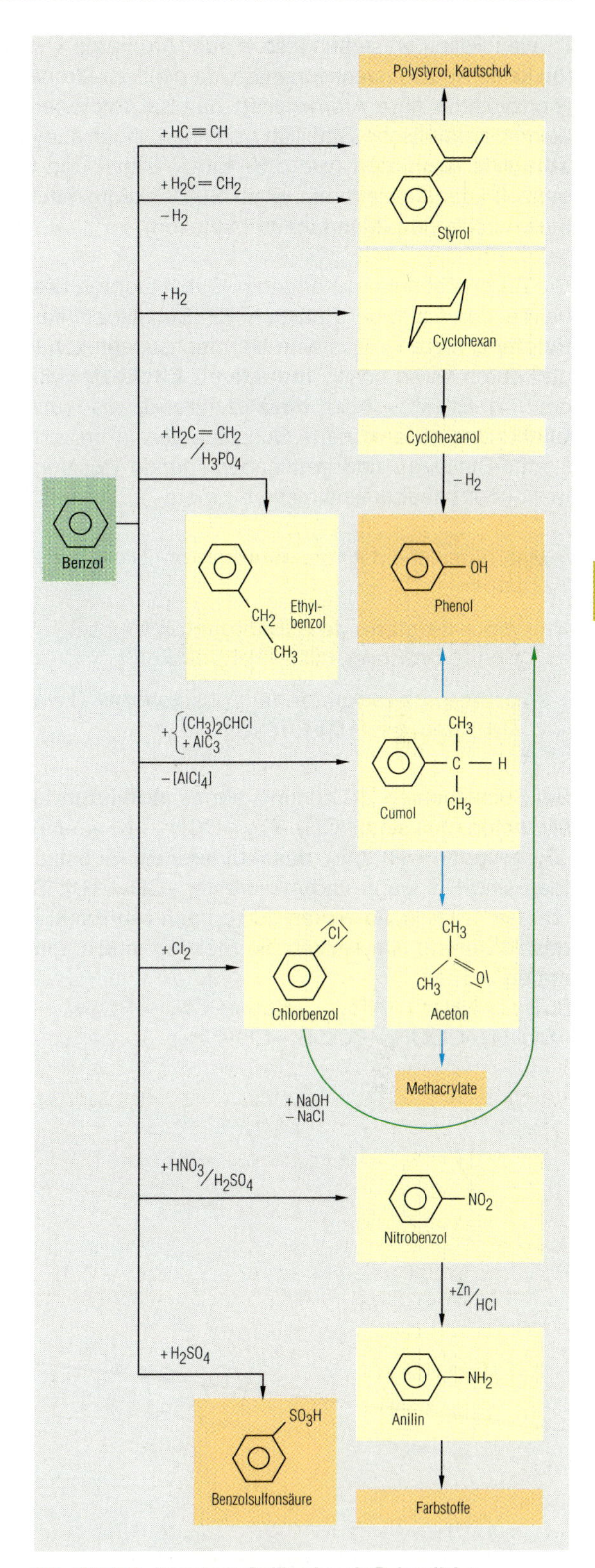

Abb. 2.3.5-3 Benzol aus Raffinerien als Rohstoff der chemischen Industrie

Jährlich werden über 23 Mio. t Benzol produziert sowie 12 Mio. t Ethylbenzol, je ca. 10–12 Mio. t Styrol und Toluol und ca.10 Mio. t Xylol.

In allen Fällen entstehen also wieder Aromaten – es laufen keine Additionsreaktionen ab, da die π-elektronischen Ringsysteme (ihre Aromatizität) den substituierten Produkten aromatische Stabilität verleihen. Aber auch **substituierte Aromaten** (wie z. B. Nitro-, Ethyl- und Chlorbenzol) können wiederum einen S_E-Reaktionsmechanismus durchlaufen (Mehrfach-Substitution).

Die Art des bereits vorhandenen Substituenten bestimmt hierbei den Gang der Reaktion: Ein Substituent kann **aktivierend** wirken – was eine Mehrfachsubstitution fördert und durch einen positiv **induktiven Effekt** bewirkt wird, den (+I)-Effekt – oder **desaktivierend,** also mit (–I)-Effekt. Und er lenkt neue Substituenten in benachbarte („ortho-Stellung“) und gegenüberliegende Position („para-“) – oder aber in eine mittlere („meta-“).

Man unterscheidet vom **mesomeren** Effekt her zwei Gruppen:

1. **meta-dirigierende Substituenten** (Substituenten **erster Ordnung,** mit **(–M)-Effekt)** und
2. **ortho-para-dirigierende** Substituenten **(zweiter Ordnung,** mit **(+M)-Effekt).**

Bei Substituenten 2. Ordnung gibt es **aktivierende** Substituenten (das sind: –OH, –O–, $-OCH_3$, $-NH_2$, $-NR_2$ und Alkylgruppen –R) und **desaktivierende** Substituenten (das sind Halogene und Alkenreste, $-CH{=}CR_2$). Substituenten 1. Ordnung wirken durch ihren (–I)-Effekt immer desaktivierend; sie senken die Elektronendichte im Aromaten
(z. B.: $-NH_3^+$, $-NR_3^+$, $-NO_2$, –CN, $-SO_3H$, –CHO, –CO–R, –COOH, –COOR, $-CO-NH_2$).

Üb(erleg)ungsaufgaben

1. Nennen Sie je 5 Substituenten erster und zweiter Ordnung am Aromaten.
2. Geben Sie je 5 Substituenten an, die im Hinblick auf eine Zweitsubstitution aktivierend bzw. desaktivierend wirken!
3. Zählen Sie die einzelnen Schritte beim Mechanismus einer aromatischen S_E-Reaktion auf und formulieren Sie diesen am Beispiel der Reaktion von Nitroniumionen mit Toluol $C_6H_5-CH_3$ in allen Teilschritten! Welcher ÜZ ist energetisch günstiger: der π-Komplex oder der σ-Komplex? Warum?
4. Formulieren Sie die Reaktionsmechanismen mit Strukturformeln für die Sulfonierung von Benzol, die Bromierung von Toluol und die Friedel-Crafts-Alkylierung von Phenol C_6H_5-OH – in welchen Fällen sind Mehrfachsubstitutionen denkbar?
5. Geben Sie die Strukturformeln der Produkte folgender Reaktionen an (beachten Sie dabei, welche Position neu hinzutretende Substituenten am Benzolring einnehmen können!):
   a) Nitrobenzol wird sulfoniert (1x),
   b) Phenol wird zweifach bromiert,
   c) Toluol wird zweifach chloriert,
   d) Toluol wird dreifach nitriert (Produkt: Der Stoff „TNT“!),
   e) Benzol wird durch Friedel-Crafts-Acylierung mit Essigsäurechlorid zu Acetophenon acyliert,
   f) Phenol wird mit Brommethan und Eisen-III-bromid dreifach alkyliert,
   g) Phenol wird mit Nitriersäure dreifach nitriert (Produkt: „Pikrinsäure“): Warum ist Pikrinsäure eine starke Säure?

   Hinweis: induktive und mesomere Effekte mitbedenken und ggf. mesomere Grenzstrukturen zeichnen!
6. Was entsteht, wenn Anilin (Formel: $C_6H_5-NH_2$) mit konz. Schwefelsäure reagiert?

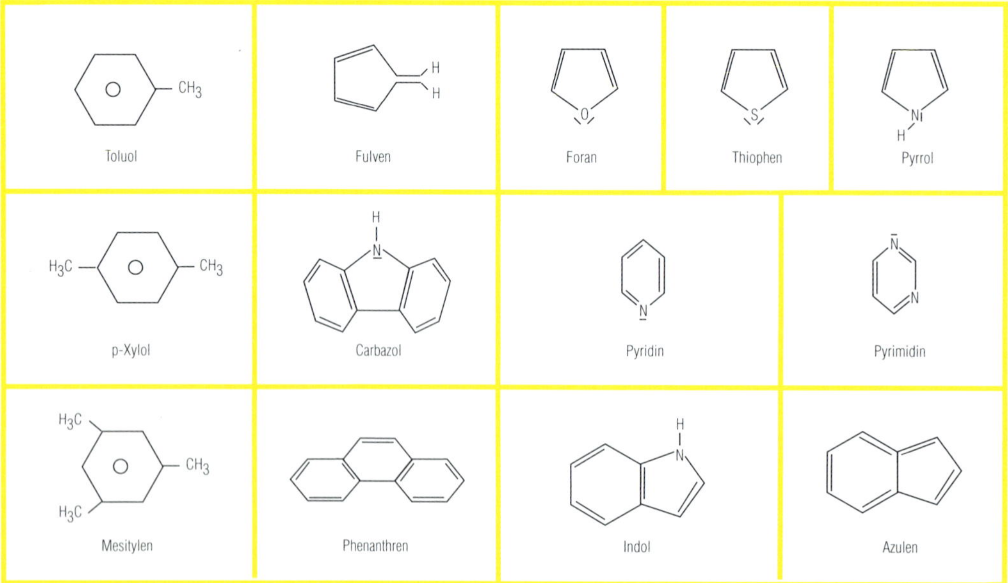

Toluol, Fulven, Foran, Thiophen, Pyrrol, p-Xylol, Carbazol, Pyridin, Pyrimidin, Mesitylen, Phenanthren, Indol, Azulen

Abb. 2.3.5-4
Formeln einiger Aromaten
(weitere Beispiele s. S. 120)

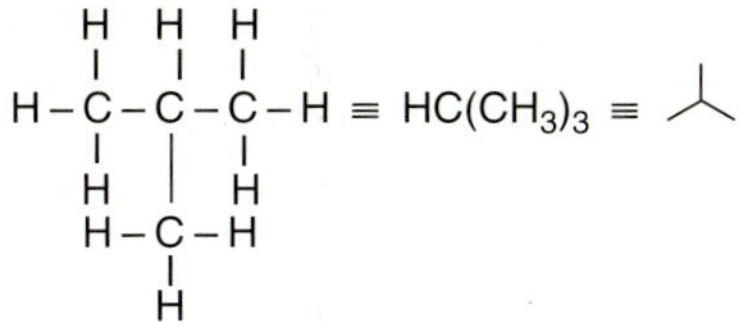

$HC(CH_3)_3$

Isobutan (2-Methyl-propan)

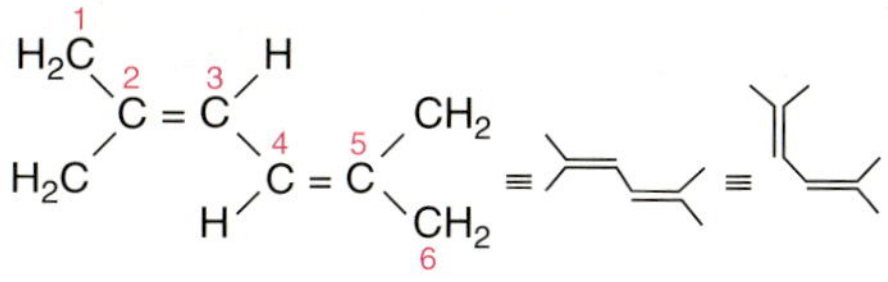

2,5 Dimethyl-hexadien-2,4 (C_8H_{10})

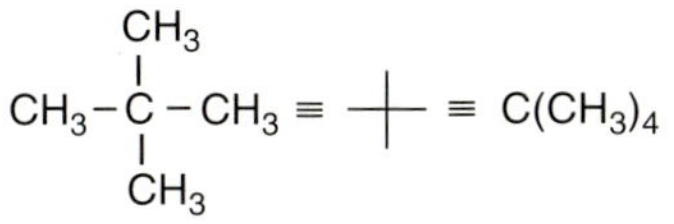

$C(CH_3)_4$

Neopentan (2,2-Dimethylpropan)

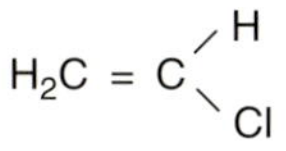

$H_2C = C(H)Cl$

Vinylchlorid (Chlorethen)

$CH_3 - C \equiv C - CH_3$

Dimethylacetylen (2-Butin)

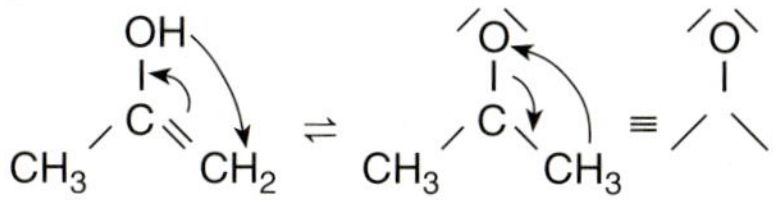

Aceton (Propanon)

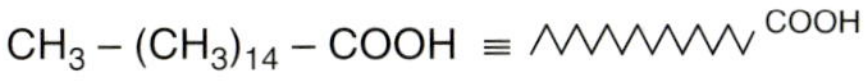

$CH_3 - (CH_3)_{14} - COOH$

Palmitinsäure

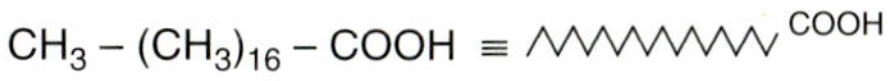

$CH_3 - (CH_3)_{16} - COOH$

Stearinsäure

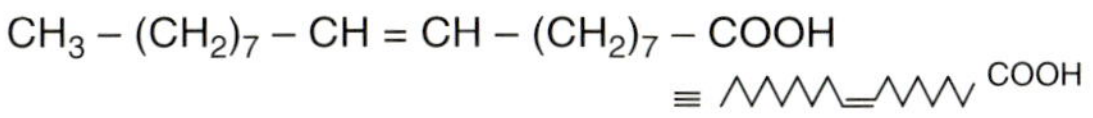

$CH_3 - (CH_2)_7 - CH = CH - (CH_2)_7 - COOH$

Ölsäure

$CH_3 - (CH_2)_4 - CH = CH - CH_2 - CH = CH - (CH_2)_7 - COOH$

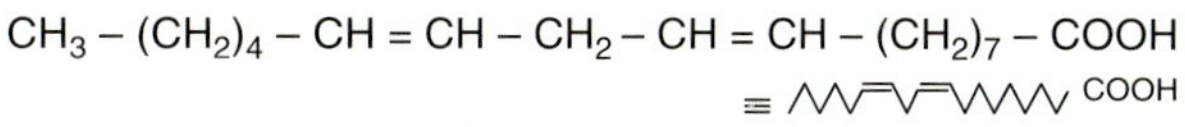

Linolsäure

$HOOC - CH_2 - COOH$

Malonsäure

$HOOC - (CH_2)_2 - COOH$

Bernsteinsäure (Salze: Sukzinate)

$HOOC - (CH_2)_4 - COOH$

Adipinsäure (Hexandisäure)

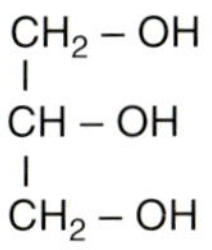

$CH_2 - OH$ / $CH - OH$ / $CH_2 - OH$

Glycerin

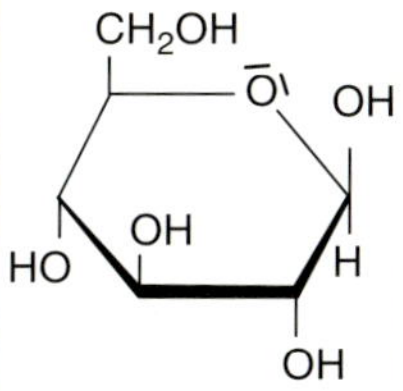

α-D-Glucose

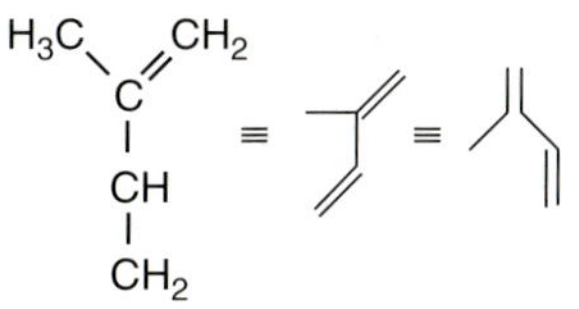

Isopren (C_5H_8, 2-Methylbutadien-1,3)

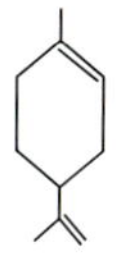

Limonen (ein „Terpen")

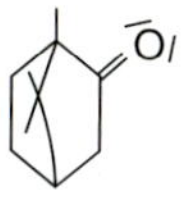

Campher (ein „Terpen")

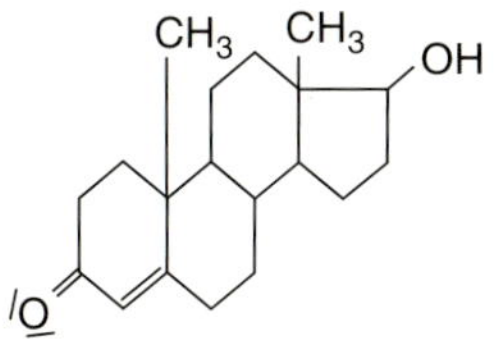

Testosteron (ein „Steroid")

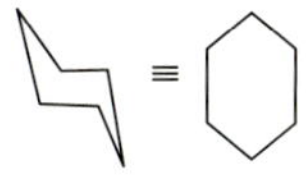

Cyclohexan (C_6H_{12})

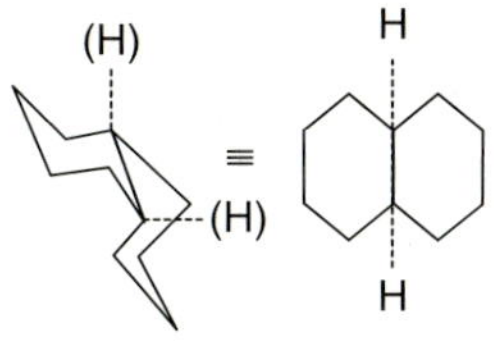

cis-Decalin ($C_{10}H_{18}$)

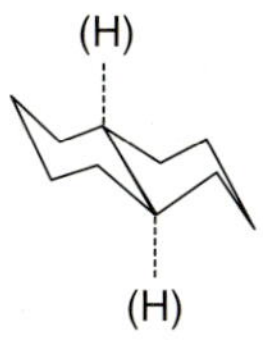

trans-Decalin

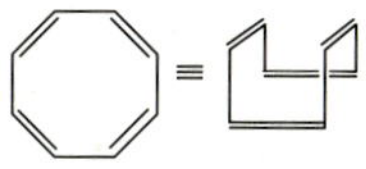

Cyclooctatetraen (C_8H_8)

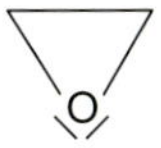

Eth(yl)enoxid „Oxiran" C_6H_4O

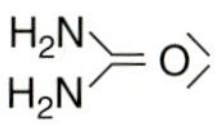

Harnstoff

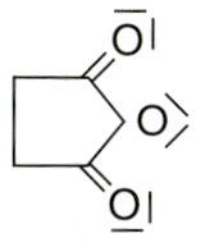

Bernsteinsäureanhydrid

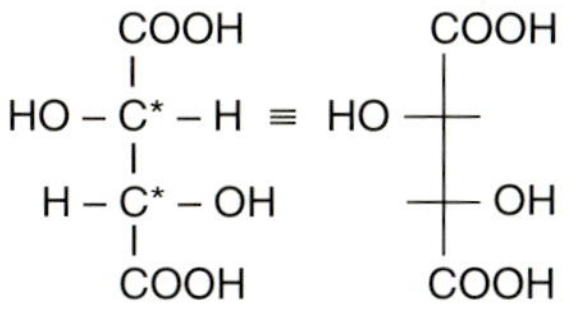

D(–)-Weinsäure (Dihydroxybutandisäure, Salze: Tartrate)

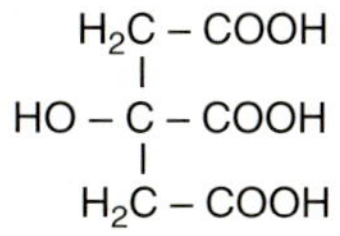

Zitronensäure (2-Hydroxypropan-tricarbonsäure-1.2.3, Salze: Zitrate)

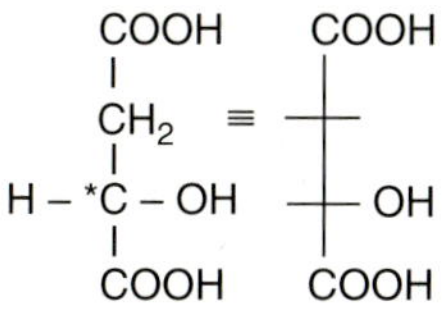

D-Äpfelsäure (Salze: Maleate)

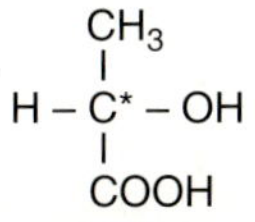

D-Milchsäure
α-Hydroxypropionsäure, Salze: Laktate

$H_2N - CH_2 - COOH$

Glycerin

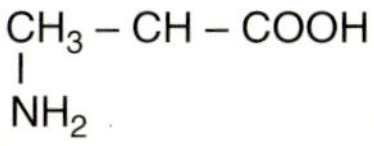

$CH_3 - CH(NH_2) - COOH$

α-Alanin

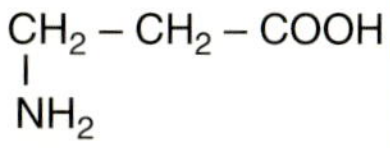

$CH_2(NH_2) - CH_2 - COOH$

β-Alanin

$CH_3 - CH(CH_3) - CH_2 - CH(NH_2) - COOH$

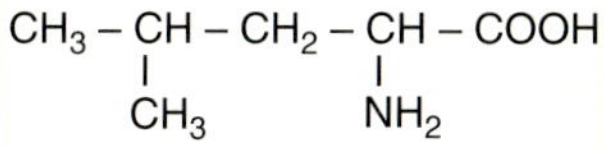

Leuzin

Cyclopendatiencarbanion (6 π)	Benzol (C_6H_6) = Benzen (6 π)	Tropyliumkation ($C_7H_6^{\oplus}$)	Naphthalin ($C_{10}H_8$) = Naphthalen (10 π)		Tetralin (6 π)	
Anthrazen (14 π), ($C_{14}H_{10}$)		Phenantren ($C_{14}H_{10}$)	Naphthacen, Tetracen ($C_{18}H_{12}$)	Chrysen, Benzophenanthren ($C_{18}H_{12}$)	3,4-Benzpyren ($C_{20}H_{12}$)	
Toluol (Methylbenzol, Toluen)	p(ara)-Xylol (p-Xylen)	o(rtho)-Xylol (1,2-Dimethylbenzen)	m(eta)-Xylol (1,3-Dimethylbenzen)	Styrol, Styren (Phenylethen)	Ethylbenzol (C_8H_{10})	Cumen, Kumol (C_9H_{12})
Anilin, Aminobenzol	„Buckyball" Fulleren (C_{60})		Phenol	Brenzkatechin	Resorzin (1,3-Dihydroxybenzen)	α-Naphthal
Thymol	Benzylalkohol	Benzaldehyd	Benzoesäure	Phthalsäure	Terephthalsäure	o-Kresol
2,6-Dimethylphenol (ein „Xylenol")	1,3-Dihydroxybenzol, Hydrochinon	Chinon	Phenylmethylether, Anisol	Salicylsäure	Vanillin	Benzophenon
Benzolsulfonsäure	Phthalsäureanhydrid, PSA	Saccharin	Pikrinsäure	o-Toluidin (1-Methylanilin)	α-Naphthylamin	Pyrazol
Benzylbromid	Oxazol	Isoxazol	Thiazol	Purin	Nikotin	Adenin (6-Amino-purin)

Zusammenfassung zu Kapitel 2.3

Einführung in die organische Chemie

1. Im angeregten Zustand bildet das C-Atom **Hybridorbitale.** In Alkanen weist es daher tetraedrische Strukturen auf (**sp^3-Hybridisierung,** Winkel: 109°, vier achsensymmetrische, frei drehbare σ-Bindungen), in Alkenen planare Struktur (**sp^2-Hybridisierung,** 120°-Winkel zwischen den drei σ-Bindungen, senkrecht dazu stehende, leicht polarisierbare π-Orbitale bzw. eine π-Bindung, insgesamt also eine nicht mehr drehbare C=C-Doppelbidung) und in Alkinen lineare Strukturen (**sp-Hybridisierung,** parallel zu einer σ-Bindung zwei π-Bindungen: C≡C-Dreifachbindung).

2. **Kohlenwasserstoffe** weisen **ketten- und ringförmige Moleküle** auf. Sie sind **gesättigt** (ausschließlich sp^3-hybridisierte C-Atome), **einfach ungesättigt** (Alkene, Alkine), **mehrfach ungesättigt** (Alkadiene, -triene usw., Alkadiine, -triine usw.) oder **aromatisch** (sp^2-Hybridisierung mit 4n+2 delokalisierten π-Elektronen in einem zyklischen System).

3. In organischen Molekülen existieren **funktionelle Gruppen.** Diese bestimmen Eigenschaften und Reaktionsverhalten der von ihnen abgeleiteten Stoffklassen, die sich z. B. in folgende „homologe Reihen" einteilen lassen:

2.3

Gruppe	Name der funktionellen Gruppe	Name der Stoffgruppe	Beispiele und typische Eigenschaften
–Cl, Br ,I, F	Halogenatom	Halogenalkane	$CHCl_3$ Chloroform (zumeist unpolare Stoffe)
–F + –Cl	Fluor + Chlor	FCKW–	CF_2Cl_2 Dichlordifluormethan
–OH	Hydroxidgruppe	Alkanol (Alkohol)	C_2H_5OH Ethanol (polare Stoffe bei kleinerem Molekül)
–OR	Ethergruppe	Ether	CH_3–O–CH_3 Dimethylether (sehr schwach polar)
–CHO	Aldehydgruppe	Alkanal	CH_3CHO Ethanal (reduzierende Wirkung)
–CO–	Carbonyl-, Ketogruppe	Alkanon (Keton)	CH_3COCH_3 Aceton (polar, schwach reduzierend)
–SH	Thiolgruppe	Thiol	CH_3SH Methanthiol (oft übel riechend und giftig)
–COOH	Carboxylgruppe	Alkan-, Carbonsäure	CH_3COOH Essigsäure (Protonenabspaltend, bilden Salze)
–COOR	Estergruppe	Ester	$HCOOCH_3$ Ameisensäuremethylester (unpolar)
$–NH_2$/–NHR/$–NR_2$	Aminogruppe(n)	Amin	CH_3NH_2 Methylamin (basisch, oft fischähnlicher Geruch)
$–NO_2$	Nitrogruppe	Nitroalkan	CH_3NO_2 Nitromethan (zum Teil stark oxidierend)
$–SO_3H$	Sulfongruppe	Sulfonsäure	$C_6H_5–SO_3H$ Benzolsulfonsäure (hohe Acidität)
–COCl	Säurechlorid-Gruppe	Säurechlorid	CH_3–COCl Essigsäurechlorid
–COR	Acylgruppe	Keton	C_6H_5–CO–CH_3 Acetophenon, Methylphenylketon (vgl. oben, Ketone)
$–CONH_2$	Säureamid-Gruppe	Säureamid	CH_3CONH_2 Essigsäureamid
–CN	Zyanogruppe	Zyanid	CH_3CN Methylzyanid, Cyanomethan (ähnl. Halogenalkane)

„Homologe Reihen" sind Stoffgruppen, deren Glieder sich nur in der Kettenlänge, also der Anzahl ihrer $–CH_2–$ Gruppen voneinander unterscheiden. Moleküle können auch mehrfach substituiert sein (mehrere funktionelle Gruppen aufweisen). Dabei unterscheidet man mehrfach-gleichartig substituierte Moleküle (z. B. Diole, Dicarbonsäuren, Dihalogenalkane, Dinitroaromaten usw.) und Moleküle mit unterschiedlichen funktionellen Gruppen (z. B. Hydroxycarbonsäuren, Aminosäuren, Nitrophenole, Hydroxyaldehyde usw.).

4. An organischen Molekülen sind die vorherrschenden Reaktionsmechanismen **Additions-, Substitutions-, Eliminierungs-** und **Polymerisationsreaktionen** sowie die Protolyse (Säure-Base-Reaktionen) und Redoxreaktionen (Elektronenübertragung):

Addition:	Ein kleines Molekül B wird an ein **großes** Molekül A angelagert, allgemein: **A + B ↔ AB.**
Substitution:	Eine funktionelle Gruppe wird gegen eine andere ausgetauscht, also: **AB + C ↔ AC + B.**
Eliminierung:	Ein kleines Molekül (z. B. Wasser) wird aus einem großen Molekül abgespalten.
Polymerisation:	Viele kleine Moleküle (z. B. Alken-Monomere) bilden ein Riesenmolekül („Polymer").

Zusammenfassung zu Kapitel 2.3 (Fortsetzung)

5. Es existieren folgende Gruppen von Isomerie: **Gerüst- oder Strukturisomere** (unterschiedliche Kohlenwasserstoff-Gerüste), **Positionsisomere** (unterschiedliche Stellung funktioneller Gruppen), **funktionelle Isomere** (unterschiedliche funktionelle Gruppen – trotz gleicher Summenformel!), **geometrische oder cis-trans-Isomere** sowie **optische oder Spiegelbildisomere.** Letztere werden auch **Enantiomere** oder Antipoden genannt. Sie weisen **asymmetrische C*-Atome** auf, die linear polarisiertes Licht drehen **(optische Aktivität).** Äquimolare Enantiomerengemische nennt man **Racemate. Diastereomere** sind optische Isomere, die sich jedoch nicht wie Bild und Spiegelbild zueinander verhalten.

6. Bei der **elektrophilen aromatischen Substitution** entstehen über einen **π-Komplex** (lockerer Verband von Elektrophil und Elektronenring des Aromaten) und den **σ-Komplex** (nichtaromatisches Kation) neue, substituierte Aromaten. Man unterscheidet hier **Nitrierung, Sulfonierung, Halogenierung, Alkylierung** und **Acylierung.**

7. Bei Substituenten am Aromaten unterscheidet man vom mesomeren Effekt her zwei Gruppen: **meta-dirigierende Substituenten** (Substituenten **erster Ordnung,** mit **(–M)-Effekt),** und **ortho-para-dirigierende** Substituenten (**zweiter Ordnung,** mit **(+M)-Effekt**). Bei Substituenten **2. Ordnung** gibt es **aktivierende** Substituenten (das sind: –OH, –O–, $-OCH_3$, $-NH_2$, $-NR_2$ und Alkylgruppen –R) und **desaktivierende** Substituenten (das sind Halogene und Alkenreste, $-CH{=}CR_2$). Substituenten **1. Ordnung** wirken durch ihren (–I)-Effekt immer desaktivierend; sie senken die Elektronendichte im Aromaten (z. B.: $-NH_3^+$, $-NR_3^+$, $-NO_2$, –CN, $-SO_3H$, –CHO, –CO–R, –COOH, –COOR, $-CO-NH_2$).

2.3

Laborversuche zur Substitution am Aromaten (Kapitel 2.3.4)

1. Versetzen Sie in einem Reagenzglas 1–2 ml Toluol mit 0,3–0,5 g Eisenpulver als Katalysator und 2–3 Tropfen Brom. Es tritt eine sofortige Reaktion ein, wenn die Stoffe und das Reagenzglas trocken sind. Halten Sie ein feuchtes Indikatorpapier oder eine geöffnete Flasche konz. Ammoniaklösung an die Reagenzglasöffnung!
   Als Produkte entstehen 2- und 4-Bromtoluol, Bromwasserstoff und Eisen-III-bromid.
2. Erhitzen Sie vorsichtig und unter Schütteln etwa 4 ml Toluol mit 4 ml Kaliumpermanganatlösung (Baeyers Reagenz) im Reagenzglas (Vorsicht! Es entweichen leichtentzündliche Dämpfe!) Nun wird die Seitenkette des Toluols oxidiert;
   Reaktionsschema:
   $$C_6H_5{-}CH_3 + 2\,MnO_4^- + H_2O \rightarrow C_6H_5{-}COO^- + 2\,MnO(OH)_2 + OH^-.$$
3. 0,5 g Naphthalin ($C_{10}H_8$) werden in einem trockenen Reagenzglas mit 3 ml konz. Schwefelsäure versetzt und vorsichtig erwärmt. Die entstehende, klare Flüssigkeit wird nach Abkühlung in ein Becherglas gegossen, das zur Hälfte mit Wasser gefüllt ist. Der pH-Wert des Wassers wird anschließend gemessen.
   Ergebnis: Die Flüssigkeit ist nun wasserlöslich, da der Aromat Naphthalin sulfoniert wurde zu Napthalinsulfonsäure $C_{10}H_8{-}SO_3H$.
4. Versetzen Sie 5 ml einer klaren, wässrigen Phenollösung im Reagenzglas mit Bromwasser.
   Der gelbe Niederschlag ist nicht 2,4,6-Tribromphenol, sondern Tribromphenolbrom, ein aus Brom und 2,4,6-Tribromphenol entstehendes Oxidationsprodukt. Die Hydroxidgruppe im Phenol übt einen (+M)-Effekt aus.
5. Geben Sie Eisen-III-chloridlösung (einige Tropfen genügen) zu wässriger Phenollösung.
6. (Praktikumsversuch über 2 Tage):
   Zur Herstellung von Benzylalkohol $C_6H_5{-}CH_2OH$ werden 25 g KOH in 25 ml Wasser gelöst, mit 25 frisch destillierter Benzaldehyd $C_6H_5{-}CHO$ im Scheidetrichter bis zur bleibenden Emulsion geschüttelt und das Stoffgemisch über Nacht stehen gelassen.
   Am folgenden Tag wird der Kristallbrei in wenig warmem Wasser gelöst und dreimal mit je 15 ml Ethoxyethan (Diethylether) ausgeschüttelt. Die vereinigten Lösungen in Diethylether schütteln Sie nun mit 10 ml gesättigter Natriumsulfitlösung, trennen ab, versetzen mit 3 ml Sodalösung (ca. 10%ig oder 1 mol/l) und trennen erneut. Trocknen Sie die Lösungen in Diethylether z. B. mit geglühtem Natriumsulfat.
   Aus der getrockneten Lösung verdampfen Sie auf einem Wasserbad bei 50 °C und ohne offene Flamme den Diethylether und destillieren den zurückbleibenden Stoff ab (Siedetemperatur 205 °C).

Hinweise: Bei dieser in Bezug auf Laboroperationen anspruchsvolleren Reaktion aus dem Bereich der präparativen Chemie entsteht durch Disproportionierung im Basischen Benzylalkohol und Kaliumbenzoat („Cannizzarro-Reaktion“ der Alkanale im Basischen):
$$2\,C_6H_5{-}CHO + KOH \rightarrow C_6H_5{-}CH_2OH + C_6H_5{-}COO^-K^+.$$
Von der Standzeit abgesehen sollten Sie für dieses Experiment mindestens 80 Minuten einplanen. Reinigung: Das Soda bindet die im Diethylether gelöste schweflige Säure, während das Schütteln der Lösung in Diethylether mit Natriumhydrogensulfid zur Entfernung restlichen Benzaldehyds führt.
Befolgen Sie strikt die Betriebsanweisungen des Lehrers nach der Gefahrstoffverordnung, achten Sie besonders beim Arbeiten mit Diethylether darauf, dass keine offene Flamme im Raum vorhanden ist!

Üb(erleg)ungsaufgaben zur organischen Chemie (einführend)

1. Erklären Sie folgende **Grundbegriffe** der OC (in je einem Satz, ggf. an je einem Beispiel):
   a) Aromat,
   b) Hybrididsierung,
   c) Substitution, Konfigurationsumkehr und Substituent,
   d) σ-Bindung,
   e) π-Orbital,
   f) σ-Komplex,
   g) π-Komplex,
   h) sp^3-, sp^2-, sp-Hybridorbital,
   i) Substituent 1. und 2. Ordnung,
   j) sterische Hinderung,
   k) optische Aktivität,
   l) asymmetrisches C-Atom,
   m) Diastereomer,
   n) Enantiomer (Spiegelbildisomer),
   o) Mesomerie und Mesomerieenergie,
   p) Isomerie,
   q) Aromatizität und Hückel-Regel,
   r) Acidität,
   s) funktionelle Gruppe,
   t) homologe Reihe,
   u) mesomere Grenzstruktur,
   v) Friedel-Crafts-Acylierung,
   w) radikalische Substitution,
   x) elektrophile Addition,
   y) elektrophile und nukleophile Substitution,
   z) Polykondensation, Polyaddition und Eliminierung (E-Reaktion).

2. Nennen Sie zu den folgenden Stoffklassen oder Begriffen jeweils drei **Beispiele** (Teilchen, Verbindungen, Moleküle):
   a) Nukleophil,
   b) Elektrophil,
   c) Substituent 2. Ordnung,
   d) positiver mesomerer Effekt,
   e) negativ-induktiver Effekt,
   f) ortho-para-dirigierende, aktivierende Substituenten,
   g) Kettenreaktion,
   h) Homolyse und Heterolyse (als Startreaktionen),
   i) Kettenabbruchsreaktionen,
   j) Lewis-Säure
   k) Lewis-Base,
   l) Williamson-Synthese,
   m) Polymerisationsreaktionen und Polymere,
   n) Acetal und Halbacetal,
   o) Alkan, Alken, Alkanol, Alkanal, Alkanon, Alkansäure (= Paraffin, Alkohol, Aldehyd, Keton und Carbonsäure),
   p) Zwitterion, Peptid und Aminosäure,
   q) Positions- und Gerüstisomere,
   r) Isoalkane,
   s) isolierte, konjugierte (= abwechselnd verknüpfte) und kumulierte (= gehäufte) Doppelbindung in mehrfach ungesättigten Kohlenwasserstoffen.

3. Zeichnen Sie die **Strukturformeln** folgender Verbindungen:
   a) 1,2-Dichlorpropan,
   b) 1,3-Dibrom-2-Hydroxy-hexan,
   c) 2,4,6-Trichlorhexatrien-1,3,
   d) Hexachlorcyclohexan (HCH),
   e) Trinitrotoluol (TNT),
   f) Trifluoressigsäure,
   g) 2,2-Dimethylpropan,
   h) 1,3-Methyl-*cyclo*hexanol,
   i) Acetylen (Ethin),
   j) Ethylen (Ethen),
   k) Vinylchlorid (= Chlorethen),
   l) Polyvinylchlorid (PVC),
   m) ortho- und para-Xylol (Xylole sind methylierte Toluole bzw. zweifach methylierte Benzolderivate),
   n) Propanon (= Aceton), Ethoxyethan (= Diethylether),
   o) Buttersäurephenylester,
   p) Polyethylen (PE) und Polypropylen (PP),
   q) Glykol (= Ethandiol) und Glyzerin (= 1,2,3-Trihydroxypropan oder Propantriol) sowie Glyzerinaldehyd (mit 2 Enantiomeren),
   r) Oxalsäure (= Ethandisäure) und Acetaldehyd (= Ethanal),
   s) 2-Hydroxypropansäure (= Milchsäure) und Butandisäure-1,4 (= Bernsteinsäure),
   t) Hydroxybutandisäure (= Äpfelsäure), 2,3-Dihydroxybutandisäure (= Weinsäure) und Kaliumnatriumtartrat (Tartrate sind die Salze der Weinsäure. Ihre Anionen bilden in der basischen Fehling'schen Lösung Kupfer-Komplexe mit den Kupfer-II-Kationen; Koordinationszahl 4, wobei der Ligand zweizähnig ist. Formel?),
   u) 2-Amino-Propansäure (= Alanin),
   v) Ölsäure (= *cis*-9-Octadecensäure) und Linolsäure (*cis*, *cis*-9,12-Octadecadiensäure),
   w) Essigsäurethylester (= Ethylacetat) und Dimethylglykol (DMG),
   x) Propanon-2-säure (= Brenztraubensäure),
   y) Cyanessigsäure,
   z) Phenylethen (= Styrol).

4. Geben Sie an, welche **Reaktionsprodukte** bei folgenden Reaktionen entstehen können:
   a) Addition von Brom an *Cyclo*hexan,
   b) Substitution von Benzol mit Brom,
   c) zweifache Nitrierung von Penol,
   d) Dreifache Chlorierung von Toluol,
   e) Oxidation von Ethanol mit Dichromat,
   f) Oxidation von Propanol mit heißem Kupfer-II-oxid,
   g) Oxidation von 2-Methyl-Propanol und 2,2-Dimethylpropanol mit CuO zu Alkanalen,
   h) Addition von Brom an Propen und 1,1-Dichlorpropen,
   i) Reaktion von Natriumpropanolat mit Brommethan (Williamson-Synthese eines Ethers),
   j) Verseifung (Esterspaltung) von Essigsäureethylether in Kalilauge,
   k) Reaktion von Ethanal mit Ethanol zum Halbacetal,
   l) Eliminierung von Brom aus 1,2-Dibrom*cyclo*hexan,
   m) Veresterung von Essigsäure und Ölsäure (= *cis*-9-Octadecensäure) mit Glyzerin (= Propantriol),
   n) Neutralisation von Trichloressigsäure mit Ammoniak,
   o) Nitrierung der drei Stoffe Chlorbenzol, Ethylbenzol und Phenol,
   p) Chlorierung von Nitrobenzol, Anilin (= Aminobenzol) und Chlorbenzol.

2.4 Einführung in die physikalische Chemie (PC)

2.4.1 Wie verlaufen chemische Reaktionen? (Kinetik und Thermodynamik)

Der **physikalischen Chemie (PC)** werden z. B. folgende Themenbereiche zugerechnet:

- **a** Das physikalische Verhalten von Gasen, Flüssigkeiten und Festkörpern (z. B. mechanisch),
- **b** der Aufbau der Atome (die **Kernchemie**),
- **c** Geschwindigkeiten und Mechanismen chemischer Reaktionen (die **Kinetik**),
- **d** chemische Gleichgewichtsreaktionen (z. B. bei Säure-Base-Reaktionen und Redoxreaktionen) und die Energieumsetzungen bei chemischen Reaktionen (die **Thermodynamik:** Lehre von den Gleichgewichten und Energieumwandlungen) – und:
- **e** die **Elektrochemie.**

Viele dieser Teilbereiche wurden bereits angesprochen: Themenbereich a in Kap. 1.2 und 2.1, Bereich b in Kap. 1.4, die Gleichgewichte, das MWG (zu Bereich d) und die Gasgleichungen (zu Bereich a) in 1.5.9, die Energieumwandlungen in 1.5.6, und in Kap. 2.2 die Säure-Base-Gleichgewichte in 2.2.1 bis 2.2.3 sowie die Redox-Gleichgewichte und Elektrochemie in 2.2.4 bis 2.2.8.

Die in der Großindustrie entscheidende Frage kam jedoch bisher zu kurz:

Wie ermögliche und beschleunige ich gezielt ganz bestimmte chemische Reaktionen?

Das Ziel ist es schließlich, schnell und effektiv (also billig und mit möglichst hoher Ausbeute) im Rahmen der Verbundwirtschaft (vgl. 2.5.13) hochbegehrte Produkte herzustellen: Düngemittel aus Luft und Wasser, Benzin und Kunststoffe aus Synthesegas (Kohlenmonoxid und Wasserstoff) oder Erdöl oder auch Metalle, Halbleiter oder Zwischenprodukte wie Chlorgas, Natronlauge und Schwefelsäure aus Mineralien, Erzen und Kohle.

Oft müssen hierzu unendlich langsame Reaktionen katalytisch beschleunigt und gesteuert werden (Thermodynamik!) – oder aber es werden scheinbar unmögliche Reaktionen z. B. durch den Einsatz hochspezialisierter Katalysatoren, Spezialwerkstoffen und Lasertechnologien kinetisch überhaupt erst möglich gemacht.

Damit kommen wir zum wohl aktuellsten und zugleich wirtschaftlich interessantesten Forschungs- und Einsatzgebiet: dem der Katalysatorenchemie.

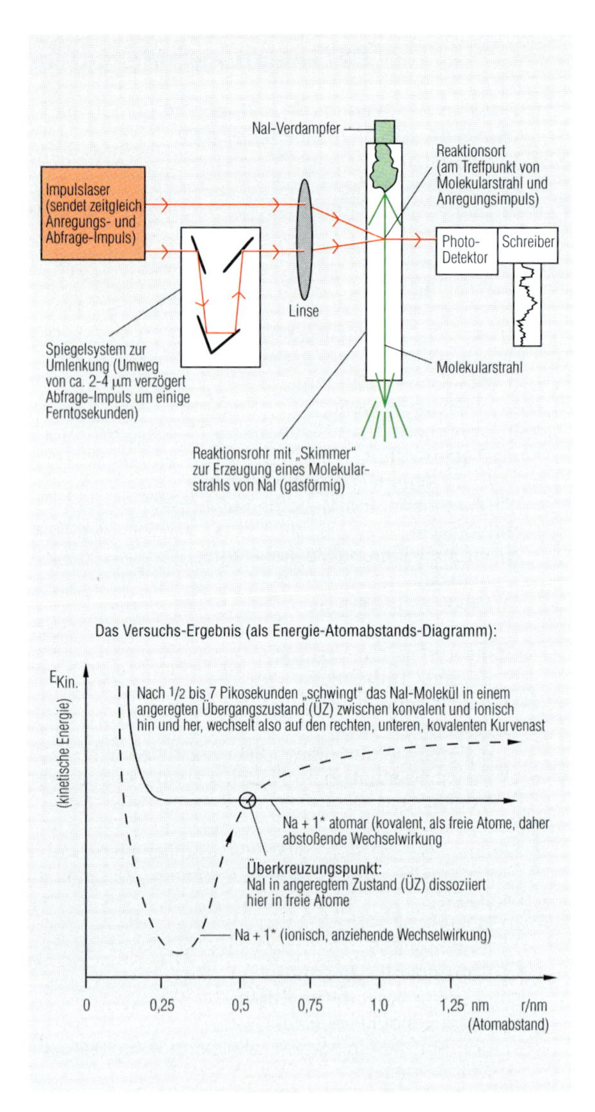

Abb. 2.4.2-1 Verlauf der Reaktion NaI → Na + I*

Bei einer Femtosekunden-Fotografie werden über Anregungs- und Abfrage-Laser-Impulse Elementar-Reaktionen erfasst, die innerhalb weniger Billiardstel Sekunden (1 **Femtosekunde** = 10^{-15} s) ablaufen. So bekamen 1986 drei Forscher den Nobelpreis dafür, dass sie einfache, in gekreuzten Molekularstrahlen ablaufende, superschnelle Reaktionen mit Quadrupol-Massenspektrometern, Chemolumineszenz-Photomultipliern und -detektoren **messbar** machten. Das innerhalb weniger Femtosekunden ablaufende Entstehen oder Aufbrechen von nur 0,1 nm langen Bindungen (1 nm = 10^{-9} m) zwischen Einzelatomen in bimolekularen **Stoßreaktionen** wie **NaI → Na + I*** (siehe Abbildung) oder **K + HBr → KBr + H*** oder auch **K + Br_2 → KBr + Br*** u. Ä. wurde so erforschbar.

1987 konnte mithilfe dieser Technik der bei der Reaktion von Iodwasserstoff mit CO_2-Gas (zu I_2, CO und einem OH*-Radikal) nach weniger als 5 Pikosekunden ($5 \cdot 10^{-12}$ s) auftretende **Übergangszustand** (ÜZ; etwa: HO···CO) nachgewiesen werden (Schema der Elementarreaktion: **CO_2 + HI → I + OH* + CO**). Zunächst nähert sich also ein H-Atom dem CO_2-Molekül (kein H^+!) und entreißt ihm ein O-Atom. Bei der Reaktion oben im Bild wurde so z. B. messbar, dass die Na-I-Bindung bei einem Atom-Abstand von 0,25 nm beginnt aufzubrechen, ohne dass Na^+- und I^--Ionen entstehen.

Der Femtochemiker A. Zewail erhielt 1999 den Chemienobelpreis für die Sichtbarmachung solcher atomarer Bewegungen mithilfe der Lasertechnik.

2.4.2 Die Reaktionsgeschwindigkeit (Kinetik): Wie kann man Reaktionen beschleunigen?

Neben der **Lage** eines chemischen **Gleichgewichts** ist ebenso **der zeitliche Ablauf** chemischer Reaktionen von Interesse. Es besteht nämlich keine Beziehung zwischen der Triebkraft einer Reaktion und ihrer Geschwindigkeit. Die Frage nach der **Reaktionsgeschwindigkeit (V_{RG}, auch RG)** beantwortet die Reaktions**kinetik**.

Die Problemstellung der Reaktionskinetik ist jedoch wesentlich komplizierter, denn die zeitliche Veränderung eines Systems hängt nicht nur von seinem Anfangs- und Endzustand ab, sondern auch vom Reaktionsweg der chemischen Umsetzung (molekularer Ablauf der Reaktion; Reaktionsmechanismus). Einer Reaktionsgleichung können nämlich mehrere **Reaktionsschritte** zu Grunde liegen (zusammengesetzte Reaktion), deren langsamster Schritt die beobachtbare Reaktionsgeschwindigkeit bestimmt.

Eine Reaktion kann nur so schnell ablaufen, wie es ihr langsamster Schritt erlaubt.

Beispiel: Reaktion von Eisen(III)-chlorid $FeCl_3$ (aq) mit Natriumthiosulfat $Na_2S_2O_3$ (aq) (Abb. 2.4.2-2):

a) Schneller, 1. Schritt:
$2\ Fe^{3+} + 2\ S_2O_3^{2-} \rightarrow 2\ [Fe(S_2O_3)]^+$
(Produkt violettrot – Komplexbildung)

b) Langsamer, 2. Schritt:
$2\ [Fe(S_2O_3)]^+ \rightarrow 2\ Fe^{2+} + S_4O_6^{2-}$
(Produkt farblos – Redoxreaktion)

c) Gesamtreaktion:
$2\ Fe^{3+} + 2\ S_2O_3^{2-} \rightarrow 2\ Fe^{2+} + S_4O_6^{2-}$

Die Gleichungen a) und b) geben den **Reaktionsmechanismus** wieder. Die Gleichung c) ist die Bruttogleichung. Die Reaktionsgeschwindigkeit wird durch Teilschritt b) bestimmt: Man beobachtet, wie sich die durch den Komplex rotgefärbte Lösung langsam aufhellt.
Für den praktisch arbeitenden Chemiker ist die Vertrautheit mit den Grundbegriffen der Reaktionskinetik von großer Bedeutung, wenn er die Reaktionsgeschwindigkeit und damit die **Ausbeute** pro Zeiteinheit erhöhen möchte.

Die **Reaktionsgeschwindigkeit v_{RG}** wird in Lösungen definiert als Konzentrationsänderung Δc eines Stoffes pro Zeitintervall Δt: $v_{RG} = \frac{\Delta c}{\Delta t}$

Im Allgemeinen reagieren ionische Verbindungen (also anorganische Chemikalien) unmessbar schnell miteinander, während molekulare Stoffe (z. B. Gase, organische

Laborversuche zur RG

1. **Die Reaktionsgeschwindigkeit (RG) in Abhängigkeit von der Konzentration:**
   a) Bei Raumtemperatur mischt man gleiche Mengen von je 0,1 mol/l $FeCl_3$ – und $Na_2S_2O_3$-Lösung. Man notiert die Zeit, in der die rotviolette Farbe verblasst. **Hinweis:** Reaktionsprodukte: $FeCl_2$, FeS_4O_6
   b) Gleiche Mengen der Reagenzien, die getrennt auf jeweils das doppelte Volumen verdünnt wurden, bringt man wie im vorherigen Versuch zur Reaktion. Anschließend verdünnt man nur eine Probe 0,1 m Eisen(III)-chlorid auf das Doppelte und versetzt dann mit dem gleichen Volumen 0,1 m Natriumthiosulfat-Lösung. Umgekehrt verdünnt man 0,1 m Thiosulfat-Lösung auf das Doppelte und gibt die gleiche Menge 0,1 m Eisen(III)-clorid-Lösung hinzu. In allen Fällen wird die Reaktionszeit in Sekunden notiert und verglichen.
2. **Die RG in Abhängigkeit von der Temperatur:**
   a) Gleiche Mengen von je 0,1 mol/l $FeCl_3$ – und $Na_2S_2O_3$ -Lösungen erwärmt man getrennt im Wasserbad auf +70 °C. Nach raschem Vermischen beider Lösungen ermittelt man wieder die Zeit bis zum Verschwinden der Farbe.
   b) Der Versuch wird bei folgenden Temperaturen (in °C) im sich abkühlenden Wasserbad jeweils einmal wiederholt : +60, +50, +40, +30 sowie zum Schluss in Eiswasser (0 °C). Tabellieren und vergleichen Sie die Zeiten!
   c) Ein ähnlicher Versuch ist die Reaktion von Thiosulfatlösung mit Säure: Eine Lösung von Natriumthiosulfat (chem. Formel: $\mathbf{Na_2S_2O_3}$) bestimmter Konzentration wird mit einer bestimmten Menge verdünnter Salzsäure bekannter Konzentration versetzt, welche dann das Thiosulfation unter Bildung von Schwefel, Wasser und Schwefeldioxid sowie Natriumchlorid zersetzt: $S_2O_3^{2-} + 2\ H_3O^+ \rightarrow SO_2\uparrow + S\downarrow + 3\ H_2O$.
   Auch hier können dann die Konzentrationen beider Reaktionspartner (ausgehend z. B. von 0,1 mol/l bei Raumtemperatur) sowie die Temperatur verändert werden, um die Abhängigkeit der Reaktionsgeschwindigkeit v_{RG} von der Zeit t und Konzentration c zu untersuchen: Stellen Sie hierzu das Reaktionsgemisch mit stets gleichem Volumen – z. B. 25 ml – in einem Becherglas auf ein Blatt Papier, auf das ein Kreuz gezeichnet wurde. Man stoppt dann jeweils die Sekunden, die vergehen, bis dass das Kreuz von oben aufgrund der zunehmenden Trübung durch Schwefel nicht mehr sichtbar ist.

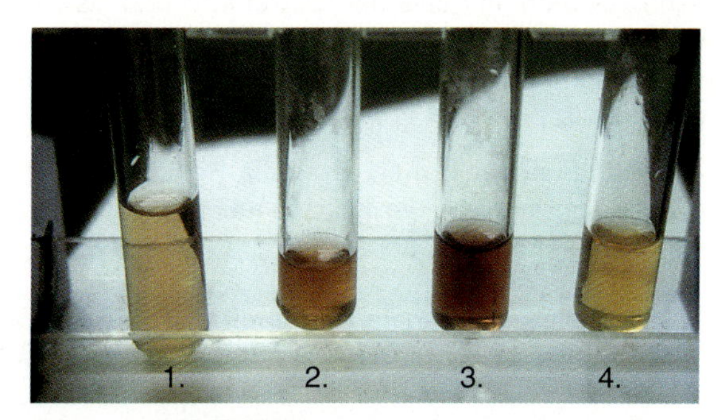

Abb. 2.4.2-2 **Die Reaktion von Eisen-III-chlorid-Lösung mit Fixiersalzlösung**

Bei einer ähnlichen, berühmten Reaktion mit Iodat- und Stärkelösungen und einem Reaktionsmittel, der „Ioduhr", kann auf die Sekunde genau vorausberechnet werden, wann ein Farbumschlag von farblos nach blauviolett erfolgt.

Verbindungen etc.) – von Explosionen wie bei TNT etc. ausgenommen – langsamer, d. h. mit messbarer Reaktionsgeschwindigkeit RG bzw. v reagieren.

Eine messbare Abnahme der Eduktkonzentration oder Zunahme der Produktmenge (Gase) oder -konzentration (Lösungen) ermöglicht eine Berechnung von v in der Einheit **mol/s** (Mol pro Sekunde) oder – bei Lösungen – in: **mol/l · s** (Mol pro Liter mal Sekunde): Je schneller z. B. bei der Reaktion von Magnesium mit Salzsäure das Wasserstoffgas entsteht (oder bei der Neutralisation von Salzsäure mit Soda das CO_2), desto größer ist die Reaktionsgeschwindigkeit v. Würde sie **negativ** (z. B. durch Abnahme der CO_2-Menge über der alkalischen Sodalösung), so wäre bereits die Rückreaktion im Gange.

Da bei umkehrbaren Reaktionen **Gleichgewichtsreaktionen** vorliegen, auf die das MWG zutrifft (vgl. Kap. 1.5.9), kann hier festgestellt werden, dass der Gleichgewichtszustand eines Systems erst dann erreicht worden ist (die Reaktion also scheinbar beendet worden ist), wenn die Geschwindigkeit der Hinreaktion $\mathbf{v_{hin}}$ gleich groß zur Reaktionsgeschwindigkeit der Rückreaktion $\mathbf{v_{rück}}$ ist: $\mathbf{v_{hin} = v_{rück}}$.

2.4

Zur Messung der Reaktionsgeschwindigkeit im Labor eignen sich besonders Reaktionen, bei denen relativ langsam gasförmige Produkte entstehen (z. B. Säure + Metall oder Kalk + Säure) oder nach messbaren Zeiträumen Farbumschläge das Ende der Reaktionszeit anzeigen.

Bezieht man die Reaktionsgeschwindigkeit auf einen beliebigen, gerade interessierenden Reaktionsteilnehmer, so gibt sie die zeitliche Konzentrationsänderung dieses Stoffes an. Die auf einen beliebigen Reaktionsteilnehmer bezogene Reaktionsgeschwindigkeit (RG) ändert sich also im Laufe der Reaktion, da die Konzentration des betreffenden Stoffes abnimmt (Ausgangsstoff) oder zunimmt (Produkt).

Die RG wird üblicherweise mit v_{RG} (oder auch RG) abgekürzt und in **mol** $\cdot$ **l**$^{-1}$ $\cdot$ **s**$^{-1}$ angegeben, bei Gasreaktionen werden an Stelle der Konzentrationen die **Drucke** verwendet. Bei umkehrbaren Reaktionen ist ja die Gesamtgeschwindigkeit bis zur Einstellung des Gleichgewichts (s. o.: $\mathbf{v_{RG} = v_{hin} - v_{rück}}$).

Aus Erfahrung weiß man, dass die Reaktionsgeschwindigkeit nicht nur von der Konzentration *c*, sondern auch von der Temperatur T abhängt:

> Nach einer Faustregel **verdoppelt sich die RG bei Erhöhung der Temperatur um 10 °C (= RGT-Regel).**

Die Energiediagramme in Abb. 2.4.2-3 zeigen die energetischen Verhältnisse
a) am Beispiel einer einfachen, exothermen und
b) einer zusammengesetzen, exothermen Reaktion.

Laborversuche zu „Komplexen"

1. Erhitzen Sie Kupfersulfatpentahydrat im Reagenzglas. Beobachtung? Geben Sie zum entfärbten Salz einige Tropfen Wasser. Versetzen Sie die entstandene Lösung tropfenweise mit konz. Ammoniaklösung, bis dass der anfängliche Niederschlag von Kupfer-II-hydroxid wieder gelöst wird. Teilen Sie diese Lösung auf 2 Reagenzgläser auf.
2. In einem Reagenzglas versetzen Sie den tiefblauen Kupfer-Komplex mit 1 Spatel NaCl und säuern Sie die Lösung mit konz. HCl an (bis pH ca. 2–3). Farbe? Im 2. Reagenzglas gießen Sie Brennspiritus (Ethanol) zur Kupfer-Komplex-Lösung, sodass ein Niederschlag entsteht. Filtrieren Sie ihn und waschen Sie den Filterrückstand mit Ethanol.
3. Stellen Sie erneut in 3 Reagenzgläsern den tiefblauen Kupfer-Ammoniak-Komplex her. Geben Sie einige ml dieser Lösung in einem Reagenzglas mit einem Eisennagel zusammen, in einem 2. Glas mit 1 ml Natronlauge und in einem 3. Glas mit 1 Spatelspitze Kalium- oder Natriumcarbonat. Vergleichen Sie diese drei Beobachtungen mit denen, die sich ergeben, wenn Sie Kupfersulfat-Lösung an Stelle der Komplex-Lösung verwenden!
4. Geben Sie je 2 Tropfen $AgNO_3$-Lösung und NaCl-Lösung zusammen. Lösen Sie den Niederschlag in verdünnter NH_3-Lösung. Halbieren Sie die Lösung und neutralisieren Sie einen Teil anschließend mit HNO_3 (verdünnt). Den 2. Teil versetzen Sie mit einigen Tropfen NaI- oder KI-Lösung.
5. Versetzen Sie im Reagenzglas zunächst jeweils getrennt voneinander einige ml $FeCl_3$- und $CoCl_2$-Lösung mit NH_4SCN- oder KSCN-Lösung. Wiederholen Sie den Versuch zweimal mit einem $FeCl_3$–$CoCl_2$-Gemisch, einmal unter Zugabe von 1 Spatelspitze festem KF oder NaF sowie 1–2 ml Amylalkohol (n-Pentanol). Schütteln Sie!
6. Versetzen Sie $FeCl_3$-Lösung mit einer Lösung von gelbem Blutlaugensalz, $K_4[Fe(CN)_6]$. Es entsteht der Komplex „Berliner Blau" (Nachweisreaktion): $Fe_4[Fe(CN)_6]_3$.

Auswertung: Formulieren Sie die Ligandenaustausch-Reaktionen. Die Koordinationszahl der Hg-Komplexe ist 4, bei Eisen 6. Zu Komplexen allg. vgl. Kap. 2.2.9!

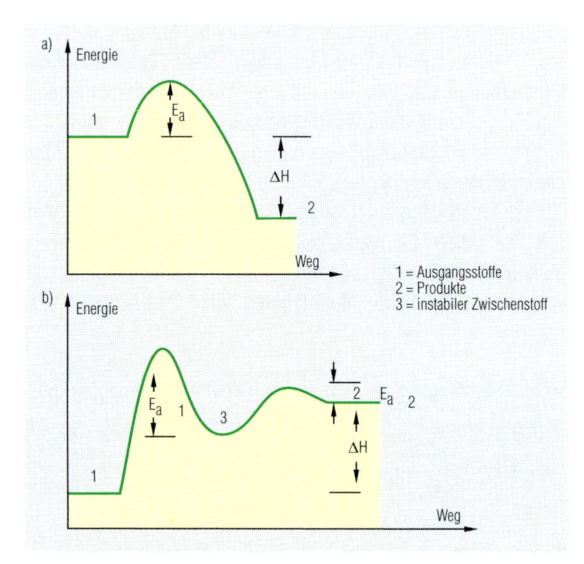

Abb. 2.4.2-3 Energiediagramme chemischer Reaktionen
(vgl. Kap. 1.5.6 und Abb. 2.3.3.-6)

2.4.3 Katalyse

Katalysatoren verändern die **Aktivierungsenergie $E_{Akt.}$** und damit die **RG:** Positive Katalysatoren verringern $E_{Akt.}$ – die Reaktion läuft schneller ab; negative Katalysatoren **(Inhibitoren)** erhöhen sie – die Reaktion wird langsamer.

In beiden Fällen wird mit einem Reaktionspartner ein instabiles **Zwischenprodukt** gebildet. Nach der Reaktion liegt der Katalysator unverändert vor, so dass er in der Bruttoreaktionsgleichung nicht erscheint. Durch die Veränderung von $E_{Akt.}$ und die Bildung instabiler Zwischenstoffe kann er noch eine weitere Funktion erfüllen: Aus einem Ausgangsstoff können durch geeignete Katalysatoren gezielt verschiedene Endprodukte erhalten werden **(selektive Katalyse).**

Katalysatoren helfen, jährlich Produkte im Wert von über eine Billionen US $ herzustellen: Kraftstoffe, Düngemittel, Pharmazeutika, Tenside und Lösemittel erfahren in irgendeinem Stadium ihrer Synthese eine Katalyse und Säuren wie HF, H_2SO_4 oder H_3PO_4 werden hierzu in großen Mengen eingesetzt. Edelmetalle wie Pd und Pt helfen z. B. Autoabgase zu entgiften oder Alkanale aus Alkanolen herzustellen. Und wieder andere Katalysatoren helfen, **Synthesegas** ($CO + H_2$) in Kohlenwasserstoffe, Alkanole und andere Rohstoffe umzusetzen. Beispiel: Die **Fischer-Tropsch-Synthese:** CO reagiert mit H_2 schon bei nur 10^{-6} bis 10^{-2} atm und 450–750 K zu Methan und Wasser, katalysiert von Ni, Fe, Magnetit und wasserhaltigen Silikaten auch weiter zu höheren Alkanen:

$$n\,CO + (n + 0{,}5x)\,H_2 \rightarrow C_nH_x + n\,H_2O$$

Bei passender Mischung (C : H : O = 1 : 2000 : 1,7) können sich in Anwesendheit von etwas NH_3 u. U. sogar Alkanole, Aminosäuren, Purine, Pyrimidine u. Ä. bilden. Viele Katalysatoren wirken an ihrer **Oberfläche** oder auch aufgrund koordinativer Bindungen (**Komplexe;** vgl. Kap. 2.2.9 und Laborversuche rechts am Seitenrand). An Beispielen **Ammoniaksynthese** ($K_p = 6{,}5 \cdot 10^8\ bar^{-1}$), dem **Autokatalysator,** der **Schwefelsäure- und Methanolherstellung** soll hier nun die Wirkungsweise einiger Katalysatoren aufgezeigt werden.

a) Homogene Katalyse

Wenn Katalysatoren sich mit dem Reaktionsgemisch vermischen, spricht man von einer **homogenen Katalyse.**

Ein Beispiel dafür ist die **Esterbildung und -spaltung** – eine solche **S_N-Reaktion** hatten wir in Kap. 1.5.9 als Gleichgewichtsreaktion kennengelernt:

$$C_2H_5OH + CH_3COOH \leftrightarrow CH_3COO\text{–}C_2H_5 + H_2O$$

Laborversuche zu „Katalyse“

Die RG unter dem Einfluss eines Katalysators:

a) Man bringt gleiche Mengen 0,1 m Eisen(III)-chlorid- und 0,1 m Natriumthiosulfat-Lösung bei Raumtemperatur unter Zusatz eines Tropfens Kupfer(II)-sulfat-Lösung zur Reaktion und registriert wiederum die Zeit. Dabei stellt man fest, dass die Umsetzung durch homogene Katalyse stark beschleunigt wird.

b) Zu 3-prozentigem Wasserstoffperoxid gibt man eine Spatelspitze Mangan(IV)-oxid (Braunstein), das den Zerfall des H_2O_2 katalysiert. Den neben dem Wasser entstehenden Sauerstoff erkennt man am Entflammen eines glimmenden Spans.

c) In 2 kleinen Bechergläsern versetzt man je 0,5 ml 0,1 m Oxalsäure-Lösung ($H_2C_2O_4$) vorsichtig mit einigen Tropfen Schwefelsäure (Schutzbrille!). Eine Lösung zusätzlich mit 2 Tropfen Mangan(II)-sulfat-Lösung. Danach fügt man zu beiden Proben je 2 Tropfen Kaliumpermanganat und vermischt. In der Mn(II)-enthaltenden Lösung wird Permanganat sehr rasch reduziert, in der reinen Oxalsäurelösung bleibt die rosa Farbe längere Zeit bestehen. Setzt man der Lösung nach Verschwinden der Farbe nochmals Permanganat zu, so läuft die Reaktion rasch ab, da bei der Umsetzung Mn(II) entsteht, das katalytisch wirkt.

Hinweise: Autokatalyse: Die Reaktion wird durch eines der Reaktionsprodukte katalysiert. Es laufen folgende Reaktionen ab:

a) $\mathbf{2\,H_2O_2 \rightarrow 2\,H_2O + O_2\uparrow}$ (eine Redoxreaktion mit gasförmigem Produkt, die unter ungestörten Umständen sehr langsam verläuft, bei katalytischer Beschleunigung aber beobachtbar wird),

b) **Oxalsäure + Kaliumpermanganat + Schwefelsäure → Kohlendioxid + Mangan-II-sulfat + Wasser,** eine autokatalytische Redoxreaktion, in Formeln:
$\mathbf{5\,C_2O_4^{2-} + 16\,H^+ + 2\,MnO_4^- \rightarrow 10\,CO_2\uparrow + 2\,Mn^{2+} + 8\,H_2O}$
(eine ebenfalls langsame Redoxreaktion, bei der eines der Produkte die Reaktionsgeschwindigkeit stark vergrößern kann, ohne selbst dabei verbraucht zu werden: Katalysator-Eigenschaft, Ende der Reaktionsdauer hier erkennbar an Entfärbung **und** Gasentwicklung!)

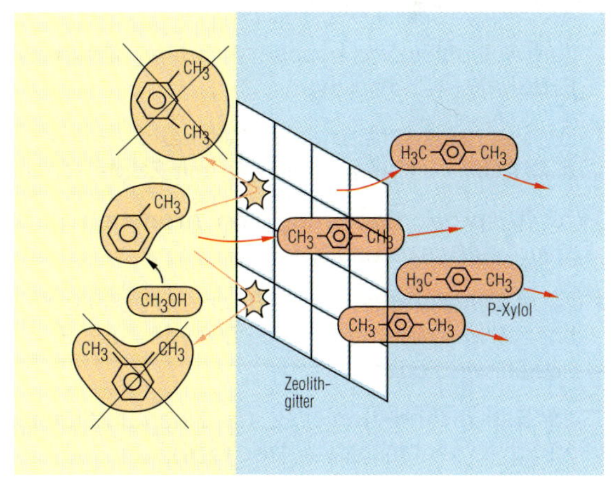

Abb. 2.4.3-1 Selektive, heterogene Katalyse bei der Xylolsynthese

Nur die begehrten, stäbchenförmigen para-Xylol-Moleküle passieren die wie ein Molekularsieb wirkenden Hohlräume des Feststoff-Katalysators – die ungewollten, gewinkelten o- und m-Xylole werden von den Hohlräumen zurückgehalten. Das so gewonnene p-Xylol wird dann zur Produktion polymerer Chemiefasern genutzt.

Hier wird Schwefelsäure als Katalysator benötigt: Sie entzieht dem Gleichgewicht Wasser und protoniert das Edukt.

Ebenfalls homogen katalysieren **Schwermetall-Ionen** viele Reaktionen – z. B. Mn^{2+}-Ionen die Reduktion von Oxalsäure mit Permanganat (s. o., Laborversuch 1c zur RG; zur Permanganometrie vgl. auch Kap. 3.2.4), Cu^{2+}-Ionen die Reaktion von Fixiersalz mit Eisen-III-chloridlösung (s. o., Versuch 1a; vermutlich über einen Thiosulfatocuprat-Komplex als ÜZ) und Al^{3+}-Ionen den Angriff von Salzsäure auf Aluminium. Auch die in Kap. 2.3.5 erwähnten **Lewis-Säuren** ($AlCl_3$, $FeBr_3$, $ZnCl_2$ usw.) bewirken bei der Alkylierung, Halogenierung und Acylierung von Aromaten eine homogene Katalyse.

b) Heterogene Katalyse

Oft genug mischt sich der Katalysator **nicht** mit den Edukten. Das ist z. B. bei vielen Pt-Metallen der Fall: Sie katalysieren die Abgas-Entgiftung in Kraftfahrzeugen, die Ammoniakverbrennung zur Salpetersäure-Herstellung und die Wasserstoff-, Methanol- oder Flüssiggasverbrennung in Feuerzeugen und Brennstoffzellen. Ein an der **Oberfläche** wirkender, fester Katalysator muss daher eine sehr große Oberfläche aufweisen. Ein Esslöffel Feststoffkatalysator (z. B. Zeolith) weist so z. B. – auf die Dicke einer Moleküllänge ausgebreitet – die Oberfläche von 2–5 Fußballfeldern auf.

Ein interessantes Beispiel hierfür sind **mikroporöse Feststoffe** wie z. B. bestimmte Aluminiumphosphate (**„ALPOs"**, von $AlPO_4$) und eben die **Zeolithe** (= Kieselsäure-Tonerde-Gele). Diese Festkörpersäuren werden eingesetzt als Katalysatoren

1. zum Aufspalten von höheren Alkanen (**„Cracken" von Erdöl** mit La-Y-Zeolithen),
2. zur Benzinsynthese aus Methanol (etwa nach: $n\,CH_3OH \rightarrow (CH_2)_n + n\,H_2O$; mit ZSM-5-Zeolithen),
3. zur **Disproportionierung von Aromaten** (z. B. von Toluol zu Benzol und Xylol),
4. zur **Alkylierung** (z. B. von Benzol mit Ethen zu Ethylbenzol, aus dem dann durch Dehydrierung Styrol produziert wird) oder
5. zur **Esterproduktion** (z.B. aus Ethen und Essigsäure zu Ethylazetat mithilfe saurer Tone).

Mikroporöse Feststoffsäuren sind deshalb vorzüglich als **selektive Katalysatoren** und auch als **Molekularsiebe** geeignet, weil sie Poren und Kanäle von der genau definierbaren Größe bestimmter Moleküle aufweisen –

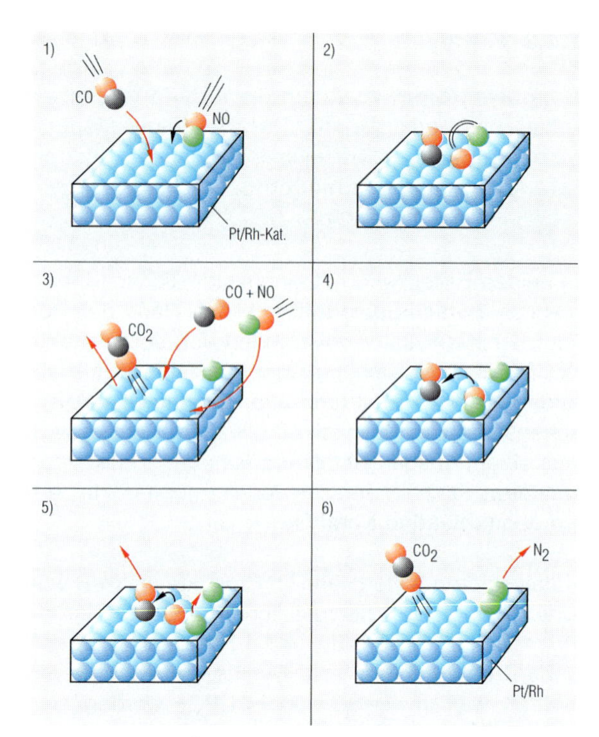

Abb. 2.4.3-2 Vorgänge an der Oberfläche der λ-Sonde im Abgaskatalysator

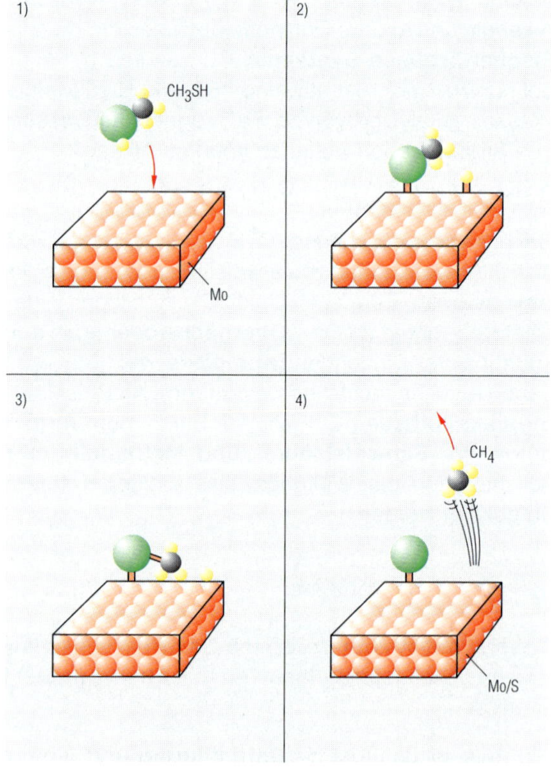

Abb. 2.4.3-3 Abgasentschwefelung an der Oberfläche eines Molybdän-Katalysators

Neben Methanthiol CH_3SH reagieren auch andere Alkanthiole, Thioketone und weitere Organosulfide zu Alkanen, Alkenen und H_2.

so haben z. B. **Zeolithe** Kristallgitter-Kanäle von nur 0,3–0,8 nm Durchmesser, durch die nur die gewollten Eduktmoleküle genau hindurchpassen. Bei der Synthese von Xylol aus Methanol und Toluol lassen sie nur die begehrten, stäbchenförmigen *para*-Xylol-Moleküle passieren – die ungewollten, gewinkelten *ortho*- und *meta*-Xylole werden von den Hohlräumen zurückgehalten (vgl. Abb. 2.4.3-1).

Mithilfe spezieller Methoden (Rastertunnelmikroskopie, IR-, Röntgenphotonelektronen- und HREEL-Spektroskopie) ist es seit ca. 1985/86 möglich, die Wechselwirkung einzelner Moleküle mit **Katalysator-Oberflächen** zu beobachten. Abb. 2.4.3-2 zeigt, wie z. B. CO und NO an der Oberfläche der **λ-Sonde im Abgaskatalysator** in CO_2 und N_2 umgewandelt werden, Abb. 2.4.3-3 die **Abgasentschwefelung** am Mo-Katalysator.

Abb. 2.4.3-4 Das Döbereiner Feuerzeug

J. W. Döbereiner entdeckte, dass Platin die Fähigkeit aufweist, den ausströmenden Wasserstoff zu entzünden (Katalyse, Knallgasreaktion).

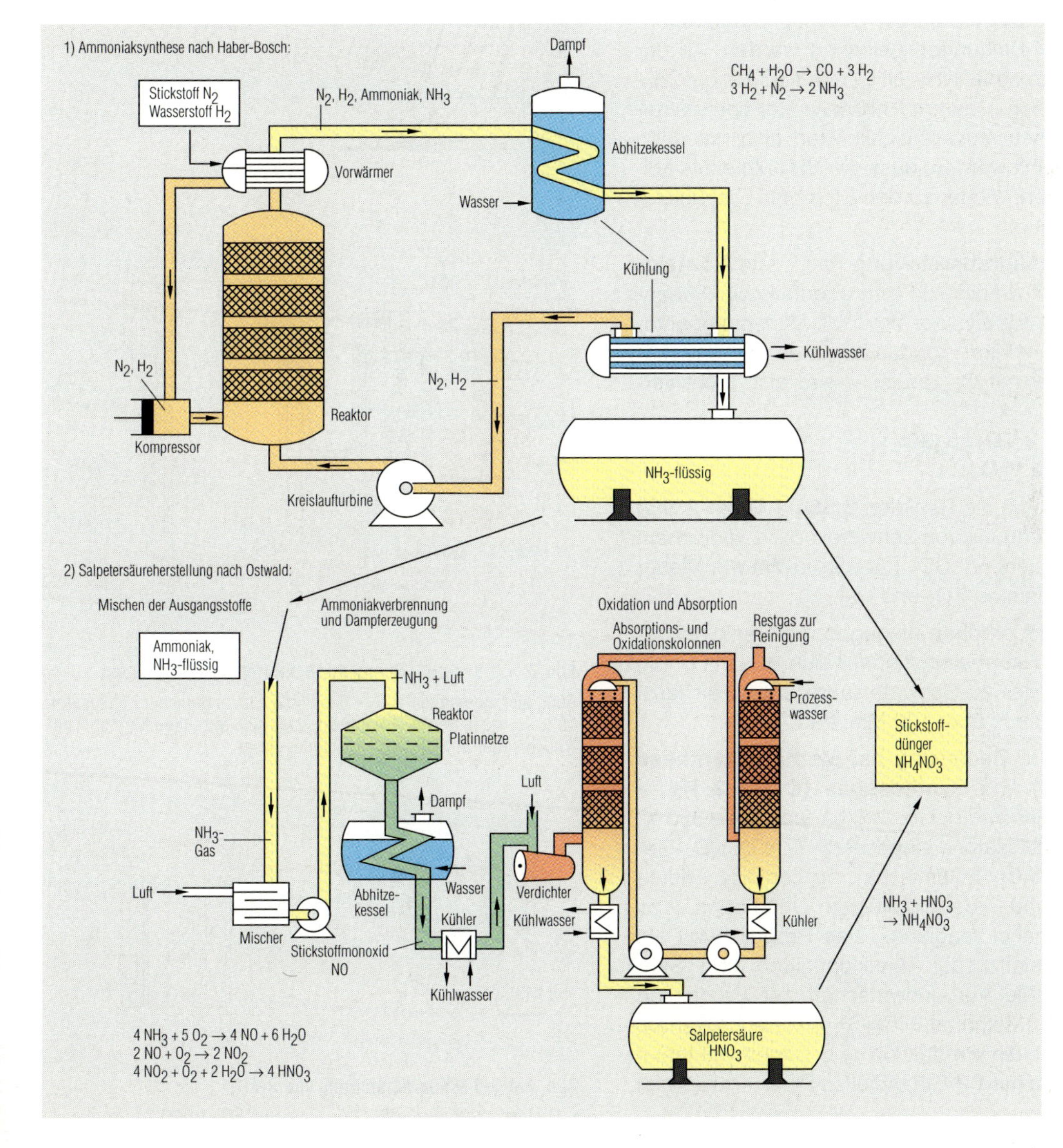

Abb. 2.4.3-5 Fließschema einer Düngemittelproduktion (NH_4NO_3)

Mithilfe von Katalysatoren wird aus Luft, Wasser und Wasserstoff Mineraldünger hergestellt.

Nun zu Beispielen wie der in Kap. 1.5.9 angesprochenen **Ammoniaksynthese** nach dem **Haber-Bosch-Verfahren** (vgl. Abb. 1.5.9-1; $K_p = 6{,}5 \cdot 10^8\ bar^{-1}$).

F. Haber entwickelte 1905–10 eine Möglichkeit, mithilfe feinst verteilten Eisenpulvers als Katalysator, bei rund 500 °C und mehreren hundert Atmosphären Überdruck, Ammoniak (und somit auch Dünger) aus Luftstickstoff und H_2-Gas zu produzieren. Schon 1914 begann die kommerzielle Produktion (R. Bosch, BASF) – doch erst seit 1986 beginnt man zu verstehen, wie Eisen an seiner Oberfläche die Dissoziation der N_2-Moleküle zu Atomen erleichtert. Sie erfordert 941 kJ/mol an Energie – doch bei der dazu erforderlichen, hohen Temperatur zerfällt Ammoniak eigentlich ebenso rasch, wie es am Katalysator entsteht. Nun geben aber die Fe-Atome Elektronen an die mit der Oberfläche wechselwirkenden N_2-Moleküle ab, sodass die **N–N-Bindungen** geschwächt werden. Gleichzeitig werden H_2-Moleküle an der Oberfläche adsorbiert, sodass auch H–H-Bindungen gelockert werden. An der Oberfläche können somit NH-, NH_2- und schließlich NH_3-Aggregate entstehen. Das am Pt-Katalysator vorbeistreichende Gasgemisch muss anschließend also nur noch so schnell abgekühlt werden, dass die NH_3-Moleküle keine Zeit mehr haben, wieder zu den Elementen zurückzureagieren.

2.4

Bei der **Schwefelsäureherstellung** nach dem **Kontaktverfahren** aus Schwefeldioxid wird ebenfalls ein Nebengruppenmetall als Katalysator benötigt: Vanadiumpentoxoid (V_2O_5). V_2O_5 oxidiert hier das SO_2 zum SO_3 und reagiert selbst wieder mit O_2 zurück – wird also nicht verbraucht:

a) $V_2O_5 + SO_2 \rightarrow 2\ VO_2\downarrow + SO_3\uparrow$,
b) $4\ VO_2 + O_2 \rightarrow 2\ V_2O_5\downarrow$.

Insgesamt läuft somit die Reaktion **$2\ SO_2 + O_2 \leftrightarrow 2\ SO_3$** ab – bei der Verbrennung von Schwefel oder sulfidischem Erz hingegen entsteht nur SO_2 (da SO_3 in Wärme wieder zerfällt: Rückreaktion zu SO_2 und O_2).

V_2O_5 oder auch Pt erhöhen hingegen die Reaktionsgeschwindigkeit der Hinreaktion, sodass sich SO_3 mit Erfolg gewinnen und weiter zu Schwefelsäure umsetzen lässt (Weltjahresproduktion: über 100 Mio. t/a!).

Eine ähnlich große Bedeutung hat **Methanolsynthese** (um 23 Mio. t/a!) aus **Synthesegas ($CO + 2\ H_2 \rightarrow CH_3OH$)** – auch hier wird bei rd. 340 bar und etwa 350 °C ein Feststoff-Katalysator eingesetzt (ZnO/Cr_2O_3-Gemische, auch ZnO/CuO-Gemische), an dem die Edukte 1-2 s verweilen und – bei einmaligem Durchgang – zu 12–15 % zu Methanol reagieren. Das Produkt wird als Lösemittel, Treibstoffzusatz (Antiklopfmittel) und Syntheserohstoff für die Verbundwirtschaft zur Produktion von Formaldehyd (Methanal, HCHO), Alkanen, Alkenen, Aromaten und für die Produktion von Dimethylphthalat verkauft (DMT wird mit 1,2-Ethandiol zu PETP-Polyestern umgesetzt).

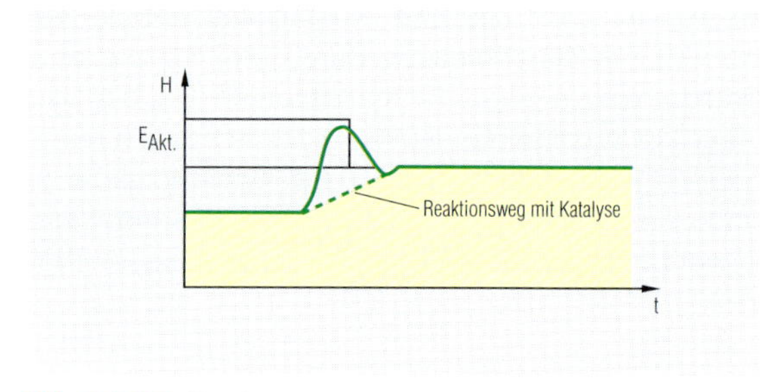

Abb. 2.4.3-6 Katalyse – thermodynamisch erklärt
Senkung der Aktivierungsenergie durch Eröffnung alternativer Reaktionswege

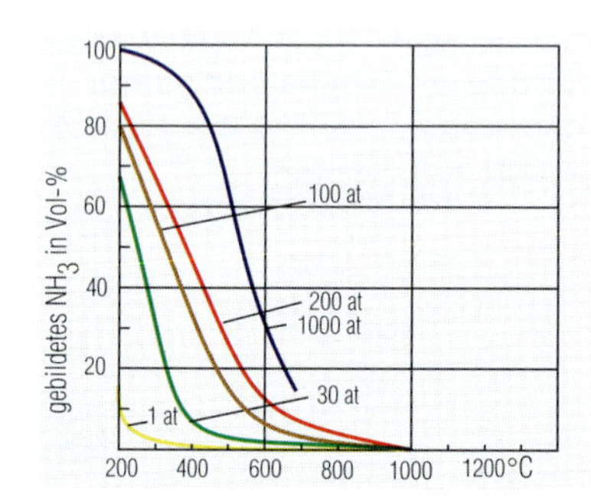

Abb. 2.4.3-7 NH_3-Ausbeute nach Haber-Bosch

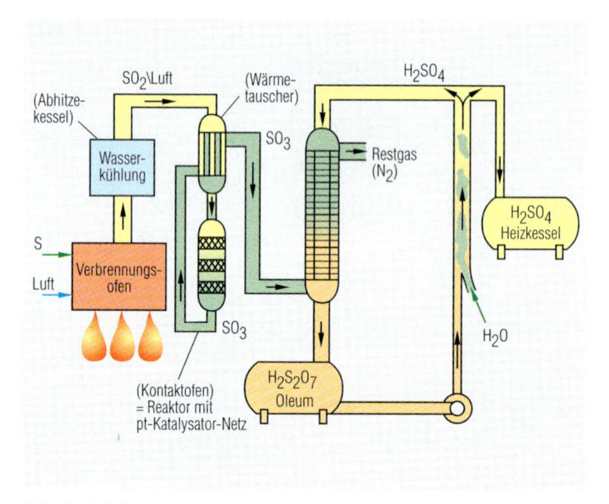

Abb. 2.4.3-8 Fließschema der Schwefelsäure-Produktion
Auch hier ist – neben V_2O_5 – das Platin ein vorzüglicher Katalysator. 1998 wurde in den USA entdeckt, dass sich mit Platin Methan katalytisch sogar in Methanol umwandeln lässt.

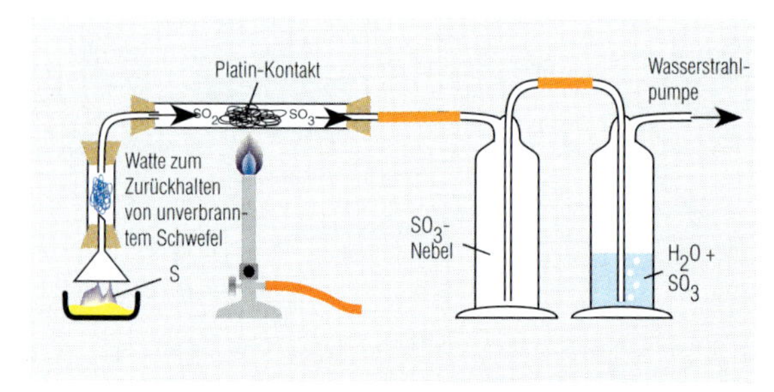

Abb. 2.4.3-9 Labordarstellung von H_2SO_4
Auch hier ist Pt als Katalysator nötig, um SO_2 zu SO_3 zu oxidieren.

2.4.4 Die Reaktionsenthalpie (Thermodynamik): Wie erfolgt die Kalorimetrie?

Die **Kalorimetrie** dient der Erfassung von **Reaktionsenthalpien** (vgl. Kap. 1.5.6; thermodynamische Daten in Tabelle 17 im Anhang).

Das **Kalorimeter** ähnelt einer Thermosflasche oder einem **Dewar-Gefäß**. Es besteht aus einem nach außen wärmeisolierten Wasserbad, in dem sich ein Reaktionsgefäß befindet. Wenn die Reaktion abläuft, findet ein Wärmeaustausch zwischen Reaktionsmischung und Wasserbad statt: Die Temperatur des Wasserbades ändert sich. Diese Temperaturänderung wird in einem ***T/t*-Diagramm** erfasst. Aus der aufgenommenen oder abgegebenen Wärmemenge rechnet man zurück auf die Enthalpie der untersuchten Reaktion.

Die **Standard-Reaktionsenthalpie** $\Delta_r H°$ (bei T = 298 K = +25 °C und p = 1013 hPa) wird mit der Summe der vom Wasser aufgenommenen Wärmemenge Q_W und der vom Kalorimetergefäß aufgenommenen Wärmemenge Q_K gleichgesetzt. Die von einem Körper aufgenommene Wärmemenge Q berechnet sich dabei aus seiner Masse m, der Temperaturänderung ΔT und der spezifischen Wärmekapazität c dieses Körpers. Bei Wasser beträgt c_W z. B. 4,1868 J/g K – die Wärmekapazität C_K des Kalorimeters als Ganzes muss experimentell bestimmt werden. Er besteht ja aus verschiedenen Materialien, deren jeweiligen Wärmekapazitäten und Massen sich einzeln schwer bestimmen und zusammenrechnen ließen. Zur Berechnung von $\Delta_r H°$ ergibt sich daher:

$$\Delta_r H° = Q_W + Q_K = c_W \cdot m_W \cdot \Delta T + C_K \cdot \Delta T = (c_W \cdot m_W + C_K)\,\Delta T$$

Für m_W ist also die Masse des Wassers einzusetzen.

In abgewandelten Messgefäßen kann auch die Verbrennungsenthalpie von Heiz- und Sprengstoffen gemessen werden (Verbrennungs- und Bombenkalorimeter) sowie die Schmelz-, Verdampfungs- und Sublimationsenthalpien.

Die **Kalorimeter-Wärmekapazität** C_K misst man, indem man in ein mit z. B. 100 ml (m_1 = 100 g) Wasser gefülltes Kalorimeter (T_1 = +20 °C) 100 g heißes Wasser gießt (z. B. T_2 = +80 °C). Man erhält dabei nicht 200 m Wasser mit T_m = +50 °C, denn das Gefäß nimmt bei der Temperaturerhöhung um ΔT= 30 K die Wärmemenge Q auf.

Nach $\frac{Q}{\Delta T} = C_K$ lässt sich C_K daher bestimmen: Das warme Wasser gibt die Wärmemenge $Q_A = c_W \cdot m_2\,(T_2 - T_m)$ ab, das kältere sowie das Gefäß nehmen sie auf:

$$Q_B = (c_w \cdot m_1 + C_K)\,(T_m - T_1).$$

Durch Gleichsetzung ($Q_A = Q_B$) und Auflösung nach C_K ergibt sich die Lösung:

$$C_K = c_W \cdot m_2 \cdot (T_2 - T_m / T_m - T_1) - c_W \cdot m_1.$$

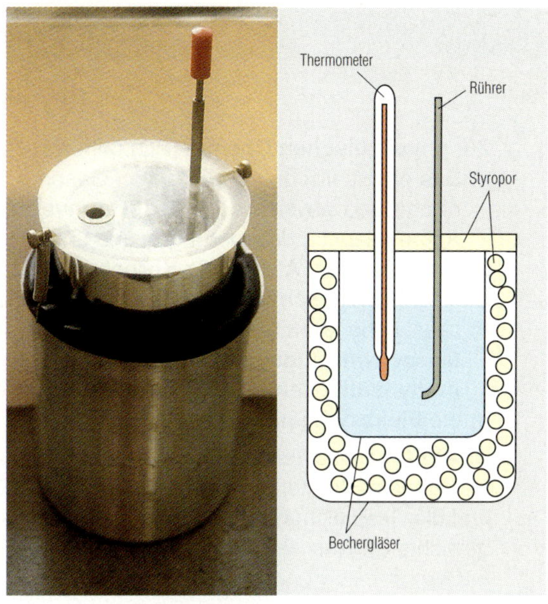

Abb. 2.4.4-1 Das Kalorimeter-Gefäß

2.4

Laborversuche zur Kalorimetrie

1. Bestimmen Sie nach der im Text beschriebenen Methode die Wärmekapazität C_K Ihres Kalorimeters (Ersatzweise genügt ggf. ein auf oder in Styropor stehendes Becherglas!). Um den u. U. etwas länger dauernden Wärmeausgleich zu erfassen, wird ein T/t-Diagramm angefertigt und die Mischungstemperatur ggf. extra poliert.
2. **Bestimmung einer Schmelzenthalpie:**
   Ein Kalorimeter mit Thermometer, Rührer und bekanntem C_K-Wert wird zur Hälfte mit warmem Wasser gefüllt (m_2 und T_2 messen!). Geben Sie nun einige abgetrocknete, ausgewogene Eisstücke hinzu (m_1 messen, indem das Gefäß insgesamt vor und nach dem Einbringen des Eises in das Kalorimeter gewogen wird; T_1 = 0 °C) und bestimmen Sie die Mischtemperatur T_m (T/t-Diagramm). Das Eis nimmt zum Schmelzen und danach bis zum Erreichen der Mischtemperatur T_m Wärme auf von Kalorimeter und Wasserbad. Daher gilt:
   $$(C_K + c_W \cdot m_2)\,(T_2 - T_m) = (m_1 / M_{Wasser})\,\Delta H_{Schmelz} + c_W \cdot m_1 \cdot T_m$$
   Hieraus können Sie $\Delta H_{Schmelz}$ für H_2O berechnen. Es müsste sich **etwa 6 kJ/mol H_2O** ergeben (zum Vergleich: bei Verwendung von flüssigem, rhombischen Schwefel ca. 1200 J/mol S).
3. **Bestimmung einer Bildungsenthalpie:**
   Etwa 3 g eines im Mörser verriebenen Gemisches aus Schwefel- und Kupfer- oder (besser:) Eisenpulver im Verhältnis 1 : 1 werden in ein Reagenzglas gegeben. Dieses wird in einen Metallzylinder – z. B. ein Messingrohr – gestellt. Befüllen Sie das Kalorimeter (mit Thermometer, Rührer, einem glühenden Eisen- oder Kupferdraht als Zünder und bekanntem C_K-Wert; den Zünder bei der Bestimmung des C_K-Wertes mitbestimmen!) mit Wasser (m_W + T_1 messen!). Zünden Sie das Gemisch mit dem glühenden Eisen- oder Kupferdraht und bestimmen Sie den zeitlichen Temperaturverlauf (T/t-Diagramm) und die Endtemperatur T_2. Berechnen Sie die molare Bildungsenthalpie $\Delta_f H$ von Eisen- oder Kupfer-I-sulfid nach:
   $$\Delta_f H_{Sulfid} = (M_{sulfid} / m) \cdot (C_K + c_W \cdot m_W) \cdot (T_2 - T_1).$$
   ($\Delta_f H°$ beträgt für FeS ca. –100 kJ/mol).

Zusammenfassung zu Kapitel 2.4

Physikalische Chemie

1. Zur **physikalischen Chemie (PC)** gehören Themenbereiche wie:
   a) Das physikalische Verhalten von Gasen, Flüssigkeiten und Festkörpern sowie Lösungen (z. B. mechanische und physikalische **Stofftrennverfahren,** Mischungsrechnen, **Gasgesetze,** Phasenübergänge, Aggregatzustandsänderungen und Löslichkeiten),
   b) der Aufbau der Atome (die **Kernchemie**),
   c) **Reaktionsgeschwindigkeiten und -mechanismen** (die **Kinetik**),
   d) chemische **Gleichgewichtsreaktionen** (z. B. bei Säure-Base-Reaktionen und Redoxreaktionen), das **Massenwirkungsgesetz (MWG)** und die Energieumsetzungen bei chemischen Reaktionen (die **Thermodynamik:** Lehre von den Gleichgewichten und Energieumwandlungen) – und:
   e) die **Elektrochemie.**

   HINWEIS: Diese Teilbereiche wurden bereits an früherer Stelle behandelt: Themenbereich a) in Kap. 1.2 und 2.1, die Struktur der Atome (Bereich b) in Kap. 1.4, die thermodynamischen Gleichgewichte, das MWG und die Gasgleichungen in 1.5.9, die Energieumwandlungen in Kap. 1.5.6 und 2.2, die Säure-Base-Gleichgewichte (in Kap. 2.2.1 bis 2.2.3) sowie die Redox-Gleichgewichte und Elektrochemie (in Kap. 2.24 bis 2.2.8).

2. **Zur Kinetik:**
   Die **Reaktionsgeschwindigkeit V_{RG}** (in mol/s) kann je nach Reaktion als Stoffmengenumwandlung, Konzentrations- oder auch Druckänderung pro Zeiteinheit definiert werden. Sie erhöht sich im Allgemeinen mit zunehmender **Konzentration** (oder dem Partialdruck) der Reaktionspartner, mit zunehmender **Temperatu**r und mit zunehmender **Oberflächengröße.** Nach der **RGT-Regel** verdoppelt sich V_{RG} jeweils bei einer Temperaturerhöhung um 10 K.
   Katalysatoren sind Stoffe, die an Reaktionen teilnehmen, **ohne** verbraucht zu werden. Sie eröffnen **alternative Reaktionswege** mit niedrigerer Aktivierungsenergie oder größerer Reaktionsgeschwindigkeit. Man unterscheidet **homogene** und **heterogene** Katalyse, **Autokatalyse** und negative Katalyse (**Inhibition;** Verhinderung einer Stoffumwandlung durch Förderung der Rückreaktion).

3. **Zur Thermodynamik:**
   Gleichgewichtsreaktionen unterliegen dem **Prinzip vom kleinsten Zwang** (Beispiel: Endotherme Reaktionen laufen schlechter bei Abkühlung des Reaktionsgemisches, Reaktionen mit Volumenzunahme besser bei Absenkung des Außendruckes usw.). Die **Enthalpieänderung ΔH** eines Systems ist bei **exothermen** Reaktionen **negativ.** Bei endothermen Reaktionen sind die Reaktionsprodukte energiereicher, die Reaktion hat eine **positive** Reaktionsenthalpie.
   Hess stellte fest: Die **Enthalpieänderung** einer Reaktion ist **unabhängig vom Reaktionsweg,** auf dem das Produkt entsteht **(„Heß'scher Satz").** Über den **Born-Haber-Kreisprozess** kann man auch Enthalpien berechnen, die experimentell – im **Kalorimeter** – **nicht** messbar sind (Beispiele: „Gitterenergie", Bindungsenthalpie u. Ä.). Daher sind über die **Kalorimetrie** indirekt auch (Kristall-)**Gitter-, Verdampfungs-, Schmelz-** und **Lösungsenthalpien** sowie die **Wärmekapazität** bestimmbar.

Üb(erleg)ungsaufgaben zu Kapitel 2.4

1. Welche Schmelzenthalpie strahlt die Sonne ein, wenn eine 1 cm dicke Eisschicht (ϱ = 0,916 g/cm³) auf einem Gartenteich von 10 m² auftaut – oder gar verdampft? ($\Delta H_{Schmelz}$ = 6 kJ/mol; $\Delta H_{Verdampfung}$ = 44 kJ/mol; c_W = 4,1868 J/g · K).
2. Definieren Sie den Begriff „Reaktionsgeschwindigkeit" und geben Sie an, von welchen Größen diese abhängig ist.
3. Beschreiben Sie, wie die Reaktionsgeschwindigkeit der Reaktion von Magnesiumband mit Salzsäure gemessen werden kann (Versuchsaufbau).
   Berechnen Sie sie für den Fall, dass 100 ml HCl (c = 1 mol/l) nach einer Reaktionsdauer von t = 5 min genau 96 ml H_2-Gas entwickeln (bei T = +25 °C mit V_m = 24 l/mol).
4. Was besagt die RTG-Regel?

2.5 Natürliche und künstliche Stoffkreisläufe: Grundlagen der Ökologie und Verbundwirtschaft

2.5.1 Mikroorganismen und Biotechnologie (Einführung in Ökologie)

Die lebende und tote Materie auf unserem Planeten, alle Elemente und Verbindungen, ihre Atome und Moleküle sind natürlichen **Stoffkreisläufen** unterworfen. Zusätzlich dazu hat der Mensch künstliche, industrielle Stoffkreisläufe geschaffen, die Verbundwirtschaft der chemischen Industrie (Stichwort: **„Recycling“**). Er belastet so jedoch auch Öko- und Biosphäre und deren natürliche Stoffkreisläufe durch **Schadstoffe.** Um die möglichen Auswirkungen industrieller Produkte auf die Natur verdeutlichen zu können, soll hier zunächst – ohne allzu viel organische Chemie bzw. Biochemie voraussetzen zu wollen – kurz erklärt werden, was Leben ist und wie sich **„Zellen“**, lebendige Organismen (bio-)chemisch aus toter Materie entwickelten (bzw. geschaffen wurden).

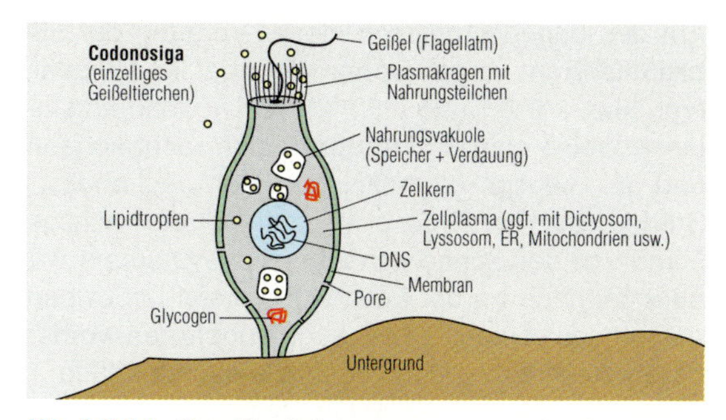

Abb. 2.5.1-1 Einzellige Lebewesen

Alle Lebewesen bestehen aus **Zellen.** Die Zelle gleicht einer kleinen, perfekt organisierten, chemischen **Fabrik,** die gewerbsmäßig **Stoffwechsel** (chemische Reaktionen) betreibt: Sie erzeugt „Profit“ (Energiegewinn), bildet „Rücklagen“ (Speicherstoffe, z.B. Fette oder Kohlenhydrate), gründet Filialen (Vermehrung) nach den von der Firmenleitung und Buchhaltung (im Zellkern) vorgegebenen Bauplänen (Vererbung, Erbanlagen) und reagiert auf Erfordernisse des Marktes (Umweltanpassung) bei der Beschaffung von Rohstoffen (Nahrungssuche) oder in Krisenfällen (Fluchtbewegung). Sogar der Werkszaun zur Begrenzung des Firmengeländes (Membrane, Außenhaut), Pförtnerhäuschen (Poren), Werksschutz (Immunabwehr) und Entsorgungseinrichtungen (Ausscheidung der Verdauungsprodukte) sind vorhanden.
Im Zellkern speichert jede Zelle ihr Erbgut auf biochemischen Riesenmolekülen der DNS, die als Datenträger fungieren.

2.5.2 Die Entstehung des Lebens

Leben unterscheidet sich von toter Materie dadurch, dass es nicht nur **Stoffwechsel** betreibt, sondern sich mithilfe der so gewonnenen Energie auch vermehren kann. Charakteristisch für Lebewesen sind:

1. ein **Stoffwechsel** (auf Kohlenstoffbasis, zur Gewinnung von Energie),
2. eine **Fortpflanzung** mit Vererbung (bei irdischen Lebewesen auf der Basis von Nucleinsäuren),
3. eine **Informationsverarbeitung** (die dem Lebewesen Reaktionen z.B. auf Umweltveränderungen ermöglicht),
4. eine gewisse **Mutabilität** (Veränderlichkeit des Erbgutes) und:
5. eine **zelluläre Struktur** (membranumhüllte Einheiten, die bestimmte Organellen erhalten, die jeweils bestimmte Lebensfunktionen wie Stoffwechsel und Wachstum sowie Fortpflanzung und Vererbung übernehmen).

Zumindest auf der Erde sind Lebewesen also immer aus **Zellen** aufgebaut, nichtteilbaren Einheiten, in denen hochkomplizierte Stoffwechsel- und Vermehrungsprozesse ablaufen, so lange die Zelle lebt. Diese **spezielle, komplexe Organisationsform von Materie** – in jeder Zelle in Form von tausenden von organischen, also molekularen, kohlenstoffhaltigen Verbindungen geordnet – muss auf der Erde in einer langsamen Entwicklung und aus „abiotisch“ entstandenen organischen Verbindungen hervorgegangen sein **(„chemische Evolution“).**

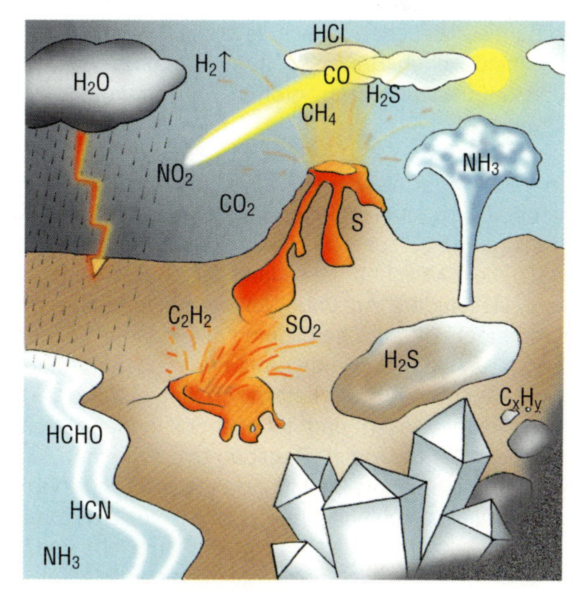

Abb. 2.5.2-2 Die Uratmosphäre der Erde

Vor Entstehen der festen Erdkruste (vor ca. 4 Mrd. Jahren) hatte unser noch glutflüssiger Planet eine Atmosphäre aus Wasserstoffgas. Sie reicherte sich langsam mit Gasen wie Methan, Ammoniak, Schwefelwasserstoff und Wasserdampf aus vulkanischen Exhalationen an. Dieser reduzierenden Uratmosphäre wurde damals noch sehr viel **Energie** zugeführt (Meteoriteneinschläge, Sonnenlicht, Gewitter, Vulkanausbrüche), sodass aus ihren Gasen erste **Produkte der chemischen Evolution** entstehen konnten – z.B. organische Verbindungen wie Blausäure, Ethan, Ethen, Formaldehyd und Harnstoff. Im Zuge der gleichzeitigen, langsamen Abkühlung muss auch eine feste Kruste entstanden sein (die „Lithosphäre“), auf die es dann erstmals geregnet hat. So entstand die „Hydrosphäre“, der **„Urozean“** unseres Planeten. Litho-, Hydro- und Atmosphäre bildeten einen einzigartigen Raum (die „Ökosphäre“) vor, der dann später einmal von Lebewesen (= „Biosphäre“) bevölkert werden sollte.

Auf der jungen Erde fand dieser Vorgang der **„Selbstorganisation" organischer Materie** im Urozean statt (vgl. Abb. 2.5.2-1 und 2.5.2-2). Im Urozean entstand auf diese Weise eine Art **Ursuppe,** eine recht konzentrierte und für heutige Verhältnisse übel riechende, giftige Brühe. Hätte die Erde nicht „zufällig" den richtigen Abstand von der Sonne gehabt – diese Ursuppe wäre bei oder gar noch vor der Entstehung erster Lebewesen verdampft und verkohlt – oder aber eingefroren worden, was deren Weiterentwicklung ebenfalls beendet hätte.

Wahrscheinlich gab es von Anfang an im Universum viele Orte, an denen Reaktionen zum **Aufbau organischer Verbindungen** führten, wie z. B. auf Asteroiden oder Staubkörnchen (vgl. S. 135). Noch bessere Bedingungen für den Aufbau herrschen aber an den durch Atmosphären geschützten **Planetenoberflächen.**

Somit dürfte deutlich werden: (Astro-)chemisch gesehen ist es als höchst wahrscheinlich einzustufen, dass in den Tiefen des Weltalls etliche Orte zur Entstehung biochemischer Moleküle, ja zur Entstehung des Lebens selbst existieren und wohl auch schon immer existiert haben. Das Problem zur Herstellung von Kontakten zu außerirdischen Zivilisationen jedoch liegt nicht in den fehlenden, unumstößlichen Beweisen ihrer Existenz – sondern in den unüberbrückbaren, großen Entfernungen zwischen ihnen.

In den auf der aktiven Urerde unterschiedlichsten Reaktionsräumen (verschiedene Höhenlagen und Klimabedingungen!) konnten die **organischen Moleküle** jedoch viele Millionen Jahre lang ungehindert und auf immer vielfältigere Art und Weise miteinander reagieren: Formaldehyd-Moleküle bildeten miteinander Verknüpfungen, aus denen Kohlenhydrate hervorgingen, Aminosäuren reagierten auf der katalytisch wirkenden Oberfläche von Tonmineralien und in austrocknenden Seen und Buchten der Urerde zu Peptiden und Proteinen, die neu entstandenen Proteine wirkten katalytisch auf die Reaktionen vieler Kohlenhydrate, Lipide, Nucleinsäuren und Proteine untereinander und im Schaum der von Membranen aus lipophilen KW-Molekülen mit polaren, hydrophilen Endgruppen bedeckte Wasseroberfläche entstanden **Mikrosphären** – zellähnliche, membranumhüllte Tropfengebilde, in denen derlei Stoffwechsel-Reaktionen weiterliefen.

Wie diese hoch komplizierten Vorgänge abgelaufen sind, das ist bis heute ein Geheimnis – sicher jedoch ist nur, dass die Entwicklung weiterlief, sodass diese Mikrosphären Fähigkeiten des Stoffwechsels, der Fortpflanzung (Vermehrung) und Vererbung erwarben – **erste, lebendige Organismen** entstanden. Die **biologische Evolution** begann.

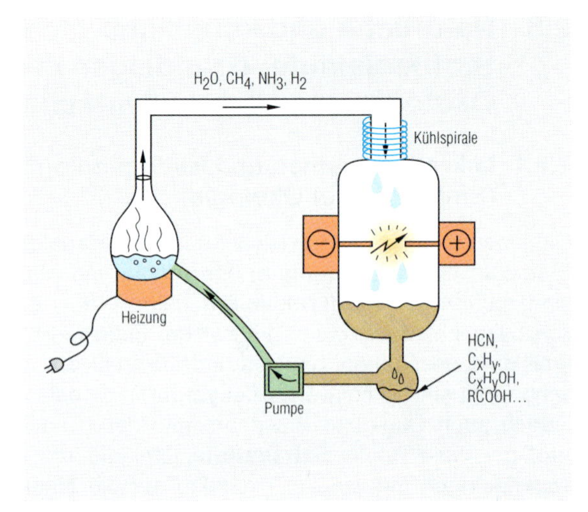

Abb. 2.5.2-3 Das „Ursuppen"-Experiment (Miller & Urey, 1953)

Miller gelang es in diesem berühmt gewordenen Experiment, die Bedingungen nachzuahmen, unter denen auf der Ur-Erde die ersten organischen Verbindungen entstanden sein müssen: die reduzierende Uratmosphäre, den Ozean und – mithilfe eines elektrischen Lichtbogens – die Gewitterentladungen. Durch die Zufuhr von Energie entstanden nun durch chemische „Evolution" immer komplexere und geordnetere Kohlenstoff-Verbindungen: Carbon- und Aminosäuren, Nucleinbasen, Zucker und wasserunlösliche Lösemittel wie Kohlenwasserstoffe und Fette.

Abb. 2.5.2-4 Die „organische" Verbindung Harnstoff

Anfangs glaubte man, die aus Lebewesen hervorgehenden „organischen", chemischen Verbindungen seien grundsätzlich andersartig aufgebaut als die aus toter Materie – Leben könne aus toter Materie nur auf übernatürliche Art und Weise entstehen. Durch die Synthese von Harnstoff aus anorganischen Verbindungen bewies Wöhler jedoch 1828, dass **organische Materie** auch **ohne** das Vorhandensein lebender Organismen hergestellt werden kann.

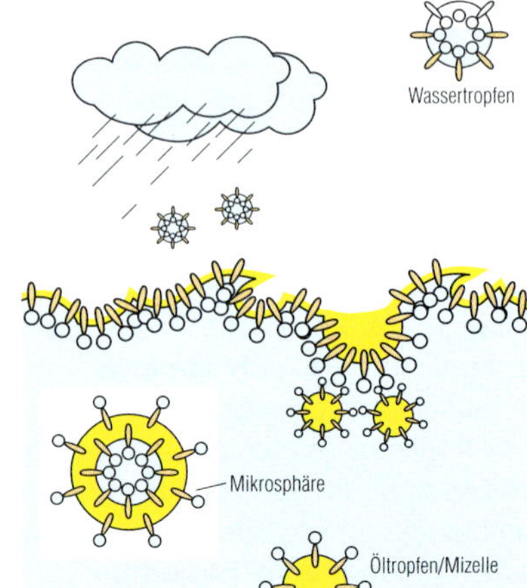

Abb. 2.5.2-5 Bildung membranumhüllter Bläschen (Mikrosphären) im Urozean

So ähnlich könnten die Vorläufer erster Zellen im Urozean entstanden sein.

Radioteleskop Effelsberg

Mit spektroskopischen Methoden lässt sich über Radio- und IR-Emissionen die Existenz der im Text erwähnten organischen Moleküle im All nachweisen.

Gaswolken und -planeten im All

Der Ausschnitt rechts zeigt einen kohligen Chondriten. Auf derlei Planetoid-Bruchstücken wurden die im unten stehenden Laborbericht aufgeführten Moleküle entdeckt!

Hochkomplizierte, organische Moleküle können auch an anderen Orten des Universums entstehen: Außerhalb der Fixsterne können Atomkerne Elektronen einfangen und chemische **Verbindungen** eingehen – insbesonders, wenn in Gaswolken oder auf Planeten genügend und verschiedenartige Atomsorten aufeinandertreffen. Zwischen den Sternen findet sich das Wasserstoffgas (neutral) nämlich mit einer Dichte von nur 0,8 H-Atomen pro cm^3 ($1{,}3 \cdot 10^{-24}$ g/cm^3) – zu wenig, um auch nur einfachste Moleküle zu bilden (z. B. aus 2 H-Atomen ein zweiatomiges H_2-Molekül).

Im Gleichgewichtszustand zwischen Produktionsgeschwindigkeit und Zerfallsrate entstehen aber in manchen **Gasnebeln** auch Verbindungen – sogar **komplexe, organische Moleküle.** Oft werden diese durch ionisierende, kosmische Strahlung gleich wieder zerlegt. Dennoch: Sie existieren – und abgeschirmt durch Staubwolken können Atomverbände (Moleküle) von Stoffen wie Wasser, Ammoniak und Formaldehyd (Methanal, HCHO) dort Lebensdauern von Jahrzehnten haben, zweiatomige Moleküle wie Stickstoff und Kohlenmonoxid sogar von 1000 Jahren.

Durch Ausfrieren auf der **Oberfläche von Staubkörnchen** können sie lange Zeiträume überdauern – bis zu 10^5 Jahre. Schon bei Dichten von nur 50 Atomen/cm^3 können durch atomare Kollisionen nachgewiesenermaßen einfache Verbindungen aus Molekülen entstehen wie H_2, OH, CH, CH^+, CN, H_2O + CO. Radioastronomenen fanden bei der **Spektralanalyse** von Strahlungen aus interstellaren Dunkelwolken sogar exotische, auch kompliziertere, „organische" Verbindungen mehratomiger Molekülbruchstücke (mit Formeln wie z. B.: CN, HCN, H_2O [mehr als alle irdischen Ozeane zusammen aufweisen!], H_2S, OCS, HCO, SO_2, CO^+, NH_2^+, C_2H, HNC, HCHO, HNCO, NH_3, CH_2NH_2, NH_2CN, CH_3OH, CH_3CN, CH_3CHO, CH_3NH_2, $CHOOCH_3$, $(CH_3)_2O$ und sogar Milliarden Tonnen von Ethanol, CH_3CH_2OH – leider jedoch außerhalb unserer Reichweite ...).

Exo-Chemiker konnten auch schon **extraterrestrisches Material** analysieren, zum Beispiel aus dem Inneren der im antarktischren Eis eingefrorenen Meteoriten oder – über ferngesteuerte **Raum- und Messsonden** – in den Schweifen von **Kometen** oder auf den Oberflächen von **Planeten** und **Monden.**

Der folgende Auszug aus dem Gutachten eines Analytik-Labors zeigt, dass es selbst innerhalb der Astronomie Arbeitsfelder der organisch-analytischen (Astro-)Chemie gibt:

„Vorgänge zur Bildung organischer Verbindungen sind auch **außerirdisch** möglich: In **Meteoriten** vom Typ der kohligen Chondrite fanden wir **Alkane** wie 2,6,10,14-Tetra-methyl-pentadecan, Aromaten wie Benzol, Toluol, Xylole und Naphthalin, **Fettsäuren** mit 14–28 C-Atomen, Thiophene, p-Dichlorbenzol, **Aminosäuren** wie Prolin, Asparaginsäure, Glycin, Alanin, Glutaminsäure (Meteorit Murchinson, 1970) und sogar Adenin und Guanin.
Die Entdeckung von Aminosäuren **außerirdischen** Ursprungs 1970 galt als ausgemachte Sensation, sind sie doch die **Grundbausteine irdischen Lebens.** Ihre Entstehung wird über mehrere **Mechanismen** erklärt. Miller und Urey bestrahlten schon 1953 Gasmischungen. Durch Radiolyse entstandene Ionen und Radikale bilden Ionen mit bis zu 7 C-Atomen, z. B.: $C_2H_5^+ + CH_4 \rightarrow C_3H_7^+ + H_2$. Über das Ethen können – z. B. auf der Oberfläche von Körnchen im interstellarem Staub – dann sogar Polymere heranwachsen, über Radikale wie NH_2^* und H_2O^+ sogar Carboxyl- und Aminogruppen eingebaut werden und nach mehreren Mechanismen zu **Aminosäuren** weiterreagieren:

1. dem **Cyanhydrinmechanismus** (Alkanal + NH_3 + HCN zu: Nitril + H_2O, weitere Reaktion des Nitrils R–CH(CN)NH_2 mit Wasser zur Aminosäure),
2. nach **Sanchez** (**NC–C≡CH + NH_3 zu NC–CH=CH–NH_2 + HCN** und weiter mit H_2O unter Eliminierung von NH_3 (über: **HOOC–CH_2–CH(NH_2)–$CONH_2$**) zum Asparagin **HOOC–CH_2–CH(NH_2)–COOH**),
3. über die **Fischer-Tropsch-Synthese** (CO reagiert mit Wasserstoff bei 10^{-6} bis 10^{-2} atm und 450–750 °K zu Methan und Wasser, katalysiert von Ni, Fe, Magnetit und / oder wasserhaltigen Silikaten auf den Staubkörnern weiter gemäß: **$n\,CO + (n+0{,}5x)\,H_2 \rightarrow C_nH_x + n\,H_2O$** – und bei einer kosmischen Mischung von C : H : O von ca. 1 : 2000 : 1,7, bei 10^{-4} atm und rund 400 °K können sich so – in irdischen Labors nachgestellt! – Aminosäuren, Purine, Pyrimidine u. Ä. bilden."

2.5.3 Entstehung und Aufbau der Zelle

Die ersten Zellen besaßen eine sie nach außen abgrenzende, semipermeable **Membran** sowie **Erbanlagen,** die ihre Vermehrung steuerten. Sie konnten ihre Stoffwechsel- und Lebensfunktionen durch Einverleibung organischer Moleküle aus ihrer direkten Umgebung aufrecht erhalten – sich einfach von der Ursuppe ernähren, aus der sie entstanden waren und die sie umgab.

Im Laufe der Jahrmillionen wurden die organischen Moleküle so jedoch verbraucht, sodass ein Konkurrenzkampf der Zellen untereinander eintrat – eine Auslese **(Selektion)** begann: Nur wer schneller an die immer knapper werdende Nahrung kam, überlebte.

Einige Organismen – die **Prokaryonten** (= chemosynthetisch aktive, zellkernlose Bakterien) – hatten die Fähigkeit entwickelt, neue organische Stoffe selbst herzustellen, wozu sie die Oxidationsenergie ihres Stoffwechsels nutzten. Andere Prokaryonten konnten Lichtenergie nutzen, um durch Wasserspaltung Reduktionswasserstoff zu gewinnen, der ihnen half, aus Kohlendioxidgas organische Moleküle aufzubauen: Sie entwickelten die Fähigkeit zur **Photosynthese.**

Als „Abfallprodukt" der Photosynthese entstand in der Uratmosphäre langsam ein immer höherer Anteil des aggressiven, für damalige Lebewesen giftigen **Sauerstoffes** – woran dann auch viele der **anaeroben** Arten ausgestorben sind. Ihre Körper setzten dann wieder organisches Material frei, das Anderen als Nahrung diente.

Wieder andere Arten gingen dazu über, statt der immer knapperen organischen Moleküle sich andere, lebende Organismen gleich komplett einzuverleiben – sie fraßen sich gegenseitig.

Einige solcher Uramöben fraßen vermutlich Prokaryonten auch, **ohne** sie verdauen zu können: Es entstand ein neuer, vorteilhafterer Verband, ein **Symbioseverhältnis.** Noch heute gibt es Polypen, die einzelllige Algen in ihrem Inneren als sklavische Endosymbionten halten.

Der Sauerstoffgehalt der Atmosphäre aber stieg immer weiter an, bis dass die Erde vor rund zwei Milliarden Jahren eine **oxidierende Atmosphäre** bekam. Seitdem zeugt ihre Atmosphäre vom Vorhandensein einer belebten Öko- oder besser: **Biosphäre.**

Und auch hieran passte das Leben sich glänzend an: Einige **aerobe** Prokaryonten entwickelten die Fähigkeit, den Sauerstoff als Oxidationsmittel zu einer effektiveren Energiegewinnung zu nutzen. Die **Zell-Atmung** brachte angesichts erster „Umweltkatastrophen" entscheidende Überlebensvorteile.

Abb. 2.5.3-1 **Biologische Reinigung**

In der biologischen Reinigungsstufe von Klärwerken z. B. der Abwasser aufbereitenden oder chemischen Industrie werden Mikroorganismen eingesetzt, deren Stoffwechsel auf das „Verdauen" von bestimmten organischen und sogar anorganischen Stoffen spezialisiert ist. Als „Verdauungshilfe" erhalten die „Aerobier" hier frischen Sauerstoff.

Abb. 2.5.3-2 **Ein Bioreaktor**

In so genannten Bioreaktoren werden Mikroorganismen eingesetzt, um als **lebende Katalysatoren** mit ihren Enzymen ganz bestimmte chemische Reaktionen ablaufen zu lassen. Diese Technik nennt sich **Biotechnologie** und ist von der **Gentechnologie** (Veränderung des Erbgutes von Organismen) zu unterscheiden. Aber auch gentechnisch veränderte und somit spezialisierte Mikroorganismen können in Bioreaktoren ihren Dienst tun.
Auch die Gärung in einem Hefeteig ist – wie auch die alkoholische Gärung – ein biologischer Stoffwechselvorgang. Selbst Bäckereien betreiben also gewissermaßen „Biotechnologie", wenn lebende Hefezellen benutzt werden, um bestimmte chemische Reaktionen im „aufgehenden" Teig ablaufen zu lassen. Als Abbau- bzw. Verdauungsprodukt entsteht bei dieser Reaktion CO_2-Gas, das den Teig lockerer macht. Im abgebildeten Faulbehälter entstehen hingegen brennbare Fäulnisgase (CH_4, H_2S, NH_3) und Klärschlamm – die Verdauungsprodukte der eingesetzten anaeroben Mikroorganismen.

Zellen irdischer Lebewesen erhielten daher bis zur heutigen Entwicklungsstufe folgende **Organellen** als typische Bestandteile:

Zellbestandteile (Organellen)	Funktionen der Organellen	Unterschiede / Anmerkungen
Zellmembran/-wand	Abgrenzung nach außen	bei Pflanzen als feste Stützwände aus Cellulose
membranbegrenzte Bestandteile: Kern, Mitochondrium, Endplasmatisches Retikulum (ER), Dictysom – oft zu mehreren vereinigt im Golgi-Apparat, Lysosom, Vesikel – in Pflanzenzellen zudem auch Vakuolen und Plastiden: Leuko- und Chloroplasten	**Kern:** Vererbung, Steuerung der Vermehrung, **ER:** Transportsystem, Lysosom: Speicher für Verdauungsenzyme, **Vesikel:** Bläschen für Stoffspeicherung und -transport, **Dictysom:** Aufbau von Polysacchariden und Zellwand, **Mitochondrium:** Kraftwerk der Zelle, Zellatmung	Das ER kann Ribosomen aufweisen. Pflanzenzellen enthalten zusätzlich Vakuolen, die den Innendruck der Zelle in ihren Zellwändeln regeln und gelegentlich Farbstoffe enthalten. Mitochondrien erzeugen Energie durch Stoffwechsel und speichern sie in Form von ATP (Adenosintriphosphat)
membranlose Bestandteile: Ribosom – im Cytoplasma – und röhrenförmige Mikrotubuli	**Mikrotubuli:** Versteifung von Plasmabereichen (Proteinröhren), Ribosom: Proteinsynthese	Ribosomen bestehen zu 40 % aus Ribonucleinsäuren und zu 60 % aus Proteinen. Sie sind sozusagen die chemischen Fabriken der Zelle.

Zusätzlich brachte auch das Zusammenfinden von Einzellern zu Zellverbänden von **Mehrzellern,** in denen die einzelnen Zellen eine Aufgabenteilung und Spezialisierung vollzogen, Vorteile und ließ immer neue Organismen entstehen. Unter den **Vielzellern** entstanden schließlich z. B. Pilze, die sich von totem, organischen Material ernähren, **Pflanzen,** deren Zellen blaualgenähnliche Prokaryonten enthalten **(Chloroplasten)** und somit Photosynthese betreiben können, und **Tiere,** deren Zellen „eingebaute, versklavte" Bakterien **(Mitochondrien)** zur Atmung hielten.
Insgesamt nehmen am natürlichen Stoffkreislauf der irdischen Biosphäre die sechs im Schema aufgeführten **„Reiche"** von Organismen teil (dort **grün** markiert).
Sie sind von den Biologen in **Stämme** und **Abteilungen** unterteilt worden (dort **rot** markiert) und diese wiederum in **Klassen** (bei den rot markierten Gruppierungen in Klammern gesetzt). Innerhalb einer Klasse gibt es **Ordnungen** und Ordnungen bestehen wiederum aus einzelnen **Gattungen** von Lebewesen.

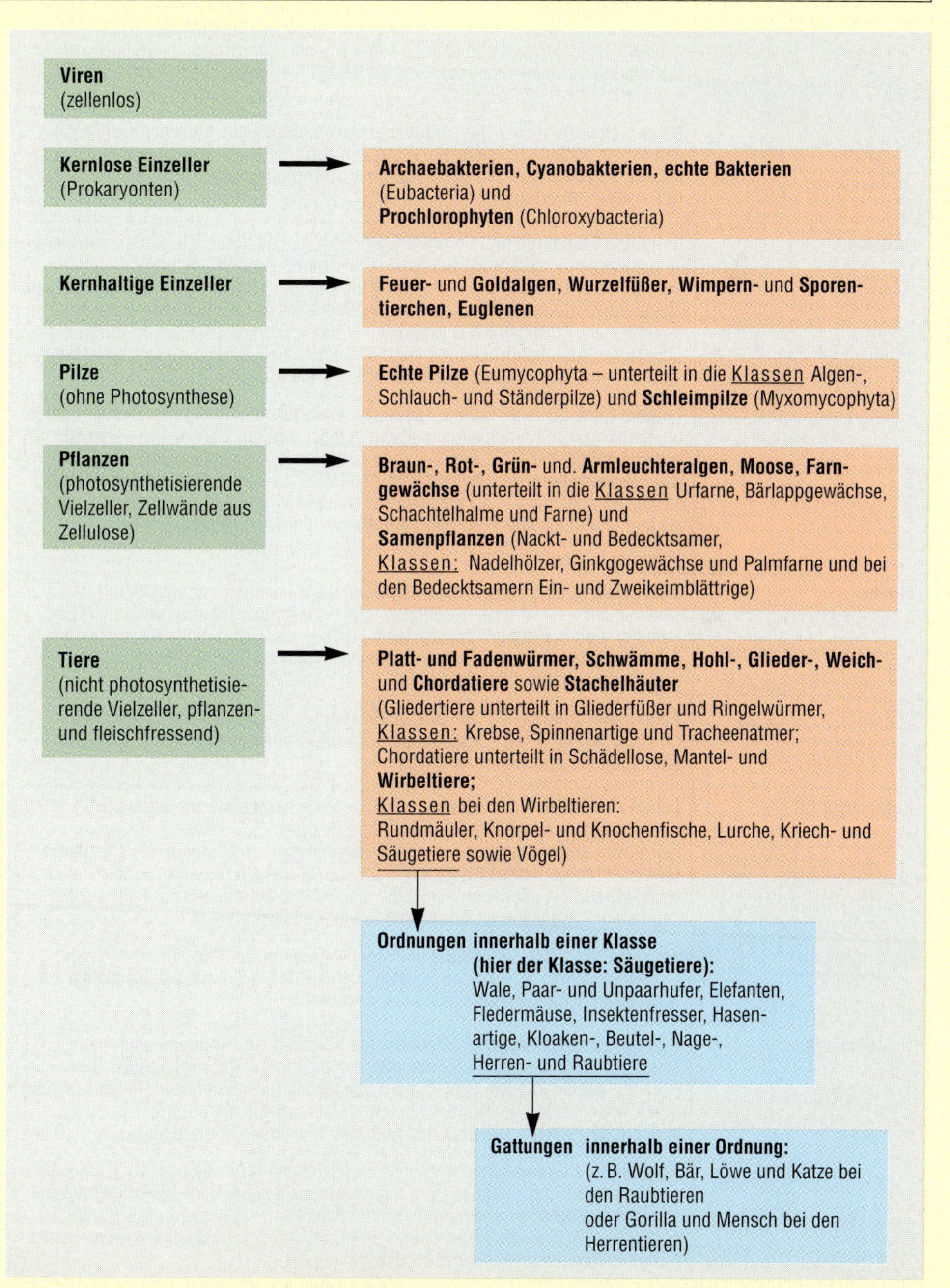

Systematische Einteilung von Organismen (Auswahl)

Der **Stoffwechsel** dient, wie gesagt, der Gewinnung von Energie und der Produktion neuen Körpermaterials. Er basiert bei allen irdischen Lebewesen im Wesentlichen auf folgenden Stoffklassen und Grundlagen:

Stoffgruppen (Verbindungen)	chemische Stoffeigenschaften und Grundlagen	Ort und Funktion im Zell-Organismus
Wasser 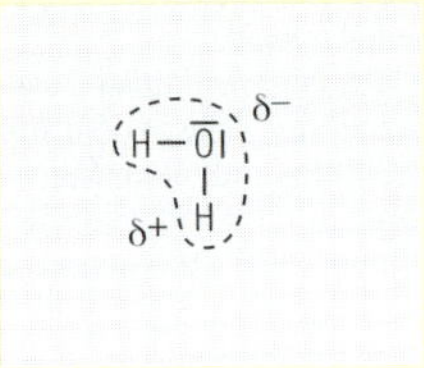	**Polares Lösemittel und Reaktionsmedium:** Die O-Atome bilden aufgrund höherer Elektronegativität im H_2O-Molekül Dipole: einen negativen Pol, die H-Atome den (+)-Pol – und so entstehen Wasserstoffbrückenbindungen (Stärke: ca. 1/20 der Elektronenpaarbindung). **Folgen:** Wasser hat eine höhere Dichte als Eis (in zugefrorenen Teichen überleben Fische daher unter der Eisedecke) und kann ionische und hydrophile Verbindungen lösen und hydratisieren (nur so werden sie transportierbar und für den Stoffwechsel verfügbar!) – Moleküle mit unpolaren Gruppen (hydrophobe bzw. lipophile Stoffe wie z. B. Fette und Öle) bleiben ungelöst.	Wasser ist unentbehrliches Medium jeder Zelle: Bohnensamen enthalten 10 %, ausgewachsene Bohnenpflanzenzellen ca. 75 % und Kakteensprossen bis zu 93 % (menschl. Zelle: ca. 60 %). Schon ein Verlust von 20 % des Wassers ist für die Zelle tödlich.
organische Kohlenstoffverbindungen (allgemein) 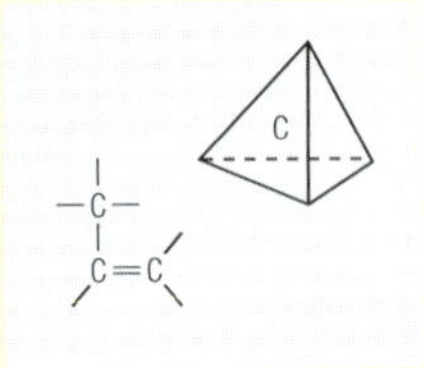	**Fast unendlich große Reaktionsfähigkeit:** Einzig Kohlenstoff kann Millionen von hochmolekularen Verbindungen mit sich selbst bilden (und mit Elementen wie H, O, N, S), deren Elektronenpaarbindungen stabil sind und unendlich viele Kombinationsmöglichkeiten eröffnen. Die C-Atome wirken als tetraedrische Zentren zwischen bis zu 4 verschiedenen, mit ihnen verbundenen, funktionellen (Atom-)Gruppen (optische Aktivität) und können sogar Doppel- und Dreifachbindungen zu Nachbaratomen eingehen oder – wie im Benzol – aromatische Systeme mit delokalisierten π-Elektronen bilden. **Folgen:** Hochkomplexe und geordnete Makromoleküle aus Millionen von Atomen können als hochspezialisierte Katalysatoren zum Aufbau beliebig vieler, neuer organischer Verbindungen wirken und sogar als Informationsspeicher dienen (z. B. bei der Vererbung).	Organische Verbindungen übernehmen alle Lebensfunktionen der Zelle, sind sozusagen Bausteine des Lebens selbst (Bausteine bzw. Stoffklassen: Kohlenwasserstoffe, Alkohole, Aldehyde und Ketone, Carbonsäuren und ihre „Abkömmlinge", Amine, Fett-, Amino- und Nucleinsäuren ...).
Proteine 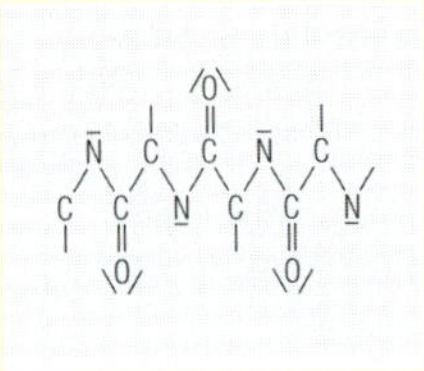	**Beliebige Strukturen und Formen:** Aminosäuren sind Kohlenstoffatome mit vier verschiedenen funktionellen Gruppen (eine Amino- oder NH_2-Gruppe, eine Carboxylgruppe –COOH, ein H-Atom sowie ein weiterer, organischer Rest), die sich als Zwitterionen durch Wasserabspaltung zu Peptidketten (mit Kettengerüsten nach dem Muster –CCNCCNCCN–) vereinigen können. Es existieren Aminosäuren mit unpolarem Rest (fettlöslich), mit polar wirkenden Gruppen sowie saure und basische Aminosäuren. Diese bilden unendlich viele Proteine. **Folgen:** Rund 20 verschiedene, natürliche Aminosäuren bilden Peptidketten (allein bei Ketten aus 100 Aminosäurebausteinen gibt es schon $20^{100} = 10^{130}$ Möglichkeiten – somit über 10^{71}, also mehr als es Atome im Universum gibt!) und diese dann Proteine beliebiger Art und Form (so besteht z. B. das Molekül des Blutfarbstoffes Hämoglobin aus 4 Polypeptidketten aus 141 und 146 Aminosäuren, die als komplexe Liganden ein Eisen-Zentralatom umgeben (Bindung höherer Ordnung).	mengenmäßig größter Anteil aller organischen Verbindungen im Cytoplasma der Zellen: Reserve- und Aufbaustoffe, Biokatalysatoren (Enzyme) usw.! Proteinmoleküle haben molare Massen von 10 000–500 000 u und weisen Schrauben- (Helix-) oder Faltblattstrukturen auf, darüber hinaus komplexe Sekundär-, Tertiär- und Quartärstrukturen.
Lipide 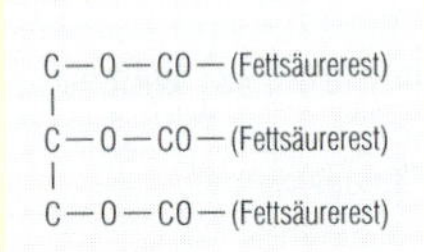 C – O – CO – (Fettsäurerest) C – O – CO – (Fettsäurerest) C – O – CO – (Fettsäurerest)	**Alternative Reaktionsmedien:** Fettlösliche (lipophile/ hydrophobe) Naturstoffe sind zumeist mit höheren, gesättigten oder ungesättigten Carbonsäuren wie Öl-, Palmitin- und Starinsäure veresterte und daher wasserunlösliche Glyzerinmoleküle. Auch Phosphorsäure oder ihre Ester können in ein solches Molekül eingebaut werden (Phospholipide, Beispiel: Lecitin). **Folgen:** Der Zelle stehen hier eine große Menge auch wasserunlöslicher Stoffe – oft sogar flüssig (Öle)! – als Transport- und Reaktionsmedium sowie als Reservestoff und Energiespeicher zur Verfügung.	Fette als Reservestoffe finden sich z. B. besonders in Früchten und Samen von Raps und Sonnenblumen, Fettzellen im Unterhautfettgewebe (zur Wärmeisolation, als Reserve und Organschutz).
Kohlenhydrate 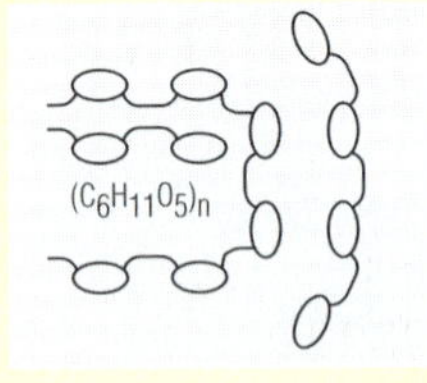 $(C_6H_{11}O_5)_n$	**Leicht zu verarbeitende Riesenmoleküle:** Monosaccharide wie Pentosen (5 C-Atome pro Molekül, z. B. Ribose) und Hexosen (6 C-Atome, z. B. Traubenzucker) können in Ringform unter Wasserabgabe zu Disacchariden reagieren (aus zwei Monosacchariden bzw. Monomeren aufgebaut, z. B. Malz-, Milch- und Haushaltszucker) oder auch mit je 250 bis 100 000 Monomeren zu Polysacchariden (wie z. B. Amylose, Glykogen, Chitin und Cellulose). **Folgen:** Schraubige, verzweigte und fadenförmige Riesenmoleküle können als Gerüstsubstanzen erzeugt und beliebig auch wieder in Einzelbausteine zerlegt werden – nach Bedarf wasserlöslich oder -unlöslich.	Als Bausteine für Makromoleküle, Reservestoffe und – bei oxidativem Abbau – zur Energiegewinnung geeignet, so ist z. B. Amylose ein pflanzlicher Reservestoff aus 250–500 Monomeren (wichtigste Kohlenhydratquelle für den Menschen) und Zellulose (über 10 000 Monomere) Gerüstsubstanz für pflanzliche Zellwände.
Nukleinsäuren 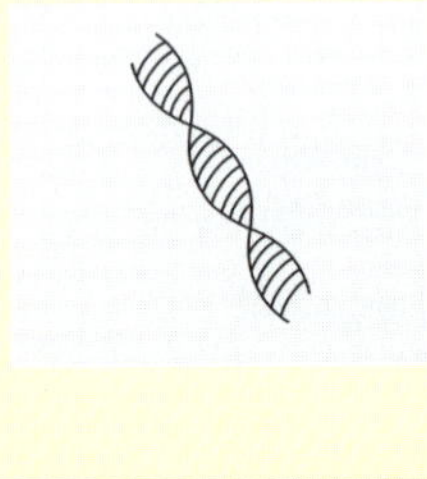	**Biologische Datenträger:** Nucleotide sind Verbände aus Phosphorsäuremolekülen, dem Monosaccharid Ribose oder Desoxyribose und organischen Basen (Guanin, Adenin, Cytosin und Thymin), die stabile Riesenmoleküle (Polynucleotide) in reißverschlussartiger Doppelhelixform mit komplementären Strängen bilden können: die RNA und die DNA (bis zu 3 Mio. Nucleotide, molare Masse um 10^9 u!). **Folgen:** Die einzelnen Stränge können identisch und teilweise oder auch ganz redupliziert werden und als Daten- und Informations-Speicher und -Überträger dienen (biologische Datenverarbeitung, beteiligte Bioenzyme: Helikase – entschraubt die DNA – und Polymerase – spaltet und verknüpft einzelne Nukleotide mit den beiden Einzelstängen durch Wasserstoffbrückenbindungen).	RNA und DNA dienen im Organismus bei der Vererbung und Fortpflanzung, beim Stoffwechsel und Zellaufbau zur Datenspeicherung und -übertragung (vorwiegend im Zellkern; gefunden 1869, Miescher, Struktur von Watson und Crick 1953 und Funktion von Meselson und Stahl entdeckt: bis ca. 1958).

2.5.4 Natürliche Stoffkreisläufe – Ökologie für Chemiker?

Die **Ökologie** ist die Lehre bzw. Wissenschaft der Beziehungen des Organismus zur ihn umgebenden Umwelt (Haeckel, 1866) bzw. vom **„Ökosystem“** (Woltereck, 1927), dem **geochemischen Stoffkreislauf** mit seinen abiotischen und biotischen Faktoren. Die **„Produktivität“** des Ökosystems bemisst sich dabei in t Biomasse/km^2.

Das Wort stammt vom griechischen οικοζ (oikos = das Haus, der Haushalt) + λογοζ (logos = das Wort, die Lehre). Übersetzt heißt Ökologie also etwa: Die Lehre vom (Natur-)Haushalt, die Lehre von der natürlichen Umwelt.

Mineralien und Gesteine bilden **abiotische Faktoren** in den Stoffwechsel-Kreisläufen der Ökosysteme der Lithosphäre und Hydrosphäre. Durch Gesteinsverwitterung werden hieraus Stoffe freigesetzt, die von Einzellern und Pflanzen zum Stoffwechsel genutzt werden können. Wichtigste Gesteine der Lithosphäre (= Erdkruste) sind:

Feldspat (Orthoklas)	$KAlSi_3O_8$
Natronfeldspat	$NaAlSi_3O_8$
Kalkfeldspat	$CaAl_2(Si_3O_8)_2$
Quarz	SiO_2
Glimmer, Muskovit, Biotit	div., Biotit ist z. B.: $K(Fe,Mg)_3(Si_3Al)O_{10}(OH)_2$
Pyroxene, Augit, Hornblende, Olivine	Olivin ist z. B.: $(Mg_2Fe)_2SiO_4$)

Durch **Verwitterung** entstehen aus diesen Gesteinen Lehm, Löss und Sande, so z. B. auch Kaolinit (1 Gew.% der Erdkruste), ferner Magnetit (Fe_3O_4 – meist aus zweiwertigem Eisen-Mineral und Luftsauerstoff) und Hämatit (Fe_2O_3) – zusammen 3–4 % der Erdkruste – und Carbonate wie Calcinit ($CaCO_3$, ca.1,5 Gew.% der Erdkruste). Dolomit (Magnesiumkalk) verwittert an Luft z. B. zu wasserlöslichen Mineralstoffen:

$$CaMg(CO_3)_2 + H_2O + CO_2 \rightarrow Ca^{2+} + Mg^{2+} + 4\ HCO$$

Derlei Stoffe bilden **natürliche Mineraldünger.**
Die **Nährelemente** für Pflanzen, die auch aus abiotischen Faktoren Biomasse aufbauen können, sind: C, O, H, N, S, P, K, Ca + Mg (z. B. in Kohlendioxid, Wasser, Nitrat, Ammonium, Sulfat und Dihydrogenphosphat), ferner die Spurenelemente $Fe^{2+/3*}$, Mn^{2+}, BO_2^-, Zn^{2+}, Cu^{2+}, MoO_4^{2-}, Cl^- und Na^+.

Biotische Stoffwechselprozesse in Ökosystemen werden von seinen Lebewesen betrieben. Sie unterhalten durch den Stoffwechsel ihre Lebensfunktionen (diese erfordern ständig Energie!) und bauen so in ihren Körpern **Biomasse** auf (Abb. 2.5.5-1).

Chronik: Umweltkatastrophen	
vor 2,3 Mrd. Jahren:	Explosionsartige Vermehrung der Cyanobakterien. Ihre Photosynthese bewirkt einen Anstieg der Sauerstoffkonzentration in der Erdatmosphäre. Der Sauerstoff wird im reduzierend wirkenden Medium des Urozeans gebunden: Es kommt zum ersten Massensterben irdischen Lebens. „Zufällig“ überleben jedoch einige Arten das Massensterben, die Sauerstoff vertragen bzw. atmen können.
79 n. Chr.:	Ausbruch des Vesuv, plötzlicher Erstickungstod vieler Tausend Menschen (Pompeji)
1928, 20. 5.:	Erstes Giftgas-Unglück (Phosgen-Fabrik Stolzenberg, 10 Sofort-Tote, 150 Vergiftete)
1935, 26. 7.:	Jangtsekiang-Hochwasser, ca. 200 000 Tote (China)
1966, 20. 2.:	Vermutlich erste, größere „Ölpest“: 16 800 t Rohöl in der Nordsee (Tankerunglück)
1968, 11. 1.:	Plötzliche Kältewelle in USA, 76 Tote (bei ca. –35 °C)
1976, 3. 1.:	Dioxin-Unfall von Seveso (2,5 kg freigesetzt), ca. 35000 Tote
1986, 26. 4.:	GAU in Tschernobyl , 35 Soforttote, 135 000 Evakuierte
1988 (bis August):	Golfkrieg (1/2 Mio. Tote nach 8 Jahren, zudem absichtlich herbeigeführte Ölpest und Ölquellen-Brände im arabischen Golf)
1997/98:	Klimaumschwung „El Niño“ (Südhalbkugel): Dürre- und Feuerkatastrophen in Feuchtgebieten (z. B. Papua-Neuguinea, Brasilien, Indonesien), Regenflut in Trockengebieten (Kenia), Eisregenkatastrophe in Kanada

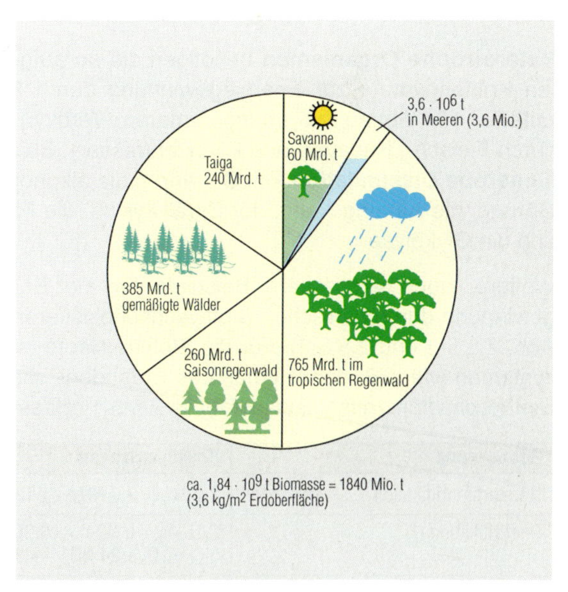

Abb. 2.5.5-1 Die irdische Biomasse

Man schätzt die gesamte, irdische **Biomasse** (des globalen Makro-Biosystems „Erde“, der „Biosphäre“ insgesamt) auf ca. **1,84 · 10^9 t organische Verbindungen** – das sind etwa **3,6 kg pro m^2 Erdoberfläche.**

2.5.5 Stoffwechselformen verschiedener Organismen-Typen

Alle Organismen sind aufgrund ihrer Stoffwechseltätigkeit somit immer auch als **Produzenten chemischer Verbindungen** anzusehen – jede ihrer Zellen stellt in Jahrmillionen entwickelte und spezialisierte **Hochleistungs-Mini-Fabrik** dar, von deren **Effektivität, Kostengünstigkeit und Umweltverträglichkeit** die chemische Industrie der Menschen nur träumen kann.

Autotrophe Organismen betreiben ihren Stoffwechsel, sogar ohne auf Biomasse bzw. organisches Material aus den Körpern anderer Lebewesen als Nährmittel angewiesen zu sein. Neben stickstoffbindenden Cyanobakterien oder „schwefelatmenden" Urzeit-Einzellern ist hier vor allem die pflanzliche **Photosynthese** zu nennen, aus der **der gesamte Sauerstoff der Erdatmosphäre** nach folgenden Reaktionsschemen entstand:

$$6\ CO_2 + 12\ H_2O \rightarrow C_6H_{12}O_6 + 6\ H_2O + 6\ O_2\uparrow$$

(bei Licht/Chlorophyll).

Wasser wird – bevorzugt bei der Wellenlänge 680 nm – oxidiert ($2\ H_2O \rightarrow 4\ H^+ + O_2 + 4\ e^-$) und Kohlendioxid reduziert, wobei die hierbei frei werdende Energie im Adenosintriphosphat **(ATP)** der Organismen biochemisch gespeichert werden kann, also:

$$6\ CO_2 + 12\ H_2O + 18\ ATP + 12\ NADPH_2 \rightarrow C_6H_{12}O_6 + 6\ O_2 + 18\ ADP + 12\ NADP^+ + 18\ \text{Phosphatreste (P)}$$

Sauerstoff verbrauchende Gegenpole hierzu sind die **Atmung** der Tiere sowie die **Dunkelatmung** von Pflanzen.

Heterotrophe Organismen benötigen die so aufgebauten Kohlenhydrate zur Energiegewinnung durch **Dissimilation** (= Abbau zu energieärmeren Verbindungen durch Fleisch-, Kadaver- und Pflanzenfresser). Beispiele für **aerobe Dissimilation** (mit O_2) wären die alkoholische Gärung, die Atmungskette, der Citrat-Zyklus, die Fäulnis und die Glykolyse.

Weitere, auch exotischere Beispiele für die Energiegewinnung durch biotischen Stoffwechsel existieren (vgl. Abb. 2.5.5-2 und 2.5.5-3). Für die Stoffkreisläufe in Ökosystemen wie z. B. dem Humus des Erdbodens wichtige Stoffwechselprozesse sind in Tabelle 2.5.5-1 erfasst:

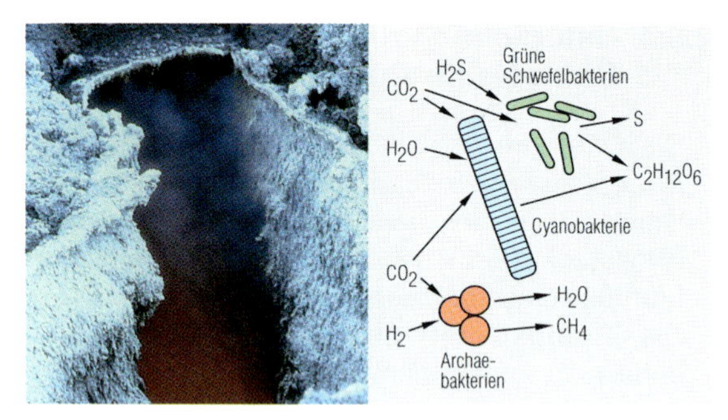

Abb. 2.5.5-2 Lebensräume der Archaebakterien

In entlegenen Ökosystemen wie z. B. Geysiren und an unterseeischen Vulkanen wurden **anaerobe Bakterien** entdeckt, die recht **exotische Reaktionen** für ihren Stoffwechsel nutzen. Cyanobakterien und Blaualgen bilden somit wichtige **Ressourcen auch für die Biotechnologie.** So erzeugen Beggiatoa zum Aufbau ihrer Biomasse Schwefel aus H_2S-Gas, Grünbakterien aus H_2S und CO_2 und andere anaerobe Einzeller sogar Eisen-II-sulfid aus Eisen und H_2S. Im Bild ein Vulkanschlot des Ätna, an dem Kalk- und Schwefeldämpfe sublimieren.

Üb(erleg)ungsaufgaben zur Ökologie I

1. Erklären Sie die Begriffe Gesteinsverwitterung, Herbivore, Destruent, Ammonifikation und biotischer Stoffwechsel an je einem selbst gewählten Beispiel!
2. Nennen Sie jeweils drei Ihnen bekannte autotrophe und heterotrophe Organismen. In welche Untergruppen werden heterotrophe Organismen unterteilt?
3. Weshalb kann die Bildung von elementarem Sauerstoff in der anfangs reduzierenden Uratmosphäre der Erde (durch erste, urzeitliche Photosynthese) als vorgeschichtliche „Umweltkatastrophe" bezeichnet werden?

Jeder cm^3 humusreicher, feuchter Erdboden weist Millionen von Bodenorganismen auf, die solche Stoffwechsel betreiben. Zur Bodenfauna gehören zum Beispiel folgende Organismengruppen:

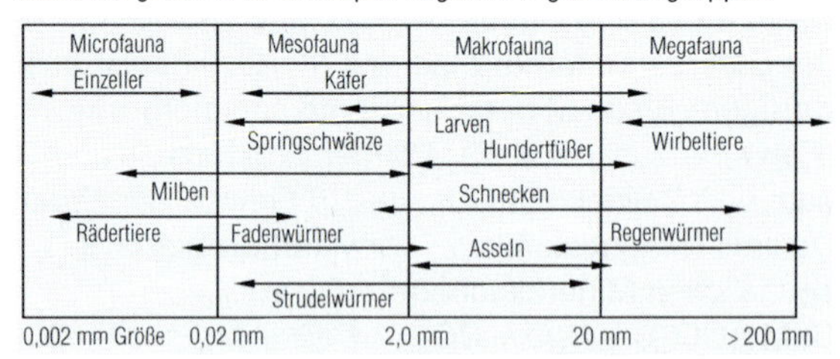

* Einige Stoffwechselprozesse einzelliger Bodenbakterien finden Sie hier in Tabelle 2.5.5-1, ihre Bedeutung wird im Folgenden ersichtlich, wenn Sie die Grafik c, S. 142 zum Stickstoffkreislauf betrachten!

Bezeichnung	Reaktionsschema	Organismus
Nitratammonifikation	$2\ C_6H_{12}O_6 + 6\ NO_3^- \rightarrow 12\ CO_2 + 6\ OH^- + 6\ NH_3$	Pseudomonas
Denitrifikation (I)	$C_6H_{12}O_6 + 6\ NO_3^- \rightarrow 6\ CO_2 + 3\ H_2O + 12\ OH^- + 6\ NO_2$ $5\ C_6H_{12}O_6 + 24\ NO_3^- \rightarrow 30\ CO_2 + 18\ H_2O + 24\ OH^- + 12\ N_2$	Nitrococcus denitrificans
Denitrifikation (II) mit Sulfurifikation	$5\ S + 6\ NO_3^- + 2\ CaCO_3 \rightarrow 2\ CaSO_4 + 3\ SO_4^{2-} + 2\ CO_2 + 3\ N_2$	Thiobacillus denitrificans
Ammonifikation (aus Glyzin)	$2\ CH_2NH_2COOH + 3\ O_2 \rightarrow 4\ CO_2 + 2\ H_2O + 2\ NH_3$	Pseudomonas
Nitrifikation	$2\ NH_3 + 3\ O_2 \rightarrow 2\ H^+ + 2\ NO_2^- + H_2O$	Nitrit-Bakterien

Tabelle 2.5.5-1 Stoffwechselprozesse und Bodenorganismen

Auch Spinnentiere (zoophag), Schimmelpilze und Bakterien (chemotroph), Kiesel- und Blaualgen (autotroph) sowie Geißeltierchen werden noch zur Bodenfauna gerechnet. Die Biomasse durchläuft im Ökosystem „Boden" nun einen **Stoffkreislauf:** Die **Flora** (Pflanzenwelt) bildet die **Erstkonsumenten** der dem Ökosystem zugeführten **Sonnenenergie,** während Larven, Doppelfüßer, Asseln, Regenwürmer und Schnecken deren Endverbraucher sind: Sie zählen zu den Primärzersetzern **(Destruenten).**

Pflanzenfresser (Herbivore) gehören zu den **Konsumenten 2. Ordnung** und die **Fleischfresser** (Carnivoren) zu den **Konsumenten 3. Ordnung.** Ihre „Zoomasse" wird dann wieder von den Destruenten in organische Substanzen zersetzt, sodass sich der **Kreislauf** des Ökosystems schließt.

Die Bodenorganismen werden nach ihrer Beweglichkeit bzw. Bodenhaftung auch in **Bodenhafter, -schwimmer, -kriecher und -wühler** eingeteilt. Nach ihren Nahrungslieferanten bzw. Stoffwechsel-Edukten eingeteilt, ergeben sich folgende Gruppen: **autotrophe** Organismen, **chemotrophe** Organismen, **Saprophagen** (= sie fressen tote, organische Substanz) und **Zoophagen** (= sie fressen Lebewesen: Fleisch- und Pflanzenfresser). Die Saprophagen unterteilen sich weiter in **Aasfresser** (Nekrophagen) und **Exkrementenfresser** (Koprophagen).

Lediglich die Pflanzen nutzen die dem Ökosystem zugeführte Energie des **Sonnenlichtes** also direkt, um Biomasse aufzubauen (Produzenten). Im Gegensatz zu Pilzen (Destruenten) können sie daher **überleben,** auch **ohne organisches Material vorzufinden.** Etwa 1 % der solaren Strahlungsenergie wird von den Pflanzen für den Betriebsstoffwechsel und den Aufbau ihrer Phytomasse genutzt. Sie benötigen dazu aber unbedingt **Licht, Wasser und anorganische Nährstoffe.**

Zur Unterstützung nicht intakter Gartenböden oder zur Produktionssteigerung in der Landwirtschaft werden **Mineraldünger** eingesetzt, die die chemische Industrie produziert (vgl. Abb. 2.4.3-5 und Kapitel 4.1). Als Mineraldünger werden dem Ökosystem in der Agrarindustrie Salze wie Ammoniumnitrat, Ammon(ium)-sulfat, Kalkstickstoff, Kalk, Eisen- und Magnesiumsulfat sowie Hydrogenphosphate zugeführt. Gebräuchliche **organische Dünger** neben Mist und Dung sind Kompost, Harnstoff, Guano, Torf, Horn- und Knochenmehl.

Für den Anbau von **1 ha Weizen** werden – neben Herbiziden und Saatgut – z. B. folgende Nährstoffmengen benötigt:

100–150 kg Stickstoff (als NH_4^+ und NO_3^-)
70–100 kg Phosphor (als Phosphat) und
70–100 kg Kalium (als Kali-Salze)

Abb. 2.5.5-3 Humusreiche Erde

Jeder m^3 fruchtbaren Erdbodens beherbergt mehr Organismen, als es Menschen auf unserer Erde gibt. Sie alle nehmen am natürlichen Stoffkreislauf teil und sorgen durch die Verrottung organischen Materials für die Umwandlung in neue Nährstoffe (Humus), die die Pflanzen wiederum aufnehmen.

Abb. 2.5.5-4 Düngemittel ergänzen bei Bedarf Nährstoffe im Gartenboden (vgl. Kap. 4).

2.5

Üb(erleg)ungsaufgaben zur Ökologie II

4. Zählen Sie einige Tierarten der Bodenfauna auf, die Ihre Lebensmittel- und Gartenabfälle verrotten und verkompostieren. Welche dieser von Ihnen gewählten Tierarten sind „Zoophagen"?
5. Teilen Sie die folgenden Organismen in Destruenten und Konsumenten 1., 2. und 3. Ordnung ein:
   a) Spinne, b) Regenwurm, c) Schimmelpilz, d) Singvogel, e) Petersilie, f) Champignon, g) Gänseblümchen, h) Nitrit-Bakterium, i) Mistkäfer, j) Ratte, k) Mensch.
6. Welche der folgenden Stoffe können von Organismen für ihren Betriebsstoffwechsel – zur Energiegewinnung – oder zum Aufbau von Biomasse genutzt werden ?
   a) Kohlendioxid, b) Glyzin, c) Natrumchlorid, e) Glucose, f) Ammoniumnitrat, g) Argon, h) Schwefelwasserstoff, i) Harnstoff, j) Ammoniak, k) Quarz, l) Luftstickstoff.
7. Welche der in 6. genannten Stoffe sind Ihnen als Düngemittel bzw. als Endprodukte des menschlichen Stoffwechsel bekannt?
8. Nennen Sie drei Nährelemente für Pflanzen! Welche Spurenelemente benötigen Pflanzen?

2.5.6 Stoffkreisläufe in Ökosystemen

Biotische und abiotische Stoffwechsel bilden im Hinblick auf Elemente wie Kohlen-, Sauer- und Stickstoff Stoffkreisläufe, die im Folgenden schematisch dargestellt werden:

a) Der Kohlenstoff-Kreislauf:

Innerhalb eines Zeitraumes von nur etwa 35 Jahren führt der Kreislauf so dazu, dass das gesamte Kohlendioxid der Atmosphäre (0,04 Masse% der Luft) komplett ausgetauscht wird. Der Sauerstoff (insgesamt 10^{15} Tonnen) durchläuft „seinen" Kreislauf hingegen einmal in etwa 100 Jahren, während es beim Stickstoffkreislauf ca. 100 Millionen Jahre dauert, bis alle 10^{16} t einmal ausgetauscht worden sind.

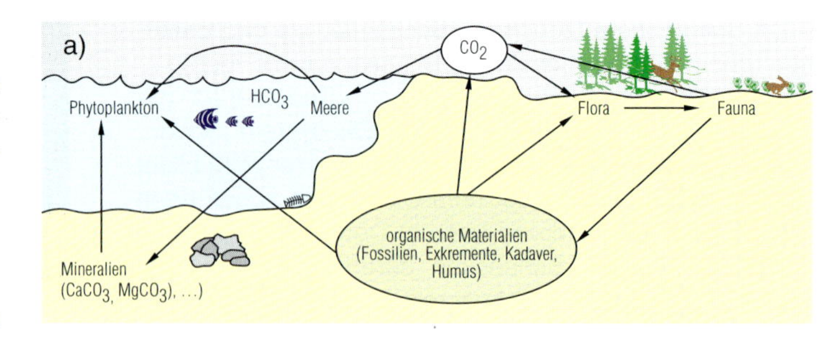

b) Der Sauerstoffkreislauf:

In diesem Kreislauf werden 0,01 % des Luftsauerstoffes jährlich umgesetzt.

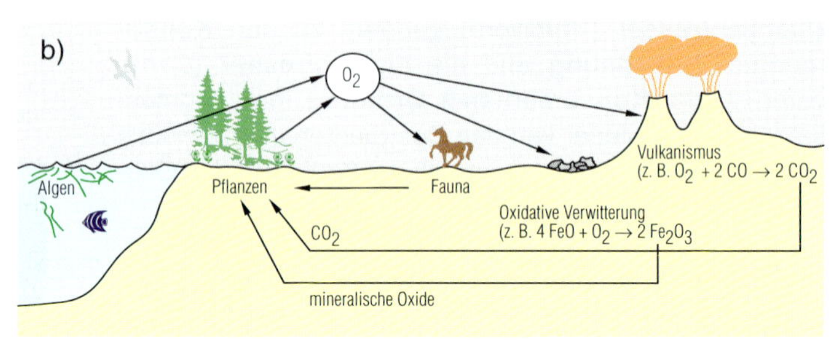

2.5

c) Der Stickstoffkreislauf:

Während der Luftstickstoff (10^{16} t) so 100 Mio. Jahre braucht, um einmal ausgetauscht zu werden, entnimmt der Mensch inzwischen ca. 10^7 t Stickstoff jährlich zusätzlich (chemische Industrie). Denitrifizierende Bakterien (Nitrit- und Nitratbakterien) sowie Stickstoff fixierende Bakterien sind Hauptkonsumenten des Stickstoffes (vgl. Tabelle 2.5.5-1):

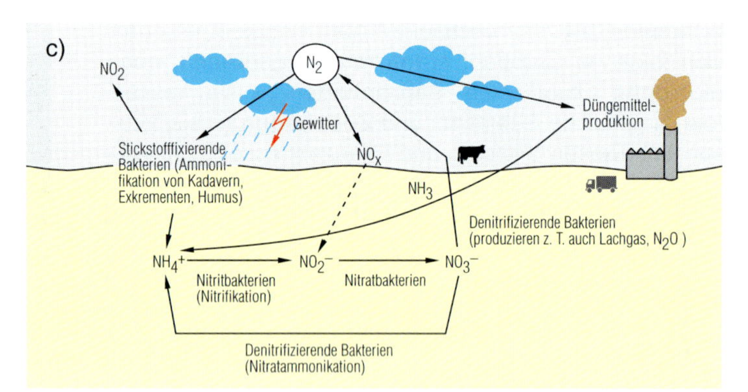

d) Der Schwefelkreislauf:

Sulfidmineralien bildeten sich im Erdaltertum aus Metallen (Fe, Cu, Cd, Zn, C u. Ä.) und vulkanischen Exhalationen (H_2S), FeS auch durch **anaerobe Organismen,** die H_2S an Eisenmineralien binden. Wieder andere Organismen oxidieren H_2S zu Sulfat **(Sulfurifikation).** Sulfidmineralien verwittern ebenfalls zu Sulfaten (oxidativ).

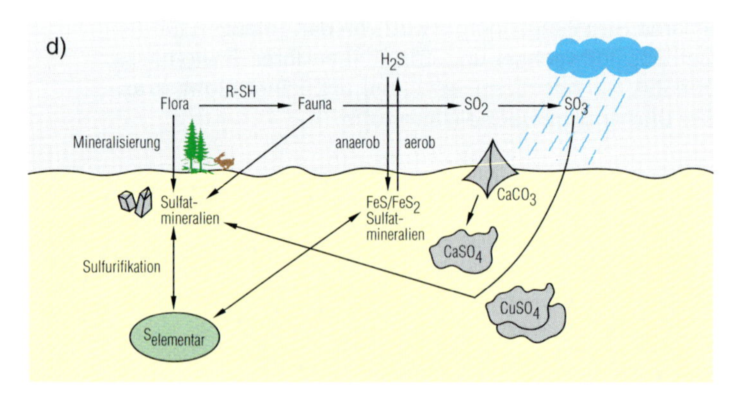

e) Der Phosphorkreislauf:

Auch **Phosphate** unterliegen einem natürlichen Stoffkreislauf in der Hydro-, Litho- und Biosphäre: In Organismen dienen sie zur Energiespeicherung (Adenosinmono-, -di- und -triphosphat) und sind in der DNS enthalten!

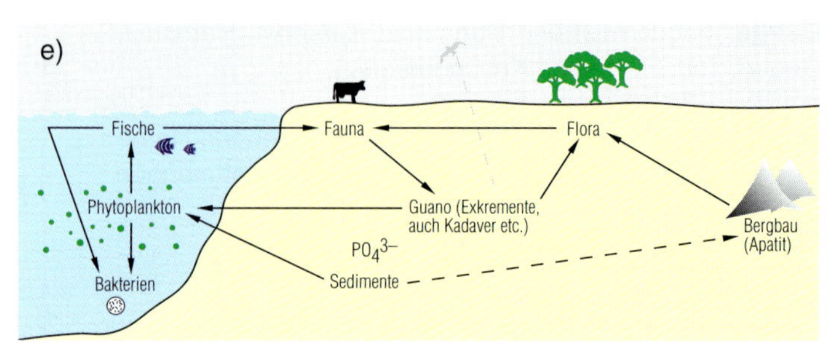

2.5.7 Anthropogene Einflüsse auf natürliche Stoffkreisläufe

Anthropogene (menschengemachte) Einflüsse auf natürliche Ökosysteme können in stofflicher wie auch in nichtstofflicher Form auftreten. Zusätzlich zu den **Schadstoffen** führen nämlich Eingriffe wie z. B. Landschaftsänderungen (z. B. Skipisten, Parkplatz- und Straßenbau), Schall und Lärm, nächtliche Beleuchtung (Insektenwelt!), Trittbelastung des Bodens, Störung durch Annäherung (z. B. Seehunde, Skisport), Befischung und Bejagung und ähnliche Einflüsse zu **Schädigungen** des Ökosystems.

Am Beispiel der **Atmosphäre** lassen sich folgende anthropogene Einflüsse aufzeigen: **Luftschadstoffe** aus industrieller wie auch privater Produktion verursachen Luft-Verunreinigungen, verstärken den natürlichen Treibhauseffekt und verursachen Phänomene wie sauren Regen, Photosmog oder das „Ozonloch". „Ozonkiller" wie FCKWs, N_2O, CO, KWs und Stickoxide bilden Rafikale, die das Ozon in der Stratosphäre katalytisch zersetzen.

Auch die **Hydro- und Biosphäre** werden durch Schadstoffe aus industrieller Produktion verunreinigt.

Schon die übermäßige Zufuhr von **Dünger** (z. B. „Nitrophoska-" oder N-P-K-Dünger) kann bekanntlich Ökosysteme aus dem Gleichgewicht bringen, indem Gewässer überdüngt werden **(„Eutrophierung"),** explosionsartige Algenvermehrung eintritt und bei deren Verwesung der gelöste Sauerstoff verbraucht wird. Neben den Pflanzen stirbt dann so auch die Tierwelt schnell ab („Umkippen" der Gewässer).

Sollen Kulturpflanzen z. B. eine Düngung von 160–200 kg Stickstoff und 50–70 kg P_2O_5 pro Hektar erhalten, so entspricht das der Güllemenge von $1^1/_2$ Stück Großvieh. Wird nun stattdessen die Güllemenge von 2 oder gar 20 Stück Großvieh ausgefahren – oder die Gülle von einem durchgefrorenen Acker im Winter nicht aufgenommen –, so findet sich die zu viel gedüngte Menge später im **Grundwasser** wieder. **Nitrate** können dort in **Nitrite** umgewandelt werden, aus denen dann im Magen – durch die säurekatalysierte Reaktion mit sekundären und tertiären Aminen – oder auch z. B. in Tabakrauch kanzerogene N-Nitroso-Verbindungen aufgebaut werden: die **Nitrosamine.** Durch eine durchschnittliche Rohphosphatdüngung von z. B. 70 kg P_2O_5 pro Hektar wird z. B. auch zwangsläufig eine Schadstoffmenge von 2–3 g Cd/ha mit ausgebracht.

Dieserlei Schadstoffe gelangen dann ebenso wie eventuell zusätzlich eingesetzte Insektizide, Bakterizide oder Schneckenbekämpfungsmittel über Nahrungsketten in die pflanzliche und tierische Biomasse.

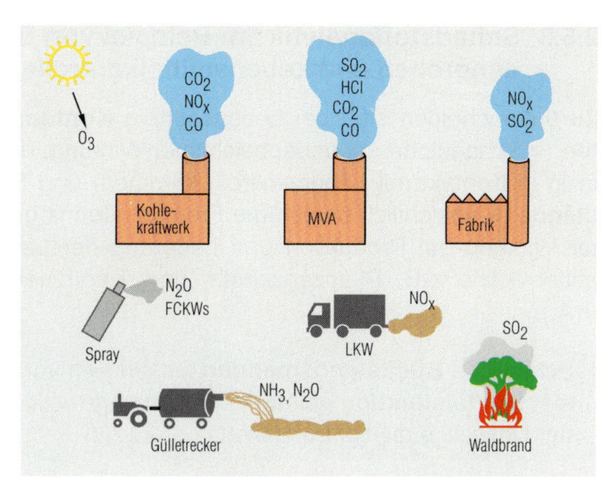

Abb. 2.5.7-1 Schadstoffquellen und ihre Emission in die Atmosphäre

Wichtige Luftschadstoffe sind:

1. **Treibhausgase:**
   - Kohlenmonoxid (giftig, entsteht z. T. auch auf natürlichem Wege aus CO_2 durch UV-Strahlung),
   - Kohlendioxid (natürl. Anteil: 330 ppm, ständig wachsender Anteil durch Verbrennungen),
   - Lachgas, N_2O (Treibgas, wurde viel in Sahnesprühern verwendet),
   - Fluorchlorkohlenwasserstoffe (FCKWs, Treibgase, Schäum- und Kältemittel, zerstören die natürliche Ozonschicht durch Bildung katalytisch wirkender Chlorradikale),
   - Methan (Sumpf- und Grubengas, aber auch Nebenprodukt der Landwirtschaft).
2. **Säurebildende Gase:**
   - Stickoxide (NO_2 zerfällt bei Belichtung unterhalb 420 nm Wellenlänge in NO- und O-Radikale – somit Photosmog – und bildet mit Regenwasser salpetrige und Salpetersäure, als „sauren Regen"),
   - Schwefeldioxid (hauptsächlich im Wintersmog unter Inversions-Wetterschichten, wird an Luft oxidiert, letztendlich entsteht Schwefelsäure, die Gebäude- und Waldschäden verursacht; SO_2 kann zudem Pseudokrupp, Asthma und Lungenödeme bewirken),
   - Chlorwasserstoffgas (Freisetzung z. B. durch PVC-Verbrennung in MVA möglich).
3. **Oxidierende Gase:**
   - Ozon (in Bodennähe durch Sonneneinstrahlung gebildet verursacht es den Photosmog).

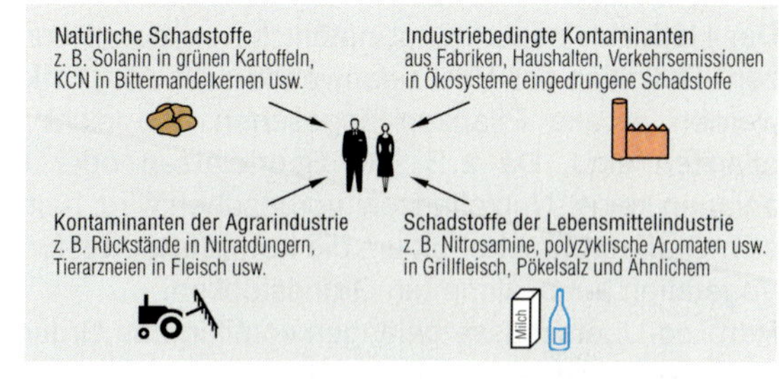

Abb. 2.5.7-2 Schadstoffe in natürlichen Stoffkreisläufen

Auch die Hydro- und Biosphäre werden durch Schadstoffe aus industrieller Produktion verunreinigt und gelangen über die Nahrungskette zum Menschen. Hierzu gehören zum Beispiel chlorierte Kohlenwasserstoffe wie DDT, HCB, PCP und Dioxin, Schwermetalle wie Cd, Hg und Pb, Phosphate und Nitrate und Pestzide (also: Herbizide, Fungizide, Insektizide wie E 605, Nikotin usw.). Nähere Angaben finden Sie in Tabelle 21 im Anhang!

2.5.8 Schadstoffanalytik am Beispiel von Bodenproben und Lebensmittelkontrollen

Zu unterscheiden sind bei Lebensmitteln **Kontaminanten** (= Schadstoffe mit unbeabsichtigter Wirkung, die zufällig in Kontakt mit Lebensmitteln kommen) und **Rückstände** (= absichtlich beigefügte Fremdstoffe mit gewollter Wirkung bei Produktion und Lagerung der Lebensmittel – wie z. B. Pflanzenschutz- und Tierarzneimittel u. Ä.).

Schädliche **Rückstandsmengen** lassen sich verbieten, **Kontaminanten** gelangen jedoch ungewollt aus der Umwelt in die Nahrungskette.

Als Kontaminanten gelangen z. B. **Pestizide** in Massen in die Umwelt (1985 weltweit um 2,52 Mio. Tonnen, im Jahr 2000 vermutlich um 3,5 Mio. Tonnen!).

Pestizide unterteilen sich in Unkrautvernichtungsmittel **(Herbizide),** Insektenvernichtungsmittel (**Insektizide,** gegen Milben: Akarizide, gegen Larven: Larvizide), Pilz-, Bakterien-, Schnecken-, Fadenwurm- und Nagetierbekämpfungsmittel (Fungizide, Bakterizide, Molluskizide, Nematizide und Rodentizide).

Das in den 50er und 60er Jahren als Insektizid versprühte Organochlorpestizid **DDT** (tödliche Menge für Fliegen: 2 mg/kg Körpergewicht, für Ratten 118 mg/kg) hat sich über Nahrungsketten inzwischen so weit verteilt, dass es selbst im Fett antarktischer Pinguine nachweisbar geworden ist! Seit dem DDT-Verbot vor ca. 25 Jahren hat sich der DDT-Gehalt in Muttermilchfett nur sehr langsam gesenkt (1984: 1,0 mg DDT/kg Muttermilchfett, 1990: 0,8 mg/kg und 1995 ca. 0,3 mg/kg). DDT gehört daher ähnlich wie Dieldrin, HCH, Hexachlorbenzol und ähnliche fettlösliche Pestizide der 1. Generation zu den persistenten (langlebigen) Verbindungen.
Mittel der 3. und 4. Generation sind hingegen „nur" akut toxisch und werden biologisch schnell abgebaut. Somit findet keine Anreicherung **(Bioakkumulation)** mehr statt.

Der Herbizideinsatz hängt natürlich von der „Nutzpflanzen"-Definition des Pestizidanwenders ab. Als **„Unkraut"** werden ja alle Pflanzen angesehen, die nicht Nutzpflanzen sind. Da z. B. auf Sportplätzen oder Gleisanlagen keine „Nutzpflanzen" vorgesehen wird, bemühen sich Großverbraucher oft um die **komplette** Abtötung der Vegetation auf bestimmten Grundstücken.
Herbizid-Überschüsse gelangen somit in das Grundwasser. Wasserwerke wie z. B. die Gelsenwasser müssen daher täglich mehrere Tonnen Aktivkohle verbrauchen, um Grundwasser zur Trinkwassergewinnung vorzureinigen! Zudem besteht die Gefahr, dass die Schadstoffe über das Grundwasser in Pflanzen und Tierkörper gelangen. Über die Nahrungskette kommen sie so zum Menschen zurück (Abb. 2.5.7-2).

Maßeinheit	**Definition, Größe**	**Veranschaulichung, Beispiel**
1 Masse%	10 g / 1 kg (ein Hundertstel, Latein: una pars pro centum)	1 Zuckerwürfel (ca. 2,7 g) in 2 Tassen Kaffee (270 ml)
1 ‰	**1 g / kg** (ein Promille = Tausendtstel)	1 Zuckerwürfel (ca. 2,7 g) in einer 2,7-Liter-Kanne
1 ppm	**1 mg / kg** (engl.: part per million) 1 mg = 10^{-3} g	1 Zuckerwürfel in 1 Tankwagenladung (2700 l) oder 5 Deutsche auf ca. 5 000 000 Einwohner von Paris
1 ppb	**1 µg / kg** (engl.: part per billion, deutsch: ein Milliardstel!) 1 µg = 10^{-6} g	1 Zuckerwürfel in einem Freibad-Wasserbecken (27 000 Hektoliter) oder Öltanker; entspricht etwa 1 Deutschen auf ca. 1 Mrd. Chinesen
1 ppt	**1 ng / kg** (engl: part per trillion, deutsch: ein Billionstel!) 1 ng = 10^{-9} g	1 ng / kg = 1 mg / Tonne, also z. B. 1 Zuckerwürfel in einem Stausee (1 Nanogramm (ng) = 10^{-9} g)
1 ppq	**1 pg / kg** (engl.: part per quadrillion = deutsch: ein Billiardstel) 1 pg = 10^{-12} g	1 Zuckerwürfel in 2,7 Bio. Liter Wasser des Starnberger Sees

Tabelle 2.5.8-1 **Verschiedene Konzentrationsangaben für Nachweisgrenzen in der modernen Spurenanalytik**

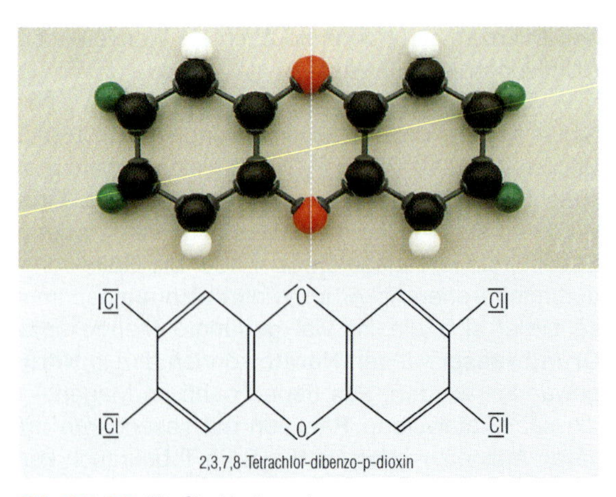

Abb. 2.5.8-2 **Die Strukturformel des Seveso-Dioxins 2,3,7,8-TCDD**

Dioxine und **Furane** (PCDD/PCDF) entstehen bei der Abfallverbrennung aus Müll (PVC) und Kochsalz sowie bei industriellen Prozessen (z. B. bei der Produktion des Holzschutzmittels **PCP** = Pentachlorphenol), in Autoabgasen, Zigarettenrauch, bei Papierbleichung und Bränden. Die **tödliche Dosis** beträgt **1 µg 2,3,7,8-TeCDD** pro kg Körpergewicht (tödliche Dosen anderer Gifte in µg/kg zum Vergleich: NaCN 10 000, Nikotin 1 000, Tetradoxin und Aflatoxin-B1 je 10 und Botulinustoxin 0,00003 µg/kg). „Dioxin" ist mit einer letalen Dosis von ca. 70 µg für einen Erwachsenen also im Vergleich **ein „Ultra"-Gift.** Dennoch ist nachweisbar, dass wir Spuren hiervon täglich aufnehmen.

Der Pestizidgebrauch wird gesetzlich reglementiert z. B. im **Pflanzenschutzgesetz,** im **Chemikaliengesetz,** dem Lebensmittel- und Bedarfsgegenständegesetz (inkl. Rückstandsmengen-Verordnung) und der Verordnung über den ökologischen Landbau (EWG Nr. 2092/91).

Dennoch werden in **c**hemischen **L**andes**u**ntersuchungs**ä**mtern (CLUA) immer wieder Rekord-Höchstmengenüberschreitungen festgestellt, so z. B. bei Chlorthiallonil, Mercabam, Dithiocarbamat (bei Lollo Rosso manchmal in Form kleiner Körnchen auf den Salatblättern erkennbar!), Iprodon und – oft auf Apfelsinen und Bananen – Tetradifon. Auch am Arbeitsplatz – z. B. im Chemielabor oder Technikum – werden Schadstoffe freigesetzt. Die Überwachung und Einhaltung bestimmter Grenzwerte ist daher ein Gebot der Arbeitssicherheit.

Dank der Fortschritte in der instrumentellen, analytischen Chemie sinken **Nachweisgrenzen** jedoch stetig: Während das Seveso-Dioxin 1967 gaschromatographisch „nur" ab 0,5 ng (Nanogramm, 1 ng = 10^{-9} g) erfassbar war, konnte man 1992 mit der Methode GC/HRMS im „VG AutoSpec Ultima" schon die minimale Menge von 0,005 pg nachweisen (also $5 \cdot 10^{-15}$ g) – das sind etwa 10^7 = 10 Millionen Moleküle.

Nähere Daten zu Ökologie und Schadstoffanalytik finden Sie in Tabelle 21 im Anhang. Die Beschreibung der Methoden der instrumentellen Analytik erfolgt im Lehrbuchtext in Kapitel 3.3 und im Anhang in Tabelle 20.

Ähnliche Probleme bereiten **PCBs (Polychlorierte Biphenyle).** Wegen ihrer ausgezeichneten, dielektrischen Eigenschaften, der Hitze-, Säure- und Laugenbeständigkeit (unbrennbar!) werden sie in geschlossenen Systemen eingesetzt (als Kühlmittel für Transformatoren, Zusatzdielektrikum in Starkstrom-Kondensatoren und als Hydraulikflüssigkeiten unter Tage). Bis 1978 waren sie aber auch in „offenen" Systemen: als Schmiermittel, Kunststoffweichmacher, Klebstoffzusatz, Papierbeschichtungs-, Flammschutz- und Imprägniermittel, ja, sogar als Zusatz zu Spachtelmassen und Kitten. PCBs gelangten daher ebenso wie DDT in Frauenmilch (1984 enthielt diese 0,34 mg PCB-153/kg Milchfett, 1995 immerhin noch 0,17 mg/kg).

Die **Menge tolerierbarer Schadstoffe** wird – zum Schutz des Verbrauchers – gegebenenfalls in Tierversuchen untersucht und in Verordnungen gesetzlich festgelegt.

Hierzu existieren die in Tabelle 2.5.8-4 aufgelisteten Tests bzw. Richtwerte. Verfahren zu ihrer Bestimmung und weitere Erläuterungen finden Sie in Kapitel 3.4 „Analytische Kennzahlen".

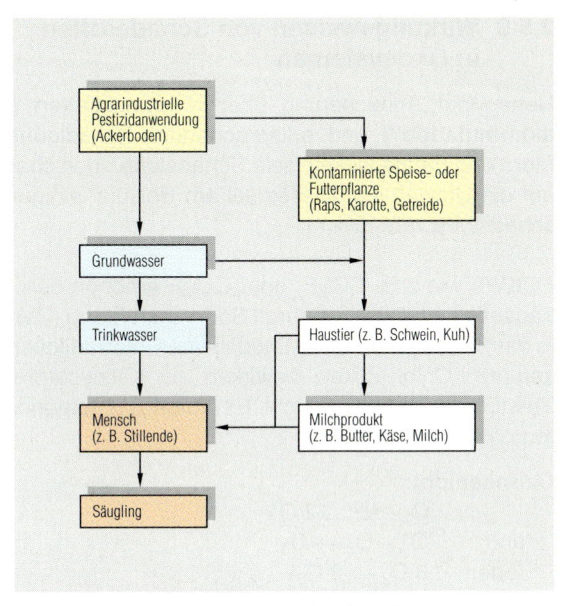

Abb. 2.5.8-3 Transformation und Bioakkumulation von Schadstoffen

Wie sich Schadstoffe in Öko- und Biosphäre ausbreiten – ein Beispiel für Pestizid-Verbreitung über Nahrungskette mit biologischer Umwandlung (Transformation) sowie Anreicherung (Bioakkumulation)

Kennzahl	Beschreibung bzw. Definition
LD_{50}	Angabe der letalen (tödlichen) Dosis, die 50 % der Versuchstiere (Ratten) innerhalb von 24 Stunden getötet hat (analog: LD_0 = kein Todesfall)
LC_{50}	Angabe der letalen Konzentration, die 50 % aller 6–24 Stunden alten Daphnien (Fischeier) in einer Wasserprobe nach 24 h getötet hat
LC_0	höchstmögliche Schadstoffkonzentration ohne einen Daphnien-Todesfall (in 24 h)
LC_{100}	niedrigste Konzentration, die zum Tod aller Daphnien führte (in 24 h)
BSB_5	Sauerstoffbedarf für den biologischen Fremdstoffabbau in einer Wasserprobe innerhalb von 5 Tagen in mg O_2/l (gibt indirekt die Menge biologisch abbaubarer Fremdstoffe im Wasser an)
CSB	chemischer Sauerstoffbedarf für die Oxidation aller Fremdstoffe einer Wasserprobe (durch Oxidationsmittel wie $K_2Cr_2O_7$ oder $KMnO_4$)
MAK	maximal zulässige Arbeitsplatz-Konzentration eines Schadstoffes (in der Luft am Arbeitsplatz, bei einer Exposition von 8 Stunden pro Tag in einer Fünf-Tage-Woche
MEK	maximal zulässige Schadstoff-Emmission (Konzentration z. B. in der Abluft)
ADI	maximal tolerierbare, tägliche Schadstoffaufnahme (acceptable daily intake, etwa $^1/_{100}$ vom „No-effect-level")

Tabelle 2.5.8-4 Analytische Kennzahlen in der Schadstoffanalytik

2.5.9 Wirkungsweisen von Schadstoffen in Ökosystemen

Neben der Anreicherung über Nahrungsketten **(„Bioakkumulation“)** und entsprechender Schädigung von Flora und Fauna wirken viele Schadstoffe auch chemisch auf die Umwelt ein. Dieses sei am Beispiel einiger Luftschadstoffe verdeutlicht:

FCKWs wie z. B. CCl_2F_2 oder CCl_3F erhöhen den Treibhauseffekt und werden durch Sonnenstrahlung (UV-Licht) in der Stratosphäre unter Bildung von Chlorradikalen (Cl^*) zersetzt. Chlorradikale bewirken als Katalysatoren die Zerstörung der Ozonschicht. Es laufen z. B. folgende Kettenreaktionen ab:

Ozonschicht:

$O_2 \xrightarrow{UV} 2\,O^*$

und: $O^* + O_2 \leftrightarrow O_3$

(oder: $3\,O_2 \leftrightarrow 2\,O_3$)

Startreaktion:

$CCl_2F_2 \xrightarrow{UV} CClF_2^* + Cl^*$

(Bildung langlebiger Chlorradikale)

Kettenreaktion:

$O_3 + Cl^* \rightarrow O_2 + OCl^*$ (Ozonabbau)

$OCl^* + O^* \rightarrow O2 + Cl^*$ (Radikal-Rückbildung)

Kettenabbruch:

$Cl^* + CClF^{2*} \rightarrow CCl_2F_2$

(Rekombination zum FCKW)

Ähnlich kann **Ozon** in Bodennähe zur Bildung von Photosmog beitragen, wenn es durch Belichtung entsteht.

Im **Photosmog** bewirken **Stickoxid-Radikale** Kettenreaktionen mit Kohlenwasserstoffen, die zur Bildung des Smog-Schadstoffes PAN (Peroxyacetylnitrat) führen – aber auch zur Salpetersäure-Synthese im sauren Regen:

Kettenstart:

$NO_2 + O_2 \xleftrightarrow{UV} O_3 + NO^*$

bzw.: $O^* + O_2 \leftrightarrow O_3$

Kettenreaktion I:

$H_2O + O^* \rightarrow 2\,OH$

(Bildung von Hydroxidradikalen)

$C_2H_6 + OH^* + NO_2 \rightarrow CH^3CO{-}OO{-}NO_2$ (= „PAN“)

Kettenreaktion II:

$O_3 + NO^* \rightarrow NO_2^* + O_2$

Kettenabbruch:

$NO_2^* + OH^* \rightarrow HNO_3$

(Salpetersäurebildung)

$2\,NO_2^* + H_2O \rightarrow HNO_2 + HNO_3$

(Disproportionierung)

$NO^* + NO_2^* + H_2O \rightarrow 2\,HNO_2$

(Komproportionierung)

Übungsaufgaben zur Schadstoff-Spurenanalytik

1. Zählen Sie einige wichtige **Schadstoffe** auf, die aus industrieller Anwendung in Atmosphäre, Hydrosphäre (Ozeane, Grund- und Süßwasser) und Biosphäre (Nahrungsketten/Lebensmittel) gelangen können.
2. Geben Sie an, in welche Untergruppen **Pestizide** (Schädlingsbekämpfungsmittel) unterteilt werden. Nennen Sie **Anwendungsbeispiele** und -bereiche!
3. Erläutern Sie die Begriffe Rückstand, Kontaminanten, Eutrophierung und „Ozonloch“ in je einem Satz.
4. Wie werden folgende **Maßeinheiten** definiert: ppb, vol%, ppm, Masse-%, pg, µg/kg, ppq, ng?
5. Informieren Sie sich über **instrumentelle Methoden** der analytischen Chemie (Kap. 3.3 und Anhang). Wie und in welchen Mengen (in etwa) lassen sich Schwermetallrückstände, chlororganische Pestizide oder kontaminierende Stoffwechselprodukte von Schimmelpilzen in Lebensmitteln nachweisen? Welche Nachweisgrenze ist erreichbar?

Abb. 2.5.9-1 Rauchgasentschwefelungsanlage (DESONOX)

Abluft und Abgase werden entsprechend der „TA Luft“ (Technische Anweisung Luft“) entstickt und entschwefelt. In Kombination arbeitet hier z. B. das DESONOX-Verfahren, indem SO_2-Gehalte in Abgasen mit Koks und Kalk in Wirbelschichtverfeuerung zu Gips und Kohlendioxid umgesetzt werden. Stickoxide werden mit Ammoniak zu Stickstoff und Wasserdampf umgesetzt. Die Emissionsverhältnisse von Luftschadstoffen insgesamt liegen etwa bei:

40	:	50	:	9	:	1
Kraftwerke	/	Industrieabgase	/	Haushalte und Verkehr	/	Gewerbe

Peroxyacetylnitrat ist recht langlebig, zerfällt aber ebenfalls wieder leicht in Radikale (Peroxidbindung), die dann zur weiteren Smogbildung beitragen. Auch das aus der **Verbrennung schwefelhaltiger Öle** (z. B. in – entgegen der TA Luft – noch ohne Rauchgasentschwefelung arbeitenden, alten Verbrennungs-Anlagen) frei werdende Schwefeldioxid ist Bestandteil des Smogs und wird zu Säure umgesetzt:

Kettenstart: $SO_2 \rightarrow SO_2^* + e^-$ (an Luft)

Kettenreaktion: $SO_2^* + O_2 \rightarrow SO_4^* \rightarrow SO_3 + O^*$
$SO_2 + O^* \rightarrow SO_3$
(Oxidation des Schwefeldioxids)

Kettenabbruch: $O^* + O^* \rightarrow O_2$
(Rekombination der Sauerstoffradikale)

Folgereaktion: $SO_3 + H_2O \rightarrow H_2SO_4$
(Schwefelsäure-Bildung)

Abb. 2.5.9-2 **Eine Mülldeponie**

1985 wurden allein in der BRD ca. 14 Mio t Hausmüll entsorgt (also ca. 375 kg/Einwohner). Insgesamt fielen 80 Mio. t Abfälle an, davon ca. 54 % Bauschutt (42 Mio. t), 36 % Haus- und Sperrmüll, etwa 6–7 % Schlämme und Produktionsabfälle, ca. 4 % Klärschlämme und 2,4 % Kompost und MVA-Schlacken.

Abb. 2.5.9-3 **Eine Müllverbrennungsanlage (MVA)**

Durch die Müllverbrennung kann das Müllvolumen zwar auf etwa 10–20 % reduziert werden, die Masse auf 30–50 %, jedoch bleibt das Problem der Luftschadstoffemission, der CO_2-Erzeugung und der Asche-Deponie. In einer MVA wird bei Wirbelschichtfeuerung 750–950 °C erzeugt und der Schwefelanteil mit Kalk gebunden. Trotzdem werden Gase emittiert: CKWs, Fluor- und Chlorwasserstoff, SO_2, Stickoxide – und mit der Asche Blei, Cadmium, Chrom, Nickel, Quecksilber und Zink. Pro Tonne Müll werden etwa 400 kg Asche und 5 500 m^3 Rohgas freigesetzt. In einer Rauchgasentschwefelungsanlage (DESONOX, vgl. Abbildung 2.5.9-1) wird diese gemäß der TA Luft entstickt und entschwefelt.

2.5.10 Beurteilung der Wasserqualität

Gewässer werden in folgende **Güteklassen** unterteilt, die von der **Güteklasse I** (oligosaprobe Zone, klares Wasser, sehr geringe Fremdstoff-Verunreinigung) über **II** und **III** (mesosaprobe Zone, schwach bis stark fremdstoffbelastet) bis hin zur polysaproben Zone **(Güteklasse IV)** reicht, in der der Sauerstoffgehalt völlig aufgezehrt wurde, sodass aufgrund nicht mehr abbaubarer Fremdstoff-Übersättigung **anaerobe Fäulnis** einsetzt (wobei Ammoniak, Schwefelwasserstoff und Amine entstehen, die den typischen Fäulnisgeruch verbreiten).
Zur Untersuchung der Schadstoffbelastung von Wasserproben werden mehrere **Parameter** eingesetzt:

Parameter	Definition	Güteklasse I	Güteklasse II	Güteklasse III	Güteklasse IV
Fremdstoffbelastung	(grob qualitativ)	sehr gering	schwach	stark	Übersättigung
Bakterienzahl	Bakterien pro ml	unter 100	ca.10 000	bis 100 000	über 0,1 Mio.
O_2-Gehalt	O_2 (aq) in mg/l	über 8,0	6–8	2–4	0
BSB_2	O_2-Bedarf zum biologischen Schadstoffabbau in zwei Tagen	unter 0,5	1,1–2,2	4–7	über 7
BSB_5	O_2-Bedarf zum biologischen Schadstoffabbau in fünf Tagen	bis 3,0	3–5,5	5,5–14	über 14
CSB	chemischer O_2-Bedarf zur Oxidation aller Schadstoffe	1–2	2–20	20–65	über 65
Ammoniumstickstoff	NH_4-Gehalt in mg/l	um 0	0,3	über 0,5	sehr hoch
Leitorganismen	hauptsächlich vorkommende Organismen	Rot-, Grün- und Kieselalge, Moos, Schnecken	Gold- und Kieselalge, Flohkrebs, Wimpertierchen	Blaualge, Wimpertierchen, Wasserassel, 2 Pilzarten	Wimpertierchen und anaerobe Bakterienarten

Tabelle 2.5.10-1 **Güteklassen von Gewässerproben und Parameter zur Beurteilung der Gewässerqualität**

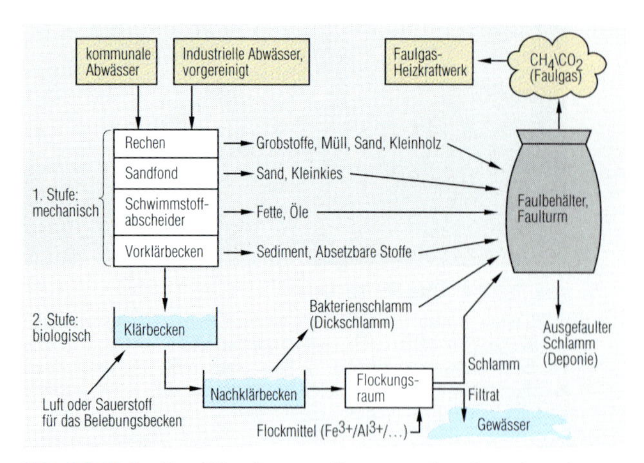

Abb. 2.5.10-1 Eine Kläranlage zur Abwasseraufbereitung besteht aus drei Stufen.

Die mechanische, die biologische und die chemische Reinigung (Erklärung siehe Tabelle 2.5.10-2, weitere Teilansichten in Abb. 2.5.3-1 und 2.5.3-2)

Abb. 2.5.10-2 Faulbehälter

Bei der biologischen Klärschlammreinigung werden Faulgase, hauptsächlich Methangas, als Heiz- und Syntheserohstoff gewonnen.

1. mechanische Reinigung	2. biologische Reinigung	3. chemische Reinigung
Befreiung von Fremdkörpern	biologischer Abbau von Fremdstoffen zu H_2O, CO_2, H_2S, NH_4^+, NO_2^-, NO_3^-, PO_4^{3-}, SO_4^{2-}	Neutralisation und Ausfällung z. B. von PO_4^{3-} und S^{2-}, ggf. Entkeimung (Ozonierung, Chlorierung)
durch Rechen, Schieber, Kies- und Sandfilter, in einigen Fällen auch Reinigung mit Aktivkohle	durch spezielle, aerobe Organismen in gut belüfteten Klärbecken und Faulbehältern	mit Aluminium- und Eisen-III-Salzlösungen; Entkeimung mit O_3, O_2 oder Cl_2 nach Bedarf

Tabelle 2.5.10-2 Stofftrennverfahren bei der Abwasser-Aufbereitung

Zur Reinigung belasteter Abwasser in Klärwerken werden 3 Stufen hintereinander geschaltet.

2.5.11 Radioaktive Belastung

Das Phänomen **Radioaktivität** und die Chemie und Technologie radioaktiver Metalle werden in diesem Buch an anderer Stelle behandelt (Kap. 3.3). Jedoch soll schon hier erwähnt werden, dass auch radioaktive Schadstoffe in natürliche Stoffkreisläufe gelangen können. Kernkraftwerke emittieren z. B. **Nuklide** wie **^{133}Xe, ^{90}Sr, ^{137}Cs, ^{131}I, ^{14}C,** die wie radioaktive Strahlung selbst **Krebserkrankungen** erzeugen können (Iod: Schilddrüse, Xenon: Lunge, Strontium: Knochen). Entscheidend für die Gefährlichkeit der Isotope ist deren **biologische Halbwertzeit** – besonders tief eindringende α- und β-Strahlen (z. B. emittiert von ^{222}Rn) wirken sehr schädlich. Eine Bestrahlung von 10 000 Menschen mit 1 Sv (Sievert) hat **statistisch** gesehen gleich große Folgen wie die Bestrahlung von 1 Mio. Personen mit 1 mSv (eine Erhöhung von 10 mSv bedeutet dabei **etwa** 100 Krebserkrankungen mehr bei 1 Mio. Menschen). Über das **statistische „Rest-"Risiko** hinaus sind bei höheren Strahlungsdosen **somatische Strahlenschäden** zu erwarten (vgl. Abbildung 1.6.10-1). Strahlenschäden machen sich dabei oft erst Jahre später bemerkbar. Durch den **fall-out, wash-out** und **rain-out** nach der Hiroshima-Atombombe erkrankten vermutlich 2 % der Bestrahlten erst nach 25 Jahren an Leukämie.

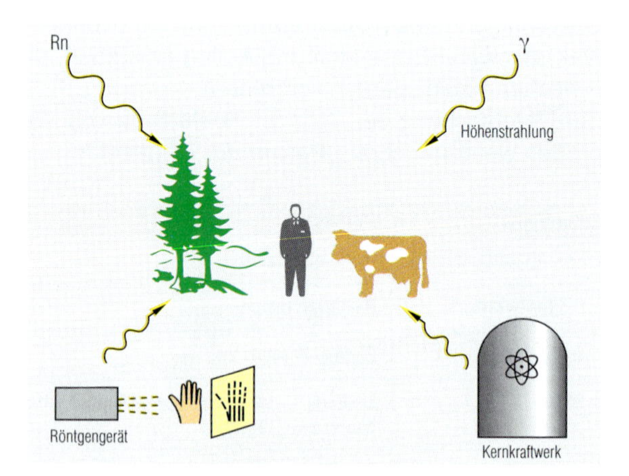

Abb. 2.5.11-1 Das „Restrisiko" Radioaktivität

Wir sind ständig einer radioaktiven Belastung ausgesetzt, z. B. durch natürliche Radioaktivität, Höhen- und Röntgenstrahlen, aber auch radioaktive Isotope aus Kernkraftwerken. Je nach Strahlungsmenge (gemessen in Sievert, Sv) treten folgende Symptome auf: ab 500 mSv = 0,5 Sv: Durchfall, Übelkeit, ab 1 Sv: Hautverbrennungen, Haarausfall, Blutbildveränderungen, ab 2 Sv: eventuell tödliche Auswirkungen (und ab 5 Sv: garantiert tödliche Auswirkungen). Ähnlich empfindlich reagiert die Vegetation: Schon ab 1 mSv/kg · Tag zeigt sie eine geringere Wachstumsrate, ab etwa 20 mSv/kg · d sterben Bäume ab und ab 50 mSv/kg · d sterben alle Bäume und Sträucher ab, sodass nur Bodenflechten überleben. Bei 0,26 Sv/kg · d stirbt die Vegetation völlig ab, Erosion tritt ein.

2.5.12 Lebensmittelchemie und -ökologie: die Lebensmittelschad- und -zusatzstoffe

In der Nahrung enthaltene **Schadstoffe** können vom Körper wieder ausgeschieden oder aber in ihm angereichert werden. Bis zum so genannten **„no-effect-level"** bleiben sie dort zunächst ohne Wirkung.

Elemente wie Fe, Cu, Co und Zn werden vom Körper zudem in gewissen Grenzen toleriert, da sie zugleich **Spurenelemente** darstellen – **Enzymgifte** jedoch wie Cd, Hg, Pb und As weisen nur sehr geringe no-effect-level auf. CKW-Schadstoffe wie PCBs, Herbizide, PAK, Antibiotika oder Anabolika – mögliche Rückstände in der Nahrung – werden hingegen zunächst scheinbar problemlos im Fettgewebe des Körpers deponiert und über die **Nahrungskette** angereichert **(Bioakkumulation).**

Auch **Stoffwechselprodukte** einiger Lebewesen in der Nahrung können toxisch wirken. So sondern **Schimmelpilze** giftige **Mykotoxine** und Aflatoxine ab, wenn sie mehrere Tage auf Nahrungsmitteln gelebt und diese verdorben haben, und Algen (aus denen die Lebensmittelindustrie Alginate produziert) bilden gelegentlich Phytoplanktontoxine.

Schadorganismen in Nahrungsmitteln:

1. **Salmonellen** (entwickeln sich zumeist in Hackfleisch, Gefriergeflügel und Feinkostsalaten und verursachen **ca. 80 % aller Lebensmittelvergiftungen),**
2. **Parasiten** (Band-, Spulwürmer, Trichinen, Ruhr-Amöben, Staphylokokken),
3. **Clostridium botulinum** (ein Bakterium, das bei Luftabschluss in Nahrungsmitteln Neurotoxine entwickeln kann, die jedoch durch fünfzehnminütiges Kochen zersetzbar sind. Die für **Botulismus** tödliche Dosis liegt bei 0,1–1,0 mg) sowie
4. **Dinoflagellaten** (kommen in Muscheln vor, bilden Saxitoxin, welches schon nach 60 min eine zu ca. 10 % tödlich verlaufende Erkrankung bewirkt).

Eine ganze Reihe von Fremdstoffen werden der Nahrung jedoch auch künstlich zugesetzt. Diese **Lebensmittelzusatzstoffe** werden benötigt, um die **industrielle Verarbeitung** zu erleichtern (z. B. Binde-, Trenn-, Gelier- und Verdickungsmittel, Konsistenzverbesserer und -stabilisatoren, Emulgatoren), sie **haltbarer** zu machen (z. B. Antioxidantien, Überzugs-, Konservierungs- und Säuerungsmittel, Säureregulatoren) oder **Aussehen und Geschmack** zu verbessern (z. B. Farb-, Süß- und Aromastoffe, Geschmacksverstärker).

Solche Zusatzstoffe sind in Tabellen 2.5.12-1 und 2 und im Anhang aufgelistet.

Abb. 2.5.12-1 Kein Nahrungsmittel ist völlig frei von Schadstoffen.

Milch kann z. B. 0,002 mg/kg Frischgehalt an Cadmium aufweisen – auch 0,010 mg Hg/kg und 0,002 mg Pb/kg sind fast durchschnittliche Schadstoffgehalte in Milch. Einzelne Nahrungsmittel weisen jedoch recht hohe **Durchschnittswerte** am Gehalt von speziellen Schadstoffen auf, die dort **selektiv angereichert** worden sind. Beispielsweise enthält Sellerie durchschnittlich 0,74 mg Cd/kg – also fast 350 mal mehr an Cd als durchschnittliche Trinkmilch – oder Rinderniere 0,4 mg Cd/kg und 0,27 mg Hg/kg! Einige Wochen nach dem GAU in Tschernobyl reicherten sich radioaktive Isotope insbesonders in Waldpilzen über tolerierbare Maße hinaus an.

E-Nr.	Lebensmittelzusatzstoff
E 141	Chlorophyll-Cu-Komplexe (grün)
E 171	Titanweiß, TiO_2 (weiß)
E 172	Fe_2O_3/$Fe(OH)_3$ (rostbraun)
E 173	Aluminiumpulver (silbrig)
E 175	Goldstaub (goldglänzend)
E 250+251	$NaNO_3$ und KNO_3
E 280–283	Propionsäure, Propionate
E 330–333	Zitronensäure und Zitrate

Tabelle 2.5.12-1 Lebensmittelfarb- und -zusatzstoffe und ihre „E-Nummern"

Zusatzstoff-Gruppe	Beispiele
Farbstoffe	Ultramarin C 12 (Mineralpigment: $Na_8Al_6Si_6O_{24}S_2$), E 160a α-Carotin ($C_{40}H_{52}$), E 162 Beetenrot (natürl.), E 102 Tartrazin (gelb), E 172 Fe_2O_3 / $Fe(OH)_3$ (rostbraun)
Überzugsmittel	Carnaubawachs ($C_{25}H_{51}COOC_{30}H_{61}$), Natriumoleat ($NaC_{18}H_{33}O_2$), Schellack (ein Schildlaus-Exsudat)
Süß- und Aromastoffe	Etylvanillin (süß-vanilleartig, maximal 250 mg/kg), β-Naphthylmethylketon (Orangenblütenaroma), 6-Methyl-cumarin (trocken-krautartig, max. 30 mg/kg)
Geschmacksverstärker	E 620 L(+)-Glutaminsäure ($C_5H_9NO_4$), E 632 Kaliuminosinat ($C_{10}H_{11}N_4K_2O_8P \cdot H_2O$), E 621-623 Glutamate
Emulgatoren	E 470 Natriumsalze der Speisefettsäuren C_{10} bis C_{20}, E 475 Polyglycerinester unpolymerisierter Fettsäuren
Geliermittel	E 400 Alginsäure (Glucuronoglykan, ein Kohlehydrat, mit Alkali aus Braunalgen extrahiert)
Verdickungsmittel	E 415 Xanthan (ein Polysaccharid-Gummi), E 414 (Gummi arabicum, E 410 Johannisbrotkernmehl
Konsistenzverbesserer und -stabilisatoren	Pflanzenstärken, acetyliertes Distärkephosphat, auch E 333 Tricalciumcitrat als Schmelzsalz u. Ä.
Trennmittel	E 553a Magnesiumsilikate ($MgO + n\ SiO_2 + x\ H_2O$),E 570-72 Stearinsäure ($C_{18}H_{36}O_2$) + ihre Ca-, Mg-Salze
Polymere für Kaumassen	Wollfett (aus Wollwachsen, eine bei der Schafwollauf-bereitung gewonnene, gereinigte, salbenartige Masse
Antioxidantien	E 400 L-Ascorbinsäure ($C_6H_8O_6$), E 307 synthet. DL-α-Tocopherol ($C_{29}H_{50}O_2$), E 311 Octylgallat ($C_{15}H_{22}O_5$), E 220 SO_2 (Antioxidans)
Konservierungsstoffe	E 200–203 Sorbinsäure und Sorbate, E 214–219 PHB-Ester, E 210–213 Benzoesäure und Benzoate, E 221227 Sulfite, E 230 Biphenyl, E 236–238 HCOOH und Formiate
Säuerungsmittel und Säure-regulatoren	E 334 Weinsäure ($C_4H_6O_6$), E 290 CO_2, in Kakaobutter auch NaOH, in Speiseeis auch Orthophosphate usw.

Tabelle 2.5.12-2 **Legale Lebensmittelzusatzstoffe (Auswahl)**

2.5

2.5.13 Künstliche Stoffkreisläufe – die Verbundwirtschaft der chemischen Industrie

Ähnlich einem Ökosystem mit den Stoffkreisläufen zwischen seinen Organismen funktionieren Produktionssysteme der Industrie in Form von Waren-, Roh- und Zwischenprodukt-Kreisläufen zwischen den einzelnen Branchen und Unternehmen. Dieses System wird **Verbundwirtschaft** genannt: die **organisatorisch-technischen Verbindungen der Produktion verschiedener Betriebe** zur Rentabilitätssicherung und -steigerung.

So sind in der **Montanindustrie** Zechen, Kokereien, Hochöfen, Stahl- und Walzwerke miteinander verbunden, um sich gegenseitig Rohstoffe, Zwischenprodukte oder Energie zu liefern und in der **Energiewirtschaft** sind es die verschiedenen Energieerzeuger und -lieferanten (Kohle-, Elektrizitäts- und Kernkraftwerke, auch Solar-, Wind- und Heizkraftwerke), die Bedarfsspitzen untereinander ausgleichen.

Die **chemische Industrie** stützt sich auf **Basisrohstoffe** wie Salz, Schwefel, Kohle, Kalk, Erdöl, Wasser und Luft. Hieraus hergestellte Primärchemikalien werden an verschiedene Produktionszweige weitergereicht.

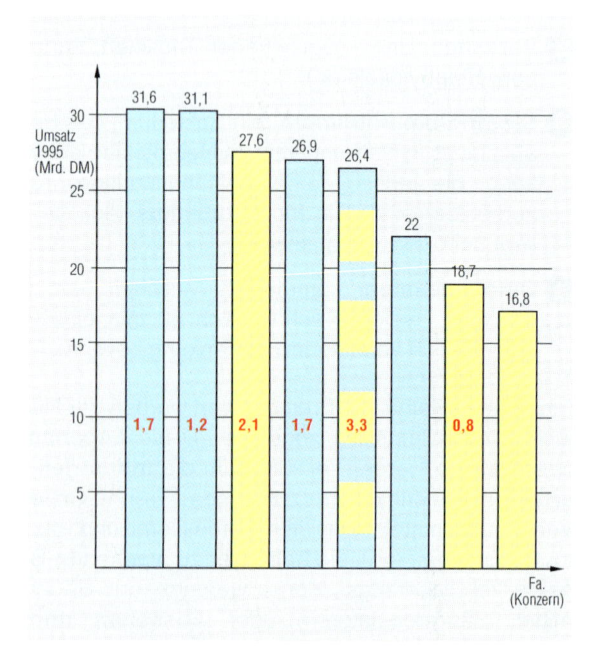

Abb. 2.5.13-1 **Chemieprodukte-Hersteller**

Die acht umsatzstärksten Chemikalienproduzenten weltweit – ohne Pharmazeutika und Kosmetika – sind zumeist europäische Großkonzerne (blau). Die Zahlen in rot geben die Gewinne 1995 (in Mrd. US-$) wieder.

Die Verbundwirtschaft der **chemischen Industrie** setzt sich aus den folgenden **Produktionszweigen** zusammen:

- anorganische Chemikalien und Grundstoffe,
- Kohle- und Mineralölverarbeitung (Petrochemie),
- organische Chemikalien (darunter: Lösemittel, Enzyme usw.),
- Pharmazeutika,
- Kunststoffe und Chemiefasern,
- Farbstoffe (Pigmente, Lacke, Binde- und Lösemittel)

So liefern Farben-Produzenten – z. B. die Erzeuger von „Titanweiß“ (TiO_2) – ihre aufbereiteten Abfallprodukte Eisensulfat und **Schwefelsäure** den Erzeugern von Chemiefasern und Düngesalzen. Sie nutzen diese Schwefelsäure wieder als Rohstoff (**Recycling,** chemisch-technische Grundchemikalie), – ebenso wie die Produzenten von Arznei-, Wasch-, Netz- und Emulgiermitteln, Teerfarbstoffen und Metallbeizen. Sogar zur Raffination von Erdöl wird Schwefelsäure eingesetzt – die petrochemischen Betriebe liefern den Titanweiß-Produzenten dafür z. B. Brennstoffe zur Befeuerung ihrer Produktionsanlagen oder – über den Verbund mit Kraftwerken – elektrische Energie.

Durch die Destillation von **Erdöl** gewinnen sie neben Erd- und Heizgasen, Mineral-, Heiz- und Dieselölen und Treibstoffen (Normalbenzin, Super, Diesel) **organische Rohstoffe** für die Arzneimittel-, Kunststoff-, Farbstoff-, Waschmittel- und Chemiefaser-Produzenten. Auch der nicht destillierbare Anteil des Rohöls – Teer und Bitumen – lässt sich noch zu Teerfarbstoffen oder Straßenbelag weiterverarbeiten.

Die **Chlorchemie** ist ein anderes Beispiel: Bei der Erzeugung von Chlorgas durch Schmelzflusselektrolyse von Steinsalz (NaCl) – die Chloralkalielektrolyse – fallen begehrte Nebenprodukte wie **Wasserstoff** und **Natronlauge** (NaOH) an. Natronlauge kann als Beizmittel wieder in den industriellen Stoffkreislauf gebracht werden und Wasserstoff als Rohstoff zur Kohleverflüssigung, Erdölhydrierung oder Ammoniak- und Düngemittelherstellung. Weitere Beispiele sind in Kapitel 4 dieses Buches beschrieben.

Zwischenprodukte wie z. B. Schwefelsäure und Erdgas sind also viel zu schade, um sie – wie früher üblich – als **„Dünnsäure“** im Meer zu „verklappen“ oder als **„Abgas“** bei der petrochemischen Rohöl-Raffination „abzufackeln“. Selbst der „Endverbraucher“ ist durch seine Teilnahme am Müll- und Abwasserrecycling Teilnehmer an den Stoffkreisläufen von Ökosystem **und** Verbundwirtschaft.

Abb. 2.5.13-2 **Die „Verklappung“ von „Dünnsäure“ auf hoher See**

Diese Art von „Entsorgung“ belastete das Ökosystem Meer erheblich und führte zu heftigen Protesten. Heute werden die Abfälle aus der Titanweißproduktion (verdünnte Schwefelsäure und Eisensulfat) in Schwefelsäure-Produktionsanlagen recycelt. Näheres dazu finden Sie auf S. 130, 222 und 265 zur Katalyse und zur Chemie und Technologie von Schwefel und Titan-IV-oxid.

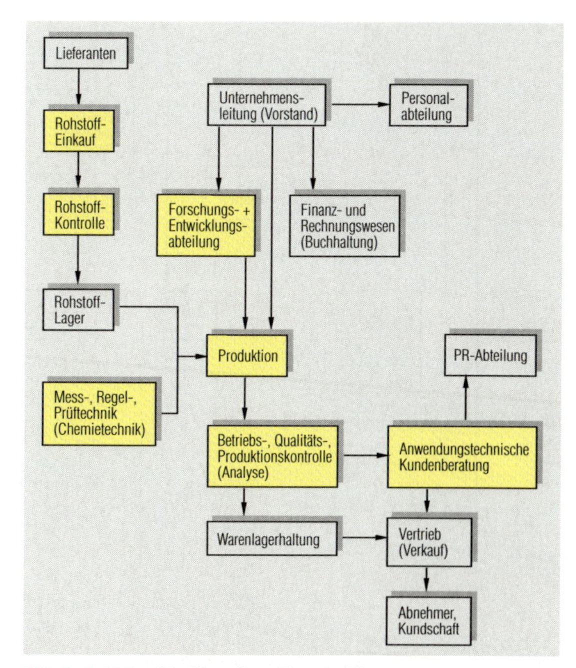

Abb. 2.5.13-3 **Struktur einer Chemie-Firma**

Die fünf Basis-Rohstoffe sind Steinsalz, Schwefel, Kalk, Kohle und Erdöl.
Aber auch Luft, Wasser, Erze und Erdgas stellen wichtige Ressourcen dar.

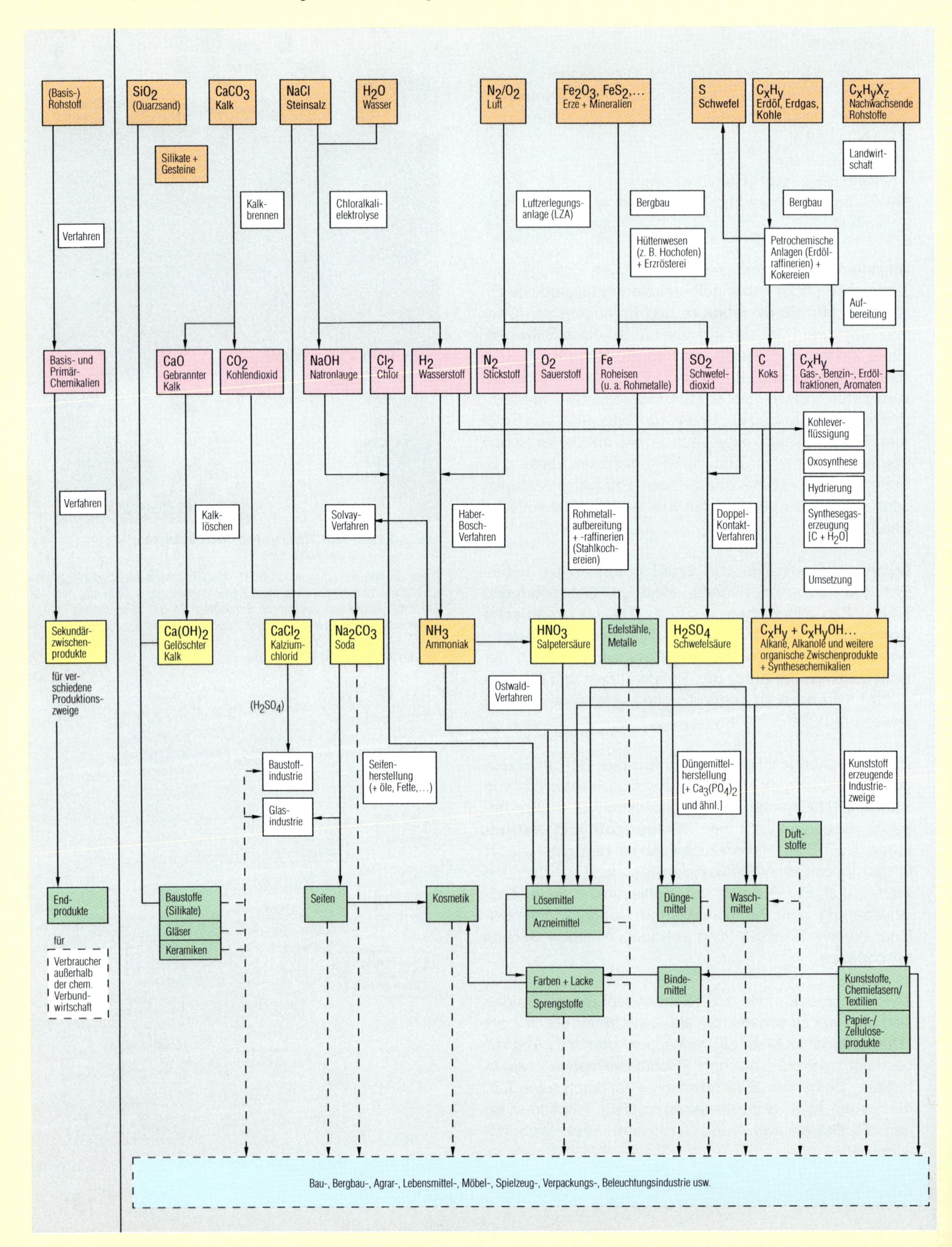

Zusammenfassung zu Kapitel 2.5

Ökologie und Verbundwirtschaft

1. Die **Ökologie** ist die Wissenschaft von den Beziehungen des **Organismus** zur ihn umgebenden **Umwelt** (Haeckel, 1866) bzw. vom **„Ökosystem"** (Woltereck,1927) – also dem geochemischen **Stoffkreislauf** mit seinen abiotischen und biotischen Faktoren. Die **„Produktivität"** des Ökosystems bemisst sich dabei in t Biomasse/km^2.

   In **Ökosystemen** finden abiotische und biotische Stoffkreisläufe statt. Biotische (C-, O-, N-, S-, P-)Stoffkreisläufe werden durch den **Stoffwechsel** der Organismen verursacht, die durch ihn **Energie** gewinnen, ihre **Lebensfunktionen** aufrecht erhalten und **Biomasse** aufbauen.

   Organismen bestehen aus **Zellen.** Sie betreiben vielfältige Formen von organischem Stoffwechsel. Dieser lässt sich oft **industriell** nutzen **(Bio- und Gentechnologie).**

   Man unterscheidet **autotrophe** und **heterotrophe Organismen.** Autotrophe Organismen sind zum Überleben nicht auf Biomasse angewiesen, so z. B. **Pflanzen.** Sie sind Produzenten der Biomasse, z. B. als Erstkonsumenten der Sonnenenergie. Heterotrophe Organismen (Konsumenten 2. und 3. Ordnung) unterteilen sich in **Pflanzen-, Fleisch-** und **Aasfresser. Destruenten** schließlich wie z. B. Schimmelpilze zersetzen abgestorbene Biomasse als Endverbraucher im biotischen Stoffkreislauf eines Ökosystems.

2. **Natürliche Stoffkreisläufe** werden seit der Industrialisierung durch größere **Schadstoff**-Mengen **verunreinigt** und geschädigt **(Kontamination),** was sich z. B. in Form von Klimaumschwüngen (Treibhauseffekt, „Ozonloch"), umkippenden Gewässern (durch Eutrophierung), erhöhten Strahlungs-, Lärm- und Gesundheitsbelastungen bis hin zum Aussterben von Tierarten und ganzen Ökosystemen zeigt.

   Wichtige **Schadstoffe** sind die FCKWs, PCBs, Dioxine und andere **halogenierte Kohlenwasserstoffe, Schwermetalle, Pestizide** und **radioaktive Isotope.** In der **Spurenanalytik** werden deren Konzentrationen in **ppm** (perts per million), **ppb** (= Milliardstel), **ppt** (= 1 ng/kg) und **ppq** (1 ppq = 1 pg/kg = 10^{-12} g/kg) angegeben. Zur Qualitätsmessung an Gewässern existieren **BSB_5-, CSB-** und **LC -Werte. LD_{50}- , ADI-** und **MAK-Werte** liefern Maße für bestimmte Wirkungsformen von Schadstoffen. MAK- und MEK-Werte werden gesetzlich geregelt.

3. Zum Schutz der **Verbraucher** sind daher **Sicherheits- und Umweltschutzmaßnahmen** wie Lebensmittel- und Abwasserkontrollen (analytische Chemie!), Arten- und Naturschutz (zum Schutz ganzer Ökosysteme), Abgasreinigungsmaßnahmen und geordnetes Müllrecycling bzw. Müllbeseitigung erforderlich. Zum Nachweis der Schadstoffe werden in der Spurenanalytik hochgenaue **Methoden der instrumentellen Analytik** eingesetzt (vgl. Nr. 2 oben und Kapitel 3.3).

4. **Künstliche Stoffkreisläufe** zwischen Produktionszweigen der chemischen Industrie – die **Verbundwirtschaft** – sichern die Rentabilität der Produktion (**„Recycling"** von Neben- und Zwischenprodukten). Neben- und Abfallprodukte werden so in anderen Bereichen zu Roh- und Zwischenprodukten. Die **Basisrohstoffe** sind **Erdöl, Erdgas, Kohle, Steinsalz, Kalk und Schwefel** – weitere wichtige Rohstoffe sind Erze und Mineralien, Wasser, Luft und Fette und Öle.
   Wichtige **Zwischenprodukte** und **Industriechemikalien** sind z. B. Natronlauge, Schwefelsäure, Ammoniak, viele Salze und Industriegase (z. B. Wassergas), im organischen Bereich auch Ethen (= Ethylen), Propen (= Propylen), Ethin (= Acetylen), Ethanol, Methanal (= Formaldehyd), Benzol, Toluol, Styrol und viele weitere Stoffe (Näheres hierzu in Kap. 4 und Anhang Tabelle 22).

3 Analytische Chemie

3.1 Qualitativ-anorganische Analytik

3.1.1 Aufgaben, Methoden der analytischen Chemie (Einführung in die Analytik)

Neben der Einteilung in **anorganische** und **organische** Chemie wird die (Labor-)Chemie auch nach ihren Arbeitsgebieten unterteilt in:

a) **Präparative Chemie:** Herstellung bestimmter Präparate (Produktion von Reinstoffen und Stoffgemischen) und:

b) **Analytische Chemie:** Untersuchung unbekannter Stoffproben (der **„Ursubstanz"**, US) auf Art und Menge enthaltener Reinstoffe (z. B. zur Qualitätskontrolle von Rohstoffen und Produkten).

Die Analytik versucht drei Fragen aufzuklären:

1. **Welche Stoffe** sind in der vorliegenden Probe enthalten? (das ist die Aufgabe der **qualitativen** Analyse, hier in Kap. 3.1)
2. **Wie viel** ist von diesen Stoffen in der Probe enthalten? (das ist die Aufgabe der **quantitativen** Analyse, Kap. 3.2) und:
3. **Welche Struktur** bzw. welchen molekularen Aufbau besitzt der vorliegende, unbekannte Stoff **(Strukturanalyse)?**

Die Antwort auf diese Fragen wird mithilfe empfindlicher **Nachweisreaktionen** oder mit physikalisch-chemischer **Apparaturen** und **Instrumenten** gesucht bzw. gemessen (instrumentelle Analytik) – in der Anorganik in Bezug auf Anionen und Kationen.

Die qualitative Untersuchung (**Was** liegt vor?) wird vorwiegend mithilfe von einfachen **Fällungsreaktionen** vorgenommen – zumeist in wässriger Lösung (daher wird diese Methode **„nasschemisch"** genannt). In der quantitativen Analyse (**Wie viel** liegt vor?) wird in hochempfindlichen Reaktionen (Neutralisation, Redoxreaktion, Fällungsreaktion) mit genau abmessbaren Reagentien- und Produktmengen oder super-genauen Apparaturen (GC, FID, DC, Spektrometer usw.) gearbeitet.

Wo in Sachen quantitativer Genauigkeit vor 50 Jahren Bestimmungen bis zu einigen Zehntelprozenten möglich waren, geht die **Genauigkeit** heute oft bis in den **ppb-Bereich** (ppb = parts per billion, also 0,000 000 1 %). Diese ist wichtig z. B. für Lebensmittel- und Qualitätskontrollen, Schadstoffanalysen und für die medizinische Diagnostik.

Analytische Grundbegriffe

Erfassungsgrenze (EG) = Menge des Stoffes, die gerade noch nachweisbar ist – gemessen in **µg** oder **ppm** und **ppb.**

Grenzkonzentration (GK) = Konzentration des nachzuweisenden Stoffes, bei der die Nachweisreaktion gerade eben noch positiv ist. Anstatt der GK wird oft der **pD-Wert** angegeben: **pD = –log (GK).**

Lösungsversuche werden mit der US in folgender Reihenfolge durchgeführt:

a) mit H_2O (evtl. erhitzen)
b) mit verdünnter HCl (Protolyse)
c) in konz. HCl (Steigerung der H^+-Ionenkonzentration)
d) in verd. HNO_3 (wirkt zusätzlich leicht oxidierend)
e) in konz. HNO_3
f) in Königswasser (= 3 Teile konz. HCl + 1 Teil konz. HNO_3.

Königswasser besteht aus 3 Teilen konz. HCl und einem Teil konz. HNO_3, wobei einerseits sehr reaktives atomares Chlor („in statu nascendi") und andererseits zum Teil hochgiftige Stickoxide entstehen.

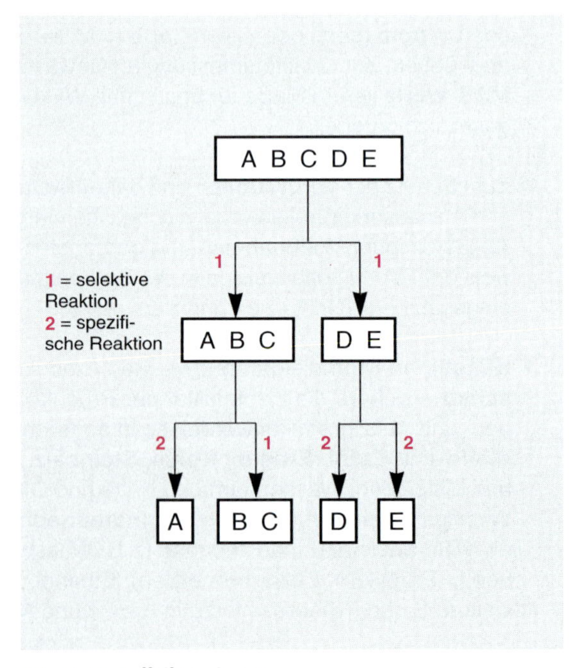

Abb. 3.1.1-1 Kationentrenngang

Da sich viele Ionen bei Nachweisreaktionen gegenseitig stören, muss man unbekannte Proben zur quantitativen Analyse in Gruppen auftrennen. Hierzu setzt man Gruppenreagentien ein, die in selektiven Reaktionen (1) bestimmte Ionengruppen ausfällen. Mithilfe von Nachweisreagentien kann man – nach Beseitigung der Störungen – nun in spezifischen Reaktion (2) Einzelnachweise durchführen und bestimmte Ionen identifizieren.

Ziel der qualitativen Analyse ist es also, herauszufinden, welche Anionen und Kationen in der Analysensubstanz enthalten sind.

Man unterscheidet grob:

Hauptbestandteile:	10–100 %
Nebenbestandteile:	1–10 % und:
Spuren:	unter 1 %

Der **systematische Gang einer qualitativen Analyse** in der anorganischen Chemie (nasschemisch) besteht aus folgenden Arbeitsschritten (Operationen):
- Anionennachweise aus der Ursubstanz (US)
- Sodaauszug (SA) zur Entfernung von Kationen
- Anionennachweise (aus dem SA)
- Vorproben auf bestimmte Kationen (aus der US)
- Trenngang der Kationen (Aufteilung in Gruppen) und Einzelnachweise auf Kationen.

Um die Probe (US) mithilfe von Farb- und Fällungsreaktionen untersuchen zu können, muss sie gelöst vorliegen. Dazu sind zu Beginn immer erst Lösungsversuche (siehe Abb. 3.1.1-1) und unter Umständen **Aufschlüsse** erforderlich. Sie liefern oft schon entscheidende, zumindest aber hilfreiche Hinweise.
Bei den Löseversuchen beginnt man mit Wasser und steigert die Konzentration bzw. Aggressivität des Lösemittels. Letzte Möglichkeit ist oft das **Königswasser,** in dem atomares Chlor (Cl*) die Probe angreift:

$$3\,HCl \rightarrow 3\,Cl^* + 3\,H^+ + 3\,e^-$$

und:

$$HNO_3 + 3\,H^+ + 3\,e^- \rightarrow NO^* + 2\,H_2O$$

oder insgesamt:

$$HNO_3 + 3\,HCl \rightarrow 3\,Cl^* + NO^* + 2\,H_2O.$$

In reinem Königswasser reagiert das atomare Chlor schließlich zu Chlorgas weiter.

Der königswasserunlösliche Teil wird dann einem Aufschlussverfahren unterworfen.

Ein **Aufschluss** ist ein Verfahren zur Überführung unlöslicher Verbindungen in eine lösliche Form.

In der Regel geschieht das durch Reaktionen in Salzschmelzen. Hierzu werden im Tiegel Soda und Pottasche geschmolzen (**alkalischer Aufschluss** – zum Beispiel für Erdalkalisulfate), Kaliumhydrogensulfat [**saurer Aufschluss** – z. B. für Aluminium- und Eisen-III-oxid], Soda und Salpeter [**Oxidationsschmelze** – z. B. für Braunstein und Chrom-III-oxid] oder Soda und Schwefel [**Freiberger Aufschluss** – z. B. für Zinnstein]).
Analyse-Protokolle werden entsprechend einer Betriebsanweisung gemäß GefStoffVO (Arbeitsstoffverordnung) erstellt.

Protokoll

Name: ____________ **Datum:** ________

und (evtl.) Probe-Nummer: ____________

1. **Aufgabenstellung:**
2. **Analysenergebnis:** (Gefundene Anionen und Kationen)
3. **Substanzbeschreibung:** (Farbe, Geruch, Löslichkeit, pH-Wert der wässrigen Lösung, sonstige Eigenschaften wie hygroskopisch, kristallin usw.; Die Substanz kann enthalten ...)
4. **Reaktionsgleichungen:** ....
5. **eingesetzte und möglicherweise entstehende Stoffe (mit R-Sätzen; S-Sätzen; G-Symbolen; Bemerkungen)** Unter Bemerkungen sind gefährliche, aber nicht kennzeichnungspflichtige Eigenschaften einzutragen (z. B. Wassergefährdung, Krebsgefahr, Fruchtschädigung, Explosionsgefahr, Brennbarkeit usw.).
6. **Wortlaut der R-/S-Sätze:** (vgl. Anhang)
7. **Gefahren für Mensch und Umwelt** der eingesetzten oder möglicherweise entstehenden Stoffen
8. **Entsorgung** der eingesetzten oder möglicherweise entstehenden Stoffen
9. **Verhalten im Gefahrenfall** speziell für diesen Versuch bzw. diese Versuchsreihe
10. **Versuchsbeschreibung** (reproduzierbare Versuchsdurchführung einschließlich der Beobachtungen)
11. Aus Versuchsbeobachtungen (und evtl. Messungen gefolgertes) **Ergebnis** (ggf. mit Interpretation und Deutung)

Abb. 3.1.1-2 **Aufbau eines Analyseprotokolls**
(Beispiel für qualitative Untersuchungen)

1. Der Soda-Pottasche-Aufschluss (für Blei- + Erdalkalisulfate, weiß), Reaktionsschema z. B.:
$BaSO_4 + Na_2CO_3 \leftrightarrow BaCO_3 + Na_2SO_4$

2. Der saure Aufschluss (für Aluminiumoxid, weiß, und Eisen-III-oxid, rotbraun), Reaktion z. B.:
$Fe_2O_3 + 6\,KHSO_4 \rightarrow Fe_2(SO_4)_3 + 3\,K_2SO_4 + 6\,H_2O$
(Nachweis: $Fe^{3+} + 3\,SCN^{-x} \rightarrow Fe(SCN)_3$, rot)

3. Die Oxidationsschmelze (für unlösliche Chromsalze, Braunstein (MnO_2) und grünes Cr_2O_3), Reaktion z. B.:
$Cr_2O_3 + 3\,NO_3^- + 2\,CO_3^{2-} \rightarrow 2\,CrO_4^{2-}$ (gelb) $+ 3\,NO_2^- + 2\,CO_2$

4. Der Freiberger Aufschluss (für Zinnstein = weißes SnO_2):
Reaktion: $2\,SnO_2 + 2\,Na_2CO_3 + 9\,S \rightarrow 2\,Na_2SnS_3$ (löslich) $+ 3\,SO_2 + 2\,CO_2$

Abb. 3.1.1-3 **Vier nasschemische Aufschlussverfahren für königswasserunlösliche, anorganische Stoffproben**

3.1.2 Vorproben

Einige wenige Nachweisreaktionen sowie viele Hinweis gebende Reaktionen können direkt aus der US vorgenommen werden, ohne dass möglicherweise ebenfalls enthaltene, andere Ionen der US diese Reaktionen stören. Diese Reaktionen werden **Vorproben** genannt.

Hier existieren:

die **Flammprobe**
(für Alkalimetall-, Erdalkalimetall- und Cu^{2+}-Ionen)

die **Oxidationsschmelze**
(für Mangan- und Chromsalze)

die **Phosphor-** und **Boraxperle**
(für viele, farbige Nebengruppenionen)

die **Kriech-, Amalgam-** und **Leuchtprobe**
(für F^--, Hg- und Sn-Ionen)

die **Marsh'sche Probe**
(auf Arsen- und Wismutverbindungen)

sowie:

Nachweise der drei Anionen CO_3^{2-}, S^{2-} und CH_3COO^- direkt aus der US.

3.1

Die Versuchsvorschriften hierzu finden Sie auf S. 157 und 159.

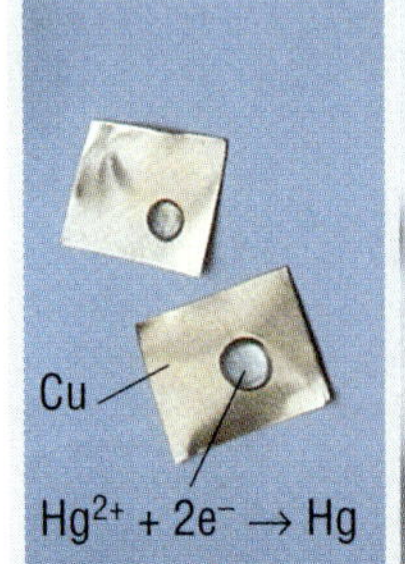

Amalgamprobe

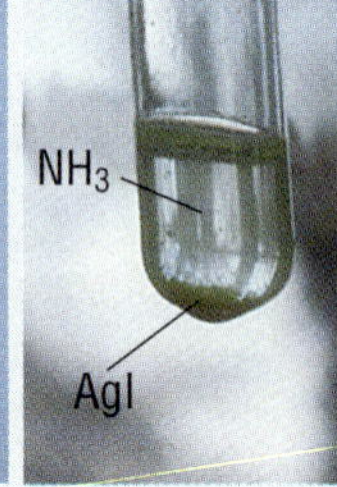

Iodidnachweis mit Ag^+/NH_3

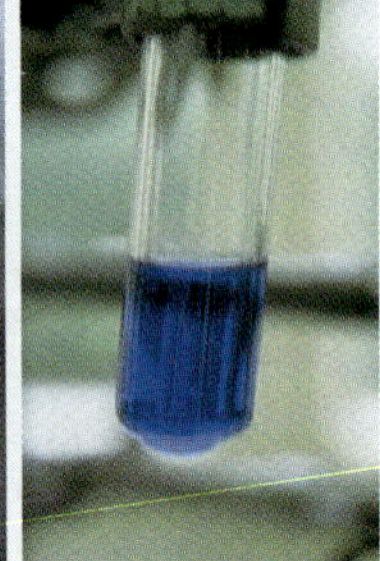

$[(Cu(NH_3)_4]^{2+}$

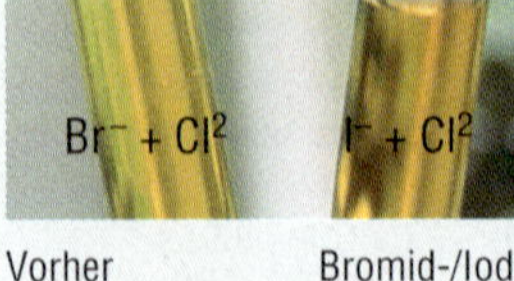
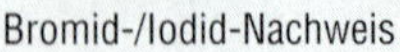

Vorher Bromid-/Iodid-Nachweis Nachher

Abb. 3.1.2-1 Ionennachweise

Hier abgebildet: 3 Anionennachweise aus dem Sodaauszug und eine Vorprobe auf Kupfer (als Kupfertetraminkomplex) und Quecksilber (als Amalgam)

Laborversuche: Die Aufschlussverfahren

1. **Der Soda-Pottasche-Aufschluss (für Erdalkalisulfate, weiß):**
Eine Spatelspitze (SS) des in Königswasser unlöslichen Teiles der US wird auf einer Magnesiarinne getrocknet und mit der 6fachen Menge einer Mischung aus Soda und Pottasche im MP verrieben. Dieses Gemisch wird im Tiegel über einer gut brennenden Bunsenflamme mindestens 10 min lang so hoch erhitzt, dass klarer Schmelzfluss entsteht. Der erkaltete Schmelzkuchen wird pulverisiert und mit dest. Wasser ausgelaugt, sodass Alkalisulfate und -carbonate gelöst werden. Im Filter wird der Rückstand so lange mit heißer Sodalösung gewaschen, bis das Waschwasser keine Sulfationen mehr enthält (Sulfatnachweis: ansäuern und mit Bariumchloridlösung prüfen; in Gegenwart von Sulfationen entsteht ein weißer, nicht in Säuren löslicher Nd. von $BaSO_4$). Dann wird der Filterrückstand durch Übergießen mit warmer Essigsäure gelöst und auf Anwesenheit von Pb, Ba, Sr, Ca geprüft:
Bleisalzlösungen bilden bei Zugabe eines Tropfens Na_2S-Lösung schwarze Nd. von PbS, die Erdalkalisalze bei Zugabe von Schwefelsäure oder Sulfatlösungen weiße Nd. mit grüner ($BaSO_4$) bzw. roter ($CaSO_4$, $SrSO_4$) Flammenfärbung). Reaktionsschema z. B.:
$\mathbf{BaSO_4 + Na_2CO_3 \leftrightarrow BaCO_3 + Na_2SO_4}$

2. **Der saure Aufschluss (für Aluminiumoxid, weiß, und Eisen-III-oxid, rotbraun):**
Eine SS des in Königswasser unlösl. Teiles der US wird auf einer Magnesiarinne getrocknet und mit der 6fachen Menge an $KHSO_4$ im MP verrieben. Dieses Gemisch wird im Tiegel über einer gut brennenden Bunsenflamme mind. 10 min lang so hoch erhitzt, dass klarer Schmelzfluss entsteht. Der erkaltete Schmelzkuchen wird pulverisiert und in verdünnter Schwefelsäure gelöst und auf Anwesenheit von Al und Fe geprüft: Aluminiumsalzlösungen reagieren mit Alizarin-S zu rotvioletten Farblacken, Eisen-III-Salzlösungen mit Thiozyanaten zu blutroten Eisen-Thiocyanat-Komplexen.

   Reaktion z. B.:
$\mathbf{Fe_2O_3 + 6\ KHSO_4 \rightarrow Fe_2(SO4)_3 + 3\ K_2SO_4 + 6\ H_2O}$
und $\mathbf{Fe^{3+} + 3\ SCN^- \rightarrow Fe(SCN)_3}$

3. **Die Oxidationsschmelze (für unlösliche Chromsalze, Braunstein (MnO_2) und grünes Cr_2O_3):**
Eine SS der US wird mit der 3–7fachen Menge einer Mischung aus gleichen Teilen Soda und Salpeter im MP verrieben und auf einer Magnesiarinne – oder im Mikro-Maßstab auf einem Magnesiastäbchen! – in der Oxidationszone auf Rotglut erhitzt, bis dass die Gasentwicklung aufhört (Schutzbrille!). Die möglicherweise blaugrüne Schmelze löse man zur Prüfung auf Mn auf einem Uhrglas in wenig Wasser und lasse einen Tropfen konz. Essigsäure von der Seite her zufließen. Ein Farbumschlag von grün (Manganat) nach violett (Permanganat) zeigt Mangansalze an. Ist der Schmelzkuchen stattdessen gelb gefärbt (Chromat), so waren Chromsalze enthalten.
Reaktion z. B.:
$\mathbf{Cr_2O_3 + 3\ NO_3^- + 2\ CO_3^{2-} \rightarrow 2\ CrO_4^{2-}\ (gelb) + 3\ NO_2^- + 2\ CO_2}$

4. **Der Freiberger Aufschluss (für Zinnstein = weißes SnO_2):**
Vermutet man aufgrund der Leuchtprobe oder der Phosphorsalzperle (unter Cu-Zusatz) auf Zinn, so wird der weiße, in Königswasser unlösl. US-Bestandteil auf einer Magnesiarinne getrocknet und mit der 6fachen Menge eines Gemisches aus gleichen Teilen Schwefelpulver und wasserfreier Soda im MP verrieben. Dieses Gemisch wird im Porzellantiegel über einer gut brennenden Bunsenflamme geschmolzen. Die Schmelze wird mit Wasser ausgelaugt und filtriert, das Filtrat mit verd. Salzsäure versetzt. Dabei fällt SnS_2 als Nd. aus, der sich in 7 mol/l HCl löst (und per Leuchtprobe nachweisen lässt).
Reaktion:
$\mathbf{2\ SnO_2 + 2\ Na_2CO_3 + 9\ S}$
$\mathbf{\rightarrow 2\ Na_2SnS_3\ (löslich) + 3\ SO_2 + 2\ CO_2}$

Die Phosphorsalz- oder **Boraxperle** liefert mit minimalem Aufwand Hinweise auf viele farbige Kationen:

Farbe	Oxidationszone (außen)
gelb:	Fe^{3+} (heiß: Ni^{2+})
braun:	viel Ni^{2+} Fe^{3+} (ggf. rotbraun)
rot:	$Sn^{2+/4+}$ mit Cu^{2+}
grün:	Chromsalze
blau:	Cu^{2+}, Cu^{2+}
violett:	Mangansalze

Tabelle 3.1.2-1

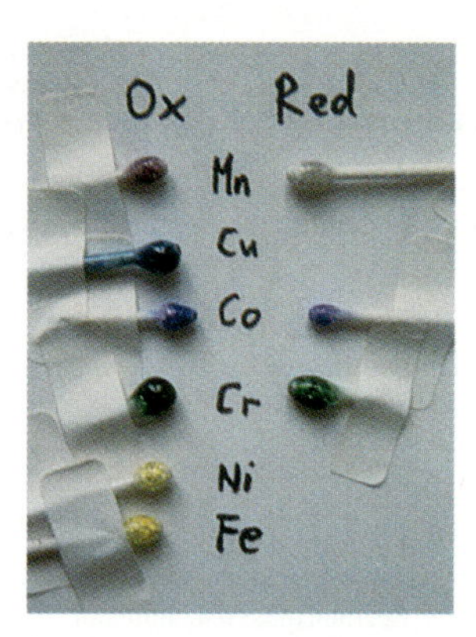

Abb. 3.1.2-2
Phosphor- und Boraxperlen
In der Oxidationszone der Brennerflamme erreichen die Kationen durch O_2 höhere Oxidationszahlen, während in der Reduktionszone (Flammenmitte, Gasüberschuss) u. U. sogar das Metall entsteht (Cu rot, Ni grau – hier nicht im Bild).

Phosphorsalz $NaNH_4HPO_4$ schmilzt hier und kondensiert zu ringförmigen Metaphosphaten wie $Na_3(P_3O_9)$, im Folgenden als $NaPO_3$ gekürzt:
$NaNH_4HPO_4 \rightarrow NaPO_3 + H_2O\uparrow + NH_3\uparrow$.

Das Polyphosphat löst ähnlich wie **Borax** ($Na_2B_4O_7$) Schwermetalloxide, vertreibt flüchtige Säureanhydride und zeigt charakteristische Farben, Beispiele:

$NaPO_3 + CoSO_4 \rightarrow NaCoPO_4 + SO_3\uparrow$

$3\ NaPO_3 + 3\ MnSO_4 \rightarrow Na_3PO_4 + Mn_3(PO_4)_2 + 3\ SO_3\uparrow$

$Na_2B_4O_7 + CoSO_4 \rightarrow 2\ NaBO_2 + Co(BO_2)_2 + SO_3\uparrow$

Ähnlich einfach verläuft die **Flammprobe,** eine einfache, qualitative Form der Spektralanalyse mit bloßem Auge: Alkali- und einige Erdalkalimetalle verraten ihre Anwesenheit in der US durch die Flammfärbung (vgl. Abb. 1.4.5-2, S. 31 und S. 83).

3.1.3 Qualitative Nachweise von Elementen in organischen Verbindungen

Ähnlich den Vorproben gibt es auch in der organischen Chemie Kurzversuche zum Hinweis auf bzw. **Nachweis der Elemente C, H, O, S, N und der Halogene,** die in einer organischen Verbindung enthalten sein können. Neben einer quantitativen Elementaranalyse (Verbrennungsanalytik) und einer Bestimmung der molaren Masse werden zur **qualitativen** Analyse organischer Verbindungen folgende Versuche durchgeführt (S. 158):

- der Nachweis der Elemente **H + C** als $\mathbf{CO_2 + H_2O}$ (durch Oxidation mit **CuO** oder $\mathbf{O_2}$) oder von C auch durch **Verkohlung** (Reduktion mit Mg)
- der **Halogen**-Nachweis mit der **Beilsteinprobe** (mit **Cu**-Draht)
- der Nachweis von **N** nach **Lassaigne** (mit $\mathbf{Na + FeSO_4}$ als $\mathbf{Na_4[Fe(CN)_4]}$) oder **Rosenthaler** (mit $\mathbf{K_2CO_3 + S + FeCl_3}$ als $\mathbf{Fe(SCN)_3}$),
- die Kreuzprobe (mit **NaOH** als $\mathbf{NH_3}$) – und:
- der Nachweis von **S** durch **Salpeterschmelze.**

Laborversuche: Vorproben

1. **Die Phosphor- und Boraxperle:**
Geben Sie ein frisch geglühtes MS in Natriumtetraborat (Borax, $Na_2B_4O_7$) oder Natriumammoniumhydrogenphosphat (Phosphorsalz, $NaNH_4HPO_4$), sodass einige Salzkörnchen anschmelzen. Hat sich beim Schmelzen eine glasklare Salzperle gebildet, so wird diese nach dem Erkalten angefeuchtet und damit die feingepulverte US berührt. Anschließend wird die Perle in der Oxidations- oder Reduktionszone der Flamme kurz aufgeschmolzen und danach ihre Färbung betrachtet. Vergleichen Sie die Färbung der erkalteten Perle ggf. mit der Färbung durch einen entsprechenden Reinstoff (Vergleichs-/Referenzsubstanz).
2. **Die Flammenfärbung – Hinweis auf Kationen der 1. und 2. Hauptgruppe (und Kupfer):**
Bringen Sie mit einem ausgeglühten und mit dest. Wasser angefeuchteten Magnesiastäbchen (MS) ein wenig feste US in die nichtleuchtende Flamme. Notieren Sie ihre Beobachtungen, betrachten Sie die Flamme auch durch ein Kobaltglas (KG) – und vergleichen Sie mit reinen Ca-, K-, Ba-, Cu-, Sr-, Li-, Na-Salzen!
3. **Die Kreuzprobe – Nachweis von Ammoniumkationen:**
Geben Sie 1 Spatelspitze (SS) der US zusammen mit 1–2 SS Ätznatron und einigen Tropfen Wasser auf ein Uhrglas. Befestigen Sie zwei feuchte Streifen UIP beidseitig kreuzweise auf einem 2. Uhrglas und legen Sie dieses darüber. Nach einigen Minuten zeigt eine Verfärbung ggf. die Anwesenheit von Ammoniumsalzen/Ammoniak an.
4. **Die Amalgamprobe – Vorprobe auf Quecksilberionen:**
Geben Sie 1–3 Tropfen der in Salzsäure oder verd. HNO_3 gelösten US auf ein blankes Cu-Blech. Ein nach einigen Minuten entstehender, silbriger Fleck (Cu-Amalgam) zeigt Quecksilber an – ein mit Filterpapier abwischbarer, schwarzer Belag deutet auf Silber hin (R-/S-Sätze und Betriebsanweisung des Lehrers/Ausbilders beachten! Handschuhe! Entsorgung!)
5. **Lösungsversuche mit der US und Hinweise auf H^+/OH^- durch pH-Messung:**
Die feste US wird zuallererst im Mörser mit Pistill (MP) fein verrieben. Eine winzige Probe hiervon wird in ein RG mit 1–3 ml Wasser gegeben und ggf. kurz erhitzt. Man messe den pH mit dem UIP und notiere sich Aussehen, Geruch und Farbe der Lösung oder Aufschlämmung. Man versuche anschließend die US vollständig zu lösen – in je einigen ml der angegebenen Lösemittel in folgender Reihenfolge: Essigsäure, verdü. HCl, verd. HNO_3, konz. HCl, konz. HNO_3, Königswasser (konz. HCl^+ konz. HNO_3 im Verhältnis 3:1). In Königswasser unlösl. US-Bestandteile sind abzufiltrieren und für ein Aufschlussverfahren aufzuheben.

3.1

Laborversuche:
Nachweisreaktionen für Anionen und für Elemente in organischen Verbindungen

a) Qualitative Nachweise von Elementen in organischen Verbindungen

1. **Nachweis der Elemente H + C als CO_2 + H_2O:**
Etwa 1–2 g einer organischen Substanz wie z. B. Kerzenparaffin, Paraffinöl, Benzin oder Glucose, Benzoesäure oder Stärke werden mit Kupfer-II-oxid-Pulver (CuO) vermischt bzw. im Mörser im Verhältnis von 1 : 2 mit dem Pistill verrieben. Ein trockenes, feuerfestes Reagenzglas wird etwa 0,5 cm hoch mit dem Gemisch angefüllt und einer Deckschicht von ca. 4 cm Kupfer-II-oxid befüllt. Nun wird das Reagenzglas in Schräglage zuerst in der Mitte erhitzt und dann der untere Reagenzglas-Teil langsam in die Flamme gezogen. Sobald sich aus dem CuO Kupfer bildet, beginnt die CO_2-Entwicklung. Die Verbrennungsgase werden entweder direkt in Barytwasser geleitet oder aber es wird das Erhitzen unterbrochen, das Reagenzglas in eine senkrechte Lage gebracht und mit einer Pasteurpipette (Sifonsauger) knapp über dem Gemisch abgesaugt, um die vollgesogene Pipette anschließend möglichst tief in ein Reagenzglas mit Barytwasser zu tauchen und das Gas langsam in die Reagenzlösung zu drücken.

2. **Nachweis von Kohlenstoff durch Verkohlung (Reduktion mit Mg):**
Das Gemisch aus je 1 g Mg-Pulver und 1 g organischer Substanz (z. B. Glucose, Benzoesäure, Stärke) wird im Schmelztiegel im oberen Teil der entleuchteten Flamme erhitzt. Das Reaktionsprodukt wird nach dem Erkalten mit verdünnter Salzsäure (cHCl = ca. 3 mol/l oder ca. 10 %) übergossen und nach etwa 1 min filtriert. Organische Substanzen werden durch Mg zu Kohlenstoff reduziert. Viele organische Substanzen verkohlen beim Erhitzen sogar ohne Magnesiumzusatz. Kohlenwasserstoffe und besonders halogenierte Kohlenwasserstoffe sind für diesen Versuch nicht geeignet.

3. **Der Halogen-Nachweis mit der Beilsteinprobe (mit Cu-Draht):**
Biegen Sie das Ende eines Kupferdrahtes zu einer Öse und glühen Sie diese so lange in einer entleuchteten Brennerflamme, bis die Flammenfärbung verschwindet. Tauchen Sie die heiße Öse nun in die organische Substanz (z. B. PVC-Pulver, Chlorphenole u. Ä.) und erhitzen Sie sie wieder in der entleuchteten Flamme. Es bilden sich Kupferhalogenide wie z. B. $CuCl_2$, die bei hohen Temperaturen verdampfen und die Flamme grün färben. Sicherer als dieser Nach- bzw. Hinweis ist der Halogenidnachweis aus der Salpeterschmelze (siehe unten).

4. **Der Nachweis von N nach Lassaigne (mit Na + $FeSO_4$ als $Na_4[Fe(CN)_4]$; möglichst nur als Demonstrationsversuch durch Lehrkräfte/Ausbilder!):**
Ein etwa erbsengroßes, krustenfreies Natriumstück und eine etwa gleich große Menge einer festen, organischen Probesubstanz (z. B. Sulfanilsäure, Nitrobenzoylchlorid, Thioharnstoff o. Ä. – keinesfalls jedoch Polyhalogenide oder Nitroalkane!) werden in einem trockenen Reagenzglas geschmolzen (vorsichtig!) und anschließend 3 min auf Rotglut erhitzt. Das noch heiße Reagenzglas wird dann in einen Becher mit mindestens 10 ml Wasser getaucht, sodass es zerspringt. Dabei lösen sich die Reaktionsprodukte teilweise und überschüssiges Natrium kann sich entzünden. Die Lösung des Reaktionsproduktes wird filtriert und zum folgenden Nachweis von Stickstoff (aber weitere Teile evtl. auch zum Nachweis der Halogene und des Schwefels) verwendet: Versetzen Sie den zum N-Nachweis gedachten Teil der Lösung (ca. 2 ml) mit höchstens(!) einer Spatelspitze $FeSO_4$ und erhitzen Sie ihn im Reagenzglas unter Schütteln vorsichtig zum Sieden (Siedesteinchen!). Versetzen Sie die abgekühlte, durch $Fe(OH)_3$ braun-flockig getrübte Lösung tropfenweise mit verdünnter Schwefelsäure, bis dass der Niederschlag verschwindet. Geben Sie sodann einige Tropfen $FeCl_3$-Lösung hinzu.

Deutung: Natrium reduziert stickstoffhaltige, organische Substanzen, wobei als Produkt u. a. Natriumzyanid NaCN entsteht (giftig!). Bei der Zugabe von $FeSO_4$ entsteht hieraus Eisen-II-zyanid $Fe(CN)_2$, welches mit weiterem Natriumzyanid zu komplexem Natrium-hexacyano-ferrat-II weiterreagiert. Mit Eisen-III-ionen entsteht hieraus Berliner Blau (Eisen-III-hexacyanoferrat-II): $FeSO_4 + 2\ NaCN \rightarrow Fe(CN)_2 + Na_2SO_4$ und $Fe(CN)_2 + 4\ NaCN \rightarrow Na_4[Fe(CN)_6]$, anschließender Nachweis als Berliner Blau: $3\ Na_4[Fe(CN)_6] + 4\ FeCl_3 \rightarrow Fe_4[Fe(CN)_6]_3\downarrow$

ACHTUNG: Polyhalogen- und Nitroverbindungen sind für diesen Versuch völlig ungeeignet!

5. **Der N-Nachweis nach Rosenthaler (mit K_2CO_3 + S + $FeCl_3$ als $Fe(SCN)_3$):**
Etwa 0,5 g der stickstoffhaltigen, organischen Substanz (z. B. Horn) werden in einem trockenen, feuerfesten Reagenzglas oder Schmelztiegel mit der vierfachen Menge eines Gemisches aus gleichen Teilen Pottasche (Kaliumcarbonat) und Schwefelpulver geschüttelt (Vermischung!) und zur Schmelze erhitzt. Nach dem Erkalten wird das erstarrte Stoffgemisch unter dem Abzug in verdünnter Schwefelsäure gelöst (Vorsicht! Es entsteht das Giftgas H_2S!) und der pH-Wert der Lösung nach Ende der Gasentwicklung geprüft. Wenn diese sauer reagiert, so wird ein Teil davon filtriert. Das Filtrat wird mit einem Tropfen $FeCl_3$-Lösung versetzt.

Deutung: Beim Erhitzen mit Pottasche und Schwefel entsteht Thiozyanat (KSCN), das mit Eisen-III-ionen zu rotem $Fe(SCN)_3$ reagiert (Nachweisreaktion).

6. **Stickstoff- bzw. Ammoniumnachweis mit der Kreuzprobe (mit NaOH als NH_3):**
Etwa 0,25 g einer N-haltigen, organischen Substanz werden auf einer Uhrglasschale mit einigen Tropfen Wasser und einer Spatelspitze Ätznatron (NaOH) bzw. einigen Tropfen konz. Natronlauge (NaOH-Lösung) versetzt. Dieses Uhrglas wird mit einem 2. Uhrglas abgedeckt, auf dessen Innenseite ein angefeuchtetes Universalindikatorpapier (UIP) klebt. Gegebenenfalls werden die beiden Uhrgläser erwärmt, indem man sie auf ein kleines Becherglas oder einen Tiegel legt, in dem ein Wasserbad siedet. Amine und Ammoniumsalze werden von NaOH unter Bildung von NH_3 zersetzt.

7. **Der Nachweis von S durch Salpeterschmelze:**
Etwa 0,5 g einer schwefelhaltigen, organischen Verbindung (z. B. Sulfanil- oder Benzolsulfonsäure, Keratin, Albumin, Thioacetamid o. Ä.) werden in einer Reibschale (Mörser) mit der 20fachen Menge Salpeter (KNO_3) verrieben. Von diesem Stoffgemisch wird eine höchstens 1–2 cm hohe Schicht im feuerfesten Reagenzglas oder im Schmelztiegel zunächst äußerst vorsichtig (heftige Entzündung möglich! Schutzbrille!), später heftiger erhitzt, bis dass eine klare Schmelze entsteht. Nach dem Abkühlen sind 6–8 ml Wasser hinzuzufügen, um den Schmelzkuchen unter Erwärmen zu lösen (schütteln, rühren!). Die klare Lösung wird mit Salzsäure angesäuert und mit $BaCl_2$-Lösung versetzt.

Deutung: Die Salpeterschmelze oxidiert schwefelhaltige Substanzen unter Bildung von Kaliumsulfat, welches mit Barium-II-ionen unlösliches $BaSO_4$ bildet. Als Nebenprodukte entstehen Nitrit und nitrose Gase (Abzug!), so läuft z. B. bei Benzolsulfonsäure folgende Reaktion ab:

$$C_6H_5\text{–}SO_3H + 16\ KNO_3 \rightarrow 6\ CO_2\uparrow + 3\ H_2O + K_2SO_4 + 14\ KNO_2 + 2\ NO_2\uparrow.$$

3.1

Laborversuche: Nachweisreaktionen für Anionen und für Elemente in anorganischen Verbindungen

8. **Nachweis der Halogene durch Salpeterschmelze:**
Etwa 0,1 g der halogenhaltigen, organischen Substanz (z. B. Chlorphenol, PVC, HCH usw.) werden mit der 20fachen Menge an KNO_3 im Reagenzglas oder Tiegel vorsichtig geschmolzen (vgl. oben, Versuch 7!). Die erkaltete Schmelze wird mit Sapetersäure angesäuert und die klare Lösung mit einigen Tropfen $AgNO_3$-Lösung versetzt. Der Niederschlag wird auf seine Löslichkeit in verdünnter (AgCl, löslich in bis zu 6 mol/l NH_3-Lösg.) bzw. konz. Ammoniaklösung geprüft (AgBr löst sich nur in konz. NH_3, AgI gar nicht mehr). Salpeter oxidiert organische Substanzen unter Bildung von Kohlendioxid, Nitrit, NO_2, KCl und Wasserdampf.

b) Anionen-Nachweise in anorganischen Verbindungen

US = Ursubstanz SA = Sodaauszug
SS = Spatelspitze RG = Reagenzglas
MP = Mörser mit Pistill

1. **Carbonatnachweis:**
1 Spatel US wird im RG mit 1–3 ml verd. Salzsäure versetzt. Farb- und geruchloses Gas weist auf Carbonate hin. Ggf. wird der Versuch mit kurzer Erwärmung so wiederholt, dass durch eine Kapillare das Gas in ein 2. RG mit Baryt- oder Kalkwasser geleitet werden kann. Ein hier in Säure löslicher, weißer Nd. (oder Trübung) gilt durch Kalk bzw. Bariumcarbonat als Carbonatnachweis aus der US.

2. **Sulfidnachweis:**
1 Spatel US wird unter dem Abzug im RG mit 1–3 ml verd. Salzsäure versetzt und ein feuchtes Bleiazetatpapier auf die Öffnung gelegt. Eine Schwarzfärbung des Bleiazetatpapieres oder ein Geruch nach faulen Eiern **(VORSICHT! H_2S ist ein Giftgas!)** zeigt Sulfidionen bzw. Schwefelwasserstoff an.

3. **Azetatnachweis:**
1 SS der festen US wird im MP mit 2–3 Spateln $KHSO_4$ verrieben. Ein Geruch nach Essig weist Azetationen nach (Vorsicht bei vorherigem, positiven Sulfidnachweis!).

4. **Der Sodaauszug (SA):**
Ein Spatel fein verriebene US wird mit 3 Spateln Soda im MP verrieben und mit ca. 10–20 ml Wasser einige Minuten lang gekocht. Der Niederschlag wird abfiltriert. Grund: Die US enthält oft Schwermetallkationen, die viele Anionennachweise durch Eigenfärbung stören. Durch das Kochen mit Soda entsteht eine alkalische Lösung, in der die Schwermetall-Kationen als Hydroxide und Carbonate ausfallen. Das nunmehr basische Filtrat wird Sodaauszug (SA) genannt und für die folgenden Anionennachweise benutzt.

5. **Der Sulfatnachweis:**
1 ml SA wird im RG mit verd. HCl angesäuert und mit 1 Tropfen $BaCl_2$-Lösung versetzt. Weißer Nd. zeigt Sulfat an.

Mögliche Störung und Beseitigung: Weißer $BaCO_3$-Nd. ist säurelöslich!

6. **Der Nitratnachweis (Ringprobe):**
Einige ml SA werden im RG mit verd. H_2SO_4 (bis zum Ende der Gasbildung) angesäuert, mit frisch bereiteter $FeSO_4$-Lösung versetzt und diese Lösung im schräg gehaltenen RG vorsichtig mit konz. H_2SO_4 unterschichtet, indem man diese VORSICHTIG aus einer Pipette am Reagenzglasrand hinunterlaufen lässt, ohne dass sich die konz. Säure mit der Lösung vermischt. Ein brauner Ring zwischen den beiden unvermischten Flüssigkeiten (Phasengrenze) zeigt Nitrationen an (Bildung von $[Fe(H_2O)_5NO]^{2+}$, sofern kein (ebenfalls durch Braunfärbung störendes) Iod(id) zugegen ist.
Beseitigung: Angesäuerten SA mit konz. H_2O_2 eine Minute aufkochen und Iod mit Hexan oder Waschbenzin extrahieren; organische Phase mit der Pipette abheben; vgl. Iodidnachweis.

7. **Nachweis der Halogenide:**
a) mit Silbernitratlösung: Ein ml salpetersaurer SA wird im RG mit 1–3 Tropfen Silbernitratlösung versetzt. Eine weiße Trübung zeigt Halogenidionen an. Wenn sich diese weiße Trübung oder der Nd. vollständig in verdü. Ammoniaklösung löst (Bildung des Silberdiamminkomplexes), so ist nur Chlorid zugegen. Löst er sich vollständig nur in konz. Ammoniak, so liegt auch Bromid vor. Silberjodid ist in konz. NH_3 unlöslich und zumeist schwach gelblich (vgl. Abb. 3.1.2-1 unten sowie oben Mitte).

Störungen: Sulfid-, Thiosulfat- und Hydroxidionen bilden mit Ag^+ schwarze Nd., auch Phosphat und Carbonat stören! **Beseitigung:** Zunächst Extraktion von Brom und Iod versuchen (s. u.), sonst den SA kurz mit einigen Tropfen konz. HNO_3 aufkochen. Sollten hierbei violette statt braune Dämpfe entweichen, so war Iodid zugegen.

b) durch Oxidation und Extraktion: Einige ml salpetersaurer SA werden im RG mit Chlorwasser oder Wasserstoffperoxid zusammengebracht und mit Hexan oder Waschbenzin überschichtet. Die Mischung wird VORSICHTIG geschüttelt (Schutzbrille, Gummistopfen!). Eine orangebraune Färbung der Hexanphase zeigt Brom an, eine rosaviolette Hexanphase Iod. Achtung: Im Überschuss von Chlor oder H_2O_2 kann es wieder zur Entfärbung kommen (Bromchlorid, Iodchlorid).

Mögliche Störungen: Sulfidionen reagieren mit Chlor oder H_2O_2 zu gelbem Schwefel (Trübung), der sich jedoch in Hexan nicht löst.

8. **Phosphatnachweise:**
a) **mit Magnesiumsalz:** SA mit einer ammoniakalischen Lösung von Magnesiumsalz ($MgCl_2$ oder $MgSO_4$) und NH_4Cl versetzen: Weißer, in verd. Säure löslicher Nd. von $MgNH_4PO_4$ zeigt Phosphat an.
b) **als Ammoniummolybdatophosphat:** Den salpetersauren SA mit 10 Tropfen konz. HNO_3 aufkochen lassen, bis dass keine braunen, nitrosen Gase mehr entweichen, ggf. filtrieren und 5 Tropfen des erkalteten Filtrates mit 5 Tropfen konz. HNO_3 und mit mind. 10 Tropfen Ammoniummolybdatlösung versetzen.
Reaktionsschema: $H_2PO_4^- + 3\ NH_4^+ + 12\ MoO_4^{2-} + 22\ H^+ + x\ H_2O \rightarrow (NH_4)_3[P(Mo_3O_{10})_4(H_2O)_x]$ (gelb) + 12 H_2O

Mögliche Störungen: Reduktionsmittel wie z. B. Sulfidionen bilden mit dem entstehenden gelben Ammoniummolybdatophosphatkomplex den Farbstoff Molybdänblau. Die Störung wird durch Kochen mit konz. HNO_3 als Oxidationsmittel zuvor beseitigt.

9. **Der „Sonnenuntergang" – ein Thiosulfatnachweis:**
1-3 ml mit HNO_3 neutralisierter SA werden mit $AgNO_3$-Lösung im Überschuss versetzt. Es entsteht eine weiße, langsam dunkelnde Trübung (gelb, orange, braun, schwarz), da Ag2S_2O_3 mit Wasser zu schwarzem Ag_2S und H_2SO_4 reagiert.

Störungen: Halogenide, OH^-, CO_3^{2-} und S^{2-} sind zuvor zu beseitigen (s. o.). Bei zuwenig Ag^+ entsteht der lösl. Dithiosulfatoargentat-Komplex. Im Sauren zerfällt Thiosulfat langsam zu Schwefel und SO_2-Gas.

3.1.4 Anionen-Nachweise in anorganischen Verbindungen

Die drei Anionen $\mathbf{CO_3^{2-}}$, $\mathbf{S^{2-}}$ und $\mathbf{CH_3COO^-}$ lassen sich direkt aus der Ursubstanz (US) nachweisen. Hier werden Säuren (HCl bzw. $KHSO_4$) eingesetzt, um die flüchtigeren Säuren H_2CO_3, H_2S und CH_3COOH zu verdrängen. Diese Vorproben bzw. Nachweise durch **Verdrängung** beruhen damit auf einem **Protolysegleichgewicht** – ähnlich wie auch die **Kreuzprobe,** bei der die US mit Ätznatron und einem Tropfen Wasser zusammengebracht wird: Die Base NH_3 wird hier aus ihrem Ammoniumsalz verdrängt. Für andere Anionennachweise muss ein **Sodaauszug (SA)** angefertigt werden, indem man 1 Spatel US mit 3 Spatel Soda (Na2CO_3) in ca. 25 ml Wasser aufkocht und abfiltriert: In der alkalischen Lösung werden die bei Anionennachweisen störenden Schwermetalle als Carbonate und Hydroxide ausgefällt und somit abgetrennt. Das Filtrat – der SA – kann dann für viele Anionennachweise genutzt werden (vgl. S. 159):

1. den **Sulfatnachweis** (mit HCl + $BaCl_2$-Lösung),
2. den **Halogenid-Nachweis** (mit HNO_3 und $AgNO_3$-Lösung bzw. mit Chlorwasser und n-Hexan),
3. den **Nitratnachweis** durch die **Ringprobe** (mit H_2SO_4 und $FeSO_4$),
4. den **Phosphatnachweis** (mit HNO_3 und Ammoniummolybdatlösung oder mit $MgCl_2$-Lösung im NH_3-/NH_4Cl-Puffer) – und:
5. den **Thiosulfatnachweis** durch den **Sonnenuntergang** (mit $AgNO_3$-Lösung im neutralisierten SA).

Abb. 3.1.4-1 **Anfertigung des SA und Ringprobe**

Substanz/ Lösung	Masseanteil in %	Konzentration in mol/l
konz. Schwefelsäure H_2SO_4	96	18
konz. Salpetersäure HNO_3	65	14
rauchende Salpetersäure	95	22
rauchende Salzsäure HCl	37	12
konz. Salzsäure	32	10,2
halbkonz. Salzsäure	25	7,7
konz. Natronlauge NaOH	40	14
konz. Ammoniak	25 oder 33	13,3 oder 17,1
konz. Wasserstoffperoxid	30	9,8
verdünnte Säuren und Laugen	ca. 7–12	0,5 bis ca. 3,5

Tabelle 3.1.4-1 **Gebräuchliche Konzentrationen** (in Masse-% und mol/l)

3.1.5 Systematischer Trenngang und Einzelnachweise der Kationen

Da nicht alle Einzelnachweise **spezifisch** nur auf ein einzelnes Ion ansprechen, sondern **selektiv,** müssen die sich gegenseitig störenden Kationen zuvor voneinander getrennt werden. Hierzu werden sie im **Trenngang** mithilfe von **Gruppenreagentien** gruppenweise nacheinander ausgefällt.

Im Hinblick auf die wichtigsten Metalle unterscheidet man:

1. die **Salzsäuregruppe**
(schwer lösliche Chloride, – Fällungsmittel: HCl),
2. die **Schwefelwasserstoffgruppe**
(im Sauren schwer lösliche Sulfide, – Fällungsmittel Thioacetamid bzw. H_2S),
3. die **Ammoniumsulfid-/Urotropingruppe**
(im Alkalischen schwer lösliche Sulfide und Hydroxide – Fällungsmittel: Urotropin bzw. NH_3 und $(NH_4)_2S$),

Üb(erleg)ungsaufgaben zu den Vorproben und Anionennachweisen:

Formulieren Sie die Reaktionsschemen folgender Reaktionen:

a) Amalgamprobe,

b) Leuchtprobe (Ausgangsstoffe: HCl, Zn, Sn^{2+})

c) Oxidationsschmelze (Edukte: KNO_3, $NaNO_3$, Cr_2O_3 oder MnO_2 – es entstehen NO, CrO_4^{2-} und Na_2MnO_4. Letzteres disproportioniert bei Säurezugabe zum violetten Permanganat MnO_4^- und zu Braunstein, MnO_2),

d) die 3 Anionennachweise aus der US und die Kreuzprobe,

e) das Anfertigen des SA aus einer US, die $Cu(NO_3)_2$, $Al(NO_3)_3$ und $Pb(CH_3COO)_2$ enthält (Al^{3+} bildet hier kein Carbonat),

f) die Nachweise der Anionen Sulfat, Chlorid, Phosphat und Iodid aus dem SA (mit den Reagentien $BaCl_2$, $AgNO_3$, $MgCl_2$ + NH_4Cl sowie Chlorwasser und n-Hexan als Extraktionsmittel für Iod; PO_4^{3-} fällt als $MgNH_4PO_4$ aus).

④ die **Ammoniumcarbonatgruppe**
(schwer lösliche Erdalkalicarbonate – Fällungsmittel $(NH_4)_2CO_3$);
und zum Schluss des Trennganges:

⑤ die **lösliche Gruppe** (Alkaliionen und Mg^{2+}).

All diese Gruppen werden **nacheinander und in dieser Reihenfolge** aus der Lösung der US mithilfe des Fällungsmittels (also den **Gruppenreagentien: HCl, H_2S, $(NH_4)_2S$ und $(NH_4)_2CO_3$)** ausgefällt und jeweils als Filterrückstand abgetrennt. Das Filtrat beinhaltet dann jeweils die nächste, abzutrennende Gruppe.

① Die erste Gruppe bilden dabei die unlöslichen **Chloride** (hauptsächlich HgCl, $PbCl_2$, AgCl), die ja auch in Königswasser kaum löslich sind. Im Filtrat der Salzsäuregruppe verbleiben dann alle restlichen Kationen.

② Zu den hier zunächst abgetrennten schwer löslichen **Sulfiden** gehören dann sehr viele Nebengruppenmetalle. Auch Blei- und Quecksilberionen tauchen in der H_2S-Gruppe nochmals auf (als HgS bzw. PbS), da sie in der HCl-Gruppe nicht vollständig ausgefällt werden: Das **Löslichkeitsprodukt K_L** (und damit auch die Löslichkeit) ihrer Chloride ist höher als das der Sulfide (vgl. Anhang).

③ In der $(NH_4)_2S$-Gruppe, in der nun im alkalischen Milieu gearbeitet wird, finden sich dann die im Sauren noch nicht ausfällbaren Sulfide, aber auch **Hydroxide** wie $Al(OH)_3$ und $Cr(OH)_3$ – wobei der pH-Wert 10 nicht übersteigen darf, da sonst auch schon die Erdalkalihydroxide mitausfallen könnten.

④ Anschließend werden durch Zugabe von $(NH_4)_2CO_3$ schwer lösliche Erdalkali-**Carbonate** ausgefällt. Im Filtrat verbleibt dann nur noch die **lösliche Gruppe** (Alkali- und Mg^{2+}-Kationen).

Während des ganzen Trennganges steigt also auch der pH-Wert von der HCl-Gruppe bis zur löslichen Gruppe stetig an. Das ist insbesonders bei der H_2S- und der $(NH_4)_2S$-Gruppe von entscheidender Bedeutung: Hier sollen **zunächst die schwerstlöslichen** Sulfide ausfallen (die acht wichtigsten Sulfide der H_2S-Gruppe, also die mit dem geringsten **Löslichkeitsprodukt** sind:

HgS, PbS, CuS, CdS, Bi_2S_3 aus der „Kupfergruppe“ und As_2S_3, Sb_2S_3 und SnS aus der in Polysulfid löslichen „Arsen-Zinn-Gruppe“) und erst **nach** dem Anheben des pH-Wertes durch Zugabe von NH_3 (was die Sulfidionen-Konzentration mit steigert!) auch die etwas leichter löslichen Sulfide, die der Ammoniumsulfidgruppe zugehören

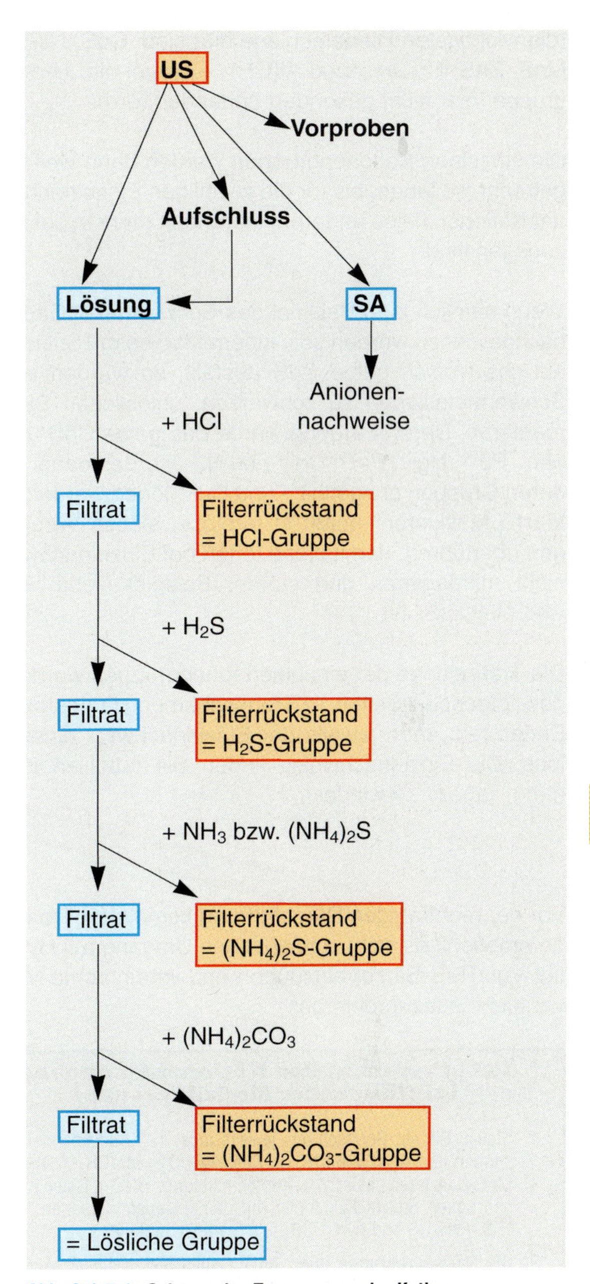

Abb. 3.1.5-1 Schema des Trennganges der Kationen (ohne Urotropingruppe)

Unter Ausnutzung verschiedender Löslichkeiten werden jeweils bestimmte Gruppen von Kationen als Niederschlag abgetrennt und einzeln auf die vorhandenen Ionen untersucht. Im Filtrat findet sich jeweils der Rest der Kationen, von dem dann mit dem nächsten Fällungsmittel die folgende Gruppe von Kationen abgetrennt wird.

Üb(erleg)ungsaufgaben

1. Welche Kationen gehören welchen Trenngangsgruppen an? Nennen Sie je Gruppe drei Beispiele!
2. Was würde sich an dieser Gruppenaufteilung der Kationen ändern, wenn man direkt nach Fällung der HCl-Gruppe Ammoniak und Ammoniumcarbonat zugeben würde?

(die wichtigsten Niederschläge hier sind: CoS, NiS, FeS, MnS, ZnS, $Cr(OH)_3$ und $Al(OH)_3$ – wobei die „Urotropingruppe" hier nicht gesondert behandelt wird).

Die einzelnen Kationengruppen werden dann weiter aufgetrennt, so lange, bis für die jeweiligen Einzelnachweise der Kationen keine anderen, störenden mehr in der Probe zugegen sind.

Wenn nämlich zum Beispiel das Schwermetall Cadmium nachgewiesen werden soll, indem man es mit Sulfidionen als das typisch gelbe CdS ausfällt, so würden andere Schwermetallionen zu schwarzen, unlöslichen Sulfiden reagieren. Deren Färbung würde das gelbe CdS übertönen. Pb^{2+}, Hg^{2+}, Fe^{2+}, Co^{2+} und Ni^{2+} werden daher in anderen Gruppen ausgefällt – und Cu^{2+}-Ionen werden **maskiert** („Maskieren" heißt: in farblose, stabile Verbindungen überführen, damit diese Ionen bei Einzelnachweisen nicht mitreagieren und stören; Beispiel siehe S. 163, Abb. 9: $[Co(SCN)_3]^-$).

Die Trenngänge der einzelnen Ionengruppen werden auf den folgenden Seiten in Trennschemen dargestellt. Am Ende steht dann jeweils der Einzelnachweis eines Kations. Die Einzelnachweise finden Sie tabelliert im Anhang, Tabelle 19 wieder.

Vor der mehrtägigen Durchführung kompletter Trenngänge empfiehlt es sich, zunächst den Umgang mit H_2S (giftig! Vgl. R-/S-Sätze) einzuüben und vereinfachte Modellversuche auszuprobieren:

Laborversuch: Der Kationentrenngang (einführender Modellversuch)

1. Stellen Sie ein Gemisch aus jeweils max. 1–2 ml folgender Lösungen her: $AgNO_3$, $Ba(NO_3)_2$, $Cu(CH_3COO)_2$, $Mn(CH_3COO)_2$ und MgO (Letzteres gelöst in 1 Tropfen halbkonz. HNO_3). Diese Kationen sollen Sie im Folgenden mit den Gruppenreagentien HCl, H_2S, $(NH_4)_2S$ und $(NH_4)_2CO_3$ in 5 Gruppen aufteilen.
2. **Die Salzsäuregruppe (hier: Ag^+):** Geben Sie zu dieser salpetersauren Mischung – der US – tropfenweise 2 mol/l Salzsäure, bis kein Niederschlag mehr entsteht. Filtrieren Sie das Gemisch. Testen Sie auf Vollständigkeit der Ausfällung schwer löslicher Chloride (hier: AgCl), indem Sie dem Filtrat 1 Tropfen konz. HCl zugeben (es darf nun kein Nd. mehr ausfallen, ansonsten erneut durch das zuvor benutzte Filter filtrieren!). Waschen Sie den Nd. im Filter mit dest. Wasser oder verdü. Salzsäure, um Reste gelöster Kationen der weiteren Gruppen mit in das Filtrat zu bekommen! Wenn Sie die Abtrennung der Salzsäuregruppe (hier: AgCl) vollständig durchgeführt haben, stellen Sie das Filtrat der HCl-Gruppe beiseite und weisen Sie das Silber nach, indem Sie den Filterrückstand durch Übergießen mit oder Lösen in verdü. NH_3 lösen. Beim Ansäuern mit HNO_3 muß AgCl erneut ausfallen.
3. **Die Schwefelwasserstoffgruppe (hier: Cu^{2+}):** Dampfen Sie das Filtrat der HCl-Gruppe nach Zugabe von 2–3 Tropfen konz. Salzsäure in einer Porzellanschale bis fast zur Trockene ein (zur Befreiung von Nitrationen). Der erkaltete, fast trockene Rückstand wird unter Erwärmen in etwa 0,5 ml 7 mol/l HCl gelöst und mit der Tropfpipette in ein Normal-Reagenzglas (RG) überführt. In die saure, warme Lösung gibt man (Abzug!) 2–4 ml Na_2S-Lösung, sodass Schwefelwasserstoff entsteht und die H_2S-Gruppe ausgefällt wird (hier: CuS). Nach 1 Minute wird die Lösg. mit dest. H_2O auf das Dreifache verdünnt, der pH-Wert geprüft (er muss unter pH = 6,5 liegen, da sonst im Basischen schon die nächste Gruppe ausfallen könnte – hier: MnS, rosa) und ggf. mit 1 Spatelspitze (SS) Natriumazetat und 1 Tropfen HCl auf pH ≅ 3–6 eingestellt (HAc/NaAc-Puffer). Der Sulfidniederschlag wird abfiltriert und im Filtrat mit einigen Tropfen verdünnter, mit Essigsäure angesäuerter Na_2S-Lösung auf Vollständigkeit der Fällung und pH-Wert geprüft. Der Nd. wird anschließend mit verdü. HAc angesäuerter Na_2S-Lösung (pH ≅ 3–6) gewaschen, um Reste gelöster Kationen der weiteren Gruppen mit in das Filtrat zu bekommen (Filtrat wiederum aufheben!). Der Nd. (hier: CuS) wird in ein Reagenzglas überführt, in 1–2 ml 4 mol/l HNO_3 (1 Teil konz. HNO_3, 2 Teile H_2O) unter Erwärmen gelöst, mit Soda neutralisiert und der Kupfernachweis mit Ammoniak durchgeführt.
4. **Die Ammoniumsulfidgruppe (hier: Mn^{2+}):** Das Filtrat der H_2S-Gruppe wird in einer Porzellanschale auf ca. 1 ml eingeengt, eine Spatelspitze NH_4Cl zugegeben (NH_3/NH_4Cl-Puffer, um Mg^{2+} in Lösung zu halten), zum Sieden erhitzt und tropfenweise konz. Ammoniak zugegeben (bis zur deutlich alkalischen Reaktion, also pH ca. 8–9). Der Nd. wird einige Minuten gelinde erwärmt und dann abfiltriert. 1 Tropfen des Filtrates wird mit einem Tropfen Blei-II-nitrat oder -azetatlösung versetzt, um auf Vollständigkeit der Fällung zu prüfen (Sulfidnachweis; Schwarzfärbung durch PbS zeigt Vollständigkeit der Fällung an). Der Nd. wird sofort mit stark verdünnter Na_2S-Lösung bei pH 8–9 gewaschen, um Reste gelöster Kationen mit in das Filtrat zu bekommen. Das Filtrat sollte nun farblos oder schwach gelb gefärbt sein, der Nd. – da hier aus der Ammoniumsulfidgruppe nur Mn^{2+} enthalten ist – schwach rosa. Er wird zwecks Mn-Nachweis halbiert: Mit einem Teil führe man die Oxidationsschmelze auf der Magnesiarinne durch (Nachweis als Permanganat), der andere Teil wird in ein RG überführt, in 1–2 ml 2 mol/l Essigsäure gelöst, mit 1 Tropfen konz. H_2O_2 zu Braunstein oxidiert und dieser in 1 ml halbkonz. HNO_3 gelöst und durch Zugabe von 1–2 ml konz. HNO_3 und Aufkochen mit Blei-IV-Oxid (PbO_2) als violettes Permanganat nachgewiesen (Nd. von ungelöstem PbO_2 absetzen lassen oder filtrieren!).
5. **Die Ammoniumcarbonatgruppe (hier: Ba^{2+}):** Das Filtrat der Ammoniumsulfidgruppe wird mit HCl angesäuert und zur Vertreibung von H_2S einige Minuten aufgekocht. Zur Entfernung der Ammoniumsalze dampft man dann – ggf. mehrmals – unter Zugabe von 1 ml konz. HNO_3 im Porzellanschälchen unter dem Abzug ab (NH^{4+} wird dabei zu N_2 und N_2O oxidiert) und der Rückstand über offener Flamme erhitzt (Sublimation der restl. Ammoniumsalze). Nach dem Abkühlen wird der Rückstand in 5–10 Tropfen 2 mol/l HCl und 1 ml H_2O aufgenommen, mit NH_3 eben alkalisch gemacht und mit 1–2 ml konz. $(NH_4)_2CO_3$-Lösung versetzt. Das Gemisch wird 1–2 Minuten bei Siedehitze gehalten, danach filtriert und das Filtrat auf Vollständigkeit der Fällung geprüft (mit 1 ml konz. $(NH_4)_2CO_3$-Lösung), der Nd. im Filter mit verdünnter $(NH_4)_2CO_3$-Lösung gewaschen.

   Weisen Sie im in HAc gelösten Nd. ($BaCO_3$) Ba^{2+} durch Fällung mit verdü. H_2SO_4 nach (grüne Flammenfärbung), im Filtrat (**„lösliche Gruppe"**) das verbliebene Mg-Salz wird mit reichlich festem NH_4Cl gepuffert und anschließend mit NH_3 versetzt. Nach Zugabe einer HPO_4^{2-}-Salzlösung fällt das weiße, feinkristalline Magnesiumammoniumphosphat-hexahydrat $MgNH_4PO_4 \cdot 6\ H_2O$ aus.

Zu den Trennschemen des Kationentrenngangs auf den folgenden Seiten 164 bis 169.

Abb. 1
Bleinachweis
In der Salzsäuregruppe wird in heißem Wasser lösliches Bleichlorid abgetrennt und – im Bild – im Filtrat durch Zugabe von NaI-Lösung nachgewiesen: Es entsteht ein intensiver gelber $\mathbf{PbI_2}$-Niederschlag.

Abb. 2
Silbernachweis
Silber-Kationen bilden bei Zugabe verd. Salzsäure zu Silbersiamminsalzlösung im Filtrat weiße **AgCl**-Niederschläge, die bei Zugabe von verd. NH_3 wieder löslich sind (pH 8–9).

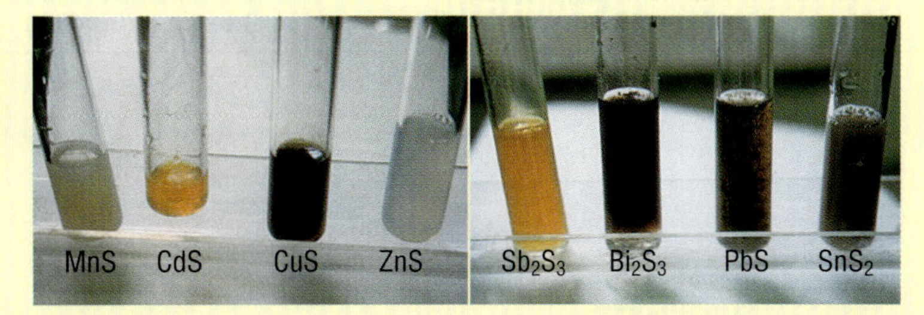

Abb. 3 und 4
Sulfid-Niederschläge
In der H_2S- und $(NH_4)_2S$-Gruppe werden Schwermetallsulfide getrennt. Im Bild links: **MnS, CdS** (gelb), **CuS, ZnS** (von links), rechts (ebenfalls von links): $\mathbf{Sb_2S_3}$, $\mathbf{Bi_2S_3}$, **PbS** (schwarz) und $\mathbf{SnS_2}$. Letzteres ist in Polysulfidlösung als Thiosalz löslich (As-Sn-Gruppe).

Abb. 5 und 6
Hydroxidniederschläge
Viele Buntmetallionen sind bei Laugezugabe an der Farbe erkennbar. Im Bild links (von links) $\mathbf{Fe^{3+}}$, $\mathbf{Cr^{3+}}$, $\mathbf{Al^{3+}}$ und $\mathbf{Ni^{2+}}$ in neutraler, wässriger Lösung, rechts nach Laugenzugabe. Es fallen aus: $\mathbf{Fe(OH)_3}$ rostbraun, $\mathbf{Cr(OH)_3}$ graugrün bis olivbraun, $\mathbf{Al(OH)_3}$ und $\mathbf{Ni(OH)_2}$ (apfelgrün). Kupfersalze (türkisblau oder – in HCl – grün) sind in konz. NH_3 löslich (vgl. hierzu Abbildung 3.1.2-1 oben rechts).

Abb. 7
Einengen
Im Laufe des Trennganges ist oft ein Einengen des Volumens durch **Sieden** erforderlich. Hier geschieht dies bei Filtraten, die die Färbung des Tetrachlorcupratkomplexes (grün, Cu-haltige US nach der Abtrennung der HCl-Gruppe) und des Chromates (nach dem alkalischen Bad in der $(NH_4)_2S$-Gruppe und dem Abfiltrieren des $Al(OH)_3$-Niederschlages) aufweisen.

Abb. 8
Nickel-DMG
Zum Nachweis von Nickelsalzen wird **Dimethylglyoximlösung** (in Ethanol) verwendet. Das Nachweismittel DMG bildet mit Ni^{2+}-Kationen himbeerrote, unlösliche Komplexe (Koordinationsverbindungen). Da DMG auch mit anderen zweiwertigen Buntmetallen NH_3 reagiert, müssen diese im Trenngang zuvor sauber abgetrennt werden!

Abb. 9
$\mathbf{[Co(SCN)_3]^-}$

Abb. 10
$\mathbf{Fe(SCN)_3}$

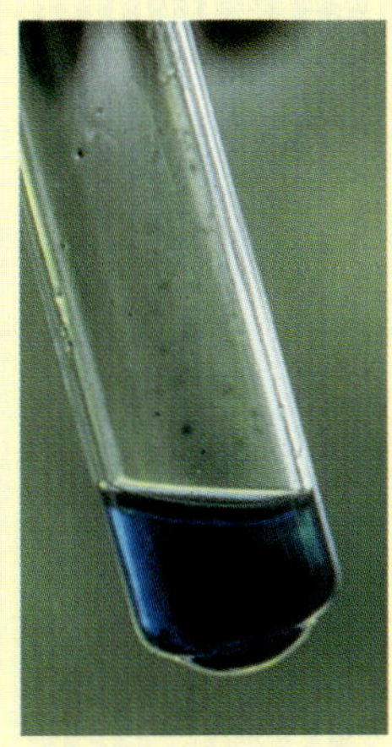

Abb. 11
Berliner Blau

Eisen und **Kobalt** sind einander sehr ähnlich. Eisen-III-Salze reagieren mit **Thiozyanatlösung** zu roten Komplexen (links), müssen also mit KF als farbloses $[FeF_6]^{3-}$ **maskiert** werden, wenn man gleichzeitig Co^{2+} nachweisen will (Mitte). Rechts der Alternativnachweis von Fe^{3+} mit gelbem Blutlaugensalz (als „Berliner Blau").

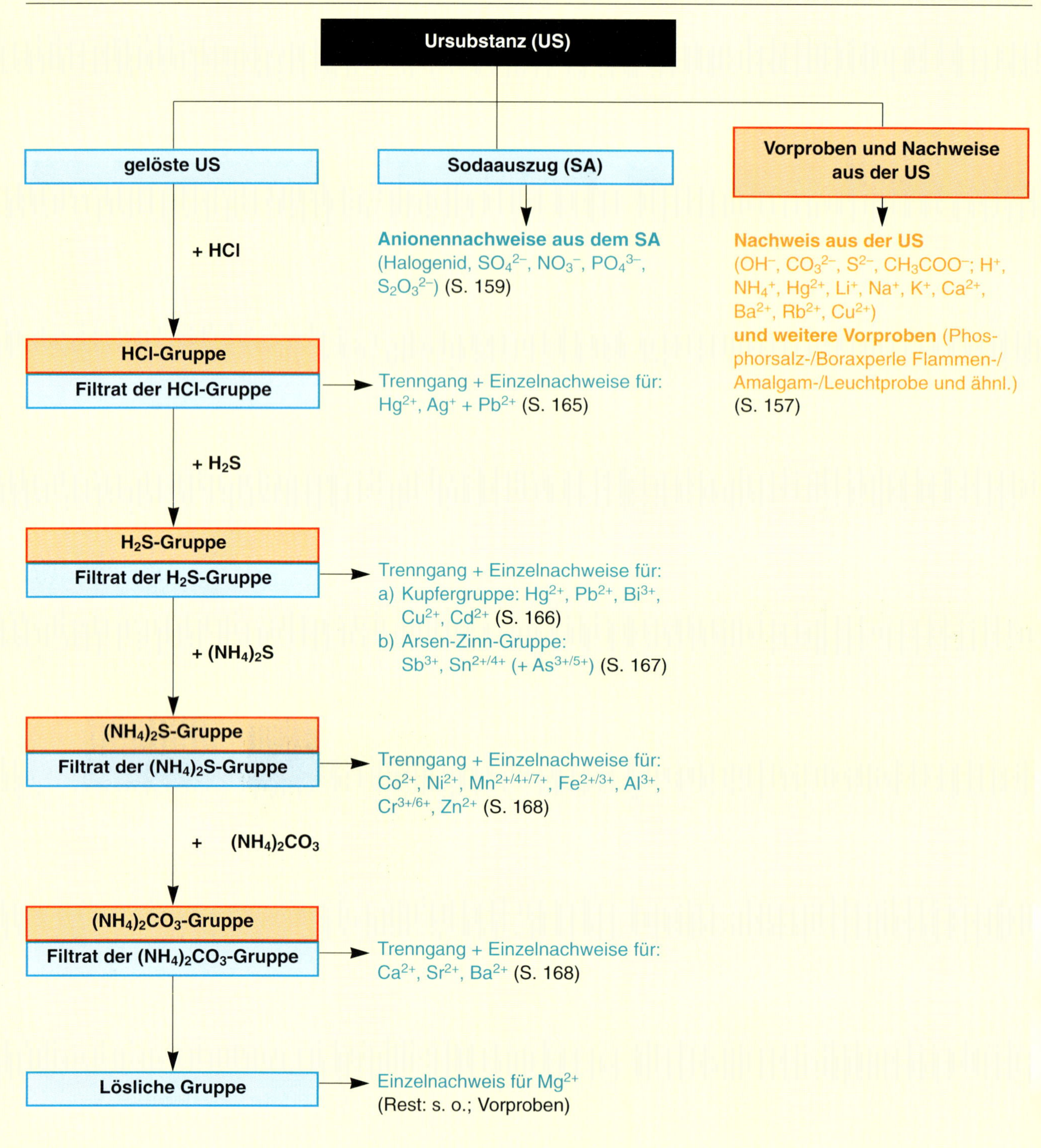

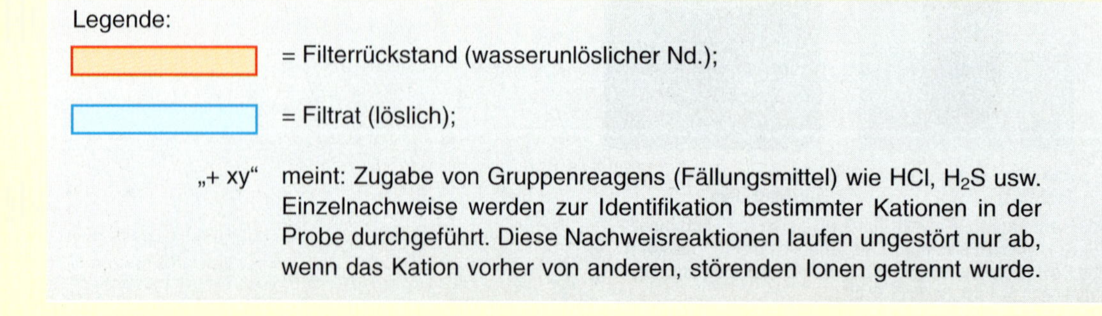

„+ xy" meint: Zugabe von Gruppenreagens (Fällungsmittel) wie HCl, H_2S usw. Einzelnachweise werden zur Identifikation bestimmter Kationen in der Probe durchgeführt. Diese Nachweisreaktionen laufen ungestört nur ab, wenn das Kation vorher von anderen, störenden Ionen getrennt wurde.

Gelöste Ursubstanz

→ In Königswasser schwer lösliche Rückstände der HCl-Gruppe: AgCl/AgBr (löslich in NH_3 konz.), $PbCl_2$ (in siedendem H_2O oder Weinsäure und NH_3 bzw. in konz. Ammoniumtartratlösung), $PbSO_4$ (in Ammoniumtartratlösung), Hg_2Cl_2 (in konz. HNO_3)

+ ca.1–2 ml 7 mol/l HCl, kalt filtrieren
+ Fällg. mit 1 Tr. konz. HCl prüfen

AgCl (weiß), $PbCl_2$ (weiß), Hg_2Cl_2 (weiß) | **Filtrat der HCl-Gruppe** → **(siehe H_2S-Gruppe,** S. 166)

1. TO: Nd. in ein RG überführen, ca. 1–2 ml H_2O und 1 Tropfen 2 mol/l HCl zugeben, aufkochen und **heiß** filtrieren (vorgewärmter Glastrichter) / **alternativ:** Nd. im Filter mit siedendem dest. H_2O übergießen (digerieren), Filtrat durch Sieden auf wenige ml einengen (= Abtrennung des Bleis: $PbCl_2$ löst sich in heißem Wasser, restlicher Niederschlag bleibt im Filter)

AgCl, Hg_2Cl_2 | **Pb^{2+} (farblos)** → Filtrat abkühlen lassen → **$PbCl_2$ (weiß)**

2. TO: Nd. mit 1–3 ml konz. NH_3 digerieren (oder im RG NH_3 konz. zugeben und filtrieren) (= Abtrennung des Ag vom Hg)

Filtrat im RG mit 1 Tropfen Chromatlösung als **Nachweismittel** versetzen (oder Iodid- oder Sulfidlösung)

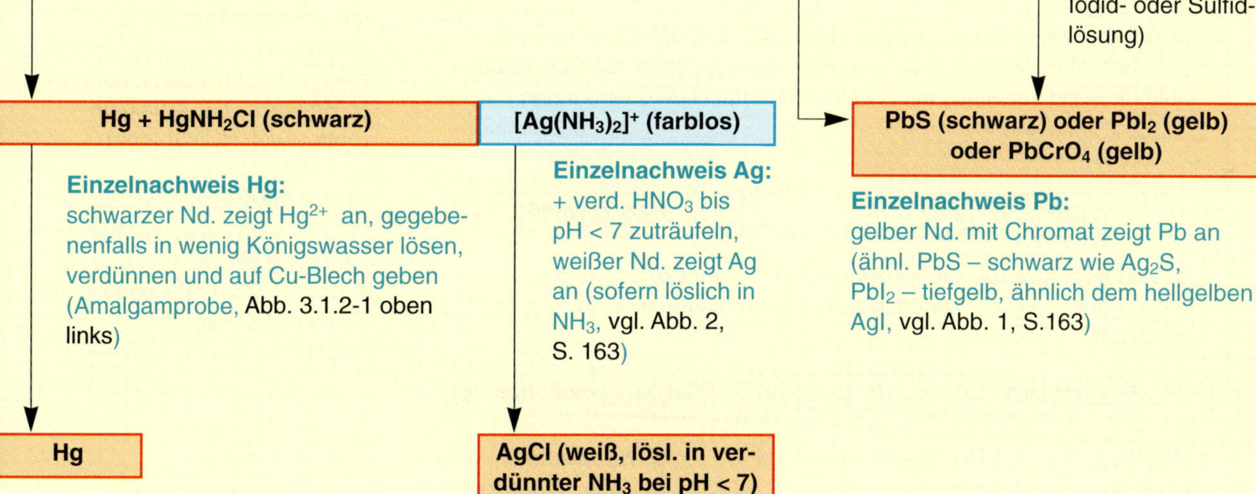

Hg

AgCl (weiß, lösl. in verdünnter NH_3 bei pH < 7)

= Filterrückstand (Niederschlag)

= Filtrat (Lösung)

TO = Trennoperation
Arbeitsschritt zur Auftrennung eines Ionengemisches; hier nummeriert: 1.TO, 2.TO usw.

Hinweise:

1. Wenn bei einer **korrekt** durchgeführten (!) TO ein Niederschlag ausbleibt, so kann der Teil des weiteren Trennganges, in dem dort aufgeführte Kationen weiter getrennt und nachgewiesen werden sollen, entfallen (Vermeidung unnötiger Versuche, Zeit- und Chemikalienersparnis!).
2. **Entsorgung:** Blei- und Quecksilbersalze sind **giftig!** Alle Abfälle sind daher in den Behältern für **Schwermetallabfälle** zu sammeln; Pb- und Hg- und NH_3-freie **Silberabfälle** werden gesondert gesammelt (Recycling), ebenso **quecksilberhaltige Abfälle** (in dicht schließenden Behältern!). Alle chromathaltigen Abfälle sind vor der Entsorgung im Schwermetallabfälle-Behälter mit konz. HCl und unedlem Metall zum dreiwertigen, grünen Chrom zu reduzieren! (R-/S-/E-Sätze im Einzelnen beachten!)

Filtrat der HCl-Gruppe

einige ml Filtrat im RG oder BG unter dem Abzug mit wenig $(NH_4)_2S$- [oder Na_2S] Lösung versetzen, ggf. mit verdünnter HCl wieder auf pH 4–5 bringen (mit HAc/NaAc puffern) und nach 1 min mit H_2O auf ca. 5 ml verdünnen, filtrieren und den Sulfidniederschlag mit neutralisierter, verdünnter $(NH_4)_2S$-Lösung waschen. 1/2 ml Filtrat auf ca. 1 ml verdünnen und erneut auf pH < 5 angesäuerte $(NH_4)_2S$-Lösung zugeben (= auf Vollständigkeit der Fällung im Sauren prüfen!)

Filterrückstand	Filtrat
HgS (schwarz), PbS (schwarz), CuS (schwarz), CdS (gelb), $As_2S_{3/5}$ (gelb), Sb_2S_3 (orange), Bi_2S_3 (braun), SnS_2 (braungelb)	**Filtrat der H_2S-Gruppe** → **siehe $(NH_4)_2S$-Gruppe,** S. 168

Niederschlag der H_2S-Gruppe in Rg überführen, mit 2 ml gelber Ammonium-polysulfidlösung auf ca. 50–60 °C erwärmen, unter Umrühren auslaugen und filtrieren. (Filtrat = Arsen-Zinn-Gruppe als lösliche Thiosalze, Filterrückstand = Kupfergruppe)

Filterrückstand	Filtrat
HgS, PbS, CuS, CdS, Bi_2S_3	**AsS_4^{3-}, SbS_4^{3-}, SnS_3^{2-}** → **siehe Arsen-Zinn-Gruppe (H_2S-Gruppe, Teil 2,** S. 167**)**

1. TO: (nur bei positiver Amalgamprobe!) bei ca. 50–60 °C im RG mit 1–2 ml ca. 4–7 mol/l HNO_3 erwärmen (1 Teil konz. HNO_3 und 1–2 Teile H_2O) (= Auflösen aller Sulfide bis auf HgS zur Abtrennung von Hg)

Filtrat	Filterrückstand
Pb^{2+}, Cu^{2+}, Cd^{2+}, Bi^{3+}	**HgS (schwarz)** → im RG in 0,5 ml Königswasser lösen, zur Trockene eindampfen (Abzug!), Rückstand in 5 Tropfen ca. 2 mol/l HCl aufnehmen und auf Cu-Blech geben (= Hg-Nachweis, Amalgamprobe – vgl. HCl-Gruppe)

2. TO: (nur bei positivem Pb-Nachw. in HCl-Gruppe!) 1/2 ml konz. H_2SO_4 zugeben, in Porzellanschale eindampfen (Abrauchen von SO_3-Nebeln), abkühlen und vorsichtig mit etwas verdünnter H_2SO_4 verdünnen

Filtrat	Filterrückstand
Cu^{2+}, Cd^{2+}, Bi^{3+}	**$PbSO_4$ (weiß)** → **Pb-Nachweis:** in Ammoniumtartratlösung lösen und Essigsäure (bis pH ca. 4–6) und 1 Tropfen Chromatlösung zugeben (vgl. HCl-Gruppe!)

3. TO: tropfenweise mit konzentriertem NH_3 versetzen (oder: erst mit K_2CO_3 oder Na_2CO_3 neutralisieren, danach verdünntes NH_3 zugeben) bis pH > 7

Filtrat	Filterrückstand
$[Cu(NH_3)_4]^{2+}$ (tiefblau), $[Cd(NH_3)_4]^{2+}$ (farblos)	**$Bi(OH)SO_4$ (weiß, flockig)**
Blaufärbung = Cu-Nachweis (Abb. 3.1.2-1 oben rechts). In Gegenwart von Cu mit Zyanidlösung (hochgiftig!) bis zur Entfärbung maskieren, 1 Tropfen Na_2S-Lösung zugeben: Gelber Nd. zeigt Cd an (= **Cd-Nachweis,** vgl. Abb. 3, S. 163)	**Bi-Nachweis** in verdünnter HNO_3 lösen, KI- oder NaI-Lösung zugeben, bis dass schwarzer Nd. von BiI_3 entsteht; im Überschuss von Iodid orangegelb lösen (oranger Komplex zeigt Bi an)
CdS (gelb)	**$[BiI_4]^-$ (orange)**

Legende:

- [rot umrandetes Feld] = Filterrückstand (Niederschlag)
- [blau umrandetes Feld] = Filtrat (Lösung)

TO = Trennoperation
Arbeitsschritt zur Auftrennung eines Ionengemisches; hier nummeriert: 1.TO, 2.TO usw.

RG = Reagenzglas
BG = Becherglas
HAc = Essigsäure (CH_3COOH)
Nd. = Niederschlag

AsS_4^{3-}, SbS_4^{3-}, SnS_3^{2-}

mit verdünnter HCl auf pH < 6 bringen, filtrieren, Filtrat verwerfen (falls Filterrückstand schwarz: erneut mit Ammoniumpolysulfid digerieren (siehe H2S-Gruppe, Teil 1), da Reste von HgS, PbS, CuS, Bi_2S_3 enthalten sind!)

As_2S_5 (gelb), Sb_2S_5 (orange), SnS_2 (braungelb)

4. TO: mit 7 mol/l HCl kurz aufsieden lassen und filtrieren (um Sb und Sn durch Lösen vom As zu trennen)

$[SbCl_6]^-$, $[SnCl_6]^{2-}$ (farblos) | **As_2S_3 / As_2S_5 (gelbweiß)**

HCl-Überschuss eindampfen, Rückstand in H_2O aufnehmen, Lösung für Einzelnachweise in 2 RG aufteilen

As-Nachweis: gelbweißen Nd. in wenig NH_3 geben, 1 Spatelspitze festes NH_4Cl zugeben (auf pH 7–10 puffern) und mit 3 Tropfen konzentriertem H_2O_2 aufkochen, 1 ml Mg-Salzlösung zugeben: Weiße Trübung zeigt As als Arsenat an (ähnlich wie Posphatnachweis!)

$MgNH_4AsO_4$ (weiß)

Sb-Einzelnachweis: Fe-Nagel in Lösung eintauchen, erwärmen, ca. 60 min stehen lassen (Sedimentation)

Sb (schwarz)

schwarze Flocken im RG in Königswasser lösen, mit konz. HCl abrauchen, Rückstand in 1 ml 2 mol/l HCl aufnehmen, Sulfidlösung zuträufeln oranger ND. zeigt Sb an

Sb_2S_3 (orange)

Sn-Einzelnachweise:

a) Leuchtprobe durchführen (vgl. Vorproben)
b) Phosphatnachweis mit Ammoniummolybdat und Phosphat durchführen, die so hergestellte, gelbe Molybdato-Phosphorsäure im RG mit etwas Lösung zusammengeben und ggf. neu aufkochen: Zinn-II-Salze reduzieren den gelben Nd. zu Molybdänblau (ebenso jedoch auch: alle anderen Reduktionsmittel; Antimon könnte stören!)

WARNHINWEIS:
Mit Giften wie KCN (S. 166), H_2S und Arsen sollte – wenn überhaupt – nur unter genauer Beachtung der GefStoffVO (R-/S-/E-Sätze) und mit kleinstmöglichen Mengen gearbeitet werden!
Deren Einsatz in allgemein bildenden Schulen ist zudem unzulässig!

[orange box] = Filterrückstand (Niederschlag)

[blue box] = Filtrat (Lösung)

TO = Trennoperation Arbeitsschritt zur Auftrennung eines Ionengemisches; hier nummeriert: 1.TO, 2.TO usw.

Hinweise zur Schwefelwasserstoffgruppe:

1. In Abwesenheit von Hg, Pb, As können entsprechende TO und Einzelnachweise entfallen! Einzelnachweise können zwecks Vergleichs-/Prüfmöglichkeit stets parallel mit dem nachzuweisenden Ion angefertigt werden! Auf saubere Trennung achten, sonst gehen Proben-Bestandteile verloren!
2. Falls in der Cu-Gruppe der CdS-Nd. schwarzbraun ist, so sind Reste von HgS und/ oder PbS vorhanden. Um sie abzutrennen ist der Nd. abzufiltrieren, mit 1 ml warmer verd. H_2SO_4 zu behandeln (wobei CdS wieder in Lösung geht), erneut zu filtrieren und im RG /im Filtrat Cd erneut nachzuweisen (Zugabe von je einigen Tropfen verd. NH_3- und $(NH_4)_2S$- oder ersatzweise Na_2S-Lösung).
3. Beim Bi-Nachweis kann das in HCl gelöste Bi alternativ folgendermaßen nachgewiesen werden:
   a) Lösung in Hitze mit einer ca. 1%igen, alkohol. Dimethylglyoximlösung und NH_3 bis pH > 8 versetzen (gelber Nd. zeigt Bi an – As, Sb, Ni, Co und Fe^{2+} stören) oder:
   b) neutralisierte Bi-Salzlösung einfließen lassen in kalte Hydroxostannat-II-Lösung (hergestellt aus gleichen Volumina 6 mol/l NaOH und einer Lösung von 1 g $SnCl_2$ und 1 ml 7 mol/l HCl (= halbkonzentriert) in 18 ml Wasser; in Kälte entsteht ein schwarzer Nd. von elementarem Wismut Bi)
4. Beim As-Nachweis kann mit dem As_2S_3-Nd. auch die Mahrsh'sche Probe durchgeführt werden (vgl. Vorproben). Auch können Boraxperlen mit diversen Niederschlägen als Nachweismöglichkeit genutzt werden!
5. Bei der Ausfällung von $BiOHSO_4$ kann bei fehlendem NH_3 auch weißes $Cd(OH)_2$ ausfallen, bei unsauberer Trennung restliches $PbSO_4$ (ebenfalls weiß)!

Filtrat der H_2S-Gruppe

Lösung mit NH_3 auf pH ≅ 10 und ca. +40 °C bringen, mit NH_4Cl puffern, $(NH_4)_2S$-Lösung zugeben; (Pufferung hält Mg^{2+} in Lösung, welches bei pH > 10 als $Mg(OH)_2$ weiß ausfällt)

CoS (schwarz), NiS (schwarz), MnS (rosa), FeS (schwarzbraun), ZnS (weißgelb), $Al(OH)_3$ (weiß), $Cr(OH)_3$ (grüngrau) | **Filtrat der $(NH_4)_2S$-Gruppe** → **siehe $(NH_4)_2CO_3$-Gruppe**

1.TO: mit H_2O im Filter waschen, bis dass das Filtrat farblos ist, unter dem Abzug in 0,5 m HCl geben, filtrieren (trennt Co + Ni) (bei Kolloidbildung mit 1 Spatel NH_4Ac und Filterpapierschnipseln aufkochen und neu filtrieren)

CoS (schwarz), NiS (schwarz) | **Mn^{2+}, Fe^{2+}, Zn^{2+}, Al^{3+}, Cr^{3+}**

in 1 ml konz. HCl mit 3–5 Tropfen 30%igem H_2O_2 oder Königswasser lösen, ggf. Schwefel abfiltrieren Cl_2 und H_2O_2 verkochen und Lösung für **Einzelnachweise** aufteilen (a/b)

a) **Ni-Einzelnachweis:** mit NH_3 auf pH > 7 bringen + Dimethylglyoximlösung zugeben, roter Nd. zeigt Ni an (Fe, Co, Cu stören) (vgl. Abb. 8, S. 163)

→ **Ni-DMG (rot)**

b) **Co-Einzelnachweis:** im RG neutralisieren, je 1 SS NaF und festes Thiozyanat zugeben und mit je 1–2 ml Ether und Amylalkohol schütteln: Blaue Etherphase zeigt Co an (Abb. 9, S. 163: Fe stört durch rotes $Fe(SCN)_3$!)

→ **$[Co(SCN)_4]^-$ (blau)**

2. TO:
a) H_2S-Überschuss verkochen,
b) Fe^{2+} mit konz. HNO_3 oxidieren,
c) zur Trockene eindampfen (Cl_2 entfernen, Abzug!),
d) mit H_2O_2 oder HAc aufnehmen,
e) mit K_2CO_3 auf pH ≅ 7–9 bringen,
f) in „alkalisches Bad" einfließen lassen, alkalisches Bad: 2 Spatel NaOH und 2 ml H_2O und 5–10 Tropfen H_2O_2 (30 %)
g) zum Sieden erhitzen und filtrieren (zur Abtrennung von Mn +Fe)

$MnO(OH)_2$ (schwarz), $Fe(OH)_3$ (rostbraun) | **CrO_4^{2-} (gelb), $[Al(OH)_4]^-$ (farblos), $[Zn(OH)_3]^-$ (farblos)**

Niederschlag in RG überführen, in wenig 7 mol/l HCl lösen

→ **Mn^{4+}, Fe^{3+}**

3.TO: (Abtrennung von Al)
a) H_2O_2-Überschuss verkochen (vgl. Abb. 7 rechts, S. 163),
b) mit HAc oder HCl neutralisieren,
c) mit NH_3 und NH_4Cl bei pH ca. 8–9 puffern,
d) zum Sieden erhitzen und weißen Niederschlag abfiltrieren

$Al(OH)_3$ (weiß) | **CrO_4^{2-} (gelb), $[Zn(NH_3)_6]^{2+}$ (farblos)**

Lösung für Mn- und Fe-**Einzelnachweise** aufteilen (a/b):

a) im RG mit konzentrierter HNO_3 eindampfen (entfernt Chlor), mit Rückstand zum **Mn-Nachweis** die Oxidationsschmelze durchführen (vgl. Vorproben) **oder** in verd. HNO_3 aufnehmen, mit 1 Spatel PbO_2 im RG) aufkochen und filtrieren: Rosaviolette Lösung zeigt Mn als Permanganat an!

→ **MnO_4^- (violett)**

b) **Fe-Nachweise:** mit Thiozyanatlösung roter Nd. oder mit Lösung von gelbem Blutlaugensalz $K_4[Fe(CN)_6]$ Bildung von Berliner Blau (vgl. Abb. 10 und 11, S. 163)

→ **$Fe(SCN)_3$ (rot) bzw. $Fe_2[Fe(CN)_6]$ (blau)**

Al-Einzelnachweise: als Thénards Blau oder mit Alizarin-S-Lösung:
a) Niederschlag mit 1 Tropfen verdünnter $Co(NO_3)_2$-Lösung auf Magnesiarinne erhitzen: $CoO + Al_2O_3 \rightarrow CoAl_2O_4$ (blau),
b) Niederschlag mit 1–3 Tropfen ammoniakalischer Alizarin-S-Lösung beträufeln (wird rotviolett, beim Ansäuern im RG gelb)

Cr-Nachweis: gelbe Färbung durch Chromat;
Zn-Nachweis: 1 ml mit HAc und NaAc auf ca. pH 4–6 puffern und Natriumsulfidlösung zuträufeln, weiße Trübung/Niederschlag zeigt Zn an (als ZnS) (vgl. Abb. 3, S. 163)

→ **ZnS (weiß)**

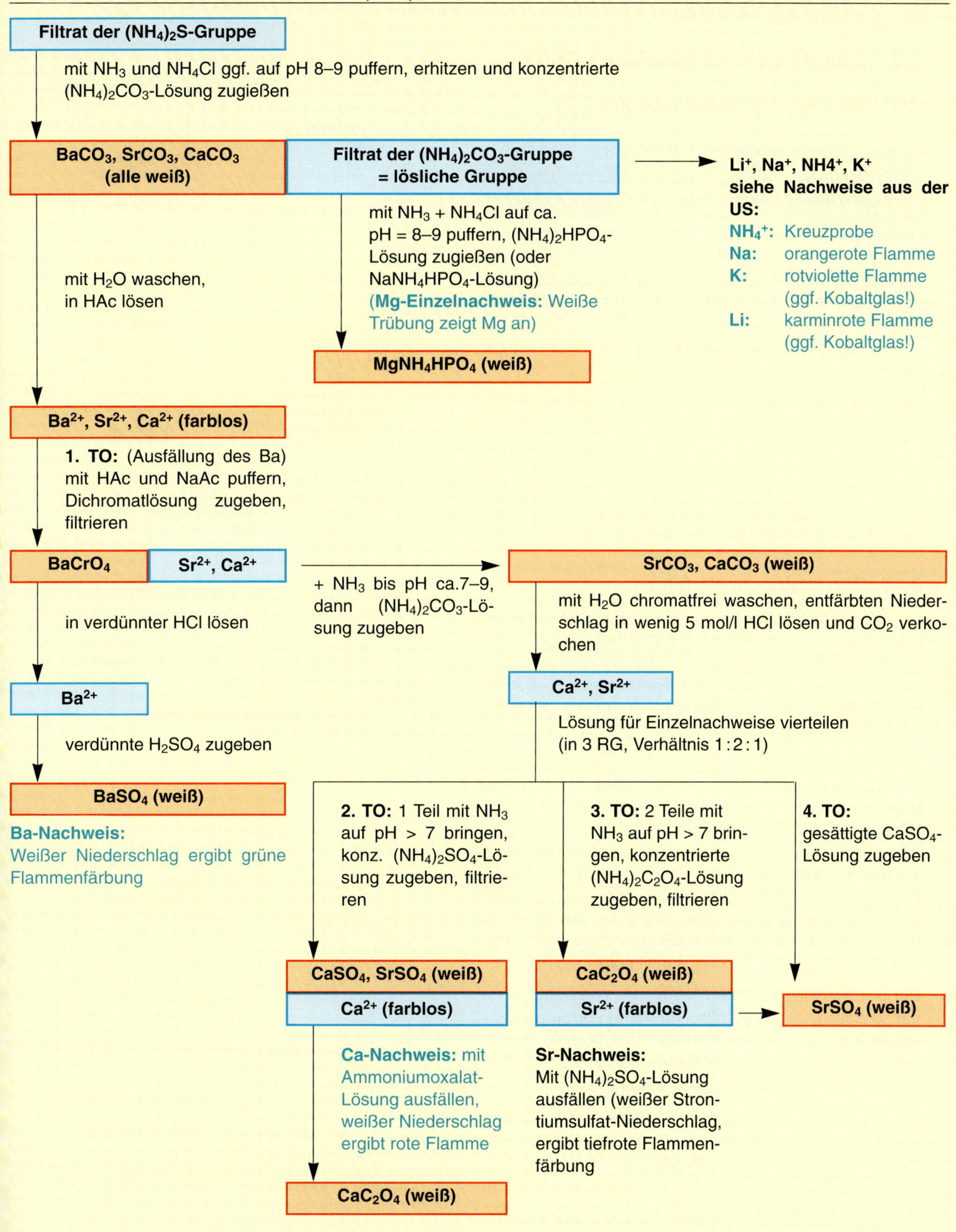

Hinweis:
Da im Laufe des Trennganges öfters NH_4^+- (und evtl. auch K-, Na-)Salze zugegeben werden (z. B. bei Benutzung von Na_2S statt $(NH_4)_2S$ oder beim Neutralisieren von Säure mit K_2CO_3 statt NH_3), würde ein Nachweis dieser Kationen aus dem Filtrat der $(NH_4)_2CO_3$-Gruppe das Ergebnis verfälschen!

3.2 Quantitativ-anorganische Chemie

3.2.1 Fällungs- und Maßanalysen

In der quantitativen Analytik stellt sich die Frage, welche **Stoffmenge *n*** eines bestimmten Stoffes in einer unbekannten Probe enthalten ist.

Hierzu könnte man die Lösung eines Reaktionspartners von bekannter Konzentration c zutropfen, bis dass der unbekannte Stoff vollständig verbraucht worden ist. Aus dem abgemessenen Volumen V der verbrauchten „Maßlösung" kann man dann auf die gesuchte Stoffmenge n zurückrechnen (Dieses Verfahren heißt **Volumetrie** bzw. **Titration**).

Der einfachste nasschemische Weg, die **Gravimetrie,** ist, den Stoff in Form eines **Niederschlages** auszufällen **(„Fällform")**, zu trocknen und auszuwiegen **(„Wägeform").** Aus der abgewogenen Masse m lässt sich nun berechnen, wie viel von dem ausgefällten Kation oder Anion in der Probelösung enthalten war (Stoffmengen-Konzentration c in **mol/l** oder Masse-Konzentration in **g/l**).

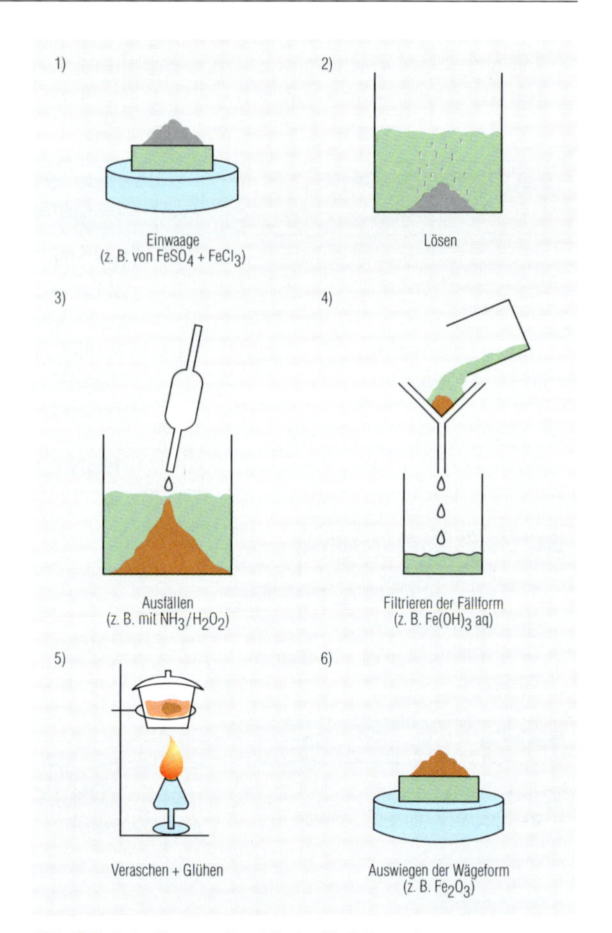

Abb. 3.2.1-1 **Das gravimetrische Verfahren der Fällungsanalyse**

3.2.2 Gravimetrische Verfahren

Das gravimetrische Verfahren wird auch **Fällungsanalyse** genannt und ist sinnvoll nur dann anwendbar, wenn der zu bestimmende Stoff sich quantitativ, also möglichst zu über 99,99 %, ausfällen lässt (**Fällformen** z. B.: $BaSO_4$ $PbSO_4$, AgCl, $Fe(OH)_3$ aq, $MgNH_4PO_4$, $PbCrO_4$, SiO_2 aq, SnO_2 aq, Ni-DMG, $CaC_2O_4 \cdot H_2O$).

Gegebenenfalls muss ein Niederschlag dann in eine halt- und wägbare, definierte Form (mit Gewichtskonstanz) überführbar sein – was in der Regel durch Trocknen und Glühen geschieht (**Wägeformen** z. B.: Fe_2O_3, $Mg_2P_2O_7$, SiO_2, SnO_2, $CaCO_3$ oder CaO; Trocknung ggf. auch im Exsikkator über Trocknungsmittel wie $CaCl_2$, sodass nur noch 0,2 mg Wasserdampf pro Liter Luft bei 25 °C verbleiben, H_2SO_4 konz. oder Al_2O_3, es verbleiben je 0,003 mg/l, oder mit Kieselgel $(SiO_2)_n$ bis auf 0,001 mg/l und mit P_4O_{10} – bis auf 0,00002 mg/l Luft).

Der Niederschlag muss ferner frei sein von fremden Ionen, die das Ergebnis verfälschen würden (**Fremdionen-Mitfällung** durch **Adsorption** (an Oberfläche), **Okklusion** (Miteinschluss) und **Inklusion** (Mischkristalle), Fällungsminderung durch Komplexbildner).

Die physikalisch-chemischen Grundlagen der Ausfällung wurden in Kapitel 2.1 vorgestellt, die zur stöchiometrischen Berechnung der Ausbeute bzw. Ausgangsstoffmenge in Kapitel 1.5.

Ggf. sind Tabellen mit molaren Massen, stöchiometrischen Faktoren, Löslichkeitsprodukten und weiteren Daten zur Versuchsauswertung heranzuziehen.

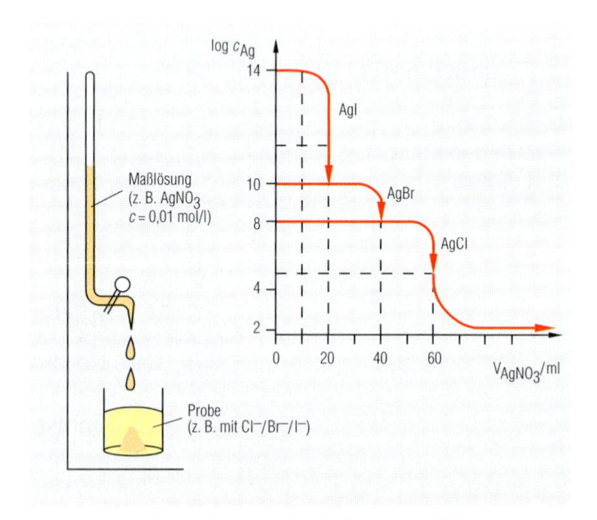

Abb. 3.2.1-2 **Das volumetrische Verfahren der Fällungstitration**

Bei einer **Fällungstitration** wird volumetrisch abgemessen, ab wann bei Zugabe einer Maßlösung des Fällungsmittels eine **Ausfällung** (Niederschlagsbildung) auftritt, jedoch ohne den Niederschlag gravimetrisch abzuwiegen (oder auch umgekehrt: bis dass sich ein Nd. löst); Umrechnung von $V_{\text{Fällungsmittel}}$ zurück auf c_{Probe}, oft über pK_L-Werte u. Ä. (bei Sulfid- und Hydroxid-fällung z. B. mit einem **Hägg-Diagramm: log c_{Metall}** wird aufgetragen gegen den **pH**).

3.2.3 Acidimetrische Verfahren (Säure-Base-Titration)

In Kapitel 2.2.3 wurde das volumetrische Verfahren der Säure-Base-Titration vorgestellt: Die unbekannte Konzentration einer Säure (oder Base) wird durch Zugabe messbarer Volumina **Maßlösung** (früher auch: Titrant, Titer) bekannter Äquivalent-Konzentration c_{eq} bis zum **Äquivalenzpunkt (ÄP)** bestimmt. Am Äquivalenzpunkt lässt sich aufgrund der Gleichheit der Stoffmengen $n_{Säure}$ und n_{Base} ($n_{Säure} = n_{Base}$) nun die zuvor unbekannte Konzentration $c_{Säure}$ aus dem verbrauchten Maßlösungs- bzw. Titervolumen V_{Base} errechnen:

$$c_{Säure} \cdot V_{Säure} = c_{Base} \cdot V_{Base}$$
$$\Rightarrow c_{Säure} = (c_{Base} \cdot V_{Base}) : V_{Säure}$$

(Umrechnung von $V_{Maßlösg.}$ auf c_{Probe} bzw. über die Äquivalentmenge
$n = m/z$: $n_{Probe} = c_{eq} \cdot V_{Titrant}/z_{Probe}$
(z = Wertigkeit, Anzahl der Protonen, $c_{eq} = c/z$).

Umgekehrt lassen sich auch Basen unbekannter Konzentration mit Säure-Titern (Maßlösungen) bestimmen. Die Konzentration der Maßlösung wird durch genaue Einwaage oder oft auch wiederum mithilfe genau einwägbarer **Urtiter** volumetrisch bestimmt.

Bei einer Volumetrie sind folgende **systematische Fehler** möglich:
- falsche Eichung (Pipette, Bürette, Titerlösung),
- Benetzungsfehler (fettige Bürette),
- Ablese- oder Parallaxefehler (an der Bürette),
- Ablauffehler (Wartezeit beachten!)

sowie zufällige oder **statistische Fehler** (Wägefehler, Überschreitung des ÄP).

Bei mehrwertigen (mehrprotonigen) Säuren wie z. B. der Schwefelsäure (H_2SO_4) ist hierbei zu berücksichtigen, dass von einwertigen Maßlösungen (z. B. KOH) die doppelte Stoffmenge benötigt wird. Liegen nun die (schwache) Säure und die dazugehörige (korrespondierende) Base in gleicher Konzentration vor, so folgt hier aus K_S entsprechend dem MWG: **pH = pK_S** (am Punkt halber Neutralisation). Über diese **„Halbtitration"** lässt sich somit der pK_S-Wert von Säuren durch pH-Messung bestimmen. Handelt es sich noch dazu um eine schwache Säure oder Base und deren Salz, so liegt ein „Puffergemisch" vor.

Berechnung einer Titration:

$n_{Probe} = n_{Maßlösg.}$, also auch:
$c_{eq} \cdot V_{Probe} = c_{eq} \cdot V_{Maßlösg.}$

Berechnung der Stoffmenge n bei Proben unbekannter Konzentration nach:
$n_{eq} = z \cdot n = c_{eq} \cdot V_{Maßlösg.}$ und:
$m_{Probe} = n_{eq\,(Maßlösg.)}\, M_{eq\,(Probe)}$
$= c_{eq} \cdot V_{Maßlösg.}\, M_{Probe} / z_{Probe}$

Früher wurde die Probe auch Analyt oder Titrand genannt, die Maß- oder Messlösung Titrator oder Titrant. Aufgrund zahlreicher Verwechselungen spricht man nun möglichst nur noch von **Probe** und **Maßlösung.**

Laborversuche zur Gravimetrie

1. Geben Sie zu 20 ml einer $FeCl_3$-Lösung mit c = 0,1 mol/l konz. Ammoniak bis zur deutlich alkalischen Reaktion (pH = 10). Erwärmen Sie die Lösung unter dem Abzug und filtrieren Sie den Niederschlag von Eisen-III-hydroxid in ein aschefreies Filterpapier. Prüfen Sie das Filtrat auf Vollständigkeit der Fällung, indem Sie es erneut mit einigen Tropfen konz. NH_3 versetzen. Überführen Sie den vollständig ausgefällten Niederschlag mitsamt Filter in einen abgewogenen, sauberen Porzellantiegel. Erhitzen Sie diesen im Tondreieck auf dem Vierfuß zunächst gelinde, später stärker, bis dass das verkohlende Filter vollständig verglüht ist. Bestimmen Sie nach dem Erkalten der Glut die Masse von Tiegel und Rückstand (Eisen-III-oxid) und berechnen Sie hieraus die ursprüngliche Eisenkonzentration.

   Auswertung: Eisen-III-chlorid hat eine molare Masse von 152,35 g/mol. Daher benötigen Sie 15,235 g Eisen-III-chlorid für 1000 ml 0,1molare Lösung.
   20 ml hiervon enthalten also 1 : 50 = 0,002 mol oder 2 mmol Eisenionen. Diese reagieren bei 100 % Ausbeute zu 1 mmol Eisen-III-oxid; Schemen:
   $FeCl_3$ (aq) + 3 NH_3 + 3 H_2O
   $\rightarrow Fe(OH)_3 + 3\, NH_4^+ + 3\, Cl^-$ und beim Glühen:
   $2\, Fe(OH)_3 \rightarrow Fe_2O_3 + 3\, H_2O$ (gasförmig).
   Wie hoch war Ihre Ausbeute bzw. Eisen-Ionen-Konzentration?

2. Genau 10 ml einer vom Lehrer bereit gestellten Bariumchlorid-Probelösung wird zur Ausfällung der Bariumionen als Sulfat mit verdünnter Schwefelsäure in der Kälte versetzt. Die Suspension wird filtriert. Das Filtrat wird mit 1 Tropfen konzentrierter Schwefelsäure auf Vollständigkeit der Fällung überprüft. Der Filter mit dem gesammelten Niederschlag wird in einem ohne Deckel leer eingewogenen Porzellantiegel über der Sparflamme getrocknet und durch langsames stärkeres Erhitzen zum Verkohlen und Verglühen gebracht. Bei schwacher Rotglut werden die letzten Kohlereste verbrannt. Der erkaltete Tiegel wird erneut gewogen, um die Masse an Bariumsulfat zu bestimmen und hieraus im Versuchsprotokoll zu berechnen, wie viel Bariumionen in der ausgestellten $BaCl_2$-Lösung waren (Konzentration in g/l und mol/l). Der Versuch wird zum Erreichen einer höheren Genauigkeit mindestens einmal wiederholt!

Abb. 3.2.3-1
Durchführung einer Säure-Base-Titration im Labor

Hierbei existieren folgende drei Anforderungen an Maßlösungen (Titer, Titrant):
1. einfache und reproduzierbare Herstellung,
2. Stabilität der Konzentration gegenüber Wärme-, Licht- und atmosphärischer Beeinflussung,
3. hohe Äquivalentmasse (mindert Einwaagefehler).

Urtiter zur Einstellung von Säuren sind z. B. Soda und Kaliumhydrogencarbonat, zur Einstellung von Basen nimmt man Kaliumhydrogenphthalat (M = 204,2 g/mol), KOOC–C_6H_4–COOH.

Insgesamt existieren folgende Titrations-Verfahren:

1. **Direkte Titration** (Probe vorlegen, mit Messlösung titrieren; s. o.)

   und falls die Probe direkt nicht bestimmt werden kann:

2. **Rücktitration** (abgemessenes Volumen Maßlösung im Überschuss zugeben, von der Probe unverbrauchte Menge „zurück-"titrieren),
3. **Umgekehrte Titration** (Bestimmtes Volumen Maßlösung vorlegen und mit Probelösung bis zum ÄP titrieren),
4. **Substitutionstitration** (Probe nicht mit Messlösung, sondern einer bekannten Verbindung derselben umsetzen und die dabei frei werdende, der Probe äquivalente Menge zurücktitrieren)

   – auch als **indirekte Titration** bezeichnet, wenn stattdessen eine bekannte Verbindung der Probe volumetrisch bestimmt wird, um über den Verbrauch auf die unbekannte Probmenge zurückzurechnen.

3.2.4 Oxidimetrische Verfahren (Redoxtitrationen)

Entsprechend den volumetrischen Verfahren, die Protolysereaktionen nutzen (Säure-Base-Titration), gibt es auch solche, die Elektronenübertragungsreaktionen nutzen. Das Redoxpotential für die Reaktion wird nicht instrumentell gemessen, sondern am ÄP erfolgt – ggf. bei Zusatz eines **Redoxindikators** – ein sichtbarer Farbumschlag.

3.2

Entweder werden Oxidationsmittel in Maßlösungen für reduzierende Proben eingesetzt (= Oxidimetrie) oder Reduktionsmittel für oxidierende Probelösungen (= Reduktometrie); das allgemeine Schema lautet:
red (= reduzierte Form) ↔ **ox** (=oxidierte Form) + $\boldsymbol{z}\ \mathbf{e^-}$
(für das Redox-Gleichgewicht $ox_1 + red_2 \leftrightarrow ox_2 + red_2$ erfolgt die Rückrechnung dann mithilfe des Redox-Reaktionsschemas von $\boldsymbol{V_{\text{Maßlösg.}}}$ auf $\boldsymbol{c_{\text{Probe}}}$ bzw. $\boldsymbol{m_{\text{Ion}}}$ – z. B. über: $c_{red1} = c_{ox2}$ und $c_{red2} = c_{ox1}$).

Zur **Oxidimetrie** existieren oxidierende Maßlösungen wie:

a) $KMnO_4$ (Manganometrie, Äquivalenzzahl $z = 5$ bei pH < 7, z. B. zur Bestimmung von für Fe^{2+}-, Oxalat-, Peroxid- und Nitrit-Ionen, im Neutralen auch von Mn^{2+} nach Volhard-Wolff),
b) $KBrO_3$ (Bromatometrie, $z = 6$, z. B. für Ionen von As, Sn, Sb, Tl und NH_4^+),
c) $K_2Cr_2O_7$ (Dichromatometrie, $z = 6$, z. B. für Fe^{2+}-Ionen),
d) KIO_3/KI (Iodometrie, $z = 1$, ggf. Rücktitration mit **Thiosulfat**), – und:
e) $(NH_4)_2[Ce(SO_4)_3]$ (Cerimetrie, $z = 1$, z. B. für Ionen von Sn, Fe, As und Peroxid).

Zur pH-Berechnung bei Säuren und Laugen:

a) einwertige Säuren und Basen:
starke Säure: $\mathbf{pH = -log}\ c_{\text{Säure}}$
starke Base: $\mathbf{pH = pK_W + log}\ c_{\text{Base}}$
schwache Säure: $\mathbf{pH = 1/2\ (pK_S - log}\ c_{\text{Säure}})$
schwache Base: $\mathbf{pH = pK_W - 1/2\ (pK_B - log}\ c_{\text{Base}})$

b) mehrtwertige Protolyten und Gemische:
Mischung aus zwei starken Protolyten 1 + 2 (z. B.: Säuren):
$c(H^+) = c_1 \cdot V_1 + c_2 \cdot V_2 / V_1 + V_2$ bzw.:
$c_1 \cdot V_1 \pm c_2 \cdot V_2 = c(V_1 + V_2)$

Mischung zweier schwacher Protolyte (mit zwei verschiedenen K_S-Werten K_1 und K_2 und den Anfangskonzentrationen $c_1 + c_2$):
$c(H^+) = \sqrt{(K_1 \cdot c_1 + K_2 \cdot c_2)}$

Mehrwertige Säuren (Dissoziationsstufen 1 + 2) und ebenso Mischungen eines starken Protolyten (Säure 1) und eines schwachen Protolyten (Säure 2 mit K_S-Wert K_{S2}):
$c(H^+) = \frac{c_1}{2} + 1/2 \sqrt{(c_1^2 + 4\ K_{S2}\ c_2)}$

c) Salzlösungen und Hydrogensalze, die der Autoprotolyse unterliegen:
$\mathbf{pH = 1/2\ (pK_{S1} + pK_{S2})}$ oder:
$c(H^+) = \sqrt{(K_{S1} \cdot K_{S2})}$,
Umrechnung über korrespondierende Säure-Base-Paare: $\mathbf{pK_S + pK_B = 14}$.

Üb(erleg)ungsaufgaben zu Neutralisations- und Redoxtitrationen

1. Für folgende Proben wurden jeweils 21,5 ml einer Natronlauge-Maßlösung der Konzentration c = 0,01 mol/l verbraucht – berechnen Sie den Säuregehalt der angegebenen Proben in mmol/l.

   Folgende Proben wurden titriert:
   a) 10 ml Salzsäure,
   b) 25 ml Essigsäure,
   c) 20 ml Kaliumhydrogensulfatlösung,
   d) 5 ml Schwefelsäure,
   e) 50 ml Phosphorsäure,
   f) 110 ml Fruchtsaft (enthält Zitronensäure).
   pK_S-Werte vgl. Kap. 2.2.2 und Tabellen im Anhang!

Abb. 3.2.4-1 Redoxtitration
(Oxalat, manganometrisch)
(Zu Redoxreaktionen allgemein vgl. Kap. 2.2.5 und 2.2.8)

Zur **Reduktometrie** nimmt man z. B. Maßlösungen von $FeSO_4$ (Ferrometrie, $z = 1$, zur Bestimmung z. B. von Chromat- und Vanadin-Ionen), $Na_2S_2O_3$ (Thiosulfat, vgl. oben unter Iodometrie, bei pH > 6,9 ; $z = 2$) und $TiCl_3$ (Titanometrie, $z = 1$, für Eisen-III-Kationen, Nitrat und Chlorat).

Iod (aus KIO_3 + KI im Sauren) kann **oxidimetrisch** zur Bestimmung von Hg, Sn, Sb, As, Sulfid und Sulfit genutzt werden **oder reduktometrisch** (als KI, Rücktitration mit Fixiersalzlösung $Na_2S_2O_3$) für Halogenate (ClO_3^-, BrO_3^- und IO_3^-), CN^-, SCN^-, CO, H_2O_2, SeO_4^{2-}, MnO_2, PbO_2, Cu-, Cr- und Co-Ionen („Iodometrie").

3.2.5 Komplexometrische Verfahren

Bei der Komplexbildungs-Titration **(Komplexometrie)** werden Maßlösungen eingesetzt, die **koordinative Bindungen** mit den Ionen der Probelösung eingehen (als **Liganden** eines stabilen, stöchiometrischen Komplexes).

Besonders gut eignen sich hier Liganden mit mehreren Koordinationsstellen („**mehrzähnige** Liganden", **Chelate, Komplexone**), also z. B. Aminopolycarbonsäuren wie die Ethylendiamintetraessigsäure **(EDTA)**, deren Dinatriumsalz („Titriplex III"), Triethylentetramin **(„trien")**, Alkan-1,1-Diphosphonsäuren oder cyclische Kronenether mit der Formel: $-(-CH_2-O-CH_2-)_6-$.

Dabei können ionische Komplexe entstehen oder „innere" Komplexe (neutrale Chelate, Nichtelektrolyte) – Letztere sind meist wasserunlöslich und bilden farbige Niederschläge, die gravimetrisch bestimmt werden.

Als Maß für die thermodynamische Stabilität der Komplexe rechnet man mit der Komplexbildungskonstante $\mathbf{K_{Bildg.}}$ oder deren Kehrwert, der Komplex-Dissoziationskonstante $\mathbf{K_D = 1 / K_{Bildg.}}$ (vgl. Kapitel 2.2.9).

Bei der Titration mit EDTA im ammoniakalischen Medium (Puffer: NH_3 (konz) / NH_4Cl) liegt der Ligand als Tetraanion vor, NH_3 verhindert zudem als **Hilfskomplexbildner** die Ausfällung der Kationen als Metallhydroxide. Hier ergibt sich der $K_{Bildg.}$-Wert für das Metallkation Me^{z+} und das EDTA-Tetraanion aus dem Reaktionsschema $Me^{z+} + z\ EDTA^{4-} \leftrightarrow [Me(EDTA)]^{z-4}$ nach dem MWG zu:

$$K_{Bildg.} = \frac{c([Me(EDTA)]^{z-4})}{c(Me^{z+}) \cdot c(EDTA^{4-})}$$

– er beträgt zwischen $10^{-7,8}$ (bei Ba^{2+}) und $10^{-25,1}$ (bei Fe^{3+}). Am ÄP gilt dann die Beziehung

$$c(Me^{z+}) = \sqrt{\frac{c_0}{K_{Bildg.}}} \quad \text{bzw.}$$

$$pM = -\tfrac{1}{2}(\log c_0 - \log K),$$

Üb(erleg)ungsaufgaben zu Neutralisations- und Redoxtitrationen

1. Erstellen Sie die Reaktionsschemen für die Redox-titration folgender Probelösungen:
   a) $FeSO_4$ und $C_2O_4^{2-}$ – manganometrisch im Sauren,
   b) NO_2^- und H_2O_2 – ebenfalls manganometrisch im Sauren,
   c) $FeSO_4$ dichromatometrisch,
   d) $Na_2S_2O_3$ iodometrisch (es bildet sich Tetrathionat $S_4O_6^{2-}$) und auch
   e) Mangan-Bestimmung nach Volhard-Wolff (Komproportionierung von Permanganat und Mangan-II-Kationen im Neutralen und bei ca. +85 °C zu Braunstein, MnO_2).
2. Berechnen Sie, wie viel ml einer schwefelsauren $KMnO_4$-Maßlösung der Konzentration c = 0,5 mol/l voraussichtlich verbraucht werden, wenn folgende Proben titriert werden:
   a) 1 ml konz. Wasserstoffperoxid (Konzentration: 30 Masse%),
   b) 20 ml Oxalsäure (c = 2 mol/l),
   c) 10 m $FeSO_4$-Lösung (c = 0,04 mol/l).
3. 100 ml einer $FeCl_3$-Lösung werden mit 20 ml $SnCl_2$-Lösung (= Überschuss) vollständig in Fe^{2+} überführt und das überschüssige Sn^{2+} mit $HgCl_2$-Lösung beseitigt. 10 ml dieser reduzierten Probe-lösung werden mit einer 7,5 ml schwefelsaurer Permanganat-Maßlösung (c = 0,1 mol/) titriert. Wie viel Eisen enthielt die Probelösung (als $FeCl_3$)?

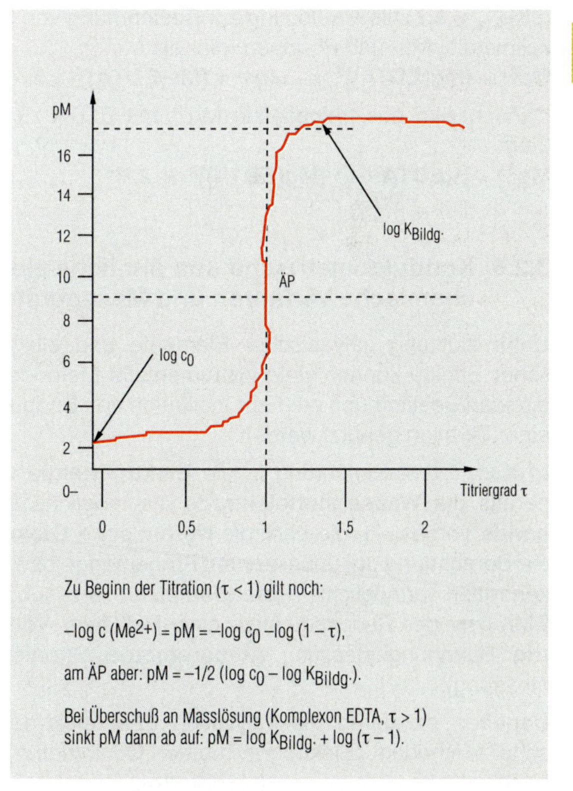

Abb. 3.2.5-1 **Titrationskurve der komplexometrischen Titration von 0,1 mol/l Aluminiumsalz-lösung (K = 10^{-16}) mit EDTA**

wobei c_0 die Anfangskonzentration des Metallkations in der Probelösung darstellt und pM den negativen, dekadischen Logarithmus der Konzentration freier Kationen am Äquivalentpunkt (ÄP).

Als komplexometrische **Indikatoren** setzt man Komplexbildner ein, deren $K_{Bildg.}$-Wert kleiner als der der Maßlösung ist und eine andere Farbe aufweist als der freie Indikator. Meistens sind das mehrwertige, organische Säuren – deren Umschlagsbereich und Färbung sind somit pH-abhängig (z. B. „Erio-T", das Mononatriumsalz einer dreiwertigen Säure, oder Calconsäure, Murexid – ein Ammoniumsalz der Purpursäure – und Sulfosalizylsäure, **$HO{-}C_6H_3(COOH){-}SO_3H$).**

Direkte Titration kann vorgenommen werden, wenn eine rasche, quantitative Komplexbildung erfolgt (z. B. Pb + Mn mit KNa-Tartrat, Fe^{3+} mit 5-Sulfosalizylsäure, Ni + Co mit Murexid oder bei EDTA), ansonsten wird ein Überschuss Komplexon eingesetzt und mit $ZnSO_4$ oder $MgSO_4$ **zurücktitriert.** Auch Anionen werden zurücktitriert, nachdem man sie mit einem bestimmten Überschuss an Kationen ausgefällt (z. B. als CaF_2, $BaSO_4$, $MgNH_4HPO_4$ oder $PbMoO_4$) und unverbrauchte Kationen komplexometrisch erfasst hat.

Auch **Substitutionstitrationen** sind gebräuchlich, da Komplexe ja oft über Ligandenaustausch reagieren.

Somit eignet sich z. B. auch ein Mg^{2+}-EDTA-Komplex ($pK_{Bildg.}$ = 8,7) als Maßlösung zur Bestimmung von Erdalkalimetall-, Mn- und Pb-Ionen (hier als Me^{2+}):

$$Me^{2+} + [Mg(EDTA)]^{2-} \leftrightarrow Mg^{2+} + [Me(EDTA)]^{2-}.$$

Danach wird das freigesetzte Mg^{2+} mit EDTA zurücktitriert:

$$Mg^{2+} + H_2EDTA^{2-} \leftrightarrow [Mg(EDTA)]^{2-} + 2\,H^+.$$

3.2

3.2.6 Konduktometrische und ähnliche elektrochemische Verfahren und Messgeräte

Unter Nutzung galvanischer Elemente und elektrolytischer Effekte können viele instrumentelle Methoden zur direkten Bestimmung oder zur Indikation des Endpunktes einer Titration genutzt werden.

In Kap. 2.2.8: Einführung in die **Elektrochemie** wurde bereits die **Wasserstoffelektrode** als mögliche **Messsonde** vorgestellt, die über die **Nernst'sche Gleichung** die Berechnung der unbekannten Probemenge bzw. Konzentration ermöglicht (**Potentiometrie:** Messung der EMK bzw. des Redoxpotentials einer Halbzelle, **Voltametrie:** Spannungsmessung, **Amperometrie:** Stromstärkemessung).

Daneben existieren elektrolytische bzw. elektrochemische Methoden (Elektrogravimetrie, Coulometrie) und Leitfähigkeitsmessungen **(Konduktometrische Titration)** – einen Überblick hierzu bietet die zusammenfassende Tabelle 20 im Anhang.

Laborversuche: Komplexometrische Titration mit Na_2H_2-EDTA-Lösung

1. **Wasserhärtebestimmung:** 200 ml Leitungswasser werden bis zum Erreichen von pH = 12 tropfenweise mit verdünnter Natronlauge versetzt und 1 ml frisch zubereitete, gesättigte, wässrige Murexid-Lösung als Indikator zugegeben. Dann wird sofort mit 0,01 mol/- Na_2H_2EDTA-Lösung titriert (bis zum Farbumschlag von rot nach blauviolett). Aus der verbrauchten Na_2H_2EDTA-Menge können Sie die Konzentration der **Ca^{2+}-Ionen** im Wasser berechnen. Wenn die austitrierte Lösung mit etwa 0,5 ml konz. HCl angesäuert und auf ca. 75–85 °C erwärmt wird, so kann auch noch der Gehalt an **Mg^{2+}-Ionen** bestimmt werden: Geben Sie zu der noch warmen Lösung eine Indikator-Puffertablette und tropfenweise konz. NH_3-Lösung, bis in etwa pH = 10 erreicht wird. Titrieren Sie dann sofort mit der Na_2H_2EDTA-Lösung (0,01 mol/l) bis zum Farbumschlag von rot nach grün, um den Gehalt an Mg^{2+}-Ionen auszurechnen.

   Die Gesamtmenge an Ca^{2+}- und Mg^{2+}-Ionen entspricht der „Wasserhärte": 1 mmol Erdalkali-Kationen pro l Wasser entspricht 5,6° deutscher Härte (1 °dH = Lösung von 10 mg CaO in 1 l H_2O ≅ 0,18 mmol Erdalkaliionen/l. Wasser mit 0–1,3 mmol Erdalkali/l gilt als weich (≅ 0–7 °dH), mit 1,3–2,5 mmol/l als mittelhart (≅ 7–14°dH), mit bis zu 3,8 mmol/l oder 21 °dH als hart und darüber als sehr hart.

2. **Eisenbestimmung:** 100 ml einer Probelösung, die bis zu 20 mg Eisen als Fe^{3+} enthalten darf, wird durch tropfenweise Zugabe von konz. HCl auf etwa pH = 2,5 eingestellt und einer Spatelspitze Sulfosalicylsäure als Indikator versetzt. Titrieren Sie mit Na_2H_2EDTA-Lösung (c = 0,02 mol/l) und geben Sie gegen Ende der Titration erneut eine Spatelspitze Indikator hinzu.
   Sollte Ihre Probelösung auch Fe^{2+}-Ionen enthalten, so können diese vor Titrationsbeginn oxidiert werden, indem man die Probelösung mit 2 ml konz. HNO_3 aufkocht.

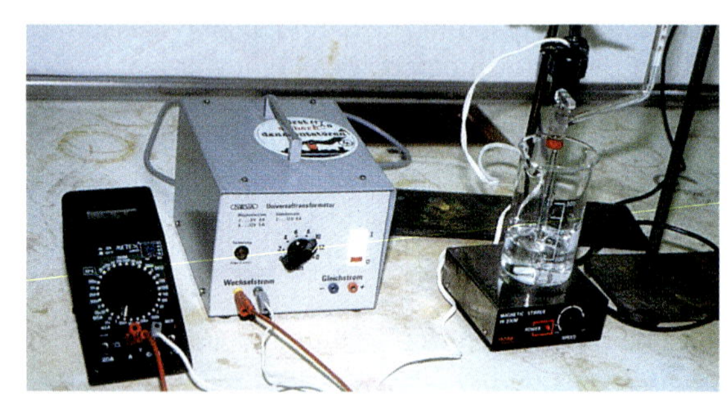

Abb. 3.2.6-1 **Konduktometrie**

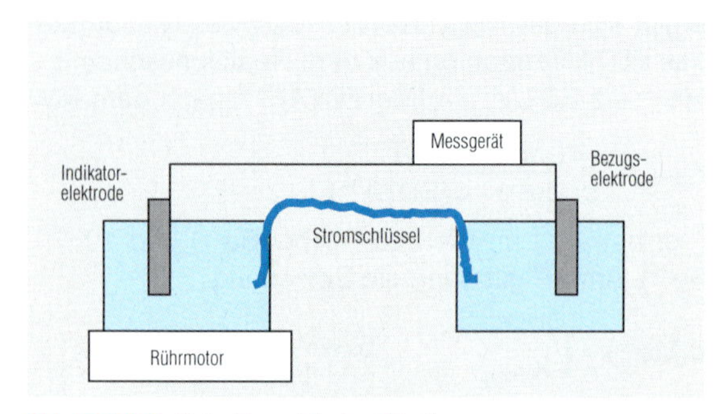

Abb. 3.2.6-2 **Potentiometrische Titration**

Bei der **Elektrogravimetrie** wird das zu bestimmende Ion elektrolytisch an der Kathode (= Elektronendonator, Minuspol) oder Anode (= Elektronenakzeptor, Pluspol) abgeschieden. Da nach dem Faraday'schen Gesetz Ladungsmenge Q und Quotient aus Masse m und Ionenladung z proportional zueinander sind (1 Äquivalent m/z = 1 Faraday (F) = 96485 Coulomb), kann auch über die Beziehung $\boldsymbol{m = M \cdot Q / z \cdot F}$ aus der eingesetzten Ladungsmenge Q (in Coulomb) auf die Masse der Probe zurückgerechnet werden (**Coulometrie,** coulometrische Redox-Titration), wenn Reduktion bzw. Oxidation zu einer definierten Oxidationsstufe führen und keine Nebenreaktionen bei der Elektrolyse auftreten ($\boldsymbol{Q = I \cdot t}$, Ohm'sches Gesetz: $\boldsymbol{U = R \cdot I}$).

Bei der **konduktometrischen** Titration (mit Wechselstrom, zur Vermeidung von Elektrolyse!) wird hingegen die Änderung der **Leitfähigkeit** $\varkappa$ der Lösung am ÄP erfasst (gemessen wird zunächst der Widerstand R oder der **Leitwert** $\boldsymbol{L = 1 / R}$, also Änderungen der Leitfähigkeit in Abhängigkeit von zugegebenem Volumina einer Maßlösung; es erfolgt dann eine Umrechnung über die Beziehung $\boldsymbol{L = 1 / R = \varkappa \cdot A / s}$, wobei A die Elektrodenfläche und s deren Abstand voneinander darstellen).

Die konzentrationsunabhängige **Äquivalentleitfähigkeit** $\boldsymbol{\Lambda_{eq}}$ als Quotient aus $\varkappa$ und der Äquivalentkonzentration ist eine zur Ionenbeweglichkeit v proportionale Größe, über die Art und Masse eines Ions bestimmbar werden (Zwar strebt $\varkappa$ für unendlich verdünnte Lösungen gegen null, Λ_{eq} jedoch lässt sich auf die Grenzleitfähigkeit Λ_0 hin extrapolieren, die mit dem Dissoziationsgrad α nach $\boldsymbol{\Lambda = \alpha \cdot \Lambda_0}$ zusammenhängt).

Titriert man nun eine starke Säure mit einer starken Base, so nimmt am ÄP (bei τ =1) die Leitfähigkeit L der Lösung einen Minimalwert an, da hier wenig H_3O^+- und OH^--Ionen vorliegen (die im Vergleich zu z. B. K^+ und Cl^- beide sehr hohe Äquivalentleitfähigkeiten Λ_{eq} aufweisen!) – somit ist der Endpunkt der Titration im **$L / V_{Maßlösg.}$-Titrationsdiagramm** gut erkennbar (vgl. Abb. 3.2.6-3 rechts).

Bei der Titration schwacher Säuren mit starken Basen nimmt L ebenfalls zunächst ab (Na^+ bzw. K^+ verdrängt Hydroniumionen), steigt aber noch vor Erreichen des ÄP wieder allmählich an (es bildet sich ein Elektrolyt wie z. B. NaHS oder Kaliumazetat!), vom ÄP an dann aber steil, da keine OH^--Ionen der basischen Maßlösung mehr verbraucht werden. Ähnlich verläuft die Leitfähigkeitskurve bei einer **Verdrängungstitration** (z. B. von Azetat, Oxalat oder Hydrogencarbonat mit H_2SO_4 oder von Ammoniumchlorid mit KOH oder NaOH als Maßlösung): Auch hier steigt T am ÄP steil an, da nun neu hinzutretende H_3O^+- bzw. OH^--Ionen nicht mehr verbraucht werden.

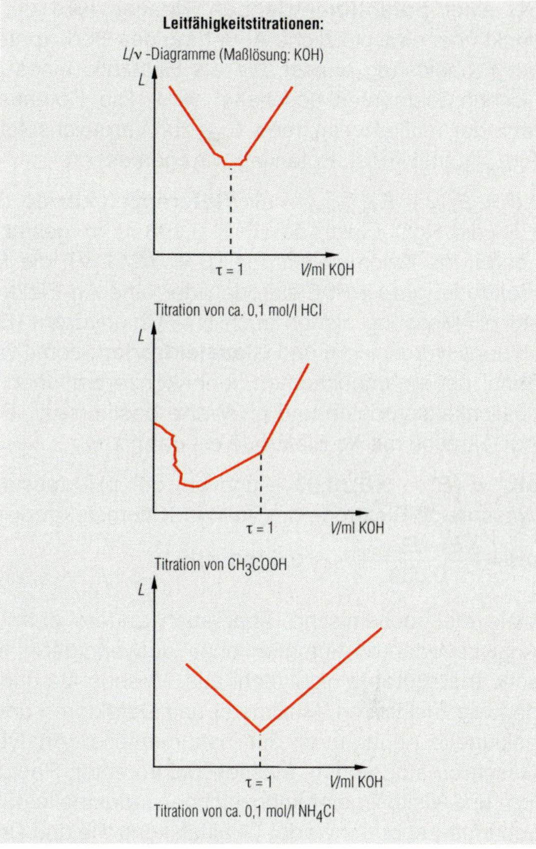

Abb. 3.2.6-3 Leitfähigkeitsdiagramme

3.2

Üb(erleg)ungsaufgaben

1. Bei der potentiometrischen Titration einer Ag^+-Lösung beträgt die Spannung zur Referenzelektrode (Kalomel) 5,9 V. Wie groß sind $c(Ag^+)$ und der pK_L-Wert des Silbersalzes?
   (Hilfen: $E°_{Kalomel}$ = 0,241 V,
   $\boldsymbol{\Delta E = E°_{Ag} + 0{,}06 \log c(Ag^+) - E_{Ref.}}$
   $\boldsymbol{= E°_{Ag} - E_{Ref} - 0{,}03\ pK_L}$ und $\boldsymbol{c(Ag^+) = \sqrt{K_L}}$).
2. Bei einer elektrogravimetrischen Bestimmung wird nach Elektrolyse bei 2 A Stromstärke über eine Dauer von 16 min und genau 0,485 s von 100 ml einer leicht angesäuerten Probelösung, die die Salze Eisen-II-, Magnesium- und Kupfersulfat enthält, an der Kathode ein Massezuwachs von Δm = 0,06354 g festgestellt.
   a) Berechnen Sie aus den gegebenen Daten coulometrisch die abgeschiedene Stoffmenge nach $m = M \cdot Q / z \cdot F$ unter der Annahme, es habe sich reines Eisen abgeschieden.
   b) Wiederholen Sie Ihre Berechnung unter der Annahme, es sei reines Kupfer abgeschieden worden.
   c) Welche Cu^{2+}-Konzentration hatte die Probelösung, wenn man voraussetzt, die Probe enthalte nach der Elektrolyse kein Kupfer mehr? Und welches der drei Metalle – wenn nicht H^+ selbst – wird hier reduziert?

Bei einer **potentiometrischen** Titration wird der Endpunkt über eine plötzliche Änderung des Redoxpotentials der Probelösung erfasst, die als Halbzelle eines galvanischen Elementes geschaltet wird. Die Potentialdifferenz der Indikatorelektrode $E_{ind.}$ zur Vergleichselektrode $E_{Referenz}$ (mit konst. Potential) wird gemessen:

$\Delta E = E_{Ind} - E_{Referenz}$ – als **Referenzelektrode** dienen z. B. die AgCl-Elektrode (E = 0,198 V in gesätt. KCl-Lösg.), die Kalomelelektrode (E = 0,241 V), die Iod/Pt-Elektrode, die H_2/Pt-Elektrode oder eine Ag-Elektrode – zur pH-Messung dienen auch H_2-, Chinhydron- (Benzochinon/Hydrochinon) und **Glaselektroden;** somit werden dann neben unbekannten Ionenkonzentrationen auch Löslichkeitsprodukte und pH-Werte bestimmbar: Bei der Ag^+-Titration mit Ag-Elektrode gilt dann z. B.:

$pK_L = (E° - \Delta E)/0{,}03$ – und bei der pH-Messung mit Wasserstoff-Elektrode (im Vgl. zur Kalomelektrode):

$$pH = \frac{\Delta E - E_{Kalomel}}{0{,}059} - 0{,}5 \log p(H_2).$$

Viele elektrochemische, aber auch andere quantitative Analyseverfahren kommen ohne aufwendigere, technische **Instrumente** nicht mehr aus. Messgeräte und -sonden wie Elektroden, Multimeter und Detektoren und ausgeklügelte Apparaturen der instrumentellen Analytik wie Gaschromatographen, Massenspektrometer, Photo-, Kolori- und Viskosimeter kennzeichnen industrielle und Forschungs-Laboratorien der Qualitätskontrolle und Umweltanalytik gleichermaßen. Die **Verfahren der instrumentellen Analytik** werden in Kapitel 3.3 dieses Buches vorgestellt.

Neben der **Chromatographie** zur Auftrennung von Stoffgemischen über unterschiedliche Teilchen-Beweglichkeiten und der Gegenstromdestillation bzw. **Rektifikation** zur Stofftrennung unter Ausnutzung verschiedener Siedepunkte (Kapitel 1.2.4) sind vor allem folgende Analyseverfahren von Bedeutung:

1. Verfahren zur **Bestimmung der molaren Masse** einer unbekannten Probe (Ebullioskopie, Kryoskopie, Gaswägung nach V. Meyer)
2. Verfahren zur **Aufklärung der Bindungsverhältnisse, Molekülstrukturen und -größen** unbekannter, zumeist organischer Proben (= „Strukturanalyse"; hierzu gibt es folgende Methoden: Verbrennungs-/ Elementaranalyse, Viskosimetrie, Chromatographie, Massenspektrometrie, Spektroskopische Verfahren: Photometrie, Kolorimetrie, Polarographie, UV, VIS-, IR- und NMR-Spektroskopie, Atomabsorptions- und -emissionsspektroskopie, abgekürzt AAS und AES usw.).

Diese werden im folgenden Kapitel 3.3 vorgestellt und wurden in der als **Zusammenfassung zu Kap. 3.2 und 3.3** gedachten **Tabelle 20 im Anhang** einzeln und ausführlich aufgelistet.

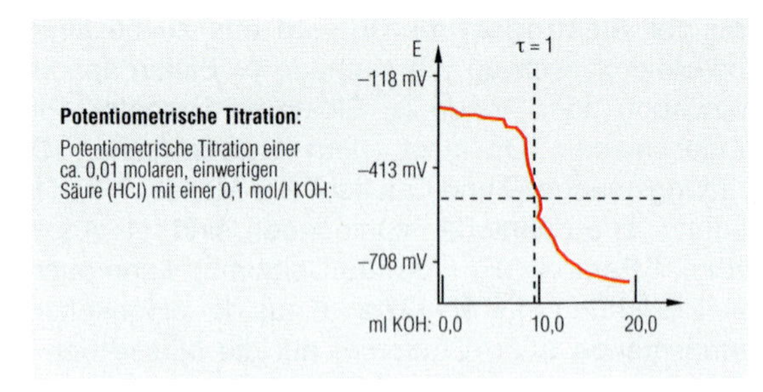

Abb. 3.2.6-4 **Potentiometrie**

Üb(erleg)ungsaufgaben zu Kap. 3.2

1. Listen Sie die im Folgenden genannten quantitativen Analyseverfahren auf und ordnen Sie die in dem jeweiligen Verfahren genutzten bzw. untersuchten Stoffeigenschaften zu (Hilfsmittel: Tabelle 20 im Anhang):
   a) Gravimetrie,
   b) Säure-Base-Titration oder Volumetrie,
   c) Fällungstitration,
   d) Komplexometrie oder Chelatometrie,
   e) Redoxtitration (oxidimetrische + reduktometrische Titration,
   f) Elektrogravimetrie,
   g) Coulometrie + Konduktometrie,
   h Kalorimetrie (vgl. Kap. 2.4.4),
   i) Potentiometrie,
   j) Polarographie,
   k) Grenzstromtitration (als Voltammetrie und Amperometrie).

   Beschreiben Sie auch Durchführung und Auswertung der Verfahren in je einem Satz!

2. Versuchen Sie mithilfe der o.g. Tabelle das Gleiche auch schon für einige, Ihnen schon bekannte Verfahren aus der folgenden Auflistung der im folgenden Kapitel 3.3 vorgestellten Verfahren: Welche Verfahren aus der folgenden Auflistung sind Ihnen schon bekannt?
   a) Adsorptions-Chromatographie,
   b) Verteilungs-Chromatographie,
   c) Flüssigkeits-Chromatographie (LC),
   d) high-performance-liquid chromatography: HPLC (= Hochdruck-Flüssigkeitschromatographie),
   e) Dünnschicht-/Papierchromatographie (DC),
   f) Umkehrphasenchromatographie (RPC),
   g) Gelpermeationschromatographie,
   h) Gaschromatographie (GC),
   i) Elektrophorese (EP),
   j) Gefrier- und Schmelzpunktsbestimmung,
   k) Siedepunktsbestimmung,
   l) Gasdichtebestimmung,
   m) Ebullioskopie (Siedepunktserhöhung, SPE),
   n) Kryoskopie (Gefrierpunktserniedrigung, GPE),
   o) (Membran-)Osmometrie,
   p) Elektrophorese
   q) Viskosimetrie,
   r) Messung der optischen Aktivität (= Polarimetrie).

   Informieren Sie sich über mindestens drei der Ihnen noch unbekannten Verfahren (folgende Tabelle, Kap. 3.3 oder Tabelle 20 im Anhang). Könnten Sie eines der Verfahren im Unterricht in einem Kurzreferat vorstellen?

3.3 Analytik organischer Verbindungen, instrumentelle Analytik

3.3.1 Verfahren der physikalisch-analytischen Chemie

Neben den nass- und elektrochemischen Verfahren der quantitativen Analyse existieren auch viele Methoden, um die Masse und Größe von Molekülen unbekannter Verbindungen herauszufinden.

Zunächst geht es darum, den unbekannten Stoff zur Analyse in Reinform darzustellen, also zu isolieren (durch Umkristallisieren, Extrahieren, Destillieren oder Chromatographie, vgl. Kapitel 1.2.4 und 1.3.3).

An der **Reinsubstanz** kann dann eine **Strukturaufklärung** durch chemische Reaktionen oder mithilfe von Methoden der instrumentellen Analytik erfolgen:

1. Zur Strukturaufklärung durch **chemische Reaktionen** und physikalisch-analytische Verfahren werden in einer quantitativen Analyse zunächst die **Verhältnisformel** (Verbrennungsanalytik, quantitative Elementaranalyse, z. B. nach Liebig) und die **molare Masse** der unbekannten, organischen Substanz ermittelt.

   Damit gelangt man zur **Summenformel** dieser Verbindung und kann sie über **charakteristische Reaktionen** einer bestimmten **Stoffklasse** der organischen Chemie zuordnen. Die Durchführung von **Abbaureaktionen** ermöglicht zudem die **Identifizierung von Molekül-Bruchstücken.** Wenn aus diesen Bruchstücken eine **Totalsynthese** der unbekannten Substanz gelingt, so kann deren **Strukturformel,** also Konstitution und Struktur des zuvor unbekannten Moleküls als aufgeklärt und erwiesen angesehen werden (Strukturaufklärung).

2. Zur **Strukturaufklärung** über Methoden der **instrumentellen Analytik** werden durch die **Massenspektroskopie** (MS) ebenfalls charakteristische **Molekül-Bruchstücke** erzeugt und identifiziert. Sodann gibt es die spektroskopischen Verfahren. Sie nutzen die Absorption und Emission von Lichtquanten durch Atome und Moleküle aus, um die molekulare Struktur eines Stoffes aufzuklären.

Über die **IR-Spektroskopie** lassen sich funktionelle Gruppen und über die **NMR-Spektroskopie** die Anordnung der **H-Atome** im organischen Molekül herausfinden.

Eine **Röntgenstrukturanalyse** liefert schließlich die dreidimensionale **Struktur** des Moleküls bzw. seiner Kristalle, sodass am Ende auch hier eine **Totalsynthese** der zuvor analysierten, unbekannten Substanz erfolgen kann. Deren Strukturformel gilt erst dann als aufgeklärt und erwiesen.

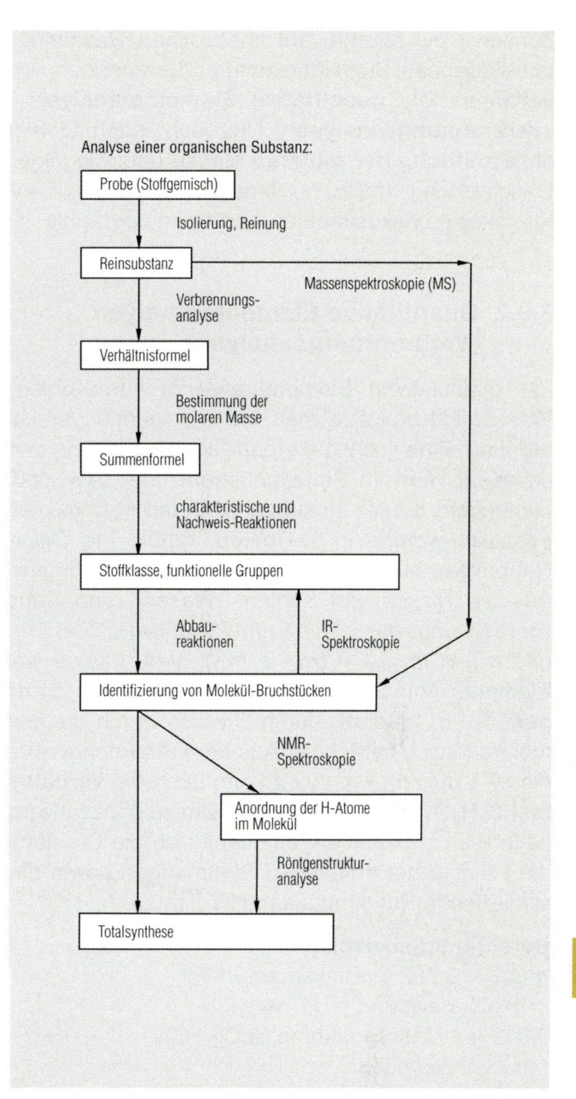

Abb. 3.3.1-1 Strukturaufklärung organischer Verbindungen

Die Analyse einer unbekannten Verbindung gilt erst dann als erfolgreich abgeschlossen, wenn es gelungen ist, sie künstlich herzustellen (Totalsynthese).

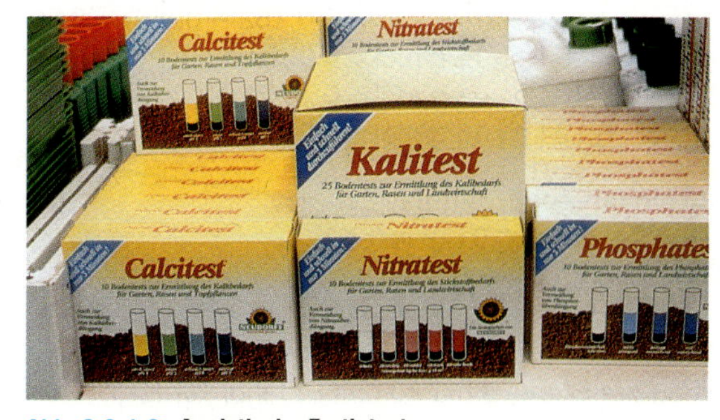

Abb. 3.3.1-2 Analytische Fertigtests

Mithilfe bestimmter Färbe-Reagentien können in Schnelltests viele Ionen und organische Verbindungen identifiziert werden. Über spektroskopische Messmethoden wird deren hochgenaue quantitative Bestimmung möglich – bei manchen instrumentellen Methoden bis in den Mikro-, Nano- oder gar Pikogrammbereich hinein.

Zunächst die älteren, auf chemischen Reaktionen und physikalischen Stoffeigenschaften beruhenden Analyseverfahren: Die **quantitative Elementaranalyse** (auch: **„Verbrennungsanalyse“,** klassisch: nach Liebig) und die **Ermittlung der molaren Masse** über die allgemeine Gasgleichung (nach V. Meyer), durch Ebullioskopie, Kryoskopie, Viskosimetrie und Chromatographie.

3.3.2 Quantitative Elementaranalyse (Verbrennungsanalyse)

Zur quantitativen Elementaranalyse von Kohlen- und Wasserstoff benutzte man früher folgende Versuchsanordnung: Eine flüchtige, organische Verbindung der Masse m_{Edukt} wird im Sauerstoffstrom oder bzw. und über glühendem Kupfer-II-oxid zu CO_2 und H_2O oxidiert. Die Produkte werden in U-Rohren, gefüllt mit $CaCl_2$ und Natronkalk, aufgefangen (absorbiert) und ausgewogen. Aus der Masse von Kohlen-, Wasser- und Sauerstoff (Berechnung: $m_C = 12/44 \cdot m(CO_2)$, $m_H = 2/18 \cdot m(H_2O)$ und $m_O = m_{Edukt} - (m_C + m_O)$, sofern keine weiteren Elemente enthalten sind) werden dann die **Stoffmengen** n_C**,** n_H **und** n_O durch Division durch die jeweilige molare Masse berechnet. Aus dem Stoffmengen-Verhältnis $n_C : n_H : n_O = x : y : z$ kann dann die **Verhältnisformel** $C_xH_yO_z$ abgeleitet werden. Um zu ganzzahligen Verhältnissen zu kommen, empfiehlt sich die Division durch die kleinste der erhaltenen Stoffmengen sowie eine anschließende Rundung auf ganze Zahlen.

Berechnungsbeispiel:

$m_{Edukt} = 0{,}782$ g (Einwaage) = 1 ml
$m(H_2O)$, gewogen:
0,942 g = Massezunahme $CaCl_2$-Rohr
$m(CO_2)$, gewogen:
1,448 g = Massezunahme im Natronkalk-U-Rohr,

Rechnung:

$m_C = 12/44 \cdot 1{,}448 = 0{,}394$ g C
$m_H = 2/18 \cdot 0{,}942 = 0{,}104$ g H
$m_O = m_{Edukt} - (m_C + m_O) = 0{,}782 - 0{,}498 = 0{,}284$ g O
$n_C = 0{,}394$ g : 12 g/mol = 0,0328 mol
$n_H = 0{,}104$ g : 1 g/mol = 0,104 mol
$n_O = 0{,}284$ g : 16 g/mol = 0,0178 mol

Atomzahlenverhältnis:

Division durch 0,0178 liefert
$n_C : n_H : n_O = 1{,}84 : 5{,}84 : 1{,}0$,
– gerundet etwa: 2 : 6 : 1
Summenformel: C_2H_6O oder $C_4H_{12}O_2$
(von der Dichte ρ her kommt Ethanol infrage).

Die quantitative Elementaranalyse erfasst also einerseits m_C im Natronkalk-Rohr (quantitative Bestimmung von C als CO_2 bzw. Na_2CO_3), andererseits die gravimetrische Bestimmung von m_H als Wasser.

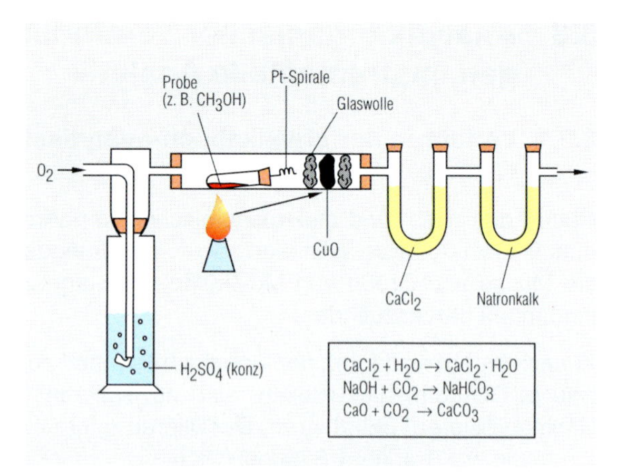

Abb. 3.3.2-1 Liebigs quantitative Elementaranalyse organischer Verbindungen

Laborversuche: Quantitave Elementaranalyse (I)

1. **Verdampfung im Quarzrohr; gravimetrisch:**
Ein U-Rohr wird mit $CaCl_2$ gefüllt, ein zweites mit Natronkalk (Gemisch aus NaOH + CaO). Wiegen Sie die mit Glaswolle geschlossenen U-Rohre sowie ein kleines Glasröhrchen mit etwas Glaswolle und einem Stück Platindraht. Geben Sie ca. $^1/_2$ ml der zu untersuchenden, flüssigen organischen Substanz in das Glasröhrchen, verschließen Sie die Öffnung mit der abgewogenen Glaswolle und dem Platindraht und wiegen es erneut. Legen Sie es in ein Quarzrohr, das Kupfer-II-oxid und Glaswolle enthält und vor das $CaCl_2$-Rohr gespannt wurde (siehe Versuchsaufbau in Abbildung 3.3.2-1). Mit einer Wasserstrahlpumpe saugen Sie nun Luft (oder besser: Sauerstoff!) durch eine vor das Quarzrohr gespannte Waschflasche mit konz. Schwefelsäure als Trocknungsmittel, das Quarzrohr und die beiden U-Rohre.
Erhitzen Sie nun das CuO im Quarzrohr bis zur Rotglut und erwärmen Sie anschließend die organische Substanz vorsichtig, sodass sie verdampft, sich am Pt-Draht entzündet und durch das glühende CuO gesaugt wird. Lassen Sie nach Verbrennen der organischen Substanz die Apparatur im Luft- bzw. O_2-Strom abkühlen.
Verschließen Sie am Ende die beiden U-Rohre und bestimmen Sie die Massezunahme des $CaCl_2$-Rohrs durch Wasserdampf und des Natronkalk-Rohres durch absorbiertes CO_2-Gas.
2. **Verdampfung im Reagenzglas; volumetrische Bestimmung der Kohlenstoffmenge:**
Ein Reagenzglas wird aus der Pasteurpipette mit 0,05 ml wasserfreiem Methanol CH_3OH versetzt, auf das man nun rasch Kupfer-II-oxid-Pulver oder -Körnchen gibt. Erwärmung des Reagenzglases ist dabei zu vermeiden. Schließen Sie es an einen Kolbenprober an (über ein möglichst kurzes, dichtes Glasrohr), spannen Sie die Apparatur in leichter Schräglage in ein Stativ und erhitzen Sie den oberen Teil des Kupferoxid-Pulvers zur Rotglut. Anschließend wird die Flamme nach unten vorgerückt und weiter erhitzt, bis dass die Gasentwicklung bzw. der Kolben zum Stillstand kommt. Drehen Sie den Kolben gelegentlich, damit er nicht zum Festsitzen kommt.
Lesen Sie 5 min nach Beendigung der Reaktion Gasvolumen, Zimmertemperatur und Luftdruck ab. Um Vergleichswerte zu erhalten, bietet es sich an, den Versuch mit Ethanol, Aceton oder Propanol zu wiederholen; alternativ auch in der Apparatur aus Abb. 3.3.2-2, aber ohne das natronkalkgefüllte U-Rohr.

Angenommen, Sie wollen die in 0,05 ml Methanol gebundene Menge n_C Kohlenstoff nun **volumetrisch** ermitteln (vgl. Laborversuch 2). Sie gehen zur Versuchsauswertung dann folgendermaßen vor: 0,05 ml Methanol entsprechen etwa 0,0396 g und ergeben ein Gasvolumen von ca. 28–30 ml Gas:

$CH_3OH + 3\ CuO \rightarrow CO_2 + 2\ H_2O + Cu$. Das entstehende Wasser kondensiert, ohne den Volumen-Messwert allzusehr zu verfälschen. Über das allgemeine Gasgesetz $p \cdot V = n \cdot R \cdot T$ wird das Volumen V_1 auf das Volumen V_0 unter Normbedingungen bzw. auf die entstandene Stoffmenge n umgerechnet. Die Kohlenstoff-Masse berechnet sich nach $m_C = V_0 \cdot 12$ g/mol / 22 400 ml/mol, die Masse-Prozente $m_{C\%}$ in Methanol nach:

$m_{C\%} = (m_C \cdot 100\,\%) : m_{Methanol}$

(Methanolmasse: $m_{Methanol} = 0{,}0396$ g).

3.3.3 Ermittlung molarer Massen über die Dichte

Über die **Dichte** gas- und dampfförmiger Stoffe und das **allgemeine Gasgesetz $p \cdot V = n \cdot R \cdot T =$ const.** (das in Kapitel 1.5.9 dieses Buches eingeführt wurde) kann die molare Masse **$M = m/n$** eines Stoffes berechnet werden. Das molare Volumen von Gasen beträgt bei $T = 0\,°C$ $V_0 = 22{,}48$ l/mol, die Dichte von Luft $\varrho = 1{,}2929$ g/l.

Zur Dichtebestimmung von verdampften Flüssigkeiten empfiehlt sich als Apparaturaufbau z.B.: Verdampfungsgefäß mit Rohr zur Aufnahme der Einwaage, Dreiwegehahn, Gasbürette und Einwaagevorrichtung.

Nach dem idealen Gasgesetz existiert der Zusammenhang **$M = R \cdot T \cdot m\ /\ V \cdot p$**, somit kann M in g/mol bei p, $T =$ const. volumetrisch erfasst werden.

3.3.4 Ebullioskopie und Kryoskopie

Alternativ kann die molare Masse aber auch über die stoffmengenabhängigen Phänomene der **Gefrierpunktserniedrigung** (GPE) und der **Siedepunktserhöhung** (SPE) erfasst werden (vgl. auch Tabelle 20 unter **„Ebullioskopie"** und **„Kryoskopie"**). Hierzu gilt es, Schmelz- und Siedepunkte genau zu erfassen.

Zur **Bestimmung des Schmelzpunktes** einer unbekannten Substanz benutzt man z.B. folgende Laborgeräte und Apparaturen:

a) am Thermometer befestigte Schmelzpunktskapillare im Heizbad (Wasser, Siliconöl, Paraffinöl, konz. Schwefelsäure) mit Magnetrührer,
b) Schmelzpunktbestimmungsapparat (bis 190 °C) nach Thiele,
c) Metallblock-Apparat (Schmelzblock, bis ca. 500 °C), aus Cu oder Al, elektrisch beheizt,
d) automatisierte Geräte (mit Lichtquelle und Photozelle.

Laborversuch: Quantitative Elementaranlyse (II)

3. **Gravimetrische Bestimmung von H als H_2O und von C als CO_2 bzw. Na_2CO_3, Version mit Kolbenprober:** Spannen Sie ein Quarzrohr in ein Stativ waagerecht ein, in dem sich in der Mitte einige Spatel trockenes CuO-Pulver befinden. Träufeln Sie auf dieses Pulver eine abgewogene Menge einer leicht flüchtigen, organischen Substanz (z. B. wie in Versuch 2 0,05 ml Methanol oder auch Ethanol, Ethanal, Aceton, Propanol, Hexan, Hexanol, Heptanol etc.). Schieben Sie nun von beiden Seiten her abwechselnd kleine Mengen Glaswolle und Kupfer-II-oxidpulver in das Quarzrohr (z. B. mit einem kleineren Reagenzglas, aber ohne etwas von dem mit der organischen Flüssigkeit angefeuchteten Kupferoxidpulver zu verlieren oder zu erwärmen).
Schließen Sie nun auf der einen Seite einen luft- oder besser noch stickstoffgefüllten Kolbenprober an das Quarzrohr an, auf der anderen Seite zunächst ein mit gekörntem, wasserfreien $CaCl_2$ befülltes und abgewogenes U-Rohr, dahinter ein ebensolches mit Natronkalk (ebenfalls abgewogen und getrocknet!) und dahinter einen zweiten Kolbenprober (vgl. Abb. 3.3.2-2).
Nun wird das CuO im Quarzrohr an beiden Stellen neben der Mitte zur Rotglut erhitzt, danach auch in der Mitte und mithilfe der Kolbenprober werden die Verbrennungsprodukte (Wasserdampf und Kohlendioxid) durch die U-Rohre gedrückt, sodass das Kalziumchlorid den Wasserdampf absorbiert und das Natronkalk das CO_2-Gas. Nach etwa 10 Minuten, wenn man sicher ist, dass alles Kupfer-II-oxid durchgeglüht und somit alle Flüssigkeit oxidiert wurde, wird das Erhitzen beendet. Wenn die Kolben der Kolbenprober nach dem Abkühlen von Quarzrohr und Restluft wieder das Ausgangsvolumen anzeigen, entnimmt man die U-Rohre und bestimmt das durch Wasserdampf bzw. CO_2-Gas etwas größer gewordene Gewicht auf der Analysenwaage.

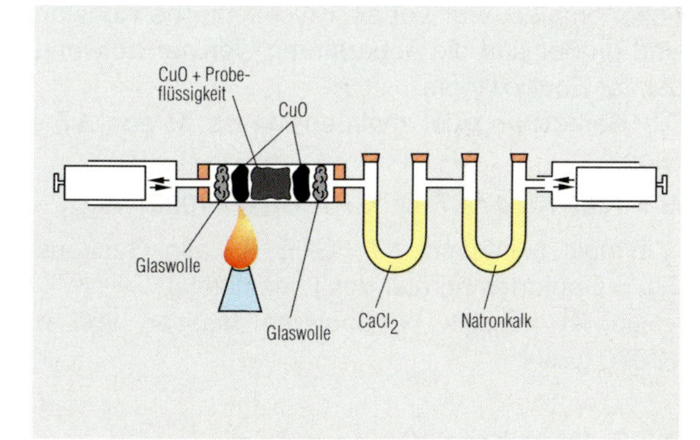

Abb. 3.3.2-2 Quantitative Elementaranalyse mit Kolbenprobern

Laborversuch: Bestimmung der molaren Masse über die Gasdichte

Methangas wird durch einen Gaswägekolben geblasen. Der verschlossene Kolben wird sodann auf die Analysenwaage gelegt, um die Massedifferenz von luft- zum methangefüllten Kolben zu bestimmen und hieraus über Dichte und Gasgesetze die molare Masse zu berechnen.

Zur Abschätzung der von Ihnen erreichten Messgenauigkeit: Die Dichte von Methan liegt bei +25 °C bei 0,7168 g/l. Statt des Methans können so auch andere Gase gewogen werden.

Die Bestimmung des Siedepunktes einer Flüssigkeit bei einem bestimmten Druck *p* erfolgt im Glühröhrchen im Heizbad (nach Siwolbow) – oder der Schmelzpunktbestimmungsapparatur mit Kapillare (nach Emich).
Zur **Ebullioskopie,** der Bestimmung von *M* über die SPE, nehmen Sie eine **Messung der SPE um** $\boldsymbol{\Delta T}$ in verdünnten Lösungen vor: Die Probe wird zum Sieden gebracht und die Siedetemperatur erfasst (*T*/*t*-Diagramm). Bei Lösungen zeigt sich ein gegenüber dem reinen Lösemittel LM um ΔT erhöhtes Plateau. Reine LM haben nach **der Clausius-Clapeyron'schen Gleichung**

$$\mathbf{d\ ln}\ p\ /\ \mathbf{d\ T} = \Delta H_v\ /\ \mathbf{R} \cdot T^2$$ (vgl. S. 18)

bei p **= const.** feste Schmelzpunkte – durch die Wechselwirkung der LM-Moleküle zu den gelösten Teilchen erhöht sich jedoch nun ΔH_v – und somit auch der Siedepunkt (Die LM-Moleküle müssen nun durch die thermische Eigenbewegung zusätzlich ja auch die Anziehungskräfte zu den gelösten Teilchen überwinden, bevor sie in die Gasphase übertreten können, vgl. Abb. 3.3.4-2).

Die Berechnung der molaren Masse *M* aus ΔT erfolgt dann nach:

$$M = 1000\ \mathrm{K} \cdot c\ /\ \Delta T \text{ mit } \mathrm{K} = \mathrm{R} \cdot T_{\mathrm{LM}}{}^2 /\ 1000\ H_{\mathrm{Verd.}}$$

(c in mol/l, M in g/mol, ΔT = SPE, R = allg. Gaskonstante, T_{LM} = Siedetemperatur des Lösemittels).

Ähnlich geht man bei einer **Kryoskopie** vor: Als Apparatur dient die **Beckmann-Apparatur** (Gefriertubus mit empfindlichen, auf 0,01 K genau geeichten Beckmann-Thermometer). Der Vorteil: Kryoskopische Konstanten K sind größer und die Apparaturen weniger aufwendig als bei der Ebullioskopie.
Die Berechnung der molaren Masse *M* aus ΔT erfolgt nach:

$$M = 1000\ \mathrm{K} \cdot c\ /\ \Delta T \text{ mit } \mathrm{K} = \mathrm{R} \cdot T_{\mathrm{LM}}{}^2 /\ 1000 \cdot H_{\mathrm{Verd.}}$$

(c in mol/l, M in g/mol, ΔT = GPE, R = allg. Gaskonstante, T_{LM} = Gefriertemperatur des Lösemittels)
– sie ist möglich bei molaren Massen von bis zu 10 000 g/mol.

3.3.5 (Membran-)Osmometrie

Die molare Masse eines Stoffes kann auch erfasst werden über die **Messung des osmotischen Druckes** $\boldsymbol{\pi}$. Er wird auf eine semipermeable Membrane durch zwei Lösungen unterschiedlicher Konzentration c dadurch ausgeübt, dass die LM-Moleküle bis zum **Konzentrationsausgleich** durch die Membran in die konzentrierte Lösung übertreten. **Osmose** ist ein in der Natur weit verbreitetes Phänomen – schließlich sind alle irdischen Organismen aus Zellen aufgebaut, die im Prinzip lediglich von semipermeablen Membranen umhüllte Lösungen darstellen. So bewirkt der osmotische Druck z. B., dass Pflanzen über die semipermeablen Membranen ihrer

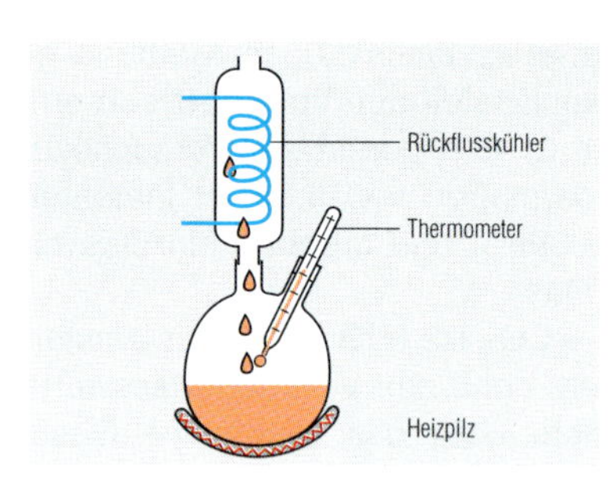

Abb. 3.3.4-1 Apparatur zur Bestimmung der Siedepunktserhöhung (Ebullioskopie)

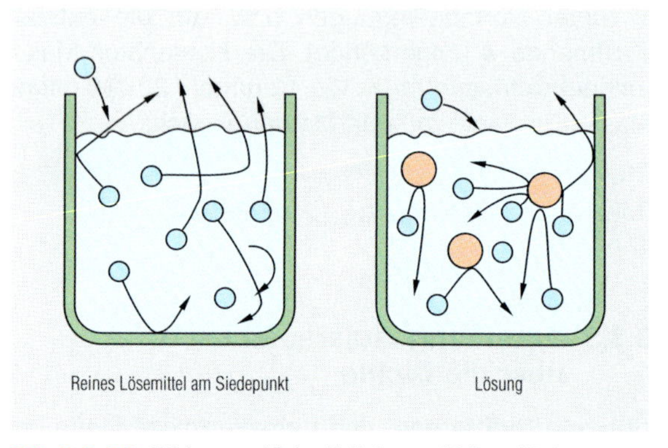

Abb. 3.3.4-2 Wirkung gelöster Teilchen auf Lösemittel-Moleküle

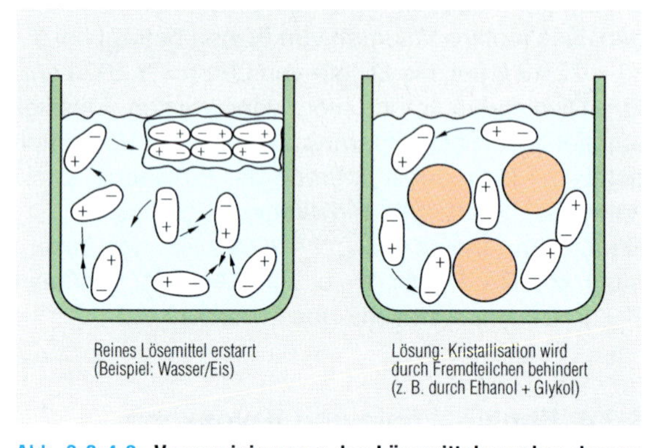

Abb. 3.3.4-3 Verunreinigungen des Lösemittels senken dessen Schmelzenthalpie

Im Winter wird die Verunreinigung des Lösemittels Wasser durch Streusalzteilchen noch immer gerne genutzt, um Straßen und Wege abzutauen: Die gelösten Salzteilchen behindern eine erneute Auskristallisation von Eis, der Gefrier- bzw. Schmelzpunkt sinkt unter 0 °C. Eine andere Nutzung der GPE ist die Herstellung von Eutektika (Legierungen mit Schmelzpunkten unterhalb denen der reinen Metalle) oder auch die Mischung von Soda und Pottasche beim Alkalischen Aufschluss: Die Brennerflamme allein würde nicht ausreichen, um reines Soda- oder Pottaschepulver im Tiegel zu schmelzen.

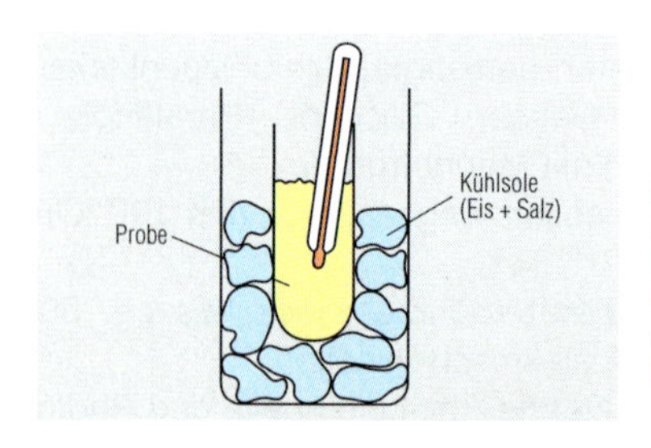

Abb. 3.3.4-4 Apparatur zur Bestimmung der Gefrierpunktserniedrigung (Kryoskopie) mit *T*/*t*-Diagramm

Wurzelzellen Wasser aus dem Boden aufnehmen können: Die Zellflüssigkeit hat eine höhere Salzkonzentration als der feuchte Boden.
Steht die Pflanze in überdüngten oder z. B. streusalzgeschädigten Böden, so verliert sie ihre Zellflüssigkeit an den Boden wieder und verdorrt.
Aus dem gleichen Grund kann eine größere Menge Kochsalz tödlich wirken: Im Magen entzieht sie dem Körper Wasser, bis dass der Magen platzt (die tödliche Dosis liegt etwa bei 5 g NaCl/kg Körpergewicht). Umgekehrt benötigt ein Erwachsener täglich rund 10 g Kochsalz (Gesamtgehalt im Körper: 150–300 g, im Blut: 0,9 %) – die Einnahme einiger Liter destillierten Wassers und ausschließlich kochsalzfreier Diätkost wäre ebenfalls gesundheitsschädlich: Die Körperzellen würden aufgrund ihres Salzgehaltes am Ende durch den osmotischen Druck π zum Platzen gebracht.

Das Volumen einer Lösung in einer semipermeablen Membran vergrößert sich also durch **Osmose,** wenn die Membran in einem reinen Lösemittel steht. Die Lösung steigt dann gegen die Erdschwerkraft in einem Glasrohr um den Höhenunterschied Δh an. Über die Dichte ϱ_{LM} des Lösemittels und den auf $c = 0$ extrapolierten Wert für π/c (auf der Koordinate) wird M dann graphisch ermittelt:
$\mathbf{M = R \cdot T / (\pi/c) \cdot \varrho_{LM}}$.

Eine Berechnung der molaren Masse M kann nach:
$\mathbf{M = c \cdot R \cdot T / \pi}$ **(van't Hoffsches Gesetz)**
vorgenommen werden. Bei höhermolekularen Stoffen (für $M = 10^4–10^6$ g/mol) ist π allerdings konzentrationsabhängig. Bei der grafischen Auswertung sollte man dann zur Abhilfe im Diagramm π/c gegen c auftragen und so den Wert $R \cdot T/M$ berechnen.

3.3.6 Viskosimetrie

Je größer und langkettiger ein Molekül ist, desto zähflüssiger (viskoser) ist die Flüssigkeit. Jeder kennt solche Flüssigkeiten aus dem Alltag (Beispiel: Honig, Sirup, Öle). Die Bestimmung des **Fließverhaltens** (der **Viskosität** η) solcher Stoffe erlaubt analytische Rückschlüsse: Die relative Viskosität $\eta_{rel} = \eta_{Lösung} / \eta_{Lösemittel}$ steht in Beziehung zu Molmasse und Molvolumen (dem Knäueldurchmesser kugelförmiger Makromoleküle bzw. dem Achsenverhältnis (Länge/Breite) starrer, linearer Moleküle). Über die Viskosität kann so die Molekülgröße erfasst werden. Die **dynamische Viskosität** η wird in **Pa · s** (oder mPa · s = cP) in einem Kapillar-, Fallkörper- oder Rotationsviskosimeter gemessen. Im **Kapillarviskosimeter** erfolgt ein Vergleich der Durchlaufzeiten von Lösung und Lösemittel durch die Kapillare. Die gemessene Viskosität $\eta_{rel} = \eta_{Lösung} / \eta_{Lösemittel}$ steht nach dem **Hagen-Poiseuille'schen Gesetz** in Kapillaren in Zusammenhang mit Kapillarradius r, -länge l und Flüssigkeitsvolumen V: $\eta = p \cdot r^4 / 8 \cdot l \cdot V \cdot p \cdot t$
(Beispiel: $\eta_{Wasser} = 1{,}002$ mPa · s bei +20 °C).

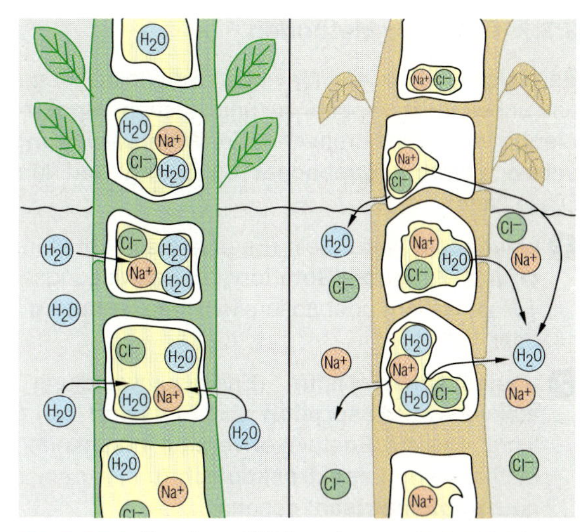

Abb. 3.3.5-1 Ursache und Wirkung des osmotischen Druckes

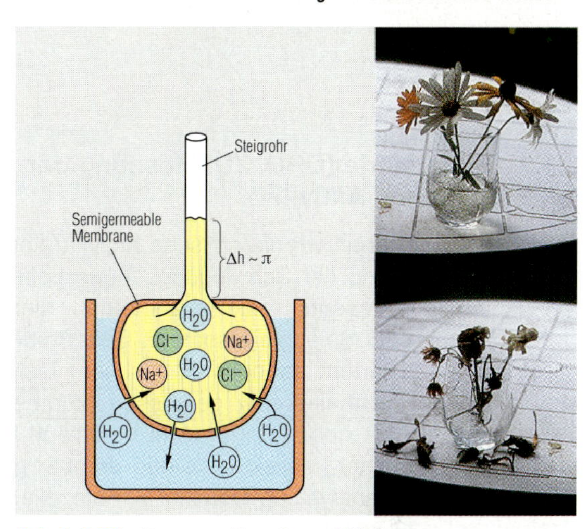

Abb. 3.3.5-2 Osmose – Ursache und Wirkung

Abb. 3.3.6-1 Viskosimeter

Es gibt drei wichtige Viskosimeter-Typen: Im **Kapillarviskosimeter** erfolgt ein Vergleich der Durchlaufzeiten von Lösung und Lösemittel durch die Kapillare. In einem **Fallkörperviskosimeter** wird gemessen, wie lange es dauert, bis ein Fallkörper (zumeist Stahlkugeln) in der Flüssigkeit absinkt, und in einem **Rotationsviskosimeter** wird untersucht, wie schnell sich die hochviskose Flüssigkeit unter Einwirkung der Zentrifugalkraft bewegen lässt.

3.3.7 Optische Methoden

Bei vielen analytischen Methoden wird das Licht genutzt, um unbekannte Proben zu untersuchen. **Spektroskopische** Verfahren beruhen auf der **Wechselwirkung zwischen elektromagnetischer Strahlung und Materie.** Diese kann:

1. **elastischer Natur** sein (Energie bleibt erhalten: **Brechung, Beugung, Rotation** (der Schwingungsebene, = Polarisation) oder absorptionsfreie **Streuung** oder:
2. **unelastischer Natur** (Energieumwandlung oder -konversion: **Absorption** und **Emission** von Strahlung). Die auf Energie**konversion** beruhenden Verfahren werden **spektroskopisch** (und – weniger genau: **photometrisch**) genannt.

Die spektroskopischen Verfahren werden in Kap. 3.3.12 erläutert.

3.3.8 Polarimetrie (ORD, ZD: Messung der optischen Aktivität)

In Kapitel 2.3.4 haben wir die optische Aktivität kennengelernt, die Drehung der Schwingungsebene polarisierten Lichtes. Ihre Messung – die Polarimetrie – dient der Unterscheidung der Spiegelbildisomere. Eine Probe wird mit linear polarisiertem, monochromatischem Licht bestrahlt und der **Drehwinkel** α gemessen (zumeist bei λ = 589,3 nm) (vgl. Abb. 2.3.4-2: Licht durchläuft Nicolprisma als Polarisator, Messküvette und drehbar graduiertes Prisma als Analysator. Detektor = Fotozelle). Der **Drehwinkel** α als spezifische Stoffkonstante ist abhängig vom Lösemittel LM und λ; diese Abhängigkeit von λ wird **optische Rotationsdispersion (ORD)** genannt. Die Messung der **spezifischen Drehung** $\alpha^{20\,°C}$ erfolgt nach

$$\alpha^{20\,°C} = \frac{\alpha \cdot 100}{s \cdot c}$$

(α = gemessene Drehung in °, s = Schichtdicke in dm, c in g/100 ml); α ist also proportional zur Schichtdicke s (in dm) und Konzentration c der Lösung :

$$\alpha^{20\,°C}{}_D = \frac{\alpha°}{s\,(\text{dm}) \cdot c\,(\text{g/cm}^3)} = \frac{1000\,\alpha°}{s\,(\text{cm}) \cdot c\,(\text{g/100 ml})}$$

oder bei Flüssigkeiten:

$$\alpha^{20\,°C}{}_D = \frac{\alpha°}{s\,(\text{dm}) \cdot \varrho^{20\,°C}\,(\text{g/ml})}$$

Eine Variante ist hierzu die Messung der **molaren Elliptizität** Θ_m (über die Extinktion E) nach:

$$\Theta_m = 3300\, M \cdot \Delta E / s \cdot c$$

(ΔE = Extinktionsdifferenz, M in g/mol, s = Schichtdicke in cm, c in mol/l).

Stoff	η (in mPa s bei T = +20°C)
Gase	0,01–0,1
Wasser	0,1–1,0
Emulsionen	1,0–10^{13}
Öle	10–1 000
Lacke	10–10 000
Fette	10–108
Thermoplaste (+160 °C)	10^3–10^{10}
Seifen	10^8–10^{13}
Wachse	10^{10}–10^{13}

Tabelle 3.3.6-1 **Viskositätsbereiche**

Die Einheit „Poise“ für die dynamische Viskosität $\eta_{dyn.}$ ist inzwischen veraltet (Umrechnung: 1 cP = 1 mPa s), ebenso die Einheit „Stokes“ der kinematischen Viskosität $\eta_{kin.} = \eta_{dyn.}/\varrho$ (Umrechnung: 1 St = 10^{-5} m²/s).

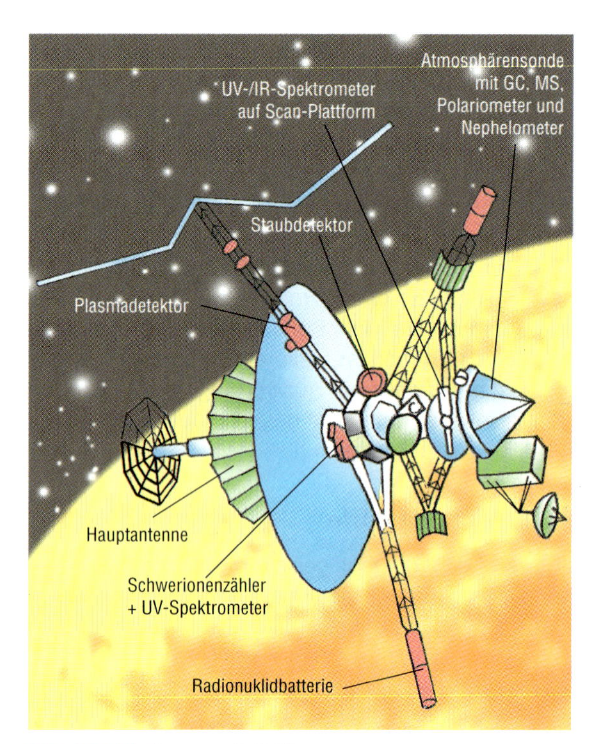

Abb. 3.3.7-1 **Raumsonde Galileo**

– eine Messsonde der interplanetarischen Raumfahrt, vollgespickt mit analytischen Messgeräten.
Die Atmosphären-Messsonde Galileo tauchte nach 2241 Tagen Flug (Start Januar 1982) am 7.1.1995 in die Atmosphäre des Gasplaneten Jupiter ein. Sie trug sieben analytische Messinstrumente (Temperatur-, Druck-, Windgeschwindigkeitsmessfühler, Nephelometer, Polarimeter, Gaschromatograph zum Erfassen der Zusammensetzung der Gashülle, ferner ein Blitz-Erfassungsgerät). Das Orbiter-Hauptsystem trug je einen Magnetometer, einen Schwerionenzähler, einen Teilchendetektor, eine Plasmawellen-Antenne, Spektrometer für extremes UV-Licht und Staub- und Plasmadetektoren sowie auf der Scan-Plattform UV- und IR-Spektrometer, Photopolarimeter und elektronische Kameras.
Alle Messgeräte übertrugen hochinteressante Daten über die unterwegs besuchten Himmelskörper (die drei Planeten Erde, Venus und Jupiter, die Kleinplaneten Gaspa und Ida und die Jupitermonde Io, Kallisto, Europa und Ganymed).

Drehwinkel α ($T = 20\,°C$, $\lambda = 589{,}3$ nm)	
Campher in Ethanol:	+ 54,4
D-Glucose in Wasser:	+ 52,5
Invertzucker in Wasser:	− 19,7
Malzzucker in Wasser:	+138,5
Saccharose in Wasser:	+ 66,4
Terpentin in Ethanol:	− 37
Alanin ($T = 25\,°C$, in H_2O):	+ 8,5
Glutaminsäure ($T = 25\,°C$, in H_2O):	+ 31,4
Methionin ($T = 25\,°C$, in H_2O):	− 8,2
Valin ($T = 25\,°C$, in H_2O):	+ 13,9

Abb. 2.1.4-1 Die Messung der optischen Aktivität
Insbesonders lassen sich Kohlenhydrate und Eiweiße (Lebensmittel!) polarimetrisch gut analysieren (vgl. Abb. 2.3.4-3).

Brechzahlen $n = c_0/c = \sin\alpha/\sin\beta$ ($T = 20\,°C$, $\lambda = 589{,}3$ nm)	
Vakuum	1,0000
Stickstoff	1,000297
Kohlendioxid	1,00045
Wasser	1,333
Ethanol, abs.	1,3617
Schwefelsäure, konz.	1,43
Glyzerin (Propantriol)	1,47
Benzol (Benzen)	1,5014
Quarz	1,54
Kalkspat	1,658
Diamant	2,42

Zur Polarimetrie:

Natürliches, weißes Licht breitet sich in alle Richtungen aus und besitzt theoretisch unendlich viele Schwingungsebenen. Bestimmte Substanzen sind jedoch nur für Licht **einer** bestimmten Schwingungsebene durchlässig (Kalkspat, Ammoniumdiphosphatkristalle, bestimmte Kunststoffe) und absorbieren oder filtern das restliche Licht heraus. Aus solchen Substanzen werden Prismen hergestellt (Nicol- und Glan-Thomsen-Prismen), die das natürliche Licht linear polarisieren: Dieses Licht breitet sich nur noch in **einer** Schwingungsebene aus.
Optisch aktive Substanzen (mit chiralem C*-Atom) drehen diese Schwingungsebene nach rechts (Vorzeichen: +) oder links (Vorzeichen: –). Die Messung des **Drehwinkels α (= Polarimetrie)** dient z. B. der Gehaltsbestimmung von Zuckern und Eiweißen. Der Drehwinkel hängt vom Stoff ab (stoffspezifische Größe), der Konzentration im Polarisationsrohr (je größer c, desto höher α), dessen Länge, der Wellenlänge des Lichtes (je kurzwelliger, desto höher der Drehwert), der Temperatur und dem Lösemittel. Der spezifische Drehwinkel $[\alpha]_{589\,nm}^{20}$ oder $[\alpha]_{Na\text{-}D}^{20}$ gibt an, wie stark die Polarisationsebene gedreht wird, wenn polarisiertes, monochromatisches Licht der Wellenlänge $\lambda = 589$ nm (Na-D-Linie, gelborange) ein Polarisationsrohr der Länge $s = 1$ dm (10 cm) durchläuft, in dem sich eine Lösung der Massenkonzentration $\beta = 1$ g / 100 ml Lösemittel bei +20 °C befindet (quantitative Auswertung: $\alpha_{gemessen} = [\alpha] \cdot \beta \cdot s$ oder – zur Berechnung der Konzentration (in g/ml): $\beta = \alpha_{gemessen} / [\alpha] \cdot s$.

Zur Refraktometrie:

Die Brechung eines Lichtstrahles beim Übertritt in ein anderes Medium ist (ähnlich dem Drehwert!) eine von der Wellenlänge abhängige, stoffspezifische Größe. Diese Brechung **(Refraktion)** wird als Verhältnis zweier Winkel zueinander gemessen: Die Brechzahl n entspricht nicht nur dem Verhältnis der beiden Winkel α und β zueinander, sondern auch dem Verhältnis der Ausbreitungsgeschwindigkeiten c des Lichtes im untersuchten Medium zur Lichtgeschwindigkeit im Vakuum oder der Luft (c_0): $n = c_0/c = \sin\alpha/\sin\beta$ ($T = 20\,°C$, $\lambda = 589{,}3$ nm). Somit kann anhand der Messung der Refraktion (Refraktometrie) eine lichtdurchlässige Reinsubstanz identifiziert werden (Vergleich tabellierter n-Werte) oder der unbekannte Massenanteil x_1 (Masse%) der Komponente 1 aus den Brechungsindices $n_1 + n_2$ berechnet werden.

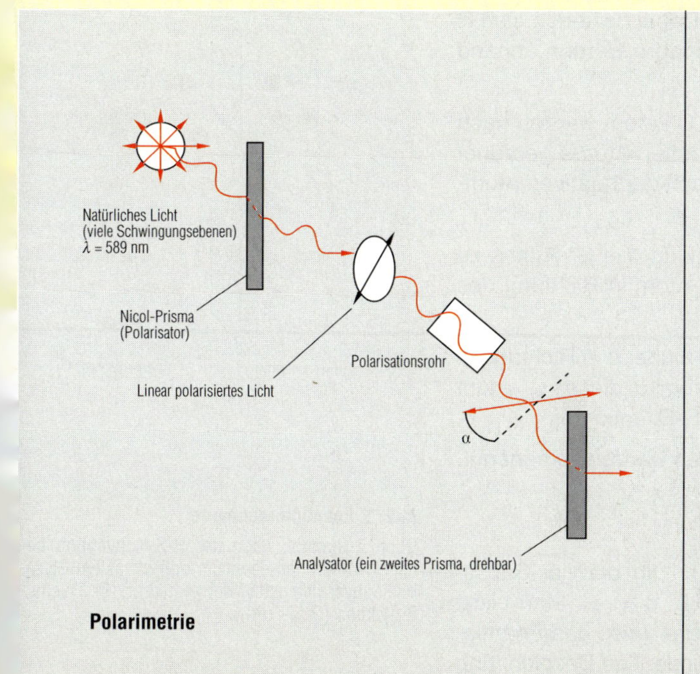

Polarimetrie

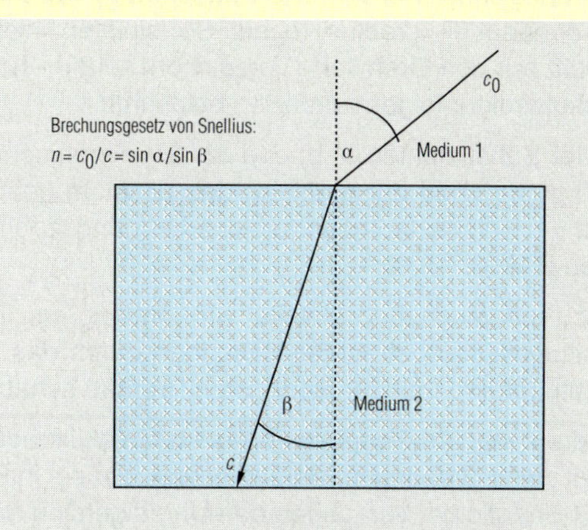

Refraktometrie – Messung der Brechzahl n an einer Phasengrenze
Trifft Licht aus dem Vakuum auf ein Medium, so gilt (bei λ = const.) bzgl. Einfallswinkel α und Austrittswinkel β: $n = \sin\alpha : \sin\beta$.
Die **Brechzahl n** ist eine spez. Stoffkonstante in Abhängigkeit von λ und der Temp. T (opt. Dichte); die Abhängigkeit von λ wird **Dispersion** genannt, sie ist im Absorptionsbereich unstetig. Es gilt:
$n = c_{Vakuum} / c_{Medium} = \lambda_{Vakuum} / \lambda_{Medium} = \sin\alpha / \sin\beta$ (Brechungsgesetz von Snellius), z. B. $n^{20\,°C}_{Na\text{-}D\text{-}Linie}$ ist bei H_2O = 1,333, bei Chloroform aber 1,4486 usw.

Gleichung zur refraktometrischen Konzentrationsbestimmung

$$x_1 = 100 \cdot \frac{[(n_{\text{Mischung}} - 1)/\varrho_{\text{Mischung}}] - [(n_2 - 1)/\varrho_2]}{[(n_1 - 1)/\varrho_1] - [(n_2 - 1)/\varrho_2]}$$

x_1 = gesuchter Massenanteil (Masse%) der Komponente 1 in einer binären Mischung (in g/100 g)

n_{Mischung} = Brechungsindex der Mischung ($n_{1,2}$ = Brechungsindices der beiden Reinstoffe 1 und 2)

$\varrho_{\text{Mischung}}$ = Dichte der Mischung ($\varrho_{1,2}$ = Dichte der reinen Komponenten 1 und 2; in g/cm³)

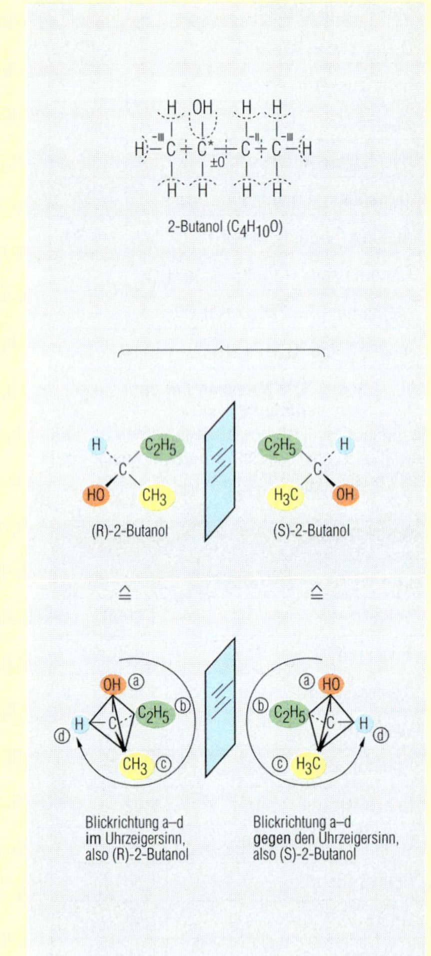

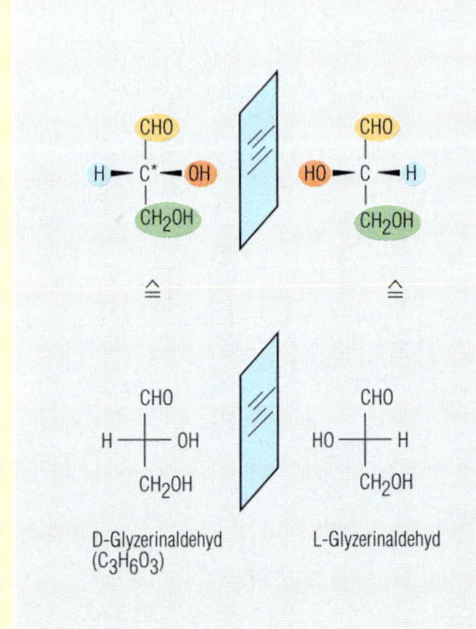

Abb. 1 Enantiomerenpaare

Oben 2-Butanol, nach der R-S-Konvention benannt. Unten das ebenfalls optisch aktive Glyzerinaldehyd (kleinstes Kohlenhydrat) in Fischer-Projektion (D-/L-Form).

Fischer-Projektion optisch aktiver Moleküle (zur Polarimetrie)

Zur stereochemischen Darstellung dreidimensionaler, optisch aktiver Moleküle in Strukturformeln (planar, auf der Papier**ebene**) wurde folgende Vereinbarung getroffen (Fischer-Projektion; C*-Atome werden oft nur als zwei sich kreuzende Linien dargestellt):

1. Die längste Kette ist senkrecht anzuordnen.
2. Das C-Atom mit der höchsten Oxidationszahl steht oben.
3. Gruppen über und unter dem C*-Atom liegen hinter der Papierebene, Gruppen links und rechts von ihm darüber (sie ragen also aus ihr heraus).
4. Die Darstellung in der Fischerprojektion darf in der Papierebene um 180°, nicht aber um 90° gedreht werden (sonst werden Enantiomere verwechselt, Verlust der Übereinstimmung).

Die Stereostruktur von Molekülen wird in der Strukturformel oft angedeutet, indem man nur die in der Papierebene befindlichen Elektronenpaarbindungen als Bindestrich darstellt. Die aus der Papierebene herausragenden Bindungen hingegen als Keil, die dahinter liegenden, hinter die Papierebene ragenden Bindungen als gestrichelte Linie (vergleiche Formeldarstellung am 2-Butanol C_2H_5–**C***H(OH)–CH_3 auf dieser Seite).

Enantiomeren können alternativ auch nach der **R-S-Konvention (Sequenzregel)** gekennzeichnet werden: Die Enantiomere werden mit vorangestelltem (R) oder (S) benannt (R = rectus, rechts; S = sinister, links). Dabei beziehen sich R und S nicht auf den Drehwert (Vorzeichen: + und –!), sondern werden anhand der Molekülstruktur folgendermaßen bestimmt:

1. Die vier Substituenten a, b, c, d am asymmetrischen C*-Atom werden nach der Ordnungszahl der direkt an das C*-Atom gebundenen Atome geordnet (a > b > c > d; bei Isotopen (gleiche Ordnungszahl) nach der relativen Atommasse RAM).
2. Das zu untersuchende Molekül wird entlang der Bindung des C*-Atoms zu Substituent d so betrachtet, dass man durch das C*-Atom in Richtung des Substituenten d (mit der niedrigsten Prorität) schaut.
3. Nun dreht man (in Gedanken oder am Molekülmodell) a über b in Richtung c. Erfolgt diese Drehung im Uhrzeigersinn, so liegt in Bezug auf dieses C*-Atom das R-Enantiomer vor, gegen den Uhrzeigersinn das S-Enantiomer.
4. Verbindungen mit mehreren asymmetrischen C-Atomen werden so benannt, dass man jedes einzelne C-Atom so behandelt.

Am Beispiel von Isobutanol (2-Butanol) ergibt sich nach 1 für die vier Substituenten folgende Priorität: a = –OH, b = –C_2H_5, c = –CH_3, d = –H. Man blickt also durch das C*-Atom auf das H-Atom. Für Traubenzucker (also das Enantiomer D-(+)-Glucose) ergäbe sich so die stereochemisch eindeutige Bezeichnung (2R, 3S, 4R, 5R ,6)-Pentahydroxyhexanal.

3.3.9 Kolorimetrie und Photometrie

Bei der **Kolorimetrie** wird die Konzentration $c_{Absorbens}$ eines farbigen Stoffes im Prinzip an seiner Farbintensität erkannt – genauer als es das Auge kann. Eine Probelösung bekannter Konzentration wird dazu mit **monochromatischem Licht** bestrahlt, absorbiert eine bestimmte Wellenlänge λ (Schwächung der Ausgangsintensität $I°$). Gemessen wird entweder die optische Durchlässigkeit oder **Transmission** $T = I/I°$ einer Probelösung bei bestimmter λ im Vergleich zu einer Standardlösung bekannter Konzentration $c°$ – oder aber das spektrale Absorptionsmaß, die so genannte **„Extinktion"** $\varepsilon = -\log T$. Für die zur Schichtdicke s der Lösung proportionale Transmission T gilt:

$\ln (I/I°) = \ln T = -k \cdot s$ (k = Konstante).

Die Umrechnung auf die Probenkonzentration $c_{Abs.}$ wird nach dem **Lambert-Beer'schen Gesetz** möglich: $\varepsilon = \log (1/T)$. ε ist nämlich ebenfalls proportional zur Schichtdicke s der Probelösung und kann daher in die unbekannte Konzentration $c_{Abs.}$ des absorbierenden (und somit farbigen) Stoffes umgerechnet werden:

$$\varepsilon = \log (I°/I) = \log (1/T) = a \cdot s = e \cdot c_{Abs.} \cdot s$$

(a = Prop.-Faktor, ε_r = molarer spektraler Absorptionskoeffizient. ε ist also abhängig von Absorber und λ und somit proportional zu $c_{Absorber}$: $A = \varepsilon_r \cdot c_{Absorber}$. $c_{Absorber}$ ist dann: $c_{Abs.} = c° \cdot s° / s_{Lösg.}$, da nach Lambert-Beer gilt: $c° \cdot s° = c_{Absorber} \cdot s_{Lösg.}$).

Bei der **Photometrie** (Spektralphotometrie) wird wie Kolorimetrie gearbeitet, jedoch nur **mit weißem Licht** und im Vergleich zu einer Quecksilber-Dampflampe (Hg absorbiert bei 254 + 366 + 560 nm). Es erfolgt ebenfalls eine Messung der wellenabhängigen Absorption A bzw. der optischen Durchlässigkeit T zur Bestimmung von $c_{Absorber}$. Diese ist, wie bei der **Kolorimetrie,** über Filter- und Spektralphotometer möglich und kann auch als photometrische Titration durchgeführt werden – so z. B. als Zink-EDTA-Komplex gegen Erio-T (665 nm) oder Fe-EDTA gegen Salicylat (525 nm), auch als Al-Oxin, Kobalt- und Eisenthiozyanat, Kupfertetrammin, Nickel-Diacatyldioxim, Dichromat u. ähnl. farbige Komplexe.

3.3.10 Refraktometrie und Diffraktometrie

Bei der **Refraktometrie** wird die Probe durchleuchtet (meist mit Na-D-Linie λ = 589,3 nm) und der **Brechungsindex** n gemessen – auch Brechzahl genannt. Bei einer (Röntgen-, Elektronen- und Neutronen-)**Diffraktometrie** wird die Probe mit Röntgen-, Elektronen- oder Neutronenstrahlen bestrahlt und erzeugt eine **Beugung** der Strahlen durch das Kristallgitter. Der **Beugungswinkel** lässt sich nach **Bragg** bestimmten Kristallen (Abständen zwischen Gitterflächen) zuordnen.

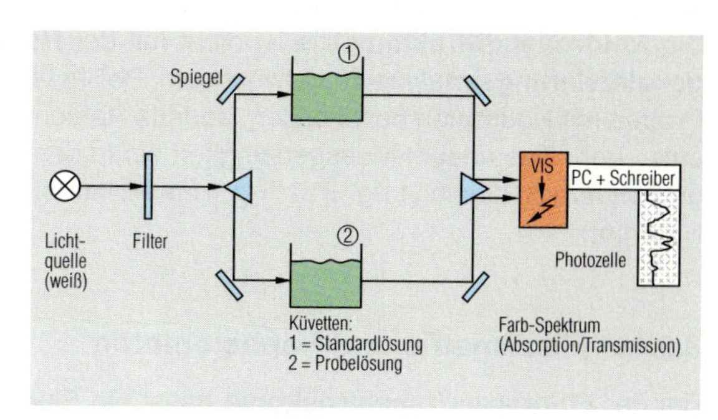

Abb. 3.3.9-1 Ein Kolorimeter

Kolorimeter werden oft eingesetzt, um den Endpunkt einer komplexometrischen Titration sicherer bestimmen zu können (vgl. Abb. 3.2.5-1).

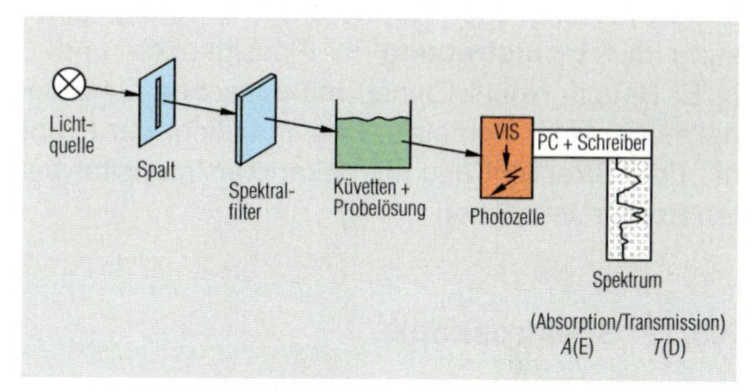

Abb. 3.3.9-2 Ein Photometer

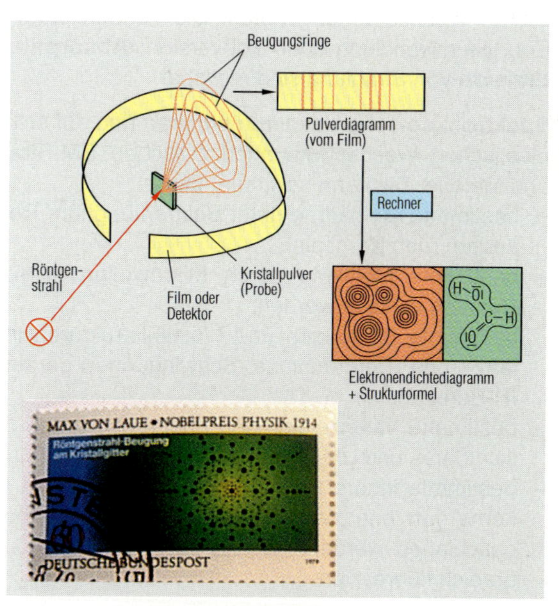

Abb. 3.3.10-1 Röntgenstrukturanalyse

Laue entdeckte 1912, dass Kristalle Röntgenstrahlen beugen können. So entstehen **Beugungsmuster,** über die mit Großrechnern **Beugungswinkel** und somit Kristallgitterabstände, Elektronendichte- und Debye-Scherrer-Diagramme berechnet werden können. Die Röntgenstrukturanalyse arbeitet ähnlich wie die Diffraktometrie und hat Bedeutung für die Entwicklung neuer Werkstoffe, technische und kriminalistische Materialuntersuchungen sowie für die Aufklärung von Strukturen unbekannter, kristalliner Proben.
1955 wurde mit ihrer Hilfe die Strukturformel des aus 181 Atomen bestehenden Moleküls von Vitamin B_{12} entdeckt. Seine Summenformel lautet: $C_{63}H_{88}CoN_{14}O_{14}P$.

Die **Neutronendiffraktometrie** ist nicht mit der **Neutronenaktivierungsanalyse** zu verwechseln. Bei ihr werden Proben mit Neutronen beschossen, sodass Radionuklide entstehen. Das erlaubt Messgenauigkeit bis in den Pikogrammbereich hinein (1 pg = 10^{-12} g = ein Milliardstel Milligramm!).

3.3.11 Fluorimetrie und Nephelometrie

Bei der **Fluoreszenzspektroskopie** misst ein Fluorimeter Fluoreszenz- bzw. Emissionsstrahlung wie ein Photometer, jedoch im rechten Winkel zur Richtung der Anregungsstrahlung (**Fluoreszenz,** z. B. bei Aromaten, konjugierte Doppelbindungen, Heterocyclen). Bei einer Trübungsmessung oder **Nephelometrie** erfolgt eine Messung der **Lichtstreuung** in Flüssigkeiten und Gasen (z. B. Rauch, Nebel, Dunst) mit optischen Geräten (Tyndallmeter, Nephelometer). Das Streulicht der Probe wird mit dem Streulicht aus mit bekannter Intensität belichteten Proben verglichen.

3.3.12 Spektroskopie

Elektromagnetische Strahlung kann von Materie reflektiert werden, sie durchdringen oder aber mit ihr in „unelastische" Wechselwirkung treten. Die verläuft dann unter Energieumwandlung oder -konversion: **Absorption** und **Emision** von Strahlung sind messbar.

Spektroskopische Verfahren beruhen nun auf solch unelastischen Wechselwirkungen zwischen EM-Strahlung und Materie. Die kann bewirken, dass:

- bestimmte Atomkerne unter Bestrahlung ihre Rotation ändern (den Kernspin),
- bestimmte Moleküle durch Mikrowellen selektiv in Rotation versetzt werden,
- bestimmte Bindungen und Molekülstrukturen in „Valenz-" und „Deformations"-Schwingungen geraten (im IR-Bereich),
- bestimmte Valenzelektronen angeregt werden (durch sichtbares und UV-Licht) oder
- bestimmte innere Elektronen in der Nähe des Atomkerns von energiereicher Röntgenstrahlung herausgeschlagen werden, sodass das Atom im Röntgenbereich fluoresziert.

Diese Effekte lassen sich mit den in Tabelle 3.3.12-1 rechts aufgeführten, instrumentellen Analysemethode nutzen.

Nach **Kirchhoff** sind die Energiegehalte der EM-Strahlung bei Absorption und Emission gleichwertig (äquivalent): Jeder Stoff kann nur **diskrete** Strahlung genau solcher Anregungsenergie E bzw. Frequenz ν absorbieren, die er auch wieder emittieren kann:

$$\Delta E = h \cdot \nu = E_{\text{Angeregter Zustand}} - E_{\text{Grundzustand}}$$

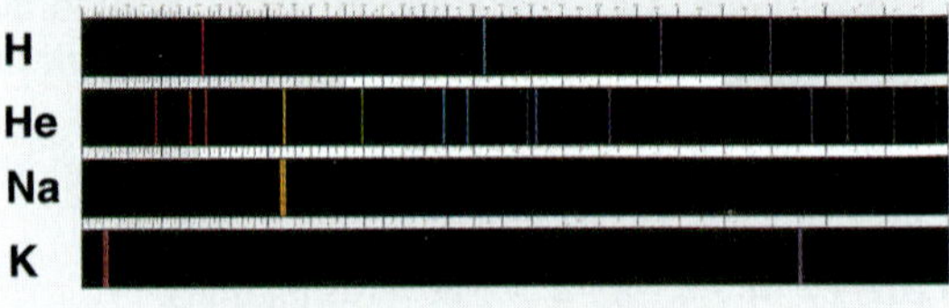

Abb. 3.3.12-1 Zur Entstehung der Spektrallinien

Bohr, Planck und **Frauenhofer** legten die Basis für die Spektralanalyse und weitere instrumentell-spektroskopische Analysemethoden.

Spektralanalyse und Spektroskopie

Über die Spektrallinien im Bereich des sichtbaren Lichtes wurden z. B. fast alle Alkali- und Erdalkalimetalle entdeckt und ebenso – noch bevor man es auf der Erde kannte – der „Sonnenstoff" Helium (griech. ὁ ἕλιος, gesprochen: „ho hälios" = die Sonne. **Bunsen** und **Kirchhoff,** die Entdecker der **Spektralanalyse,** benannten die neu entdeckten Elemente oft nach der Farbe ihrer Spektrallinien (Rubidium nach rubidus = rot, Cäsium nach caesius = blau, Indium nach indigo = blau, Thallium nach thallos = grüner Zweig). Selbst in entferntesten Himmelkörpern können Astronomen über Spektrallinien nachweisen, dass es dort Elemente wie Natrium, Blei, Gold und Eisen oder Verbindungen wie Wasser, Ethanol, Blausäure und Ethin gibt. Leider werden derlei extragalaktische Wasserdampf- und Ethanolwolken – massereicher als die irdischen Ozeane – vorerst jedoch unerreichbar bleiben ...

Neben diesen Absorptionslinien im sichtbaren Teil des EM-Spektrums (vgl. Tabelle 3.3.12-1) können ähnliche „Banden" auch in anderen Spektralbereichen des EM-Spektrums zur Identifikation bestimmter Atome, Moleküle und Strukturen genutzt werden – nur der Bereich um 400–700 nm Wellenlänge ist nämlich für das bloße Auge als Licht sichtbar. Bei den Flammenproben zum Erkennen einiger Alkalimetalle kann schon das bloße Auge als „Detektor" eingesetzt werden (orangegelb = Natrium, rotviolett = Kalium, ziegelrot = Lithium, grün = Barium und Kupfer, blau = Caesium und Indium usw.) – noch genauer jedoch arbeiten hier optische **Photo- und Spektrometer.** Im etwas energieärmeren Bereich von 10^4–10^6 nm liegt die nur als (Wärme-)strahlung wahrnehmbare IR-Strahlung. Sie regt aufgrund entsprechender Wellenlängen die **Molekülschwingungen** an (Resonanz) und lässt sich daher in der **IR-Spektroskopie** einsetzen, um in organischen Molekülen z. B. C–C-Einfachbindungen zu erkennen (Wellenlängen λ der Resonanzschwingung: um 1000 Wellen pro cm), C=C-Doppelbindungen (λ = 1640/cm), C≡C-Dreifachbindungen (λ = ca. 2100/cm), C–Br-Einfachbindungen (λ = ca. 500/cm) C–H-Bindungen (λ = 3000/cm) usw. In der IR-Spektroskopie wird somit die Strukturaufklärung organischer Moleküle instrumentell ermöglicht.

Man spricht daher von **Resonanz**absorption: Das durch Absorption einer ganz bestimmten Wellenlänge zur Schwingung oder Rotation angeregte Teilchen sendet beim „Rücksprung" vom angeregten Zustand zurück in den Grundzustand das aufgenommene Energiequant wieder aus – die Emission erfolgt je nach Anregungszustand optisch, thermisch oder elektrisch. Über die Strahlung-Materie-Wechselwirkung – insbesondere die Wellenlänge der absorbierten oder emmittierten Strahlung – „verrät" sich der unbekannte Stoff also. Die instrumentell messbaren, charakteristischen, „diskontinuierlich-gequantelten" Strahlungsmengen nennt man **Spektrallinien** bzw. **Absorptions- und Emisionslinien** (oder auch **Banden**).

Der „gequantelte" Energiegehalt E der Strahlung ist dabei proportional zur Frequenz dieser Strahlung:

$$\Delta E = h \cdot \nu = h \cdot \frac{c}{\lambda}$$

(ν = Frequenz: bei Radiowellen z. B. ca. 10^6 Hz / bei γ-Strahlung: ca. 10^{21} Hz, Planck'sches Wirkungsquantum $h = 6{,}626 \cdot 10^{-34}$ J) und umgekehrt proportional zur Wellenlänge: $\nu = c / \lambda$ (c = Lichtgeschwindigkeit im Vakuum $= 3 \cdot 10^8$ m/s.).

Analytiker geben an Stelle der Wellenlänge λ oft auch die **Wellenzahl σ** an: $\sigma = 1 / \lambda = \nu / c$ (in cm^{-1}; Achtung: Die Wellenzahl σ wird in einigen Büchern auch mit dem geschlängelten Symbol $\tilde{\nu}$ gekennzeichnet, das σ wird zur Unterscheidung von der Frequenz unter die Schlangenlinie ~ gestellt!).

Die Frequenz berechnet sich somit auch als Produkt aus der Lichtgeschwindigkeit und Wellenzahl:
$\boldsymbol{\nu = c \cdot \sigma = c / \lambda}$ – die in cm^{-1} anzugebende Wellenzahl kann bei Angabe der Wellenlänge in µm hingegen auch nach $\sigma = 10\,000 : \lambda$ umgerechnet werden.

In der Praxis wird eine Probe oder eine Küvette mit Probelösung im Labor also in ein Analysegerät gestellt, in dem sich eine Strahlungsquelle sowie ggf. ein Prisma oder Gitter befindet. Der Strahlengang wird dann durch die Probe geleitet und endet am Detektor. Dieser wandelt die Signale in elektrische Signale um (Anzeigegerät). Viele Instrumente enthalten zusätzlich Schreiber, die die elektrischen Signale in Form von Kurven ausdrücken („Spektrogramme" mit „Peaks" und „Banden").

In diesen Diagrammen wird z. B. die Transmission T in Abhängigkeit von der Wellenlänge λ oder – häufiger – Wellenzahl σ aufgetragen. Die **Transmission T** entspricht dabei dem Quotienten aus der Lichtintensität I_0 vor und der (geschwächten) Intensität I nach dem Durchgang durch die Probelösung: $T = (I : I_0) \cdot 100\,\%$. Oft wird stattdessen auch die **Absorption A** oder die **Extinktion ε** angegeben: $A = [(I_0 - I) : I_0] \cdot 100\,\%$ also: $A + T = 100\,\%$!) und (zum **Lambert-Beer'schen Gesetz** vgl. rechts).

Spektralbereich	λ nm	σ cm^{-1}	ν s^{-1} (HZ)	E kJ/mol	Methode und Anregungsart bzw. angeregte Teilchen
γ-Strahlung	< 0,01		$> 3 \cdot 10^{18}$	$> 10^5$	(siehe bei Röntgenstrahlung)
Röntgenstrahlung (X-rays)	0,003–10,0 („hart" um 0,01, „weich" > 0,1 nm	$> 10^6$	$5 \cdot 10^{20}$ – $3 \cdot 10^{16}$	> 12000	Röntgenfluoreszenzanalyse (RFA); innere Elektronen („Rumpf"-Elektronen)
„fernes" UV	< 10–200	10^5–10^6	$3 \cdot 10^{16}$ – $1{,}5 \cdot 10^{15}$	12000 – 600	UV-Spektroskopie; Valenz-/σ-Elektronen
„nahes" UV (ultraviolett)	200–400	10^5 – $5 \cdot 10^4$	$1{,}5 \cdot 10^{15}$ – $7.5 \cdot 10^{14}$	600 – 340 (bzw. bis 300)	UV-Spektroskopie; lockere Valenzelektronen (π)
sichtbares Licht (visuell, VIS)	ca. 350–800 blau: 470 grün: 530 gelb: 580 rot: 700	$5 \cdot 10^4$ – $1{,}5 \cdot 10_4$ (50000–15000)	$7.5 \cdot 10^{14}$ – $4 \cdot 10^{14}$	340 – 150	VIS-Spektroskopie; Valenzelektronen in n- und in π-Zuständen
„nahes" IR (infrarot)	750–2500 (≅ 0,75–2,5 µm)	$2 \cdot 10^4$ – $2 \cdot 10^3$	ca. $1\text{–}4 \cdot 10^{14}$ (auch: bis $3 \cdot 10^{13}$)	160–50	Molekül- und Bindungsschwingungen; IR-Spektroskopie
„mittleres" IR	ca. 5000–50000	200–1000	ca. 10^{13}–10^{14}	ca. 5,0–100	s. o.
„fernes" IR (langwelliges IR)	$5 \cdot 10^4$ – $1 \cdot 10^6$ (≅ 1000 –50 µm)	10–200	ca. 10^{13}–10^{11}	ca. 10,0 – 0,4	s. o. (Valenzen bei σ > 1500 cm^{-1}, darunter Deformation)
µ (Mikrowellen)	(ca. bei 30 µm–1 dm	0,01–10,0	10^{12}–$3 \cdot 10^9$	ca. 10^1 – 10^{-5}	NMR, Kernspin; Molekülrotationen (bei $\sigma > 10^2$ cm^{-1})
Radiowellen (UKW, KW, MW, LW)	$> 10^8$ (cm – m – auch bis in km-Bereich)	< 0,1	$< 3 \cdot 10^9$	$< 10^{-5}$	ESR; schwingende Elektronen, Wechselwirkung von Kern- und Elektronenspin mit äußerem EM-Feld

Tabelle 3.3.12-1 Das EM-Spektrum

In der Tabelle werden zu den einzelnen Bereichen des EM-Spektrums aufgeführt: die Wellenlänge λ (in nm), die Wellenzahl σ (in cm^{-1}), die Frequenz ν (in s^{-1} bzw. Hz), die Energie E (in kJ/mol Lichtquanten) sowie die in diesem Resonanzbereich arbeitenden spektroskopischen Methoden.

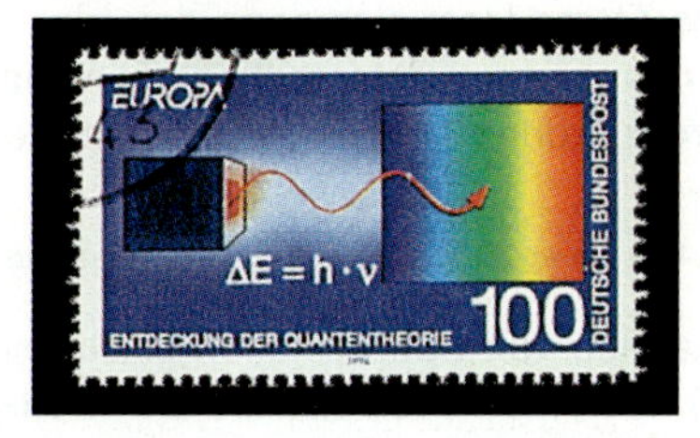

Lambert-Beer'sches-Gesetz:

$$I = I_0 \cdot \varepsilon^{-e(r) \cdot s \cdot c}$$

(c = Konzentration der Probelösung in mol/l, s = Schichtdicke in cm oder mm, ε (r) = molarer Extinktionskoeffizient, eine stoffspezifische Konstante)

vereinfachte Form:

$$e = -\lg (I : I_0) = \varepsilon(r) \cdot s \cdot c$$

(Die Extinktion kann also Werte von 0 bis ∞ einnehmen, vgl. auch Kapitel 3.3.9: Photometrie).

3.3

Bei dem Verfahren der **Atomabsorptionsspektroskopie (AAS)** erfolgt die Messung der Absorption durch in der Flamme angeregten Atome der Probe in der **Gasphase.** Als Strahlungsquelle dient eine Hohlkathodenröhre unter 400 V Spannung (I = 100 mA). Die Probe wird im Graphitrohrofen in Inertgas erhitzt. Ihre angeregten Atome absorbieren Licht in Abhängigkeit von ihrem Atomzahlenverhältnis N_a/N_0 (Anzahl der angeregten Atome N_a im Verhältnis zur Zahl der Atome im Grundzustand $N_0 \cong$ const.). Die Lichtabsorption ist (bei N_0 = const.) nahezu nur abhängig von der Anzahl angeregter Atome N_a;
es gelten daher die **Boltzmann-Verteilung:**

$$N_a / N_0 = g \cdot e^{-\frac{E_{Anregg.}}{k \cdot T}}$$

(hier ist g der statistische Faktor und $k = R / N_A$) und das **Lambert-Beersche Gesetz** (vgl. Photometrie, Kap. 3.3.9), sodass N_a bzw. $c_{Absorber}$ berechenbar wird.

Ein Gegenstück hierzu ist die **Atom-Emissionsspektroskopie (AES):** Hier wird nicht gemessen, welche Wellenlängen absorbiert werden, sondern welche Wellenlängen die Atome der Probe nach Anregung selbst aussenden (emittieren). Die **Anregung** erfolgt z. B. in einer sehr heißen **Flamme** (daher auch die Bezeichnung **„Flammphotometrie"** für eine AES), über elektrische Bögen, Funken, Plasma, Laserstrahlung oder – so bei der **Röntgenfluoreszenz-Analyse, RFA** – durch Röntgenstrahlung.

Bei der Flammphotometrie (= Flammen-AES) unterscheidet man je nach Anregungsart zwei Typen **ICP** (induktiv gekoppeltes Hochfrequenzplasma) und **DCP** (Gleichstromplasma). In beiden Fällen werden Probe-Atome aber in der Flamme angeregt und emittieren nach 10^{-8}–10^{-4} s monochromatisches Licht (diskrete Linien). Gemessen werden Resonanzlinien freier Atome (nur bei homolytischer Dissoziation, nicht bei Ionisation). Der Zustand des Atoms lässt sich dann den **vier Quantenzahlen** *l*, *m*, *n*, *s* bzw. den entsprechenden **Emissions-Spektrallinien** zuordnen (nach der oben angeführten Gleichung:
$\Delta E = h \cdot \nu = E_{Angeregter\ Zustand} - E_{Grundzustand} = E/\lambda$)

Zum Erkennen von Spurenstoffen existieren neben AAS und AES noch Methoden wie die **UV- + IR-Spektroskopie** und die **NMR-** oder **Kernresonanz-Spektroskopie.** Auch nichtspektroskopische Methoden wie die **Massenspektroskopie** (MS) oder die **Dünnschicht-** (DC) und **Gaschromatographie** (GC) sind entwickelt worden, letztere z. B. in Varianten wie Niederdruck- und Hochdruck-Flüssigkeitschromatographie (LPGC + HPLC). Die Abbildung zweier Chromatographen finden Sie am Ende dieses Kapitels 3.3 (S. 202, vgl. auch S. 192–194). Eine ausführliche Tabelle aller gebräuchlichen instrumentellen Analysemethoden finden Sie im Anhang in Tabelle 20, Vergleichsbeispiele gebräuchlicher Analysemethoden und Spektren aus der Praxis auf den folgenden Seiten.

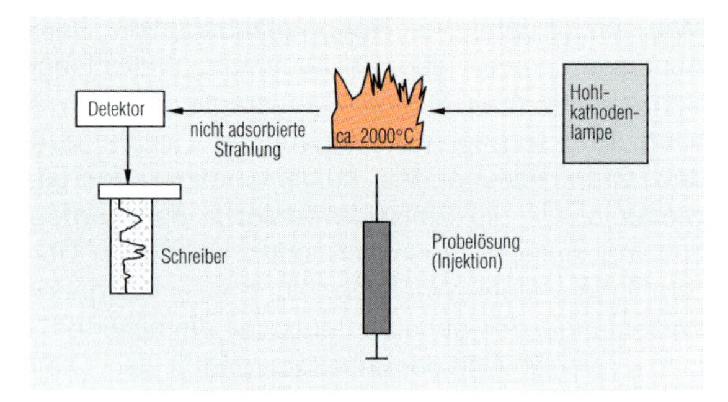

Abb. 3.3.12-2 Die Atomabsorptionsspektroskopie (AAS)

Bei der **AAS** wird die Probelösung in eine farblose Flamme gesprüht, die von einer Hohlkathodenlampe bestimmter Wellenlänge bestrahlt wird. Dadurch werden die Atome der Probelösung zur Adsorption bestimmter Wellenlängen angeregt, während die nichtadsorbierte Hohlkathoden-Strahlung die Flamme ungehindert passiert und im Detektor registriert wird.
Über die AAS erzielt man so mit ca. 2 % Genauigkeit Nachweisgrenzen bis hinab zu 0,005 ppm (!), messbar sind alle Metalle sowie die Halbmetalle B, Si, As, Se und Te.

Abb. 3.3.12-3 Die Atomemissionsspektroskopie (AES), im Foto ein Flammphotometer in Betrieb

Wichtige Brenngas-Oxydator-Gemische für die Flammphotometrie sind Leuchtgas/Luft 1800 °C, H_2/Luft: 2100 °C, Ethin/Luft: 2200 °C, Methan oder H_2 in O_2: 2700 °C, Ethin in O_2: 3100 °C.

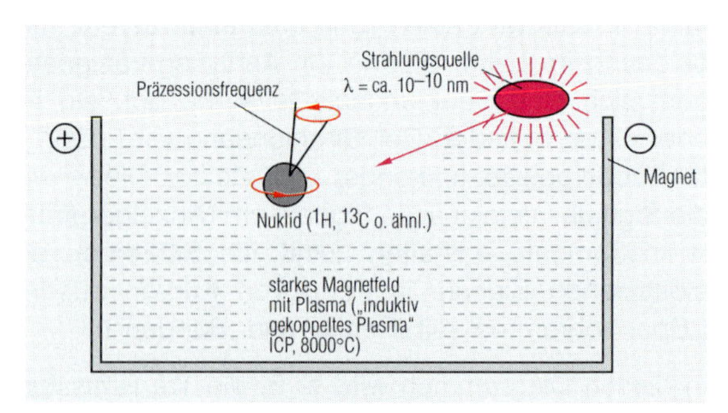

Abb. 3.3.12-4 Die NMR- oder Kernresonanzspektroskopie

Hier werden mit hochenergetischen Wellenlängen um 10^{-10} nm bestrahlte Atome im 8000 °C heißen Plasma in Magnetfelder gebracht. Dabei verhalten sie sich schwebenden, kleinen Magnetnadeln vergleichbar: Atomkerne mit ungeraden Neutronen- und Protonenzahlen haben eine Eigendrehung, den Kernspin, bei der die Drehachse wie bei einem Kreisel oder dem Erdkörper im Sonnenumlauf torkelt („Präzession", vgl. auch Elektronenspin; Spinquantenzahl *s*). Die Anregung der Präzessionsfrequenz kann durch die hochenergetische Strahlung messbar gemacht werden.

quantitative Bestimmungsmethode	typische Bestimmungsgröße	Anmerkungen zum Vergleich
Gravimetrie	5 ppm (Ni) = 5 mg/kg	nassanalytisches Verfahren
Komplexometrie	1 ppm (Cd) = 1 mg/kg = 1 : 1 Mio.	nassanalytisches Verfahren
Kolorimetrie	0,03 ppm = 30 ppb (Pb)	nassanalytisches Verfahren
Voltametrie	50 ppb (Ni) = 0,05 mg/kg	elektrochemisch-nassanalytisches Verfahren
Röntgenfluoreszenz-Analyse, **RFA**	10 ppm = 10 mg/kg	**RFA**
Atomabsorptions-Spektrometrie, **AAS**	10 ppb = 0,01 mg/kg = 10 μg/kg (oder: 1 mg Cu/l Wasser = ≅ 1 ppm)	**AAS**, z. T. mit Flammenionisationsdetektoren (FID), bei über 2000 °C
Atomemissionsspektroskopie, **AES**	10 ppb = 10 μg/kg	**AES** mit Graphitelektrode: noch 0,5 mg Cd/l Rheinwasser erkennbar!
Induktiv gekoppelte Plasma-/Massen-Spektroskopie, **ICP – MS**	1 ppb = 1 μg/kg = 1 : 1 Mrd.	**ICP–MS;** AES mit ICP – bei ca. 8000 °C alle Elemente bestimmbar außer Br Cl, F, H und Edelgasen

Zur **Aufbereitung einer Probe** zwecks Kontrolluntersuchung werden in Landesuntersuchungsämtern standardisierte Verfahren angewendet: Ein Nahrungsmittel wird wie im Durchschnittshaushalt zunächst gewaschen und zubereitet. Schon durch das Waschen von Obst werden Schwermetall-Stäube von Blei um 12–50 % reduziert, Quecksilberwerte bei Äpfeln sogar um 60 %. Beim Waschen und Schälen sinken die Werte sogar um 60–85 % (hinsichtlich Blei), 75 % (Hg) und 30–50 % Cd.

Das Aufbereitungsverfahren sieht im Falle einer lebensmittel-analytischen Untersuchung von Kopfsalat auf schwermetallhaltige Schadstoff-Rückstände folgendermaßen aus:

Arbeitsschritt	Durchführung
1. Probenahme	z. B.: 10 Kopfsalate
2. küchenfertige Zubereitung	Deckblätter, Erdreste und Strünke entfernen, waschen
3. Teilen	Vierteln der Salatköpfe
4. Homogenisierung	zehn Viertel vermischen (z. B. pürieren)
5. Aufschluss	3 g Homogenisat in 2 ml 60%ige HNO_3 (90 min bei +275 °C)
6. Einstellen (auf definierte Volumina)	Probe mit H_2O bidest. auf 20 m_L verdünnen
7. Quantitative Bestimmung (instrumentell)	a) Flammen-AAS (Zn-Gehalt), b) Graphitrohr-AAS (Cd, Cr, Cu, Ni, Pb, Tl), c) Hydrid-AAS (As, Se), d) Kaltdampf-AAS (Hg), e) ICP–MS (alle o.g. Elemente außer Selen)

Folgende Aufschlussverfahren sind zur standardisierten Vorbereitung einer Analyse vor der instrumentellen Messung z. B. nach § 35 LMBG und VDI-Richtlinien und DIN üblich:

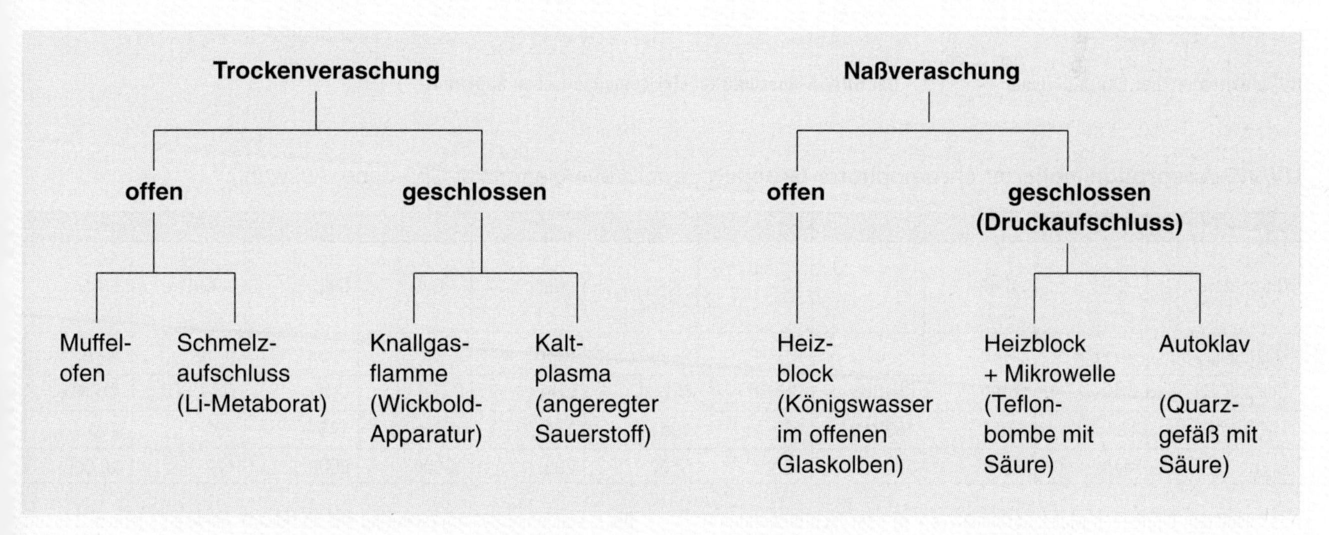

Typische Nachweisgrenzen bei der AAS im Vergleich (in μg/kg):														
Metall:	Ag	Al	As	Cd	Co	Fe	Hg	Mn	Pb	Se	Sn	Ti	Tl	Zn
Flammen-AAS:	30	30	30	3	15	15	300	3	15	150	30	75	30	1,5
Graphitrohr-AAS:	0,003	0,06	< 0,3	0,003	0,15	0,09	–	0,006	0,06	< 1,5	0,3	60	0,3	0,0015

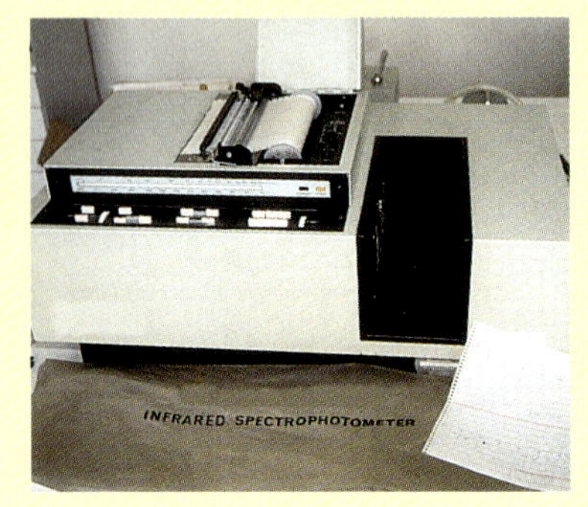

IR-Spektroskop

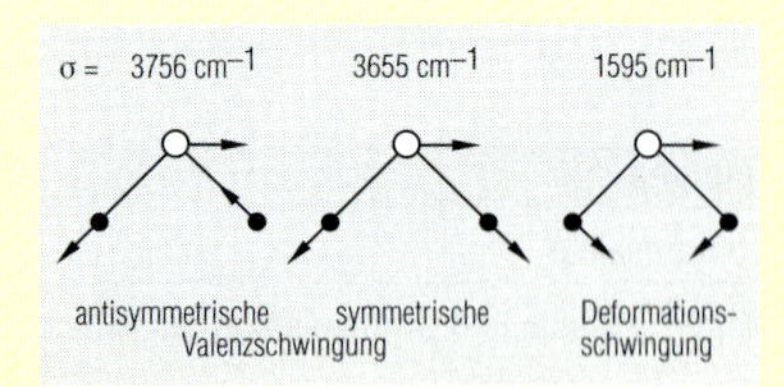

Drei Eigenschwingungen von H_2O im IR-Bereich

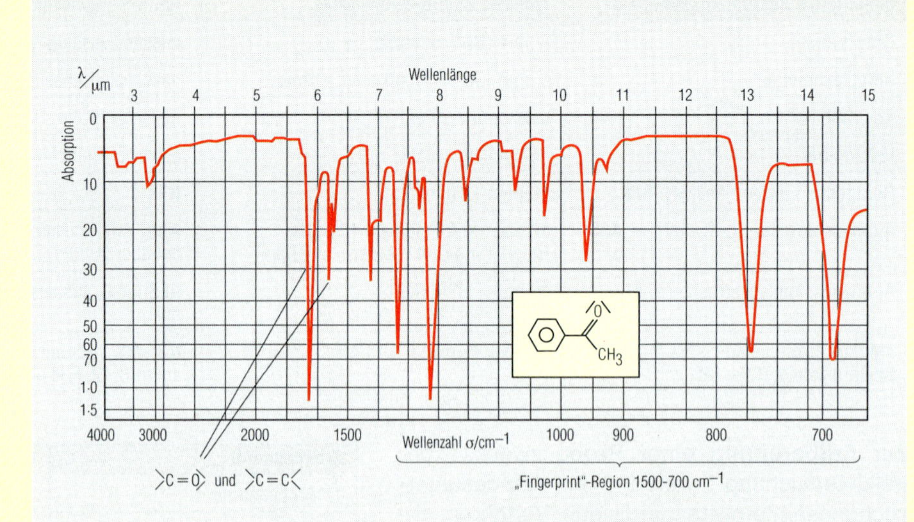

IR-Spektrum von Phenylethanon

Die mit spektroskopischen Verfahren gewonnenen Spektren lassen sich – je nach Verfahren – zur Strukturaufklärung bestimmten Molekülbruchstücken und Bindungen zuordnen (siehe Tabelle 20 f) im Anhang). Das IR-Spektrum von Phenylethan (C_6H_5–CO–CH_3) zeigt zum Beispiel Banden im Bereich von 1500–2000 cm^{-1} (ungesättigte Bindungen, Carbonylgruppe) sowie 700–1500 cm^{-1} (Fingerprint-Region, Dehnungs- und Deformationsschwingungen), jedoch keine Banden im Bereich um 2000 cm^{-1} (CoC-Bindungen) oder darüber (H–O-Bindungen, Amine, Schwingungen im H_2O-Molekül). In den UV-Spektren werden hingegen eher Aromaten und Chromophore erkennbar – hier am Beispiel einiger Benzolderivate.

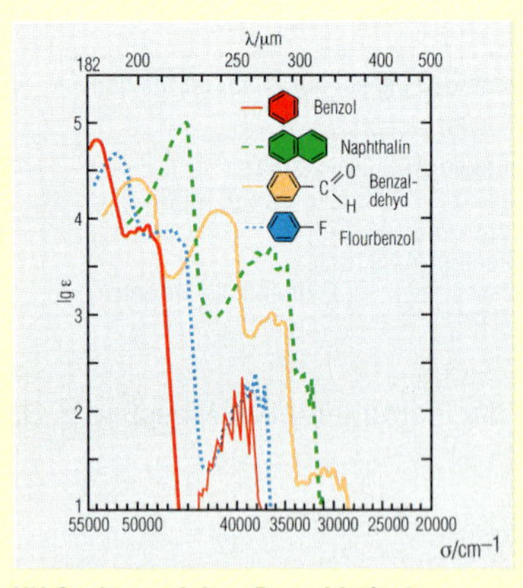

UV-Spektren einiger Benzolderivate

Zur UV/VIS-Spektroskopie:

Röntgenstrahlung	UV-Strahlung	UV-Strahlung	VIS („optisches Fenster")	Infrarotstrahlung

Wellenlänge λ (nm):	10	200	400	420	470	530	580	620	700	750
Wellenzahl σ (cm^{-1}):	10^6	50.000	25.000							13.000/cm
Frequenz ν (s^{-1}):	$3 \cdot 10^{16}$	$15 \cdot 10^{14}$	$7{,}5 \cdot 10^{14}$							$4 \cdot 10^{14}$/s
Energie E (kJ/mol Lichtquanten):	11970	598,7	299,5							159,2

Umrechnungen: $\sigma = 1/\lambda = \nu/c$ 1 eV ≅ 96,5 kJ/mol ≅ 8066/cm (1 kJ/mol ≅ 84 cm^{-1} ∞ 1000 cm^{-1} ≅ 12 kJ/mol)

Der UV/VIS-Abschnitt im elektromagnetischen Spektrum

UV/VIS-Absorption isolierter chromophorer Gruppen (jeweils energieärmster Übergang; Auswahl):

Chromophor	–C–H	–C–C–	–O–	–S–	–N–	–Hal |	>C=C<	C≡C	>C=O	$-NO_2$
Übergang	σ→σ*	σ→σ*	n→σ*	n→σ*	n→σ*	n→σ*	π→π*	π→π*	n→p*	π→π*
Beispiel	CH_4	C_2H_6	CH_3OH	CH_3SH	NH_3	CH_3Cl	C_2H_4	C_2H_2	CH_3CHO	CH_3NO_2
λ_{max} (nm)	122	130	183	235	195	174	166	173	293	210
$\varepsilon_{max.}$	stark	stark	200	180	5700	200	16000	6000	12	10.000

Aus besetzten, bindenden Molekülorbitalen (s + p) oder nichtbindenden n-Orbitalen (freie Elektronenpaare) können Elektronen durch die Energieabsorption in leere, antibindende s*- und p*-Orbitale gehoben werden. Die Tabelle gibt nur für **isolierte** Chromophore einen Überblick – sterische, induktive und mesomere Effekte beeinflussen die Absorptionslage. Hierzu ein Beispiel – einige Absorptionsmaxima l_{max} (nm) für n→p* – Übergänge bei gesättigten **Carbonylverbindungen** –C=O (in Klammern jeweils das Lösemittel):

Bei Azetaldehyd 293 nm (siehe Tabelle, in Hexan), bei Azeton jedoch 279 nm (Hexan), Azetylchlorid 235 nm (Hexan), Azetanhydrid 225 nm (Isooctan), Azetamid 205 nm (Methanol), Essigsäureethylester 207 nm (in Petrolether) und Essigsäure selbst: 204 nm (in Ethanol) – direkt an die Carbonylgruppe gebundene Auxochrome (wie OH, NH_2, OR etc.) verschieben die Absorptionsmaxima in den Carbonsäurederivaten nur geringfügig (Sie erhöhen als p-Donatoren die Energie der p*-Orbitale bzw. erniedrigen das n-Niveau als s-Akzeptoren).

3.3.13 Massenspektroskopie (MS)

Bei der **Massenspektroskopie (MS)** werden die Moleküle einer Probe im **Massenspektrometer** zerstört. Die Molekülbruchstücke **(Fragmente)** sind elektrisch geladen und werden in einem Magnetfeld beschleunigt (vgl. Abbildung 3.3.13-1), abgelenkt und im Prinzip nach ihrer Masse sortiert (genauer: nach dem m/z-Verhältnis). Diese Fragmente werden vom Analysator (in einem elektrischen oder magnetischen Feld) so weit aufgetrennt, dass nun über ihre Streuung eine Erfassung des **Verhältnisses** der Masse $\boldsymbol{m}$ zur Ionenladung $\boldsymbol{z}$ aller Molekülionen und Fragmente möglich wird.

Bei der Massenspektrometrie ist das Masse-Ladungs-Verhältnis $\boldsymbol{m/z}$ abhängig von der Magnetfeldstärke B, dem Ablenkradius rm und der Beschleunigungsspannung $\boldsymbol{U}$:

$$\frac{m}{z} = \frac{r_m^2 \cdot B^2}{2 \cdot U}$$

Werden $\boldsymbol{U}$ und $\boldsymbol{B}$ konstant gesetzt, so existiert nach der Gleichung $\boldsymbol{m/z = \text{const.} \cdot r_m^2}$ eine **Proportionalität** des $\boldsymbol{m/z}$-Verhältnisses zum Quadrat der Ablenkradien $\boldsymbol{r_m}$. Diese Proportionalität kann zur Bestimmung der Masse der Molekülbruchstücke (Fragmente) genutzt werden. Bei konstanter Beschleunigungsspannung und gleich bleibendem Ablenkradius kann umgekehrt über eine Variation der Magnetfeldstärke $\boldsymbol{B}$ („scan") das $\boldsymbol{m/z}$-Verhältnis bestimmt werden:

$$\frac{m}{z} = \text{const.} \cdot B^2.$$

Die Bestimmung der Massenzahlen im Spektrum (Zählspektrum oder Ausdruck massemäßig angeschriebener, computergespeicherter Massespektren) ermöglicht so Rückschlüsse auf die im zerbrochenen Molekül vorhandenen Fragmente. In organischen Molekülen finden sich bei der Auswertung folgende Arten von Isotopen:

a) die Reinelemente F, P und I (nur je ein Isotop, Massezahlen: F = 19, P = 31, I = 127),
b) die mit zu über 98 % in fast nur einer Form vorkommenden Mischelemente (^{12}C, ^{1}H, ^{14}N, ^{16}O)
c) die mit zwei häufigen Isotopen vorkommenden Elemente (S mit 32 + 34 u, Cl mit 35 + 37 u, Br mit 79 + 81 u).

Die Deutung des Massenspektrums erfolgt durch tabellarische Zuordnung von $\boldsymbol{m/z}$ zu bekannten Massespektren bzw. Molekülfragmenten zur Strukturaufklärung von Molekülen (vgl. Tabelle 20 f) im Anhang), oft durch computerunterstützte Berechnungen.

Beispiel: Die Fragmentierung von n-Decan ($C_{10}H_{22}$) liefert als statistisch häufigste Kationen z. B. Bruchstücke der Massezahl 43, 57, 71 und 85, nämlich: $C_3H_7^+$ (m/z = 43), $C_4H_9^+$ (57), $C_5H_7^+$ (71) und $C_6H_{13}^+$ (85).

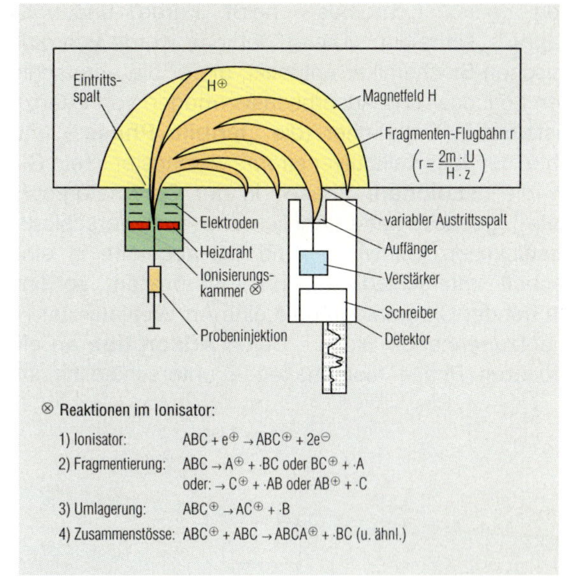

Abb. 3.3.13-1 Funktionsweise des Massenspektrometers (MS)

Das **Magnetfeld** weist eine massendispergierende Wirkung für Ionen auf, es gilt:

$$\frac{m}{z} = \frac{\mu_r 2 \cdot \mu_0^2 \cdot r_2}{2 \cdot U}$$

(μ_r = Permeabilitätszahl, μ_0 = magnet. Feldkonstante, r = Kreisbahnradius, U = Beschleunigungsspannung) –

im Prinzip also die im Text vereinfacht wiedergegebene Gleichung

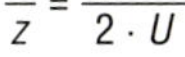

$$\frac{m}{z} = \frac{r_m^2 \cdot B^2}{2 \cdot U}$$

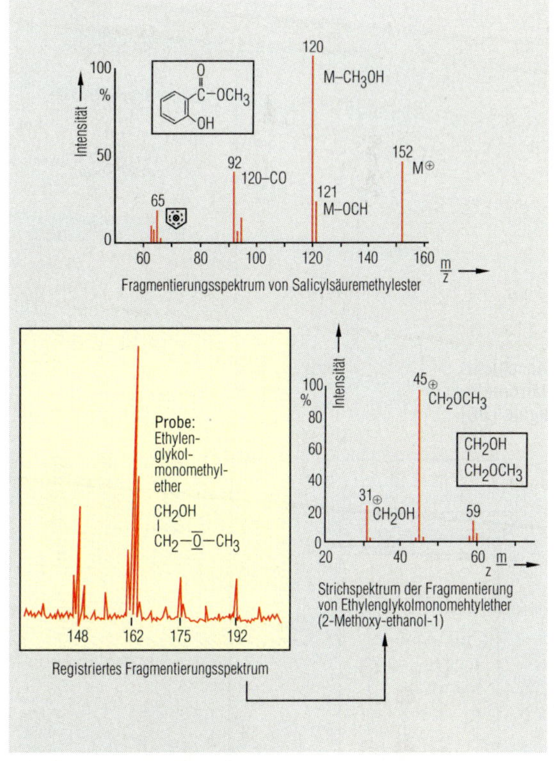

Abb. 3.3.13-2 Masse-Spektren

Der Name **„Chromatographie“** entstammt dem Griechischen: χρομος („chromos“), heißt „Farbe“ und γραφω („grapho“) „schreiben“. Diese Methode wurde von einem russischen Biochemiker entdeckt, als er die unterschiedlichen Lösungs- und Adsorptionsvermögen von Pflanzenfarbstoffen in Petrolether (die **„mobile Phase“**) untersuchte, der über Kalkpulver strömt, welches er in ein Glasrohr (die **„stationäre Phase“** in der Chromatographie-„Säule“) gepackt hatte. Ähnlich wie sich verschiedene Holzstückchen, Schwimm- und Schwebstoffe in einem Flussbett unterschiedlich schnell verbreiten, so findet auch bei der Chromatographie eine Art Wettlauf statt, bei der aufzutrennende Stoffe – durch **Adsorption** an einer stationären Phase festgehalten – unterschiedlich stark bzw. schnell mit einem Gas- oder Flüssigkeitsstrom (der mobilen Phase) mitgerissen werden (vgl. S. 10 unten und S. 16 unten).

Probelösung bzw. Eluent
Adsorbens
Fritte oder ähnl.

Säulenchromatographie (SC)

Kammerdeckel oder Petrischale
Doppeltrogkammer
DC-Platte bei der „Entwicklung“
Wanderungsrichtung der „Front“ ab Startlinie
Eluent

Dünnschichtchromatographie (DC)

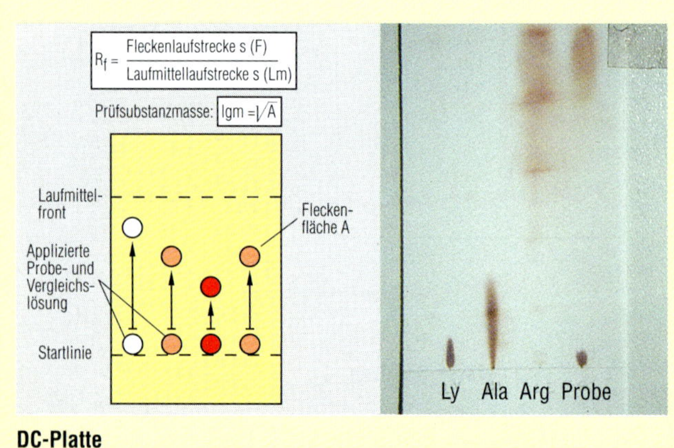

DC-Platte
Links DC-Verlauf, rechts entwickelte Platte mit Aminosäure-Proben

Diese Zeitspanne, die ein Stoff von einem bestimmten System zurückgehalten wird, wird **Retentionszeit** genannt. Sie ist eine stoffspezifische Größe, über die Prüfsubstanz-Komponenten qualitativ und quantitativ bestimmt werden können. Dieser „Wettlauf“ zwischen den Komponenten findet im Gleichgewicht zwischen Löslichkeit und Adsorption **(„Adsorptions-Chromatographie“)** statt – oder aber in Abhängigkeit von den unterschiedlichen Verteilungsgeschwindigkeiten zwischen mobiler und stationärer Phase **(„Verteilungschromatographie“).**

Die „Rennbahn“ kann eine mit einem Adsorbens bepackte Säule (Säulenchromatographie, **SC**) oder eine dünne Schicht **(DC)** sein oder aber in einem Gasstrom stattfinden (Gaschromatographie, **GC**). Findet sie in einer unter Hochdruck durch die Säule gepressten Flüssigkeit statt, so heißt das Verfahren **HPLC** („**H**igh **p**erformance **l**iquid **C**hromatography“, Abb. 3.4.2-4, S. 202). Die HPLC ist zur Auftrennung von bis zu 100 Prüfsubstanzen innerhalb von max. 200 min geeignet. Sie ist sehr gut reproduzierbar, zur qualitativen und quantitativen Anwendung gut geeignet und sehr gut automatisierbar.

Die **Verteilungschromatographie** basiert auf der gemäß der unterschiedlichen Löslichkeit eines Stoffes X in zwei Phasen nach dem **Nernst'schen Verteilungsgesetz.** Der stoffspezifische Verteilungskoeffizient α ergibt sich als Quotient aus der Konzentration c_1 des Stoffes X in der mobile(re)n Phase (Fließmittel, Eluent, Trägergas) und seiner Konzentration c_2 in der stationären Phase (z. B. im Adsorbens): $\boldsymbol{\alpha = c_1 / c_2}$. Wenn X in der mobilen Phase unlöslich ist, wird α also den Wert null annehmen (denn: $c_1 = 0$) – hat eine weitere Prüfsubstanz Y also einen kleineren Verteilungskoeffizienten α_y als der Vergleichsstoff X ($\alpha_y < \alpha_x$), so liegt seine **Wanderungsgeschwindigkeit v_y** in der mobilen Phase also höher ($v_y > v_x$).

Die **Adsorptionschromatographie** beruht auf der Fähigkeit bestimmter Stoffe (Adsorbentien), über Dipol-Dipol-Wechselwirkungen, Wasserstoffbrückenbindungen und physikalische Adsorption, bestimmte Substanzen reversibel an die Oberfläche zu binden **(Adsorption).** Der umgekehrte, mithilfe von Lösemittelgemischen in Gang gesetzte Vorgang wird **Desorption** genannt. Die adsorbierte Menge eines Stoffes X hängt von der Art, Oberfläche und Menge des Adsorbens, der Konzentration c_x, dem Lösemittel und den Eigenschaften des Stoffes X ab. Es stellt sich schließlich ein **Gleichgewicht** zwischen Adsorption und Desorption ein.

Mithilfe der Gleichgewichtskonstante $\mathbf{K_G}$ wird die Wanderungsgeschwindigkeit $\boldsymbol{v_x}$ des Stoffes X aus den Volumina der stationären und mobilen Phasen ($V_{stat.}$ und $V_{mob.}$) und der Fließgeschwindigkeit $G_{Fließ}$ der mobilen Phase berechenbar:

$$v_x = \frac{G_{Fließ}}{1 + (V_{stat.} / V_{mob.}) \cdot K_G}$$

Bei der DC ist die stationäre Phase eine Trägerplatte, auf der Adsorbensmaterialien wie z. B. Cellulose (Papier) o. Ä. fixiert wurden. Die stationäre Phase wird hier also – im Gegensatz zur HPLC oder GC – nur einmal benutzt. Die Adsorbentien bilden auf den käuflichen **DC-Fertigplatten** eine homogene, nur 0,1–0,2 mm dicke Schicht. Diese Platten werden **„konditioniert"** (zur DC vorbereitet), indem man sie bei ca. 105 °C im Trockenschrank trocknet und im Exsikkator aufbewahrt. Die Plattenbeschichtungen dürfen nicht mit den Fingern berührt, beschädigt oder gar geknickt werden. Mithilfe spezieller Kapillaren trägt man die verdünnte Probelösung auf, trocknet die DC-Platte erneut und stellt sie in die mit einem Eluenten gefüllte **Entwicklungskammer.**

Bei der **Entwicklung** steigt nun das **Laufmittel** (der **Eluent**) hoch und reißt mit jeweils charakteristischer Wanderungsgeschwindigkeit die gelösten Substanzen mit. Danach wird die Platte getrocknet, mit geeigneten Reagentien besprüht, begast oder mit UV-Licht bestrahlt, sodass der Aufenthaltsort der hochgewanderten Substanzen sichtbar wird. Nun kann das **Chromatogramm** ausgewertet werden (vgl. S. 192 unten).

Die **GC** (Abb. 3.4.2-3, S. 202) ist eine Chromatographiemethode, bei der die mobile Phase gasförmig ist. Dementsprechend besitzt jeder GC eine **Gasversorgungsapparatur,** aus der das Trägergas mit einer jederzeit reproduzierbaren, linearen Gasgeschwindigkeit am **Injektor** (Probeneinlass) vorbeiströmt. An Verdampfungs-Injektoren wird die flüssig eingespritzte Probe verdampft und – vollständig oder als „Gemischtdampfpfropf" – in den Trägergasstrom eingeschleust. Die Trennsäule enthält als stationäre Phase eine Trennflüssigkeit **(„WVOT-Säule")** oder feste Trennschichtungen **(„SCOT-"** oder **„PLOT-Säule").** Säulen mit Trennschichten werden von außen kontinuierlich beheizt – sie sind in Öfen eingebettet. Diese isotherme oder temperaturprogrammierte GC wird für eine **Adsorptionschromatographie** zur Trennung von Stoffgemischen mit niedrigen Siedepunkten eingesetzt – je nach Temperatur bzw. Temperaturänderung wird das **Gleichgewicht zwischen Adsorption und Desorption** eher zu mobilen oder eher zur stationären Phase verschoben: Die Moleküle „pendeln" durch die Säule und Prüfungssubstanz reichert sich so jeweils in einer der beiden Phasen an – flüchtigere oder durch stärkeres Aufheizen „getriebene" Substanzen bevorzugt in der Gasphase, weniger flüchtige oder „zu kalte" Substanzen eher an bzw. in der stationären Phase. Je länger die Säule ist, desto höher liegt auch ihre Trennwirkung.

In WCOT-Säulen findet eine **Verteilungschromatographie** statt; ein dynamisches Gleichgewicht zwischen „Aufenthalt im Gasraum" und „Aufenthalt in der Flüssigkeit" verteilt die Prüfsubstanzmoleküle entsprechend ihren **Verteilungskoeffizienten** α (nach dem **Nernst'schen Verteilungsgesetz**) zwischen beiden Phasen – umso besser, je unterschiedlicher diese Verteilungskoeffizienten sind.

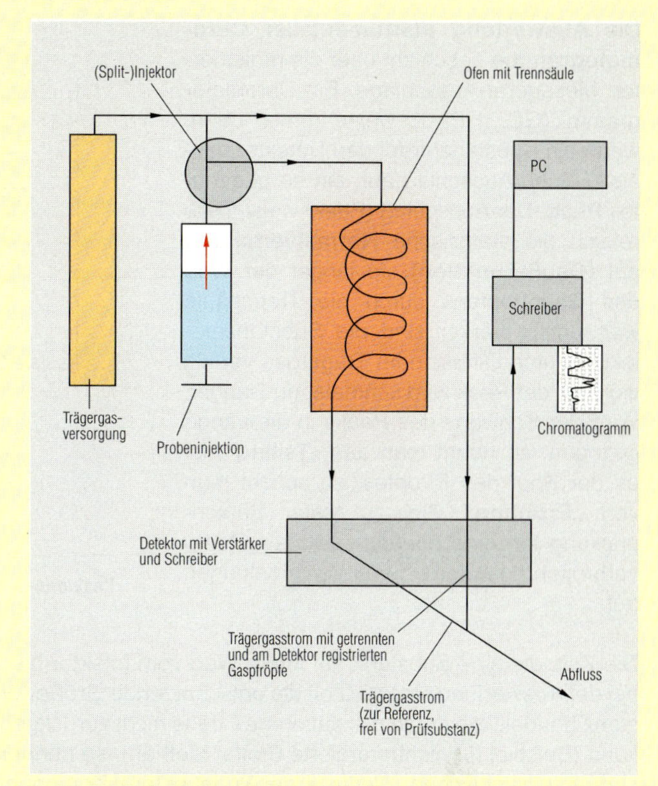

Funktionsprinzip eines GCs

Am Ende der Säule wartet dann ein **Detektor.** Er registriert die Mengen ankommender Substanzmoleküle in Abhängigkeit von der Zeit und erzeugt entsprechende, elektrische Signale proportional zur registrierten Masse (z. B. in mg) oder Stoffkonzentration (z. B. in mg/m Trägergas).

Ein **Verstärker** wandelt die Signale so um, dass ein nachfolgendes Registriergerät (**Schreiber** oder **Monitor**) die Signale aufzeichnen kann. Die Signalgröße kann hier durch Endverstärkung auf eine gewünschte Größe eingestellt werden.

Man erhält auf diese Weise ein **Chromatogramm.** Dieses enthält Informationen über Art und Menge der im aufgetrennten Gemisch enthaltenen Komponenten. Zur Auswertung werden Chromatogramme von Referenzsubstanzen, Retentionszeiten und „Peakflächen" herangezogen.

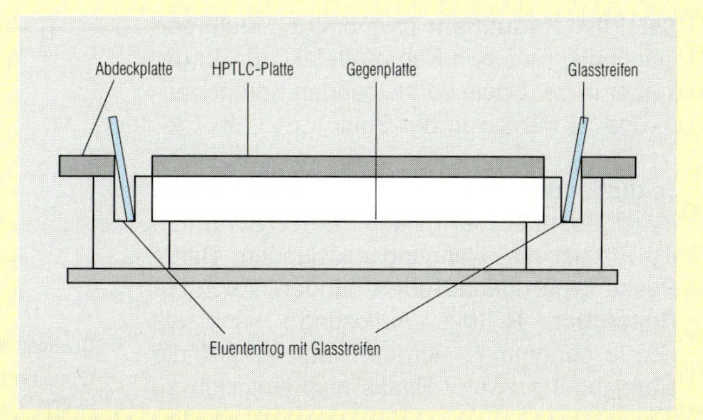

HPTLC (Nano-DC in einer Horizontalkammer)

Die **Auswertung instrumenteller Chromatogramme** geschieht über die registrierten Messgerät-Ausschläge. Ein Chromatogramm (GC, HPLC) weist immer dann, wenn ein Substanzpfropf den Detektor passiert, einen Ausschlag auf, ein so genanntes **Peak.** Der Ausschlag (Peak) weist theoretisch die statistische **Normalverteilung** auf **(Gauß-Funktion).** Je länger der Weg des Gaspfropfens durch die Trennsäule war, umso stärker sind die Substanzmoleküle durch Diffusion im Trägergas verteilt worden, der Peak wird schmaler und länger. Wird der Schwanz des Peaks in die Länge gezogen, so nennt man das **„Tailing“,** ist es der Kopf des Pfropfes, so spricht man von **„Fronting“.** Bei zu fester Säulenpackung tritt eine überdimensionale Peakverbreiterung aufgrund von Verwirbelungen auf.

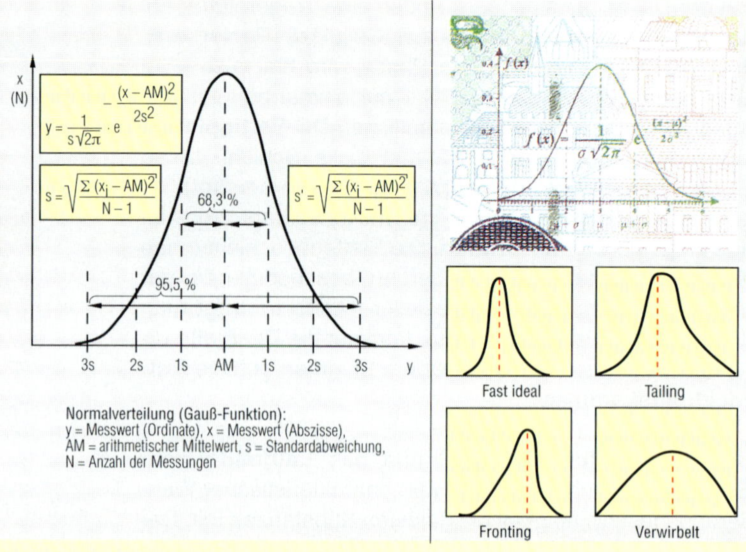

Peakformen und Gauß-Funktion – rechts oben: Ausschnitt vom 10-DM-Schein

Die Zeit, die eine Substanz auf ihrem Weg vom Injektor bis zum Detektor braucht, ist bei der Auswertung einer GC oft die entscheidende Größe. Wenn es sich um eine Substanz handelt, die durch die stationäre Phase nicht zurückgehalten **(retardiert)** werden kann (Beispiel für nichtretardierte Stoffe: Methan), so nennt man diese Mindestzeit im chromatographischen „Wettlauf“ der Prüfsubstanz-Komponenten die **Totzeit** (chromatographisch tote Zeit). Vor Ablauf der Totzeit kann nach der Injektion kein Peak erscheinen. Zur Messung der Totzeit ist also eine von der Säule nicht retardierbare Substanz zu injizieren und die bis zum Peak verstreichende Zeit zu messen. Aus der gemessenen **Totzeit t_T** und der **Wegstrecke L** von der Injektion bis zum Detektor berechnet sich die **mittlere Strömungsgeschwindigkeit V_{gg}** des GC-Trägergases (oder des HPLC-Eluenten) in cm/s: $V_{gg} = L / t_T$. Die von der Injektion bis zur Detektion der retardierten Substanz vergehende Zeit wird die **Bruttoretentionszeit t_B** genannt. Die Differenz aus der Bruttoretentionszeit t_B und der Totzeit t_T gibt an, wie lange eine Prüfgaskomponente in der verwendeten Trennsäule zurückgehalten wurde. Diese Differenz $t_N = t_B - t_T$ wird die **Nettoretentionszeit (t_N)** genannt und in Minuten angegeben. Anstelle der Nettoretentionszeit wird oft auch der **Kapazitätsfaktor k** als Verhältnis der Nettoretentionszeit zur Totzeit genannt. Er stellt eine auf die Totzeit normierte Größe dar: $k = t_N / t_T = (t_B - t_T) / tT$.

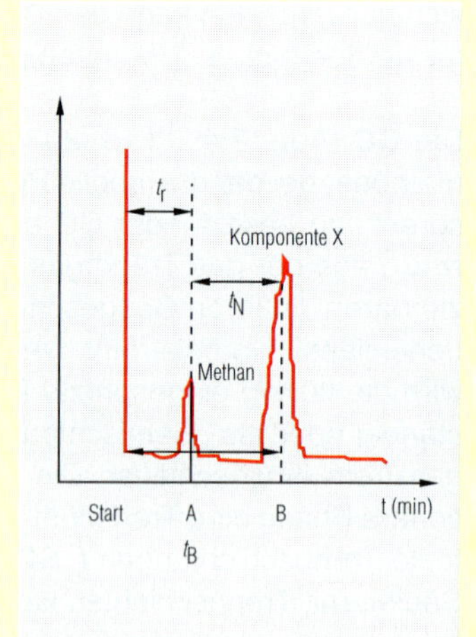

Retentions- oder Totzeit

Ein Kapazitätsfaktor $k = 4$ gibt z. B. an, dass eine Prüfsubstanz in der vierfachen Totzeit (einfache Totzeit plus dreifache Totzeit zusätzlich) vom Zeitpunkt der Injektion an im Detektor registriert wurde. Er hängt von den Bedingungen des chromatographischen Systems ab. Ein **Selektivitätsquotient** (Symbol: α_s) stellt den Quotienten aus den Kapazitätsfaktoren k_1 der kürzer in der Säule verbleibenden Komponente und k_2 (länger in der Säule): $\alpha_s = k_2 / k_1$.

Je größer der Wert des Selektivitätsquotienten α_s ist, desto besser gelang die Trennung (bei $\alpha_s = 1$ ist die Trennung misslungen: Beide Peaks liegen genau übereinander). Auch die **Resolution R** (die „Auflösung“) kann als Größe genommen werden, wenn es gilt, die Überlappung zweier Peaks mathematisch zu beschreiben.

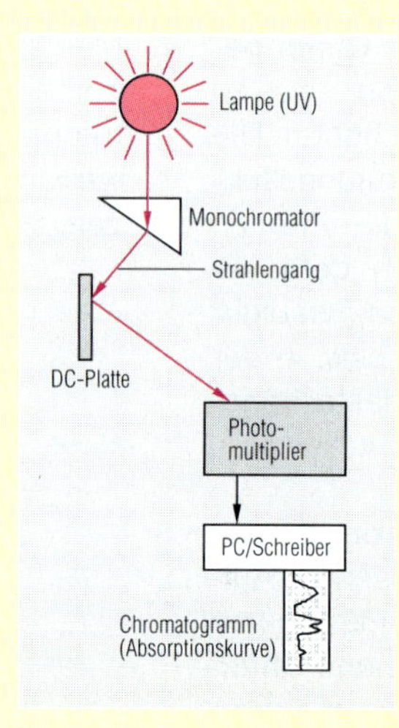

DC-Scanning

(Entwicklung und computergestützte Auswertung eines Dünnschicht-Chromatogramms)

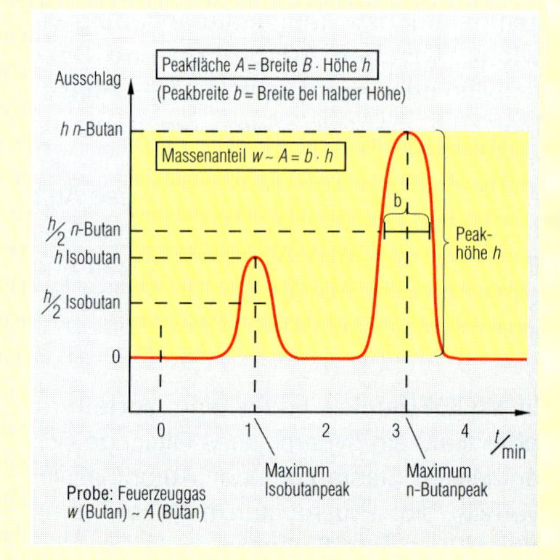

Auswertung eines Gaschromatogramms

(mit Bestimmung der Peakflächen)

3.4 Analytische Kennzahlen

3.4.1 Toleranzwerte und ihre Festlegung und Berechnung

Analytische Kennzahlen sind in Zahlenwerten ausgedrückte, chemische Stoffeigenschaften.

Man kann hier zwischen Toleranz- und Grenzwerten, Kennzahlen zur Qualitätsangabe der Gewässergüte und anderen im Labor bestimmbaren, empirisch-chemischen Stoffeigenschaften unterscheiden. Letztere werden quantitativ gegenüber Reagentien wie z. B. Kalilauge, Iod und Luft/Luftsauerstoff gemessen (vgl. Tabellen 2.5.8-4, S. 145 und 3.4.1-1).

Die **Toleranzwerte** betreffen die Arbeitssicherheit. Sie geben die Giftigkeit eines Gefahrstoffes an – oft in Form maximal zulässiger Konzentrationen (juristisch-politische Festlegung) oder **Risikowerten** (biologische Minimal- und Maximaldosierungen, vgl. rechts).

So hat das Chemikaliengesetz **(ChemG)** in § 19 (2) definiert, was **Gefahrstoffe** sind. Zu diesen existieren die Gefahrstoffverordnung **(GefStoffVO)** und zugehörige **T**echnische **R**egelwerke **(TRGS).**

Folgende **Grenzwerte** werden gesetzlich festgelegt (Stand: 1993–1997):

1. **MAK: m**aximal zulässige **A**rbeitsplatz-**K**onzentration eines Schadstoffes (in der Luft am Arbeitsplatz, bei einer Exposition von 8 Stunden pro Tag in einer Fünf-Tage-Woche)
2. **BAT: b**iologischer **A**rbeitsplatz-**T**oleranzwert (maximal duldbare Konzentration eines Stoffes oder seiner Umwandlungsprodukte im Körper; TRGS 903)
3. **MEK: m**aximal zulässige Schadstoff-**E**mmission (Konzentration z. B. in der Abluft)
4. **ADI:** maximal tolerierbare, tägl. Schadstoffaufnahme (**a**cceptable **d**aily **i**ntake, etwa $^{1}/_{100}$ vom „No-effect-level")
5. **TRK: T**echnische **R**icht**k**onzentration eines Stoffes, die in der Luft am Arbeitsplatz erreicht werden darf (TRGS 102 und 900)
6. **Auslöseschwelle** (vgl. rechts)
7. **EKA**-Werte (so genannte **E**xpositionsäquivalente für **k**rebserzeugende **A**rbeitsstoffe, bei Inhalation).

In Bezug auf die **Feuergefährlichkeit** eines Stoffes wird für Flüssigkeiten der **Flammpunkt** bestimmt.

Der **Flammpunkt** ist diejenige Temperatur, ab der sich so viel Dampf entwickeln kann, dass über einer Flüssigkeit ein zündfähiges Dampf-Luft-Gemisch entsteht.

Kennzahl-Art	Kennzahl
Toleranz-/Grenzwerte, Kennzahlen zur Giftigkeit und Umweltgefährlichkeit	MAK, ADI MEK , WGK* LD_{50} LC_0, LC_{50}, LC1
Gewässergüte-Kennzahlen	BSB_5 CSB, AOX
Kennzahlen zu Brennbarkeit, Feuergefährlichkeit und zur Bildung entzündlicher Dämpfe	Heiz- und Brennwert, Flammpunkt und Gefahrenklasse, Zündtemperatur, Verdunstungszahl
analytische Kennzahlen bzgl. Reagentien (analytische Kennzahlen im engeren Sinne)	Iodzahl (IZ) Säurezahl (SZ), Verseifungs- und Esterzahl (VZ, EZ)
analytische Kennzahlen bzgl. Nachweismethoden und -reaktionen	Grenzkonzentration (GK), Erfassungsgrenze (EG)

Tabelle 3.4.1-1 Kennzahlen

Zu GK und EG siehe Kap. 3.1.1! Mit dem Kürzel **WGK** ist die **Wassergefährdungsklasse** eines Stoffes gemeint:

WGK 0 = ungefährlich (z. B. Kalk, Ethanol)

WGK 1 = wasserlöslich und biologisch auf Dauer abbaubar (z. B. Hexan, Iod, Methanol, Natrium, Salzsäure),

WGK 2 = zumeist giftig, aber biologisch abbaubar (z. B.: Ammoniak, Bleichromat, Brom, Chlor, Schwefelwasserstoff, Styrol),

WGK 3= höchste Wassergefährdungsstufe, nicht abbaubar und giftig (z. B.: Ammoniumchromat, Benzol, Chloroform, Zyankali, weißer Phosphor, Nicotin, PER).

In Chemikalienkatalogen finden sich oft auch weitere, zumeist temperaturabhängige **Stoff-Kennzahlen** wie z. B. die **Viskosität** (in mPa s), das **Dipolmoment** eines Stoffes (in Debye), die **Verdampfungswärme** (zumeist in kJ/kg), Brechungsindex und Dielektrizitätskonstante (beide dimensionslos) sowie **Dampfdruck** (in hPa), **Löslichkeit** (zumeist in g/l Wasser) und die – nach DIN 53170 auf Diethylether = 1 bezogene – **Verdunstungszahl** für Lösenmittel.

Zu den **Risikowerten** zählen folgende Kennzahlen für Proben und Chemikalien:

LD_{50}: Angabe der letalen (tödlichen) Dosis, die 50 % der Versuchstiere (z. B. Ratten, Mäuse, Kaninchen usw.) innerhalb von 24 Stunden getötet hat

LC_{50}: Angabe der letalen Konzentration, die 50 % aller Versuchstiere nach 24 h getötet hat

LC_0: höchstmögliche Schadstoffkonzentration ohne einen Versuchstier-Todesfall (in 24 h)

LC_{100}: niedrigste Konzentration, die zum Tod aller Versuchstiere führte (in 24 h)

Zu den die Giftigkeit (Toxizität) abschätzenden **LD_{50}-** und **LC**-Werten muss angegeben werden (in Katalogen in der Regel auf englisch!), auf welchen **Organismus** (rat, mouse, rabbit, human etc.) und welchen Aufnahmeweg des Stoffes sie sich beziehen (oral, skin = Haut, ihl = inhalation). Sie dienen dem Gesetzgeber zur Abschätzung bzw. Festlegung der Auslöseschwellen sowie der MAK-, ADI, TRK-, MEK- und BAT-Werte.

Die **Auslöseschwelle** ist die Konzentration eines Stoffes in Luft oder im Körper, bei deren Überschreiten zusätzliche Maßnahmen zum Schutz der Gesundheit erforderlich werden (nach TRGS 100).

Er hängt also hauptsächlich vom **Dampfdruck** einer Flüssigkeit, aber auch von deren **Zündtemperatur** ab. Dementsprechend unterteilt man brennbare Flüssigkeiten in 3 **Gefahrenklassen:**

GK I: Flammpunkt < +21 °C
GK II: Flammpunkt 21–55 °C
GK III: Flammpunkt 55–100 °C

Zur Gefahrklasse I gehören Stoffe wie Aceton (Flammpunkt –20 °C), Benzol (–11 °C), Diethylether (–40 °C!), n-Hexan (–22 °C), Methanol und Ethanol (+11 °C/+12 °C), zur GK II z. B. 1-Butanol (+30 °C) und Styrol (+31 °C) und zur GK III z. B. Anilin (+76 °C), Ethylbenzoat alias Benzoesäureethylester (+91 °C) und Hexanol (+60 °C).

Der **Dampfdruck** einer Flüssigkeit ist temperaturabhängig, ihre **Verdunstungszahl** gibt hingegen an, wie viele Male langsamer eine bestimmte Flüssigkeitsmenge im Vergleich zu Diethylether bei Raumtemperatur verdunstet (z. B. auf Zellulose). Zu Heiz- und Brennwerten (DIN 5499) vgl. Kap. 3.4.2.

Stoff	Flammpunkt (°C)	Zündtemperatur (°C)	Dampfdruck (hPa/ +20 °C)	Verdunstungszahl
Aceton	–20	+540		2,1
Anilin	+76	+530		
Benzol	–11	+555	550*)	3
1-Butanol	+30	+340		33
Diethylether	–40	+170	587	1,0
n-Hexan	+91		160	1,4
n-Hexanol	+60	+292	1	> 35
Methanol	+11	+455	128	
Styrol	+31	+490	6	
Tetrachlorethylen, PER	–	–	19	11

*) = Verdampfungswärme in kJ/kg)

Tabelle 3.4.1-2 Kennzahlen zur Feuergefährlichkeit

Um die **biologische** Gefährlichkeit von Arbeitsstoffen abschätzen und Menschenleben so schützen zu können, müssen die Giftigkeit **(Toxizität)** und das Krebs auslösende und Frucht und Erbgut gefährdende Potential **(Kanzerogenität, Mutagenität)** neuer Chemikalien im **Tierversuch** festgestellt werden, bevor diese in den Handel und somit zum Verbraucher gelangen dürfen – z. B. in Form von Shampoos, Kosmetika, Spielzeug, Baustoffen, Textil- und Lebensmittelfarb- und -zusatzstoffen oder gar als Pharmazeutika. Aus den LD_{50}- und LC_{50}-Werten werden dann – zum Schutz der Arbeitskräfte in der chemischen Industrie, der Konsumenten und der Umwelt – die gesetzlich tolerierbaren **Höchstmengen** festgelegt (die Auslöseschwellen sowie die MAK-, ADI-, TRK-, MEK- und BAT-Werte). An diesen, aus Datenbanken und Chemikalien-Katalogen verfügbaren Werten lässt sich die Giftigkeit eines Stoffes auch für den Menschen abschätzen.

So bedeutet z. B. für den Stoff **Nikotin** der Datensatz „LD_{50} (orl, rat) 50 mg/kg, LD_{50} (skn, rbt) 50 mg/kg, MAK 0,5 mg/m^3 = 0,5 mg/m^3", dass bei Aufnahme von nur 50 mg reinem Nikotin über den Mund (rat = Ratte) bzw. die Haut (rbt = rabbit, Kaninchen) 50 % aller Versuchstiere nach 24 Stunden gestorben sind. Für **Arbeitgeber** (bzw. deren Sicherheitsbeauftragte) bedeutet dies: Die maximale Arbeitsplatz-Konzentration (MAK, gerechnet für eine Nikotin-Exposition von 8 h/Tag an 5 Tagen pro Woche) dieses Gefahrstoffes darf ein Hundertstel dieses Wertes (0,5 mg pro m^3 Atemluft) nicht überschreiten!

Neben den eindeutig giftigen Stoffen (Symbol: T) sind oft auch Krebs erzeugende (kanzerogene, Symbol: C), Erbgut verändernde (mutagene, Symbol: M) und fortpflanzungsgefährdende Gefahrstoffe wie Gifte zu behandeln, – bei Letzteren unterscheidet man fruchtbarkeitsgefähr-

Gefahrstoff	LD_{50} (orl, rat) mg/kg	LC_{50} (ihl, rat oder mouse) ppm/Zeit	MAK ml/m^3 ≈ mg/m^3)
Ammoniak	350	2000 ppm/4 h	50 ml ≈ 35 mg
Anilin	250	1,75 /7 h	2 ml ≈ 8 mg
Benzol	930	10000/7 h	3,5 ml ≈ 1 mg
Brom	2600	750/9 min	0,1 ml ≈ 0,7 mg
Chlor	LD_5 (ihl, rat):	293 ppm/h	0,5 ml ≈ 1,5 mg
Chloroform	908	47,7 g/m^3/4 h	10 ml ≈ 50 mg
Diethylether	1215	73000 ppm/2 h	400 ml ≈ 1200 mg
Ethanol	7060	20000 ppm/10 h	1000 ml ≈ 1900 mg
n-Hexan	28710	120 g/m^3	50 ml ≈ 180 mg
Iod	14000	800 mg/m^3/1 h	0,1 ml ≈ 1 mg
Kaliumcyanid	5,0	2,857 mg/kg	0
Methanol	5628	64000 ppm/4 h	200 ml ≈ 260 mg
Phosphor, weiß	3,03	1,4 mg/kg (orl, human)	0 (selbstentzündlich)
Salzsäure (25 %)	900 = 3124 ppm /1h	1300 ppm / 30 min	5 ml ≈ 7 mg
Schwefelwasserstoff	LC_{50} 444 ppm (ihl, rat); LC_0 (ihl, hmn): 600 ppm/ 30 min		10 ml ≈ 15 mg
Styrol	5000	24 g/m^3/4 h	20 ml ≈ 85 mg
Tetrachlorethylen	2629	34200 mg/ m^3/8h	50 ml ≈ 345 mg
Tetrachlorkohlenstoff	2350 (skin: 5070)	8000 ppm/4h	10 ml ≈ 65 mg
Wasser	(LD_0: 368 g/kg, orl,rbt)		–

Tabelle 3.4.1-3 Toxizitäts-Kennzahlen und MAK-Werte (Stand 1992/93)

Entsprechend der **GefStoffVO** sind Arbeitgeber dafür verantwortlich, dass die für einen Arbeitstag von 8 h gültigen MAK-Werte nicht überschritten werden (**kurz**zeitige Überschreitungen bis zum BAT- oder ADI-Wert sind z. T. zulässig!)

dende (R_F) und Frucht schädigende (R_E) Stoffe. Auch allergisierende sowie sensibilisierende (S) und hautresorptive (H) Gefahrstoffe sowie feinste Stäube stellen besondere Gefahrstoff-Klassen dar.

Beispiele aus diesen Risikogruppen sind Gefahrstoffe wie Buchen- und Eichenholzstaub (C), Asbest (C), Tabakrauch (C), alle Bleiverbindungen (R_E), Benzo(a)pyren (C, M, R_E, R_F), Benzol (M), das Pestizid Atrazin (C, M), das Gas Nickeltetracarbonyl (R_E, C), Methoxyethanol (R_E, R_F), der in der organischen Technologie wichtige (Zwischen-)Rohstoff Ethylenoxid (auch Oxiran genannt: C, M), N, N-Dimethylamid (R_E) und das Methylierungsmittel Dimethylsulfat (M).

3.4.2 Analytische Kennzahlen im engeren Sinne und ihre Bestimmung

Die eigentlich **analytischen** Kennzahlen sind quantitativ bestimmbare, chemische Eigenschaften oder Gehaltsangaben von Reinstoffen und Stoffproben.

Aus der Wasseranalytik stammen hierzu – neben der „Wasserhärte", die den Gehalt an Ca_2^+- und Mg^{2+}-Ionen in einer Wasserprobe angibt (vgl. Kap.4.1) – die in Kap. 2.5 vorgestellten CSB- und BSB-Werte:

1. **BSB_5** = **b**iologischer **S**auerstoff**b**edarf für den Fremdstoffabbau in einer Wasserprobe (innerhalb von 5 Tagen in mg O_2/l; BSB gibt also indirekt die Menge **biologisch** abbaubarer Fremdstoffe im Wasser an; entsprechend auch: BSB_2, BSB_1 usw.)
2. **CSB** = **c**hemischer **S**auerstoff**b**edarf für die Oxidation **aller** Fremdstoffe einer Wasserprobe (durch Oxidationsmittel wie $K_2Cr_2O_7$ oder $KMnO_4$; zu Redoxtitration, Dichromatometrie und (Per-)Manganometrie vgl. Kap. 3.2.4)
3. **AOX:** = adsorbierbare, organische Halogenide (z.B. Chlor-KW auf Aktivkohle u. Ä.)

Der Kaliumpermanganat-Verbrauch ist eine Kennzahl für die Gewässergüte bzw. Oxidierbarkeit einer Probe (in mg O_2/l; vgl. CSB).

Zur **Bestimmung des $KMnO_4$-Verbrauches** werden z.B. 100 ml einer Wasserprobe mit 5 ml 25%iger H_2SO_4 angesäuert und mit 15 ml 0,002 mol/l $KMnO_4$-Lösung zugegeben. Im abgedeckten Erlenmeyerkolben wird die Lösung 15 min zu schwachem Sieden erhitzt, sodass organische Substanzen in der Probe oxidiert werden. Anschließend werden 30 ml 0,0025 mol/l Oxalsäure zugegeben ($n_{Oxalsäure} = V \cdot c_{Oxalsäure}$ = 30 ml · 2,5 mmol/l = 0,075 mmol). Die heiße Lösung wird sodann mit $KMnO_4$-Lösung bis zur bleibenden Rosafärbung zurücktitriert.

Stoff	BAT-Wert	Material und Probenahmezeitpunkt
Aceton	40 mg/l	Harn, am Expositions- bzw. Schichtende (EE)
Aluminium	0,2 mg/l	Harn, EE
Anilin	a: 1 mg/l b: 0,1 mg/l	a: Harn, EE b: Blut, EE, nach Langzeitexposition
Blei	0,3 mg/l	Blut, beliebiger Zeitp.
Dichlormethan	5 % (als CO-Hb)	Blut, EE (als CO-Hämoglobin)
Hexachlorcyclohexan, Lindan, HCH	a: 0,2 mg/l b: 0,25 mg/l	a: Blut, EE b: Blutplasma/Serum, EE
n-Hexan	5 mg/l	Harn, EE (als Umwandlungsprodukt 2,5-Hexandion + 4,5-Dihydroxy-2-hexanon)
Kohlenmonooxid	5 % (als CO-Hb)	Blut, EE (als CO-Hämoglobin)
Quecksilber	0,05 g/l	Blut, beliebiger Zeitp.
Styrol (als Umwandlungsprodukt Mandelsäure)	2,0 g/l	Harn, EE (ggf. zzgl. 0,5 g/l Phenylglyoxylsäure)
Tetrachlorethen, PER	a: 1 mg/l b: 9,5 ml/m^3	a: Blut, vor nachfolgender Schicht (VS), b: Alveolarluft, VS
Tetrachlorkohlenstoff	1,6 ml/m^3	Alveolarluft, 1 h nach EE
1,1,1-Trichlorethan	a: 0,55 mg/l, b: 100 mg/l	a: Blut, EE + VS (als Trichlorethanol), b: Harn, EE + VS (als Trichloressigsäure)

Tabelle 3.4.1-4 **BAT-Werte** (Beispiele)

Exposition (Stoff, Luft, 8-h-Arbeitstag)	Probenahme
Arsentroxid: 0,01 mg As/m^3 0,1 mg As/m^3	 0,05 mg/l (EE, Harn) 0,13 mg/l (EE, Harn)
Benzol: 0,3 ml/m^3 = 1,0 mg/m^3 1,0 ml/m^3 = 3,3 mg/m^3 6,0 ml/m^3 = 19,5 mg/m^3	 0,0009 mg/m^3 (EE, Blut) 0,0024 mg/m^3 (EE, Blut) 0,0195 mg/m^3 (EE, Blut)
Nickel: 0,1 mg/m^3	 0,015 mg/l (VS, Harn)
Pentachlorphenol, PCP: 0,05 mg/m^3	 0,3 mg/l Harn oder 1 mg/l Blutplasma/Serum
Vinylchlorid: 1 ml/m^3 = 2,6 mg/m^3	1,8 mg (Harn, nach 24 h als Thiodiglykolsäure)

Tabelle 3.4.1-5 **EKA-Werte** (Beispiele)

EKA-Werte beziehen sich auch auf Umwandlungsprodukte aufgenommener Schadstoffe im Körper.

Berechnungsbeispiel:

Bei einem Verbrauch von 7 ml $KMnO_4$-Titer ergäbe sich:
$n(KMnO_4)$ = (15 + 7 ml) · 0,002 mol/l = 44 mmol,
$n(C_2O_4H_2)$ = 30 ml · 0,0025 mol/l = 0,075 mmol.

Für 5 mol Oxalsäure werden entsprechend dem Reaktionsschema 2 mol Permanganat verbraucht:
$5\ (COOH)_2 + 2\ MnO_4^- + 6\ H^+ \rightarrow 10\ CO_2 + 2\ Mn^{2+} + 8\ H_2O$.

Für 0,075 mmol Oxalsäure sind also 0,075 · 2/5 = 0,03 mmol Permanganat erforderlich, sodass die Menge an oxidierbaren organischen Substanzen in der Wasserprobe 44 · 2/5 – 0,03 = 17,6 0,03 = 17,57 mmol MnO_4^- entspricht (also ca. 0,176 mol/l) – sodass man nun auch berechnen kann, wie viel **Luftsauerstoff** zur Oxidation der Probelösung in der Natur erforderlich gewesen wären. Indem man das Schema für die Oxidation durch Sauerstoff erstellt, zeigt sich, dass – im Vergleich zum Redoxschema oben – 5 mol Sauerstoff vier Mol MnO_4^- entsprechen:
$10\ (COOH)_2 + 5\ O_2 \rightarrow 5\ CO_2 + 10\ H_2O$.

Statt 0,176 mol MnO_4^-/l Probe wären das hier also
0,176 mol/l · 5/4 = 0,88 : 4 = 0,22 mol O_2/l Probe. Die Oxidierbarkeit der Probe liegt also bei 0,22 mol/l bzw. 7,04 mg O_2/l.

Je niedriger die Oxidierbarkeit bzw. der CSB-Wert der Probe, desto sauerstoffreicher und somit gesünder ist das Gewässer:

Der **CSB-Wert** gibt an, wie viel mg O_2 erforderlich sind, um das organische Material in 1 l Probelösung zu oxidieren.

Er wird in der Regel **dichromatometrisch** bestimmt:

1. Versetzen der Probe mit konz. H_2SO_4 und einem Überschuss an $K_2Cr_2O_7$-Lösung,
2. Rücktitration unverbrauchten Dichromats mit $FeSO_4$-Lösung,
3. Berechnung des CSB-Wertes, also der zur Dichromat-Stoffmenge äquivalenten Menge an Sauerstoff (in mg O_2/l).

Dieses Verfahren entspricht vom Vorgehen her also dem permanganometrischen Verfahren; es läuft jedoch bei der Redoxtitration folgende Reaktion ab:
$Cr_2O_7^{2-} + 6\ Fe^{2+} + 14\ H^+ \rightarrow 2\ Cr^{3+} + 6\ Fe^{3+} + 7\ H_2O$

– am Äquivalenzpunkt ÄP erfolgt also ein Farbumschlag von orange ($Cr_2O_7^{2-}$) zu grün (Cr^{3+}). 2 mmol $Cr_2O_7^{2-}$ entsprechen hierbei jeweils 3 mmol bzw. 9,6 mg O_2.

Auch **BSB_5-Werte** werden durch Redox-Titrationen bestimmt. Der BSB_5-Wert gibt – wie gesagt – an, welche Masse an O_2 während 5 Tagen bei 20 °C verbraucht wird, um organische Materialien der Wasserprobe zu oxidieren (Stoffwechseltätigkeit der Mikroorganismen!). Die O_2-gesättigte Probe wird halbiert: Ein Teil wird sofort untersucht, der andere 5 Tage verschlossen aufbewahrt und danach bestimmt (nach Winkler, vgl. rechts). Die **Differenz** aus den beiden Werten $m(O_2)$/l Probelösung ergibt den **BSB_5**-Wert (vgl. rechts sowie Tab. 2.5.10-1, S. 147).

Abb. 3.4.2-1 **Reaktion von MnO_4^--Lösung mit $FeSO_4$-Lösung im Sauren**

Links vor, rechts nach Zugabe der Eisen-II-Sulfatlösung. Auch diese Reaktion kann in Form einer Redoxtitration zur Bestimmung des CSB-Wertes genutzt werden.

Bestimmung der CSB- und BSB_5-Werte

a) **Der BSB_5-Wert, nach Winkler:** Eine 200-ml-Wasserprobe wird durch Einleiten von elementarem O_2 gesättigt. Durch Zupipettieren abgemessener Mengen an $MnCl_2$-Lösung und NaOH-Lösung wird der im Wasser gelöste Sauerstoff reduziert: $4\ Mn(OH)_2 + O_2 \rightarrow 4\ MnO(OH) + 2\ H_2O$.
Dann wird der Probe H_3PO_4-Lösung zugefügt, sodass ein Mn^{3+}-Phosphat-Komplex entsteht, der von einer abgemessenen Menge Iodid im Überschuss zu Mn^{2+} und I_2 umgesetzt wird (vereinfacht:
$4\ MnO(OH) + 4\ I^- + 12\ H^+ \rightarrow 2\ I_2 + 4\ Mn^{2+} + 8\ H_2O$).
Anschließend erfolgt eine iodometrische Rücktitration mit Thiosulfatlösung: $4\ S_2O_3^{2-} + 2\ I_2 \rightarrow 2\ S_4O_6^{2-} + 4\ I^-$.
1 mol O_2 entspricht demnach 4 mol $S_2O_3^{2-}$.

Berechnungsbeispiel: Bei einem Verbrauch von 6 ml 0,02 mol/l Thiosulfat = 0,12 mmol $S_2O_3^{2-}$ für eine frisch O_2-gesättigte 0,1 l-Probe ergibt sich in 100 ml Probe eine O_2-Menge von 0,03 mmol · 32 g/mol = 0,96 mg O_2.
Die Titration der Zweitprobe nach 5 Tagen ergab einen Verbrauch von 3 ml 0,02 mol/l Thiosulfat-Maßlösung. Das entspricht 0,06 mmol $S_2O_3^{2-}$ bzw. 0,06 : 4 = 0,015 mmol O_2 oder 0,48 mg O_2 in 100 m_L. Der BSB_5-Wert beträgt also: 9,6 – 4,8 = 4,8 mg O_2/l Probe).

b) **Dichromatometrische CSB-Wert-Bestimmung:**
Eine Wasserprobe (20 ml) wird mit einigen Tropfen konz. Schwefelsäure und mit 50 ml $K_2Cr_2O_7$-Lösung versetzt (c = 0,04 mol/l).
Das Dichromat oxidiert organische Bestandteile der Wasserprobe (z. B. Essigsäure):
$4\ Cr_2O_7^{2-} + 3\ CH_3COOH + 32\ H^+ \rightarrow 8\ Cr^{3+} + 6\ CO_2 + 22\ H_2O$
– hierbei entsprechen 2 mol $Cr_2O_7^{2-}$ 3 mol O_2 und 12 mol Fe^{2+}. Die Rücktitration erfolgt mit $FeSO_4$-Maßlösung (c = 0,12 mol/l, frisch zubereitet).

Berechnungsbeispiel: Bei einem Verbrauch von 30 ml $FeSO_4$-Lösung (0,012 mol/l) ergibt sich:
$n_{Dichromat}$ = 50 ml · 0,04 mol/l = 2 mmol $Cr_2O_7^{2-}$
$n_{Eisen\text{-}II\text{-}Ionen}$ = 30 ml · 0,12 mol/l = 3,6 mmol Fe^{2+} entsprechend 3,6 : 6 = 0,6 mmol überschüssiges Dichromat.
Für die Oxidation der Wasserprobe verbraucht wurden also 2 – 0,6 = 1,4 mmol $Cr_2O_7^{2-}$. Diese entsprechen 1,4 · 3/2 = 2,1 mmol O_2 bzw. 65,4 mg O_2 in 20 ml. Der CSB-Wert (Verbrauch an mg O_2/l Probe) beträgt also 65,4 · 50 = 327 mg/l.

Aus der Chemie der Öle und Fette, der Carbonsäuren und ihrer Polymere stammen folgende Kennzahlen:

Die **S**äure**z**ahl **(SZ):** Sie gibt an, wie viel **mg KOH** zur **Neutralisation** der in 1 g Probe (Fett) enthaltenen **freien Säuren** erforderlich sind.

Die Carbonsäuren (R–COOH) reagieren hierbei z. B. zum entsprechenden Kaliumsalz:
$R–COOH + K^+OH^- \rightarrow R–COO–K^+ + H_2O$.
Das Verfahren zur Bestimmung der SZ wurde in DIN 53402 festgelegt. Demnach werden 1–5 g Fett in 50 ml eines Ether-Ethanol-Gemisches 1 : 1 gelöst und mit 0,1 mol/l KOH gegen Phenolphthalein titriert. Aus dem verbrauchten Titervolumen wird auf die pro g Probe erforderliche Masse m_{KOH} (in mg) umgerechnet.

Die **V**erseifungs**z**ahl **(VZ):** Sie gibt an, wie viel **mg KOH zur Neutralisation freier Säuren und zur Verseifung veresterter Carbonsäuren** in 1 g der Probe erforderlich sind.

Zur Bestimmung der VZ ist die Probe (z. B. 2 g Fett) in ethanolischer KOH-Lösung unter Rückfluss zu kochen (= Verseifung zu Kaliumsalz und Alkanol, Reaktionsschema der S_N-Reaktion:
$R–COOR' + KOH \rightarrow R–COO–K^+ + R'OH$) und der Überschuss mit Salzsäure zurückzutitrieren. Aus der Differenz zwischen VZ und SZ kann die Menge der in der Probe enthaltenen Ester berechnet werden, die so genannte **E**ster**z**ahl **(EZ): EZ = VZ – SZ.** Sie ist von großer Bedeutung, da 97 % aller Naturfette und -öle als Triglyzeride vorliegen (Glyzerin + Fettsäuren → Fette + Wasser).

Die **I**od**z**ahl **(IZ):** Sie gibt an, wie viel g Iod von 100 g Probe (Fett, Öl oder Fettsäuren) addiert werden.

Nach DIN 53241 nimmt man zur Addition von Iod an die ungesättigten Verbindungen **Wijs-Lösung,** eine Lösung von Iod und Iodtrichlorid (ICl_3) in Tetrachlorkohlenstoff (CCl_4) und Essigsäure. 5 ml Wijs-Lösung verbrauchen bei der Rücktitration des Iod-Überschusses annähernd 10 ml 0,1-molare Natriumthiosulfatlösung (Blindversuch zur genauen Bestimmung der Wijs-Lösung! Zur **Iodometrie** vgl. Kap. 3.2.4, S. 173).
Bei einer zu erwartenden IZ von 100–150 sollten 0,2 g Fett oder Öl eingewogen werden, bei IZ 150–200 jedoch ca. 0,15 g Fett. Die Probe wird dann in 15 ml CCl_4 gelöst, 25 ml Wijs-Lösung hinzugegeben und 60 min im Dunklen bei 20 °C aufbewahrt (zur Vermeidung radikalischer Substitutionen, vgl. Kap. 2.3.3, S. 105 ff). Danach werden in der Regel 20 ml KI-Lösung zugegeben, sodass das überschüssige Iod als KI_3 gelöst bleibt, sowie 150 ml Wasser. Es wird dann mit 0,1-molarer $Na_2S_2O_3$-Maßlösung gegen Stärke zurücktitriert
(Reaktionsschema: $4\ S_2O_3^{2-} + 2\ I_2 \rightarrow 2\ S_4O_6^{2-} + 4\ I^-$;
1 mol Thiosulfat entspricht 0,5 mol bzw. 63,45 g Iod).

Abb. 3.4.2-2 Fette und Öle im Haushalt

Öl/Fett	VZ	IZ	Schmelzbereich (°C)
Butter	220–233	26–39	28–38
Erdnussöl	185–195	85–105	< 5
Hammeltalg	191–199	31–48	um 45
Kokosfett	246–268	7–11	
Leinöl	188–196	164–195	< 5
Olivenöl	185–197	75–94	–3 bis 0
Palmkernfett	241–252	10–17	
Palmöl	195–205	44–58	27–30
Rindertalg	190–200	30–47	45–50
Schmalz	193–203	60	
Schweinefett	193–217	46–77	26–42
Sojaöl	188–195	120–135	< 5

Tabelle 3.4.2-1 Einige „Fettkennzahlen“

Bei Raumtemperatur flüssige Fette (Öle) enthalten in der Regel 1–3 Doppelbindungen pro Molekül (ungesättigte Fettsäuren) und haben daher höhere Iodzahlen. Bei hoher VZ weisen die Fette höhere Anteile kurzkettiger Fettsäuren auf, bei niedriger VZ höhere Anteile langkettiger Fettsäuren. Frische Fette weisen sehr geringe Säurezahlen auf – beim Lagern nimmt der Gehalt an freien Fettsäuren zu (Verseifung durch Licht und Mikroorganismen, Steigerung der SZ), bis dass sie schließlich ranzig und sauer werden.

Berechnungsbeispiel zur SZ-Bestimmung

a) 5,304 g einer Fettprobe werden eingewogen und in 50 ml eines Ether-Ethanol-Gemisches gelöst (1 : 1). Aus einer Bürette wird mit 0,1mol/l KOH gegen Phenolphthalein titriert. Bei einem Verbrauch von z. B. 5 ml KOH ergibt sich: 1 ml Kalilauge enthält 0,1 mmol = 5,611 mg KOH.
5 ml enthalten 28,055 mg KOH. Diese wurden für 5,304 g Probe verbraucht. Das sind:
28,055 : 5,304 = 5,289 mg KOH/g Probe (= SZ).

b) Bei der großtechnischen Synthese eines Acrylatharz-Polymers (aus Monomeren wie Acryl- und Methacrylsäure) wird zur Kontrolle des Polymerisationsgrades der Reaktion über die SZ alle 60 min bestimmt. Die SZ muss hierbei langsam sinken (Verbrauch der Edukte), damit die Polymerkette ein gesteuertes Wachstum aufweisen kann. Bei der Verwendung von 0,5 mol/l KOH zur Titration einer 50%igen Anlösung der Acrylatprobe in BG (n-Butylglykol) wird die SZ nach der Formel
$SZ = M_{KOH} \cdot n_{KOH} \cdot V_{Maßlösg.}/m_{Einwaage} \cdot 0{,}5$
in mg KOH/g Festharzprobe berechnet.

Für Heiz- und Brennstoffe existieren nach DIN 5499 zwei wichtige, thermodynamische Kennzahlen: die **Heiz- und Brennwerte.**

Sie sind keine analytischen Kennzahlen im eigentlichen Sinne, aber in der Praxis von großer Bedeutung. Sie können z. T. thermodynamisch aus der **Reaktionsenthalpie** ΔH der Verbrennung berechnet werden. Zusammenhang zur inneren Energie U des reagierenden Systems: $\Delta U = \Delta H + p\Delta V$ – denn der spezifische Brennwert ΔH gibt z. B. genau an, wie viel kJ Energie bei der Verbrennung von 1 kg Substanz frei werden, wenn Edukte und Produkte auf +25 °C gebracht werden, Wasserdampf kondensiert und C + S vollständig zu $CO_2 + SO_2$ oxidiert werden. Der Brennwert wird im Einzelnen bezüglich der Masse m, Stoffmenge n oder des Brennstoff-Volumens V angegeben:

Brennwert H	Bezugsgröße	Definition und Einheiten
spezifischer Brennwert H_0	$m_{Brennstoff}$	$H_0 = \Delta H/m$ Einheit: kJ/kg
molarer Brennwert $H_{0,M}$	$n_{Brennstoff}$	$H_{0,M} = H_0 \cdot m = \Delta H$, Einheit: kJ/mol
volumen-bezogener Brennwert $H_{0,V}$	$V_{Brennstoff}$	$H_{0,V} = -\Delta H/vn$, Einheit: kJ/m³ (1013 hPa, +25 °C, relative Feuchte der Gase 100 %)

Eine entsprechende Zuordnung bzw. Unterteilung gilt für die **Heizwerte** H_U (als H_U in kJ/kg, $H_{U,M}$ in kJ/mol und $H_{U,V}$ in kJ/m³). Sie unterscheiden sich von den Brennwerten durch die Verdampfungsenthalpie $\Delta H_{Verdampfg.}$ für das Reaktionsprodukt Wasser(-dampf) und dadurch, dass sie – nach DIN 51708 – in so genannten kalorimetrischen „Bomben" bestimmt werden können (vgl. Kap. 2.4.4). Eine Umrechnung von Heiz- in Brennwerte erfolgt nach der Formel

$$H_U = H_0 - [\Delta H_{Verdampfg.} (H_2O) \cdot m(H_2O) / m_{Brennstoff}]$$

bzw.

$$H_{U,M} = H_{0,M} - [\Delta H_{Verdampfg.} / mol (H_2O) \cdot n(H_2O) / n_{Brennstoff}] = H_{0,M} - [\Delta H_{Verdampfg.} / mol (H_2O) \cdot X(H_2O)]$$

($\Delta H_{Verdampfg.}$ (H_2O) = 2442 kJ/kg H_2O, $X(H_2O)$ = Molenbruch, die Volumenarbeit $p\Delta V$ des Wassers berechnet sich dabei nach $\Delta H_R = \Delta n \cdot R \cdot T =$
$55{,}5 \text{ mol} \cdot 8{,}3143 \cdot 10^{-3} \text{ kJ/mol K} \cdot 298 \text{ K} \cong 137 \text{ kJ}$).

Je höher die molare Masse liegt, umso größer ist in der Regel der molare Heizwert eines (Kohlenwasser-)Stoffes bzw. der Brennwert = **physikalische** Energiegehalt eines Nährstoffes. Der **physiologische** Energiegehalt gibt demgegenüber nur den vom Körper verwertbaren Energieanteil an. Er entspricht zwar oft meistens dem physikalischen Energiegehalt oder Brennwert der Stoffe (Kohlenhydrate, Fette), liegt aber z. B. bei Eiweißstoffen und Proteinen deutlich niedriger (allg. ca. 17 statt 23,4 kJ/g).

Brennstoff	$H_{U,M}$ (kJ/mol)	Brennstoff	$H_{U,M}$ (kJ/mol)
Benzol	3140	Methan	804
Ethan	1432	Propan	1834
Ethanol	1969	Toluol	3684
Kohlenmonoxid	285	Wasserstoff	243

Tabelle 3.4.2-2 **Molare Heizwerte $H_{U,M}$**

Brennstoff	Brennwert H_0 (kJ/g)
Harnstoff	10,6
Glucose bzw. Hexosen allg.	15,7
Saccharose bzw. Disaccharide allg.	16,3
Xylit, Sorbit, Mannit	15,7
Kohlehydrate allgemein	17,2
Fleisch allgemein	22,4
Proteine allgemein	23,4
Buttersäure C4	24,9
Ethanol	30,0
Linolensäure C18:3	38,7
tierische Fette allgemein	38,9–39,2
Palmitinsäure C16 / Ölsäure C18:1	39,2 / 39,4
pflanzliche Fette allgemein	bis 39,8
Stearinsäure C18	40,0
Cholesterin	41,4

Tabelle 3.4.2-3 **Durchschnittliche Brennwerte H_0**

(= physikalische Energiegehalte, in kJ/g Trockensubstanz bei diversen Nährstoffen und Energieträgern)
Der Energiebedarf (Grundumsatz) eines Erwachsenen (36–50 Jahre alt) beträgt ca. 6800 kJ (Mann, 70 kg, 172 cm) bzw. 5600 kJ (Frau, 60 kg, 165 cm) pro Tag zuzüglich Leistungsumsatz (in kJ/min z. B.: sitzend Fernsehen 0,4 kJ/min, Gehen 5,4 (4 km/h), Betten machen 17,2 und beim Tanzen 22–30 kJ/min).

Üb(erleg)ungsaufgaben

1. Wie werden die mit LD_{50}, SZ, MAK und BSB_5 abgekürzten Kennzahlen definiert und bestimmt?
2. In einem Raum mit 20 m³ Luft verdunsten 1,5 g Benzol und es werden 200 ml H_2S-Gas frei. Werden die MAK-Werte dadurch überschritten?
3. Ist Iod giftiger als Methanol?
4. Für eine 20-ml-Wasserprobe werden bei der CSB-Bestimmung 48 ml 0,02 mol/l $Cr_2O_7^{2-}$-Lösung verbraucht und 11 ml 0,12 mol/l $FeSO_4$-Maßlösung zurücktitriert.
   Berechnen Sie den CSB-Wert und ordnen Sie die Probe einer Gewässergüteklasse zu (nach Tabelle 2.5.10-1).
5. Zur Bestimmung eines BSB_5-Wertes wird eine 10-ml-Wasserprobe nach Winkler bestimmt. Der Verbrauch an Thiosulfatlösung (c = 0,12 mol/l) betrug 8 ml. Nach 120 h betrug er bei der Zweitprobe 1 ml.
   Wie groß ist BSB_5?

Zusammenfassung zu Kapitel 3.4

Analytische Kennzahlen

1. Die **LD_{50}-** und **LC_{50}**-Werte sind Vergleichswerte für die **Giftigkeit** (Toxizität) von Gefahrstoffen. Sie geben die für 50 % der Versuchstiere innerhalb von 24 h tödliche Dosis bzw. Konzentration an und dienen dem Gesetzgeber als Basis zur Festlegung der höchstzulässigen Konzentrationen bzw. **Toleranzwerte** (MAK, MEK, ADI). Der Arbeitgeber (bzw. sein Sicherheitsbeauftragter) hat dafür zu sorgen, daß die in der Gefahrstoffverordnung **(GefStoffVO)** und den Datenbanken gespeicherten **MAK-Werte** für die maximale Arbeitsplatzkonzentration an einem 8-h-Arbeitstag insgesamt eingehalten werden.

2. Der **Flammpunkt** gibt die **Feuergefährlichkeit** einer brennbaren Flüssigkeit an. Er ist erreicht, wenn sich durch Verdunstung oberhalb der Flüssigkeitsoberfläche ein zündfähiges Dampf-Luft-Gemisch bildet. Flüssigkeiten mit Flammpunkten unterhalb von +21 °C gehören der **Gefahrenklasse 1** an (Aceton, Benzol, Diethylether, n-Hexan, Methanol, Ethanol usw.).

3. Der **Härtegrad** einer Wasserprobe gibt deren Gehalt an Mg^{2+}- und Ca^{2+}-Ionen an (vgl. Kap. 4.1). Der **BSB_5-Wert** gibt den biologischen Sauerstoffbedarf der Wasserprobe in mg O_2/l an. Er entspricht der durch Mikroorganismen oxidierbaren Menge an organischen, gelösten Stoffen in der Probe. Die Gesamtheit der auch chemisch oxidierbaren, gelösten Stoffe wird im **CSB-Wert** erfasst. Dieser wird durch Redoxtitration (per-)manganometrisch oder dichromatometrisch bestimmt.

4. Die **Säurezahl (SZ)** gibt an, wie viel **mg KOH** zur **Neutralisation** der in 1 g Probe (Fett) enthaltenen **freien Säuren** erforderlich sind. Das Verfahren zur Bestimmung der SZ wurde in DIN 53402 festgelegt. Demnach werden 1–5 g Fett in 50 ml eines Ether-Ethanol-Gemisches 1 : 1 gelöst und mit 0,1 mol/l KOH gegen Phenolphthalein titriert. Aus dem verbrauchten Titervolumen wird auf die pro g Probe erforderliche Masse m_{KOH} (in mg) umgerechnet.

5. Die **Verseifungszahl (VZ)** gibt an, wie viel **mg KOH zur Neutralisation freier Säuren und zur Verseifung veresterter Carbonsäuren** in 1 g der Probe erforderlich sind. Zur Bestimmung der VZ ist die Probe (z. B. 2 g Fett) in ethanolischer KOH-Lösung unter Rückfluss zu kochen und der Überschuss mit Salzsäure zurückzutitrieren. Die **Esterzahl** (EZ) ist die Differenz aus VZ und SZ: **EZ = VZ – SZ.**

6. Die **Iodzahl (IZ)** gibt an, wie viel g Iod von 100 g Probe (Fett, Öl oder Fettsäuren) addiert werden. Nach DIN 53241 nimmt man zur Addition von Iod an die ungesättigten Verbindungen Wijs-Lösung: 5 ml Wijs-Lösung verbrauchen bei der Rücktitration des Iod-Überschusses annähernd 10 ml 0,1molare Natriumthiosulfatlösung.

   Bei einer zu erwartenden IZ von 100–150 sollten ca. 0,2 g Fett oder Öl eingewogen werden, bei IZ 150-200 jedoch ca. 0,15 g Fett. Die Öl-/Fett-Probe wird dann in 15 ml Tetrachlorkohlenstoff gelöst, 25 ml **Wijs-Lösung** hinzugegeben und 60 min im Dunklen bei 20 °C aufbewahrt. Danach werden in der Regel 20 ml KI-Lösung zugegeben, sodass das überschüssige Iod als KI_3 gelöst bleibt, sowie 150 ml Wasser. Es wird dann mit 0,1molarer $Na_2S_2O_3$-Maßlösung gegen Stärke zurücktitriert.

7. Der **Brennwert H_0** gibt die bei der Verbrennung von 1 kg, mol oder l eines Stoffes frei werdende Energiemenge an (spezifischer Brennwert H_0 in **kJ/kg;** molarer Brennwert $H_{0,M}$ in **kJ/mol;** volumenbezogener Brennwert $H_{0,V}$ in **kJ/m³.** Der **Heizwert H_U** kann in kalorimetrischen Bomben experimentell bestimmt und in den Brennwert umgerechnet werden.

   Eine Umrechnung von Heiz- in Brennwerte erfolgt nach der Formel

   $$H_U = H_0 - [\Delta H_{Verdampfg.}(H_2O) \cdot m(H_2O) / m_{Brennstoff}]$$

   bzw.

   $$H_{u,M} = H_{0,M} - [\Delta H_{Verdampfg.}/mol\ (H_2O) \cdot n(H_2O) / n_{Brennstoff}] = H_{0,M} - [\Delta H_{Verdampfg.}/mol\ (H_2O) \cdot X(H_2O)]$$

   ($\Delta H_{Verdampfg.}$ (H_2O) = 2442 kJ/kg H_2O, $X(H_2O)$ = Molenbruch, die Volumenarbeit $p\Delta V$ des Wassers berechnet sich dabei nach $\Delta H_R = \Delta n \cdot R \cdot T = 55{,}5\ mol \cdot 8{,}3143 \cdot 10^{-3}\ kJ/mol\ K \cdot 298\ K \cong 137\ kJ$).

3.4

Üb(erleg)ungsaufgaben zu Kapitel 3.3 und 3.4

1. **Säurezahl:** 2,5 g eines Fettes (VZ= 233, IZ= 26, Schmelzpunkt 33 °C) werden gelöst und mit 0,1 mol/l KOH titriert; Verbrauch: 4,5 ml.
   Wie groß ist SZ? Welches Fett kann es gewesen sein? (vgl. Tabelle 3.4.2-3)

2. **Säurezahl und Heizwert:** 0,01 mol einer fettartigen Substanz (Reinstoff, vermutete Formel: $C_{17}H_{35}COOH$, $\varrho = 0,92$ g/ml) werden in einer kalorimetrischen Bombe verbrannt, wobei eine Reaktionsenthalpie $\Delta H = 1400$ kJ/mol gemessen worden sein soll.
   Berechnen Sie hieraus den molaren Heizwert $H_{U,M}$ (in kJ/mol) und den spezifischen Brennwert H_0 (in kJ/kg) der Substanz. Vergleichen Sie die berechneten Werte mit denen aus Tabelle 3.4.2-4 und 5. Berechnen Sie auch die zu erwartende SZ! Welche IZ müsste der Stoff $C_{17}H_{35}COOH$ theoretisch aufweisen?

3. **Verbrennungsanalyse:** 7,842 mg der Verbindung $C_xH_yO_z$ liefern 21,188 mg CO_2 und 8,676 mg H_2O. Berechnen Sie:
   a) die Masseanteile von C+H in Masse-% und
   b) die Bruttoformel der Substanz.

4. **Ermittlung der molaren Masse:** 0,19 ml einer Flüssigkeit der Dichte 0,782 g/ml wird im Wasserbad bei $T = 80$ °C und $p = 1010$ h Pa verdampft. Der Kolbenprober zeigt ein Dampfvolumen von ca. 90 ml an.
   Berechnen Sie mithilfe der allgemeinern Gaskonstante $R = 83{,}144 \; \frac{\text{hPa} \cdot \text{l}}{\text{mol} \cdot \text{K}}$ die molare Masse!

5. **Osmometrie:** 10,66 g eines Alkanols werden bei +26,8 °C in 1000 ml Wasser gelöst, sodass – über die Siedepunktserhöhung bestimmbar – eine Konzentration von etwa 1/3 mol/l entsteht. Der osmotische Druck π wird über den Höhenunterschied im Glasröhrchen zu 259,825 Pa berechnet.
   Berechnen Sie aus diesen Daten die molare Masse des Alkanols.

6. **Polarimetrie:** Eine Lösung von 12 g Milchsäure in 30 ml Wasser zeigt bei $\lambda = 589$ nm (Na-D-Linie) in einem 10 cm langen Polarimeterrohr einen Drehwinkel von $\alpha = +1{,}32°$.
   Wie groß ist die spezifische Drehung $\alpha^{20°}{}_D$ der Substanz?

7. **Saccharimetrie:** Eine wässrige Maltoselösung ($\alpha^{20°}{}_D$ = +138,5°) zeigt bei $\lambda = 589$ nm und $T = +20$ °C in einem 20 cm langen Polarimeterrohr einen Drehwinkel von +2,77°.
   Berechnen Sie hieraus die Konzentration des optisch aktiven Malzzuckers!

8. **Kryoskopie:** 3,15 g einer unbekannten, organischen Substanz werden in 100 g Benzol gelöst (Schmelzpunkt T_{Fp} (C_6H_6) = 278,4 K; $M(C_6H_6)$ = 78,1 g/mol; Dampfdruck p_0= 48,2 hPa bei $T = +20$ °C; kryoskopische Konstante K_{GPE} = 5,56 K kg/mol). Diese Lösung weist einen Schmelzpunkt von 277,9 K auf.
   Berechnen Sie die molare Masse M der unbekannten Substanz und – über den Molenbruch $\chi = \frac{n_x}{(n_x + n_{Benzol})}$ – die Dampfdruckerniedrigung $\Delta p = \chi \cdot p_0$.

9. **Photometrie:** Eine gefärbte Lösung c_x = 0,05 mol/l mit dem molaren Extinktionskoeffizienten ε = 4,332 l/mol · cm wird bei $\lambda = 354$ nm in einer 1 cm dicken Küvette photometriert.
   a) Skizzieren Sie den Aufbau eines UV/VIS-Photometers und benennen Sie die Einzelteile.
   b) Berechnen Sie Extinktion und Transmission (in %).

10. **MAK-Werte:** Ein 3,5 m hoher Arbeitsraum von 4,8 · 10,5 m Grundfläche darf bei p = 1013 hPa / $T = +20$ °C maximal 77,754 g Xylendampf aufweisen. Berechnen Sie den MAK-Wert von Xylen (Xylol) und erläutern Sie dessen Bedeutung.

11. **Saccharimetrie/Polarimetrie (II):**
    a) Zur quantitativen Auswertung der Messung einer Saccharose-Lösung bei $T = 20$ °C und $\lambda = 589$ nm in einem 20 cm langen Polarisationsrohr über die Größengleichung $\alpha = \alpha^{20°}{}_D \cdot \beta \cdot s$ soll der gemessene Drehwinkel von 5° in die Massenkonzentration β (in g/l) umgerechnet werden.
    b) Berechnen Sie auch den zu erwartenden Drehwinkel für die Messung einer Lösung von 1 g Saccharose in 100 ml Wasser in einem 10-cm-Polarisationsrohr bei $T = +20$ °C und $\lambda = 589$ nm ($\alpha^{20°}{}_D$ beträgt für Saccharose + 66,5° · ml / dm · g).

Abb. 3.4.2-3 Gaschromatograph (GC)
Die im GC bestimmbare Kennzahl „Retentionszeit" ist eine stoffspezifische Größe und hilft Probekomponenten zu bestimmen (vgl. S. 193).

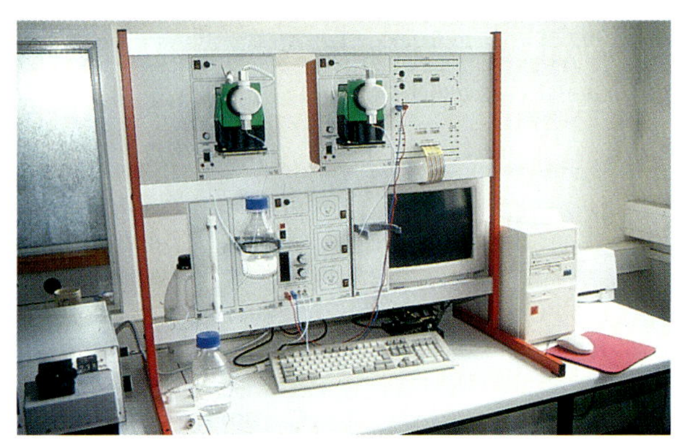

Abb. 3.4.2-4 Der „HPLC"
Bei der „**h**igh **p**erformance **l**iquid **c**hromatography" werden ebenfalls Retentionszeiten bestimmt (vgl. Kap. 3.3.12, S. 192).

4 Anorganisch-chemische Technologie

4.1 Chemie und Technologie der Nichtmetalle und ihrer Verbindungen

In diesem 4. Kapitel des Lehrbuches werden die wichtigsten Rohstoffe und Produkte der chemischen Industrie und ihrer Verbundwirtschaft (vgl. Kap. 2.5.13) vorgestellt – ihre labortechnische Synthese (präparative Chemie), ihre industrielle Produktion und Anwendung **(Technologie)** und einige ihrer wichtigsten Eigenschaften. Ergänzend hierzu finden Sie auch im **Anhang** wichtige Stoffeigenschaften der hier beschriebenen Basischemikalien tabelliert (Tabellen Nr. 1–7, organische Verbindungen auch in Nr. 9–16) sowie – zum Vergleich ihrer Wichtigkeit für die Großindustrie – Produktionszahlen und -mengen (Tabelle Nr. 22; die Abkürzung **WJP** bedeutet dort und im folgenden Lehrbuchtext **Weltjahresproduktion,** Stand: um 1995/97).

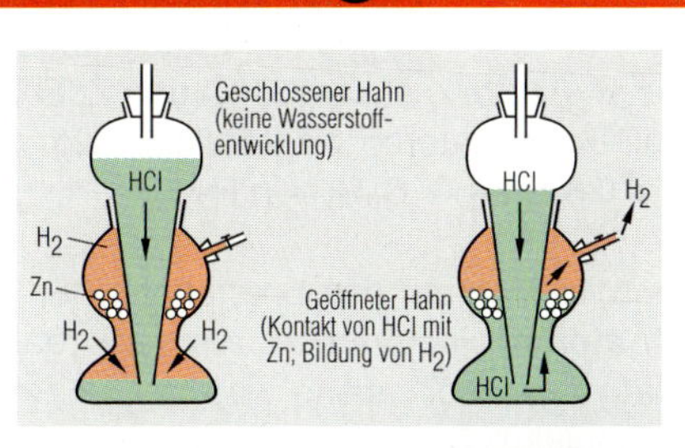

Abb. 4.1.1-1
Kipp'scher Gasentwickler
zur H_2-Erzeugung im Labor

Abb. 4.1.1-2 Industrielle Gaslagerung und -transport
Druckgasbehälter werden zur Vermeidung von Verwechselungen der Gase je nach Art des Gases farbig gekennzeichnet und mit unterschiedlichen Gewinden versehen. Wasserstoff kommt z. B. in roten Gasflaschen mit bis zu 150 bar Innendruck in den Handel. Flüssig dient er als Raketentreibstoff (Abb. 2.2.5-4) und – seltener – als Kühlmittel (–253 °C).

4.1.1 Chemie und Technologie des Wasserstoffes und des Wassers

Wasserstoff, als leichtestes Element die Nr. 1 unter den Elementen im PSE, ist ein wichtiger Energieträger und ein bedeutender Syntheserohstoff. Er ist farb- und geruchlos, brennbar (ΔH = –243 kJ/mol), diffundiert leicht durch Metalle und Quarz und hat eine Dichte von nur 0,000 089 87 g/ml.

Im **Labor** wird er im **Kipp'schen Gasentwickle**r durch Einwirkung von Säuren auf unedle Metalle hergestellt oder auch im Hoffmann'schen Zersetzungsapparat durch die Elektrolyse von Säuren oder Laugen.

Großtechnisch fällt er zu ca. 50 % bei der **Synthesegaserzeugung** an, der Umsetzung von Koks, Rohöl und Erdgas mit Wasserdampf:

$CH_4 + H_2O \leftrightarrow 3\,H_2 + CO,\quad \Delta H = +205$ kJ/mol CH_4
$-CH_2- + H_2O \leftrightarrow 2\,H_2 + CO,\quad \Delta H = +152$ kJ/mol CH_4
$C + H_2O \leftrightarrow H_2 + CO,\quad \Delta H = +131$ kJ/mol H_2
$CO + H_2O \leftrightarrow H_2 + CO_2,\quad \Delta H = +41$ kJ/mol H_2
$C + 2\,H_2O \leftrightarrow 2\,H_2 + CO_2,\quad \Delta H = +90$ kJ/mol H_2

Er wird aber auch bei der **Koksvergasung** und der **Chloralkalielektrolyse** erzeugt. Seine Weltjahresproduktion (WJP) liegt bei über 300 Mrd. m^3/a.

Zu rund 50 % wird er in Form von Synthesegas (befreit von CO und CO_2, im Gemisch mit Luftstickstoff) gleich zu **Ammoniak** (NH_3) weiterverarbeitet (**Haber-Bosch-Verfahren,** Kap. 2.4.3 b und 1.5.9). Annähernd weitere 25 % der H_2-Produktion werden zur **Hydrierung** verbraucht (Addition an C=C-Bindungen, z. B. Kohleverflüssigung), je ca. 10 % als Brennstoff und zur Methanolsynthese ($2\,H_2 + CO \rightarrow CH_3OH$).

Abb. 4.1.1-3
Wärmebehandlung von Werkstücken
Zur Aufkohlung der Werkstücke werden diese hier bei über 750 °C in Generatorgasgemisch aus $H_2 + N_2 + CO$ behandelt, das durch thermische Spaltung von Methanoldampf in Stickstoff entsteht.

Weitere Wege zur Wasserstofferzeugung

a) **Großtechnische Wasser-Elektrolyse:**
$2\,H_2O \rightarrow 2\,H_2\uparrow + O_2\uparrow$, ΔH = +242 kJ/mol; zur Erzeugung von 1 m^3 H_2 werden benötigt: 4,5 kWh Elektrizität, 1 l salzfreies Wasser, 0,5 g KOH und etwa 50 l Kühlwasser,

b) **Wassergaserzeugung:**
Überleiten von Wasserdampf über glühenden Koks;

c) **Erwärmung von Wasserstoff speichernden Hydriden:** $MgH_2 \leftrightarrow Mg + H_2\uparrow$;
diese Reaktion ist reversibel. Metallhydride könnten daher eines Tages evtl. als Speicher in Tanks dienen, da Flüssigwasserstoff in PKW-Tanks zu hohe Dampfdrücke entwickeln würde.

Die Alkanol- und Alkan-Synthese aus CO–H_2-Synthesegasmischungen nach dem **Fischer-Tropsch-Verfahren** wurde bereits in Kap. 2.4.3 vorgestellt. Zur Synthese von Methanol sind z.B. 340 bar, etwa 350 °C und ZnO/Cr_2O_3 – oder ZnO/CuO-Katalysatoren erforderlich (allg. Schema: $\mathbf{n\,CO + (n + 0{,}5x)\,H_2 \rightarrow C_nH_x + n\,H_2O}$).

Wasserstoff kann im Moment des Entstehens (für ca. $^1/_2$ Sekunde) auch **atomar** vorkommen, als sehr reaktives **Radikal** („in statu nascendi", siehe Kap. 1.4.8; Rekombination zum H_2-Molekül: $2\,H^* \rightarrow H_2$, $\Delta H = +436{,}6$ kJ/mol; vgl. Abb. 1.5.2-3). Aber auch **molekular** ist er ein recht starkes Reduktionsmittel, sobald er katalytisch aktiviert wurde (z.B. durch Platin im **Haber-Bosch-Verfahren** zur NH_3-Synthese). Auch durch Zufuhr von Wärme oder Licht kann Wasserstoff aktiviert werden (Beispiele: Knallgasreaktion mit Sauerstoff, vgl. Kap. 1.4.4 oder Chlorknallgasreaktion, Abb. 1.5.9-2).

Die Hydride der Nichtmetalloxide sowie die der Nichtmetalle der 6. und 7. Hauptgruppe bilden – mit Ausnahme von Wasser – **Säuren** (vgl. Kap. 2.2.1). Diese enthalten in wässriger Lösung **Protonen** (H^+-Kationen, genauer: hydratisierte Hydronium-Ionen $H_3O^+_{aq}$), die gegenüber unedlen Metallen oxidierend wirken. Elektrochemisch lässt sich das Gleichgewicht $2\,H^+ + 2\,e^- \leftrightarrow H_2\uparrow$ einerseits zur Energiegewinnung (Brennstoffzelle, s.o.) und andererseits (in Form einer Wasserstoffhalbzelle) zum Messen **(pH-Meter)** und Eichen (Normalwasserstoff-Elektrode, **NWE**) nutzen (vgl. Kapitel 2.2.6 und 2.2.8 und Abb. 4.1.1-4).

Mit den Elementen der 1. und 2. Hauptgruppe bildet Wasserstoff hingegen **salzartige Hydride** (z.B.: LiH, NaH, MgH_2, CaH_2, aber auch $LiAlH_4$). Diese enthalten **Hydridanionen** (H^-), die mit den Protonen des Wassers zum H_2-Molekül zurückreagieren. Diese Hydride dienen ebenso wie Wasserstoff selbst als **Reduktionsmittel** zur Herstellung vieler Metalle aus ihren Oxiden.

Mit den Nebengruppenelementen bilden sich schließlich **interstitielle** (metallartige) **Hydride.** Hier sind die H-Atome in nicht-stöchiometrischem Verhältnis in die Kristallgitter der Metalle eingelagert (z.B. als PdH_x, PtH_x oder Pd_5H_4). Hydride wie $FeTiH_x$ und $LaNi_5H_7$ spielen als **Wasserstoffspeicher** eine wachsende Rolle (Speicherkapazität bis 30 l H_2/g Hydrid).

Schließlich existieren noch **kovalente Hydride** wie z.B. BeH_2, GaH_3, InH_3, Cu_2H_2, ZnH_2, die selbstentzündlichen Silane (Si_nH_{2n}+2) und die ebenfalls tetraederförmigen Moleküle GeH_4, SnH_4, PbH_4. Einige dieser Verbindungen haben zusammen mit den „Dotiergasen" (PH_3, AsH_3 usw.) Bedeutung in der Halbleiterfertigung erlangt.

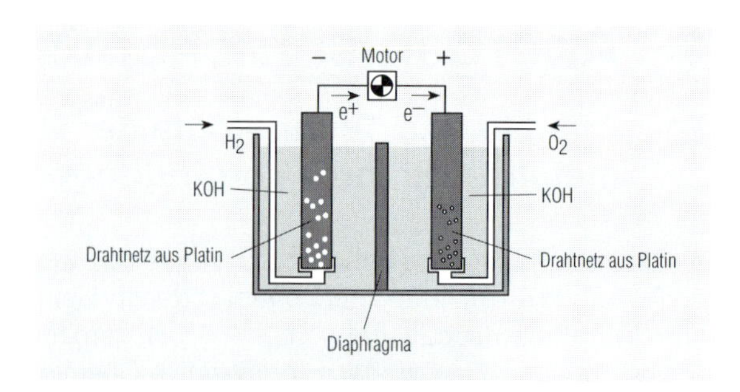

Abb. 4.1.1-4 H_2-Brennstoffzelle/Knallgasgebläse

Die Knallgasreaktion $2\,H_2 + O_2 \rightarrow 2\,H_2O$ ($\Delta H = 571{,}6$ kJ/mol O_2) liefert hier auf elektrochemischem Wege Energie, ohne dass hohe Temperaturen entstehen (zur „Normalwasserstoff-Elektrode NWE vgl. Abb. 2.2.6-1). Die absolut schadstofffreie Verbrennung macht Wasserstoff so zu einem idealen Kraftstoff und Energiespeicher – dem Hoffnungsträger z.B. für den Umwelt schonenden Kraftfahrzeugantrieb der Zukunft (mithilfe von Solarzellen könnte man ihn vielleicht eines Tages durch die Elektrolyse von Meerwasser in sonnenreichen Gegenden der Erde produzieren und über Pipelines und Gasleitungen zum Verbraucher leiten)! Rechts: Durch Beimischung von 20 % reinem Sauerstoff können **Knallgasgebläse** erzeugt werden, die Schweiß-Temperaturen bis 3300 °C liefern. Wasserstoff kann so zum Schmelzen, Schweißen, Schneiden oder Heizen genutzt werden.

Abb. 4.1.1-5 Hydro-Metallurgie

Metalle lassen sich aus ihren Oxiden durch Reduktion mit Kohlenstoff, unedleren Metallen, Elektrizität oder auch Wasserstoffgas gewinnen. Wasserstoff ist als Reduktionsmittel zwar verhältnismäßig teuer, wird aber zur Reduktion der Oxide eingesetzt, wenn das entstehende (Nebengruppen-)Metall beim Erhitzen mit Kohlenstoff unter Luftausschluss Carbide bilden würde (z.B. ZrC, WC – auch TiC, im Falle von Titan entstünde allerdings gasförmiges TiH_2):
$MoO_3 + 3\,H_2 \rightarrow Mo + 3\,H_2O$ (bei 1000 °C),
$GeO_2 + 2\,H_2O \rightarrow Ge + 2\,H_2O$ (bei 600 °C) usw.

– oft können jedoch auch unedle Metalle (Mg, Ca, Na, Al) zur Reduktion eingesetzt werden (z.B. aluminothermisch).

In der Analytik kann elementarer Wasserstoff qualitativ einfach durch die **Knallgasprobe** oder mit wasserfreiem (farblosem) **Kupfersulfat** in Form des Verbrennungsproduktes Wasser nachgewiesen werden, mit dem es einen blauen Tetraquokomplex bildet:

$CuSO_4 + 5\ H_2O \leftrightarrow [Cu(H_2O)_4]SO_4 \cdot H_2O$

(zu Aquokomplexen und Kristallwasser vgl. S. 67f. und 92f). Auch das **Karl-Fischer-Reagenz** dient zum Wassernachweis (Braunfärbung des **Reagenz,** DIN 51777). Der Wassergehalt von Fetten und Ölen lässt sich so nach der Fischer-Methode bestimmen (Reaktionsschema:

$2\ H_2O + SO_2 + I_2 \leftrightarrow 2\ HI + H_2SO_4$,

in Gegenwart von Pyridin als Katalysator liegt das Gleichgewicht auf der rechten Seite).

4.1.2 Die Chemie und Technologie des Wassers

Wasser als das wichtigste Hydrid ist ein polares Lösemittel und Reaktionsmedium mit einzigartigen Eigenschaften. So hat es z.B. bei +3,98 °C eine maximale Dichte von ϱ = 1,0000 g/ml – das heißt: Auch bei Abkühlung bis hin zum Gefrieren (Kristallisation) **sinkt** seine Dichte **(Anomalie des Wassers),** sodass Eis (ϱ < 1 g/ml) schwimmt.

Der Grund liegt in der winkligen Struktur der H_2O-Moleküle (Winkel: 105°, vgl. Abb. 4.1.2-2), die zudem über die freien Elektronenpaare der O-Atome **Wasserstoff-Brückenbindungen** bilden. Diese bewirken, dass zwischen den polaren H_2O-Molekülen Anziehungskräfte herrschen, die die van-der-Waals-Kräfte bei weitem übersteigen. Trotz seiner geringen molaren Masse (18,016 g/mol) hat Wasser daher – ähnlich wie Fluorwasserstoff (HF) – wesentlich höhere Schmelz- und Siedepunkte als vergleichbare Verbindungen (H_2S, H_2Se, CH_4, C_2H_6, NH_3 etc.). Die kovalente O–H-Bindung ist zudem äußerst stabil (Bindungsenergie: 463 kJ/mol – nur die der H–F-Bindung liegt höher).

Die **chemischen Eigenschaften des Wassers** als Lösemittel und potentieller Reaktionspartner wurde bereits in vielen vorausgegangenen Abschnitten beschrieben (Löslichkeit und Hydratation: S. 67f.; Aquokomplexe/Kristallwasser: S. 92f.; Säuren und Basen: S. 72ff.; Wasser als Reaktionspartner bei Ester-Verseifungen: S. 107).

Insbesonders ist Wasser Reaktionspartner

- **a** vieler Nichtmetalloxide (Bildung von Sauerstoffsäuren),
- **b** vieler Alkali- und Erdalkalioxide (Bildung von Basen) und
- **c** einiger Halb-/Nichtmetall-Halogenide (Hydrolyse).

Zur **Wasseranalytik** (Gewässergüteklassen und Kennzahlen) vgl. Kap. 2.5.10 und 3.3 sowie Tabelle 2.5.8-4, S. 145. Die Wasseraufbereitung (Klärwerke) finden Sie ebenfalls in Kap. 2.5.10 kurz beschrieben (Tabelle Nr. 2 und Abb. Nr. 3).

Abb. 4.1.2-1 Zugefrorenes Gewässer

Da Eis schwimmt, kann es Eisdecken auf gefrierenden Gewässern bilden. Diese sind – im Gegensatz zum Wasser – schlechte Wärmeleiter und verhindern ein weiteres Gefrieren des Sees. Gleichzeitig sinkt das schwerere Wasser (+3,98 °C) auf den Grund des Sees. Das ermöglicht den Fischen ein Überleben auch im Winter.

Aufgrund der Anomalität des Wassers befindet sich auch nur ein Teil eines Eiswürfels – oder genauer: 8/9 eines Eisberges im Meerwasser unterhalb der Wasseroberfläche. Hätte Wasser – wie andere Flüssigkeiten auch – am Gefrierpunkt sein Maximum, so würde das Eis absinken und ein Gewässer komplett von unten nach oben durchfrieren.

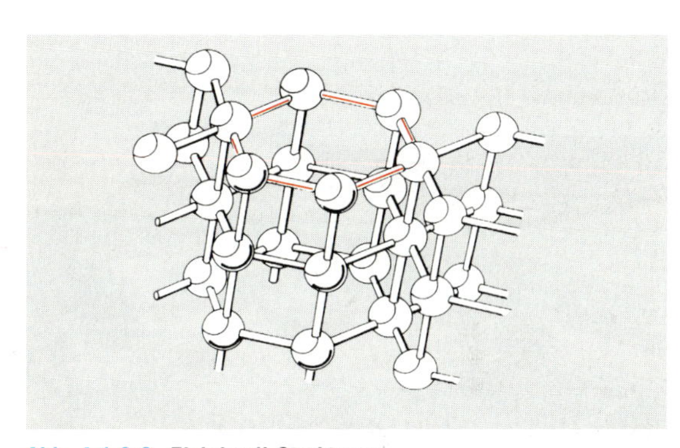

Abb. 4.1.2-2 Eiskristall-Strukturen

Aufgrund der räumlichen Struktur der H_2O-Dipole bilden sich im Kristallgitter von Eis **Hohlräume.** Daher liegt die Dichte des Feststoffes (weitmaschiges Kristallgitter) unter der der Flüssigkeit (dichte Kugelpackung, bei +3,98 °C sind alle Hohlräume aufgefüllt). Aus einem ähnlichen Grund bilden sich Eiskristalle und Schneeflocken bevorzugt in Strukturen mit 60°-Winkeln. Insgesamt sind 11 Modifikationen des Eiskristallgitters bekannt.

Wasser als Reaktionspartner (Beispiele)

a) Bildung von **Sauerstoff-/Oxo-Säuren:**

$CO_2 + 2\ H_2O \leftrightarrow H_3O^+ + HCO_3^-$

$SO_3 + 2\ H_2O \leftrightarrow H_3O^+ + HSO_4^-$

$P_2O_5 + 5\ H_2O \leftrightarrow 2\ H_3O^+ + 2\ H_2PO_4^-$

b) Bildung von **Basen:**

$CaO + H_2O \leftrightarrow Ca^{2+} + 2\ OH^-$

$Na_2O + H_2O \leftrightarrow 2\ Na^+ + 2\ OH^-$

c) **Hydrolyse** von Halogeniden:

$SbCl_3 + H_2O \leftrightarrow SbOCl\downarrow + 2\ HCl$

$2\ PCl_5 + 8\ H_2O \leftrightarrow 2\ H_3PO_4 + 10\ HCl$

$PBr_3 + 3\ H_2O \leftrightarrow 3\ HBr + H_3PO_3$

Abb. 1 **Wellen-Freizeitbad (Schwimmbecken)**

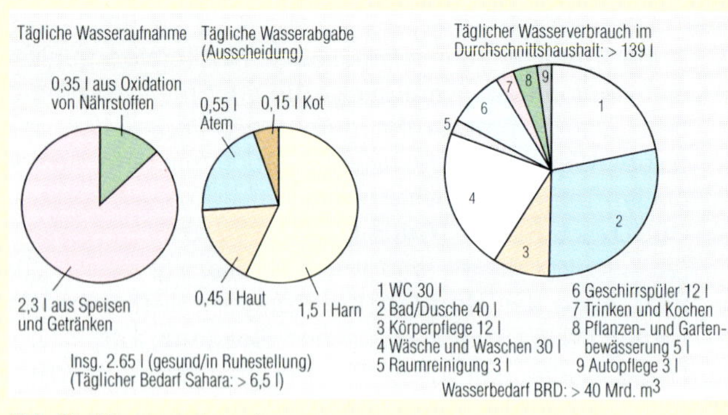

Abb. 2 **Wasserverbrauch**

Kein Stoff ist als Konsum-, Lebens- und Lösemittel von so hoher Bedeutung wie reines Wasser. Und doch wird es in vielen Ländern der Erde ein knappes Gut. Von zunehmend großer Bedeutung ist daher die Wiederaufbereitung gebrauchten Wassers. Wie in Kap. 2.5.10 Nr. 2 und 3 beschrieben, wird Grundwasser und/oder Uferfiltrat zunächst **mechanisch,** dann **biologisch** gereinigt. Nach der Entfernung der **Schweb- und Sinkstoffe** (Filter, Ölabscheidung) und der **organisch abbaubaren Stoffe** (Mikroorganismen, z. B. denitrifizierende Bakterien) werden **Schwermetalle** als Hydroxide und Fe^{3+} und Al^{3+}-Ionen als Phosphate gefällt und weitere Schadstoffe neutralisiert, oxidiert (z. B. mit O_2, Ozon, H_2O_2 oder Cl_2) oder von Aktivkohle adsorbiert („Desodorieren", z. B. zum Entfernen von Fäulnisgeruch durch H_2S, vgl. Abb. 6).

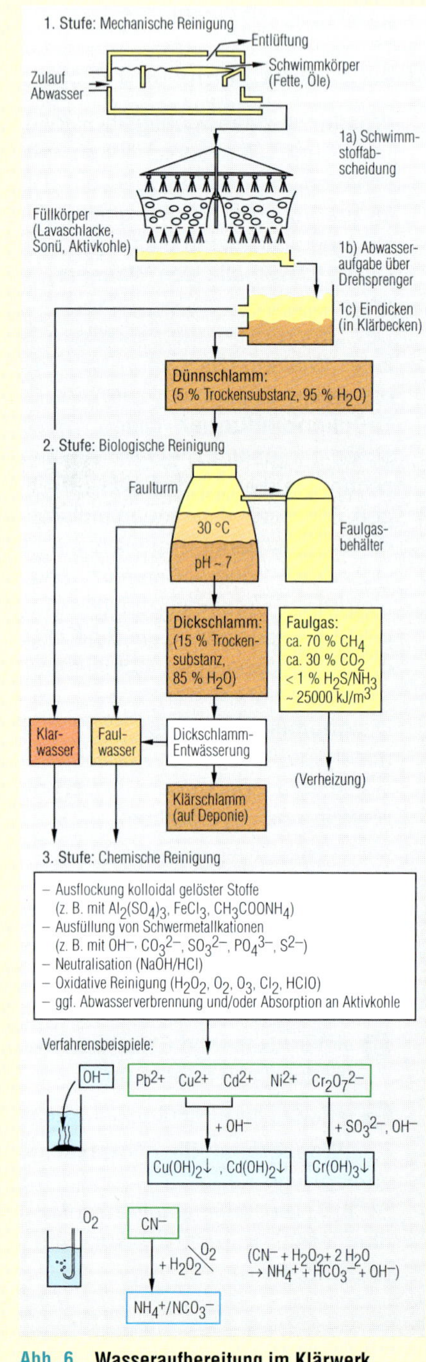

Abb. 6 **Wasseraufbereitung im Klärwerk**

Abb. 3 **Klärwerk, Becken mit Faulturm**

Die Notwendigkeit einer ständigen Reinheitskontrolle sieht der Laie als (Wasser-)Verbraucher gelegentlich im Schwimmbad: Der oder die Bademeister(in) öffnet den Koffer mit wasseranalytischen Kontrollgeräten (Abb. 4), träufelt ein Farbreagenz zur Wasserprobe, welches als Redoxindikator mit gelöstem Chlor einen farbigen Komplex ergibt, und misst über ein Fotometer einen Chlorgehalt von z. B. 0,58 mg Cl_2/l (Abb. 5), z. B. weil sich ein Badegast über rote und brennende Augen beschwert hat – „das Chlor ist schuld".

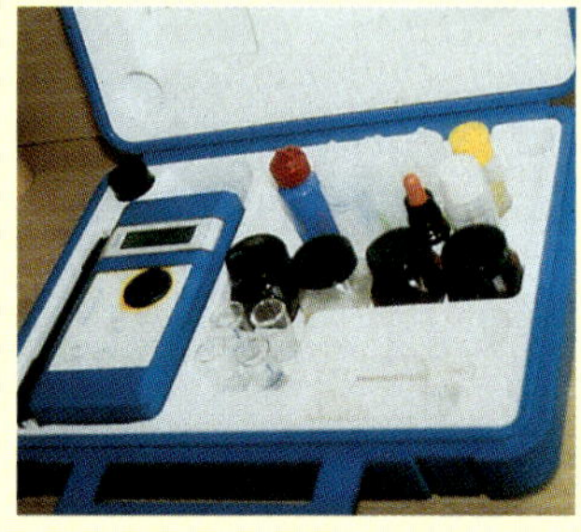

Abb. 4 **Koffer zur Wasseranalytik**

Abb. 5 **Fotometrie des Chlorgehaltes**

Tatsächlich aber arbeiten nur noch ältere Schwimmbäder mit Chlorgas – ein Blick auf die Warntafeln am Keller- oder Lagerraum könnte verraten, welche Technologie zur Wasseraufbereitung und -entkeimung eingesetzt wird: Statt Chlor aus Gasflaschen kann es nämlich auch z. B. basische Natriumhypochloritlösung sein, die mit Schwefelsäure – elektronisch dosiert und gesteuert – neutralisiert wird. Dabei entsteht ebenfalls das desinfizierende Chlor, jedoch – den folgenden Gleichgewichtsreaktionen über die schwache, instabile **hypochlorige Säure** (HOCl bzw. HClO) entsprechend – immer in geringeren Mengen:

$2\ NaOCl + H_2SO_4 \leftrightarrow 2\ HOCl + Na_2SO_4$ (Einstellung auf pH $\cong$ 7);
$2\ HOCl \leftrightarrow 2\ HCl + O_2\uparrow$ ($\Delta H = -77{,}9$ kJ; bei Belichtung);
$HCl + HOCl \leftrightarrow Cl_2 + H_2O$ (Chlorwasser-Gleichgewicht).

Abb. 7 und 8 Schwimmbad-Warntafel am Lagerraum

Auch Salzsäure reagiert also mit Hypochlorit zu Chlor – jedoch ist es nicht das freie, sondern vielmehr das gebundene Chlor, das die Augen und Schleimhäute reizt. In Verbindung z. B. mit Harnstoff (NH_2–CO–NH_2) entstehen reizende Oxidations- und Chlorierungsprodukte. Diese müssen ebenso wie Chlorgas, Säuren und Basen in einem ständigen **Wasseraufbereitungskreislauf** überwacht und entfernt werden.

Abb. 9–11 Chemietechnik im Schwimmbadkeller Zuleitungs- und Ablaufrohre, Ventile (Mitte) und Mischanlagen, Kreiselpumpe (rechts)

Ein Schwimmbad gleicht chemietechnisch im Kleinen somit einem Klärwerk oder auch einer großtechnischen Produktionsanlage in der chemischen Industrie: Über **Rohre, Ventile und Kreiselpumpen** werden Wassermengen bewegt (Abb. 9–11), **MSR- bzw. Mess-, Steuer- und Regeleinrichtungen** dosieren und überwachen diese **Stoffströme** und -kreisläufe (Abb. 12 und 13), **Flockungsmittel-Dosierer, Aktivkohle-, Sand- und Kiesbettfilter** entfernen unerwünschte Schwebstoffe, Salze, freies und gebundenes Chlor u. Ä. Stoffe aus dem Kreislauf (Abb. 14 und 15) und elektrotechnische Anlagenteile wie Sicherungen, elektrische Leitungen usw. versorgen alle Anlagenteile mit elektrischer Energie und digitalisierten Signalen aus Messfühlern (Abb. 16).

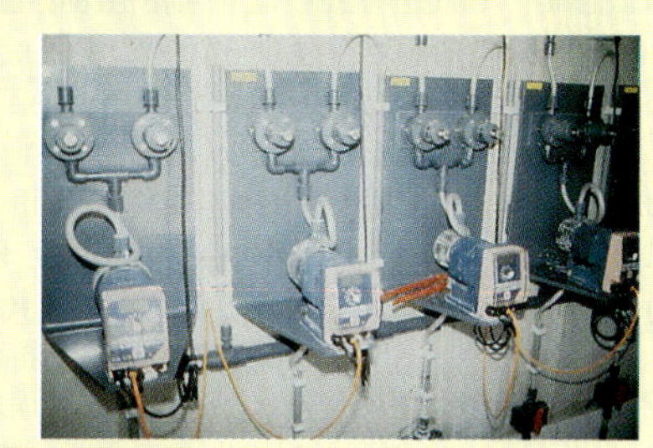

Abb. 12–13 MSR-Technik (Zur MSR-Technik vgl. auch in Kap. 5.1.1 – Chemietechnik)

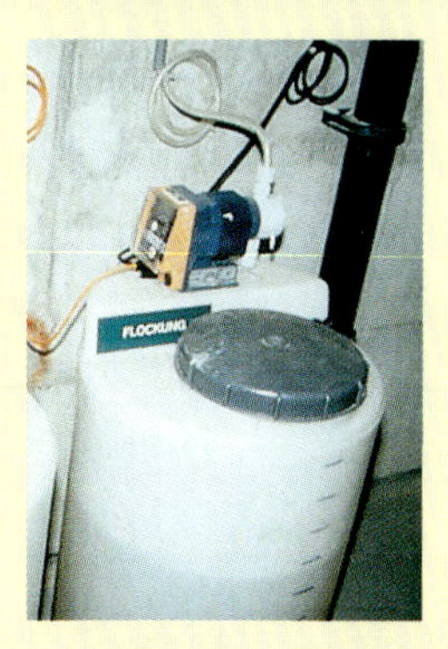

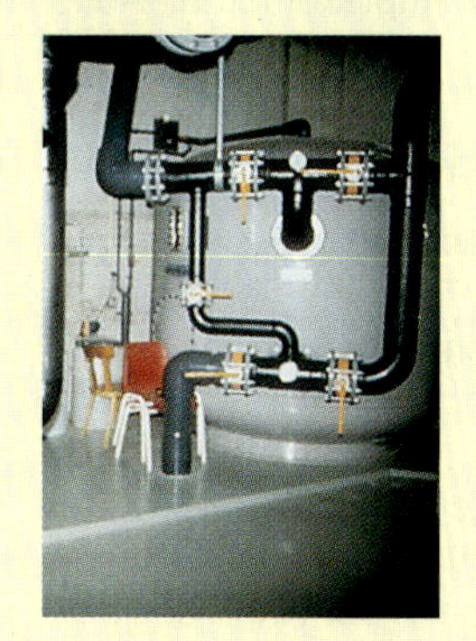

Abb. 14–16 Flockungsmitteldosierer (links), Wasserfilter (Mitte) und elektrotechnische Sicherungsanlage (rechts)

Eine ständige, elektronische Überwachung über vom „Bademeister" mit Pufferlösungen regelmäßig zu kalibrierende **pH- und Redoxelektroden** (Abb. 17) sowie Keimzahlmessungen sichern so in vielen Schwimmbädern – und ähnlich auch in Wasser- und Klärwerken – chemietechnisch für ausreichende Wasserqualitäten innerhalb gesetzlicher Standards.

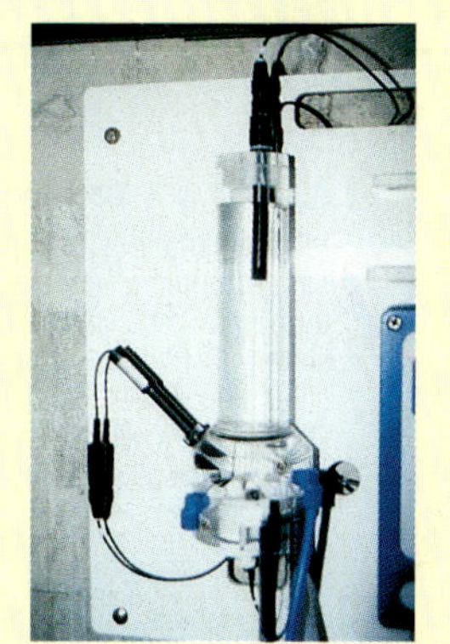

Abb. 17
Elektronische Wasser-Messzelle
– hier mit pH- und Redoxelektrode (vgl. Kap. 3.3 und S. 90 oben)

Bei der Wasseraufbereitung von besonderer Bedeutung ist die so genannte **„Wasserhärte“.** Sie stellt ein Maß für die im (Trink-)Wasser enthaltene Menge an Ca^{2+} und Mg^{2+}-Ionen dar.

> 1 Grad deutscher Härte **(1° dH)** entspricht einer Konzentration von **1 mg CaO/100 ml H_2O.**

In der Natur gehen Erdalkaliionen unter Einwirkung von Kohlendioxid z. B. über Kalk- und Dolomitgestein als Hydrogencarbonate in Lösung:

$$CaCO_3 + H_2O + CO_2 \leftrightarrow Ca^{2+} + 2\ HCO_3^-.$$

Wenn so z. B. 0,1 g $CaCO_3$ in 1 l Wasser gelöst wird, so erreicht das Gewässer eine Wasserhärte von 10 Grad. Ab einer Härte von 12° dH gilt Wasser als **„hart“.** Die **Wasserhärtebestimmung** finden Sie in Kap. 3.2.5 als Laborversuch beschrieben.

Im Gegensatz zu „weichem“ Wasser (unter 12° dH) bildet sich dann beim Waschen mit Kern- und Schmierseifen (Na- und K-Salzen höherer Carbonsäuren) unlösliche **Kalkseife:**

$$2\ R\text{–}COO\text{–}\ Na^+_{aq} + Ca^{2+} \rightarrow (RCOO)_2Ca\downarrow + 2\ Na^+_{aq}$$

– das erhöht den Seifenverbrauch erheblich. Zudem stört der Kalk in Wasch- und Kaffeemaschinen.

Wasser wird daher vor Gebrauch oft enthärtet. Die **„Wasserenthärtung“** läuft teilweise ab, indem man es abkocht (Entfernen der **Carbonathärte** durch Ausfällen als Kesselstein, $CaCO_3$). Eine komplette Enthärtung erreicht man, indem man es destilliert oder mit **Waschpulverbestandteilen** (Soda, Pottasche oder Phosphat (Ausfällung von $Ca_3(PO_4)_2$ bzw. $CaCO_3$), **Ionenaustauschern** (organische Kunstharze oder Sasil und Zeolithen als Phosphatersatz, vgl. Abb. 2.2.9-5) oder **Komplexbildnern** (EDTA u. Ä., vgl. Komplexometrie, Abb. 3.2.5-Nr. 1) behandelt.

4.1

4.1.3 Luft-, Edel- und Industriegase

Gasteilchen stellt man sich vereinfachend als punktförmige, von Wechselwirkungen freie Teilchen vor. Dieses **„ideale Gas“** gehorcht dann dem in Kap. 1.5.9 erklärten **allgemeinen Gasgesetz:**

$$p \cdot v = n \cdot R \cdot T$$

(mit der allgemeinen Gaskonstante $R = n \cdot T / p \cdot v$ = 83,11 hPa/K mol). Idealerweise müsste dann das Volumen $v = n \cdot R \cdot T / p$ einer Gasportion in der Nähe des absoluten Nullpunktes (T = 0 K) oder bei unendlich großem Druck ($p \rightarrow \infty$) gegen null gehen.

Reale Gase zeigen hier jedoch ein anderes Verhalten: Mit fallender thermischer Eigenbewegung der Gasteilchen (also der Temperatur T) ziehen sie sich zwar zunächst zusammen, erreichen dann aber irgendwann den Kondensationspunkt: Die Gasteilchen üben aufeinander **Anziehungskräfte** aus **(van-der-Waals-Kräfte,** vgl. Abb. 1.5.1-3), sodass die Gasverflüssigung eintritt (vgl. Abb. 4.1.3-1).

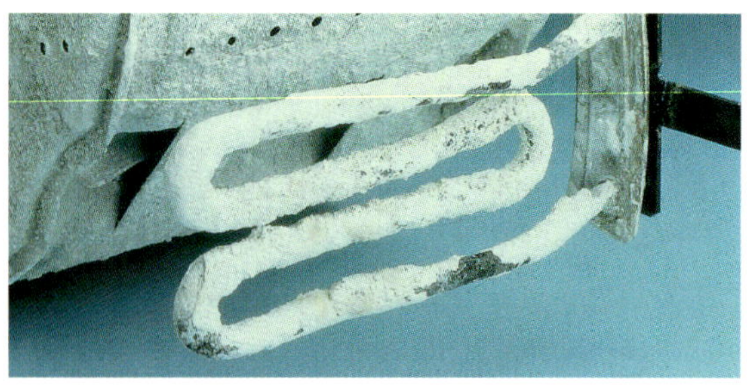

Abb. 4.1.2-4 **Verkalkte Maschinenteile**

Moderne Waschmittel enthalten als **Enthärter** in der Regel Komplexbildner. **Entkalker** hingegen, wie sie z. B. für Kaffeemaschinen, WC-Reiniger usw. verwendet werden, enthalten als Kalk lösende und weniger schonende Bestandteile Zitronen-, Essig- oder Ameisensäure.

Abb. 4.1.2-5 **Tropfsteinhöhle**

Der an der Erdoberfläche im Regen- und Sickerwasser als Hydrogencarbonat gelöste Kalk ($CaCO_3$) und Magnesiumkalk ($MgCO_3$) scheidet sich bei der Verdunstung des Tropfwassers im Laufe der Jahrhunderte auf den so wachsenden Tropfsteinen (Stalagmiten und Stalagtiten) wieder ab, sodass das (Lösungs-)Gleichgewicht wieder auf die andere Seite verlagert wird (Schema:

$$Ca^{2+}_{aq} + 2\ HCO_3^-{}_{aq} \leftrightarrow CaCO_3\downarrow + H_2O\uparrow + CO2\uparrow).$$

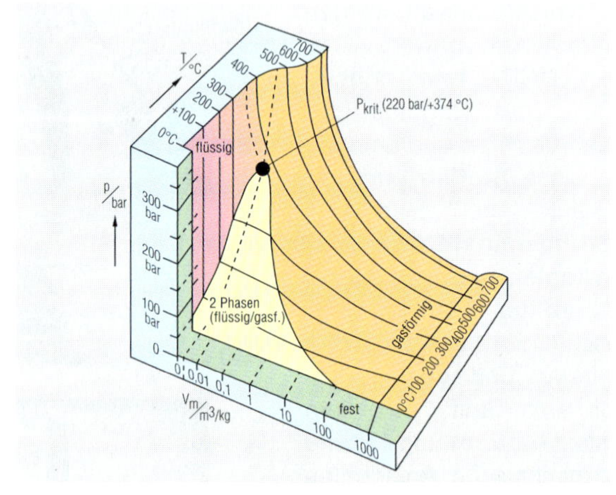

Abb. 4.1.3-1 **Das p/v/T-Zustandsdiagramm eines realen Gases**

Mit steigendem Druck p und fallender Temperatur T verkleinert sich das Volumen v einer Gasportion. Irgendwann jedoch – zumindest unterhalb des kritischen Punktes $p_{krit.}$ beginnt das Gas zu kondensieren (2-Phasen-Gebiet im p/v/T-Diagramm). Das Eigenvolumen einer Flüssigkeit lässt sich schließlich durch auch noch so hohe Drücke nicht weiter komprimieren. (Zu realen Gasen vgl. auch die Üb(erleg)ungsaufgaben am Ende von Kap. 1.5).

Dass eine Gasverflüssigung möglich ist, das erklärt sich eben von daher, dass die Gasteilchen ein gewisses, stoffspezifisches Co- oder Eigenvolumen ***b*** besitzen (***b*** = kleinstmöglicher Raumbedarf von 1 mol Gasteilchen bei 0 K). In der allgemeinen Gasgleichung muss das Covolumen *b* von *n* = 1 mol Gasteilchen also von *v* abgezogen werden.
Zudem üben die Gasteilchen aufeinander van-der-Waals-Kräfte aus. Diese werden bei geringerem Abstand und abnehmender thermischer Eigenbewegung der Gasteilchen als „Binnendruck" wirksam: Der Binnendruck a/v^2 ist die Arbeit, die zum Ausdehnen eines Gases **zusätzlich** zur Volumenarbeit aufgebracht werden muss (also der Ausdehnung entgegen der gegenseitigen Anziehungskräfte der Gasteilchen, nicht nur gegen den Außendruck, der auf die Gasportion wirkt).
Diese beiden, in realen Gasen wirkenden Faktoren werden in der **Zustandsgleichung realer Gase (van-der-Waals-Gleichung)** berücksichtigt. Sie lautet:

$$\left(p + \frac{n^2 \cdot a}{v^2}\right) \cdot (v - n \cdot b) = n \cdot \mathrm{R} \cdot T$$

Der hier mitberechnete Binnendruck realer Gase lässt sich technisch zur „Selbstverflüssigung" eines Gases oder Gasgemisches ausnutzen. Für die plötzliche, selbstständige und nicht mit Wärmeab- oder -zufuhr verbundene **(adiabatische)** Ausdehnung (Expansion, Volumenvergrößerung) einer Gasportion gegen den Binnendruck (die zwischenmolekularten Anziehungskräfte) verbraucht das Gas nämlich seine eigene Wärmeenergie: Es kühlt stark ab **(Joule-Thomson-Effekt).**

Dieser Joule-Thomson-Effekt kann beobachtet werden, wenn z. B. die Druckminder- bzw. Reduzierventile an gut befüllten Kohlendioxidflaschen voll aufgedreht werden: Das CO_2-Gas expandiert unter lautem Zischen adiabatisch in den ihm zur Verfügung gestellten Raum. Die CO_2-Teilchen „besorgen" sich die zum Überwinden der Anziehungskräfte erforderliche Energie aus ihrer eigenen Wärmeenergie. Ein Teil des ausströmenden Gases wird dabei unter den Sublimationspunkt von –77°C abgekühlt, sodass am Ventil **Kohlendioxidschnee** (festes CO_2) entsteht. Zudem schlägt sich Luftfeuchtigkeit als Raureif oder sogar als Eisschicht auf der äußeren Gasflaschenwand nieder (vgl. Abb. 4.1.3-2).

Carl von Linde erfand 1895 nun eine Apparatur ähnlich einer Kältemaschine, die diesen Abkühlungseffekt in der Form nutzt, dass das entspannte, abgekühlte Gas zur Kühlung des zuvor verdichteten Gases verwendet wird (Gegenstromprinzip, Wärmetauscher mit nachgeschaltetem Entspannungsventil). So genutzt, führt der Joule-Thomson-Effekt dazu, dass selbst Luft (Siedebereich um –192 °C) verflüssigt werden kann.

Ideale und reale Gase – ein Beispiel aus der Praxis

Eine Stahlflasche von 10 l Rauminhalt soll mit 5 kg Chlorgas befüllt werden. Die Stahlwand kann bis zu 150 bar Überdruck aushalten (zulässiger Grenzwert). Welchen Druck übt das Gas bei 20 °C auf die Gefäßwand aus ?

1. Berechnung nach dem allg. Gasgesetz für ideale Gase:

$$n = 5000\ \mathrm{g} : 70{,}9\ \mathrm{g/mol} = 70{,}52\ \mathrm{mol}\ Cl_2$$

$$p = \frac{n \cdot \mathrm{R} \cdot T}{v}$$

$$= (70{,}52\ \mathrm{mol} \cdot 83{,}11\ \mathrm{hPa/K\ mol} \cdot 293{,}15\ \mathrm{K}) : 10\ \mathrm{l}$$
$$= 171\,820\ \mathrm{hPa} = 169{,}61\ \mathrm{bar}\ (1013\ \mathrm{hPa} = 1\ \mathrm{bar})$$

2. Berechnung nach der van-der Waals-Gleichung für reale Gase:
   a) Die Konstanten a und b betragen für Chlor: $a = 0{,}66\ \mathrm{N\ m^4/mol^2}$ und $b = 5{,}61 \cdot 10^{-5}\ \mathrm{m^3/mol}$
   b) Einsetzen der Tabellenwerte in die Zustandsgleichung nach Umformung nach p:

$$p = \underbrace{(n \cdot \mathrm{R} \cdot T / v - n \cdot b)}_{c} - \underbrace{(n^2 \cdot a / v^2)}_{d} = c - d$$

$$c = \frac{70{,}52\ \mathrm{mol} \cdot 83{,}11\ \mathrm{hPa/K\ mol} \cdot 293{,}15\ \mathrm{K}}{10\ \mathrm{l} - 70{,}52\ \mathrm{mol} \cdot 5{,}61 \cdot 10^{-2}\ \mathrm{l/mol}}$$

$$d = \frac{70{,}52^2\ \mathrm{mol^2} \cdot 0{,}66\ \mathrm{N\ m^4\ mol^{-2}}}{10^2\ \mathrm{l^2}}$$

Umrechnung der Einheiten ergibt:
$c = 177{,}5 \cdot 10^5\ \mathrm{N/m^2}$ und $d = 32{,}8 \cdot 10^5\ \mathrm{N/m^2}$;
$p = c - d = (177{,}5 - 32{,}8) \cdot 10^5\ \mathrm{N/m^2} = 14620\ \mathrm{kN/m^2}$
$= 14\,620\,000\ \mathrm{Pa} = 146\,200\ \mathrm{hPa} = 144{,}32\ \mathrm{bar}$.

Ergebnis: Nach dem idealen Gasgesetz gerechnet, würde der zulässige Innendruck der Gasflasche überschritten. Da sich Chlor aber wie ein reales Gas verhält, wäre eine Befüllung zwar **möglich** – der Innendruck von 144,3 bar läge jedoch so nahe am **Höchstwert** von 150 bar, dass eine leichte Erwärmung der Gasflasche – z. B. in der Sonne – zum Überschreiten der 150-bar-Grenze führen könnte. Eine Befüllung mit 5 kg wäre daher trotzdem nicht ratsam.
(Es ließe sich sogar nach $p_1/T_1 = p_2/T_2$ berechnen, wie warm diese fast überfüllte Chlorgasflasche höchstens werden darf:
$T_2 = p_2 \cdot T_1/p_1 = 150\ \mathrm{bar} \cdot 293{,}15\ \mathrm{K}/144{,}3\ \mathrm{bar}$
$T_2 = 304{,}7\ \mathrm{K} = +31{,}55\ °\mathrm{C}$)

Abb. 4.1.3-2
Joule-Thomson-Effekt am Propanbrenner

4.1

4.1.4 Die Luftzerlegungsanlage (LZA) und ihre Produkte

Eine **Luftzerlegungsanlage (LZA)** verflüssigt im Gegensatz zur Linde-Maschine die Luft nicht nur, sondern trennt sie durch **Rektifikation** in ihre Bestandteile auf. Ähnlich wie ein Alkohol-Wasser-Gemisch im Labor, so wird auch die gereinigte, auf ca. 20 bar komprimierte, im Gegenstromprinzip vorgekühlte und durch Entspannung verflüssigte Luft einer Mehrstufen-Destillation unterworfen, allerdings in wärmeisolierten Rektifikationssäulen. Die verflüssigte Luft läuft über eine große Anzahl von Rektifikationsböden im Gegenstrom nach unten, während von unten Sauerstoffgas aufsteigt. Die verflüssigte Luft nimmt so von Boden zu Boden immer mehr Sauerstoff auf und gibt immer mehr Stickstoff an die Gasphase ab. Die nach unten rieselnde Flüssigkeit wird somit – ähnlich wie siedende Flüssigluft auch – immer sauerstoffreicher, bis dass sich am Boden der Rektifikationssäule **Flüssigsauerstoff** (technisches Kürzel: **LOX** für liquid oxygen, Temperatur: –183 °C) ansammelt, während sich im oberen Teil, dem höchsten Teil der LZA, Stickstoffgas ansammelt. Dieses kann dort abgezogen und ebenfalls verflüssigt werden (Flüssigstickstoff, **LIN,** –196 °C). Im mittleren Teil der Säule wird ein Zwischengas abgegriffen, das neben O_2 und N_2 einen erhöhten Anteil an Argon aufweist. In einer Nebenkolonne wird hieraus durch Rektifikation **Rohargon** (95 % Ar) gewonnen.

Zur Aufbewahrung verflüssigter Gase sind **Dewar-Gefäße** oder **Druckgasflaschen** erforderlich: In Dewar-Gefäßen, Standtanks und in Tankwagen für Flüssiggase sorgen eine Vakuum- oder Pulver-Vakuum-Isolierung und ggf. eine zusätzliche Verspiegelung ähnlich wie in Thermoskannen dafür, dass möglichst keine Wärmeabgabe an das tiefkalte Flüssiggas und somit auch keine Drucksteigerung auftritt.

Die am häufigsten verwendeten 10-, 20- und 50-l-**Gasflaschen** bestehen hingegen aus Chrom-Molybdän-Stahl. Bei +15 °C und 1 bar können 2, 4 oder 10 m³ Gas hineingepresst werden (höchstzulässiger Fülldruck in der Regel 200 bar, Prüfdruck 300 bar). Die für Industriegase üblichen **Kennfarben** (vgl. Abb. 4.1.1-2) sind:

blau	– für Sauerstoff (med. O_2: weißer Rand)
grün	– für Stickstoff
rot	– für brennbare Gase (z. B. Propan, Butan, Wasserstoff, Ethen, Ethan)
gelb	– für Ethin (Azetylen, druckempfindlich)
grau	– für Innert- und „Sonder“-Gase (z. B. für Edelgase, CO_2, Ammoniak usw.)

Zur Vermeidung von Verwechselungen erhalten alle Gasflaschen eigene Gewinde-Arten und graue Gasflaschen oft noch farbige Bänder (orange, violett usw.).

Abb. 4.1.4-1
Eine LZA (Luftzerlegungsanlage)
Oben die „cold box“ zur Tieftemperatur-Rektifikation, darunter Vorratstanks für verflüssigte Luftgase

Abb. 4.1.4-3 Warntafeln für tiefkalte, verflüssigte Gase (Sauerstoff und Argon)
Bei Erfrierungen durch tiefkalte Gase können sich u. U. innerhalb von Sekunden brandblasenähnliche Frostbeulen bilden.

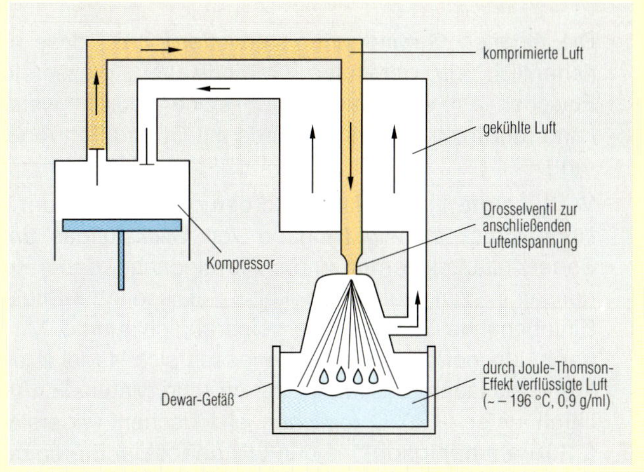

Die Linde-Maschine zur Luftverflüssigung (links Original von C. v. Linde, 1905, rechts Funktionsschema als Grafik)

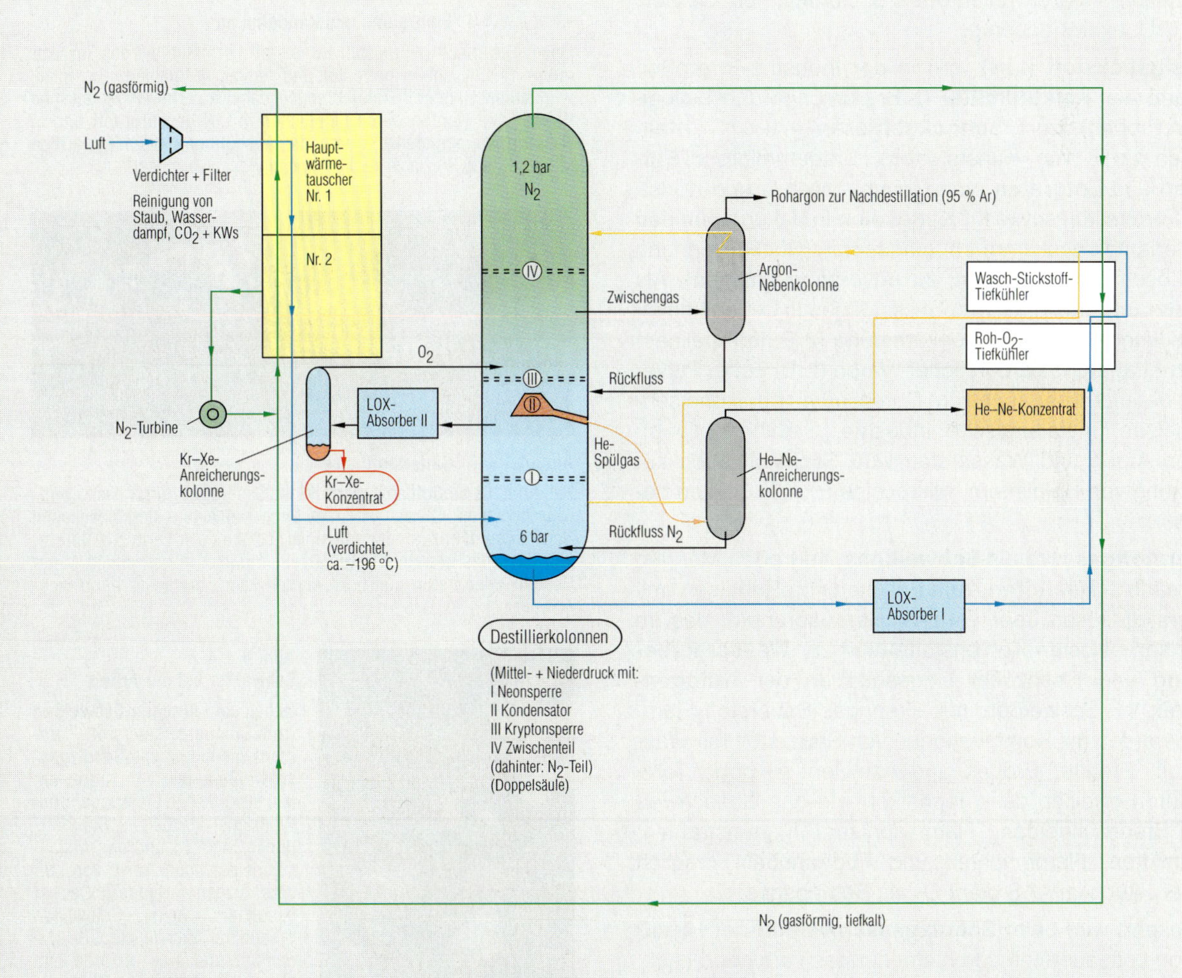

Fließschema einer LZA

In Nebenkolonnen größerer LZAs können durch erneute Rektifikation der Einzelfraktionen auch Edelgase wie Neon, Krypton und Xenon gewonnen werden.

Die eigenen Gewindearten verhindern z. B., dass versehentlich ein gefettetes Gewinde von Wasserstoff-Flaschen auf eine Sauerstoff-Flasche gedreht werden kann (der reine Sauerstoff würde mit Öl und Fett reagieren!).

Verflüssigte Luft ist farb- und geruchlos und siedet bei Normaldruck ständig (Abgabe von Stickstoffgas unter Sauerstoffanreicherung in der Flüssigphase, dabei Kondensation von Luftfeuchtigkeit – „Disconebel-Effekt"). Eintauchende Gegenstände gefrieren schlagartig: Mit einer in LIN gefrosteten Banane lassen sich Nägel in eine Wand schlagen, bestimmte keramische Materialien verlieren unter –190 °C jeglichen elektrischen Widerstand **(„Supraleitfähigkeit")** und in LIN gefrostete Blüten oder Gummiteile werden spröde und zersplittern beim Hinfallen wie Glas und Porzellan. Auf der ungeschützten Haut bleiben tiefkalte Gegenstände kleben (sie frieren fest) und hinterlassen brandblasen-ähnliche Verkühlungen. Flüssigsauerstoff (LOX) ist leicht bläulich und reagiert mit brennbaren Teilen wie z. B. Gummi, Fett, Öl, Holz usw. u. U. explosionsartig.

Flüssigstickstoff (LIN) wird in der Industrie in großen Mengen als **Tiefkühlmittel** (z. B. zur Lagerung biologischer Proben), zum **Schockgefrieren** (–196 °C), Kaltmahlen (z. B. von Kunststoffen), Entgummieren, **Entlacken** und **Entgraten** (von Gummi-, Metall- und Kunststoff-Formteilen) sowie für **Kältefallen** in Vakuumpumpen an Bedampfungskammern eingesetzt (Rückgewinnung von Lösemitteln, alternativ zu Adsorptionsanlagen). Als **Schutz- und Inertgas** wird Stickstoffgas in Lebensmittel-Verpackungen, zur Brandbekämpfung (z. B. in Pipelines) und zur Lagerung verderblicher Waren (z. B. Fette, Pulver usw.) benutzt, aber auch zum Durchspülen der Roheisenschmelzen (metallurgische Industrie, Stahlherstellung). Neben Argon und Wasserstoff wird Stickstoff auch zur Fertigung von Halbleitern, Mikrochips u. Ä. Bauteilen benötigt.

4.1

Sauerstoffgas wird als **Schweißgas,** in großen Mengen aber auch in **Hochöfen,** zum Frischen von Roheisen (mit Sauerstoff-Düsen oder Lanzen, Herausbrennen des im Roheisen gelösten Kohlenstoffs) und zur **Wasseraufbereitung** und Fischzucht eingesetzt. In der **Autogentechnik** (= Schweißen mit Brenngas-Sauerstoff-Flammen) werden mit Kombinationen von Sauerstoff mit Wasserstoff, Propan, Erdgas und Azetylen so hohe Temperaturen erreicht, dass Techniken wie das Gasschweißen, Brennschneiden, Flammspritzen, Flammstrahlen, Flammlöten, Flammrichten und Fugenhobeln möglich werden. Auch im AAS dient O_2 als Betriebsgas.

Umgekehrt wird beim **Schutzgasschweißen** der Hinzutritt von Luftsauerstoff durch ein Inertgas verhindert (Abb. 4.1.4-7).

Je nach Metall werden dem Argon He, CO_2 oder sogar Spuren von O_2 oder H beigemengt.

Abb. 4.1.4-4 **Schockgefrieren von Lebensmitteln**

Abb. 4.1.4-5 **Entgratung und Kaltdehnung**

Oben: Die frisch gepressten Kunststoff-Formteile werden im Entgrater in LIN schockgefrostet und tiefkalt vermahlen. Die unerwünschten Ränder (Grate) brechen dabei ab. Unten: Metallische Werkstücke werden durch Eintauchen in LIN geschrumpft und in Passformen eingeführt. Durch die Ausdehnung beim Erwärmen sitzt z. B. eine Kurbelwelle dann wie eingeschweißt fest.

Abb. 4.1.4-6 **Sauerstofflanze**

Bei einer Sauerstofflanze wird reiner Sauerstoff durch ein Kupferrohr geblasen. Dieses wird am Ende mit einem herkömmlichen Schweißgerät entzündet und reagiert so stark exotherm zu Kupferoxid, dass das brennende Kupferrohr mühelos durch einige Meter Gestein oder Beton gedrückt werden kann, da dieser dann wegschmilzt.

Abb. 4.1.4-7 **Schweißer bei der Arbeit**

Neben dem **Autogen-Schweißen** (mit Brenngas-Sauerstoff-Flammen) wichtig ist das **Schutzgasschweißen,** bei dem Argon um den elektrischen Lichtbogen (mit Wolframelektroden, Schmelzpunkt 3410 °C) und das Metallschmelzbad den Zutritt von Luft oder Oxiden verhindert. Das ist besonders beim Schweißen brennbarer Metalle wie z. B. Aluminium und Titan erforderlich. Man unterscheidet das **W**olfram-**I**nert**g**as- (WIG), das **M**etall-**I**nert**g**as- (MIG) und das **M**etall-**A**ktiv**g**as-Verfahren (MAG).

Argon als das häufigste und billigste Edelgas ist das ideale **Schutz- und Inertgas** schlechthin. Es wird zum Befüllen von Glühbirnen, Leuchten und Lampen genutzt, aber auch als Schutzgas bei der Stahlerzeugung und zum Lichtbogen-/Schutzgasschweißen z. B. von Mg-Al-Legierungen (Abb. 4.1.4-7 und S. 214). Hierzu muss es eine Reinheit von mindestens 99,96 % Ar aufweisen, da sonst störende Oxide und Nitride entstehen (Nachreinigung des Rohargon aus der LZA in Argon-Nebenkolonnen).
Große LZAs weisen **Krypton-Xenon-Hypersorber** auf, die dem Kr-Xe-Konzentrat in Flüssigsauerstoff (LOX) die schweren Edelgase mithilfe von Adsorbern entziehen. Benötigt werden diese wegen ihrer geringen Wärmeleitfähigkeit für spezielle Beleuchtungstechniken. Aufgrund ihrer Seltenheit – 1000 l Luft enthalten nur 0,08 ml Xenongas! – sind sie jedoch recht teuer.
Neon und **Helium** können ebenfalls per LZA gewonnen werden – Letzteres jedoch wirtschaftlicher aus Erdgas. Helium besitzt den niedrigsten Schmelzpunkt aller Stoffe im gesamten Universum. **Flüssighelium** als Ultrakühlmittel (3,19 K bzw. –269,96 °C) stellt eine **Supraflüssigkeit** dar: Es fließt absolut reibungsfrei (Viskosität = 0) und sozusagen „bergauf“ (Bildung von ca. 100 Atomschichten dicken Rollin-Filmen auf der Innen- und Außenwand der Dewar-Gefäße, so genannter Onnes-Effekt, nur **quantenmechanisch** erklärbar). Es wird zur Kühlung in **Kernspintomographen** und für ähnliche Tiefsttemperatur-Technologien verwendet. Gasförmig dient es als **Ballongas,** als Schutzgas beim Lichtbogenschweißen und als Kompensations-Füllgas in Raketentanks. Auch flüssiges Neon ist ein Tiefsttemperatur-Kühlmittel.

In der **Beleuchtungstechnik** dienen Edelgase zum Schutz der Glühfäden. Alternativ zu Wolfram (Schmelzpunkt: 3410 °C – in Glühbirnen nur 0,01 mm „dick“, sodass aus 1 kg W 650 km W-Glühdraht entstehen) werden als **Glühfadenmaterialien** auch Kohlenstoff (C, 3870 °C), Tantalcarbid (TaC, 3880 °C), Zirkoniumcarbid (ZrC, 3530 °C), Titannitrid (TiN, 3205 °C) und Osmium (Os, 3000 °C) sowie Osmium-Wolfram-Legierungen eingesetzt.
Neben Leuchtstofflampen gibt es auch solche, in denen **Glimmentladungen** Gase oder Metalldämpfe zur Emission von Licht anregen (Beispiel: die Na- und Hg-Dampflampe), Gasteilchen ionisieren und durch Bogenentladungen gar ein Plasma erzeugen. Einige typische Spektrallicht-Farben der **„Neonlampen“** sind:

Gas	Leuchtfarbe
He	elfenbeinweiß
Ne	scharlachrot
Ar	blaurot
Kr	grünblau
Xe	violett

Gas/Dampf	Leuchtfarbe
Na	gelborange
Ne + Ar + Hg	blau
Leuchtstoffe	(beliebig)
Hg / Spezialleuchtstoffe	„Schwarzlicht“ (UV-A)

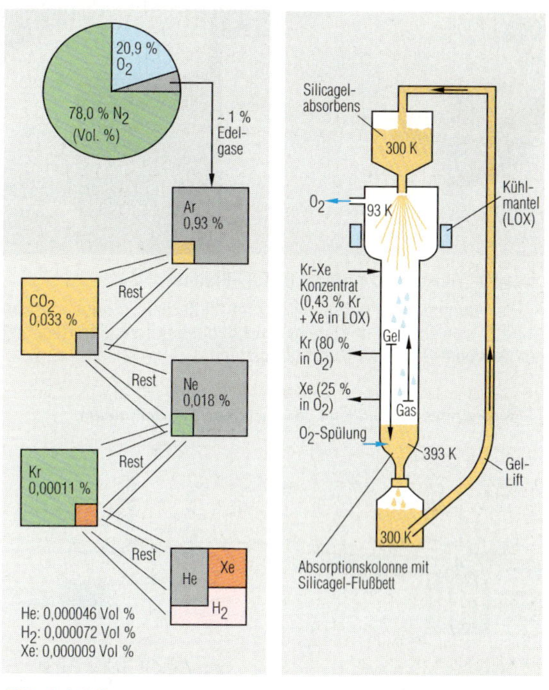

Abb. 4.1.4-8 Zusammensetzung der Luft

Abb. 4.1.4-9 Kryton-Xenon-Hypersorber

Abb. 4.1.4-10 Edelgase in der Beleuchtungstechnik
Glühbirnen müssen mit Edelgas befüllt werden, um ein **Durchbrennen** des Glühfadens (Wolframdraht) zu verhindern. In **Halogenleuchten** werden den Edelgasen Spuren von Iod (oder HBr) zugesetzt, das eine Resublimation von Wolframdampf an der Glaswand der Birne verhindert: An der ca. 600 °C heißen Kolbenwand reagiert Wolfram-Sublimat exotherm mit Iod und Wasserdampf zu WO_2I_2, welches zum glühenden Wedel zurückdiffundiert und dort in WO_2 und I_2 gespalten wird. Das WO_2 dissoziiert zu WO und O_2 und schließlich setzt sich am Wedel aus WO wieder W ab, während atomarer Sauerstoff zurückbleibt. Dieser reagiert an der Kolbenwand dann wieder erneut mit I_2 und W-Kondensat zu WO_2I_2. Ähnliche Prozesse laufen in Halogen-Metalldampflampen ab. **„Gettersubstanzen“** wie Phosphor, Alkali- und Erdalkali-Dämpfe in den Füllgasen der Beleuchtungskörper reagieren mit Restgasen wie N_2 und O_2 und halten diese so vom Glühdraht fern.
Oft erhalten die Wolfram-Elektroden in **Leuchtstofflampen** zusätzliche **Emitter-Beschichtungen.** Emitter sind BaO-, SrO- und CaO-Schichten, die den Elektronenaustritt aus der Elektrode erleichtern. Als Gasfüllung dient in solchem Fall in der Regel ein Quecksilbertropfen (5–20 mg, Tropfendurchmesser ca. 1,4 mm, Dampfdruck 0,5 Pa) mit Puffergaszusatz (100–500 Pa Ar), als **Leuchtstoff** anorganische Oxide und Seltene Erden wie Y_2O_3 mit Eu (rot), $BaMg_2Al_{10}O_{17}$ mit Eu (blau) oder $MgAl_{11}O_{19}$ mit Tb (grün), Preise: um 50 €/kg. **„Schwarzlicht“** aus „UV-Lampen“ entsteht ebenfalls durch bestimmte Leuchtstoffe und Quecksilberdamf – sichtbares Licht wird durch Filter an der Kolbenwand zurückgehalten.

Abb. 1 und 2 Aluschmelze (links) und O_2-Brenner

Links: Die Aluminiumschmelze wird zum Entfernen produktionsbedingter Verunreinigungen (z. B. von Oxiden) mit Edelgasmischungen durchspült. Rechts: Erdgas-Sauerstoff-Brenner an einem Grauguss-Drehtrommelofen.

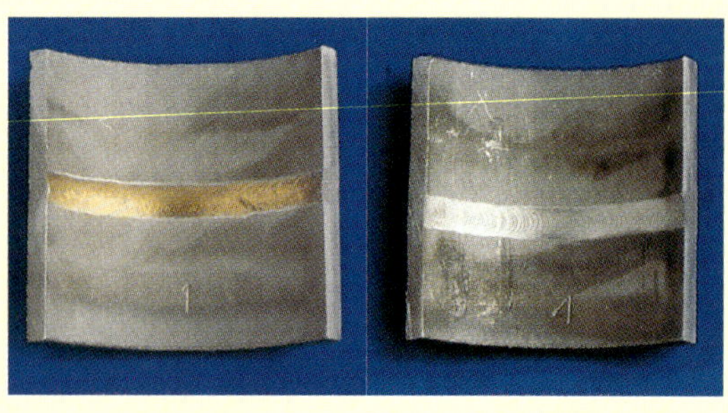

Abb. 3 Schweißnähte

Die Eisen-Titan-Chrom-Nickel-Legierung links wurde mit N_2-haltigem Schutzgas verschweißt: Es entstand störendes, gelbliches Nitrid. Rechts wurden Edelgase verwendet (Ar, He).

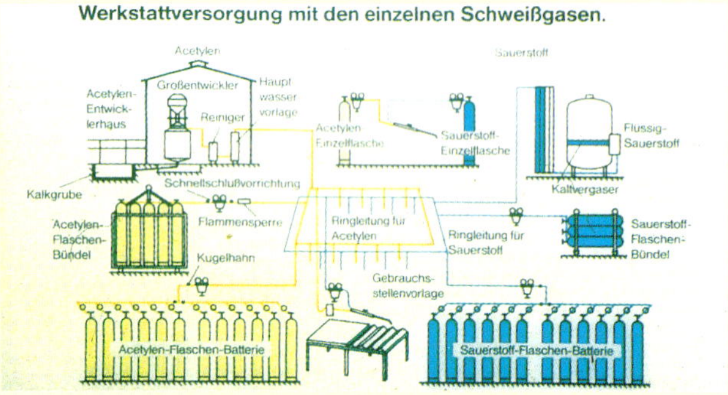

Werkstattversorgung mit den einzelnen Schweißgasen.

Abb. 4 Gasversorgung zum autogenen Schweißen

Gase werden zumeist zum Heizen und Brennen (Brenngas + Luft/ O_2 oder Stickstoffoxide (N_2O, NO_2), zum Kühlen (verflüssigt), Inertisieren (N_2, CO_2, Ar) und Reinigen genutzt. Zusätzlich zu diesen Bereichen soll auf dieser Sonderseite die Anwendung von Gasen zum **Schweißen** (als Beispiel für eine technische Anwendung) und im chemischen und medizinischen **Labor** beschrieben werden.

Zunächst unterscheidet man **Press-** und und **Schmelzschweißverfahren:** Bei Letzterem werden die zu verbindenden Werkstücke druckfrei miteinander verschmolzen. Das kann durch **autogenes Schweißen** (mit Brenngasen wie Ethin), durch **Lichtbogenschweißen** (mit Schutzgasen und -gasgemischen aus He, Ar, CO_2 und je nach Metall- oder Kunststoffart evtl. mit Zusätzen von H_2, O_2 oder N_2), **Elektronenstrahl-, Laser-** oder **Thermitschweißen** geschehen. Schweißer wenden als Techniken z. B. das Brennschneiden, Flammlöten, Flammspritzen, -strahlen, -entrosten, -entspannen sowie das Laser- und Plasmaschneiden an (**Plasma** = „Aggregat"-Zustand, in dem Gase durch sehr hohe Temperaturen ionisiert vorliegen. Beim Laserschweißen werden die **„Lasergase"** – zumeist Ar oder CO_2 – hingegen durch UV-Licht so angeregt, dass sie in einen metastabilen Zustand gelangen. Durch Aussendung kohärenten Lichtes (Fluoreszenzstrahlung) gelangen sie dann wieder in den Grundzustand – das gebündelte, kohärente **„Laser"-Licht** kann zum Schweißen, Schneiden, Härten und zur Datenübertragung in Laserdruckern genutzt werden, aber auch für Holografien, interferometrische Messungen, chirurgische Laserskalpelle, augenchirurgische Netzhautverschweißer oder laserchemisch zur Produktion von Vinylchlorid oder analytisch-messtechnisch in Laserdioden).

Im **Chemielabor** werden in der instrumentellen Analytik (Kap. 3.3) folgende Prüf- und Betriebsgase verwendet: Im **AAS** und **Flammphotometer** hochreine Brenngase (Ethin, Methan, Propan) und als Oxidationsmittel synthetische Luft (N_2 + O_2, hochrein, KW-frei), reines O_2 oder N_2O, im **GC** die Gase Ar, He, N_2, O_2, H_2 und/oder gar Ne, Detektoren wie der **FID + NSD** benötigen H_2/He-Mischungen und Funkenspektrometer H_2/Ar-Mischungen. Im **Medizinbereich** werden zur Therapie und Anaesthesie O_2, N_2 (flüssig, in der Kryotherapie) und N_2O („Lachgas") verwendet, zur **Kaltsterilisation** Ethylenoxid (auch: CO_2 sowie FCKWs als Kältemittel) und zur **Diagnostik** (z. B. der Blutgasanalyse) Gemische aus O_2, CO_2, Ar und/oder N_2 – zur Lungenfunktionskontrolle auch Gemische von 5 % He und 0,3 % CO in synthetischer Luft. Als verflüssigte Gase kommen hier **Flüssigstickstoff** (Kryotherapie, -biologie und -chirurgie bei –196 °C) und sogar **Flüssighelium** (4,22 K) zum Einsatz – Letzteres in NMR- bzw. **Kernspintomographen** (vgl. Abb. auf der folgenden Seite) und **„SQUIDS"** (= supraleitfähige Halbleiter-Magnetsonden zur Gehirnstrommessung): analytische High-Tech in Arztpraxis und Operationssaal.

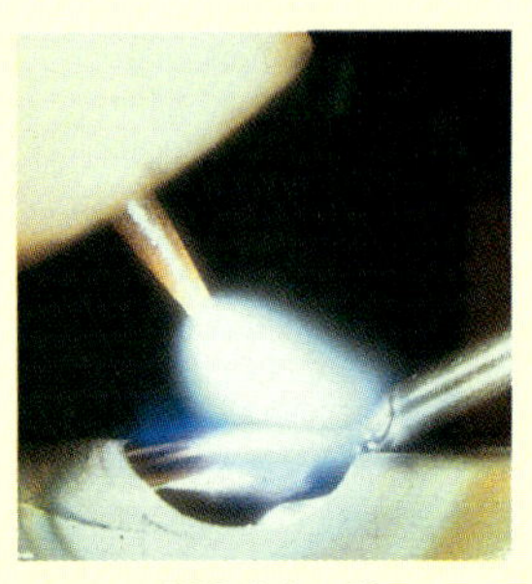

Abb. 5 WIG-Schweißen

Abb. 6 und 7 WP- und MAG-Schweißen

Beim **M**etall-**A**ktiv-**G**as- oder MAG-Schweißen wird ein Helium-Argon-Gemisch unter Zusatz von CO_2 als (re-)aktives Gas eingesetzt (rechts), bei **W**olfram-**P**lasma- oder WP-Schweißen ein Argon-Plasma mit einigen Prozent H_2 oder Helium: Das Plasma bringt Wolfram mühelos zum (Ver-)Schmelzen. Beim **W**olfram-**I**nert**g**as- oder WIG-Schweißen liegt hingegen noch kein Plasma vor – dennoch werden auch hier Werkstücke mit aufgeschmolzenem Wolfram verbunden.

4.1.5 Weitere Industriegase

Neben O_2, N_2, H_2 und den Edelgasen werden folgende sechs Industriegase in größeren Mengen eingesetzt:

CO_2 **Kohlendioxid**	Trinkwasseraufbereitung, Lebensmittelindustrie, Laser – festes CO_2 (Trockeneis, –79 °C) auch als Kühlmittel	in grauen Stahlflaschen mit rd. 52 bar Innendruck oder flüssig in Tankwagen 14–17 bar / um –30 °C
CO (+ H_2)	Synthesegas (für Alkane und Alkanole)	(Herstellung am Verbrauchsort)
C_2H_2 **Ethin, Acetylen**	Schweißgas (Herstellung z. B. aus Kalziumcarbid CaC_2 und Wasser)	in gelben Stahlflaschen in poröser und mit Aceton getränkter Masse gespeichert
C_3H_8 **Propan**	Heiz-/Camping-/Brenngas (im Gemisch mit Butan auch als Treibgas)	in roten Stahlflaschen (aus der Erdölraffination; z.T. FCKW-Ersatz
Cl_2 **Chlor**	Desinfektions- und Bleichmittel, Wasseraufbereitung	in grauen Stahlflaschen, giftig!
SO_2 **Schwefeldioxid**	Säuerungs-, Konservierungs-, Desinfektions- und Bleichmittel	in grauen Stahlflaschen, giftig!

Daneben existieren noch die in Tabelle 7 und 9 im Anhang aufgelisteten „Industriegase"; z. B. die **FCKWs** (Fluorchlorkohlenwasserstoffe, Freone), die verflüssigt noch als **Kühlmittel,** aber auch als **Treibgase** und Aufschäummittel Verwendung finden, ferner die Gase Schwefelhexafluorid (SF_6 als wärmeisolierendes **Füllgas** in Reifen, Thermopen-Fenstern u. Ä.), Ammoniak, Chlorwasserstoffgas, die Stickoxide (NO, NO_2), Phosgen ($COCl_2$), die **Heiz- und Brenngase** (neben Propan vor allem Methan und Butan) und in der **Halbleiterfertigung** die Silane (Si_nH_{2n+2}) und die **„Dotiergase"** German (GeH_4), die Borane (B_2H_6 u. Ä.), Phosphin (PH_3) und Arsin (AsH_3).

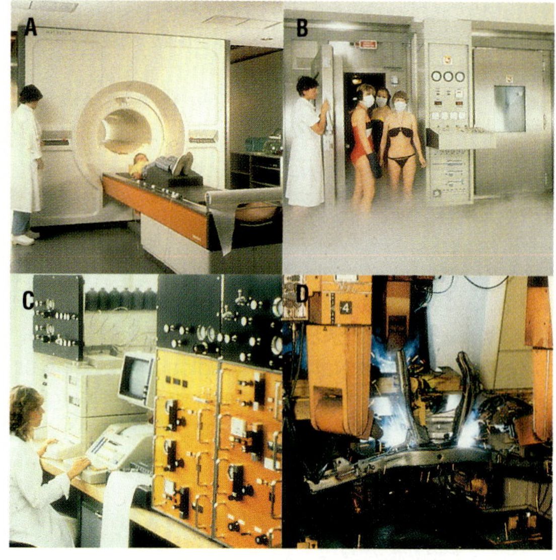

Abb. 4.1.5-1 Anwendung von (Industrie-)Gasen

A Kernspintomograph (Kühlung mit Flüssighelium)
B Rheumatherapie bei –130 °C (Kryokammer, LIN-gekühlt),
C Gaschromatograph (GC) (Trägergase u. a.: H_2, CH_4, Ar)
D Schweißroboter

4.1.6 Die Chemie und Technologie der Halogene (7. Hauptgruppe)

Fluor stellt unter allen Elementen das aggressivste und reaktionsfähigste Mittel dar. Technisch wichtiger jedoch sind viele seiner Verbindungen: Flusssäure (HF) als Glas-Ätzmittel, Natriumfluorid (NaF) zum Fluoridieren von Trinkwasser, die oben genannten Gase (SF_6 und die FCKWs) und organische Fluorverbindungen.

Flusssäure (HF) wird durch Verdrängung aus **Flussspat** (CaF_2) mithilfe von Oleum (SO_3 – gesättigte, konzentrierte Schwefelsäure) gewonnen. Mit Quarz (SiO_2) reagiert HF zum Beizmittel **Hexafluorokieselsäure** ($H_2[SiF_6]$ weiter.

Fluor lässt sich nur elektrolytisch aus in HF gelöstem KF herstellen, wobei Spezialanoden verwendet werden (ideal: im Kupfer-Gefäß, da hier eine abdichtende CuF_2-

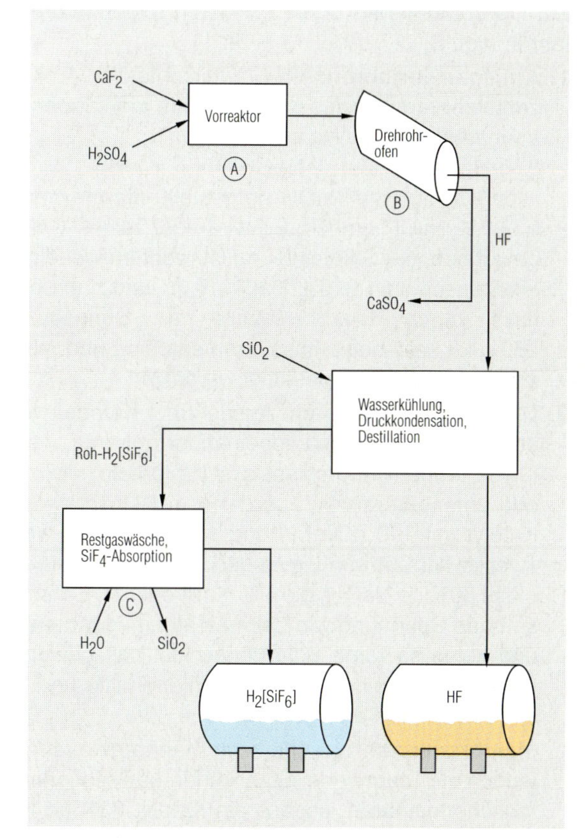

Abb. 4.1.6-1 Herstellung von Fluss- und Hexafluorokieselsäure

A $CaF_2 + H_2SO_4 \longrightarrow CaF(HSO_4) + HF$
B $Ca(HSO_4) \xrightarrow{200\,°C} CaSO_4 + HF\uparrow$
C $3\,SiF_4 + 2\,H_2O \longrightarrow 2\,H_2[SiF_6] + SiO_2$

4.1

Schutzschicht entsteht). Im Labor kann es auch durch Erhitzen von Kobalt-III-fluorid erhalten werden:
$2\,CoF_3 \rightarrow 2\,CoF_2 + F_2$.
Es ist hochgiftig und ätzend (Sicherheitsvorkehrungen treffen, ggf. Atemschutzmaske!).

Chlor (von griechisch χλωρος = grün) ist das mit Abstand wichtigste Halogen (WJP 32 Mio. t/a, vgl. Anhang, Tabelle 22).

Es wird folgendermaßen hergestellt:

1. **im Labor:** aus Salzsäure und Oxidationsmitteln wie $KMnO_4$, MnO_2, H_2O_2 oder Chlorkalk $Ca(OCl)Cl$.
2. **technisch:** aus Natriumchloridlösung (Steinsalz), wobei Anoden- und Katodenraum getrennt werden müssen, um die Rückreaktion von Chlorgas mit Natronlauge und/oder Wasserstoffgas zu verhindern **(Chloralkali-Elektrolyse):**
   $2\,H_2O + 2\,NaCl \rightarrow H_2 + 2\,NaOH + Cl_2$
   $\Delta H = +447$ kJ/FU

Mögliche, unerwünschte Folgereaktionen: Chlorknallgasreaktion ($H_2 + Cl_2$) sowie die Disproportionierung des Chlors in Natronlauge:
$Cl_2 + 2\,NaOH \rightarrow NaCl + NaOCl + H_2O$

Zur **Chloralkalielektrolyse** existieren folgende drei Verfahren (vgl. S. 217, Abb. 4.1.6-3):

1. **Amalgamverfahren:** Am Graphitkontakt im Amalgamzersetzer reagiert das an der Katode entstandene Natriumamalgam mit Wasser:
   $2\,NaHg_x + 2\,H_2O \rightarrow 2\,NaOH + H_2\uparrow + x\,Hg$.
   Hier wird 50%ige NaOH hergestellt, die maximal nur 0,006 % NaCl enthält. Es wird sehr reines Chlorgas gewonnen, die Solereinigung ist recht aufwendig (ideal: Reinsole von 310 g NaCl/l H_2O; wird nach Durchfluss durch Elektrolysezelle zu Dünnsole mit 270 g/l – der Anolyt muss dann entchlort und mit neuem NaCl wieder aufgesättigt werden).
2. **Diaphragmaverfahren:** Anode und Katode werden durch ein Diaphragma voneinander getrennt, welches für OH^--Ionen undurchlässig ist (Chlorhalbzelle mit Anode unter Überdruck; aus der o.g. Reinsole wird ein Katolyt mit 190 g NaCl/l und 130 g NaOH/l, welcher zwecks Salzabtrennung eingedampft wird. Hierbei verbleibt 50%ige NaOH, die 1 % NaCl enthält. Es ist keine so hohe Spannung wie beim Amalgamverfahren nötig und keine so reine Sole, jedoch ist das gewonnene Chlorgas O_2-haltig, die NaOH chloridhaltig und es ist ein Eindampfen erforderlich.)
3. **Membranverfahren:** Wie beim Diaphragmaverfahren, jedoch mit Titananode, Stahlkatode und Kationenaustauschermembran, sodass als Katolyt 33%ige NaOH entsteht. Da die Membran keine Cl^--ionen durchlässt, ist die NaOH fast chloridfrei (max. 0,007 % NaCl oder bei Aufkonzentration durch Eindampfen auf 50 % NaOH max. 0,01 % NaCl).

Abb. 4.1.6-2
Henri-Moissant-Gedenkmarke
– dem Entdecker des Fluors zu Ehren.
(Moissan erhielt für die Entdeckung von Fluor und Fluorverbindungen 1906 den Nobvelpreis. Einige Monate später starb er 55-jährig in Paris.)

Zusatzinfo: Periodische Eigenschaften der Elemente am Beispiel der 7. Hauptgruppe

Entsprechend der **Stellung im PSE** steigen Schmelz- und Siedepunkt, Farbintensität, Oxidationskraft und Dichte mit der RAM, während die Toxizität der Halogene sinkt.

Fluor ist der Stoff mit der höchsten **Elektronegativität** (EN) aller Elemente (EN = 4,0) und reagiert mit allen Materialien außer Fluoriden und einigen Edelgasen (bekannte Edelgasfluoride: XeF_2 (farblose Kristalle), XeF_4 und XeO_3 (aus: $6\,XeF_4 + 12\,H_2O \rightarrow 4\,Xe + 3\,O_2 + 2\,XeO_3 + 24\,HF$). Mit Wasser bildet sich Flusssäure: $2\,F_2 + 2\,H_2O \rightarrow 4\,HF + O_2$, bei Fluor-Überschuss u. U. auch Sauerstoffdifluorid OF_2. Selbst unterhalb von –200 °C reagiert Fluor noch explosionsartig mit Wasserstoffgas.
Vom Element **Astat(in)** – Symbol At, Halbwertzeit 8,3 Stunden – auf der Erde existieren insgesamt ca. 30 g.

Üb(erleg)ungsaufgaben

1. Tabellieren Sie die jeweiligen **Vor- und Nachteile der drei technischen Verfahren zur Chloralkalielektrolyse.** Prägen Sie sich deren Elektrolysezellen bzw. **Fließschemen** ein (Abb. 4.1.6-3), **erklären** Sie diese und zeichnen Sie sie nach!
2. Erstellen Sie die vier Redox-**Reaktionsschemen** zur Chlorherstellung im Labor
   (aus Salzsäure mit:
   a) $KMnO_4$,
   b) Braunstein,
   c) H_2O_2,
   d) Chlorkalk)
   und der Reaktion von Chlor mit Natronlauge! Formulieren Sie hierzu die Teilgleichungen für die Einzelschritte der **Redoxreaktionen** (Reduktion/Oxidation) einzeln.

Hinweise: Wiederholen Sie ggf. die hier anzuwendenden Regeln zur Bestimmung der Oxidationszahlen und Erstellung von Reaktionsschemen aus Kap. 1.5.7 und 2.2.7! Die Redoxreaktion eines Stoffes mit sich selbst nennt man Disproportionierung; seine Oxidationszahl wird erniedrigt **und** erhöht.

Als Gesamtgleichungen ergeben sich u. a.:

a) $2\,KMnO_4 + 16\,HCl \rightarrow 2\,KCl + 2\,MnCl_2 + 8\,H_2O + 5\,Cl_2$
(KMnO₄ gibt 5 e⁻/mol ab)

b) $MnO_2 + 4\,HCl \rightarrow MnCl_2 + 2\,H_2O + Cl_2$

c) $H_2O_2 + 2\,HCl \rightarrow 2\,H_2O + Cl_2$

d) $Ca(OCl)Cl + 2\,HCl \rightarrow CaCl_2 + H_2O + Cl_2$
(Oxidationsmittel: Hypochlorition OCl^-).

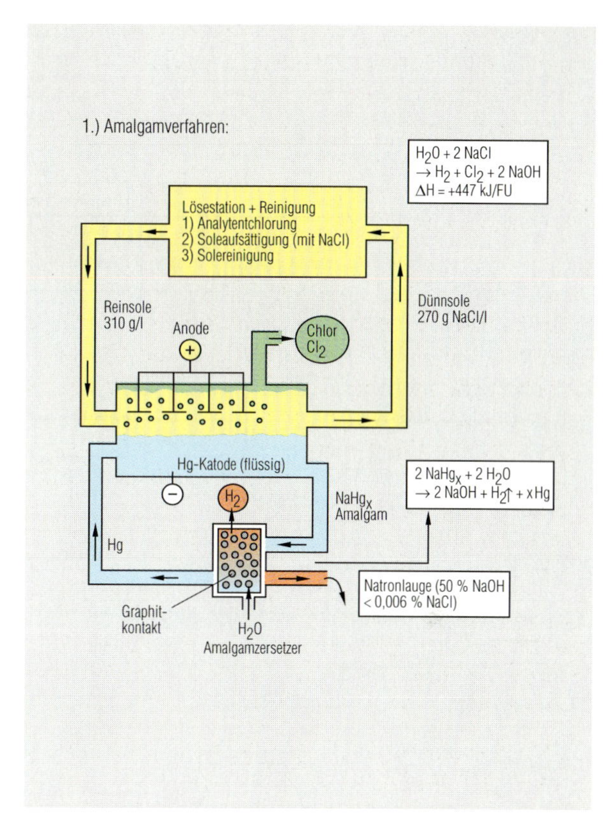

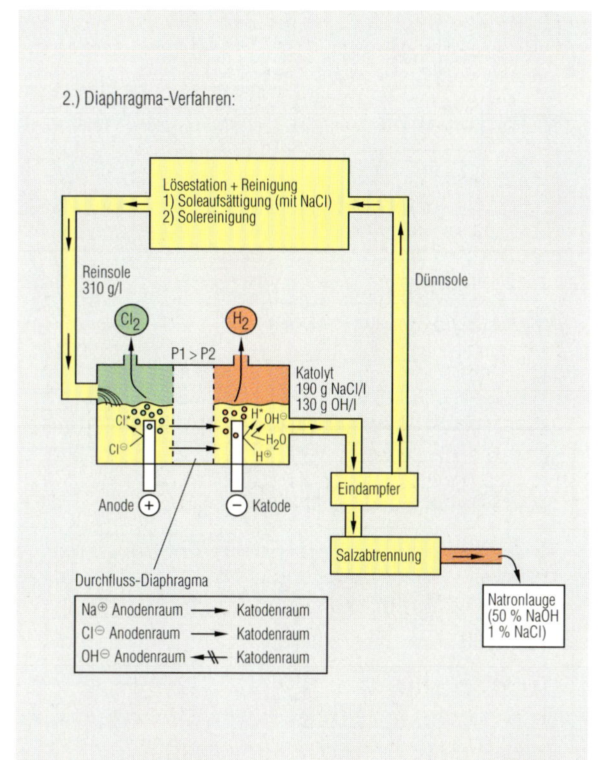

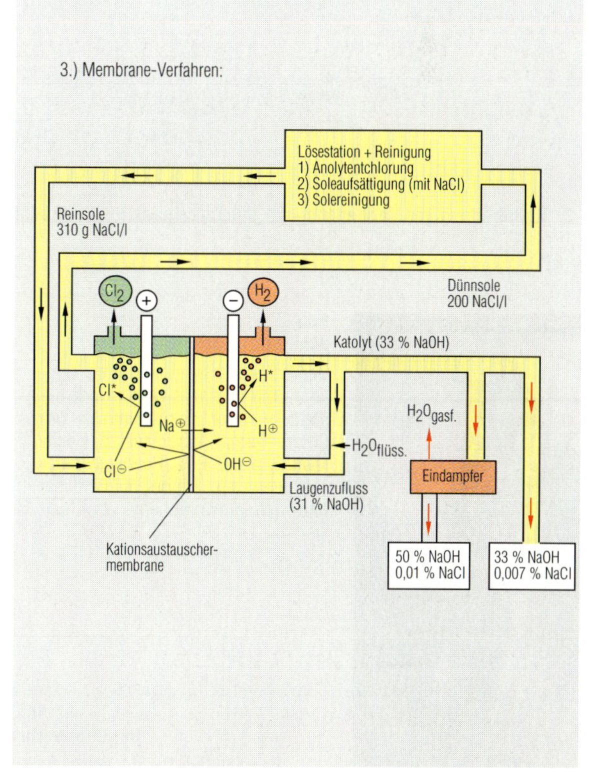

Abb. 4.1.6-3 Die drei Chloralkali-Elektrolyse-Verfahren (Foto: Elektrolysesaal einer Chlorfabrik, Arbeiter auf Elektrolysezellen)

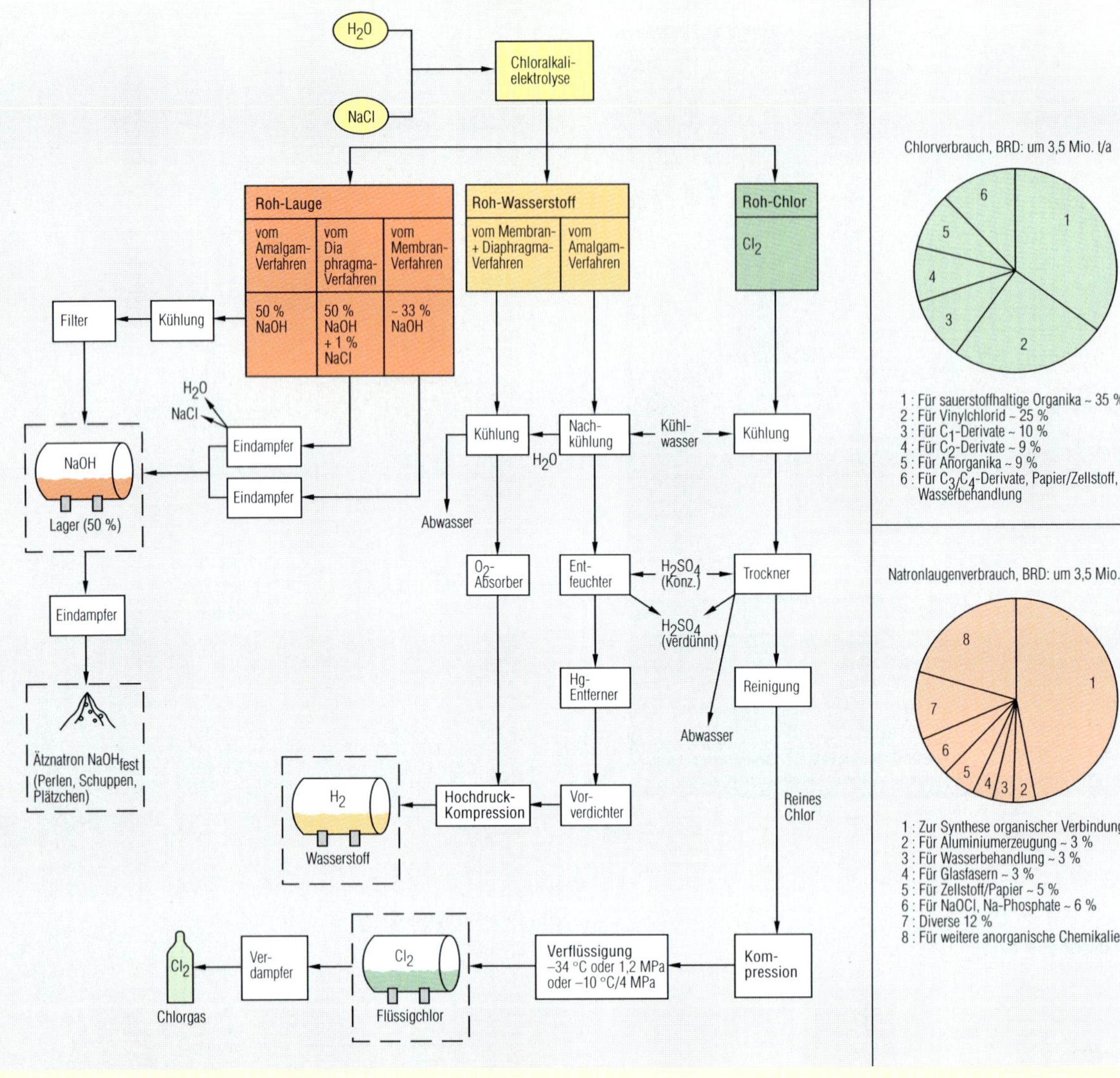

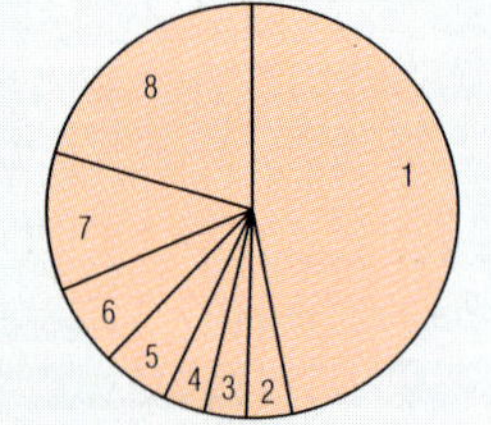

Abb. 1 **Aufbereitung und Verwendung der Chloralkalielektrolyse-Produkte**

Abb. 2
Schutzanzug aus PBI-Faser
Der Schutzanzug gegen hohe Temperaturen in einem Hüttenwerk besteht aus der chlorchemisch (im Chlorverbund) hergestellten Hochleistungsfaser PBI (Polybenzimidazol, wird aus Diphenylisophthalat und Tetraaminobiphenyl synthetisiert).

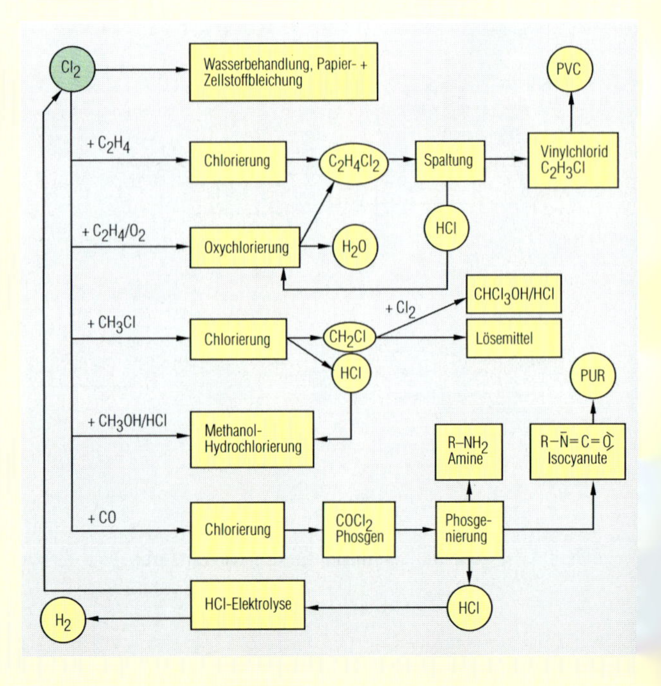

Abb. 3
Der Chlorverbund
Innerhalb der Verbundwirtschaft der chemischen Industrie ist Chlor einer der wichtigsten Rohstoffe. Mithilfe von Chlor werden Kunststoffe, Lösemittel und viele weitere Produkte gewonnen (vgl. S. 219).

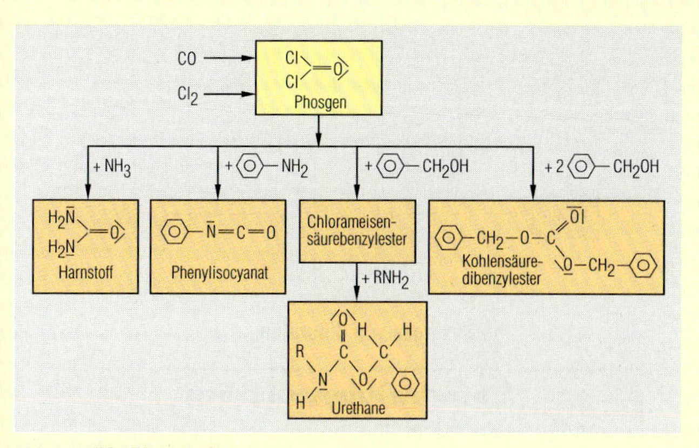

Abb. 4 Die Phosgenierung

Mithilfe von Phosgen können Harnstoff und Bakelite (Harnstoff-Methanal-Polykondensate), aber auch Isozyanate, Polyurethane, bestimmte Ester und Polycarbonate und andere **Kunststoffe** produziert werden. (Die Chemie der Kunststoffe finden Sie in Kap. 5 ausführlicher beschrieben.)

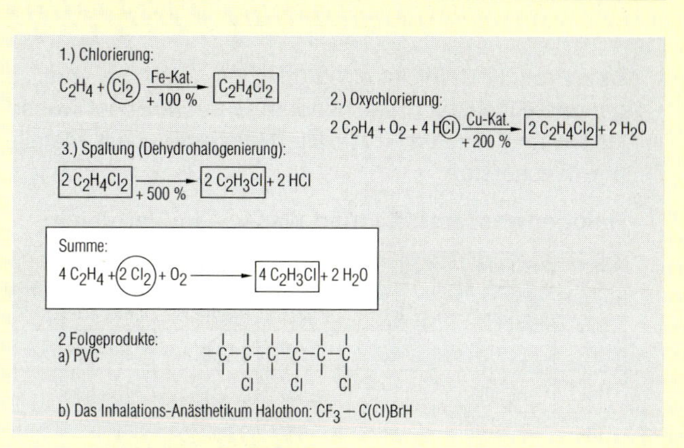

Abb. 5 Die Vinylchloridsynthese

Das Vinylchlorid (Monochlorethen) wird zu **PVC** polymerisiert (ca. 22 Mio. t/a). Mit HF und Br_2 kann es auch zu einem Halogen-KW (Halon) weiterverarbeitet werden, das in der Medizin als Inhalations-Anästhetikum verwendet wird („Halothan" = Br–CHCl–CF_3).

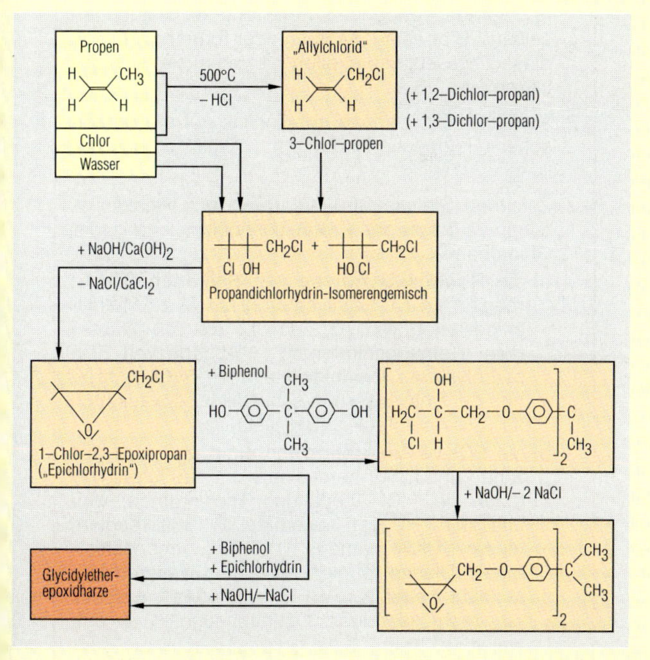

Abb. 6 Die Epichlorhydrinsynthese

Mithilfe von Chlor, Wasser und Prop(yl)en werden aus dem Zwischenprodukt 1-Chlor-2,3-Epoxipropan (Epichlorhydrin) **Beschichtungsmittel** für Metalle produziert, die Epoxidharze. Sie dienen als Coatings (Lacke) für Hausverkleidungen, Tragflächen, Surfbretter, Leitwerke, Tanks, Coladosen, Motorteile, Boote usw.

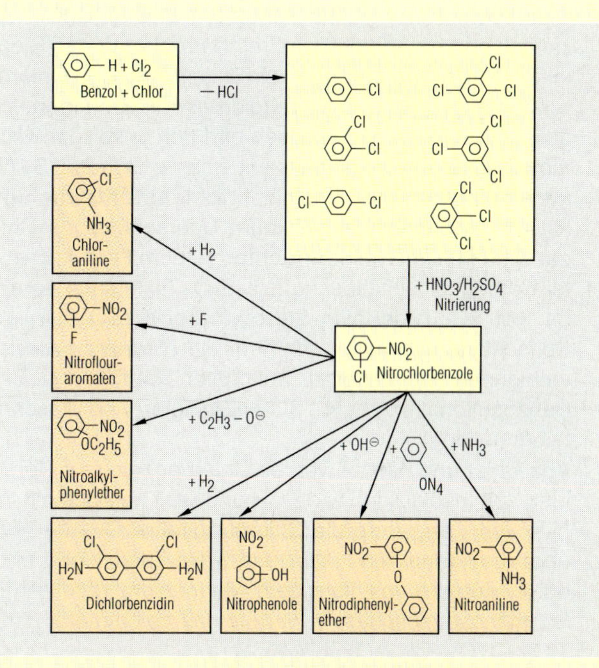

Abb. 7 Die Benzolchlorierung und ihre Folgeprodukte

Aus Chlor, Benzol und Nitriersäure – ein HNO_3/H_2SO_4-Gemisch – werden eine Menge wichtiger, organischer Rohstoffe und Zwischenprodukte zum **Aufbau von Farb-, Spreng- und Kunststoffen** produziert. (Zur Kohle-, Petro- und Aromatenchemie vgl. Kap. 5.)

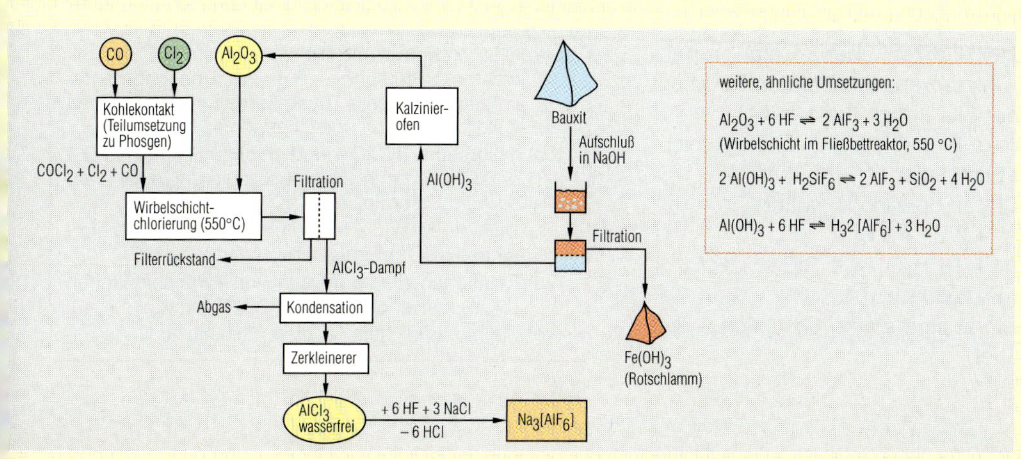

Abb. 8 Die $AlCl_3$-Produktion

Aus Kohlenmonoxid, Chlor und Bauxit bzw. Aluminiumoxid kann wasserfreies **Aluminiumchlorid** gewonnen werden. Dieses wird z. B. zur Kryolithsynthese genutzt (Kryolith = Natriumhexafluoroaluminat, $Na_3[AlF_6]$).

Die Elektrolyse einer Al_2O_3-Kryolith-Schmelze liefert dann jährlich ca. 23 Mio. t Aluminium – nach Eisen heute das wichtigste Gebrauchsmetall (vgl. Kap. 4.3).

Das Produkt Chlor ist ein grünliches, leicht zu verflüssigendes Giftgas von stechendem Geruch. Es ist wasserlöslich und reagiert – wie alle Halogene – mit Metallen und Wasserstoff.

Halogenwasserstoffe (und Wasser) im Vergleich:

Stoff	molare Masse M (g/mol)	Fp (°C)	Kp (°C)	Dichte ϱ (g/cm³)	Löslichkeit (in Gas / kg H_2O, bei +20 °C)
HF	20,0063	−83	+20	0,958	beliebig
HCl	36,461	-114,2	−85	0,00154	448
HBr	80,912	−86	−66	0,00340	532,1
HI	127,913	−51	−35,4	0,00579	ca.600
H_2O	18	0	+100	0,999	–

Mit Löschkalk (Kalziumhydroxid) bildet Chlor durch Disproportionierung **Chlorkalk** (Formel: Ca(OCl)Cl – Kalziumchlorid-hypochlorit) und mit Natronlauge das Bleichmittel **Natronbleichlauge** (NaCl mit NaOCl). Chlorgas wirkt stark oxidierend. So reagiert es mit Bromiden, Iodiden und Sulfiden zu Chloriden und den jeweiligen Nichtmetallen (Br_2, I_2, S), sodass mit Chlor z. B. aus CS_2 (wie auch aus Ethin) das Lösemittel **Kohlenstofftetrachlorid** (CCl_4) gewonnen werden kann. Überschüssiges Chlorgas wird im Labor mit **„Antichlor“** – dem Reduktionsmittel Natriumthiosulfatlösung ($Na_2S_2O_3$ Fixiersalz) vernichtet. Mit SO_2 bildet sich **Sulforylchlorid** (SO_2Cl_2) – ein Sulfochlorierungsmittel, mit dem die Alkane zu Alkylsulfochloriden und weiter zu Sulfonaten reagieren (z. B. zu Benzosulfonsäure, C_6H_5–SO_3H Emulgier- und Waschmittelherstellung).

Aus Chlor und Benzol werden Chlorbenzole (zur Herstellung von Insektiziden wie HCH und DDT) hergestellt, mithilfe von Essigsäure die Chloressigsäure CH_2Cl–COOH und aus Titandioxid, Chlor und Koks Titanchlorid und – durch Zugabe von flüssigem Magnesium unter Argon-Schutzgasatmosphäre – hieraus das Leichtmetall **Titan:**

4.1

$TiO_2 + 2\,C + Cl_2 \rightarrow TiCl_4 + 2\,CO\uparrow$;

$TiCl_4 + 2\,Mg \rightarrow Ti + 2\,MgCl_2$).

Chlor ist somit Ausgangsstoff für eine fast unüberschaubare Palette von Produkten der **Chlorchemie** – vom PVC und der über das Zwischenprodukt CH_3Cl hergestellten Methylcellulose über das aus Phosgen bzw. Diphenylmethylendiisocyanat (MDI) synthetisierbare Polyurethan (PUR) bis hin zu den Epoxidharzen (über 3-Chlor-propen-1 aus Epichlorhydrin), Chloroprenkautschuk und Silizium für Halbleiter-Chips (über $SiCl_4$) (vgl. S. 218/219).

Durch die diaphragmalose Elektrolyse von Natronbleichlauge lässt sich **Chlorat** herstellen:

$\mathbf{Cl_2 + OH^- \leftrightarrow HClO + Cl^-}$, an der Anode weiter:

$\mathbf{2\,HClO + ClO^- \rightarrow ClO_3^- + 2\,H^+ + 2\,Cl^-}$

(bzw. genauer: $12\,ClO^- + 18\,H_2O \rightarrow 4\,ClO_3^- + 8\,Cl^- + 12\,H_3O^+ + 3\,O_2 + 12\,e^-$) – vgl. Abb. 4.1.6-3.

Kalium- und Natriumchlorat sind starke Oxidations- und Unkrautvernichtungsmittel.

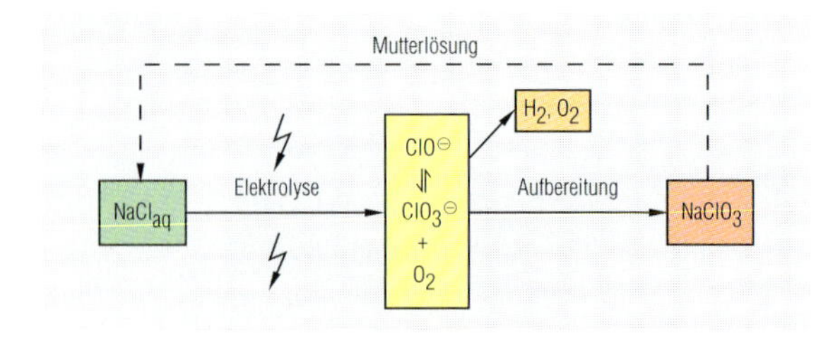

Abb. 4.1.6-3 **Die Synthese von Chloraten**

Üb(erleg)ungsaufgaben

1. Vergleichen Sie in den Tabellen Nr. 4a + b im Anhang sowie links die Daten der dort aufgeführten Halogenide! Lassen sich hier **Gesetzmäßigkeiten** (z. B. im Hinblick auf die Stellung im PSE, die EN-Differenzen der Bindungspartner oder die RAM bzw. molare Massen der Stoffe) und Gemeinsamkeiten erkennen (ähnlich wie im Zusatzinfo auf der vorausgegangenen Seite zu den Halogenen selbst)? Gibt es Ausnahmen oder Extremwerte von diesen Gesetzmäßigkeiten? Lassen sie sich erklären?
2. Verfahren Sie ebenso im Hinblick auf die organischen Halogenverbindungen (Tabelle 11 im Anhang).
3. Zeichnen Sie die Strukturformeln und Reaktionsschemen folgender Produktionsbeispiele aus der Chlorchemie:
   a) die **Rochow-Synthese** von **Silikonen** (CH_3Cl reagiert an Cu-Katalysatoren mit Si zu Methylchlorsilanen wie $(H_3C)_2SiCl_2$, die mit Wasser unter Dehydrochlorierung (= Abgabe von HCl) hydrolysieren. Produkte wie $(CH_3)_2Si(OH)_2$ ergeben bei Entwässerung schließlich Siloxanketten für „Silikone“: $[–O–Si(CH_2)_2–O–]_n$),
   b) die **FCKW-Produktion** (so ergibt z. B. das aus Ethan und Chlor herstellbare 1,1,1,2-Tetrachlorethan bei HCl–Abspaltung Trichlorethen, welches mit 3 HF zum Kältemittel „R 133a“ reagiert, einem FCKW namens 1,1,1-Trifluormonochlorethan. Dieses reagiert mit einem weiteren HF-Molekül weiter zum HFKW **„R 134a“,** welches ein recht niedriges Ozonabbaupotential aufweist; vgl. Kap. 2.5.9),
   c) die **Teflonsynthese** (Chlordifluormethan alias H-FCKW „R 22“ spaltet bei +800 °C HCl ab, die verbleibenden Bruchstücke bilden Tetrafluorethen (TFE), welches bei 20–100 °C und 0,2–1,5 mPa polymerisiert).
4. Erstellen Sie die **Reaktionsschemen** folgender Reaktionen:
   a) Chlor reagiert mit Iod zu Iodtrichlorid und mit weißem Phosphor (P_4) zu Phosphorpentachlorid. Letzteres hydrolysiert in Wasser zu Chlorwasserstoff und Phosphorsäure,
   b) Chlorsäure ($HClO_3$) und chlorige Säure ($HClO_2$) entstehen durch Disproportionierung aus Wasser und Chlordioxid,
   c) Dichlorheptoxid wird durch P2O_5 aus Perchlorsäure $HClO_4$ freigesetzt,
   d) Iodationen (IO_3^-) werden von Hypochloritionen (OCl^-) zu Periodationen (IO_4^-) oxidiert,
   e) Methan und Chlor reagieren bis hin zu CCl_4.

Brom und Iod werden aus den jeweiligen Halogeniden durch Oxidation mit Chlor hergestellt. Bromide und Iodide kommen z. B. im Seetang vor (als $MgBr_2$). Die Algen werden geerntet, verbrannt und die Asche mit Chlorgas behandelt ($MgBr_2 + Cl_2 \rightarrow MgCl_2 + Br_2\uparrow$).

Brom ist eine stark ätzende, reizende und giftige, rotbraune Flüssigkeit, die schon bei Raumtemperatur orangerote bis rotbraune, stechend riechende Dämpfe bildet. Diese haben dem Element seinen Namen gegeben (griech. βρομος = „bromos", der Gestank). Bereits 0,1 % Bromdampf in Atemluft wirken tödlich (bei dem Nervengift CH_3Br genügen sogar 0,035 %).

Brom wird zu 1,2-Dibromethan, Desinfektionsmitteln, Pestiziden, Feuerlöschmitteln (wie z. B. Hexabrombenzol, HBB) und Farben verarbeitet. In der Schwarz-Weiß-Fotografie wird das lichtempfindliche **AgBr** verwendet. Bei Belichtung entsteht hieraus Silber; das abgespaltene Brom reagiert mit der Gelatine des Filmes. Beim Entwickeln wird das unbelichtete AgBr mit Fixiersalzlösung aus dem Film gewaschen:

$$\mathbf{AgBr + 2\ Na_2S_2O_{3aq} \rightarrow Na_3[Ag(S_2O_3)_2]_{aq} + NaBr_{aq}.}$$

Iod ist ein milderes Oxidationsmittel. Seine schwarzglänzenden Kristalle sublimieren schon bei Zimmertemperatur. Es bildet violette Dämpfe, die dem Element seinen Namen gegeben haben (griechisch ιοειδεις = „ioeideis", violett). Es dient als Katalysator in der Gummiherstellung, als 7%ige Lösung in Alkohol zur Desinfektion **(„Iodtinktur")** und als analytisches Reagenz auf ungesättigte Fettsäuren zur Bestimmung der Iodzahl (DIN 53241, vgl. S . 199, Kap. 3.4.2).

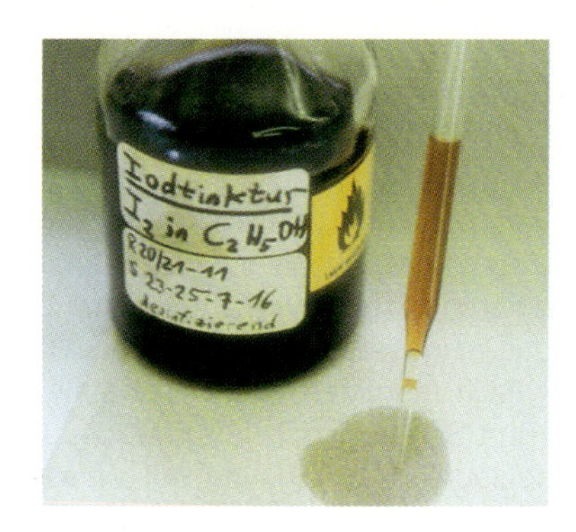

Abb. 4.1.6-4 Iodtinktur

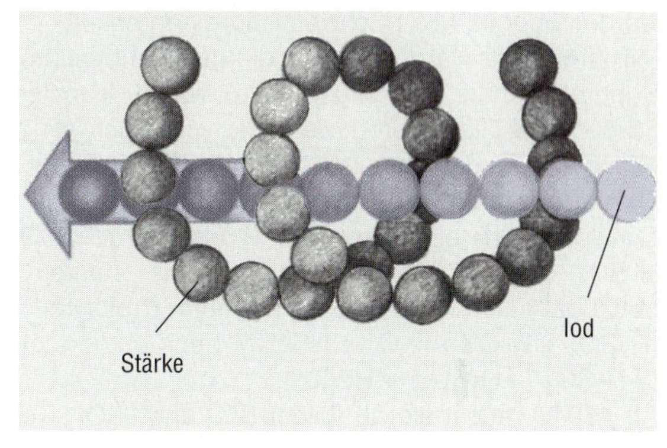

Abb. 4.1.6-5 Iodstärke

Mit den kolloidal löslichen, spiral- bis wendeltreppenartig strukturierten Stärkemolekülen bildet Iod blaue Einschlussverbindungen. Diese zerfallen in Hitze, bilden sich aber in Kälte zurück. Stärkelösung eignet sich daher als Indikator bei der Iodometrie (vgl. Kap. 3.2.4).

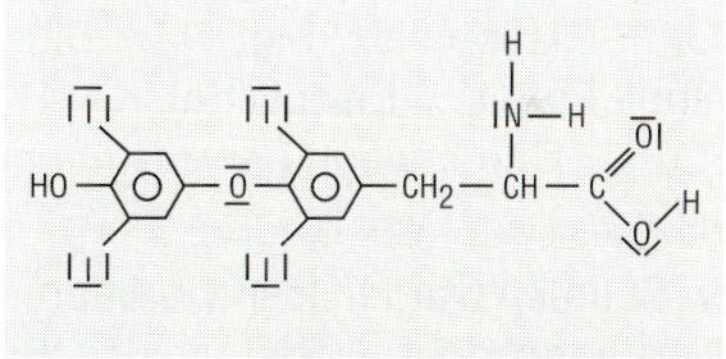

Abb. 4.1.6-6 Thyroxin-Strukturformel

Thyroxin ist das Iod-Hormon der Schilddrüse. Bei einer Entfernung der Schilddrüse muss es dem Körper künstlich zugefügt werden (oral).

4.1.7 Die Chemie und Technologie der Chalkogene (6. Hauptgruppe)

Schwefel wird gediegen aus Gestein geschmolzen und durch Destillation gereinigt. In Texas und Louisiana wird im **Frash-Verfahren** überhitzter Wasserdampf (rund 180 °C) in einige hundert Meter Tiefe gedrückt und nach Einsatz von Pressluft (40 bar) durch ein weiteres Rohr flüssig nach oben gedrückt. **Rekuperationsschwefel** wird durch katalytische, unvollständige H_2S-Verbrennung aus Kokereigas, Erd-, Synthesegas oder Heizgasen gewonnen: $\mathbf{6\ H_2S + 3\ O_2 \rightarrow 6\ S + 6\ H_2O}$ (vgl. Kap. 5.1.3: **Claus-Verfahren** zur Erdöl-Entschwefelung).

Auch **Röst- und Konvertergase** aus der Metallurgie enthalten nutzbares SO_2-Gas, das mit Koks zu S reduziert wird (Nebenprodukt: CO_2).

Pro Jahr werden etwa 63 Mio. t Schwefel gewonnen (1996) – gegenüber 110 Mio. t/a an Schwefelsäure. Über 50 % der Weltjahresproduktion (WJP) des Schwefels wird gediegen gefördert, mehr als 25 % aus Erdgas, Erdöl und Industriegasen erzeugt. Der Preis des Basisrohstoffes Schwefel liegt bei nur rund 100 €/t.

Abb. 4.1.7-1 Sulfidische Erze und Mineralien

Auch andere Chalkogenide (Selenide, Telluride) existieren in mineralisch-kristalliner Form (zum Schwefel vgl. Abb. 2.5.5-2).

Neben **Salz, Kalk, Kohle und Erdöl** ist Schwefel einer der **5 Basisrohstoffe der chemischen Großindustrie,** wobei rund 85 % allen Schwefels der **Schwefelsäureherstellung** dienen (vgl. Kap. 2.4.3 b, Abb. 2.4.3-5) und rund 10 % in elementarer Form (Vulkanisation, Zündhölzer, Fungizide, Farben, Schwarzpulver, Pharmaka).
Zur H_2SO_4-Synthese im **Kontaktverfahren** wird S verbrannt oder Röstgas eingesetzt, SO_2 bei 450–500 °C im Kontaktofen katalytisch (körniges V_2O_5 als Katalysator) mit O_2 aufoxidiert und SO_3 in H_2SO_4 konz. gelöst. Dabei entsteht Dischwefelsäure ($H_2S_2O_7$), die mit Wasser zu Schwefelsäure und Oleum reagiert (s. S. 130). Pro Jahr werden über 45 Mio t Schwefelsäure hergestellt.
Mit ihrer Hilfe werden Mineraldünger (Ammonium- und Superphosphate), Sprengstoffe, Zellwolle, Kunstseiden, Farben und Gläser produziert. Sie wird auch als **Akkusäure** verwendet und im Labor als **Trocknungs- und Oxidationsmittel.**
Schwefelsäure bildet bei 338 °C ein Azeotrop (98,3 % H_2SO_4 und 1,7 % H_2O), reagiert als starke Säure bei Zugabe von Wasser exotherm unter Protolyse ($H_2SO_4 + H_2O \rightarrow H_3O^+ + HSO_4^-$), auch autoprotolytisch ($2\ H_2SO_4 \rightarrow H_3SO_4^+ + HSO_4^-$).
Ab 450 °C raucht sie ab (bildet SO_3 und H_2O), Konzentrationen oberhalb von 98,3 % werden erreicht, indem SO_3 in konz. H_2SO_4 gelöst wird (ergibt braun gefärbtes **Oleum,** auch Vitriolöl genannt). Konz. Schwefelsäure setzt aus Nitraten, Carbonaten, Chloriden, Chloraten u. a. Salzen die jeweiligen Säuren frei.

Auch ihre Salze, die **Sulfate,** sind wichtige, anorganische Rohstoffe: Na_2SO_4 = Glaubersalz, $MgSO_4$ = Bittersalz, $CuSO_4$ = Kupfervitriol, $FeSO_4$ = Eisenvitriol, $KAl(SO_4)_2$ = Alaun und $KCr(SO_4)_2$ = Chromalaun (jeweils mit mehreren Mol Kristallwasser).

Zum Nachweis von Sulfaten werden lösliche Bariumsalze im salzsauren Milieu verwendet, wobei weißes Bariumsulfat ausfällt (**„Malerweiß“**, Schwerspat).

Die **Hydrogensulfate** entstehen bei unvollständiger Neutralisation der Säure. Hydrogensulfate zerfallen beim Erhitzen über Pyrosulfate in Sulfate und Schwefelsäure. Hydrogensulfate werden daher in der Analytik zum Aufschluss schwer und säureunlöslicher Oxide eingesetzt (Fe_2O_3, Al_2O_3, Cr_2O_3 u. Ä.):
1. Schritt: $2\ NaHSO_4 \rightarrow Na_2S_2O_7 + H_2O$;
2. Schritt: $Na_2S_2O_7 \rightarrow Na_2SO_4 + SO_3$;
3. Schritt: $H_2O + SO_3 \leftrightarrow H_2SO_4$
– und schließlich der eigentliche Aufschluss:
$\mathbf{Fe_2O_3 + 3\ H_2SO_4 \rightarrow Fe_2(SO_4)_3 + 3\ H_2O}$
– oder insgesamt in einem Schritt formuliert:
$\mathbf{6\ NaHSO_4 + Fe_2O_3 \rightarrow Fe_2(SO_4)_3 + 3\ Na_2SO_4 + 3\ H_2O}$

Die **Sulfate** sind allesamt wasserlöslich und oft auch kristallwasserhaltig. Lediglich Ba-, Sr-, Ca- und Pb-Sulfat sind unlöslich (vgl. Soda-Pottasche-Aufschluss, Kap. 3.1, S. 155).

Zusatzinfo: Schwefelwasserstoff und Sulfide

Schwefelwasserstoff ist ein schwach saures, wasserlösliches, nach faulen Eiern riechendes Giftgas (ähnlich giftig wie Blausäure! Tödlich ab 2 mg H_2S pro l Luft!), das im Labor aus Pyrit oder FeS + HCl hergestellt wird (Kipp'scher Apparat) und bei Raumtemperatur zu ca. 0,1 mol/l löslich ist. Es zerfällt an Licht und Luft unter Schwefelabscheidung und reagiert mit fast allen Metallkationen zu wasserunlöslichen **Sulfiden** (im Sauren fallen aus: As, Sb, Sn, Hg, Pb, Bi und Cu sowie Cd, im Basischen: Ni, Co, Fe, Mn und Zn; vgl. Analytik, H_2S- und $(NH_4)_2S$-Gruppen im Kationentrenngang, Kap. 3.1). Natriumsulfid wird aus Glaubersalz und Koks gewonnen, 700–1000 °C: $Na_2SO_4 + 4\ C \rightarrow Na_2S + 4\ CO$) und dient in der OC als Reduktionsmittel sowie beim Zusammenschmelzen von Na_2S + S zur Herstellung von Polysulfiden. (Zur Rauchgasentschwefelung vgl. Abb. 2.5.9-1, zur Erdölentschwefelung Kap. 5.1, S. 278).

Formel	K_L (mol²/l*)	pK_L	Löslichkeit (* = mmol/l)	Farbe (fest/Nd.)
HgS	$4 \cdot 10^{-53}$	ca. 52,8	fast 0	schwarz
CuS	$8,5 \cdot 10^{-45}$	44,07	0,00033 g/l	schwarz
Cu2S	$2,0 \cdot 10^{-47}$	46,70		schwarz
CdS	$4 \cdot 10^{-29}$	ca. 29,3		gelb
PbS	$1,3 \cdot 10^{-28}$	27,89		schwarz
Bi_2S_3	$1 \cdot 10^{-97}$	97,00	fast 0	braunschwarz
As_2S_3	unter 10^{-80}	über 80	fast 0	gelb, beige
Sb_2S_3	$1,7 \cdot 10^{-93}$	92,77	fast 0	orange
SnS_2	unter 10^{-60}	über 60	fast 0	gelbbraun, beige
NiS	$1 \cdot 10^{-24}$	24	10^{-12} mol/l	schwarz
CoS	$3 \cdot 10^{-26}$	ca. 26,2	ca. 10^{-10}*	schwarz
MnS	$1,4 \cdot 10^{-15}$	14,85	ca. 10^{-7}*	blassrosa
FeS	$6,3 \cdot 10^{-18}$	17,20	ca. 10^{-9}*	schwarz
ZnS	$1 \cdot 10^{-24}$	23,80	10^{-12} mol/l	weißgelb

Tab. 4.1.7-1 **Löslichkeit von Schwermetallsulfiden**

Weitere, wichtige S-Verbindungen: CS_2, Schwefelhalogenide, SO_2, Thiosulfat (Fixiersalz), Thiole und Thioether. Wichtige Schwefelminerale: FeS_2 (Pyrit), $CuFeS_2$ (Kupferkies), PbS (Bleiglanz), ZnS (Zinkblende), $CaSO_4$ (Gips, Anhydrit), Bittersalz, Schwerspat und Glaubersalz. Wichtige Pigmente: CdS, Sb_2S_3 und Bi_2S_3 sowie CdSe (Kadmiumrot).

Zusatzinfo: Gibt es eine Säure zum Fixiersalz?

Thioschwefelsäure $H_2S_2O_3$ zerfällt oberhalb von –78 °C spontan zu H_2S und SO_3 – in Gegenwart von Wasser reagieren diese beiden Stoffe weiter zu H_2SO_3 und Schwefel (eine ähnliche Komproportionierung läuft ab, wenn SO_2 + H_2S in H_2O zu Schwefel reagieren). Industriell verwendet wird nur das Na-Salz (Natriumthiosulfat = Fixiersalz). In der Analytik dient es auch zur Redoxtitration von Iod (Iodometrie, Kap. 3.2.4).
Neben den Thiosulfaten ($S_2O_3^{2-}$) sind in der qualitativ-anorganischen Chemie die Thiosalze wichtig. Sie entstehen beim Auflösen der Sulfide der H_2S-Gruppe (SnS_2, As_2S_3, Sb_2S_3) in Polysulfid-Lösung (Formel: $(NH_4)_2S_n$ mit $n = 2–10$).

Abb. 1 Geode

Erst der Schnitt durch das scheinbar wertlose Fundstück offenbart das kostbare Innere: Eine Geode – einen Gesteinshohlraum, dessen Wände rundum mit Kristallen besetzt sind (hier: Achat).

Abb. 2 Mineralien Klasse I

Einige Elemente kommen gediegen vor. Zu diesen Mineralien der Klasse I gehören z. B. Kupfer und Antimon, aber auch Amalgane und Legierungen der Platinmetalle (Os, Ir, Pt).

Abb. 3 Unterschiedliche Strukturen

Neben den selteneren, ausgeprägten Reinformen (hier in der Bildmitte: Bleiglanz, kubisch, und Flussspat, hier als Oktaeder) finden sich unterschiedlichste Aggregatformen (Amethyst, rechts).

Viele **Erze** und **Mineralien** kommen in der Natur in Form von Chalkogeniden vor (Oxide, Sulfide, Selenide) – oder als Salze der Sauerstoffsäuren (**Silikate,** Sulfate, Chromate, Phosphate usw.). Mineralogen teilen das Mineralreich nach Kristallformen oder aber chemisch-systematisch nach folgenden **Klassen** ein:

Klasse	Stoffgruppe	Beispiel
I	Elemente (Gediegen)	Kupfer, Graphit, Diamant, Schwefel
II	Sulfide (+ Selenide, Telluride)	Zinkblende (ZnS), Pyrit (FeS_2), Kupferkies ($CuFeS_2$)
III	Hal(o)ide (= Halogenide)	Steinsalz (NaCl), Flussspat (CaF_2)
IV	Oxide und Hydroxide	Korund (Al_2O_3), Zinnstein (SnO_2)
V	Borate	Boracit ($Mg_6B_{14}O_{26}Cl_2$)
VI	Nitrate + Carbonate	Magnesit ($MgCO_3$), Kalkspat ($CaCO_3$)
VII	Sulfate, Chromate, Molybdate, Wolframate; (alle mit tetraedrischem Anion XO_4^{2-})	Anhydrit ($CaSO_4$), Rotbleierz ($PbCrO_4$), Bittersalz ($MgSO_4 \cdot 7\,H_2O$)
VIII	Phosphate, Arsenate, Vanadate	Apatit ($Ca_5(PO_4)_3(OH,F,Cl)$), Monazit ($CePO_4$)
IX	Silikate	Quarz (SiO_2), Beryll ($Al_2Be_3Si_6O_{18}$)
X	organische Minerale	Talk, Bernstein, Kohleschiefer

Die Mineralogie unterscheidet bei heterogenen Kristallaggregaten zwischen unregelmäßigen Aggregaten **(= Gesteine)** und regelmäßigen sowie homogenen Aggregaten (**= Minerale,** inkl. der Elemente). Man teilt Mineralien ein nach der **Härte** (spröde, dehnbar, elastisch, geschmeidig; vgl. Mohs'sche Härteskala), **Farbe** und **Transparenz** (durchsichtig oder opak), **Glanz** (metallisch, submetallisch, Harzglanz), **Lumineszenz** (UV: Fluoreszenz, Wärme: Thermolumineszenz, Reibung: Tribolumineszenz), **Kristallgittern, Leitfähigkeit** (leitend, halbleitend, nichtleitend), **Magnetismus** (ferro-, para-, diamagnetisch) oder systematisch in chemische **Klassen** (I–X, vgl. links und S. 224).

Die **Mohs'sche Härteskala** vergleicht die (Ritz-)Härte der Mineralien und Gesteine: Jedes Mineral kann durch einen Vertreter der jeweils höheren Härte (Vergleichsmineral) geritzt werden:

Härte	Mineral (Name)	Formel	Kristall	ϱ (g/cm³)
1	Talk	$Mg_3(OH)_2(Si_2O_5)_2$	monoklin	2,58–2,83
2	Gips	$CaSO_4 \cdot 2\,H_2O$	monoklin	2,3–2,4
3	Calcit, Kalkspat	$CaCO_3$	trigonal	2,71
4	Fluorit, Flussspat	CaF_2	kubisch	3,1–3,2
5	Apatit	$Ca_5(PO_4)_3(OH,F,Cl)$	hexagonal	3,16–3,22
6	Orthoklas	$KAlO_2(SiO_2)_3$	monoklin	2,53–2,63
7	Quarz	SiO_2	trigonal	2,65
8	Topas	$Al_2(F,OH)_2SiO_4$	rhombisch	3,49–3,6
9	Korund	Al_2O_3	trigonal	3,95–4,1
10	Diamant	C	kubisch	3,52

Abb. 4 Pyrit und Kupferkies

Die beiden sulfidischen Erze (Klasse II) stellen Rohstoffe zur Gewinnung von Eisen, Kupfer und Schwefelsäure dar; beim Erzrösten fallen zunächst Metalloxide und SO_2-Gas an.

Abb. 5 Vier „Halbedelsteine"

Hämatit (Eisenglanz, Formel: Fe_2O_3) weist einen ausgeprägten Metallglanz auf. Die triklinen Kristalle sind nicht spaltbar und brechen muschelig auf.

Abb. 6 Künstliche Kristalle

Im Unterschied zu Flussspat, Bergkristall und Quarz kann man wasserlösliche Salze leicht selbst zu Kristallen heranziehen – so hier das blaue Kupfervitriol.

(Unter-)Klasse	Mineralien	Formeln
I **Metalle**	Silber, Kupfer, Gold, Platin – auch Legierungen wie Osmiridium oder Amalgane, Blei usw.	Ag, Cu, Au, Pt (Os, Ir, Hg ...), Pb usw.
I **Nichtmetalle**	Schwefel, Graphit, Diamant, Antimon, Selen (Wismut)	S, C, Sb, Se (Bi = Halbmetall)
II **Sulfidische Erze und Mineralien** (Sulfide, Selenide, Telluride etc.)	Silber-, Kupfer-, Molybdän-, Bleiglanz/Galenit Zinkblende/Wurtzit, Nickelin, Millerit Tetraedrit, Kupferkies, Magnetkies Zinnober, Realgar, Auripigment, Stibnit Proustit, Pyrit, Arsenopyrit, Grauspießglanz	Ag_2S, Cu_2S, MoS_2, PbS ZnS, NiAs , NiS $Cu_{12}Sb_4S_{13}$, $CuFeS_2$, $Fe_{11}S_{12}$ HgS, AsS, As_2S_3, Sb_2S_3 Ag_3AsS_3, FeS_2, FeAsS, Sb_2S_3
III **Hal(o)ide**	Sylvin, Steinsalz, Kryolith, Flussspat Carnallit Atakamit	KCl , NaCl, Na_3AlF_6, CaF_2 $MgCl_2 \cdot KCl \cdot 6\,H_2O$ $CuCl_2 \cdot 3\,Cu(OH)_2$
IV **Spinelle**	Spinell, Chrysoberyll Chromit Magnetit/Magneteisenstein, -erz (**allgemein:** $XO \cdot Y_2O_3$: X = Ni^{2+}, Zn^{2+}, Mg^{2+}, Fe^{2+} / Y = Al^{3+}, Cr^{3+}, Fe^{3+})	$MgO \cdot Al_2O_3$, $BeO \cdot Al_2O_3$ (Fe, Mg, Zn) O · $(Cr, Al, Fe)_2O_3$ Fe_3O_4
IV **weitere Oxide**	Hämatit/Roteisenstein, Kasserit/Zinnstein Korund, Saphir (blau), Rubin (blutrot) Rutil + Anatas, Ilmenit Plattnerit, Uraninit, Cerianit, Baddeleyit	Fe_2O_3 (rotbraun), SnO_2 Al_2O_3 (div. Farben) TiO_2 (weiß), $FeTiO_3$ PbO_2, UO_2, CeO_2, ZrO_2
IV **Hydroxide**	Gibbsit, Diaspor – zwei Bauxitminerale Goethit/Limonit/Brauneisenstein, -erz, Manganit	$Al(OH)_3$, AlO(OH) FeO(OH), MnO(OH)
V **Borate**	Borax, Boracit	$Na_2[B_4O_5(OH)_4] \cdot 8\,H_2O$, $Mg_6B_{14}O_{26}Cl_2$
VI **Nitrate**	Natron-/Chile-Salpeter, Salpeter	$NaNO_3$, KNO_3
VI **Carbonate**	trigonal: Zink-, Eisen-, Manganspat, Otavit rhombisch: Witherit, Strontianit, Cerussit	$ZnCO_3$, $FeCO_3$, $MnCO_3$, $CdCO_3$ $BaCO_3$, $SrCO_3$, $PbCO_3$
VI **basische Carbonate**	Azurit (türkis), Malachit (blau)	$Cu_3(CO_3)_2(OH)_2$, $Cu_2CO_3\,(OH)_2$
VII, **wasserfreie Sulfate**	Baryt/Schwerspat, Coelestin, Anhydrit, Anglesit	$BaSO_4$ (weiß) $SrSO_4$, $CaSO_4$, $PbSO_4$
VII **Vitriole**	Kupfer- und Eisenvitriol (blau/grün) Bittersalz, Zinkvitriol (beide farblos) Kobaltvitriol Nickelvitriol	$CuSO_4 \cdot 5\,H_2O$, $FeSO_4 \cdot 7\,H_2O$ $MgSO_4 \cdot 7\,H_2O$, $ZnSO_4 \cdot 7\,H_2O$ $CoSO_4 \cdot 7\,H_2O$ (himbeerrot) $NiSO_4 \cdot 7\,H_2O$ (smaragdgrün)
VII **Alaune**	Alaun, Chromalaun, Eisenalaun (**allg.:** $X_2SO_4 \cdot Y_2(SO_4)_3 \cdot 24\,H_2O$; X = K, NH_4, Rb, Cs/Y = Cr, Al, Fe^{3+}, V^{3+})	$KAl(SO_4)_2 \cdot 12\,H_2O$, $KCr(SO_4)_2 \cdot 12\,H_2O$, $KFe(SO_4)_2 \cdot 12\,H_2O$
VII	Gips, Tungstein Wolframit, Gelbbleierz, Rotbleierz	$CaSO_4 \cdot 2\,H_2O$, $CaWO_4$ (Fe, Mn) WO_4, $PbMoO_4$, $PbCrO_4$
VIII **Phosphate**	Braunbleierz, Blaueisenerde/Vivianit Türkis	$Pb_5(PO_4)_3Cl$, $Fe_3(PO_4)_2 \cdot 8\,H_2O$ $CuAl_6(OH)_8(PO_4)_4 \cdot 4\,H_2O$
VIII **Arsenate**	Kobaltblüte/Erythrin	$Co_3(AsO_4)_2 \cdot 8\,H_2O$ (rosarot)
IX **Insel-, Nesosilikate**	Zirkon, Topas, Fayalith (Gruppen: Olivine, Epidote) (Granate = **allg.:** $X_3Y_2(SiO_4)_3$ mit X = Ca, Mg, Mn, Fe^{2+} / Y = Fe, Al, Cr, Ti^{3+})	$ZrSiO_4$, $Al_2(F, OH)_2SiO_4$, Fe_2SiO_4
IX **Gruppen-, Sorosilikate**	Beryll, Benitonit (**allg.:** 2, 3, 4 oder 6 SiO_4-Tetraeder)	$Al_2Be_3Si_6O_8$, $BaTiSi_3O_9$
IX **Ring-, Cyclosilikate**	Turmaline, z. B. Beryll-Varianten (gelbweiß, grün = Smaragd, blau = Aquamarin) (**allg.:** $X_3NaAl_6(OH, F)_4(BO_3)_3Si_6O_{18}$ mit X = Fe^{2+}, Mg, Al/Li)	
IX **Ketten-, Band- und Faser- oder Inosilikate**	Diopsid, Enstatit, Ferrosilit (u. a. Pyroxene); Hornblende (u. a. Amphibole, **allg. Formel:** $X_2Y_2(OH, F)_2[(Si, Al)_4O_{11}]_2$ mit X = Ca, Na, K / Y = Mg, Fe, Al, Mn)	$CaMg(SiO_3)_2$, $MgSiO_3$, $FeSiO_3$ $Ca_2(Mg, Fe^{2+}, Al, Fe^{3+})_5$– $(OH)_2[(Si, Al, Fe^{3+})_4O_{11}]_2$
IX **Schicht-, Phyllosilikate**	Kaolinit, Talk (und ähnliche Glimmer und Tonminerale; **allg.:** blattartige Struktur, graphitähnlich)	$Al_4(OH)_8(Si_2O_5)_2$, $Mg_3(OH)_2(Si_2O_5)_2$
IX **Gerüst-, Tektosilikate**	Quarz, (Kali-)Feldspat/Orthoklas Plagioklas Zeolithe wie z. B. Analcim	SiO_2, $KAlO_2(SiO_2)_3$ (weißrosa) $NaAlO_2(SiO_2)_3$ $NaAlO_2(SiO_2)_2 \cdot H_2O$ (u. Ä.)

Schweflige Säure – H_2SO_3 – wirkt ähnlich wie die Thiosulfate und Sulfide stark **reduzierend.**
Die Säure zerfällt ähnlich der Kohlensäure leicht zum Nichtmetalldioxid und Wasser. SO_2 ist gut wasserlöslich (40 l Gas/l H_2O), giftig und von stechend-säuerlichem Geruch. Flüssiges SO_2 dient als Kühlmittel in Kälteaggregaten (Verdampfungsenthalpie: 330 kJ/kg), als Desinfektions- und Bleichmittel.
In organischen Verbindungen kann Schwefel die Sauerstoffatome ersetzen. Hierdurch entstehen z. B. **Thioether** (R–S–R) und **Thiole** (Mercaptane R–S–H). Wichtig sind hier die aus bestimmten Aminosäuren entstehenden **Disulfidgruppen** (R–S–S–R, aus 2 Thiolgruppen unter H_2S-Abspaltung), die an die **Polysulfane** erinnern (wie z. B. an Disulfan H–S–S–H und Trisulfan H–S–S–S–H). Die Polysulfane sind thermodynamisch instabil, das Gleichgewicht liegt weit rechts:
$x\,H_2S_n \leftrightarrow x\,H_2S + x(n-1)/8\,S_8$

Selen entsteht als Nebenprodukt bei der elektrolytischen Kupferraffination, da Anodenschlamm bis zu 8 % Cu- und Ag-Selenide enthält. SeO_2 ist im Gegensatz zu SO_2 fest (vgl. CO_2 und SiO_2). Es wird im **Halbleiterbau** und zur Entfärbung grüner Flaschengläser eingesetzt. **Kadmiumrot** (CdS mit CdSe) ist ein wichtiges Mineralpigment. Die Weltjahresproduktion beträgt nur einige 1000 t (Preis: ca. 125 €/kg). Selensäure (H_2SeO_4) ist fest (Schmp. 60 °C) und in wässriger Lösung noch stärker oxidierend als Schwefelsäure. Sie löst daher selbst Gold und Platin auf.

Tellur fällt ebenfalls im Anodenschlamm an (ca. 10–50 €/kg) und wird für Photozellen und Halbleiter benötigt sowie als Legierungsbestandteil von Stählen, Gusseisen, Kupfer- und Bleilegierungen.

4.1.8 Chemie und Technologie der Nicht- und Halbleiter der 5.–3. Hauptgruppe

In der 5. Hauptgruppe finden sich entsprechend dem nach links und unten hin im PSE zunehmend metallischen Charakter der Elemente Nichtmetalle (N, P), Halbmetalle (As, Sb) und Metalle (Bi):

Symbol	RAM (u)	Dichte (g/cm^3)	Fp. (°C)	Kp. (°C)
N	14,01	0,00125	–210	–196
P	30,97	1,8/2,3/2,7	+44	+280
As	74,92	2,03/5,72	+613	+613
Sb	121,75	6,68	+631	?1380
Bi	208,98	9,8	+271	?1560

Als wichtigste Verfahren zur Herstellung von **Stickstoff-Verbindungen** wurden bereits die **NH_3-Synthese** und die **HNO_3-Synthese** vorgestellt, die Luftgase (inkl. N_2) in Kap. 4.1.4.

Abb. 4.1.7-2
Pyrit (FeS_2)
Dieses kubisch kristallisierende Erz dient der Eisengewinnung: Es wird als sulfidisches Erz geröstet und das so erhaltene Eisenoxid danach im Hochofen reduziert.

Üb(erleg)ungsaufgaben

Erstellen Sie die **Reaktionsschemen** folgender Vorgänge aus der Chemie des Schwefels:

a) Ausfällung der Sulfide durch Einleiten von H_2S in Zinksulfat-, Blei-II-Nitrat und Eisen-III-chloridlösung (das Eisen wird dabei reduziert!),
b) Oxidation von Schwefelwasserstoff und Kobalt-II-sulfid durch konz. HNO_3 zu den jeweiligen Sulfaten (Nebenprodukt: NO),
c) Auflösen von Silberchlorid mit Ammoniak und Reaktion der beiden Stoffe Silberdiamminchlorid und Silberiodid mit Fixiersalzlösung (zum Dithiosulfatoargentat-Komplex),
d) Komproportionierung von SO_2 und Schwefelwasserstoff in H_2O,
e) Synthese von Schwefelsäure aus FeS_2 (Pyrit), Luftsauerstoff und Wasser mithilfe von Pt-Kontaktkatalyse,
f) Zerfall von Thiosulfaten im sauren Medium,
g) Reaktion von Thiosulfatlösung mit Chlor und Iod (Produkt: Tetrathionat $S_4O_6^{2-}$),
h) Darstellung von Polysulfiden durch Zusammenschmelzen von Natriumsulfid und Schwefel unter Luftabschluss (bei 500 °C).

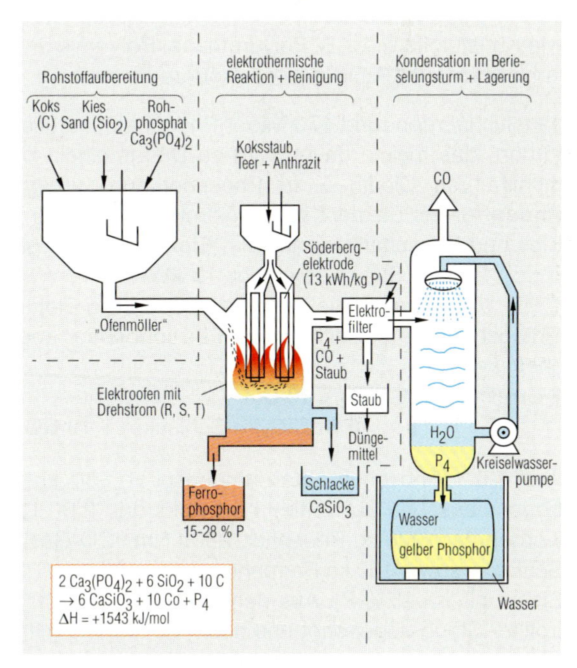

Abb. 4.1.8-1 **Phosphorherstellung**

4.1

N_2 wird nach dem **Haber-Bosch-Verfahren** bei über 350 °C und 100–1000 bar mit Wasserstoff katalytisch zu **Ammoniak** umgesetzt (WJP: ca.125 Mio. t/a; vgl. Kap. 1.5.9 und 2.4.3), im Labor nur durch Lithium und Magnesium (zu **Nitrid,** z. B. Mg_3N_2). Neben solchen salzartigen existieren einige molekulare Nitride (z. B.: BN), die als diamantharte Schleifmittel Verwendung finden.

Zur Herstellung der **Salpetersäure** nach dem **Ostwald-Verfahren** (33 Mio. t/a, Abb. 2.4.3-4, S. 129) wird Ammoniakgas bei 650 °C über Pt-Katalysatoren mit O_2 zu NO_2 oxidiert und das Oxid im Rieselturm mit O_2 und Wasser zu HNO_3 umgesetzt: $4\ NO_2 + 2\ H_2O + O_2 \rightarrow 4\ HNO_3$. Das Produkt dient der Nitrat-Herstellung (Düngemittel) und dem **Nitrieren** organischer Verbindungen. Auch **Kalkstickstoff** (aus: $CaCO_3 + 4\ C \rightarrow CaC_2 + 3\ CO\uparrow$ und: $CaC_2 + N_2 \rightarrow CaCN_2 + C$, $\Delta H = -291$ kJ/mol) ist ein wichtiges **Düngemittel** (vgl. Tabelle 4.1.7-2 und Kap. 2.5.5).

Hydrazin (N_2H_4) ist ein Reduktionsmittel und Raketentreibstoff; Herstellung aus Ammoniak:
$\mathbf{NaOCl + NH_3 \rightarrow NH_2Cl + NaOH}$ **und:**
$\mathbf{NH_2Cl + NaOH + NH_3 \rightarrow N_2H_4 \cdot H_2O + NaCl}$**,**
Oxidation in Flüssigraketen:
$\mathbf{2\ N_2H_4 + N_2O_4 \rightarrow 3\ N_2 + 4\ H_2O}$ ($\Delta H = -1227$ kJ/mol).

Lachgas (N_2O) ist herstellbar aus Ammoniumnitrat durch Erhitzen unter Wasserabspaltung, es reagiert mit Ammoniak und Hydrazin explosionsartig:
$\mathbf{3\ N_2O + 2\ NH_3 \rightarrow 4\ N_2 + 3\ H_2O}$ ($\Delta H = -1013$ kJ/mol).

Unter den organischen N-Verbindungen haben insbesonders Amine (RNH_2, R_2NH, R_3N und R_4N^+, z. B. Anilin), Harnstoff, nitrierte Kohlenwasserstoffe (z. B. die Sprengstoffe Pikrinsäure und TNT, auch viele Azofarbstoffe sowie Kunststoffe wie z. B. Polyurethane, Polyamid und Melaminharze) und Aminosäuren größere Bedeutung.

Jährlich werden rund 170 Mio. t Phosphatmineralien gefördert, das meiste davon wird zu Düngemitteln oder – mithilfe von Oleum – zu Phosphorsäure verarbeitet. **Phosphor** als Element wird elektrothermisch aus Koks, Kies und Phosphatmineralien im **Elektroofen** hergestellt (Abb. 4.1.8-1; Stromverbrauch: 13 kWh/kg P, WJP um 1 Mio. t/a), indem in die Schmelze Söderberg-Elektroden eintauchen und Schlacke sowie Ferrophosphor abgestochen werden:

$\mathbf{2\ Ca_3(PO_4)_2 + 6\ SiO_2 + 10\ C \rightarrow}$
$\mathbf{6\ CaSiO_3}$ (= Schlacke) $\mathbf{+ 10\ CO + P_4}$.

Aus 7,6 t Phosphorit (Kalziumphosphat), 30 kg Elektrodenmasse (27 kg Kohle) 1,5 t Koks und 2,5 t Quarzwerden ca. 1000 kg Phosphor, 2800 Nm³ CO-Gas, 7,2 t Schlacke sowie 100 kg Ferrophosphor gewonnen (das ist Eisen mit 20–25 % P). Aus den Dämpfen wird per Elektrofilter Staub abgetrennt und durch Abkühlung mit Wasser werden gelber Phosphor und Kohlenmonoxid voneinander getrennt.

Abb. 4.1.8-2 Nährstoffe für Pflanzen

Pflanzen benötigen die 10 Nährelemente C, O, H, N, P, S, K, Ca, Mg und Fe sowie als Mikronährstoffe B, Mn, Cu, Mo, Zn und Co. Wirtschaftsdünger (Jauche, Stallmist) versorgen den Boden zusätzlich mit Humus bildenden Substanzen, die die physikalische Bodenstruktur verbessern können (vgl. Abb. 2.5.5.-3, S. 141). Neben den schnell wirkenden, aber auch zu schnell in das Grundwasser gelangenden **Mineraldüngern** (Tabelle 4.1.7-2) können besser langsamer, aber nachhaltig und bodenverbessernd wirkende **organische Düngemittel** eingesetzt werden.

Hierzu zählen:

a) **Blutmehl** (ein stickstoff- und phosphorbetonter Dünger, Gabe für mittelzehrende Gemüse: ca. 50–80 g/m² (Herbst), wirkt langsam und nachhaltig),
b) **Brennesseljauche** (N-betonte Düngung),
c) **Gesteinsmehl** (beinhaltet Silikate, Karbonate und Phosphate verschiedener Kationen, verbessert Bodenstruktur, bindet zudem Geruch bei Kompost und Jauchen, reich an Spurenelementen, z. B. an Cu^{2+} + Mn^{2+} für Kartoffeln bei Boden –pH < 6,7),
d) **Gründünger** (Hülsenfrüchtler-Aussaat wie Erbse, Linse, Mungobohne, Luzerne, die über Knöllchen-Bakterien an den Wurzeln Luftstickstoff binden können, sodass NH^{4+}- und NO^{3-}-Ionen entstehen; vor der Aussaat der Nutzpflanzen werden die Gründüngungspflanzen untergepflügt oder manuell in den Boden eingearbeitet (Verrottung, Humus-Bildung),
e) **Guano** (Vogel-Exkremente, für mittelzehrende Gemüse z. B. 40–50 g/m² zu geben, reich an PO_4^{3-}),
f) **Holzasche** (u. a. K_2CO_3, hebt Boden-pH-Wert an),
g) **Hornspäne, -mehl, -grieß** (stickstoffbetont, üblich: ca. 40–80 g/m², wirkt sehr langsam),
h) **Kalk, Muschel-/Algenkalk** ($CaCO_3$ u. a., hebt pH-Wert des Bodens, schadet aber Moorbeetpflanzen),
i) **Knochenmehl** (phosphorbetont, reich an Apatit: $3\ Ca_3(PO_4)_2 \cdot Ca(F,Cl,OH)_2$, hebt Boden-pH),
j) **Kompost** (humusreich, Gabe: bis 5 kg/m² jährlich, wirkt langsam und nachhaltig),
k) **Meeresalgen,** Seetang (Kalibetonter Dünger, wirkt langsam und witterungsabhängig),
l) **Mist** (verbessert Bodenstruktur (Humuszufuhr), übliche Gabe bis 5 kg/m² alle 2 Jahre),
m) **Rhizinusschrot,**
n) **Torf** (wirkt ansäuernd, sollte zum Schutz der Moore nicht mehr verwendet werden!).

Düngemittel	chemische Zusammensetzung	Anwendung und Wirkung	Anmerkungen
Ammoniakat	$NH_4NO_3 + NH_3$	(weniger üblich)	Flüssigdünger
Ammon(ium)nitrat	NH_4NO_3	senkt pH-Wert des Bodens	Ätzwirkung möglich
Ammonsulfat, schwefelsaures Ammoniak	$(NH_4)2SO_4$	senkt pH-Wert des Bodens (wirkt ansäuernd)	Herstellung aus Einleiten von CO_2 in $CaSO_4$ – Aufschlämmung mit NH_3
Am-Sup-Ka	45 % $(NH_4)2SO_4$ + 33 % KCl + 21 % $Ca(H_2PO_4)_2$	senkt pH des Bodens und beugt Ca^{2+}-Mangel vor	(Stark-/Mittelzehrer benötigen ca. 50–70 g/m² $(NH_4)2SO_4$)
Bittersalz	$MgSO_4$ (Magnesiumsulfat)	bes. für Nadelgehölz und Moorbeet	zu viel K^+ hemmt Mg^{2+}-Aufnahme
Dolomit, D.-kalk	$MgCO_3 + CaCO_3$	hebt pH-Wert des Bodens	wirkt langsam und nachhaltig
Doppelsuperphosphat	$Ca(H_2PO_4)_2$	pH-neutral	Herstellung aus $Ca_3(PO_4)_2 + 4\ H_3PO_4$
Eisensulfat	$FeSO^4$	für Rasen: ca. 20 g/m²	unterdrückt Moose
Harnstoff	$CO(NH_2)_2$	langsam wirkend	stickstoffbetonter Dünger
Holzasche	enthält u. a. K_2CO_3	hebt pH-Wert des Bodens an	kaliumbetont, nicht in Nutzgärten (ggf. Schwermetalle!)
Kaliammonsalpeter	55 % KNO_3 + 28 % NH_4Cl + 7 % KCl + 7 % $CaCO_3$ + 2,5 % NaCl + 0,5% H_2O	Standarddüngemittel	bei hoher Dosierung leichte Bodenversalzung
Kalimagnesia	K_2SO_4 mit MgO (u. ähnl.)	Idealverhältnis K : Mg = 3:1	(KCl verursacht Salzschäden)
Kaliumchlorid	KCl	kann Salzschäden verursachen, andere Kalkidünger vorziehen!	
Kaliumsulfat	K_2SO_4	zu hohe Kali-Gaben hemmen Mg-Aufnahme!	
(Muschel-/Algen-)Kalk	$CaCO_3$ u. a.	hebt pH-Wert des Bodens	schadet Moorbeetpflanzen
Kalkammonsalpeter	60 % NH_4NO_3 + 35 % $CaCO_3$ + 5% div.	gut für phosphatreiche Böden	Stark- und Mittelzehrer benötigen 40–60 g/m² zur N-Versorgung
Kalkstickstoff (Kalziumzyanamid)	60 % $CaCN_2$ + 17 % CaO + 12 % C + 9 % div.	hebt pH-Wert an und wirkt herbizid (Reaktion mit $H_2O + CO_2$ zu $H_2NCN + CaCO_3$: Zyanamid)	Herstellung: $CaC_2 + N_2 \rightarrow CaCN_2 + C$, wirkt z.T. ätzend
Kieserit	(ähnlich Dolomit)	Magnesiumbetont, wirkt langsam und nachhaltig	
Leunaphos	$(NH_4)_2HPO_4 + (NH_4)_2SO_4$	senkt pH-Wert	stark N-betont
Magnesiumphosphat	37 % $Mg_3(PO_4)_2$ + 43 % $CaSO_4$ + 20 % div.		stark Mg-/Ca-betont, nicht für Moorbeetpflanzen!
Magnesiumsulfat	$MgSO_4$	wichtig für Nadelgehölze	(vgl. Kalimagnesia)
Natronsalpeter	$NaNO_3$	(weniger üblich, aber Bestandteil von Mehrstoffdüngern)	
Nitrophoska, NPK-Dünger	Mehrnährstoffdünger	für Stark-/ Mittelzehrer	bzgl. N ca. 100–125 g/m² geben (bei 12–15 % N-Gehalt)
Rohphosphat, Hyperphos	Roh-P. = $Ca_3(PO_4)_2$		wasserunlöslich
Stickstoffmagnesia	(z. B. MgO + NH_4NO_3)	gut für Mg-arme Böden, Nadelgehölze	zur N-Versorgung 25–70 g/m²
Superphosphat	45 % $Ca(H_2PO_4)_2$ + 50 % $CaSO_4$ + 5 % div.	Einsatz bei ausreichendem bis zu hohem pH-Wert	Herstellung aus $Ca_3(PO_4)_2 + 2\ H_2SO_4$
Thomasphosphat	$Ca_3(PO_4)_2 \cdot Ca_2SiO_4$	wird eingesetzt zur Phosphatversorgung bei zu niedrigem pH (Kalkwirkung)	Herstellung. durch Mahlen von Thomasschlacke aus Konvertern: $4\ CaO + P_2O_5 \rightarrow CaO \cdot Ca_3(PO_4)_2$ und $2\ CaO + SiO_2 \rightarrow Ca_2SiO_4$

Tabelle 4.1.8-1 **Zusammensetzung und Wirkung mineralischer Düngemittel**

Starkzehrer sind Pflanzen, die viele Nährstoffe für ihr Wachstum verbrauchen (z. B. Gurke, Kohl, Tomate, Rhabarber),
während **Schwachzehrer** mit sehr wenig Nährstoffen auskommen (z. B. Kräuter, Erbsen, Salate).
Mittelzehrer weisen mittlere Nährstoffverbrauche auf.

Gelber Phosphor (P_4) muss unter Wasser aufbewahrt werden, er ist an Luft **selbstentzündlich** und zudem **toxisch** (tödliche Dosis: 0,05 g oder in der Atemluft 0,036 Vol.%). P_4 wandelt sich in P_{rot} um und brennt dann erst ab 260 °C. Daneben existiert schwarzer Phosphor (violettstichig grau, metallisch). Phosphor wird zum Räuchern von Getreide verwendet sowie in Phosphorbomben und zur **Dotierung von Halbleitern.** Beim Phosphorkochen wird der weißgelbe Phosphor (P_4) zu Phosphin umgesetzt: $2\ P_{weiß} + NaOH + H_2O \rightarrow PH_3\uparrow + NaPO_2$.

Zur **Phosphorsäureherstellung** wird Rohphosphat im Brecher vorgeformt und mit konz. Schwefelsäure verrührt. Im Kristallisiergefäß wird Gips abgetrennt, sodass nach dem Filtrieren Phosphorsäure zurückbleibt. Neben den **Orthophosphorsäuren H_3PO_n** sind **Metaphosphorsäuren** vom Typ **HPO_{n-1}** mit $n = 2$–5 und **$H_4P_2O_n$** mit n = 4–8 bekannt, die aus Orthophosphorsäure durch Wasserabgabe entstehen, so z. B. Trimetaphosphat $Na_3P_3O_4$ oder Tetrametaphosphat $Na_4P_4O_{12}$. In Backpulvern wird als Säureträger ein aus NaH_2PO_4 durch Erhitzen herstellbares Di-Natrium-**Pyrophosphat** eingesetzt ($Na_2H_2P_2O_7$), in Waschpulvern ein mit Wasserstoffperoxid als „Kristallwasser" kristallisierendes Tetranatrium-Pyrophosphat mit der Formel $Na_4P_2O_7 \cdot 2\ ^1/_2\ H_2O_2$. **Phosphorsalzperlen** (aus: $NH_4NaHPO_4 \rightarrow NaPO_3 + H_2O + NH_3$) zeigen in der qualitativen **Analytik** in Vorproben durch Bildung farbiger Schwermetall-Metaphosphate das Vorhandensein von Schwermetallkationen an. Diammoniumhydrogenphosphat wird in der Analytik zudem zum Nachweis von Mg^{2+}-Ionen in der Löslichen Gruppe benutzt (Kap. 3.1, S. 169), da es in NH_4Cl-gepufferten, ammoniakalischen Lösungen mit diesen Ionen einen weißen Niederschlag bildet:
$\mathbf{Mg^{2+} + NH_3 + HPO_4^{2-} \rightarrow MgNH_4PO_4\downarrow}$.

Phosphate sind, wie gesagt, wichtige Düngemittel (vgl. S. 227). Phosphate kommen in Organismen oft an organische Moleküle gebunden vor (z. B. in DNS und ATP).

Durch Erhitzen von Phosphor mit Schwefel unter Luftausschluss erhält man die in Zündholz-Streichmassen eingesetzten **Phosphorsulfide** wie P_4S_3, P_4S_5, P_4S_6, P_4S_7 und P_4S_{10} (analoge Oxide: P_4O_6 und P_4O_{10}), aus Halogenen und P die Phosphorhalogenide. Beispiel: $2\ P + 3\ Cl_2 \rightarrow 2\ PCl_3$ (wichtiger Chlorierungs-Rohstoff zur Synthese organischer Produkte: Pharmaka, Farben, Waschmittel; mit O_2 zu **$POCl_3$** oxidierbar, Phosphoroxidchlorid dient der Herstellung von Säurechloriden, z. B. von CH_3COCl aus Essigsäure).

Die zweibasige Phosphon- oder phosphorige Säure **H_3PO_3** (oder besser: $\langle O{=}PH(OH)_2$, mit P in der Oxidationsstufe +III) ist ein starkes Reduktionsmittel.

Sie zerfällt gemäß: $4\ H_3PO_3 \rightarrow 3\ H_3PO_4 + PH_3$, sodass hochgiftiges Phosphin-Gas (PH_3) entsteht (Disproportionierung).

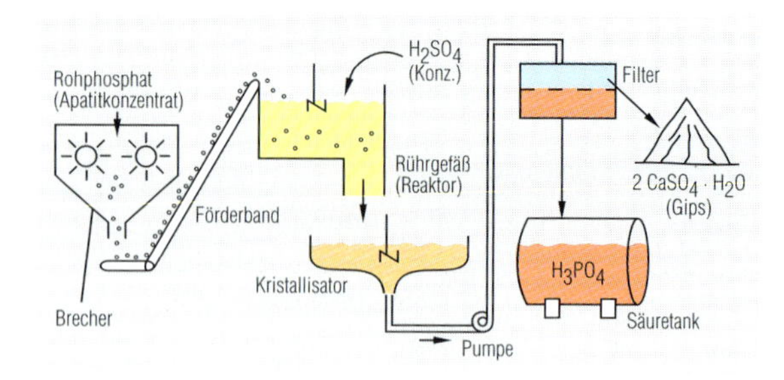

Abb. 4.1.8-3 Phosphorsäureherstellung

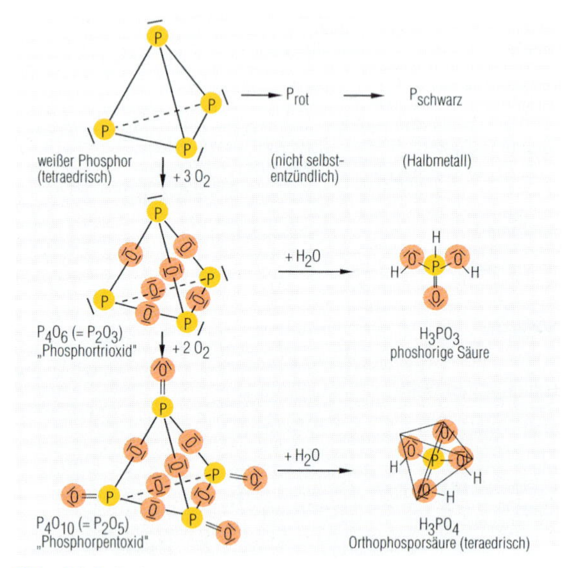

Abb. 4.1.8-4 Strukturen der Phosphoroxide und Phosphate

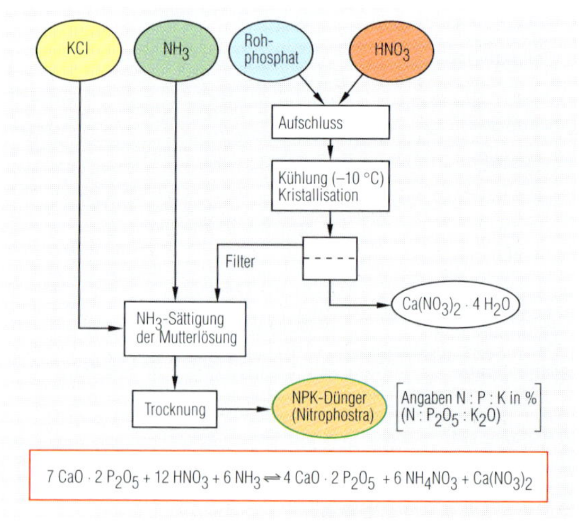

Abb. 4.1.8-5 Rohphosphat-Aufschlüsse

Je nach Aufschlussmittel (Schwefel-/Salz-/Phosphor-/Salpetersäure) und -menge entstehen unterschiedliche NPK-Dünger. Entscheidend dabei ist, dass das Phosphat mindestens zum Teil wasserlöslich wird, damit es den Bodenorganismen und Kulturpflanzen zur Verfügung steht.

Arsen existiert in mehreren Modifikationen und verbrennt zum nach Knoblauch riechenden, hochgiftigen **Arsenik** (As_2O_3), aus dem es durch Umsetzung mit Kohlenstoff hergestellt wird (Schema: $2\ As_2O_3 + 3\ C \rightarrow As_4 + 3\ CO_2$). Aus Arsenik (tödliche Menge: 0,1 g; WJP: 70 000 t/a als Fungizid) wird mithilfe von Schwefel der Farbstoff **Auripigment** (As_4S_6) hergestellt (Nebenprodukt: SO_2) sowie das ebenfalls farbige Realgar (As_4S_4). In der Gerichtsmedizin wird Arsen nassanalytisch durch die **Mahrsh'sche Probe** nachgewiesen (oder eben im GC, AAS usw.): Aus Zink und Schwefelsäure wird naszierender (atomarer) Wasserstoff hergestellt, der mit arsenhaltigen Stoffen (Leichenteile, Haare) zu Arsin reagiert (AsH_3). Arsingas zerfällt an heißen Gegenständen dann unter Bildung von dunkelglänzenden, in Hypochloritlösung löslichen Arsenspiegeln: $2\ AsH_3 \rightarrow 2\ As + 3\ H_2$ (H_2 verbrennt zu Wasserdampf).

Arsensäure (Formel: $2\ H_3AsO_4 \cdot H_2O$) ähnelt stark der Phosphorsäure und ist zu 6,3 kg pro Liter H_2O wasserlöslich (!) und ihre Salze werden als Insektizide eingesetzt, so z. B. $Ca_3(AsO_4)_2 \cdot 3\ H_2O$.

Antimon (Sb) und **Wismut (Bi)** sind bereits keine Nichtmetalle mehr, sondern weißglänzende Metalle mit niedrigem Schmelzpunkt. Antimon wird nasschemisch durch Fällung als oranges Sulfid nachgewiesen, Wismut als braunes Bi_2S_3. Antimon härtet Legierungen, WJP: ca. 70 000 t/a durch „Seigern" von Erzen bei 600 °C:
$3\ Sb_2S_3$ (flüssig) + $9\ O_2 \rightarrow 2\ Sb_2O_3 + 6\ SO_2$ /
$2\ Sb_2O_3 + 3\ C \rightarrow 4\ Sb + 3\ CO_2$ (im Kurztrommelofen) – oder im Schachtelofen nach:
$2\ Sb_2O_3 + Sb_2S_3 \rightarrow 6\ Sb + 3\ SO_2$.
SbF_3 dient als Fluorierungs- und Beizmittel.

Wismut wird im Kurztrommelofen entsprechend aus Bi_2O_3 und Kohle hergestellt (WJP: 10 000 t/a, Preis: ab 12 €/kg) und dient zur Herstellung niedrig schmelzender Legierungen (Schmelzpunkt unter +100 °C) wie z. B. dem Wood'schen Metall (50 % Bi, 25 % Pb, je 12,5 % Cd und Sn), von dem ein Löffel in kochendem Wasser schmilzt. Basisches Wismutnitrat dient als Darmdesinfizienz und Hautbehandlungsmittel (Formel etwa: $Bi_2O_2(OH)NO_3$ oder $BiO(NO_3)$ oder auch $Bi(OH)_3 \cdot Bi(NO_3)_3$. Bi ist unter den natürlichen vorkommenden, nicht radioaktiven Elementen dasjenige mit der höchsten RAM.

Abb. 4.1.8-8 Die Elemente der 5. Hauptgruppe

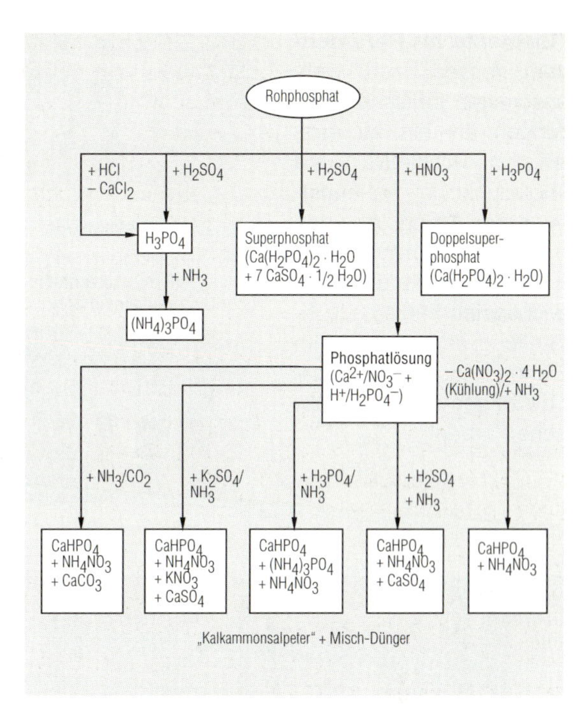

Abb. 4.1.8-6 Rohphosphat-Aufschlüsse

Je nach Aufschlussmittel (Schwefel-/Salz-/Phosphor-/Salpetersäure) und -menge entstehen unterschiedliche NPK-Dünger. Entscheidend dabei ist, dass das Phosphat mindestens zum Teil wasserlöslich wird, damit es den Bodenorganismen und Kulturpflanzen zur Verfügung steht.

Abb. 4.1.8-7 Realgar und Auripigment

Das Arsensulfiderz „Realgar" geht bei Belichtung in die Modifikation „Auripigment" (As_2S_3) über – beim Rösten jedoch in giftiges Arsenik (As_2O_3).

Abb. 4.1.8-9 Grauspießglanz

Das Mineral Antimonit (Sb_2S_3) kristallisiert rhombisch (ϱ = 4,6–4,7 g/cm^3, Härte 2)

Entsprechend der **Stellung der Elemente im Periodensystem** lassen sich viele Eigenschaften ionischer Verbindungen bis hin zu Aussehen, Löslichkeit und Schmelzpunkt in Abhängigkeit von der Art der Anionen und Kationen voraussagen. Zum Vergleich wurden hier die wichtigsten Salze nach ihrer Stellung der Kationen im PSE angeordnet und abgebildet: Es zeigen sich charakteristische Farben!

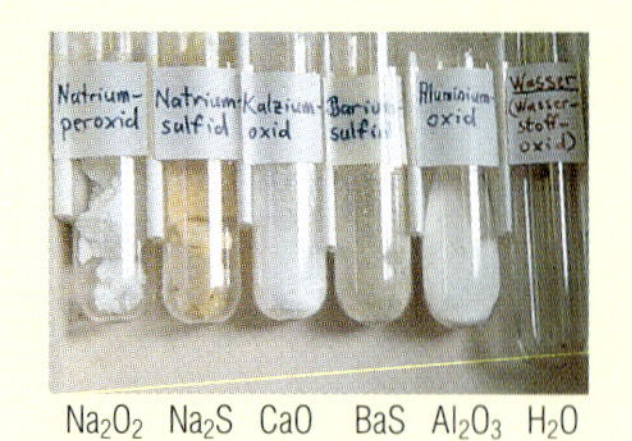

Abb. 2 (Erd-)Alkalioxide
Hier zum Vergleich der Stoffeigenschaften zusammen mit dem Nichtmetalloxid NO_2.

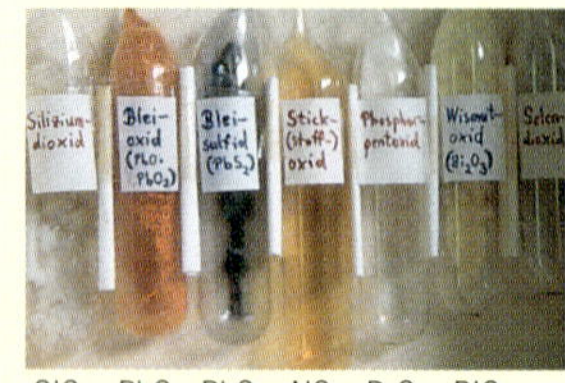

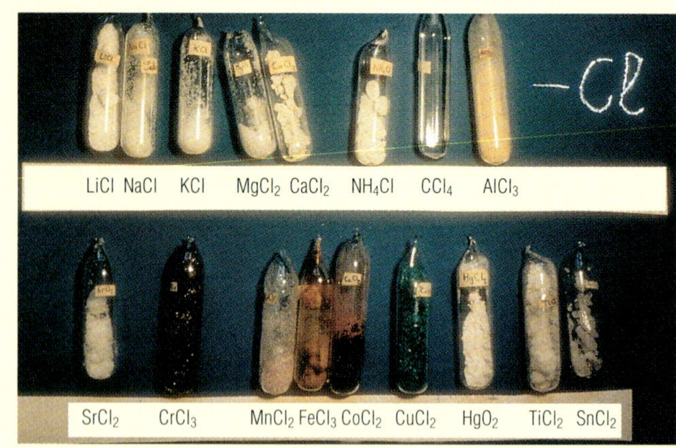

▲ **Abb. 1 Halogenide** (geordnet nach der Stellung des Kations im PSE)

◄ **Abb. 3 Oxide der 4. und 5. Hauptgruppe**

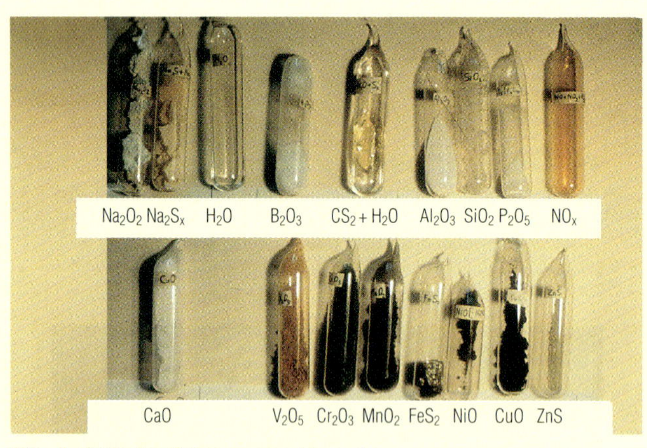

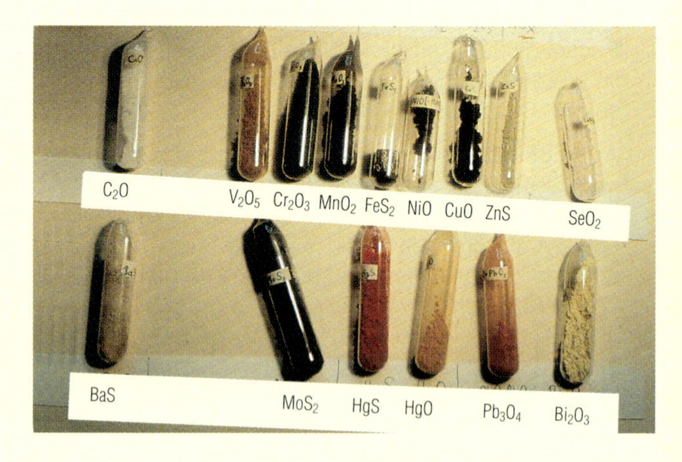

Abb. 4 Oxide der Nebengruppen-Elemente
Schon bei Oxiden und Sulfiden zeigt sich: „Buntmetalle" tragen ihren Namen zurecht – die Übergangsmetalle sind farbig …

Abb. 5 Buntmetallsalze
(hier zumeist als Sulfate)

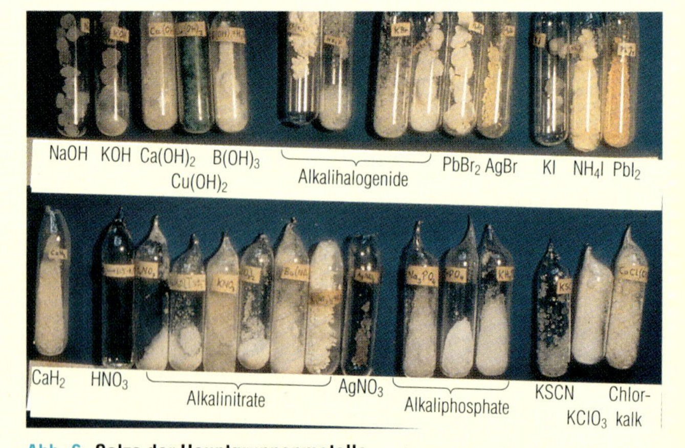

Abb. 6 Salze der Hauptgruppenmetalle
(hier als Halogenide, Oxide, Nitrate und Phosphate)

Üb(erleg)ungsaufgaben

Stellen Sie systematische **Vergleiche** und Vermutungen über die Herkunft der **Farbigkeit** der Salze, ihre **Wasserlöslichkeit** oder etwaige Lage der **Schmelzpunkte** an. Benutzen Sie die Stoffdaten-Tabellen im Anhang als Hilfsmittel!
Welche Gemeinsamkeiten bzw. Unterschiede erkennen Sie – z. B. bei den anorganischen Aluminium-, Alkalimetall-, Kupfer-, Eisen-, Stickstoff-, Nickel-, Chrom-, Chlor- und Sauerstoff-Verbindungen, bei Sulfaten, Chromaten, Nitraten, Sulfiden und Hydroxiden?
Tabellieren Sie diese!

Zusammenfassung zu Kapitel 4.1

Chemie und Technologie der Nichtmetalle

1. **Wasserstoff** wird bei der Chloralkali-Elektrolyse (wässriger Kochsalzlösungen, Produkte: Cl_2, H_2 und $NaOH_{aq}$) und in Form von Wasser- oder Synthesegasen zusammen mit Kohlenmonoxid aus Alkanen, Koks oder Kohle und Wasser erzeugt. Es wird eingesetzt, um **Ammoniak** herzustellen **(Haber-Bosch-Verfahren),** Kohle und Erdöl zu verflüssigen **(Hydrierung),** einige spezielle Metalle aus ihren Oxiden herzustellen (**Hydrometallurgie**) sowie als Heiz- und Brenngas.
2. **Stickstoff, Sauerstoff** und die **Edelgase** werden durch Rektifikation in Luftzerlegungsanlagen gewonnen. **Flüssigstickstoff (LIN)** ist ein **Tiefkühlmittel** zum Schockgefrosten, Entgraten, Konservieren und Lagern biologischer Proben. Gasförmig dient er als **Schutz-** und **Inertgas** zur Brandbekämpfung, Lebensmittelkonservierung, zum Durchspülen von Roheisenschmelzen und neben Ar, H_2 und den Dotiergasen (PH_3, AsH_3, B_2H_6, GaH_3 u. Ä.) zur Halbleiterfertigung.
   Sauerstoff (flüssig: „**LOX**") wird in großen Mengen an Hochöfen zum Roheisen-Frischen und als Schweißgas in der Autogentechnik verbraucht. **Argon** dient als **Schweißschutzgas** als Füllgas (**Beleuchtungstechnik**) und als Schutzgas. Die anderen **Edelgase** dienen in der Beleuchtungstechnik, **Helium** und **Neon** auch als Ballongas (He, oft gemischt mit Stickstoff) und Tiefsttemperatur-Kühlmittel.
3. **Chlor** wird durch Chloralkali-Elektrolyse im **Membran-, Amalgam-** und **Diaphragma-Verfahren** gewonnen. Stein- oder Kochsalz (NaCl) ist daher neben Schwefel, Kohle, Erdöl und Kalk einer der 5 Basisrohstoffe der Verbundwirtschaft in der chemischen Industrie. Im **Chlorverbund** entstehen aus Chlor und anderen Rohstoffen und Zwischenprodukten (z. B. $COCl_2$, C_2H_3Cl, Epichlorhydrin, chlorierte Nitro-Aromaten, $TiCl_4$, $AlCl_3$, HCl, Chlorate usw.) Endprodukte wie **Kunststoffe** (PVC, PUR, Teflon), **Kälte-** und **Lösemittel** (Halone, FCKWs, Chlorkohlenwasserstoffe), **Pestizide** und **Bleichmittel.** Elementar wird Chlor auch zur Wasseraufbereitung, Desinfektion und als Bleichmittel verwertet.
4. **Schwefel** wird zum **Vulkanisieren** von Kautschuk und zur Herstellung von **Schwefelsäure** (Kontaktverfahren) benutzt. Es kommt in der Natur gediegen sowie in Form sulfidischer und sulfatischer Erze und Mineralien vor. **Schwefelsäure** dient zur Produktion von Düngemitteln, Sprengstoffen, Chemiefasern, Farbstoffen und Gläsern, ferner als Trocknungsmittel und Akkusäure und wird in der Großindustrie in Form von **Oleum** gehandelt. **Schweflige Säure** und **Schwefeldioxid** sind Konservierungs-, Reduktions- und Bleichmittel, flüssiges SO_2 ist auch ein Kältemittel.
5. **Phosphor** lässt sich aus Phosphaten, Koks und Quarz im Elektroofen erzeugen. Von technischer Bedeutung sind die Phosphate (Düngemittel), die Phosphorsäure (Düngemittelproduktion) und das Gas Phosphin (Halbleiterfertigung).

Wiederholungs- und Üb(erleg)ungsaufgaben zu Kapitel 4.1

1. **Beschreiben** Sie folgende chemotechnische **Produktionsverfahren:**
   a) Das Haber-Bosch-Verfahren,
   b) das Ostwald-Verfahren (HNO_3-Herstellung),
   c) die Luftzerlegungsanlage (LZA),
   d) die drei Verfahren der Chloralkalielektrolyse,
   e) die Düngemittelherstellung aus Rohphosphat,
   f) die Wasser- und Synthesegaserzeugung,
   g) ein Verfahren Ihrer Wahl aus der Chlorchemie,
   h) ein hydrometallurgisches Verfahren.
   Erstellen Sie je ein Reaktionsschema zu den a) bis h) ablaufenden Vorgängen und zeichnen Sie einige Fließschemen.
2. **Nennen** Sie **Anwendungsbereiche** und **-beispiele** für folgende Stoffe:
   a) H_2, b) $H_2 + CO$ (Synthesegas),
   c) He, d) Ar,
   e) Ne und Kr und Xe, f) O_2 (gasförmig),
   g) H_2SO_4, h) SO_2,
   i) S, j) N_2 (flüssig und gasförmig),
   k) NH_3, l) HNO_3,
   m) BN, n) H_3PO_4,
   o) C_2H_2, p) C_3H_8,
   q) C_2H_4, r) CO_2.
3. **Beschreiben** Sie vergleichend die Eigenschaften der Elemente der 5., 7. und 8. Hauptgruppe in ihrer Abhängigkeit von der jeweiligen Stellung im PSE.
   Vergleichen Sie auch Säurestärke und Wasserlöslichkeit bei folgenden Stoffgruppen:
   a) H_3PO_4, H_2SO_4, $HClO_4$ – und:
   b) CH_4, NH_3, $H_2O/H_2S/H_2Se$, HF/HCl/HBr/HI.
4. **Vervollständigen** Sie folgende **Reaktionsschemen** zur Chemie und Technologie der Nichtmetalle:
   a) $H_2SO_4 + Ca_3(PO_4)_2 \rightarrow ?$, b) $CHCl_3 + HF \rightarrow ?$,
   c) $Cl_2 + NaOH \rightarrow ?$, d) $NH_3 + O_2 \rightarrow ?$,
   e) $C + H_2O \rightarrow ?$,
   f) $2\ Ca_3(PO_4)_2 + 6\ SiO_2 + 10\ C \rightarrow ?$,
   g) $AlCl_3 + HF + NaCl \rightarrow ?$, h) $CO + Cl_2 \rightarrow ?$,
   i) $C_2H_4 + Cl_2 \rightarrow ?$

4.2 Halbmetalle, Halbleiter, anorganische Werkstoffe

4.2.1 Halbleitertechnologie – Chemie und Technologie der Halbmetalle

In der 3.–5. Hauptgruppe, im Übergangsbereich zwischen den metallischen und nichtmetallischen Elementen, finden sich einige Elemente, deren elektrische Leitfähigkeit mit steigender Temperatur **zu**nimmt – entgegen der Leitfähigkeit bei den Metallen (Leiter 1. Ordnung): Die **Halbmetalle** (Metalloide: B, Si, Ge, As, Sb, Te, Po und At). Schräg im PSE untereinander stehende Elemente ähneln einander oft recht stark (**Schrägbeziehungen** im PSE, z. B. bei B, Si, As).

Aufgrund dieser Schrägbeziehung im PSE ist z. B. **Bor** dem **Silizium** ähnlich: Das Halbleiterelement (hergestellt aus Borax bzw. Boroxid mit Magnesium oder hochrein durch den Zerfall von BI_3 in die Elemente) bildet den Silanen ähnliche **Borane.** Ihre Synthese läuft nicht über:
$4\,LiH + BF_3 \rightarrow LiBH_4 + 3\,LiF$ (BH_3 existiert nicht!),
sondern durch Hydrolyse von Boriden:
$Mg_3B_2 + 6\,H_2O \rightarrow 3\,Mg(OH)_2 + B_2H_6$ (Diboran)$\uparrow$.

Es gibt auch höhere Borane, z. B. B_4H_{10} und B_5H_9 – alle sind selbstentzündlich, zu H_2 und H_3BO_3 hydrolysierbare Elektronenmangel-Verbindungen). Technisch wichtig ist das dem C- bzw. Si-ähnliche, in Graphit- und Diamantmodifikation bekannte Schleif- bzw. Schmiermittel **Bornitrid BN** (aus $BCl_3 + NH_3$; Schmelzpunkt über 3000 °C).

Es existiert interessanterweise auch ein polyedrisches Boran-Anion (Synthese:
$5\,B_2H_6 + 2\,NaBH_4 \rightarrow Na_2B_{12}H_{12} + 13\,H_2$),
ein dem Benzol ähnliches und aus Diboran und Ammoniak herstellbares **Borazin $B_3N_3H_6$** (ein **anorganischer Aromat,** kann z. B. mit HCl zu Trichlorborazin umgesetzt werden) sowie den Siliziumhalogeniden ähnliche Bortrihalogenide (ebenfalls hydrolysierbar).

Neben diesen Ähnlichkeiten zwischen Bor, Kohlenstoff und Silizium und ihren Verbindungen existieren auch solche zwischen Phosphor und Arsen. Das Boraxanion $B_4O_{10}^{4-}$ ähnelt in seinem Bau dem P_4O_{10} – das Salz **Borax** (Natriumtetraborat $Na_2B_4O_7 \cdot 10\,H_2O$) ist wichtig für die analytischen Vorproben auf Schwermetalle (**Boraxperlen,** ähnlich: Phosphorsalz-Perlen; vgl. Abb. 3.1.2-2, S. 157 und Tabelle 3.1.2-1), das Salz Perborat $NaBO_2 \cdot H_2O_2 \cdot 3\,H_2O$ ein dem Superphosphat ähnliches, wichtiges Bleichmittel der Waschmittelindustrie.

Aus den Metalloiden lassen sich p- und n-Halbleiter fertigen, zumeist auf Siliziumbasis. Das hochreine, monokristalline Halbleiter-Silizium (Abb. 4.2.2-1, S. 235) wird zur Leitfähigkeitserhöhung gezielt z. B. mit 1–2 Fremd-

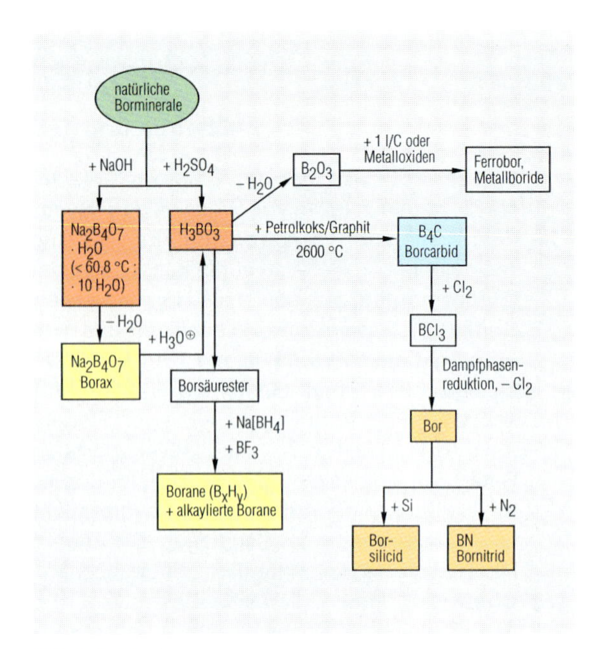

Abb. 4.2.1-1 Umsetzung von Bormineralien

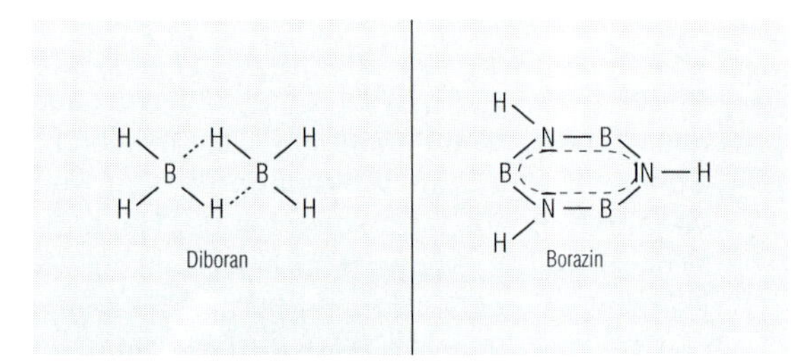

Abb. 4.2.1-2 Formeln von Borazin und Diboran

Abb. 4.2.1-3 Das „Gemenge"

Rohstoffe für eine Glasproduktion (z. B. aus SiO_2, Borax oder B_2O_3, Al_2O_3, HgS, Na_2CO_3, Altglas, MgO, CaO und weiteren Metalloxiden). SiO2 wird aus Quarzsand gewonnen.

Neben den kantigen, oft aus Gesteinen wie Olivin, Feldspat und Pyroxen entstandenen Körnern gibt es Sande, die aus abgerundeten Körnchen aus reinem **Quarz** (SiO_2) bestehen. Sie erzählen unter dem Mikroskop nicht nur die geologische Geschichte einer Landschaft (geochemische Verwitterung z. B. von Granit, mechanische Reibungskräfte am Meeresstrand, oft auch beim Transport über viele Tausend Kilometer), sondern stellen – je nach Sorte – vorzügliche Rohstoffe zur Produktion von **Silizium** für die Halbleiterindustrie dar. Diese geschieht großtechnisch durch die Reduktion mit Koks oder Karbid in elektrischen Öfen (mit Inertgas-Atmosphäre oder Vakuum):
$SiO_2 + CaC_2 \rightarrow Si + 2\,CO\uparrow + Ca\uparrow$ ($\Delta H = +754$ kJ) – die Kalziumdämpfe (Kp.: 1483 °C) und das CO-Gas werden vom Rohsilizium (Fp.: 1410 °C, Kp.: 2355 °C) getrennt. Im Labor lässt sich Si auch durch aluminothermische Reduktion von Quarz mit Al-Pulver herstellen ($\Delta H = -619$ kJ/FU): **$4\,Al + 3\,SiO_2 \rightarrow 2\,Al_2O_3 + 3\,Si$**
– das Al_2O_3 wird aus dem Reaktionsgemisch mit Salzsäure herausgetrennt.

atomen pro 10^5 Si-Atomen verunreinigt (**Dotierung** mit Dotiergasen). Es ist ein Spitzenerzeugnis der chemischen Industrie.

Wie erklären sich nun die Eigenschaften von „Eigen"- und „p- und n-Fremdhalbleitern"?

Wenn man die **Elektronendichte** ϱ gegen den **Atomabstand** r aufträgt, so zeigt sich je nach Bindungstyp ein sehr unterschiedliches Bild (Abb. 4.2.1-4): Während in der Elektronenpaarbindung (z. B. Diamant) die e^- zwischen den Atomkernen gleichmäßig verteilt sind und in der Ionenbindung (NaCl) ein scharfes Minimum existiert, bildet **die metallische Bindung** eine Form der Bindung, in der die Atomrümpfe von frei beweglichen Valenzelektronen umgeben sind. Diese sind durch die Verschmelzung aller Atomorbitale (AO) im Metall keinem bestimmten Atomrumpf mehr zugehörig (bei 56 g Fe oder 1 mol Eisen sind das ja schon 10^{23} Atome bzw. miteinander verschmolzener Atomorbitale). **Alle Metalle** sind daher **elektrisch leitfähig, biegsam** (verformbar, duktil), metallisch **glänzend** (die Elektronen reflektieren Lichtstrahlen) und **gute Wärmeleiter** (die Atomrümpfe schwingen um ihre Gitterplätze). An der 4. und 5. Hauptgruppe ist gut erkennbar, wie die metallischen Eigenschaften im PSE von oben nach unten zunehmen (Abb. 4.1.8-8, S. 229 und 4.3.3-3, S. 248).

Nach dem **Bindungsmodell von Bloch** (1928) bilden sich aus den AOs Molekülorbitale (MOs), energetisch gesehen liegen über dem Valenzband $\mathbf{V_B}$ (Energiebereich der Valenzelektronen) leere Leitungsbänder $\mathbf{L_B}$, in die in Nichtleitern Elektronen nicht hineingehoben werden können (Abb. 4.2.1-5). Bei Metallen überlappen sich beide Bereiche – sie sind daher bei allen nicht zu hohen Temperaturen gute Leiter 1. Ordnung. Bei **Halbmetallen** kann die Energielücke von Elektronen durch thermische Anregung überwunden werden – sie sind daher mit zunehmender Temperatur besser leitfähig, hier die drei Beispiele:

Das Valenzelektron im gefüllten Valenzband (Energiebereich V_B) kann im Diamant das Leitungsband nicht erreichen, während es bei Metallen aufgrund der energetischen **Überlappung von $\mathbf{V_B}$ und $\mathbf{L_B}$** frei beweglich ist, ohne energetisch angeregt werden zu müssen. Im **Eigenhalbleiter** Germanium ist hierzu eine energetische Anregung erforderlich (Pfeil): Das Elektron befindet sich dann im L_B und ist dort frei beweglich.

Silizium hingegen muss u. U. **dotiert,** das heißt mit Spuren von Fremdatomen im Kristallgitter versehen werden **(Fremdhalbleiter),** deren überschüssiges Elektron (z. B. von einem Phosphoratom) oder deren Elektronenlücke (z. B. durch Einbau eines Boratoms) dann wandert und somit den elektrischen Ladungstransport ermöglicht (Abb. 4.2.1-6; links: phosphordotiertes Silizium, rechts: bordotiertes Silizium).

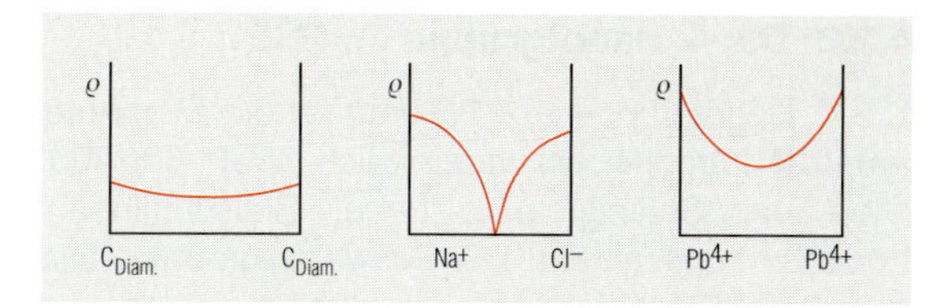

Abb. 4.2.1-4 $\varrho_{Elektronen}$ / r_{Atom} **- Diagramme**

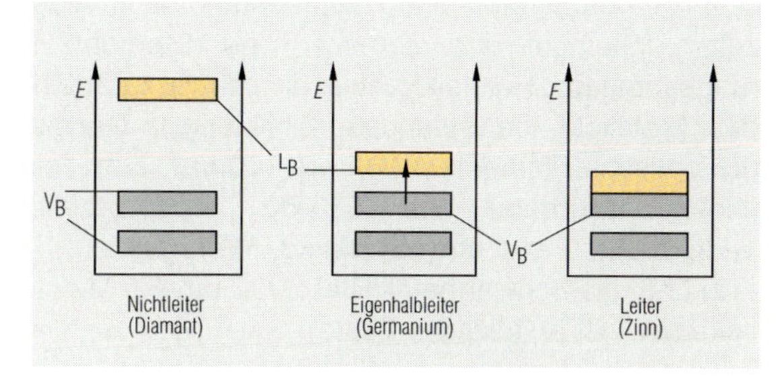

Abb. 4.2.1-5 Das Leitungsmodell nach Bloch

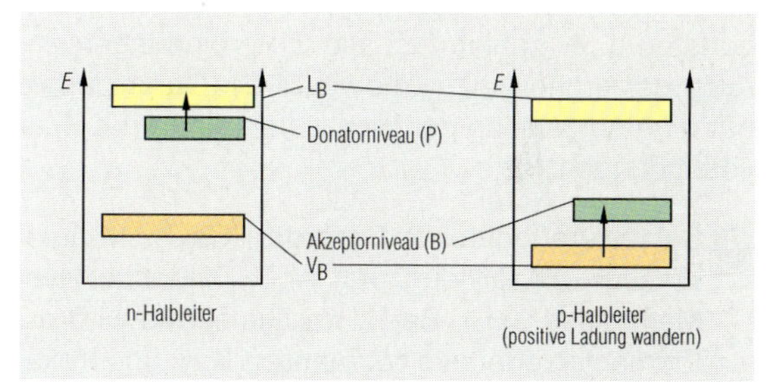

Abb. 4.2.1-6 p- und n-Halbleiter

Mithilfe der thermisch zersetzbarer **Dotiergase** (Spuren von Boranen, Silanen, Germanen, Phosphin PH_3, Arsin AsH_3 und Tellurwasserstoff H_2Te in Argon, Wasserstoff oder Edelgas-Gemischen) werden Fremdatome gezielt in Reinstsilizium (spezifische elektrische Leitfähigkeit: $2{,}5 \cdot 10^{-6}\ \Omega^{-1}\ cm^{-1}$) eingebracht. Ersetzt man z. B. jedes 100 000te Si-Atom durch ein Arsenatom, so wird die Leitfähigkeit vertausendfacht.

Symbol	RAM (u)	ϱ (g/cm³)	Fp (°C)	Kp (°C)
C	12,01	Graphit: 2,26 Diamant: 3,51	Graphit: 3730 Diamant: 3560	4830
Si	28,09	2,33	1410	2680
Ge	72,6	5,323	937,4	2830
Sn	118,69	7,3	232	2270
Pb	207,2	11,4	327	1740

Tabelle 4.2.1-1 Die 4. Hauptgruppe (vgl. Abb. 4.3.3-3, S. 248)

Abb. 4.2.1-7 Siliziumdiode, glasgekapselt

Hier abgebildet beim Anschliff

4.2.2 Die 4. Hauptgruppe im PSE

Die 4. Hauptgruppe im PSE umfasst die Elemente **Kohlenstoff** (Graphit: schwarz, weich, WJP 600 000 t, für Gleit- und Schmierstoffe, Tiegel, Bleistiftminen, Elektrodenmaterial, als Ruß: für Schwarzpigmente / Diamant: sehr hart, Schleif- und Schmuckmittel / Fullerene: fußballähnliche Moleküle, z. B. C_{60}), **Silizium** (seine oxidischen Verbindungen sind Hauptbestandteil in Glas, Porzellan, Steingut und Zement / als Element: Legierungssubstanz, Halbleiterchips; ein schwarzgraues, sprödes Metalloid, bedeutendster Halbleiter), **Germanium** (für optische Elemente / WJP 50–100 t/a), **Zinn** (ein weiches Schwermetall, WJP 250 000 t, hauptsächlich zur Verzinnung, Preis um 35 DM/kg, Wertigkeiten: +II, IV, –IV) und das Schwermetall **Blei** (WJP um 4,5 Mio. t, Wertigkeiten: +II, IV, toxische Salze).

Kohlenstoff allein bildet mehr Verbindungen als alle anderen Elemente im PSE. Abgesehen von Carbiden, Carbonaten u. Ä. zählen fast alle C-Verbindungen zum Bereich der organischen Chemie (OC). Darum erfolgt hier nur eine Aufzählung der wichtigsten binären Kohlenstoffverbindungen:

a **Salzartige/ionische Carbide:** CaC_2 (reagiert mit Wasser zu Azetylen C_2H_2), Al_4C_3 (bildet bei Hydrolyse Methangas CH_4), Be_2C. Kalziumcarbid wird aus den Elementen oder aus gebranntem Kalk und Koks durch Verschmelzen unter Luftausschluss gewonnen und reagiert mit Stickstoff zum Düngemittel Kalkstickstoff $CaCN_2$. 1 kg Kalziumcarbid ergibt 347 l Azetylen (Ethin). CaC_2 reagiert mit den Halogenen zu C_2Cl_6, C_2Br_6 und C_2I_4 sowie zum jeweiligen Kalziumhalogenid.

b **Metallische/interstitielle Carbide:** Hier lagern sich C-Atome in die Metallgitterlücken ein (z. T. nichtstöchiometrisch). Es entstehen extrem harte, beständige, elektrisch leitende Legierungen:
TiC, ZrC, V_2C, W_2C, Fe_3C, WC („Widia", ein sehr hartes, metallisches Pulver mit 15,7 g/cm³) und die Kernbrennstoffe UC und UC_2.

c **Diamantartige Carbide:** Durch das Verschmelzen von Quarz und Koks entstehen Silizium und CO-Gas. Bei Koks-Überschuss verschmilzt bei ca. 1640 °C stark endotherm Si mit C zu „Karborundum", dem sehr harten, graugrünen **Siliziumcarbid SiC.** Ähnlich hart ist B_4C – das diamantähnliche Schleifmittel Borcarbid.

An SiC wird in der BRD jährlich 40 000 t produziert (elektrische Heizstäbe, feuerfestes Material, Schleifmittel).

d **Carbonyle:** CO-Gas bildet mit manchen Metallen komplexe Carbonyle, z. B. die Flüssigkeit $Ni(CO)_4$.

e **Kohlenwasserstoffe (KWs):** (organische Chemie, siehe Kap. 2.3 und 5, vgl. Anm. rechts).

Stoff und Summenformel	ϱ (g/cm³)	Fp (°C) (oder Kp.)	Löslichkeit (g/100 g H_2O)	Stoffeigenschaften und Verwendung
Ethanol C_2H_5OH	0,79	–114 (Kp.: +78)	beliebig	farbloses, brennbares Löse- und Rauschmittel
Azeton CH_3COCH_3	0,79	Kp.: +56,2	beliebig	Löse- und Reinigungsmittel
Bleiazetat $Pb(C_2H_3O_2)_2$	3,2	280	ca. 55	giftig, H_2S-Nachweismittel
Calciumcarbonat $CaCO_3$	2,7 (1,8)	Zers. bei +900	0,0013	**Kalk,** Marmor (Ergibt beim Brennen CaO)
Hexan C_6H_{12}	0,66	–95,6 (Kp.: +69)	0	brennbar, farbloses Lösemittel, unpolar
Kaliumcarbonat K_2CO_3	2,3	897	ca. 118	**Pottasche,** Lösung basisch, weißes Pulver
Kaliumcyanid KCN	1,5	623	72	Zyankali, hochgiftig
Kaliumthiocyanat KSCN	1,9	179	239	farbloses Salz, Nachweismittel für Eisen-/Kobaltsalze
Kohlendioxid CO_2	0,00185	–78 (subl.)	0,145 Kohlensäure	farb- und geruchloses Gas
Kohlenmonoxid, CO	0,00117	–205 (Kp.:–191)	0,0026	farb- und geruchl. Giftgas, brennbar
Methan CH_4	0,00067	–182,5 (Kp.:-161)	0,0021	**Erd-/Grubengas,** brennb., geruchlos
Natriumazetat $CH_3COONa \cdot 3\,H_2O$	1,4–1,5	58 (ohne H_2O: 324)	100 (mit 3 H_2O)	schwach basisch, reagiert mit Säuren zu Essigsäure
Natriumcarbonat Na_2CO_3	2,5	854	29,4 (mit 10 H_2O)	**Soda,** basisch, zum Reinigen und Kationenfällen
Natriumhydrogencarbonat $NaHCO_3$	2,2	Zers. bei +270	10,3	**Natron,** zur Kohlensäure-/Limoherstellung, wie Soda auch zur Neutralisation u. a.
Phosgen $COCl_2$	1,4	–104 (Kp.: +8)	reagiert zu CO_2 + HCl	Kampfgas (C-Waffe), ätzend, farblos, beißend
Schwefelkohlenstoff CS_2	1,3	–111 (Kp.: +46)	0,17	brennbares, farbloses, giftiges Lösemittel
Tetrachlormethan CCl_4	1,6	–23 (Kp.: + 77)	0,08	Krebs erregendes, farbloses Löse- und Reinigungsmittel

Tabelle 4.2.1-2 **Wichtige C-Verbindungen**

Die Herstellung von synthetischem Benzin und Methanol erfolgt aus Wassergas (Wasserdampf + Koks) nach Fischer-Tropsch:
$\mathbf{CO + 2\,H_2}$ (+ Kat.) $\rightarrow$ $\mathbf{CH_3OH}$ oder allgemeiner:
$\mathbf{n\,CO + 2n\,H_2 \rightarrow C_nH_{2n+1}OH + (n-1)\,H_2O}$, bzw.:
$\mathbf{n\,CO + (2n+1)\,H_2 \rightarrow C_nH_{2n+2} + n\,H_2O}$.
Bei H-Unterschuss können auch Alkene hergestellt werden:
$\mathbf{n\,CO + 2n\,H_2 \rightarrow C_nH_{2n} + n\,H_2O}$.
Ähnlich werden in der Oxosynthese aus Synthesegas (CO + H_2) unter Propylenzufuhr Verbindungen wie Butanole und Butyraldehyde hergestellt.

Neben **Silizium** sind die Silicide (wie CaSi, $CaSi_2$ und Ca_2Si) und besonders die **Silikate** von Bedeutung.

Orthokieselsäure H_4SiO_4 ist nur hochverdünnt und bei pH 3,2 beständig, zerfällt ansonsten unter Wasserabspaltung zu **Orthodikieselsäure** ($H_6Si_2O_7$), zu ringförmigen **Metakieselsäuren** und Cyclosilikaten mit der Formel **$(H_2SiO_3)_n$ mit n = 3,4 oder 6** oder (bei n > 6) zu **Polykieselsäuren** $(H_2SiO_3)_n \cdot H_2O$ wie Silicagel. Auch entstehen ebene **Bänder** der Formel $(H_6Si_{14}O_{11})_n$ (= Faser- oder Inosilikate) oder **Blätter** $(H_2Si_2O_5)_n$ mit Ketten wie Si–O–Si–O–Si wie im Quarz.

Die Silikate sind in ihrer Fülle und Vielfalt in der anorganischen Chemie und Mineralogie mit den Kohlenwasserstoffen der organischen Chemie vergleichbar. Die Hauptgruppen dieser Mineralien der Klasse IX sind die Insel-, Gruppe-, Ring-, Ketten, Band-, Faser-, Schicht- und Gerüstsilikate.

Näheres zur umfangreichen Gruppe der Silikate finden Sie auf den Sonderseiten „Mineralogie" in Kap. 4.1.7, S. 224 und im folgenden Kapitel „Werkstoffe".

Durch das Verschmelzen von Alkalicarbonaten mit Quarz erhält man z. B. Natriumsilicat (bei 1300 °C) für **Kali- und Natronwasserglas** als mineralische Leime (bilden beim Ansäuern und an CO_2-haltiger Luft Quarz, somit als Flammschutzüberzug, Konservierungsmittel und für Silicatfarben (mit Eisenspuren) brauchbar.

Quarz reagiert mit Flusssäure zu Siliziumtetrafluorid (gasförmig) oder Hexafluorokieselsäure $H_2[SiF_6]$ und Wasser, – mit dem Reduktionsmittel Lithiumaluminiumhydrid $Li[AlH_4]$ bilden sich die **Silane** vom Typ **Si_nH_{2n+2}**, die im Unterschied zu den Alkanen instabil und selbstentzündlich sind (n = 1–6), jedoch zu Verbindungen wie CH_3SiCl_3, $(CH_3)_2SiCl_2$ und $C_2H_5SiCl_3$ weiterverarbeitet werden können (aus Grignardverbindung C_2H_5MgCl und $SiCl_4$ oder ähnlich aus CH_3Cl und Si mit Cu als Katalysator).

Diese reagieren dann mit Wasser zu siliziumorganischen Polymeren, den Siliconen: Werden die OH-Gruppen der Kieselsäure nämlich bei der Rochow-Synthese teilweise durch organische Reste ersetzt, so entstehen **Silicone,** die als Öle, Harze, Silicongummi etc. verwendet werden (Weltjahresproduktion: über 180000 t/a).

4.2.3 Anorganische Werk- und Baustoffe

Entsprechend der Bedeutung der **Silikate** in der anorganischen Chemie existiert neben Silizium selbst eine Fülle von wichtigen **Werk- und Baustoffen auf Silikatbasis.** Neben dem schon erwähnten Beizmittel Hexafluorokieselsäure (Abb. 4.1.6-1, S. 215) sind dies insbesonders **Gläser, Porzellan und Keramiken** sowie Baustoffe – z. B. **Zement, Beton und Mörtel.**

Abb. 4.2.2-1 **Silizium (Polybruch und Einkristallstab)**

Reinstsilizium (maximal 1 Fremdatom pro 10^9 Atome) kann aus Trichlorsilan („Silikoform") bei ca. 1200 °C hergestellt werden: **$SiHCl_3 + H_2 \rightarrow Si + 3\ HCl\uparrow$**. Die erschmolzenen Einkristallstäbe werden in dünne Scheiben zersägt (Diamant- oder BN-Sägen), geschliffen, geätzt (z. B. mit Flusssäure) und poliert – die entstandenen **Wafer** (engl.: „Waffeln", Durchmesser z. B. 10 cm) ergeben pro Stück ca. 200 Chips. **Ultrareines Silizium** zur **Mikrochip-Produktion** erzielt auf dem Markt bis zu 5000 DM/kg (in Solarzellenreinheit: rd. 200 €/kg, in 97%iger Reinheit: nur etwa 0,50 €/kg).

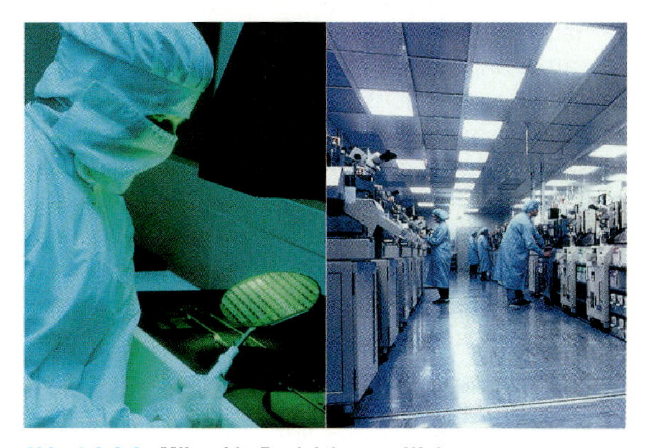

Abb. 4.2.2-2 **Mikrochip-Produktion aus Wafern**

Die 200- und demnächst 300-mm-Wafer werden unter „Reinraumbedingungen" produziert.

Silizium wird nicht nur für **Mikrochips** gebraucht: Schon 1954 entstand unter **Ausnutzung des photovoltaischen Effektes** (entdeckt 1839 von Becquerel) in den Bell Laboratories eine erste Si-Solarzelle, 1958 der erste Satellit mit Solarzellen. 1966 gelang die Erstherstellung einer CdS/Cu_2O-Dünnschichtsolarzelle und **1983** wurde das erste **Photovoltaik- oder Solarkraftwerk** mit einer Leistung von über 1 MW in Betrieb genommen.

Neben monokristallinem Si (Wirkungsgrad: 15–23 %) auch mit den Halbleitern **GaAs** (17–25 %), **CdTe** (um 11 %), **CuInSe2** (CIS-Zelle, um 14 %) und – ganz neu – **GaAs/GaSb** (Tandemzelle, im Labor bis 37 %) und **MIS-Inversionsschicht-Zellen** (Metall-Isolator-Silizium, zwischen Metall und Si liegt eine hauchdünne Schicht von Siliziumnitrid und -oxid. Während beim Dotieren 850 °C erforderlich sind, reicht zum Auftragen der Inversionsschicht etwa 500 °C aus, was die Kristallstruktur verbessert und die Produktionskosten und Anzahl der Fertigungsschritte von 16 auf 6 senkt).

Strom aus Solarkraftwerken kostete 1993 aus Kleinanlagen um 5,– €/kWh, aus netzgekoppelten Großanlagen mindestens 0,80 €/kWh (Atomstrom: 0,05 €/kWh, Windstrom um 0,17 €/kWh). Ob eines Tages in der Sahara Solarkraftwerke stehen, die Wasser elektrolysieren und die in H_2 gespeicherte Energie den sonnenärmeren Industrieländern verkaufen, wo über Brennstoffzellen wieder elektrische Energie zurückgewonnen wird (z. Z. – Stand: 1998 – wäre das nur zu etwa 0,75 €/kWh möglich …)?

Gläser sind Feststoffe, die aus zähflüssigen, meist SiO_2-haltigen Schmelzen entstehen. Ihre Hauptbestandteile neben SiO_2 (60–80 %) sind Na_2O, K_2O, CaO, MgO und Al_2O_3. Aufgrund der hohen Viskosität sind die Teilchen nicht bewegungsfähig, sodass die Kristallbildung ausbleibt: Der Feststoff ist **amorph.** Gläser können somit als „feste Flüssigkeiten" angesehen werden, die Schmelze wird unterkühlt und somit hochviskos (bis hin zum Erreichen der mechanischen Eigenschaften spröder Festkörper) – eine beim Glasschmelzen eventuell auftretende, unerwünschte Kristallisation wird darum in den Glashütten „Entglasung" genannt.

Gläser (WJP 1994: 90 Mio. t) bestehen aus dreidimensionalen, unsymmetrischen **Netzwerken** (Abb. 4.2.3-2), den Oxidgittern drei- bis fünfwertiger Elemente **(Glas- oder Netzwerkbildnder).** Hierin sind die Polyeder (ein Kation mit 3 oder 4 Nachbar-O-Atomen) nur über Ecken, nicht über Kanten und Flächen verbunden. Das Netzwerk kann durch Fremdionen (Netzwerkwandler, z. B. Na_2O und CaO) aufgelockert werden.

Je nach Zusammensetzung weisen die verschiedenen Glasarten unterschiedliche Eigenschaften auf im Hinblick auf den Transmissionsgrad, die Dichte ϱ (in g/cm³), den Viskositätsfixpunkt $p_{Visk.}$ (in K, im Folgenden für den Fixpunkt 10^{12} Pa s angegeben – also die („Einsink"-)Temperatur, bei der das Glas die Viskosität 10^{12} Pa s erreicht), die Brechzahl n_D (vgl. Kap. 3.3.10) und die Temperaturwechsel-Beständigkeit **TWB** (in K, also die Temperatur, um die man das Glas gerade noch schroff abkühlen darf, ohne dass es zerspringt):

Glasart	ϱ	$p_{Visk.}$	n_D	TWB
Alkali-Erdalkali-Silikatgläser	2,48–2,60	≈ 550	1,52	110
Borosilikatgläser	2,24–2,41	≈ 580	1,48	280
Bleisilikatgläser	2,85–3,12	≈ 490	≈1,55 30 % PbO	100
Alumino-silikatgläser	2,47–2,65	≈ 715	1,54	185

Durch Beimengungen verschiedener Oxide (oder auch von CdS, CdSe und CdTe) werden **farbige Gläser** erzeugt (Abb. 4.2.3-3). Die Einführung von Al_2O_3, B_2O_3, MgO und ZnO verbessert die **Säurebeständigkeit** der Gläser (allerdings werden alle Gläser von Flusssäure angeätzt: $SiO_2 + 6\,HF \rightarrow H_2[SiF_6] + 2\,H_2O$).

Bleigläser enthalten um die 24 % PbO, sie sind chemisch weniger beständig, haben aber optisch hochinteressante Eigenschaften. **Borosilikatgläser** haben aufgrund ebener BO_3-Dreiecke im Netzwerk günstige Ausdehnungskoeffizienten (von 30–50 · 10^{-7} K^{-1}, z. B. **Jenaer Glas:** 47 · 10^{-7}) und sind daher gut für Laborgläser und vakuumtechnische Einschmelzgläser geeignet.

Abb. 4.2.3-1 **Glasschmelzöfen – 1556 (links) und 1997**

Die wichtigsten, zur Herstellung von Gläsern in Glashütten verwendeten Rohstoffe sind Oxide (vgl. Abb. 4.2.1-4: saure Oxide: SiO_2, auch B_2O_3, seltener GeO_2, P_2O_5, As_2O_3, Sb_2O_3, Nb_2O_5, V_2O_5 und BeO; dazu basische Oxide: Al_2O_3, CaO, MgO, BaO) und Carbonate (Na_2CO_3, K_2CO_3). Bei rund 1500–1600 °C wird das Gemenge im Ofen geschmolzen, wobei der Prozess in folgenden vier Etappen abläuft:

1. Silikatbildung: Das Einlegegut erreicht Ofentemperatur unter z. T. heftiger Gasentwicklung (Carbonate!), eine SiO_2-haltige Schmelze entsteht,

2. Glasbildung: Die letzten am Ende der Silikatbildung noch vorhandenen kristallinen SiO_2-Reste lösen sich,

3. Läuterung: Die in der zähflüssigen Schmelze vorhandenen Blasen steigen auf (Strömung, Diffusion, oft gefördert durch Läuterungsmittel und Temperaturerhöhung) und:

4. Abstehen: Die während der Läuterung homogenisierte Schmelze wird auf Formgebungstemperatur gebracht.

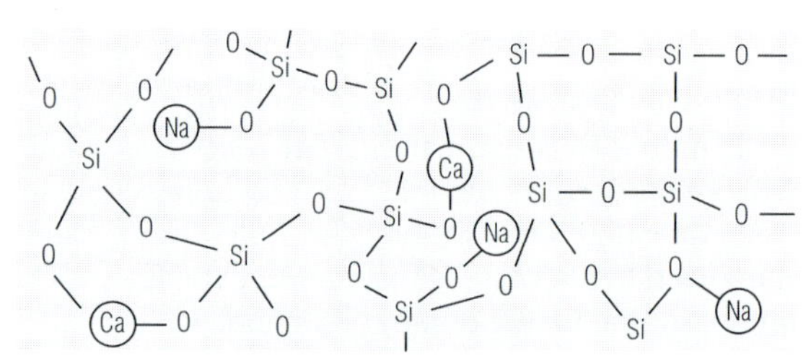

Abb. 4.2.3-2 **Netzwerk in einem Kieselglas**

Abb. 4.2.3-3 **Goldrubinglas (17. Jh.) und Glasblockguss**

Durch Beimengung färbender Oxide werden Gläser eingefärbt. Die folgende Tabelle gibt an, welche Farbstoffkonzentration c_m in Masse% zugegeben werden muss, um eine (dem Augenlicht erscheinende) Gesamtextinktion von 0,1 in einem Glas zu erreichen, das in oxidierender Ofenatmosphäre aus 74,3 % SiO_2, 14,1 % Na_2O und je 3–4 % K_2O, CaO und MgO entsteht:

Farbstoff	c_m	Farbton
CoO	0,002	blau, in Boratglas: rosa
Cr_2O_3	0,032	grün (als Cr^{6+}: gelb)
CuO	0,12	schwach blau
Fe_2O_3	0,381	gelbbraun (Fe^{2+}: blaugrün)
MnO	0,21	violett (ähnlich: Mn^{3+})
Nd_2O_3	0,921	blauviolett, rote Fluoreszenz
NiO	0,008	unterschiedlich, je nach Glas
U_3O_8	0,380	grüngelb, grüne Fluoreszenz
V_2O_5	0,649	gelbgrün (V^{3+}: grün + braun)
Ti^{3+}: violett, Pr^{3+}: hellgrün, Au + Se + CdSe: rot		

Sie werden in der Chemietechnik auch „Chemiegläser" genannt (vgl. Abb. 5.1.1-3 und 4).

Als eigentliche, chemische Reaktion für die **Glasbildung** kann die ab 630 °C ablaufende Verdrängungsreaktion während der Silikatbildung angesehen werden:
$\mathbf{Na_2CO_3 + SiO_2 \rightarrow Na_2O \cdot SiO_2 + CO_2\uparrow}$.

Soda zersetzt sich erst ab 1500 °C (Schmelzpunkt 851 °C), bildet aber bei ca. 800 °C ein Na_2O–SiO_2-Eutektikum (Natriummetasilikat $Na_2O \cdot SiO_2$ bzw. Na_2SiO_3 schmilzt erst bei 1089 °C).

Neben den oben genannten Glasrohstoffen (zuzüglich Dolomit, Kaolin, Kalk, Sand, Borax, Glaubersalz, Tonerdehydrat) und den färbenden Oxiden dienen als **Läuterungsmittel** (vgl. Text zu Abb. 4.2.3-1) Stoffe wie Sb_2O_3, As_2O_3, BaF_2, CaF_2 und Na_2SiF_6. BeO erhöht die Ritzhärte des Glases, $AuCl_3$ lässt aus Gläsern künstliche Rubine werden („Goldrubin"), KNO_3 wird als Oxidationsmittel beigeschmolzen, $SnCl_2 \cdot 2\ H_2O$ oder SnO als Reduktionsmittel.

Neben Metallen und Kunststoffen werden **keramische Werkstoffe** zunehmend häufig auch in der Technik eingesetzt. **Töpfereiprodukte, Porzellan** und **Steinzeug** werden für Geschirr und Gefäße, Zahnersatz, Back- und Ziegelbausteine und selbst im Motorenbau eingesetzt. Als **Keramiken** bezeichnet man aus anorganischen, nichtmetallischen und rieselfähigen Pulvern hergestellte Produkte (vgl. S. 82). Für den Keramiker interessant sind – neben hochschmelzenden Hartmetallen (W, Mo, Nb, Ta) – pulverförmige Carbide, Nitride, Oxide und Boride der Elemente der 2. bis 4. Hauptgruppe, insbesonders **Siliziumcarbid** (SiC) und **Aluminiumoxid** (Al_2O_3). Technische Keramiken enthalten oft über 95 % Al_2O_3 und werden in Öfen bei rund 1600–1800 °C gesintert bzw. „dichtgebrannt" (Verdichtung + Verfestigung pulvergepresster Rohlinge ohne chemische Reaktion = **Sinterung**). Die treibende Kraft der Sinterung ist das **Korngrößenwachstum** (Abnahme der Oberfläche durch Diffusion, Verdampfung und Kondensation).

Der Vorteil der keramischen Werkstoffe liegt in sehr hoher **Zugfestigkeit** (Porzellan: ca. 40 N/mm², Al_2O_3 mit TiC: ca. 200), **Druckfestigkeit** (Porzellan um 600 N/mm², Stahl um 2000, die Keramik Al_2O_3 mit TiC ähnlich wie Hartmetalle sogar bis 4500) und sehr **geringe Wärmeleitfähigkeit** (Porzellan: 0,022 W/cm · K, Eisen bei 1,2 und Silber als bester Wärmeleiter bei 9,0 W/cm · K).

Sie sind aber nicht nur **stein- und stahlhart** – sie sind auch **chemisch äußerst beständig.** So wird eine aus 99,9 % Al_2O_3 bestehende Keramik von 20 % Salzsäure bei +100 °C nach 1000 Stunden nur in einer Eindringtiefe von 0,006 mm angegriffen (ZrO_2 97 % sogar gar nicht: Eindringtiefe = 0), während Kupfer unter gleichen Bedingungen eine Eindringtiefe von 0,5 mm aufweist!

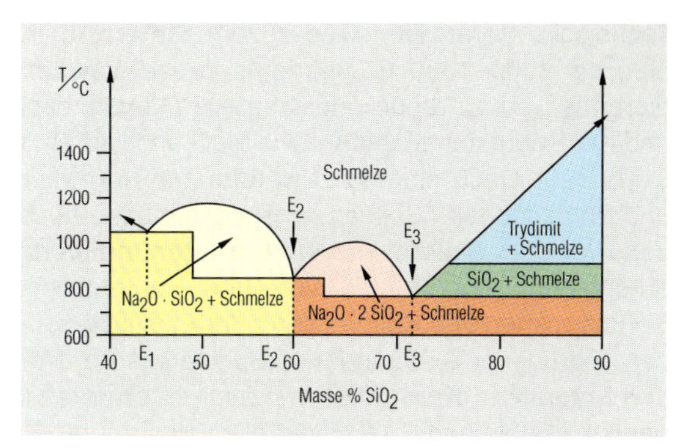

Abb. 4.2.3-4 Schmelzdiagramm für das Zweistoffsystem $Na_2O \cdot SiO_2$

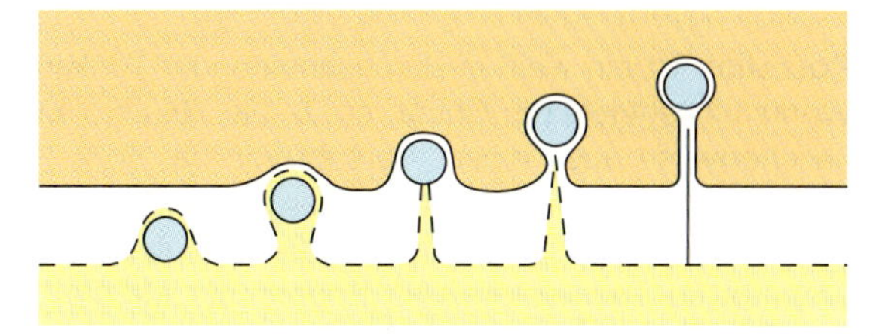

Abb. 4.2.3-5 Läuterung und Abstechen

Verformung horizontaler Schichten in der Glasschmelze durch aufsteigende Blasen

Abb. 4.2.3-6 Glasbläser und Flachglasgießen

Neben der maschinellen Formgebung (Zieh- und Floatverfahren für Flachglas, Vertikalziehen für Glasrohr, Press-Blas- und Blas-Blas-Verfahren) sind auch manuelle Verfahren (Anfangen, Tellermachen, Wälzen, Ziehen, Schwenken, Blasen, Wulgern) von Bedeutung.

4.2

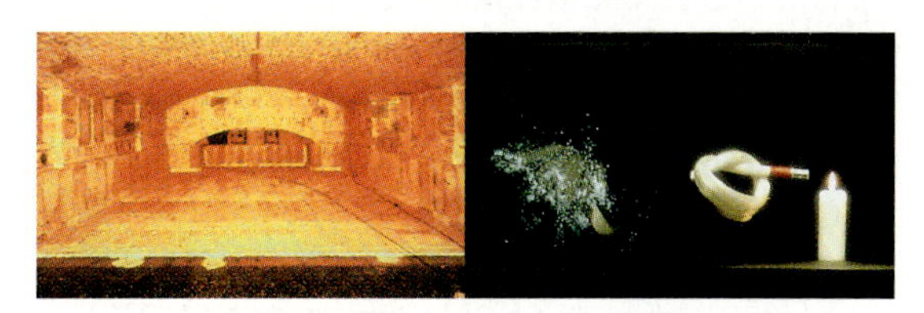

Abb. 4.2.3-7 Glasproduktion in unterschiedlichen Mengen

Glasschmelzwannengewölbe („Hafen" bei 1300 °C für Gemenge über 250 kg) / optische Lichtleitfasern (Qualitätsprodukt, nur einige g schwer)

Silikatkeramik	Oxidkeramik	Nichtoxidkeramik
Porzellan, Steinzeug, Glaskeramik, Steatit, Cordierit	Al_2O_3, ZrO_2, BeO, MgO – auch Titanate, Ferrite und Uranoxid	Kohlenstoff, Si_3N_4, SiC, $MoSi_2$, BN, B_4C_3, Ti_3B_4, $Ca_3(PO_4)_2$

Tabelle 4.2.3-1 Werkstoffe für technische Keramiken

Technische Keramiken werden zum **Sintern** in Tunnelöfen bei 1600–1800 °C „bebrannt“, wobei Vakuum, oxidierende, reduzierende oder neutrale Ofenatmosphären und Kornwachstumshemmer wie MgO und NiO (seltener: CdO, BaO, CaO) eingesetzt werden, um Kornwachstum und Porösität beim Sintern zu regulieren bzw. zu vermeiden. Vor dem Sintern wird ein **Formgebungsverfahren** durchgeführt – z. B. das Vor- und Heißpressen, das Sprühtrocknen und Kaltpressen oder Plastifizieren, Spritzen, Extrudieren (= Strang- und Spritzpressen), Trocknen und Entgraten). **Keramiken** wie auch **„Cermets“** (= Keramik + Metall) und **SAP** (Sinteraluminium für die Pulvermetallurgie) werden z. B. als Reibwerkstoffe, Bohrköpfe, Bremsbeläge, Zahnamalgame etc. eingesetzt.

Porzellan ist ein weißer, durchscheinender Tonkeramik-Werkstoff (entdeckt in China, ca. 6. bis 10. Jh.). Er wird üblicherweise aus einem Versatz von ca. 50 % Kaolin und je 25 % Feldspat und Quarz hergestellt (Mischquirlen der wässrigen Suspension, über 24 h Glüh- und Glattbrennen im Tunnelofen). Als Endprodukt für die Formgebung entsteht eine Glas-Keramik-Masse aus 25 % Mullit (ein Tonerde-SiO_2-Mischkristall, etwa 3 $Al_2O_3 \cdot 2\ SiO_2$ bis 2 Al_2O_3 mit SiO_2), 10 % Quarz und 65 % glasiger Phase.

Mörtel und **Beton** sind neben Keramikprodukten (Ziegel, Klinker usw.), Metallwerkstoffen (wie Stahl), Gläsern, Hölzern und Gesteinen weitere Baustoffe. Beton und Mörtel werden aus Zuschlagstoffen, Bindemitteln und evtl. etwas Wasser hergestellt und stellen sozusagen künstliches Gestein dar. Bei Zuschlagkörnern bis 4 mm Größe spricht man von Mörtel, ab 4 mm von Beton.

Zement ist das häufigste Bindemittel zur Erhärtung und Verfestigung von Mörtel und Beton. Er stellt ein fein gemahlenes, hydraulisches Bindemittel dar, das durch **Hydratbildung** (Hydratation) erhärtet. Nach 28 Tagen muss die Druckfestigkeit des Zementgefüges mindestens 25 N/mm² erreicht haben. Der Portlandzement-Klinker besteht aus **Kalziumsilikaten, -aluminaten** und **-aluminatferrite**n (und evtl. etwas Gips). Es laufen in etwa folgende Reaktionen ab:

1 Brennen:

$CaCO_3 \rightarrow CaO + CO_2\uparrow$

$Al_2O_3 \cdot SiO_2 \cdot 2\ H_2O \rightarrow Al_2O_3 \cdot SiO_2 + 2\ H_2O\uparrow$

$5\ CaO + SiO_2 \rightarrow 2\ CaO \cdot SiO_2 + 3\ CaO \cdot SiO_2$

$3\ CaO + Al_2O_3 \rightarrow 3\ CaO \cdot Al_2O_3$ (Ca-Aluminate)

$4\ CaO + Al_2O_3 + Fe_2O_3 \rightarrow 4\ CaO \cdot Al_2O_3 \cdot Fe_2O_3$

2 Aushärten:

$2\ (3\ CaO \cdot SiO_2) + 6\ H_2O \rightarrow (3\ CaO \cdot SiO_2 \cdot 3\ H_2O) + 3\ Ca(OH)_2$

$3\ CaO \cdot Al_2O_3 + Ca(OH)_2 + 12\ H_2O \rightarrow 4\ CaO \cdot Al_2O_3 \cdot 13\ H_2O$

$3\ CaO \cdot Al_2O_3 \cdot Fe_2O_3 + Ca(OH)_2 + 12\ H_2O \rightarrow 4\ CaO \cdot Al_2O_3 \cdot Fe_2O_3 \cdot 13\ H_2O$

Messgröße	typischer Messwert
Ausdehnungskoeffizient α (bei 20–500 °C)	7–8 · 10^{-6} K^{-1}
Dichte ϱ	3,7–4,0 g/cm³
Druckfestigkeit	2000–4000 MPa
Wärmeleitfähigkeit (20 °C)	20–30 W/m K

Tabelle 4.2.3-2 **Werkstoffeigenschaften für technische Keramiken**

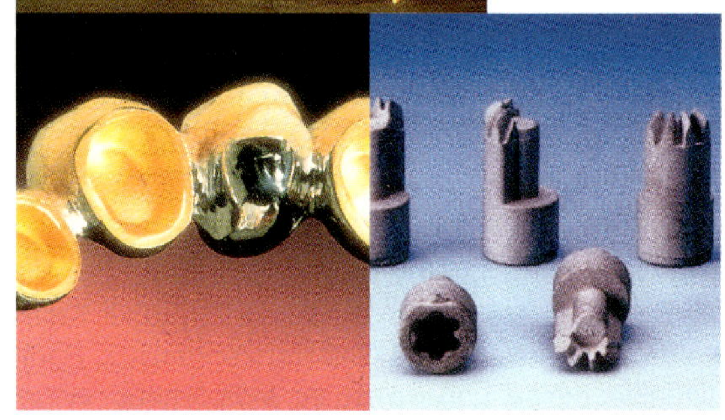

Abb. 4.2.3-8 **Keramische Gegenstände**

Die drei Aufnahmen zeigen sie vor, bei und nach der Sinterung (dem „Dichtbrennen“).

Abb. 4.2.3-9 **Portlandzement (4 600-t-Baustein)**

Portlandzement wird aus Kalkstein und Tonen in Drehöfen bei ca. 1450 °C gewonnen. Der den Ofen verlassende Klinker hat eine Zusammensetzung von rund 77 % $CaCO_3$, 14 % SiO_2, 4 % Al_2O_3 und je 2–3 % $MgCO_3$ und Fe_2O_3. Er kommt zusammen mit Zuschlägen (Gips, getrocknete Schlacke) abschließend in eine Zementmühle.

Daneben existieren noch Ölschiefer-, Flugasche-, Tiefbohr-, Schnell- und Trasshochofenzemente. **Zementmörtel** besteht aus Zement und feinem Kiessand (ein Bindemittel für Betonbauteile), **Beton** aus Zement und Kies. **Stahlbeton** enthält in die Schalung eingelegte, mit Beton ausgegossene Geflechte von Stahlstangen und -matten. Im Gegensatz zu normalem Beton ist er nicht bzw. weniger rissempfindlich und besitzt eine hohe Festigkeit.

Zusammenfassung zu Kapitel 4.2

Chemie und Technologie der Halbmetalle

1. Die Elemente B, Si, Ge, As, Sb, Te und Po gehören zu den Halbmetallen (Metalloiden). Ihre elektrische Leitfähigkeit steigt mit zunehmender Temperatur oder durch gezielte Verunreinigung (Dotierung) mit Fremdatomen. Auch Materialien wie Galliumarsenid (GaAs), Cadmiumtellurid (CdTe) und Kupferindiumdiselenid ($CuInSe_2$) stellen **solarzellenfähige Halbleitermaterialien** dar.

2. Nach dem **Bindungsmodell von Bloch** werden bei **p-Halbleitern** (Beispiel: bordotiertes Silizium) bewegliche Elektronenlücken eingebaut, bei **n-Halbleitern** zusätzliche, bewegliche Elektronen (Beispiel: phosphor- oder arsendotiertes Silizium). Die bei undotierten Fremdhalbleitern nicht vom **Valenzband V_B** in das **Leitungsband L_B** anhebbaren Elektronen können nach der Dotierung in das Akzeptorniveau gelangen (p-Halbleiter) bzw. gelangen nun ersatzweise die Elektronen des Donators in das leere Leitungsband des n-Halbleiters.

3. Kohlenstoff bildet **ionische, metallische und diamant- und graphitartige Carbide.** Kalziumcarbid CaC_2 ist das wichtigste ionische Carbid. Es reagiert mit Wasser u. a. zu Ethin (Azetylen). Metallische und diamantartige Carbide wie WC (Widia), TiC, SiC, B_4C und – diesen ähnlich – Bornitrid (BN) stellen äußerst harte Schleif- und Bohrmittel sowie – neben Al_2O_3 – Keramikrohstoffe dar.

4. Silizium – ein Halbleiter (Photozellen, Mikrochips und Solarzellen) – bildet im Unterschied zu Kohlenstoff ein festes Oxid (**Quarz,** SiO_2) mit Netzwerk-Strukturen. Es reagiert mit Metalloxiden zu Silikaten. **Silikate** sind – nach den Kohlenwasserstoff-Derivaten (organische Chemie) – die artenreichste Stoffgruppe der Chemie. Sie kommen in Form von **Gesteinen** und **Mineralien** vor. Aus ihnen werden **Werk- und Baustoffe** wie **Gläser, Keramik, Porzellan, Zement, Mörtel** und **Beton** hergestellt:

Werkstoffe
(Feststoffe zur Herstellung von Gebrauchsgegenständen und Maschinenteilen)

↙ ↘

Baustoffe:
Metallwerkstoffe, Glas, Lehm, Ton, Keramikwerkstoffe, Gesteine, Beton, Mörtel, Bauholz, Kalk, Gips, …

Metallwerkstoffe, Kunststoffe, Hölzer, Leder, Gesteine, Horn, Porzellan und Keramik, Papier/Pappe/Zellulose, Textilstoffe, Knochen, …

Üb(erleg)ungsaufgaben und Wiederholungsfragen zu Kapitel 4.2

1. Wie unterscheiden sich metallische Leiter von p- und n-Fremdhalbleitern?

2. Nennen Sie 4 Eigenschaften, die allen Metallen gemein sind, und erklären Sie deren Auftreten von der Art der chemischen Bindung her! Vergleichen Sie diese mit den Eigenschaften der Halbmetalle!

3. Nennen Sie die Ihnen bekannten Gruppen der Carbide mit jeweils 2 Beispielen und beschreiben Sie kurz deren Eigenschaften !

4. Vergleichen Sie CO_2, CO und die Kohlenwasserstoffe (KW) mit den Oxiden und Hydriden der Elemente Bor und Silizium – welche Gemeinsamkeiten und Unterschiede fallen hier auf? Wie erklären Sie diese vom Atombau her?

5. Beschreiben Sie – wenn möglich: mit Reaktionsschemen –, wie in Technik und Industrie folgende Stoffe hergestellt werden:
   a) Silizium (elementar),
   b) Bornitrid aus Borsäure (H_3BO_3),
   c) Aluminosilikat- und Alkali-Erdalkali-Silikat-Gläser,
   d) p- und n-Halbleiter,
   e) Al_2O_3-SiC-Keramik (Sinterung),
   f) Porzellan,
   g) Portland-Zement,
   h) Zementmörtel,
   i) Beton,
   j) Methanol (aus Synthesegas),
   k) Kalziumcarbid,
   l) Ethin (Acetylen),
   m) Karborundum (= SiC, Siliziumcarbid),
   n) Butan (nach Fischer-Tropsch),
   o) Natronwasserglas,
   p) Diboran.

4.3 Metallurgie: Die Chemie und Technologie der Metalle

4.3.1 Was sind Metalle?

Alle Metalle weisen, wie in Kap. 1.5.2 beschrieben, vier Kennzeichen auf:

1. den metallischen **Glanz,**
2. eine hohe **Wärmeleitfähigkeit,**
3. eine **Verformbarkeit** im festen Zustand (Duktilität, auch Biegsamkeit) und
4. eine mit fallender Temperatur zunehmende **elektrische Leitfähigkeit** (Leiter 1. Ordnung).

Sie können miteinander verschmolzen in Form fester Lösungen und Verbindungen vorkommen **(Legierungen)** oder eben elementar.

Abb. 4.3.1-1 Metallwerkstoffe

Im Bild: Oben links Eisenmetalle als Baustoffe, rechts Edelmetalle, unten rechts ein Leichtmetall (Aluminium) und unten links 9 Eisenatome im Modell auf einer belgischen Banknote. Diese zeigt das Atomium in Brüssel, den Nachbau der kubisch-raumzentrierten Elementarzelle im Kristallgitter des Eisens.

Metallwerkstoffe werden folgendermaßen eingeteilt:

a) in die **Eisen-** und **NE-Metalle** (zu den Eisenmetallen Eisen sowie seine Legierungen, die Eisengusswerkstoffe und Stähle, zu den NE- oder Nichteisenmetallen der Rest),

b) in die **Leicht-** und **Schwermetalle** (zu den technisch wichtigen Leichtmetallen zählen Mg, Ti und Al, zu den Schwermetallen alle NE-Metalle mit einer Dichte von $\varrho > 5\ g/cm^3$),

c) in **Haupt-** und **Nebengruppen-** oder **Bunt-Metalle** (nach ihrer Stellung im PSE)

– oder man unterscheidet:

d) **Edelmetalle** von weniger edlen oder elektropositiven Metallen (entsprechend der Stellung in der Spannungsreihe der Metalle, vgl. Kap. 2.2.6: Wichtige Edelmetalle sind Cu, Ag, Au und die Platinmetalle, im PSE unterhalb Fe, Co und Ni, mit der OZ 44–46 und 76–78),

e) **hoch schmelzende Metalle** (Nb, Mo, Ta, W) und Flüssigmetall (Hg), je nach Schmelzpunkt.

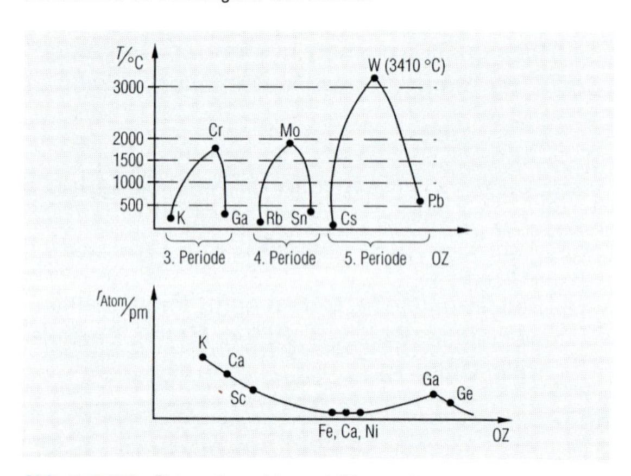

Abb. 4.3.1-2 Schmelzpunkte und Atomradien

In den Diagrammen erkennt man, dass bei den metallischen Elementen die der 1. und 4. Hauptgruppe die niedrigsten Schmelzpunkte und die größten Atomradien aufweisen. Die Metalle der 6. Nebengruppe weisen hingegen die höchsten Schmelzpunkte und der 8. Nebengruppe (Eisenmetalle) die geringsten Atomradien innerhalb ihrer Perioden im PSE auf.

Die mit Eisenmetallen legierbaren Metallwerkstoffe (V, Cr, Mn, Co, Ni, Cu, Zn sowie Cd, Sn und Pb) werden **Legierungsmetalle** genannt, die Metalle der 1. + 2. Hauptgruppe **Alkali-** und **Erdalkalimetalle.**

Die metallischen Eigenschaften erklären sich von den Besonderheiten der **Metallbindung** her (vgl. Kap. 1.5.2): In den Metallgittern sitzen Atomrümpfe. Sie sind umgeben von frei beweglichen Valenzelektronen, da alle Atomorbitale (AO) eines Metallstückes zu einem gigantischen MO (Molekülorbital) überlappen.

Üb(erleg)ungsaufgaben

1. **Zählen** Sie je drei Edel-, Bunt-, Erdalkali-, Leicht-, Schwer-, Legierungs- und NE-Metalle **auf**!
2. **Nennen** Sie möglichst viele physikalische und chemische **Eigenschaften,** die allen Metallen gemeinsam sind!
3. **Erklären** Sie folgende **Begriffe** in je einem Satz: a) Metalloid, b) Legierung, c) hoch schmelzendes (Hart-)Metall, d) Metallkation, e) Spannungsreihe der Metalle, f) Duktilität, g) Leiter 1. Ordnung (im Unterschied zu Elektrolyten oder Leitern 2. Ordnung sowie Eigen- und Fremdhalbleitern).

Diese frei beweglichen **Elektronen** treten mit Photonen (Lichtteilchen) in Wechselwirkung (Glanz), transportieren elektrische Ladung ohne Massetransport (Leiter 1. Ordnung) und gestalten das Kristallgitter mehr oder weniger flexibel (Duktilität, s. o.).

Bei den **Legierungen** unterscheidet man:

1. **feste Lösungen**
(gut mischbare Metalle mit ähnlicher EN, ähnlich Atomradien und gleichem Kristallgittertyp, nichtstöchiometrische Zusammensetzung; z. B.: Weißgold [Ag + Au], Rotgold [Au + Cu, mit Eutektikum = Schmelzpunktminimum], Münzsilber [Ag + Cu, begrenzte Mischbarkeit]; vgl. Abb. 4.3.1-3),

2. **intermetallische Phasen / Verbindungen** (φ, stöchiometrisch zusammengesetzte Zintl-, Hume-Rothery- und Laves-Phasen, z. B. Mg_2Ge, $MgCu_2$, $MgLi_2$, $CaSn_3$, NaTl, Cu_9Al_4, $CuZn_3$, Cu_2Zn_3, CuZn, Cu_5Zn_8 / Abb. 4.3.1-4),

3. **heterogene Phasen**
(nicht mischbare Metalle, bilden getrennt auskristallisierende, heterogene Stoffgemische, z. B. Cd + Bi oder Al + Pb, Abb. 4.3.1-5).

Die bekanntesten Legierungen sind Zahn-**Amalgame** (Ag + Hg + Pt-Metalle u. a.), **Messing** (Cu + Zn), **Bronze** (Cu + Sn), **Neusilber** (Cu + Ni + Al) und **Dural** (Al + Spuren von Cu, Mg, Mn, Si).

Die Mischbarkeit hängt von der Stellung im PSE ab; in etwa ergibt sich das S. 242 wiedergegebene Bild, vgl. Abb. 4.3.1-6.

In der **Metallurgie** werden Metalle im Allgemeinen aus sulfidischen und oxidischen Erzen gewonnen, indem man sie **elektrochemisch,** mit **Koks, Wasserstoff** oder **unedl(er)en Metallen** reduziert (z. B. carbo- und aluminothermisch, hydrometallurgisch usw.)

4.3.2 Chemie und Technologie der Alkali- und Erdalkalimetalle

Die Elemente des **s-Blocks** im PSE (1. + 2. Hauptgruppe) weisen die ausgeprägtesten metallischen Eigenschaften auf (vgl. Laborversuche zu Kap. 1.5). Sie reagieren mit allen Nichtmetallen, Luft und Wasser, sind also brennbar und sehr weich und bilden fast ausschließlich ionische, wasserlösliche Verbindungen. Ihre Oxide und Hydroxide sind **stark basisch.** Als stark elektropositive Metalle können sie aus ihren wasserfreien Verbindungen fast nur durch **Schmelzflusselektrolyse** unter Luftausschluss gewonnen werden.

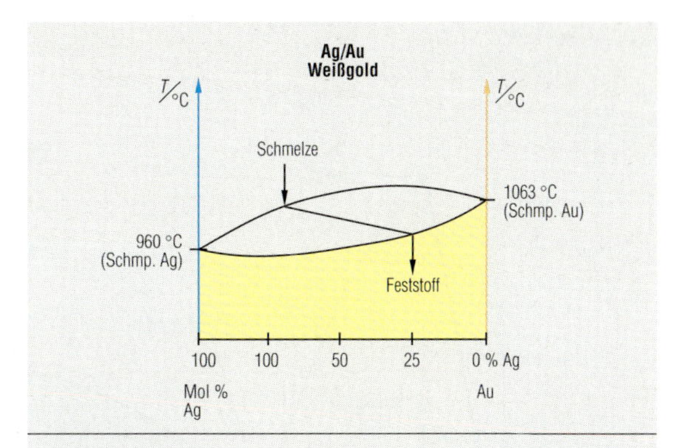

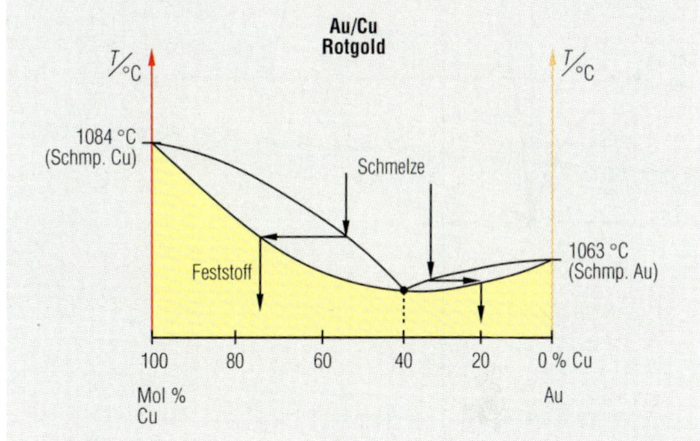

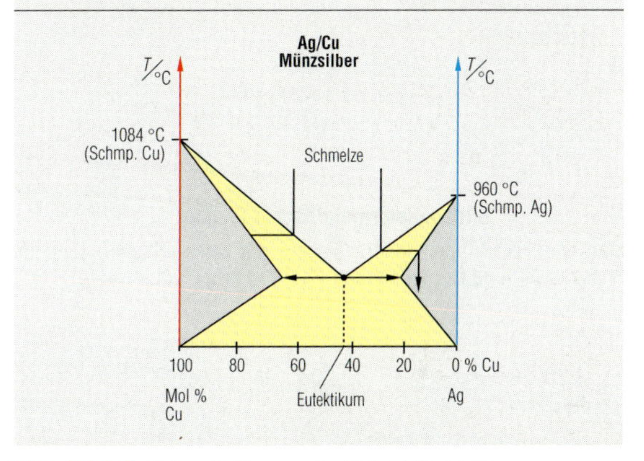

Abb. 4.3.1-3 **Schmelzdiagramme fester Lösungen**

Symbol	RAM (u)	ϱ (g/cm³)	Fp. (°C)	Kp. (°C)
Li	6,94	0,53!	+180	1330
Na	22,99	0,97	+ 98	+892
K	39,10	0,86	+ 64	+760
Rb	85,5	1,53	+38,9	+688
Cs	132,9	1,87	+28,5	+705
Fr *	(223)*	≈ 2,0	≈ +30	+680
Be	9,0	1,848	+1285	2477
Mg	24,31	1,74	+650	1110
Ca	40,08	1,55	+838	1490
Sr	87,6	2,63	+771	1385
Ba	137,34	3,50	+714	1640
Ra *	(226)*	5,5	+700	1140

* Franzium und Radium sind radioaktiv.

Tabelle 4.3.2-1 **Alkali- und Erdalkalimetalle**

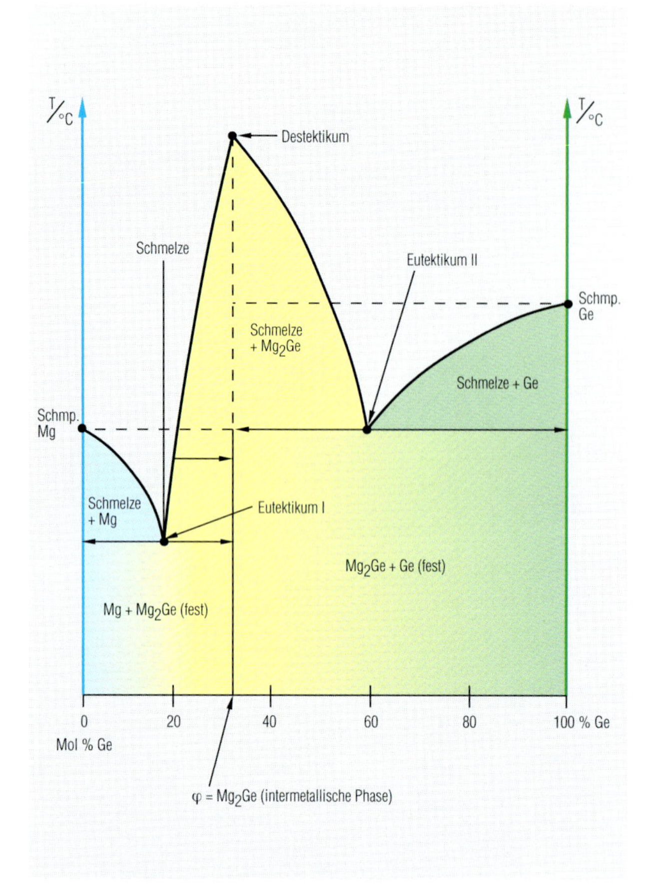

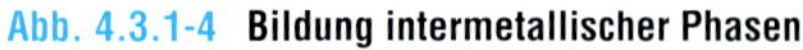

Abb. 4.3.1-4 Bildung intermetallischer Phasen

Man kann drei Typen unterschieden: die Laves-Phasen (Lφ), die Zintl-Phasen (Zφ) und Hume-Rothery-Phasen (HRφ), vgl. Abb. 6.

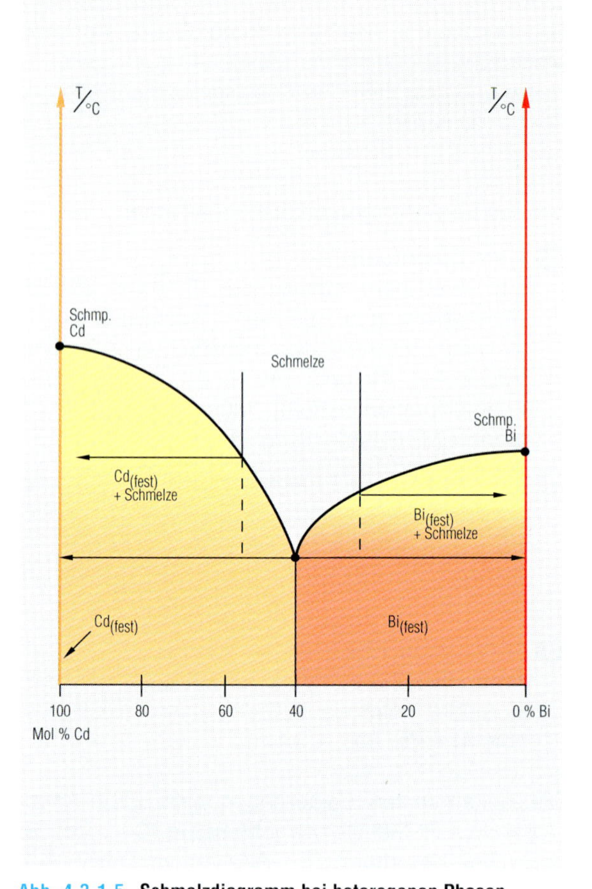

Abb. 4.3.1-5 Schmelzdiagramm bei heterogenen Phasen

Die Schmelze entmischt sich bei Abkühlung, Cd + Bi kristallieren getrennt aus.

A Hauptgruppenmetalle (1. + 2. Hauptgruppe)

T „transition metals", Nebengruppen

B Metalle der 3.-5. Hauptgruppe (Valenz-e$^{\ominus}$ in p-AOs)

	A	T	B
A	feste Lösungen	Lφ Laves-Phasen	Zφ Zintl-Phasen
T	Lφ Laves-Phasen	feste Lösungen	HRφ Hume-Rothery-Phasen
B	Zφ Zintl-Phasen	HRφ Hume-Rothery-Phasen	feste Lösungen

Beispiele:
Lφ = $MgCu_2$, $MgLi_2$ ($r_{Mg} : r_{Cu/Li}$ = 1,25)...
HRφ = Cu_9Al_4, Messing ($CuZn/Cu_2Zn_3/CuZn_3$)...
Zφ = 1. + 2. Hauptgruppe mit wenig elektropositiven Elementen, z. B.
$d^{10}s^1$ (Cu, Ag, Au)
$d^{10}s^2$ (Zn, Cd, Hg)
$d^{10}s^1p^1$ (Ga, In, Tl)
$d^{10}s^1p^2$ (Ge, Sn, Pb)

blau = Feste Lösungen
rosé = Laves-φ (Lφ), stöckiometrisch, hohe Koordinationszahlen (KZ: 12-16)
orange = Zintl-φ (Zφ), stöckiometrisch, kleine Koordinationszahlen (KZ: z. B. = 4)
beige = Home-Rothery-φ (HRφ)

Abb. 4.3.1-6 Mischbarkeit von Metallen

Lithium wird durch Schmelzfluss-Elektrolyse von LiCl (Schmp. 613 °C) oder eines LiCl–KCl-Gemisches hergestellt. Es wird mit Blei zu Bahnmetall legiert (0,04 % Li in Pb), als Lithiumperoxid in Atemgeräten mit geschlossenem Kreislauf verwendet (bindet CO_2 unter Freisetzung von O_2) und als Kühlmittel in Leistungsreaktoren. 1 g wasserfreies LiOH bindet 500 ml CO_2 (Verwendung also ähnlich Li_2O_2). Lithiumhydrid dient in Raketentreibstoffen (Oxidationsmittel: $LiClO_4$) und zum schnellen Befüllen von Rettungsschwimmkörpern (1 kg LiH bildet mit Wasser 2800 l H_2-Gas).

Natrium als billigstes NE-Metall (neben Al) wird aus der NaCl-Elektrolyse in Downs-Zellen produziert (WJP: 0,3 Mio. t/a):
In eine Wanne aus feuerfesten Steinen ragt eine Graphitanode von unten hinein. Das Chlorgas entweicht in eine Eisenblechglocke. Der Rand der Glocke ist zu einer nach unten geöffneten Rinne gebogen, in der sich das in der Schmelze aufsteigende Na-Metall sammelt. Es steigt über ein Eisenrohr in Speichergefäße. Durch $CaCl_2$-Zugabe wird der NaCl-Schmelzpunkt von 808 auf 590 °C erniedrigt. Für 1 kg Na werden so 11 kWh benötigt.

Aus Natrium wird Natriumperoxid hergestellt. Es ist als Bleich- und Waschmittel verwendbar. Das Metall dient ferner als Kühl- und Wärme-Transportmittel in Flugzeugmotoren und Kernkraftwerken – hier in bei Raumtemperatur flüssiger Legierung mit 78 % K – sowie der Herstellung von Tetraethylblei und Titan (aus $TiCl_4$).

Im **Solvay-Verfahren** wird **Soda** aus NaCl hergestellt, indem in gesättigte NaCl-Lösungen NH_3 und CO_2 eingeleitet werden, sodass NH_4HCO_3 entsteht und mit NaCl zum schlechter löslichen Natron $NaHCO_3$ reagiert. Durch **Kalzinieren** wird dann hieraus Soda hergestellt, frei werdendes CO_2 in den Prozess zurückgeführt (u. U. zusätzlich durch das Brennen von Kalkstein produziert, sodass aus gelöschtem Kalk, Wasser und Salmiaksalz neues Ammoniak produziert werden kann). Somit entstehen zwei geschlossene Stoffkreisläufe! Netto wird so aus Kochsalz und Kalk Kalziumchlorid und Soda hergestellt:

$$\mathbf{2\,NaCl + CaCO_3 \xrightarrow{NH_3} Na_2CO_3 + CaCl_2.}$$

Mithilfe von Salpetersäure wird dann aus Soda das Düngemittel **Natriumnitrat** gewonnen, **Ätznatron** aus der **Chloralkalielektrolyse** (siehe hierzu Kap. 4.1, S. 217) und **Glaubersalz** ($Na_2SO_4 \cdot 10\,H_2O$) aus mit Bittersalz ($MgSO_4$) behandelten NaCl-Lösungen (Auskristallisieren durch Abkühlen). An Soda wird in der BRD jährlich ca. 1,3 Mio. t produziert (für Waschmittel, Papier, Glas-, Zelluloseindustrie), während Natron ($NaHCO_3$) für Back- und Brausepulver, Fertigteige, Trockenlöscher und gegen Sodbrennen eingesetzt wird.

Abb. 4.3.2-1 Bad im Toten Meer
Durch Verdunstung liegt der Salzgehalt dieses Meeres so hoch, dass man auf dem Wasser liegend hierin Zeitung lesen kann. Tauchen ist hier nicht möglich. Am Strand (rechts) kristallisiert auf dem Sand reines Salz aus (hauptsächlich aus $MgCl_2$ und NaCl).

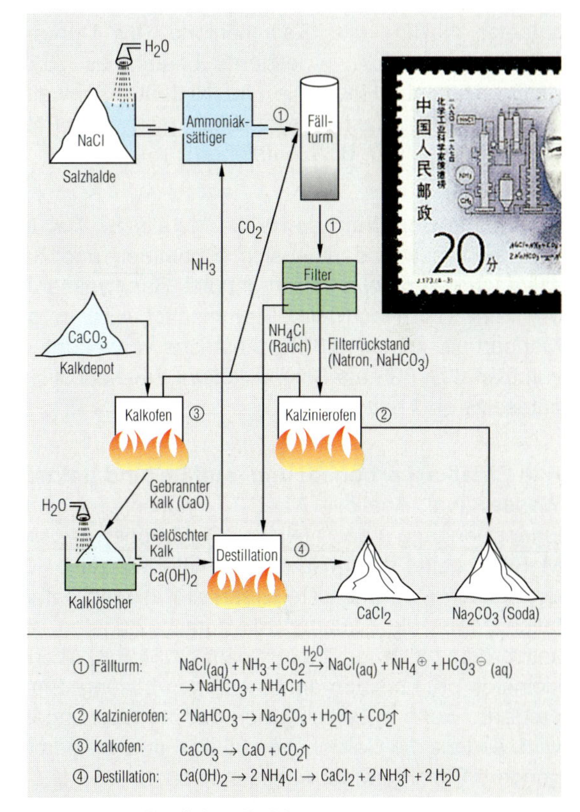

Abb. 4.3.2-2 Das Solvay-Verfahren
Aus Steinsalz und Kalk wird mithilfe von Ammoniak und Kohlendioxid Soda und Kalziumchlorid hergestellt – weltweit.

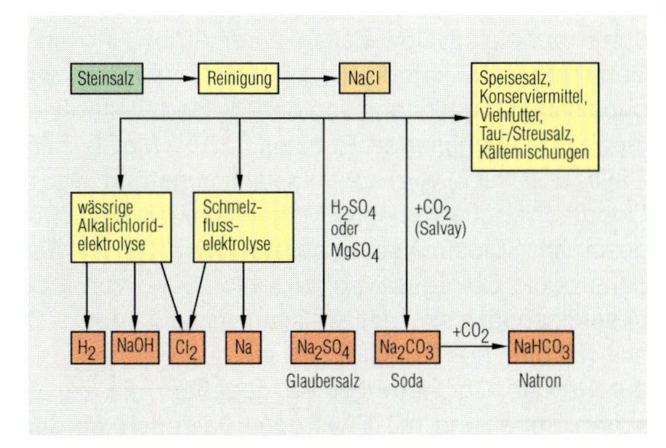

Abb. 4.3.2-3 Steinsalzverarbeitung (vgl. S. 218)

4.3

Kalium wird im MSA-Verfahren durch Reduktion von KCl mit Na-Dampf bei 870 °C hergestellt, indem Na-Dampf in Füllkörperkolonnen mit KCl-Schmelze gepresst wird. Es werden jährlich nur ca. 200 t K produziert (gegenüber 25 Mio. t an Kalisalzen, Abb. 4.3.2-4).

Pottasche wird durch „Carbonisierung" von Kalilauge mit CO_2 gewonnen (im Alten Testament noch durch Auslaugen von Pflanzenasche mit Wasser in Töpfen/Pötten), Ätzkali aus der KCl-Elektrolyse (jährlich ca. $^1/_2$ Mio t), Kaliumsulfat aus Magnesiumsulfat und Kaliumchlorid (bzw. Sylvin- und Kieseritmineral) und Salpeter aus Chilesalpeter $NaNO_3$ und Kaliumchlorid (für Düngemittel, Schwarzpulver u. Ä. – letzteres besteht zu 75% aus KNO_3, 15% aus Holzkohle und 10% aus Schwefel und wirkt so gut, weil fast ausschließlich gasförmige Produkte wie NO_2, SO_2, CO_2 u. Ä. entstehen).

Das giftige **Beryllium** sowie die Metalle **Sr, Ba** und **Ra** sind technisch bedeutungslos. Strontium- und Bariumsalze werden pyrotechnisch genutzt, Barytwasser im Labor zum CO_2-Nachweis. Bariumsulfat wird in großen Mengen als „Malerweiß" für Anstriche verwendet, Strontiumtitanat $SrTiO_3$ als Schmuckstein. Wasserlösliche Bariumsalze sind giftig.

Alle Erdalkalicarbonate und -sulfate sind unlöslich in Wasser (vgl. Analytik, Kap. 3.1: nasschemischer Kationentrenngang der $(NH_4)_2CO_3$-Gruppe; Ausnahme $MgSO_4$). Leitet man also ein Fällmittel wie $(NH_4)_2CO_3$ in eine Lösung, die mehrere Erdalkali-Kationen enthält, so fallen zuerst die Kationen mit dem niedrigsten Löslichkeitsprodukt K_L aus – die mit dem größten K_L-Wert (dem kleinsten pK_L) bleiben am längsten in Lösung. Sie fallen erst aus, wenn z. B. zusätzlich der pH-Wert angehoben wird, sodass die Carbonationenkonzentration gemäß folgendem Gleichgewicht wachsen kann:

$$HCO_3^- + OH^- \leftrightarrow CO_3^{2-} + H_2O.$$

4.3

Magnesium wird technisch durch **Schmelzflusselektrolyse** von Magnesiumchlorid (wasserfrei, in eisernen, von unten beheizten Dow-Zellen unter Argon, in denen die Behälterwände katodisch geschaltet werden, während anodische Graphitstäbe von oben in den Elektrolyten eintauchen). Granulierter Rohstoff (20% $MgCl_2$ mit 20% $CaCl_2$ und NaCl) wird kontinuierlich zugeführt, das an der Oberfläche schwimmende Magnesium mit Sieblöffeln abgeschöpft (Elektrolysetemperatur um 710 °C). Das Nebenprodukt Chlorgas wird zur Chlorierung von MgO eingesetzt, sodass sich der Kreislauf schließt: MgO + C (Rieselschichten aus Kohlekörper) werden von oben in chlordurchspülte Chlorierungsöfen gegeben, die zur elektrischen Beheizung mit Elektroden versehen werden. Am Ofenboden kann dann $MgCl_2$ abgestochen werden.

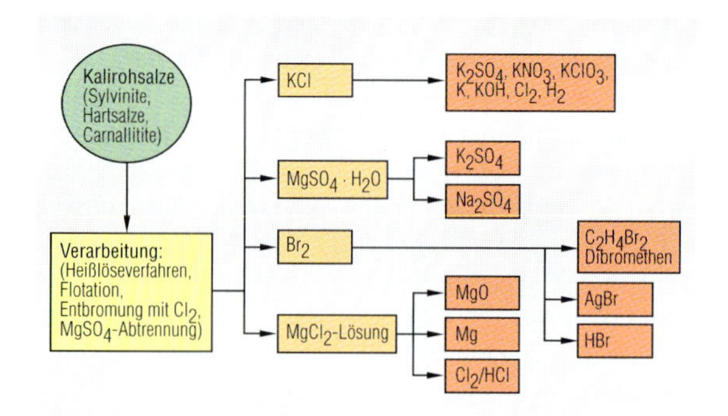

Abb. 4.3.2-4 Kalisalz-Verarbeitung

Kalisalzgemische sind wichtige Düngemittel, z. B.: **Kaliammonsalpeter** = Kaliumnitrat (Salpeter) und Ammoniumchlorid, **Nitrophoska** = Ammoniumchlorid, -sulfat, Diammoniumhydrogenphosphat und Salpeter, **Hakaphos** = Harnstoff $CO(NH_2)_2$, Salpeter und Diammoniumhydrogenphosphat.

Zusatzinfo: Erdalkalisalze

Analytisch bedeutsam sind die folgenden, wasserunlöslichen Verbindungen. Die Löslichkeit der Erdalkali-Sulfate, -Carbonate, -Hydroxide und -Chromate nimmt im PSE von oben nach unten ab:

Feststoff-Formel	Lp. (mol*/l*)	PK_L	Löslichkeit (in g/l bzw. mmol/l)
$CaSO_4$	$2{,}4 \cdot 10^{-5}$	4,62	0,2 g/l
$SrSO_4$	$3{,}2 \cdot 10^{-7}$	6,49	0,6 mmol/l
$BaSO_4$	$1{,}1 \cdot 10^{-10}$	9,96	0,0086 mmol/l
$CaCO_3$	$8{,}7 \cdot 10^{-9}$	8,06	0,015 g/l
$SrCO_3$	$1 \cdot 10^{-9}$	9,00	0,075 mmol/l
$BaCO_3$	$5 \cdot 10^{-9}$	ca. 9,3	0,086 mmol/l
$SrCrO_4$	$4 \cdot 10^{-5}$	ca. 5,2	5,9 mmol/l
$BaCrO_4$	$2 \cdot 10^{-10}$	ca. 10,1	0,016 mmol/l
$Ca(OH)_2$	$5{,}5 \cdot 10^{-6}$	5,26	0,16g/l

Üb(erleg)ungsaufgaben

1. Skizzieren und erläutern Sie das **Solvay-Verfahren!** Zeichnen Sie auch Stoff-Fließschemen der Kreisläufe! Wie lassen sich die Produkte hieraus verwenden?
2. Skizzieren und erläutern Sie die **Chloralkalielektrolyse!** Worin liegt ihre ökonomische Bedeutung?
3. Wie stellt man Natrium, Kalium und Lithium her? Und wozu? Erstellen Sie auch das Reaktionsschema zur Herstellung von Mg!
4. Bei 870 °C im Vakuum kann aus einer KCl-Schmelze durch Einleiten von Na-Dampf Kalium gewonnen werden. Alternativ lässt sich KF mit Carbid, CaC_2, reduzieren (Nebenprodukte: Kohlenstoff und Flussspat). Erstellen Sie das **Reaktionsschema** für diese Reaktionen!
5. Durch Umsetzen von Zirkonium mit Rubidiumdichromat im Vakuum lässt sich bei über 40 °C **Rubidium** abdestillieren. Es entstehen zusätzlich ZrO_2 und Chrom-III-oxid. Erstellen Sie das Reaktionsschema.

Thermisch kann Mg aus Ferrosilizium-Dolomit-Flussspat-Briketts in Cr-Ni-Stahlbehältern bei ca. 1160 °C und 0,01 bar gewonnen werden:

$$2\ MgO \cdot 2\ CaO + Si_{in\ Fe} \rightarrow 2\ Mg\uparrow + Ca_2SiO_{4\ in\ Fe}.$$

Auch alumino- oder carbothermische Reduktion von Magnesia (MgO) liefert den Metalldampf:

$$MgO + CaC_2 \rightarrow Mg\uparrow + CaO + 2\ C \quad (2000\ °C).$$

Verwendet wird Magnesium als **Reduktionsmittel** (z. B. in der Uran-, Kupfer-, Nickel-, Chrom-, Vanadium- sowie der Zirkon- und Titanherstellung – z. B. aus Titan-IV-chlorid), als **Legierungsbestandteil** in der Auto-, Koffer- und Flugzeugherstellung (Legierungen mit Al, Mn, Cu, Li, Zn, Zr und den Lanthanoiden).

Kalzium wird aluminothermisch gewonnen (Hochvakuum, 1200 °C; Kalziumdampf wird kondensiert) oder durch Schmelzfluss-Elektrolyse von Kalziumchlorid. Dieses Nebenprodukt der Sodaherstellung wird dazu mit Flussmitteln versehen (CaF_2, KCl) und an anodischen Kupferplatten mit vertikalen, kathodischen Eisenstäben zersetzt. An der Elektrodenspitze setzt sich erstarrendes Kalzium ab und wird aus der Schmelze gezogen. So entstehen Ca-Stäbe. Pro kg Ca werden 40 kWh verbraucht. Pro Jahr werden so etwa 500 t Ca produziert (Mg: 30 000 t).

Von den **Erdalkali-Verbindungen** sind u. a. folgende Stoffe von technischer Bedeutung: Magnesiumcarbonat (als Füllstoff, für Gläser und Keramiken, Isolatoren, Papier, Zahnpasten, Farben und Gummis), Grignardverbindungen wie CH_3MgI (aus Halogenalkanen und Mg-Pulver in wasserfreiem Ether herstellbar, exotherme Reaktion), Flussspat (CaF_2, zur Fluorherstellung), Kalziumcarbid und -carbonat (siehe Verbindungen der 4. Hauptgruppe), Kalziumphosphat.

Über die **Ca-Verbindungen** wie Kalk, Gips und die Kalzium-Silikate wurde in Kap. 1.5.8 (Kalkbrennerei), Kap. 2.2.2 (Ätzkalk), Kap. 4.1.7 (Mineralien und Gesteine) und Kap. 4.2.3 (Gläser, Zement usw.) berichtet. Als Weißpigment von besonderer Bedeutung ist **Schwerspat (Bariumsulfat, „Malerweiß")**, im Gemisch mit Zinksulfid auch als „Lithopone" bezeichnet).

4.3.3 Chemie und Technologie der Metalle der 3.–5. Hauptgruppe (p-Block-Metalle)

Im **p-Block** des PSEs finden sich in der 3. Hauptgruppe unter Bor zunächst 4 Metalle:

Symbol	RAM (u)	ϱ (g/cm³)	Fp. (°C)	Kp. (°C)
B	10,8	2,46	2180	3660
Al	26,98	2,7	660	2450
Ga	69,7	5,91	29,8	2250
In	114,8	7,31	156,6	2080
Tl	204,4	11,85	303,5	1453

Üb(erleg)ungsaufgaben zu Kap 4.3.2

1. Welche **Erdalkali-Verbindungen** kennen Sie aus dem Labor (Analytikunterricht), welche aus Haushalt und Technik?
2. Welche chemischen und physikalischen **Eigenschaften** fallen Ihnen beim Vergleich derselben in der Tabelle unten und auf der vorausgegangenen Seite auf (Gemeinsamkeiten, Ausnahmen)?
3. Wie können Sie im Labor Mg_3N_2 herstellen – und wie reagiert es mit Wasser?
4. Weshalb wird beim Kochen harten Wassers (**Carbonathärte** = Magnesium- und Kalziumhydrogencarbonat) das Wasser teilweise „enthärtet"? (Reaktionsschema?)
5. Wie trennt man nasschemisch ein Gemisch aus Kalzium-, Strontium- und Bariumcarbonat? (Reaktionsschemen? Durchführung? Vgl. auch in Kap. 3.1) Warum gehört Mg^{2+} im Trenngang nicht auch zur **$(NH_4)_2CO_3$-Gruppe**?
6. Welche **Flammenfärbungen** ergeben Li-, Na-, K, Ca-, Sr- und Ba-Salze in der Flamme?

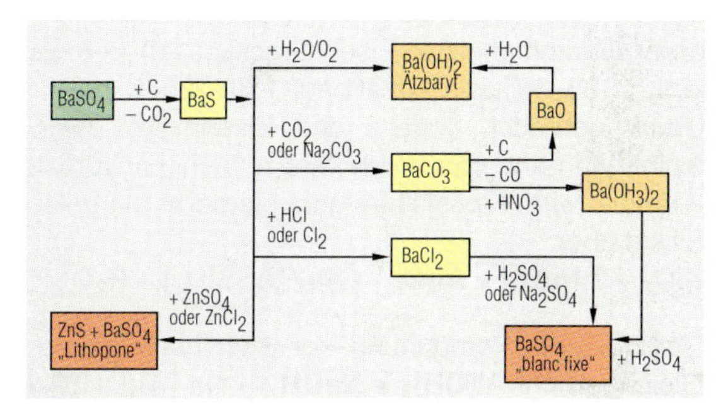

Abb. 4.3.2-5 **Schwerspatverarbeitung**

Summenformel	M (g/mol)	ϱ (g/cm³)	Fp. (°C)
$MgNH_4PO_4$	245 (· 6 H_2O)	1,711	Zers.
$MgBr_2$	292,25	3,72	711
$MgCO_3$	84,32	2,950	Zers.
$MgCl_2$	95,22	2,32	708
MgH_2	26,33	um 2,0	Zerf.
$Mg(OH)_2$	58,33	2,36	Zers.
Mg_3N_2	100,98	2,712	Zers.
$MgSO_4$ (trocken)	120,37	2,66	1124
$CaCO_3$	100,09	ca. 2,7	Zers.
$Ca(OH)_2$	74,1	2,3	Zers.: 580
$CaSO_4$	136,1	3,0	1450
$SrCO_3$	147,64	3,7	Zers. 1200
$SrCrO_4$	203,61	3,895	?
$Sr(OH)_2$	um 137	3-4	Zers.
$Sr(NO_3)_2$	211,63	2,986	570
$SrSO_4$	183,68	3,96	1605
$BaCO_3$	197,37	4,43	Zers. 1300
$Ba(OH)_2$ (trocken)	171,4	2,2	408
$BaSO_4$	233,43	4,3	Zers.: 1400

Tabelle 4.3.2-2 **Einige Erdalkali-Verbindungen**

Das einzige Nichtmetall der 3. Hauptgruppe wurde wegen seiner Ähnlichkeit zum Silizium in Kap. 4.2 behandelt. Die Metalle Ga, In und Tl sind im Vergleich zum Gebrauchs- und Leichtmetall **Aluminium** von untergeordneter Bedeutsamkeit.

Bauxit (Al_2O_3) und **Kryolith (Na_3AlF_6)** sind wichtige Aluminium-Rohstoffe. Gemahlenes Bauxit wird zur **Aluminiumgewinnung** im trockenen Aufschluss mit Soda (kalziniert) und gebranntem Kalk gemischt und dann in bis zu 100 m langen Drehrohröfen bei 1000 °C geglüht. Das mit Wasser behandelte Sinterprodukt erlaubt die Abtrennung des Rotschlammes (= unlösliches Eisen-III-hydroxid), während das amphotere, lösliche **Aluminat $Na[Al(OH)_4]$** durch CO_2-Zugabe als Aluminiumhydroxid ausfällt:
$$Al_2O_3 + Na_2CO_3 \leftrightarrow 2\ NaAlO_2 + CO_2\uparrow.$$

Im nassen Aufschlussverfahren nach Bayer wird das Bauxit in NaOH als Aluminat gelöst, der Rest bleibt ebenfalls als Rotschlamm zurück, der zu Eisen, Eisenpigmenten und Flockungsmitteln weiterverarbeitet werden kann. Das fein gemahlene Bauxit wird dazu im **Autoklav** (rührbarer, dampfbeheizter Eisen-Druckkessel) 6–8 Stunden lang in 35–38%iger NaOH auf 170–180 °C bei 5–7 bar Druck gebracht, sodass das Eisenhydroxid ungelöst bleibt, während das amphotere Aluminiumhydroxid zum Aluminat wird. Kieselsäure geht hierbei in ein unlösliches Silikat über:
$$SiO_2 + 2\ NaOH + Al_2O_3 \rightarrow Na_2\ [Al_2SiO_6] + H_2O\uparrow.$$

Durch starke Verdünnung der Aluminatlauge wird das Gleichgewicht **$Al(OH)_3$ + NaOH $\leftrightarrow$ Na $[Al(OH)_4]$** wieder nach links verschoben. Durch Glühen in Drehrohröfen wird Aluminiumhydroxid zu α-Al_2O_3.

Zur **Schmelzfluss-Elektrolyse** wird das Aluminiumoxid in einer Kryolithschmelze gelöst (Al_2O_3-Schmelzpunkt: 2045 °C, in Kryolith jedoch nur 905 °C). In der Schmelze (ϱ = 2,15 g/cm^3) sedimentiert bei der Elektrolyse das flüssige Aluminium (ϱ = 2,35 g/cm^3) und entkommt so der Rückoxidation durch Luftsauerstoff (Abb. 4.3.3-1). Die Graphitanoden in der Elektrolysezelle müssen beweglich montiert und beständig abgesenkt werden, da sie hier zu CO-Gas oxidiert werden:

Kathode:	$Al^{3+} + 3e^- \rightarrow Al$	(*4)
Anode:	$2\ O^{2-} \rightarrow O_2\uparrow + 4\ e^-$	(*3)
Insgesamt:	$2\ Al_2O_3 \rightarrow 4\ Al + 3\ O_2\uparrow$/	
Graphitanode:	$C + O_2 \rightarrow CO_2\uparrow$	

Der Elektrolyt enthält bis zu 18,5 % Aluminiumoxid. Alle 2–4 Tage wird das Aluminium in der Kathodenwanne abgesaugt und in eiserne Barrenformen gegossen. Pro Tonne Aluminium werden 15 000–20 000 kWh verbraucht. Da eine **Aluminiumhütte** den Stromverbrauch einer mittleren Großstadt hat, wird sie oft neben (Kern-)Kraftwerke gesetzt.

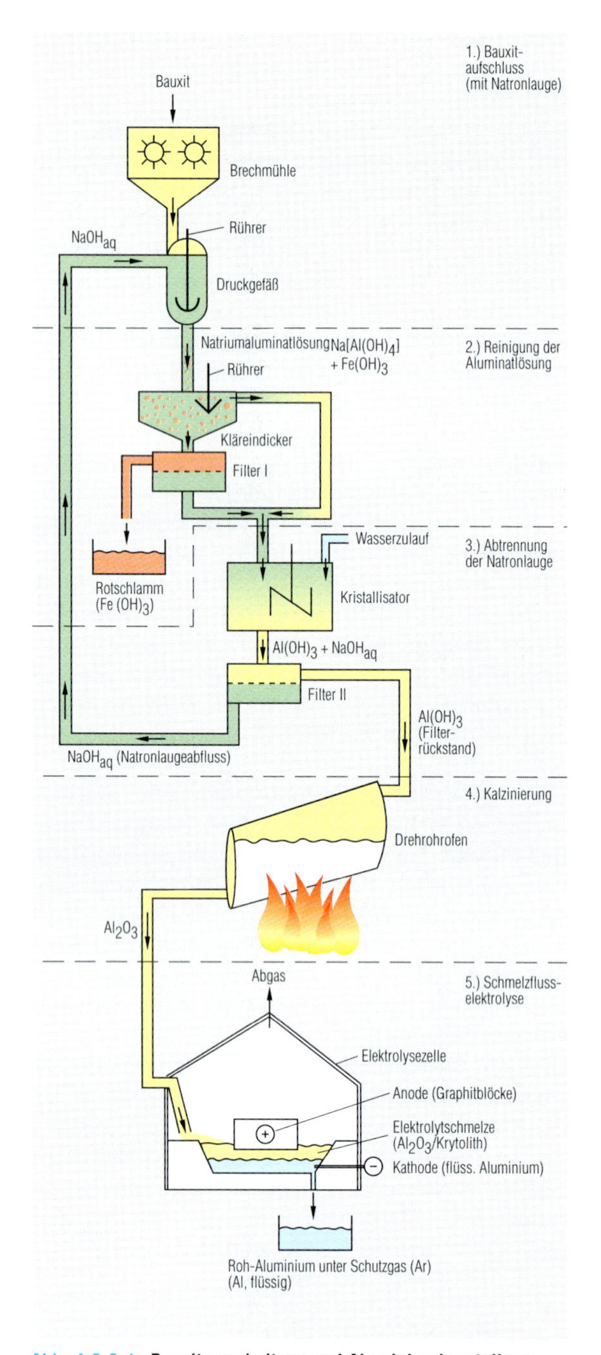

Abb. 4.3.3-1 Bauxitverarbeitung und Aluminiumherstellung

Der Prozess verläuft in **fünf Phasen:** Aufschluss, Aluminatreinigung, Lauge-Abtrennung, Kalzination und Elektrolyse.
Die Elektrolysezellen arbeiten bei 5–7 V mit bis zu über 100 000 A Stromstärke. Die Graphitanode wird dabei zu CO-Gas oxidiert:
$Al_2O_3 + 3\ C \rightarrow 3\ CO\uparrow + 2\ Al$. Stromverluste in der Schmelze heizen diese gleichzeitig auf.
Zur Herstellung von 100 Kilotonnen Aluminium werden 192 Kilotonnen Al_2O_3, 51 000 t Kohlenstoff (Elektroden), 1800 t Kryolith, 3000 t Aluminiumfluorid und 5,6 Mrd. Megajoule an elektrischer Energie verbraucht. Der Aluminiumpreis hängt damit vom Strompreis ab und liegt z. Z. bei rund 1,50 €/kg (1855 kostete 1 kg Aluminium noch 1000 Goldmark). Etwa 2 % der in der BRD erzeugten elektrischen Energie geht übrigens in die Aluminiumindustrie, die jährlich ca. 800 000 t Al herstellt (in der BRD; WJP: 23 Mio. t/a).

Das Elektrolyseprodukt Aluminium ist ein zähes, korrosionsbeständiges Metall. Es wird an Luft oder durch anodische Oxidation durch eine Oxidschicht **passiviert,** die zum Löten entfernt werden muss. Infolge dieser Passivierung ist es in konz. Salpetersäure unlöslich – wohl aber in Natronlauge. Es wird verwendet für: **Legierungen** (Aluminiumbronze = Al + Cu), als **Metallwerkstoff** (Fahrrad- und Flugzeugbau, Säure-, Wein- und Bierfässer, Fensterrahmen, Geschirr usw.), als **Reduktionsmittel** zur aluminothermischen Herstellung der Metalle Mn, Ti, Fe u. a., für **Blitzlichter** und **Leuchtraketen,** für Wärmedämmatten. Im Gemisch mit Eisenoxid (**Thermitverfahren)** kann bei Zündung flüssiges Eisen erzeugt werden (Reaktionswärme bis zu 2500 °C):
$\mathbf{3\,Fe_3O_4 + 8\,Al \rightarrow 4\,Al_2O_3 + 9\,Fe}$.

Aus Koks/CaO-Briketts (ggf. mit Beimengungen von Magnesiumoxid) werden sogar **Kalzium** und **Magnesium** hergestellt, indem hier Aluminium als Reduktionsmittel fungiert **(Aluminothermie):**
$\mathbf{5\,CaO + 2\,Al \rightarrow 3\,Ca + (CaO)_2 \cdot Al_2O_3}$ bzw.:
$\mathbf{3\,MgO + CaO + 2\,Al \rightarrow 3\,Mg + (CaO)_2 \cdot Al_2O_3}$
(Dow Chemical stellt Kalzium stattdessen durch das Zusammenschmelzen von Kalziumcarbid und Silizium her. Das ergibt Ca_2Si, welches mit CaC_2 zu SiC und Ca weiterreagiert).

Wichtige **Al-Verbindungen** sind das **Alaun** (Kaliumaluminiumsulfat), Aluminiumchlorid, der Ziegler-Natta-Katalysator (Aluminiumalkyle als Katalysatoren zur Kunststoffherstellung, vgl. Zusatzinfo rechts) und Aluminiumoxid als Rohstoff für Keramiken und künstliche Edelsteine.

Gallium ist wichtig für Halbleiterindustrie: intermetallische Verbindungen GaAs, GaP, GaAsP, GaAlAs; in Verbindung mit Niob und Nickel ist es supraleitend. In der Technik dient es als Bestandteil niedrig schmelzender Legierungen (WJP nur 20–30 t/a, über 1000 DM/kg). **Indium** ist ein Neutronen-Detektor und Absorber, zudem ein beliebtes Legierungsmetall (ca. 500 €/kg, WJP: 50 t/a), z. B. für Halbleiter wie Indiumantimonid (InSb).

Thallium (WJP: 100 t/a ; ca. 100 €/kg) ist für niedrig schmelzende Gläser (zusammen mit S und As) und in der Halbleiterindustrie für Photozellen und Aktivator lichtempfindlicher Kristalle brauchbar. Thalliumsulfat Tl_2SO_4 war früher ein beliebtes Rattengift (Tl reagiert mit Wasser zum Hydroxid).

Die Metalle Germanium, Zinn und Blei finden sich in der 4. und Antimon und Wismut in der 5. Hauptgruppe.
Germanium ist recht selten und außerhalb der **Halbleiterindustrie** (vgl. Kap. 4.2 – dort auch als GeH_4 und Digerman, Ge_2H_6 oder Trigerman Ge_3H_8) relativ bedeutungslos.

Abb. 4.3.3-2 Héroult
Paul Héroult begründete die moderne Al-Industrie und konstruierte auch den elektrischen Schmelzofen zur Elektrostahlerzeugung im Tonnenmaßstab. Die von ihm entwickelte großtechnische Schmelzflusselektrolyse (Abb. 4.3.3-1) verläuft nach folgendem Schema:

❶ $Al_2O_{3\,(roh)} + 3\,H_2O + 2\,NaOH \rightarrow 2\,Na[Al(OH)_4]_{aq}$
(Bauxit) (Na-Aluminat)

[**auch:** $Al_2O_3 + Na_2CO \leftrightarrow 2\,NaAlO_2 + CO_2$
und: $SiO_2 + 2\,NaOH + Al_2O_3 \leftrightarrow Na_2[Al_2SiO_6] + H_2O$]

❷ Abfiltrieren von $Fe(OH)_3$ (ungelöst)

❸ $Na[Al(OH)_4] \underset{-H_2O}{\overset{+H_2O}{\rightleftharpoons}} Al(OH)_3\downarrow + NaOH$

❹ $2\,Al(OH)_3 \longrightarrow Al_2O_3 + 3\,H_2O\uparrow$

❺ $Al_2O_3 + 3\,C \xrightarrow[\text{Schmelze, Gleichstrom}]{} 2\,Al\downarrow + 3\,CO\uparrow$

Chemie und Technologie der Al-Verbindungen:

Aluminiumchlorid wird aus Aluminiumoxid, Chlor und Kohle hergestellt (Nebenprodukt: CO, Temperatur ca. 800 °C) und reagiert aufgrund der Elektronenlücke am Al-Atom als Lewis-Säure (wie $AlBr_3$ und AlI_3).

Aluminiumsulfat bildet mit Kaliumsulfat das farblose, gut kristallisierende, kristallwasserhaltige Salz **Alaun.** Durch die Substitution einiger Aluminiumatome im Alaunkristall durch Chrom (Chromalaun = $KCr(SO_4)_2 \cdot 12\,H_2O$) können violette, oktaedrische Mischkristalle erzeugt werden. Aluminiumsulfat wird aus Bauxit und Schwefelsäure hergestellt. Es dient als Basis für Papierleime, Gerbstoffe und Beizen sowie als Füllstoff für synthetische Gummis.

Synthetische Edelsteine: In Knallgasflammen wird mithilfe von Aluminiumoxidpulver künstlicher Korund hergestellt, der sich durch Chrom-III-oxid-Beimengungen rubinrot färben lässt, durch Eisen-III-oxid und Titandioxid saphirblau, durch Vanadiumoxid amethystviolett und durch Manganoxide goldgelb wie Topas.

Das hochpolymere Pulver **Aluminiumhydrid** $\mathbf{(AlH_3)_x}$ dient als starkes Reduktionsmittel ähnlich $LiAlH_4$ zur Hydrierung anorganischer und organischer Substanzen.

Aluminiumalkyle vom Typ AlR_3 mit $R = C_nH_{2n+1}$ dienen der Polymerisation von Olefinen (Alkenen) zu thermoplastischen Kunststoffen und synthetischem Kautschuk sowie zur Herstellung von primären Alkoholen und Arzneimitteln.

Üb(erleg)ungsaufgaben

1. Wie wird **Aluminium hergestellt?** (Beschreiben Sie die Produktion vom Erzaufschluss bis hin zur Elektrolyse, skizzieren Sie den Produktionsablauf und nehmen Sie Bezug zu ökonomischen und ökologischen Aspekten!)
2. Wozu kann Aluminium **verwendet** werden?

Zinn (Sn) ist in Form von Zinnbronze schon seit der Antike bekannt. Es wird zur Verzinnung (Konservenindustrie) jährlich in Mengen von rund 250 000 t hergestellt (zu ca. 17,50 €/kg, aus Zinnstein SnO_2 und Koks im Flammofen und anschließendes Seigern, d. h., die Temperatur wird geringfügig über den Schmelzpunkt des Zinns gelegt, sodass dieses als Schmelze von der festen Schlacke – zumeist Eisenverbindungen – gereinigt werden kann.) Man gewinnt es auch zu $^1/_4$ aus Zinnabfällen, die in nitrathaltiger NaOH gelöst werden (es entsteht Natriumstannat). Hieraus wird dann elektrolytisch Sn abgeschieden. Anstelle von **Stanniol** (aus Sn) wird heutzutage eher Alufolie benutzt.

Zinn ist ferner wichtiger **Legierungsbestandteil** (Bronzen (Cu–Sn), Weichlote (Lötzinn: 64 % Sn, 36 % Pb, Schmelzpunkt +181 °C), Lager- und Letternmetalle). Der industrielle Zinnverbrauch teilt sich auf zu: 34 % für Weißblech, 27 % für Lötzinn, 18 % für Bronzelegierungen, je 4 % für Lagermetall und Zinn-Verbindungen. Organische Zinnverbindungen sind toxisch. Zinndisulfid SnS_2 dient in Form durchscheinend-goldglänzender Blättchen (Musivgold) als Zinnbronze-Pigment für Anstriche. Zinn-II-Salze reagieren in saurer Lösung mit H_2S zu braunem SnS, Zinn-IV-Salze zu gelbem SnS_2. In Polysulfidlösung bilden sich Thiosalze (vgl. As-Sn-Gruppe in Kap. 3.1).

Blei (Pb) (WJP: rund 4 Mio. t Pb/a; Preis ca. 1,2 €/kg) stammt aus sulfidischen Erzen:

a durch das **Röstreduktionsverfahren** **($2\,PbS + 3\,O_2 \rightarrow 2\,PbO + 2\,SO_2$ und:** **$PbO + CO \rightarrow Pb + CO_2$**; bei +1000 °C in Druck-Sintermaschinen, täglicher Durchsatz bis zu 200 t PbS), wobei unreines Werkblei vom Ofengrund ständig abfließt –

b durch das **Röstreaktionsverfahren** **($3\,PbS + 3\,O_2 \rightarrow PbS + 2\,PbO + 2\,SO_2$,** Folgereaktion: **$PbS + 2\,PbO \rightarrow 3\,PbO + SO_2$)** – das überschüssige SO_2 geht in die Schwefelsäureproduktion.

Bei der elektrolytischen Bleiraffination fallen Cu, Sn, Sb und As sowie Edelmetalle (Ag) an.

Wichtige **Bleiverbindungen** sind die Bleioxide (PbO, PbO_2 und Mennige – Pb_3O_4 –, welches im Gemisch mit Leinöl als Antirostanstrich dient), Blei-II-chlorid als nur in heißem Wasser löslicher Ausgangsstoff zur Herstellung des giftigen Pigmentes **Chromgelb** (= Bleichromat, $PbCrO_4$, rotgelb), Bleisulfat ($PbSO_4$ – zur Verdünnung von Bleichromat, als Substrat für Farblacke), Bleiglanz (PbS, wichtiges Mineral/Bleierz) und das früher im Benzin beigesetzte TEL alias Bleitetraethyl $Pb(C_2H_5)_4$ als Antiklopfmittel (Weltjahresverbrauch immer noch 500 000 t/a, Herstellung im Autoklav nach:
$4\,NaPb + 4\,C_2H_5Cl \rightarrow (C_2H_5)_4Pb + 4\,NaCl + 3\,Pb$).

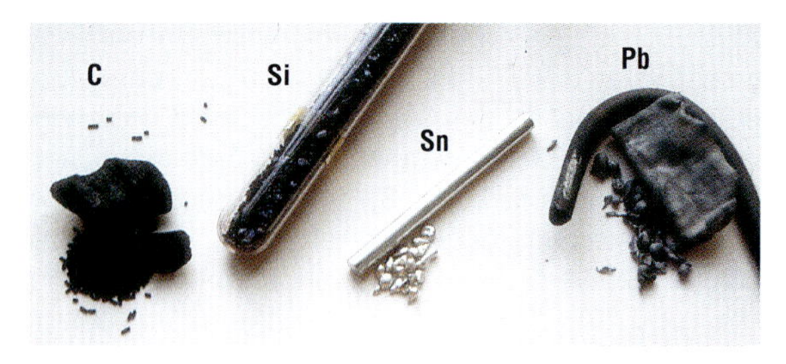

Abb. 4.3.3-3 **Die 4. Hauptgruppe (hier ohne Ge)**

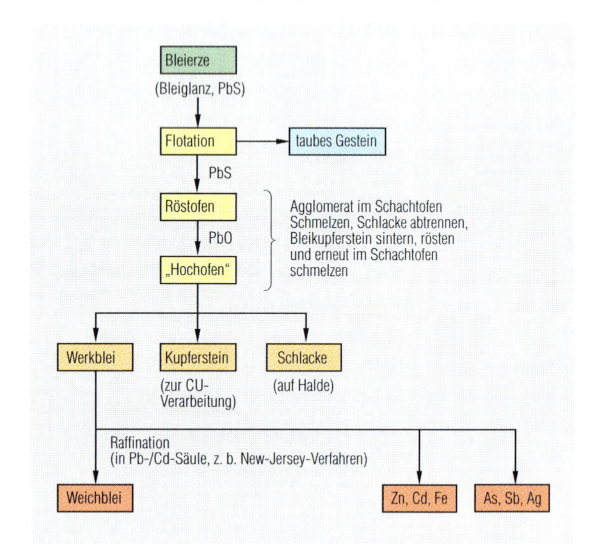

Abb. 4.3.3-4 **Verfahrensschema der Bleigewinnung**

Üb(erleg)ungsaufgaben und Wiederholungsfragen zur 4. Hauptgruppe im PSE

1. Wie unterscheiden sich metallische **Leiter** von p- und n-Fremdhalbleitern?
2. Nennen Sie **4 Eigenschaften,** die allen **Metallen** gemein sind, und erklären Sie deren Auftreten von der Art der chemischen Bindung her!
3. Nennen Sie die Ihnen bekannten Gruppen der **Carbide** mit jeweils 2 Beispielen und beschreiben Sie kurz deren Eigenschaften!
4. Vergleichen Sie die Kohlenwasserstoffe mit den Wasserstoffverbindungen der Elemente Bor und Silizium – welche Gemeinsamkeiten und Unterschiede fallen hier auf? Wie erklären Sie diese vom Atombau her?
5. Geben Sie – möglichst mit Reaktionsschemen – an, wie in Technik und Industrie folgende Stoffe hergestellt werden:
   a) Methanol,
   b) Kalziumcarbid,
   c) Ethin (Acetylen),
   d) Karborundum,
   e) Butan (nach Fischer-Tropsch),
   f) Natronwasserglas,
   g) Diboran,
   h) Zinn,
   i) Natriumstannat-II,
   j) Blei,
   k) Bleichromat (Chromgelb) und
   l) Bleitetraethyl (TEL)!
6. Wie weist man Sn^{2+} und Pb^{4+} nassanalytisch nach (vgl. Kap. 3.1)?

Insgesamt sind die Nitrate, Chlorate und Azetate des Bleis gut wasserlöslich (Blei-II-azetat = „Bleizucker", giftig!), die Sulfate, Sulfid, Phosphate, Carbonate und Bromide und Iodide unlöslich.

4.3.4 Die Eisenmetalle

Die **Nebengruppenmetalle** (d-Block im PSE) werden in die **Eisen- und Buntmetalle** unterteilt. Letztere werden so genannt, weil ihre Verbindungen oft recht bunt sind (vgl. Kap. 4.1: Nassanalytische Verfahren). Unter den Nebengruppenmetallen spielen die der achten Nebengruppe eine Sonderrolle: die Eisenmetalle (Fe und alle Fe-Legierungen) aufgrund ihrer technischen Bedeutung, die Platinmetalle (Ru, Rh, Pd und Os, Ir, Pt) aufgrund ihrer chemischen und katalytischen Eigenschaften.

Eisen ist bei weitem das **häufigste und wichtigste Gebrauchsmetall.** Pro Jahr werden allein in Deutschland über 41 Mio. t Rohstahl hergestellt (WJP: ca. 735 Mio. t/a), der Preis liegt bei 260 DM/t. Mit der Erzeugung von Eisenschwämmen durch Reduktion von Eisenerzen mit Holzkohle begann ca. 1500 v. Chr. die Eisenzeit – seit 1950 wird die direkte Eisenreduktion industriell genutzt. Nach der Aufbereitung des Eisenerzes durch Flotation und Magnetabscheidung wird das zerkleinerte und pelletierte Erz in **Hochöfen** mit Kohlenstoff zu Roheisen reduziert (Abb. 2.2.4-1 und 4.3.4-1):

Im **Schacht** finden bei ca. 400–750 °C folgende **indirekte Reduktionen oxidischer Eisenerze** statt:

$\mathbf{FeO + CO \rightarrow Fe + CO_2\uparrow}$

$\mathbf{Fe_3O_4 + CO \rightarrow 3\,FeO + CO_2\uparrow}$

$\mathbf{3\,Fe_2O_3 + CO \rightarrow 2\,Fe_2O_3 + CO_2\uparrow}$

und die **Aufkohlung:** $\mathbf{3\,Fe + 2\,CO \rightarrow Fe_3C + CO_2\uparrow}$.

Die **direkte Reduktion** läuft ab 750 °C im **Kohlensack** ab:

$\mathbf{FeO + C \rightarrow Fe + CO\uparrow}$,

$\mathbf{Fe_3O_4 + 4\,C \rightarrow 3\,Fe + 4\,CO\uparrow}$,

$\mathbf{3\,Fe + C \rightarrow Fe_3C}$

sowie die exotherme Koksverbrennung:

$\mathbf{C + O_2 \rightarrow CO_2\uparrow}$ **(und:** $\mathbf{CO_2 + C \leftrightarrow 2\,CO\uparrow}$**).**

Die zugeführte Pressluft oder Sauerstoff wird im Cowper'schen **Winderhitzer** vorgewärmt, das **Gichtgas** entstaubt und als Heizgas für den Winderhitzer genutzt, der Staub auf Halde deponiert. Die verwendeten Erze enthalten neben Eisenoxiden **Gangart** wie z. B. Aluminiumsilikat. Durch Zusatz von **Zuschlägen** wie Kalk (bzw. CaO) wird als **Schlacke** Kalzium-Aluminium-Silikat erschmolzen.

Das graue **Roheisen** enthält noch Verunreinigungen durch 2,5–4 % C (Graphit), bis 3 % Si, bis 2 % P, bis 6 % Mn und S. Es erstarrt bei 1200 °C, ist aufgrund der Verunreinigungen spröde und nicht schmiedbar.

Abb. 4.3.3-5 Rostschutzanstrich

Als Antirost-Anstrich dienten früher oft Leinöl-Suspensionen von Mennige (Pb_3O_4), einem orangeroten Blei-II,IV-Mischoxid.

Abb. 4.3.4-1 Hochofen (vgl. auch Abb. 2.2.4-1, S. 80)

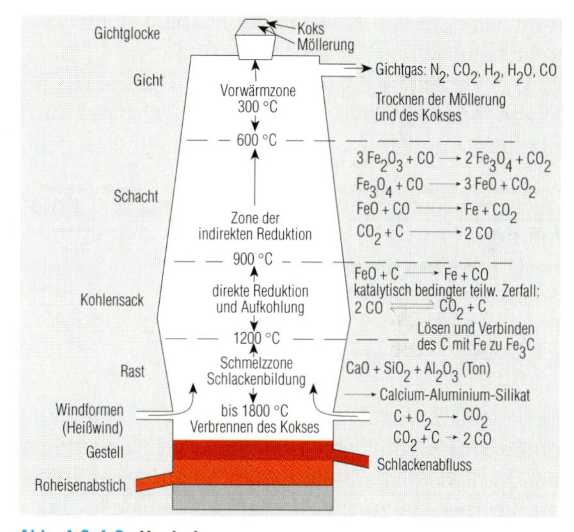

Abb. 4.3.4-2 Hochofen

Die Grafik zeigt die verschiedenen Bereiche des Hochofens (Schacht, Kohlensack usw.)

4.3

Abb. 4.3.4-3 Roheisenabstich am Hochofen

Das Roheisen enthält noch weitere Elemente – es bildet schwarzgraues Gusseisen, das noch zu spröde für eine direkte Verwendung wäre.

Im **Windfrischverfahren** wird daher in **Bessemer-Konvertern** Pressluft (Wind) durch das flüssige Roheisen geblasen, das sich durch die Oxidation der enthaltenen Verunreinigungen (zu P_2O_5, SO_2 usw.) von 1250 °C auf 1600 °C aufheizt (Produkte: **Flussstahl** = flüssiger Rohstahl und Schlacke = Oxidschmelze). In den sauer gefütterten, d. h. mit SiO_2-Belag ausgekleideten „Bessemerbirnen" (für ferrophosphor-freies Roheisen) werden 1–70 t Roheisen mit 300–400 Nm^3 Pressluft (Druck: 1,5–2,5 kg/cm^2) oder mit 63–84 Nm^3 Sauerstoff je t Roheisen geblasen; Blaszeit 10–18 min. Eine solche **Bessemerbirne** ist 6–7 m hoch und 3–4 m breit.

Im **Thomas-Verfahren** für eher phosphorreicheres Roheisen werden basisch gefütterte **Thomasbirnen** (mit CaO/MgO-gekleideten Behälterwänden) eingesetzt.

Im **Herdfrisch-** oder **Siemens-Martin-Verfahren** werden dem Roheisen in basisch gefütterten Konvertern stattdessen Rost und Eisenschrott zugeschlagen und ergänzend eine sauerstoffhaltige Brennerflamme von oben auf das Roheisen geblasen, sodass auch das Eisenoxid oxidierend wirkt und z. B. Kalziumphosphat-Schlacke abgetrennt wird:

$$\mathbf{2\,Fe_3P + 5\,FeO + 4\,CaO \rightarrow 4\,CaO \cdot P_2O_5 + 11\,Fe}$$

(Gegebenenfalls wird zusätzlich vorgeheiztes Argon als Spülgas von unten in die Roheisenschmelze geblasen).

Auch hier läuft somit eine **Entkohlung** und **Entschwefelung** ab:

$\mathbf{Fe_3C + FeO \leftrightarrow 4\,Fe + CO\uparrow}$ und:

$\mathbf{FeS + 2\,FeO \leftrightarrow 3\,Fe + SO_2\uparrow}$ sowie:

$\mathbf{FeSi_x + 2x\,FeO + x\,CaO \rightarrow x\,CaO \cdot SiO_2 + 3\,Fe}$

(Produkte: Silikatschlacke und Rohstahl).

Bei diesem Verfahren wird bei der Aufbereitung des grauen, graphithaltigen Roheisens im Konverter ein Teil des Kohlenstoffs erhalten. Man erhält daher sofort **Rohstähle** (mit bis zu 2 % Kohlenstoff) anstelle des reinen Eisens aus dem Windfrisch-Verfahren (dem man dann zur Stahlerzeugung wieder etwas Graphit beimengen muss).

Es gibt eine weitere Möglichkeit der Stahlgewinnung aus dem grauen Roheisen des Hochofens (**„Gusseisen"**, relativ dünnflüssig, Schmelzpunkt um 1200 °C, spröde). Diese Möglichkeit besteht darin, die Roheisenschmelze (sofern sie Mn-haltig ist) abzuschrecken. Man verhindert dadurch, dass beim Abkühlen Graphit auskristallisieren kann. Stattdessen bildet sich bei der Erstarrung Fe_3C, sodass weißes Roheisen (Schmelzpunkt 1100 °C) entsteht. Vom C-Gehalt her unterscheidet man **Stähle** (über 1,7 % C) von **vergüteten Stählen** (0,5–1,7 % C, abgeschreckt, härtbar) und **Schmiedeeisen** (nicht härtbare Stähle, unter 0,5 % C, sehr zäh, nicht spröde).

Abb. 4.3.4-4 **Stahlerzeugung im Konverter**

Während für große Stahlkonstruktionen wie Eisenbahnbrücken und Eiffelturm relativ billige Baustähle verwendet werden können, werden für Triebwerke, Turbinen usw. sehr harte, korrosionsbeständige und möglichst leichtere Edelstähle benötigt. Je nach Legierungsmetall kann die Eigenschaft von Stählen variiert werden.

In der **Werkstoffkunde** unterteilt man Eisenmetalle in **Gusseisen** ($w_C > 2\,\%$; Gruppen: Grauguss mit Lamellengraphit, Temperguss und Gusseisen mit Kugelgraphit) und **Stähle.** Stähle sind durch Windfrischen usw. abgereicherte Legierungen mit weniger als 2 Gew.% Kohlenstoff. Es gibt hier folgende **Stahlsorten:**

1. Hochfeste Stähle
2. Alterungsbeständige Stähle
3. Nitrierstähle
4. Nichtrostende Stähle (Nirosta)
5. Hitzebeständige Stähle
6. Kesselbleche
7. Allgemeine Baustähle
8. Vergütungsstähle
9. Einsatzstähle
10. Werkzeugstähle (in weitere Sorten unterteilt wie z. B. Kalt-, Schnell- und Warmarbeitsstähle sowie unlegierte Werkzeugstähle)

Üb(erleg)ungsaufgaben

1. Zählen Sie die einzelnen **Schichten (Phasen) im Hochofen** auf und beschreiben Sie die dort ablaufenden Vorgänge. Formulieren Sie Reaktionsschemen.
2. **Erklären** Sie folgende **Begriffe** in je einem Satz:
   a) Winderhitzer,
   b) indirekte Reduktion,
   c) Windfrischverfahren,
   d) Konverter,
   e) Roheisen (Gusseisen) im Unterschied zu Stahl,
   f) Entschwefelung und Entkohlung im Thomasverfahren,
   g) Guss-, Roh-, Schmiedeeisen.
3. Wie und warum rostet Eisen?
4. Wie wird Eisen nassanalytisch nachgewiesen?

Durch Zugabe ausgewählter **Legierungsmetalle** wird nun ein Stahl mit den erwünschten Eigenschaften „gekocht“: Eine Zugabe von Nickel macht den Stahl zäher (bei 25 % Ni-Gehalt wird er auf die doppelte Länge ausziehbar, bei 36 % Ni entsteht **„Invarstahl“,** der sich bei Erwärmung kaum noch ausdehnt), Chrom macht ihn härter und Silizium säurebeständiger. Für Panzerplatten gibt man also Ni und Cr hinzu, für magnetische Stähle Co und W und für V2A-Stähle (säurebeständig, „Nirosta“) werden 71 % Fe, 20 % Cr, 8 % Ni und Spuren von Si, C und Mn beigeschmolzen.

4.3.5 Eigenschaften und Verwendung von Eisen, Stahl und den Eisenmetallen

Eisen ist das vierthäufigste Element (3,38 % der Erdrinde), nach Aluminium das häufigste Metall. Es gibt über 400 Eisenmineralien (am wichtigsten: Hämatit Fe_2O_3 und Magnetit alias Magneteisenstein Fe_3O_4 sowie Siderit $FeCO_3$, Pyrit alias Eisen- oder Schwefelkies FeS_2 und Brauneisenstein $Fe_2O_3 \cdot H_2O$) – als Metall kommt es in der Natur nur in **Eisenmeteoriten** vor. An feuchter Luft korrodiert Eisen (**Rostbildung,** Abb. 4.3.5-1), da Sauerstoff und Säuren an lokalen Anoden und Kathoden das Metall oxidieren:

Sauerstoff-Korrosion:

Anode:	Fe	$\rightarrow Fe^{2+} + 2\,e^-$
Kathode:	$^1/_2\,O_2 + H_2O + 2\,e^-$	$\rightarrow 2\,OH^-$
Bilanz:	$Fe + {}^1/_2\,O_2 + H_2O$	$\rightarrow Fe(OH)_2\downarrow$

Säure-Korrosion:

Anode:	Fe	$\rightarrow Fe^{2+} + 2\,e^-$
Kathode:	$2\,H_3O+ + 2\,e^-$	$\rightarrow H_2\uparrow + 2\,H_2O$
Bilanz:	$Fe + 2\,H_3O^+$	$\rightarrow Fe^{2+} + H_2\uparrow + 2\,H_2O$

Da zweiwertiges Eisen von Sauerstoff oxidiert wird, bildet sich aus Eisen-II-hydroxid Rost (etwa: $FeO(OH)$, nicht $Fe(OH)_3$!), der dann trocknet:

$2\,FeO(OH) \rightarrow Fe_2O_3 + H_2O$.

Durch Korrosion wird also der Hochofenprozess wieder rückgängig gemacht.

Bis zu einer Temperatur von 760° C ist Eisen **ferromagnetisch** (Co und Ni ebenfalls) und bildet eine passivierende Oxidschicht, durch die es an trockener Luft, trockenem Chlorgas und sogar in konz. Schwefelsäure, Salpetersäure und kalten Basen beständig ist. Die Rostbildung kann durch **Galvanisieren** mit **Zink** oder **Zinn** (Weißblech), durch Lackieren oder durch **Rostschutzanstriche** mit **Mennige** (Pb_3O_4) verhindert werden. **Rostfreie Stähle** (Legierungen mit Chrom und Nickel) korrodieren nicht. Nichtoxidierende Säuren greifen Eisen unter Bildung zweiwertiger Eisensalze an (z. B. $FeCl_2$), die dann durch Luft weiteroxidiert werden.

Unser Körper enthält etwa 4,5 g Eisen(-verbindungen), insbesondere im Blutfarbstoff Hämoglobin.

Zusatzinfo: Stähle u. a. chemietechnische Apparatwerkstoffe im Vergleich

In verschiedenen DIN-Vorschriften werden geforderte **Stahleigenschaften und -mixturen** angegeben, im Folgenden einige Beispiele aus dem chemietechnischen Apparatebau, wobei hinter der DIN-Werkstoffnummer des Apparatewerkstoffes die Dichte ϱ (in kg/m^3), der spezifische Elektrische Widerstand **R** (in $10^{-6}\ \Omega$ m), die Wärmeleitfähigkeit λ (in W/m · K), der thermische Längen-Ausdehnungskoeffizient α (in $10^{-6}\ K^{-1}$) und die Mindest-Zugfestigkeit $\mathbf{R_m}$ (in N/mm^2) angegeben werden.
(Die mit * versehenen Vergleichsstoffe (eine Nickellegierung, Messing, Aluminium, Titan, Borosilikatglas und eine Keramik) in der folgenden Tabelle sind keine Stähle!):

Werkstoff	ϱ	R	λ	α	R_m
X10Cr 13	7700	0,6	30	10,5	450
X19CrNi 17-2	7700	0,7	25	10,0	750
X14CrMoS 17	7700	0,7	25	10,0	540
X39CrMo 17-1	7700	0,65	2,9	10,5	800
X4CrNi 18-10	7900	0,73	15	16,0	500
X2CrNiMo 18-14-3	7980	0,75	15	16,5	490
X1CrNiMoNb 28-4-2	7700	0,8	14,5	9,5	600
X12CrNiTi18-9	7900	0,75	15	18,0	500
*NiMo28, Hastelloy B-2	9220	1,37	11,1	10,3	745
*CuZn 20 Al 2	8300	0,079	100	19	330
*Al 99,8	2700	0,028	220	23,5	60
*Ti (Titan)	4510	0,56	20	8,6	370
*Borosilikatglas 3.3 nach DIN ISO 3585, $w(SiO_2)$ = 81 %, $w(B_2O_3)$ = 13 %	2220	>10^{19}	1,12	3,3	6
*KER 710, $w(Al_2O_3)$ = 99,7 %	3800	10^{19}	>20	5,6	>100

Ein Vergleich zeigt, dass der Stahl X39CrMo 17-1 auch bei hohen Temperaturen sehr verschleiß- und erosionsbeständig ist und sich für Pumpen, Verdichter etc. eignet. X4CrNi 18-10 und X2CrNiMo 18-14-3 sind hingegen chemisch sehr beständig gegen Laugen und organische Lösemittel, nicht aber gegen Säuren, gut schweißbar und werden für Behälter in der Chemie-, Papier-, Dünger-, Nahrungs- und Getränkeindustrie verwendet.
X1CrNiMoNb 28-4-2 widersteht auch besonders aggressiver korrosiver Beanspruchung. Der Messingwerkstoff *CuZn20Al2 wird hingegen nur für Kühl- und Salzwässer benutzt und auch Aluminium (*Al 99,8 %) ist für Säuren und Laugen gänzlich ungeeignet (Beimengungen von Mg, Mn und Si verleihen Meerwasserbeständigkeit). Titan hingegen ist ein korrosionsbeständiges Leichtmetall, während Borosilikatglas 3.3 nur für Säuren, Salzlösungen und Lösemittel geeignet ist, nicht für Laugen und HF.

Abb. 4.3.5-1 Eisen mit und ohne Rostschutzmittel

Das rechte Eisenteil wurde mit Antirostanstrich versehen: Die Büroklammern rechts unten weisen intakten Rostschutz auf (galvanisch und Lack).

Eisen wird durch **Blutlaugensalze** oder **Thiozyanat** nachgewisen, quantitativ durch Ausfällung mit NH_3, Glühen und gravimetrische Wägung und Berechnung (als Fe_2O_3). Eisen-II-salzlösungen reagieren mit rotem Blutlaugensalz zu Turnballs Blau, Eisen-III-Salze mit **gelbem** Blutlaugensalz zu **Berliner Blau:**

a) mit Thiozyanaten:
$Fe^{3+} + 3\ SCN^- \rightarrow Fe(SCN)_3$
(tiefroter Trithiocyanatoeisenkomplex)

b) Berliner Blau:
$4\ Fe^{3+} + 3\ K_4[Fe(CN)_6] \rightarrow Fe_4[Fe(CN)_6]_3\downarrow + 12\ K^+$
(aus **gelbem** Blutlaugensalz und Fe^{3+})

c) Turnballs Blau:
$3\ Fe^{2+} + 2\ K_3[Fe(CN)_6] \rightarrow Fe_3[Fe(CN)_6]_2\downarrow + 6\ K^+$
(aus **rotem** Blutlaugensalz und Fe^{2+})

Neben den Blutlaugensalzen Tetrakalium-hexacyanoferrat-II (gelb) und Trikalium-hexacyanoferrat-III („Rotkali") sind Eisen-III-chlorid, Eisenvitriol ($FeSO_4 \cdot 7\ H_2O$) und Eisenpentacarbonyl, Formel: $Fe(CO)_5$, die technisch wichtigsten Verbindungen des Eisens.

Die **Blutlaugensalze** haben ihre Trivialnamen von ihrer früheren Herstellung her (durch Erhitzen von Blut mit Pottasche und Auslaugen der Schmelze mit Wasser). Sie werden zur Farbverbesserung von Wein, zur Herstellung des Farbstoffes Berliner Blau und zum Härten von Stählen verwendet. Das rote Blutlaugensalz ist giftig (!) und unbeständig und entsteht aus dem gelben Blutlaugensalz durch elektrolytische Oxidation:
$\mathbf{2\ K_4[Fe(CN)_6] + 2\ H_2O \rightarrow 2\ K_3[Fe(CN)_6] + 2\ KOH + H_2\uparrow}$.

Das rote Blutlaugensalz wird für **Blaupausen,** zur Blaufärbung von **Textilien** und als oxidierender Bestandteil der **Farbfilmentwicklung** genutzt. Eisensulfat ist ein wichtiges Nebenprodukt der Titanoxid-Herstellung und der Ausfällung von Zementkupfer aus Kupfersulfatlösung: $\mathbf{CuSO_4 + Fe \rightarrow Cu\downarrow + FeSO_4}$. Eisensulfat dient ebenfalls der Färberei sowie für Tinten, zur Unkrautvernichtung, Desinfektion, Holzimprägnierung und in der Fotografie.

Symbol	RAM (u)	Dichte ϱ (g/cm³)	Fp. (°C)	Kp. (°C)
Fe	55,85	7,86	1540	3000
Co	58,93	8,90	1460	2900
Ni	58,71	8,90	1450	2730
Ru	101,07	12,45	2450	4150
Rh	102,9	12,41	1960	3670
Pd	106,4	12,01	1552	2930
Os	190,2	22,61	3050	5020
Ir	192,22	22,65	2454	4530
Pt	195,1	21,4	1770	3825

Tabelle 4.3.5-1 **Die 8. Nebengruppe**
(zum Vergleich mit Co, Ni und den Platinmetallen)

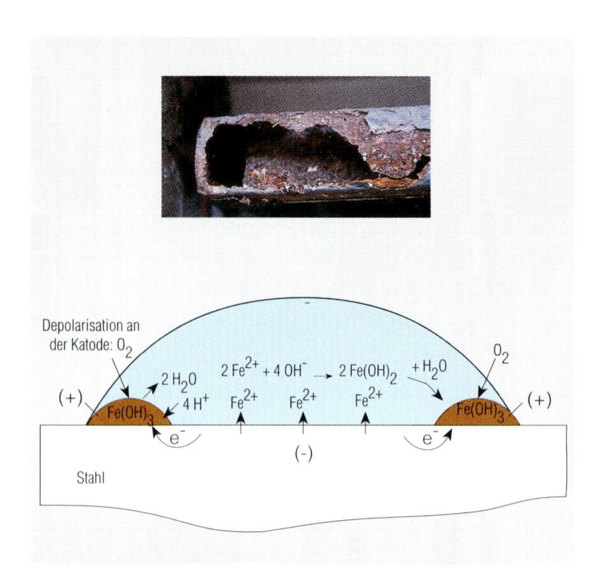

Abb. 4.3.5-2 **Rostbildung**
Eisen bildet an Luft eine gegen Wasser nicht beständige Oxidschicht. Unter der Oxidschicht bilden sich im Wasser mit CO_2 und O_2 Lokalelemente, die eine weitere Korrosion ermöglichen. Das oxidierte Eisen (FeO) wird über Eisen-III-hydroxid schnell zu **Rost** (≈ FeOOH) umgewandelt. Aluminium hingegen – obwohl es viel unedler ist als Eisen – bildet eine **dichtere** Oxidschicht. Es ist daher witterungsbeständig.

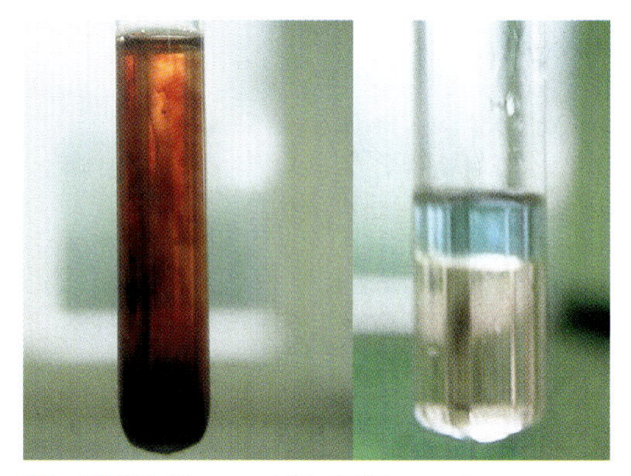

Abb. 4.3.5-3 **Eisen- und Kobalt-Thiozyanat**
Beim nassanalytischen Nachweis von Eisen und Kobalt (im Trenngang in der Ammoniumsulfid-gruppe, vgl. Kap. 3.1) wird Kobalt als hellblauer, in Ether-Amylalkohol-Phase löslicher $Co(SCN)_2$-Komplex nachgewiesen. Spuren von Fe^{3+}-Ionen stören diesen Nachweis, da mit diesem Nachweismittel das rote $\mathbf{Fe(SCN)_3}$ entsteht. Im Trenngang muss daher vor Zugabe des Nachweismittels NH_4SCN-Lösung das Eisen durch Zugabe eines Spaltels NaF als farbloser Hexafluoroferrat-Komplex $[FeF_6]^{3-}$ „maskiert" werden.

Abb. 4.3.5-4 **Berliner Blau**
Zur Bildung des Pigmentes mit der Formel $Fe_4[Fe(CN)_6]_3$ siehe links im Text und vgl. in Kap. 3.1 (qualitativer Fe-Nachweis)!

4.3.6 Kobalt, Nickel und die Platinmetalle

a) Kobalt (Co) und seine Verbindungen

Kobalt und Nickel gehören zu den Legierungs- und Buntmetallen.
Aus sulfidischen und arsenidischen Kobalterzen wie Carrollit ($CuS \cdot Co_2S_3$) und Cobaltglanz (CoAsS) wird Kobalt als **Nebenprodukt der Kupferverhüttung** erzeugt, indem die Co-Mineralien durch Flotation angereichert und das Co-Metall aus den Cu/Co-Laugen elektrolytisch abgeschieden wird. Aus oxidischen und sulfidischen Vorstufen kann das Metall auch pyro- oder hydrometallisch extrahiert werden. Pro Jahr werden um 30 000 t Co erzeugt (Nickel: 1 Mio. t, Eisen: fast 800 Mio. t), das Metall kostet rund 50 €/kg (Nickel: 6–7 €/kg) und wird **für Legierungen** verwendet, z. B. mit Kupfer. Es bildet magnetische, hochfeste und temperaturbeständige Stähle (**Superalloys** für heiße Turbinenteile in Düsentriebwerken: 54 % Co, 25,5 % Cr und 10,5 % Ni nebst W, Fe und C – ferner abriebfeste Stellite und das als Knochen- und Zahnersatz dienende Vitallin aus 65 % Co, 30 % Cr und 5 % Mo).

b) Nickel und seine Verbindungen:

Nickelerze wie Nickelmagnetkies ($CuFeS_2 \cdot NiS$), Nickelblende NiS, Rotnickelkies (NiAs), Arsennickelkies (NiAsS) und Antimonnickel (NiSb) werden in Schacht- oder Flammöfen geröstet und als Rohstein abgestochen (enthält FeS, Cu_2S und NiS), der bei der Eisenherstellung im Konverter zu Feinstein umgesetzt wird (FeS wird hier zusammen mit FeO zu Eisen, während Cu_2S und NiS im Feinstein verbleiben). Der Feinstein wird im Hochdruckcarbonylverfahren bei 200 bar und ca. 200 °C mit CO zum flüchtigen $Ni(CO)_4$ umgesetzt, durch fraktionierte Destillation gereinigt und thermisch zersetzt, wobei hochreines Ni-Pulver entsteht. Oxidische Nickelerze werden mit Wasserstoffgas bei 700 °C reduziert und in NH_3-Lösung ausgelaugt. Das Metall wird dann elektrolytisch extrahiert (vgl. Abb. 4.3.6-2).

Nickel als Metall wird zur Herstellung sehr zäher, harter Legierungen genutzt (**Korrosionsschutz,** Überzüge durch Plattieren und Galvanisieren), als **Münzmetall** (Cu + Ni), für den Bau chemischer Apparate und Laborgeräte (Passivierung gegen konz. oxidierende Säuren; Tiegel), Thermoelemente, **Ni-Cd-Akkumulatoren** und magnetische Werkstoffe (bis 353 °C).

Anorganische **Nickelsalze** sind zwar relativ ungiftig, verursachen allerdings **Allergien („Nickelkrätze").** Organische Nickelverbindungen wie $Ni(CO)_4$ sind hochgiftig. Nickelstäube gelten als karzinogen. Nickel-II-chlorid und -sulfat sind farbig (goldgelb/grün) und werden zur Herstellung von Ni-Katalysatoren, zur galvanischen Vernickelung und zum Färben von Keramik eingesetzt. Auch NiO wird zur Färbung von Gläsern genutzt (grau).

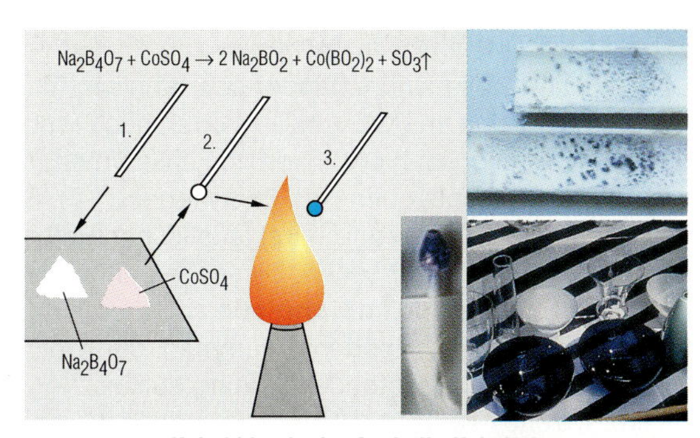

Abb. 4.3.6-1 Kobaltblau in der Analytik, Kobaltglas

CoO reagiert auf der Magnesiarinne mit Al_2O_3 zum Spinell (Doppeloxid) **„Thénards Blau"**, auch in der **Phosphorsalzperle** mit $(NH_4)_2HPO_4$ entsteht eine blaue Verbindung ($CoPO_3$). Im **Kobaltglas** stellt CoO ebenfalls ein Farbpigment dar. Kobaltglas hält bei der Betrachtung einer durch Na-Salze gefärbten Flamme die orangegelbe Na-Linie zurück, sodass weitere Bestandteile wie z. B. K^+ erkannt werden können.
Kobalt-II,III-oxid Co_3O_4 bildet schwarze, wasserunlösliche Kristalle, die in der **Glas-, Email- und Porzellanindustrie** zur Blaufärbung dienen (seit dem 3. Jh. v. Chr.), da Kobalt-II-oxid CoO und Aluminiumoxid sich auch hier zu **Thénards Blau** vereinen, einem Spinell vom $MgAl_2O_4$-Typ: $\mathbf{CoO + Al_2O_3 \rightarrow CoAl_2O_4}$ (blau).

Zusatzinfo zum Kobalt:

Die Thénards-Blau-Reaktion wird, wie gesagt, als Vorprobe bzw. Aluminiumnachweis in der Analytik benutzt: Frisch gefälltes Aluminiumhydroxid wird mit 1 Tropfen verdünnter Kobalt-II-nitratlösung beträufelt und auf der Magnesiarinne in der Oxidationszone geglüht. Die Blaufärbung zeigt dann an, dass der weiße Niederschlag vom Aluminiumhydroxid stammt. Beim Überschuss von $Co(NO_3)_2$ entsteht jedoch störendes, pechschwarzes Co_3O_4.
Kobaltnachweis in der Analytik: Mit Thiocyanatlösungen reagieren Kobalt-II-Salze im Neutralen zu blauem $Co(SCN)_2$, im Sauren zu $H_2[Co(SCN)_4]$, welches mit Amylalkohol und Diethylether extrahiert wird (Eisensalze stören aufgrund ihrer chemischen Verwandtschaft zum Kobalt den Nachweis durch Rotfärbung und werden durch Zugabe von festem NaF als farbloses Hexafluoroferrat-III $[FeF_6]^{3-}$ „maskiert", vgl. Abb. 4.3.5-3, rechts).
Mit Laugen bilden Kobalt-II-Salze $Co(OH)_2$-Niederschläge, die je nach Temperatur bzw. Wassergehalt blau (in Kälte) bis rosenrot (in Hitze) gefärbt sind. Auch Kobalt-II-chlorid ist je nach Kristallwassergehalt purpurrot ($\cdot$ 6 H_2O) bis blau (wasserfrei) und eignet sich somit als Wasser-, Luftfeuchtigkeits- und Wetteranzeiger. Es wird zudem in der **Galvanotechnik,** zur Herstellung der Co-Verbindung Vitamin B12, für Katalysatoren und eben als **Feuchtigkeitsindikator** genutzt.

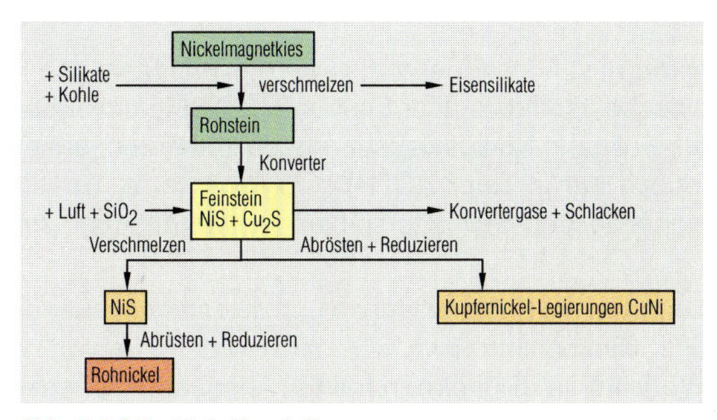

Abb. 4.3.6-2 Nickelherstellung

4.3

c) Die Platinmetalle

Die 6 Platinmetalle sind einander sehr ähnlich. Ihr **edler Charakter** wächst im PSE von links oben nach rechts unten, ihre Oxidationszahlen sinken von links unten (Os bis zu +VIII) nach rechts oben (Pd, überwiegend +II). Sie bilden leicht **Komplexe** von charakteristischer Farbe, ihre Mineralien sind äußerst selten. Diese werden zur **Gewinnung der Edelmetalle** im **Rohplatin** angereichert (Flotation, Extraktion aus Anodenschlämmen der Gold- und Nickelreinigung, chlorierende Röstung sulfidischer Mineralien), welches ca. 80 % Pt, 10 % Fe und je 1% der restlichen Pt-Metalle enthält. Durch Auflösen in Königswasser (HNO_3 + 3fache Menge HCl) entsteht königswasserlösliches **Platiniridium** (Pt, Ir, Rh, Pd) und das hierin unlösliche **Osmi(um-i)ridium** (Os, Ir, Rh, Ru). Ihre weitere Trennung ist äußerst kompliziert. Weltweit werden nur ca. 200 t Pt-Metalle jährlich gewonnen, davon in Südafrika allein 50 %, GUS-Staaten 40 % und Kanada 6 %. Zum **Verflüssigen** der hoch schmelzenden Platinmetalle werden besondere Techniken benötigt (Schutzgasatmosphäre, Induktionsöfen, Keramiktiegel aus Al_2O_3 oder ZrO_2 oder MgO). Die Chemie der Pt-Metalle ist sehr vielfältig (Elektronenkonfigurationen d^6 bis d^8), sie bilden oktaedrische (d^6) und quadratisch-planare (d^8) Koordinationsverbindungen(-Komplexe).

Platin als technisch wichtigstes Pt-Metall ist häufiger als Gold und kann bis zum Hundertfachen seines Volumens an **Wasserstoffgas atomar absorbieren** (guter **Katalysator;** ähnlich: **Palladium**). Es kann von Königswasser als **Hexachloroplatinat-IV H_2PtCl_6** gelöst, von Basen, Cyaniden, Halogenen und Schwefel angegriffen werden und Knallgasgemische oder Methanoldampf-Luft-Gemische explosionsartig entzünden. Es wird als Legierung für Laborinstrumente, Raketenspitzen, Heizdrähte, Zahnersatz, Elektroden, Kontakte, Thermoelemente und als Katalysator z. B. bei der H_2SO_4-Herstellung gebraucht.

Ruthenium, Rhodium und **Palladium** weisen dem Platin ähnliche Eigenschaften auf, haben jedoch geringfügig geringere Dichten (12,0–12,4 g/cm³) als Platin (21,45 g/cm³).

Iridium ist noch teuerer als Pt – das dichteste und korrosionsbeständigste aller Elemente (22,65 g/cm³)! Es kann als Pulver in Königswasser angeätzt werden, ansonsten jedoch nur in einer KOH–K_2CO_3-Schmelze. Es wird für Kontakte und Füllhalterspitzen verwendet (vgl. rechts).

Osmium als Pulver bildet an Luft das stark riechende, giftige Osmiumtetroxid OsO_4 und wird in Legierung mit **Wolfram** in Glühbirnendrähten eingesetzt (Osmium + Wolfram = „Osram").

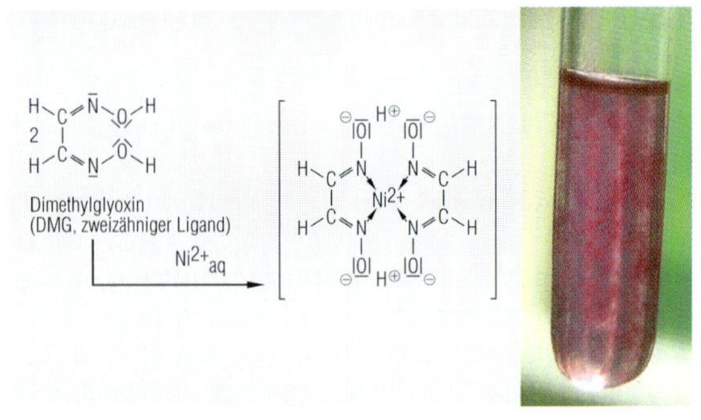

Abb. 4.3.6-3 Nickelnachweis

Ni^{2+}-Ionen bilden mit Dimethylglyoxim-Lösung (DMG) himbeerrote Ni-DMG-Niederschläge.

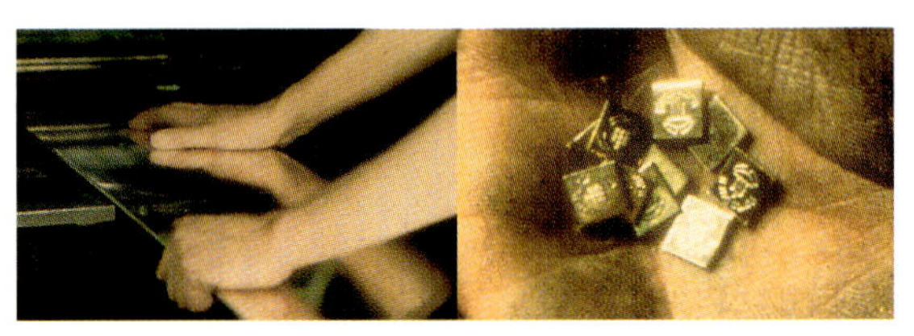

Abb. 4.3.6-4 Walzen von Platinmetallblech

Platin-Rhodium-Legierungen (oder auch andere Platinmetalle) werden zu Blechen gewalzt und ggf. Netzen und Drähten weiterverarbeitet, um sie für Dentalprodukte bzw. zum Reaktorenbau zu nutzen – Letzteres insbesondere für Katalysatoren – so z. B. in λ-Sonden (im Kfz-Kat.) oder zur Ammoniak-Oxydation (vgl. Abb. 2.4.3-2, 4 und 5).

Metall	WJP (t/a, 1987)	Preis (DM/g, 1987)	WJP (t/a, 1996)	Preis (DM/g, 1996)
Pt	95	30,–	110	27,–
Pd	95	8,–	110	20,–
Rh	10	70,–	12	52,–
Ru	10	5,–	ca. 5	
Ir	1	20,–	ca. 10	≥20,–
Os	0,5	40,–	ca. 1	um 40,–
Au	1300	25,–	3500	18,–
Ag	11000	0,40	9000	ca. 0,45

Tabelle 4.3.6-1 Edelmetalle und ca.-Preise

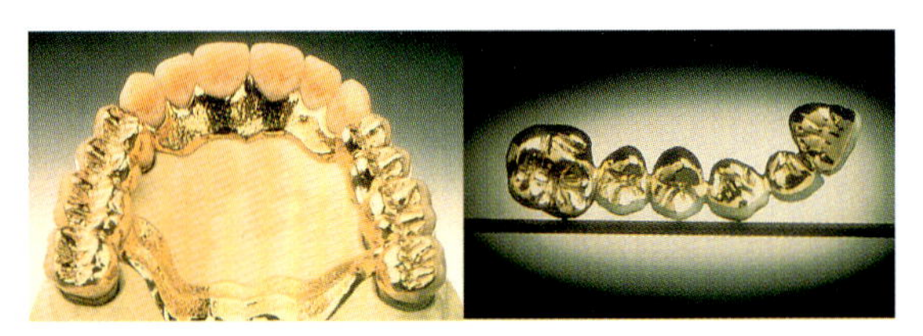

Abb. 4.3.6-5 Gegenstände aus Pt-Metallen

Dental-Legierungen weisen neben den 6 Pt-Metallen oft auch Anteile von Ag, Au, Cu, Sn, In, Ga, Ge und Zn (+ ggf. Co, Ni und Mo) auf. Pt–Ru–Pd-Legierungen werden auch für **Schalterkontakte** genutzt, Rh–Pt–Pd-Legierungen für **Spinndüsen, Heizspiralen, Thermoelemente** und Schmuck, Pt–Pd-Legierungen für **Platintiegel, Zahnersatz** (s. o.) und **elektrische Kontakte,** Au–Pd-Legierungen für Schmuck, Os und Ir und ihre Legierungen für **Federspitzen, Injektionsnadeln** und Lager, reines Pt für **Katalysatoren,** Thermoelemente, **Elektroden,** Glasdurchführungen, Raketenspitzen, Heizdrähte, **Laborinstrumente** und Düsen.

4.3.7 Die Buntmetalle

Die Nebengruppen 1.–7. im PSE **(d-Block)** weisen viele Metalle auf, deren Kationen und Verbindungen ausgesprochen farbig sind.
In der **1. Nebengruppe** treffen wir auf:

Symbol	RAM (u)	Dichte ϱ (g/cm³)	Fp. (°C)	Kp. (°C)
Cu	63,55	8,96	1083	2600
Ag	107,87	10,5	961	2210
Au	196,97	19,3	1063	2970

Cu, Ag und Au kommen in der Natur im Mengenverhältnis von 1000 : 20 : 1 vor. Im Unterschied zu den Metallen der 1. Hauptgruppe sind die einwertigen Übergangsmetalle hoch schmelzend, von edlem Charakter, haben kleinere Atomradien und überwiegend wasserunlösliche, oxidierend wirkende Verbindungen.

a) Kupfer:

Schon 4500 v. Chr. entstanden auf dem Sinai erste Kupferbergwerke, da sich oxidische Kupfererze leicht mit Holzkohle reduzieren lassen **(Kupfer-/Bronzezeit).** Neben gediegenem Kupfer (Begleitmetalle: Fe, Ni, Pb, Ag, Au) finden sich Kupferkies (Chalkopyrit, $CuFeS_2$), Buntkupfererz (Cu_3FeS_3), Kupferglanz (Cu_2S), Rotkupfererz (Cuprit, Cu_2O) und Malachit [hellblau: $Cu_2(OH)_2(CO_3)_2$ – ähnlich: Azurit/Kupferlasur: $Cu_3(OH)_2(CO_3)_2$]. Die **Arbeitsschritte der Kupferverhüttung** sind: **Aufbereitung, Röstung, Schmelzmetallurgie** und die **Raffination.** Die Aufbereitung (physikalisch vorbereitender Prozess) erfolgt durch Flotation (Anreicherung von CuS im Flotationskonzentrat) und Sedimentation, die **Röstung** (chemisch vorbereitender Prozess) in Wirbelschichtreaktoren bei 500–900 °C. In exothermer Reaktion verbrennen die Sulfide zu Oxiden – das SO_2-Gas geht in die Schwefelsäureproduktion.
Es reagieren:
$\mathbf{2\,Cu_2S + 3\,O_2 \rightarrow 2\,Cu_2O + 2\,SO_2\uparrow}$,
$\mathbf{2\,CuFeS_2 + O_2 \rightarrow Cu_2S + 2\,FeS + SO_2\uparrow}$,
$\mathbf{FeS^2 + O^2 \rightarrow FeS + SO_2\uparrow}$
(FeS kann u. U. bis zum Fe_2O_3 aufoxidiert werden).

Schmelzmetallurgisch wird dann die leichtere, oxidische Phase (3–4 g/cm³ Schlacke) von der sulfidischen („Matte" 4–6 g/cm³) getrennt. Die **Matte** bildet sich nach: $\mathbf{Cu_2O + FeS \rightarrow Cu_2S + FeO}$, die Schlacke aus:
$\mathbf{2\,FeO + SiO_2 \rightarrow Fe_2SiO_4}$. Durch Einblasen von Luft und Zuschlag von Quarzsand wird die Matte in Konvertern von Eisensulfid befreit **(„Verblaserrösten")** und **Rohkupfer** (mit 94–97 % Cu, Rest Edelmetalle) erschmolzen:
$\mathbf{2\,FeS + 3\,O_2 \rightarrow 2\,FeO + 2\,SO_2\uparrow}$ (exotherm) und:
$\mathbf{2\,FeO + SiO_2 \rightarrow Fe_2SiO_4}$ (endotherm).

Die **Rohkupferbildung** erfolgt nach:
$\mathbf{2\,Cu_2S + 3\,O_2 \rightarrow 6\,Cu + 3\,SO_2\uparrow}$.

Abb. 4.3.7-1 Buntmetallsalze
Hauptsächlich wurden hier die Sulfate und **Vitriole** (mit Kristallwasser) von Metallen wie Cu (blau), Cr (violett), Ni (grün), Co (rosaviolett), Mn (hellrosa), Zn (farblos) und Fe (in $FeSO_4$: hellgrün) abgebildet.

Abb. 4.3.7-2 Münzmetalle
Für Kleinmünzen werden gerne auch Buntmetalle und ihre Legierungen benutzt, in Kriegen und Notzeiten aber auch Eisen, Edelstahl, Zink und Aluminium.

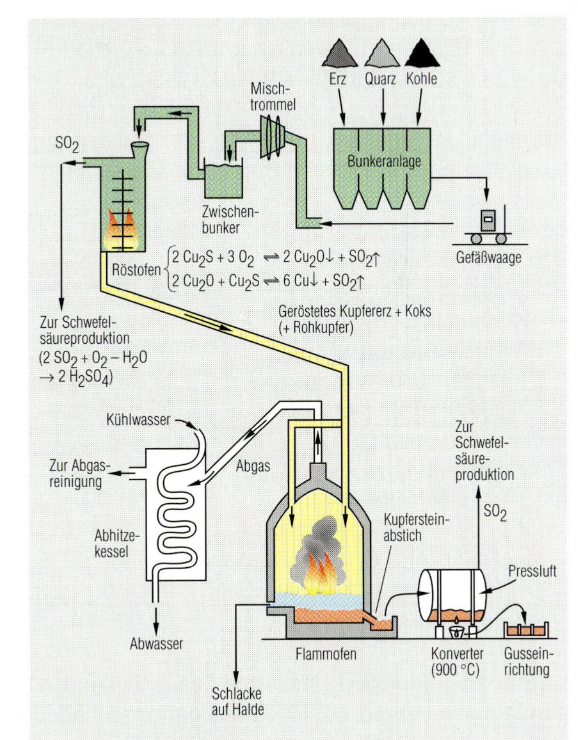

Abb. 4.3.7-3 Standard-Rohkupfergewinnung
Kupfer dürfte nach Eisen und Aluminium das wichtigste Gebrauchsmetall sein (WJP: rd. 11 Mio. t/a), es ist zudem das preiswerteste Edelmetall. Nach Silber hat es die höchste elektrische Leitfähigkeit. Über 50 % der Cu-Erzeugung gehen daher als **Leitungsmaterial** in die Elektrotechnik und Elektronik, weitere Anteile in die Galvanotechnik, die Münzprägung, den Rohre- und Apparaturenbau sowie – als Messing – in Munitionsfabriken.

Ein Verfahren der kontinuierlichen (ununterbrochenen) Kupferverhüttung (Rösten, Matte-Schmelzen und Verblaserrösten) ist das so genannte **Mitsubishi-Verfahren.** Die Kupferreinigung **(Raffination)** erfolgt zweistufig: Im Raffinationsschmelzen wird das Rohkupfer in Flammöfen mit Schlacke bildenden Zuschlägen umgesetzt (Zn, Pb, As, Sb entweichen, Fe und Ni verschlacken), sodass 99%iges Cu mit 1% Edelmetallanteil entsteht. Dieses **Garkupfer** wird in Form von Anodenplatten elektrolysiert. Jährlich werden in der BRD fast 0,6 Mio. t Cu produziert (weltweit 11 Mio. t), davon 40% aus Altkupfer und Abfällen). Der größte Cu-Anteil geht in die **Elektronik und Elektrotechnik** als **Leitungsmaterial** (nach Silber ist Kupfer der beste elektrische Leiter), nur 2% zur Herstellung von Kupferverbindungen (vorwiegend Kupfersulfat). Der Rest ist für Legierungen, Münzen, Rohre, Apparaturen, Installationen, Galvanotechnik und Munitionshülsen.

Das Hauptproblem der Kupferherstellung ist somit also der Schwefel: Aus 1000 t Gestein fallen so 200 t Roherz (0,5% Cu) und 4 t Erzkonzentrat (25% Cu) an – hieraus also 1 t Rohkupfer, aber auch 1–2 t Schwefel.

Kupfermetall wird nur von oxidierenden Säuren angegriffen (HNO_3 oder heiße, konz. H_2SO_4):
$3\,Cu + 8\,HNO_3 \rightarrow 3\,Cu(NO_3)_2 + 4\,H_2O + 2\,NO$ /
$Cu + 2\,H_2SO_4 \rightarrow CuSO_4 + 2\,H_2O + SO_2$, aber auch von Schwefel und schwefelhaltigen Substanzen (ähnlich dem Silberlöffel im Eigelb). Unedle Metalle scheiden aus Kupfersalzlösungen umgekehrt Kupfer ab (Zementation).

Bedeutende **Cu-Legierungen** sind **Messing** (Cu/Zn) und **Bronzen** (Cu/Sn):
- Rotmessing (Tombak: neben Cu bis zu 20% Zn),
- Gelbmessing (20–40% Zn),
- Weißmessing (80% Zn),
- Phosphor- oder Kanonenbronze (7% Sn, 0,5 % P),
- Siliziumbronze (1–2% Si),
- Glockenbronze (20–25% Sn),
- Aluminiumbronze (5–12% Al),
- Konstantan (40% Ni),
- Lagermetall (15% Pb, 7% Sn),
- Neusilber (Alpaka, 20% Ni, 20% Zn) und
- Monelmetall (65–79% Ni) sowie
- Rotgold (Cu/Au).

Kupferverbindungen sind farbig (blaugrün) und in geringen Mengen verträglich, für Kleinorganismen jedoch tödlich. Der menschliche Körper enthält ca. 150 mg Cu^{2+} – täglicher Bedarf: 2 mg. Nachgewiesen wird Kupfer durch seine intensiv grüne Flammenfärbung in Gegenwart von Halogenidionen (Beilstein-Probe), die Bildung tiefblauer Tetramminkomplexe mit NH_3 – oder quantitativ als CuS-Niederschlag, der geglüht und als schwarzes CuO gewichtsanalytisch bestimmt wird.

Abb. 4.3.7-4 Kupferraffination

Oben im Bild Anodenplatten aus Rohkupfer zur elektrolytischen Raffination, unten Anodenschlamm. Bei der großtechnischen Kupferraffination fällt der Anodenschlamm (Silber, Platinmetalle, Gold) unter Umständen gleich schaufelweise an!

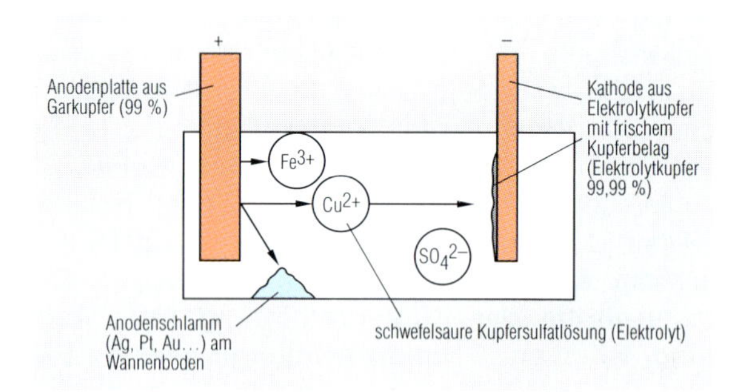

Abb. 4.3.7-5 Elektrolytische Kupferraffination

Abb. 4.3.7-6 Kupfersalze (blau) und Chromalaun (violett)

Kupfervitriol $CuSO_4 \cdot 5\,H_2O$ bildet lasurblaue, trikline Kristalle, die in wässriger Lösung sauer reagieren (pH unter 4,2!) und bei Erwärmung Kristallwasser abgeben (wasserfreies $CuSO_4$ ist weiß). In der Landwirtschaft wird es – in Kalkmilch oder Sodalösung eingerührt – als Fungizid verspritzt, in der Galvanotechnik zur Herstellung von Cu-Überzügen, zum Metallisieren von Kunststoffen und zur Produktion von Farbstoffen (z. B. das Pigment Cu_2O sowie das zur Schwarz-/Blau-/Grünfärbung von Email verwendete CuO). **Kupferseide** (Kupfer-Reyon) ist in Kupfertetramminlösung (Bild oben: rechts) gelöste Seide – ein farbiger Zellulose-Tetramminkupfer-Komplex. Überschüssiges $Cu(OH)_2$ wird bei der Kupferseideherstellung anschließend mit verdünnter H_2SO_4 aus dem Faden gelöst. Die so behandelte Seide lässt sich nun wie Baumwolle färben (für: Unterwäsche, Kleiderfutterstoffe, Strümpfe).
Rechts im Bild der **Cu^{2+}-Nachweis** als tiefblaue Kupfertetramminlösung; der nur bei pH > 7 beständige Komplex hat die Formel $[Cu(NH_3)_4]^{2+}$.

b) Silber

Silber – seit dem 4. Jahrtausend v. Chr. als Schmuckmetall bekannt – ist **der beste thermische und elektrische Leiter** überhaupt, sehr duktil und löslich in HNO_3, in warmer konz. H_2SO_4 und Cyanidlösungen (Komplexbildung). Es kommt gediegen sowie in Form sulfidischer Erze vor – schon an Luft reagiert es mit H_2S zu schwarzem Silbersulfid-Belag.

20 % des Silbers wird aus Silbererzen gewonnen (durch **Cyanidlaugerei:** Unter Durchlüftung lösen sich die Erze in 0,2%iger NaCN-Lösung zu $Na[Ag(CN)_2]$, aus dem mit Zinkpulver das Silber ausgefällt wird – Nebenprodukt: $Na_2[Zn(CN)_4]$), das meiste Silber jedoch aus dem Nebenprodukt **Werkblei.**

Das bei der Bleigewinnung aus Bleiglanz (PbS) anfallende Material enthält bis zu 1 % Ag. Dem geschmolzenen Werkblei wird 1–2 % Zn zugegeben **(„Parkesieren"),** sodass beim Abkühlen unter 400 °C aufgrund der Dichteunterschiede zwei nicht legierbare Phasen entstehen (Pb und Zn), wobei sich das Silber im Zink löst. Der Zinkschaum wird dann im Seigerkessel über die Schmelztemperatur von Blei erwärmt, sodass an der Oberfläche des „Armbleis" der „Reichschaum" abgeschöpft werden kann, aus dem Zn abdestilliert wird. Dieses **„Reichblei"** enthält dann schon bis zu 25 % Ag.

Bei der Oxidation durch Luft im Flammofen bildet Blei dann PbO, während Ag unverändert bleibt. Das PbO wird abgezogen, bis dass die Oxidschicht auf der Silberschmelze aufreißt **(„Silberblick").** Das Roh- bzw. Blicksilber wird elektrolytisch gereinigt (Feinsilber: 99,9 % bis 99,999 %).

Es werden jährlich weltweit 9000 t Silber erzeugt (BRD: 90 t/a), der Bedarf liegt höher. Die Fehlmenge wird durch Altsilber und Vorräte ergänzt. 1 kg Silber kostet rund 150–250 € (bei stark schwankendem Silberpreis).

Silbersalze („Höllenstein" = $AgNO_3$, einzig lösliche Silberverbindung) werden durch Niederschlagsbildung mit Chloridionen nachgewiesen. **AgCl** löst sich im Gegensatz zu AgBr, AgI, $PbCl_2$ u. Ä. schon in verdünntem Ammoniakwasser.

In der **Schwarz-Weiß-Fotografie** werden durch **Belichtung** silberbromidhaltiger Negative kleine Kristallisationskeime von Silberatomen erzeugt, wobei das Brom mit Gelatine reagiert. Beim **Entwickeln** wird so das ganze, belichtete AgCl- oder AgBr-Körnchen durch Reduktionsmittel zu Silber, während das unbelichtete Silberbromid beim **Fixieren** (Fixiersalz = Natriumthiosulfat) komplex gelöst wird:

$$AgCl + 2\,Na_2S_2O_{3\,aq} \rightarrow Na_3[Ag(S_2O_3)_2]_{aq} + NaCl_{aq}.$$

Erst nach dem Fixieren darf der Film wieder dem Licht ausgesetzt werden.

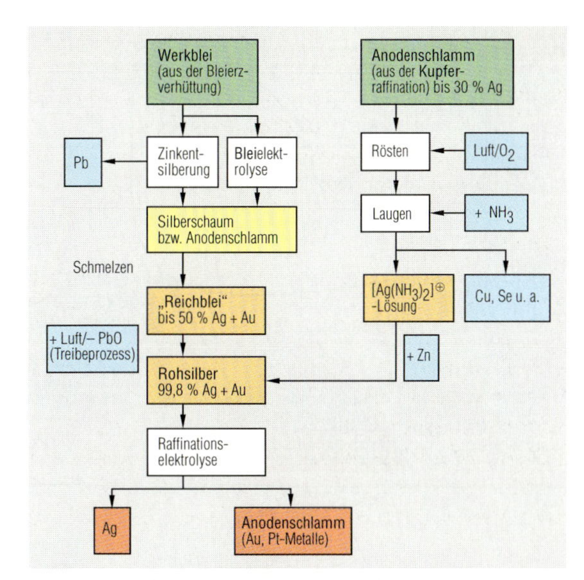

Abb. 4.3.7-7 Silbergewinnung

Abb. 4.3.7-8 Silberchlorid, Silber und Gold

Links im Bild wurde der Chloridnachweis mit Silbernitratlösung durchgeführt, es entsteht ein weißer Silberchloridniederschlag (AgCl). Rechts ein Silberbarren (1 kg) zusammen mit Gold- und Silbermünzen.

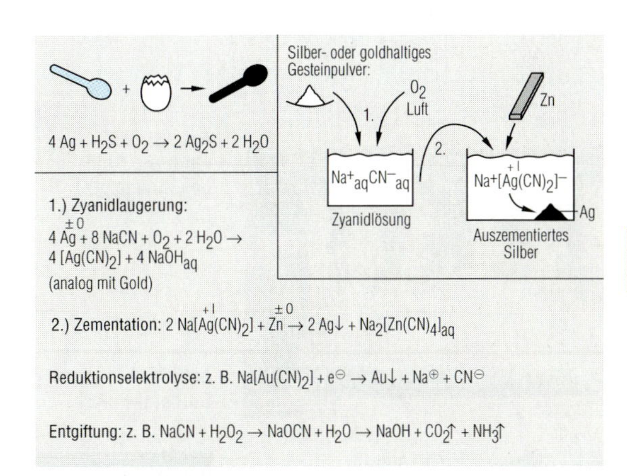

Abb. 4.3.7-9 Chemische Reaktionen mit Silber und Gold

Links oben angelaufenes Silberbesteck: Mit schwefelhaltigen Nahrungsmitteln (z. B. Ei) oder Schweißausdünstungen entsteht schwarzes Silbersulfid, Ag_2S. Rechts Zyanidlaugerei von Silbererzen: Metallisches Silber wird aus taubem Gestein mit Silbererzen gewonnen, indem man das fein gemahlene Pulver unter Sauerstoffzufuhr in NaCN-Lösung auslaugt. Es entsteht $Na[Ag(CN)_2]$-Lösung, aus der mit Zink Silberpulver zementiert (Schmelze = Rohsilber, 99 % Ag). Auch Gold wird „ausgelaugt".

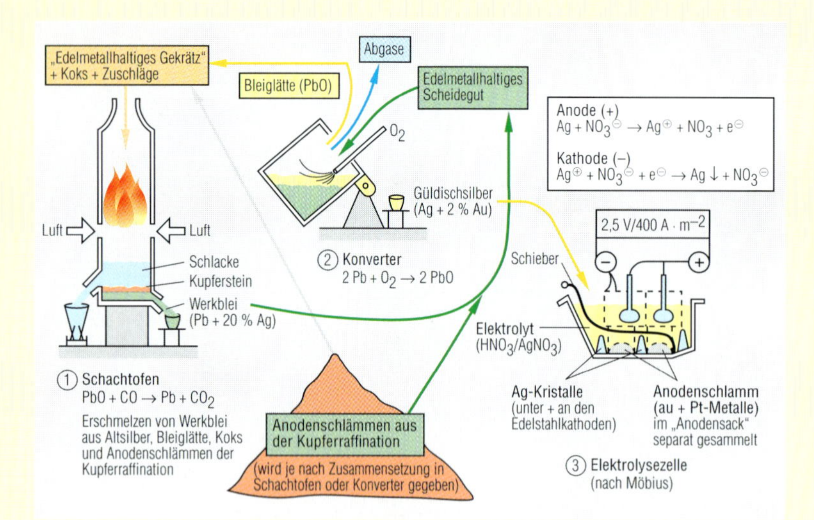

Abb. 1 Silbergewinnung aus Werkblei

Abb. 2 Silberelektrolyse

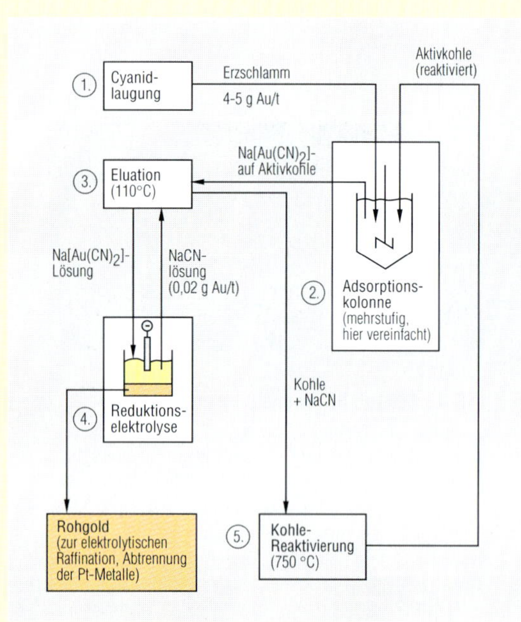

Abb. 3 Moderne Goldgewinnung

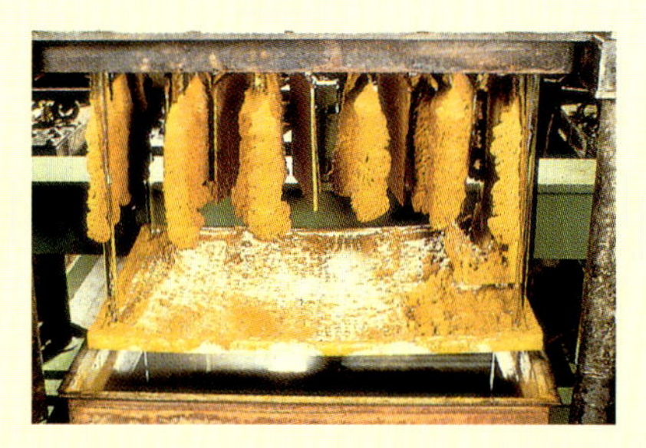

Abb. 4 Goldelektrolyse

Der jahrhundertelange Traum der Alchimisten, aus Steinen Gold zu machen, dem „König der Metalle“ – im Zeitalter von Technik und Industrie hat er sich erfüllt. Da Silber und Gold als Metalle Elemente sind, bedarf es zu ihrer Gewinnung natürlich silber- und goldhaltiger **Erze, „Gekrätze“** oder der **Anodenschlämme** aus der elektrolytischen Kupferraffination (Abb. 4.3.7-4 und 4.3.7-5).

In Schachtöfen wird aus diesen Gemengen, Altsilber, Bleiglätte und Koks zunächst silberhaltiges **Werkblei** erschmolzen (ca. $^1/_5$ Silber; Abb. 1). Durch Oxidation des Bleis in Konvertern entsteht hieraus **Güldisch-Silber** (um 2 % Au), das in Möbius-Elektrolysezellen raffiniert wird (Abb. 2). Deren Anodenschlamm, goldhaltige Erze und Abfälle (z. B. Elektroden auf Mikrochips, Altgold usw.) können durch **Zyanidlaugung** in Golderz-Schlämme überführt werden, die von Aktivkohle adsorbiert werden (Abb. 3). Durch **„Eluieren“** mit NaCN-Lösung lässt sich das Dicyanoaureat-I wieder von der Aktivkohle trennen. Die Reduktionselektrolyse oder Zinkstaubzugabe (Zementation durch Zn als Reduktionselektrolysemittel) wird hieraus **Rohgold** gewonnen. Dieses enthält oft einige Prozent Platinmetalle. Um diese abzutrennen, wird auch das Rohgold (ähnlich dem Rohkupfer und Rohsilber) elektrolytisch raffiniert (Abb. 4). Als Anodenschlamm bleiben bei der Rohgoldelektrolyse nun nur zurück: **Platin, Palladium, Iridium** (benannt nach der Göttin Iris), **Rhodium, Ruthenium** (benannt nach Russland) und **Osmium** (von griech. „osmo“ = riechen; es bildet an Luft das stechend riechende Osmiumoxid OsO_4). Zusammen mit ausgedienten, recycelten Pt-Katalysatoren werden die Pt-Metalle in Gleichstrom-Lichtbogenöfen geschmolzen (Abb. 5 und 6).

Auch Gold und Silber werden aufgeschmolzen und zu Barren und Granalien gegossen (Abb. 7 und 8).

Abb. 5 Recycling von Kfz-Abgaskatalysatoren im Hochtemperatur-Elektroofen

Abb. 6 Katalysatorrecycling im Gleichstrom-Lichtbogenofen (um die 3000 °C)

Abb. 7 Goldgranaliengießen – in Sekundenbruchteilen von 1064 °C auf 100 °C

Abb. 8 Goldbarrengießen mit Keramikgefäßen

Auch Zyanide, Thiozyanate und Ammoniak bilden mit Silbersalzen Komplexe, z. T. auch aus den wasserunlöslichen Silberhalogeniden, während Sulfidionen aufgrund der extrem geringen Löslichkeit von Ag_2S selbst mit komplexen Silbersalzen reagieren.

c) Gold

Das dehnbarste aller Metalle ist das **Gold** (Blattgold: bis zu $^1/_{1000}$ mm dünn). Königswasser, Chlorgas, Alkalicyanide und sauerstoffhaltige Thiosulfatlösung können es angreifen. Es kommt vorwiegend gediegen vor, selten auch in Golderzen ($AuTe_2$ – gemischt mit AgTe). Die Goldseifen und -sande werden durch Schwerkrafttrennung abgetrennt **(Goldwäscherei),** durch Cyanidlaugerei (das Golderz wird in 0,02%igem Kalkwasser mit KCN oder NaCN unter Pressluftdurchmischung ausgelaugt:

$$4\,\overset{\pm 0}{Au} + 8\,NaCN + \overset{\pm 0}{O_2} + 2\,H_2O \rightarrow 4\,Na[\overset{+I}{Au}(CN)_2] + 4\,Na\overset{+II}{O}H \text{ und:}$$

$$2\,Na[\overset{+I}{Au}(CN)_2] + \overset{\pm 0}{Zn} \rightarrow Na_2[\overset{+II}{Zn}(CN)_4] + 2\,Au,$$

– löslich auch als Kaliumdicyanoaurat-I, Ausfällung mithilfe von Zink, vgl. Silbergewinnung und S. 258) oder durch **Amalgamierung** mit Quecksilber (amalgamierte Kupferbleche halten den Goldstaub der darüber fließenden Sedimentaufschlämmung zurück; Hg wird bei 600 °C wieder verdampft).

Das **Rohgold** wird dann zu **Feingold** raffiniert (elektrolytisch oder durch Chlorierung der Verunreinigungen infolge Einleitens von Chlorgas in die Rohgoldschmelze). Sein Feingehalt wird in **Karat** angegeben: 24 Karat = 1000 Promille. Jährlich werden 1300 t Gold produziert und 200 t aus Altgold gewonnen (insgesamt bisher: 100 000 t Au) – 1 kg Gold kostet je nach Marktlage rund 7 500 € (1999). Es wird als Schmuckmetall, in der Elektronik, als Zahngold, Münzmaterial und für Infrarotreflektoren in der Satellitentechnik verwendet. Aufgrund geringer Härte wird es mit Ag und Cu legiert.

Kaliumdicyanoaurat-I (farblos, sehr giftig!) dient der stromlosen Vergoldung und wird durch anodisches Auflösen von Au in wässriger KCN-Lösung gewonnen.

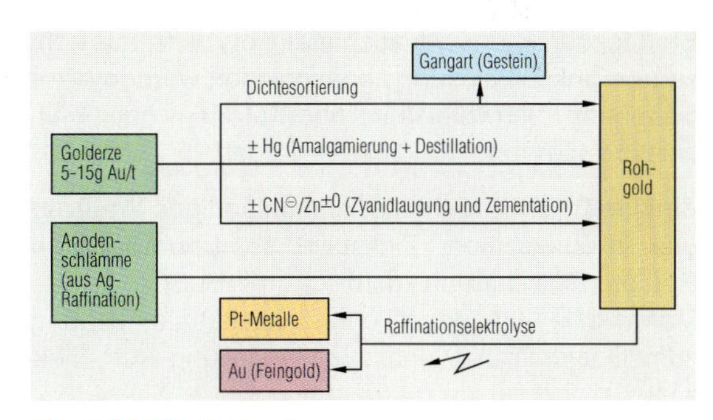

Abb. 4.3.7-10 **Goldgewinnung**

Wiederholungsfragen zur Kupfergruppe

1. In welchen Arbeitsschritten läuft die **Kupferverhüttung** ab?
2. Welche Reaktion laufen beim Rösten **sulfidischer (Kupfer-)Erze** ab – welche bei der Reduktion oxidischer Kupfererze?
3. Welche Nebenprodukte treten bei der **Verhüttung und Raffination von Kupfer(-erzen)** auf? Wie lassen sie sich nutzen?
4. Was sind Verbindungen höherer Ordnung **(Komplexe)?** Nennen Sie Beispiele (Namen, Formeln, Aufbau aus Zentralatomen und ein-/mehrzähnigen Liganden?)!
5. Erklären Sie folgende **Fachbegriffe:** Anodenschlamm, Garkupfer, Verblaserrösten, Parkesieren, Silberblick, Cyanidlaugerei, Fixieren.
6. Nennen Sie mehrere **Kupferlegierungen** – welche Metalle enthalten diese?
7. Wie werden Kupfer- und Silbersalze analytisch nachgewiesen?
8. Wie wird **Silber aus Werkblei** hergestellt?
9. Welche Methoden der **Goldgewinnung** kennen Sie?
10. Nennen Sie jeweils 3–4 **Verwendungsbereiche für Kupfer, Silber und Gold!**
11. **Vergleichen** Sie die 3 Metalle der Kupfergruppe (1. Nebengruppe) mit denen der 1. Hauptgruppe und mit den Eisen- und Platinmetallen: Welche Gemeinsamkeiten und Unterschiede fallen Ihnen auf?
12. Silber und Kupfer sind besonders gute elektrische Leiter. Erläutern Sie das Modell der **Metallbindung:** Welche Eigenschaften sind allen Metallen gemeinsam – und warum? (vgl. u. U. mit Nicht- und Halbleitern, z. B. der 4. Hauptgruppe!)
13. Warum lässt sich Kupfer aus seinen oxidischen Erzen einfacher herstellen (schon mit Holzkohle) als z. B. Eisen oder Aluminium aus ihren jeweiligen Oxiden? (Für Eisen werden Hochöfen benötigt, zur Aluminiumgewinnung hingegen gigantische Mengen an elektrischer Energie).
14. Erläutern Sie am Beispiel einfacher Redoxreaktionen (z. B. Zementation edler Metalle) die „Spannungsreihe der Metalle": Was sind **Edelmetalle** – und warum sind sie im Vergleich zu Alkali- und Erdalkalimetallen so reaktionsträge? (Vgl. Atombau/Stellung im PSE!).
15. Vergleichen Sie die Löslichkeitsprodukte und Komplexstabilität der Ag-Komplexe (Tabelle in Kap. 2.2.9)! Welches Silberhalogenid/-sulfid ist in welchen Komplexbildnern löslich?

4.3.8 Die Metalle der 2. Nebengruppe

a) Zink

Unter den Zinkerzen wie ZnS, ZnO, $Zn_2SiO_4 \cdot H_2O$ und $ZnCO_3$ wird hauptsächlich die **Zinkblende** ZnS (Röstung führt zu ZnO) neben ZnO und $ZnCO_3$ zur Zinkgewinnung genutzt. Das Oxid wird in geschlossenen Reaktionsräumen (Muffeln) bei 1200–1400 °C durch Koks und CO reduziert, wobei die Hüttengase den Zinkdampf mitführen. Die kondensierende Schmelze **(Hüttenzink)** wird durch fraktionierte Destillation gereinigt.

Für 1 t Zink werden so 2 t Brennstoffe verbraucht.

Stattdessen kann Zink auch **elektrolytisch** aus schwefelsaurer Zinksulfatlösung abgeschieden werden (Produkte: Sauerstoff, Schwefelsäure und Katoden- oder Feinzink), was pro t Zn rund 4000 kWh erfordert.

Zinkweiß (ZnO) dient als lichtbeständiges **Weißpigment** und in Zinksalben, Zinksulfid als **Leuchtschicht** auf Röntgenbildschirmen (gemischt mit $BaSO_4$ ist es weiße **Malerfarbe** „Lithopone") und Zinksulfat als Ausgangsstoff zum Galvanisieren und zur Herstellung von Elektrolytzink.

Symbol	RAM (u)	Dichte ϱ (g/cm³)	Fp. (°C)	Kp. (°C)
Zn	65,37	7,14	+419	906
Cd	112,4	8,65	+320	767
Hg	200,59	13,53	−39	+357

Tabelle 4.3.8-1 **Die Zinkgruppe**

Zn-Legierungen mit Cu + Al (Messing) werden im Maschinenbau, Transportwesen, der Kfz-Industrie und als Lagerwerkstoffe genutzt, Zink selbst als Oberflächenschutz von Eisenblech, -drähten und Gebrauchsgegenständen wie Wasserrinnen, Eimer, Wannen, Dachdeckerfolien etc. (verzinken).

b) Kadmium

Cd und seine Verbindungen sind sehr giftig (CdO-Rauch wirkt wie Phosgen, bewirkt „Gießereifieber" und Lungenödeme!). Es wird für **Akkumulatoren und Gleichrichter,** als **Kunststoff-Stabilisator** und in **Farbpigmenten** wie CdS (gelb) und CdSe (rot) verwendet, in Kernkraftwerken auch als Neutronenabsorber. Kadmiumstarat – Formel: **$(CH_3–(CH_2)_{12}COO)_2Cd$** – verbessert z. B. die Licht- und Wetterbeständigkeit von Kunststoffen auf PVC-Basis. Viele Kadmiumverbindungen fluoreszieren. Kadmium selbst verbrennt mit rotgelber Flamme und gibt dabei den hochgiftigen, braunen CdO-Rauch ab.

Gewonnen wird Cd bei der Zn-, Pb- und Cu-Verhüttung als Nebenprodukt (Abb. 4.3.8-3). Flugstäube aus der Röstung von Zinkerzen oder Laugen der Zinkelektrolyse sowie Cd-haltige Fabrikationsabfälle (Batterieplatten, Schrotte) werden in Schwefelsäure gelaugt. Beim Einrühren von Zinkstaub zementiert das Kadmium und wird bei 400 °C destillativ gereinigt. Auch elektrolytisch wird Cd aus Reinigungsrückständen der Zinkelektrolyse (der sog. „Zellsäure") abgeschieden.

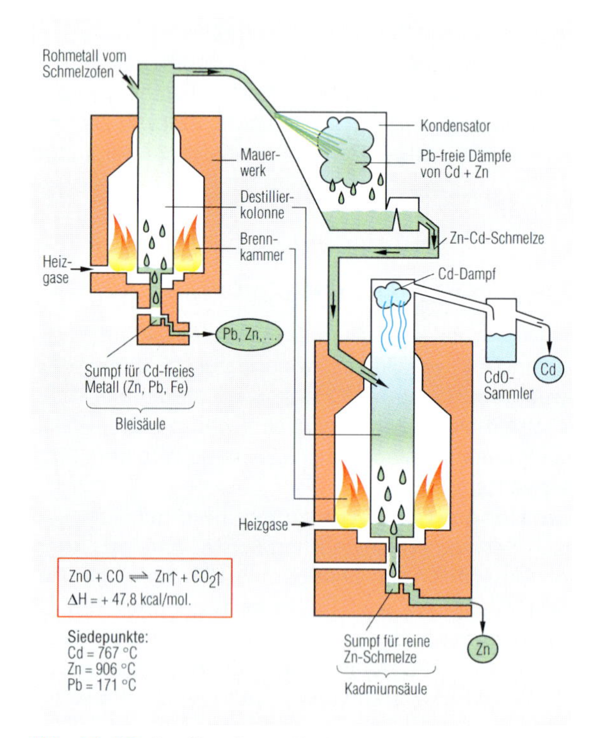

Abb. 4.3.8-3 **Das New-Jersey-Verfahren**

Die Blei- und Cadmiumsäulen zur Zink- und Kadmiumgewinnung

c) Quecksilber

Quecksilber vermag viele Metalle in Form teigiger **Amalgame** zu lösen (Ausnahme: Eisen). So wird es denn in der Chloralkalielektrolyse zur Aufnahme von Natrium und z. T. noch in der Goldwäscherei eingesetzt, ebenso – da das Metall im Gegensatz zu seinen Salzen weniger giftig ist – zur Herstellung von Silberamalgamen für Zahn-„Plomben". Quecksilberdampf ist demgegenüber viel schädlicher, die wasserunlösliche Verbindung **Zinnober** (HgS) relativ harmlos.

Zur Hg-Gewinnung wird Zinnobererz bei ca. 700 °C im Luftstrom erhitzt (wobei SO_2 und Hg entstehen, da Zinnober ab 737 °C in die Elemente zerfällt). Quecksilber wird in eisernen Flaschen gehandelt und für Thermometer, Barometer, Gleichrichter, Diffusionspumpen, Antibewuchsfarben, Katalysatoren, Amalgame, als Dampfturbinen-Treibgas, in der Chloralkalielektrolyse und als zinnoberrotes Pigment gebraucht …

Abb. 4.3.8-4 **Anlage zur Hg-Rückgewinnung aus vergiftetem Schrott, Hg-Lampen und Thermometern**

Abb. 4.3.8-5 **Zink- und Quecksilbersalze**

Rechts HgO, $HgCl_2$ und HgS, links ZnS und – zum Vergleich – MoS_2. Abbildungen des gelben CdS und weiterer Nebenmetallsulfide finden Sie in Kap. 3.1 (Nassanalytik).

4.3.9 Die 3. Nebengruppe und der f-Block im PSE

In der 3. Nebengruppe des PSE (Scandiumgruppe) zeigen sich zudem die jeweils **sieben f-Orbitale** als energetisch niedriger als die **d-Orbitale** der darüberliegenden Schale, sodass an der Stelle der Metalle **Lanthan** und **Actinium** nochmals je 14 sehr seltene Elemente im f-Block des PSEs zu finden sind: Die **Lanthanoide** und die **Actinoide.**

Insgesamt existieren also zwischen der 2. und 3. Hauptgruppe im PSE aufgrund der d- und f-Orbitale 3 · 10 + 2 · 14 = **58 Übergangs-Metalle** sowie die künstlich erzeugten Riesenatome ab OZ 103 (Lr, Ku etc.). Schon **ab OZ 83** (Polonium) sind alle Atomkerne in der Regel instabil und somit **radioaktiv,** von OZ 92 (Uran) an kommen diese Atome auch nicht mehr in der Natur vor (die **„Transurane"**). Ursachen und Technologie der Radioaktivität werden auf der folgenden Sonderseite beschrieben.

Scandium und Yttrium werden technisch nur in der **Kerntechnik** verwendet. Die **„Seltenen Erden"** (= Lanthanoide und Actinoide) sind von unterschiedlicher Bedeutung: **Ceroxide** (Preis für Cer-Metall: rd. 200 €/kg) sind Poliermittel und Katalysatoren, Europium (Eu, Preis 5 €/g) dient als Material in Lasern und Reaktor-Regelstäben, die Elemente Th, U und Pu als **Kernbrennstoffe** und Bombenmaterialien (Preis für Natururan: rd. 100 €/kg, für angereichertes Uran: das Zehnfache) und Californium als tragbare Neutronenquelle (Preis: etwa 100 000 € pro Gramm).

Im PSE hinter der mit Laurenzium (OZ 103) abschließenden Reihe der Actinoide finden sich die jüngsten Elemente des PSE. Einige dieser künstlichen Isotope wurden bei der Gesellschaft für Schwerionenforschung (GSI) in Darmstadt/Hessen kernphysikalisch hergestellt (vgl. Abb. 4.3.9-1). Die neuen Elemente mit der OZ 107 bis 109 wurden von der IUPAC 1992 offiziell getauft und in das PSE aufgenommen (Abb. 4.3.9-2): Sie wurden Nielsbohrium (Ns), Hassium (Hs) und Meitnerium (Mt) benannt – Hassium nach dem lateinischen Namen Hessens, in dem die GSI ihren Sitz hat.

Uran ist in der Natur häufiger als Blei, Silber und Gold und wird aus Uranpechblende (Formel: UO_2) hergestellt. Die Erze werden angereichert, in Königswasser gelöst, das Uranylnitrat $UO_2(NO_3)_2$ extrahiert und eingedampft. Dabei entsteht U_3O_8, das mit Wasserstoff wieder zu UO_2 reduziert und zu Pellets gepresst wird – oder es wird mit Flusssäure zum grünen Salz UF_4 umgesetzt. Kaliumuranpentafluorid KUF_5 wird sodann zur Gewinnung des Metalles einer Schmelzfluss-Elektrolyse unterzogen. Auch das Uranoxid wird mithilfe von Ca, Al oder C zum Metall reduziert (carbo-/aluminothermisch; WJP: ca. 30000 t).

Wiederholung und Zusatzinfo: Weshalb existieren im PSE die Nebengruppen?

In den **Nebengruppen** des PSEs finden sich ausschließlich Metalle. Sie alle bilden, wie gesagt, im Unterschied zu den Metallen der Hauptgruppen bevorzugt **farbige, paramagnetische Kationen.** Die Farbigkeit der Ionen in der höchsten Oxidationsstufe nimmt innerhalb der Nebengruppe mit steigender Ordnungszahl OZ ab (z. B.: MnO_4^- ist violett, TcO_4^- rosa und ReO_4^- farblos). Die Schmelzpunkte der Elemente der 3.–5. Periode im PSE zeigen jeweils bei den Übergangs- bzw. Nebengruppenmetallen Cr, Mo und W (6. Nebengruppe) scharfe **Maxima,** während die **Atomradien** der Nebengruppenmetalle (insbesondere der Eisenmetalle Fe, Co und Ni) innerhalb der Atome einer Periode jeweils **Minimalwerte** erreichen.
Diese Eigenschaftsunterschiede zu den Hauptgruppenelementen wie auch die Existenz der Nebengruppen im PSE überhaupt rührt vom **Atombau** her. Nach der Auffüllung der s- und p-Orbitale in der Atomhülle bis hin zum Elektronenoktett der Edelgasatome und der Neuauffüllung der nächsten, äußeren Schale (s-Orbital) zeigt sich, dass die jeweiligen **fünf d-Orbitale** der 3., 4. und 5. „Schale" der Atomhülle jeweils **energetisch günstiger** liegen als die p-Orbitale des je nächsthöheren Energieniveaus, die ja dann erst wieder bei den Elementen der 3. Hauptgruppe weiter aufgefüllt wird.
Deshalb existieren in den höheren Perioden des PSE jeweils 10 Elemente zwischen der 2. und 3. Hauptgruppe – die Übergangsmetalle (engl.: transition metals).

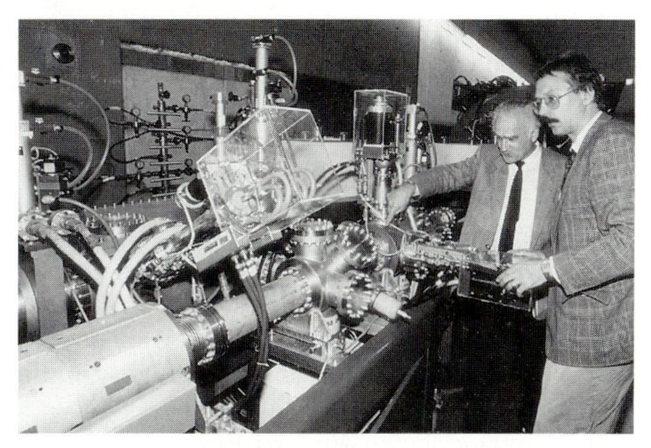

Abb. 4.3.9-1 UNILAC-Anlage der GSI

Mithilfe dieses Schwerionenbeschleunigers der GSI in Darmstadt wurden Elektronen aus der Atomhülle geholt. Mit dem „Rest" als Projektil wurden einige wenige Atome der neuen Elemente Nr. 107 sowie 2 Atome „Meitnerium" (109) gewonnen. Jüngst (Januar 1999) wurde bei Moskau auch 1 Atom von Nr. 114 erzeugt (vgl. S. 11).

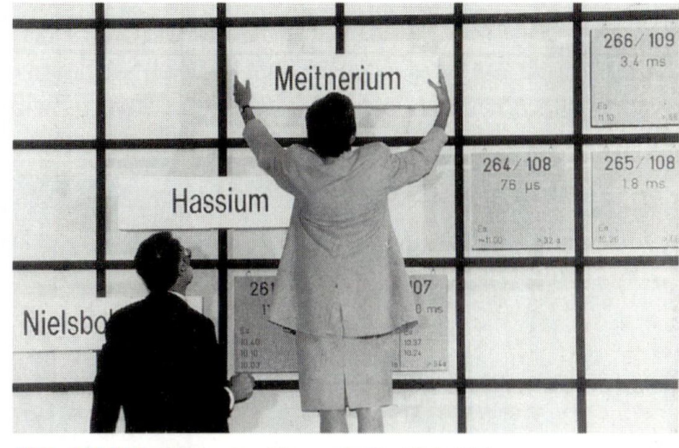

Abb. 4.3.9-2 Taufe der Elemente Nr. 107–109

1896 bemerkte **Henri Becquerel** auf einer unbelichteten Fotoplatte, dass ein fluoreszierende Uranerz eine Schwärzung hervorgerufen hatte – ganz so, als ob es unsichtbares Licht aussenden würde. **Pierre Curie** und **Ernest Rutherford** entdeckten daraufhin, dass diese Strahlung z. T. durch Magnetfelder abgelenkt werden kann. **Marie Curie,** die mit ihrem Mann diese Erscheinung näher untersuchte, nannte sie „Strahlungs-“ bzw. **„Radioaktivität“.** Bald wurden dann auch neue radioaktive Elemente entdeckt, u. a. Radium (M. Curie) und Protactinium (Liese Meitner und Otto Hahn).

Seit 1902 (Rutherford & Soddy) weiß man, dass diese Strahlung vom spontanen, radioaktiven Zerfall instabiler, großer Atomkerne ausgeht. Der Energieumsatz hierbei ist enorm (im Allgemeinen 10^2 bis 10^6 MJ/mol gegenüber z. B. 0,24 MJ/mol bei der Knallgasreaktion. Bei der Spaltung von ^{235}U werden sogar 20 Mrd. kJ/mol an Kernkraft frei!). Schließlich gelang es **Otto Hahn** 1938 auch, eine erste **künstliche Kernspaltung** (vgl. Abb. 1 und 2) hervorzurufen, indem sie einen Uran-Atomkern mit einem Neutron beschossen. Statt des erwarteten Transurans Neptunium erhielten sie ein Krypton- und ein Bariumatom sowie 3 Neutronen. Sehr bald entdeckte man, dass beim Überschreiten der kritischen Masse von 15 kg ^{235}Uran eine **Kettenreaktion** eintritt (durch Zusammenschließen zweier unterkritischer Massen und einer Neutronenquelle), es entstand dann die erste **Atombombe** …

Abb. 1 **Arbeitstisch von O. Hahn 1938 (Dt. Museum)**

In Kernkraftwerken laufen ähnliche Kernspaltungs-Reaktionen ab; über **Neutronen einfangende Regelstäbe** (z. B. Kadmium) versucht man dabei, die Kettenreaktion unter Kontrolle zuhalten. Allerdings entstehen dabei hochradioaktive Spaltprodukte, die noch viele Jahrtausende lang strahlen werden und daher entsprechend sicher gelagert werden müssen.

Radioaktive Strahlung verursacht Sonnenbrand, Strahlenkrankheit, Krebs und Tod, sie ist jedoch ähnlich wie Ultraschall, Radiowellen und UV-Licht nicht wahrnehmbar. Daher werden Blasen- bzw. **Wilson'sche Nebelkammern** oder **Geiger-Müller-Zählrohre** eingesetzt, um radioaktive Strahlung messen zu können: Radioaktive Strahlen ionisieren Argongas bzw. übersättigten Wasserdampf. Dadurch werden entlang der Bahn Elektronen freigesetzt, sodass der Wasserdampf kondensiert (Nebelkammer) bzw. im Zählrohr ein elektrischer Impuls entsteht, den man hörbar machen oder registrieren kann. In **Szintillationszählern** regen die Strahlen hingegen einen durch TlCl aktivierten NaCl-Kristall zum Leuchten an. Auch einfache fotografische Filme **(Dosimeter)** werden zur Erfassung radioaktiver Strahlung verwendet.

Diese existiert nicht nur in AKWs, sondern schon von Natur aus: In Meereshöhe trifft **aus kosmischer Strahlung** eine durchschnittliche Dosis von 0,3 mSv/a (= Millisievert pro Jahr) ein. Über den **Boden** (Gesteine) sind wir einer Dosis von rd. 0,5 mSv/a und durch die tägliche **Nahrung**saufnahme weiteren 0,3 mSv/a ausgesetzt. Über das aus natürlichen Gesteinen entstehende Edelgas **Radon** und seine Zerfallsprodukte nehmen wir durch die Atmung weitere radioaktive Strahlung auf – im Schnitt rd. 1,5 mSv/a, wobei dieser Anteil in Süddeutschland höher liegt als im Norden.

Diese 1,5 mSv/a entsprechen übrigens einer Dosis von etwa 50 Bq (Becquerel)/m^3 Raumluft, wobei ein Becquerel einem Zerfallsereignis pro Sekunde entspricht.

Jeder Kubikmeter Luft enthält also von Natur aus so viele radioaktive Isotope, dass pro Sekunde 50 Stück davon zerfallen (zum Vergleich: 1 kg Kalidünger weist einen (Radio-)Aktivitätswert von 6000 Bq auf, ein Gramm Radium-Metall $3{,}7 \cdot 10^{10}$ Bq = 1 Curie, abgekürzt Ci). Eine Dosis von jährlich 250 000 Bq entfällt dabei auf das Radon selbst, rund 400 000 Bq auf dessen Zerfallsprodukte. Insgesamt ergibt sich somit – ohne Röntgenuntersuchungen, AKWs u. Ä. gerechnet – eine **natürliche Strahlenbelastung** im BRD-Durchschnitt von **2,4 mSv/a** – von 1,0 mSv/a (Schleswig-Holstein) bis 4,0 mSv/a (Bayerischer Wald).

Abb. 2 **Kernspaltung**

Gedenkmünze und -marke erinnern an O. Hahn

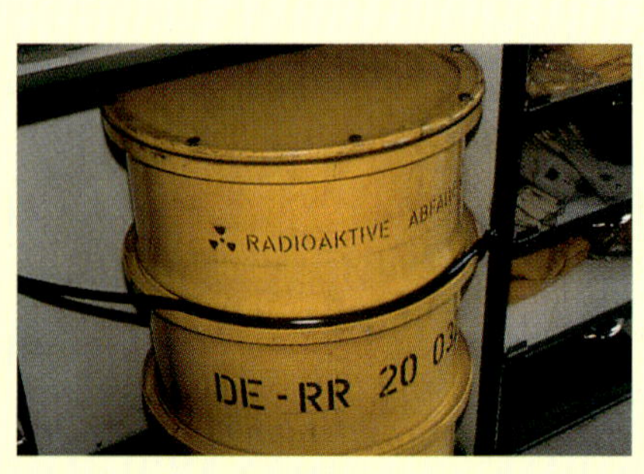

Abb. 3 **Radioaktiver Abfall**

Abb. 4 **Teilchenspur in Nebelkammer**

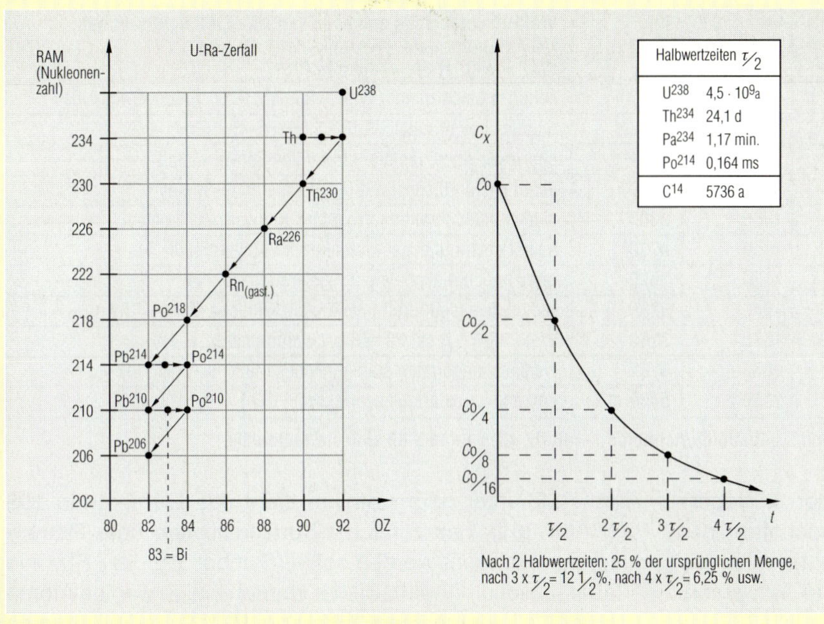

Abb. 5 Zerfallsreihe und Halbwertzeit- bzw. HWZ-Diagramm
Die Zerfallsreihe des Uranisotopes der relativen Atommasse (RAM) 238u (links) zeigt, wie dieses über die Zwischenstufen Thorium, Radium, Radon und Polonium schließlich zu Blei-206 zerfällt. Rechts ein Halbwertzeit- oder HWZ-Diagramm. Es zeigt, wie sich die Konzentration eines Isotopes mit jeder Halbwertzeit halbiert.

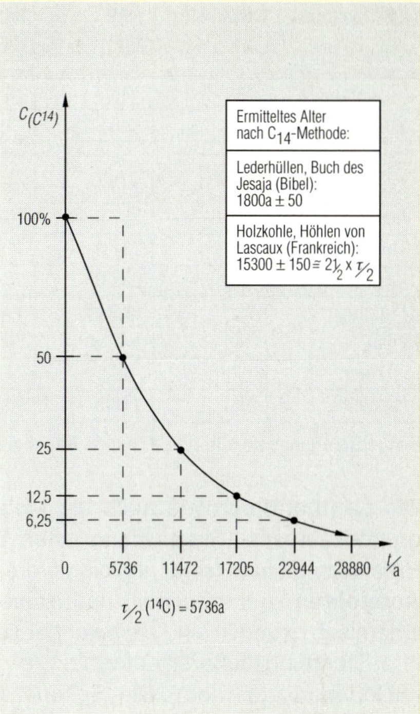

C(C14)
Ermitteltes Alter nach C_{14}-Methode:
Lederhüllen, Buch des Jesaja (Bibel): 1800a ± 50
Holzkohle, Höhlen von Lascaux (Frankreich): 15300 ± 150 = 2½ x τ/2
100% 50 25 12,5 6,25
0 5736 11472 17205 22944 28880 t/a
τ/2 (14C) = 5736a

Abb. 6 C-14-Methode (Radiokarbonmethode)

Inzwischen sind über 100 radioaktive Isotope bekannt. Diese Atomkerne zerfallen, indem sie zwei kleinere Atomkerne bilden und dabei entweder Heliumatomkerne (He^{4+}, als **α-Strahlung**), Elektronen **(β-Strahlung)** oder hochenergetische Photonen **(γ-Strahlung)** aussenden.
Der β-Zerfall wird dadurch ausgelöst, dass im Atomkern ein Neutron in ein Proton und ein Elektron zerfällt. Der gebildete Atomkern steht im PSE eine OZ höher, hat aber noch immer die gleiche RAM. Er zerfällt dann zu anderen Spaltprodukten. Als Endprodukte aller **Zerfallsreihen** entstehen stets Blei-Isotope. Der Zeitraum, in dem jeweils die Hälfte aller vorhandenen radioaktiven Isotope zerfallen ist, wird **Halbwertzeit** τ (auch als HWZ abgekürzt) genannt. Er stellt für jedes Isotop eine charakteristische Größe dar.
Die Halbwertzeit kann einige Sekundenbruchteile betragen (Polonium-214: 0,164 ms) oder aber auch viele Jahrtausende (Radon-226: 77 000 Jahre). Beim **C-14-Isotop** beträgt sie 5730 Jahre. Da das Verhältnis $^{12}C : ^{14}C$ in der Atmosphäre 10^{12} : 1 beträgt, zerfallen in jedem lebenden Organismus 15,3 Atomkerne pro g C und pro Minute – die **Aktivität A** einer lebenden Probe beträgt also 15,3/60 Bq (Zerfälle pro Sekunde).
Mit dem Tod endet die Aufnahme von $^{14}CO_2$ aus der Luft. Die ^{14}C-Konzentration – und damit auch die Aktivität A – im toten Organismus nimmt daher nun alle 5730 Jahre um 50 % ab. Über die Aktivitätsmessung an kohlenstoffhaltigen Proben kann man also so das Alter von Fundstücken erfassen **(C-14-Methode).** Ähnliche Methoden existieren auch zur Altersbestimmung von Gesteinen – hier freilich über Isotope mit Halbwertzeiten von vielen hundert Jahrmillionen. So konnte man z. B. nachweisen, dass Erde und Mond ein Alter von etwa 4–5 Milliarden Jahren haben müssen.

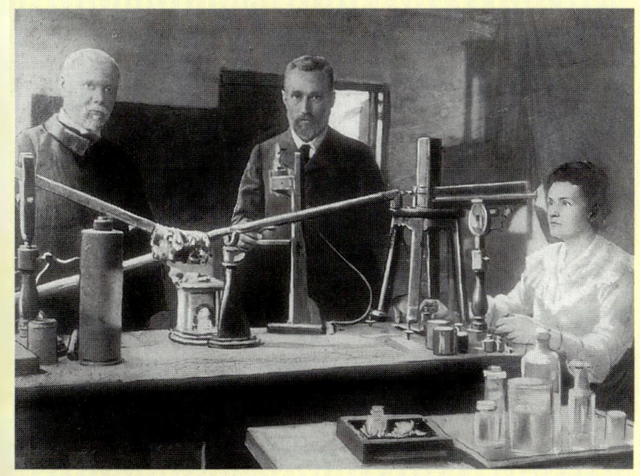

Abb. 7 Familie Curie

Abb. 8 Eine der ersten Messapparaturen für Radioaktivität

Elementname	Symbol	RAM (u)	Dichte ϱ (g/cm³)	Fp. (°C)	Kp. (°C)	Weitere chemische und physikalische Stoffeigenschaften, HG = Hauptgruppe, (Wertigkeiten), P = Preis, WJP = Weltjahresproduktion (t/a)
Scandium	Sc	45,0	2,989	1539	2832	seltenes Leichtmetall, WJP ≈ 250 kg, P ca. 10000 €/kg(+III)
Yttrium	Y	88,9	4,472	1523	3337	unedles Leichtmetall, WJP 25 t, P ca. 400 €/kg
Lanthan	La	138,9	6,162	920	3454	silbrig-weiches, reaktionsfreudiges Schwermetall
Cer	Ce	140,1	ca.6,2	ca.950	3500?	leicht entzündliches, mit H_2O reagierendes Metall
Actinium	Ac	227,0	10,07	1050	3300	silberweißes, reaktionsfreudiges Schwermetall, selten
Thorium*	Th	232,0	11,72	1750	4790	selbst entzündliches, radioaktives Schwermetall
Uran*	U	238,03	18,90	1130	3820	giftig, eisenähnlich, leicht oxidierend (+IV/+VI)
Plutonium*	Pu	ca.244	19,8	+640	3230	radioaktives, supergiftiges Metall, kritische Menge 7,5 kg
Titan	Ti	47,90	4,50	1670	3260	WJP 5000 t, P ca. 10 €/kg, Leichtmetall (u. a. +IV)
Zirkon	Zr	91,2	4,506	1677	3262	weiches, ansonsten stahlähnliches Metall (+IV, +II, III)
Hafnium	Hf	178,5	13,31	2150	5400	entzündlich, stark glänzend, WJP 100 t, P ca. 150 €/kg

Einige Übergangsmetalle (der 3. und 4. Nebengruppe und Lanthanoide/Actinoide) – mit OZ 43, 61 und > 89 sind sie radioaktiv.

Die **Lanthanoiden** wie auch die Metalle der 3. Nebengruppe ähneln in ihren chemischen Eigenschaften den Erdalkalimetallen (sind allerdings dreiwertig!), auch die **Actinoiden** sind silberweiß und oxidieren an Luft sofort. Chemisch gesehen sind sie einander sehr ähnlich, sodass ihre Trennung äußerst aufwendig ist (chromatografisch/mit Ionenaustauschern). Die „Seltenen Erden" werden aus Monazitsanden gewonnen, durch Metallothermie mit Na, Ca, Mg oder La in Inertgasatmosphäre als **Misch- oder Didymmetall** dargestellt und für die Katalyse von Erdöl-Crackprozessen, als Leuchtstoffe für Farbfernseher und Leuchtstofflampen, Feuersteine, Spezialgläser und Kernreaktor-Regelstäbe verwendet.

Im PSE unter dem Hafnium steht das Element Nr. 105 (RAM: 261), das zunächst Kurtschatovium oder Rutherfordium genannt werden sollte (Symbol: Ku oder Rf), nun aber „Joliotium" heißt. Bisher wurden einige wenige Atome hergestellt durch Beschuss von Plutonium-204-Atomen mit $Neon^{10+}$-Atomkernen (Dubna/Russland 1964) und von Californium-249-Atomen mit C^{12}-Atomkernen (Uni Berkeley 1969). Eines der größten bisher erzeugten Atome (OZ 107; RAM 261) existierte mit einer Halbwertzeit von ca. 0,001 Sekunde ($^{261}{}_{107}Ns$ – „Nielsbohrium"). Jüngste Elemente (Stand: 1999) sind die inzwischen in Darmstadt (Gesellschaft für Schwer-Ionen-Forschung, GSI) erzeugten Atome der Elemente Nr. **112** und Nr. **114.**

KERNKRAFT – PRO UND KONTRA

Die Frage, ob der Energiebedarf unserer Gesellschaft aus der Verstromung von Kohle, aus Erdgas und Erdöl, Kernkraft oder aus erneuerbaren Energiequellen wie Wasser, Wind, Sonne, Biogas und Erdwärme gedeckt werden soll, ist zu einem heiß diskutierten Dilemma geworden:

Auf der einen Seite die Belastung durch radioaktive Strahlung und Abfälle (erhöhte Krebsraten in der Umgebung kerntechnischer Anlagen?) und durch radioaktive Isotope ausgebrannter Kernbrennstäbe („dem Atommüll") – auf der anderen Seite die (angeblichen oder realen?) wirtschaftlichen Vorteile der Kernkraftnutzung und der drohende Anstieg der CO_2-Konzentration und des Treibhauseffektes bei der fortschreitenden Nutzung fossiler Brennstoffe. Die Suche nach einem Ausweg aus diesem Dilemma ist zu einer energie- und umweltpolitischen Aufgabe ersten Ranges geworden – eine Forschungsaufgabe für unsere Zukunft …

Abb. 10 Brennelemente (AKW)
Diese Marke aus den 60er Jahren „feierte" die friedliche Nutzbarkeit der Kernkraft und zeigt symbolisch die Brennelemente.

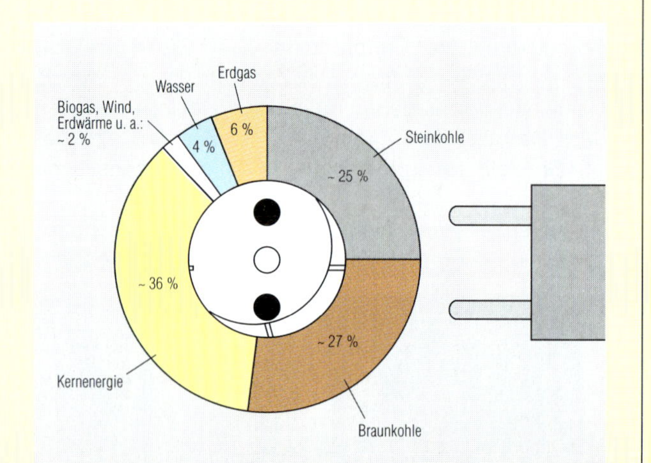

Abb. 9 Stromversorgung 1997 (Angaben der VDEW)

Energie ist ineinander umwandelbar: Wird z. B. die einem Kilojoule entsprechende, chemische Energie in Kohlekraftwerken in elektrische Energie umgewandelt, so reicht dieses 1 kJ aus, um eine 40-Watt-Glühbirne 25 Sekunden lang brennen zu lassen. Dieses 1 kJ kann aber auch bewirken, dass eine Last von 5 kg um 20,4 m angehoben wird (mechanische Energie, Arbeit), dass eine 5 kg schwere Kanonenkugel um 20 m/s beschleunigt wird, eine 40-W-Birne 25 s lang leuchtet oder aber, dass – als Wärmeenergie – 100 ml Wasser um 2,4 K erwärmt werden (Umrechnung: $1\ J = 1\ N \cdot m = 1\ W \cdot s = 1\ V \cdot A \cdot s = 2{,}7778 \cdot 10^{-7}\ kWh = 6{,}242 \cdot 10^{18}\ eV$).

Zur **Anreicherung** (um das zur Kernreaktion fähige ^{235}U zu gewinnen) wird aus Uranylnitrat (s. o.) das flüchtige, sehr giftige **Uranhexafluorid** hergestellt (UF_6), in dem sich aufgrund der Dichteunterschiede die Uranisotope durch Gasdiffusion trennen lassen. UF_6 ist zudem ein starkes Fluorierungsmittel und bildet Fluoro-Komplexe wie UF^{7-} und UF_8^{2-}. In Kernreaktoren werden aus Uran dann die Transurane wie Neptunium (Np) und Plutonium (Pu) erzeugt.

Plutonium (Pu) ist **das stärkste bekannte Gift,** zudem natürlich hochradioaktiv. 1 g ^{238}Pu wurde 1995/96 mit ca. 750 € gehandelt. Bei Überschreitung der kritischen Masse von **7,5 kg ^{233}Pu** oder **7,6 kg ^{239}Pu** beginnt jedoch die **Kernreaktion.** (Zur Namensgebung: Uranus ist der Himmelsgott sowie der hinter Saturn liegende Planet, Neptun der 8. Planet sowie der Meeresgott und Pluto der Gott der Unterwelt sowie der äußerste Planet).

4.3.10 Die Ti- und V- bzw. 4. + 5. Nebengruppe

a) Die Titangruppe

Titan ist das mit Abstand bedeutsamste Übergangsmetall der 3. und 4. Nebengruppe (WJP 5000 t/a, Preis um 10 €/kg), da **Titanlegierungen extrem widerstandsfähig** sind (Verwendung: Turbinenschaufeln, Mondautos, im Reaktorbau etc.) und das großtechnisch massenhaft verwendete – z. T. mit $BaSO_4$ vermengte – Pigment **Titanweiß** (TiO_2) ein für deckende, sehr beständige Farben unverzichtbarer Farbstoff ist (in Zahnpasten, Textilien, Papier usw.).

Zur Titanherstellung werden die Mineralien **Ilmenit $FeTiO_3$** und **Rutil TiO_2** mit Chlorgas aufgeschlossen
(Reaktion: $TiO_2 + 2\ Cl_2 + C \rightarrow TiCl_4 + CO_2$)
bzw. in Schwefelsäure gelöst
($FeTiO_2 + 2\ H_2SO_4 \rightarrow FeSO_4 + TiOSO_4 + H_2O$)
und im Kroll-Verfahren unter einer inerten Argonatmosphäre bei 800 °C reduziert
($TiCl_4 + 2\ Mg \rightarrow Ti\downarrow + 2\ MgCl_2$).

Der entstehende Titanschwamm wird in Öfen eingeschmolzen und durch Vakuumdestillation gereinigt. Das macht Titanmetall trotz relativ großer Häufigkeit zu einem teuren Rohstoff. (Mondgestein besteht zu rund 10 % aus TiO_2 ...).

Titancarbid TiC wird in Schneidwerkzeugen verwendet (extrem hart), Titan-IV-chlorid als Katalysator zur Ethylen-Polymerisation (PE-Synthese) und als Ausgangssubstanz für künstliche Nebel (Reaktion mit Wasser:
$TiCl_4 + 2\ H_2O \rightarrow TiO_{2\ (Rauch)} + 4\ HCl$).

Titanweiß wird im chlorierenden Aufschluss erzeugt:
$FeTiO_3 + 3\ CO + Cl_2 \rightarrow TiCl_4 + FeCl_3 + 3\ CO_2$
$2\ TiCl_4 + 2\ CH_4 + 3\ O_2 \rightarrow 2\ TiO_2 + 8\ HCl + 2\ CO$

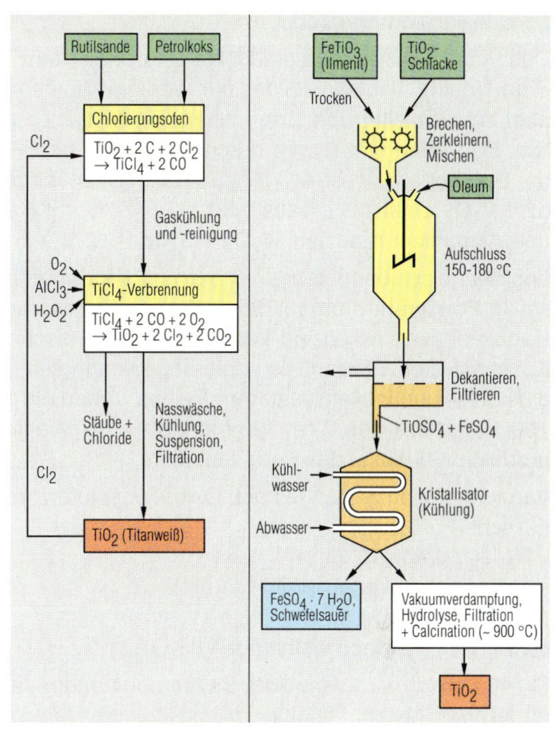

Abb. 4.3.10-1 Tintanweißproduktion

Titanweiß ist eines der bedeutendsten anorganischen Pigmente. Es wird (neben Lithopone) z. B. in Papier, Textilien, Zahnpasten und Anstrichfarben verwendet.

Weitere **anorganische Pigmente** aus Buntmetall-Verbindungen sind: Cr_2O_3 (grün), $Fe_2[Fe(CN)_6]$ (blau), $PbCrO_4$ (gelb) und Natriumaluminosilikatpolysulfid (Ultramarin, aus Quarzmehl, Kaolin, Soda, Glaubersalz, Schwefel und Kohle). Daneben wären als Pigmente z. B. noch CdS · CdSe zu nennen (Kadmiumrot), FeOOH (Umbra, Eisenoxidrot/-braun) und HgS (Zinnober).

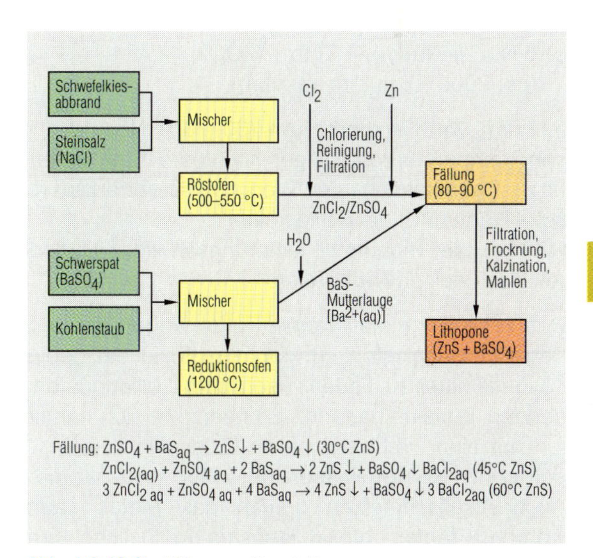

Abb. 4.3.10-2 Lithopone-Herstellung

Lithopone ist neben Malerweiß ($BaSO_4$), Bleiweiß ($2\ PbCO_3 \cdot 2\ Pb(OH)_2$), Zinkweiß (ZnO) und Titanweiß (TiO_2) ein weiteres, vielleicht sogar das bedeutendste (weil: billigste) Weißpigment. Die Farbkraft von Titanweiß übersteigt die von Lithopone jedoch deutlich.

b) Die Vanadiumgruppe

Das von J. J. Berzelius entdeckte Spurenelement **Vanadium** (auch: Vanadin) bildet nur wenige Mineralien, ist aber als Begleiter von Eisenmineralien fast unerschöpflich. Das reine Metall wird durch Auslaugen und Rösten der Rohstoffe hergestellt, wobei zunächst Vanadiumpentoxid $\mathbf{V_2O_5}$ entsteht. Dieses wird bei 950 °C mit Kalzium und Aluminium reduziert: $\mathbf{V_2O_5 + 5\,Ca \rightarrow 2\,V + 5\,CaO}$.

Großtechnisch bedeutender ist das im Elektroofen hergestellte **Ferrovanadium** mit 35–80 % V in Fe, das aus der Reduktion von Eisenoxid-Vanadiumoxid-Gemischen mit Kohle stammt. Es dient als Legierungsbestandteil (Vanadinstähle) und in Katalysatoren. Reines Vanadium kostet 100 €/kg (95%iges V ca. 12 €/kg). 80 % der Weltjahresproduktion umfasst das Ferrovanadium.

Vanadiumionen zeigen je nach Oxidationsstufe charakteristische Färbungen:
VO_2^+ (+V, farblos),
$\leftrightarrow VO^{2+}$ (+IV, blau als $[VO(H_2O)_5]^{2+}$),
$\leftrightarrow V^{3+}$ (+III, grün als $[V(H_2O)_6]^{3+}$),
$\leftrightarrow V^{2+}$ (+II, schwach violett als $[V(H_2O)]^{2+}$).

Gravimetrisch wird Vanadium als Ammoniumtetravanadat $(NH_4)_4V_4O_{12}$ bestimmt.
Von technischer Bededutung ist die Nutzung des V_2O_5 als wichtiger **Katalysator** zur Aufoxidation von SO_2 in der **Schwefelsäureproduktion.**

Niob (engl. und frz.: „Columbium") wird aus dem Mineral Columbit $(Fe,Mn)(NbO_3)_2$ durch zweistufige Reduktion mit Kohle im Vakuum hergestellt, da feines Nb-Pulver selbstenzündlich ist (Fehlen der passivierenden Oxidschicht):

a) $Nb_2O_5 + 7\,C \rightarrow 2\,NbC + 5\,CO\uparrow$ (bei 800 °C),
b) $5\,NbC + Nb_2O_5 \rightarrow 7\,Nb + 5\,CO\uparrow$
(bei 2000 °C, nur im Vakuum).

In Form von **Ferroniobium** (50–70 % Nb) dient es für sehr temperaturbeständige, hochfeste Stahllegierungen (z. B. Raumkapsel), der Werkstoff **Niobcarbid** (Mohs'sche Härte: 9,0) als Schleifmittel.
Mit H_2 bildet Niobmetall legierungsähnliche Hydride, mit Alkalischmelzen **Niobate.**

Das zähe Hartmetall **Tantal** wurde wegen der sehr großen Schwierigkeiten, für Tantalpentoxid ein geeignetes Lösungsmittel zu finden, nach dem Höllenqualen erleidenden Tantalus benannt. Es überzieht sich nämlich sofort mit einer nicht sichtbaren Oxidschicht und ist dann **selbst in Königswasser unlöslich** (Ausnahme: HF). Auch Alkalischmelzen greifen das Metall kaum an, während Tantalpentoxid langsam in lösliche Tantalate umgewandelt wird. Tantal dient daher ähnlich wie Molybdän als Legierungsbestandteil (Reaktorenauskleidung, Raketenbau etc.) und **Werkstoff zum Bau von Chemieanlagen** (vgl. Abb. 4.3.11-4 rechts), TaC ebenso wie WC als Schleif- und Poliermittel in Schneidwerkzeugen.

Symbol	RAM (u)	Dichte ϱ (g/cm³)	Fp. (°C)	Kp. (°C)
V	50,9	6,092	1919	3400
Nb	92,9	8,581	2468	4930
Ta	180,9	16,677	2996	5425
Cr	52,0	7,19	1900	2642
Mo	95,9	10,28	2620	4825
W	183,85	19,3	3410	5930

Tabelle 4.3.10-1 **Die 5. und 6. Nebengruppe im PSE**

Vergleich der 5. und 6. Nebengruppe

Die Pentoxide der **5. Nebengruppe** reagieren allesamt sauer („Erdsäuren"), ihre 5 Valenzelektronen gehören z. T. zur äußeren besetzten s-Schale und z. T. zu den darunter liegenden d-Schalen. Die Metalle bilden sehr dichte **Oxidhäute,** sodass sie recht reaktionsträge werden (nur mit HF bilden sich lösliche Komplexe und mit Alkalischmelzen **Vanadate, Niobate und Tantalate** – trotz amphoteren Charakters überwiegen hier jedoch die sauren Eigenschaften).
In der **6. Nebengruppe** wächst die Stabilität der 6. Oxidationsstufe mit der OZ, die der 3. Oxidationsstufe sinkt. Die giftigen (Krebs erregenden) Chromate sind daher starke Oxidationsmittel, die Cr^{3+}-Salze gute Komplexbildner. Die Elemente der Chromgruppe weisen jeweils die **höchsten Schmelzpunkte,** die geringsten Dampfdrücke (der Metallschmelze) und die kleinsten thermischen Ausdehnungskoeffizienten auf und bilden ebenfalls passivierende **Oxidschichten** (stabil gegen Basen, jedoch löslich in Alkalischmelzen zu Chromaten, Molybdaten und Wolframaten). Ihre Verbindungen sind weitgehend **farbig** (wichtige **Pigmente**/Farbstoffe!), die Carbide sehr hart (Schleifmittel) und die Sulfide von Schichtgitterstruktur (Schmiermittel).

Abb. 4.3.10-3
Vanadiumpentoxid
Zum Vergleich wurden hier neben dem orangebraunen V_2O_5-Katalysator-Pulver Oxide der 6. und 7. Nebengruppe mit abgebildet (Chromoxidgrün, Cr_2O_3 + Braunstein, MnO_2). Das orangerote $\mathbf{V_2O_5}$ hat eine den Silikationen $Si_2O_5^{2-}$-ähnelnde Blattstruktur und bildet kolloidale Lösungen. Beim Erhitzen mit schwachen Reduktionsmitteln wie SO_2 geht es in tiefblaues VO_2 über, wobei SO_3 entsteht. VO_2 kann mit Sauerstoff dann wieder zum Pentoxid aufoxidiert werden. Beim Glühen im Wasserstoffstrom entsteht grünes V_2O_3.

Abb. 4.3.10-4 **Tantalmetallpulver**

4.3.11 Die Cr- und Mn- bzw. 6. und 7. Nebengruppe

a) Die Chromgruppe

Das Metall **Chrom** verdankt seinen Namen der **Farbigkeit seiner Verbindungen** (griech.: χρομοζ/chromos = die Farbe, vgl. Abb. 4.3.11-1).

Aus dem Erz **Chromit $FeO \cdot Cr_2O_3$** wird es nach dem **Thermitverfahren** hergestellt (vgl. Eisen), indem z. B. zur Gewinnung von 1000 kg Chrommetall (Reinheit: 99–99,3 % Cr) 1,59 t Chrom-III-oxid mit mindestens 578 kg Aluminiumgrieß und 137 kg Kalk sowie 11 kg $NaNO_3$ (als Zündmittel im Gemisch mit Aluminiumpulver) im Vakuum umgesetzt werden. In der Regel entsteht beim elektrothermischen Umsetzen von Chromit mit Kohle Ferrochrom:

$$FeO \cdot Cr_2O_3 + 4\,C \rightarrow Fe \cdot 2\,Cr + 4\,CO\uparrow$$

(dreiphasiger Elektroschachtofen, 1500–1600 °C, Reduktionsmittel Kohle oder – alternativ – Schwefel).

An Ferrochrom (FeCr) werden jährlich 300 000 t allein in der BRD verbraucht. Alternativ können auch Chrom-III- und Chrom-VI-Salzlösungen elektrolysiert werden, jedoch liegt der Stromverbrauch hierfür sehr hoch (ca. 75 kWh/kg Cr, vgl. Al-Herstellung). Die BRD produziert jährlich über 1000 t Cr zu rd. 10 €/kg.

Der **Chromitaufschluss** im Ringherd- oder Drehrohrofen führt hingegen zum Chromat:

$$4\,FeO \cdot Cr_2O_3 + 8\,Na_2CO_3 + 7\,O_2 \rightarrow 8\,Na_2CrO_4 + 2\,Fe_2O_3 + 8\,CO_2\uparrow.$$

Er verläuft damit ähnlich der Vorprobe **„Oxidationsschmelze“** im Analytiklabor (s. S. 155/156 im Porzellantiegel Rückstand + 3fache Menge eines Gemisches aus $NaNO_3$ und Na_2CO_3 (3 : 2) glühen, wobei die Schmelze in Anwesenheit von Chrom Gelbfärbung annimmt:

$$Cr_2O_3 + 3\,NaNO_3 + 2\,Na_2CO_3 \rightarrow 2\,Na_2CrO_4 + NaNO_2\uparrow).$$

Das so hergestellte **Natriumchromat** (gelb, wasserlöslich, Krebs erregend, starkes Oxidationsmittel / vgl. R-/S-Sätze!) wird im Ringherdofen mit heißem Wasser aus dem Klinker herausgelöst und im Rührkessel mit Schwefelsäure umgesetzt:

$$2\,Na_2CrO_4 + H_2SO_4 + H_2O \rightarrow Na_2Cr_2O_7 \cdot 2\,H_2O + Na_2SO_4.$$

Das entstandene orange **Natriumdichromat** dient als Beiz- und Gerbmittel (Lederindustrie), zur Oberflächenbehandlung von Stählen, in der Lithografie, als Katalysator und Oxidationsmittel (früher insbesondere im Gemisch mit konz. Schwefelsäure, wobei die stark oxidierende und Krebs erregende **„Chromschwefelsäure“** entsteht ($H_2Cr_2O_7$), die zur Reinigung von Laborgeräten von verkohlten, organischen Resten benutzt wurde.

Abb. 4.3.11-1
Chromsalze
Rechts unten das Mineral Lopesit ($K_2Cr_2O_7$)

Cr_2O_3 ist grün (**„Chromoxidgrün“**, im Rubin aus Al_2O_3 mit wenig Cr_2O_3 als roter Korund), Chloro-, Ammin- und Aquokomplexe der Chrom-III-Salze grün bis violett (Koordinationszahl: 6), Rotbleierz $PbCrO_4$ gelb bis rot (Pigment **„Chromgelb“**, giftig), **Chromate** mit dem Anion **CrO_4^{2-}** sind gelb, das Mineral Lopesit sowie **Dichromate $Cr_2O_7^{2-}$** rotorange, Polychromate $[Cr_nO_{3n+1}]^{2-}$ hochrot und Peroxochromate $HCrO_6^-$ sind violett.

Zur Herstellung des Pigmentes **Chromoxidgrün** für grüne Malerfarben, Farbpigmente im Glas und Porzellan – auch als Katalysator und Poliermittel – kann das Dichromat in Schmelzöfen (Rotglut, Reduktion durch Schwefel) umgesetzt werden:

$$Na_2Cr_2O_7 \cdot 2\,H_2O + S \rightarrow Na_2SO_4 + Cr_2O_3 + 2\,H_2O.$$

Auch die **Chrom-Nachweise** in der anorganischen **Analytik** nutzen die charakteristische Färbung der Chromsalze:

a) als gelbes Chromat CrO_4^{2-}, welches sich bei pH < 7 orange färbt ($Cr_2O_7^{2}$)
b) als $BaCrO_4$ – gelber Niederschlag
c) als Chromperoxid (CrO_5):
   blau
   mit Ether
   extrahieren

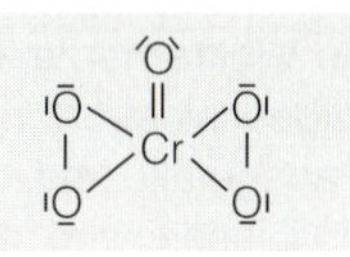

Die Herstellung von Chromperoxid mit salpetersaurem H_2O_2 verläuft nach:

$$2\,CrO_4^{2-} + 2\,HNO_3 \leftrightarrow Cr_2O_7^{2-} + H_2O + 2\,NO_3^-$$
$$Cr_2O_7^{2-} + 4\,H_2O_2 + 2\,H^+ \rightarrow 2\,CrO_5 + 5\,H_2O$$

In der Salzperle (Oxidationszone) und der Oxidationsschmelze entsteht aus Cr^{3+} gelbes Chromat CrO_4^{2-}, das im Sauren unter Wasserabspaltung zu orangem Dichromat $Cr_2O_7^{2-}$ reagiert:

$$2\,CrO_4^{2-} + 2\,H^+ \leftrightarrow Cr_2O_7^{2-} + H_2O.$$

Üb(erleg)ungsaufgaben zu Cr-Verbindungen

1. Bestimmen Sie die **Oxidationszahlen** in den Chromverbindungen der Reaktionsschemen auf dieser Lehrbuchseite.
2. Wie werden Cr^{3+}-Ionen nasschemisch **nachgewiesen?** (Können Sie auch in CrO_5 die Oxidationszahlen bestimmen? Und wie wird z. B. im Labor das Chromat zum Dichromat? Durch Laugenzugabe? Reaktionsschema? Ändert sich hier auch eine Oxidationszahl?).
3. Wie und woraus wird **Chrom** hergestellt? Wozu wird es verwendet? (Tipp: Stoßstange)
4. Was ist Chromschwefelsäure? Wie entsorgt man im Labor **Chrom-VI-Verbindungen?**

Molybdän ähnelt dem Chrom: Auch hier ist Ferromolybdän ein willkommener Legierungsbestandteil **(Molybdänstähle)** für Glühlampenteile, Reaktor-, Raketen-, Flugzeug- und Turbinenschaufel-Baustoffe und Katalysatoren, Molybdän-VI-oxid ein mit Alkalibasen Molybdate-bildendes Pulver (bildet z. B. Na_2MoO_4) und **Molybdändisulfid MoS_2** (Handelsname: Molykote) aufgrund seiner graphitähnlichen Schichtgitterstruktur **...SMoS/SMoS/SMoS/...** ein viel verwendetes Schmiermittel.

Molybdän wird durch seine Bildung tiefblauer, kolloidaler Lösungen mit Reduktionsmitteln wie Zn, H_2S oder SO_2 nachgewiesen (als **„Molybdänblau"**), quantitativ durch Fällen als Molybdänsäure H_2MoO_4, deren Glühen und Wägen als MoO_3 (vgl. Chrom). Ammoniumheptamolybdat dient als Nachweismittel für Phosphat- und Arsenat-Ionen (bildet z. B. gelbes Ammoniummolybdatophosphat)

Wolfram (frz./engl.: „tungsten") weist den **höchsten Schmelz- und Siedepunkt aller Metalle** auf. Seine Herstellung ist recht aufwendig, es ist jedoch sehr begehrt. Es ist nur löslich in einem HF–HNO_3-Gemisch oder geschmolzenen Alkalihydroxyden (zu Wolframaten), bildet hoch schmelzende Hartmetalle (Elektroden, Glühwendel, Raketenspitzen, Einsätze für Strahltriebwerke) und äußerst beständige Legierungen (Ferrowolfram mit 70–85 % W für Spezialstähle etc.), deren Rohstoffe – wie beim Chrom und Molybdän – durch Zusammenschmelzen von W- und Fe-Erzen im Elektroofen produziert werden. Die Wolframerze können auch mit KOH im Flammofen aufgeschlossen, mit Säuren als H_2WoO_4 (Wolframsäure) ausgefällt und durch Glühen in WoO_3 überführt werden. Dieses wird dann mit H_2 oder C bei 1200 °C reduziert, das W-Pulver gepresst und gesintert. (In der in Abb. 4.3.11-2 gezeigten Anlage verläuft die Reduktion hydrometallurgisch:
$WO_3 + 3\,H_2 \rightarrow W + 3\,H_2O\uparrow$).

Etwa 40 % der W-Produktion werden zur Herstellung von **Hartmetall-Legierungen** verwendet (**Ferrowolfram,** 70–85 % W), Weiteres für **Glühwendel** (3 %), Elektroden, Raketenspitzen, Heizelemente und Strahltriebwerke.

Wolframoxid WoO_3 dient als intensiv gelbes Pigment in der Keramikindustrie, **Wolframcarbid WC/W_2C** im Gemisch mit 10 % Co als Diamantersatz (**„Widia"** = hart **wie Dia**mant) in Schneidwerkzeugen (Schmelzpunkt 2860 °C, Härtegrad über 9,0).

Der qualitative **Wolfram-Nachweis** ähnelt dem des Molybdäns: Frisch gefälltes Wolfram-VI-oxidhydrat wird mit Zn + HCl oder $SnCl_2$ in salzsaurer Lösung zu leuchtend blauen Wolframoxiden reduziert (**„Wolframblau"**; vgl. Molybdän und Chrom).

Laborversuche: Molybdate als Nachweismittel

1. Säuern Sie eine phosphathaltige Probe (ca. 3–5 ml Sodaauszug, z. B. von Cola-Getränk) mit HNO_3 (Salpetersäure) an und versetzen Sie sie im Reagenzglas mit einigen ml Ammoniummolybdat-Lösung. Beim Aufkochen entsteht ein gelber Nd. von Ammonium-molybdato-phosphat:
   a) $3\,(NH_4)_2MoO_4 \rightarrow 2\,NH^{4+} + Mo_3O_{10}^{2-} + 4\,NH_3 + 2\,H_2O$, Folgereaktion:
   b) $PO_4^{3-} + 3\,NH^{4+} + 4\,Mo_3O_{10}^{2-} + 8\,H_+ \rightarrow (NH_4)_3[P(Mo_3O_{10})_4]^*{}_{aq}\downarrow$ gelb
2. **Mögliche Störung:** Wiederholen Sie den Versuch, indem Sie der Probe zu Beginn einige Tropfen einer salzsauren $SnCl_2$-Lösung oder Natriumsulfidlösung zugeben (Abzug!). In Anwesenheit von reduzierenden Substanzen wie z. B. Sn^{2+} bildet sich bei diesem Phosphatnachweis dann **Molybdänblau (H_xMoO_3)**, ein Mischoxid des 4-/6-wertigen Molybdäns:
   $MoO_3 + x\,H \rightarrow MoO_{3-x}(OH)_x\downarrow$ ($\triangleq H_xMoO_3$) blau

Abb. 4.3.11-2 **Anlage zur hydrometallurgischen Wolframgewinnung** (aus $H_2 + WO_3$)

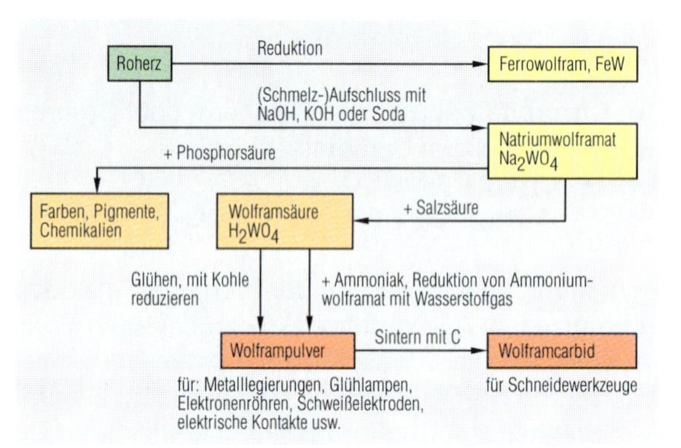

Abb. 4.3.11-3 **Wolframgewinnung**

Wolfram als außerordentlich festes, korrosionsbeständiges und hoch schmelzendes Schwermetall ist sehr begehrt (WJP über 60 000 t/a, Schmelzpunkt 3410 °C). Es hat zudem den gleichen thermischen Ausdehnungs-Koeffizient wie Borosilikatgläser und bildet mit B, C, Si und N sehr harte, hoch schmelzende Einlagerungsverbindungen wie z. B. „Widia", WC.

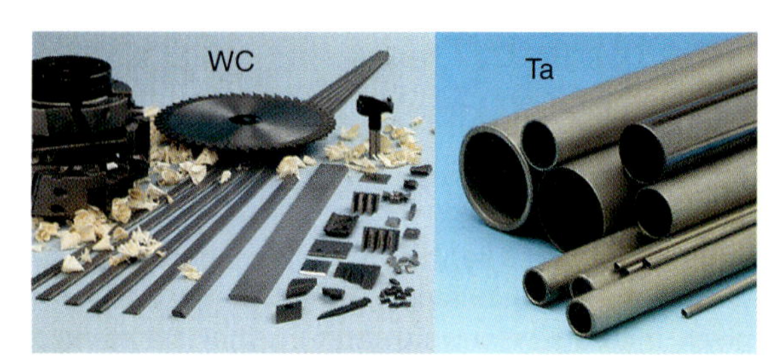

Abb. 4.3.11-4 **Hartmetall-Werkstücke**

Links Teile aus Wolframcarbid zur Holzbearbeitung, rechts Rohre aus Tantal

4.3

Wolframglühwendel können bis auf 3000 °C aufheizen, ohne dass das Material im Vakuum merklich verdampft (vgl. S. 213 und Abb. 4.3.11-5)

b) Die Mangangruppe

Die 7. Nebengruppe umfasst das spröde, an Luft oxidierende Metall Mangan, das nur künstlich herstellbare, radioaktive Schwermetall Technetium und das hellglänzende, harte und sehr schwere Rhenium.

Symbol	RAM (u)	Dichte ϱ (g/cm³)	Fp. (°C)	Kp. (°C)
Mn	54,94	7,43	1250	2100
Tc*	97	11,49	2250	4700
Re	186,2	21,03	3180	5870

Tabelle 4.3.11-1 **Die 7. Nebengruppe**

* „Technetium" existiert nicht in der Natur (höchstens als radioaktives Zerfallsprodukt). Seine Isotope haben Halbwertzeiten von 420 000 Jahren (RAM 98) bis 0,83 Sekunden (RAM 110). Ein 1000-MW-Reaktor erzeugt als Nebenprodukt der Kernspaltung täglich rund 40 g ^{99}Tc, das aus abgebrannten Kernelementen als NH_4TcO_4 (Ammoniumpertechnat) abgetrennt und mit Wasserstoff zum Metall reduziert werden kann. 1 g ^{99}Tc kostet dann etwa 125 €!

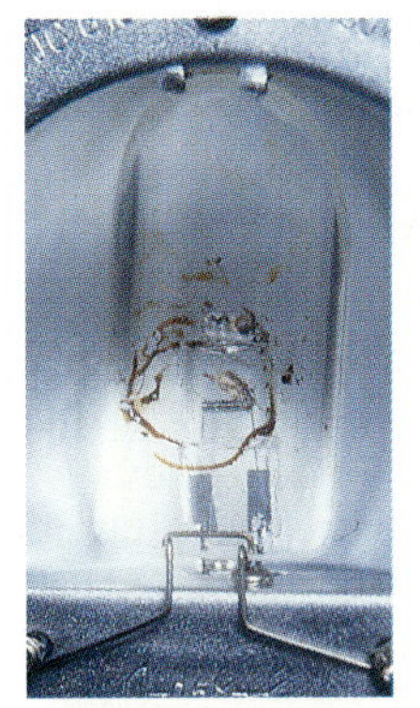

Abb. 4.3.11-5 **Glühbirne mit durchgebranntem Glühwendel** (aus Wolfram)

1 kg Wolfram liefert – nach Aushämmern und -ziehen durch Ziehdüsen aus Diamant oder Wolframcarbid – 650 km Draht (∅ 0,01 mm). Eine 15-Watt-Lampe enthält davon 75 cm im Doppelwendel (in 1. Wendelung auf 3000 Windungen gewickelt, in zweiter Spirale auf weitere 100 Windungen).

Oxidationszahl	Farbe	Beispiel	Name des Ions (auch Trivialname)
+II	rosa	$MnCl_2$	Mangan-II-Kation
+III	rot	MnF_3	Mangan-III-Kation
+IV	braun	MnO_4^{4-} MnO_2	Manganition, Mangan-IV-Kation)
+V	blau	MnO_3^-	Hypomanganation
+VI	grün	MnO_4^{2-}	Manganation
+VII	violett	MnO_4^-	Permanganation

Tabelle 4.3.11-2 **Oxidationsstufen bei Mangan**

Mangan und seine Verbindungen:

Das Metall **Mangan** ist hell, **eisenähnlich,** sehr spröde und oxidiert an Luft langsam. Es ist **entzündlich** (Produkt: Mn_3O_4), in feiner Verteilung (Pulver) selbstentzündlich und in oxidierenden Säuren von reduzierender Wirkung. Die Azidität der Oxide wächst mit der steigenden Oxidationszahl (von +II bis +VII, vgl. Tabelle 4.3.11-2): MnO ist ein Basen-Anhydrid (reagiert mit Wasser also zum rosa Hydroxid $Mn(OH)_2$), MnO_2 amphoter und Mn_2O_7 ein Säureanhydrid (reagiert zu $HMnO_4$, der Permangansäure).

In der Natur kommt Mangan in Form von **Manganknollen** am Grund einiger Ozeane vor, häufiger jedoch als Begleiter der Eisenmineralien, z. B. in Form von **Braunstein MnO_2,** Manganit $Mn_2O_3 \cdot H_2O$, Hausmannit Mn_3O_4, als Manganspat $MnCO_3$ oder Rhodonit $MnSiO_3$. Durch die Elektrolyse von $MnSO_4$-Lösung oder aluminothermisch aus Braunsteinpulver lässt sich reines Mangan herstellen (1–2 €/kg): $3\,MnO_2 + 4\,Al \rightarrow 2\,Al_3O_3 + 3\,Mn$.

Technisch von Bedeutung sind jedoch nur die in Hochöfen aus Koks, Mangan- und Eisenerzen herstellbaren **Fe–Mn-Legierungen:**
- Stahleisen (2–5 % Mn),
- Spiegeleisen (5–30 %) und
- Ferromangan (30–80 %).

Mn-Legierungen mit Al und Sb sind magnetisch, mit Cu (83 %) und Ni (4 %) temperaturunabhängige Präzisionswiderstände (Manganin).

Laborversuche mit Mangansalzen

In der Analytik existieren folgende **Mangan-Nachweise** (nasschemisch, vgl. S. 168, 172 und 274):

a) Mn^{2+}-Lösung in ein alkalisches Bad gießen (1–2 Spatel festes NaOH + 1 ml H_2O + 5 ml H_2O_2 (konz.) im Becherglas) und zu Mn^{4+} umsetzen, Filterrückstand in verdünnter HNO_3 lösen und mit HNO_3 konz. + PbO_2 zu violettem Permanganat aufoxidieren.

1. Schritt:
$Mn^{2+} + H_2O + H_2O_2 \rightarrow \mathbf{MnO(OH)_2}\downarrow + 2\,H^+$

2. Schritt:
$2\,MnO(OH)_2 + 3\,PbO_2 + 4\,H^+$
$\rightarrow 2\,\mathbf{MnO_4^-} + 3\,Pb^{2+} + 4\,H_2O$.

(Ähnlich kann man Mn^{2+} auch mit Hypobromit oxidieren. Dieses gewinnt man aus konz. Laugen, denen Bromwasser + 1 Tropfen verdünnte $CuSO_4$-Lösung als Katalysator zugegeben wurden)

b) **Oxidationsschmelze:** Glühen einer Mn-haltigen Probe mit der 6fachen Menge eines Gemisches aus Soda und Salpeter in der Magnesiarinne; Schmelze in Wasser lösen; mit Essigsäure ansäuern (liefert die Disproportionierungsreaktion) und filtrieren:
$MnO(OH)_{2\,(braun)} + KNO_3 + Na_2CO_3$
$\rightarrow \mathbf{Na_2MnO_4}{}_{(grün)} + KNO_2 + CO_2 + H_2O$

Beim Ansäuern:
$4\,H^+ + 3\,\mathbf{MnO_4^{2-}} \rightarrow 2\,\mathbf{MnO_4^-} + MnO_2\downarrow + 2\,H_2O$

Zur Benennung:
$MnO(OH)_2$ – Mangan(IV)-oxidhydroxid
MnO_2 – Braunstein, Mangandioxid, Mangan-IV-oxid

Disproportionierung:
Von einer mittleren Oxidationszahl geht der Stoff in eine höhere und eine niedrigere Oxidationszahl über (Gegenteil = Symproportionierung: Von einer niedrigeren und einer höheren Oxidationszahl geht der Stoff in eine mittlere Oxidationszahl über).

4.3

Wichtige **Manganverbindungen** sind:

a **Braunstein (MnO_2):** schwarz, wasserunlöslich, leicht oxidierend, zerfällt beim Erhitzen in zwei Stufen unter Sauerstoffabgabe (bei 500 und 890 °C):
$12\ MnO_2 \rightarrow 6\ Mn_2O_3 + 3\ O_2 \rightarrow 4\ Mn_3O_4\uparrow + 4\ O_2$.

Braunstein wird zur Manganherstellung verwendet, für Fe–Mn-Legierungen sowie – zu 25 % – für Trockenbatterien, für weitere Manganverbindungen (ebenfalls 25 %), Ziegel-Pigmente (17 %), Oxidationsmittel zur Urangewinnung (10 %), als Flussmittel für Schweißdrähte (zu 8 %) sowie in der OC (5 %), zur $KMnO_4$-Herstellung (3 %) usw.

b **Mangan-II-sulfat** ist ein wasserlösliches, rosafarbenes Salz, das als Nebenprodukt der Anilinindustrie anfällt. Es wird für Fungizide, Pigmente, Düngemittel, Viehfutterersatz und in der Flaschenherstellung verwendet.

c **Kaliumpermanganat** gibt beim Erhitzen ebenfalls O_2 ab, wirkt stark oxidierend (sogar auf H_2O_2) und schleimhautätzend und wird aus Braunstein in oxidierender, alkalischer Schmelze gewonnen (s. o.). Es dient als Bleich- und Desinfektionsmittel, zur Holzbeize und zur Entfärbung von Ölen (reagiert mit ungesättigten Kohlenwasserstoffen). Im Labor wird es zur Herstellung von Chlorgas aus Salzsäure genutzt:

$$2\ KMnO_4 + 16\ HCl \rightarrow 2\ MnCl_2 + 2\ KCl + 5\ Cl_2 + 8\ H_2O$$

(Das Mn-Atom nimmt 5 e^- vom Chlorid auf!).

d **Mangan-Stearat,** das ähnlich wie Kobalt-Stearat als Sikkativ (Trocknungs-Beschleuniger) katalytisch in Ölen und Ölfirnissen wirkt (Anstriche mit diversen Ölfarben).

Rhenium (Re) ist ein seltenes Nebenprodukt der Molybdängewinnung (Preis 1000 DM/kg, WJP unter 10 t). Man verwendet es für Glühdrähte, Blitzlampendrähte, Füllhalterspitzen und als petrochemischen Katalysator.

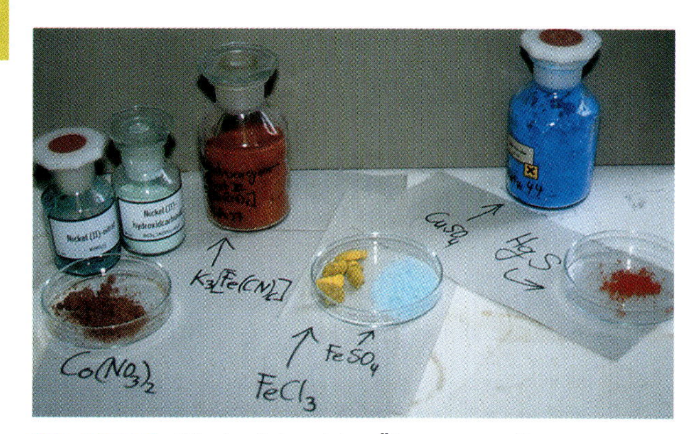

Abb. 4.3.11-7 Gängige Salze einiger Übergangsmetalle
(zum Vergleich: Fe, Co, Cu, Hg)

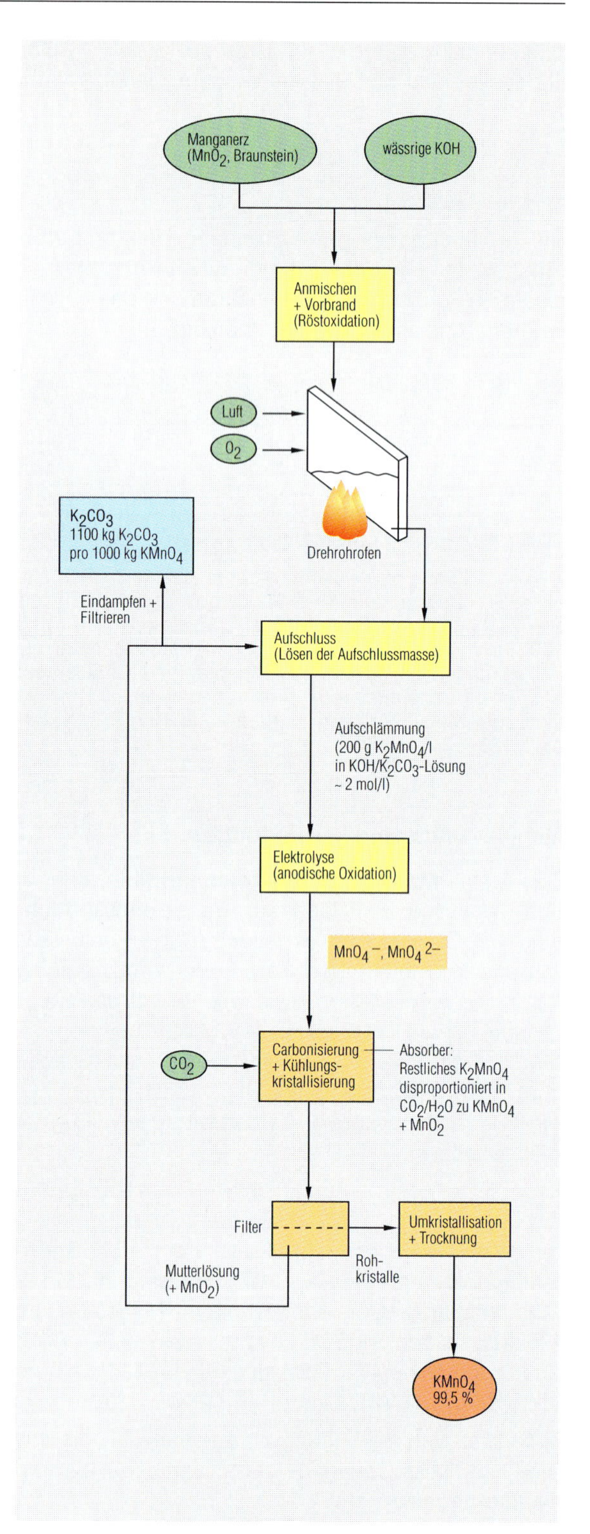

Abb. 4.3.11-6 Permanganatproduktion

Die Manganerze werden in Kalilauge aufgeschlossen („Anmaischen") und vorgebrannt. Im Drehrohrofen entsteht – ähnlich wie bei der Oxidationsschmelze in der qualitativ-anorganischen Analytik (vgl. Kap. 3.1) – Manganat (Formel: $K_2MnO_{4\ aq}$). Durch anodische Oxidation und Carbonisierung wird es dann in Oxidationsstufe +VII überführt (Nebenprodukt: Pottasche).

Zusammenfassung zu Kapitel 4.3

Chemie und Technologie der Metalle/Metallurgie

1. **Metalle** sind biegsam, glänzend sowie elektrisch und thermisch leitfähig. Sie weisen die metallische Bindung auf: Ihre Elektronen sind im Leitungsband frei beweglich (Leiter 1. Ordnung: Transport von elektrischer Ladung ohne Masse-Transport).

   Man unterscheidet nach der Dichte **Leichtmetalle** (z. B. Mg, Al, Ti / $\varrho < 5$ g/cm^3) von den Schwermetallen, nach dem Schmelzpunkt **hoch schmelzende (Hart-)Metalle** (Nb, Mo, Ta, W) von Flüssigmetall (Hg, Ga), **Eisenmetalle** (Eisen, seine Legierungen) und **NE-Metalle** (Nichteisen-Metalle).

   Zu den NE-Metallen zählen die mit Eisen mischbaren **Legierungsmetalle** (Cr, V, Mn, Co, Ni, Cu, Zn, Cd, Sn, Pb). Die NE-Metalle umfassen alle **Hauptgruppenmetalle** (s- und p-Block im PSE) sowie die **Buntmetalle** (= Übergangsmetalle der 1.–7. Nebengruppe + Kobalt und Nickel) und die **Platinmetalle** (Ru, Rh, Pd/Os, Ir, Pt).

2. Bei **Legierungen** unterscheidet man feste Lösungen (beliebig mischbar), heterogene und intermetallische Phasen (Laves-, Hume-Rothery-, Zintl-Phasen). Wichtige Legierungen sind Messing (Cu + Zn), Bronze (Cu + Sn), Alubronze (Cu + Al), Weißgold (Ag + Au + evtl. Pt-Metalle), Rotgold (Au + Cu), Münzsilber (Ag + Cu), Neusilber (Cu + Zn + Ni), Lagermetall (Cu + Pb + Sn), Monelmetall (Cu + Ni, Münzmetall Kupfernickel) und Amalgame (Hg + andere Metalle).

   Bei **Stählen** (= Eisenlegierungen unter 1,7 % C-Gehalt) unterscheidet man vergütete Stähle (0,5–1,7 % C) und **Schmiedeeisen** (unter 0,5 % C). Das an Hochöfen abstechbare **Roheisen** enthält Verunreinigungen (C, Si, P, Mn, S) und ist nur als **Gusseisen** (w_C über 2 %) verwertbar. Roheisen wird im **Windfrischverfahren** (Bessemerkonverter, Thomasbirne) oder im **Herdfrisch- bzw. Siemens-Martin-Verfahren** zu Rohstahl verarbeitet. Eisenteile korrodieren leicht **(Rostbildung)** und bedürfen eines **Korrosionsschutzanstriches,** einer **Lackierung** oder **galvanischer Überzüge** aus korrosionsbeständigen Metallen (Zinn, Zink, Nickel, Chrom o. Ä.).

3. Bei den Alkali- und Erdalkalimetallen sind Magnesium und Kalzium für Leichtmetall-Legierungen von technischer Bedeutung. Im **Solvay-Verfahren** werden Steinsalz und Kalk großtechnisch mithilfe von Wasser, CO_2 und Ammoniak zu **Soda** und Kalziumchlorid umgesetzt. **Aluminium** wird als wichtigstes Gebrauchsmetall nach Eisen aus Bauxit gewonnen, indem man Rotschlamm (Eisenhydroxid) abtrennt, Aluminiumhydroxid kalziniert und das Oxid einer **Schmelzflusselektrolyse** in Kryolith unterwirft.

4. **Platinmetalle** sind begehrte Edelmetalle, die insbesonders als **Katalysatoren** gebraucht werden (z. B. zur Ammoniaksynthese nach dem **Haber-Bosch-Verfahren,** zur Schwefelsäureherstellung nach dem **Kontaktverfahren,** zur Ammoniakoxidation nach dem **Ostwaldverfahren,** aber auch für viele organische Prozesse).

5. Unter den Buntmetallen ist **Kupfer** das wichtigste Gebrauchsmetall. Es entsteht bei der Verhüttung von sulfidischen und oxidischen Kupfererzen (Aufbereitung durch Flotation, Röstung zum Oxid, Schmelzmetallurgie, elektrolytische Raffination von Garkupfer). Bei der elektrolytischen Raffination von Kupfer fällt edelmetallhaltiger Anodenschlamm an. Auch durch die **Zyanidlaugerei** können Edelmetalle wie Gold und Silber gewonnen werden.

6. Nebenmetallverbindungen sind **farbig** und stellen eine Reihe anorganischer **Pigmente** dar: TiO_2, $BaSO_4$ + ZnS (Lithopone), ZnO und $PbCO_3 \cdot Pb(OH)_2$ als Weißpigmente, die Verbindungen Cr_2O_3 (grün), FeOOH (rotbraun), $PbCrO_4$ (gelb) und HgS (rot) als Buntpigmente. Auch Ultramarin, Berliner und Kobaltblau, Schweinfurter Grün und einige Mineralien werden als Buntpigmente eingesetzt. Andere Nebengruppenmetall-Verbindungen sind als **Schmiermittel** (MoS_2), **Schleifmittel** (TiC, WC) und **Beiz- und Gerbstoffe** (Chrom-VI-Verbindungen) von Bedeutung.

Zusammenfassung zu Kapitel 4.3

Chemie und Technologie der Metalle/Metallurgie

7. Metallurgische Produktionsmethoden und -mengen im Überblick

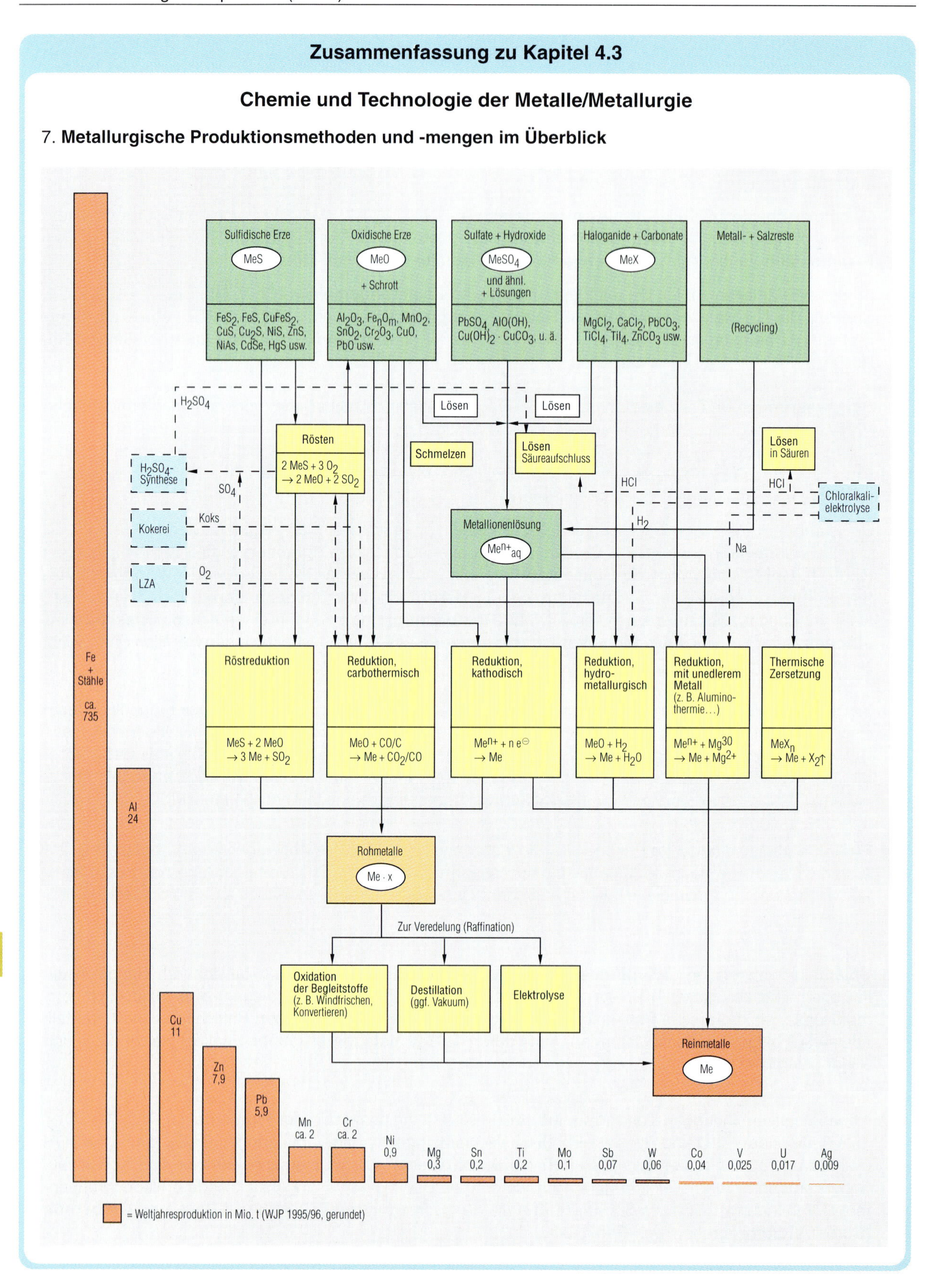

Üb(erleg)ungs- und Wiederholungsaufgaben

1. Zur 2. Nebengruppe:

a) Geben Sie an, durch welche chemischen Reaktionen Hüttenzink aus Zinkmineralien hergestellt und wie es gereinigt wird.

b) Nennen Sie Verbindungen der 2. Nebengruppe, die als Pigmente genutzt werden.
Welche Namen und Formeln haben diese Stoffe?

c) Wie (durch welche chemischen Reaktionen) weist man Kadmium- und Quecksilbersalze qualitativ nach?

d) Nennen Sie jeweils 2 Verwendungsbeispiele für die 3 Metalle Zn, Cd und Hg!

2. Zur 3. und 4. Nebengruppe:

a) Beschreiben Sie das Chlorid- oder Sulfatverfahren zur Titanweiß-Produktion aus Rutilsanden und/oder Ilmeniterz (Rutil ist mit SiO_2 und Silikaten verunreinigtes TiO_2, Ilmeniterz = $FeTiO_3$).

b) Welche Nebenprodukte fallen bei der Titanweiß-Produktion an – und wie werden sie genutzt?

c) Erklären Sie die folgenden Begriffe in je 2 bis 3 Sätzen: Transurane, Seltene Erden, Lanthanoide, d- und f-Orbitale, Radioaktivität und Übergangsmetalle.

d) Wie funktioniert die „Urananreicherung“ zur Herstellung von Kernbrennstoffen und Nuklearwaffen?

3. Zur 5. und 6. Nebengruppe:

a) Welches Metall-Oxid dient als Katalysator in der Schwefelsäureproduktion? Wie läuft die entsprechende Katalyse hier ab?

b) Welche gemeinsamen Eigenschaften zeigen die Metalle der 6. Nebengruppe im PSE?
Weshalb unterscheiden sie sich chemisch und physikalisch von den Chalkogeniden, d. h. den Elementen der 6. Hauptgruppe?

c) Was sind und wozu dienen die Stoffgemische Ferrovanadium/Ferrochrom/Ferrowolfram?
Wie wird Ferrochrom hergestellt?

d) Beschreiben Sie die Herstellung von Chrom und Chromoxidgrün aus den Erz Chromit (Formel: $FeO \cdot Cr_2O_3$).

e) Wie werden Chrom- und Phosphat-Ionen nasschemisch-analytisch nachgewiesen (Beschreiben Sie die Durchführung der Versuche, Reaktionsschemen nicht erforderlich)?

f) Wozu werden die Metalle Wolfram und Chrom in Technik und Industrie verwendet?

4. Zur 7. Nebengruppe:

a) Wie werden Mangansalze nachgewiesen?

b) Wie und wozu wird Mangan hergestellt?

c) Welche physikalischen oder chemischen Eigenschaften sind Ihnen von den Stoffen $KMnO_4$, $MnSO_4$, MnO_2 und MnS her bekannt?

5. Allgemein:

a) Weshalb existieren im PSE zwischen der 2. und 3. Hauptgruppe so genannte „Nebengruppen“?

b) Welche gemeinsamen Eigenschaften zeigen diese Nebengruppenelemente im Unterschied zu denen der Hauptgruppen im PSE?

c) Vergleichen Sie die Herstellung und die technische Bedeutung der Metalle Kupfer, Chrom, Wolfram, Eisen und Lanthan (vgl. Tabellen im Anhang; Verwendungsmöglichkeiten, evtl. Preise und Produktionsmengen im Vergleich untereinander auflisten)!

d) Welche Legierungen mit Nebengruppenmetallen sind Ihnen bekannt?
Welche der Nebengruppenmetalle zeigen extreme Eigenschaften (z. B. im Hinblick auf Schmelzpunkte, Säurebeständigkeit, Giftigkeit, Dichte, Leitfähigkeit oder Ähnliches)?

Abb. 4.3.11-8 Wolframatome
Diese, in den sechziger Jahren bahnbrechende Aufnahme zeigte erstmals einzelne Atome (1 200 000fache Vergrößerung, Aufsicht auf die Nadelspitze einer Wolfram-Kristallecke).

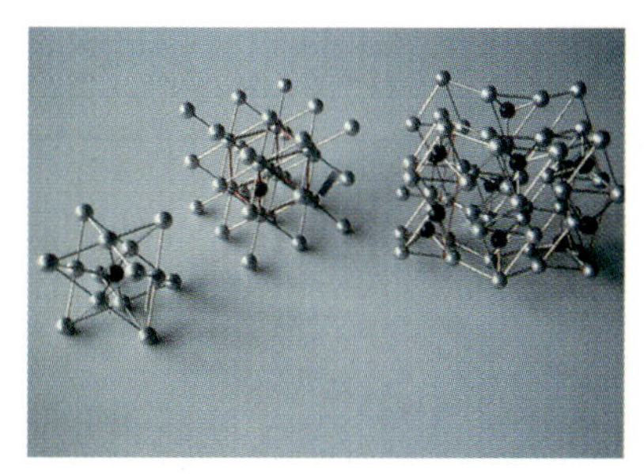

Abb. 4.3.11-9 Eisencarbidkristalle
Eisencarbide kristallisieren in unterschiedlichen Modifikationen (im Bild von links nach rechts die Kristallmodelle von Austenit, Martensit und Fe_3C = Zementit).

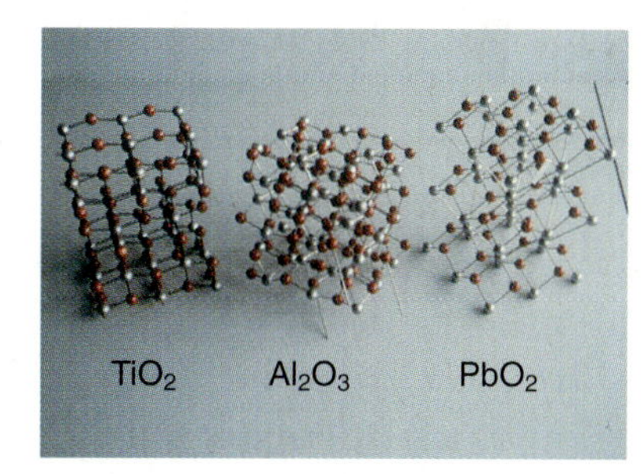

Abb. 4.3.11-10 Metalloxidkristalle
Auch Oxide bilden – je nach Mengen- und Größenverhältnisse der Metallkationen – unterschiedliche Kristallgitter (hier, von links: Anatas TiO_2, Korund Al_2O_3 und Blei-IV-oxid).

Laborversuche: Übergangsmetall-Kationen

Die folgenden Kurzversuche umfassen qualitative Einzelnachweise und quantitativ-nasschemische Trennung einiger Nebengruppen-Kationen der Kationen der $(NH_4)_2S$-Gruppe (= Ni, Co, Mn, Zn, Fe, Al, Cr; vgl. Kap. 3.1.5):

1. Qualitative Nachweise einiger Kationen:

a) **Ni^{2+}:** Lösen Sie einige Körnchen $NiSO_4$ in ca. 2 ml Wasser und teilen Sie die Lösung auf 2 Reagenzgläser auf. Versetzen Sie einen ml der Lösung mit 1–3 Tropfen gesättigter, alkoholischer Dimethylglyoxim (DMG, Diacetyldioximlösung), den anderen ml tropfenweise mit konz. Ammoniaklösung, bis dass der anfänglich gebildete Niederschlag wieder komplex in Lösung geht (Nickelhexamminkomplex).

b) **Co^{2+}:** Lösen Sie einige Körnchen $CoSO_4$ (oder $Co(NO_3)_2$ bzw. $CoCl_2$) in ca. 5 ml Wasser. Teilen Sie die Lösung auf 5 Reagenzgläser (RG) auf: Im 1. RG wird die Lösung mit 1 Spatelspitze NH_4SCN (oder KSCN oder NaSCN) versetzt und mit 1 ml eines Gemisches aus Amylalkohol und Ether überschichtet. Im 2. RG wird der Versuch nach Zugabe eines Tropfens $FeCl_3$-Lösung wiederholt. Beobachtung: Die Fe^{3+}-Ionen stören den Kobaltnachweis mit Thiozyanat. Im 3. RG wird der Versuch ebenfalls nach Zugabe von 1 Tropfen $FeCl_3$-Lösung wiederholt, jedoch mit vorheriger Zugabe von 1 Spatel festem KF oder NaF. Im 4. RG wird die Co-Salzlösung mit 1 Pipette Natronlauge versetzt und vorsichtig bis fast zum Sieden erhitzt. Dieser Versuch wird mit dem 5. RG unter Zugabe eines Tropfens konz. Wasserstoffperoxid wiederholt.
(Vorprobe mit Borax, vgl. S. 157 und 253:
$Na_2B_4O_7 + CoSO_4 \rightarrow 2\ NaBO_2 + Co(BO_2)_2 + SO_3$).

c) **Mn^{2+}/MnO_2:** Versetzen Sie in einer Porzellanschale 1–2 Tropfen einer Mn^{2+}-Salzlösung mit 1–2 ml 14 mol/l HNO_3 (= 65 % = konz.) und 1 Spatelspitze Mn-freiem Blei-IV-oxid (ggf. Blindprobe!). Auf einer Ceranplatte unter dem Abzug wird nun einige Minuten gekocht und verdünnt. Ein rosaviolettes Filtrat weist MnO_4^- nach. Versuchen Sie auch folgende Nachweise im Reagenzglas: Mn^{2+}-haltige Probelösung reagiert bei Zugabe von NaOH zu rosa $Mn(OH)_2$-Nd., den an Luft langsam oder bei Zugabe von H_2O_2 schneller zu dunklem MnO_2. Manganionen reagieren ferner wie Mg-Ionen beim Phosphatnachweis (vgl. Kap. 3.1) zu weißem Nd. von $MnNH_4PO_4$. (Und bei Vorproben: Phosphor- und Boraxperle in der Oxidationszone violett, in Reduktionszone farblos).

d) **Al^{3+}:** 1–2 ml Alaunlösung wird mit NH_3-Lösung schwach alkalisch gemacht und filtriert, der Filterrückstand (= $Al(OH)_3$) beiseitegelegt. Zum Nachweis des noch gelösten Aluminiumrestes wird ein Tropfen des Filtrates auf ein Uhrglas gegeben, mit 1 Tropfen ca. 0,1%iger wässriger Na-Alizarinsulfonat-Lösung versetzt („Alizarin-S") und mit mehreren Tropfen ca. 1 mol/l Essigsäure, bis dass die rotviolette Farbe gerade eben verschwindet. Dann wird ein weiterer Tropfen verdünnte Essigsäure zugegeben und stehen gelassen. Die Bildung eines roten Niederschlages oder eine Rotfärbung (nach einigen Minuten) zeigt Al an. Für einen alternativen Nachweis wird der Filterrückstand aus o. g. Nachweis im Filter gewaschen und auf einer Magnesiarinne getrocknet. Das mit 1 Tropfen $Co(NO_3)_2$-Lösung (< 0,1 % $Co(NO_3)_2$) befeuchtete $Al(OH)_3$ wird in der oxidierenden Flamme geglüht: Die Blaufärbung durch $CoAl_2O_4$ (Thénards Blau) zeigt Al an (vgl. auch S. 253).

2. Trennoperation in der $(NH_4)_2S$-Gruppe
(Sulfide der Cu-Gruppe, vgl. Kap. 3.1.5):

a) Stellen Sie eine verdünnte, schwach salpetersaure Lösung von $Pb(NO_3)_2$, $Bi(NO_3)_3$ und $Cu(NO_3)_2$ her und fällen Sie die Sulfide unter dem Abzug durch tropfenweise Zugabe von $(NH_4)_2S$-Lösung aus (R-/S-Sätze und Entsorgungsvorschriften beachten!).

b) Der Niederschlag (Nd.; Sulfide der Cu-Gruppe) wird abfiltriert, im Filter ausgewaschen und in einer Porzellanschale mit 1–2 ml ca. 4–7 mol/l HNO_3 erwärmt (aus 1 Teil konz. HNO_3 und 1–2 Teilen H_2O; = 1. Trennoperation der Cu-Gruppe): Es lösen sich alle Sulfide.

c) Die Lösung wird unter Zusatz von 0,5 ml konz. Schwefelsäure im Porzellanschälchen eingedampft, bis dass weiße Nebel entstehen (SO_3; = 2. Trennoperation). Nach dem Abkühlen wird vorsichtig mit verdünnter H_2SO_4 aufgenommen: Beim anschließenden Filtrieren verbleibt im Filter ein weißer Nd. ($PbSO_4$).

d) Das Filtrat wird mit $(NH_4)_2CO_3$-Lösung neutralisiert und mit 1 Tropfen NH_3-Lösung versetzt: Eine Blaufärbung zeigt Cu^{2+} an. Das Bismut bildet einen weißen Niederschlag ($Bi(OH)SO_4$, Bismuthydroxidsulfat). Dieser kann abfiltriert, in Salzsäure gelöst und durch Zugabe von NaI-Lösung im Überschuss als orangegelbes $[BiI_4]^-$ nachgewiesen werden.

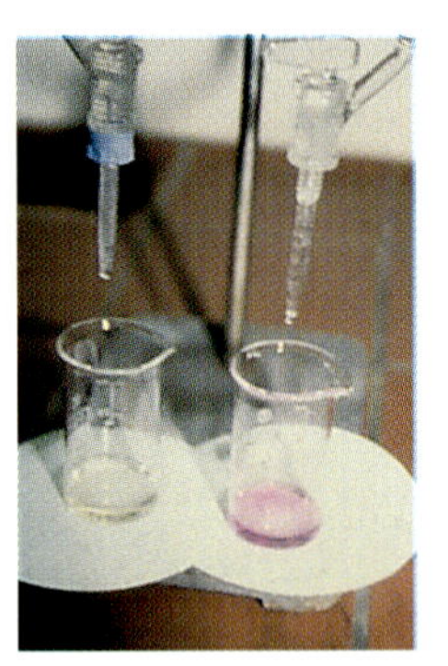

Abb. 4.3.11-11 Manganometrie

Bei der Manganmetrie lässt man eine Permanganat-Maßlösung auf eine Probe tropfen (z. B. Oxalatlösung). Das farbige Oxidationsmittel reagiert unter Entfärbung mit der Probe, bis dass diese aufgebraucht ist.

Der erste überschüssige Tropfen Maßlösung bewirkt dann den Farbumschlag – aus dem Volumen Maßlösung wird dann z. B. auf die Oxalatmenge der Probe zurückgerechnet (vgl. Kap. 3.2.4, S. 172: Oxidimetrie).

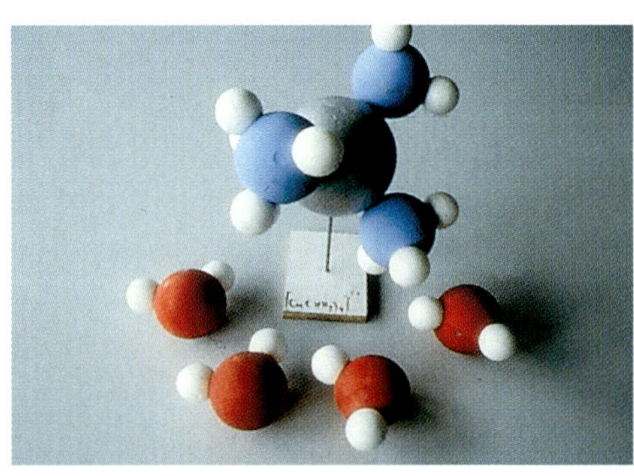

Abb. 4.3.11-12 Modell

Das Modell zeigt den hydratisierten Kupfertetramminkomplex. Er entsteht in ammoniakalischer Kupfersalzlösung (s. o., Kurzversuch 2d) und stellt einen empfindlichen, qualitativen Kupfernachweis dar (vgl. Kap. 3.1.2, S. 156 und S. 166 im zugehörigen Trennschema der H_2S-Gruppe).

Reaktionsschema:
$Cu^{2+}_{aq} + 4\ NH_3 \leftrightarrows [Cu(NH_3)_4]^{2+}_{aq}$, vgl. auch S. 92/93 (Komplexbildung) und S. 173 (Komplexometrie).

4.3

5 Organisch-chemische Technologie

5.1 Chemie- und Verfahrenstechnik; Aufbereitung organischer Rohstoffe

5.1.1 Einführung in die Chemie- und Verfahrenstechnik

Anorganische Reaktionen laufen – von Ausnahmen wie z. B. der NH_3-Synthese abgesehen – in der Regel schnell und vollständig ab. Bei organischen Verbindungen liegen jedoch kovalente Bindungen vor: Es stellen sich Gleichgewichte ein. Um die Ausbeute zu erhöhen, müssen diese daher nach dem MWG gesteuert werden – durch Druck- und Temperaturregelung und ähnliche äußere Zwänge (vgl. Kap. 1.5.9 und 2.1.3 und 2.4).

In der **Chemie- und Verfahrenstechnik** geht es darum, aus einem Laborversuch ein großtechnisches Produktionsverfahren für Chemikalien zu entwickeln. Auf der Grundlage einer im Chemielabor entwickelten chemischen Reaktionsführung (**Präparative Chemie:** Herstellung von „Präparaten" in Produktionsmengen < 1 kg, vgl. Kap. 1) wird in einer halbtechnischen **„Technikums-Anlage"** (Produktionsversuche in Mengen bis ca. 1 000 kg) eine Anlage bzw. ein Verfahren entwickelt, das dann zum Bau einer chemischen **Produktionsanlage** führen kann. Hier gilt es dann, möglichst viel Produkt mit möglichst geringen Kosten zu erzeugen (ökonomische Effektivität).

Die Produktionsanlage besteht überwiegend aus folgenden Grundelementen:

1. **Rohrleitungen** (zum Stofftransport),
2. Armaturen (zur Regulierung des Stoff-Flusses),
3. Reaktionsapparate **(Reaktoren),**
4. **verfahrenstechnische Apparaturen** zur Aufbereitung, Heizung, Kühlung, Mischung und Trennung von Stoffen,
5. **Maschinen** zur Lieferung von Energie für bewegte Apparateteile und Stoffe,
6. Fördereinrichtungen (z. B. Pumpen, Kompressoren, Transportbänder) sowie
7. **M**ess-, **S**teuer- und **R**egel-Einrichtungen **(MSR)** der **p**hysikalischen **M**ess- und **P**rüftechnik **(PMP),** zum Erfassen von Drücken, Temperaturen usw., sowie Prozessleitsysteme zur **P**rozess**d**aten-**A**uswertung **(PDA)** auf der Basis der Stöchiometrie.

Die MSR- oder **Messtechnik** in Chemieanlagen soll helfen, bestmögliche Betriebsbedingungen für die ablaufenden chemischen Reaktionen einzuhalten. Werden die MSR-Einrichtungen miteinander und mit Rechnern (EDV) verknüpft, so spricht man von Prozessleit- und Automatisierungstechnik. Diese erfasst und überwacht Stoffmengen und -durchflüsse, Betriebs-Zustandsgrößen und Analysenwerte im Intra- und ggf. Internet.

Abb. 5.1.1-1
Petrochemische Anlage
Die Rohrleitungen im Bild gehören zu einer Erdöl verarbeitenden Crackanlage, die gerade einen neuen Ofen erhält.

Abb. 5.1.1-2
Parfümöl-Mischbetrieb

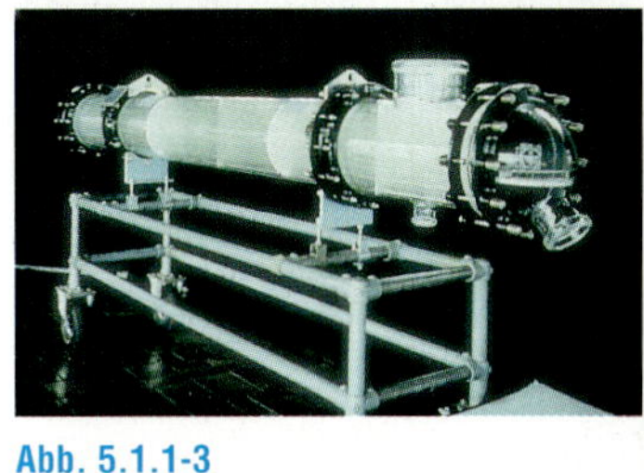

Abb. 5.1.1-3
Rohrbündel-Wärmeaustauscher

Abb. 5.1.1-4
Chemieanlage aus Borosilikatglas

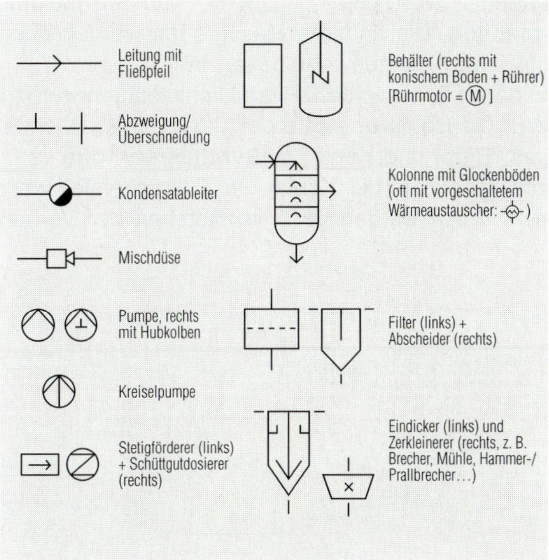

Leitung mit Fließpfeil
Abzweigung/ Überschneidung
Kondensatableiter
Mischdüse
Pumpe, rechts mit Hubkolben
Kreiselpumpe
Stetigförderer (links) + Schüttgutdosierer (rechts)
Behälter (rechts mit konischem Boden + Rührer) [Rührmotor = (M)]
Kolonne mit Glockenböden (oft mit vorgeschaltetem Wärmeaustauscher: -⊗-)
Filter (links) + Abscheider (rechts)
Eindicker (links) und Zerkleinerer (rechts, z. B. Brecher, Mühle, Hammer-/ Prallbrecher...)

Abb. 5.1.1-5 Verfahrenstechnische Symbole
Grafische Symbole verfahrenstechnischer Anlagen wie diese (nach DIN 28004 und 2429) werden von Chemietechnikern zur Planung und Entwicklung von großtechnischen **Produktionsanlagen und -verfahren** eingesetzt.

Messgrößen und Formelzeichen	Maßeinheit(en) und Umrechnung	Messgeräte (und Hinweise)
Temperatur (T, in K / ϑ in °C)	K, °C ($T = \vartheta + 273{,}15$)	Thermometer aller Art, Thermoelemente, Strahlungspyrometer
Druck (p) und Druckdifferenz (Δp)	Pa, bar, at (10^5 Pa = 1 bar, 1013 hP = 1 at)	Manometer, Ringwaage (Abb. 5.1.1-8)
Volumen (V)	l, ml, m^3 (1000 l = 1 m^3)	(bei Gasen über den Druck)
Volumenstrom (q_V, F_V)	m^3/h, l/s	div. Durchflussmesser und Gaszähler usw.
Masse (m)	kg, t	Waagen aller Art
Massenstrom (q_m, F_m)	kg/h, kg/min, t/h	(vgl. unter Volumenstrom)
Füllstand, Level (L)	m	Verdrängerkörper, Ultraschall-Echo- und Absenklot, Grenzsignalgeber u. a.
elektrische Leitfähigkeit (Ionengehalt, α)	S, m/$\Omega \cdot mm^2$	2-Elektroden-Messfühler (Konduktometrie, Kap. 3.2.6)
pH-Wert (pH)	– (pH = $-\log c_H$)	pH-Elektrode (vgl. Kap. 2.2.3 und 3.2.6)
Trübung/Schwebstoff-Gehalt, Staub-/Rauchdichte (ε)	(% Transmission oder Absorption)	Lichtquelle mit Fotozelle (Photometrie, Kap. 3.3.9), z. B. Feuermelder
Redoxpotential (ΔU; c = Gehalt an gelöstem O_2)	mV, V (oder: mg O_2/l, mg Cl_2/l usw.)	Messelektrode (vgl. Potentiometrie, Kap. 3.2.4 u. a.)
Gaszusammensetzung (c)	%, ppm	WLD, IR-Absorptionsmessung, Prozess-GC
Luftfeuchtigkeit (φ)	%	LiCl-Feuchtigkeitszelle
Dichte (ϱ)	g/cm^3, g/ml, g/l, kg/m^3	Aräo-, Pyknometer und Dichtewaage
Viskosität (η)	Pa · s	Kugelfall-, Kapillar- und Rotationsviskosimeter (Abb. 3.3.5-3)

T und p bzw. Δp werden **Betriebs-Zustandsgrößen** genannt; v, m, L und q_m bzw. q_V sind **Stoffströme und -mengen.** Die anderen Messgrößen werden messtechnisch als Analysenwerte bezeichnet.

In derart überwachten Produktionsanlagen werden dann z. B. die **Basisrohstoffe** der organischen Chemie (Erdgas, Erdöl und Kohle) in **Synthesrohstoffe** (z. B. Zwischenprodukte der Kohle- und Petrochemie) umgewandelt. Diese werden dann im Rahmen der Verbundwirt-

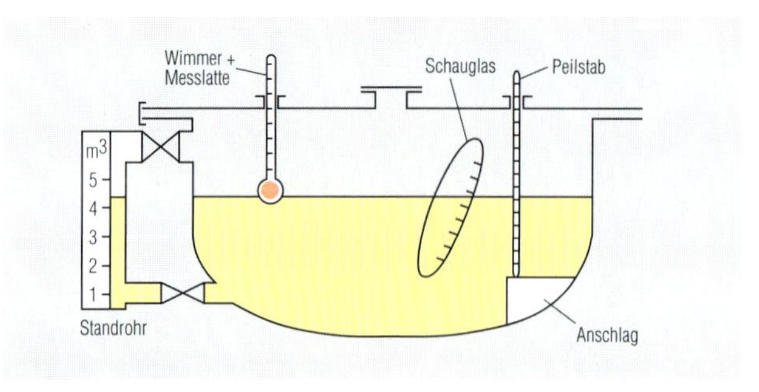

Abb. 5.1.1-6 Füllstandsmessung

Messgeräte mit Verdrängungskörper können auch als messwertübertragende Geräte eingesetzt werden. Ihr Kraftsignal wird über Kraftaufnehmer mit Siliziummembranen und U/I-Messumwandler in Gleichstromsignale umgeformt.

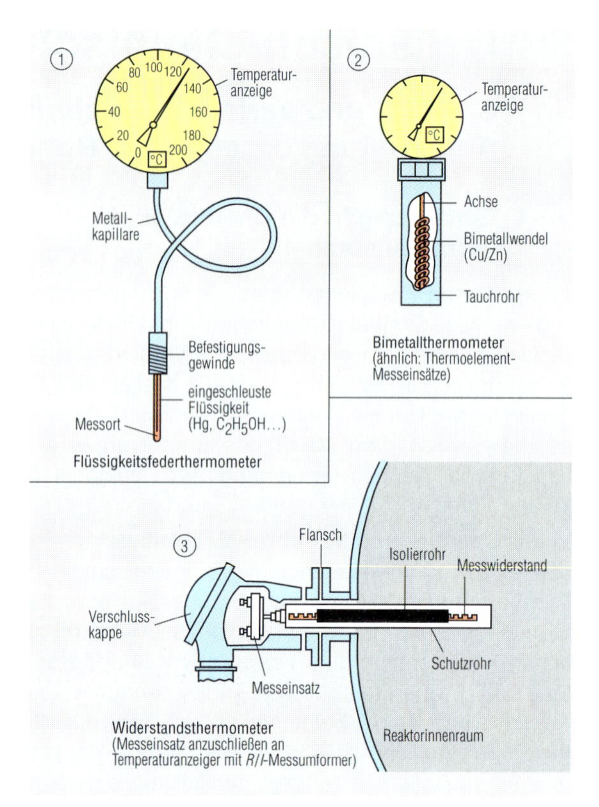

Abb. 5.1.1-7 Temperaturmessung

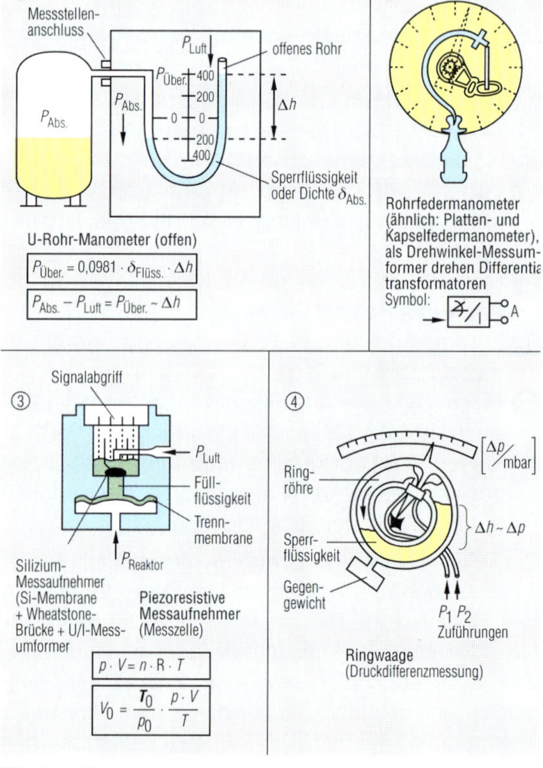

Abb. 5.1.1-8 Druckmessung

schaft (vgl. Kap. 2.5.13) in die vom Verbraucher gewünschten **End- oder Finalprodukte** umgewandelt: Farben und Lacke, Kleb- und Kunststoffe, Pharmaka, Imprägnier-, Pflege-, Löse- und Bleichmittel usw.

5.1.2 Organische Basisrohstoffe

Braun- und Stein-**Kohle, Erdöl, Erdgas** und die **nachwachsenden Rohstoffe** wie Zellulose, Naturkautschuk, Fette und Öle sind die **Basisrohstoffe** der industriellen, organischen Chemie und Technologie. Sie sind Ausgangspunkt zur Synthese einer breiten Palette von Zwischen- und Endprodukten der chemischen Industrie (die – mengenmäßig gesehen – hauptsächlich aus den drei Zwischenprodukten **Ethen, Methanol** und **Benzol** (nach IUPAC offiziell: **Benzen**) aufgebaut werden.
Die Aufbereitung der Basisrohstoffe und ihre Umwandlung zu Rohstoffen und Zwischenprodukten stellen wichtige Zweige der Chemie dar: die Erdöl- oder **Petrochemie,** die Carbo(n)- oder **Kohlechemie,** aber auch die Chemie der Erdgase und nachwachsenden Rohstoffe (**Biopolymere,** Kohlenhydrate- und Zellulosechemie sowie die Chemie der Fette und Öle, auch **Oleochemie** genannt).

5.1.3 Die Erdöl- bzw. Petrochemie

Das Erdöl findet sich in der Natur in Form unterschiedlichster, vorwiegend KW-haltiger Stoffgemische der Dichte 0,83–0,98 g/ml mit einem Siedebeginn von +35 bis 125 °C. Durch mehrfache, fraktionierte Destillation in riesigen Anlagen (**„Raffinerien“,** oft noch nahe am Förderort) lässt es sich nach grober Vorreinigung zunächst in drei verschiedene **Haupt-Fraktionen** mit folgenden Siedebereichen und Volumenanteilen aufteilen:

- **a** die **Benzinfraktion** (3–20 Vol%, Siedebereich bis etwa +180 °C bei Normaldruck),
- **b** die **Mittelölfraktion** (17–30 Vol% / 180–360 °C),
- **c** den **Destillationsrückstand** (20–80 % / > 360 °C).

Letzterer wird einer **Vakuumdestillation** unterworfen. Oft enthält Erdöl – je nach Herkunft und Qualität – noch gelöste Gase (das Erdgas Methan, etwas Ethan, C_3/C_4-Flüssiggase und die C_5-Fraktion) sowie **Heteroatome** (Schwefel und Sulfide, Sauerstoff in Form von Naphthensäuren, als Aschebildner Fe, Al, Ca, Mg, Mn, Ni, Na und das in Raffinerien besonders korrodierend wirkende V). Diese müssen mithilfe von Wasser ausgewaschen oder mit Wasserstoff als H_2S-Gas und H_2O-Dampf entfernt werden.
Der landkartenartige Überblick (Abb. 5.1.3-3 und 5.1.3-4; S. 279) zeigen die **Aufbereitung der Erdölfraktionen** zu Raffinerieprodukten. Aus diesen werden dann Reinstoffe isoliert und als Primär- und Sekundärprodukte Synthesebausteine gewonnen.

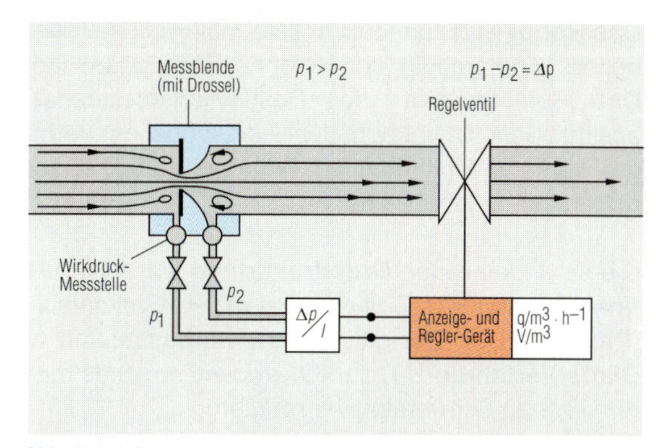

Abb. 5.1.1-9 Durchfluss-Messeinrichtung mit Regelanordnung
Als Drosselgeräte dienen Normblenden, Norm- und Venturidüsen sowie Dall-Rohre.

Abb. 5.1.3-1 Erdölraffinerie/-verarbeitung
Links eine Crackanlage in Dormagen, rechts Leitungen und Tanks für Spaltprodukte wie z. B. Benzol

Abb. 5.1.3-2 Produkte der Erdölraffination
(Die Eigenschaften der Alkane, der Alkene und der Aromaten wurden in Kap. 2.3 beschrieben.)

Laborversuche: Erdöldestillation mit Vergleichsproben

In einer Destillationsapparatur mit Pilzheizhaube, Thermometer, Liebig-Kühler, Fraktionierverteiler mit Destillatkolben und Aktivkohlerohr am Gasaustritt werden ca. 40–55 ml Erdöl so destilliert, dass die Temperatur im Destillationskolben fortlaufend ansteigt.
Bei ca. 75 °C wird das Destillat im 1. Kolben aufgefangen, im Bereich 75–150 °C in einem 2. Kolben, bis 190 °C in einem 3. und bis 240 °C in einem 4. Kolben. Brechen Sie den Versuch bei 240 °C ab. Erstellen Sie während der Destillation ein T/t-Diagramm.
Wiederholen Sie den Versuch zum Vergleich mit etwas Schmier- oder Heizöl, einer Lösung von Paraffinliquid in etwas n-Hexan und/oder einem Fett oder Öl. Vergleichen Sie die einzelnen Fraktionen bzw. Destillate und die *T*/*t*-Diagramme miteinander, notieren Sie Ihre Beobachtungen und versuchen Sie, sie zu erklären / zu deuten!

Das **Rohöl** wird zunächst bei Normaldruck destilliert, wobei als Kopfprodukt der Kolonne Flüssiggase anfallen. Das Sumpfprodukt (der Destillationsrückstand) wird anschließend im Vakuum destilliert, wobei der verbleibende Rückstand mit Luft zu Bitumen verblasen oder in Kokereien gegeben wird.

Die so angefallenen **Erdölfraktionen** werden im **Hydrofiner** bei rund 300 °C und 60 bar mit H_2-Gas entschwefelt (Produkt: H_2S). Der giftige Schwefelwasserstoff wird im **Claus-Verfahren** z. T. zu SO_2 oxidiert, welches mit weiterem H_2S zu Schwefelpulver reagiert:

$$2\,H_2S + 3\,O_2 \rightarrow 2\,SO_2 + 2\,H_2O \quad \text{(exotherm)},$$

$$SO_2 + 2\,H_2S \rightarrow 3\,S\downarrow + 2\,H_2O.$$

Die anfallenden Schwefelmengen reichen aus, um den S-Bedarf für die Schwefelsäureproduktion zu decken.

Die entschwefelten **Rohbenzine** (vorwiegend mit C_5–C_{12}-n-Alkanen zu niedriger Octanzahl) werden durch **Reforming** über Platin-Katalysator bei 500 °C und 30 bar in höherwertigeres (klopffesteres) **plat**in-re**form**iertes Benzin umgewandelt, das so genannte **Plattformbenzin.**

Weitere Benzine werden durch das **Cracken** der höhermolekularen Erdölfraktionen (Schmieröle/Mittelölfraktion, > C_{12}) erzeugt **(Crack-Benzine).** Auch diese können zu Plattformbenzin (Vergaserkraftstoffen) reformiert werden.

Neben der Rohöl-Destillation (RD) fallen auch aus anderen Verfahren weitere **Kraftstoff-Komponenten** an, um den Bedarf an Flugturbinen- und Vergaser-Kraftstoffgemischen zu decken:

Komponenten	Herkunft
Leichtbenzin	RD, Hydroraffination, Isomerisierung
Schwerbenzin	RD, Hydroraffination, Reforming
Crackbenzin	Mittelöl-Cracking und Vakuumdestillation, Destillate der Hydrospaltprodukte von Mittelöl und Vakuumdestillat
Pyrolysebenzin	Destillat der C_5-Fraktion aus der KW-Pyrolyse der Olefinsynthese
Alkylatbenzin	Alkylierung von Isobutanen mit Butenen und Prop(yl)en
Oligomerbenzin	aus der (Misch-)Oligomerisierung von C_3/C_4-Olefinen
Flüssiggas	C_4-KWs (zur Dampfdruck-Einstellung von Leichtbenzinen, insbes. für Kaltstarts im Winter)

Hieraus werden dann Vergaserkraftstoffe gemischt, die in Ottomotoren genügend **Klopffestigkeit** (Oktanzahlen über 95), hinreichende Oxidations- und Polymerisations-**Stabilität** und ausreichend **Dampfdruck** für Kaltstarts aufweisen. Im Winter werden daher z. B. bis zu 5 % Butan in Leichtbenzinen gelöst.

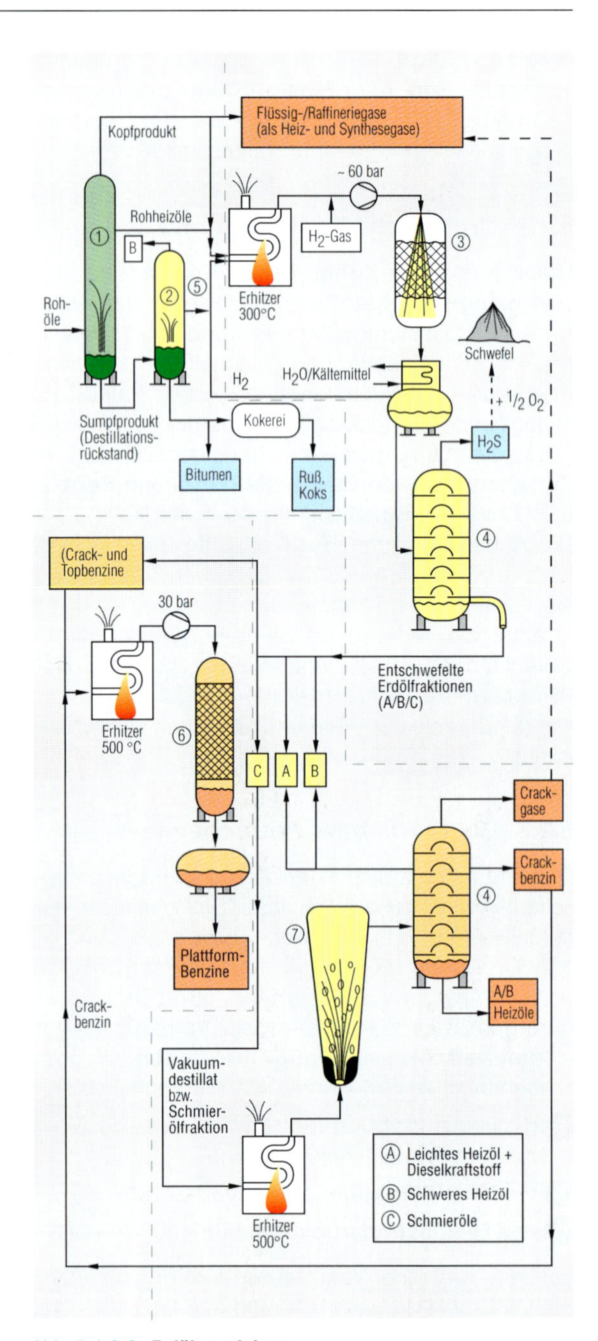

Abb. 5.1.3-3 Erdölveredelung

Durch Raffination und fraktionierte Destillation (Rektifikation) wird das Rohöl zu Raffinerieprodukten (Erdölraffinate) aufbereitet.

In der Grafik oben bedeuten:
1 = Atmosphärische Destillation,
2 = Vakuumdestillation,
3 = Entschwefelung im Hydrofiner (mit Co/Mo-Katalysator, nachgeschaltetem Kühler und H_2-Abscheider),
4 = Trennkolonne (Glockenböden/Rektifikation),
5 = Roh-Schmieröle (zur Entschwefelung),
6 = Reformer (für Top- und Crackbenzine, mit Pt-Katalysatornetz),
7 = Cracker (Wirbelbettreaktor mit einem $AlCl_3$-Katalysator auf Al-Silikat-Kugeln),
A = Leichte Heizöle + Dieselkraftstoffe,
B = Schwere Heizöle,
C = Schmieröle.

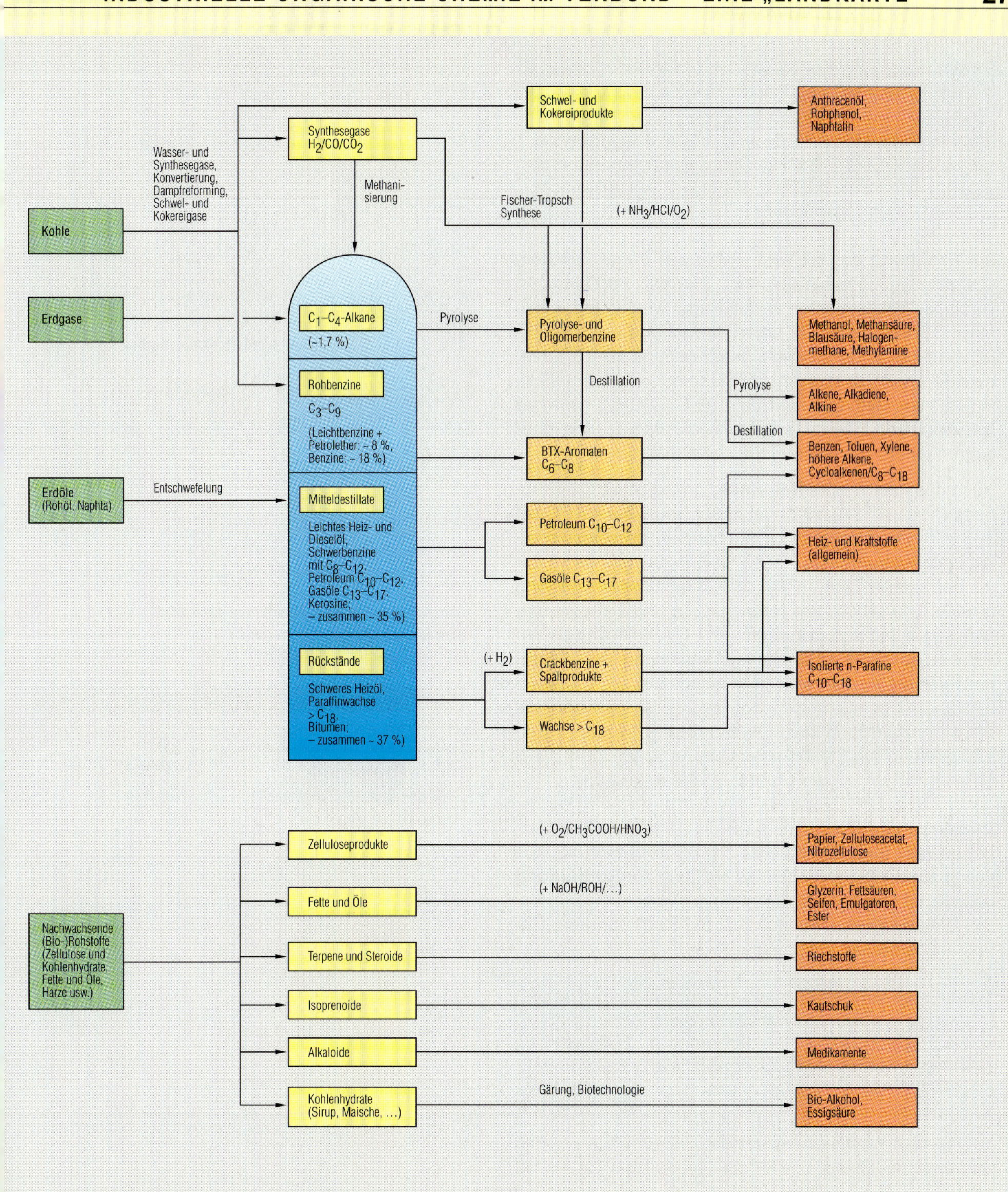

Abb. 5.1.3-4 Vom Rohstoff zum Synthesebaustein

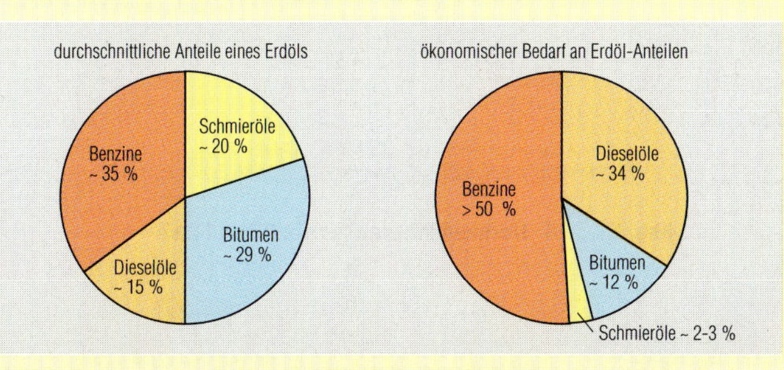

Abb. 5.1.3-5 Erdölanteile und -bedarf

Die (Research-)**Oktanzahl** (Abkürzung: OZ oder ROZ) ist ein DIN-Maß (DIN 51756) für die Verbrennungseigenschaft **(Klopffestigkeit)** eines Kraftstoffes im Prüfmotor. Sie gibt an, wie viel % Isooctan ein n-Heptan/i-Oktan-Gemisch mit gleichem Verbrennungsverhalten aufweisen würde wie das untersuchte Vergaserkraftstoffgemisch.

Zur **Erhöhung der OZ** wird – statt des früher üblichen, schädlichen Tetraethylbleis (TEL, Formel: $Pb(C_2H_5)_4$) in verbleiten Kraftstoffen – in der Regel Methyl-*tert.*-butylether (MTBE) zugesetzt. Eine Beimischung von 5 % MTBE macht es sogar möglich, dem Kraftstoff 10–15 % niedere Alkanole zuzusetzen. MTBE selbst wird hergestellt, indem man Methanol mit Buten ($H_2C{=}C(CH_3)_2$, aus der butadienfreien C_4-Fraktion) bei 80 °C und 5 MPa über sauren Ionenaustauschern reagieren lässt.

Auch das katalytische **Reforming** bewirkt eine OZ-Erhöhung (Abb. 5.1.3-6). Es findet in der Regel bei 450 °C bei 3–5 MPa Druck in einer H_2-Atmosphäre an bifunktionellen Katalysatoren statt. Diese weisen ca. 0,5 % Pt oder Pd auf sauren Zentren wie z. B. Aluminosilikat auf und bewirken so gleichzeitig Hydrierungen und Dehydrierungen sowie **Isomerisierungen** und **Cyclisierungen** der Alkane. Auch die katalytische **Alkylierung** und **Oligomerisierung** niedermolekularer Alkene führt zu sog. Alkylat- und Oligomer-Benzinen (Abb. 5.1.3-7), wenn die Leichtbenzinfraktion zuvor „hydroraffiniert" wurde (= Entschwefelung und Entstickung mit H_2, z. B. bei 350 °C/ 3–5 MPa an NiS/WS_2- oder CoS/MoS_2-Katalysatoren).

Dieselkraftstoffe stammen aus der Mittelölfraktion (Siedebereiche 230–350 °C) und der Kohlehydrierung. Sie sollen **zündwillig** sein, geringe Neigung zur **Rußbildung** haben und niedrige **Stockpunkte** aufweisen.
Die Zündwilligkeit wird nach DIN 51773 in Form der Cetanzahl gemessen (vgl. rechts):

Die **Cetanzahl (CaZ)** gibt an, wie viel Vol% Cetan ($C_{16}H_{34}$) ein Cetan/1-Methylnaphthalin-Gemisch aufweist, das im Einzylinder-Prüfmotor in **Zündwilligkeit** dem untersuchten Diesel-Kraftstoffgemisch entspricht.

5.1

Sie ist bei *n*-Paraffinen relativ hoch, bei Aromaten niedrig und liegt bei Diesel um 56, im Idealfall bei CaZ = 45 bis 58.
Der **Stockpunkt** gibt die Temperatur an, bei der durch auskristallisierende Paraffine eine scheinbare Erstarrung des Kraftstoffes eintritt. Er liegt bei Dieselkraftstoff um –15 °C, in arktischen Gebieten sogar bei –40 °C. Oft muss er durch Zusatz von Additiven noch weiter gesenkt werden, damit z. B. der **Flugzeugturbinenkraftstoff** nicht erstarrt (in 12 000 m Höhe herrschen in der Regel –60 °C).

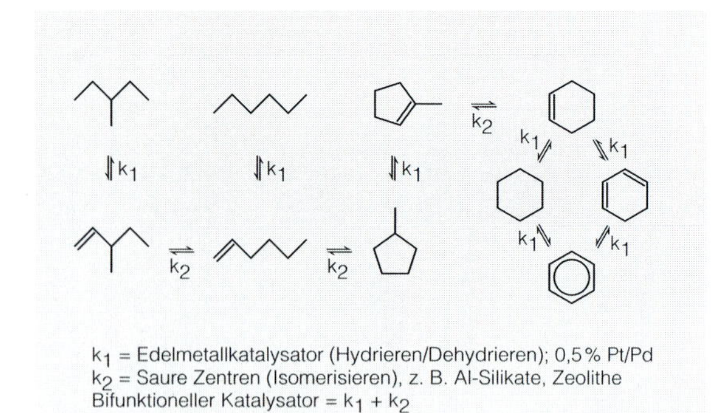

Abb. 5.1.3-6 Reaktionsabläufe beim katalytischen Reformieren

$$CH_2{=}CH{-}CH_3 \xrightarrow{+H^{\oplus}} CH_3{-}\overset{\oplus}{C}H{-}CH_3 \xrightarrow{+(CH_3)_3CH} C_3H_8 + (CH_3)_3C^{\oplus}$$

$$CH_2{=}CH{-}CH_3 + (CH_3)_3C^{\oplus} \longrightarrow (CH_3)_3C{-}CH_2{-}\overset{\oplus}{C}H{-}CH_3$$

$$(CH_3)_3C{-}CH_2{-}\overset{\oplus}{C}H{-}CH_3 \xrightarrow{+(CH_3)_3CH} (CH_3)_3C{-}CH_2{-}CH_2{-}CH_3 + (CH_3)_3C^{\oplus}$$

Abb. 5.1.3-7 *Iso*butan-Alkylierung mit Propen

Über säurekatalysierte Alkylierung, Di- und Oligomerisierung werden aus C_3/C_4-Olefinen klopffeste Kraftstoffkomponenten erzeugt.

Komponente	ROZ
n-Heptan	0
i-Oktan (2,4,4-Trimethyl-pentan)	100
n-Butan/Pentan/Hexan	94/62/25
2-Methyl-Butan/Pentan/Hexan	92/73/44
Buten-/Penten-/Hexen-1	98/91/76
2-Methyl-Buten-/Penten-/Hexen-2	97/96/90
Benzen/Toluen (Benzol/Toluol)	95/124
Ethylbenzen/Cumen (Cumol)	124/132
Normal-/Superbenzin (bleifrei)	>91/>95

Tabelle 5.1.3-1 Oktanzahlen

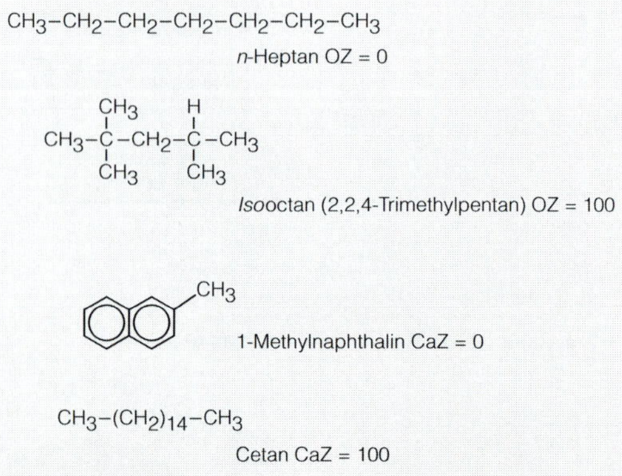

$CH_3{-}CH_2{-}CH_2{-}CH_2{-}CH_2{-}CH_2{-}CH_3$

n-Heptan OZ = 0

$CH_3{-}C(CH_3)_2{-}CH_2{-}CH(CH_3){-}CH_3$

*Iso*octan (2,2,4-Trimethylpentan) OZ = 100

1-Methylnaphthalin CaZ = 0

$CH_3{-}(CH_2)_{14}{-}CH_3$

Cetan CaZ = 100

Klopffestigkeit → Research-OZ (ROZ), DIN 51756
Zündwilligkeit (Diesel) → Cetanzahl (CaZ), DIN 51773

Abb. 5.1.3-8 Normsubstanzen für die OZ und CaZ

Neben der Mittel- oder Dieselölfraktion (Siedebereich 150–240 °C für Flugturbinen- und 230–350 °C für Dieselkraftstoff) fallen **Schweröle** im Siedebereich 350–500 °C an. Bei angemessener, relativ temperaturunabhängiger Viskosität (ölartig), durchgängiger Benetzung, Beständigkeit gegenüber thermischer und oxidativer Veränderung sowie Stockpunkten von rund –50 °C sind diese als **Schmieröle** geeignet. Sie werden vor dem Verkauf entparaffiniert, entasphaltiert und mit **Additiven** wie Antioxidantien (Alkylphenole, -phosphite), Detergentien (z. B. Ca/Mg-Alkylarylsulfonate) und ggf. Stockpunktsenkern (z. B. Polymethacrylate) versetzt. Auch aufbereitete Altöle werden beigemischt.

Die **Altöl-Aufbereitung** geschieht durch Filtration, Abschleudern von Wasser, Vakuumtrocknung, Adsorption, Raffination mit H_2SO_4 und Hydrierung mit H_2.

5.1.4 Die Kohlechemie

Stein- und Braunkohle werden in Kokereien zu Koks, Kokereigasen, Rohbenzin (bzw. Rohbenzol) und Teer verarbeitet. Bei der Verkokung entstehen in der BRD jährlich rd. 14,8 Mio. t Stein- und 0,18 Mio. t Braunkohlenkoks (inkl. **B**raunkohle-**H**och**t**emperatur- oder **BHT-Koks,** der – ähnlich dem Steinkohlenkoks – als Heizmaterial, zum Hausbrand, zur Kalziumcarbidproduktion oder als Reduktikonsmittel für Hochöfen verwendet wird. Als **Kokereiprodukte** entstehen:

Anteil (in %)	aus Steinkohle	aus Braunkohle
Koks	70–80	40–45
Teer	2–5	2–4
Rohbenzen	1–3	2–3
Ammoniak	0,25	0
Überschussgas	7–10	20–25

Das **Rohbenzen** (Rohbenzol) enthält bis zu 80 % Benzol (nach IUPAC: Benzen, C_6H_6) und bis zu 30 % Toluol (Toluen, C_6H_5 $-CH_3$). Die flüchtigen Verkokungs-Produkte werden mit Wasser auf 150 °C abgeschreckt **(„quenchen“)** und nach Kühlung und Abbscheidung von Restteer, Kokereiwasser und NH_3-Austreibung durch Kalkmilch ($Ca(OH)_2$-Lösung) einer Extraktion mit Benzol (Benzen) unterworfen (zur Gewinnung der gelösten Phenole).

Die **Kokereigase** werden mit Mittelöl gewaschen, die enthaltenen KWs ≥ C_5 in Waschöl gelöst und der Rohbenzenfraktion zugeführt. Das **Koksofengas** eignet sich als Brenngas für die Kammeröfen oder wird – nach Ethylenabtrennung – in Stadtgas umgewandelt. Der **Teer** wird durch Vakuumdestillation zur Teerölfraktion verarbeitet (40 % Destillat, 60 % Rückstand = **Pech**). Aus dem Destillat können Leichtöl (mit 45–60 % Benzen, 12–15 % Naphthen und je 6–15 % Toluen und Phenolen), Mittelöl und Rohanthracenöl gewonnen werden.

Abb. 5.1.4-1 Steinkohleabbau unter Tage

Links oben ein Bohrwagen mit 2 Bohrlafetten zum Streckenvortrieb, links unten der Abbau mit Walzenschrämlader, rechts Kohlezüge. Insgesamt wurden 1996 in der BRD 47,9 Mio. t Steinkohle gefördert (davon fast 38 Mio. t im Ruhrgebiet) und 0,2 Mio. t Braunkohle. Diese fast 48 Mio. t Steinkohlen unterteilen sich in die Sorten Edelflammkohle (4,86 Mio. t), Gas- und Gasflammkohle (18,4 Mio.), Fett- und Esskohle (20 Mio.) sowie Anthrazitkohle (4,4 Mio.).

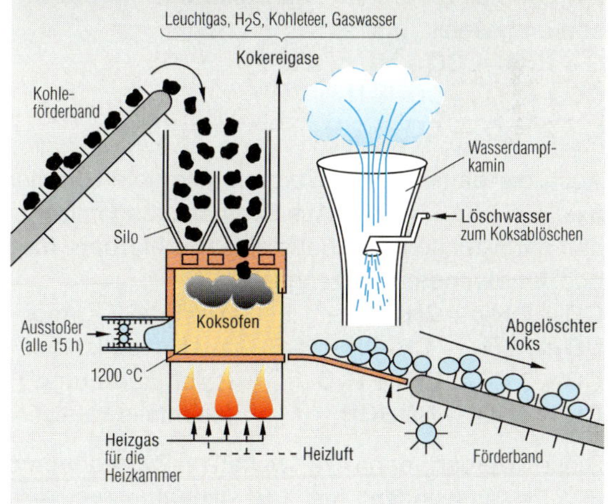

Abb. 5.1.4-2 Kokerei

Das Foto zeigt das Ausdrücken einer 150-t-Steinkohlekammer bei 1 000 °C (Kokerei Prosper, Bottrop). Zum Absaugen der Rauchgase über dem fertig gegarten Koks wird eine Haube über den Kokswagen gedeckt.

Neben 4,83 Mio. t Koks – täglich im Schnitt also 13 200 t – wurden 1996 in der BRD zudem 357 000 t Briketts produziert. Hauptabnehmer der Steinkohle, des Kokses und der Briketts sind z. B.:
- die chemische Industrie,
- die Metall erzeugenden und verarbeitenden Hütten (insbesonders die Hochöfen der Eisen schaffenden Industrie),
- die Papier- und Zellstoffindustrie,
- die Tabakverarbeitung.

Neben der **Verkokung** (industriell bei ca. 1000 °C) gibt es die **Verschwelung** (bei 600–700 °C). Hier bleiben flüssige Wertprodukte der Kohle erhalten. Es können so Schwelkoks (um 47 % der Kohle-/Eduktmasse), Schwelteer und Mittelöl (ca.11 %), Leichtöl (2–3 %) sowie Gase (8 %) gewonnen werden. Beim **T**ief**t**emperatur-**H**ochdruck- (TTH-)Hydrierverfahren wird Schwelteer mit H_2 zu **TTH-Paraffin** (Kerzen-/Hartparaffin) und Paraffingatsch (zur Gewinnung von Fettsäuren und Fettalkoholen) umgewandelt.

Die **Kohlehydrierung** (auch: „Kohle-Verflüssigung/-Vergasung“) nach dem **Bergius-Verfahren** liefert erdölähnliche Produkte:

Ein Brei aus fein gemahlener Kohle, Öl, Katalysatorpulver liefert Aliphatengemische unterschiedlichster Kettenlänge (bei 500 °C und 400 bar in H_2-Atmosphäre). Aus hochmolekularem Teer (um 400–600 g/mol) und Kohlen (über 5000 g/mol, überwiegend vielringige Aromaten) werden so verwertbare, niedermolekulare Produkte wie z. B. „Pyrolyseöl“ (Nebenprodukte: H_2O, H_2S, NH_3).

Insgesamt wurden in der BRD 1996 rd. 38,8 Mio. t leichtes und 8,8 Mio. t schweres **Heizöl** verbraucht, darunter der größte Teil für Hausbrand und Kleinverbraucher (34,8 Mio.t), der Rest für die öffentliche Versorgung, die Metallurgie, das verarbeitende Gewerbe (leichtes Heizöl: Maschinenbau, Tabakverarbeitung, Ernährung; schweres Heizöl: Mineralölverarbeitung, chemische Industrie).

Ein Großteil an Erdgas und Kohle wird zu **Synthesegasen** umgesetzt:

$$\mathbf{C + H_2O \rightarrow CO + H_2}$$
$$\mathbf{CO + H_2O \rightarrow CO_2 + H_2}$$
$$\mathbf{C + 2\,H_2O \rightarrow CO_2 + 2\,H_2}$$

Auch die partielle Kohleverbrennung liefert Kohlenmonoxid: $2\,C + O_2 \rightarrow 2\,CO$. Aus Synthesegasgemischen werden dann zunächst C_1-Bausteine wie **Methan, Methanol** und **Ameisensäure** erzeugt:

$$\mathbf{CO + 2\,H_2 \rightarrow CH_3OH} \qquad \Delta_R H = -92 \text{ kJ/mol}$$
$$\mathbf{CO_2 + 3\,H_2 \rightarrow CH_3OH + H_2O} \qquad \Delta_R H = -50 \text{ kJ/mol}$$
$$\mathbf{CO + 3\,H_2 \rightarrow CH_4 + H_2O} \qquad \text{(„Methanisierung“)}$$
$$\mathbf{CO + H_2O \rightarrow HCOOH} \qquad \text{(ebenfalls katalytisch).}$$

5.1

Diese werden dann zu weiteren Zwischenprodukten (Syntheserohstoffen) wie z. B. Aliphaten und Alkanolen verarbeitet (C_1-Bausteine: vgl. Abb. 5.1.5-1).

Für die **Niederdruck-Methanolsynthese** sind bei selektiver Katalyse (CuO/Cr_2O_3, Verweilzeit am Kat.: 1–2 Sekunden) 6 MPa Druck und 250–300 °C erforderlich. Durch Abwandlung lassen sich auch andere Alkanole erzeugen („Isobutylöl-Synthese“).

Die **Fischer-Tropsch-Synthese** aus Synthesegasen liefert sogar höhere Aliphaten (vgl. Kap. 2.4.3 und 2.5.2/Aus-

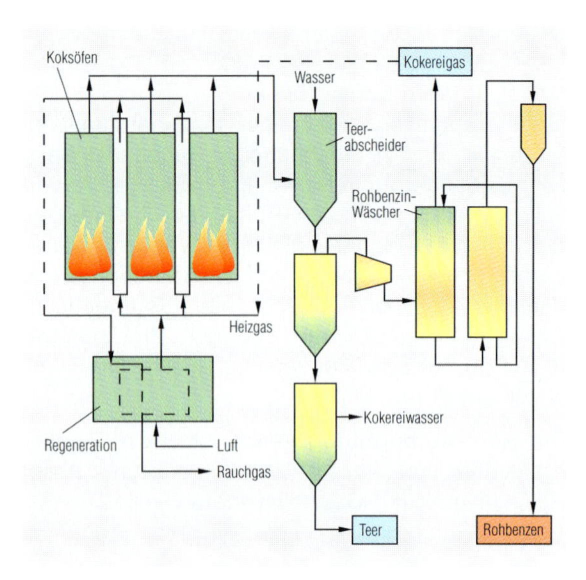

Abb. 5.1.4-3 Rohbenzengewinnung in Kokereien

In den Koks- bzw. Kammeröfen für je 30–40 t Kohle (in Batterien zu 50–100 Öfen) wird die Wärme durch Beheizung mit Kokereigasen erzeugt. Die Wärme der Rauchgase (800–1 000 °C) wird zum Vorheizen der Verbrennungsluft benutzt (Regenerativofen-Prinzip).

Aus **Stein- und Braunkohlen** wurden 1996 in der BRD nach Angaben der Statistik der Kohlenwirtschaft e.V. z. B. folgende (Kohlen-) Wertstoffe gewonnen: 150 855 t Rohteer, 41 689 t Rohbenzol und Rohbenzin, 4 476 t Flüssigschwefel und 21 329 t Schwefelsäure sowie 8 037 t Stickstoff und 1,2 Mrd. m^3 Gas. Die Stein- und Braunkohlekraftwerke produzierten im gleichen Zeitraum zusammen rd. 243 000 GWh (gegenüber 160 400 GWh aus Kernkraftwerken, 19 400 GWh aus Wasser- und 32 650 GWh aus sonstigen Kraftwerken.

Interessant sind aber auch völlig neuartige, aus Kohle gewonnene Wert- und Werkstoffe wie z. B. **Kohlefasern.** 1998 wurde ein aus Steinkohlenteerpech produzierter, pulverförmiger Rohstoff entwickelt („Carbosint“), aus dem sich durch endformnahes Verbressen, Sintern in (Keramik-)Öfen und mechanische Nachbearbeitung oxidationsbeständige Kohlenstoff-Kolben für Viertakt-Verbrennungsmotoren bauen lassen.

Die aus Carbosint gefertigten Motoren weisen z. B. im Vergleich zu Kohleelektroden aus der Aluminium-Schmelzflusselektrolyse (8–15 MPa; vgl. Kap. 4.3.3) eine enorm hohe Festigkeit auf (90–100 MPa)!

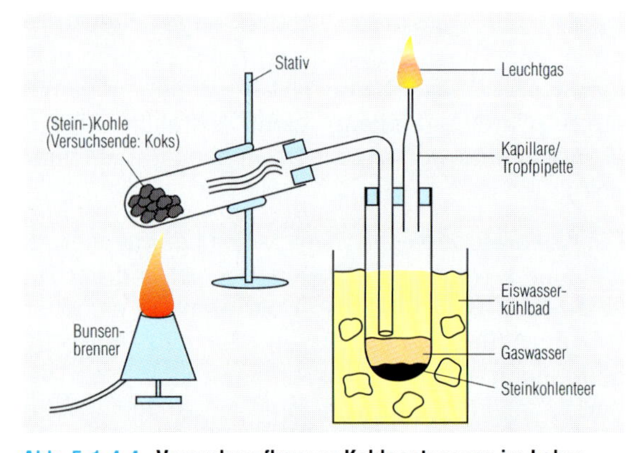

Abb. 5.1.4-4 Versuchsaufbau zur Kohleentgasung im Labor

Der gewonnene **Steinkohlenteer** enthält Benzen, Naphthen, Anthrazen und ähnliche Aromaten, das **Leuchtgas** niedermolekulare Kohlenwasserstoffe (C_1–C_4), CO– + H_2S-Gas.

beute bei 320 °C + 2,2 MPa im Flugstaubreaktor: 50 % Benzin, 28 % Mittelöl, 8 % Paraffine, 14 % Flüssiggase): $\boldsymbol{n\,CO + (2n + 1)\,H_2 \rightarrow C_nH_{2n+2} + n\,H_2O}$.

Eine relativ neuartige Gruppe von Stoffen auf Kohle- bzw. Kohlenstoffbasis bilden die 1982/84 entdeckten **Fullerene,** die aus Graphit durch Beschuss mit Laserpulsen (Clusterstrahl-Generator), in Lichtbogenöfen oder Widerstands-Heizungen gewonnen werden. Der so bei 6 000–10 000 °C verdampfte Kohlenstoff wird durch Expansion in Helium oder Vakuum schlagartig abgeschreckt und kondensiert dabei zu Ruß, z. T. aber auch zu fußballförmigen C_{60}-Molekülen („Buckminster-Fulleren").

Inzwischen wurden ganze Gruppen von Fullerenen und Fulleren-Komplexen bekannt (z. B. C_{20}, C_{24}, C_{28} usw. bis hin zu C_{240} und C_{1500}) – sogar ein ferromagnetisches Derivat –, die auf mögliche Anwendbarkeit in einer breiten Fülle von Bereichen hoffen ließen – wie z. B. Hochspannungsschaltern, Flachbildschirmen, Nanocomputern, Supraleittechnik („Bucky-Tubes"), Gasspeichertechnik, als molekulare Kugellager oder Transporter für eingeschlossene pharmakologische Wirkststoffe gegen Krebs und HIV.

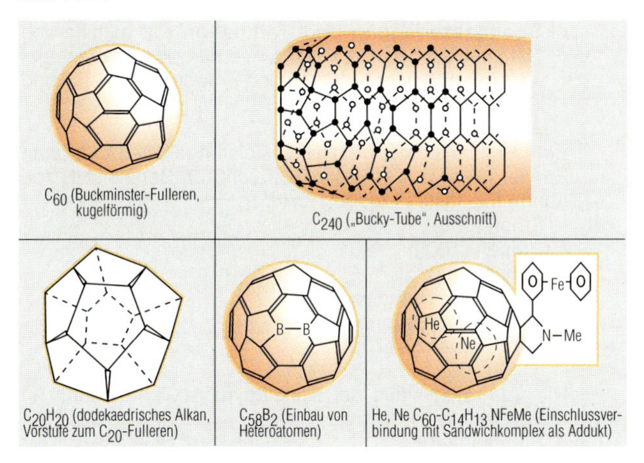

5.1.5 Kohle- und petrochemische Primärprodukte

Durch Reformieren und Cracken (auch mit Wasserdampf als Steamreforming bzw. -cracking) werden Synthesebausteine wie **Alkene, Alkine** und **BTX-Aromaten** (= **B**enzen/**T**oluen/**X**ylene) als petrochemische Primärprodukte erzeugt.

Auch durch **Pyrolyse** von Erdgas, Erdölfraktionen, Kokerei- und Schwelprodukten können ungesättigte Kohlenwasserstoffe wie z. B. Acetylen erzeugt werden. Insbesonders **Benzen (Benzol), Eth(yl)en, Prop(yl)en** und die **Butene** und **Butadiene** werden – neben den C_1-Bausteinen – schließlich in großen Mengen als Primärprodukte und Synthesebausteine benötigt (vgl. Abb. 5.1.5-3, S. 285).

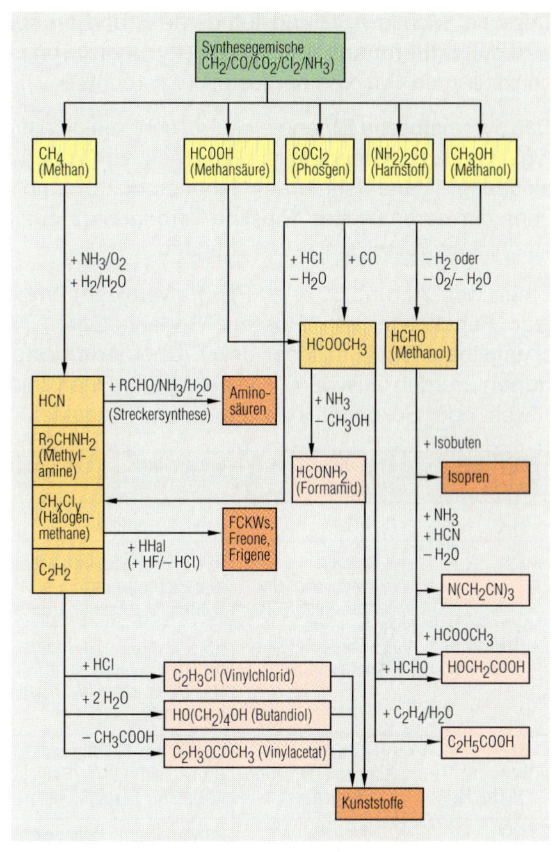

Abb. 5.1.5-1 C_1-Bausteine und ihre Verarbeitung

Die kleinsten Synthesebausteine der präparativen und industriellen organischen Chemie sind – neben den Synthesegasen – Methan, Methanol, Methanal (Formaldehyd), Ameisen- bzw. Methansäure (und ihre Ester), Methylamine, Halogenmethane, Blausäure, Phosgen und Kohlenmonoxid.

Es folgen **Reaktionsbeispiele** für ihre technische Synthese und Weiterverarbeitung:

$CH_3OH \leftrightarrow HCHO + H_2$ $\quad \Delta_R H = +84$ kJ/mol
$2\,CH_3OH + O_2 \leftrightarrow 2\,HCHO + 2\,H_2O$ $\quad \Delta_R H = -159$ kJ/mol
$CH_3OH \leftrightarrow HCHO + H_2$ $\quad \Delta_R H = +84$ kJ/mol
$CH_4 + NH_3 \leftrightarrow HCN + 3\,H_2$ $\quad \Delta_R H = +251$ kJ/mol
$2\,CH_4 + 2\,NH_3 + 3\,O_2 \leftrightarrow 2\,HCN + 6\,H_2O$ $\quad \Delta_R H = +251$ kJ/mol
$CH_3OH + NH_3 \leftrightarrow H_2NCH_3 + H_2O$ $\quad \Delta_R H = -21$ kJ/mol
$CH_3OH + CO \leftrightarrow HCOOCH_3$
$HCOOCH_3 + NH_3 \leftrightarrow CH_3OH + HCONH_2$
$HCONH_2 \leftrightarrow HCN + H_2O$ $\quad \Delta_R H = +75$ kJ/mol
$HCHO + CO + 3\,HCN \leftrightarrow N(CH_2CN)3 + 3\,H_2O$
$HCHO + HCOOCH_3 \leftrightarrow HO{-}CH_2COOCH_3$
$HO{-}CH_2COOCH_3 + 2\,H_2 \leftrightarrow CH_3OH + HO(CH_2)_2OH$
$4\,CH_4 + 10\,Cl_2 \rightarrow CH_3Cl + CH_2Cl_2 + CHCl_3 + CCl_4 + 10\,HCl$
(Produkteverhältnis/440 °C = 37 : 41 : 19 : 3;)
$CH_3OH + HCl \leftrightarrow CH_3Cl + H_2O$ $\quad \Delta_R H = -33$ kJ/mol
$CH_4 + HCl + O_2 \leftrightarrow CH_3Cl + H_2O$ (u.a. Chlormethane)
$CH_4 + Cl_2 + HF \rightarrow CF_2Cl_2 + CFCl_3 + H\,Cl$
$CCl_4 + 4\,HF \rightarrow CF_4 + 4\,HCl$ u.a. FCKWs....
$HCOOCH_3 + C_2H_4 \rightarrow C_2H_5COOCH_3$

Üb(erleg)ungsaufgabe

Überlegen und formulieren Sie für einige Reaktionen zu und mit C_1-Synthesebausteinen (s. o.) die **Reaktionsschemen und -mechanismen** (S_R, S_N, Ad, E etc., vgl. hierzu Kap. 2.3.3).

Der wohl wichtigste Grundstoff dürfte **Eth(yl)en** sein. Es wird durch **thermisches Cracken (Pyrolyse)** von Leichtbenzinen und Gasölen hergestellt (vgl. rechts).

Das symmetrische Ethenmolekül ist sehr reaktionsfreudig (vgl. Kap. 2.3.3), reagiert im Gegensatz zu Propen sogar eindeutig (keine isomeren Nebenprodukte) und steht über ein europaweites Pipeline-Verbundnetz zur kontinuierlichen Versorgung zur Verfügung.

Ethen wird zu rund 50 % zu PE (Polyethylen) umgesetzt (zur Fabrikation von Rohren, Bodenbelägen, Verpackungsmaterial, Kunstleder usw.). Über **Additionsreaktionen** werden aus dem Primärprodukt Ethen folgende (Zweit- oder Sekundär- bzw. Zwischen-)Produkte:

Eth(yl)en-Addukt	Zwischenprodukt	Endprodukt
+ H_2O	C_2H_5OH	Ester, Lösemittel
+ Cl_2	$H_2C{=}CHCl$ (Vinylchlorid, Nebenprodukt: HCl)	PVC (Formteile, Verpackung, Wärmedämmung), Synthesekautschuk (Autoreifen)
+ C_6H_6 (= Ph–H)	Ph–CH=CH_2 (Styrol; Nebenprodukt: H_2)	PS (Polystyrol; Styropor; für Folien, Verpackung, Haushaltsartikel, Wärmedämmung usw.)
+ O_2 (bzw.: + H_2O/– H_2)	CH_3CHO (Ethanal, Oxidation zu Essigsäure	Lösemittel, Zelluloseacetat (Kunstseide),PVA (Polyvinylacetat, für Dispersionsfarben),
+ O_2 (an Oxiran auch: H_2O, NH_3, CH_3OH + Alkanole usw.)	(Ethylenoxid oder Oxiran)	Ethylenglykole, Ethanolamine, Dioxan (Folgeprodukte: Polyester (Textilien), Frostschutz-, Wasch- und Textilhilfsmittel, Weichmacher usw.)
+ H_2O + R–CH=CH_2	$R(CH_2)_2OH$	Tenside, Weichmacher-Alkohole

Entsprechende Möglichkeiten existieren für Prop(yl)en, Butene und Butadiene.

Bei der **Oxosynthese** werden Alkene mit endständiger C=C-Bindung mit Synthesegas (CO + H_2) über Co-Katalysatoren bei nur 200 °C großtechnisch und kontinuierlich zu **Oxoprodukten** (**Alkanale,** nachfolgend katalytische Hydrierung zu **Alkanolen**) umgesetzt:

$$R\text{–}CH{=}CH_2 + CO + H_2 \rightarrow R\text{–}(CH_2)_2\text{–}CHO \rightarrow R\text{–}(CH_2)_3OH$$

$$R\text{–}CH{=}CH_2 + CO + H_2 \rightarrow R\text{–}CH(CH_3)\text{–}CHO \xrightarrow{(+H_2/Kat.)} R\text{–}CH(CH)\text{–}CH_2OH$$

Aus Propen können so z. B. über ein Butyraldehyd-Isomerengemisch (C_3H_7CHO, Butanal) *n*- und *Iso*butanol produziert werden.

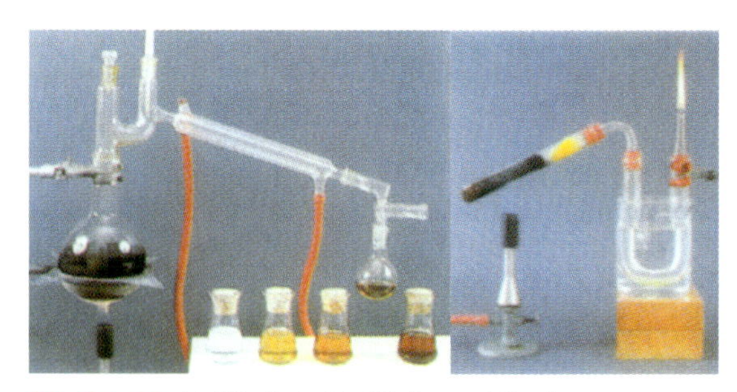

Abb. 5.1.5-2 **Fraktionierte Destillation und Cracken**

Zusatzinfo: Alkensynthese durch Cracken

In **Spaltanlagen** (vgl. Abb. 5.1.1-1 und 5.1.3-1) laufen folgende Arbeitsschritte ab:

a) **Cracken:** (to crack, engl.: spalten, zerbrechen) Leichtbenzin wird thermisch bei ca. 850 °C über radikalische Mechanismen (= **„Pyrolyse"**) gecrackt, Gasöle säurekatalysiert bei 400–500 °C über ionische Zwischenstufen und oft unter Verzweigung **(Isomerisierung)** der Alkane.

b) **Kühlung, Kondensation und Kompression:** Die Spaltprodukte (bis 850 °C) werden vorgekühlt (300 °C), kondensiert (ca. 25 °C, 10–200 kPa) und komprimiert (300–450 kPa).

c) **Spaltgaszerlegung und -raffination** (oft mithilfe von Kältemitteln; bei 0,1 MPa verdampft Methan bei –160 °C, Ethen bei –103 °C und Propen bei –45 °C) und Rückführung der Alkane.

Eine Spaltanlage (Durchschnittsleistung 350–550 kt/a an Ethylen) kann aus 1230 kt/a „Straight-run-Benzin" z. B. folgende Produkte erzeugen (in kt/a):
- Ethen (350),
- Propen (160),
- Benzen (88),
- Toluen und Butadien (je 45),
- Heizgase (190) und
- Pyrolysebenzin (70).

Die C_4-Fraktion aus der Benzinpyrolyse liefert dann (in Masse%)
- Butadien (40),
- *Iso*butan (23),
- Buten-1 (17),
- *cis*- und *trans*-Buten-2 (je 7) und
- C_3-KWs (1 %).

Üb(erleg)ungsaufgaben zur Petro- und Kohlechemie

1. Wie wird aus einem Laborversuch eine großtechnische Produktionsanlage? Zählen Sie einige **Laborgeräte** (vgl. Kap. 1.3 und 5.3: präparative Chemie) und die ihnen entsprechenden **Grundelemente in Produktionsanlagen** (Kap. 5.1.1) auf! Was ist Verfahrenstechnik und „PDA"?
2. Nennen Sie **Basisrohstoffe** der industriellen organischen Chemie und beschreiben Sie an einigen Beispielen, wie und in welche **Syntheserohstoffe** (Primär-/Sekundär-Produkte) sie umgewandelt werden. Formulieren Sie hierzu Reaktionsschemen!

Propen wird alternativ hauptsächlich zu **Isopren** (= 2-Methyl-Butadien-1,3 – ein Dipropylen), *Iso*propanol, weiteren Di-/Tri-/Tetra- und Polypropylenen sowie – mit Benzen – zu *Iso*propylbenzen umgesetzt.
Auch **Acetylen** (Ethin, HC≡CH) wird – ähnlich dem Eth(yl)en – durch Additionsreaktionen zu zahlreichen Sekundärprodukten verarbeitet:

Mit CuCl/HCl-Katalysatoren ergibt sich bei 70 °C und 0,2–0,3 MPa z. B. **Vinylacetylen** ($H_2C{=}CH{-}C{\equiv}H$), durch Dimerisierung mit $Al(C_2H_5)_3$-Katalysatoren **Buten-1** und durch weitere **Butadien-1,3** (für Synthese-Kautschuk). Acetylen kann auch zu Vinylacetat, -ethern und -chlorid, Chloropren, Acrylsäureestern verarbeitet oder zu **Ethanal** (CH_3CHO, Acetaldehyd) hydratisiert werden. Hieraus stellt man dann Butan-1,3-diol her – durch Aldolisation (Additionsreaktion zweier Aldehydmoleküle zu einem „Aldol", ein b-Hydroxyaldehyd) und katalytische Hydrierung (Ni-Kat., 110 °C,30 MPa). Das Produkt kann dann z. B. mit Carbonsäuren zu Polyestern polymerisiert oder zu Butadien dehydriert werden.

Die petrochemischen Sekundärprodukte werden schließlich zu Endprodukten verarbeitet – zu Kunststoffen (Harze, Plaste), Lacken, Chemiefasern, Wasch-, Löse- und Netzmitteln, Emulgatoren und Weichmachern (vgl. Abb. 5.1.5-3 und Kap. 5.2).

5.1.6 Nachwachsende Rohstoffe

Zu den wichtigsten, nachwachsenden Rohstoffen gehören Zellulose, Saccharose, Stärke, Fette, Öle (inkl. etherischen und Terpentinölen) und Isoprenabkömmlinge.

Zu den Isoprenabkömmlingen **(Isoprenoide)** zählen alle Kohlenwasserstoffe der Grundform $\mathbf{(C_5H_8)_n}$ und deren Alkanole, Ether, Aldehyde und Ketone, die sich aus C_5H_8-Monomeren zusammensetzen. Hierzu gehören z. B. **Naturkautschuk** und **Guttapercha** (trans-Polyisopren). Naturkautschuk wird aus dem Milchsaft **(Latex)** von Wolfsmilchgewächsen (Euphorbiaceen) gewonnen (der tropische Baum Ficus elastica liefert z. B. 7 g Latex mit 25–50% Kautschukanteil täglich).

Etherische Öle wie z. B. Terpentinöl (WJP: 290 kt/a) werden durch das Auspressen von Zitrusfruchtschalen und Wasserdampfdestillation oder -extraktion aus Pflanzenteilen gewonnen. Sie leiten sich chemisch von den Monoterpenen ($C_{10}H_{16}$) ab:

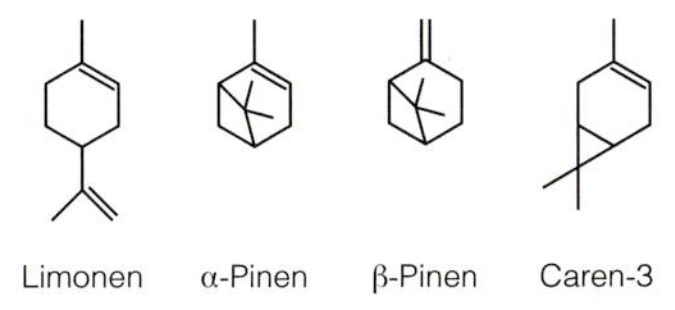

[1]) Ein hochmolekulares *cis*-Poly-Isopren $(C_5H_8)_n$ mit $n \approx 1300$ [rd. 90 000 g/mol], Weltjahresernte 3,8 Mio. t/a – das sind rd. 37 % der Synthesekautschukproduktion aus Butadien und Isopren.

Üb(erleg)ungsaufgaben zur Petro- und Kohlechemie

3. Beschreiben und skizzieren Sie die Arbeitsweise der **Erdöl-Aufbereitung. Erklären Sie** hierzu auch die folgenden **Begriffe:**
   a) Hydrofiner,
   b) Claus-Verfahren,
   c) Reforming (Reformieren),
   d) Cracking (Spalten, thermisch: Pyrolyse),
   e) Alkylierung und Oligomerisierung.
4. Welche **Zwischen- und Nebenprodukte** werden aus Erdöl und Kohle gewonnen?
5. Beschreiben Sie die **Verflüssigung** (Bergius-Verfahren), **Verschwelung** und **Verkokung** von **Stein- und Braunkohle.** Wie entstehen Leuchtgas, BHT-Koks, TTH-Paraffin, Teer und Pech?
6. Erklären Sie die Begriffe **Fischer-Tropsch-** und **Oxosynthese!** Formulieren Sie Beispiele!
7. Zählen Sie möglichst viele Stoffe auf, die sich aus **Kohle** oder Erdgas und **Wasserdampf** produzieren lassen, z. B. über **Methanol** und die **Synthesegas-Methanisierung.**

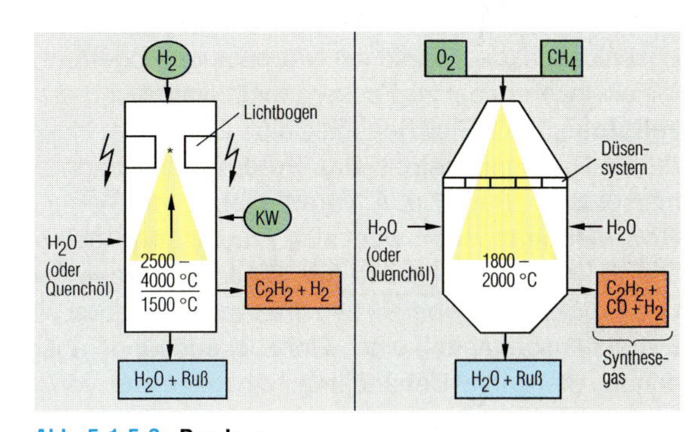

Abb. 5.1.5-3 Pyrolyse –
ein Verfahren zum Kunststoffrecycling und zur Acetylengewinnung

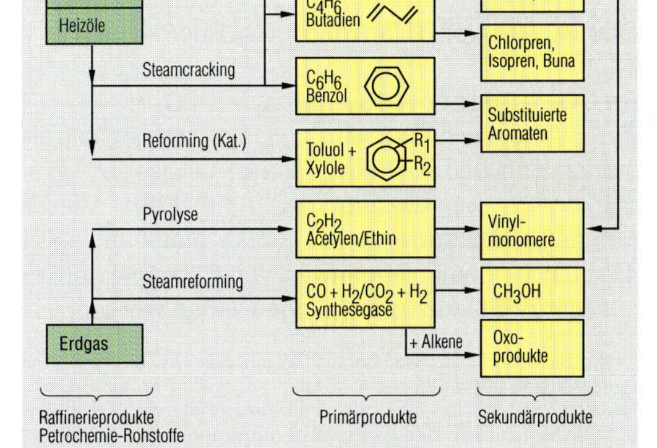

Abb. 5.1.5-4 Petrochemische Zwischenprodukte

5.1

Bisher sind rund 3000 etherische Öle bekannt, 150 davon sind für die Riechstoffindustrie nutzbar.

Terpentinöl wird aus Koniferenholz gewonnen[1]) und dient als Lösemittel für ölige Fette, Lacke, Harze und als reaktiver Verdünner lufttrocknender, öliger Anstrichstoffe. Der Rückstand der Terpentinöl-Destillation (= **Kolophonium,** früher ein Lackrohstoff) besteht aus Harzsäuren und wird zur Veresterung des Glyzerins (IUPAC: Glycerol) zu Harzsäureestern genutzt.

Die Moleküle des Biopolymers **Zellulose** (Poly-β-D-Glucose) bestehen aus rund 2 000 Monomeren (Bausteinen):

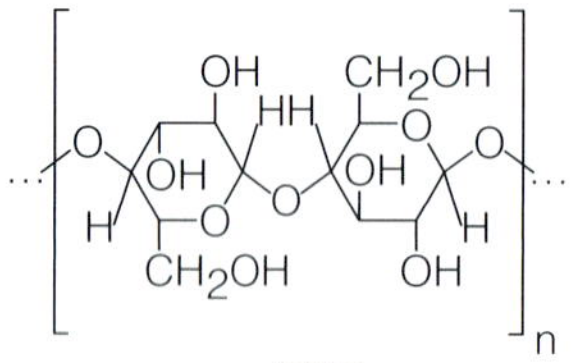

n ≈ 2000

Alle höheren Pflanzen enthalten Zellulose (Holz zu rd. 40 %, **Baumwolle** bis zu 95 %). Zur Zellulose-Gewinnung werden Gehölze mit NaOH- oder $Ca(HSO_3)_2$-Lösung aufgeschlossen, das Lignin mit Natronlauge abgetrennt, Hemicellulosen dabei zu Zuckern hydrolysiert und die **Rohzellulose** durch Bleichen mit Chlor, Ozon oder Hypochlorit von Restlignin befreit. Das Produkt kann dann zu Zellulosefasern, Papier u. Ä. verarbeitet werden[2]).

Rohr-/Rübenzucker wird aus Fruchtsäften gewonnen. Die WJP von Saccharose (ein Disaccharid aus Glucose und Fructose) liegt bei 90 Mio. t/a. Aus Rübenbrei wird mit Extraktionsbatterien eine Rohzuckerlösung ausgewaschen, die durch Behandlung mit Kalkmilch von Phosphor-, Oxal- u. Ä. Säuren befreit wird. Nach der Ausflockung von Kolloiden werden überschüssige Ca^{2+}-Ionen mit CO^2-Gas bei pH = 11 ausgefällt und abfiltriert. Der Dicksaft wird abschließend mit SO_2-Gas gebleicht und im Vakuum kristallisiert. Aus 1 t Rüben lassen sich so 175 kg **Saccharose** gewinnen (99,95 %, $C_{12}H_{11}O_{11}$) sowie 12 kg **Melasse** (mit 50 % Restzucker) für Viehfutter, Futterhefen und zur Weiterverarbeitung zu Ethanol, Zitronensäure, Milchsäure und Penicillin.

Stärke wird von Pflanzen durch Photosynthese aufgebaut:

$$6n\,CO_2 + 5n\,H_2O \rightarrow (C_6H_{10}O_5)_n + 6n\,O_2\uparrow.$$

Zur Stärkegewinnung wird z. B. Weizenmehlteig in Rohstärkemilch und Klebeteig (Leim) umgesetzt. Die Rohstärkemilch wird besiebt und getrocknet. Mithilfe von **Milchsäurebakterien** kann Stärke biotechnologisch bei 45 °C, pH = 5–6 in Gegenwart von Kalksteinmehl zu Glucosesirup (Stärkezucker) umgewandelt werden.

[1]) Pinus-Arten, z. B. Kiefernharz; Ausbeute: rd. 4 kg Rohharz pro Kiefer und Jahr.

[2]) Auch die Zellstoffablaugen enthalten noch verwertbare Kohlenhydrate (Zucker, die zu Bioalkohol vergoren oder zu Futter- und Nährhefe verarbeitet werden), kolophoniumhaltiges Tallöl und Terpentinöl.

Abb. 5.1.6-1 Harze und Hölzer – nachwachsende Rohstoffe zur Gewinnung von Terpentinöl, Zellulose und Kolophonium

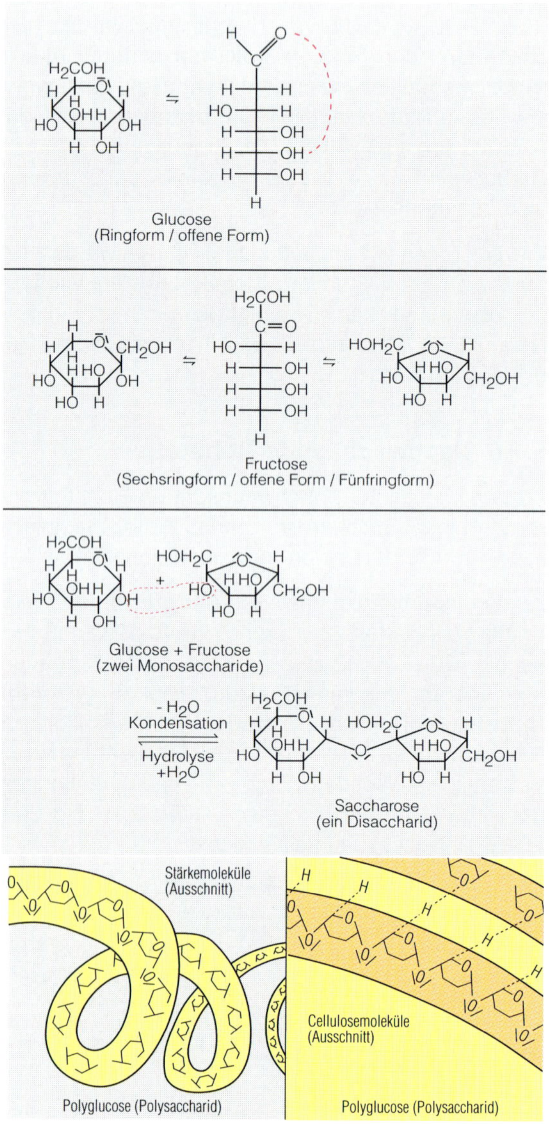

Abb. 5.1.6-2 Kohlenhydrate

Die Kohlenhydrate bauen sich aus $C_n(H_2O)_n$-Monomeren zusammen. Man unterscheidet nach deren Anzahl Mono-, Di-, Oligo- und Polysaccharide oder nach der funktionellen Gruppe Aldosen und Ketosen. Zucker, Mehl, Stärke, Kleister und Papier z. B. sind Kohlenhydrate.

Abb. 1 **Sonnenblumen**

Abb. 2 **Weizen und Mais**

Abb. 3 **Kartoffeln und Zitrone**

Nachwachsende Rohstoffe sowie deren bio- und chemotechnische Aufbereitung waren neben den synthetischen schon immer von Bedeutung. Sie wurden aus Bio-Rohstoffen wie z. B. Talg und Schmalz schon in der Antike durch Kochen in Wasser mit Pflanzen- und Pottasche „chemische“ Produkte synthetisiert, (später auch mit Soda, vgl. Abb. 5), Kern- und Schmierseifen).

Insgesamt rechnet man zu den nachwachsenden Rohstoffen z. B. Wolle, Seide, Flachs, Hanf, Kautschuk, Jute und Baumwolle für Textilien, Hölzer und Harze, stärkespeichernde und fett- und ölproduzierende Pflanzen (Abb. 1 bis 3 und 6 bis 8). Auch farb-, duft- und aromastoffproduzierende Pflanzen werden dieser Kategorie zugerechnet.

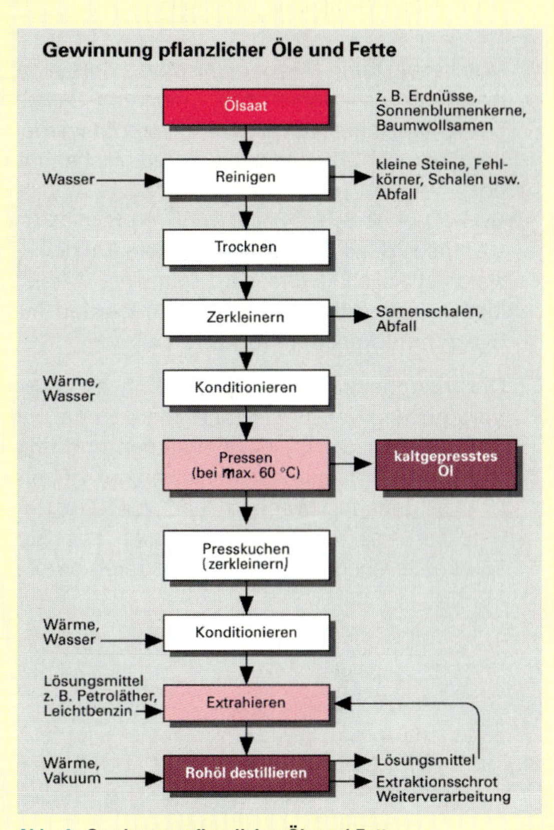

Abb. 4 **Gewinnung pflanzlicher Öle und Fette**
(1981 allein ca. 56 000 t Speiseöle und -fette)

Öl/Fettart	Nachwachsender Rohstoff, Quelle	Linolsäuregehalt in (%)
Palmöl, -fett	Fruchtfleisch der Ölpalme	1–5 %
Erdnussöl	Erdnusssamen	12–46 %
Raps-/Rüböl	Rapssamen	17–26 %
Sonnenblumenöl	Sonnenblumenkerne	19–75 %
Sojaöl	Sojabohnensamen	37–58 %
Distelöl	Früchte der Färberdistel	67–79 %
Talg	Rind, Hammel, Schwein u. a.	um 3 % *
Schmalz	Schwein, Gans u. a.	11–12 % *

*) Talg besteht zu 46–47 % aus Ölsäure ($C_{17}H_{33}COOH$), zu rd. 29 % aus Palmitinsäure ($C_{15}H_{31}COOH$), zu 18–19 % aus Stearinsäure ($C_{17}H_{35}COOH$) und aus Myristin- und Linolsäure. Schmalz enthält rd. 51 % Ölsäure, 23,5 % Palmitin- und je rd 11 % Starin- und Linolsäure. Raps- und Rüböl weisen z. B. auch ungesättigte Fettsäuren auf (Erucasäure).

Abb. 5 **Fettzelle und Stärkekörner unter dem Mikroskop**
Diese in Tier- (oben) und Pflanzenzellen (unten) angelegten Depots sind als Nähr- und Chemierohstoffe verwertbar.

Abb. 6 **Alte Seifensiederei**
Umsetzung von Bio-Rohstoffen zu Seifen

Abb. 7 **Baumwollernte**
Neben Chemiefasern und Schafswolle noch immer gefragt!

Abb. 8 **Die Olive und ihr Öl**
Schon in der Antike gab es Seifen aus Olivenöl.

Mithilfe weiterer Mikroorganismen können aus kohlenhydratreichen Nährstoffen, niederen Alkoholen und C_{10}–C_{20}-Alkanen **Gärprodukte** erzeugt werden. Anaerob vergären sie Nährstoffgemische zu Milchsäure und Ethanol:

$$\mathbf{C_6H_{12}O_6 \rightarrow 2\ C_2H_5OH + 2\ CO_2\uparrow,\ \Delta_R H = -235\ kJ/mol}$$

– aerob z. B. zu Zitronensäure. Viele Antibiotika und Spezialchemikalien (Proteasen, Vitamine, Alkaloide, Steroide, optisch aktive Verbindungen) werden durch solche **biotechnologischen Verfahren** erzeugt[1]).

Die **Oleochemie** umfasst schließlich die Gewinnung und Verarbeitung von Fetten und Ölen. Fette und Öle sind Glycerolester der C_6–C_{24}-Fettsäuren und unterscheiden sich so von Fettsäureestern einwertiger, höherer Alkohole (> C_{25}, genannt: **Wachse**) und von den Phosphatiden (Lecitine), die Veresterungsprodukte aus Glyceroldifettsäureestern und Cholinphosphorsäuren darstellen:

$$(RCOOCH_2)_2CH{-}\overline{O}{-}\overset{\overset{\Large O}{\|}}{\underset{\underset{|\overline{O}|^{\ominus}}{|}}{P}}{-}\overline{O}{-}(CH_2)_2{-}\overset{\oplus}{N}(CH_3)_3$$

$$\begin{array}{l} RCOOCH_2 \\ RCOOCH \\ \quad H_2C{-}\overline{O}\diagdown\ \diagup\overline{O}{-}(CH_2)_2{-}\overset{\oplus}{N}(CH_3)_3 \\ \qquad\qquad P \\ \qquad ^{\ominus}O\diagup\ \diagdown O \end{array}$$

Zur **Fettgewinnung** werden Rohstoffe wie Schweineschmalz, Rinder- und Hammeltalg oder Butter einer Wärmeextraktion unterzogen. Walöl und Waltran können bei 200 °C + 1 MPa in H_2 mit N-/Cu-Katalysator ebenfalls zu Fetten verarbeitet werden. Fette werden zu Margarine, Anstrichstoff-Bindemitteln und den Verseifungsprodukten Glycerol und Fettsäuren verarbeitet:

$$\begin{array}{l} CH_2{-}OCO{-}R' \\ CH{-}OCO{-}R'' \\ CH_2{-}OCO{-}R''' \end{array} + 3\ H_2O \xrightarrow[\text{Fettverseifung}]{\text{NaOH}} \begin{array}{l} CH_2{-}OH \\ CH{-}OH \\ CH_2{-}OH \end{array} + \begin{array}{l} HOCO{-}R' \\ HOCO{-}R'' \\ HOCO{-}R''' \end{array}$$

Industriell erfolgt die **Verseifung** (Fettspaltung) mit Wasser bei 250 °C und 5 MPa Druck (ohne Katalysatoren). Die wässrige Phase enthält dann das Glycerol (Glyzerin), die organische die Fettsäuren. Zur Herstellung von Spezialtensiden sind insbesonders ungesättigte **C_{18}-Fettsäuren** begehrt: $C_{18}H_{34}O_2$ (Ölsäure, einfach ungesättigt), $C_{18}H_{22}O_2$ (Linolsäure, zweifach ungesättigt) und $C_{18}H_{20}O_2$ (Linolensäure, dreifach ungesättigt).

Auch **Aminosäuren und Eiweiße** (**Proteine,** Polypeptide) sind begehrte Nährstoffzusätze, Medikamente und Spezialchemikalien, für die z. T. allerhöchste Preise gezahlt werden.

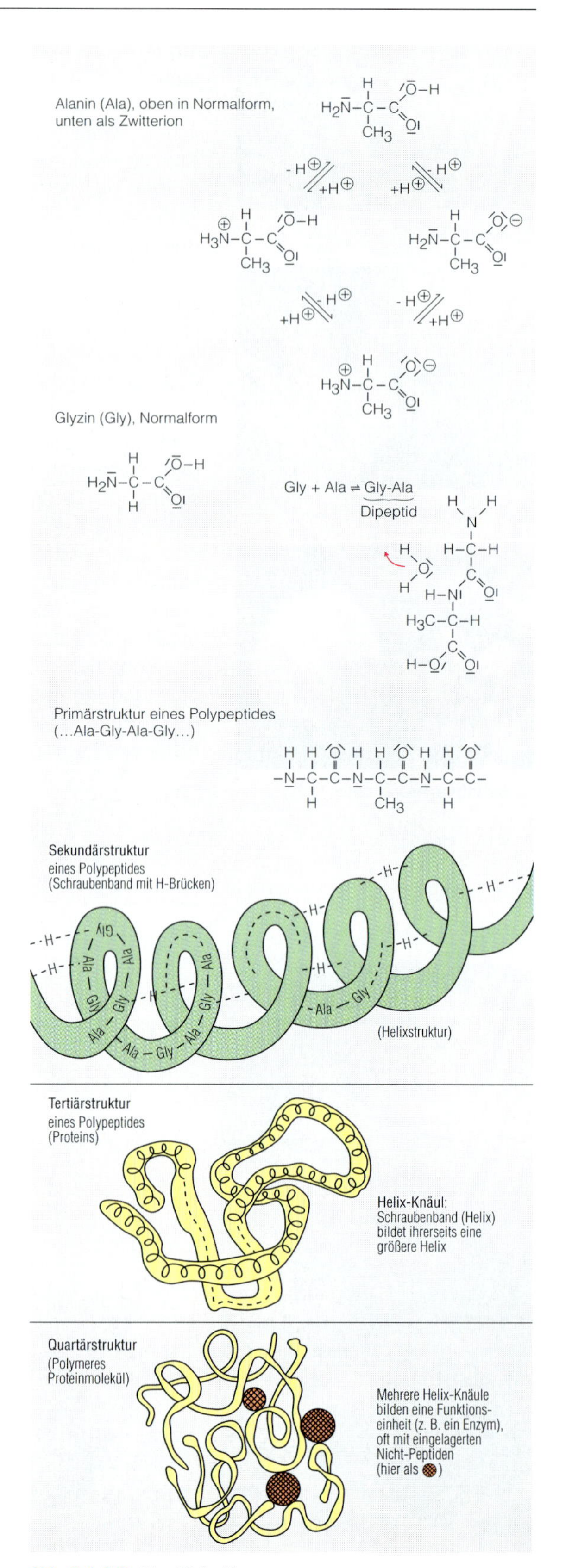

Abb. 5.1.6-3 **Eiweißstrukturen**

[1]) Mehr hierzu auf S. 318/319.

Ihre Bausteine, die **Aminosäuren,** können künstlich durch fermentative Verfahren oder großtechnisch durch die **Strecker-Synthese** hergestellt werden.

Bei diesem Verfahren werden Aldehyde mit Ammoniak und Blausäure zu α-Aminonitrilen umgesetzt:
$R–CHO + NH_3 + HCN \rightarrow R–CH(NH_2)–CN + H_2O$.

Die Nitrile werden dann säure- oder basenkatalysiert zu Aminosäuren verseift:
$R–CH(NH_2)–CN + 2\ H_2O \rightarrow R–CH(NH_2)–COOH + NH_3\uparrow$

Die entstehenden **Racemate** (siehe Kap. 2.3.4) müssen anschließend aufgetrennt werden, da nur die L-Formen vom Körper verarbeitet werden können. Die **Racematspaltung** erfolgt mithilfe tierischer Enzyme, die eines der beiden Enantiomere bevorzugt hydrolysieren oder aber gezielt zerstören. Die Racemate können auch durch fraktionierte Kristallisation aufgetrennt werden (wozu sie ggf. zunächst in diastereomere Substanzen überführt werden müssen).

Die optisch inaktive, einfachste Aminosäure **Glyzin** (Formel: $H–CH(NH_2)COOH$) kann direkt durch Aminoacetonitril-Verseifung hergestellt werden (WJP: 6000 t/a). **Methionin** (Formel: $H_3C–S–(CH_2)_2–CH(NH_2)COOH$) wird aus Acrolein stufenweise unter Zugabe von CH_3SH, $NaCN$, NH_4HCO_3 und K_2CO_3 aufgebaut.

L-Glutaminsäure und ihre Salze (die Glutamate; WJP ca. 200 kt/a) werden als Würzstoffe und Geschmacksverstärker verwendet.

Insgesamt gibt es allein 20 Aminosäuren, die der menschliche Organismus zur Proteinsynthese benötigt (darunter 8 essentielle).

Durch Elimination von Wasser können Aminosäuren zu Dipeptiden, Peptidfragmenten oder auch höherpolymeren Polypeptiden reagieren **(Peptid-Synthese).** Peptide aus ca. 30–45 Aminosäure-Bausteinen werden technisch bereits in kg-Mengen synthetisiert.

Demgegenüber entstehen **Proteine** biochemisch mit molare Massen von 17 000 g/mol (Myoglobin) über M = 64 500–68 000 (der menschliche Blutfarbstoff Hämoglobin) bis hin zu 6,5 Mio. g/mol (das Hämocyamin der Schnecke).

Neben pflanzlichen Proteinen (WJP: ca. 300 Mio. t/a, davon 50 % als Nahrungsmittel) und tierischen Eiweißen weisen **Mikroorganismen-Proteine** das größte Potential zur Proteinerzeugung auf. Sie bestehen zu über 80 % ihrer Trockenzellmasse aus Protein, vermehren sich rasant (Gewichtsverdopplung innerhalb von Stunden) und fallen bei der Melasse- und Stärkebrei-Verwertung und Gärung in größeren Mengen an. Selbst Substrate der Erdölfraktionen (C_{10}–C_{25}-Alkane), Faulgase (CH_4), Alkohole und Abwässer sind als Nährlösungen für Mikroorganismen geeignet.

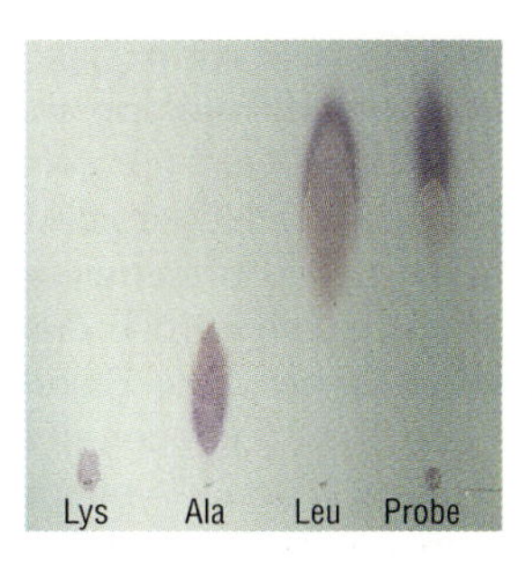

Abb. 5.1.6-4
DC-Chromatogramm von Aminosäureproben
Rechts die untersuchte Probe, links die drei Aminosäuren Lysin, Alanin und Leucin. Die hinter der Laufmittelfront herziehenden Aminosäuren werden durch Besprühen mit isobutanolischer Ninhydrinlösung und anschließendes Föhnen sichtbar gemacht.

Dabei läuft folgende Mehrfachsubstitution ab:

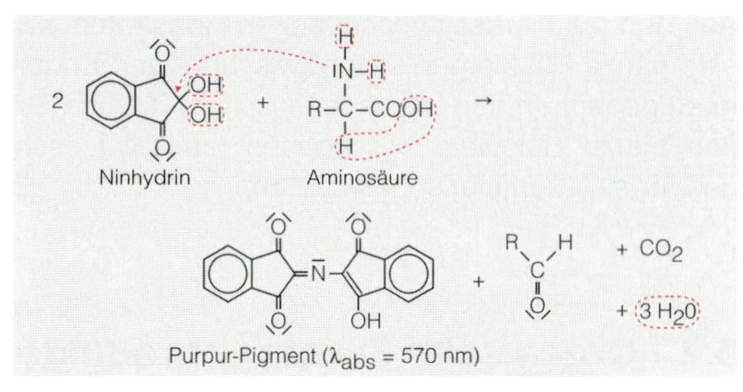

Die Probe hier muss also Lysin und Leucin enthalten haben, jedoch **kein** Alanin.

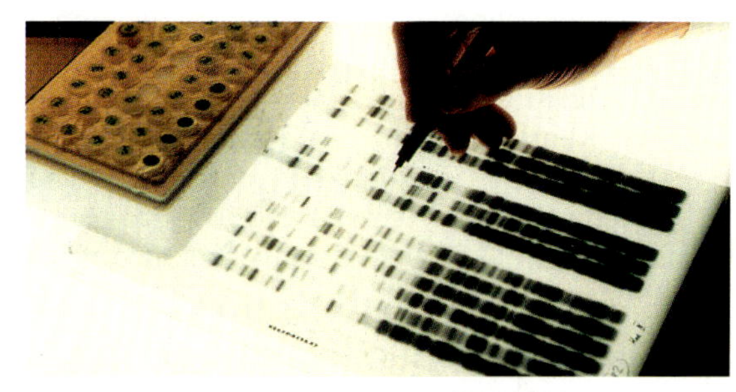

Abb. 5.1.6-5 „Genetischer Fingerabdruck"
Der in der DNS genetisch gespeicherte Code zum Aufbau körpereigener Eiweiße – die entsprechende Reihenfolge der Aminosäuren im Peptid – ist so individuell, dass die Proben gerichtsmedizinisch einzelnen Personen zugeordnet werden können.

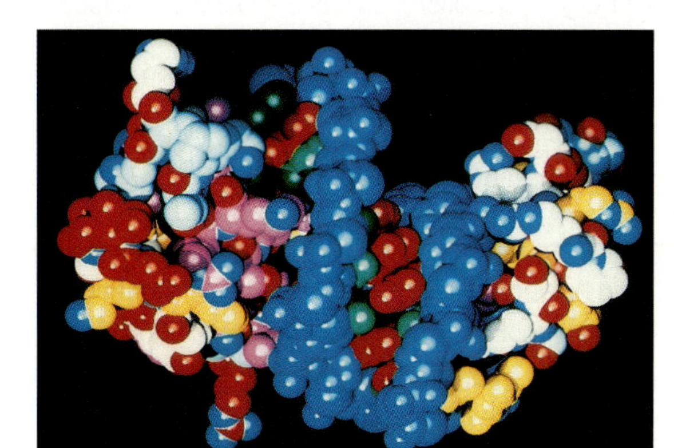

Abb. 5.1.6-6 DNS-Protein-Komplex
Molekülmodelle für Proteine u. a. Biopolymere: Hier wird die Struktur von Ketten bildenden Zucker-Phosphaten (blau) und den vier Nukleinbasen bestimmt (rot, gelb, grün, magenta). Der Informationsgehalt des menschlichen Genoms entspricht einem Text von 3 Mrd. Buchstaben – inkl. 50 Mio. individueller „Druckfehler" (= 1,66 %).

Analytisch werden Proteine mit **Ninhydrin** (vgl. Abb. 5.1.5-8 bis 9), durch die **Xanthoproteinreaktion** oder die **Biuretreaktion** nachgewiesen: Die Xanthoproteinreaktion stellt eine Gelbfärbung mit konz. HNO_3 durch Nitrierung aromatischer Aminosäuren dar (ähnlich der manchmal beobachtbaren Gelbfärbung durch nitrose Gase an den Fingern starker Zigarettenraucher). Die Biuretreaktion ist eine Komplexbildung der Aminogruppen mit Kupfersulfatlösung (bei nachfolgender Zugabe von Natronlauge zur Eiweißlösung – ähnelt dem Kupfertetramminkomplex, Abb. 4.3.7-6 und 4.3.11-12).

Aus den bis hierher beschriebenen Rohstoffen wird nun eine ganze Fülle organischer Zwischen- und Endprodukte aufgebaut. In den folgenden Kapiteln 5.2 und 5.3 werden hierzu Beispiele beschrieben (zum Nachschlagen und für ein exemplarisches Lernen).

5.2. Organische Zwischenprodukte

5.2.1 Überblick

Folgende Zwischen- und Endprodukte wurden bisher paar- bzw. gruppenweise in Kap. 5.1 beschrieben:

Heiz- und Kraftstoffe, Schmier- und Heizöle, Koks und Pech, Kunststoffe und deren monomere Bausteine, Fettsäuren und Glyzerin, Fette und Öle, Zellulose und die Kohlenhydrate, Terpene und einige weitere Lösemittel, Natur- und Synthesekautschuk und die Aminosäuren und Proteine.

Aus der Fülle der als Zwischenprodukte eingesetzten **Synthesebausteine** wurden zudem die C_1-Bausteine in Abb. 5.1.5-1 und die drei Stoffe Methanol, Eth(yl)en und Benzen (Benzol) als die mengenmäßig wichtigsten Syntheserohstoffe vorgestellt.

Im Folgenden sollen nun weitere wichtige **Zwischenprodukte** – nach Stoffklassen geordnet – beschrieben werden. Nebenstehende Abbildungen zeigen Beispiele für Anlagen zur Produktion einiger solcher Chemikalien. In Kap. 1 erfuhren Sie schon etwas über deren **präparative Herstellung im Labor.**

In Kap. 5.3 werden dann abschließend einige Fertig- und **Endprodukte** der organisch-chemischen Industrie – nach Anwendungsbereichen geordnet – behandelt:

- **a** Kunststoffe + Chemiefasern (Plaste, Polymere),
- **b** Farben und Lacke (Farbstoffe/Pigmente, Binde- und Lösemittel, Klebstoffe),
- **c** Reinigungs- und Waschmittel (Tenside, Detergentien, Emulgatoren, Enzyme, Waschmittelzusatzstoffe),
- **d** Arzneimittel (Pharmazeutika/Drogen, Alkaloide, Vitamine, Hormone),
- **e** Riech- und Aromastoffe.

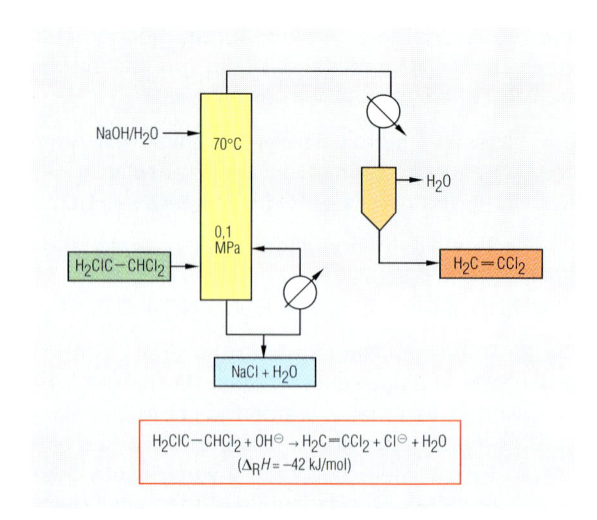

Abb. 5.2.1-1 Technische Dichloreth(yl)ensynthese

Kolonnenreaktor zur Herstellung von 1,1-Dichloreth(yl)en durch Dehydrochlorierung

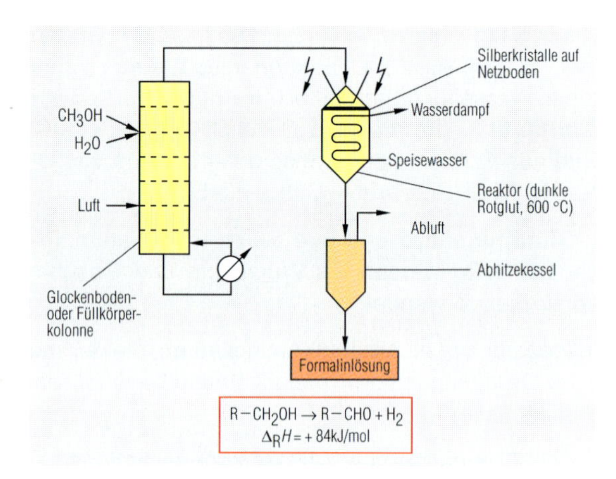

Abb. 5.2.1-2 Technische Methanalsynthese

Anlage zur Formaldehydherstellung durch autotherme Methanoldehydrierung über Silber-Katalysator

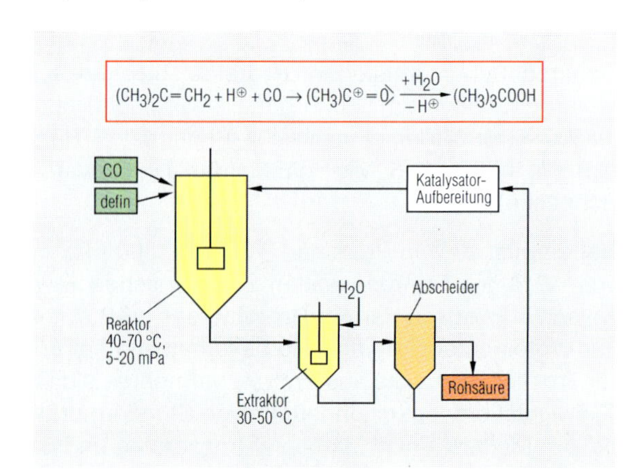

Abb. 5.2.1-3 Alken-Carbonylierungsanlsage

Prinzipschema für Koch-Reaktionen, die zu α,α-disubstituierten Alkansäuren führen (Formel: R–CR_2–COOH mit R = je nach Edukt [Olefin, Alken] beliebigen Alkylresten); vgl. S. 293 unten.

Die wichtigsten, organischen Zwischenprodukte gehören folgenden Stoffklassen an:

Stoffklassen	Untergruppen	Anhang Tabelle Nr.
Kohlenwasserstoffe (KW)	Alkene, Alkine, Aromaten etc.	10
Halogen-KW (= Halone)	FCKWs	11
Alkanole (= Alkohole)	Diole,Triole, Glykole	13
Alkanale/-ole und Ether (= Aldehyde, Ketone und Ethoxyalkane)	Acrolein, Aceton, MEK, MTBE, Hydroxyketone, Kohlenhydrate	14 + 16
Alkansäuren und Abkömmlinge (Carbonsäurederivate)	Acrylsäure, Benzoesäure, Ester, Phenole	15 + 16
Amine u. a. Nitroverbindungen	Nitrile, Amine, Lactame, Peptide	12 + 16
S-Verbindungen	Thiole, Sulfonate	16 u. a.
P-Verbindungen	P-Säure-Ester	(16)
Organochlorsilane	Silikone, Silane	(16)

5.2.2 Halogenierte Kohlenwasserstoffe (Halone):

Technisch wichtigste Zwischenprodukte dieser Gruppe sind Chlorethane, Chloreth(yl)ene und Fluorkohlenwasserstoffe. Sie werden z. B. durch folgende Reaktionen synthetisiert:

I $2\ C_2H_4 + 4\ HCl + O_2 \rightarrow 2\ CH_2Cl–CH_2Cl + 2\ H_2O$

II $CH_2Cl–CH_2Cl \rightarrow H_2C=CHCl + HCl$

III $C_2H_2 + 2\ Cl_2 \rightarrow CHCl_2–CHCl_2$

IV $CHCl_2–CHCl_2 + Ca(OH)_2$
$\rightarrow CHCl=CCl_2 + CaCl_2 + H_2O$

V $H_2C=CCl_2 + HCl \rightarrow CH_3–CCl_3$

VI $C_2H_2 + HCl \rightarrow H_2C=CHCl$

VII $2\ C_2H_2 \rightarrow H_2C=CH–C\equiv CH–(C_4H_4)$
und: $C_4H_4 + HCl \rightarrow H_2C=CH–CCl=CH_2$

VIII $C_6H_5–CH_2Cl + 2\ Cl_2 \rightarrow C_6H_5–CCl_3 + 2\ HCl$

IX $C_2H_5OH + HBr \rightarrow C_2H_5Br + H_2O$

X $R–Cl + HF \rightarrow R–F + HCl$ (R = Alkylrest)

XI $CHF_3 + Br_2 \rightarrow CBrF_3 + HBr$

XII $2\ CHClF_2 \rightarrow F_2C=CF_2 + 2\ HCl$

5.2.3 Alkanole (Alkohole) und Amine

Ethanol und (*Iso-*)**Propanol** können sowohl im Labor als auch großtechnisch gezielt durch säurekatalysierte Addition hergestellt werden.[1]) Auch die Reaktion von Ethylen- und Propylenoxid mit Wasser liefert Alkanole (auch Ethylen- und Propylenglykol, EG und PG; zur Ethylenoxidsynthese siehe Abb. 5.2.3-1).

[1]) Addition von Wasser an Ethen bzw. Propen, technisch z. B. mit H_3PO_4-Kieselgel-Katalysator bei 5–8 MPa und 260 °C

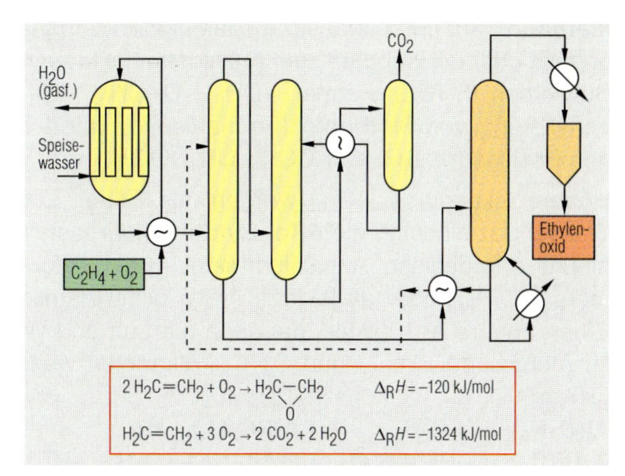

Abb. 5.2.3-1 Anlage zur Ethylenoxidsynthese

Üb(erleg)ungsaufgaben: Halone und Reaktionsmechanismen

In Kap. 5.2.2 finden Sie Reaktionen zur Synthese von halogenierten KW formuliert (Nr. I–XII, S. 291). Ordnen Sie sie folgenden Beschreibungen zu, erklären Sie dort verwendete Fachbegriffe **(fett)** und erstellen Sie dazu die Reaktionsschemen für im Folgenden beschriebenen Folgeprozesse (zu den Reaktionsmechanismen vgl. Kap. 2.3):

a) Das Feuerlöschmittel $CBrF_3$ wird durch **Bromierung** aus dem FCKW Difluormonochlormethan hergestellt,
b) $CHClF_2$ kann über Ag-Katalysator bei 700 °C zu Tetrafluorethylen **dehydrochloriert** werden (Teflon),
c) Monobromethan wird durch **S_N-Reaktio**n von Ethanol mit 62 % Bromwasserstoffsäure hergestellt,
d) Dibromethan gewinnt man im Blasenreaktor (bei 100 °C, **elektrophile Br_2-Addition** an Ethen,
e) die **„Oxyhydrochlorierung"** verläuft von Ethen (mit HCl + O_2 unter H_2O-Abspaltung) zu 1,2-Dichlorethan. Dieses kann zu $CCl_3–CCl_3$ weiterchloriert (SR) oder zu Vinylchlorid dehydrochloriert werden,
f) das Lösemittel „Methylchloroform" ($CH_3–CCl_3$) entsteht durch **Hydrohalogienierung** (aus 1,1-Dichlorethen, mit HCl + $FeCl_3$-Katalysator),
g) die **Addition** von HCl an Ethin und die **Dehydrochlorierung** von 1,2-Dichlorethan liefern Vinylchlorid. Das 1,2-Dichlorethan wird durch Chlorierung von Ethen hergestellt (S_R-Reaktion),
h) Trichlorethen kann mit konz. Schwefelsäure zu Chloressigsäure umgesetzt werden,
i) die **„Chlorolyse"** von 1,2-Dichlorpropan (bei 650 °C in Cl_2 / **S_R-Abbaureaktion**) liefert u. a. „PER" (= Tetrachlorethylen, das bei dieser Temperatur mit Chlor im Gleichgewicht zu 2 CCl_4 steht: $Cl_2C=CCl_2 + 2\ Cl_2 \leftrightarrow 2\ CCl_4$. PER ist ein Lösemittel für die chemische (Textil-)Reinigung),
j) Vinylacetylen (C_4H_4) reagiert mit HCl bei 65 °C im Blasenreaktor u. a. zu 2-Chlorbutadien-1,3. Hieraus wird ein Isomerengemisch aus 1,2-Dichlor-buten-3 und den beiden 1,4-Dichlorbuten-2-Isomeren (*cis* : *trans* = 67 : 33 %),
k) reines 1,2-Dichlor-buten-3 reagiert in Natronlauge (90 °C) mit Hydroxidionen unter Abspaltung von Cl^- und Wasser zu Chloropren (Formel: $H_2C=CH–CCl=CH_2$) und NaCl (S_N + E).

Methanol wird durch Wasserabspaltung zu Methanal umgesetzt oder mit Isobuten zum Antiklopfmittel Methyl-*tert.*-Butylether (MTBE, Formel: $(CH_3)_3{-}O{-}CH_3$). Die Carbonylierung von **Methanal** (Formaldehyd) liefert hingegen Essigsäure: $HCHO + CO \rightarrow CH_3COOH$.

Höhere Alkanole (C_4–C_{20}) werden aus Ethen, Luft und Wasser gezielt durch die **Alfol-Synthese** dargestellt. Der hierzu erforderliche Aluminiumtriethyl-Katalysator (Formel: $Al(C_2H_5)_3$ oder abgekürzt: $AlEt_3$) bildet nämlich mit Ethen höhere Al-Trialkyle, die dann mit Luft und Wasser zu Aluminiumhydroxid und C_6–C_{20}-Alkanolen weiterreagieren[1]):

$$\mathbf{Al(C_2H_5)_3 + n\,C_2H_4 \rightarrow Al[(C_2H_4)_n{-}H]_3}$$
$$\mathbf{2\,Al[(C_2H_4)_n{-}H]_3 + 3\,O_2 \rightarrow 2\,Al[-({-}O{-}(C_2H_4)_n{-}H]_3}$$
$$\mathbf{2\,Al[-({-}O{-}(C_2H_4)_n{-}H]_3 + 3\,H_2O \rightarrow 2\,Al(OH)_3\downarrow + 6\,H{-}(C_2H_4)_n{-}OH}$$

Auch die bereits beschriebene **Oxosynthese** (S. 284) liefert über Alkanale wertvolle Alkanole.

Ebenso begehrt sind mehrwertige Alkanole **(Diole, Polyole).** Eine besonders starke Vernetzung bei der **Veresterung** mit Carbonsäuren bildet z. B. **Pentaerythrit** (Formel: $C(CH_2OH)_4$, ein vierwertiges Alkanol). Es wird aus Methanal, Ethanal und Kalkmilch synthetisiert (eine Kondensation mit Cannizzaro-Reaktion).

Ähnlich wie die Alkanole reagieren übrigens auch die **Amine** mit Alkansäuren zu wichtigen Kunststoffen. Amine können z. B. auch mit Phosgen zu Isocyanaten umgesetzt werden (Abb. 5.2.3-2), die dann zur Produktion von Polyurethanen, einer weiteren wichtigen Gruppe von Kunststoffen dienen.[2])

5.2.4 Alkanale (Aldehyde) und Alkanone (Ketone)

Die Umsetzung von Ethen mit Sauerstoff (über Pd-Katalysator) oder von Ethin mit Wasser (90 °C, p = 0,1 MPa) liefert **Acetaldehyd** (Ethanal), CH_3CHO. Dieses kann zum Syntheserohstoff ***n*-Butyraldehyd** umgewandelt werden. Wichtige Alkanale sind z. B. auch das aus Toluol (Toluen) herstellbare **Benzaldehyd** (für die Riech- und Farbstoff-Industrie) oder das zur Aminosäure Methionin umsetzbare **Acrolein** ($H_2C{=}CH{-}CH{=}O$), das aufgrund seines brenzligen Geruches auch als Warnstoff und zur Lecksuche eingesetzt werden kann.

Alkanale können auch zur Seifen-Produktion eingesetzt werden, indem man sie zu Alkan- bzw. Fettsäuren oxidiert. Für die Waschmittelproduktion wichtigere Tenside sind jedoch die Sulfonsäuren und Sulfonate (vgl. Abb. 5.2.4-1).

[1]) Das „nebenbei" gewonnenen $Al(OH)_3$ kann zu dem sauren Katalysator γ-Al_2O_3 verarbeitet werden.

[2]) Alkanale stellen aufgrund ihrer Reaktionsfreudigkeit eine wichtige Gruppe von Zwischenprodukten (= Syntheserohstoffen) dar. Die Gruppe der Amine finden sie in Kap. 5.2.6 auf S. 294/295 beschrieben.

Zusatzinfo: Verarbeitung von Butanol und Butandiol

Die **Oxosynthese** führt von Propen und Synthesegas über die Butyraldehyde zu den Butanolen. Neben dem wichtigen Löse- und Veresterungsmittel ***n*-Butanol** gewinnt man so ***Iso*butanol.** Dieses wird mit Formaldehyd (Methanal) zu **Neopentylglykol** umgesetzt (abgekürzt: **NPG,** Formel: $HO{-}CH_2{-}C(CH_3)_2{-}CH_2OH$); NPG (nach IUPAC: 2,2-Dimethyl-propan-1,3-diol) ist – wie viele andere **Diole** auch – ein wichtiges Zwischenprodukt zur **Herstellung von Polyestern.**

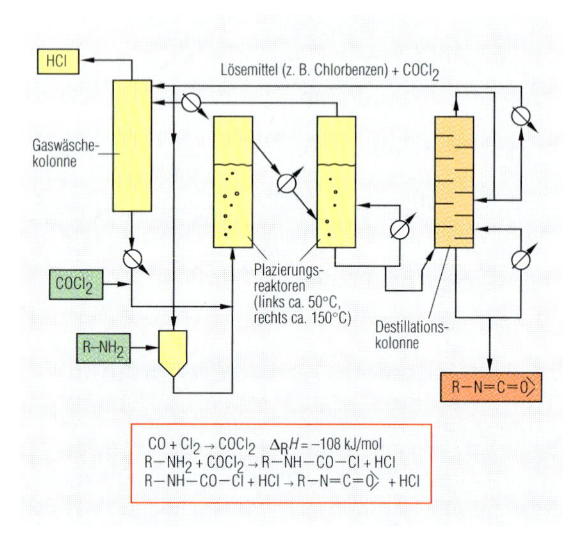

Abb. 5.2.3-2 Phosgenierungsanlage

Bei Normaldruck können hier aus Aminen und Phosgen ($COCl_2$) Isocyanate synthetisiert werden. Diisocyanate sind wichtige Rohstoffe für Plaste (Polyurethane usw.).

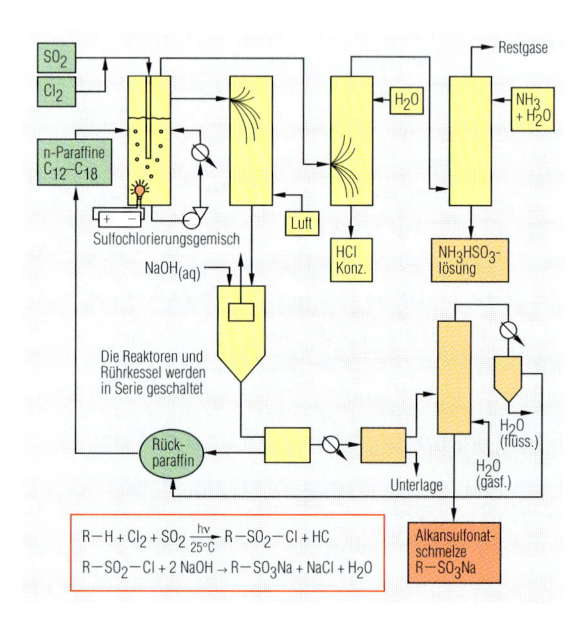

Abb. 5.2.4-1 Sulfochlorierungsanlage

Aus Sulfurylchlorid (SO_2Cl_2, ähnelt dem Phosgen) und Kohlenwasserstoffen werden hier Alkalisulfonate (für Waschmittel) gewonnen.

Alkanone (Ketone) als Oxidationsprodukte der Alkanole (Alkohole) sind wichtige Lösemittel für Anstrichstoffe. Zu ihrer Oxidation (Dehydrierung) werden CuO/ZnO-Katalysatoren eingesetzt (350 °C). Auch die Decarboxylierung (CO_2-Abspaltung unter Wasserabgabe) von Carbonsäuren (über TiO_2-Katalysatoren, bei 270 °C) liefert Ketone: **2 R–COOH → R–CO–R + $CO_2\uparrow$ + H_2O.**

Die wichtigsten Ketone sind: **Aceton** (IUPAC: Propanon, hergestellt aus Propen + O_2 im Blasenreaktor bei 120 °C und 1 MPa über $PdCl_2/CuCl_2$-Kat.), **Methylethylketon** (MEK alias Butanon, durch Dehydrierung von *sec.*-Butanol) und **Methylisobutylketon** (MIK). MIK entsteht aus Aceton durch Laugenzugabe. Bei Säurezugabe wird aus dem Produkt (Diacetonalkohol) ein Methylisobutenylketon, das bei 150 °C über Pd-Kat. zum MIK hydriert wird.

Die Hydrierung von Phenol hingegen liefert Cyclohexanon, einen Rohstoff zur Adipinsäure- und Caprolactam-Synthese. Adipinsäure wird z. B. zu Polyestern und Polyamiden weiterverarbeitet oder zur Maleinsäure dehydriert (MSA-Produktion; vgl. S. 294 Mitte und S. 301 unten bzw. Abb. 5.2.5-1).

5.2.5 Alkansäuren und ihre Derivate

Allgemein werden Carbonsäuren durch **Fettverseifung** oder **Oxidation von Alkanen und Aldehyden** hergestellt. Aromatische Carbonsäuren (Ar–COOH) gewinnt man entsprechend durch Seitenketten-Oxidation alkylierter Aromaten. Es laufen also z. B. folgende Reaktionen ab:

R–CH=O + O_2 → R–COOH $\Delta_R H = -294$ **kJ/mol**

2 Ar–CH_3 + 3 O_2 → ArCOOH + 2 H_2O $\Delta_R H = -610$ **kJ/mol**

In einem radikalischen Mechanismus reagiert Sauerstoff mit Alkanen unter bestimmten Bedingungen zu Alkan-/Fettsäuren (z. B. mit C_4H_{10} u. a. zu CH_3COOH; Nebenprodukte: HCOOH, CH_3COOH, MEK + Ester, Bedingungen: 150 °C, 5 MPa / bei Einsatz von C_{20}–C_{35}-Kohlenwasserstoffe oder Leichtbenzin mit Mn-Seifen als Katalysator: 115 °C).

Die in α-Stellung verzweigten Alkansäuren werden hingegen durch „Verseifung" entsprechender Halogenalkane mit KOH (S_N-Reaktion, Nebenprodukt z. B. KBr) oder durch die säurekatalysierte **Carboxylierung** von Alkenen mit anschließender **Hydrolyse** hergestellt („Koch-Reaktion", siehe Abb. 5.2.1-3, S. 290):

$$(CH_3)_2C{=}CH_2 + H^{\oplus} + |\overset{\ominus}{C}\equiv\overset{\oplus}{O}| \rightarrow (CH_3)_3C^{\oplus}{=}O$$

$$(CH_3)_3C^{\oplus}{=}O + H_2O \rightarrow H^{\oplus} + (CH_3)_3COOH$$

In der Tabelle 5.2.5-1 finden Sie einige Beispiele zur technischen Herstellung wichtiger Alkansäuren. Speziell **Acrylsäure** (Formel: CH_2=CH–COOH) und **Methacrylsäure** (Formel: CH_2=C(CH_3)–COOH, oft verestert mit Methanol, Ethanol, Butanolen und 2-Ethyl-Hexanol), sind wichtige Rohstoffe zur Kunststoff-Herstellung.

Abb. 5.2.5-1 MSA-Produktion

In dieser Produktionsanlage wird in Baytown (Texas) Maleinsäureanhydrid (MSA, Formel: $C_4H_2O_4$) über V_2O_5-Katalysator bei 450 °C + ca. 3 MPa hergestellt:
2 C_6H_6 + 9 O_2 → $C_4H_2O_4$ + 2 $CO_2\uparrow$ + 2 H_2O.
MSA ist ein ringförmiges Molekül und hat die Strukturformel

Maleinsäureanhydrid (MSA, Summenformel: $C_4H_2O_4$)

Es ist als Anhydrid der zweiwertigen Buten-2-dicarbonsäure „Maleinsäure" (Formel: HOOC–CH=CH–COOH) ein wichtiger Reaktionspartner für Diole zur Polyester- und Alkydharze-Herstellung.

Produkt	Edukte	Anmerkungen
HCOOH	*n*-Butan/ Leichtbenzin + O_2	(vgl. oben)
HCOOH	$HCONH_2$ + H_2SO_4	(„Verseifung")
HCOOH	$HCOOCH_3$ + H_2O	Esterspaltung
CH_3COOH	C_2H_5OH	aerobe Gärung
CH_3COOH	CH_3CHO + O_2	70 °C; 0,2 MPa
CH_3COOH	CH_3OH + CO	Carbonylierung
C_2H_5COOH	Leichtbenzin + O_2	40 °C; Mn-Propionat
CH_2Cl–COOH	CHCl=CCl_2 (Trichlorethen) + 2 H_2O	Produkte: Chloressigsäure + HCl
CH_2=CH–COOH	2 CH_2=CH–CH=O + O_2	Produkt = Acrylsäure 430 °C, MoO_3-Kat.
CH_2=CH–COOH	CH_2=CH–CN + 2 H_2O / H_2SO_4	saure Verseifung von Acrylnitril
CH_2=CH–COOH	C_2H_2 + CO + H_2O (mit $NiBr_2$-Kat.)	200 °C, 5 MPa, in THF gelöst
CH_2=C(CH_3)–COOH	$(CH_3)_2C(OH)$–CN + H_2SO4 + H_2O	Verseifung von Acetoncyanhydrin
CH_2=C(CH_3)–COOH	CH_2=C(CH_3)–CN + KOH (in H_2O)	Verseifung von Methacrylnitril
C_6H_5COOH	C_6H_5–CH_3 + O_2 (Toluen-Oxidation)	140 °C/0,4 MPa, Kat.: Co-Stearat

Tabelle 5.2.5-1 Edukte der technischen Alkansäure-Synthese

Aus ihnen werden nämlich **Poly(meth)acrylate** hergestellt.
Auch **Adipinsäure** (HOOC–$(CH_2)_4$–COOH, Salze: Adipate) wird zu Kunststoffen verarbeitet. Man stellt sie durch Oxidation aus Cyclohexanol oder Cyclohexanon her:

$$\text{Cyclohexanon} + 2\,HNO_3 \xrightarrow[70°\,C]{HNO_3\,(60\%)} \text{Adipinsäure (HOOC–(CH}_2)_4\text{–COOH)} + 2\,NO + H_2O$$

$$3\,\text{Cyclohexanol} + 8\,HNO_3 \longrightarrow 3\,\text{Adipinsäure} + 8\,NO + 7\,H_2O$$

Salizylsäure wird technisch nach dem **Cumol-Phenol-Verfahren** aus Benzoesäure hergestellt, die zu Phenol decarboxyliert wurde (a). Auch phenolhaltige Schwel- und Kokereiprodukte können als Edukt dienen. Das Phenolat (als Natriumsalz, C_6H_5–ONa bzw. Ph–ONa) wird dann bei 160 °C und ca. 0,8 M Pa carboxyliert (b):

a) $2\,C_6H_5\text{–COOH} + O_2 \rightarrow 2\,C_6H_4\text{–OH} + 2\,CO_2\uparrow$
($\Delta_R H = -134$ kJ/mol, 220°C + 0,2 MPa, Cu- oder Mg-Benzoat als Katalysator)

b) $C_6H_5\text{–ONa} + CO_2 \rightarrow HO\text{–}C_6H_5\text{–COONa}$.

Die **Ester** schließlich als wichtige Lösemittel für Zellulosenitrat, -acetat und -ester (inkl. Zelluloid!) und als Riech- und Aromastoffe werden aus Carbonsäuren und Alkohol unter Wasserabspaltung gewonnen.
Wichtig sind hier besonders die **Dicarbonsäureester aus Adipin-, Malein- und Phthalsäure** (oder deren Anhydriden ASA, MSA + PSA; vgl. Abb. 5.2.5-1) **mit C_4–C_{10}-Alkoholen:** Sie werden dem Kunststoff PVC beigemischt und machen ihn biegsam und verformbar (am wichtigsten: **DOP,** das Dioctylphthalat). **Vinylacetat** kann – statt durch Veresterung – durch die Reaktion von Ethen mit Essigsäure in Gegenwart von Sauerstoff produziert werden. Es wird dann zu Polyacrylnitril (PAN) polymerisiert.

Ethylen- und **Propylenoxid** als wichtige Syntheserohstoffe wurden bereits erwähnt (vgl. Abb. 5.2.3-1). Ethylenoxid wird hauptsächlich zu Ethylenglykol (EG), Glycolether, nichtionogenen Tensiden, Polyestern und Polyetheralkoholen verarbeitet.
Die den Polyestern ähnlichen **Silikone** sind übrigens keine Alkansäurederivate, sondern stammen von **Organochlorsilanen** ab (vgl. Bildlegende zu Abb. 5.2.5-2 und 3).

5.2.6 Nitro-, Schwefel- und Phosphorverbindungen

Amine (R–NH_2, R_2NH, R_3N) entstehen über S_N-Reaktionen aus Ammoniak + Alkohol. Über die radikalische Alkan-Nitrierung (z. B. von Propan mit 50%iger HNO_3 bei 400 °C + 1 MPa) gewinnt man **Nitroalkane.** Nitrierte Aromaten hingegen lassen sich leicht mit Nitriersäure gewinnen (vgl. Kap. 2.3.5: S_E-Reaktionen).

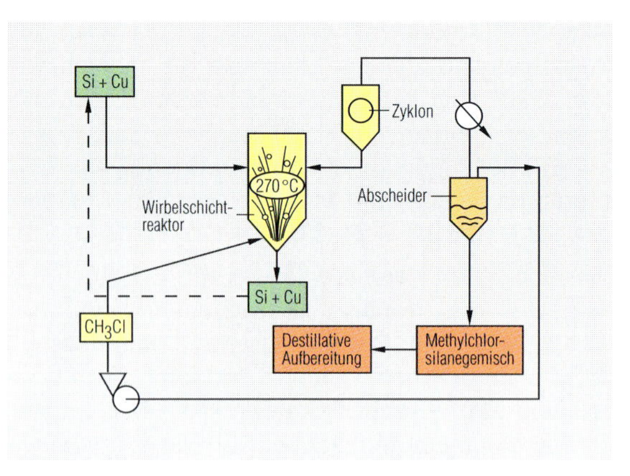

Abb. 5.2.5-2 Methylchlorsilan-Produktionsanlage
Durch die **Müller-Rochow-Synthese** wird Monochlormethan (Methylchlorid) mit Siliziumpulver und Kupfer-Katalysator zu Methylchlorsilanen umgesetzt. Aus diesen werden dann Silikone produziert.

Abb. 5.2.5-3 Destillationskolonne der Silikone-Produktion
Durch die **Müller-Rochow-Synthese** kann Silizium bei 270 °C in Wirbelschichtreaktoren über Cu-Kat. in organische Moleküle eingebaut werden:

$$2\,CH_3Cl + Si \xrightarrow{Cu} (CH_3)_2\,SiCl_2.$$

Diese Verbindungen, die Organochlorsilane, ähneln einerseits den Silanen (vgl. Kap. 4.2.2), andererseits den Halonen (CKWs). Das Dimethyldichlorsilan $(CH_3)_2\,SiCl_2$ reagiert mit Wasser zu Dimethylsilandiol. Diese und ähnlich gebaute Moleküle können durch Polykondensation (Polymerisation unter Wasserabspaltung) zu Dimethylpolysiloxan (ein Silikon) reagieren.
Es entstehen Kunststoffe mit Strukturen wie:
$H_3C\text{–}Si(CH_3)_2\text{–}O\text{–}Si(CH_3)_2\text{–}O\text{–}Si(CH_3)_2\text{–}O\text{–}Si\ldots$
Ähnlich den Organochlorsilanen gibt es auch entsprechende Stannate, Plumbate und Aluminate (sog. **metallorganische Verbindungen**). Sie werden über **Grignard-Verbindungen** (R–MgCl; R = Alkylrest) hergestellt:

$$4\,R\text{–}MgCl + SnCl_2 \rightarrow SnR_4 + 4\,MgCl_2\,,$$
$$SnR_4 + SnCl_4 \leftrightarrow 2\,R_2SnCl_2\,,$$
$$Pb + 4\,Na + 4\,C_2H_5Cl \rightarrow Pb(C_2H_5)_4 + 4\,NaCl.$$

Nitrile werden aus CKWs und Natriumcyanid oder – durch Wasserabspaltung bei 350 °C über sauren Katalysatoren (wie Al-Phosphat, Al-Silikat oder γ-Al_2O_3) – aus Carbonsäuren und Ammoniak gewonnen. Acrylnitril, Methacrylnitril und Benzonitril können durch **„Ammonoxidation“** (Reaktion mit Ammoniak + Sauerstoff) bei 450 °C in Wirbelschichtreaktoren erzeugt werden. Auch hierzu sind saure Katalysatoren erforderlich (z. B. V_2O_5 oder MoO_3):

$$\mathbf{R{-}Cl + NaCN \rightarrow R{-}C{\equiv}N| + NaCl,}$$
$$\mathbf{R{-}COOH + NH_3 \rightarrow R{-}C{\equiv}N| + 2\,H_2O,}$$
$$\mathbf{2\,R{-}CH_3 + 2\,NH_3 + 3\,O_2 \rightarrow 2\,R{-}C{\equiv}N| + 6\,H_2O.}$$

Synthesereaktionen und Formeln einiger weiterer organischer **Stickstoff-Verbindungen** finden Sie in Abb. 5.2.6-1 und 5.2.6-2.

Unter den **Schwefelverbindungen** sind – noch vor den Thiolen R–SH – die **Sulfonsäuren** von besonderer Bedeutung. Durch die **Sulfochlorierung** von C_{12}–C_{18}-Paraffinen (eine radikalische Reaktion mit Cl_2 und SO_2, gestartet durch Belichtung mit Tauchlampen, Abb. 5.2.4-1) werden diese Waschmittel-Rohstoffe nach folgendem Schema produziert:

$$\mathbf{R{-}H + Cl_2 + SO_2 \rightarrow R{-}SO_2Cl + HCl}$$
$$\mathbf{R{-}SO_2Cl + 2\,NaOH \rightarrow RSO_2{-}O{-}Na + NaCl + H_2O.}$$

Alternativ hierzu kann auch eine Sulfoxidation erfolgen (also eine Reaktion mit $SO_2 + O_2$, ebenfalls radikalisch und unter Belichtung):

$$\mathbf{R{-}H + SO_2 + O_2 \rightarrow R{-}SO_2{-}OOH.}$$

Aus der gebildeten Persulfonsäure entstehen – durch Reaktion mit SO_2 und Wasser – Sulfon- und Schwefelsäure ($R{-}SO_3{-}H + H_2SO_4$; zur Synthese aromatischer Sulfonsäuren vgl. Kap. 2.3.5).
Die Verwendung von Sulfonsäuren wird auf S. 310 ff. in Kap. 5.3 (Waschmittel) näher beschrieben.

Organische **Phosphor-Verbindungen** werden durch Reaktion von Phosphortrichlorid (PCl_3) mit Grignard-Verbindungen (R–MgCl) oder aus Alkenen und Phosphin (PH_3) erzeugt:

$$\mathbf{3\,C_6H_5{-}Cl + PCl_3 + 6\,Na \rightarrow (C_6H_5)_3P + 6\,NaCl.}$$

Bedeutsam als Insektizide und Kampfstoffe (C-Waffen) sind besonders die Phosphorsäureester. Hier laufen z. B. folgende Reaktionen ab:

$$\mathbf{POCl_3 + C_2H_5OH \rightarrow C_2H_5O{-}POCl_2 + HCl}$$

– oder (im Reaktor bei 170 °C und 3–4 MPa):

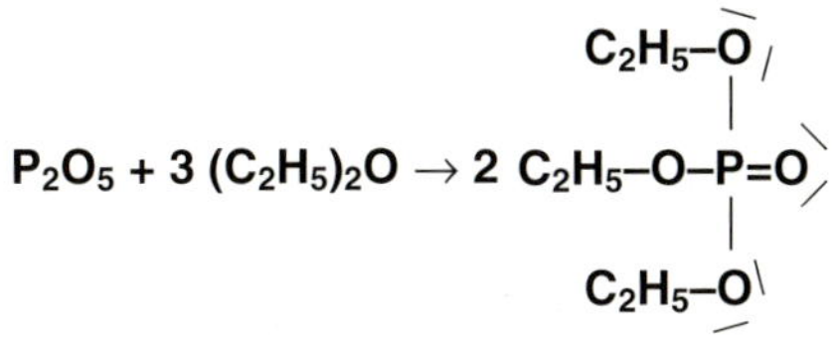

$$\mathbf{P_2O_5 + 3\,(C_2H_5)_2O \rightarrow 2\,(C_2H_5{-}O)_3P{=}O}$$

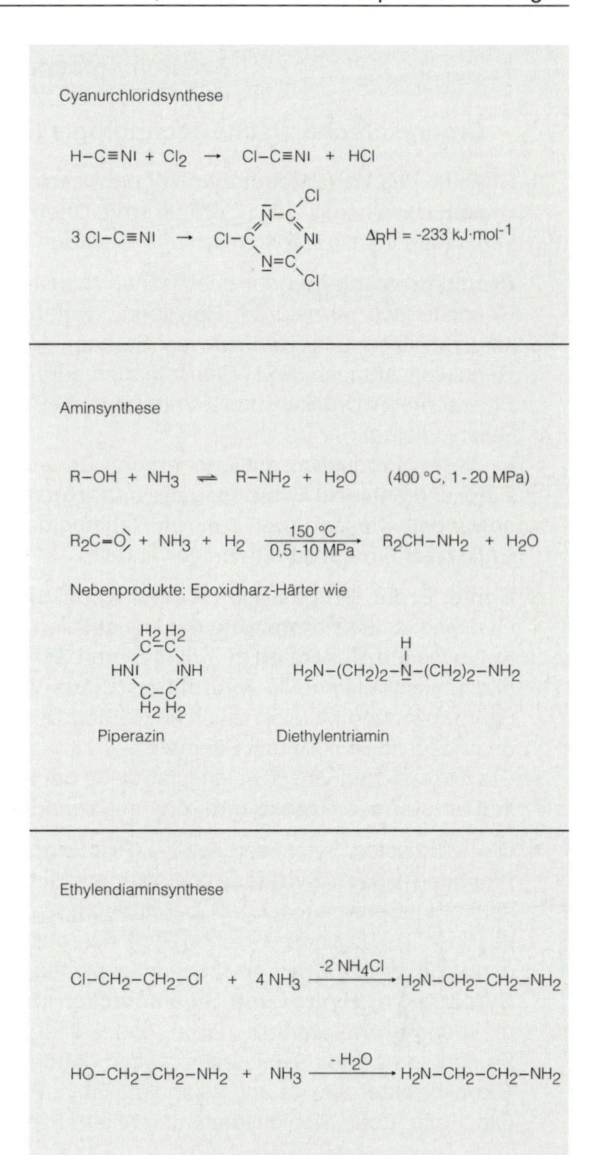

Abb. 5.2.6-1 Synthese von Aminen

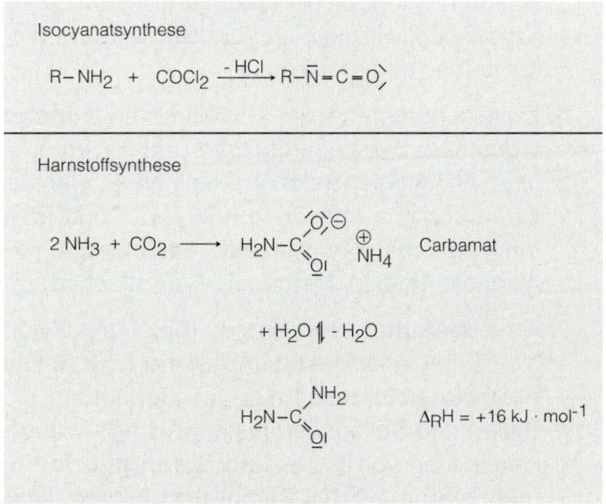

Isocyanatsynthese

$$R{-}NH_2 + COCl_2 \xrightarrow{-HCl} R{-}\bar{N}{=}C{=}O$$

Harnstoffsynthese

$$2\,NH_3 + CO_2 \longrightarrow H_2N{-}C(O^{\ominus}){=}O \;\; NH_4^{\oplus} \quad \text{Carbamat}$$

$$+H_2O \uparrow\downarrow -H_2O$$

$$H_2N{-}C(NH_2){=}O \qquad \Delta_R H = +16\ \text{kJ}\cdot\text{mol}^{-1}$$

Abb. 5.2.6-2 Synthese von Isocyanaten und Harnstoff

5.2

Zusammenfassung zu Kapitel 5.1 und 5.2

Organisch-chemische Technologie (organische Rohstoffe und Zwischenprodukte)

1. Chemie- und **Verfahrenstechnik**er entwickeln die von Chemielaboranten und CTAs erprobten **Laborsynthesen** von Chemikalien (= **präparative Chemie,** Darstellung von Labor-Präparaten) weiter zu neuen oder verbesserten, d. h. ökonomisch und logistisch effizienteren, großtechnischen **Produktionsverfahren.**

2. **Produktionsanlagen** der chemischen Industrie bestehen in der Regel aus folgenden Grundelementen: Rohrleitungen, Armaturen, Reaktoren, verfahrenstechnische Apparaturen (Aufbereitung, Heizung, Kühlung, Mischen und Trennen von Stoffen), Maschinen, Fördereinrichtungen sowie Mess-, Steuer- und Regeleinrichtungen. MSR-Einrichtungen der physikalischen **Mess- und Prüftechnik** (= PMP) dienen zum Erfassen von Drücken und Temperaturen, Prozessleitsysteme zur **Prozessdatenauswertung** (= PDA, Stöchiometrie).
   In diesen Produktionsanlagen werden dann die **Basisrohstoffe** (in der organischen Chemie: Erdgas, Erdöl und Kohle) in **Synthesegase und -rohstoffe** (**Zwischenprodukte** der Kohle- und Petrochemie) umgewandelt. Diese werden dann im Rahmen der **Verbundwirtschaft** in die vom Verbraucher gewünschten **End- oder Finalprodukte** umgewandelt.

3. **Kohle, Erdöl, Erdgas** und die **nachwachsenden Rohstoffe** (wie Zellulose, Naturkautschuk, Fette und Öle) sind die **Basisrohstoffe** der industriellen, organischen Chemie und Technologie:
   Kohle wird in **Kokereien** zu Kokerei- und Schwelprodukten aufbereitet. Erdöl wird nach der Vorreinigung und Entschwefelung im **Hydrofiner (Claus-Verfahren)** durch **fraktionierte Destillation** in Flüssiggase, die Benzin- und Mittelölfraktion sowie den Destillsationsrückstand aufgetrennt – Letzterer durch Vakuumdestillation in Heizöle und Bitumen.
   Die Kokerei- und Verschwelungsprodukte der Kohlechemie sowie die aufbereiteten Erdölfraktionen werden in **Kraftstoffe, Heizgase und -öle** umgewandelt oder zu **Syntheserohstoffen** verarbeitet.

4. Die wichtigsten Syntheserohstoffe **(Primärprodukte)** sind: Wasser- und Synthesegase ($CO + H_2$ / vgl. **Fischer-Tropsch-Synthese** von Alkanen, Methanol und Ameisensäure!), Flüssiggase (C_3–C_5-Kohlenwasserstoffe), Benzine (ca. C_5–C_9), Petroleum (C_{10}–C_{12}), BTX-Aromaten, Gasöle (C_{13}–C_{17}) und Paraffinwachse (über C_{18}). Die erforderlichen Syntheserohstoffe werden aus weniger erwünschten Kohlenwasserstoffen erzeugt durch: a) **Cracken** (Spalten langkettiger Alkane, zumeist durch sehr starkes, kurzzeitiges Erhitzen/ **Pyrolyse**), b) **Hydro- und Steamcracken** (unter Zusatz von Wasserstoffgas bzw. Wasserdampf) oder c) durch **Reformieren** (Di-, Oligo- und Isomerisierung; zumeist katalytisch und unter Druck).
   Zu den wichtigsten Syntheserohstoffen gehören ferner **Methanol, Eth(yl)en und Benzol (Benzen)** sowie **Oxoprodukte** (Alkane und Alkanole), Ethin, Propen, Butadien, Isopren, Glyzerin, Phosgen, verschiedene Öle, Fette, Ester, Kohlehydrate und Alkan-/Fettsäuren.

5. Bei Kraftstoffen, Diesel- und Schmierölen erfolgt das Einstellen auf die erforderlichen Eigenschaften durch Beimischen bestimmter Komponenten und Zusatz von **Additiven.** Maßzahlen für die Kraftstoff-Eigenschaften sind z. B. die **Oktanzahl** (OZ/ROZ) als Maß für die Klopffestigkeit, die **Cetanzahl** (CaZ) als Maß für die Zündwilligkeit und der **Stockpunkt** als Maß für die Beständigkeit des flüssigen Aggregatzustandes bei tiefen Temperaturen.

6. Zwischenprodukte, die zu polymeren **Kunststoffen** verarbeitet werden, nennt man **Monomere.** Wichtige monomere Syntheserohstoffe sind neben ungesättigten C_2–C_4-KW z. B. Stoffe wie Ethylen- und Propylenoxid, Alkandiole (Butan-1,4-diol, NPG, Pentaerythrit u. Ä.), Carbonsäurederivate (Adipin-, Malein-, Phthalsäure und ihre Anhydride ASA, MSA und PSA), Styrol, Phenol, Acryl- und Methacrylsäure und ihre Ester, Vinylmonomere (Vinylazetat, -chlorid u. Ä.), Amine (z. B. Melamin, Harnstoff, Säureamide), Diisocyanate, Alkanale (insbes. Methanal / Formaldehyd) und Organochlorsilane.

7. Als **Lösemittel** sind Alkane, Toluol und Xylol (IUPAC: Toluen, Xylene), viele Oxoprodukte (Alkoxyalkane bzw. Ether, Alkanale und Alkanone, z. B. Aceton, MEK, MIK) , Halone (CKW, FCKW, halogenierte KW allg.), Alkanole, Ester und Amine von Bedeutung.
   Seifen und Sulfonsäuren sind wichtige **Waschmittelrohstoffe,** substituierte Aromaten dienen oft auch der Herstellung von **Farb- und Sprengstoffen** und – zusammen mit etherischen Ölen (den Monoterpenen) und Estern – z. T. als **Riech- und Aroma-** bzw. **Konservierstoffe**.

Üb(erleg)ungs- und Wiederholungsaufgaben zur organisch-chemischen Technologie

1. Zählen Sie acht **Syntheserohstoffe** auf (inkl. Monomere) und geben Sie an, zu welchen Zwischen- oder Endprodukten sie verarbeitet werden können!

2. Machen Sie – einzeln oder im Team – **Vorschläge, wie** und **woraus** in **Labor** und **Industrie** folgende Stoffe hergestellt werden können (Syntheseverfahren, präparativ und/oder technisch):
   a) Methanol,
   b) Benzol,
   c) Ethen,
   d) Butadien,
   e) Essigsäure,
   f) Essigsäureethylester,
   g) Salizylsäure (oder „Aspirin“ = Azetylsalizylsäure),
   h) Ethanol,
   i) n- und Isobutanol,
   j) Ölsäure + Glyzerin,
   k) n-Hexan,
   l) Phosgen,
   m) Acetaldehyd (Ethanal),
   n) Chlorethen,
   o) Adipin- oder Maleinsäurseanhydrid,
   p) Benzaldehyd (C_6H_5CHO),
   q) Nitrobenzol,
   r) Anilin,
   s) Terpentinöl,
   t) Chlorbenzol,
   u) Tetra- bzw. Perchlorethylen,
   v) Natriumbenzoat,
   w) Harnstoff,
   x) Ethin,
   y) Acrylsäure,
   z) Butan-1,4-diol oder Butyraldehyd.

3. Beschreiben und skizzieren Sie die **Aufbereitung der Basisrohstoffe** Erdöl, Erdgas und Kohle zu Primärprodukten!
   Erklären Sie in diesem Zusammenhang auch die Begriffe Synthesegas, Fischer-Tropsch-Synthese, (Plattform-)Benzin, BTX-Aromaten und fraktionierte Destillation (Rektifikation).

4. Beschreiben Sie einige **Stoffeigenschaften** und schlagen Sie entsprechende **Anwendungsbereiche** oder Verwendungsbeispiele für folgende Zwischen- und Endprodukte auf:
   a) Natriumbenzolsulfonat,
   b) Isobutanol,
   c) Ethanol,
   d) Aceton,
   e) Natriumbenzoat,
   f) Trinitrotoluol,
   g) Methanal (Formaldehyd),
   h) Blausäure,
   i) Benzol,
   j) Butan,
   k) Isooktan,
   l) Cyclohexanon,
   m) Kohlenmonoxid,
   n) Platin oder Palladium,
   o) Kautschuk,
   p) Erdgas,
   q) Kalziumcarbid.

5. **Erklären** Sie – einzeln oder im Team – möglichst viele der folgenden **Fachbegriffe und Abkürzungen** für Kennzahlen, Chemikalien und Syntheseverfahren (ggf. mit Kap. 5.1 und 5.2 sowie 2.3 und 3.4 als Hilfsmittel!):
   a) ROZ,
   b) CaZ,
   c) EG und NPG,
   d) S_N-Reaktion,
   e) Hydrierung,
   f) Dehydrohalogenierung,
   g) MTBE,
   h) Sulfochlorierung und Phosgenierung,
   i) säurekatalysierte Addition von Wasser,
   j) PDA bzw. Stöchiometrie,
   k) MSR-Einheiten,
   l) Säure-, Iod- und Oktanzahl,
   m) Ammonoxidation,
   n) S_R-Reaktion,
   o) die aromatische, elektrophile Substitution,
   p) Eliminierung,
   q) Polykondensation,
   r) PE, PP + PVC,
   s) Cracker, Hydrofiner und Pyrolysator,
   t) Teer, Pech und die Benzine (z. B.: Pyrolyse-, Oligomer-, Leicht-, Super-, Roh-, Plattform- und Crackbenzin),
   u) Fettverseifung und Esterspaltung,
   v) Carbonylierung, Decarboxylierung, Nitrierung und Veresterung,
   w) Oxosynthese,
   x) Peptidsynthese
   – und zum Schluss (z. T. weniger ernst gemeint):
   y) Aldose, Ketose und Keksdose sowie
   z) Schmelz-, Stock-, Siede-, Doppel- und Knack- oder Dreh- und Angelpunkt …

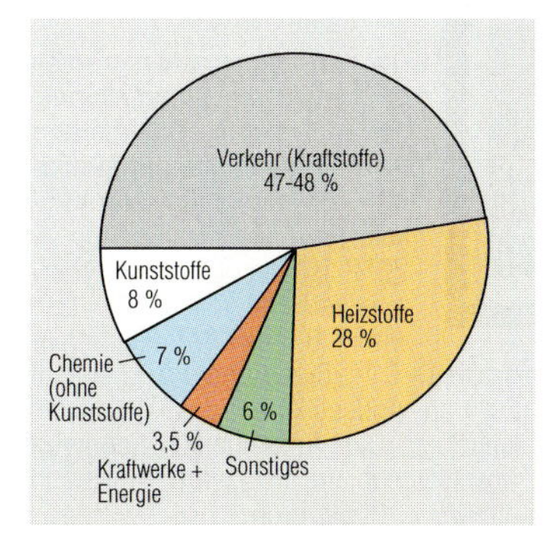

Abb. 5.2.6-3
Mineralölprodukte – wozu man sie in Deutschland verwendet (1996/97)

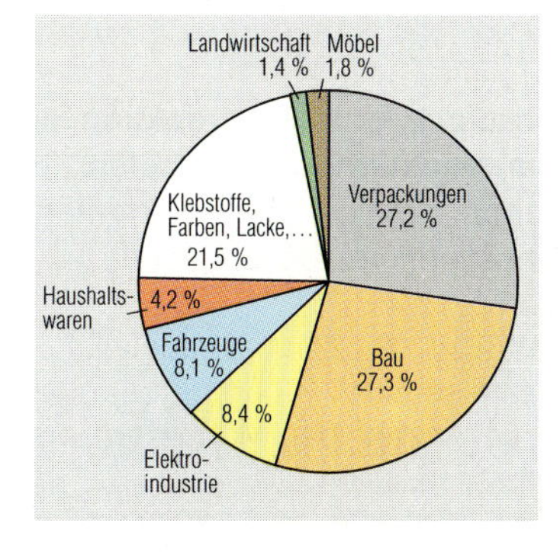

Abb. 5.2.6-4
Kunststoffe – (Einsatzgebiete dieser Erdölprodukte 1996 in Deutschland)

5.3 Endprodukte der chemischen Industrie

5.3.1 Kunststoffe (Plaste)

Eine Fülle von Chemieprodukten bestimmt unseren Alltag. Eine der bedeutendsten Gruppen von Produkten stellen die synthetischen Werkstoffe dar: Leuchttürme, Sitzbänke, Röcke, Zahnbürsten, Autositze, Brillen, T-Shirts – sie alle bestehen fast ausschließlich aus **Kunststoffen** und **-fasern.** In Kap. 5.2 wurden bereits viele Zwischenprodukte erwähnt, die durch Polymerisation (Kap. 2.3.3) zu Kunststoffen (Plasten) verarbeitet werden.

Die **Plaste** werden unterteilt in:

Duroplaste oder Duromere (D): Sie überdauern auch höhere Temperaturen,

Thermoplaste (T): Sie sind „leicht schmelzbar",

Elastomere (E): Sie sind quellbar und gummielastisch (wie Kautschuk).

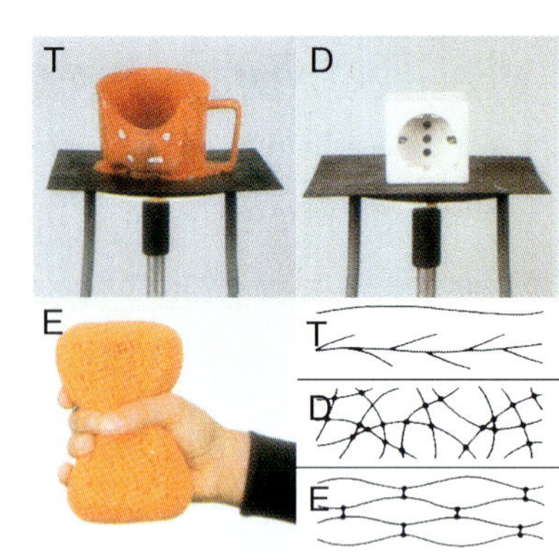

Abb. 5.3.1-1 Duroplast, Thermoplast und Elastomer

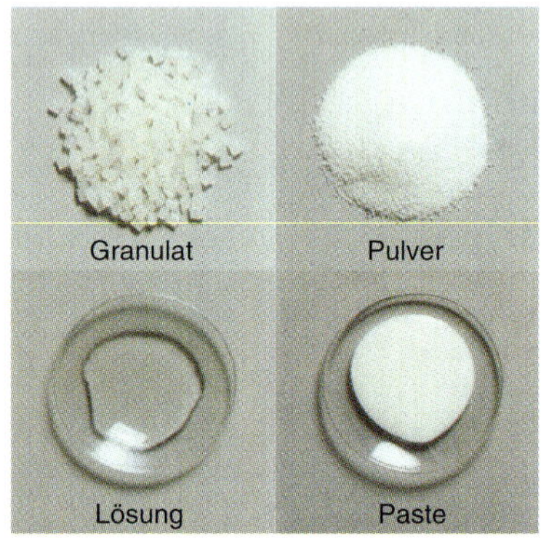

Abb. 5.3.1-2 Anwendungsformen von Kunststoffen

Organische Polymere, die beim Erwärmen über ihre so genannte **Glastemperatur** T_G in einen plastisch-verformbaren Zustand übergehen, zählen also zu den Thermoplasten. Die thermoplastische Eigenschaft geht durch starke **Vernetzung** der polymeren Riesenmoleküle verloren: Der Plast wird durch kovalente Bindungen zwischen den Ketten kautschukelastisch (nur begrenzt verformbar, bei weitmaschiger Vernetzung) oder hart (Duroplaste, bei engmaschiger Vernetzung). Daneben existieren noch die Plaste mit überwiegend parallel orientierten Makromolekülen: Die Synthetik- oder **Chemiefasern.**

Polymer	T_S (°C)	T_C (°C)
Polyethylen, PE	+141	− 70
Polypropylen, PP	+183	− 9
Polybuten-1, PB	+142	− 24
Polyvinylchlorid, PVC	+150	+ 77
1,4-*cis*-Polyisopren, PI	+ 40	− 67
Polyamid 6,6	+267	+ 57
Polystyrol/-styren	+240	+100
Polyethylenterephthalat	+265	+ 69

Tabelle 5.3.1-1 Schmelz- und Glastemperaturen von technisch wichtigen Polymeren

Als „hochpolymere Verbindungen" bezeichnet man alle Stoffe – natürlich sowie synthetisch –, deren Moleküle aus über ca. 1500 sich periodisch wiederholenden Bausteinen (Monomeren) aufgebaut sind (M > 10 000 g/mol). Sie besitzen Durchmesser von ca. 10^{-8} bis 10^{-6} m, während „normale" Moleküle nur Durchmesser von ca. 1 nm (10^{-9} m) aufweisen.

Die Bildung der Makromoleküle verläuft als radikalische oder ionische **Kettenreaktion** über die Mechanismen Polykondensation (Kettenwachstum durch Eliminierung kleiner Moleküle), Polymerisation und Polyaddition **aus zumeist bifunktionellen Monomeren.** Geeignet sind Moleküle mit funktionellen Gruppen wie Carboxyl-, Hydroxyl-, Amino-, Isocyanat- und Epoxy-Gruppen (Letztere ist z. B. in Ethylen- und Propylenoxid enthalten) oder C=C-Doppelbindung.

Die Kettenreaktion wird durch eine **Startreaktion** ausgelöst, durch **Wachstumsreaktionen** weitergeführt und durch **Abbruchreaktionen** beendet. Die **Kettenlänge** wird durch den Polymerisationsgrad beschrieben:

Der **Polymerisationsgrad P** einer Kettenwachstumsreaktion ist das Massemittel P_W (in g/mol) oder das Zahlenmittel P_n (in Anzahl der Monomere pro Molekül) eines Polymers.

Abb. 5.3.1-3 Gedenkmarke für Chemiefasern

Die 20-Pfennigs-Marke von 1971 zeigt die Strukturformel der polymeren Chemiefaser **PETP (Polyethylenterephthalat,** Poly-Terephthalsäure-Glykolester.

PETP ist der wichtigste thermoplastische Polyester und wird z. B. aus DMT (Dimethylterephthalat, Formel: (para-) $(CH_3O\text{–}CO\text{–})_2C_6H_4$) und 1,2-Ethandiol bei 150–200 °C/10–70 bar durch Abdestillation des Produktes Methanol hergestellt (Umesterung). Die Vorkondensat-Schmelze (100–2000 g/mol) wird anschließend in evakuierten Kesseln gerührt (Polykondensation bis M > 10 000 g/mol).

Die molare Masse M des Riesenmoleküls ergibt sich dann aus der molaren Masse $M_{monomer}$ der Bausteine und dem Polymerisationsgrad P_n des Stoffes:
$M_{monomer} \cdot P_n$ = Polymerisationsgrad P.

Die Polymerisation kann in Lösung, Emulsion, Suspension oder durch Ausfällung erfolgen. Bei der **Lösungs- und Fällungspolymerisation** ist das Monomere mit dem Lösemittel mischbar. Bei **Emulsions-Polymerisationen** wird ein wasserlöslicher **Initiator** (Starter, oft ein Peroxid) mit dem wasserunlöslichen Monomeren emulgiert. Auch das Polymere ist wasserunlöslich. Entsprechend verläuft die **Suspensions-Polymerisation.** Der Initiator hier sollte monomerenlöslich sein.

Im Folgenden sind einige Plaste mit Jahr und Land ihres Produktionsbeginns, Edukten und Anwendungsbeispielen aufgelistet:

Kunststoff	Prod.-Beginn	Edukte	Art	Anwendungsbeispiele
Vulkanfiber	1859, GB	Hydratzellulose	D	Koffer, Dichtungen
Celluloid	1869, USA	Cellulosenitrat, Campher	T	Tischtennisbälle, alte Filme
Kunsthorn	1904, D	Kasein	D	Knöpfe, Schnallen
Phenoplaste = Bakelite	1909, USA	Phenol / Kresol und Methanal	D	Aschenbecher, alte Radiogehäuse
Aminoplaste	1923, D u. A	Harnstoff/Melamin und HCHO	D	(wie Phenoplaste)
Polystyren, -styrol (PS)	1930, D	Benzol und Ethen	T	Schaumstoff, Spielzeug
Acryl-/Plexiglas	1933, D	Methacrylsäuremethylester	T	Rückstrahler, bruchsichere Scheiben, Verkehrsschilder
Hochdruck-Polyethylen	1939, GB	Ethen	T	Folien, Hohlkörper
PVC	1938, D	Ethen und Chlor	T	Schallplatten, Bodenbeläge
Polyurethane (PUR)	1940, D	Polyole und Isocyanat	E, T und D	Matrazen, Wärmedämmung
Polytetrafluorethen	1941, USA	Tetrafluorethen	T	Isolierungen, Beschichtungen
Silicone	1943, USA	Silizium und $CHCl_3$	E, T	Fugenmassen, Imprägnierung
Epoxidharz	1946, CH	Epichlorhydrin und Diphenylpropan	D	Gießharze, Bootsteile, Härter, Kleber, Flüssigharze
LDPE = Niederdruck-Polyethylen	1955, D	Ethen	T	Druckrohrem, Hohlkörper, Flaschenkästen
Polycarbonate	1956, D	Bisphenol A	T	Sturzhelmvisiere, Schilder
Polypropylen (PP)	1957, D	Propen	T	Haushaltswaren, Verpackungen
Polyethylenterephthalat (PETP)	ca. 1963	DMT und EG	T	Folien, Formteile, Fasern

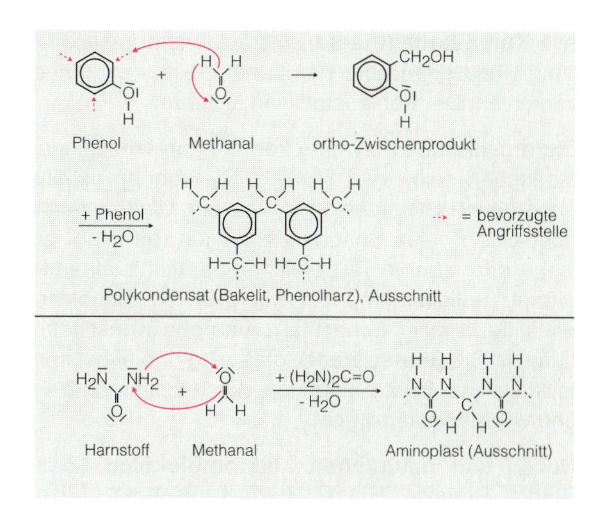

Abb. 5.3.1-4 Synthese zweier Duroplaste

Aus Phenol und Methanal (Formaldehyd) bilden sich durch Polykondensation unter Wasserabspaltung hoch verzweigte **Phenolharze** (Phenoplaste, Bakelite). Mit Harnstoff bildet Formaldehyd **Aminoplaste.** Bei Anwendung alkylierter Harnstoff-Derivate oder mehrwertiger (polyfunktioneller) Aldehyde können mehr oder weniger verzweigte Aminoplaste synthetisiert werden. Amino- und **Phenoplaste** werden z. B. zu Autoaschenbechern und Elektroisolierteilen verarbeitet. **Alkydharze** werden aus Polyolen und Dicarbonsäuren bzw. Mono- und Diglyzeriden (fettsäuremodifizierte Polykondensaten) – sie sind somit **Polyester.**

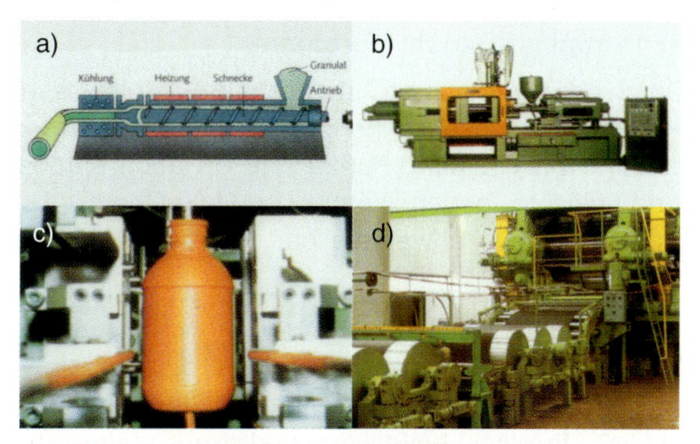

Abb. 5.3.1-5 Formgebung von Kunststoffteilen

Die wichtigtsten Formgebungsverfahren für Plaste sind: a) **Extrudieren** (Herstellen von Folien, Tafeln, Profilen, Rohren, Ummantelungen nach dem Fleischwolf-Prinzip), b) **Spritzgießen** (mit Extruder als Einspritzer), c) **Extrusionsblasen** (zur Hohlkörper-Herstellung), d) **Kalandrieren** (Folienrollen, Prinzip: Wäschemangel) und e) (Auf-)**Schäumen** (ohne Abb.)

Abb. 5.3.1-6 Anlage zur MDI-Produktion

Aus dem hier in Brasilien produzierten Methylen-diphenylisocyanat (MDI) wird **Polyurethan** (PUR) hergestellt, das zu Endprodukten wie Schaumstoffteile, Matrazen und Wärmedämmungen verarbeitet werden kann.

Alle **Kunststoffe (Plaste)** sind also makromolekular (polymer) und organisch. Bei starkem Erhitzen können sie verkohlen: Der Kohlenstoff wird sichtbar.

Die organischen Polymere können nun verschiedenartig strukturiert sein (Abb. 5.3.1-1): Sie können miteinander ungeordnet und verknäuelt wie ein Wattebausch, Filz oder eine Portion Spaghetti vorliegen (**amorph,** gestaltlos) – oder aber in Teilbereichen parallel zueinander geordnet **(teilkristallin,** fast wie z.B. Streichhölzer oder Bleistifte in einer Schachtel). Amorphe Kunststoffe sind durchsichtig **(transparent), glasartig** und meist spröde – teilkristalline Plaste hingegen durchschimmernd **(opak)** und **wärmebeständiger.**

Neben den **natürlichen Makromolekülen** (Zellulose, Stärke, Proteine, Harze, Horn, Kautschuk) und **umgewandelten Naturstoffen** (= halbsynthetische Kunststoffe wie Nitrozellulose, Vulkanfiber, Kunsthorn oder Kaseinkunststoff sowie Gummi alias vulkanisiertem Kautschuk) sollen hier nun aus jeder der **drei Gruppen von (voll-) synthetischen Kunststoffen** (Plasten) einige typische Vertreter mit ihren Eigenschaften und Anwendungsbeispielen vorgestellt werden.

a) Duroplaste (auch: Duromere)

Durch enge Vernetzung ihrer polymeren Moleküle in allen Raumrichtungen sind sie plastisch **nicht verformbar,** sondern **hart** (Latein: durus) und oft auch spröde. Sie sind unlöslich, gegen Wärme und viele Chemikalien beständig und nur schwer quellbar.

b) Thermoplaste

Das Wort „Thermoplast" kommt aus dem Griechischen: θερμος (thermos) heißt warm und πλασσος (plasso) bilden – Thermoplaste gehen also beim Erwärmen umkehrbar (reversibel) in einen **verformbaren (plastischen) Zustand** über. Beim Erkalten erhalten sie ihre dann angenommene Form bei – ideale Werkstoffe also zur (Warm-) Formung von Hohl- und Formkörpern wie Gefäßen, Plastikspielzeug, Bechern und Tassen, Wannen, Kanistern usw.! Ihre Makromoleküle sind eindimensional kettenförmig oder strauchähnlich verzweigt, aber **nicht** netzartig verknüpft – sie werden bzw. bleiben daher beim Erhitzen gegeneinander **relativ beweglich:** Durch das Erhitzen werden die van-der-Waals-Kräfte zwischen den Molekülen durch die zunehmende thermische Eigenbewegung der Moleküle ja schließlich übertroffen – der Schmelzpunkt wird erreicht.

Thermoplaste stehen so strukturell im Unterschied zu den Elastomeren: Deren Polymere sind nämlich weitmaschig raumnetzartig verknüpft, da die Makromoleküle sonst insgesamt beweglich wären.

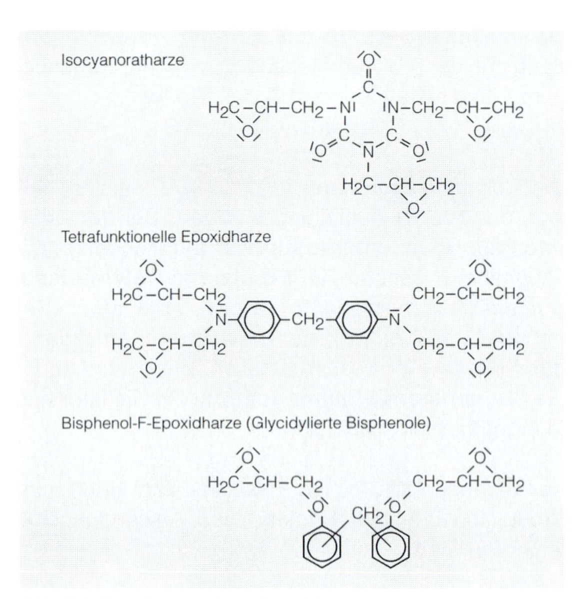

Abb. 5.3.1-7 Verschiedene Epoxidharzarten

Epoxidharze – Endherstellung aus Flüssigharz und Härtern – sind wichtige Duroplaste. Faserverstärkte Epoxidharze werden z.B. zu Flugzeug- und Bootsteilen sowie Sportgeräten verarbeitet. Auch „Gießharze" sind zumeist Epoxide.

Abb. 5.3.1-8 Qualitätskontrolle von CDs

Compact Discs werden aus einem Thermoplast, dem Polycarbonat „Makrolon", hergestellt.

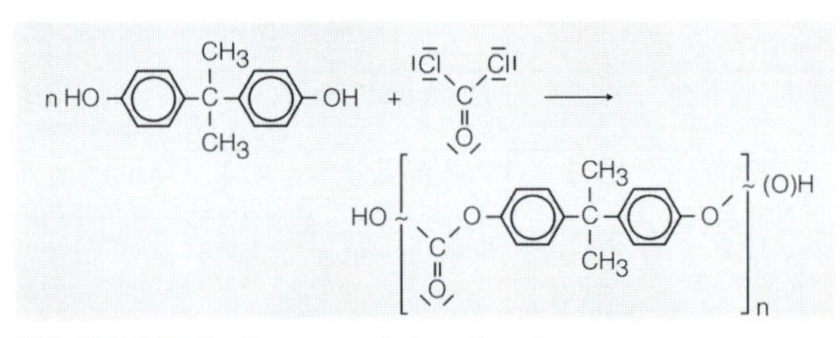

Abb. 5.3.1-9 Synthese von Polycarbonat

Polycarbonate sind Phosgen-Bisphenol-Polyester. Bisphenol A (IUPAC: 4,4-Dihydroxy-diphenyldimethylmethan) reagiert mit Phosgen oder mit dem Kohlesäureester Diphenylcarbonat, Formel: $(C_6H_5{-}O{-})_2C{=}O$, Polycarbonate. Diese Thermoplaste werden unter verschiedenen Handelsnamen (z.B. als „Makrolon") verkauft.

Abb. 5.3.1-10 Mehrweg-Milchflaschen aus Polycarbonat („Makrolon")

c) Elastomere (Kautschukprodukte)

Die griechischen Herkunftswörter ελασσοω (elassou = beeinträchtigen, schwächen, verformen/dehnen) und meris (μερισ = Teil, Stück) zeigen es an: Diese Werkstoffe sind in einem breiten Temperaturbereich **hochelastisch** (gummielastisch wie Kautschuk). Wenige Querverbindungen vernetzen die amorphen Polymere (Kettenmoleküle) zu dreidimensionalen Netzen so, dass die Gesamtmoleküle begrenzt, einzelne Kettenabschnitte jedoch verhältnismäßig gut beweglich bleiben. Elastomere sind zudem quellbar.

Neben Endprodukten wie z. B. Tafel- und Haushaltsschwämmen gehören auch alle Arten von synthetischen **Gummis** („rubber“ = engl., das Gummi, der Kautschuk) zu dieser Gruppe.

Die 1839 von Goodyear entdeckte **Vulkanisation** von Naturkautschuk mit Schwefel führt nämlich zu intermolekularen Sulfidbrücken (und z. T. zu zyklischen Strukturen):

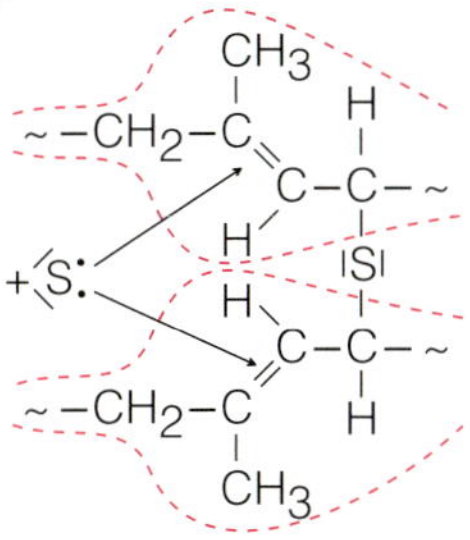

Der zähflüssige Baumharz mit seinen beweglichen, unvernetzten Polymermolekülen wird so zu einem Elastomer umgewandelt. 1909 gelang Fritz Hofmann dann die erste **Isopren**synthese im Labor (aus *p*-Kresol), sodass 1910–1912 in Hannover erste Autoreifen aus synthetischem **Methylkautschuk** produziert werden konnten (siehe Abb. 5.3.1-13) – die deutsche Wirtschaft machte sich so unabhängig von Kautschuk-Importen aus den Kolonien.

d) Spezialpolymere

Neben Elastomeren und Thermoplasten, Polyadditions- und Polykondensationsprodukten sowie Chemiefasern sind auch **Kleb- und Anstrichstoffe** den organischen Polymeren zuzurechnen. Diese werden an späterer Stelle vorgestellt. Hier jedoch sollen Kurzbeispiele für Spezialpolymere vorgestellt werden. Hierzu zählen z. B. **Polytetrafluorethylen** („Teflon“) und die **Polyoxymethylene** (Etwa: $-[-CH_2-O-]_n-$, Konstruktionswerkstoffe, die durch Spritzguss und Extrusion verarbeitet werden (vgl. Abb. 5.3.1-5, 11 und 12). Auch **Copolymere** aus der radikalischen Polymerisation von Styrol, Olefinen, Vinylethern und -acetaten mit **MSA** (Maleinsäure-Anhydrid) gehören hierzu. Sie werden im Beschichtungssektor eingesetzt, als Lacke, Emulgatoren und Dispergatoren, Klebstoffe und Haftvermittler.

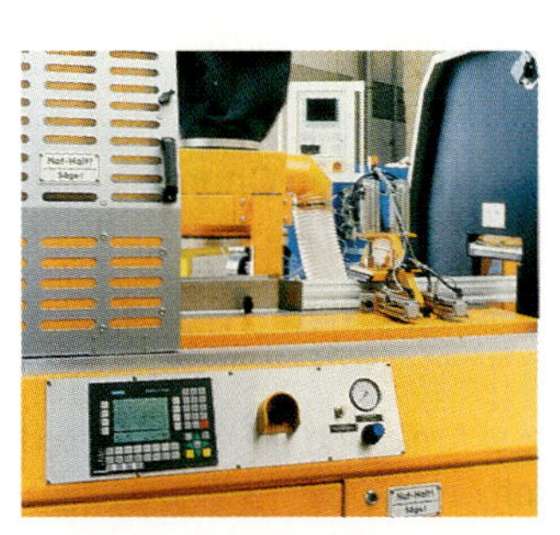

Abb. 5.3.1-11 Extruder

Hier die Abzugseinrichtung zur Extrusion eines Fensterprofils

Abb. 5.3.1-12 Extrusion eines Fensterprofils

Links die Extrusion, rechts die Düse hierzu

Abb. 5.3.1-13 Einer der ersten Reifen aus Methylkautschuk

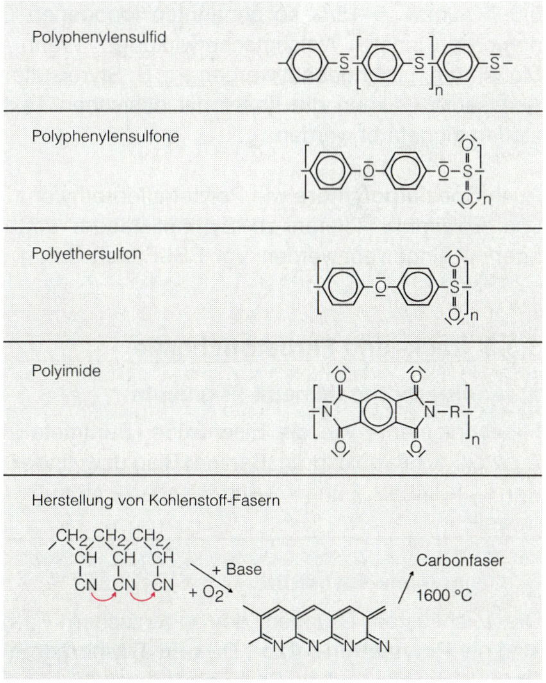

Polyphenylensulfid

Polyphenylensulfone

Polyethersulfon

Polyimide

Herstellung von Kohlenstoff-Fasern

+ Base

$+ O_2$

Carbonfaser

1600 °C

Abb. 5.3.1-14 Hitzestabile Spezialpolymere

Im Bild Strukturformeln von Carbonfasern, Polyphenylensulfid, Polyimid und Polyethersulfonen. Kohlenstoff- alias Carbonfasern sind für **Hochleistungsverbundwerkstoffe** bestens geeignete Verstärkungsmaterialien von geringer Dichte, hoher Temperaturbeständigkeit (in Luft bis 350 °C, in Vakuum und Schutzgas bis 3000 °C), elektrischer Leitfähigkeit (keine elektrostatische Aufladung) und hoher Strahlungsbeständigkeit (Luft- und Raumfahrt).

e) Chemiefasern (Synthetik-Textilien)

Polyamide, Polyester, Polyacrylnitril (PAN) und Polypropylen (PP) zählen zu den wichtigsten Chemiefaser-Werkstoffen.
Etwa $^1/_4$ der Weltjahresproduktion an Synthesefasern fällt auf die **Polyamide**.

Diese Synthetikfasern aus Amid und Carbonsäure der allgemeinen Strukturformel

$$H\!-\!\left[\overset{H}{\underset{}{N}}\!-\!(CH_2)_m\!-\!\overset{O}{\overset{\|}{C}}\right]_n\!-\!OH$$

werden z. B. aus Aminoessigsäure (m = 1, als „Polyamid 2"), aus γ-Butyrolactam (m = 3, „Polyamid 4") oder aus ε-Caprolactam (m = 5, als „Polyamid 6", vgl. Abb. 5.3.1-16) hergestellt. Die aus Diaminen und Dicarbonsäuren produzierten Polyamide werden durch die Anzahl der C-Atome der Diamin- und Dicarbonsäure-Edukte gekennzeichnet (vgl. Nylon 6.6 in Abb. 2.3.3-13, S. 110).

Polyester-Fasern werden aus linearem Polyethylenterephthalat synthetisiert (Abb. 5.3.1-3), Polyacrylnitrilfasern (PAN) als Copolymere (radikalisch) aus 89–95 % Acrylnitril mit 4–10 % Acryl- oder Methacrylsäureestern oder Vinylacetat (als nichtionogene Comonomere) und 0,5–1 % bzw. 5–15 % so genannten ionogenen Comonomeren (innere Weichmacherwirkung). Wenn saure Monomere mit eingebaut werden – z. B. Styrolsulfon- und Acrylsäure –, kann die Faser mit basischen Textilfarbstoffen eingefärbt werden.

Auch **Spezialpolymere** wie Polytetrafluorethylen (PTFE) und Polyimide können zu Synthetikfasern verarbeitet oder mit eingewebt werden (vgl. PBI-Faser, Abb. 4.1.6-5).

Abb. 5.3.1-15 **Chemiefasern 1959**
Seit 1954 wurden Dralon-Acrylfasern produziert. Eine Tagesproduktion von 150 t **Polyacrylnitril**-Fasern (PAN) ersetzte fortan den Wolle-Ertrag von 12 Mio. Schafen (die als Weideland eine Fläche etwa von der Größe Nordrhein-Westfalens bräuchten ...).

Abb. 5.3.1-16 **Atlasseile aus Perlon-Monofilen**
Zugfeste Chemiefasern aus **Polyamid** („Perlon") halten hier das „ZDF-Traumschiff" MS Berlin im Hafen.

Abb. 5.3.2-1 **Das Mineralpigment Ultramarin (= Lapislazuli)**
Das Pigment hat die Summenformel $[Na_8(Al_6Si_6O_{14})]S_4$ und wird aus Kaolin, Soda und Schwefel hergestellt.

5.3.2 Lack- und Farbstoffchemie

a) Anorganische (Mineral-)Pigmente

Mineralpigmente wie die Eisenoxide, Buntmetallsulfide, Bleiweiß, Chromoxidgrün, Berliner Blau usw. finden Sie in Kap. 3.1 und 4.1.7 und 4.3 und Tabelle 24 im Anhang vorgestellt.

b) Organische Farbstoffe

Die wichtigsten Gruppen der organischen Farbstoffe sind die **Polymethin-, Azo-, Di- und Triphenylmethan-, Phthalocyanin-** und die **Carbonylfarbstoffe** (= indigoide Farbstoffe sowie Indamine und Indophenole). Je nach Art der in das Farbstoff-Molekül eingebauten Gruppen können bestimmte **Absorptionsbereiche** im visuellen oder im UV-Bereich erreicht werden („Bathochrome Verschiebung von Absorptionsmaxima", siehe Tabelle 5.3.2-1 auf Seite 303):

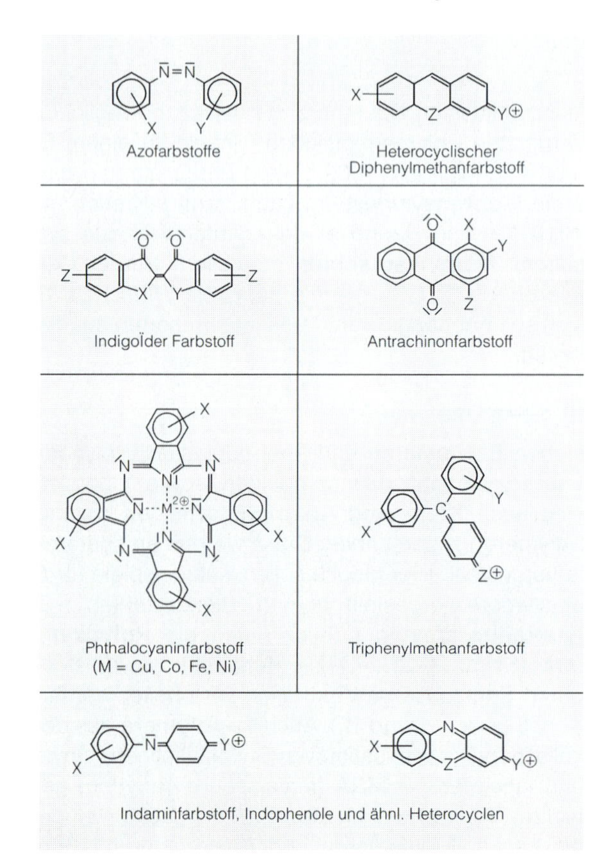

Abb. 5.3.2-2 **Organische Farbstofftypen**

Gruppe	Verschiebung (λ)
C_2H_4	190 nm
$C_2H_3–C_2H_3$	218 nm
	252 nm
	280 nm
	318 nm
	286 nm
	586 nm

Tabelle 5.3.2-1 **Bathocrome Verschiebung von Absorptionsmaxima**

Die Absorption des unsichtbaren UV-Lichtes kann so genannte **„optische Aufheller"** (UV-Absorber) zur Emission von weißbläulichem Licht anregen – weiße Textilien sehen so z. B. besonders hell aus und werden vom UV-Licht der Sonne oder in Diskotheken zum Leuchten (Fluoreszenz) angeregt.

Man unterscheidet **Naturfarbstoffe** von **synthetischen Farbstoffen.** Naturfarbstoffe wie Purpur und Indigo sind schon seit der Antike bekannt, waren oft teurer als Gold und werden nach ihrer Herkunft in Pflanzen- und Tierfarbstoffe unterteilt.

Die Geschichte der synthetischen Farbstoffe begann mit den **Teerfarbstoffen** – erste künstliche Azofarbstoffe, hergestellt aus **Anilin** und seinen Derivaten im Teer (was zur Gründung der damaligen „**B**adischen **A**nilin- und **S**oda-**F**abriken" führte, einem späteren Weltkonzern). 1883 konnte **Indigo** im Labor synthetisiert werden und aus Indigo und Anthracen begann bei BASF, Hoechst und Bayer bald die Produktion des Farbstoffes „Indanthren".

Ein den Teerfarbstoffen ähnlicher, auf Anilinbasis synthetisierter Farbstoff ist das **Methylenblau** – ein heterocyclisches Indamin, das zum Färben von Wolle, Seide, Polyacrylnitrilfasern und Büromaterialien verwendet wird (Abb. 5.3.2-9): Es wird aus *p*-Amino-dimethylanilin und Dimethylanilin aufgebaut. Die Zwischenprodukte werden zunächst reduziert ($Na_2S_2O_3$), dann oxidiert ($Na_2Cr_2O_7$). Eine ähnliche chemisch-präparative Meisterleistung ist z. B. die Synthese von **α-Aminoanthrachinon.** Zum Aufbau dieses Farbstoffes wird PSA mit Benzen einer Friedel-Crafts-Reaktion unterzogen, durch Eliminierung von Wasser in Anthrachinon umgewandelt und das nitrierte Produkt reduziert oder nukleophil substituiert:

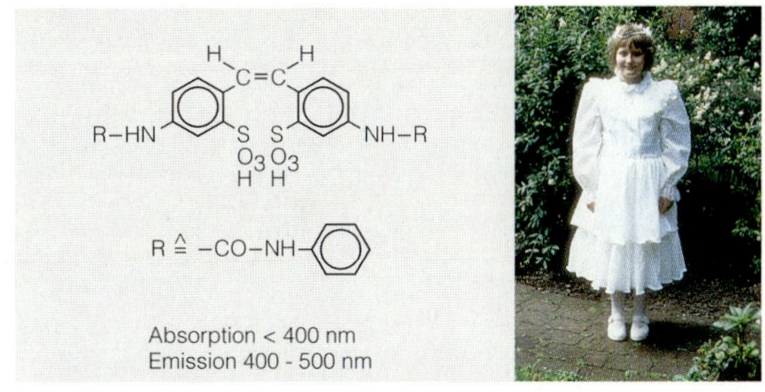

Abb. 5.3.2-3 **Optische Aufheller/UV-Absorber**

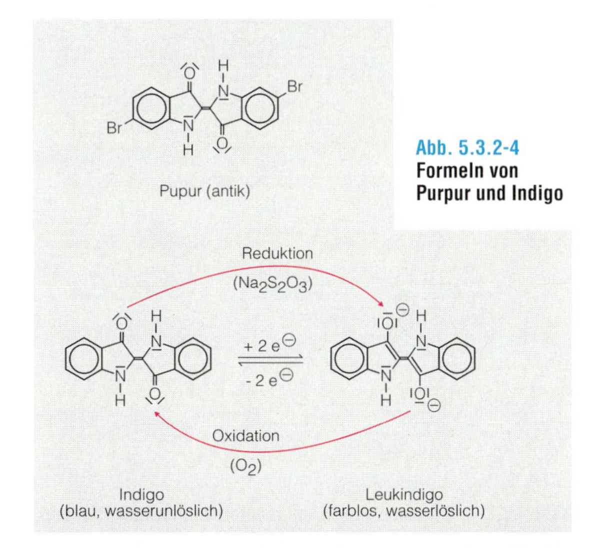

Abb. 5.3.2-4 **Formeln von Purpur und Indigo**

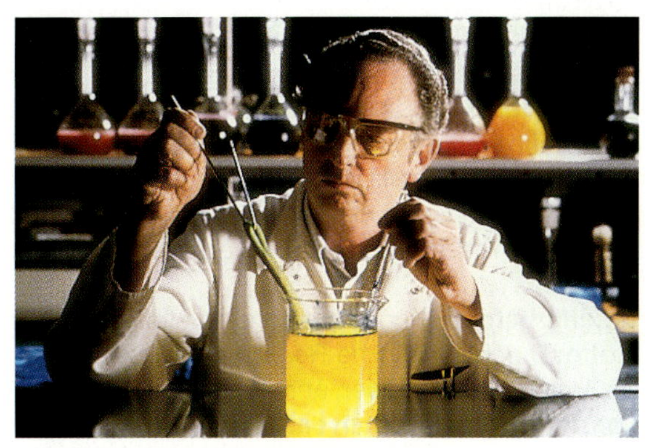

Abb. 5.3.2-5 **Färbetest mit Indigo**

Der Naturfarbstoff Indigo existiert auch in einer reduzierten, farblosen Form **(Leukoform).** Diese wird durch den Kontakt mit Luftsauerstoff zu Indigo. Durch Reduktionsmittel wie Fixiersalzlösung ($Na_2S_2O_3$) kann die Leukoform zurückgewonnen werden (vgl. Formeln in Abb. 5.3.2-4).

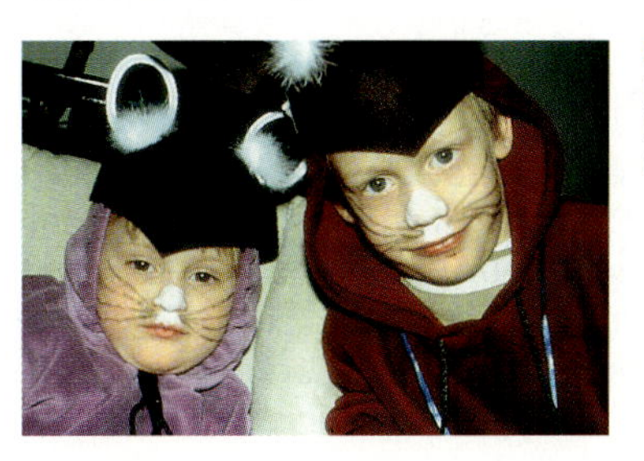

Abb. 5.3.2-6 **Kosmetik-Farbstoffe im Gebrauch**

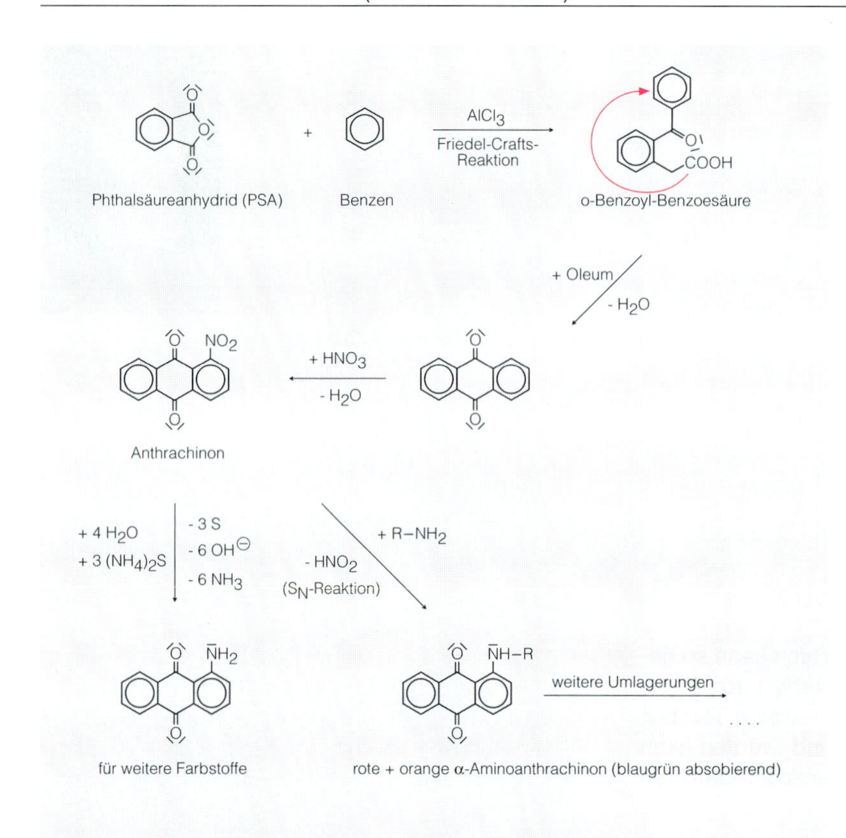

Abb. 5.3.2-8 Synthese von α-Aminoanthrachinon (aus PSA und Benzen)

Abb. 5.3.2-7 Pflanzenfarbstoffe – Geschenke der Natur!

$H_2N–C_6H_4–NH_2$

p-Amino-dimethylanilin

+ Dimethylanilin
+ $Na_2S_2O_3$
+ $Na_2Cr_2O_7$

$(H_3C)_2N$ … $N(CH_3)_2^{\oplus}$

Methylenblau

Abb. 5.3.2-9 Synthese von Methylenblau

c) Pigment- und Textilfarbstoffe

Pigmentfarbstoffe nennt man pulverförmige Farbträger, die mithilfe von Löse- und Bindemitteln zumeist zu Anstrichstoffen verarbeitet werden (Coatings und Lacke der Beschichtungstechnik zur Färbung und als Korrosionsschutz). Sie reagieren in der Regel weder mit Bindemitteln noch mit dem Untergrund, auf den sie aufgebracht werden.

Textilfarbstoffe sind hingegen meistens **Reaktivfarbstoffe:** Durch chemische Reaktionen müssen sie an textile Untergründe – oder ähnlich z. B. durch **Haut-** und **Haarfärbemittel** auch an das Keratin der Haare oder die Aminosäuren der Außenhaut – so fest gebunden werden, dass Wasser, Waschmittel und Witterung (Sonne, Licht) die Färbung nicht schwächen oder gar wieder ablösen.

Abb. 5.3.2-10 **Qualitätstest an Textilfarbstoffen**
Textilproben-, Belichtungs- und Bewitterungstest: Bleiben die Textilfarbstoffe lichtecht und witterungsbeständig?

5.3.3 Kleb- und Anstrichstoffe (Farben und Lacke)

Anstrichstoffe bestehen aus **Pigmenten, Lösemitteln** (die die festen Pigmente anlösen, emulgieren oder dispergieren), **Bindemitteln** und oft auch aus Hilfsstoffen. Die Bindemittel bilden Filme und fixieren die Pigmente beschichtungstechnisch auf dem Untergrund. Hilfsstoffe sind z. B. die Trocknungsbeschleuniger (Sikkative).

Abb. 5.3.3-1 **Qualitätstest an DD-Lacken**
Oberflächenbegutachtung und technische Analyse farbiger Beschichtungen in einem Lacktechnikum

Je nach Untergrund müssen unterschiedliche Binde- und Lösemittel zugesetzt werden. Auf Metalluntergrund sind oft zusätzlich korrosionsschützende Eigenschaften erforderlich. Man bezeichnet insgesamt die Anstrich- und Beschichtungsstoffe auch als Lacke oder Coatings – das Arbeitsfeld der Lacklaborant(inn)en (vgl. S. 306).

a) Lackbindemittel

Die Bindemittel in Lacken und Anstrichstoffen sind ebenfalls zumeist organische Polymere, wie wir sie schon aus dem Bereich der Natur- und Kunststoff-Chemie kennen. Zu den natürlichen Polymeren unter den Lackbindemitteln zählen die **Öllacke,** die **Zellulosederivate** und **Chlorkautschuk.**

Trocknende Öle (Lein-, Holz-, Sojaöl) werden mit Sikkativen (z. B. Co- und Mn-Stearat) und oft auch mit Harzen, Lösungsmitteln und Pigmenten verarbeitet. Die Aushärtung des Filmes (der aufgetragenen Dispersion) wird durch **Autoxidation** ausgelöst (O_2 greift C=C-Doppelbindungen an, die radikalische Polymerisation beginnt). Nachteile der **Öllacke** sind, dass sie vergilben und eine sehr geringe Chemikalienbeständigkeit aufweisen. Daher werden zunehmend ölmodifizierte **Alkydharz-Lacke** eingesetzt.[1])

Nitrolacke werden durch Auflösen von Nitrozellulose (Kollodiumwolle) oder Zelluloseestern (Zelluloseacetat, -butyrat oder -propionat) in Alkoholen, Estern und/oder Ketonen hergestellt. Sie sind farblos, trocknen sehr schnell und sind beständig gegen Kohlenwasserstoffe.

Zu den **Chlorkautschuk**-Produkten zählen neben chloriertem Naturkautschuk auch chloriertes Polyisopren und die chlorierten Polyolefine. Ihnen werden als Weichmacher Chloralkane zugesetzt oder sie werden mit Alkydharzen zu Kombinationslacken verarbeitet. Sie sind hoch wasserbeständig und werden im Korrosionsschutzbereich, ja sogar für Unterwasseranstriche verwendet.

Synthetische Lackbindemittel werden in die Gruppen Polyvinylester, Polyacrylate, Alkydharzlacke, UP-Harze, PUR-Lacke, Epoxidharz-Bindemittel und Siliconharze unterteilt. Sie finden sie in Tabelle 5.3.3-2, S. 307 aufgelistet.

Auch sie härten in der Regel dadurch aus, dass nach dem Auftragen des Lackes Kettenreaktionen gestartet werden.

Diese beginnen durch Belichtung (zumeist UV-Licht), Sauerstoff oder Intitiatoren wie Peroxide.

---

[1]) Zu deren Sythese aus MSA + Diol vgl. Abb. 5.2.5-1 (Legende), S. 293.

Üb(erleg)ungsaufgaben zu Farb-, Kunst- und Anstrichstoffen

1. **Beschreiben** Sie die **Unterschiede** von Thermoplasten, Duroplasten und Elastomeren. Nennen Sie für jede der drei Gruppen je zwei Plaste als Beispiele.
2. **Erklären** Sie folgende **Begriffe** in je einem Satz:
   a) Polymerisationsgrad,
   b) Chemiefaser,
   c) Extrudieren und Extrusionsblasen,
   d) Spritzgießen,
   e) Kalandrieren,
   f) Emulsions- und Suspensions-Polymerisation,
   g) Lösungs- und Fällungspolymerisation,
   h) Vulkanisation und
   i) Initiator.
3. Zählen Sie fünf Plaste (Kunststoffe) auf und formulieren Sie **Edukte** und **Reaktionsmechanismen** zu ihrer Herstellung.
4. Was sind opake, amorphe, transparente und teilkristalline Kunststoffe? Wie werden ihre Makromoleküle „vernetzt“?
5. **Woraus** werden Polyamide, Polyester und Polyolefine (= Polyalk(yl)ene) **hergestellt?**
6. Zählen Sie die fünf wichtigsten **Gruppen organischer Farbstoffe** auf.
7. **Beschreiben** Sie die **Wirkungsweise** von optischen Aufhellern! Zählen Sie einige Natur- und einige synthetische Farbstoffe auf!
8. Welche Haupt-**Bestandteile** werden den **Anstrichstoffen** (Farben, Lacken, Coatings) zugesetzt?
9. Wodurch unterscheiden sich **Pigment-** und **Reaktiv-** bzw. **Textilfarbstoffe** voneinander?
10. Zählen Sie 5 anorganische Farbstoffe **(Mineralpigmente)** auf und geben Sie deren Formeln an!
11. Auf welche **Edukte** gehen Kautschuk-Produkte, Aminoplaste, Phenol- und Epoxidharze zurück? Was sind Polycarbonate?
12. Welche **Plaste** und **Elaste** werden mit den technischen Kürzeln PE, PVC, PP, PS, PUR, PTFE und PAN sowie PETP belegt?

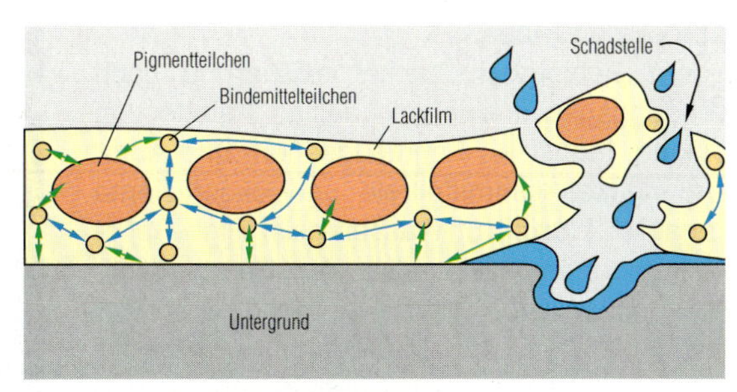

Abb. 5.3.3-2 Kohäsion und Adhäsion

Ein Bindemittel (Klebstoff) muss über Kohäsionskräfte zusammenhalten (hier durch blaue Pfeile symbolisiert) und über Adhäsionskräfte (hier grün) fest an Pigmentteilchen (hier rot) und Untergrund (hier grau) haften. Sind diese Kräfte zu gering, so blättert der Lack (Anstrichstoff) ab. Ein metallischer Untergrund beginnt bei Wasserzutritt (blau) dann u. U. zu korrodieren (rechts).

Abb. 1 Im Lacklabor

Neben **Lacklaborant(inn)en** (Bild) arbeiten in Unternehmen, die Anstrichstoffe (Lacke und Coatings) produzieren, auch **Chemielaborant(inn)en, Chemikant(inn)en,** Chemiebetriebsjungwerker, Lackierer(innen), Lagerwirtschaftsfachkräfte, Industriemechaniker sowie u. U. auch **CTA**s, Diplom-**Chemiker(innen), Chemieingenieure** und Informatiker.

Industrielle Produktionsvorgänge für Pigmente, Lackbindemittel, -lösemittel und gebrauchsfertige Anstrichstoffe werden in großen Chemiebetrieben in mehrstufigen Prozessen entwickelt. Im **Labormaßstab** werden zunächst neue Produkte hergestellt. Diese Herstellungsmethoden und -prozesse werden dann in einem **Chemietechnikum** auf einen größeren Mengendurchsatz angepasst, um sie auf die **industrielle Produktion** übertragen zu können. Hierzu gehört u. a. eine ständige, analytische Qualitätskontrolle der Rohstoffe, Zwischen- und Endprodukte, z. B. im Hinblick auf Konsistenz und Viskosität (vgl. Auslauf-Viskosimetrie in Abb. 2). Erst wenn alle Analysedaten den Qualitätsanforderungen genügen, wird im Technikumsmaßstab produziert (Abb. 3).

Auf dem Gebiet der „Lacke“ existiert je nach Anwendungsgebiet eine reichhaltige Palette von Produkten: Industrie-, Fahrzeugserien- und Autoreparaturlacke, lösemittelfreie und ökoeffiziente Pulverlacke, Lacke auf Wasserbasis, High-Solid- und strahlenhärtende Lacke. Zur Berufsausbildung von Lacklaborant(inn)en gehören daher Spezialgebiete wie z. B. die **Beschichtungstechnik.** In Kooperation von Chemie-, EDV- und Computerspezialisten werden oft auch Laborroboter eingesetzt (Abb. 6). Diese stellen z. B. beliebige Lackierprozesse im Labormaßstab nach. Oberflächenbeschaffenheit, Glanz und Farbton von Lackfilmen – bei Effektlacken oft winkelabhängige Größen – können so in Abhängigkeit von Prozessparametern und Lackeigenschaften charakterisiert und optimiert werden.

Abb. 2 Auslauf-Viskosimetrie

Über die Auslaufzeit wird die Viskosität eines Lackes berechnet (vgl. Kap. 3.3.6).

Abb. 3 Einwaage und Mischung

Chemikanten und Lacklaboranten mischen hier Lack-Sonderfarbtöne.

Abb. 4 Pulverlack

Vorne wird ein vorgebrochenes Extrudat gezeigt, das anschließend zum Pulverlack vermahlen wird. Im Hintergrund ist die Extrusionsmaschine erkennbar.

Abb. 5 Lacktest

Eine neue Lackformulierung erhält die Freigabe zur Serienlackierung erst, wenn die Probebleche 2–10 Jahre Sonneneinstrahlung, Feuchtigkeit und extreme Temperaturwechsel ohne Rissbildung, Farb- und Glanzveränderung überstehen.

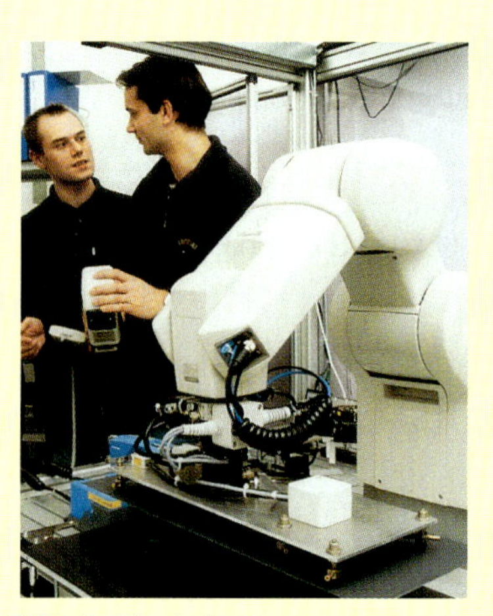

Abb. 6 „Prosim“

Der Laborroboter „Prosim“ (**Pro**zess-**Sim**ulator) hilft, das Verhalten von Beschichtungsmaterialien abzuschätzen.

Abb. 7 Applikation

Hier wird eine 70–150 μm dicke Pulverlackbeschichtung zum Schutz der Karosserie gegen Steinschlag aufgetragen – absolut lösemittelfrei und umweltschonend (Österreich 1996).

b) Klebstoffe

Klebstoffe sind organische Hochpolymere, die über ausreichendes Haftvermögen **(Adhäsion,** auf unterschiedlichen Untergründen) und hohe Eigenfestigkeit **(Kohäsion)** verfügen müssen. Neben Naturharzen, Eiweißen und Stärke (Kleister, Leim) entdeckte man bald auch die Eignung mancher Zellulose- und Kautschukprodukte als Klebstoffe.

Moderne Klebstoffsysteme werden als Schmelzen, Lösungen und Dispersionen eingesetzt. Sie enthalten Hilfsstoffe zur Flexibilisierung, zur Viskositätseinstellung und Alterungsschutz. Ihre Anwendungsbereiche sind so vielfältig, dass sie sich kaum beschreiben lassen: Buchbinder-, Holz-, Schuh-, Haushalts-, Verpackungsmittelklebstoffe, Nietverbindungs-Ersatzstoffe, Laminate, Baustoff- und Spanplattenklebstoffe, ja selbst Spezialkleber für den Flugzeug-, Kfz-, Mikrochip-, Werkzeug-, Maschinenbau und die Textilindustrie sind hier einige Stichworte.

Grundsätzlich unterscheidet man **Applikations-** und **Reaktivklebstoffe.** Wird der Klebeprozess ohne eine chemische Reaktion ausgelöst (Applikation = Auftragung), so geht man von Schmelzen (lösemittelfreie Schmelzkleber), Dispersionen oder Lösungen eines Polymers aus. Ethylen-Vinylacetat- und -Acrylester-Copolymere sind wichtige **Schmelzkleber** (150–190 °C). Auch in Weichmachern dispergiertes PVC zählt zu dieser Gruppe („Klebeplastisole"). Ein Beispiel für **Klebstoff-Lösungen** sind Kontaktkleber aus gelösten, synthethischen Kautschuken und Polyurethan-Elastomeren. Dispersionsklebstoffe enthalten oft Kautschuk-Latices oder in Wasser dispergiertes Polyvinylacetat oder Polyacrylsäureester (= **„Latexklebstoffe"**).

Reaktivklebstoffe funktionieren auf der Basis von Acrylat- und UP-Harzen. Auch Silikon- und Polyadditionsklebstoffe (z. B. Epoxidharz- und PUR-Klebstoffe) werden eingesetzt, Harnstoff- und Melamin-Formaldehyd-Harze insbesonders für Sperrholz- und Spanplattenverklebungen.

c) Löse- und Beizmittel

Im Unterschied zu polaren und unpolaren Lösemitteln (Sie finden sie in den Tabellen im Anhang) dienen die zumeist stark ätzenden Beizmittel dazu, Filme, Lacke und Beschichtungen durch Anstrichstoffe wieder zu entfernen. So sind z. B. Alkalien (NaOH, KOH) oder Hexafluorokieselsäure für solche Zwecke gut geeignet.

d) Kosmetika

Im Hinblick auf ihre Funktion ähneln die meisten Kosmetika den Anstrichstoffen, als zu beschichtender „Untergrund" taucht hier jedoch die besonders empflindliche, menschliche Haut auf …

Lack-bindemittel	Edukte (Beispiele)	Anwendung, Eigenschaften
Polyvinylester	Vinylacetat und Acrylate	hart, etwas spröde, z. T. hydrolysierbar
Polyacrylate, Acrylharze (hohe Bedeutung)	Methylmethacrylat, Acryl-säureester (Emulsion, Lösung, Dispersion)	sehr licht- und wetterbeständige Filme, atmungsaktiv, beständig gegen Öle, Fette und Alkalien
Alkydharz-Lacke (oft mit Phenolharzen kombiniert)	Dicarbonsäuren und Polyole (Fettsäuren, PSA, Glycerol, Lein-/Sojaöl)	im Vergleich zu Öllacken schnell trocknend, gute Filmbildung (breites Typensortiment)
ungesättigte Polyester- bzw. UP-Harze	MSA (Maleinsäureanhydrid) und Dicarbonsäuren	korrosionsschützend, gut für Möbellackierung, Spachtelmassen – Start der Vernetzungsreaktion mit UV-Licht/Peroxiden
Polyurethan-Lacke (PUR-Lacke)	Reaktionsharze aus Isocyanaten und Alkoholen, z.T. auch Aminen und Carbonsäuren	sehr widerstandsfähig gegen Chemikalien, Lösemittel und Witterung, aber teuer – hohe Abrieb- und Haftfestigkeit, geringe Versprödung
Urethanöle	PUR-Lacke und Alkydharze	ähneln den Alkydharz- und PUR-Lacken
Epoxidharz-Bindemittel und Mehrkomponenten-Lacksysteme	Bisphenol A + F, aliphatische Mono- und Diglycidylether, Epichlorhydrin (oft mit Härtungsmitteln wie Polyaminen)	gut haftend, abriebfest, chemikalienbeständig, als Einbrennlacke, wasser- und chemikalienfeste Schutzlacke, Apparatur- und Kfz-Beschichtungen, Außen- und Innenlackierungen für Dosen und Tuben – bei Einführung von C=C-Bindungen UV-härtend)

Tabelle 5.3.3-1 Synthetische Lackbindemittel

Abb. 5.3.3-3 Ein Klebstoff-Edukt

Durch das Auflösen dieses Polymers werden hochwertige Klebstoffe hergestellt.

Abb. 5.3.3-4 Applikations- und Reaktivklebstoffe

Allzeit bereit zu spontaner Polymerisation: Hier hielt ein Superkleber den im Overall unter die Tragfläche geklebten Stuntman 30 min lang in 1000 m Höhe bei 15 Überkopf-Flügen fest.

5.3.4 Riech- und Aromastoffe

Man unterscheidet natürliche, naturidentische und synthetische Aromen. Ein **natürliches Aroma** setzt sich aus vielen, sich gegenseitig überlagernden und ergänzenden Aromastoffen zusammen. Das Aroma einer Birne entstammt z. B. einem kompliziert zusammengesetzten etherischen Öl, das Alkanole, Ester, Alkene sowie Essigsäurehexylester und Methyl- und Ethylester der *trans-cis*-Deca-2,4-diensäure enthält.

Naturidentische Aromastoffe wurden synthetisch hergestellt, kommen aber in der Natur vor. Hier wäre neben Essigsäurehexylester z. B. Vanillin zu nennen (= 3-Methoxy-4-hydroxy-benzaldehyd, das in Vanilleschoten vorkommt) und Propansäure-butylester (Rumaroma als Backzutat). **Synthetische Aromastoffe** kommen hingegen in der Natur nicht vor. Riech- und Aromastoffe werden folgenden Endprodukten zugemischt:

- Waschmitteln und Haushaltschemikalien (ca. 30 %),
- Kosmetika (ohne Parfüms: 30 %),
- Toilettenseifen (ca. 20 %),
- Parfums (ca. 20 %, auch sehr teure Riechstoffe!).

Riech- und Aromastoffe entstammen – von Estern abgesehen – folgenden Stoffgruppen:

a) Terpentinöle und Terpenoide

Zu dieser Gruppe gehören die sich vom **Terpen** ($C_{10}H_{16}$) oder Sesquiterpen ($C_{15}H_{24}$) ableitenden Verbindungen. Die beim Sulfat-Zellstoff-Verfahren, einem Aufschluss von Nadelhölzern mit $NaOH/Na_2S$-Lösung, anfallenden **Terpentinöle** enthalten als Hauptkomponenten vier optisch aktive Kohlenwasserstoffe (mit asymmetrischen C*-Atomen): α- und β-Pinen, Limonen und Δ^3-Caren. Diese werden durch Wasserdampfdestillation gewonnen (vgl. S. 285) – ihre Enantiomere weisen unterschiedliche Geruchsnoten auf. Weitere Aromastoffe mit ähnlichen Molekülstrukturen sind die drei isomeren Alkohole der Formel $C_{10}H_{17}OH$ (Linalool, Nerol und Geraniol), deren Acetate, der Alkenol Citronellol und das hieraus synthetisierbare „Rosenoxid". Aus Pinen lassen sich z. B. auch Bornyl- und Isobornylacetat herstellen (Fichtennadelgeruch).

b) Ionon, Menthol und ihre Derivate

Ionone sind Duftstoffe mit Veilchengeruch. Sie leiten sich von zyklischen, zweifach ungesättigten Ketonen ab, dem α- und β-Ionon.

Menthol hingegen ist ein Pfefferminzöl-Riechstoff (Formel: vgl. Abb. 5.3.4-2, Anwendung: Mundwässer, Süßwaren, Getränke, Bonbons).Menthol ist optisch aktiv und existiert daher in zwei Enantiomeren (IUPAC-Bezeichnung: 2-Isopropyl-5-methyl-hexanol). Es kann über die Hydrierung von Thymol hergestellt werden, welches man aus *m*-Cresol und Propylen synthetisiert (Abb. 5.3.4-3).

Stoff	Formel/Name	Aroma/Geruch
Essigsäure-pentylester	$CH_3COOC_5H_{10}$ (Amylazetat)	Bananenaroma für Quarkspeisen
Essigsäure-isobutylester	$CH_3COOC_4H_9$ (Isobutylazetat)	Bananenaroma für Bonbons
Essigsäure-hexylester	$CH_3COOC_6H_{13}$ (Hexylazetat)	Anteil des natürlichen Birnenaromas
Propansäure-butylester	$C_2H_5COOC_4H_9$ (Butylpropionat)	Rumaroma (als Backzutat)
Butansäure-methylester	$C_3H_7COOCH_3$ (Methylbutyrat)	Ananas- (oder Himbeer-) aroma für Süßwaren
Butansäure-ethylester	$C_3H_7COOC_2H_5$ (Ethylbutyrat)	Pfirsicharoma für Süßwaren, Tees
Butansäure-pentylester	$C_3H_7COOC_5H_{10}$ (Isoamylbutyrat)	Birnenaroma für Süß-, Quarkspeisen
Butansäure-benzylester	$C_3H_7COO–CH_2–C_6H_5$ (Benzylbutyrat)	Rosen-/Blumenaroma für Parfums und Duftwässer
Pentansäure-pentylester	$C_4H_9COOC_5H_{10}$ (Amylvalerat)	Apfelaroma für Getränke, Bonbons
Salicylsäure-methylester	$HO–C_6H_4–CO–OCH_3$ (ortho)	Pfefferminzaroma für Kaugummis
Palmitinsäure-myricylester	$C_{15}H_{31}–COO–C_{31}H_{63}$	Bienenwachs-Geruch (Aroma von Bienen-Wachskerzen)

Tabelle 5.3.4-1 Ester als Aromastoffe

Die Carbonsäuren dieser Ester haben eher unangenehme Gerüche: Propionsäure riecht nach Schweizer Käse, Butan- bzw. Buttersäure nach ranziger Butter, Pentan- bzw. Valeriansäure nach Stallmist und Hexan- bzw. Capronsäure nach Ziegen …

Abb. 5.3.4-1 Duftpflanzen

Die Bilder a–e zeigen Quellen natürlicher Aromastoffe: a) Rose, b) Lavendel, c) Pfefferminze sowie d) Zitrone und Zitronenmelisse. Aus 5000 kg Rosenblüten(!) lässt sich nur ca. 1 kg Rosenöl gewinnen. Dieses besteht aus z. T. sehr teuren, terpenoiden Riechstoffen: zu je 30–40 % aus Geraniol und Citronellol sowie einigen Prozent Nerol, Rosenoxid – einem zyklischen, ungesättigten C_{10}-Ether – und dem Riechstoff β-Phenylethanol.

c) Aromatische Alkanole, Alkanale und Alkoxyalkane

Die bekanntesten und wichtigsten Vertreter dieser Gruppe sind β-Phenylethanol und **Zimtaldehyd (C_6H_5–CH=CHCH=O).** Letzteres kann mit Isopropanol als Reduktionsmittel zu Zimtalkohol umgesetzt werden, welcher in Form von Estern in der Natur weit verbreitet ist (blumiger Geruch).

***trans*-Anethol** (Formel: **CH_3–O–C_6H_4–CH=CH–CH_3,** in *para*-Stellung) ist ein Beispiel für ein Phenolderivat, das als Riechstoff des Anis- und Sternanisöls vorkommt (ein Phenolether). Auch Eugenol (Nelkenaroma) und Vanillin (3-Methoxy-4-hydroxybenzaldehyd) sind Phenolderivate.

d) Moschusriechstoffe

Muscon (= 15-Pentadecanolid, ein zyklischer Ester) ist der **Sexuallockstoff** des ostasiatischen Moschusochsen. Er war uspründlich sehr teuer, bis dass zur Parfümherstellung ähnliche Moleküle synthetisiert werden konnten (so z. B. ein zyklischer Dodecandisäureethylenester, Formel:

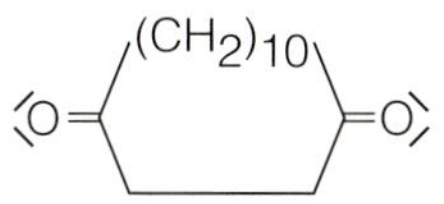

$(CH_2)_{10}$

sowie Xylol- und Ketonmoschus oder Dimuscan).

Dimuscan z. B. wird durch zweifache Alkylierung von Cumol (Cumen) mit Isopren hergestellt: Der in Gegenwart von Schwefelsäure entstehende Kohlenwasserstoff wird mit Acetylchlorid in Gegenwart von $AlCl_3$ acyliert (Friedel-Crafts-Acylierung, Ersetzen der Isopropylgruppe).

e) Blätteralkohol

Blätteralkohol (IUPAC: *cis*-Hexen-3-ol-1) mit dem typischen Geruch nach frischen, grünen Blättern wird aus Butin-1 und Ethylenoxid synthetisiert (das entstehende Hexin-3-ol-1 wird über Pd-Kat. selektiv hydriert). Es wird sowohl für Parfums als auch zur Waschmittel- und Toilettenseifen-Parfümierung eingesetzt.

f) Vom Duftstoffgemisch zur „Kreation"

Die „Duft-Fabriken" sehen zwar aus wie alle Chemiewerke: Rohre, Lagertanks und Destillierkolonnen prägen das Bild. In ihrer Umgebung jedoch riecht es nach Himbeeren oder Veilchen, Rosen – oder auch mal nach Bouillon oder frisch gebackenem Kuchen. All die Duftstoffe werden nun von den Parfümeuren „komponiert" – das heißt, auf der Basis von Geruchsgedächtnis (Beispiel: „α-Amylzimtaldehyd – das mit dem Jasminduft!"), Kreativität und etwas künstlerischem Können werden Rezepte für Duftstoff-Kompositionen erstellt. Sie dienen zur Aromatisierung von Shampoos, Seifen, Lebensmitteln, Cremes, Rasierwässern, Papierservietten, Zahnpasten und Reinigungsmitteln, von Spitzenparfums notfalls bis „hinab" zum Urin-

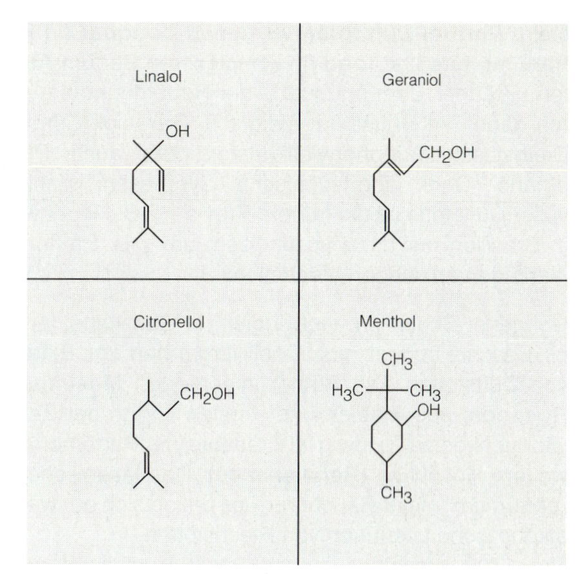

Abb. 5.3.4-2 **Terpenoide Riechstoffe und Menthol**

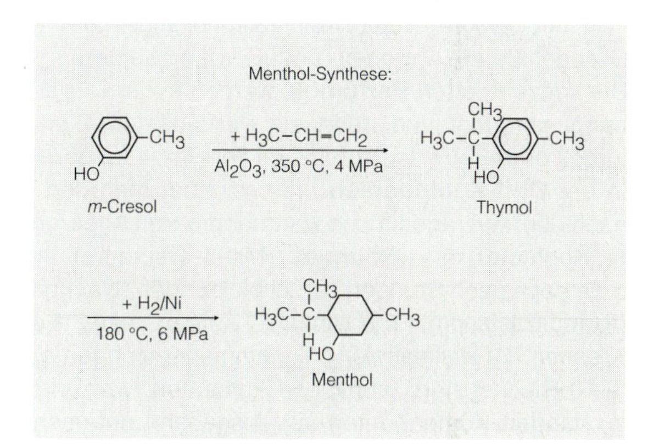

Abb. 5.3.4-3 **Mentholherstellung**

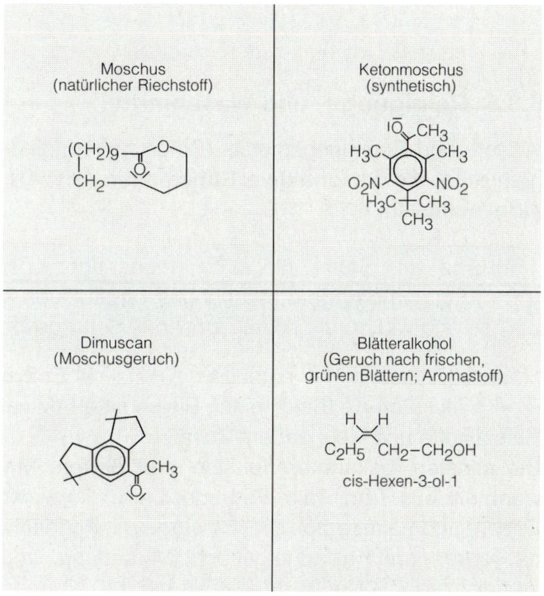

Moschus (natürlicher Riechstoff)

Ketonmoschus (synthetisch)

Dimuscan (Moschusgeruch)

Blätteralkohol (Geruch nach frischen, grünen Blättern; Aromastoff)

cis-Hexen-3-ol-1

Abb. 5.3.4-4 **Moschusriechstoffe und Blätteralkohol**

stein. **Parfum-Duftnoten** werden in **bouquet** (in jedem Parfüm), **tête** und **fond** (in komplexeren Parfum-Aufbauten unterteilt. Zum bouquet – der Hauptduftnote – gehören dann 3–4 Duftstoffe – wie z. B. Geraniol, Citronellol, Diethylessigsäurephenylethylester oder auch Phenylethanol. Dank labortechnischer Synthesemöglichkeiten vieler Duftstoffe ist die frühere Praxis – z. B. Regenwälder in Brasilien nur dazu abzuholzen, um z. B. Pfefferminzplantagen anzulegen – entfallen.

Übrigens: Schon im alten Indien, in Sanskrittexten, gibt es Beschreibungen von Destilliergeräten zur Extraktion von Duftstoffen. Die Römer importierten **Moschus** und **Rosenöle** aus Arabien und Persien und in der Zeit des „Sonnenkönigs" Ludwig XIV. erlebte die Parfümerie eine weitere Hochblüte **(Renaissance).** Das lateinische Wort „parfumum" meint Räucherei – es bezog sich auf wässrig-alkoholische Lösungen von Riechstoffen.
Um 1700 brachte Giovanni Paola Feminis dann das „Laborrezept" für **„Kölnisch Wasser"** (aqua mirabilis, Eau de Cologne) nach Köln (alkoholische Lösung von Orangenblüten-, Zitronen- und Bergamotteölen).
Die konzentrierten **Parfümöle** werden in der Regel in Ethanol verdünnt und dann als Parfums (10–20 % Parfümöl) oder Eaux de Parfums/de Toilette (4 %) gehandelt.
In der **Duft-Komposition** unterscheidet man den direkt nach dem Auftragen frisch wahrnehmbaren Angeruch (**tête,** Kopfnote), das **„Bouquet"** (Mittel-/Herznote) und den u. U. noch nach Stunden zurückbleibenden „Nachgeruch" (**fond,** Basisnote). Ein „linearer Aufbau" einer Parfum-Kreation hat klar definierte Zusammensetzungen aus ca. 3–10 Riechstoffen, „komplexe Aufbauten" weisen oft bis zu hundert Komponenten auf. Insgesamt unterscheiden die Parfümeure acht **Duftnoten;** blumige Noten z. B. beruhen auf aliphatischen C_6–C_{14}-Alkanalen.

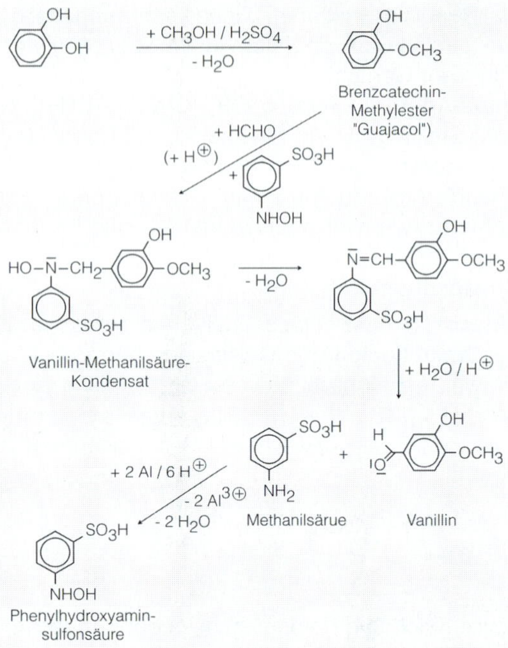

Abb. 5.3.4-5 Vanillinsynthese

Vanillin wird aus Brenzcatechin hergestellt (1,2-Dihydroxybenzen), indem man es mit Methanol zum Ester „Guajacol" umsetzt, diesen mit Methanilsäure kondensiert und die C=N-Doppelbindung hydrolysiert. Die industrielle Produktion von Vanillin begann 1874 in Holzminden – das erste synthetische Vanillin erzielte noch hohe Preise. Nach der Entdeckung einer Synthesemöglichkeit aus Eugenol (Nelkenöl) 1902 sank der Preis auf unter 1 % des alten Wertes.

5.3.5 Reinigungs- und Waschmittel

Wasch- und Reinigungsmettiel (Detergentien) sind Stoffgemische, die **waschaktive Substanzen** (= WAS, **Tenside**) enthalten.

> Tenside sind Stoffe, die auch in wässriger Lösung Öle, Fette und andere hydrophobe Stoffe lösen können – sie wirken als schmutzlösende **Emulgatoren.**

Moderne Waschmittel enthalten zusätzlich Enzyme (= Bio-Katalysatoren), Bleichmittel, Bleichmittel-Aktivatoren, Rieselstoffe und viele andere Zusätze.
Die ältesten, bekannten Tenside sind **Seifen.** Man gewann sie aus Tran, Talg, Fett oder Lein-, Soja-, Kokos-, Oliven- und Palmkernöl. Dieses wurde mit Pottasche, Soda, Natron- und Kalilauge gekocht (Verseifung, industriell zumeist mit 7 % NaOH oder KOH bei 130 °C und Überdruck: **Fett/Öl + Lauge → Seife + Glyzerin.**

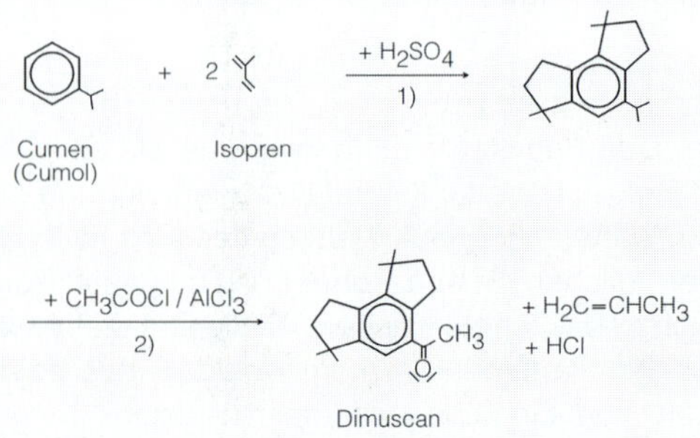

1) Doppelte Alkylierung von Cumol
2) Friedel-Crafts-Acylierung mit Acetylchlorid (Ersetzen der Isoprpylgruppe)

Abb. 5.3.4-6 Synthese von Dimuscan

Durch „Aussalzen“ werden „Seifenleim“ und „Unterlauge“ getrennt, Letztere enthält Salzwasser + Glyzerin).

Seifen sind die flüssig-cremigen Na- und K-Salze der C_8–C_{18}-Fettsäuren (inkl. Harz- und Naphthensäure; vgl. Kap. 2.2.3 und 2.3.3). Als **Metallseifen** bezeichnet man die Fettsäuresalze anderer Metalle (Mg, Ca, Mn, Co usw.). Im Gegensatz zu den Alkalisalzen sind sie nur in Fetten und Ölen löslich (oft als Lackrohstoffe eingesetzt).

Schon im 3. Jahrtausend v. Chr. kannten die Sumerer Seifen. Einen ersten Boom erlebte die Seifensiederei im 9. Jh. n. Chr. in Marseille (Rohstoffe: Olivenöl + Soda oder Pottasche, vgl. Abb. 6 auf S. 287). 1334 wurde in Augsburg die Zunft der Seifensieder gegründet. Als man nach der Industrialisierung um 1900 die Fetthydrierung entdeckte und um 1925 weitere neue, synthetische oberflächenaktive Detergentien, stieg die Tensidproduktion steil an. Die WJP beträgt zz. um 12 Mio. t/a.

Neben diesen existieren viele **syn**thetische **Det**ergentien („Syndets“):

Typ	Hydrophiler Rest
Anionaktiv	$-COO^{\ominus}$ $-SO_3^{\ominus}$
Kationaktiv	$-NR_3^{\oplus}$ $-\overset{\oplus}{N}C_5H_5$ (Pyridinium)
Nio-Tensid (nicht-ionisch)	$-O-[CH_2-CH_2-O]_n-H$ $-\overset{\oplus}{N}(CH_3)_2-\overline{\underline{O}}|^{\ominus} \leftrightarrow -N(CH_3)_2=O$
Amphotere Tenside	$-\overset{\oplus}{N}(CH_3)_2-CH_2-COO^{\ominus}$ $-\overset{\oplus}{N}(CH_3)_2-(CH_2)_3-SO_3^{\ominus}$
Hydrophober Rest C_nH_m mit n ≈ 10 - 20	

Der jeweils hydrophobe (Wasser abstoßende) Teil des Tensidmoleküls wird aufgrund der **Oberflächenspannung** aus dem Wasser gedrängt. Die Tensidmoleküle belegen also die Wasseroberfläche und setzen so die Oberflächenspannung des Wassers auf etwa $^1/_3$ herab. Das Waschwasser dringt somit besser in kleinste Zwischenräume (Kapillaren), insbesonders in Fettreste auf

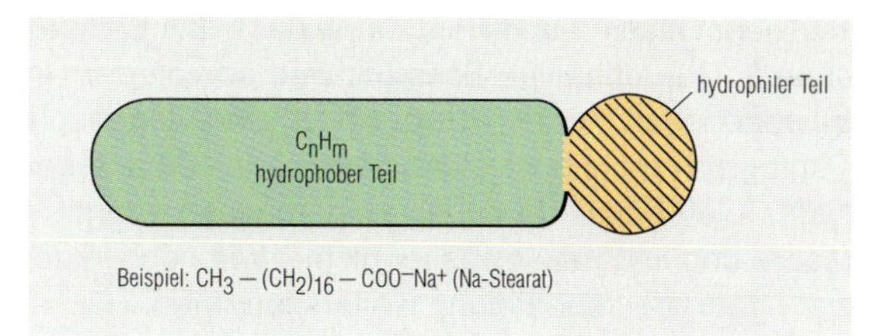

Abb. 5.3.5-1 Seifen(schaum)blase und Tensidmolekül

Tensidmoleküle bestehen aus einem wasser- und einem fettlöslichen, meistens organischen Teil. An **Phasengrenzflächen** bilden sie monomolekulare **Filme.** Deshalb **schäumen** Detergentienlösungen und bilden „Seifenblasen“.

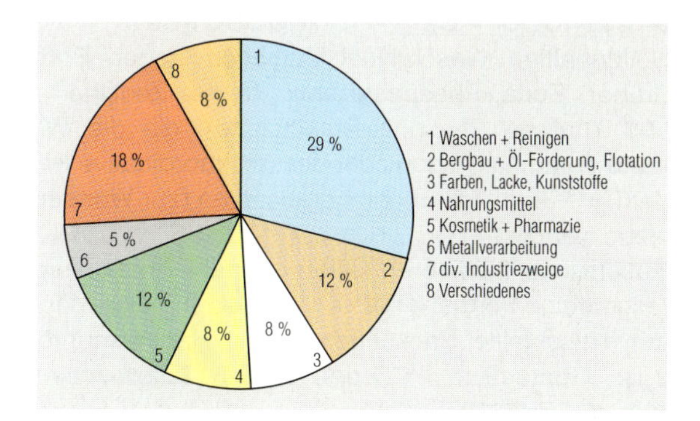

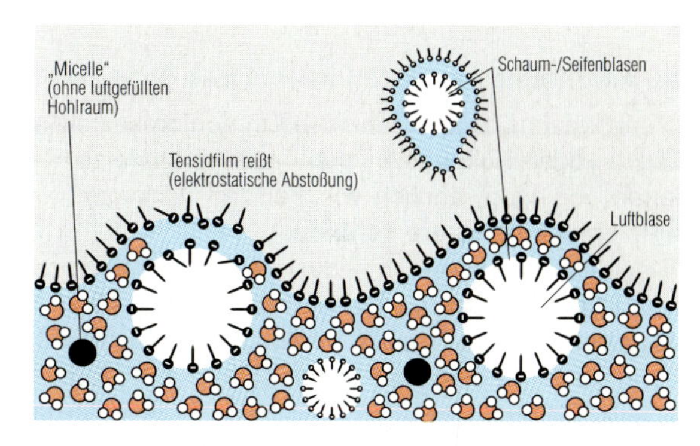

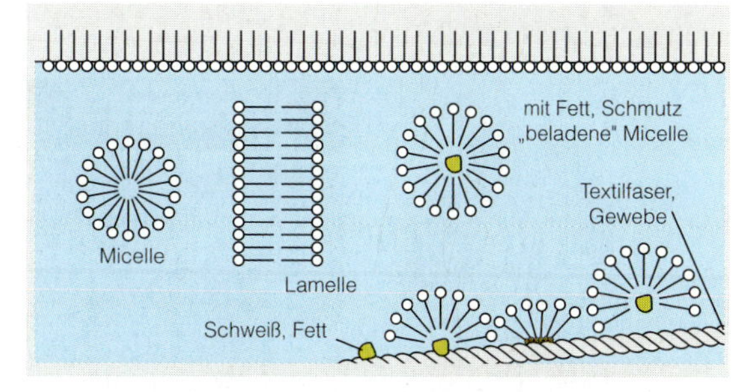

Abb. 5.3.5-2 Seifenstrukturen und Tensidverbrauch

5.3

Laborversuch: Wirkung einer WAS

Geben Sie destillierter Wasser in eine Petrischale. Streuen Sie auf die Oberfläche etwas Pfeffer-, Zimt- oder Campherpulver. Geben Sie nun einige Tropfen einer waschaktiven Substanz (WAS) auf die Oberfläche.

Streuen Sie abschließend erneut etwas Pulver darauf!

Textilien, Geschirr und Haut, ohne dass das Wasser noch abperlt. Der fetthaltige Schmutz wird so von der Unterlage abgehoben, zerteilt **(dispergiert)** und weggespült.
Ökologisch wichtig ist, dass Tenside in Kläranlagen und Natur biologisch abbaubar sein müssen, damit Seen, Meere und andere Gewässer nicht – wie noch in den fünfziger Jahren – monatelang weiterschäumen …

a) Anionische und kationische Tenside

Anionische Tenside weisen hydrophobe Anionen auf (Carbonsäure-Anionen, Sulfonate; vgl. Abb. 5.3.5-3). Seifen bilden in hartem Wasser jedoch unlösliche Kalkseifen:

$$\mathbf{2\ C_{15}H_{31}COO^- + Ca^{2+} \rightarrow (C_{15}H_{31}COO)_2Ca\downarrow}$$

Seifenhaltige Waschmittel enthalten daher **Enthärter** (früher: Soda, Phosphate usw., heute: Zeolithe, „Sasil" und ähnliche Phosphat-Ersatzstoffe), die die Wasserhärte durch Ausfällung oder besser: koordinative Bindung der Ca^{2+}- und Mg^{2+}-Ionen herabsetzen (zur **Wasserhärte** siehe Kap. 4.1.2).
Kationische Tenside enthalten quartäre Ammoniumsalze (allgemeine Formel: $R_4N^+\ X^-$, auf den Inhaltserklärungen der Waschmittel-Packungen oft mit Handelsnamen wie z. B. „Quaternium 18" oder „PEG-5 Tallow-Amin"; vgl. Abb. 5.3.5-4).

b) Amphotere und Nichtionische/Nio-Tenside

Wenn waschaktive, organische Ammoniumsalze Carbonsäure- oder Sulfonat-Anionen aufweisen (also Zwitterionen vorliegen, ähnlich wie bei den Aminosäuren), so entstehen **amphotere Tenside.**
Tensidmoleküle können jedoch auch nichtionisch sein (man nennt sie dann: nichtionogene oder kürzer: **Nio-Tenside**). Als hydrophile Molekülgruppen weisen sie dann oft vom Ethandiol (Glykol) stammende, funktionelle $-C_2H_4-O$-Gruppen auf (z. B. Polyethylenglykole und höhere Alkylpolyglykolether, auch Triethanolamin, Hydroxyethylzellulose usw.).

Abb. 5.3.5-6 Tenside im Haushalt
Schaumbäder, Autowaschanlagen und Spül- und Waschmaschinen – vier von über 100 Anwendungsgebieten für Tenside

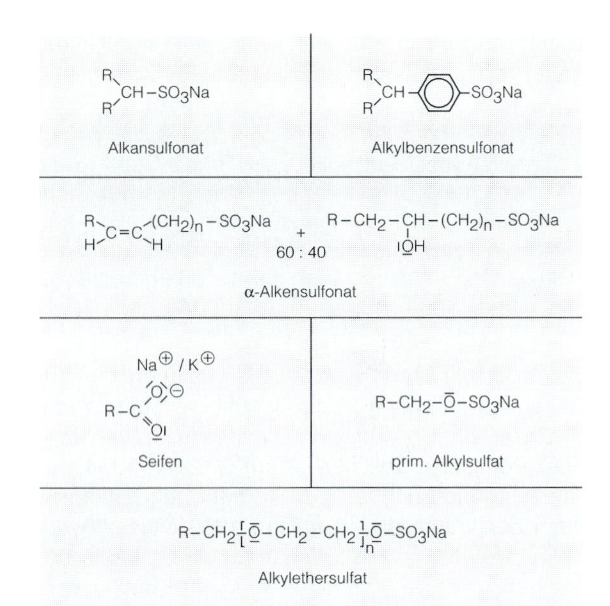

Abb. 5.3.5-3 Anionische Tenside

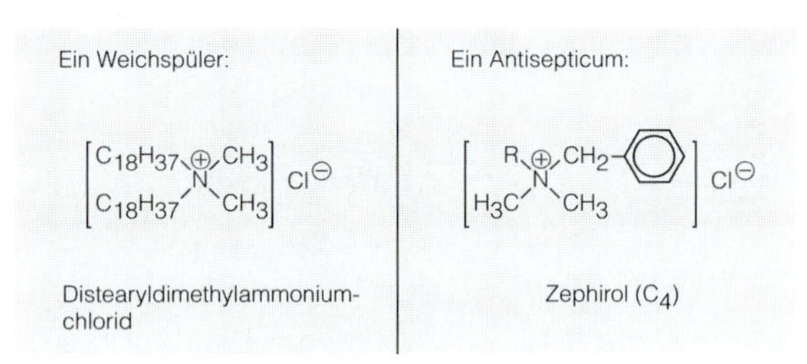

Abb. 5.3.5-4 Kationische Tenside

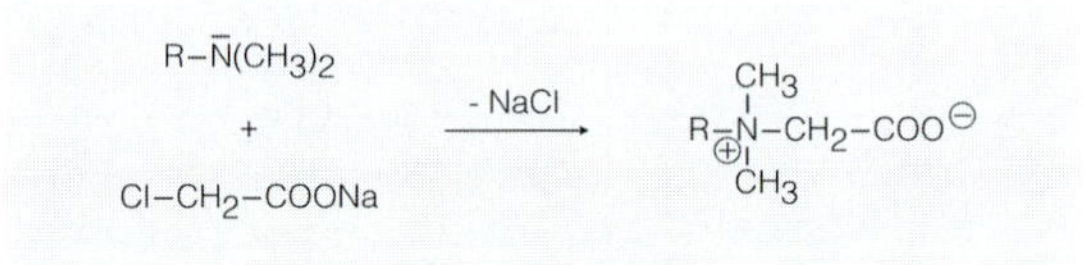

$$R{-}\bar{N}(CH_3)_2 + Cl{-}CH_2{-}COONa \xrightarrow{-\,NaCl} R{-}\overset{\oplus}{N}(CH_3)_2{-}CH_2{-}COO^{\ominus}$$

Abb. 5.3.5-5 Amphoteres Tensidmolekül
Amphotere Tenside werden durch S_N-Reaktionen an elektrophilen C-Atomen von halogenierten Carbonsäuresalzen mit tertiären Aminen (R_3N, als Nukleophile mit freiem Elektronenpaar) gewonnen.

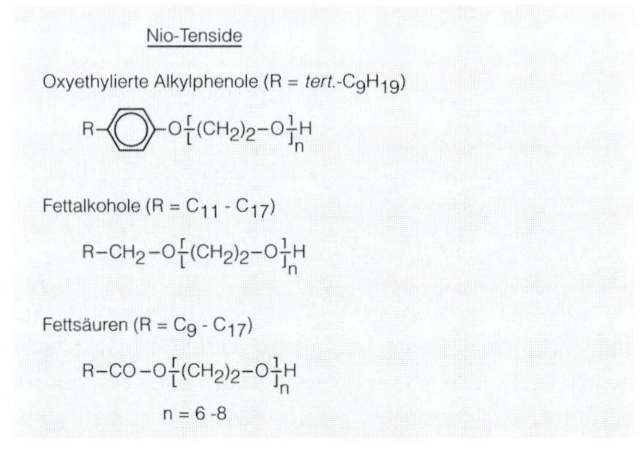

Abb. 5.3.5-7 Formeln: Nio-Tenside
Beispiele hier: oxyethylierte Alkylphenole, Fettalkohole und Fettsäuren

Viele Tenside werden mit Abkürzungen belegt, hier wichtige Beispiele:

Abkürzung	Tensid
APEO	Alkylphenylethoxylate (Nio-Tenside)
APG	Alkylpolyglucoside (Nio-Tenside)
Betain	Alkylbetaine (amphotere Tenside)
DAIS	quarternäre Dialkylammoniumester (kationisch)
FAA	Fettsäurealkanolamide (Nio-Tenside)
FAEO	Fettalkoholethoxylate (Nio-Tenside)
FAS	Fettalkoholsulfate (anionisch)
FES	Fettalkoholethersulfate (anionisch)
LAS	lineare Alklylbenzolsulfonate (anionisch)
NMG	N-Methyl-glucamid (Nio-Tenside, auf Zuckerbasis ähnlich APG)
QAV, Quats	quartäre Ammoniumsalze (kationisch, z. B. Esterquats + „DSDMAC*“)
SAS	sekundäre Alkafonate (anionisch)

* DSDMAC = Distearyldimethylammonium-chlorid wurde nur bis ca. 1994 eingesetzt, da es bei O_2-Mangel biologisch nur unzureichend abbaubar ist.

5.3.6 Waschmittelzusatzstoffe

Neben Tensiden sind Komplexbildner, Bleichmittel, optische Aufheller, Schaumregulatoren und Rieselstoffe (Konfektionierungsmittel) die wichtigsten Waschmittel-Zusatzstoffe. Je nach **Verwendungszweck** werden auch Riech- und Aromastoffe, Vergrauungs- und Korrosions-Verhinderer, Stabilisatoren, Farbstoffe und Bakterizide (Antiseptica) zugesetzt; somit finden sich in Waschmitteln („Rahmenrezeptur“):

- a Tenside (s. o./insgesamt üblich 8–40 %),
- b Gerüststoffe (Na-Citrat, Polycarboxylat, Zeolithe; wirken z.T. enthärtend/1–70 %)
- c Alkalien + Alkohole (Soda, Glycerin .../0–25 %)
- d Bleichmittel (Na-Perborat, -Percarbonat und -Hypochlorit/10–30 %, oft zusammen mit EDTA/TAED als Bleichaktivator/1–8 %),
- e Stabilisatoren (Phosphonate/0–1 %),
- f Korrosionsinhibitoren (Na-Silikat, 1–6 %),
- g optische Aufheller (Stilben- und Biphenylderivate als fluoreszierende, aromatische UV-Absorber/insgesamt 0,1–0,4 %), in Zahnpasten auch TiO_2 (Titanweiß),
- h Schaumregulatoren und -inhibitoren (Paraffine, Behenat, Siliconöl, Seifen/0,1–5 %),
- i Vergrauungs- und Verfärbungsinhibitoren (Carboxymethylzellulose; Polyvinylpyrrolidon = PVP/zusammen bis 3 %),
- j Stellmittel (Rieselstoff: Glaubersalz, Na_2SO_4/0–50 %), ggf. auch Scheuermittel (SiO_2, $CaCO_3$), Duftstoffe und Wasser ...

Inhaltsstoffe (entspr. CTFA):

Sodium Carbonate,
Sodium Bicarbonate,
Sodium Sesquicarbonate,
Sodium Perborate,
Herbal Extracts,
Sodium Lauryl Sulfate,
Silica, Titanium, Dioxide.

Abb. 5.3.6-1 CTFA-Inhaltsstoff-Deklaration

Die Inhaltsstofferklärungen eines alkalischen, tiefer wirkenden Fußbades

Das oben im Bild beschriebene **Fußbad** enthält z. B. Na_2CO_3, Na-Perborat, SiO_2, TiO_2, Natriumlaurylsulfonat und Kräuterextrakte. Ein **Kindershampoo** enthält demgegenüber als WAS Distearyldi-(am)moniumchlorid, Hydroxyethyl-Zellulose (zugleich Bindemittel zur Viskositätserhöhung), „Quaternium 18“ (etwa: $(C1_8H_n)_4N^+Cl^-$) und zusätzlich Zitronensäure (gegen die alkalische Wirkung der WAS), Riechstoffe (engl.: Fragrance) + Na_4EDTA (als Enthärter, engl.: Tetrasodium-EDTA, ein Komplexbildner).

$$\left[(HO)_2B(O{-}O)_2B(OH)_2\right]^{2\ominus} + 4\,H_2O \longrightarrow 2\,[B(OH)_4]^{\ominus} + 2\,H_2O_2$$

$$H_2O_2 + OH^{\ominus} \rightleftharpoons HOO^{\ominus} + H_2O$$

$$(CH_3CO)_2N{-}(CH_2)_2{-}N(COCH_3)_2 + HOO^{\ominus} \longrightarrow 4\,CH_3CO{-}OO^{\ominus} + H_2\bar{N}{-}(CH_2)_2{-}\bar{N}H_2$$

Abb. 5.3.6-2 Bleichsysteme in Vollwaschmitteln

Natriumperborat reagiert mit Wasser zu H_2O_2, der Bleichaktivator TAED setzt Peressigsäure frei (Acetylierung des H_2O_2) sowie den Komplexbildner Diaminoethan.

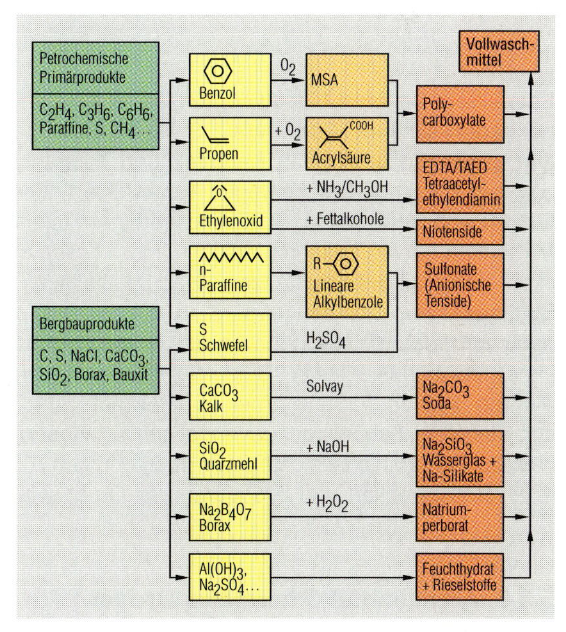

Abb. 5.3.6-3 Fließschema: Vollwaschmittelproduktion im Chemieverbund

5.3

5.3.7 Pflanzenschutzmittel

Pestizide sind Wirkstoffe, die Pflanzen vor biologischen Schädlingen bewahren sollen. Ihre Anwendungsbereiche und Auswirkung wurde bereits in Kap. 2.5.8 beschrieben, – hier sei nur ergänzend erwähnt, dass Pflanzenschutzmittel keine Erfindung des Menschen sind: Auch Pflanzen selbst produzieren neben Stacheln, Nesseln und abschreckenden Aromastoffen auch Gifte **(natürliche Pestizide),** die potentielle Schädlinge abwehren. Als typische Beispiele seien hier das **Nicotin** der Tabakpflanze und das **Pyrethrin** der Pyrethrumblüten genannt:

Zwei natürliche Insektizide:

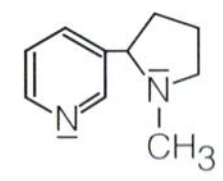

Nicotin
(auch als Nicotinsulfat)

Pyrethrin I
(mit Petrolether extrahierbar)

Im Unterschied zu natürlichen Pestiziden sind synthetische Pestizide der 1. Generation (biologisch nicht abbaubare, chlororganische Verbindungen) inzwischen verboten worden; erinnert sei hier z. B. an die Insektizide **DDT + HCH** (γ-Hexachlor-cyclohexan, „Lindan" – lässt sich durch Photochlorierung von Benzol bei 350–500 nm und anschließende fraktionierte Kristallisation zur Auftrennung der Stereo-Isomere gewinnen):

γ-Hexachlor-cyclohexan (HCH, Lindan)

„E 605"

Empfehlenswerter ist hier oft der Einsatz von vielen weniger bedenklicheren Mitteln (wie z. B. Kupferkalk-Spritzungen gegen Schadpilze an Kartoffel- und Tomatenpflanzen, Leimtafeln und -ringe gegen Apfelwickler) sowie der Einsatz von biologischen Schädlingsvertilgern (Beispiele: Marienkäferlarven fressen Blattläuse, Igel fressen Schnecken usw.) und Lockpflanzen (Kapuzinerkresse lockt Blattläuse von Obstbäumen). Zum Glück sind zudem auch vorbeugende Maßnahmen zum Pflanzenschutz bekannt, so die Mischkultur (Beispiele: Zwiebeln zwischen Möhren wehren Fadenwürmer ab, Wermut verschreckt Johannisbeer-Schädlinge, Lavendel schützt Rosen) oder das Mulchen (Mulchschichten aus Heu schützen z. B. Salate vor Schnecken und Erdbeeren vor Grauschimmel).

5.3.8 Arzneimittel (Pharmaka, Drogen)

Vom Bundesgesundheitsamt (BGA) wurden ca. 140 000 Stoffe als Arzneimittel registriert, davon rd. 50 % aus in-

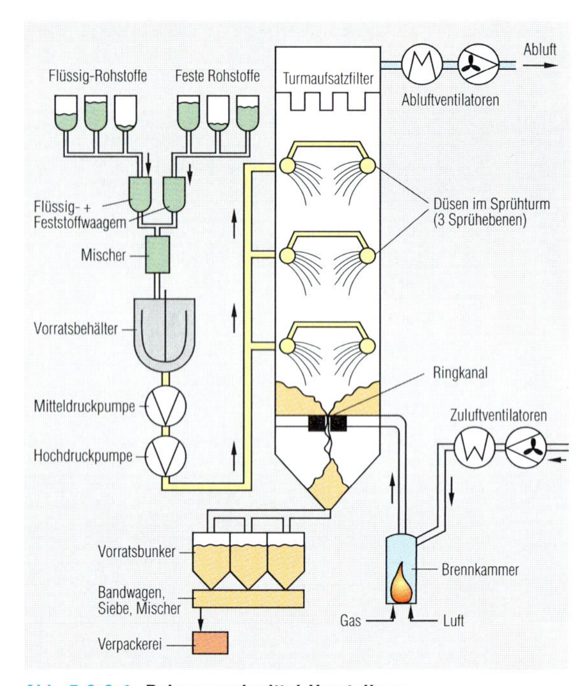

Abb. 5.3.6-4 Pulverwaschmittel-Herstellung
Fließschema des Hochdruck-Sprühverfahrens

Üb(erleg)ungsaufgaben

1. Zählen Sie die vier wichtigsten **Gruppen von Tensiden** und sieben **Gruppen von Waschmittel-Zusatzstoffen** auf.
2. Geben Sie an, welche **Funktion** folgende Stoffe in Vollwaschmitteln, Zahnpasten, Shampoos o. Ä. erfüllen könnten (z. B. Tensid, optischer Aufheller, Aromastoff, Rieselstoff usw.):
   a) Alkylbenzolsulfonat,
   b) Natriumhypochlorit,
   c) Natriumsulfat,
   d) Natriumbenzolsulfonat,
   e) Na-Perborat,
   f) Kalkpulver,
   g) Zeolithe,
   h) Pentanatriumphosphat ($Na_5P_3O_8$),
   i) Soda und Natron 1 : 1,
   j) Kamilleextrakt,
   k) Wasser,
   l) der Süßstoff Natriumcyclamat,
   m) Titan-IV-oxid,
   n) Ethylendiamintetraessigsäure (EDTA),
   o) Stilbensulfonat (nicht nur ein Tensid Formel: $C_6H_5–CH=CH–C_6H_4SO_3Na$),
   p) Proteasen und Amylasen (zwei Eiweiß zersetzende Enzyme),
   q) „starinsaures Natrium",
   r) Kaliumoleat.
3. Diskutieren Sie Funktion und Notwendigkeit der in Abb. 5.3.6-1 aufgeführten Inhaltsstoffe. Aus welchen Gründen werden solche Inhaltsstoff-Erklärungen auf die Packungen gedruckt – wo die meisten Verbraucher doch Nicht-Chemiker sind?
4. Zeichnen Sie die **Strukturformeln** von vier verschiedenen WAS und von 3 Fettsäuren!

dustrieller Produktion. Die Rote Liste des BPI (Bundesverband der Pharmazeutischen Industrie) weist rd. 9000 humanpharmazeutische Präparate auf.

Das 2. Arzneimittelgesetz (§ 2 AMG) von 1976 definiert **Arzneimittel** als Wirkstoffe und deren Zubereitungen, die:
- Krankheiten, mangelhafte Körperfunktionen und Beschwerden heilen, lindern, verhüten oder erkennen lassen,
- menschliche oder tierische Körperflüssigkeiten oder Wirkstoffe ersetzen können,
- körperfremde Stoffe, Parasiten und Krankheitserreger abwehren oder töten und/oder
- Körperfunktionen und seelische Zustände beeinflussen können.

Es gibt **Pharmaka synthetischen, pflanzlichen, tierischen und mineralischen Ursprungs.** Selbst Badezusätze, Kräutertees und Desinfektionsmittel gehören nach obiger Definition dazu. 93 % des Apothekenumsatzes entfallen auf 2000 Arzneimittel.

Schon 1500 v. Chr. kannte man in Ägypten 900 Arzneien (Papyrus Ebers) und auch Persönlichkeiten wie Hippokrates (ca. 460–377 v. Chr.), Galenos von Pergamon (ca. 129–199 n. Chr.), Hildegard v. Bingen (1098–1179) und Philippus A. T. von Hohenheim (Paracelsus, 1493–1541) sammelten eifrig Rezepte zur Herstellung humanpharmazeutischer Präparate, wobei **Paracelsus** die wichtige Erkenntnis formulierte: „Allein die **Dosis** macht, dass ein Ding kein **Gift** ist". Täglich rund 1/4 g Kochsalz ist für den Menschen lebenswichtig – ab 100 g aber wirkt es tödlich (akute **Toxizität** bei einmaliger, hoher Dosierung).[1]

Die **Anwendung** der Arzneimittel in ihren verschiedenen **Darreichungsformen** („Galenik", z. B. Tabletten, Dragées, Ampullen, Sprays, Zäpfchen, Suppositorien, Salben, Puder usw.) geschieht **oral** (durch Schlucken), **buccal** und **lingual** (in der Wangentasche bzw. auf der Zunge zergehen lassen, **rectal** (Einführung in den After), durch Einatmen **(Inhalation),** Tropf **(Infusion)** oder durch **Injektion** in Venen, Arterien, Muskeln, Gelenke, in den Rückenmarkskanal, die Bauchhöhle oder einfach in bzw. unter die Haut.

Jedes Arzneimittel erzielt charakteristische Wirkungen, aber auch **Nebenwirkungen.** Fachgerechte Dosierungen und Selbstmedikation schließen sich daher in der Regel prinzipiell aus.

Abb. 5.3.7-1 Ein natürliches Pestizid als Droge ...

Nicotin, ein natürliches Schädlings-Bekämpfungsmittel der Tabakpflanze, wurde nach seiner Entdeckung und dem Europa-Import durch **Jean Nicot** in der damals „Neuen Welt" schnell – neben Alkohol – zur legalen **Volksdroge Nr. 1.** Angesichts vieler Opfer der Nikotinsucht meinen manche Umweltschutz-Aktivisten, die Natur wehre sich so auf ihre Weise gegen den (Umwelt-)„Schädling" Mensch ... (Nicotin steht immerhin in der Reihe vieler „natürlicher C-Waffen" zur **Selbstverteidigung von Pflanzen** gegen Tierfraß: vgl. Koffein, Kokain, Ibotensäure (das Fliegenpilzgift), Meskalin (im Peyote-Kaktus), Scopolamin und Atropin (in der Tollkirsche) und ähnliche Alkaloide!).

Abb. 5.3.8-1 Fingerhut (Digitalis)

Kleine Mengen Digitalis-Wirkstoff wirken als Herzmittel, bei höherer Dosierung ist jedoch Digitalis tödlich.

Gruppe und Wirkungen	Beispiel
Antibiotika (bakteriostatisch/bakterizid: hemmen oder töten Mikroorganismen)	Penicillin G+V, 6-Amino-penicillansäure (Lactam- und Thiazolidinring), Sulfonamide (auch: „Chemotherapeutika")
Anästhetika/Narkotika, Sedativa (Betäubungs- und Beruhigungsmittel)	Opiate (Morphin, Methadon usw.), Opiumalkaloide, Halothan ($CHClBr–CF_3$)
Hypnotika (Schlafmittel)	Barbiturate (aus Harnstoff + Malonsäure), Ethanol, Chloralhydrat (= $CCl_3–CH(OH)_2$)
Analgetika (lindern Schmerzen, zumeist ohne zu betäuben)	(Acetyl-) Salizylsäure, Anilin- und Pyrazolderivate (Acetanilid, Paracetamol)
Antipyretika, -phlogistika, -rheumatika (weitere Entzündungs-, Fieber- und Rheumahemmer)	Tetracycline, Aminoglykoside, Antituberkolotika, Antimykotika, Virostatika (ähneln insgesamt den Analgetika)
Psychopharmaka (Tranquilizer, Neuro- und Thymoleptika usw.; anregend oder dämpfend)	Phenothiazine, Benzodiazepine, Barbiturate, Antiepileptika, Opiumalkaloide und Morphinderivate, Amphetamine, Cocain usw.
Kardiaka (Herzmittel)	Chinidin (aus Chinin), Herzglykoside, Nitroglyzerin, Nicotinate, Atropin, Scopolamin
Diuretika	Purin-/Xanthin-Derivate
Adsorbetien (gegen Durchfall)	Tierkohle/„Kohle-Komprenetten"
Laxantien (Abführmittel)	„Agarol"(= Mineralöl + Agar-Agar + Phenolphthalein), Paraffin, Quell- und Ballaststoffe
Antidiabetika	Insulin, Sulfonamid-Derivate
Hormone	Adrenalin, Cortison, Testosteron, Östradiol
Vitamine	Retinol, Thiamin, Nikotoinamid, Ascorbinsäure, Tocopherol
Antikoagulantia (unterdrücken die Blutgerinnung)	Salizylate, Phenylbutazon, Kortikoide, Barbiturate, Digitalis

Tabelle 5.3.8-1 Wirkstoffgruppen (Beispiele)

[1] Ein ähnliches Beispiel ist das von G. Domagk entdeckte Sulfanilamid (ein Sulfonamid, Formel: $H_2N–C_6H_4–SO_2–NH_2$): Es soll im Körper Mikroorganismen vergiften – nicht aber den Patienten selbst.
Neben den **Antibiotika** wie die Sulfonamide gibt es z. B. **Analgetika** (Schmerzmittel, z. B. Acetylsalizylsäure oder Paracetamol, Formel: $HO–C_6H_4–NH–CO–CH_3$), **Anästhetika** und **Psychopharmaka** („Drogen") – vgl. Tabelle 5.3.8-1.

[2] intravenös = i. v., intramuskulär = i. m., subkutan = s. c., intracutan = i. c., intraartikulär = in Gelenke, intralumbal = in das Rückenmark usw.

5.3

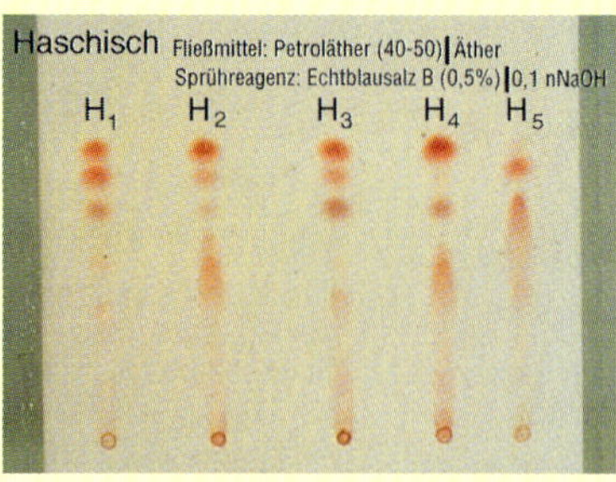

Abb. 1
Hanfpflanze, Haschischnachweis
Cannabis ist eine der ältesten Kulturpflanzen und wird als Faser, Volksmedizin, essbare Frucht, Industriöl und Narkotikum genutzt (links). Der Nachweis des Wirkstoffes Tetra-1-Tetrahydrocannabinol (Tetra-1-THC) geschieht in der Rechtsmedizin über die Chromatographie (rechts).

Abb. 2 Mohnfeld

Abb. 3 Mohn(saft)ernte

Abb. 4 Heroin

Seit Urzeiten nutzen Menschen Wirkstoffe nicht nur zur Linderung oder Heilung von **Krankheiten** – sie entdeckten auch die Möglichkeit, sie zum künstlichen Erreichen außergewöhnlicher, seelischer Zustände zu missbrauchen **(Rausch, Ekstase),** aus der z. T. unerträglichen Wirklichkeit zu fliehen.

Nach ihrer Wirkung lassen sich **pflanzliche Drogen** unterteilen in solche, die das Nervensystem vorübergehend anregen (genannt: **Inebriantia;** mit nachfolgender Depression), geistig stimulierende Pflanzen **(Exitantia),** in **Euphorica** (eher beruhigend, dämpfend) und **Halluzinogene** (Phantastica):

Pflanze/Droge	Wirkstoff und Gewinnung/Einnahme	Wirkung, Anmerkung
„Alkohol“	Ethanol; Fermentierungsprodukt von Hefe- und Schimmelpilzen und Bakterien (Gewinnung durch Brauen, Keimen und Einspeicheln, Aufkonzentration durch Destillation)	ab 0,35 % Alkohol im Blut: Bewusstlosigkeit bis Koma, ab etwa 0,5 % tödlich, ≅ ca. 7 l Bier, 4 l Wein oder 1 l Whisky. (Für 0,6 Promille genügen bereits um die 0,6 ml Wein, ca. 1 l Bier oder 120 ml = 3 Glas Whisky); BRD: 40 000 Tote (1993)
Kakao (Cola nitida)	Theobromin (Aufbrühen, Essen)	von „chocolatl“, atztekisch/ein Exitantium
Kaffee, Tee (Camellia sinensis; Coffea)	Koffein = methyliertes Theobromin = Tein (Aufbrühen)	(Kaffee = 0,7-1,5 % Koffein; Exitantia; Tee ca. seit 600 n. Chr., China)
Tabak (Nicotiana tabacum rustica)	Nikotin (0,6–9 %) und Nornikotin; toxische, pyridine Alkaloide (Rauchen, Schnupfen, Kauen); die drei Wirkstoffe Kokain, Morphin und Nikotin sind Exitantia)	„Raucherhusten“, Kopfschmerz, Schlaganfall, Infarkt, „Raucherbein“ / jährlich ca. 2,7 Mio. Tote infolge Rauchens (WHO Genf, Mai 1990), BRD: ca. 90 000 (1993)
Coca	Kokain	bei Indios früher als Narkotikum
Papaver somniferum (Opium, und ähnlich: Heroin)	aus unreifem Schlafmohnsaft, enthält 25 Alkaloide inkl. Morphin, Kodein und Papaverin	bei Sumerern ab ca. 1000 v. Chr. als Schmerzmittel; Opium wurde gegessen und getrunken, später geraucht
„Zauber-“ und Fliegenpilze (biolog.: Psilocybe, Strophariae, Amanitamuscaria; ähnl.: „Mutterkorn“ = Claviceps purpurea)	Psilocybin (ein Indol-Alkaloid mit einzigartigem Phosphor-Hydroxil-Radikal) + Psilocin, im Fliegenpilz Ibotensäure, das im Körper zu – selbst noch im Urin berauschenden – Muscimol abgebaut wird; Ergotamin (im „Mutterkorn“/Sklerotium)	Symptome der Intoxikation: Schwindelgefühl, Halluzinationen, Gliederzuckungen, Verlust der Selbstkontrolle. Ähnlich: „Mutterkorn“, ein getreide-parasitärer Pilz (enthält Ergotamin, ähnelt im Aufbau dem „LSD“
Cannabis / Hanf	Tetra-1-THC (essen, trinken, rauchen; als Marihuana/Haschisch zubereitet	Narkotikum, Halluzinogen (ähnlich auch: Muskatnuss/Myristica, hochdosiert)
Tollkirsche, Bilsenkraut (Mandragora)	tropane Alkaloide: Atropin, Mandragorin, Hyoscamin, Scopolamin	Halluzinogen (ähnlich den Brugmansiae, Stechäpfeln und Daturae in Amerika)

Neben diesen in **Europa** bekannteren pflanzlichen Drogen existieren auch in Amerika, Afrika und Asien zahlreiche, weitere Pflanzen, die in **Naturvölkern** von Schamanen (Medizinmännern) verabreicht oder als Drogen eingenommen werden. Neben den „Psilocyben“, den schon von den alten Maya als berauschendes „Götterfleisch“ verzehrten Pilzen, gibt es da z. B. den Qat-Strauch und die Betelnuss (Orient, arabische Länder), das yoco (aus einer Dschungelliane im Amazonas), die Meskal-Bohne und der Peyote-Kaktus (Nordamerika, Mexiko). Die Früchte des **Peyote-Kaktus** enthalten z. B. 33 Alkaloide, hauptsächlich Phenylethylamine und Isocholine wie das Meskalin), und sollen nach Berichten der Indianer der „Peyote-Religion“ („Native American Church“) sehr farbenreiche, leuchtende visuelle Halluzinationen bei der Intoxikation bewirken, die von Tast-, Geschmacks- und Geruchshalluzinationen beeinflusst werden (Schwerelosigkeitsgefühle, Entpersonalisierung, Veränderung des Zeitempfindens).

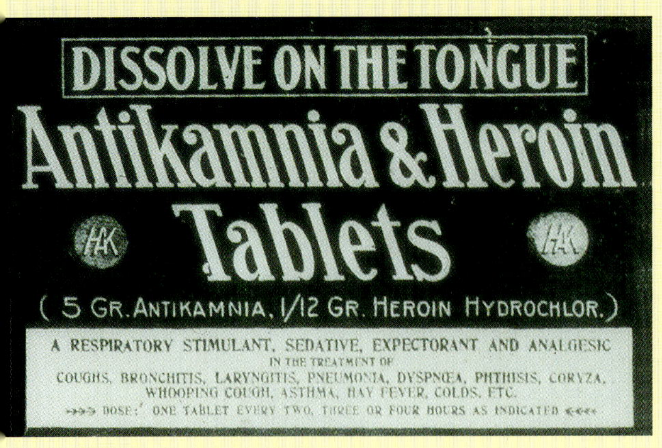

Abb. 5 **Heroin – Arznei und Droge**
Links als Schmerz- und Beruhigungsmittel

Abb. 6 **Ecstasy**

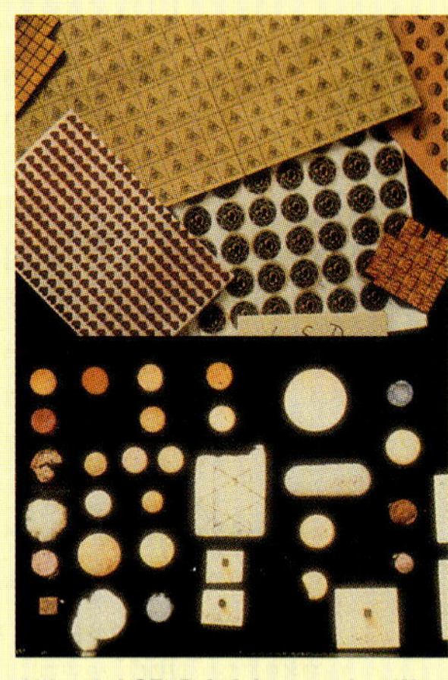

Abb. 7 **LSD-Briefchen und -pillen**

Wie ein Messer zum Brotschneiden, aber auch zum Töten benutzt werden kann, so auch eine pflanzliche oder synthetische Droge: Nicht die Chemikalie bzw. Droge an sich ist schlecht, sondern die **Absicht,** in der sie u. U. benutzt wird – sei es vom Heroindealer (also nach dem **Betäubungsmittelgesetz BtMG** illegal) oder vom multinationalen Tabakkonzern (also legalisiert): In beiden Fällen sollen letztendlich ja Anzahl und Konsum der Süchtigen erhöht werden, um Umsatz und **Profit** zu machen oder zu mehren.[1])

Ein krankhafter **Verlust der Selbstkontrolle** über den **Konsum eines Suchtmittels** (= **Sucht**) kann sich natürlich auch auf **synthetische** Drogen und Arzneimittel beziehen, ja sogar auf körperlich eigentlich unbedenkliche Gewohnheiten, die **körpereigene** Substanzen mit berauschender Wirkung freisetzen.[2])

Auch die Steigerung des Konsums synthetischer Drogen („Crack“, LSD, „Designerdrugs“, „Ecstasy“) gehört hierzu. Illegal, ohne Beachtung von in chemischen Laboratorien geltenden Sicherheitsstandards und -vorschriften werden in privaten „Drogenküchen“ oft riskante, psychoaktive Chemikalien mit unbekannten, ja oft tödlichen Aus- und Nebenwirkungen produziert.

Zu den synthetischen Drogen gehören z. B. **LSD** (Lysergsäure-Diethylamid, $\mathbf{C_{20}H_{25}NO_3}$), die **Amphetamine** (auch **Weckamine** genannt, hierzu gehören Ecstasy, Crack u. a. „Designerdrogen“) und viele andere Derivate.

Die Grundsubstanz Amphetamin (1-Methyl-2-phenylethylamin, Formel: $\mathbf{C_6H_5{-}CH_2{-}CH(CH_3){-}NH_2}$) wird **Benzedrin** genannt und in andere Weckamine wie Pervitin und Preludin umgewandelt. Schon nach kurzer Zeit ist für einen Rausch u. U. das 10fache der Anfangsdosis erforderlich – die Opfer sterben an Hirnblutung und Kreislaufkollaps. Ähnlich wirkt LSD:

Während in einer **Erstdosierung** 30–100 µg des Derivates der Lysergsäure ($C_{10}H_{16}N_2O_2$) genügen, tritt bald **Gewöhnung** ein. Die **Dosissteigerung** führt dann zu bleibenden, schizophrenen Zuständen, genetischen Schädigungen – und oft zum Umstieg auf Heroin (= Diazetyliertes Morphin), Codein (= Methyliertes Morphin) und andere **Opiate** oder die betäubend wirkenden **Barbiturate** (= Derivate der Barbitursäure).

Tryptamin ähnelt chemisch den Weckaminen. Von ihm leiten sich Substanzen ab wie das Psilocin (mit $\mathbf{-N(CH_2)_2}$-Rest statt $\mathbf{-NH_2}$), das Psilocybin ($\mathbf{-NH(CH_3)_2^{\oplus}}$ als Substituent), Serotonin + Meskalin.

Opiate hingegen sind **Alkaloide:** Sie weisen basische, sehr bitter schmeckende und toxisch wirkende Heterozyklen auf (ringförmige, organische Stickstoffverbindungen, die in Wasser alkalisch reagieren).

---

[1]) Dass ein Raucher in 20 Jahren bei 20 Zigaretten täglich bis zu 6 kg Rauchstaub aufnimmt – also 10 Briketts – ist dann eher ein medizinisch-volkswirtschaftliches Problem, nach § 1 im BtM gehören **Nikotin** und **Alkohol** nicht zu den „nicht verkehrsfähigen Drogen“ …

[2]) Z. B. beim Tanzen, Fliegen, Rasen, beim Erzielen von Profit, z. B. im Glücksspiel, Einkaufen, Sex, bei extremen Erlebnisse wie „S-Bahn-Surfen“ oder „Bungee-Jumping“ – man denke nur an Beispiele aus der Umgangssprache: Gewinn**sucht**, Spiel-, Kauf-, Ruhm-, Geltungs**sucht**, Konsum-, Mager-, Ess-, Sex-, Eifer**sucht** usw.).

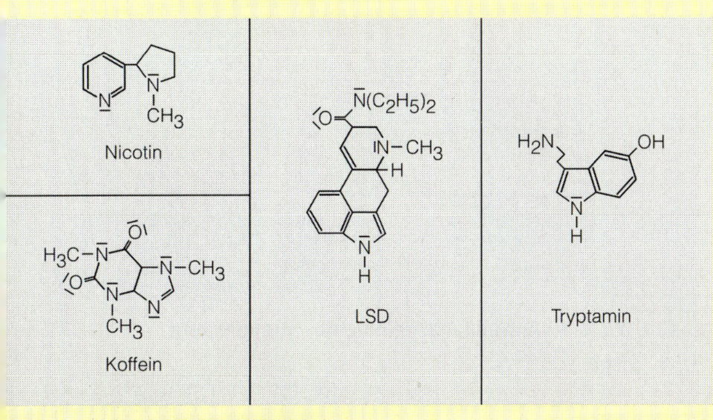

Abb. 8 **„Psychoaktive“ Wirkstoffe**

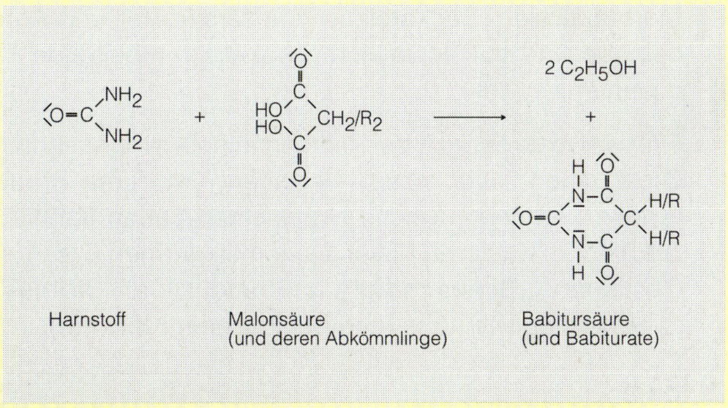

Harnstoff + Malonsäure (und deren Abkömmlinge) ⟶ $2\,C_2H_5OH$ + Babitursäure (und Babiturate)

Abb. 9 **Barbituratsynthesen**

Die Zugangswege, auf denen Arzneimittel und Drogen in den Körper (zum Wirkort) gelangen und ihre bei **falsche**r Dosierung **toxikologische Wirkweisen,** entsprechen oft denen, die auch Umweltgifte und Schadstoffe in unsere Körper nehmen (**Toxikologie** = Giftkunde; **Intoxikation** = Vergiftung!). Die Unterscheidung zwischen legal-medikamentöser und illegaler Anwendung wird in der BRD vom Gesetzgeber im **Betäubungsmittelgesetz** (**BtMG,** von 1972) geregelt und Letztere entsprechend sanktioniert.

Das BtMG unterscheidet drei Gruppen:
a) nicht verkehrfähige Betäubungs-Mittel,
b) verkehrs-, aber nicht verschreibungsfähige BtM,
c) verkehrs- und verschreibungsfähige BtM.

Der Tatbestand der Herstellung, Besitz, Weitergabe und Verabreichung von sowie der Werbung für BtM werden im BtMG zum Schutz der Öffentlichkeit fast ohne Ausnahmen (Ärzte, Apotheken, pharmazeutische Industrie) mit Geld- und Freiheitsstrafen geahndet.

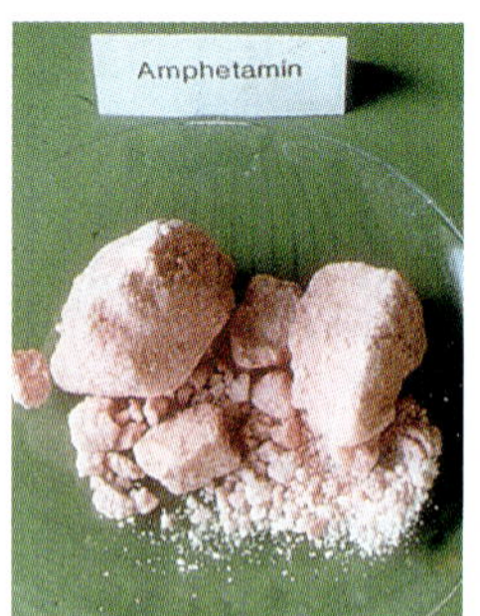

Abb. 5.3.8-2
Amphetamin

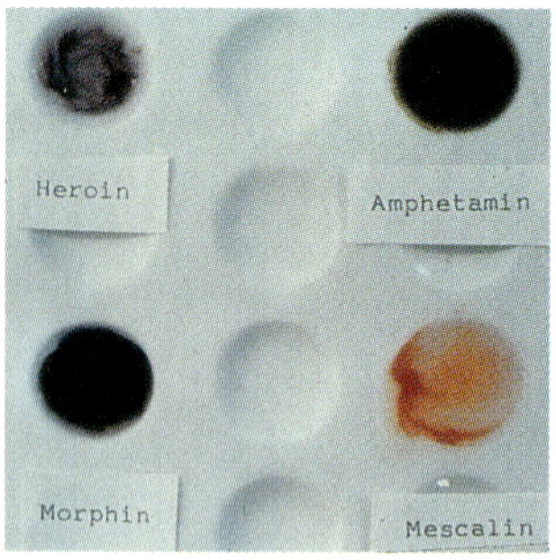

Abb. 5.3.8-3
Drogenpräparate

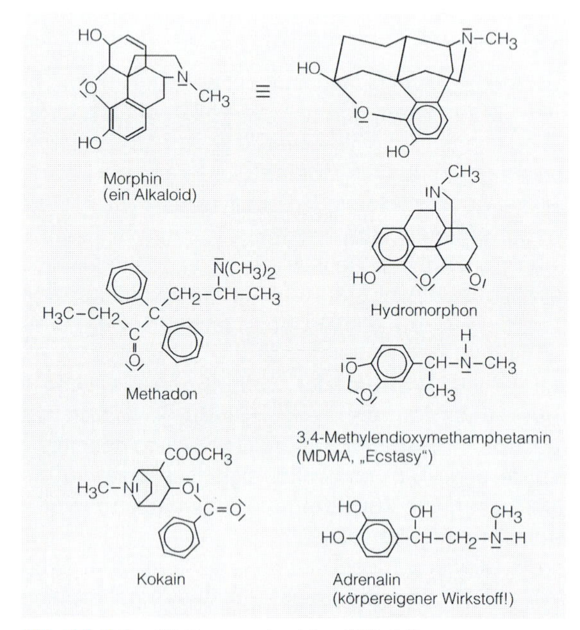

Abb. 5.3.8-4 Weitere psychoaktive Wirkstoffe

5.3.9 Bio- und gentechnologische Produkte

Die **Biotechnologie** umfasst alle technischen Anwendungen biologischer Prozesse zur industriellen Produktion. Hierunter fallen besonders industrietechnisch genutzte **Stoffwechselleistungen**(!) von **Mikroorganismen** und **Zellkulturen.** So werden z. B. Kulturen von aspergillus niger in Gärkammern zur Zitronensäure-Produktion eingesetzt (vgl. Abb. 5.3.9-2) oder auf Dextranperlen fixierte, menschliche Vorhaut-Zellen zur Produktion von Interferon. Diese Mikroorganismen und Zellkulturen – biologische Mini-Fabriken höchster Effizienz – verwandeln **billige Rohstoffe** in **wertvollste Produkte.**

Typisch für biotechnologische Produktionsprozesse sind die Verwendung von Wasser als Lösemittel und biologische Produktionstemperaturen (ca. +20 bis +60 °C). Das Fixieren von Zellkulturen und Mikroorganismen auf Trägersubstanzen ermöglicht zudem die Konstruktion kontinuierlich arbeitender Anlagen. Als **biotechnologische Produkte** werden – neben den **Mikroorganismen** selbst (Beispiel: Bäckerhefe, Darmbakterium Escherichia coli usw.) – z. B. Enzyme, Alkaloide, Antibiotika, Wuchsstoffe, Steroide und ähnliche Hormone hergestellt sowie **Chemikalien, Arzneimittel, Getränke** und **Lebensmittel.** Auch Bierbrauereien, Bäckereien, Pflanzenzüchter und Agrarbetriebe sind im Prinzip biotechnologisch arbeitende Produzenten.

Oft wird das Erbgut der biotechnologisch eingesetzten Organismen zuvor gezielt verändert, um deren Produktivität zu erhöhen. Solche Organismen bauen dann z. B. **Altöl** ab, extrahieren Metalle aus metallarmen Erzen und Gesteinen **(„Bioleaching")** und produzieren **Biomasse** zur Energiegewinnung (und Faulgase im Klärwerk).

1 Kunstharze, Weichmacher, Citratester
2 Textil-/Lederindustrie
3 Pharmazeutische Industrie (Eisencitrat, Tabletten, Salben, Blutkonservierung)
4 Metallurgie (Metallbeize)
5 Sonstiges: Pufferlösungen, Haarkosmetik, Futtermittelzusatz, Spülmittel
6 Lebensmittel + Getränkeindustrie (Limonaden, Gelee, Bonbons, Eiscreme, Fruchtessenzen, Backpulver, Konservierungsmittel)

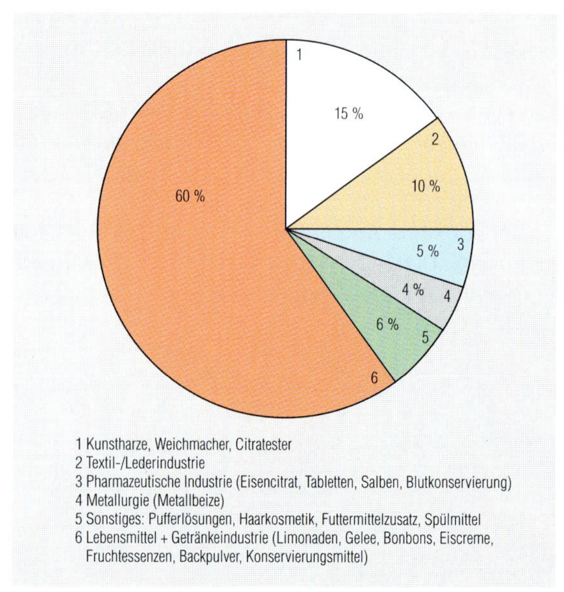

Abb. 5.3.9-1 Anwendungsgebiete für Zitronensäure

5.3

> Die gezielte Veränderung von Erbgut an Organismen (durch Übertragung von Vererbungsstrukturen zum Erzielen gewünschter, neuer Eigenschaften an Organismen) wird **Gentechnik** genannt.

Diese Erbgutveränderung geschieht nicht einfach durch den Einsatz mutagener (Erbgut verändernder) Chemikalien – diese würden die Gene (Erbanlagen auf den Chromosomen im Zellkern) ja nur schädigen. Die gewünschten Gen-Einheiten werden stattdessen biochemisch (mitilfe von Enzymen) aus dem Chromosomenverband gelöst und mit **„Vektoren"** (Viren, Plasmiden) auf (Keim-)Zellen von Bakterien, Nutzpflanzen und Haustieren übertragen (Abb. 5.3.9-3).

Die Natur hat ja vererbbare Informationen auf dem Biopolymer **Desoxyribonukleinsäure** (DNS, DNA) gespeichert. Die DNS besteht aus polymeren Ketten von Kohlenhydraten (Pentosen) mit Phosphatresten und den organischen Basen Adenin, Cytosin, Guanin und Thymin (A, C, G und T abgekürzt), die außerhalb des Zellkerns schwimmenden Erbgutträger der Ribonukleinsäure (RNS, RNA) weisen anstelle des Thymins auch die Stickstoffbase Uracil (U) auf):

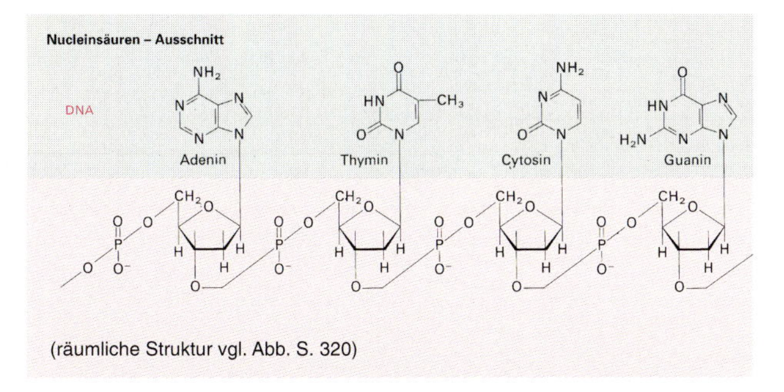

(räumliche Struktur vgl. Abb. S. 320)

Der Organismus kann den genetischen, in Dreiergruppen von organischen Basen **(„Codons")** gespeicherten **Code** (Beispiel: TAA-CGT-GTC ... usw.) in den Ribosomen in **maßgeschneiderte Proteine** (Polypeptidketten) umschreiben (**„Transkription"** mithilfe zelleigener Enzyme, vgl. Abb. 5.3.9-5). Je nach DNS-Erbanlage produziert er dann wunschgemäß Insulin, Somatostatika, Zitronensäure – oder aber im Krankheitsfall z. B. Tumorzellen oder HIV-Viren.

Die gentechnische Entwicklung steckt noch in ihren Anfängen, an ihr wird intensiv geforscht. Offensichtlich handelt es sich hier um ein sehr wirkungsvolles und daher **verantwortungsbewusst** handzuhabendes Werkzeug für die Medizin, Biotechnologie und Biochemie der Zukunft.

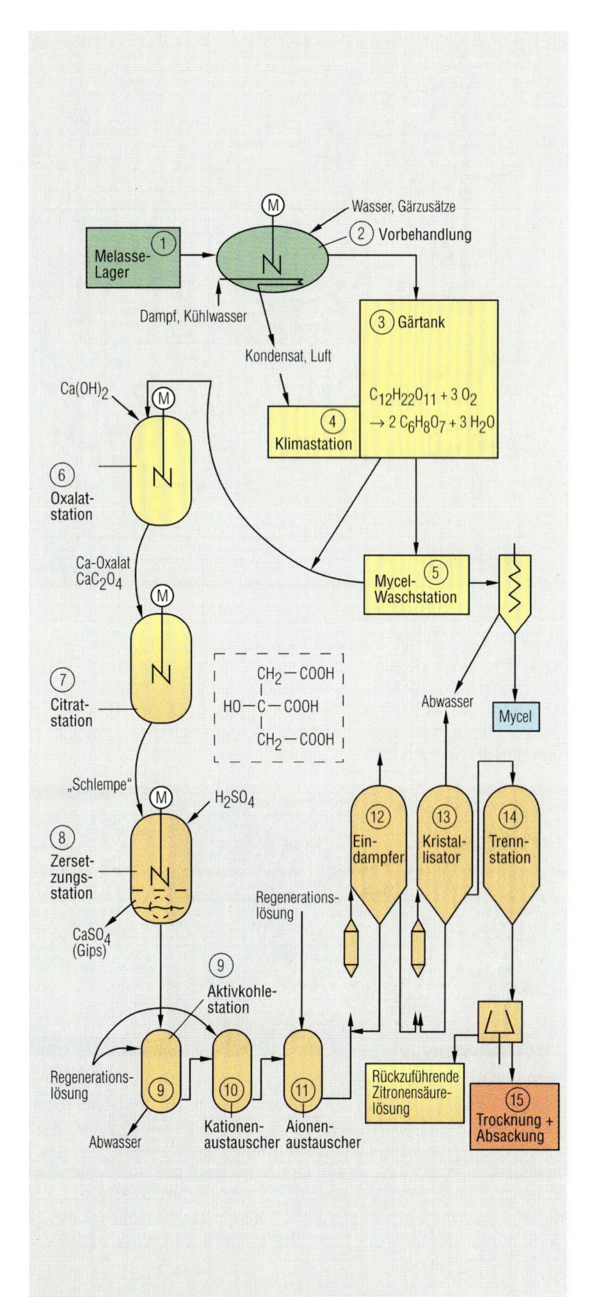

Abb. 5.3.9-2 Biotechnische Produktion von Zitronensäure ($C_6H_8O_7$). Weitere Beispiele aus der Biotechnologie finden Sie in Kap. 2.5.3, S. 136 ff.

5.3

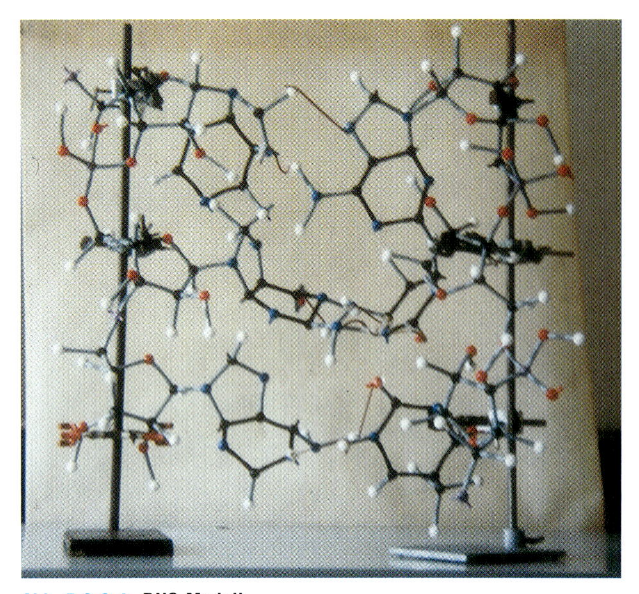

Abb. 5.3.9-4 DNS-Modell

Im Bild sehen Sie das Modell dreier Basenpaare im DNS-Strang. Im Zentrum sind zwei organische Basen erkennbar, die durch Wasserstoffbrückenbindung (im Modell: Wollfäden) zusammenhalten. Zur Vererbung kann sich der DNS-Doppelstrang im Zellkern wie ein verdrehter Reißverschluss öffnen; die einzelnen Stränge werden danach enzymatisch repliziert (verdoppelt, vgl. Abb. 5.3.9-5, rechts).

Die Aufklärung dieser Molekülstruktur gelang Crick und Watson 1953 (Nobelpreis 1962), noch bevor Computermodelle ihnen hierbei helfen konnten! So bastelten sie – ähnlich wie hier im Bild – ihre Modelle aus Kugeln und Bändern, um eine Vorstellung vom dreidimensionalen Aufbau des Riesenmoleküls zu bekommen. Das unterste Bild zeigt die wichtigsten Bausteine: organische Basen (cyclische Moleküle aus C-Atomen, schwarz, und Stickstoff, blau sowie Wasserstoff, weiß; unten links), Kohlenhydraten (unten in der Bildmitte ein Fünferring) und Phosphatgruppen (unten rechts: O-Atome rot, P-Atome orange).

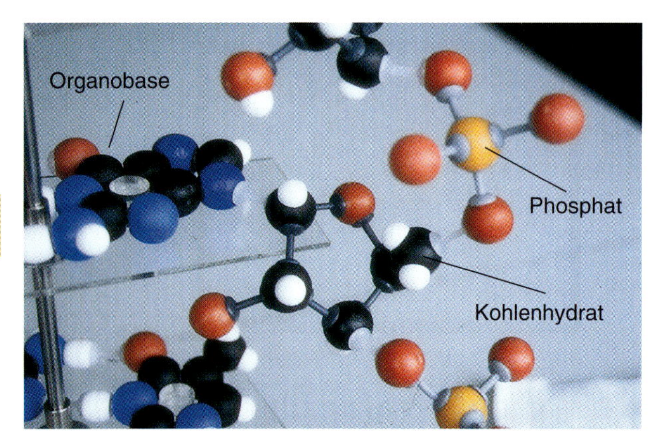

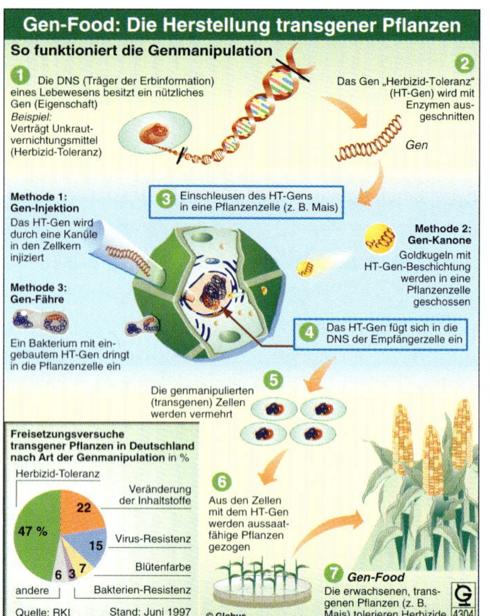

Abb. 5.3.9-3 Gentechnisches Verfahren

Übertragung von Erbgut auf Pflanzen

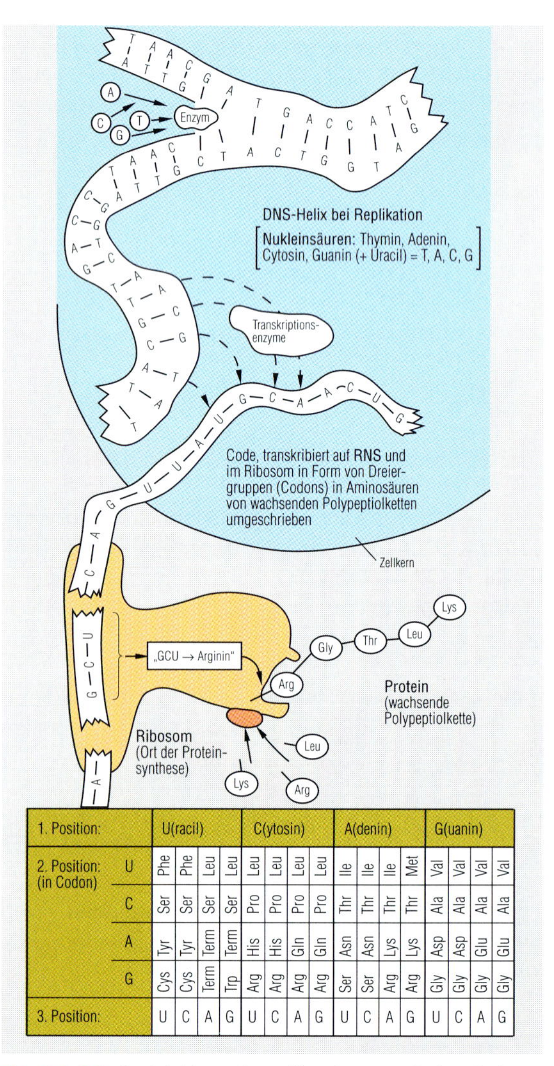

1. Position:		U(racil)				C(ytosin)				A(denin)				G(uanin)			
2. Position: (in Codon)	U	Phe	Phe	Leu	Leu	Leu	Leu	Leu	Leu	Ile	Ile	Ile	Met	Val	Val	Val	Val
	C	Ser	Ser	Ser	Ser	Pro	Pro	Pro	Pro	Thr	Thr	Thr	Thr	Ala	Ala	Ala	Ala
	A	Tyr	Tyr	Term	Term	His	His	Gln	Gln	Asn	Asn	Lys	Lys	Asp	Asp	Glu	Glu
	G	Cys	Cys	Term	Trp	Arg	Arg	Arg	Arg	Ser	Ser	Arg	Arg	Gly	Gly	Gly	Gly
3. Position:		U	C	A	G	U	C	A	G	U	C	A	G	U	C	A	G

Abb. 5.3.9-5 Proteinbiosynthese über den genetischen Code

Zusammenfassung zu Kapitel 5.3

Endprodukte der chemischen Industrie

1. **Kunststoffe** (Plaste) und **Chemiefasern** werden durch Polymerisation von Alkenen, Aromaten und ähnlichen Erdölprodukten synthetisiert (Lösungs-, Fällungs-, Emulsions- und Suspensionspolymerisation). Die Plaste werden nach ihrer Herkunft in halb- und vollsynthetische Kunststoffe oder nach Vernetzungsgrad, Elastizität und Schmelzverhalten in **Duroplaste** (hart und spröde), **Thermoplaste** (in Wärme verformbar) und **Elastomere** (gummielastisch) unterteilt. Viele Plaste können auch zu Fäden und Zwirnen gezogen und als Chemiefasern verwendet werden (Polyamide, Polyester, Polyacrylnitrile, Polypropylen usw.).

2. Neben den anorganischen oder Mineral-Pigmenten existiert eine große Fülle organischer Farbstoffe. Zu diesen zählen **Polymethin-, Azo-, Phthalocyanin-, Carbonyl-, Di-** und **Triphenylmethan-Farbstoffe.** Bei den Carbonylfarbstoffen unterscheidet man Indamine, Indophenole und indigoide Farbstoffe. **Pigmentfarbstoffe** sind pulverförmige Farbträger. Diese werden z. B. mit Löse- und Bindemitteln (Lacke, Harze, Öle usw.) zu Anstrichstoffen vermengt. **Reaktivfarbstoffe** hingegen werden durch chemische Reaktionen am Untergrund fixiert und so z. B. als Textil-, Haar- oder Hautfärbemittel eingesetzt.

3. Viele Film bildende Polymere mit hoher **Adhäsion** und **Kohäsion** können auch als **Bindemittel** in Anstrichstoffen verwendet werden. Diese härten durch Verdunsten des Lösemittels, Autoxidation, Vernetzung, Polymerisation oder ähnliche Reaktionen aus. Neben Öllacken, Zellulosederivaten, Chlorkautschuk, Nitro- und Alkydharzlacken zählen auch Polyvinylester, Polyacrylate, Polyurethan-Lacke, UP-, Epoxid- und Siliconharze sowie Kautschuk-Latices, Kleister, Leim und Beton zu den so genannten Bindemitteln und Klebstoffen.

4. Die **Aromastoffe** werden u. a. in folgende Gruppen unterteilt: die sich von den Kohlenwasserstoffen Terpen und Sesquiterpen ableitenden **Terpenoide,** die vom ungesättigten Cyclo-Keton Ionen abgeleiteten **Ionone,** die **Ester, Menthol-**Derivate, **Moschus-**Riechstoffe sowie weitere aromatische Alkohole, Aldehyde und Ether.

5. **Tenside** (= waschaktive Substanzen, WAS) fungieren aufgrund ihrer Molekülstruktur (mit je einem hydrophilen und einem hydrophoben Teil) als Emulgatoren. Sie bilden an Phasengrenzflächen monomolekulare Filme und ggf. Schäume aus. Die WAS liegen als **anionische** Tenside vor (hier insbesonders die Seifen als Alkalisalze der Fettsäuren, allgemein: R-COO-Na_+ oder K^+ sowie Sulfonate), als **kationische** Tenside (quartäre Ammoniumsalze $R_4N_+X^-$), **Nio-Tenside** (nicht-ionische Amin-, Alkandiol- und Zellulose-Derivate) oder gar als **amphotere** Tenside (Zwitterionen, ähnlich wie z. B. Aminosäuren).

6. **Arznei-, Tierarznei-** und **Pflanzenschutzmittel** können ebenfalls natürlichen, synthetischen oder halbsynthetischen Ursprungs sein. Die Entwicklung von Arzneimitteln und die Untersuchung ihrer medizinisch-biologischen Wirksamkeit ist Forschungsgebiet der **Pharmazie** und Pharmakologie. Arzneimittel (Pharmaka) können – wie einige andere Stoffgruppen auch – bei Missbrauch und Überdosierung auch als Drogen und Gifte wirken **(Toxikologie).**

7. Neben Katalysatoren und Enzymen können bei einigen chemischen Produktionsvorgängen auch spezielle, **lebende Mikroorganismen** eingesetzt werden, um gezielt bestimmte Produkte zu synthetisieren oder auch Schadstoffe bzw. Erze abzubauen (**Biotechnologie:** Nutzung des Stoffwechselvorganges lebender Organismen z. B. zur Gewinnung von Proteinen (Proteinbiosynthese), Gär- und Abbauprodukten, Medikamenten, Nährstoffen, Faulgasen oder auch „nur" zur Abwasserreinigung, Altlastensanierung oder zum mikrobiellen Erzleaching). Die Spezialisierung dieser Organismen kann ggf. durch Manipulation des Erbgutes **(Gentechnologie)** erzeugt, gesteuert oder gesteigert werden.

Üb(erleg)ungsaufgaben zu Kapitel 5.3

Abb. 5.3.9-6 **Benzolderivate**

1. Formulieren Sie mithilfe des Buches (Kap. 2.3 und 5.1.3) die Synthese (den Aufbau) eines organischen Farbstoffes Ihrer Wahl (schriftlich, mit Strukturformeln):
   Aus welchen Synthesebausteinen (Edukte wie z. B. Benzolderivate) und mithilfe welcher Reaktionen (Reaktionsmechanismen) ließe sich ein farbiger Stoff erzeugen?

2. Zählen Sie mögliche Komponenten auf, die in Anstrichstoffen (Malerfarbe, Lack, Anstrichfarbe) enthalten sind und beschreiben Sie deren Funktion: Was muss warum enthalten sein?

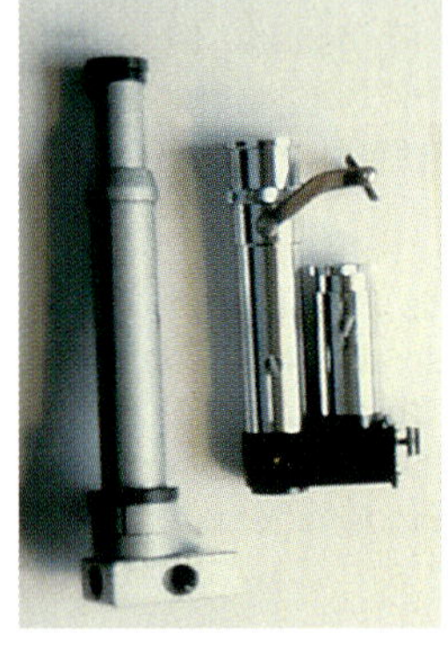

Abb. 5.3.9-7
Handphotometer
(zu Aufgabe 3a)

3. Beschreiben Sie jeweils in einigen Sätzen die Durchführung folgender „Laboroperationen“:
   a) der Photometrie einer Farbstofflösung (z. B. Lebensmittelfarben),
   b) die Gaschromatographie eines Aromastoff-Gemisches (z. B. Parfüm),
   c) die destillative Gewinnung eines Heil- oder Duftstoffes und
   d) die Polarimetrie einer Zuckerlösung (Saccharometrie).
   Geben Sie auch an, welche chemische oder physikalische Stoffeigenschaft jeweils gemessen oder genutzt wird!

4. Angenommen, Sie sollten die folgenden Pflegeprodukte herstellen: Welche Stoffe / Komponenten würden Sie Ihrem Produkt zusetzen?
   a) Ein Fußbad,
   b) ein Babyshampoo,
   c) eine Hautcreme,
   d) einen Lippenstift.

5. Diskutieren Sie die Funktion der in den unten abgebildeten Inhaltsstoff-Erklärungen aufgeführten Substanzen (Endprodukte: Zahnpaste, Brause-Getränk, Geschmacksverstärker [„Süßstoff“] und Sonnenmilch).

Abb. 5.3.9-8
Destillationsapparatur
(zu Aufgabe 3c)

Abb. 5.3.9-9 bis 12
Inhaltsstoff-erklärungen auf vier Verbraucher-Packungen
(Endprodukte: Zahnpaste, Getränk, Süßstoff, Sonnenmilch)

Enthält: Bis-(hydroxyethyl)-amino-propyl-N-hydroxyethyl-oktadecyl-amin-dihydrofluorid;
entspricht 0,025% Aminfluorid
Zusammensetzung: Water, Silica, Sorbitol, Cocamidopropyl Betain, Hydroxyethylcellulose, PEG-40 Hydrogenated Castor Oil, Titanium Dioxide, Flavor, Olaflur, Methylparaben, Saccharin.

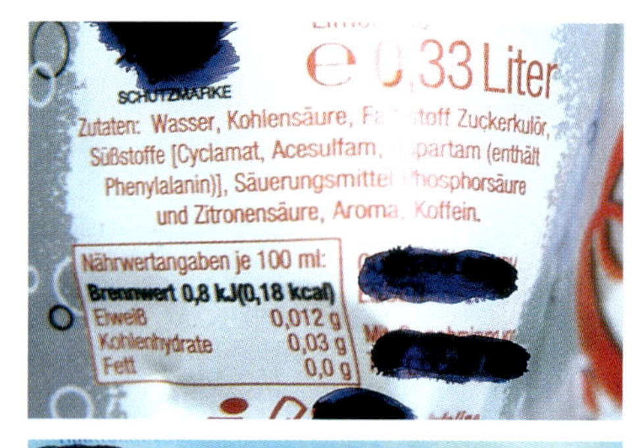

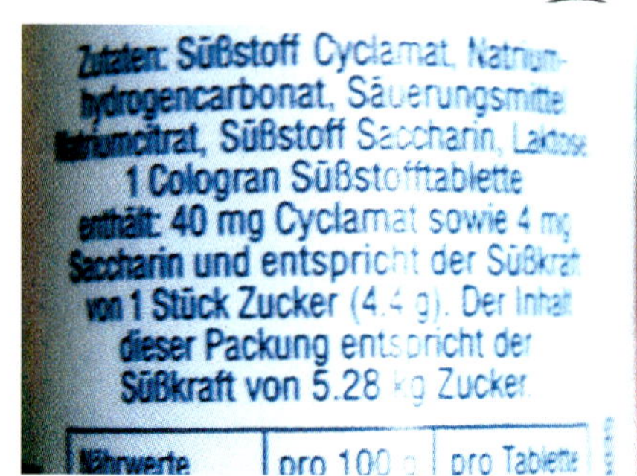

Laborversuche zu Kapitel 5.3: Herstellung und Analyse von „Endprodukten“

1. **Laborsynthese von Aromastoffen:**
„Rumaroma“: Geben Sie 2 ml Ethanol, 1 ml Methansäure und einige Tropfen konzentrierte Schwefelsäure in ein Reagenzglas und erwärmen Sie vorsichtig, aber nicht bis zum Sieden (ggf. Wasserbad). Lassen Sie das Reaktionsprodukt zur weiteren Umsetzung etwa zehn Minuten lang stehen. Beim anschließenden Ausgießen des Produktes in ein Becherglas wird ein an Rum erinnernder Geruch bemerkbar (Veresterung zu Methansäureethylester/Duftstoff Ethylformiat: $HCOOC_2H_5$). (**Warnung:** Keinesfalls eine Geschmacksprobe dieser Duftstoffe versuchen! Wiederholen Sie den Versuch ggf. mit 1 ml Pentanol (Amylalkohol), 1–2 ml Essigsäure und wiederum einigen Tropfen Schwefelsäure und neutralisieren Sie die überschüssige Essigsäure mit etwas Pottasche oder Soda (Amylacetat $CH_3COOC_5H_{11}$ hat ein Birnenaroma). Ähnlich können auch aus Buttersäure und Ethanol ein Ethylbutyrat mit Ananasaroma, aus Benzoesäure und Ethanol ein Ethylbenzoat mit Pfefferminzaroma oder ggf. aus Amylalkohol und Pentan- bzw. Valeriansäure ein Ester mit Apfelaroma erzeugt werden).

2. **Laborsynthese von Tensiden:**
a) **Fettverseifung:** Schütteln Sie im Reagenzglas etwas Ölsäure mit relativ konzentrierter, warmer Kalilauge. Geben Sie nach dem Abkühlen Wasser hinzu. Waschen Sie das Produkt zweimal und lösen Sie es in erneut zugesetztem Wasser durch Kneten und Rühren (Glasstab) auf. Mit Kalkwasser lässt sich ein Niederschlag von Kalkseife erzeugen, Formel: $(C_{17}H_{33}COO)_2Ca\downarrow$.
b) **Naphthalinsulfonsäure:** Siehe Kap. 2.3 am Ende: Laborversuche zur aromatischen Substitution, Versuch Nr. 3
c) **Cetylsulfat:** 1 Spatel Cetylalkohol im Becherglas 5 min mit Schwefelsäure (ca. 50 %) **vorsichtig** erwärmen.

3. **„Aspirin“-Synthese:** Siehe Kap. 1.3.8, Beispiel Nr. 3 für präparative Arbeitsvorschriften!

4. **Farblose Schuh- und Hautcreme:**
a) **Schuhcreme:** Wiegen Sie in einem kleinen Becherglas 30 g Terpentinöl ein und in einem zweiten, größeren Becherglas jeweils 5 g Paraffinöl und 5 g weißen Bienenwachs. Erwärmen Sie die Mischung im großen Becherglas auf einer Heizplatte bis zum Schmelzen des Wachses. Gießen Sie anschließend vorsichtig das Terpentinöl unter Rühren zur Wachs-Paraffinöl-Schmelze und lassen Sie sie abkühlen.
b) **Hautcreme:** Wiegen Sie in einem Becherglas 5 g weißes Bienenwachs, 2 g Kakaobutter und 10 g Lanolinanhydrid ein und erhitzen Sie das Gemisch im Wasserbad bis zur Schmelze. Geben Sie anschließend unter Rühren 40 g Avocadoöl hinzu und erwärmen Sie vorsichtig weiter, bis dass eine klare Schmelze entsteht.
Lösen Sie nun in einem weiteren Becherglas und unter Erwärmen 1 Spatelspitze Natriumtetraborat (Borax) in 40 ml dest. Wasser auf. Gießen Sie diese Lösung portionsweise und unter ständigem Rühren in die noch warme Wachs-/Fett-Schmelze, bis dass alles „eingearbeitet“ und die Masse erkaltet ist. Sie kann sodann in einen Cremetopf abgefüllt werden.

5. **Farbstoffsynthesen:**
a) Ein **Triphenylmethanfarbstoff:** Erhitzen Sie im Reagenzglas 1 Spatel Oxalsäure, 2 ml Phenol und 5 ml konz. Schwefelsäure, bis dass eine rotbraune, zähe Masse entsteht. Gießen Sie diese sodann in ein Becherglas mit Wasser. Machen Sie sie anschließend durch Zugabe von Kalilauge alkalisch.
b) Ein **Lebensmittelfarbstoff** (Zuckercouleur): Erhitzen Sie im Reagenzglas 3 Spatel Haushaltszucker, bis dass sich die Schmelze braun färbt (**nicht** verkohlen lassen!). Lassen Sie die Schmelze abkühlen und schütteln Sie sie anschließend nach Zugabe von ca. 4 ml Wasser im Reagenzglas kräftig durch.
c) Ein **Indikatorfarbstoff:** Geben Sie je 1 g Phthalsäureanhydrid und Phenol in ein Reagenzglas und träufeln Sie 2 Tropfen konz. Schwefelsäure hinzu. Erhitzen Sie das Gemisch vorsichtig und langsam, bis dass eine Schmelze entsteht. Lassen Sie die Schmelze sodann abkühlen. Geben Sie nun 5 ml Methanol hinzu, schütteln Sie vorsichtig um und gießen Sie die Lösung in ein Reagenzglas. Neutralisieren Sie die überschüssige Säure mit Pottasche oder Soda und geben Sie ggf. anschließend noch einige Tropfen Kalilauge (oder Natronlauge) hinzu, bis dass der Phenolpthalein-Farbton erscheint.

6. **DC- und SC-Analyse von Farbstoffgemischen** (zur DC- und SC vgl. Kap. 3.3):
a) **Lebensmittelfarbstoffe:** Verreiben Sie einige farbige Zuckerstreusel oder die gefärbte Hülle eines Schokoladendragees im Mörser und lösen Sie das Pulver in einer Mischung von 4 ml Methanol und 2 ml dest. Wasser. Tragen Sie die Probelösung mit einer Kapillare auf der Startlinie einer DC-Folie auf (Kieselgel) und lassen Sie sie antrocknen. Stellen Sie ein Fließmittel-Gemisch aus 30 ml dest. Wasser, 8 ml Ammoniak und einigen Tropfen Natriumcitratlösung (ca. 2 %) her. Geben Sie das Fließmittel in die Trennkammer und entwickeln Sie anschließend das Farbstoff-Chromatogramm.
b) Trennung von **Blattfarbstoff-Extrakt** (aufsteigende SC): 4–5 große, gewaschene und getrocknete Brennnesselblätter werden zerkleinert und in einem gekühlten, zu einem Viertel mit Seesand gefüllten Mörser mit dem Pistill verrieben. Das Gemenge wird mit Propanon (Aceton) überschichtet, verrührt und filtriert. Das leicht zersetzliche Blattfarbstoff-Extrakt ist in einer Pipettenflasche auf Eis oder im Kühlschrank zu lagern. Die Kreide wird 60 min bei 110 °C im Trockenschrank getrocknet. Anschließend lässt man sie auf Raumtemperatur abkühlen. Auf die kleine Uhrglasschale gebe man nun einige Tropfen Blattfarbstoff-Extrakt und tauche ein Ende der Kreide hinein, bis dass die grüne Schicht 5 mm hochgewandert ist. Anschließend lässt man das Kreidestück trocknen.
In das etwa 1 cm hoch mit Petrolether gefüllte Becherglas wird die so vorbereitete Kreide gestellt und die Apparatur mit dem größeren Uhrglas abgedeckt. Nach etwa 10 min müsste das Laufmittel 8,5–9,0 cm hoch gestiegen sein. Nehmen Sie die Kreide dann heraus und markieren Sie die Laufmittelfront. Vermessen Sie die Wanderungsstrecken der vier getrennten Zonen und den Abstand von der Laufmittelfront bis zum Startpunkt.

7. **Herstellung eines Shampoos:**
Wiegen Sie 5 g Schmierseife in einem Becherglas ein und geben Sie 10 ml dest. Wasser hinzu. Verrühren Sie die Mischung bis zur Bildung von Schaum und geben Sie – unter weiterem Rühren – 10 ml Propantriol (Glyzerin), ein Eigelb und ggf. zur Parfümierung einige Tropfen Apfelsinen-, Zitronen-, Lavendel- oder Pfefferminzöl hinzu. Wenn die Mischung zu steif gerät, kann sie mit etwas dest. Wasser verdünnt werden.

8. **Laborsynthese eines Kunststoffes** (Phenol-Formaldehyd-Kondensat, „Bakelit“):
Geben Sie etwa gleiche Mengen von Phenol (oder Resorcin) und Methanallösung (ca. 40 %) in ein Reagenzglas und erwärmen Sie **vorsichtig,** bis dass die Mischung zu einer dunklen, harzartigen Masse erstarrt.

Anhang

Inhaltsverzeichnis Seite

(Die Datentabellen zu Stoffeigenschaften wurden entsprechend der systematischen Ordnung nach Stoffklassen angelegt. Bei unterschiedlichen Literaturangaben wurden die vorgefundenen Daten sinnvoll gerundet. Trotz sorgfältiger Recherchen kann aufgrund z. T. unterschiedlicher Literaturwerte keine Gewähr, Garantie oder gar juristische Haftung für die absolute Genauigkeit aller Einzelangaben gegeben werden.)

Verzeichnis a: SI-Vorsätze

Name	Symbol	Potenz
Atto	a	10^{-18}
Femto	f	10^{-15}
Piko	p	10^{-12}
Nano	n	10^{-9}
Mikro	µ	10^{-6}
Milli	m	10^{-3}
Zenti	c	10^{-2}
Dezi	d	10^{-1}

Name	Symbol	Potenz
Deka	D	10^{1}
Hekto	h	10^{2}
Kilo	k	10^{3}
Mega	M	10^{6}
Giga	G	10^{9}
Tera	T	10^{12}
Peta	P	10^{15}
Exa	E	10^{18}

Verzeichnis b: Das griechische Alphabet

Kleinbuchstabe	Großbuchstabe	Aussprache
α	Α	Alpha
β	Β	Beta
γ	Γ	Gamma
δ	Δ	Delta
ε	Ε	Epsilon
ζ	Ζ	Zeta
η	Η	Eta
ϑ	Θ	Theta
ι	Ι	Jota
ϰ	Κ	Kappa
λ	Λ	Lambda
μ	Μ	My

Kleinbuchstabe	Großbuchstabe	Aussprache
ν	Ν	Ny
ξ	Ξ	Xi
ο	Ο	Omikron
π	Π	Pi
ϱ	Ρ	Rho
σ	Σ	Sigma
τ	Τ	Tau
υ	Υ	Ypsilon
φ	Φ	Phi
χ	Χ	Chi
ψ	Ψ	Psi
ω	Ω	Omega

T

Tabelle 1: Physikalische Messgrößen und -einheiten

1 a SI-Basisgrößen und SI-Einheiten

Basisgröße		Basiseinheit		Definition
Bezeichnung	Symbol	Bezeichnung	Symbol	Definition der Basiseinheit (durch Bezug auf Naturkonstanten)
Zeit	t	**Sekunde**	**s**	1 s ist das 9.192.631.770fache der Periodendauer t_{Cs} der Strahlung, die dem Übergang zwischen den beiden Feinstrukturniveaus des Cäsiumisotops ^{133}Cs im Grundzustand entspricht
Länge	s	**Meter**	**m**	1 m ist die Länge *s* der Strecke, die das Licht im Vakuum während der Zeitdauer von t = 1/299.792.458 s durchläuft
Masse	m	**Kilogramm**	**kg**	1 kg ist die Masse *m* des internationalen kg-Prototyps
Elektrische Stromstärke	I	**Ampère**	**A**	1 Ampère ist die Stärke *I* eines zeitlich unveränderten Stromes, der durch zwei geradlinige, unendlich lange, im Vakuum parallel und im Abstand von 1 m zueinander liegende Leiter von vernachlässigbar kleinem, kreisförmigen Querschnitt fließt und zwischen diesen beiden je Meter Leiterlänge eine Kraft von $F = 2 \cdot 10^{-7}$ Newton hervorruft
Temperatur	T	**Kelvin**	**K**	1 Kelvin ist der 273,16te Teil der thermodynamischen Temperatur *T* des Tripelpunktes des Wassers
Stoffmenge	N	**Mol**	**mol**	1 Mol ist die Stoffmenge *n* eines Systems, das aus ebenso vielen Einzelteilchen besteht wie 0,012 kg reiner Kohlenstoff des ^{12}C-Isotopes
Lichtstärke	L	**Candela**	**cd**	1 Candela ist die Lichtstärke *L* in einer bestimmten Richtung einer Strahlungsquelle, die monochromatische Strahlung der Frequenz ν = 540 T Hz aussendet und deren Strahlstärke in dieser Richtung 1/683 W/sr beträgt

1 b Abgeleitete physikalische Messgrößen (Auswahl)

Physikalische Größe/Formelzeichen	Berechnung / Ableitung	Einheit/ggf. Umrechnungen und Untereinheiten
(Radio-)**Aktivität *A***	$A = \frac{\text{Anzahl der Kern-Zerfallsereignisse}}{\text{Zeitintervall } t}$	**1 Becquerel (Bq) = 1 Ereignis / Sekunde = 1 s^{-1}** 1 Curie (Ci) = 3,7 · 1010 Bq
radioaktive **Äquivalentdosis *H***	$H = \frac{\text{Energie } E}{\text{Masse } m}$	**1 Sievert (Sv) = 1 J/kg** = 100 rem, 1 Gray (Gy) = 0,01 Rad, 1000 mSv = 1 Sv
Arbeit *W*, Energie *E*, Wärme(-menge) *Q*	W = Kraft F · Weg s	**1 Joule (J) = 1 Nm = 1 Ws = kg · m²/s²**, 1 kJ = 1 kWs, 1 kWh = 3,6 MJ = 3600kJ (kWs); 1 cal (Kalorie) = 4,187 J; 1 eV (Elektronenvolt) = $1{,}602177 \cdot 10^{-19}$ J, 1 kcal = 4,187 kJ, $6{,}242 \cdot 10^{18}$ eV = 1 J; 1 mkp = 9,80665 J; 1J = $2{,}7778 \cdot 10^{-7}$kWh
Beschleunigung *g,a*	$a = \frac{\text{Geschwindigkeit(-sänderung) } v}{\text{Zeit(-intervall) } t}$	**1 m/s² = 1 N/kg = 1 m/s²** 1 g = 9,80665 m/s² (= Erdbeschleunigung g = Normalfallbeschleunigung g_n)
Dichte *ϱ*	$\varrho = \frac{\text{Masse } m}{\text{Volumen } V}$	**1 kg /m³ = 1 g/l = 1 mg/ml,** 1 g/ml = 1 kg/l = 0,001 kg/m³, 1 g/cm³ = 1000 mg/ml
Druck *p*	$p = \frac{\text{Kraft } F}{\text{Fläche } A}$	**1 Pascal (Pa) = 1 N/m² = kg / m · s²,** **10^5 Pa = 1 bar** = 10^3 hPa, 100 Pa = 1 hPa = 1 mbar, 1013 hPa = 1 atm = 760 Torr (mm Hg) = 1 kg/cm², 1 MPa = 10^6 Pa = 10 bar
elektrische Ladung(-smenge) *Q*	Q = elektr. Stromstärke A · Zeit t	**1 Coulomb (C) = A · s;** 1 A · h = 3600 C
elektrische Leitfähigkeit *K*	$K = \frac{\text{elektr. Stromstärke } A}{\text{elektr. Spannung } U}$	**1 Siemens (S) = Ω^{-1} = s³ · A/kg · m²**
elektrische Spannung *U*	$U = \frac{\text{elektr. Arbeit } W}{\text{elektr. Ladung } Q_e}$	**1 Volt (V) = 1 kg · m²/(s³ · A) = 1 J/(A · s),** 1 MV = 1000 kV = 10^6 V
elektrischer Widerstand *R*	$R = \frac{\text{elektr. Spannung } U}{\text{elektr. Stromstärke } A}$	**1 Ohm (W) = 1 V/A = 1 S^{-1} = 1 kg m²/s³ A ,** 1 kΩ = 10^3 Ω = 10^6 mΩ
Energie *E* siehe oben unter: **Arbeit *W***	– weitere alternative Maßeinheiten in der Energie-/Kohlewirtschaft: – für die **Energiedosis *D*** radioaktiver Strahlung:	1 kg **SKE** (Steinkohleeinheit) = 29,3 MJ = 8,14 kWh, 1 **Btu** (british thermal unit) = 1055,06 J 1 Gray (Gy) = 1 J/kg = 100 rad
Entropie *S*	S = k · ln W (thermodynam. Größe)*	**1 J/K** * (k = Boltzmann-Konstante, W = Anzahl der Wahrscheinlichkeitszustände)
(molare Reaktions-)**Enthalpie H_m**	$H_m = \frac{\text{Energiemenge } E}{\text{mol Formelumsatz}}$	1 kJ/mol (zu Bildungs-/Verbrennungsenthalpien, Heizwerten usw. vgl. Lehrbuchtext zur Thermodynamik)
Fläche *A*	A = Länge · Breite = $s \cdot s$	**1 m²**, 100 m² = 1 Ar = 0,01 ha
Frequenz *ν*	$\nu = \frac{\text{Schwingung}}{\text{Zeit } t}$	**1 Hertz (Hz) = 1 s^{-1}**, (Umrechnung bei Strahlung: $\nu = c/\lambda$ und von Wellenzahl σ in Energie E: 1J ≘ $5{,}03411 \cdot 10^{22}$ cm^{-1}]

T

Physikalische Größe/Formelzeichen	Berechnung/Ableitung	Einheit/ggf. Umrechnungen und Untereinheiten
Geschwindigkeit v	$v = \frac{\text{Strecke } s}{\text{Zeit } t}$	**1 m/s = 3,6 km/h**; 1 km/h = 0,277 m/s, 1 Knoten (kn) = 1 Seemeile (sm) / h = 1855 m/h = 0,5144 m/s
Ionendosis	$= \frac{\text{Elektr. Ladung } Q_e}{\text{Masse } m}$	**1 C/kg**, 1 Röntgen (R) = 2,58 · 10^{-4} C/kg
(Volumen-)**Konzentration** σ_i	$\sigma_i = \frac{\text{(Stoff-)Volumen } V_i}{\text{Volumen } V_{Gesamt}}$	**l/l, 1 l/m³ = 1 ml/l**, 1 ppm = 1 ml/m³ = 10^3 ppb = 10^6 ppt, Ähnlich: $\sigma_i \cdot 100$ = vol% (Volumen-%); vgl. auch Stoffmengen- und Massekonzentration, Volumen- und Massenanteil
(Gewichts-)**Kraft** F	F = Masse m · Beschleunigung a	**1 Newton (N) = 1 J/m = kg · m/s²**, 1 dyn = 10^{-5} N, 1 Pond (p) = 0,001 kp = 9,8066 · 10^{-3} N
Längenausdehungskoeffizient a	$a = \frac{\text{Körperlänge } s}{\text{Temperaturänderung}}$	**1/K**, (Längenänderung ΔL bei Festkörpern = $\alpha \cdot L_0 \cdot \Delta T$)
Leistung P (= Wärmestrom = Strahlungsfluss)	$P = \frac{\text{Arbeit } W}{\text{Zeit(-intervall) } t}$	**1 Watt (W) = 1 J/s = V · A = 1 N · m/s**, 1 GW = 1000 MW = 10^9 W; 1 PS = 735,498775 W, Heizleistung: 1 kcal/h = 1,163 W
magnetische Feldstärke H	$H = \frac{\text{elektr. Stromstärke } A}{\text{Spulenlänge } s}$	**1 Tesla (T) = 1 J/A · m²**, 1 Gauß (G) = 10^{-4} Tesla (T)
Massenanteil ω_i, **Massenbruch**	$\omega_i = \frac{\text{(Stoff-)Masse } m_i}{\text{Masse } m_{Gesamt}}$	**1 kg/kg = 1 g/g**, ähnlich: $\omega_i \cdot 100$ **= Masse%** Massenkonzentration bi = mi / V_{Gesamt}: siehe oben!
(Massen-)**Konzentration** β_i	$\beta_i = \frac{\text{Masse } m_i}{\text{Volumen } V_{Gesamt}}$	kg/m³ = g/l , 1 kg/l = 1000 g/l = 103 kg/m³; – nach DIN 1310 sollten Angaben in g/100 ml nicht mit % und mg/100 ml nicht mit mg-Prozent bezeichnet werden
Molenbruch X_i, **Stoffmengenanteil**	$X_i = \frac{\text{Stoffmenge } n_i}{\text{Stoffmenge } n_{Gesamt}}$	**1 mol/mol** = 1 mmol/mmol; auch als Teilchenzahlenanteil $X_i = N_i / N_{Gesamt}$ ($\neq$ Teilchenzahlkonzentration $C_i = N_i / V$)
Partialdruck p_i	p_i = Molenbruch X_i · Gesamtdruck p_{Gesamt}	vgl. unter Druck p: **1 Pascal (Pa) = 1 N/m² = kg / m · s²**, **10^5 Pa = 1 bar** = 10^3 hPa, 100 Pa = 1 hPa = 1 mbar
Reaktionsgeschwindigkeit v_{RG}	$v_{RG} = \frac{\text{Stoffmengenänderung } n}{\text{Zeitintervall } t}$	**1 mol/s = 1000 mmol/s**, Bei Lösungen auch: Konzentrationsänderung pro Zeit t
(Stoffmengen-)**Konzentration** c_i	$c_i = \frac{\text{Stoffmenge } n_i}{\text{Volumen } V_{Gesamt}}$	**1 mol/l = mmol/ml**, 1 mol/l = 1000 mmol/l = 10^6 mmol/l
(dynamische) **Viskosität** η	$\eta \cong \frac{\text{Druck } p}{\text{Zeitintervall } t}$	**1 Pa · s = 1 N · s/m²**, 1 Poise (P) = 0,1 Pa · s, 1 kp · s/m² = 9,8066 Pa · s
(kinematische) **Viskosität** v	$v = \frac{\text{dynam. Viskosität } \eta}{\text{Dichte } \varrho}$	**1 m²/s = 1 N · s · m/kg**, 1 Stokes (St) = 0,0001 m²/s, 1 cSt = 1 mm²/s
Volumen V	V = Länge · Breite · Höhe $= s \cdot s \cdot s = s^3$	**1 m³** = 1000 l, 1 l = 1 dm³ = 10^{-3} m³ = 0,01 hl 1 l = 10^3 cm³ (ccm, ml) = 10^6 µl, 1 km³ = 10^6 m³
Volumenkonzentration/-anteil φ_i	$\varphi_i = \frac{\text{(Stoff-)Volumen } V_i}{\text{Volumen } V_{Lösung}}$	1 vol% = 1 cl/l = 10 ml/l (vgl. oben unter (Volumen-)Konzentration σ_i)
Wärme(-menge) Q	Q = Energie E (s. o. unter: Arbeit W)	**1 J = 1 N · m = 1 W · s**, 1 kWh = 3,6 MJ = 860 kcal, 1 cal = 4,1868 J = 0,001163 W · h , siehe unter Arbeit/Energie
Wärmedurchgangskoeffizient	$\cong \frac{\text{Leistung } P}{\text{Fläche } A \cdot \text{Temperatur } T}$	**1 W / (m2 · K)** ≅ 0,86 kcal/(m² · h · °C)
Wärmeleitfähigkeit λ	$\lambda \cong \frac{\text{Leistung } P}{\text{Strecke } s \cdot \text{Temperatur } T}$	**1 W / (m · K) = 1 m · kg/(K · s³)**, 1,163 W/(m · K) ≅ 0,86 kcal/(m · h · °C)
spezifische **Wärmeleitfähigkeit**	$\cong \frac{\text{Energie } E}{\text{Strecke } s \cdot \text{Zeit } t \cdot \text{Temp. } T}$	**1 J / s · m · K**, 1 kJ/ (h · m · K) = 0,2778 W/(m · K)
Wärmekapazität C	$C = \frac{\text{Wärmemenge } Q}{\text{Zeit(-intervall) } t}$	**1 J/K = 1 m² · kg/s² · K**
molare Wärmekapazität c_m	$c_m = \frac{\text{Wärmekapazität } C}{\text{Stoffmenge } n}$	**1 J/mol · K = 1 m² · kg/s² · K**

1 c Einige wichtige Naturkonstanten

Allgemeine Gaskonstante	R = 8,31451 J / (mol · K)
Atomare Energieeinheit	1 eV = 1,60217733 · 10^{-19} J
Atomare Masseeinheit	1 u = 1,6605402 · 10^{-27} kg
Avogadro-Konstante	1 N_A = 6,0221367 · 1023 mol^{-1}
Boltzmann-Konstante	k = 1,38066 · 10^{-23} J/K
Bohr'scher Radius	a_0 = 5,29177 · 10^{-11} m
elektrische Feldkonstante	ε_0 = 8,854187817 · 10^{-12} A · s · V^{-1} · m^{-1}
Elektronenmasse (Ruhemasse des e^-)	1 m_e = 9,1093897 · 10^{-31} kg
Elementarladung	1 e = 1,60217733 · 10^{-19} C
Erdbeschleunigung (Normalfall-B.)	1 g = 9,80665 m/s^2
Faraday-Konstante	1 F = 96485,31 C/mol
Gravitationskonstante	G = 6,6720 · 10^{-11} N · m^2/kg^2
Lichtgeschwindigkeit im Vakuum	c = v_0 = 299792458 m/s
magnetische Feldkonstante	μ_0 = 4 p · 10^{-7} V · s · A^{-1} · m^{-1}
molares Volumen idealer Gase	$V°_m$ = 22,41410 l/mol
Neutronenmasse	m_n = 1,675 · 10^{-27} kg
Norm(al)druck	p_0 = 101325 Pa = 1013,25 hPa
Norm(al)temperatur	T_0 = 273,15 K = 0 °C
Planck'sches Wirkungsquantum	h = 6,6260755 · 10^{-34} J/s
Protonenmasse (Ruhemasse des p^+)	m_p = 1,67265 · 10^{-27} kg
Rydberg-Konstante	R_i = 1,09737 · 105 cm^{-1}

Tabelle 2: Wichtige Elemente und ihre Elektronenkonfiguration

2 a Wichtige Elemente

Die Bedeutung verwendeter Abkürzungen: RAM = relative Atommasse, ϱ = Dichte in g/ cm^3 bei ϑ = +20 °C, Fp. = Fusions-/Schmelzpunkt in °C (= ϑ_m = Smp.), Kp. = Kondensations-/Siedepunkt in °C (= ϑ_V = Sdp.), WJP = Weltjahresproduktion bzw. -verbrauch (Stand: um 1996), HG = Hauptgruppe (im Periodensystem, PSE), Mio. = Millionen

Elementname	**Symbol**	**RAM** (u)	ϱ (g/cm^3)	**Fp.** (°C)	**Kp.** (°C)	**WJP.** (t/a)	**Weitere Stoffeigenschaften** (und Wertigkeiten)
Aluminium	Al	26,98	2,7	660	2450	23 Mio.	3. HG, silberglänzd. Leichtmetall (+III), leicht säure- und laugenlöslich
Antimon	Sb	121,75	6,68	631	1380	70 000	5. HG, metallisch, selten (–III, +III, +V)
Argon	Ar	39,95	0,0018	–189	–186	ca. 2–6 Mio.	Edelgas, 9,3 l/m^3 Luft, Füll- und Schutzgas (auch Schweißschutzgas)
Arsen	As	74,92	2,03/ 5,72	613	613	As_2O_3: 70 000	gelbes oder graues Pulver, sublimiert, 5. HG, giftig
Barium	Ba	137,34	3,50	714	1640	gering	schweres Erdalkalimetall, grüne Flammenfärbung (+ II)
Blei	Pb	207,2	11,4	327	1740	6 Mio.	Schwermetall, 4. HG (+II, +IV)
Bor	B	10,811	2,34	2079	2550	0,2–1 Mio.	Halbmetall, 6 Modifikationen, hart, träge
Brom	Br	79,90	3,12	–7	58	0,5 Mio.	dunkelbraunes Halogen, ätzend, reagiert mit Metallen, löslich: 0,035 l/l H_2O
Calcium, Kalzium	Ca	40,08	1,55	838	1490	≈ 5 000	bleiweiches Leicht-/Erdalkalimetall, brennbar, rote Flamme, reagiert mit H_2O und Säuren
Cer	Ce	140,12	6,773	798	3426	um 0,02	selbstentzündliches Schwermetall, grau
Chlor	Cl	35,45	0,0032	101	35	32 Mio.	grünes Giftgas, ätzend, Halogen
Chrom	Cr	51,996	7,19	1900	2642	5–8 Mio.	spröde, beständig, (+III, +VI)
Eisen	Fe	55,85	7,86	1540	3000	735 Mio.	reaktives Schwermetall, rostend, wichtigstes Gebrauchsmetall
Fluor	F	18,998	0,0017	–220	–188	15 000	gelbes Giftgas, stärkstes Oxidationsmittel (reagiert mit jedem Element außer 8. HG)
Gallium	Ga	69,72	5,91	29,8	2227	46	weich, glänzend, für Halbleiterproduktion
Germanium	Ge	72,59	5,323	937,5	2830	55–110	spröde, schwarzgrau, Halbmetall
Gold	Au	196,97	19,3	1063	2970	3500	gelbglänzendes Edel- und Schmuckmetall (+I, +III)
Helium	He	4,003	0,0003	–270	–269	≈ 8 Mio.	Edel- und Ballongas, flüssig auch als Tiefsttemperatur-Kühlmittel
Indium	In	114,82	7,31	156,61	2080	≈ 95	silberweiß, bleiweich
Iridium	Ir	192,2	22,65	2410	4130	ca. 10	weißgelb, spröde, hart, sehr schwer
Iod/Jod	I	126,90	4,94	114	183	14 000	schwarzviolett, sublimierbar (oft –I)
Kadmium	Cd	112,4	8,65	320	767	18 500	silberweiß, glänzend, brenn- und dehnbar
Kalium	K	39,10	0,86	64	760	220	Alkalimetall: brennt auf H_2O mit violetter Flamme, butterweich, viele Kalisalze (+I)

Elementname	Symbol	RAM (u)	ϱ (g/cm³)	Fp. (°C)	Kp. (°C)	WJP. (t/a)	Weitere Stoffeigenschaften (und Wertigkeiten)
Kobalt	Co	58,93	8,90	1460	2900	40.000	stahlgrauglänzend
Kohlenstoff, Graphit/Diamant	C	12,01	2,26/	3730/ 3,51	4830 3560	Graphit ca. 0,6 Mio.	Graphit: schwarz, weich, leitfähig, Diamant: sehr hart, Isolator, Schleif- und Schmuckmittel (–IV bis +IV)
Krypton	Kr	83,80	0,0037	–156,9	–153,4	<1000	sehr selten, Edel-/Füllgas
Kupfer	Cu	63,55	8,96	1083	2600	≈12 Mio.	rotglänzend, (+I, +II)
Lithium	Li	6,94	0,53 !	180	1330	15 000	zähes, sehr leichtes Alkalimetall, brennbar, (+I) karminrote Flamme
Magnesium	Mg	24,31	1,74	650	1 110	0,3 Mio.	Leichtmetall, 2. HG, brennbar (+II)
Mangan	Mn	54,94	7,43	1250	2100	ca. 25–30	sehr spröde, oxidiert an Luft (+II bis +VII)
Molybdän	Mo	95,94	10,28	2620	5560	ca. 120 000	hart, gut formbar, zinnweiß, Schwermetall
Natrium	Na	22,99	0,97	98	892	0,3 Mio.	silberweißes,weiches Alkalimetall (+I), brennbar, orangerote Flamme
Neon	Ne	20,18	0,0009	–248,6	–246,0	ca. 5000	leichtes Edelgas
Neptunium	Np	237	20,25	640	3901	ca. 0,01–20	silbrigglänzend, schwer (+III bis +VII)
Nickel	Ni	58,71	8,90	1450	2730	> 1 Mio.	silberweißglänzd., beständig, als feinstes Pulver selbstentzündlich (+II)
Niob	Nb	92,9	8,58	2468	4740	20 000	hellgrau, gut formbar, glänzend
Palladium	Pd	106,4	12,02	1552	3125	110	stahlähnliches Schwermetall, Katalysator
Phosphor	P	30,97	1,8/2,3/ 2,7	44	280	ca.1 Mio.	weiß/rot/schwarz, Feststoff, selbstentzündlich, weiß = leuchtend, giftig (–III, +III, +V)
Platin	Pt	195,1	21,4	1770	3825	ca.110	silberweiß, geschmeidig, Katalysator
Plutonium	Pu	ca. 244	19,8	640	3230	gering	radioaktives, hochgiftiges Schwermetall
Quecksilber	Hg	200,59	13,53	–39	357	6200	flüssiges Edelmetall, giftig (+I, +II)
Rhodium	Rh	102,91	12,41	1960	3675	12	silberweiß, stark glänzend, Katalysator
Rubidium	Rb	85,47	1,53	38,9	688	ca. 30–90	selbstentzündlich, glänzend, butterweich
Ruthenium	Ru	101,1	12,41	2305	3900	< 5	sehr hart (0 bis +VIII)
Sauerstoff	O	16,00	0,0014	–219	–183	um 100 Mio.	21 % der Luft, sehr reaktiv, (Ozon: Kp. –111 °C),(–II, –I, mit Fluor: +II)
Schwefel	S	32,06	2,07	113	445	ca. 60 Mio.	gelbes Pulver, brennbar (–II, +IV, +VI), löslich in CS_2, wichtiger Chemierohstoff
Selen	Se	78,96	4,26/ 4,79	grau: 221	grau: 685	3500?	graue, rote, glasartige und amorphe Modifikationen, grau = Halbleiter
Silber	Ag	107,87	10,5	961	2210	9000	Edelmetall, sehr hohe Leitfähigkeit
Silizium	Si	28,09	2,33	1410	2680	> 70 000	grauglänzend, sprödes Nichtmetall, Halbleiter
Stickstoff	N	14,01	0,0012	–210	–196	ca. 300 Mio.	Hauptteil der Luft, inertes Schutzgas (–III, +V, +III)
Strontium	Sr	87,62	2,63	771	1385	gering	silberweißes Leichtmetall, rote Flamme
Tellur	Te	127,6	6,24	449,9	1390	ca. 900	braune und metallische Modifikation
Titan	Ti	47,90	4,50	1670	3260	0,2 Mio.	sehr zähes Leichtmetall (u. a. +IV)
Uran	U	238,03	18,90	1130	3820	34 000	giftig, eisenähnlich, oxidiert gut (+IV/+VI)
Vanadium, Vanadin	V	50,94	6,09	1920	3400	25 000	stahlgraues, sehr festes Schwermetall, als Pulver selbstentzündlich (+II bis +V)
Wasserstoff	H	1,008	0,0002	–259	–253	$3 \cdot 10^{11}$ m³/a	leichtestes Element, mit Luft explosiv, brennbar, (+I, –I)
Wismut, Bismut	Bi	208,98	9,8	271	1560	11 000	rotweißglänzend, spröde, selten, leicht schmelzbar
Wolfram	W	183,85	19,3	3410	5930	ca. 65 000	sehr fest und hart (u. a. +VI)
Xenon	Xe	131,30	0,0059	–111,75	–108	< 190	sehr, sehr seltenes, schweres Edelgas (in Luft: 0,08 ml/m³), 9 stabile Isotope
Yttrium	Y	88,91	4,47	1524	3337	< 550	silberweißes Leichtmetall, gut formbar
Zäsium, Caesium	Cs	132,91	2,5?	28,5	705	ca. 19-22	silbrig, wachsweich, explosionsartige Selbstentzündung, löslich in flüss. NH_3
Zink	Zn	65,37	7,14	419	906	7,3 Mio.	blauweißglänzend, spröde, als Pulver leicht entzündlich, bildet mit Cu Messing
Zinn	Sn	118,69	7,3	232	2270	250 000	weiches Schwermetall, 4. HG
Zirkon(ium)	Zr	91,22	6,508	1855	4400	6000	hell, weich, glänzend, dehnbar, schwer

2b Die Elektronenkonfiguration wichtiger Elemente

Hier in **Auswahl**; z. T. mit Angabe möglicher Wertigkeitsstufen (W); im Grundzustand, regelmäßige Auffüllung vom Orbital niedrigster Energie an, also in der Reihenfolge: **1s 2s 2p 3s 3p 4s 3d 4p 5s 4d...:**

Symbol	Elektronenkonfiguration	Wertigkeit
$_{1}$H	$1s^1$	±I
$_{2}$He	**$1s^2$**	**0**
$_{3}$Li	$1s^2\,2s^1 = [He]\,2s^1$	+I
$_{4}$Be	$1s^2\,2s^2$	±II
$_{5}$B	$1s^2\,2s^2\,2p^1$	±III
$_{6}$C	$1s^2\,2s^2\,2p^2$	bis ±4
$_{7}$N	$1s^2\,2s^2\,2p3$	–III bis +V
$_{8}$O	$1s^2\,2s^2\,2p^4$	±II
$_{9}$F	$1s^2\,2s^2\,2p^5$	–I
$_{10}$Ne	**$1s^2\,2s^2\,2p^6 = [Ne]$**	**0**
$_{11}$Na	$1s^2\,2s^2\,2p^6\,3s^1$	+I
$_{12}$Mg	$[Ne]\,3s^2$	+II
$_{13}$Al	$[Ne]\,3s^2\,3p^1$	+III
$_{14}$Si	$[Ne]\,3s^2\,3p^2$	bis ±4
$_{15}$P	$[Ne]\,3s^2\,3p^3$	–III, +V u. a.
$_{16}$S	$[Ne]\,3s^2\,3p^4$	
$_{17}$Cl	$[Ne]\,3s^2\,3p^5$	–I, auch +I, III, V, VII
$_{18}$Ar	**$1s^2\,2s^2\,2p^6\,3s^2\,3p^6 = [Ar]$**	**0**
$_{19}$K	$[Ar]\,4s^1$	+I
$_{20}$Ca	$[Ar]\,4s^2$	+II
$_{21}$Sc	$[Ar]\,4s^2\,3d^1$	+III
$_{22}$Ti	$[Ar]\,4s^2\,3d^2$	+IV, auch +III, +II
$_{24}$Cr	$[Ar]\,4s^2\,3d^4$	+III, auch +II bis +VI
$_{25}$Mn	$[Ar]\,4s^2\,3d^5$	+ II, auch +III bis +VII
$_{26}$Fe	$[Ar]\,4s^2\,3d^6$	+III, u. a. auch +II
$_{27}$Co	$[Ar]\,4s^2\,3d^7$	+II, auch +III bis +V
$_{28}$Ni	$[Ar]\,4s^2\,3d^8$	+II, auch +III/+IV
$_{29}$Cu	$[Ar]\,4s^2\,3d^9$	+II, auch +I/+III
$_{30}$Zn	$[Ar]\,4s^2\,3d^{10}$	+II
$_{31}$Ga	$[Ar]\,4s^2\,3d^{10}\,4p^1$	+III/+I
$_{32}$Ge	$[Ar]\,4s^2\,3d^{10}\,4p^2$	+IV/+II/–IV
$_{33}$As	$[Ar]\,4s^2\,3d^{10}\,4p^3$	+V bis –III – ohne gerade Zahlen
$_{35}$Br	$[Ar]\,4s^2\,3d^{10}\,4p^5$	+VII bis –I – ohne gerade Zahlen
$_{36}$Kr	**$[Ar]\,4s^2\,3d^{10}\,4p^6 = [Kr]$**	**0**

Symbol	Elektronenkonfiguration	Wertigkeit
$_{37}$Rb	$[Kr]\,5s^1$	+I
$_{38}$Sr	$[Kr]\,5s^2$	+II
$_{39}$Y	$[Kr]\,5s^2\,4d^1$	h +III
$_{40}$Zr	$[Kr]\,5s^2\,4d^2$	+IV, auch: +II/+III
$_{41}$Nb	$[Kr]$ **$5s^1\,4d^4$**	+V, auch: +II bis +IV
$_{42}$Mo	$[Kr]\,5s^1\,4d^5$	+VI, auch +II bis +V
$_{45}$Rh	$[Kr]\,5s^1\,4d^8$	+III, auch +II bis +VI
$_{46}$Pd	$[Kr]$ **$5s^0\,4d^{10}$**	+II, auch: +IV – selten: +III
$_{47}$Ag	$[Kr]\,5s^1\,4d^{10}$	+I, selten: +II/+III
$_{48}$Cd	$[Kr]\,5s^2\,4d^{10}$	+II)
$_{49}$In	$[Kr]\,5s^2\,4d^{10}\,5p^1$	+I/+III)
$_{50}$Sn	$[Kr]\,5s^2\,4d^{10}\,5p^2$	+IV, auch +II, –IV
$_{51}$Sb	$[Kr]\,5s^2\,4d^{10}\,5p^3$	+V, auch +III, –III
$_{53}$I	$[Kr]\,5s^2\,4d^{10}\,5p^5$	von +VII bis –I
$_{54}$Xe	**$[Kr]\,5s^2\,4d^{10}\,5p^6 = [Xe]$**	**fast ausschließlich 0**
$_{55}$Cs	$[Xe]\,6s^1$	+I
$_{56}$Ba	$[Xe]\,6s^2$	+II
$_{57}$La	$[Xe]\,6s^2$ **$5d^1\,4f^0$**	+III
$_{58}$Ce	$[Xe]\,6s^2\,4f^2$	+III/+IV
$_{71}$Lu	$[Xe]\,6s^2\,4f^{14}\,5d^1$	+III
$_{74}$W	$[Xe]\,6s^2\,4f^{14}\,5d^4$	+VI, auch +II bis +V
$_{76}$Os	$[Xe]\,6s^2\,4f^{14}\,5d^6$	+IV, auch +II bis +VIII
$_{78}$Pt	$[Xe]\,6s^0\,4f^{14}\,5d^{10}$	auch: **$d^9\,s^1$** / +IV, auch +II bis +VI
$_{79}$Au	$[Xe]\,6s^1\,4f^{14}\,5d^{10}$	+III, auch +I
$_{80}$Hg	$[Xe]\,6s^2\,4f^{14}\,5d^{10}$	+II
$_{82}$Pb	$[Xe]\,6s^2\,4f^{14}\,5d^{10}\,6p^2$	+II, +IV, –II
$_{83}$Bi	$[Xe]\,6s^2\,4f^{14}\,5d^{10}\,6p^3$	+III, +V, –III
$_{86}$Rn	**$[Xe]\,6s^2\,4f^{14}\,5d^{10}\,6p^6$**	**nur: 0**
$_{87}$Fr	$[Rn]\,7s^1$	nur: +I
$_{89}$Ac	$[Rn]\,7s^2$ **$6d^1$**	nur: +III
$_{90}$Th	$[Rn]\,7s^2$ **5f2**	+IV, auch: +III
$_{92}$U	$[Rn]\,7s^2\,5f^3\,6d^1$	+VI, auch +III bis +V
$_{94}$Pu	$[Rn]\,7s^2\,5f^5\,6d^1$ (?)	+III bis +VII
$_{107}$Ns	$[Rn]\,7s^2\,5f^{14}\,6d^5$ (?)	noch unklar
$_{114}$N.N. und $_{118}$N.N.: noch unklar (neu entdeckt 1998/99)		

Quantenzahlen (N = max Anzahl an e^-)

n	l	m	s	N
1	0	0	± 1/2	2 (= $1s^2$)
2	0	0	± 1/2	2 (= $2s^2$)
2	1	0, ±1	± 1/2	6 (= $2p^6$)
3	0	0	± 1/2	2 (= $3s^2$)
3	1	0, ±1	± 1/2	6 (= $3p^6$)
3	2	0, ±1, ±2	± 1/2	10 ($3d^{10}$)
4	0	0	± 1/2	2 ($4s^2$)
4	1	0, ±1	± 1/2	6 ($4p^6$)
4	2	0, ±1,±2	± 1/2	10 ($4d^{10}$)
4	3	0, ±1, 2, 3	± 1/2	14 ($4f^{14}$)
...				

n = Hauptquantenzahl (≅ Schale)
l = Nebenquantenzahl (≅ Orbital)
m = Magnetquantenzahl (≅ Orbital)
s = Spinquantenzahl (≅ Drehrichtung)
N = Anzahl der Elektronen (Entsprechende Elektronenkonfiguration voll aufgefüllter Schalen in Klammern)

T

Tabelle 3: Die wichtigsten anorganischen Grundchemikalien (Industrie, Haushalt, Analytik)

Die Bedeutung verwendeter Abkürzungen: M = molare Masse (g/mol), ϱ = Dichte in g/cm³ bei ϑ = +20 °C, Fp. = Fusions-/Schmelzpunkt in °C (= ϑ_m = Smp.), Kp. = Kondensations-/Siedepunkt in °C (= ϑ_V = Sdp.), L = Löslichkeit in Wasser (in g/100 g bei Raumtemperatur, gerundet), Lösg. = in gesättigter, wässriger Lösung, fbl. = farblos, Zers. = Zersetzung, subl. = Sublimation, * = organisch (zum Vergleich)

Chemikalie	Formel	M (g/mol) und Färbung	ϱ (g/ cm³)	Fp (°C) (oder Kp.)	Löslichkeit (g/100 g H_2O)	weitere Stoffeigenschaften bzw. Verwendung
„Alkohol" (Ethanol)*	C_2H_5OH	46,7	0,7893	–114 (Kp.: 78,3)	∞ (beliebig)	farblos, brennbares Löse- und Rauschmittel
Ammoniak (Salmiakgeist)	$NH_3(NH_4OH)$	17,0 (farblos)	(Lösg.: ca. 0,8)	–78 (Kp.: 33)	48	wässr. Lösg. = Reinigungsmittel basisch (Salmiakgeist)
Ammonium-carbonat	$(NH_4)_2CO_3(+ H_2O)$	114,1 (farblos)	um 1,3	Zers. bei 58	sehr groß	Backpulver (Triebmittel, dissoziiert zu $CO_2 + NH_3$)
Ammonium-chlorid	NH_4Cl	53,5 (weiß)	1,5	subl. bei 340	39	(Salmiaksalz)
Ammonium-nitrat	NH_4NO_3	80,0 (weiß)	1,7	169	208	Düngemittel, u. U. explosiv zersetzbar (in Hitze)
Azeton*	CH_3COCH_3	58 (farblos)	0,7908	Kp.: 56,2	∞	Löse-/Reinigungsmittel
Bariumhydroxid	$Ba(OH)_2$ ($\cdot$ 8 H_2O)	171,4 (bzw. 315,5/weiß)	2,2	408 (78)	4,7	CO_2-Nachweismittel, basisch (und Flammen färbend)
Bariumsulfat	$BaSO_4$	233,4 (weiß)	4,5	1350	0,00025	Malerweiß (Färbmittel)
Blei-II-azetat	$Pb(C_2H_3O_2)_2$	325,3 (weiß)	3,2	280	ca. 55	giftig, H_2S-Nachweismittel
Calciumcarbonat	$CaCO_3$ ($\cdot$ 6 H_2O)	100,1 (bzw. 208,2), weiß	2,7 (1,8)	Zers. bei 900	0,0013	Kalk, Marmor (ergibt beim Brennen CaO)
Calciumhydroxid	$Ca(OH)_2$	74,1 (weiß)	2,3	Zers. bei 580 (CaO)	0,12	gelöschter Kalk, Lösung = Kalk-wasser (CO_2-Nachw.)
Calziumoxid	CaO	56,1 (weiß)	3,3	2570	reagiert	gebrannter Kalk, ätzend
Calziumsulfat	$CaSO_4$	136,1 (weiß)	3,0	1450	0,002	Gips (mit ½ oder 2 H_2O)
Chlorwasser-stoff	HCl	36,5 (farblos)	(Lösg.: 1,2)	–114 (Kp. –85)	70	wässr. Lösung = Salzsäure (Ätz- und Reinigungsmittel)
Eisen-II-sulfat (Eisenvitriol)	$FeSO_4$ ($\cdot$ 7 H_2O)	278,0 (ohne H_2O: 152)	3,0 (1,9 = $\cdot$ H_2O)	64	29,5	grünes Salz, wird in Lösung an Luft zu Rost oxidiert
Eisen-II-sulfid	FeS	88 (schwarz)	4,8	1195	0,0006	schwarz, reag. mit Säuren
n-Hexan *	C_6H_{12}	86,2	0,66	–95,6 (Kp.: 69)	0 unpolar	brennb., farbl. Lösemittel, ungiftig
Kaliumcarbonat	K_2CO_3	138,2 (weiß)	2,3	897	ca. 118	Pottasche, Lösung basisch, weißes Pulver
Kaliumcyanid	KCN	65,1 (farblos)	1,5	623	72	Zyankali, hochgiftig
Kaliumhydroxid	KOH	56,1 (farblos)	2,0	360 (Kp.: 1327)	119 ($\cdot$ 2 H_2O)	Ätzkali, wässr. Lösung = Kalilauge (farblos, ätzend)
Kaliumiodid	KI	166,0 (farblos)	3,1	681	148	weißes Salz, oxidabel zu Iod
Kaliumnitrat	KNO_3	101,1	2,1	338	38	Salpeter, Sprengstoffzusatz
Kalium-permanganat	KMnO4	158,0 (tiefviolett)	2,7	Zers. bei 240	7,6	tiefviolettes Oxidationsmittel, reagiert mit HCl zu Cl_2
Kaliumhydrogen-sulfat	$KHSO_4$	136,2 (farblos)	2,4	210	52	stark saures, ätzendes Salz (in WC-Reinigern etc.)
Kalium-thiocyanat	KSCN	97,2 (farblos)	1,9	179	239	farbloses Salz, Nachweismittel für Eisen-/Kobaltsalze
Kobaltchlorid	$CoCl_2$	129,8 (blau)	3,4	727	56 (+ 6 H_2O)	mit Kristallwasser: rosarot
Kohlendioxid	CO_2	44,0 (farblos)	0,00185	–78 (subl.)	0,145	farb- und geruchloses Gas (mit Wasser = Kohlensäure)
Kohlenmonoxid	CO	28,0 (farblos)	0,00117	–205 (Kp.: –191)	0,0026	farb- und geruchloses Giftgas, brennbar
Kupfersulfat (Kupfervitriol)	$CuSO_4$ ($\cdot$ 5 H_2O)	249,7 (türkisblau)	2,3	Zers.	22	türkisblaues Salz, leicht sauer, oxidierend, desinfizd.
Magnesiumoxid	MgO	40,3 (weiß)	3,6	2800	0	weißes Pulver (Magnesia), Trockenmittel
Magnesium-sulfat(-vitriol)	$MgSO_4$ ($\cdot$ 7 H_2O)	246,5 (farblos)	1,7	Zers.70 (1124)	36,4	Bittersalz

T

Chemikalie	Formel	M (g/mol) und Färbung	ϱ (g/ cm³)	Fp (°C) (oder Kp.)	Löslichkeit (g/100 g H_2O)	weitere Stoffeigenschaften bzw. Verwendung
Mangansulfat (-vitriol)	$MnSO_4$ (· 4–7 H_2O)	277,1 (· 7 H_2O)	2,1 (· 7 H_2O)	Zers. 30 (· 4 H_2O)	65 (· 5 H_2O)	rosa Salz, temperaturabhg. Kristallwassergehalt
Methan *	CH_4	16,0 (farblos)	0,00067	–182,5 (Kp.: –161)	0,0021	Erd-/Grubengas, brennbar, geruchlos, ungiftig
Natriumazetat	CH_3COONa + 3 H_2O	136,1 (ohne H_2O: 82,0)	1,4–1,5	58	100 (· 3 H_2O) (ohne H_2O: 324)	schwach basisch, reagiert mit Säuren zu Essigsäure
Natriumcarbonat	Na_2CO_3	106,0 (farblos)	2,5	854	29,4 (· 10 H_2O)	Soda, basisch, zum Reinigen und Kationenfällen
Natriumchlorid	NaCl	58,5	2,2	801 (Kp.: 1465)	36,0	Speise-, Stein-, Kochsalz
Natriumhydrogencarbonat	$NaHCO_3$	84,0 (farblos)	2,2	Zers. bei 270	10,3	Natron, zur Kohlensäure-/Limoherstellung, wie Soda auch zur Neutralisation u. a.
Natriumhydroxid	NaOH	40,0	2,1	322 (Kp.: 1378)	114 (· 1 H_2O)	Ätznatron, wässr. Lösung = Natronlauge (Ätzmittel)
Natriumsulfat (bzw. -vitriol)	Na_2SO_4(· 10 H_2O)	142 (· 10 H_2O: 322,2)	2,7	884 (· 10 H_2O: 32)	28 (· 10 H_2O)	Glaubersalz, farblos
Phosgen	$COCl_2$	98,9	1,4	–104 (Kp.: 8)	reagiert zu CO_2 + HCl	Kampfgas (C-Waffe), stark ätzend, farblos, beißend
Phosphorsäure	H_3PO_4	98,0 (farblos)	1,8	42	570	ölige, ätzende Flüssigkeit (konz. = fest)
Salpetersäure	HNO_3	63,0 (farblos)	1,5 (konz.)	–47 (Kp.: 86)	beliebig	stark ätzende, ölige, stark oxidierende Flüssigkeit
Salzsäure	HCl	36,5 (farblos)	(Lösg.: 1,2)	–114 (Kp. –85)	70	wässr. Lösung = Salzsäure (Ätz- und Reinigungsmittel)
Schwefelkohlenstoff	CS_2	76,1 (farblos)	1,3	–111 (Kp.: 46)	0,17	brennbares, farbl., giftiges Lösemittel (für Schwefel)
Schwefelsäure	H_2SO_4	98,1 (farblos)	1,8	10 (Zers. ab 340)	beliebig	stark ätzend, verkohlend, hygroskopisch, oxidierend
Schwefelwasserstoff	H_2S	34,1 (farblos)	ca. 0,0014	–86 (Kp.: –60,2)	0,33	schwach saures Giftgas, riecht nach faulenden Eiern
Stickstoffdioxid	NO_2/N_2O_4	46/92 (bräunlich)	ca. 0,003	–11 (Kp.: 21,1)	reagiert (u. a. zu HNO_3)	braun, ätzend, chlorähnl. Geruch, brandfördernd
Tetrachlormethan	CCl_4	153,8 (farblos)	1,6	–23 (Kp.: 77)	0,08	Krebs erregende, farbl. Löse- und Reinigungsmittel
Wasser(-stoffoxid)	H_2O	18,0	1,0	0 (Kp.: 100)	–	farb- und geruchloses Lösemittel, polar, ungiftig ...
Zinksulfat (-vitriol)	$ZnSO_4$ mit 7 H_2O	287,6	2,0	100	58	farbloses Salz, gut löslich, leicht sauer

Tabelle 4: Binäre, anorganische Verbindungen

(Die Tabellen wurden nach Stoffklassen bzw. den PSE-Hauptgruppen von rechts nach links geordnet, d. h. in der Reihenfolge: Halogenide, Oxide, Sulfide, Nitride, Phosphide, Carbide usw.; jede Stoffklasse beginnt immer mit dem jeweiligen Hydrid; Bedeutung der Abkürzungen wie in Tabelle 2 u. 3)

Formel	M (g/mol)	Fp (°C) (oder Kp)	Farbe	ϱ (g/cm³)	Löslichkeit (L = in g/100 g H_2O bei +20 °C; Lp = pK_L = Löslichkeitsprodukt in mol^x/lL^x), weitere Eigenschaften oder Verwendung
HF	20,006	–83,36 (Kp.: 19,46)	farblos	0,958	L = beliebig (wässrige Lösung = Flusssäure), hygroskopisch, stark ätzend, giftig, mischbar auch mit Ethanol und Diethylether
LiF	25,94	848 (Kp: 1717)	farblos	2,64	L: maximal 0,27 Gewichts-% in Wasser
NaF	41,99	998 (Kp.: 1695)	farblos	2,79	toxisch, MAK 2,5 mg/m³, gut wasserlöslich
KF	58,10	860	farblos	2,481	Kp.: 1505, gut wasserlöslich, toxisch
CaF_2	78,08	1390 (Kp.: 2500)	farblos	3,18	nicht löslich (Mineral: Flussspat)
WF_6	297,8	2,3 (Kp.: 17,0)	violett	0,0128	10-mal schwerer als Luft, reagiert mit Wasser u. a. zu HF, Dichte am Kp.: 3430 g/l, ätzend
BF_3	67,805	–128 (Kp.: –84,6)	farblos	0,00284	L 1057 ml Gas/kg H_2O, hydrolisiert jedoch zu HF + Borsäure (ätzend,giftig)
CF_4	88,01	–183,4 (Kp.: –128)	farblos	0,00367	L 0,0038 l/kg H_2O, D am Kp.: 1603 g/l, farb- und geruchlos, ungiftiger FKW
N_2F_4	104	–161 (Kp.: –74,2)	farblos	0,00435	3,62-mal schwerer als Luft, hochexplosives Gas (Name: Tetrafluorhydrazin), ätzend
SF_6	146,05	ca. –50,8	farblos	0,00618	L 0,0056 l Gas/kg Wasser , MAK = 1000 mL/m³ (ungiftig, farb- und geruchlos)
ClF_3	92,45	–76 (Kp.: 11,8)	fast farblos	0,00363	3-mal schwerer als Luft, reagiert explosiv mit Wasser, MAK 10 ml/m³ (stark ätzend, giftig)
IF_5	221,9	9,6 (Kp.: 98)	farblos	3,252	sehr reaktiv, ätzend, toxisch, stark rauchende Flüssigkeit, Hydrolyse zu HF + HIO_3
XeF_6	248	46	violett	ca. 0,005	zerfällt in Hitze zu Xe + F_2 (XeF_2: L = 25 g/l, Fp.: 130 °C)
HCl	36,461	–114,2 (Kp.: –85)	farblos	0,00154	L 448 l Gas/kg Wasser, MAK 5 ml/m³, ätzend, beißender Geruch (wässrige Lösung = Salzsäure)
NaCl	58,45	801 (Kp.: 1439)	farblos	2,164	L = 35,8 oder 39,1 (Lösung dann Kp. = 109 °C) (vgl. Fp.: **LiCl** = 614, **KCl** = 772; L (KCl) 56,6)
$MgCl_2$	95,22	708–714	farblos	2,316	gut löslich: 35,2 g/100 ml (· 6 H_2O: ϱ = 1,57 g/cm³)
$CaCl_2 \cdot 6\,H_2O$	219,08	ca. 30	farblos	1,71	nur endotherm wasserlöslich, aber hygroskopisch/wasserfrei: M = 110,99 / Fp.≅ 777 °C, ϱ = 1,71, L: 425 g/l
$FeCl_2 \cdot 4\,H_2O$	198,82	677 (Kp: 1012)	grüngelb	1,93	wässrige Lösung an Luft unbeständig (oxidiert zu Eisenhydroxiden und Salzsäure), L: 386 g/l
$FeCl_3 \cdot 6\,H_2O$	270,30	ca. 35	gelbbraun	2,90	gut löslich, wird bei Wasserabgabe in Salzsäure und Eisen-III-hydroxid bzw. -oxid zersetzt
$CoCl_2$	129,8	724 (Kp.: 1049)	blassblau	3,356	hygroskopisch, mit 6 H_2O rosarote Kristalle ($MnCl_2$ zum Vergleich: M = 152,8/Fp.= 650 °C, ϱ = 2,977, L:1400 g/l)
$NiCl_2$	129,6	987–993	grün	3,55	gut löslich (380 g/l)
$CuCl_2$	134,4	430 (Kp.: 1367)	gelbgrün	4,14	wässrige Lösung schwach sauer und oxidierend, desinfizierende Wirkung (· H_2O: ϱ = 3,386)
AgCl	143,32	455	weiß	5,56	L: 1,6 · 10^{-4} Gew.-%, lichtempfindlich, gut reduzierbar
BCl_3	117,17	–107 (Kp.: 12)	weißgelb	flüss.: 1,434	gasförmig, mit H_2O Zersetzung zu Salz- und Borsäure (also ätzend)
$AlCl_3$	133,34	183, subl.	farblos	2,44	reagiert mit H_2O u. a. zu Salzsäure (hygroskopisch)
CCl_4	153,8	–23 (Kp.: 77)	farblos	1,6	Krebs erregendes Löse- und Reinigungsmittel, nicht mit Wasser mischbar, reagiert explosiv mit Alkalimetallen
$SiCl_4$	169,88	–68	farblos	1,483	stark rauchende Flüssigkeit, reagiert mit Wasser
$PbCl_2$	278,12	501	weiß	5,85	Kp.: 950, löslich nur in heißem Wasser
PCl_5	208,2	Kp: 106	gelblich	2,11	reagiert heftig mit Wasser (zu H_3PO_4 und Salzsäure)
$SbCl_5$	299,05	4	gelb	2,336	ölig, hydrolysiert (u. U. zu SbOCl + Salzsäure)
ICl	162,36	27,3 Zers.: 94,4	rubinrot	ca. 3,86	korrosiv, als Flüssigkeit rotbraun, Kristalle rubinrot, hydrolysiert mit Wasser zu HIO_3, I_2 und Salzsäure

Formel	*M* (g/mol)	**Fp** (°C) (oder Kp)	**Farbe**	*ϱ* (g/cm³)	**Löslichkeit** (L = in g/100 g H_2O bei +20 °C; Lp = pK_L = Löslichkeitsprodukt in mol^x/l^x), weitere Eigenschaften oder Verwendung
HBr	80,912	–86 (Kp.: –66)	farblos	0,00340	L 532,1 l Gas/kg H_2O, MAK 5 ml/m³, stark ätzend, beißender Geruch, saure Lösung
LiBr	86,8	547	farblos	3,464	Kp.: 1265, hygroskopisch, L: 615 g/l
NaBr	102,91	755	farblos	3,203	Kp.: 1390, gut löslich in Wasser
KBr	119,01	735	farblos	2,75	Kp.:1435, L: 105 g/100 m (!), kubische Kristalle
$CuBr_2$	223,31	498 (Kp.: 900)	dunkelgrün	4,71	gut löslich, metallisch glänzend, L: max. 56 Gew.-% (**CuBr**: weißgelb, L: gering, Fp.: 486 °C)
$AlBr_3$	266,71	97,5	weißgelb	ca. 2,7	Kp.: 265 (BBr_3: rauchend, giftig, Kp.: 91, Fp.: –46)
CBr4	331,63	90,1	farblos	3,42	L: 0,24 g/l, Kp: 102 °C
HI	127,913	–50,8 (Kp.: –35,4)	farblos	0,00579	4,48-mal schwerer als Luft, sehr hohe Wasserlöslichkeit (ca.600 l Gas/kg H_2O)
NaI	149,89	662(651)	farblos	3,667	Kp.: 1304, gut wasserlöslich
KI	166,02	723	farblos	3,12	Kp.: 1325, L.: 144
CaI_2	293,90	subl. 740	farblos	3,95	Kp.: 1100
PbI_2	461,05	402	gelb	6,16	Kp.: 954, in Hitze rot, als Nd. knallgelb, unlöslich
H_2O	18,015	0 (Kp.: 100)	farblos	0,999	Dichte 1,00 bei 4 °C / (D_2O: 1,10 g/ml)
Li_2O	29,88	1560	farblos	2,013	langsam in Wasser löslich
Na_2O	61,98	1132	weiß	2,27	in Hitze gelb, in Wasser exotherm löslich (Reaktion)
Na_2O_2	77,98	675	weißgelb	2,55	nimmt an Luft CO_2 auf, reagiert mit Wasser zu NaOH + O_2, stark oxidierend, ätzend
K_2O	94,20	740	weiß	2,32	heftige Reaktion mit Wasser (zu Kalilauge)
KO_2	71,10	509	gelb	2,158	heftige Reaktion mit H_2O zu KOH, H_2O_2 + O_2
MgO	40,31	2831	weiß	3,576	L: $6{,}2 \cdot 10^{-4}$ % , Kp.: 3600
CaO	56,08	2927	weiß	3,40	L: gering (bildet Kalkwasser), Kp: 3570
BaO	153,34	2015	weiß	5,685	Halbleiter, z.T. schwach gelblich, + $H_2O \rightarrow Ba(OH)_2$
TiO_2	79,90	1560	weiß	3,84	Anatas (wird beim Erhitzen zu Rutil; Brookit ebenso)
TiO_2	79,90	1855	weiß	4,23	Rutil, Weißpigment, Halbleiter, wasserunlöslich
V_2O_5	181,88	670	orangerot	3,32	L: $5 \cdot 10^{-3}$ %, Kp.: 1800, reagiert mit Laugen zu Vanadaten (analog: Molybdän- und Wolframoxid)
Cr_2O_3	151,99	2275	grün	5,21	nicht wasserlöslich, Kp.: 4000
MnO_2	86,94	Zers.	braun	4,83	Braunstein, oxidierend (gibt in Hitze O_2 ab)
FeO	71,85	1369	schwarz	5,745	Wüstit (genau: $Fe_{0,95}O$), unlöslich
Fe_2O_3	159,69	1457	braun	5,25	Hämatit, Halbleiter, gelbrot bis rotbraun, unlöslich
Fe_3O_4	231,54	1594	schwarz	5,18	Magnetit, auch blauschwarz, unlöslich
NiO	74,71	1955	grün	7,45	Bunsenit, Halbleiter, auch dunkelgraugrün
OsO_4	254,2	31 (Kp: 130)	gelb	4,906	L: 6 Gew.-%, stark riechend, ätzend (bindehauttrübend)
Cu_2O	143,08	1235	rötlich	ca. 6,0	unlöslich in Wasser, Kp.: 1800, rotbraun
CuO	79,57	1326	schwarz	6,3–6,5	in Glut gutes Oxidationsmittel, löslich in Säuren
Ag_2O	231,74	230 Zers.	dklbrn.	7,143	dunkelbraun, L: $1{,}6 \cdot 10^{-3}$ %, an Licht zersetzlich
ZnO	81,37	1975	weiß	5,66	Rotzinkerz, Halbleiter, nimmt an Luft H_2O + CO_2 auf
HgO	216,59	Zers. 476	rot	11,14	L: $5 \cdot 10^{-3}$ % (Hg_2O: braunschwarz, 9,8 g/cm³)
Al_2O_3	101,96	2050	weiß	3,97	durch Passivierung nicht säurelöslich
CO	28,01	–205, (Kp.: –191)	farblos	0,00117	L 0,0227 l Gas/kg Wasser, giftig, MAK 30 mg/m³, Dichte am Kp.: 788,6 g/l, geruchlos, brennbar
CO_2	44,01	subl. bei 77	farblos	0,001848	L 0,059 l Gas/ kg Wasser (bildet Kohlensäure), schwerer als Luft, erstickt Flammen
SiO_2	polymer	1470–1713	glasartig	2,26/2,33/ 2,648	Quarz/Tridymit/Cristobalit bzw. sandartiges Pulver, Kp: 2950
PbO	223,21	888	hellgelb	8,0	in Hitze Verfärbung und oxidierend, nicht wasserlöslich, giftig (auch: Pb_3O_4, rotorange: Mennige, ein Mischoxid)
PbO_2	239,21	Zers. 290	tiefbraun	9,643	stark oxidierend; L: max. $0{,}57 \cdot 10^{-3}$ mol/kg Wasser, es existieren auch orangegelbes Pb_2O_3 und rotes Pb_3O_4

Formel	*M* (g/mol)	Fp (°C) (oder Kp)	**Farbe**	*ϱ* (g/cm³)	**Löslichkeit** (L = in g/100 g H_2O bei +20 °C; Lp = pK_L = Löslichkeitsprodukt in mol^x/l^x), weitere Eigenschaften oder Verwendung
N_2O	44,013	–90	farblos	0,001847	L 0,665 l Gas/kg Wasser, süßl. Geruch, wirkt narkotisierend (Lachgas)
NO	30,006	–164 (Kp.: –152)	farblos	0,00125	L 0,047 l Gas/kg Wasser, reagiert an Luft zu braunen Stickoxiden, anschließend mit Wasser zu HNO_2 + HNO_3, ätzend, bei Inhalation gesundheitsschädlich
NO_2	46	–11 (Kp.: 21)	braun	0,003358	reagiert mit Wasser zu Salpetersäure, brandfördernd (oxidierend), chlorähnl. Geruch, toxisch
P_2O_5	> 141,9	359 subl.	weiß	2,93	polymer, stark hygroskopisch, reagiert zu H_3PO_4
As_2O_3	197,84	312	weiß	3,7–4,15	Arsenik/Arsenolith/Claudetit; Halbleiter, glasig, spröde
Bi_2O_3	465,96	825 (Kp.: 1890)	ocker	8,64	Bismit/Wismutocker; grauweiß/grüngelb/hellgelb
O_3 **(Ozon)**	ca. 48	–192 (Kp.: –110)	farblos	0,00214	stark oxidierend, giftig, elektr. Geruch, MAK = 10–7 Vol.-%, absorbiert UV bei 253,7 nm, in hoher Konz. bläulich
SO_2	64,063	–75 (Kp.: –10)	farblos	0,002725	L 39,4 l Gas/l Wasser, (bildet schweflige Säure), säuerlicher Geruch und Geschmack, reduzierend, giftig
SO_3	ca. 80	30,5	weiß	2,42	Kp.: 62,2 / weißes Pulver, ätzend, bildet mit H_2O H_2SO_4
H_2S	34,08	–85,7 (Kp.: –60,2)	farblos	0,00143	L 2,582 l / kg Wasser, giftig, Geruch nach faulenden Eiern, brennbar, Lösung schwach sauer
Na_2S	78,05	920	weiß	1,856	ätzend, wasserlöslich, nach H_2S riechend
BaS	169,42	1200	weißlich	4,25	L: 7 Gew.-%, toxisch, Halbleiter
MnS	87,00	1430	dklgrün	3,99	Manganblende; frisch ausgefällt rosa
FeS	87,91	1190	grau	4,74	L: 0,0004 %, reagiert mit Säuren zu H_2S und Fe-Salzen
FeS_2	119,98	Zers. 743	gelb	5,00	Pyrit/Markasit, L: 0,0005 %, messinggelb
CoS	91,00	> 1116	schwarz	5,45	kristallin messinggelb / auch: CoS_2, Co_9S_8, Co_3S_4 ...
NiS	90,77	976	schwarz	5,5	Millerit (ähnlich: NiS_2, Ni_3S_2, Ni_3S_4, ...)
Cu_2S	15915	1127	grau	5,6	schwarzgrauglänzend, spröde, unlöslich
CuS	95,61	507 Zers.	schwarz	4,671	L: 0,00033 g/l (unlöslich) bzw. 0,0003 %
Ag_2S	247,80	837	grau	7,20	L: 0,0000137 %
ZnS	97,43	subl. bei 1180	weißgelb	3,98–4,087	Wurtzit, L: 0,000281 %, bei kathodischer Bestrahlung stark leuchtend (phosphoreszierend), brennbar
CdS	144,4	980	gelb	4,82	L: 0,013 % Gelbpigment (ähnlich: CdSe, rot)
HgS	232,65	825	rot	8,09	Zinnober; L: 1,25 · 10^{-5} %; wird in Hitze schwarz
CS_2	76,14	–112,1 (Kp.: 46,2)	farblos	1,2705	stark lichtbrechende, toxische Flüssigkeit, Brechzahl $n^{298\,K}_{589,3\,nm}$ = 1,62761, nicht wasserlöslich, löst aber S, P, Se, Br_2, I_2, Fette, Harze, Kautschuk, Campher
PbS	239,28	1114	bleigrau	7,6	kubisch, mitunter fast schwarz, L: 0,00003 %, Kp.: 1414, Mineral: Bleiglanz (rotgrau), Halbleiter
P_4S_{10}	444,54	286, Kp: 516	hellgelb	2,08	auch graugelb, zersetzlich in Wasser (P_2S_5 rot: *M* = 222,27/ Fp. 284, *ϱ* = ca. 3,0; weitere P-Sulfide existieren)
As_2S_2	213,94	307	rot	3,51	brennbar, Mineral Realgar, Kp.: 565, weich, lichtempfindlich
As_2S_3	246,04	312	gelb	3,43–3,48	brennbar, Mineral Auripigment (goldgelb bis rötlich), Halbleiter (ähnlich: As_4S_4, As_4Se_4, As_2Se_3, As_2Te_3 ...)
Sb_2S_3	339,68	546	grau	4,630	Antimonglanz; Modifikation: orangerot, subl. 530, *ϱ* = 4,120 g/cm³ (Ausfällung aus Sb^{3+} + H_2S; L: 0,00017 %)
Bi_2S_3	514,15	> 763	gräulich	6,78	grauglänzend, L: 1,8 · 10^{-5} %
H_2Se	80,98	–65,7 (Kp.: –41,4)	farblos	0,00366	gut wasserlöslich, MAK 0,05 ml/m³ (hochgiftig), D am Sdp. 1965 g/ml
PbSe	286,17	1080	grau	8,1	kub. Halbleiter (ähnl. PbTe: *M* =334,8/Fp.: 917, grau, *ϱ* = 8,16)
Sb_2Se_3	480,38	615	grau	5,848	Halbleiter (ähnl. ZnSe: M=144,3/Fp.=1522 °C, gelb, *ϱ* =5,26)
CdSe	191,36	1264	gelb	5,81	unlöslich, wird an Luft intensiv rot (Rotpigment)
NH_3	17,03	–77 (Kp.: –33,4)	farblos	0,00072	L: 685,7 l Gas/kg H_2O, MAK 50 ml/m³, ätzend und stark reizend, Lösung basisch (Salmiakgeist)
NaN_3	65,01	(fest)	farblos	1,846	L: 417 g/l, bildet Knallsäure (HN_3), Name: Natriumazid
Mg_3N_2	100,95	1077	gelbgrau	2,712	reagiert mit Wasser zu NH_3 + $Mg(OH)_2$, ätzend (basisch)
ZrN	103,23	3530	grau	6,51	Hartmetall- und Hochtemperaturwerkstoff, Kp.: 5100
Fe_3N	181,50	420 Zers.	grau	7,36	Fe_4N gelblich, Fe_2N grau (sehr hart, *M* = 125,7/*ϱ* = 6,35)

Formel	*M* (g/mol)	Fp (°C) (oder Kp)	Farbe	*ϱ* (g/cm³)	Löslichkeit (L = in g/100 g H_2O bei +20 °C; Lp = pK_L = Löslichkeitsprodukt in mol^x/l^x), weitere Eigenschaften oder Verwendung
BN	∞ bzw. 24,82	2230 subl.	schwarz/weiß	2,18	diamanthart (diamantartig-kristallin) oder graphitähnlich, Halbleiter, zersetzl. in sied. Wasser → NH_3 + H_3BO_3
AlN	40,99	> 2400	grau	3,09	grauweiß, sehr hart, in Wasser zersetzl. zu NH_3 + $Al(OH)_3$
$Pb(N_3)_2$	291,26	detoniert	grau	4,8	Bleiazid, Detonation ab 350 °C und bei Schlag/Druck
PH_3	34	–134 (Kp.: –87,8)	farblos	1,4294	1,18-mal schwerer als Luft, Knoblauchgeruch, MAK = 0,1 ml/m³ (sehr giftig), brennbar
AlP	57,96	2550	grau	2,424	Halbleiter
Fe_2P	142,67	1290	blaugrau	6,56	reagiert mit H_2O u. a. zu übel riechendem Phosphin PH_3 und zu olivgrünem $Fe(OH)_2$ (oxidiert an Luft zu Rost), ähnl.: FeP
AsH_3	77,94	–117 (Kp.: –62,5)	farblos	0,00363	MAK 0,05 ml/m³ (hochgiftig), Knoblauchgeruch, brennbar, Dichte 3-mal Luft
GaAs	144,64	1240	grau	5,317	wichtiger Halbleiter, auch im Mischkristall mit InAs
SbH_3	124,7	–88 (Kp.: –17,2)	farblos	0,00528	4,3-mal schwerer als Luft, hochgiftig (MAK 0,1 ml/m³), brennbar (Dichte am Kp.: 2158 g/l)
CH_4	16,043	–182 (Kp.: –161)	farblos	0,00067	L nur 35 ml Gas/kg H_2O (unpolar), ungiftig, brennbar, farb- und geruchlos, am Kp. 422 g/l)
CaC_2	64,10	2160	grau	2,22	bildet mit Wasser explosives C_2H_2-Gas + Kalkmilch
ZrC	103,23	3530	grau	6,51	sehr hart, Hochtemperaturwerkstoff, Kp: 5100
Fe_3C	179,55	1148 Zers.	grau	7,694	Zementit, bildet mit Säuren Kohlenwasserstoffe
B_4C	55,26	2470	schwarz	2,52	diamantartig hart (auch als $B_{12}C_3$ oder $B_{13}C_2$)
Al_4C_3	143,96	2230	grau	2,36	reagiert mit Säuren zu Methan CH_4 und Al-Salzen
SiC	40,1	2700 subl.	farblos	3,22	oft grün bis blauschwarz, sehr hart, unlöslich selbst in HF + HNO_3, auch als Halbleiter; „Carborundum"
SiH_4	32,117	–186 (Kp.: –112)	farblos	1,342	1,11-mal schwerer als Luft, selbstentzündlich, MAK 5 ml/m³, reagiert mit Wasser
GeH_4	76,622	–166	farblos	0,00314	reagiert mit Wasser, giftig (MAK 0,2 ml/m³), Kp.: –88,5
B_2H_6	27,67	–165 (Kp.: –92,5)	farblos	ca. 0,0011	0,965-mal schwerer als Luft, MAK 0,1 ml/m³ (giftig), selbstentzündlich, am Kp. 438,5 g/l
AlB_{12}	156,71	2150	gelbbraun	2,557	sehr hartes Schleifmittel „Al-Dodekaborid", ähnlich: AlB_2
CaH_2	42	816	farblos	1,9	reagiert mit H_2O zu Ätzkalk + H_2-Gas/ätzend
LiH	8	680	farblos		Pulver reagiert mit H_2O zu LiOH + H_2/ätzend

Tabelle 5: Wichtige Säuren und Basen

5 a Anorganische Säuren

(in alphabetischer Reihenfolge der Elementsymbole, wichtigste Säuren: gelb unterlegt; sauerstofffreie Säuren: in blauer Schrift)

Name der Säure	Formel	*M* g/mol	$\varrho_{konz.}$ (g/cm³)	Name der Säure-anionen und Diss.-Grad in %	pK_s-Wert in 1. Diss.-Stufe (bzw. K_s-Wert)	max. mögl. Konz. in H_2O bzw. Löslichkeit
Arsensäure	H_3AsO_4	150	$2{,}59_{fest}$	Arsenat (≈ 5 %)	$K_s = 5{,}6 \cdot 10^{-3}$	max. 17 Gew.-%
Hydrogenarsenat	$HAsO_4^-$	148	–	Arsenat (< 5 %)	$K_s = 3 \cdot 10^{-12}$	(pK_s = 5,25)
Borsäure (+ Metaborsäure)	H_3BO_3 (+ HBO_2)	61,83 (43,8)	$1{,}435_{fest}$ (+ 1,5)	Borat (gering) (+ Metaborat)	9,23 $K_s = 5{,}8 \cdot 10^{-10}$	lösl. 5,7 g/100 g (≈ 4,89 %)
Bromwasserstoffsäure	HBr	80,92	3,644	Bromid (100 %)	–9 $K_s = 10^9$	612 L Gas/l H_2O
hypobromige S.	HOBr	96,92	(instabil)	Hypobromit	$K_s = 2{,}5 \cdot 10^{-9}$	bildet Br_2O + H_2O
Kohlensäure	$H_2CO_3 = CO_2 \cdot H_2O$	CO_2 = 44,0	(instabil)	Carbonat (2,2 %)	6,37 $K_s = 4{,}3 \cdot 10^{-7}$	zerfällt stets in CO_2 + H_2O
Hydrogencarbonat	HCO_3^-	57	–	(Carbonat)	10,32 $K_s = 4{,}8 \cdot 10^{-11}$	(vgl. Kohlensäure)
Salzsäure	HCl	36,5	1,2	Chlorid (ca. 80 %)	0,18	max. ca. 35 %

T

Name der Säure	Formel	*M* g/mol	$\varrho_{konz.}$ (g/cm³)	Name der Säureanionen und Diss.-Grad in %	pK_s-Wert in 1. Diss.-Stufe (bzw. K_s-Wert)	max. mögl. Konz. in H_2O bzw. Löslichkeit
hypochlorige S., Chlor-I-Säure	$HClO = Cl_2O \cdot H_2O$	Cl_2O = 86,91	(instabil)	Hypochlorit	7,53 $K_s = 3 \cdot 10^{-8}$	(zerfällt in $Cl_2O + H_2O$
chlorige Säure, Chlor-III-Säure	$HClO_2$	ca. 68	(instabil)	Chlorit	ca. 2 $K_s = 1{,}1 \cdot 10^{-2}$	(zerfällt in $Cl_2O_3 + H_2O$)
Chlorsäure	$HClO_3$	ca. 84	1,3	Chlorat (100 %)	–10 ($K_s = 10^{10}$)	sehr gut lösl.
Perchlorsäure	$HClO_4$	100,46	1,764	Perchlorat (100 %)	0,18	trocken explosiv
Chromsäure, Chrom-VI-Säure	H_2CrO_4	118	CrO_3 : 2,7	Chromat		CrO_3 in H_2O: lösl. max. 62,8 Gew.-%
Flusssäure	HF	20	0,958	Fluorid (1,8 %)	3,45 $K_s = 3{,}7 \cdot 10^{-4}$	beliebige Konz.
Iodwasserstoffsäure	HI	127,9	ca. 1,6	Iodid (100 %)	–11 (K_s = 1011)	L: 420 l Gas/l
Iodsäure	HIO_3	175,9	4,65	Iodat (100 %)	$K_s = 1{,}7 \cdot 10^{-1}$	lösl.: 3,2 kg/kg
Periodsäure	H_5IO_6	ca. 244		Periodat (IO_4^-)	$K_s = 2{,}8 \cdot 10^{-2}$	= Iod-VII-Säure
Permangansäure	$HMnO_4$	ca. 120	2,4	Permanganat		Mn_2O_7: explosiv
Molybdänsäure	$H_2MoO_4 \cdot H_2O$	179,97	3,124	Molybdat		Zers. ab 70 °C
Stickstoffwasserstoffsäure	HN_3	43,03	1,12	Azide	Ks = 1,9 · 10–5	explosiv
Ammoniumion	NH_4^+	18	–	(Ammoniak)	$K_s = 5{,}6 \cdot 10^{-10}$	(pK_s = 9,25)
salpetrige Säure	$HNO_2 = N_2O_3 \cdot H_2O$	N_2O_3: 76,01	(instabil)	Nitrit	3,29 $K_s = 1{,}5 \cdot 10^{-2}$	(unbeständig)
Salpetersäure	HNO_3	63,0	1,52	Nitrat (ca. 82 %)	–1,32 $K_s > 1{,}0$	beliebig (mit Stickoxiden)
Pyridiniumion	$HC_5H_5N^+$			Pyridin C_5H_5N	$K_s = 5{,}6 \cdot 10^{-6}$	(pK_s = 5,25)
Oxonium-/ Hydroniumion	H_3O^+	19	–	(Wasser)	pK_s = 0,000 $K_s = +1 = 10^0$	($pK_{b\,(Wasser)}$ = 14)
Wasser	H_2O	**18**	**0,999**	**Oxid/Hydroxid**	**7,00 (neutral)**	H_3O^+ / OH^-
Phosphorsäure	H_3PO_4	98,0	1,8	Phosphat (10–17 %)	2,12 $K_s = 7{,}5 \cdot 10^{-3}$	beliebig/ölig Fp.: +42,35 °C
Hydrogenphosphat	HPO_4^{2-}	96	–	Phosphat (< 10 %)	12,67 $K_s = 2{,}2 \cdot 10^{-13}$	Pyro-P. ≅ $H_4P_4O_7$, $K_s = 4 \cdot 10^{-3}$
Schwefelwasserstoffsäure	H_2S	34,1	(um 1,0)	Sulfid (0,035 %)	um 7,0	max. 2,58 l Gas/ kg H_2O
Hydrogensulfid	HS^-	33	–	Sulfid (0,035 %)	$K_s = 1{,}1 \cdot 10^{-12}$	(pK_s = 11,97)
schweflige Säure	$H_2SO_3 = SO_2 \cdot H_2O$	SO_2: 64,06	(instabil)	Sulfit (13 %)	1,81 $K_s = 1{,}5 \cdot 10^{-2}$	zerfällt in $SO_2 + H_2O$
Schwefelsäure	H_2SO_4	98,1	1,84	Sulfat (13–51 %)	unter –2,0, $K_s > 10^2$	beliebig/ölig (Kp.: 338 °C)
Pyro-/Di-schwefelsäure	$H_2S_2O_7$	178,13	1,9	Disulfat, Pyrosulfat		sehr hygroskop., Oleum, $H_2SO_4 \cdot SO_3$
Chlorsulfonsäure	HSO_3Cl	116,52	1,776	Chlorsulfonat	$K_s > 10^2$	
Fluorsulfonsäure	HSO_3F	100,07	1,74	Fluorsulfonat	$K_s > 10^2$	
Amidosulfonsäure	$(NH_2)SO_3H$	97,07	2,126	Amidosulfonat		max. 17,6 Gew.-%
Selenwasserstoffsäure	H_2Se	80,98	3,662	Selenid		löslich: 270 l Gas/l H_2O
selenige Säure	H_2SeO_3	128,97	3,004	Selenit	$K_s = 2{,}3 \cdot 10^3$	löslich: 1,67 kg/l
Selensäure	H_2SeO_4	144,97	2,619	Selenat (fast 100 %)	sehr stark, zusätzlich oxidierend	löslich: 13 kg/l löst selbst Au + Pt
Kieselsäure (bzw. SiO_2)	$H_3SiO_4/SiO_2 \cdot H_2O$	SiO_2 = 60,1	Quarz: 2,6	Silikat (gering) (Lösl: 0,12 g/l)	ca. 10,1	Zerfällt stets zu $SiO_2 + H_2O$
Hexafluorokieselsäure	$H_2[SiF_6]$	144		Hexafluorosilikat	(fast 100 %) reagiert mit H_2O	sehr starke Säure, (ätzt Gläser und Gesteine an)
Tellurwasserstoffsäure	H_2Te	129,62	2,701	Tellurid		Schmp.: –2,2 °C, Zers. H_2O
Orthotellursäure	$Te(OH)_6$	229,64	3,158	Orthotellurat	sehr starke Säure	
Wolframsäure	H_2WO_4	249,86	> 4,6	Wolframat		kaum löslich

T

5 b Wichtige organische Säuren

(weitere organische Säuren Tabelle 15 und 16)

Name der Säure	Formel	*M* g/mol	$\varrho_{konz.}$ (g/cm³)	Name der Säure-anionen und Diss.-Grad in %	pK_s-Wert in 1. Diss.-Stufe (bzw. K_s-Wert)	max. mögl. Konz. in H_2O bzw. Löslichkeit
Methan-/Ameisensäure	$HCOOH$	46,03	1,2247	Formiat, Methan(o)at (1,3 %)	3,77 $K_s = 1{,}8 \cdot 10^{-4}$	beliebig
Ethan-/Essigsäure	CH_3COOH auch: HAc	60,05	1,0492	Azetat, Ethan(o)at (0,43 %)	4,76 $K_s = 1{,}8 \cdot 10^{-5}$	beliebig
Chlorethansäure	$CH_2ClCOOH$	94,5		Chlorethanat	$K_s = 1{,}4 \cdot 10^{-3}$	beliebig
Propan-/Propions.	C_2H_5COOH	74,08	0,9987	Propionat (0,4 %)	4,88 $K_s = 1{,}3 \cdot 10^{-5}$	beliebig
Butan-/Buttersäure	C_3H_7COOH	88		Butyrat	≈ 5,2 $K_s = 1{,}5 \cdot 10^{-5}$	auch: $HC_4H_7O_2$
Stearinsäure	$C_{18}H_{32}O_2$	299	ca. 0,8	Stearat (2,8 %)	sehr schwach	wachsweich
Oxalsäure	$(COOH)_2$	90,04	1,65	Oxalat (19 %)	1,25 ($K_s = 5{,}9 \cdot 10^{-2}$)	sehr gut löslich
Benzoesäure	C_6H_5COOH	122,1	1,2659	Benzoat (0,79 %)		lösl.: 3,4 g/l
Blausäure	HCN	27,0	0,7	Cyanid (0,002 %)	9,31	Sdp. 26 °C

5 c Basen

Name der Säure	Formel	*M* g/mol	$\varrho_{konz.}$ (g/cm³)	Name der Ionen Diss.-Grad in %	pK_B-Wert in 1. Diss.-Stufe (bzw. K_B-Wert)	max. mögl. Konz. in H_2O bzw. Löslichkeit
Wasser	H_2O	**18**	**0,999**	**Oxid/Hydroxid**	**7,00 (neutral)**	H_3O^+/OH^-
Lithiumhydroxid	$LiOH$	23,95	1,46	– (fast 100 %)	basisch	max. 22,3 Gew.-%
Natronlauge	$NaOH$	40,0	2,1	– (100 %)	stark basisch	max. 52 Gew.-%
Kalilauge	KOH	56,11	2,04	– (100 %)	stark basisch	max. 53 Gew.-%
Rubidiumhydroxid	$RbOH$	102,48	3,203	– (100 %)	sehr stark basisch	max. 64 Gew.-%
Berylliumhydroxid	$Be(OH)_2$	43,03	1,924	– (gering)	basisch	L: $0{,}6 \cdot 10^{-6}$ Gew.-%
Magnesiumhydr.	$Mg(OH)_2$	58,3	2,4	– (gering)	basisch	L: 0,012 g/kg
Kalkwasser	$Ca(OH)_2$	74,1	2,3	– (gering)	stark basisch	löslich: 1,2 g/kg
Strontiumydroxid	$Sr(OH)_2$	121,63	3,625	–	stark basisch	L: 0,9 Gew.-%
Barytwasser	$Ba(OH)_2$	171,4	4,5	–	stark basisch	L: 4,7g · 8 H_2O/kg
Aluminiumhydr.	$Al(OH)_3$	78,0	2,4	– (gering)	basisch, unlöslich	weiß, Zers. > 170 °C
Ammoniakwasser	$NH_3 \cdot H_2O$	35,1	konz. < 1	(Kation: NH_4^+)	$K_B = 1{,}8 \cdot 10^{-5}$	= Salmiakgeist
Hydrazin	$H_2N–NH_2$	32,05	1,0083	(reduz., toxisch)	$K_B = 1{,}3 \cdot 10^{-6}$	lösl., brennb.
Hydroxylamin	NH_2OH	33,03	1,2044	(Schmp. 33,1 °C)	$K_B = 1{,}1 \cdot 10^{-8}$	toxisch
Dimethylamin	$(CH_3)_2NH$	45,08			$K_B = 5{,}4 \cdot 10^{-4}$	leicht löslich
Pyridin	C_5H_5N	79,10	0,9878	(Schmp. –41,8)	$K_B = 1{,}7 \cdot 10^{-9}$	leicht löslich
Anilin	$C_6H_5NH_2$	93,13	1,013		$K_B = 4{,}3 \cdot 10^{-10}$	lösl.: 36,1 g/l

T

Tabelle 6: Salze und ähnliche anorganische Feststoffe (ausgenommen binäre Verbindungen von Tabelle 4)

(Anordnung nach Kationen, zunächst Ammoniumsalze, danach alphabetisch ab Aluminiumsalze)

Name und Formel	*M* (g/mol)	*ϱ* (g/cm³)	Fp (°C)	Farbe	Anmerkungen (L = Löslichkeit in g /l H_2O bei +20 °C; Lp = Löslichkeitsprodukt K_L in mol^x/l^x)
Ammoniumacetat CH_3COONH_4	77,08	1,173	114	farblos (+ nass)	klumpig-feuchte Masse, hygroskopisch, sehr gut wasserlöslich: 14,89 kg/l (neutral)
A.-bromid: NH_4Br	97,9	2,43	subl. 452	farblos	L: 420 g/l (saure Reaktion)
A.-carbonat: $(NH_4)_2CO_3$	96,06	um 1,4	Zersetzg. 58	farblos	Geruch nach NH_3, sehr gut wasserlöslich L: ca. 220 g/ (basische Reaktion)
A.-chlorat: NH_4ClO_3	101,49	1,91	102 expl.	farblos	L: 287 g/l
A.-chlorid: NH_4Cl	53,50	1,52–1,57	subl.	farblos	Salmiaksalz, gut löslich (saure Reakt.), Fp: 340
A.-chromat: $(NH_4)_2CrO_4$	152,09	1,91	Zers. ab 185	gelb	gut wasserlöslich, Krebs erregend, oxidierend, bildet mit H_3O^+ oranges Dichromat
A.-dichromat: $(NH_4)_2Cr_2O^7$	252,10	2,15	zersetzl. ab 170	orange	in Hitze explosiv (bildet $N_2 + Cr_2O_3 + H_2O$), Krebs erregend, gut wasserlöslich
A.-fluorid: NH_4F	37,04	1,01–1,32	zersetzl.	farblos	glasätzend, giftig, gut wasserlöslich
A.-heptamolybdat: $(NH_4)_6Mo_7O_{24} \cdot 4\ H_2O$	1235,9	2,498	Zers. 90 (190)	gelblich	L: 430 g/l (für Phosphatnachweise); ähnlich: A.-dimolybdat, $(NH_4)_2Mo_2O_7$
A.-hydrogen-carbonat: NH_4HCO_3	79,06	1,58	Zers. ab 60 °C	farblos	Ammoniakgeruch, leicht sublimierend (bildet NH_3, $CO_2 + H_2O$), Hirschhornsalz/Backpulver
(Di-)A.-hydrogen-phosphat: $(NH_4)_2HPO_4$	132,06	1,619	Zers. 185	farblos	L: 40,8 Gew.-%, hygroskopisch, wässrige Lösung pH = 8 (beim Kochen → NH_3↑)
A.-hydrogensulfat: NH_4HSO_4	115,10	1,78	Zers. 146,9	farblos	L: 1 kg/l H_2O (stark saure Reaktion)
A.-hydrogensulfid	51,11	1,17	118	farblos	NH_4HS, gut lösl., toxisch, mit Säure → H_2S
A.-iodat: NH_4IO_3	192,94	3,309	Zers. 150	farblos	löslich: 21 g/l (in Siedehitze: 146 g/l)
A.-iodid: NH_4I	144,96	2,51	551	weißgelb	L: max. 63 Gew.-% (saure Reaktion)
A.-nitrat, Ammon-salpeter: NH_4NO_3	80,04	1,725	169,5 Zers. ab 180	farblos	explosiv zersetzl. zu $N_2 + O_2 + H_2O$, Düngemittel, Sprengstoffzusatz, L: max. 65,4 Gew.-% (bei 0 °C 1180 g/kg H_2O, 8710 g/kg H_2O bei 100 °C)
A.-nitrit: NH_4NO_2	64,04	1,69	expl. > 60	fbl., gelb	L: bis 67 Gew.-%
A.-oxalat: $(NH_4)_2C_2O_4 \cdot H_2O$	142,11	1,57	238	farblos	L: ca. 70 g/ (bei 0 °C: 30,7 g/l, bei 35 °C: 81,5 g/l); L. von Oxalsäure: 90,4 gl
A.-perchlorat: $(NH_4)ClO_4$	117,50	1,95	explosiv ab ≈ 235	farblos	mit brennb. Stoffen selbstentzündlich, explosiv, Zusatz für Raketentreib- und Sprengstoffe
A.-sulfat: $(NH_4)_2SO_4$	132,14	1,77	Zers. 235	farblos	wässrige Lösung, stark sauer, gut löslich
A.-sulfid: $(NH_4)_2S$	68,15	ca. 1,6	zersetzl.	farblos	giftig, wichtiges Kationentrennungsmittel
A.-thiocyanat: NH_4SCN	76,12	1,3	149 (Zers.)	farbl. bis weißgelb	wichtiges Nachweismittel für Eisen- und Kobaltsalze, Pseudohalogenidanion, gut löslich
Aluminiumchlorid: $AlCl_3$	133,34	2,44	183 (subl.)	farblos (weiß)	hygroskopisch, reagiert heftig mit Wasser (Hydrolyse → $Al(OH)_3 + HCl$), ätzend
A.-phosphat: $AlPO_4$	121,95	2,56	2000	weiß	unlöslich (technisch z. T. wichtiger Katalysator)
A.-sulfat: $Al_2(SO_4)3$	342,15	2,71	Zers. 600	weiß	L(· 18 H_2O): 1,69 kg/L; Zers. (· 18 H_2O): 86,5
Bariumcarbonat: $BaCO_3$	197,37	4,43	Zers. 1300	farblos (weiß)	L: 1,72 · 10^{-3} Gew.-%, reagiert mit Säuren, als Mineral Witherit: 4,29 g/cm³, UV-fluoreszierend
B.-hydroxid: $Ba(OH)_2(\cdot\ 8\ H_2O)$	171,4 (315,5)	2,2	408 (78)	farblos (weiß)	CO_2-Nachweismittel, basisch, L 47,0 (löslich also: 4,7 g/100 g H_2O), grüne Flamme, ätzend
B.-nitrat: $Ba(NO_3)_2$	261,35	3,24	592	farblos	L: ca. 80 g/l, toxisch, grüne Flammenfärbung
B.-sulfat: $BaSO_4$ (Baryt, Schwerspat)	233,43	4,3	Zers. 1400	weiß	L: 0,0022 (0,22 mg/100 g ≅ 2,5 · 10^{-4} Gew.-%), Malerweiß, Röntgenkontrastmittel
Bismut-/Wismutnitrat: $Bi(NO_3)_3 \cdot 5\ H_2O$	485,07	2,83	Zers. 75	weiß bis weißgelb	reagiert heftig mit Wasser zu $BiO(NO_3)$, aber löslich in konz. Salzsäure
Blei-II-azetat: $Pb(CH_3COO)_2 \cdot 3\ H_2O$	379,34	2,5	75 Zers.: 200	weiß bis weißgelb	toxisch („Bleizucker"), gut wasserlöslich (25 %), Nachweismittel für H_2S bzw. Sulfidion
B.-nitrat: $Pb(NO_3)_2$	331,20	4,535	Zers.	farblos	L: bis 34,5 Gew.-%
B.-sulfat: $PbSO_4$	303,25	6,29	1170	weiß	unlöslich in Wasser (4,21 · 10^{-3} Gew.-%), Mineral: Anglesit (löslich in KOH und HNO_3)
Borax, Na.-tetraborat: $Na_4B_4O_7 \cdot 10\ H_2O$	381,44	1,72	Zers. ab 100	weiß	Fp. (wasserfrei): 878 °C, Hilfsmittel für analytische Vorproben (Boraxperle), wasserlösl.

T

Name und Formel	M (g/mol)	ϱ (g/cm³)	Fp (°C)	Farbe	Anmerkungen (L = Löslichkeit in g /l H_2O bei +20 °C; Lp = Löslichkeitsprodukt K_L in mol^x/l^x)
Calciumcarbonat: $CaCO_3$	100,09	2,94	Zers. 825	weiß	L: 0,014 (g/l), Kalk/Marmor, als Aragonit: 2,95 g/cm³, als Calcit/Kalkspat: 2,71 g/cm³
Ca.-hydroxid: $Ca(OH)_2$	74,1	2,3	Zers. 580	weiß	gelöschter Kalk (Lösung: Kalkwasser, für CO_2-Nachweis), ätzend, rote Flammenfärbung
Ca.-oxalat: CaC_2O_4	146,12	2,20	Zers. 235	weiß	spröde, unlöslich
Ca.-sulfat: $CaSO_4$	136,1	3,0	1450	weiß	Gips (· 1/2 oder · 2 H_2O), rote Flammenfärbung
Chromalaun: $KCr(SO_4)_2 \cdot 12\,H_2O$	499,42	1,83	89	violett	wasserlöslich, schwach giftig, heiße Lösung: grün (diverse Aquokomplexe)
Cobaltacetat	177,03	über 1	zersetzl.	rot	$Co(CH_3COO)_2 \cdot 4\,H_2O$, wasserlöslich
C.-chlorid: $CoCl_2$	129,84	3,356	724	blassblau	Kp.:1049, mit 6 H_2O: rosarot (H_2O-Nachweis)
C.-nitrat: $Co(NO_3)2 \cdot 6\,H_2O$	291,04	1,87	56	rosarot	wasserlöslich, in Hitze Zersetzung zu CoO (schwarz, kalt olivgrün) + Nox (braun, gasf.)
C.-sulfat	155,0	1,948	97	karmin	$CoSO_4 \cdot 7\,H_2O$, wasserlöslich
Eisenpentacarbonyl:$Fe(CO)_5$	195,90	1,45	–21 (Kp:103)	gelb	gelbe, giftige Flüssigkeit, MAK 0,8 mg/m³
E.-hydroxid: $Fe(OH)_3$	106,87	3,12–3,9	Zers. 500	rotbraun	L: $4{,}8 \cdot 10^{-9}$ Gew.-% , $\varrho(Fe_2O_3)$ = 5,24 g/cm³
E.-oxidhydrat: FeOOH	wechselnd	bis 3,9	Zers. bis Fe_2O_3	rostbraun	Rostpulver, als Pigment Umbra u. Ä., als Mineral Goethit: FeO(OH) mit 4,3 g/cm³
E.-III-phosphat: $FePO_4 \cdot 2\,H_2O$	189	2,87	Zers.	blassrosa	kaum wasserlöslich, als Mineral: Strengit, grün, Dichte 2,52 und Härte 4–5
E.-II-sulfat: $FeSO_4 \cdot 4\,H_2O$	278,0	1,898–2,25	Zers. 64	hellgrün	gut wasserlöslich, wässrige Lösung oxidiert langsam an Luft zu Rost/„Eisenvitriol“
E.-III-sulfat: $Fe_2(SO_4)_3$	399,87	3,09	Zers. 480	graugelb bis grün	hygroskopisch, wasserlöslich (saure Reaktion)
Tetrachlorogoldsäure: $H[AuCl_4] \cdot 4\,H_2O$	411,85	($AuCl_3$: 4,67)	Zers.	hellgelb	hautätzend; ähnliche z.B.: $K[AuBr_4] \cdot 2\,H_2O$, $Na[AuCl_4]$, $K[Au\,(CN)_2]$ u. Ä.
Kaliumazetat: CH_3COOK	98,14	1,8	Zers. 292	farblos	geruchlos, wasserlöslich (bis 72 Gew.-%), kristallisiert als Monohydrat
K.-bromat: $KBrO_3$	167,01	3,27	Zers. 434	farblos	wasserlöslich (ca. 65 g/l)
K.-carbonat: K_2CO_3	138,20	2,428	891	farblos	hygroskopisch, L 1130 g/l (Kbr: L = 1050 g/l)
K.-chlorat: $KClO_3$	122,55	2,34	370	farblos	wasserlöslich, oxidierend/brandfördernd
K.-chromat: K_2CrO_4	194,20	2,74	975	gelb	wasserlöslich, Krebs erregend
K.-cyanid: KCN	65,12	1,56	605	farblos	hygroskopisch, toxisch („Zyankali“)
K.-dichromat: $K_2Cr_2O_7$	294,21	2,7	396, ab 500 Zers.	orangerot	wasserlöslich, Krebs erregend, bildet in basischer Lösung gelbes Chromat (CrO_4^-)
K.-dithionit: $K_2S_2O_6$	238,33	2,277	Zers.	farblos	L: bis 6,23 Gew.-%, optisch aktiv, reduzierend
K.-fluorid: KF	58,10	2,481	857	farblos	wasserlöslich, toxisch, Kp.: 1505
K.-hexacyanoferrat-II: $K_4[Fe(CN)_6] \cdot 3\,H_2O$	422,39	1,85	Zers.	weißgelb	Blutlaugensalz, gelb, reagiert mit Fe^{3+}-salzen zu Berliner Blau (Nachweis), L: bis 22 Gew.%
K.-hexacyanoferrat-III: $K_3[Fe(CN)_6]$	329,25	1,86	Zers. 315	rot	Blutlaugensalz, rot, reagiert mit Eisen-II-salzen zu Turnbulls Blau, L: bis 31,5 Gew.-%
K.-hydrogencarbonat: $KHCO_3$	100,11	2,17	Zers. 200	farblos	wasserlöslich (basische Reaktion), ähnelt stark dem Natron ($NaHCO_3$)
K.-hydrogensulfat: $KHSO_4$	136,17	2,322	214	farblos	wasserlöslich, Lösung stark sauer, ätzend (in WC-Reinigern), für saure Aufschlüsse
K.-hydrogentartrat: $KHC_4H_4O_6$	188,18	1,954	Zers. 250	farblos	Lösl. ca. 4 g/l, racemisch; „Weinstein“ = Kalium-Natrium-Tartrat
K.-hydroxid: KOH	56,10	2,04	360	farblos	Kp.: 1324, ätzend, gut wasserlösl. (Ätzkali)
K.-iodat: KIO_3	214,00	3,9	560	farblos	wasserlöslich (L bei KI: 1440)
K.-nitrat: KNO_3 (Salpeter)	101,11	2,109	334	farblos	wasserlöslich, oxidierend, L: 2460 g/l ($NaNO_3$: 1750 g, Kcl: 56,6 g, NaCl: 39,1g), Salpeter
K.-nitrit: KNO_2	85,11	1,915	Zers. 440	weißgelb	L: bis 74 Gew.-%, toxisch
K.-oleat: $K(C_{17}H_{33}COO)$	320,58	um 1,1	dickflüssig	gelblich	wasserlöslich, ölig-weich (Schmierseife, Salz der Ölsäure; ähnlich: Palmitat, Stearat usw.)
K.-oxalat: KOOC-COOK	184,24	2,127	Zers.	farblos	wasserlöslich, bildet mit Erdalkalisalzlösungen weiße Niederschläge (analyt. Trennmittel)
K.-perchlorat: $KClO_4$	138,55	2,52	610 / ab 400 Zers.	weiß (farblos)	in Mischung mit brennbaren Stoffen feuergefährlich, (stark oxidierend)

Name und Formel	*M* (g/mol)	*ϱ* (g/cm³)	Fp (°C)	Farbe	Anmerkungen (L = Löslichkeit in g /l H_2O bei +20 °C; Lp = Löslichkeitsprodukt K_L in mol^x/l^x)
K.-periodat: KIO_4	230,0	3,62	582	farblos	stark oxidierend, wässr. Lösung sauer, H_2O-lösl.
K.-permanganat: $KMnO_4$	158,04	2,703	Zers. 240	tiefviolett	wasserlöslich, stark oxidierend, reagiert mit Salzsäure zu giftigem Chlorgas
K.-peroxodisulfat: $K_2S_2O_8$	270,33	2,45	Zers.	weiß	L: 45 g/l (hydrolysiert unter Bildung von H_2O_2)
K.-pikrat: $C_6H_3N_3O_7K$	267,2	1,852	explosiv	gelb	L: 5 g/l, Salz der Pikrinsäure (Sprengstoff)
K.-sulfat: K_2SO_4	174,25	2,67	1069	farblos	L 110, Kp.: 1689 (als $KAl(SO_4) \cdot 18\ H_2O$: Alaun)
K.-thiocyanat: KSCN	79,18	1,886	Zers. 172	farblos	siehe Ammoniumthiozyanat
Kupferazetat: $Cu(CH_3COO)_2 \cdot H_2O$	181,63	1,882	115	dunkel-grün	Zers. 240 (auch hellgrün-dunkelblau, wasserfrei blau), L: bis 6,79 Gew.-%
K.-carbonat: $CuCO_3$	125,3	um 3,9	Zers.	türkis	mineralisiert basisch als Azurit und Malachit
K.-tetramminsulfat:	245,74	1,81	Zers. 150	tiefblau	$[Cu(NH_3)_4]SO_4 \cdot H_2O$,L: ≈1 50 g/l; verwittert
K.-hydroxid: $Cu(OH)_2$	97,56	3,368	Zers. ab 70	blassblau	giftig, Zersetzung in Hitze zu schwarzem CuO und Wasser, nicht wasserlöslich, gut säurelösl.
K.-hydroxidcarbonat: $Cu(OH)_2 \cdot 2\ CuCO_3$	344,67	3,77	Zers. 220	hellblau-grün	Kupferlasur / Patina, Mineral Azurit (Malachit = $Cu(OH)_2 \cdot CuCO_3$)
K.-sulfat; -vitriol: $CuSO_4 \cdot 5\ H_2O$	249,68	2,284	Zers.	türkisblau	L 4230 (bei 100 °C: 20,32 kg/kg H2O), wässrige Lösung reagiert sauer und oxidierend
Lithiumhydroxid: LiOH	23,95	2,54	450	weiß	wasserlöslich, Lösung basisch, hellrote Flammen-färbung
L.-aluminiumhydrid: $Li[AlH_4]$	37,94	0,917	Zers. 140	weißgrau	reagiert mit Wasser zu Wasserstoffgas und basischer Lithiumhydroxidlösung + $Al(OH)_3$
Magnesiumbromid: $MgBr_2$	292,25	3,72	711	farblos	hygroskopisch, Meerwasser = 0,0076 % $MgBr_2$ (weitere Halogenide vgl. Tabelle 4)
M.-carbonat: $MgCO_3$	84,32	2,950	zersetzl.	weiß	unlöslich, „Magnesiumkalk"/Mineral: Magnesit (Dolomit = $CaMg(CO_3)_2$ mit ϱ = 2,9 g/cm³)
M.-sulfat: $MgSO_4$ (ggf. · 7 H_2O)	120,37 (trocken)	2,66	1124	farblos	D mit 7 H_2O: 1,68/l bei = °C 26,9 g/l, bei 40 °C 45,6 g/l; Heptahydrat wird Bittersalz genannt (bitterer Geschmack, u. U. abführend)
Manganchlorid: $MnCl_2 \cdot 4\ H_2O$	197,91	2,01	650 (wasser-frei)	blass-rosarot	sehr gut wasserlöslich (ebenso: Mangan-II-azetat, -sulfat, -nitrat), in Oxid.-Schmelze mit Soda + Salpeter Bildg. von Na_2MnO_4 (grünlich)
Mn.-grün: $BaMnO_4$	256,95	4,85	Zers. ?	tiefgrün	giftig, kaum lösl. Pigment (Bariummanganat)
Mn.-oxidhydroxid: MnOOH	87,94	4,33	Zers. 250	braun-schwarz	Mineral Manganit (in dünnen Splittern rötlich)
Mn.-metasilikat: $MnSiO_3$	131,02	3,72	Zers. 1286	rosenrot	Mineral Rhodonit, auch in Hochofenschlacke auffindbar
Mn.-sulfat: $MnSO_4$	151,00	3,25	700	blassrosa	Kp. 850, hydratbildend (· 1, 2, 4, 5 und 7 H_2O)
Mn.-sulfat-hepta-hydrat: $MnSO_4 \cdot 7\ H_2O$	277,1	1,846	24	rosa	L: 1,72 kg/l (Mineral Mallardit, auch „Manganvitriol")
Mn.-sulfid: MnS	87,00	3,99		(s. rechts)	gelblich-fleischfarben, mitunter grünrot (je nach Wassergehalt), lösl. in HAc, an Luft bräunend
Mn.-IV-sulfid: MnS_2	119,07	3,46		braun	Mineral: Mangankies (Hauerit, Härte 4,0)
Natriumamid: $NaNH_2$	39,01	1,39	210	farblos	reagiert mit Wasser sofort und heftig zu NH_3 + NaOH (ähnl.: Na-azid NaN_3, explosiv)
Na.-(ortho-)arsenat	402,09	1,736	ca. 86,3	farblos	$Na_3AsO_4 \cdot 12\ H_2O$, L: 105 g/l, toxisch
Na.-azetat: CH_3COONa	82,039	1,45	58	farblos	Zers. 120, wasserlöslich, Lösung basisch
Na.-azetylid, -ethinid: NaC_2H	48,02		Zers. 210	weiß	zersetzt sich mit Wasser zu NaOH + C_2H_2 (Azetylen) ähnl. Na_2C_2, CaC_2, Cu-Azetylid usw.
Na.-benzoat: C_6H_5COONa	144,11	ca.1,3	Zers.	weiß	C_6H_5COONa, L: 563 g/l, Konservierstoff
Na.-boranat: $NaBH_4$	37,83	1,074	Zers. 300	farblos	ätzend,1 g $NaBH_4$ ergibt in Wasser 2,4 l H_2
Na.-carbonat: Na_2CO_3	105,99	2,532	854	farblos	L 120 g/l, Lösung basisch (Trocken-Soda)
Na.-carbonat-deka-hydrat: $Na_2CO_3 \cdot 10\ H_2O$	286,14	1,46	ca. 33	farblos	glasglänzende Kristalle (farblos bis weiß, durchscheinend, „Soda"), Lösung basisch
Na.-chlorat: $NaClO_3$	106,45	2,49	ca. 250	farblos	giftig, im Gemisch mit Schwefel explosiv
Na.-chlorit: $NaClO_2$	90,44		Zers. 180	farblos	L: 390 g/l
Na.-chromat: Na_2CrO_4	161,97	1,483		gelb	wie Kaliumchromat, Krebs erregend
Na.-cyanid: NaCN	49,01	1,546	563,7	farblos	toxisch, L: 367 g/l, Kp: 1530, + $H^+ \rightarrow HCN\uparrow$
Na.-dichromat: $Na_2Cr_2O_7$	298,05	2,52	357/ab 400 Zers.	orangerot	wie Kaliumdichromat, Krebs erregend, wasserlöslich, oxidierend (vg. $K_2Cr_2O_7$)

T

Name und Formel	*M* (g/mol)	*ϱ* (g/cm³)	Fp (°C)	Farbe	Anmerkungen (L = Löslichkeit in g /l H_2O bei +20 °C; Lp = Löslichkeitsprodukt K_L in mol^x/l^x)
Na.-formiat: $HCOONa$	68,02	1,9	253	farblos	löslich, Lösung basisch, reduzierende Wirkung
Na.-hydrogen-carbonat: $NaHCO_3$	84,01	2,238	Zers. 270	farblos	Natron: salzig-laugiger Geschmack, L: 86 g/l; pH = 8,2 (bei 10 g/l in frischer Lösung)
Na.-hydrogensulfat: $NaHSO_4 \cdot H_2O$	138,07	2,658	401/ab 460 Zers.	farblos	bildet beim Erhitzen $Na_2S_2O_7$, Eigenschaften wie Kaliumhydrogensulfat
Na.-hypochlorit: $NaOCl$ ($\cdot$ 5 H_2O)	164,52	(zerfließend)	24,5; zersetzl.	farblos, grüngelb	wässrige Lösung = „Eau de Labarraque", Bleichmittel (Chlorgeruch, lichtempfindlich)
Na.-iodat: $NaIO_3$	197,9	4,277	Zers.	farblos	L: 81 Gew.-%, kristallin: $\cdot$ 1 H_2O
Na.-(meta-)periodat: $NaIO_4$	213,9	4,174	Zers. 300	farblos	L: 93 Gew.-%, kristallin $\cdot$ 3 H_2O; ähnlich: Na_5IO_6 (Natriumparaperiodat, Zers. ab 800 °C)
Na.-nitrat: $NaNO_3$	84,99	2,261	307	farblos	Chilesalpeter, Eigenschaften wie KNO_3
Na.-nitrit: $NaNO_2$	69,0	2,17	271	farblos	giftig, Zersetzl. ab 320, empfindl. gegen Säuren
Na.-perchlorat	140,47	2,02	130	farblos	$NaClO_4 \cdot H_2O$, Zers. 482, stark oxidierend
Na.-permanganat: $NaMnO_4$	141,93		Zers.	tiefviolett	vgl. $KMnO_4$ / ähnlich: Na_2MnO_4 = Natriummanganat, blaugrün, + $H^+ \rightarrow MnO_2 + MnO^{4-}$
Na.-peroxodisulfat	238,10		Zers. 200	farblos	$Na_2S_2O_8$, oxidierend, heiße Lösg. gibt O_2 ab
Na.-(meta-)phosphat: $NaPO_3$	101,96	2,476	625	farblos	„Kurrol'sches"/„Maddrell'sches Salz", hygroskopisch, wässrige Lösung alkalisch
Na.-(ortho-)phosphat (-dekahydrat): $Na_3PO_4 \cdot 10\ H_2O$	$\cdot$ 10 H_2O = 169,94	2,5 $\cdot$ 10 H_2O: 1,62	1583, $\cdot$ 10 H_2O: 100	farblos	wasserlöslich, Dichte wasserfrei: 2,536 g/cm³, Lösung stark basisch (Düngemittel = NaH_2PO_4)
„Na-Phosphorsalz": $NaNH_4HPO_4 \cdot 4\ H_2O$	209,07	1,554	Zers. ab 30	farblos	chem. Name: Natriumammoniumhydrogenphosphat; L: 167 gl (für Phosphorsalzperlen)
Na.-polysulfid: hier als Na_2S_4 (auch: Na_2S_5)	174,24 (206,3)		300 (252)	gelb	Na_2S_4 = Na.-tetrasulfid; Na_2S_5 = Na.-pentasulfid usw., + $H^+ \rightarrow H_2S + S_8\downarrow$
Na.-pyrophosphat: $Na_4P_2O_7$	265,90	2,534	98,5	farblos	L: max. 5,3 Gew.-%, kristallin: $\cdot$ 10 H_2O (Zers. ab 93,8; Fp.: 880), ähnl.: -triphosphat $Na_5P_3O_{10}$
Na.-selenat: Na_2SeO_4	188,94	3,213		farblos	L: 30 Gew.-%; kristallin: $\cdot$ 10 H_2O
Na.-(meta-)silikat: $Na_2SiO_3 \cdot 9\ H_2O$	284,2	1,646	40-48	farblos	ab 100 °C wasserfrei, davon dann löslich: 15,6 Gew.-% (glasig-sirupös, + $CO_2 \rightarrow SiO_2\downarrow$)
Na.-sulfat: Na_2SO_4	142,04	2,68	884	farblos	L 161/$Na_2SO_4 \cdot 10\ H_2O$: ϱ 1,464, Fp.: 32,4
Na.-sulfit: Na_2SO_3	126,04	2,633	911	farblos	L: 20,9 Gew.-%; kristallisiert mit 7 H_2O; ähnlich: $NaHSO_3$ (Hydrogensulfit)
Na.-tetraborat, Borax: $Na_4B_4O_7 \cdot 10\ H_2O$	381,44	1,72	Zers. ab 100	weiß	Fp. (wasserfrei): 878 °C, Hilfsmittel für analyt. Vorproben (Boraxperle), wasserlösl.
Na.-tetrafluoroborat: Na[BF₄] → $Na[BF_4]$	109,79	2,47	384	farblos	L: 520 g/l (ähnlich: Na_2SiF_6 = Natriumhexafluorosilikat/ Kryolith)
Na.-thioarsenat: $Na_3AsS_4 \cdot 8\ H_2O$	416,27	1,79	Zers.	gelb	wasserlöslich (zerfällt bei Säurezusatz zu Arsensulfid, H_2S und Na-Salz)
Na.-thiosulfat: $Na_2S_2O_3$ ($\cdot$ 5 H_2O)	158,11 (248,2)	2,345 (1,729)	Zers.	farblos	L: 41 Gew.%, Lösung reduzierend und empfindlich gegen Säuren, Fixiersalz (löst AgCl)
Na.-thiocyanat: $NaSCN$	81,07	1,73	287	farblos	ähnlich: $NaOCN$ = Natriumcyanat; $NaCN$ = Na.-cyanid und $NaCNO$ = Na.-fulminat
Nickelacetat: $Ni(CH_3COO)_2 \cdot 4\ H_2O$	248,84	1,774	Zers.	grün	gut wasserlöslich, Krebs erregend, sensibilisierend
Ni.-nitrat: $Ni(NO_3)_2 \cdot 6\ H_2O$	290,80	2,05	Zers. zu NiO/NO_x	grün	gut löslich, Krebs erregend, sensibilisierend
Ni.-sulfat, -vitriol: $NiSO_4 \cdot 6\ H_2O$	262,85	2,07	53 Zers. 103	grün	unterhalb 31,5 °C als Heptahydrat, wasserfrei, Zers. ab 840
Phosphortrioxid: P_2O_3 (auch: P_4O_6)	109,96	2,135	24	weiß	brennbar, sehr giftig, bildet mit Wasser phosphorige Säure (Salze: Phosphite)
P.-pentoxid: P_2O_5 (auch: P_4O_{10})	141,96	2,387	580	weiß	hygroskopisch, ätzend, nicht brennbar, bildet mit Wasser Orthophosphorsäure
P.-salz: $NaNH_4HPO_4$		ca. 1,5	Zers.	farblos	analyt. Vorprobemittel auf Kationen (Salzperle)
Phosphorylchlorid: $POCl_3$	153,33	1,675	1,2, Kp.: 105,3	fbl., flüssig	rauchend, giftig, ätzend, Zers. durch H_2O, stark lichtbrechend (n_D = 1,488)
Platin-IV-oxid: PtO_2	227,03	10,2	450	tiefbraun	unlösl., Zers. ab 1200, MAK 0,002 mg/m³
Hexachloroplatinat: $H_2[Pt(Cl)_6] \cdot 6\ H_2O$	517,92	2,43	150	braunrot	löslich, Lösung: gelb, hygroskopisch, MAK 0,002 mg/m³

T

Name und Formel	*M* (g/mol)	*ϱ* (g/cm³)	Fp (°C)	Farbe	Anmerkungen (L = Löslichkeit in g /l H_2O bei +20 °C; Lp = Löslichkeitsprodukt K_L in mol^x/l^x)
„Platinsalmiak": $(NH_4)_2[PtCl_6] \cdot 6\ H_2O$	443,87	3,065	Zers.	zitronengelb	L: 0,49 Gew.-%, löslich in konz. Salzsäure zum Hexachloroplatinat
Quecksilber-I-chlorid: Hg_2Cl_2	472,09	7,15	subl. 383	weiß	glänzende Kristalle, werden mit NH_3 pechschwarz (Hg)/Name: Kalomel, Sublimat
Q.-II-chlorid: $HgCl_2$	271,50	5,44	276	weiß	löslich, giftig, Kp. 302
Q.-II-nitrat: $Hg(NO_3)_2 \cdot H_2O$	324,61	4,3	Zers.	farblos	lösl. in Wasser und HNO_3, unlösl. bzw. Niederschlagsbildner in Salzsäure, Laugen + H_2S
Q.-I-sulfat: Hg_2SO_4	497,24	7,56	Zers.	farblos	bei Belichtung Graufärbung (→ Hg + $HgSO_4$)
Q.-II-sulfat: $HgSO_4$	296,65	6,47		weiß	lösl. in konz. NaCl-Lösung + H_2SO_4, H_2O-unlösl.
Q.-II-sulfid: HgS (2 Modifikationen: Zinnober / Q.-mohr)	232,65	schwarz: 7,7 / rot: 8,1	subl. bei 580 (rot)	schwarz und rot	Zinnober: rot, Quecksilbermohr: schwarz (2 Modifikationen), ungiftig, lösl. nur in konz. Mineralsäuren
Rubidiumchlorid: $RbCl_2$	120,92	2,80	715	farblos	Kp.: 1390, wasserlösl. Alkalihalogenid, leuchtend tiefrote Flammenfärbung
Rb.-nitrat: $Rb(NO_3)_2$	147,47	3,11	316	farblos	wasserlösl., isomorph zu KNO_3, tiefrote Flamme (Zusatzstoff in bengal. Leuchtfeuern)
Rb.-sulfat: Rb_2SO_4	267,03	3,61	1060	farblos	Kp.: 1700,farbl., Alaunbildner, isomorph zu K_2SO_4, färbt Flammen tiefrot
Schweinfurter Grün: $CuAc_2 \cdot 3\ Cu(AsO_2)_2$	1013,7	um 2–3	Zers.	intensivgrün	sehr giftiges Pigment, säurelöslich, reagiert mit H_2S (Schwärzung)
Selensäure: H_2SeO_4	144,98	2,95	58–62, Zers. 260	farblos	Kp. 260, hygroskop. Pulver, MAK 0,1 mg/m³, giftig, Salze: Selenate
Silbercarbonat: Ag_2CO_3	275,77	6,077	Zers. 210	gelb	L 0,032 g/l H_2O, lösl. in Säuren und konz. Pottaschelsg.
S.-chromat: Ag_2CrO_4	331,73	5,625	665	dklrot	L: 0,0014 Gew.-%
S.-nitrat: $AgNO_3$ („Höllenstein")	169,89	4,352	212	farblos	Zers. 444, ätzend, bitter-metallischer Geschmack, L 710 g/l Wasser bei 25 °C
S.-sulfat: Ag_2SO_4	311,82	5,45	652	farblos	Kp.1065, lösl. in konz. H_2SO_4 (als $AgHSO_4$)
Strontiumcarbonat: $SrCO_3$ (Strontianit)	147,64	3,7	Zers. 1200	weiß	unlösliches, kalkähnliches Pulver, karminrote Flammenfärbung, löslich in Säuren (Härte: 3,5)
Sr.-sulfat: $SrSO_4$	183,68	3,96	1605	weiß	unlöslich, ähnelt dem $BaSO_4$
Thalliumsulfat: Tl_2SO_4	504,8	6,76	632	farblos	L: 45 g/l, reagiert heftig mit Chlor- und Bromwasserstoffgas
Titandiborid: TiB_2	69,52	4,52	2870	grau	2 Modif.: diamanthart oder guter elektr. Leiter
Titanylsulfat: $TiOSO_4$	159,96	2,96	Zers. 500	weiß	hygroskopisch, bildet mit H_2O_2 orangegelbes TiO_2SO_4
Titanweiß, TiO_2	79,90	3,84	1775–1840	weiß	Weißpigment, drei Kristallmodifikationen, Kp. > 2500
Uranhexafluorid: UF_6	352,02	4,68	subl. 56	farblos	stark giftig, gasf. zur Trennung der Uranisotope
U.-dioxid: UO_2	270,03	10,96	2800	braun	an Luft oxidierend (zur Prod. von Brennstäben)
Uranylazetat: $UO_2(CH_3COO)_2$	$\cdot 6\ H_2O$: 424,13	2,89	Zers. 275	gelb	fluoreszierend, löslich, toxisch (ähnlich: zitronengelbes Uranylnitrat, $UO_2(NO_3)_2 \cdot 6\ H_2O$)
Vanadiumcarbid: VC	62,9	5,77	2810	grau	sehr hart
V.-pentoxid: V_2O_5	181,88	3,357	690	orange	giftig, MAK 0,05 mg/m³ , Kat. zur H_2SO_4-Herst.
Wolframcarbid: WC	195,86	15,6	ca. 2800	grau	hart wie Diamant (Widia), ähnl.: W_2C, D. 17,5
W.-säure: H_2WO_4	249,86	5,5	Zers. 100	gelb	unlösl. in Wasser, Salze: Wolframate
Zinkblende: ZnS	97,43	3,9–4,2	1850	weißgelb	in Säuren lösl. Mineral, 2 Modifikat./Zinksulfid
Zn.-spat: $ZnCO_3$	125,39	4,398	Zers. 300	weiß	wasserunlösl., in Säuren lösl. Carbonat-Mineral
Zn.-gelb: $4\ ZnCrO_4 \cdot K_2CrO_4$		3,47		gelb	wasserunlösl., Krebs erregendes Pigment (oft gemischt mit Berliner Blau als Grünpigment)
Zn.-nitrat: $Zn(NO_3)_2 \cdot 6\ H_2O$	297,47	2,065	36,4	weiß	Zers. 140 (ZnS: bei 1185, ZnO: Fp. = 1975, $ZnCl_2$: Fp. = 283)
Zn-sulfat /-vitriol: $ZnSO_4 \cdot 7\ H_2O$	ca. 287	1,97	40/Zers. 600	farblos	ϱ (wasserfrei) 3,54, als Vitriol gut lösl. Hydrat
Zinn-IV-oxid: SnO_2 („Zinnstein")	150,69	6,95	1127	weiß	lösl. nur in konz. Mineralsäuren, Subl.1900, Halbleiter, bildet mit Laugen Stannate-IV
Zinn-II-sulfid: SnS	150,75	5,22	882	blaugrau glänzend	Kp. 1230, lösl. in konz. Salzsäure und (als Thiosalz) in Polysulfidlösung
Zinn-IV-sulfid: SnS_2	182,82	4,5	Zers. 600	goldgelb	unlösl. in HNO_3 + HCl, frischer Niederschlag lösl. in warmer Salzsäure und in Na_2S-Lösg.
Zirkon: $ZrSiO_4$	183,3 – $\cdot 4\ H_2O$: 355,40	4,55–4,7 $\cdot 4\ H_2O$: 2,85	Zers. ab 1540 bzw. 110	braunrot bzw. farblos	Mineral (Härte 6,5–7,5; tetragonal-bipyramidal, enthält oft auch Uran und Thorium), auch als Zirkonsulfat ($\cdot 4\ H_2O$, L: 0,9 g/l)

T

Tabelle 7: Gase I (gasförmige Elemente und anorganische Verbindungen)

Abkürzungen: M = molare Masse (in g/mol), Az.= Anzahl d. Atome pro Molekül, Fp = Schmelzpunkt (°C), Kp = Kondensationspunkt, T_K = krit. Temperatur, P_K = krit. Druck (in bar; 1 bar = 1000 hPa), ϱ = Dichte bei +15 °C und 1013 hPa in kg/m^3 (bzw. g/l, bei Luft: 1,209), D_S = Dichte am Siedepunkt (in g/l), $Dd_{fl.}$ = Dampfdruck der Flüssigkeit bei +20 °C in bar, L = Löslichkeit (in l Gas pro kg H_2O; xx heißt: Gas hydrolysiert), MAK (in ml/m^3) und erforderliche Warnhinweise (F, T, C, O etc.)

Gas	M	Az	Fp.	Kp.	ϱ	L	T_k	P_k	D_S	Dd_{fl}	MAK
Ammoniak, NH_3	17,0	4	−77,74	−33,4	0,720	685,7	132,4	114,8	682	8,59	50/FTC
Antimonwasserst., SbH_3	124,7	4	−88,45	−17,2	5,28				2158		0,1/FT
Argon, Ar	39,95	1	−189,3	−185,8	1,669	0,034	−122,4	48,98	1395	groß	–
Arsin, AsH_3	77,94	4	−117	−62,5	3,63		99,9		1630	ca. 15	0,05/FT
Bortrichlorid, BCl_3	117,17	4	−107,5	12,5	4,98	xx	178,8	38,7	1340	1,3	TC
Bortrifluorid, BF_3	67,805	4	−128,7	−100,3	2,84	xx					TC
Bromwasserstoff, HBr	80,912	2	−86,86	−66,72	3,401	532,1	90	85,52	2205	20,9	5,0/C
Carbonylfluorid, COF_2	66,007	4	−111	−84,6	ca.2,8	xx	14,8		1808		2,0/TC
Carbonylsulfid, COS	60,07	3	−139	−50,3	ca.2,5	xx	106	63,5	1178	11,3	10/FT
Chlor, Cl_2	70,906	2	−101	−34,10	2,999	2,26	144	77	1562,5	6,88	0,5/C
Chlortrifluorid, ClF_3	92,45	4	−76,3	11,8	3,63	xx	154		1850,2	1,42	0,1/TC
Chlorwasserstoff, HCl	36,461	2	−114,2	−85,1	1,543	448	51,40	82,6	1191	43	5/C
Cyanwasserstoff, HCN	27,026	3	−13,3	25,7	ca. 1,2	∞	184	53,9	667	0,82	10/FTC
Deuterium, D_2	4,029	2	−254,4	−249,6	0,167	0,018	−234,8	16,65	162,4	groß	0,1/F
Diboran, B_2H_6	27,67	6	−165	−92,5	1,17		15,9	40,4	438,5		0,1/TF
Distickstoffmonoxid, N_2O	44,013	3	−90,81	−88,47	1,847	0,665	36,41	72,45	1222,8	50,8	
Fluor, F_2	38,0	2	−220	−188	1,584	xx	−129	52,2	1502,5		0,1/TC
Fluorwasserstoff, HF	20,006	2	−83,4	19,5	0,85	∞	461	65	968	1,03	3,0/TC
German, GeH_4	76,622	5	−166	−88,5	3,143	xx	34,9	55,5	1370	36	0,2/TF
Helium, He	4,0026	1	−271	−268,9	0,167	0,008	−267,94	2,29	124,96		
Helium-3, ^3He (Isotop)	3,016	1	−273,1	−270	0,128	0,000	−269,82	1,17	59		
Iodwasserstoff, HI	127,91	2	−50,8	−35,4	5,789	groß	151	+83	2797	7,33	C
Kohlendioxid, CO_2	44,01	3	−56,57	−78,5	1,848	0,87	31,06	73,82	1177	57,3	5000
Kohlenmonoxid, CO	28,01	2	−205,0	−191,5	1,17	0,023	−140,24	34,99	788,6		30/TF
Krypton, Kr	83,8	1	−157,2	−153,3	3,507	0,059	−63,75	55,02	919		
Neon, Ne	20,179	1	−248,6	−246,1	0,842	0,010	−228,75	27,5	1207		
Nitrosylchlorid, NOCl	65,459	3	−59,6	−5,55	2,79	xx	167	93,6	1362	2,71	TC
Ozon, O_3	47,99	3	−192,5	−110,5	2,14	vgl. O_2					0,1/TC
Phosgen, $POCl_2$	98,916	4	−127,8	7,55	4,184	xx	182,0	56,74	1410	1,52	0,1/T
Phosphin, PH_3	34,0	4	−134	−87,8	1,429	lösl.	51,7	65,4	765,3	34,6	0,1/TF
Phosph.-pentafluorid, PF_5	125,97	6	−93,8	−84,6	5,8	xx				ca.29	TC?
Sauerstoff, O_2	31,999	2	−218,8	−182,9	1,337	0,31	−118,6	50,4	1141		
Schwefeldioxid, SO_2	64,063	3	−75,5	−10,01	2,725	39,4	157,6	78,84	1458	3,26	2/TC
Schwefelhexafluorid, SF_6	146,05	7	−50,8	−63,8	6,18!	0,005	45,54	37,59	1910	22	1000
Schwefelwasserst., H_2S	34,08	3	−85,7	−60,2	1,434	2,582	100,1	89,4	914,9	17,9	10/TFC
Selenwasserstoff, H_2Se	80,98	3	−65,7	−41,4	3,664	ca.2,6	138	89	1965	9,12	0,05/TF
(Mono-)Silan, SiH_4	32,117	5	−186	−112	1,342		−3,15	42,8	583,5		5/TF
Siliziumtetrafluorid, SiF_4	104,08	5	−95,2	−95,2	4,372	xx	−141	37,2			TC
Luft (natürl. Mischung)	**28,963**	**–**	**−218**	**−196**	**1,209**	**0,32**	**−140**	**37,7**	**1300**	**groß**	**–**
Stickstoff, N_2	28,013	2	−210	−195,8	1,434	0,016	−146,95	33,99	1300	groß	
Stickstoffdioxid, NO_2	46	3	−11,2	21,1	3,358	xx	158	101,3	1443	1,00	TCO
Stickstoffmonoxid, NO	30,006	2	−163,9	−151,7	1,25	0,047	−93	64,85	1300		T
Tellurwasserstoff, TeH_2	129,6		−1,25	5,75					2351		TFC
Tetrafluorhydrazin, N_2F_4	104	6	−161,5	−74,2	4,356		36,3	37		24	ETC
Tetrafluormethan, CF_4	88,01	5	−183,4	−127,9	3,677	0,004	−45,45	37,43	1603	groß	
Wasserstoff, H_2	2,016	2	−259,2	−252,8	0,084	0,018	−239,91	12,98	70,8	groß	F
Wasser, H_2O	**18,016**	**3**	**0,00**	**100**	**0,998**	∞	**374**	**220**	**ca. 0,9**	**< 1,0**	
Wolframhexafluorid, WF_6	297,8	7	2,35	17,1	12,8	xx	180	45,7	3430	1,13	CT
Xenon, Xe	131,3	1	−111,8	−108,1	5,517	0,108	16,58	58,4	2945		

T

Tabelle 8: R-/S-/E-Sätze

8a Die Gefahrenhinweise (R-Sätze)

(nach: GefStoffVO, Anhang I, Nr. 1.3.)

R1 In trockenem Zustand explosionsfähig
R2 Durch Schlag, Reibung, Feuer oder andere Zündquellen explosionsfähig
R3 Durch Schlag, Reibung, Feuer oder andere Zündquellen besonders explosionsfähig
R4 Bildet hoch empfindliche, explosionsgefährliche Metallverbindungen
R5 Bei Erwärmen explosionsfähig
R6 Mit und ohne Luft explosionsfähig
R7 Kann Brand verursachen
R8 Feuergefahr bei Berührung mit brennbaren Stoffen
R9 Explosionsgefahr bei Mischung mit brennbaren Stoffen
R10 Entzündlich
R11 Leicht entzündlich
R12 Hoch entzündlich
R13 Hoch entzündliches Flüssiggas
R14 Reagiert heftig mit Wasser
R15 Reagiert mit Wasser unter Entwicklung leicht entzündlicher Gase
R16 Explosionsgefährlich bei Mischung mit brandfördernden Stoffen
R17 Selbstentzündlich an der Luft
R18 Bei Gebrauch Bildung explosionsfähiger/leicht entzündlicher Dampf-Luftgemische möglich
R19 Kann explosionsfähige Peroxide bilden
R20 Gesundheitsschädlich beim Einatmen
R21 Gesundheitsschädlich bei Berührung mit der Haut
R22 Gesundheitsschädlich beim Verschlucken
R23 Giftig beim Einatmen
R24 Giftig bei Berührung mit der Haut
R25 Giftig beim Verschlucken
R26 Sehr giftig beim Einatmen
R27 Sehr giftig bei Berührung mit der Haut
R28 Sehr giftig beim Verschlucken
R29 Entwickelt bei Berührung mit Wasser giftige Gase
R30 Kann bei Gebrauch leicht entzündlich werden
R31 Entwickelt bei Berührung mit Säure giftige Gase
R32 Entwickelt bei Berührung mit Säure sehr giftige Gase
R33 Gefahr kumulativer Wirkungen
R34 Verursacht Verätzungen
R35 Verursacht schwere Verätzungen
R36 Reizt die Augen
R37 Reizt die Atmungsorgane
R38 Reizt die Haut
R39 Ernste Gefahr irreversiblen Schadens
R40 Irreversibler Schaden möglich
R41 Gefahr ernster Augenschäden
R42 Sensibilisierung durch Einatmen möglich
R43 Sensibilisierung durch Hautkontakt möglich
R44 Explosionsgefahr bei Erhitzen unter Einschluss
R45 Kann Krebs erzeugen
R46 Kann vererbbare Schäden verursachen (Gengut gefährdend)
R47 Kann Missbildungen verursachen (Frucht gefährdend)
R48 Gefahr ernster Gesundheitsaschäden bei längerer Exposition

Hinweis: Schrägstriche zwischen zwei R-Sätzen zeigen kombinatorische Verschärfungen an, z. B.:
R14/15 Reagiert heftig mit Wasser unter Bildung leicht entzündlicher Gase
R20/21/22 Gesundheitsschädlich beim Einatmen,Verschlucken und Berühren mit der Haut
R36/37/38 Reizt Augen,Atmungsorgane und Haut
(usw.)

8b Die Sicherheitsratschläge (S-Sätze)

(nach: GefStoffVO, Anhang I, Nr. 1.4.)

S1 Unter Verschluss aufbewahren
S2 Darf nicht in die Hände von Kindern gelangen
S3 Kühl aufbewahren
S4 Von Wohnplätzen fern halten
S5 Unter … aufbewahren (geeignete Flüssigkeit vom Hersteller anzugeben)
S6 Unter … aufbewahren (geeignetes Inertgas vom Hersteller anzugeben)
S7 Behälter dicht geschlossen halten
S8 Behälter trocken halten
S9 Behälter an einem gut gelüfteten Ort aufbewahren
S12 Behälter nicht gasdicht verschließen
S13 Von Nahrungsmitteln, Getränken und Futtermitteln fernhalten
S14 Von … fernhalten (inkompatible Substanzen vom Hersteller anzugeben)
S15 Vor Hitze schützen
S16 Von Zündquellen fernhalten – nicht rauchen
S17 Von brennbaren Stoffen fern halten
S18 Behälter vorsichtig öffnen und handhaben
S20 Bei der Arbeit keinesfalls essen und trinken
S21 Bei der Arbeit keinesfalls rauchen
S22 Staub nicht einatmen
S23 Gas/Rauch/Dampf/Aerosol nicht einatmen
S24 Berührung mit der Haut vermeiden
S25 Berührung mit den Augen vermeiden
S26 Bei Berührung mit den Augen gründlich mit Wasser abspülen und Arzt konsultieren
S27 Beschmutzte, getränkte Kleidung sofort ausziehen
S28 Bei Berührung mit der Haut sofort abwaschen mit viel … (vom Hersteller anzugeben)
S29 Nicht in die Kanalisation gelangen lassen
S30 Niemals Wasser hinzugießen
S33 Maßnahmen gegen elektrostatische Aufladung treffen
S34 Schlag und Reibung vermeiden
S35 Abfälle und Behälter müssen in gesicherter Weise beseitigt werden (Sondermüll)
S36 Bei der Arbeit geeignete Schutzkleidung tragen
S37 Geeignete Schutzhandschuhe tragen
S38 Bei unzureichender Belüftung Atemschutzgerät anlegen
S39 Schutzbrille / Gesichtsschutz tragen
S40 Fußboden und verunreinigte Gegenstände mit … reinigen (vom Hersteller anzugeben)
S41 Explosions- und Brandgase nicht einatmen
S42 Beim Räuchern/Versprühen geeignetes Atemschgutzgerät … anlegen (vom Herst. anzugeben)
S43 Zum Löschen … verwenden (vom Herst. anzugeben), kein Wasser verwenden
S44 Bei Unwohlsein ärztl. Rat einholen und möglichst dieses Etikett vorzeigen
S45 Bei Unfall oder Unwohlsein sofort Arzt hinzuziehen und mögl. dieses Etikett vorzeigen
S46 Bei Verschlucken sofort ärztl. Rat einholen und Verpackung oder Etikett vorzeigen
S47 Nicht bei Temperaturen über … °C aufbewahren (vom Hersteller anzugeben)
S48 Feucht halten mit … (geeignetes Mittel vom Hersteller anzugeben)
S49 Nur im Originalbehälter aufbewahren
S50 Niemals mischen mit …. (vom Hersteller anzugeben)
S51 Nur in gut gelüfteten Bereichen verwenden
S52 Nicht großflächig für Wohn- und Arbeitsbereiche verwenden

Hinweis: Kombinationen von S-Sätzen sind möglich, z. B.:
S3/7/9 Behälter dicht geschlossen halten und an einem kühlen, gut gelüfteten Ort aufbewahren
S47/49 Nur im Originalbehälter bei einer Temp. von nicht über …aufbewahren (vom Herst. anzugeben)

T

8 c Die Entsorgungshinweise/-ratschläge (E-Sätze)

(nach: E-DIN 58126, Teil 2)

E1 Verdünnen und in den Ausguss geben
E2 Neutralisieren und in den Ausguss geben (**„Säure-Base-Abfälle“):**
(Säuren neutralisiere man mit Soda oder Pottasche, Basen mit Salz- oder Schwefelsäure)
E3 In den Hausmüll geben, ggf. in Kunststoffbeuteln (Stäube)
E4 Als **Sulfid** ausfällen
E5 Mit **Kalziumionen** ausfällen, danach E1 oder E3
E6 Nicht in den Hausmüll geben
E7 Nicht in den Müll geben, der in einer Müllverbrennungsanlage verbrannt wird (nach E8 verfahren)
E8 Der **Sondermüllbeseitigung** zuführen
E9 In kleinsten Portionen offen im Freien verbrennen
E10 In gekennzeichneten Glasbehältern **„Organische Abfälle“** sammeln, danach E8 (dabei möglichst halogenfreie und halogenhaltige Abfälle getrennt sammeln)
E11 Als **Hydroxid** fällen (pH 8), den Niederschlag zu E 8
E12 Nicht in die Kanalisation gelangen lassen
E13 Aus der Lösung **mit unedlem Metall (z. B. Eisen)** abscheiden lassen
(**Hinweis:** das gilt z. B. für Schwermetalle, die aber alternativ auch als Sulfide und Hydroxide gefällt werden können (= E 4 + 11), sodass darüber stehende Lösung anschließend nach E 2 beseitigt werden kann, was Entsorgungskosten spart. Die Zementation mit Fe-Wolle dauert mehrere Stunden oder gar Tage, ist aber besonders im Hinblick auf Silber (zur Wiedergewinnung, auch aus AgCl) gut geeignet)
E14 Recycling-geeignet (Redestillation oder dem Recyclingunternehmen zuführen)
E15 Vorsichtig mit Wasser umsetzen und dabei evtl. frei werdende Gase verbrennen, absorbieren oder stark verdünnt ableiten
E16 Entsprechend der „Beseitigungsratschläge für **besondere Stoffe**“ beseitigen, Beispiele:

Alkalimetalle vorsichtig und in erbsengroßen Portionen in einer Porzellanschale mit tert.-Butanol (2-Methyl-2-propanol) umsetzen (Li und Na evtl. auch mit Brennspiritus). Danach die Lösung in den Behälter für saure und basische Abfälle geben.
Chromatlösungen / Chromschwefelsäure: Bei pH 2 mit Natriumhydrogensulfit umsetzen:
$2\ CrO_3\ (aq) + 3\ HSO_3^- + 3\ H^+ \rightarrow 2\ Cr^{3+} + 3\ SO_4^{2-} + 3\ H_2O$.
Alternativ können Chromat und Dichromat auch mit Salz- oder Schwefelsäure und unedlen Metallen (z. B. Zink) umgesetzt werden, wobei nach 1–3 Stunden grüne Chrom-III-ionen entstehen. Diese im Sammelbehälter für Schwermetallionen als Chrom-III-hydroxid ausfällen (E11).
Formaldehyd: Lösung mit Harnstofflösung im Überschuss versetzen, einige Tropfen konz. Salzsäure zugeben. Das polymere Produkt nach 24 h in den normalen Hausmüll geben.
Fluorwasserstoffsäure: Im Plastikgefäß mit Kalkwasser (oder Ätzkalksuspension) umsetzen. Kalziumfluoridniederschlag abfiltrieren und in den Hausmüll geben.
Halogene: Brom und Iod in Wasser geben und mit Natriumthiosulfatlösung umsetzen:
$Br_2 + 2\ S_2O_3^{2-} \rightarrow S_4O_6^{2-} + 2\ Br^-$.
Bromdämpfe und Chlorgas in Kalilauge einleiten:
$Br_2 + 2\ OH^- \rightarrow Br^- + OBr^- + H_2O$. Die Lösung mit den Halogenidionen ggf. neutralisieren und in den Ausguss geben (bei ca. pH 7–9).
Kalium- und Natriumcyanid: Lösung in eine Lösung von gleichen Teilen $FeSO_4 + FeCl_3$ geben, leicht erwärmen und umrühren, danach verdünnte Natronlauge bis zur alkalischen Reaktion zugeben. Der blaue Eisen-Cyanid-Komplex ist schwer löslich und somit ungefährlich. Reaktionen:
$FeSO_4 + 2\ NaCN \rightarrow Fe(CN)_2 + Na_2SO_4$ und
$Fe(CN)_2 + 4\ NaCN \rightarrow Na_4[Fe(CN)_6]$, anschließende Ausfällung als Berliner Blau:
$3\ Na_4[Fe(CN)_6] + 4\ FeCl_3 \rightarrow Fe_4[Fe(CN)_6]_3\downarrow$
Kohlenstoffverbindungen: Kleine Mengen in Porzellanschalen unter dem Abzug verbrennen. Schwer flüchtige und feste Verbindungen hierzu ggf. in einigen ml Benzin aufnehmen. Von dieser Regel ausgenommen sind explosive Stoffe wie Acetylide, organische Peroxide, Diazoverbindungen und Pikrinsäure. In Sammelbehältern für organische Stoffe halogenfreie und halogenhaltige Kohlenwasserstoffe getrennt sammeln.
Nitritlösungen: Mit Hypochloritlösungen oxidieren und danach mit viel Wasser wegspülen:
$NO_2^- + OCl^- \rightarrow NO_3^- + Cl^-$.

E 27 Mit NaCl-Lösung behandeln (zur Ausfällung von AgCl, aus welchem Silber rückgewonnen wird).

Hinweise: Verantwortlich für die ordnungsgemäße Abfallbeseitigung ist und bleibt der Arbeitgeber (bzw. Schulleiter), der diese Aufgabe an einen **Entsorgungs- oder Sicherheitsbeauftragten** delegieren kann.
Dennoch hat jede/r, der/die im Chemielabor arbeitet, die Entsorgungshinweise – insbesonders auch die Gefahrenhinweise und Sicherheitsratschläge – **selbstständig** zu beachten (er muss sich daher **vor** Versuchsbeginn über mögliche Gefahren und Entsorgungsprobleme informieren).
Die in diesem Buch im Folgenden aufgelisteten R-/S-/E-Sätze für einige Chemikalien stellen nur eine **empfehlende Auswahl** dar, ausschlaggebend sind hier die Betriebsanweisungen des verantwortlichen Sicherheitsbeauftragten und/oder Ausbilders bzw. Fachlehrers.

Zur Sammlung der Abfälle noch einige kurze Empfehlungen:
Behälter für Schwermetallabfälle: Lösung stets oberhalb von pH = 8 halten, sodass die Schwermetalle ausfallen (Hydroxide und ggf. Sulfide). Oben stehende Lösung gelegentlich abgießen, neutralisieren und in den Ausguss geben. Schwermetallhydroxidschlamm eintrocknen und zur Entsorgungsstelle bringen (also E4 + 8 + 13).
Giftige Abfälle: Gesondert sammeln (Quecksilber und seine Verbindungen (außer HgS), Arsen und arsenhaltige Verbindungen, Uranverbindungen (= E16, Giftschrank).

T

8 d R-/S-Sätze wichtiger, anorganischer Chemikalien und einiger Lösemittel (Auswahl)

Stoff	Formel	Warnhinweise	R-Sätze (Risiken)	S-Sätze (Sicherheitsmaßnahmen)	E-Sätze (Entsorgung), Anmerkungen
Aceton	CH_3COCH_3	F	R11	S9-16-23-33	E9, 10, 14 – leicht entzündlich
Ätznatron	NaOH – siehe Natriumhydroxid (ätzend)				
Alkalichromate	– siehe Chrom-VI-Verbindungen (Krebs erregend, Entsorgung beachten)				
Aluminiumchlorid	$AlCl_3$	C	R34	S7/8-28-45	E2 – ätzend
Aluminiumstaub,-pulver	Al	F	R15-17	S7/8-43	E6
Ammoniak(-lösung)	NH_3/NH_4OH	C, Xi	R34-36/37/38	S7-26-45	E2 – wasserfrei/als Gas: T
Ammoniumchlorid, -sulfid, -sulfat	$NH_4^+/Cl^-/S^{2-}/SO_4^{2-}$	Xn	R22-36	S22	E 1 – zu Ammoniumsulfid: siehe Natriumsulfid
Ammoniumdichromat	$(NH_4)_2Cr_2O_7$	E, Xi (+T)	R1-8-36/37/38-43	S28-35	E 16 – Krebs erregend siehe Chrom-VI-Verbindungen
n-Amylalkohol (ohne *tert.* Pentanol)	$C_5H_{11}OH$ (prim./sek.)	Xn	R10-20		E9, 10, 14 – entzündlich (IUPAC: 1-Pentanol)
Antimontrichlorid	$SbCl_3$	C	R34-37	S26-45	E4, 8, 13
Antimonverbindungen (außer $SbCl_3$ + Sulfide)	z.B. SbH_3 u. ähnl.	Xn	R20/22	S22 (ggf.)	E4, 8, 13 – als Sb_2O_3: Xn/R40/S22-36
Arsen und Arsenverbindungen	As, AsH_3, H_3AsO_4 usw.	T	R23/25	S20/21-28-45	E16 – nur unter Aufsicht des Lehrers, Krebs erregend
Ätzkali	KOH – siehe Kaliumhydroxid (ätzend)				
Bariumsalze, wasserlöslich	$BaCl_2$, $Ba(NO_3)_2$ + $Ba(OH)_2$ etc.	Xn	R20/22	S28	mit Na_2SO_4-Lösg. fällen – $Ba(ClO_4)_2$ + BaO_2 auch: O, R9-20/22, S13-27
Bariumcarbonat	$BaCO_3$	Xn	R22	S24/25	mit Na_2SO_4-Lösg. fällen
Blausäuresalze, Cyanide	KCN, NaCN...	T+	R26/27/28-32	S7-28-29-45	E 16 – nur unter Aufsicht
Bleistaub und Bleiverbindungen (außer: PbS)	$Pb(CH_3COO)_2$ $Pb(NO_3)_2$ etc.	T+	R61-20/22-33	S53-45	E4 + 8 (evtl. E13) –Bleiazetat + -chromat nach E16, sie sind mutagen (Erbgut gefährdend)
Braunstein	– siehe Mangan-IV-oxid				
Brom (elementar)	Br_2	T + C	R26-35	S7/9-26-45	E16 – Bromwasser verwenden
Cadmium und Cd-Verbindungen	$Cd(NO_3)_2$, $CdCl_2$, u. Ä.	Xn, T	R20/21/22 + zumeist R45-48	S22-53-45	E4 + 8 – Krebs erzeugend
Calciumchlorid	$CaCl_2$	Xi	R36	S22-24	E2
Calciumhydroxid (Ätz-, Löschkalk) und -oxid	$Ca(OH)_2$ + CaO	C	R34	S26-36-45	E2 – Stäube nicht einatmen (CaO = gebrannter Kalk)
Chlor (elementar)	Cl_2	T	R23-36/37/38	S7/9-45	E16 – Abzug, ggf. Gasmaske
Chloroform	$CHCl_3$ – siehe Trichlormethan (Krebs erregend, narkotisierend, Leber schädigend)				
Chlorwasserstoff (gasf.)	HCl	C	R35-37	S7/9-26-45	E2 – vgl. Salzsäure, konz.
Chrom-VI-Verbindungen (Chromate, Dichromate, CrO_3)	z. B. K_2CrO_4 + $K_2Cr_2O_7$	fest: O, T	R49-8-25-35-43	S53-45	E16 (Entsorgung: mit HCl und Zn zu Cr^{3+} reduzieren)
Cobalt und Co-Verbindungen (außer CoS)	Co, $CoSO_4$ u. a.	Xn	R22-42/43	S22-24-37	E 4 + 8 - Verdacht: cancerogen + mutagen
Cyanide	– siehe unter Cyanwasserstoff und Blausäuresalze, hochgiftig				
Cyanwasserstoff, Blausäure	HCN	T+, F+	R12-26	S7/9-16-36/37/38-45	E16 – nur unter Aufsicht, Gasmaske bei pH< 8
Diethylether, Ether	$(C_2H_5)_2O$	F+	R12-19	S9-16-29-33	E10 – Abzug, Flammen aus, Luft-Dampf-Gemisch: E
Distickstofftetroxid und ähnl. nitrose Gase	N_2O_4 u. Ä., NO_x	T(+)	R26-37	S7/9-26-45	Abzug (NO_2, NO, N_2O_3)
Essigsäure	CH_3COOH	C	R10-35	S23-26-45	E2 – unterh. 10 %: Xi statt C
Ethanol, Brennspiritus, Ethylalkohol	C_2H_5OH	F	R11	S7-16	E 0,14 – nicht in die Nähe offener Flammen
Ethylacetat	wie Ethanol				
Fluor	Verbot (Fluorgas wirkt hochtoxisch und äußerst aggressiv)				
Fluorwasserstoff, Flusssäure	HF	T+, C	R26/27/28-35	S7/9-26-36	E5, 16 – ähnlich: NH_4F; Vorsicht: Glas ätzend
Formaldehyd, Formalin	CH_2O	T	R23/24/25-34-40-43	S26-36/37-45-51	E16 – Allergieschocks möglich, stark Krebs erregend

T

Stoff	Formel	Warnhinweise	R-Sätze (Risiken)	S-Sätze (Sicherheitsmaßnahmen)	E-Sätze (Entsorgung), Anmerkungen
Heptan und Hexan	C_7H_{16}/C_6H_{14}	F, Xn	R10-22	S23	E10, 14 – leicht entzündlich
Iod/Jod	I_2	Xn	R20/21	S23-25	E16
Iodwasserstoff(-säure)	HI	C	R34	S26-45	E2
Kalium	K	F, C	R14/15-34	S5-8-43-45	E6, 7, 16 – nur unter Aufsicht
Kaliumcarbonat, Pottasche	K_2CO_3	Xi	R36	S22-26	E2 – konz. Lösung ätzend
Kaliumchromat	K_2CrO_4	Xi	R36/37/38-43	S22-28	E16 – siehe Chrom-VI-Verbgn.
Kaliumchlorat	$KClO_3$	O, Xn	R9-20/22	S13-16-27	E16 – nicht zu brennbaren Stoffen
Kaliumdichromat	$K_2Cr_2O_7$	Xi	R36/37/38-43	S22-28	E16 – siehe Chrom-VI-Verbgn.
Kaliumfluorid	KF	T	R23/24/25	S26-45	E5
Kaliumhydrogensulfat	$KHSO_4$	C	R34-37	S26-36/37/39-45	E2
Kaliumhydroxid, Ätzkali	KOH	C	R35	S26-37/39-45	E2
Kaliumnitrit	KNO_2	O, T	R8-25	S45	E16
Kaliumperchlorat	$KClO_4$	O, Xn	R9-22	S13-22-27	E16
Kaliumpermanganat	$KMnO_4$	O, Xn	R8-22	S2	E16
Kaliumsulfid	K_2S	C	R31-34	S26-45	(E4)
Kobalt	– siehe Cobalt				
Kohlendisulfid	CS_2	F, T	R11-36/37/38-48/23-62-63	S16-33-36/37-45	E8, 10 – mutagen, fortpflanzungsgefährdend
Kohlenmonoxid	CO	F+, T	R12-23	S7-16-45	Gasmaske
Kohlenwasserstoff- und Benzindämpfe	C_xH_y	F*	mit Aromaten: R45	mit Aromaten: S53-45	E 9, 10 – aromatenhaltig: T (z. B. Benzindämpfe) * mit Luft: E
Königswasser	– siehe: Mischung aus Salz- und Salpetersäure sowie unter Chlorgas				
Kupfer-II-salze, wasserlöslich	$CuSO_4$, $CuAc_2$	Xn	R22-36/38	S22	E4, 8, 13
Lithium	Li	F, C	R14/15-34	S8-43-45	E6, 7, 16
Lithiumchlorid	LiCl	Xn	nicht verschlucken		E6, 12 – halluzinogen, Wasser gefährdend
Magnesiumpulver,-grieß	Mg	F	R15-17	S7/8-43	E6, 7 – in Säure lösen
Mangandioxid, Braunstein	MnO_2	Xn	R20/22	S25	--
Mangansulfat, -azetat, -chlorid	$MnCl_2$, $MnSO_4$	Xn	R48/20/22	S22	E4, 11
Methanol	CH_3OH	T, F	R11-23/25	S7-16-24-45	E9, 10
Millons Reagenz	$Hg(NO_3)_2$ u. a.– siehe Quecksilberverbindungen, wasserlösliche (toxisch)				
Mischung von Salpeter- und Schwefelsäure (Nitriersäure)	$HNO_3 + H_2SO_4$	O, C	R8-35	S23-26-30-36-45	E2 (vorsichtig)
Mischung von Salz- und Salpetersäure	$HCl + HNO_3$ (3 : 1)	(Königswasser) – siehe konz. Salpeter- und Salzsäure (sowie unter Chlor) (VORSICHTIG, Abzug, Lehrer informieren)			
Natrium, metallisch	Na	F, C	R14/15-34	S5-8-43-45	E6, 7, 16 – Lehrer informieren
Natriumcarbonat, Soda	Na_2CO_3	Xi	R36	S22-26	E2 – konz. Lösung ätzend
Natriumchlorat, -dichromat, -fluorid, -hydrogensulfat, -hydroxid (Ätznatron), -nitrit, -perchlorat	– siehe entsprechend Kaliumsalze. Insbesonders Dichromat, Chromat und Nitrit sind nach E16 gesondert umzusetzen und erst dann zu entsorgen				
Natriumsulfid	Na_2S	C	R31-34	S26-45	(E4) – entwickelt mit Säuren Giftgas
Nickel(-pulver)	Ni	Xn	R40-43	S22-36	E8
Nickelcarbonat	$NiCO_3$	Xn	R22-40-43	S22-36/37	E4, 8, 11, 13
Nickelhydroxid	$Ni(OH)_2$	Xn	R20/22-40-43	S22-36	E4, 8, 11, 13
Nickelmonoxid und Nickelsulfid	NiO + NiS	T	R49-43	S53-45	E4, 8, 11, 13 – hochgradig cancerogen
Nickelsulfat (u. ähnl. lösliche Ni-II-Salze)	$NiSO_4$, $NiCl_2$, $Ni(NO_3)_2$ etc.	Xn	R22-40-42/43	S22-36/37	E4, 8, 11, 13 – sensibilisierend/allergen
Nitriersäure	– siehe: Mischung aus konz. Schwefel- und Salpetersäure				
Nikotin, Passivrauchen	$C_{10}H_{13}N_2$	T+	R25-27	S36/37-45	E16, Nikotinsalze ebenso (Giftschrank)
Nitrobenzol	$C_6H_5NO_2$	T	R26/27/28-33	S28-36/37-45	E16
Octan	– siehe Hexan und Heptan sowie unter Kohlenwasserstoff-/Benzindämpfe				

Stoff	Formel	Warnhinweise	R-Sätze (Risiken)	S-Sätze (Sicherheitsmaßnahmen)	E-Sätze (Entsorgung), Anmerkungen
Oleum	– siehe konz. Schwefelsäure (VORSICHT)				
Oxalsäure + Oxalate	$(COOH)_2$	Xn	R21/22	S24/25	E5
Pentan	– siehe Hexan und Heptan				
Perchlorsäure	$HClO_4$	O, C	R5-8-35	S23-26-36-45	E16 – nicht zu brennbaren Stoffen
Phosphor, rot	P_n	F	R11-16	S7-43	E9, E16
Phosphorpentoxid	P_2O_5/P_4O_{10}	C	R35	S22-26-45	E2 – ebenso: PCl_5, PCl_3 + $POCl_3$
Phosphorsäure	H_3PO_4	C	R34	S26-45	E2
Phosphin	PH_3	T	möglichst nicht verwenden (Atemschutz, Gasmaske)		
Pikrinsäure und Pikrate	$C_6H_3N_3O_7$	E, T	VERBOT für allgemein bildende Schulen		
Propanol	C_3H_7OH	F	R11	S7-16	E9, 10, 14 – dto: *Iso*propanol
Quecksilber, metallisch	Hg	T	R23-33	S7-45	E16 – speziell entsorgen
Quecksilberdichlorid	$HgCl_2$	T+	R28-34-48/24/25	S13-28-36-45	E16 – speziell entsorgen (Hg-Abfälle)
Quecksilbersalze (außer: Zinnober/HgS)	$Hg(NO_3)_2$ u. Ä.	T+	R26/27/28-33	S13-28-36-45	E16 – speziell entsorgen (Hg-Abfälle)
Rhodanwasserstoffsäure und Rhodanide	– siehe unter Thiocyanate				
Salpetersäure	HNO_3	O, C	R8-35	S23-26-36-45	E2 – O nur ab 70 % (R8)
Salzsäure	HCl	C	R34-37	S26-45	E2
Schwefeldioxid	SO_2	T	R23-36/37	S7/9-45	MAK 2 ml/m³ (E2)
Schwefelkohlenstoff	CS_2	T+, F+	– siehe Kohlenstoffdisulfid		
Schwefelsäure	H_2SO_4	C	R35	S26-30-45	Oleum auch R14 (E2, vorsichtig)
Schwefelwasserstoff	H_2S	T+, F+	R12-26	S7/9-16-45	(E4) – Abzug oder Gasmaske
Selen und Selen-Verbindg.	Se, H_2Se, SeO_2	T	R23/25-33	S20/21-28-45	E16
Silbernitrat	$AgNO_3$	C	R34	S26-45	E14, 27
Stickstoffdioxid/Stickoxide	NO_2 u. ähnl.	T+	R26-37	S7/9-26-45	vgl. N_2O_4 + NO etc. (E2, 15)
Strontiumchromat	– siehe Chrom-VI-Verbindungen				
Tetrachlorkohlenstoff, Tetrachlormethan	CCl_4	T, N	R23/24/25-40-48/23-59	S23-36/37-45-59-61	E8 – Krebs erregend, Umwelt und Leber schädigend!
Thioacetamid, Thioessigsäureamid	$CH_3CS–NH_2$	T	R45-22-36/38	S53-45	E8 – Krebs erregend, Vorsicht
Thiocyanate und Rhodan-/Thiocyanwasserstoffsäure	HSCN, KSCN, NH_4SCN etc.	Xn	R20/21/22-32	S13	E2 – auch: $Fe(SCN)_3$
1,1,1-Trichlorethan	$C_2Cl_3H_3$	Xn, N	R20-59	S24/25-59-61	E8
Trichlormethan, Chloroform	$CHCl_3$	Xn	R22-38-40-48/20/22	S36/37	E8 – stark Krebs erregend
Uran und Uransalze	U u. Ä.	T	VERBOT für allgemein bildende Schulen (E16)		
Wasserstoff, gasförmig	H_2	F+	R12	S9-16-33	im Gemisch mit O_2 + Luft: E
Wasserstoffperoxid	H_2O_2	O, C	R8-34	S3-28-36/39-45	O ab 60 % (E16)
Zinkchlorid	$ZnCl_2$	C	R34	S7/8-28-45	E4, 8,. zu $ZnCrO_4$: s. Cr-VI-Verbindungen
Zinkpulver, -staub	Zn	F	R15-17	S7/8-43	E6
Zinksulfat, -vitriol	$ZnSO_4$	Xi	R36/38	S22-25	E4, 8
Zinnverbindungen, anorganisch	$SnCl_2$ etc.	C (in Lösung) – da oft in konz. Salzsäure gelöst; siehe dort			
Zinntetrachlorid	$SnCl_4$	C	R34-37	S7/8-26-45	E4, 8, 11

Hinweis: Die in diesem Buch aufgelisteten R-/S-/E-Sätze für einige Chemikalien stellen nur eine empfehlende, z. T. **gekürzte Auswahl** dar (Stand ca. 1997/98), für deren Vollständigkeit und Aktualität **hier keine Gewähr** geboten werden kann – ausschlaggebend sind daher die **Betriebsanweisungen** des verantwortlichen Sicherheitsbeauftragten und/oder Ausbilders bzw. Fachlehrers. Die ungekürzten, aktuellen Sätze und Daten aus Sicherheitsdatenblättern, Datenbanken und der Fachliteratur zu entnehmen !
Insbesonders ist vor dem Krebs erzeugenden Potential folgender Arbeitsstoffe zu warnen: Acrylnitril, Acrylsäure, Antimontrioxid, Benzol, 1,3-Butadien, Cadmiumchlorid, Chlorethen (Vinylchlorid), Cobaltsalze, 1,2-Dibromethan, Hydrazin, Iodmethan, 2-Naphthylamin. Ebenfalls im Verdacht Krebs auszulösen stehen: Acetaldehyd, Acetamid, Anilin, Azofarbstoffe (Benzidin-Derivate), Brommethan, Chrom-VI-oxid und Chromate, 1,2-Dichlorethan, Dichlormethan, 1,4-Dioxan, Formaldehyd (Methanal), 1,1,2,2-Tetrachlorethan, Tetrachlormethan bzw. -kohlenstoff, Thioacetamid, Trichlorethylen, Trichlormethan (Chloroform).

Tabelle 9: Gasförmige Grundstoffe der organischen Chemie

Zur Bedeutung der verwendeten Abkürzungen siehe Tabelle 7

Gas	*M*	Az	Fp.	Kp.	ϱ	L	T_k	P_k	D_S	Dd_{fl}	MAK
Ethan, C_2H_6	30,07	8	–183	–88,7	1,265	0,049	32,27	48,8	546,5	37,7	F
Ethen, C_2H_4	28,054	6	–169	–103	1,178	0,122	9,5	50,7	567,9	37,7	F
Ethin, C_2H_2	26,038	4	–80,5	–83,8	1,095	1,047	35,18	61,9	420	43,1	F
Kohlendioxid, CO_2	44,01	3	–56,5	–78,5	1,848	0,87	31,06	73,82	1177	57,3	5000
Kohlenmonoxid, CO	28,01	2	–205	–191,5	1,17	0,023	–140,24	34,99	788,6		30/TF
Methan, CH_4	16,043	5	–182	–161	0,671	0,035	–82,62	46,0	422,6		F
Tetrafluormethan, CF_4	88,01	5	–183	–127,9	3,677	0,004	–45,45	37,43	1603	groß	

Tabelle 10: Kohlenwasserstoffe (KWs)

Die folgenden Tabellen 10 bis 16 wurden systematisch nach Stoffklassen der organischen Chemie geordnet. In der Regel wurden IUPAC-Namen verwendet – es sei denn, diese sind zu lang und aus Platzgründen durch gebräuchliche Trivialnamen wie z. B. Ölsäure, Vanillin usw. ersetzbar gewesen. Bei unterschiedlichen Literaturangaben wurde ggf. gerundet. Die im Folgenden verwendete Abkürzungen sind:

M = molare Masse (in g/mol),
Fp = Schmelz- bzw. Erstarrungspunkt (ϑ_f, Fusion point bzw. ϑ_m, Melting point) in °C (positive Zahlenangaben wurden z. T. mit Vorzeichen + versehen, negative immer mit –),
Kp = Siede- bzw. Kondensationspunkt bei Normaldruck (p_0 = 1013 hPa) in °C (ϑ_b, Boiling point),
T_K = krit. Temperatur $\vartheta_{krit.}$ (bei Gasen: oberhalb der kein Unterschied mehr zwischen flüssig und gasförmig existiert / in °C),
P_K = krit. Druck (bei Gasen: oberhalb ist keine Druckverflüssigung möglich, in bar),
D = Dichte ϱ bei +15 °C und 1013 hPa in kg/m³ (bzw. g/l, bei Luft: 1,209),
D_s = Dichte ϱ_l am Siedepunkt (in g/l),
$Dd_{fl.}$ = Dampfdruck p_D der Flüssigkeit bei +20 °C in bar (auch: p_D),
L = Löslichkeit (bei Gasen in l Gas pro kg H_2O, ansonsten in g wasserfreier Substanz pro 100 ml Wasser bei Raumtemperatur (ϑ = +20 °C) – oder wie angegeben in g/l, g/kg H_2O oder Ä.);
AmI = Anzahl möglicher Isomere (inkl. *n*-Alkan),
n_D = Brechzahl (Brechungsindex n_D) – wenn nicht anders angegeben bei Raumtemperatur und bezgl. der Natrium-D-Wellenlänge (λ = 589 nm), ansonsten unter der in nm angegebenen Wellenlänge bzw. bei der in °C genannten Temperatur (vgl. unter „Refraktometrie“),
α = Drehwert $[\alpha]_\lambda^\vartheta$ optisch aktiver Substanzen in ° · cm³/dm · g – wenn nicht anders angegeben bei Raumtemperatur und Na-D-Wellenlänge (also $[\alpha]_D^{20°C}$; vgl. unter „Polarimetrie“/„optische Aktivität“) in folgenden Konzentrationen: *c* = mol/l, *w* = g Substanz/100 g Lösung (Gew.-%, vgl. Masseanteil), β = g/100 ml (Massekonzentration), → bedeutet, dass sich das Drehvermögen im Laufe der Zeit ändern kann
η = Viskosität in mPa · s

10 a Alkane

Anordnung: Zunächst n-Alkane („n-Paraffine“), danach Iso- und Cycloalkane

Name	Formel	*M* (g/mol)	Fp. ($\vartheta_{m,f}$ in °C)	Kp. (ϑ_b in °C)	D (ϱ in g/cm³)	Löslichkeit (L) in H_2O	Weitere Angaben, Anmerkungen, Trivialnamen
Methan	CH_4	16,043	–182,5	–161,5	0,671 g/l	0,035 l/kg = 0,021 g/kg	Gruben-/Erdgas (einfachster Kohlenwasserstoff)
Ethan	C_2H_6	30,07	–183,3	–88,7	1,265 g/l	0,049 l/kg	Stadtgas (u.a.)
Propan	C_3H_8	44,096	–187,7	–42	1,878 g/l	kaum löslich	Camping-/Feuerzeuggas
n-Butan	C_4H_{10}	58,123	–138,3	–0,5	2,522 g/l	kaum löslich	AmI: 2 / Feuerzeuggas
n-Pentan	C_5H_{12}	72,15	–129,7	36	0,626	kaum löslich	AmI: 3, füssig, farblos
n-Hexan	C_6H_{14}	86,18	–95,6	69	0,6593	fast unlöslich	AmI: 5, flüssig, farblos
n-Heptan	C_7H_{16}	100,21	–90,6	98	0,6837	fast unlöslich	AmI: 9, flüssig, farblos
n-Octan	C_8H_{18}	114,2	–56,8	125	0,7028	fast unlöslich	AmI: 18, flüssig, farblos
n-Nonan	C_9H_{20}	128	–53,5	151	0,7176	fast unlöslich	AmI: 35, flüssig, farblos
n-Decan	$C_{10}H_{22}$	142	–30	174	0,728	fast unlöslich	AmI: 75, flüssig, farblos
n-Undekan	$C_{11}H_{24}$	156	–25,6	196	0,737	unlöslich	flüssig, farblos
n-Dodekan	$C_{12}H_{26}$	170	–12	216,3	0,745	unlöslich	flüssig, farblos
Tetradekan	$C_{14}H_{30}$	198,4	5,5	252,6	0,761	unlöslich	flüssig, farblos
Pentadekan	$C_{15}H_{32}$	212	9,7	270,5	ca.0,765	unlöslich	AmI: 4347, n_D = 1,431
Hexadekan	$C_{16}H_{34}$	226,45	17,8	ca. 280	0,7751	unlöslich	n-Cetan, $n_d^{20°C}$ = 1,4352
Oktadekan	$C_{18}H_{38}$	254,5	28,5	317	0,7768	unlöslich	fest, wachsweich
Eicosan	$C_{20}H_{42}$	282	36,4	343,8	0,785	unlöslich	AmI: 366319, fest
Dokosan	$C_{22}H_{46}$	310	ca. 45	ca. 365	ca.0,8	unlöslich	fest, n_d^{25} 1,4435 (flüss.)
Oktakosan	$C_{28}H_{58}$	394,8	60,9		0,7596	unlöslich	fest
Triakontan	$C_{30}H_{62}$	422,8	67		0,7797	unlöslich	AmI: 4111,8 Millionen
Dotriakontan	$C_{32}H_{66}$	450,88	70,5		0,7645	unlöslich	wachsartiger, butterweicher Feststoff, farblos
Tetrakontan	$C_{40}H_{82}$	562	um 80		um 0,76	unlöslich	AmI: 62,5 Billionen
Polyethylen, HDPE	C_nH_{2n+2} (linear)	10 000–100 000	ca. 110		ca. 0,95	unlöslich	

noch 10a Alkane

Name(n) des Iso- bzw. Cyclo-Alkans	Formel	*M* (g/mol)	Fp. (°C)	Kp. (°C)	D (cm^3)	Trivialnamen und Anmerkungen
Methylpropan (*Iso*butan)	C_4H_{10}	58,123	–159	–12	flü. 0,55	AmI: 2 / Feuerzeuggas
2-Methylbutan (*Iso*pentan)	C_5H_{12}	72,15	–160	28	0,616	AmI: 3, flüssig, farblos
2,2-Dimethylpropan (*Neo*pentan)	C_5H_{12}	72,15	–17	9,5	flü. 0,58	AmI: 3, gasförmig, farblos
2-Methyl-pentan (ein *Iso*-Hexan)	C_6H_{14}	86,18	–154	60	0,649	AmI: 5, flüssig, farblos
3-Methyl-pentan (ein *Iso*-Hexan)	C_6H_{14}	86,18		63	0,660	AmI: 5, flüssig, farblos
2,2-Dimethyl-butan	C_6H_{14}	86,18	–100	50	0,644	AmI: 5, flüssig, farblos
2,3-Dimethyl-butan	C_6H_{14}	86,18	–128	58	0,65	AmI: 5, flüssig, farblos
2,2,3-Trimethyl-pentan	C_8H_{18}	114,23		110,6	0,7219	AmI: 18, $n_D^{25} = 1{,}4164$
2,3,3-Trimethyl-pentan	C_8H_{18}	114,23		114,6	0,7258	AmI: 18, $n_D^{20} = 1{,}4074$
2,2,4-Trimethyl-pentan	C_8H_{18}	114,23		99,3	0,6918	AmI: 18, $n_D^{20} = 1{,}39163$
2,5-Dimethylhexan (ein *Iso*octan)	C_8H_{18}	114,23	<-80	109	0,6942	AmI: 18, flüssig, farblos
Cyclopropan	C_3H_6	42,1	–127,4	–32,8		gasförmig
Cyclobutan	C_4H_8	56,1	–90,7	12,5	0,689 flüss.	Gas, leicht zu verflüssigen
Cyclopentan	C_5H_{10}		6,4	50	0,751	flüssig
Cyclohexan	C_6H_{12}			80	0,7786	

10b Alkene

(und Cycloalkene, Anordnung: zunächst Alkene, dann Alkadiene und -triene)

Name	Formel	*M* (g/mol)	Fp. ($\vartheta_{m,f}$ in °C)	Kp. (ϑ_b in °C)	D (ϱ in g/cm³)	Löslichkeit (L) in H_2O, weitere Angaben, Anmerkungen, Trivialnamen
Ethen $H_2C{=}CH_2$	C_2H_4	28,1	–169,2	–103,7	1,178 g/l	Ethylen, L: 0,122 l/kg H_2O, farb- und geruchlos, wichtiger Rohstoff
Propen	C_3H_6	42,1	–185,3	–47,7	flü. 0,505	Propylen , L: 0,28 l/l
Buten-1 (auch:1-Buten)	C_4H_8	56,1	–185,4	–6,3	flü. 0,589	Butylen, Struktur: $C_2H3–C_2H_5$, $\eta = 0{,}15$ mPa · s
cis-Buten-2	C_4H_8	56,1	–138,9	3,7	flü. 0,615	Struktur: $(CH_3)_2C_2H_4$ in *cis*-Stellung
trans-Buten-2	C_4H_8	56,1	–105,6	–0,88	flü. 0,598	Struktur: $(CH_3)_2C_2H_4$ in *trans*-Stellung
2-Methyl-propen	C_4H_8	56,1	–140,4	–6,9	flü. 0,588	Isobutylen, Struktur: $(CH_3)_2C{=}CH_2$ $p_D = 1700$ hPa ($Dd_{fl.}$ bei 1700 hPa)
Penten-1	C_5H_{10}	70,14	–165,2	30,0	0,635	Pentylen, Struktur: $H_2C{=}CH–C_3H_7$
cis-Penten-2	C_5H_{10}	70,14	–151,4	36,9	0,650	$CH_3CH{=}CH–C_2H_5$ in *cis*-Stellung
trans-Penten-2	C_5H_{10}	70,14	–140,2	36,4	0,643	$CH_3CH{=}CH–C_2H_5$ in *trans*-Stellung
2-Methyl-buten-1	C_5H_{10}	70,14	–137,6	31,2	0,6	$n_D^{16} = 1{,}378$; löslich in Alkohol und Ether, unlöslich in Wasser
2-Methyl-buten-2	C_5H_{10}	70,14	–133,8	38,6	0,657	Trimethylethylen, Struktur: $(CH_3)_2C{=}CH(CH_3)$
Cyclopenten	C_5H_8	68,12	–135		0,777	$n_D^{10} = 1{,}4287$, Reaktionen: + $KMnO_4 \rightarrow$ Diol, + $Br_2 \rightarrow$ Dibromid
Hexen-1	C_6H_{12}	84,2	–139,8	63,5	0,668	Hexylen
cis-Hexen-3	C_6H_{12}	84,2	–137,8	66,5	0,675	
trans-Hexen-3	C_6H_{12}	84,12	–113,4	67,1	0,6772	$n_D^{20} = 1{,}3943$
Cyclohexen	C_6H_{10}	82,15	–103,5	83,0	0,811	$n_D^{20} = 1{,}44637$, MAK: 400 ml/m³
Octen-1	C_8H_{16}	112,2	–101,7	121,3	0,711	
Propadien	C_3H_4	40,1	–136,3	–34,5	gasf.	Allen; Struktur: $CH_2{=}C{=}CH_2$
Butadien-1,2	C_4H_6	54,09	–136,2	ca. 10–19	flü. 0,646	knoblauchartiger Geruch (Literaturangaben für Kp. differieren)
Butadien-1,3	C_4H_6	54,09	–108,9	um ±4	flü. 0,615	$n_D^{-6} = 1{,}422$, MAK 1000 ml/m³ (Literaturangaben für Kp. differieren)
2-Methyl-butadien-1,3	C_5H_8	68,12	–146,0? –120?	34,2	0,676–0,6806	Isopren, $n_D^{20} = 1{,}4194$ (Literaturangaben für Fp. differieren)
Cyclopentadien	C_5H_6	66,10	–97,2? –85?	40,8	0,804	unlöslich in Wasser, polymeris. in Hitze (Literaturangaben für Fp. differieren)

T

10c Alkine

Name	Formel	M (g/mol)	Fp. (°C)	Kp. (°C)	ϱ (g/cm³)
Ethin, „Acetylen“	C_2H_2 bzw. HC≡CH	26,0	–80,8	–84	
Propin	C_3H_4 bzw. CH_3–C≡CH	40,1	–102,7	–23,2	
Butin-1	C_4H_6 bzw. CH_3–CH_2–C≡CH	54,1	–125,7	8,1	flü. 0,65
Butin-2	C_4H_6 bzw. CH_3–C≡C–CH_3	54,1	–32,3	27	0,686
Pentin-1	C_5H_8 bzw. HC≡C–C_3H_7	68,1	–105,7	40,2	0,689
Pentin-2	C_5H_8 bzw. CH_3–C≡C–CH_3	68,1	–109,3	56,1	0,706
Hexin-1	C_6H_{10} bzw. HC≡C–C_4H_9	82,1	–131,9	71,3	0,710

10d Aromaten

Name	Formel	M (g/mol)	Fp. (°C)	Kp. (°C)	ϱ (g/cm³)	L in H_2O	Trivialnamen Anmerkungen,
Benzol (= Benzen)	C_6H_6	78,11	5,49	80,1	0,879	1,81 g/l	* siehe unten, n_D^{20} = 1,5007
Naphthalin, -en	$C_{10}H_8$	128,19	80,55	218	1,03	unlöslich	Naphthen, linear (2 Ringe)
Azulen	$C_{10}H_8$	128,18	99			unlöslich	blaue Plättchen, Struktur:
Anthracen	$C_{14}H_{10}$	178,24	216,3	340	1,28	unlöslich	linear (3 Ringe)
Phenanthren	$C_{14}H_{10}$	178,24	101	340	0,980	unlöslich	angular, rinuclear
Naphthacen	$C_{18}H_{12}$	228,30	357	440	1,35	unlöslich	Tetracen, linear (4 Ringe)
Chrysen	$C_{18}H_{12}$	228,30	255	448	1,27	unlöslich	angular kondensiert
3,4-Benzpyren		252,32	177		(hellgelb)	unlöslich	1,2-Benzopyren, Benzoapyren, stark kanzerogen
Methylbenzol, Toluol, -en	C_6H_5–CH_3	92,15	–95	110,7	0,8716	0,47 g/l	IUPAC: Toluen, Phenylmethan, technisches Lösemittel, n_D^{15} = 1,49985
Styrol, Ethenylbenzol, Phenylethen	C_6H_5–C_2H_3	104,16	–30,6	145,8	0,907	unlöslich	Vinylbenzol, Styren, polym. in Hitze und an Licht, n_D^{17} = 1,5485
o-Xylol, -en	$C_6H_4(CH_3)_2$	106,17	–25,18	114,4	0,880	unlöslich	1,2-Dimethylbenzol, -en
m-Xylol, -en	$C_6H_4(CH_3)_2$	106,17	–47,87	139,1	0,864	unlöslich	1,3-Dimethylbenzol, -en
p-Xylol, -en	$C_6H_4(CH_3)_2$	106,17	13,26	138,35	0,861	unlöslich	1,4-Dimethylbenzol, -en
Ethylbenzol, -en, Phenylethan, -en	C_6H_5–C_2H_5	106,17	–94,97	136,2	0,8672	unlöslich	IUPAC: Ethylbenzen; n_D^{16} = 1,4985, h = 0,68 mPa · s
Propenylbenzol	C_6H_5–C_3H_5	118,18		175	0,9145	unlöslich, ölig	n_D^{15} = 1,560, von angenehmem Geruch
Mesitylen	$C_6H_3(CH_3)_3$	120,02	–44,7	164,7	0,861	unlöslich	1,3,5-Trimethylbenzol, -en
2-Ethyltoluol, -en	C_9H_{12}	120,02		164	0,8747	unlöslich	n_α^{20} = 1,4981
3-Ethyltoluol, -en	C_9H_{12}	120,02		159	≈ 0,87	unlöslich	n_α^{20} = 1,4923
4-Ethyltoluol, -en	C_9H_{12}	120,02	< –20	161	≈ 0,86	unlöslich	n_α^{20} = 1,4895
Cumol, -en	C_6H_5–C_3H_7	120,02	–96,0	152,4	0,858	unlöslich	*Iso*propylbenzol/-en, Cumen
Di-/Biphenyl	C_6H_5–C_6H_5	154,21	70	256	0,989	unlöslich	n_D^{77}=1,588, $\eta^{70°}$ = 1,49 mPa · s
Diphenylethan	$C_{14}H_{14}$	182,27		269	1,001	unlöslich, ölig	$(C_6H_5)_2CH$–CH_3, n_α^{20} = 1,5684
trans-Stilben	$C_{14}H_{12}$	180,25	125	309	1,164	unlöslich	Diphenylethen
1,4-Diphenylbenzol, -en	$C_6H_4(C_6H_5)_2$	230,31	212	376	1,234	unlöslich	farblos; 1,3-Diphenylbenzol: gelblich
1-Benzyl-naphthalin	$C_{17}H_{14}$	218,3	59	350	1,166	unlöslich	$C_{10}H_7$–CH_2–C_6H_5, L in Ethanol: ca.17 g/l

* **Benzol** ist als **hochgiftig** und karzinogen anzusehen, es wirkt ab 100 ppm tödlich, in geringeren Mengen Blut und Knochenmark schädigend (bei 0°C beträgt seine Wasserlöslichkeit 1,53 g/l). Es sollte in Schulen daher nur eingesetzt werden, wenn Alternativen nicht möglich sind (R-Sätze von Benzol: 11-23/24-45, S-Sätze: 9-16-29).

Tabelle 11: Halogenierte Kohlenwasserstoffe

11 a Halogenalkane mit einem C-Atom

Name	Formel	*M* (g/mol)	Fp. (°C)	Kp. (C)	ϱ (g/cm³)	Anmerkungen (Trivialnamen usw.)
Fluormethan	CH_3F	34,0	–142	–78,4	flü. 0,557	Methylfluorid
Chlormethan	CH_3Cl	50,5	–97,7	–24,2	flü. 0,907	Methylchlorid
Brommethan	CH_3Br	94,9	–93,6	3,6	flü. 1,662	Methylbromid
Iodmethan	CH_3I	141,9	–66,5	42	2,265	Methyljodid
Difluormethan	CH_2F_2	53,0		–51,6	flü. 0,80	Methylenfluorid
Dichlormethan	CH_2Cl_2	84,9	–95,1	39,8	1,316	Methylenchlorid
Dibrommethan	CH_2Br_2	173,9	–52,6	97	2,484	Methylenbromid
Diiodmethan	CH_2I_2	267,9	6,1	182	3,308	Methylenjodid
Trifluormethan	CHF_3	70,0	–160	–84,4	flü. 1,14	$p_D^{20\,°C}$ = 44320 hPa
Trichlormethan, „Chloroform"	$CHCl_3$	119,4	–63,5	61,7	1,480	Chloroform, kanzerogen, η = 0,56 mP · s
Tribrommethan	$CHBr_3$	252,8	8,1	149	2,876	Bromoform
Triiodmethan	CHI_3	393,8	119	ca. 218	4,178	Jodo-/Iodoform
Difluorchlormethan	$CHClF_2$	86,5	–146	–40,8	flü. 1,491	Freon 22
Fluordichlormethan	$CHCl_2F$	102,9	–135	9	flü. 1,405	Freon 21
Tetrafluormethan	CF_4	88,0	–187	–128	(gasf.)	η = 0,11 mPa · s
Tetrachlormethan, Kohlenstoff-tetrachlorid	CCl_4	153,8	–23	76,5	1,584	„Tetra", karzinogen, n_D^{15} = 1,4631, L: 7,7 g/l
Tetrabrommethan	CBr_4	331,7	91	189	2,961	$n_D^{99,5}$ = 1,6114, L: 0,24
Tetraiodmethan	CI_4	519,6	140	140	ca. 4,32	dunkelrot
Chlortrifluormethan	$CClF_3$	104,5	–181	–81,1		Freon 13, $p_D^{20\,°C}$ = 3,22 MPa
Chlordifluormethan	CCl_2F_2	120,9	–158	–29,8	flü. 1,75	Freon 12

11 b Halogen-KWs mit zwei C-Atomen

Name	Formel	*M* (g/mol)	Fp. (°C)	Kp. (C)	ϱ (g/cm³)	Anmerkungen
Chlorethan	C_2H_5Cl	64,5	–136	12,3	flü. 0,89	Ethylchlorid
1,1-Dichlorethan	$CHCl_2–CH_3$	99,0	–97,0	57,3	1,168	η^{20} = 0,48 mPa · s
1,2-Dichlorethan	$CH_2Cl–CH_2Cl$	99,0	–35,7	83,5	1,246	η^{20} = 0,84 mPa · s
1,1,2-Trichlorethan	$CHCl_2CH_2Cl$	133,4	–36,6	114	1,432	löslich in Ethanol
1,1,2,2-Tetrachlorethan	$CHCl_2CHCl_2$	167,9	–43,8	146	1,588	
Hexachlorethan	C_2Cl_6	236,8	185	185	2,091	narcotoxisch, sublimiert
Bromethan	C_2H_5Br	109,0	–119	38,4	1,451	Ethylbromid
1,2-Dibromethan	$CH_2Br–CH_2Br$	187,9	9,8	131	2,169	
Iodethan	C_2H_5I	156,0	–111	72,3	1,924	Ethyliodid
Chlorethen, Chlorethylen, Vinylchlorid	$CH_2{=}CHCl$	62,5	–154	–13,4	fl. 0,901	karzinogen, süßl. Geruch, polym. an Licht zu PVC
Bromethen	$CH_2{=}CHBr$	107,0	–138	+15,8	fl. 1,474	Vinylbromid
1,1-Difluorethen	$CH_2{=}CF_2$	64,0		< -84	(gasf.)	1,1-Difluorethylen
cis-1,2-Dichlorethen	$CHCl{=}CHCl$	96,9	–80,5	60,3	1,284	*trans:* Kp.: 47,5 / ϱ = 1,257
2-Chlor-butadien-1,3	C_4H_5Cl	88,54		59,4	0,958	n_D = 1,4583
Chlorethin	$CH{\equiv}CCl$	60,5	–126	-32		Chlorazetylen

T

11 c Halogen-KWs mit 3 und mehr C-Atomen

(Beginnend mit Aliphaten C_3, C_4, C_5 usw., Substituenten: Cl, Br, I)

Name	Formel	*M* (g/mol)	Fp. (°C)	Kp. (C)	ϱ (g/cm³)	Anmerkungen
1-Chlorpropan	$CH_2Cl–C_2H_5$	78,5	–122,8	46,6	0,885	1-Propylchlorid, p_D^{20} = 372 hPa
2-Chlorpropan	$CH_3–CHCl–CH_3$	78,5	–117,2	35,7	0,856	2-Propylchlorid
1-Chlorbutan	$CH_2Cl–C_3H_7$	92,6	–123,1	78,4	0,881	1-Butylchlorid
2-Chlorbutan	$C_2H_5CHClCH_3$	92,6	–131,3	68,3	0,868	2-Butylchlorid
1-Brombutan	$CH_2Br–C_3H_7$	137	–112,4	101	1,269	1-Butylbromid
1-Chlor-2-methylpropan	$(CH_3)_2CHCH_2Cl$	92,6	–130,3	68,9	0,872	*sek.* Butylchlorid
2-Chlor-2-methylpropan	$(CH_3)_3CCl$	92,6	–25,4	50,7	0,836	*tert.* Butylchlorid, wasserlöslich (Kation: $C(CH_3)_3^+$)
cis-1-Chlorpropen	$CH_3CH=CHCl$	75,5	–134,8	32,8	0,927	
1-Chlor-pentan	$C_5H_{11}Cl$	106,6	–99	108	0,877	Amyl-, Pentylchlorid; η = 0,58 mPa · s
1-Chlorhexan	$C_6H_{13}Cl$	120,6	–94,0	134,5	0,874	
Chlorbenzol (Chlorbenzen)	C_6H_5Cl	112,6	–45	132	1,106	Phenylchlorid, farbl., angenehmer Geruch, ungiftig, kaum wasserlösl.
Brombenzol, en	C_6H_5Br	157,02	–30,6	156,1	1,5017	L: 4,4 g/l, n_D^{15} = 1,56252
1,2-Dichlorbenzol, en	$C_6H_4Cl_2$	147,0	–17	179	1,305	η^{20} = 1,32 mPa · s, p_D^{20} = 1,33 hPa
1,3-Dichlorbenzol, en	$C_6H_4Cl_2$	147,0	–25	172	1,288	η^{20} = 1,07 mPa · s, p_D^{25} = 2,7 hPa
1,4-Dichlorbenzol, en	$C_6H_4Cl_2$	147,0	53	174	1,533	η^{20} = 1,26 mPa · s, p_D^{20} = 0,8 hPa
Chlormethylbenzol, en, Benzylchlorid	$C_6H_5–CH_2Cl$	126,6	–39	179,3	1,100	auch: ω-Chlortoluol, α-Chlortoluol η^{20} = 1,38 mPa · s, p_D^{20} = 1,2 hPa
2-Chlortoluol, en	$CH_3–C_6H_5Cl$	126,59	–36,5	158,5	1,0770	2-Chlormethylbenzol, n_D^{24} = 1,5236
3-Chlortoluol, en	$CH_3–C_6H_5Cl$	126,59	–47,8	161,6	1,0760	3-Chlormethylbenzol, n_D^{19} = 1,5225
4-Chlortoluol, en	$CH_3–C_6H_5Cl$	126,59	7,8	163	1,0651	4-Chlormethylbenzol, n_D^{24} = 1,5193
2-Bromtoluol, en	$CH_3–C_6H_5Br$	171,04	–28,1	181,7	1,4173	n_D = 1,5608, unlöslich
3-Bromtoluol, en	$CH_3–C_6H_5Br$	171,04	–40	184	1,40988	unlöslich (löslich in Ethanol)
4-Bromtoluol, en	$CH_3–C_6H_5Br$	171,04	27	185	1,38977	unlöslich (löslich in Ethanol)
4-Brom-*o*-Xylol, en	C_7H_9Br	185,07				n_D = 1,5558, flüssig
Benzylbromid	$C_6H_5–CH_2Br$	171,04	–3,9	201	1,4380	Tränen reizende Dämpfe, unlöslich
Benzyliodid	$C_6H_5–CH_2I$	218,04	24		1,7335	Tränen reizende Dämpfe, unlöslich

Tabelle 12: Organische Stickstoffverbindungen

12 a Nitroverbindungen

Chem. Name	Formel	*M* (g/mol)	Fp. (°C)	Kp. (C)	ϱ (g/cm³)	Anmerkungen
Nitromethan	$CH_3–NO_2$	61,04	–28,6	101,2	1,1385	farblos, ölig, bildet explosive Gemische, etherischer Geruch
Nitroethan	$C_2H_5NO_2$	75,1	–89,5	114	1,045	toxisch
Nitrobenzol	$C_6H_5NO_2$	123,1	5,7	210,8	1,198	Duftstoff „Mirbanöl",L: 1,9 g/l
1,2-Dinitrobenzol, en	$C_6H_4(NO_2)_2$	168,1	118	319	1,565	*ortho;* L: 0,14 g/l
1,3-Dinitrobenzol, en	$C_6H_4(NO_2)_2$	168,1	90,0	291	1,575	*meta;* L: 0,07 g/l
1,4-Dinitrobenzol, en	$C_6H_4(NO_2)_2$	168,1	174	299	1,625	*para;* L: 0,08 g/l
1-Nitronaphthalin, en	$C_{10}H_7NO_2$	173,17	57	304	1,2226	L: 0,05 g/l, Lös. in H_2SO_4 rot
2-Nitronaphthalin, en	$C_{10}H_7NO_2$	173,17	79			unlösl., Zimtgeruch
1,2-Dinitro-naphtalin, en	$C_{10}H_6(NO_2)_2$	218,17		158		bräunliche Nadeln
2,4,6-Trinitrotoluol (TNT)	$C_7H_5N_3O_6$ $C_6H_2(NO_3)_2CH_3$	227,13	282?	expl. 240	1,654	gelb, wasserunlöslich, pro g TNT → 770 ml Gase + 3,8 kJ
2-Nitrodiphenyl	$C_6H_5C_6H_4NO_2$	199,21	37	320	1,44	unlöslich

T

12b Amine

Name	Formel	*M* (g/mol)	Fp. (°C)	Kp. (C)	ϱ (g/cm³)	Anmerkungen
Aminomethan	CH_3NH_2	31,06	–93,5	–6	fl. 0,761	Methylamin (ähnelt dem Methanol und NH_3); pKs = 10,59
Methylamino-methan	$(CH_3)_2NH$	45,08	–92,9	7	fl. 0,680	Dimethylamin, ammoniakal. Geruch, farblos; pK_S = 10,73
Trimethylamin	$(CH_3)_3N$	59,11	–117,3	3,5	fl. 0,635	pK_S = 9,81
Aminoethan	$C_2H_5NH_2$	45,08	–80,6	16,6	fl. 0,682	Ethylamin, pK_S = 10,67
Ethylaminoethan, Diethylamin	$(C_2H_5)_2NH$	73,13	–50	56,3	0,7056	mischbar mit Wasser, Alkanolen und organ. LM; pK_S =10,98
Triethylamin	$(C_2H_5)_3N$	101,19	–114,7	89,3	0,7275	pK_S = 10,75
1,2-Diaminoethan = Ethylendiamin	$H_2N(CH_2)_2NH_2$	60,11	8,5	116,5	0,8995	toxisch, mischbar mit Wasser und Alkanolen, η^{20} = 1,54 mPa · s
1-Aminopropan	$C_3H_7–NH_2$	59,1	–83,0	48,5	0,712	Propylamin: $CH_3(CH_2)_2NH_2$
2-Aminopropan	$C_3H_7–NH_2$	59,1	–95,2	32,4	0,682	Methylethylamin: $CH_3CH(NH_2)–CH_3$
1-Aminobutan	$C_4H_9–NH_2$	73,1	–49,1	77,4	0,735	Butylamin: $CH_3(CH_2)_3NH_2$
1-Amino-2-methyl-propan	$C_4H_9–NH_2$	73,1	–84,6	67,7	0,730	*Iso*butylamin, 2-Methylpropylamin: $(CH_3)_2CH–CH_2NH_2$
Aminobenzol, en, Anilin	$C_6H_5–NH_2$ oder: C_6H_7N	93,13	–6,45	184,3	1,013	wichtiger Rohstoff, n_D^{21} = 1,5855, L: 36,1 g/l
1,2-Diamino-benzol, en	$C_6H_4(NH_2)_2$	108,2	103	256		*ortho*-Phenylendiamin (1,3-*meta:* Fp. = 63,5 °C, para: Fp.: 142 °C)
2-Chloranilin	$Cl–C_6H_4–NH_2$	127,6	–14	209	1,213	pK_S = 0,79
2-Aminophenol	$HO–C_6H_4–NH_2$	109,1	Zers. 174		1,328	2-Hydroxyanilin, pK_S = 4,74
2-Methylanilin	$H_3C–C_6H_4–NH_2$	107,1	–23,7	200,2	0,998	*o*-Toluidin, pK_S = 4,45
2-Nitroanilin	$O_2N–C_6H_4–NH_2$	138,1	71,5	284	1,442	pK_S = –0,26
Diphenylamin	$C_6H_5NHC_6H_5$	169,2	54	302	1,160	N-Phenylanilin, pK_S = 0,79

12c Weitere organische Stickstoff-Verbindungen

Name	Formel	*M* (g/mol)	Fp. (°C)	Kp. (C)	ϱ (g/cm³)	Anmerkungen
Diazomethan	$H_2C=N=N>$	42,04	–145	–23	(gasf.)	gelb, giftig, explosiv, etherlöslich
Diazoessigsäure-ethylester	$C_4H_6N_2O_2$	114,10	–22	45	1,085	zitronengelbes Öl, unlösl. in H_2O, n_D^{18} = 1,45876; $N_2CH–COOC_2H_5$
cis-Azobenzol	$C_{12}H_{10}N_2$	182,23	71	293	1,036?	rotes Phenylazobenzol, etherlösliches Blutgift: $C_6H_5–N=N–C_6H_5$
Pyridin	C_5H_5N	79,1	–42	115,5	0,978	scharf riechende Flüss., narkotisch, wasser-/etherlösl., basisch: pK_S = 5,18
Pyrimidin, 1,3-Diazin	$C_4H_4N_2$	80,09	22	124	1,106	farblos, ungiftig, betäubender Geruch, schwach basisch

T

Tabelle 13: „Alkohole" und „Phenole"
(Alkanole, Alkandiole, Alkanpolyole, Hydroxyalkanole etc.)

13 a Einwertige Akanole

(Reihenfolge: nach steigendem *M*, zunächst jeweils die n- und Cyclo-Alkanole):

Name	Formel	*M* (g/mol)	Fp. (°C)	Kp. (°C)	ϱ (g/cm³)	L in H_2O	Anmerkungen
Methanol, Hydroxymethan	CH_3OH	32,04	–97,8	64,7	0,7910	beliebig	„Holzgeist": n_D = 1,3288, η = 0,59 mPa · s, toxisch
Ethanol, Hydroxyethan, Ethylakohol	C_2H_5OH	46,07	–114,5	78,32	0,7893–0,7937	beliebig) (η = 1,20 mPa · s	hygroskop., Weingeist, Spiritus, n_D = 1,38533, n_D^{25} = 1,3595
1-Hydroxypropan	C_3H_7OH	60,11	–126,2	97,2	0,8035	beliebig	Propylalkohol, Propanol-1
2-Hydroxypropan, Propanol-2	C_3H_7OH	60,11	–89,5	82,4	0,7855	beliebig	*sek.* oder Iso-Propylalkohol: $(CH_3)_2$–CH(OH)
Butanol-1 , 1-Hydroxybutan	C_4H_9OH	74,12	–89,3	117,2	0,8098	ca. 77 g/l ≅ 7,7 m%	*prim.* Butylalkohol, p_D = 6,7 hPa, η = 2,95 mPa · s
Butanol-2, 2-Hydroxybutan	C_2H_5–CHOH–CH_3	74,12	–114,7	99,5	0,8065	ca. 125 g/l ≅ 12,5 m%	*sek.* Butylalkohol, p_D = 17,3 hPa, η = 4,21 mPa · s
Pentanol-1	$C_5H_{11}OH$	88,14	–78,5	138	0,8866	sehr gering	*n*-Amylalkohol, n_D = 1,41173
d-Pentanol-2	$C_5H_{11}OH$	88,14		119,5	0,8101	um 42 g/l	*n*=1,4056,$\alpha_{Ethanol}$ = +14,3°
l-Pentanol-2	$C_5H_{11}OH$	88,14		127	0,8088	42 g/l	n_D = 1,4037
1-Hexanol	$C_6H_{13}OH$	102,18	–46,7	157,1	0,815		n_D = 1,03 hPa
Heptanol-1	$C_7H_{15}OH$	116,2	–34,6	176	0,8221	1 g/l	$n_D^{22,4}$ = 1,42326
Heptanol-2	$C_7H_{15}OH$	116,2		159	0,8193	< 1 g/l	n_D^{20} = 1,42131
Heptanol-4	$C_7H_{15}OH$	116,2	–40	156	0,8175	< 1 g/l	Pfefferminzgeruch
Octanol-1	$C_8H_{17}OH$	130,2	–14,9	195,2	0,8146	< 1 g/l	n_D^{20} = 1,43035
Nonanol-1, 1-Nonylalkohol	$C_9H_{19}OH$	144,3	–5	206	0,8174	unlöslich	Zitronenölaroma, n_D^{20} = 1,43105
Dekanol-1	$C_{10}H_{21}OH$	158,3	6,4	233	0,8198	lösl. in Ethanol	n-Decylalkohol, ölig, n_D = 1,4358
Tetradekanol-1	$C_{14}H_{29}OH$	214,4	39,5	> 180	um 0,81	unlöslich	Myristylalkohol
Hexadekanol-1	$C_{16}H_{33}OH$	242,4	51	um 340	0,8042	z. T. löslich in Ether	Cetylalkohol, kommt im Walrat vor, n_D^{55} = 1,4391
Triakosanol-1	$C_{30}H_{61}OH$	452,86	87	> 340	um 0,8	unlöslich	wachsartig
Cyclohexanol	$C_6H_{11}OH$	100,16	25,2	161	0,9376	56,7 g/l	n_D = 1,4656,η^{25} = 4,6 mPa · s
2-methyl-propanol-2	$(CH_3)_3C$–OH	74,12	25,6	82,55	0,7867	beliebig	*tert.* Butanol, 2-Hydroxy-2-methylpropan
3-methyl-butanol-1	$C_5H_{11}OH$	88,14	–117,2	130,8	0,806	(η = 6,2) mPa · s	Isoamylalkohol, p_D = 3 hPa,
2-Hydroxy-5-methyl-pentan	$C_6H_{13}OH$	102	–90	132	0,807	16,4 g/l	Methylisobutylcarbinol: CH_3CHOH–CH_2–$CH(CH_3)_2$

13 b Mehrwertige Alkohole, Phenole (aromatische Hydroxy-Kohlenwasserstoffe)

Name	Formel	*M* (g/mol)	Fp. (°C)	Kp. (°C)	ϱ (g/cm³)	L in H_2O	Anmerkungen
Dihydroxyethan (Glykol, EG, Ethandiol-1,2)	$C_2H_5O_2$ bzw.$(HOCH_2)_2$	62,1	–15,6	198 p_D = 0,06 hPa	1,109	beliebig (η = 20,4 mPa · s)	auch: Ethan-1,2-diol, Ethylenglykol / 1,2-Glykol; n_D = 1,4318
Propandiol-1,2	$C_3H_6(OH)_2$	76		190	1,0361	beliebig	Propylenglykol, PG
Propandiol-1,3	$C_3H_6(OH)_2$	76		188	1,034	beliebig	CH_2–$(CH_2OH)_2$
Propantriol-1,2,3 (Glycerin, Trihydroxy-propan)	$(CH_2OH)_2$-CH(OH)	92,09	18	Zers. ab 180 °C	1,2613	beliebig, hygro-skopisch)	farb- und geruchlos, süßlicher Geschmack, $n_D^{16,5}$ = 1,478
dl-Butandiol-1,2	$C_4H_8(OH)_2$	90,12	–	190	1,0059	beliebig	d-Form: α = +14,5°
Butandiol-1,3	$C_4H_8(OH)_2$	90,12		207,3	1,0053	beliebig	1,3-Butylenglykol (BG)
Pentandiol-1,5	$C_5H_{10}(OH)_2$	104	–16	240	0,990	beliebig	

T

noch Tabelle 13 a Einwertige Akanole

Name	Formel	M (g/mol)	Fp. (°C)	Kp. (°C)	ϱ (g/cm³)	L in H_2O	Anmerkungen
2,2-Dimethyl-propantriol-1,3	$(CH_3)_2$–$(CH_2OH)_2$	104	120	213			Neopentylglykol (NPG), IUPAC: 1,3-Dihydroxy-2,2-dimethyl-propan
Hexandiol-1,6	$C_6H_{12}(OH)_2$	118,2	41	250		gut löslich	„Hexamethylenglykol"
1,4-Dimethyl-butandiol-2,3	$(CH_3)_2COH$–$(CH_3)_2COH$	118	41,1	172	0,967	gering	Pinakol, Pinakon * s. u.
Diethylenglykol(DEG)	$C_4H_{10}O_4$	106,1	–10	245,8	1,116		HO–C_2H_4–O–C_2H_4–OH
Triethylenglykol	$C_6H_{14}O_4$	150,2	–7	287,7	1,123		HO–$(C_2H_4$–$O)_2C_2H_4OH$
Hexylenglykol, HG	$C_6H_{14}O_2$	118,2	–40	197,1	0,9234		$(CH_3)_2COH$–$CH_2CHOHCH_3$
Trimethylolpropan	$C_6H_{14}O_3$	134	58				„TMP", C_2H_5C–$(CH_2OH)_3$
Pentaerythrit	$C5H_{12}O_4$	136	ca. 260			55,5 g/l	$C(CH_2OH)_4$, $n_D{}^{25}$ = 1,548
Phenol (Hydroxy-benzol, en)	C_6H_5OH	94,11	42	182	1,0576	max. 8,2 m% in H_2O	toxisch, farblos, leicht oxidierbar, schwach sauer
1,3- *(meta-)*Dihydro-xybenzol, en	$C_6H_4(OH)_2$	110,11	111	270	1,272	löslich	Resorcin, farblos, süßl. Geschmack
1,4- *(para-)* Dihydroxybenzol, en	$C_6H_4(OH)_2$	110,11	169	286	1,36	löslich	Hydrochinon
1,2,3-Trihydroxy-benzol, en	$C_6H_3(OH)_3$	126,11	134	ca. 309	1,453	> 440 g/l	Pyrogallol
1-Methyl-2-Hydroxybenzol, en	CH_3–C_6H_4–OH	108,13	31	192	1,048	kaum	*ortho*-Kresol
1-Methyl-3-Hydroxybenzol, en	CH_3–C_6H_4–OH (meta)	108,13	12	202	1,0341		*meta*-Kresol
1,2,3-Xylenol	$C_8H_{10}O$	122,17	74	218		kaum lösl.	in H_2O mit Fe^{3+} blau
2-Naphthol	$C_{10}H_7(OH)$	144,17	122	294,8	1,100	0,57 g/l	β-Naphthol
2-Propenylphenol	$C_9H_{10}O_1$	138,2	38	Zers.	1,0441		$n_D{}^{14}$ = 1,584

* Pinakolon = 2,3-Dimethylbutanol-3 , Pinakolin = CH_3CO–$C(CH_3)_3$

13 c Substituierte und ungesättigte Alkanole

(u. a. substituierte Alkohole) und Thiole (Mercaptane):

Name	Formel	M (g/mol)	Fp. (°C)	Kp. (°C)	ϱ (g/cm³)	L in H_2O	Anmerkungen
1-Chlor-propanol-2	Cl–C_3H_7OH	94,54		127	1,11	beliebig	*n* = 1,43924; IUPAC: 1-Chlor-2-Hydroxypropan
Fluorethanol	C_2H_4FOH	64,06	26,5	103	1,11	beliebig	1-Fluor-1-Hydroxyethan
„Allylalkohol"	H_2C=CH–CH_2OH	58,08	–129	97	0,870	beliebig	Keto-Enol-Tautomerie, *n* = 1,41345, toxisch
2-Chlorphenol	Cl–C_6H_4–OH	128,6	9,0	174,9	1,263	gut löslich	pK_s = 8,53
2-Ethylphenol	C_2H_5–C_6H_4OH	122.2	–3,3	204,5	1,015	lösl. pK_s=10,2	
2-Aminophenol	H_2N–C_6H_4OH	109,1	174	Zers.	1,328	lösl. pK_s=4,74	2-Hydroxyanilin
2-Nitrophenol	O_2N–C_6H_4OH	139,1	46	216	1,485	pK_s=7,22	weißgelb, löslich
2,4-Dinitrophenol	$C_6H_4N_2O_5$	184,1	115	Zers.	1,683	pK_s= 4,11	$C6H_3(NO_2)_2OH$, löslich
Pikrinsäure, 2,4,6-Trinitrophenol	$C_3H_5N_3O_{10}$	229,1	120 expl.	–	1,767	220 g/l pK_s=0,22	gelb, explosiv, ebenso die Salze (Pikrate)
Natriumethanolat	C_2H_5ONa	68,05		Zers.	amorph	reagiert	salzartig, stark basisch
Aluminium-Isopropylat	$(C_3H_7O)_3Al$		118	135		reagiert	stark basisches Alkoholat: $[(CH_3)_2CH$–$O]_3Al$
Trinitroglyzerin, Sprengöl	$C_3H_5N_3O_9$	227,1	13,1	expl. 255	1,593		giftig, farb- und geruchlos, η = 36 mPa · s
Methanthiol	CH_3SH	48,11	–121	6	0,896	kristallisiert	Methylmercaptan
Ethanthiol	C_2H_5SH	62,13	–145	36	0,839	beliebig	Ethylmercaptan, η = 0,25 mPa · s

T

Tabelle 14: Alkoxyalkane, Alkanale und Alkanone (Ether, Aldehyde und Ketone)

14a Ether (Alkoxyalkane)

Name	Formel	*M* (g/mol)	Fp. (°C)	Kp. (°C)	ϱ (g/cm³)	L in H_2O	Anmerkungen
Methoxymethan	CH_3OCH_3	46	–138,5	–23,6	gasf.		Dimethylether, p_D = 504 kPa
Methoxyethan	$C_2H_5OCH_3$	60			gasf.		Methylethylether
Ethoxyethan, „Äther", Diethylether	$C_4H_{10}O$, $(C_2H_5)_2O$	74,12	–116,3	34,5 p_D = 587 hPa	0,7135	75 ml/l H_2O = 54 g/l	süßl. Geruch; L_{Wasser} in Ether: 15 ml/l, n = 1,3526, η = 0,23 mPa · s
Methoxypropan	$CH_3O–C_3H_7$	74,12		38,8	0,7356	gering	Methylpropylether
Ethoxypropan	$C_5H_{12}O$	88		92		sehr gering	$C_2H_5OC_3H_7$
Dipropylether	$C_6H_{14}O$	102,2	–95,2	142,4	0,7704		$(C_3H_7)_2O$
Diisopropylether	$C_6H_{14}O$	102,2	–86	68,3	0,7255	10,7 g/l, η = 0,37	$[(CH_3)_2CH]_2O$, p_D = 180 hPa
Dipentylether	$(C_5H_9)_2O$		–69,3	187,5	0,7751		Diamylether
Ethylvinylether	C_4H_8O			36			$C_2H_5–O–C_2H_3$
Phenylmethylether	$C_6H_5O–CH_3$	108,14	–37,2	154	0,9956		Anisol, $n_D{}^{21}$ = 1,5168
Methylglykol, MG	$C_3H_8O_2$	76,09	–86,5	124,5	0,9646	beliebig	$CH_3O–C_2H_4–OH$
Ethylglykol, EG	$C_4H_{10}O_2$	90,12	–100	135	0,929	beliebig	$C_2H_5O–C_2H_4–OH$
*Iso*propylglykol	$C_5H_{12}O_2$	104,15	–60	142,8	0,908	beliebig	$(CH_3)_2CH–O–C_2H_4–OH$
n-Butylglykol, BG	$C_6H_{14}O_2$	118,18	–60	171,2	0,902	beliebig	$C_4H_9–O–C_2H_4–OH$
Methyldiglykol	$C_5H_{12}O_3$	120,15	–65	193,8	1,021	beliebig	$CH_3–(O–C_2H_4–)_2–OH$
Ethyldiglykolether, EDG	$C_6H_{14}O_3$	134,10	–76	201,6	0,989	beliebig	$C_2H_5–(O–C_2H_4–)_2–OH$
n-Butyl-diglykolether, BDG	$C_8H_{18}O_3$	162,22	–68	230,4	0,9536	beliebig	$C_4H_9(O–C_2H_4–)_2–OH$
Ethylenglykol-monomethylether	$C_3H_8O_2$	76,09	–85,1	124,5	0,9646	beliebig	$HOC_2H_4–OCH_3$
Diethylenglykol	$C_4H_9O_3$	106		ca. 244		beliebig	„DEG", $(HO–C_2H_4)_2O$
Oxiran, Epoxyethan	C_2H_4O	44,05	–111,7	10,7	0,8909		Ethylenoxid, wichtiger Rohstoff, kanzerogen
Tetrahydrofuran (THF), Oxolan	C_4H_8O	72,11	–108,5	65,5	0,890		p_D = 200 hPa, η = 0,47
1,4-Dioxan	$C_4H_8O_2$	88,11	11,8	101,3	1,0336	beliebig	Diethylendioxid

14b Alkanale (Aldehyde)

Name	Formel	*M* (g/mol)	Fp. (°C)	Kp. (°C)	ϱ (g/cm³)	L in H_2O	Anmerkungen
Methanal	H–CHO	30,03	–92	–20	gasf.	ca. 55 m%	Formaldehyd, Formalin
Ethanal	$CH_3–CHO$	44,05	–123,4	20,2	0,779	beliebig	Azetaldehyd
Propanal	$C_2H_5–CHO$	58,1	–81	47,9	0,798	200 g/l	Propionaldehyd
Butanal	C_3H_7CHO	72	–97	75,7	0,803	37 g/l	Butyraldehyd
Isobutanal	C_4H_9CHO	72	–66	64,5	0,790	88 g/l	Isobutyraldehyd
Trioxan	$(CH_2O)_3$	132,16	12/63	120	0,9943	90 g/l	Paraldehyd, trimer
Trichloracetaldehyd	CCl_3CHO	147,4	–57,2	97,8	1,512	Hydrat-Bildung	Chloral, süßlichstechender Geruch
Benzaldehyd	$C_6H_5–CHO$	106,1	–26	178,1	1,042	< 3 g/l	Bittermandelöl(geruch)
Propenal	$CH_2=CH–CHO$	56,1	–87	53	0,841	löslich	Acrolein, toxisch, unerträglich stechender Geruch
Anisaldehyd	$C_6H_4OH–CHO$	136,15	1,6	247	1,1192	2 g/l	Aromastoff mit Anisgeruch, $n_D{}^{25}$ = 1,5703
Zimtaldehyd	C_9H_8O	132,15	–7,5	Zers.	1,0497	($n_D{}^{17}$ = 1,6235)	Aromastoff (Zimtgeruch), $C_6H_5–CH=CH–CHO$
3-Methoxy-4-hydroxy-benzaldehyd	$C_6H_3(OH)–(OCH_3)–CHO$	152,14	82	284 (in CO_2)		um 10 g/l	Vanillin, Aromastoff mit Vanillegeruch (ähnlich: Ethylvanillin = Bourbonal)

T

14 c Alkanone (Ketone)

Name	Formel	*M* (g/mol)	Fp. (°C)	Kp. (°C)	*ϱ* (g/cm³)	L in H_2O	Anmerkungen
Propanon, Aceton	$(CH_3)_2C{=}O$	58,1	–94,7	56,1	0,785	beliebig	Dimethylketon, DMK
Butanon-2	$C_2H_5CO–CH_3$	72,1	–86,3	79,6	0,8/0,81	209 g/l	Methylethylketon, MEK, $n_D{}^{15}$ = 1,38140
Pentanon-2	$C_3H_7CO–CH_3$	86,1	–77,5	102	0,802		Methylpropylketon, MPK, *n* = 1,38946
Pentanon-3	$(C_2H_5)_2C{=}O$	86,1	–36,4	102	0,809	34 g/l	Diethylketon, DEK, *n* = 1,39385
Hexanon-2	$C_5H_{12}O$	100,2	–56	127,5	0,81825	schwer lösl.	Methylbutylketon, MBK
Hexanon-3	$C_5H_{12}O$	100,2		123,5	0,8174	wenig lösl.	Ethylpropylketon, EPK
Heptanon-2	$C_6H_{14}O$	114,3	–35,		0,81966		$C_5H_{11}COCH_3$, Fruchtaroma
Heptanon-4	$(C_3H_7)_2CO$	114,3	–34	144	0,8217		Di-n-propylketon, Butyron; $n_D{}^{22}$ = 1,40732
Cyclohexanon	$C_6H_{10}O$	98,15	ca. –28 bis –16	156	0,9471–0,948	löslich, *η* = 2,22	„Anon"; n_D = 1,4507, Pfefferminzgeruch
Acetophenon	$C_6H_5COCH_3$	120,14	20,5	202	1,028		Phenylethanon
Benzophenon	$(C_6H_5)_2CO$		48,1	305,4	1,607	unlöslich	
3-Methyl-butanon-2	$C_3H_7CO–CH_3$	86,1	–92	94	0,798	65 g/l	Methylisopropylketon (MIPK)
4-Methyl-pentanon-2	$C_5H_{12}O$	100,2	–84	116,2	0,796	18 g/l	Methylisobutylketon, MIBK: $C_4H_9CO–CH_3$
Butandion-2,3 („Diacetyl")	$C_4H_6O_2$	86,1	–2,4	88,9	0,9809	250 g/l (gelbgrün)	$n_D{}^{13,5}$ = 1,395 , Dimethyldiketon: $CH_3CO\text{-}COCH_3$
Pentandion-2,4	$C_5H_8O_2$	100,1	–23	139	0,972	122 g/l	Acetylaceton: $CH_3CO–CH_2CO–CH_3$
Cyclohexandion-1,4	$C_4H_8O_2$	112,13	77,5	77,5 subl.		löslich	
Bromaceton	C_3H_5OBr	136,7	Zers.	Zers.		kaum lösl.	CH_3COCH_2Br, Tränen reizend, $n_{D16,3}$ = 1,4742
Keten	$H_2C{=}C{=}O$	42	–151	–56	gasf.	reagiert zu Essigsäure	*η* = 1,52 mPa · s
Diketen	$C_4H_4O_2$	84,1		126			$O{=}C–(CH_2)_2–C{=}O$

Tabelle 15: Alkansäuren und ihre Derivate

15 a Gesättigte *n*-Alkan-(Monocarbon-/Fett-)Säuren

Name	Formel	*M* (g/mol)	Fp. (°C)	Kp. (°C)	*ϱ* (g/cm³)	L in H_2O	Anmerkungen Trivialnamen
Methansäure	HCOOH	46,0	8,4	100,6	1,214	∞, pK_S = 3,74	Ameisensäure
Ethansäure	CH_3COOH	60,1	16,7	117,9	1,044	∞, pK_S = 4,76	Essigsäure
Propansäure	C_2H_5COOH	74,08	–20,7	141	0,988	∞, pK_S = 4,87	Propionsäure
Butansäure	C_3H_7COOH	88,1	–5,2	163	0,961	∞, pK_S = 4,82	Buttersäure, *n* = 1,3983
Pentansäure	C_4H_9COOH	102,1	–34,5	187	0,946	pK_S = 4,86	Valeriansäure
Hexansäure	$C_5H_{11}COOH$	116,1	–4/+3	207	0,9289	L: 8,91 g/l, pK_S=4,87	n-Capronsäure, $n_D{}^{15}$ = 1,4188
Heptansäure	$C_6H_{13}COOH$	130,2	–9/–10	222	0,9212	2,4 g/l	Önanthsäure, *n* = 1,42162
Octansäure	$C_7H_{15}COOH$	144,2	16,5	239,3	0,9157	0,72 g/l	Capryl-, Octylsäure, $n_D{}^{21}$ = 1,42677
Nonansäure	$C_8H_{17}COOH$	158,2	12,5	254	0,9096	um 0,1 g/l	$n_D{}^{70}$ = 1,4130
Decansäure	$C_9H_{19}COOH$	172,3	31	269	0,89	0,026 g/l	*n* = 1,4170
Undecansäure	$C_{10}H_{21}COOH$	186,3	30	Zers.	ca. 0,874	unlöslich	$n_D{}^{70}$ = 1,4203
Dodecansäure	$C_{11}H_{23}COOH$	200,3	43,5		0,8707	unlöslich	Laurinsäure, $n_D{}^{70}$ = 1,4225
Tetradecansäure	$C_{13}H_{27}COOH$	228	54	Zers.	0,8533	unlöslich	Myristinsäure, $n_D{}^{70}$ = 1,4268
Hexadecansäure	$C_{15}H_{31}COOH$	256,4	62,2	um 345	0,854	unlöslich	Palmitinsäure, $n_D{}^{70}$ = 1,4303
Octadecansäure	$C_{17}H_{35}COOH$	284,5	70	um 370	0,8344	unlöslich	Stearinsäure, $n_D{}^{70}$ = 1,4332
Hexakosansäure	$C_{26}H_{52}O_2$	396,7	78	Zers.	um 0,84	unlöslich	Cerotinsäure
Triacontansäure	$C_{30}H_{60}O_2$	438	um 80	Zers.	um 0,84	unlöslich	Melissinsäure

noch 15a Gesättigte *n*-Alkan- (Monocarbon-/Fett-)Säuren

Name	Formel	*M* (g/mol)	Fp. (°C)	Kp. (°C)	ϱ (g/cm³)	L in H_2O	Anmerkungen Trivialnamen
2-Methylpropansäure	C_3H_7COOH	88,10	–46,1 bis –47	154,7	0,9530	200 g/l, $pK_s = 4,86$	*Iso*buttersäure: $n = 1,3930$, $\eta = 1,31$ mPa · s
2-Methylbutansäure	C_4H_9COOH	102,1	–37,9	176	0,937	42,4 g/l	*Iso*valeriansäure: Baldriangeruch, $n_D^{22} = 1,40178$
Benzoesäure	C_6H_5COOH	122,1	122,4	249	1,266	$pK_s = 4,20$	($Ks = 6,3 \cdot 10^{-5}$ mol/l)
Phenylethansäure	$C_8H_8O_2$	136,2	77	265,5	1,228	18 g/l, $pK_s = 4,31$	Phenylessigsäure: $C_6H_5–CH_2–COOH$
Propensäure	C_2H_3COOH	72,06	13	140	1,062		Acrylsäure, $n = 1,4224$ Struktur: $H_2C=CH–COOH$
Sorbinsäure	$C_6H_8O_2$	112,13	133	Zers. 228			$CH_3(–HC=CH–)_2COOH$
cis-Zimtsäure	$C_9H_8O_2$	148,16	68			6,9 g/l	$C_6H_5–HC=CH–COOH$
trans-Zimtsäure	$C_9H_8O_2$	148,16	135	um 300	1,2475	0,4 g/l	L in Ethanol: 238 g/l
Ölsäure	$C_{18}H_{34}O_2$	282,5	13,2	Zers.	0,8896	unlöslich, $n^{70} = 1,442$	IUPAC: *cis*-Octa-decaen-9-säure, Isomer: Elaidinsäure
9,12-Linolsäure	$C_{17}H_{31}COOH$	280,4	–9,5	Zers.	0,9025	unlöslich, $n = 1,471$	Alkadiencarbonsäure mit C=C am 9. und 12. C-Atom
α-9,12,15-Linolen-säure	$C_{17}H_{29}COOH$	278	um –80	Zers.	0,9046		doppelt ungesättigte Fettsäure

15b Substituierte Monocarbonsäuren

Name	Formel	*M* (g/mol)	Fp. (°C)	Kp. (°C)	ϱ (g/cm³)	L in H_2O	Anmerkungen Trivialnamen
Aminoethansäure, Glycin (Gly)	$H_2N–CH_2–COOH$	75,1	Zers. 262	Zers.	0,828	L: 250 g/l $pK_{s1} = 2,35$	Glykokoll, Aminoessigsäure, $pK_{s2} = 9,78$
Bromethansäure	$BrCH_2COOH$	139	50	208	1,934	$pK_s = 2,91$	Bromessigsäure, löslich
Chlorethansäure	$ClCH_2COOH$	94,5	63	187,9	1,404	$pK_s = 2,86$	Chloressigsäure, hautätzend, $n_D^{65} = 1,4207$
Dichlorethansäure	$Cl_2CHCOOH$	128,9	13,5	193 Zers.	1,563	$pK_s = 1,30$	Dichloressigsäure, $n = 1,4658$
Trichlorethansäure	Cl_3CCOOH	163,4	49,6/58	197,6	1,62	$pK_s = 0,70$	Trichloressigsäure, $n_D^{61} = 1,4603$
Fluorethansäure	FCH_2COOH	78,0	35,2	165	1,369	$pK_s = 2,23$	Fluoressigsäure, hochgiftig, brennt (grüne Flamme)
Hydroxyethansäure	$HO–CH_2–COOH$	76,1	80	Zers.		$pK_s = 3,88$	Glykolessigsäure
Iodethansäure	ICH_2COOH	186,0	83	Zers.		$pK_s = 3,17$	Iodessigsäure
2-Chlorpropansäure	$CH_3CHCl–COOH$	108,5		186	1,258	$pK_s = 2,83$	dl-α-Chlorpropionsäure
2-Chlorbutansäure	$C_2H_5CHCl–COOH$	122,6			1,179	$pK_s = 2,86$	α-Chlorbuttersäure
3-Chlorbutansäure	$CH_3CHCl–CH_2COOH$	122,6	16,5		1,190	$pK_s = 4,05$	β-Chlorbuttersäure, $n = 1,4421$
4-Chlorbutansäure	$ClCH_2(CH_2)_2–COOH$	122,6	16		1,224	$pK_s = 4,52$	γ-Chlorbuttersäure
L(+)-2-Hydroxy-propansäure, +(d)-Milchsäure	$C_3H_6O_3$ bzw. $CH_3CH(OH)–COOH$	90,1	25	103		$pK_s = 3,86$	Salze = Laktate, Gärprodukt; als L(+): $\alpha^{15} = + 3,82°$
2-Amino-Benzoesäure	$C_7H_7NO_2$	137,1	146	Zers.	1,412	$pK_{s1} = 2,05$	Anthranilsäure: $H_2N–C_6H_4–COOH$
2-Chlor-Benzoesäure	$Cl–C_6H_4–COOH$	156,6	141	subl., Zers.	1,544	L: 40,2 g/l, $pK_s = 2,91$	3-Chlor-Bs.: $pK_s = 3,83$, 4-Chlor-Bs.: $pK_s = 3,98$
2-Hydroxy-Benzoesäure	$HO–C_6H_4–COOH$	138,1	subl. 159	subl. 159	1,443–1,484	L: 6 g/l, $pK_{s1} = 2,97$	Salicylsäure, Salze: Salicylate; $pK_{s2} = 13,59$
2-Methyl-Benzoesäure	$CH_3–C_6H_4–COOH$	136,2	108	258	1,062	$pK_s = 3,91$	
2-Nitrobenzoesäure	$O_2N–C_6H_4–COOH$	167,1	148	> 240	1,575	L: 7,5 g/l, $pK_s = 2,21$	3-Nitro-benzoesäure: $pK_s = 3,49$, 4-Nitro-benzoesäure: $pK_s = 3,42$

T

15 c Di- und Tricarbonsäuren

Name	Formel	*M* (g/mol)	Fp. (°C)	Kp. (°C)	*ϱ* (g/cm³)	L in H_2O	Anmerkungen Trivialnamen
Ethandisäure	$C_2H_2O_4$ bzw. HOOCCOOH	90,0	subl. 157	subl. 157	1,900	pK_{s1} = 1,25 pK_{s2} = 4,29	Oxal-/Kleesäure, Salze: Oxalate
Propandisäure,	$C_3H_4O_4$ bzw. $CH_2(COOH)_2$	104,1	135,6	Zers. ab 140	1,619	pK_{s1} = 2,85 pK_{s2} = 5,69	Malonsäure, Salze: Malonate
Butandisäure	$C_4H_6O_4$	118,1	188	Zers. 5 ab 23	1,572	pK_{s1} = 4,21 pK_{s2} = 5,64	Bernsteinsäure, Salze: Sukzinate; $(CH_2)_2$–$(COOH)_2$
Monohydroxy-butandisäure	$C_4H_6O_5$	134,1	130	Zers.	1,600		Äpfelsäure, Salze: Malate; HOOC–CH_2–CHOH–COOH
D-2,3-Dihydroxy-butandisäure	$C_4H_6O_6$ bzw. HOOCCHOH CHOHCOOH	150,1	ca. 171	Zers.	1,759	pK_{s1} = 2,98 pK_{s2} = 4,34	+(d)-Weinsäure*, Salze: Tartrate; Kaliumhydrogentartrat = „Weinstein"
L-2,3-Dihydroxy-butandisäure	HOOCCHOH CHOHCOOH	150,1	ca. 171	Zers.	1,76	pK_{s1} = 2,98 pK_{s2} = 4,34	–(l)-Weinsäure, KNa-Tartrat = „Seignettesalz"
D,L-Dihydroxy-butandisäure	$C_4H_6O_6$	150,1	206	Zers.	1,737	pK_{s1} = 2,98 pK_{s2} = 4,34	Traubensäure, Racemat: $\alpha = \pm 0$ ((dl)-Weinsäure)
meso-Dihydroxy-butandisäure	$C_4H_6O_6$	150,1	147		1,666	pK_{s1} = 3,22 pK_{s2} = 4,82	*meso*-Weinsäure, optisch inaktives Isomer
Pentandisäure	$C_5H_8O_4$	132,1	99	302	1,424	pK_{s1} =4,34 pK_{s2} = 5,41	Glutarsäure: $HOOC(CH_2)_3$–COOH
Hexandisäure	$C_6H_{10}O_4$	146,1	153	Zers. 165	1,360	pK_s=4,42 + 5,41	Adipinsäure: $HOOC(CH_2)_4$–COOH
cis-Butendisäure	$C_4H_4O_4$	116,1	139	Zers.	1,590	pK_{s1} =1,92 pK_{s2} = 6,22	Maleinsäure, Salze: Maleate; (CH=CH)–$(COOH)_2$
trans-Butendisäure	$C_4H_4O_4$	116,1	300	Zers.	1,635	pK_s = 3,02 + 4,39	Fumarsäure/Fumate: HOOC(CH=CH)COOH
2-Hydroxypropantri säure-1,2,3	$C_6H_8O_5$	192,13	153	Zers.	1,665	gut	Zitronensäure**/Zitrate, (Säuerungsmittel)

* $\alpha_D^{17} = -16{,}6\,° \cdot cm^3 \cdot g^{-1} \cdot dm$ (in H_2O) bei D-2,3-Dihydroxybutandisäure; das L-Enantiomer hat also $\alpha_D^{17} = +16{,}6\,°$

** Zitronensäure hat die Struktur $(HOOCCH_2)_2C(OH)$–COOH

15 d Aminosäuren

Name	Formel	*M* (g/mol)	Fp. (°C)	Kp. (°C)	*ϱ* (g/cm³)	L in H_2O	Anmerkungen Trivialnamen
Aminoethansäure, Glycin (Gly)	H_2N–CH_2–COOH	75,07	Zers. 253	Zers.	1,1607	L: 250 g/l pK_{s1} = 2,35	Glykokoll, Aminoessigsäure, pK_{s2} = 9,78, süßl.
2-Aminopropansäure, L(+)-Alanin (Ala)	H_3C–$CH(NH_2)$–COOH	89,1	Zers. 296	Zers.		L: 167 g/l (oder 139?) pK_{s1} = 2,35	pK_{s2} = 9,87 , L(+)-Alanin: $\alpha_{546,1}^{15}$ = +3,5° (in H_2O)
L(+)-Valin (Val)	C_3H_7CH–$(NH_2)COOH$	117,15	Zers. 315	Zers., subl.		89 g/l pK_{s1} = 2,29	pK_{s2} = 9,72, α_D^{26} = +13,9° ($C_5H_{11}NO_2$)
D,L-Valin (Val)	$C_5H_{11}NO_2$	117,15	298	Zers.		70 g/l	$\alpha_D26 = \pm 0°$
L(+)-Cystein (Cys)	$C_3H_7SNO_2$	121,16	Zers. 240	L(–): um 260		280 g/l, pK_{s1} = 1,86	α_D^{29} = + 9,7° ; pK_{s2} = 8,35 / oxidiert zu Cystin
L(–)-Leucin (Leu)	C_4H_9CH–$(NH_2)COOH$	131,18	Subl. 294	Zers. ca. bei 294		22,2 g/l pK_{s1} = 2,33	α_D^{20} = -10,42°, pK_{s2} = 9,74
D,L-Leucin	$C_6H_{13}NO_2$	131,18	295	Subl.		10,1 g/l	C_4H_9CH–$(NH_2)COOH$
L(+)-Isoleucin (Ile)	C_4H_9CH–$(NH_2)COOH$	131,18	Zers. 280	Zers. (subl.)		38,7 g/l, pK_{s1} = 2,32	α_D^{12} = +12,8°, pK_{s2} = 9,76
L-Asparagin	$C_4H_8N_2O_3$	132,12	226		1,543	21,4 g/l	Aminobernsteinsäuremonoamid
β-L-Asparaginsäure	$C_4H_7NO_4$	132,12	Zers. 270		um 1,5		HOOC–CH_2–$CH(NH_2)$–COOH; α = +4,36° *
L(+)-Glutamin	$C_5H_{10}N_2O_3$	146,15	178–186			um 30 g/l	= Glutaminsäureamid, α_D^{22} = +6,4° bis +7,0° **
L(+)-Glutaminsäure (Glu)	$C_5H_9NO_4$	147,13	207	Zers. ca. bei 247	1,538	6,6 g/l H_2O pK_{s1} = 2,13 pK_{s2} = 4,35	α = +12,0°; HOOC–C_2H_4–$CH(NH_2)$–COOH; Salze: Glutamate (würzig)

Beispiele für Proteine (Polypeptide): Myoglobin: 17 000 g/mol, Protein Insulin 41 000, Hämocyamin 6,5 Mio.

* in H_2O mit c = 0,53 mol/l (in HCl c = 10 mol/l: α_D^{18} = +25°, in NaOH c = 1 mol/l: α_D^{18} = –18,8°)

** wird beim Kochen in wässriger Lösung zu Ammoniumglutamat ($NH_4C_5H_8O_4N$).

T

noch 15 d Aminosäuren

Name	Formel	*M* (g/mol)	Fp. (°C)	Kp. (°C)	ϱ (g/cm³)	L in H_2O	Anmerkungen Trivialnamen
L(–)-Methionin (Met)	$C_5H_{11}SNO_2$	149,2	Zers. 280			34 g/l, pK_{s1} = 2,17	α = –7,2° ; pK_{s2} = 9,27
L(+)-Arginin (Arg)	$C_6H_{14}N_4O_2$	174,20	Zers. 237			L: 176 g/l pK_{s1} = 2,32	α = +12,2° ; pK_{s2} = 9,76
Glutathion	$C_{10}H_{17}SN_3O_6$	307,33	191			100 g/l	α_{546}^{15} = –18,5° bis –21°
Phenylalanin (Phe)	$C_9H_{11}NO_2$	165,19	Zers. 283			31 g/l , pK_{s1} = 2,58 pK_{s2} = 9,24	α = –35,14°, $C_6H_5CH_2$–$CH(NH_2)$–COOH
L(–)-Cystin	$C_6H_{12}O_4N_2S_2$	240,3	Zers. 260				α_d^{29} = –222,4° (in HCl, *c* = 0,5 mol/l)
D,L-Thyroxin	$C_{15}H_{11}O_4NI_4$	776,93	232	Zers.		kaum lösl.	(lösl. in verd. Ethanol)

15 e Säurederivate

Name	Formel	*M* (g/mol)	Fp. (°C)	Kp. (°C)	ϱ (g/cm³)	L in H_2O	Anmerkungen Trivialnamen
Methansäureamid	$HCONH_2$	45,04	2,2	105	1,1339	hygroskop.	Formamid, *n* = 1,44719
Methansäure-diamid	NH_2CONH_2	60,06	132,7	Zers.	1,323	gut	Harnstoff, Carbamidn = 1,484
Ethannitril	CH_3CN	41,05	–44,9	81,6	0,783	löslich	Acetonitril, giftig, brennbar, *n* = 1,34423
Methylisocyanid	CH_3NC	41,05	–45	59,0	0,7327	100 g/l	giftig, explosiv
Methylthiocyanat	CH_3SCN	73,15	–51	131	1,0778		Lauchgeruch
Thioethansäure	CH_3COSH	76,12		ca. 90	1,074	reagiert	Thioessigsäure, hellgelb
Ethansäureamid	CH_3CONH_2	59,07	82,3	221,2	0,980	2380 g/l	Acetamid, n^{78} = 1,4278
Ethansäureanhydrid	$(CH_3CO)_2O$	102,09	–73,1	136,4	1,08712		Acetanhydrid, *n* = 1,39006
Ethansäurefluorid	CH_3COF	62,04		23	1,002	50 g/l	
Ethansäurechlorid	CH_3COCl	78,50	–112	51	1,1039	reagiert	Acetylchlorid, *n* = 1,388
Ethans.-bromid	CH_3COBr	122,95	–96,5	76,7	1,6625	reagiert	$n_D^{15,5}$ = 1,4537
Ethansäureiodid	CH_3COI	169,95		108	1,98	reagiert	gibt I_2 ab, stark rauchend

15 f Ester

Name	Formel	*M* (g/mol)	Fp. (°C)	Kp. (°C)	ϱ (g/cm³)	L in H_2O	Anmerkungen Trivialnamen
Methansäuremethylester	$HCOOCH_3$	60,1	–99	31	0,974	77 g/l	Ameisensäuremethylester, Methylformiat
Methansäureethylester	$HCOOC_2H_5$	74,1	–80,5	54	0,9117	L: 111 g/l, *n* = 1,35975	Ameisensäureethylester, Ethylmethanoat/-formiat,
Methansäurepropylester	$HCOOC_3H_7$	88,11	–92,9	81,0	0,9058	*n* = 1,3779	giftig, reagiert langsam mit Wasser (Hydrolyse)
Methansäurebutylester	$HCOOC_4H_9$	102,13	–91,9	106,8			giftig, technisches Lösemittel
Methansäurepentylester	$HCOOC_5H_{11}$	116,16	–73,5	132,10	0,8853	*n* = 1,3992	Ameisensäureamylester
Methansäurehexylester	$HCOOC_6H_{13}$	130,19	< –70	153,9	0,8977		Apfelaroma
Ethansäureethylester	CH_3COO–C_2H_5	88,11	–83,57	77,06	0,9005	85,3 g/l , *n* = 1,37237	Ethylazetat, Essigsäureethyleser; *η* = 0,441 mPa · s
Ethansäurevinylester	CH_3COO–C_2H_3	86,09		um 73		kaum lösl.	*n* = 1,5088 – polym. an Licht zu Polyvinylazetat
Ethansäurepropylester	CH_3COO–C_3H_7	102,13	–95	101,6	0,8884	18,9 g/l, *n* = 1,3847	Propylazetat, Essigsäurepropylester
Ethansäureisopropyl-ester	CH_3COO–C_3H_7	102,13	–73,4	90	0,872	30,9 g/l , *n* = 1,3773	*Iso*propylazetat, Essigsäure *iso*propylester; *η* = 520 mPa · s
Ethansäure-*n*-butylester	CH_3COO–C_4H_9	116,16	–77,9	126,5	0,883	< 10 g/l;	n-Butylacetat, Essigsäure-butylester; *η* = 0,73 mPa · s
Ethansäureisobutylester	CH_3COO–C_4H_9	116,2	–98,85	117,2	0,8747	6,7 g/l	Bananenaroma, techn. Lösem.; *n* = 1,3901
Ethansäureisoamylester	CH_3COO–C_5H_{11}	130,10		142	0,8670	2,5 g/l, *n* = 1,4003	Obstaroma, schädlich, techn. Lösemittel. für Lacke
Ethansäurephenylester	CH_3COO–C_6H_5	136,2		195,7	1,0777	kaum lösl.	Phenylazetat
Propansäuremethylester	C_2H_5COO–CH_3	88,11	–87,5	80,5	0,9151	*n* = 1,37697	Propionsäuremethylester, Methylpropionat, Rumaroma

noch 15 f Ester

Name	Formel	*M* (g/mol)	Fp. (°C)	Kp. (°C)	*ϱ* (g/cm³)	L in H_2O	Anmerkungen Trivialnamen
Propansäureethylester	$C_2H_5COO–C_2H_5$	102,13	–73,9	99,1	0,8827	22 g/l , n^{15} =1,3862	Ethylpropionat, Fruchtaroma
Propansäure-citronellylester	$C_{13}H_{24}O_2$	212,34		Zers.	0,8950	n = 1,4452	Rosenaroma (Duftstoff)
Butansäuremethylester	$C_3H_7COO–CH_3$	102,13	–84,8	102,65	0,8984	15,59 g/l , n^{25} = 1,387	Methylbutylat, Buttersäure-methylester
Butansäureethylester	$C_3H_7COO–C_2H_5$	116,16	–97,9	121,2	0,8718	6,2 g/l , n = 1,39302	Ethylbutyrat: Ananas- oder Pfirsicharoma
Butansäurebutylester	$C_3H_7COO–C_4H_9$	144,22	–89,55	146,8	0,8818	n_D^{15} = 1,4038	technisches Lösemittel
Butansäureisobutyl-ester	$C_3H_7COO–C_4H_9$	144,22		156,8	0,8634	$n_D^{18,4}$ = 1,40295	Aromastoff und techn. Lösemittel
Butansäureisopentyl-ester	$C_3H_7COO–C_5H_{11}$	158,24		178,5	0,8657		Isopentylbutanat; Birnenaroma, techn. Lösem.
Benzoesäuremethylester	$C_6H_5COO–CH_3$	136,15	–12,3	199,45	1,089	unlöslich	Methylbenzoat
Benzoesäureethylester	$C_6H_5COO–C_2H_5$	150,18	–34,6	212,9	1,0496	1 g/ (+60 °C)	$n_D^{17,3}$ = 1,5068
Benzoesäurephenylester	$C_6H_5COO–C_6H_5$	198,22	71	314		unlöslich	Phenylbenzoat
Salizylsäuremethyl-ester	$HOC_6H_4COO–CH_3$	152,15	–8,6	223,3	1,1738	< 0,7 g/l , n_D^{18} =1,538	IUPAC: o-Hydroxybenzoesäure methylester; Methylsalizylat
Salizylsäureethylester	$HOC_6H_4COO–C_2H_5$	166,18	1,3	232,5	1,1355	$n_D^{14,4}$ = 1,525	Methylester: Pfefferminzaroma
Salizylsäurephenyester	$HOC_6H_4COO–C_6H_5$	214,22	43		1,1553	0,15 g/l	„Salol"
Palmitinsäureethylester	$C_{15}H_{31}COO–C_2H_5$	284,49	25,5	Zers.	0,854	unlöslich	n_D^{50} = 1,4278
Palmitinsäurezetyl-ester	$C_{15}H_{31}COO–C_{16}H_{33}$	480,87	53,5		0,8324	(lösl. in Aceton)	IUPAC: Hexadezyl-hexadekanat, im Walrat
Palmitinsäuremyrizyl-ester	$C_{15}H_{31}COO–C_{31}H_{63}$	um 690	um 55–60		um 0,82	unlöslich	IUPAC: Hentriakontyl-hexadekanat (Bienenwachs)
Stearinsäureethylester	$C_{17}H_{33}COO–C_2H_5$	312,54	33,5	Zers. 224	0,8481	unlöslich	n_D^{40} = 1,4292
Acetessigester	$CH_3CO–CH_2–COO–C_2H_5$	130,14	–44,5	180,4	1,02885	125 g/l , n = 1,41976	92,5 %Keto-/7,5 % Enol-Form
Schwefelsäure-dimethylester	$(CH_3–O)_2SO_2$	126,13	–32	188,5	1,3305	reagiert, n_D^{16} = 1,391	Dimethylsulfat Methylierungsmittel, giftig, ölig
Dimethylsulfid, Schwe-felwasserstoffsäure-dimethylester	$(CH_3)_2S$	62,13	–38,2	37,3	0,8449	(ölig)	Dimethylthioether; ätherischer Meerrettichgeruch, toxisch
Dimethylsulfon	$(CH_3)_2SO_2$	94,13	109	235	1,1702		kristallin
Dimethylsulfoxid	$(CHJ_3)_2SO$	78,13	18,4	189	1,1014	löslich	ölig
Trikresylphosphat	$OP(OC_6H_4–CH_3)_3$			435	1,179		hochtoxisch
Trimethylborat	$B(OCH_3)_3$	103,91	–34,0	68,7	0,9205		Borsäuretrimethylester, brennb., grüne Flamme
Ethylglykolacetat (EGA)	$CH_3COO–C_2H_4OC_2H_5$	132,16	–62	156,4	0,974	229 g/l	Lösemittel und Rohstoff für Polyestersynthesen
n-Butyldiglykolacetat (BDGA)	$C_8H_{16}O_4$	204,3	– 32	247	0,981	65 g/l	Struktur: $CH_3COO–C_2H_4O–C_2H_4OC_2H_5$
Glykoldiacetat	$C_2H_4(OOC–CH_3)_2$	146,14	–31	190,2	1,1028	14,2 g/l	n = 1,4150; esterähnl. Geruch, techn. Lösem.
1-Methoxy-propyl-2-acetat	$C_6H_{12}O_3$	132,2	< –65	145	0,965	230 g/l	Lösemittel PMA; $CH_3O–CH_2CH–(OOCCH_3)–CH_3$
Phenolphthalein	$C_{20}H_{14}O_4$	320,35	um 239	258		0,175 g/l	Indikator, bildet bei pH > 9 rosa-violettes Anion
Butyrolacton	C_3H_6OCO	86,09		206	1,1286		cyclisches Molekül, innermole-kularer Ester
ortho-Oxyzimtsäure-lacton	$C_6H_4(HC{=}CH)COO$	146,14	70	291			Cumarin, Waldmeistergeruch, cyclisches Molekül
Carbamidsäureethylester	$NH_2–COO–C_2H_5$	89,09	50	180			Urethan, Edukt zur Herstellg. v. PUR

(Essigsäurepentylester: Bananenaroma, -hexylester: Birnenaroma; Butansäurepentylester = Isoamylbutyrat: Birnenaroma; -benzylester = Benzylbutyrat: Rosen-/Blumenaroma/Salpetersäureester siehe Nitro-...)

T

Tabelle 16: Natur- und weitere organische Stoffe (Kohlenhydrate u. a. biochemische Grundstoffe)

Name	Formel	*M* (g/mol)	Fp. (°C)	Kp. (°C)	ϱ (g/cm³)	L in H_2O	Anmerkungen
Adenosintriphosphorsäure, ATP	$C_{10}H_{16}N_5O_{13}P_3$	507,19	glasige Masse			löslich	$\alpha_D^{22} = -26{,}7°$
Ammonium-carbaminat	$H_2N{-}COO(NH_4)$	78,07	Zers. um 59			666 g/l	Backtriebmittel (zerfällt zu NH_3 + CO_2)
L-Ascorbinsäure, „Vitamin C"	$C_6H_8O_6$	176,13	189	Zers. 190		löslich	Antioxidationsmittel E 300: cyclischer Endiol, $\alpha_{D\ Methanol}^{18} = +49°$
β-Carotin (Kristalle violett)	$C_{40}H_{56}$	536,89	183	Zers.	1,00	unlösl.	Lebensmittelfarbstoff E 160a, orangerot
Cellobiose	$(C_6H_{11}O_5)_2$	342,3		Zers.		125 g/l	β,1,4-verknüpftes Diglucosid
Chinin	$C_20H_{24}O_2N_2$	324,43	173	subl.		0,5 g/l	Alkaloid
Chlorophyll a	Mg-Komplex	893,52		≈117		lösl. in $CHCl_3$	natürl. Blatt- und Lebensmittelfarbstoff E 140, grün
Cholesterin	$C_{27}H_{46}O$	386,67	149			fettlösl.	$\alpha = -39°$ (in Chloroform)
Cocain	$C_{17}H_{21}O_4N$	303,36	98			1,8 g/l	Rauschmittel / Alkaloid
Coffein = Thein	$C_8H_{10}N_4O_2$	194,19	180	239	1,23	21 g/l	= 1,3,7-Trimethylxanthin
trans-Dekalin	$C_{10}H_{18}$	138,25	−124	192	0,8865		$n_D^{15} = 1{,}4753$, Flammp. +57 °C
Diacetylmorphin (Heroin)	$C_{17}H_{17}ON{-}(COOCH_3)_2$	369,4	179			kaum löslich	starkes Rauschmittel, toxisch, ein Alkaloid
Ethylendiamin-tetraessigsäure	(EDTA)	292,25				$pK_{s1} = 2{,}0$	$pK_{s2} = 2{,}7$ / $pK_{s3} = 6{,}2$ / $pK_{s4} = 10{,}3$
α-D-Glucose	$C_6H_{12}O_6$	180,16	147	Zers.	1,5620	gut lösl.	$\alpha_D^{20} = +113{,}4° \rightarrow +52{,}5°$
Glycerintrinitrat	$C_3H_5N_3O_9$	227,09	13,1	expl.	1,6185	1,8 g/l	„Nitroglycerin", Sprengstoff
Glycerintrioleat	$C_{57}H_{75}O_6$	885,46	−5	Zers.	0,9152	unlösl.	„Fett", ölig, $n_D^{60} = 1{,}6280$
Harnsäure	$C_5H_4N_4O_3$	168,11	Zers.		1,893	0,08 g/l	im Vogelkot
Harnstoff	$H_2N{-}CONH_2$	60,06	132,1		1,323	670g/l*	* L bei 0 °C
Hexamethylentetramin	$C_6H_{12}N_4$	140,19	Zers.			813 g/l	„Urotropin", spaltet beim Kochen in H_2O und NH_3 ab
Indigo	$(C_9H_5NO)_2$	262,27	391	391	1,35	unlösl.	blauglänzender Farbstoff
Isopren	C_5H_8	68,12	−120	34	0,6806	*n*=1,419	$H_2C{=}CH{-}C(CH_3){=}CH_2$
α-Lactose	$C_{12}H_{22}O_{11}$	342,30	223		1,53	gut lösl.	Milchzucker, $\alpha = +90° \rightarrow +52{,}3°$
L-Limonen	$C_{10}H_{16}$	136,24		176	0,8422	unlösl.	$\alpha = -122{,}1°$, $n_D^{22,4} = 1{,}474$
Magnesiumstearat	$(C_{18}H_{35}O_2)_2Mg$	591,27	145	Zers.		0,077 g/l	Trennmittel E 572 zur Speisefetthärtung; Na-Salz = Seife
Mononatrium-citrat	$C_6H_5O_7Na \cdot 5\ H_2O$	258,07	fest	Zers. > 180	1,857	löslich	Schmelzsalz E 331, Lebensmi.-Zusatzstoff
Morphin	$C_{17}H_{19}NO_3$	285,35	253,5			0,15 g/l	$\alpha = -131{,}7°$ in Methanol
Natriumlactat	$C_3H_5O_3Na$	112	fest	Zers.		hygro-skop.	Schmelzsalz E 325 (Ca-Salz: · 5 H_2O, *M* = 218,22 g/mol)
L-Nikotin	$C_{10}H_{14}N_2$	162,24	< −10	246	1,0092 (ölig)	$n_D^{22,4}$ = 1,5239	bicycl., tödl. Dosis: 50 mg, $\alpha = -166{,}4°$; MAK= 0,5 mg/m³
Nukleinsäuren	(DNS / RNS)	2500 bis $4 \cdot 10^9$	Zers.	Zers.		quellbar	wasserfrei fasrig, absorbieren UV (260–280 nm)
d,l-α-Pinen	$C_{10}H_{16}$	136,24	−50	156	0,8582		*n* = 1,4658; im Terpentinöl
β-Progesteron	$C_{21}H_{29}O_2$	314,47	121		1,171	unlösl.	$\alpha = +192°$, ein Hormon
Saccharose, Haushaltszucker	$C_{12}H_{22}O_{11}$	342,30	185, Zers		1,588	2000 g/l	Kandis, lösl.: 4 kg/lL (+40 °C)
Stärke	$(C_6H_{10}O_5)_n$	bis 107	Zers.		um 1,5	quillt auf	kolloidal lösl. (als Gel: Kleister)
Vitamin B_{12}	$C_{63}H_{90}N_{14}O_{14}{-}PCo$	1357,41	< 300			12,5 g/l	hygroskopisch, dunkelrot, $\alpha_{650}^{23} = -59° \pm 9°$
Vitamin C, L-Ascorbinsäure	$C_6H_8O_6$	176,13	189	Zers. 190		löslich	Antioxidationsmittel E 300: cycl. Endiol, $\alpha_D^{18} = +49°$ (CH_3OH)
Xylolmoschus	$C_{11}H_{15}N_3O_6$	297,27	112,5				Moschusgeruch, Duftstoff
Zellulose, mikrokristallin	$(C_{12}H_{20}O_{10})_n$, $n = 5{-}19 \cdot 10^3$	≈ 36 000 (bis 10^6)	fest			kolloid, pH = 5–7	Trennmittel E 460

(Proteine z. B.: Myoglobin *M* = 17 000 g/mol, Hämoglobin *M* = 68 000 g/mol, Tabakmosaikvirus: *M* = 40 Mio. g/mol)

T

Tabelle 17: Thermodynamische Daten

Anorganische Verbindungen alphabetisch nach Elementsymbolen geordnet, organische Verbindungen anschließend und nach Stoffklassen geordnet – stets auf ganzzahlige Werte gerundet.
Die Standard-Reaktionsenthalpie $\Delta_R H°_m$ gibt an, welche Energiemenge ein reagierendes System bei konstantem Druck (1013 hPa) bei $T = +25\,°C$ in Form von Wärme an die Umgebung abgibt (exotherm, negatives Vorzeichen) oder aus ihr aufnimmt (endotherm, positives Vorzeichen). Die Wärmemenge $Q = c_p \cdot m \cdot \Delta T$ lässt sich in Kalorimetern erfassen (c_p = Wärmekapazität bzw. Molwärme, um 1 kg Wasser um 1 °C zu erwärmen, sind z.B. 4,18 kJ = 1 kcal erforderlich). Die Entropie S ist demgegenüber ein Maß für den „Unordnungszustand" eines Systems
($S = k \cdot \ln W$; $k = R/N_A = 1{,}38 \cdot 10^{-23}$ J/K; W = thermodynamische Wahrscheinlichkeit).

Verwendete Abkürzungen:

$\Delta_f H°_m$ = Molare Standard-Bildungsenthalpie (in kJ/mol, bei +25 °C und 1013 hPa)

$\Delta_B H°_m$ = Molare Standard-Bindungs(dissoziations)-Enthalpie (in kJ/mol Bindungen bei +25 °C)

$\Delta_R H°_m$ = Molare (Standard-)Reaktionsenthalpie (in kJ/mol Formelumsatz bei +25 °C)

$\Delta S°_m$ = Molare Standard-Entropie eines Stoffes (für 1013 hPa und +25 °C)

$\Delta_R S°_m$ = Molare Standard-Reaktionsentropie (für 1013 hPa und +25 °C)

$\Delta_R G°_m$ = Molare freie Standard-Reaktionsenthalpie (bei + 25 °C, wenn nicht anders angegeben)

$\Delta_f G°_m$ = Molare freie Standard-Bildungsenthalpie eines Stoffes (bei +25 °C, wenn nicht anders angegeben)

$c°_p$ = Wärmekapazität, Standard-Molwärme einer Substanz (bei p = 1013 hPa und +25 °C)

(Aggregat-)Zustand: s = solid/fest, l = liquid/ lüssig, g = gasiform/ gasförmig,
aq = aqueous solution/in wässriger Lösung (hydratisiert, unendlich verdünnt)

Stoff	Zustand	$\Delta_f H°_m$ kJ/mol	$\Delta_f G°_m$ kJ/mol	$S°_m$ J/mol K	$c°_p$ J/K mol
Ag	s	0	0	189	25
Ag^+	aq	106	77	74	22
AgBr	s	–100	–97	107	52
AgCl	s	–127	–110	96	51
AgI	s	–62	–66	115	57
$AgNO_3$	s	–124	–33	141	93
$Ag_2S_{rhombisch}$	s	–32	–40	146	75
Al	s	0	0	28	24
$AlCl_3$	s	–706	–630	109	92
Al_2O_3	s	–1670	–1576	51	79
$Al_2(SO_4)_3$	s	–3442	–3100	239	259
Ba^{2+}	aq	–538	–561	10	–
$BaCO_3$	s	–1216	–1138	112	85
$BaCl_2$	s	–859	–811	124	75
$BaCl_2 \cdot 2\,H_2O$	s	–1490	–1296	203	162
BaO	s	–554	–525	70	48
$BaSO_4$	s	–1473	–1363	132	101
Br_2	l	0	0	152	76
Br_2	g	31	3	245	35
Br_2	aq	–3	4	130	–
Br–	aq	–121	–104	83	–42
HBr	g	–36	–53	199	29
BrO_3^-	aq	–84	2	163	–
C, Graphit	s	0	0	6	9
C, Diamant	s	2	3	2	6
C	g	717	671	158	21
CN^-	aq	151	172	94	–
CO	g	–111	–137	198	29
CO_2	g	–393	–394	214	37
CO_3^{2-}	aq	–677	–528	–57	–
HCN	l	109	125	113	71
HCN	g	135	125	202	36
HCO_3^-	aq	–692	–59	91	–
CH_3COO-	aq	–486	–369	87	–6
SCN^-	aq	76	93	144	–
Ca	s	0	0	41	25
Ca^{2+}	aq	–543	–554	–53	–
CaC_2	s	–60	–65	70	63
$CaCO_3$, Kalzit	s	–1207	–1130	93	82
$CaCl_2$	s	–796	–748	105	73
$CaCl_2 \cdot 6\,H_2O$	s	–2607			
CaF_2	s	–1220	–1167	69	67
CaH_2	s	–187	–147	42	
CaO	s	–635	–604	40	43
$Ca_3(PO_4)_2$	s	–4121	–3886	236	228
CaS	s	–482	–477	56	47
$CaSO_4$	s	–1434	–1322	107	100
$CaSO_4 \cdot 2\,H_2O$	s	–2023	–1797	194	186
Cl_2	g	0	0	223	34
Cl_2	aq	–23	7	121	–
Cl*	g	121	105	165	22
Cl^-	aq	–167	–131	57	–136
Cl_2O	g	80	99	266	45
ClO^-	aq	–107	–37	42	–
ClO_2	g	102	120	257	42
ClO_3^-	aq	–100	–3	162	–
ClO_4^-	aq	–129	–9	182	–
HCl	g	–92	–95	188	29
HCl	aq	–167	–131	56	–136
Cr	s	0	0	24	23
$CrCl_3$	s	–556	–485	123	92
Cr_2O_3	s	–1140	–1058	81	120
CrO_4^{2-}	aq	–881	–728	50	–
$Cr_2O_7^{2-}$	aq	–1460	–1300	556	
Cs	s	0	0	83	31
Cs^+	aq	–248	–282	133	–

T

Stoff	Zustand	$\Delta_f H°_m$ kJ/mol	$\Delta_f G°_m$ kJ/mol	$S°_m$ J/mol K	$c°_p$ J/K mol
CsCl	s	−447	−419	100	53
CsI	s	−351	−348	126	52
Cu	s	0	0	33	24
Cu	g	338	300	166	21
Cu^+	aq	72	50	41	–
Cu^{2+}	aq	65	66	−100	–
CuCl	s	−137	−120	86	49
$CuCl_2$	s	−220	−176	108	58
$CuCl_2 \cdot 2\,H_2O$	s	−821	−656	167	
Cu_2O	s	−169	−146	93	64
CuO	s	−157	−130	43	42
Cu_2S	s	−80	−86	121	76
CuS	s	−53	−54	66	48
$CuSO_4$	s	−771	−662	109	100
$CuSO_4 \cdot 5\,H_2O$	s	−2280	−1880	300	280
D_2 ($^2H_2$)	g	0	0	145	29
D_2O (^2H_2O)	l	−295	−244	76	85
F_2	g	0	0	203	31
F^*	g	79	62	159	23
F^-	g	−261	−268	146	21
F^-	aq	−333	−279	−14	−106
HF	g	−271	−273	174	29
HF_2^-	aq	−650	−578	92	–
Fe	s	0	0	27	25
Fe	g	418	372	180	26
Fe^{2+}	aq	−89	−79	−138	–
Fe^{3+}	aq	−89	−79	−138	–
Fe^{3+}	g	2752			
Fe_3C	s	25	20	105	106
$FeCl_3$	s	−399	−334	142	97
Fe_2O_3 Hämatit	s	−824	−742	87	104
Fe_3O_4 Magnetit	s	−1119	−1015	145	143
FeS	s	−100	−100	60	51
FeS_2 Pyrit	s	−178	−167	53	62
$FeSO_4$	s	−928	−821	108	101
$FeSO_4 \cdot 7\,H_2O$	s	−3015	−2511	409	394
H_2	g	0	0	131	29
H^*	g	218	203	115	21
H^+	g	1538	1517	109	21
H^+	aq	0	0	0	0
H^-	g	140	133	109	21
H_2O	l	−285	−244	76	85
H_2O	g	−249	−235	198	34
H_2O_2	l	−188	−120	109	89
OH^-	aq	−230	−157	−11	−149
LiH	s	−90	−70	25	35
KH	g	123	103	198	31
I_2	s	0	0	116	55
I_2	g	62	19	261	37
I_2	aq	23	16	137	–
I^*	g	107	70	181	21
I^-	aq	−57	−52	107	−142
I_3^-	aq	−51	−51	239	–

Stoff	Zustand	$\Delta_f H°_m$ kJ/mol	$\Delta_f G°_m$ kJ/mol	$S°_m$ J/mol K	$c°_p$ J/K mol
IBr	g	41	4	260	36
ICl	g	18	−5	247	36
ICl_3	s	−89	−22	167	
IF_7	g	−954	−828	346	136
IO_3^-	aq	−221	−128	118	–
HI	g	26	2	206	29
K	s	0	0	64	29
K	g	90	61	160	21
K^+	g	514	481	154	21
K^+	aq	−251	−282	103	22
KBr	s	−392	−379	97	54
$KBrO_3$	s	−333	−244	149	105
K_2CO_3	s	−1145	−1061	156	116
KCN	s	−113	−102	128	67
KCl	s	−436	−408	83	51
$KClO_3$	s	−391	−290	143	100
$KClO_4$	s	−433	−303	151	110
K_2CrO_4	s	−1383 ($\Delta_f H°$ ($K_2Cr_2O_7$) = −2033)			
KF	s	−563	−533	67	49
$K_3[Fe(CN)_6]$	s	−173 ($\Delta_f H°$ ($K_4[Fe(CN)_6]$) = −2033)			
KI	s	−328	−322	104	55
KIO_3	s	−508	−426	152	106
$KMnO_4$	s	−813	−714	172	119
KNO_3	s	−493	−393	133	96
K_2O	s	−361	−322	98	84
K_2O_2	s	−496	−430	113	99
KOH	s	−425	−379	79	66
K_2SO_4	s	−1434	−1316	177	130
Li	s	0	0	28	23
Li	g	161	128	138	21
Li^+	g	687	651	133	21
Li^+	aq	−278	−293	14	–
LiCl	s	−402	−377	59	50
LiF	s	−610	−582	36	42
LiI	s	−270	−270	86	50
Li_3N	s	−197	−154	38	77
Li_2O	s	−596	−560	38	54
LiOH	s	−487	−441	43	50
Mg	s	0	0	33	25
Mg	g	148	113	150	21
Mg^{2+}	aq	−467	−455	−138	–
$MgCl_2$	s	−642	−592	90	71
$MgCl2 \cdot 6\,H_2O$	s	−2500	−2115	366	316
Mg_3N_2	s	−461	−401	88	105
MgO	s	−601	−570	27	37
$Mg(OH)_2$	s	−924	−834	50	45
$MgSO_4$	s	−1288	−1171	92	96
$MgSO_4 \cdot 7\,H_2O$	s	−3389	−2872	372	
N_2	g	0	0	192	29
N^*	g	473	456	153	21
N_3^-	aq	275	348	108	–
NH_3	g	−125	−83	261	53
NH_3	aq	−80	−27	111	–

Stoff	Zustand	$\Delta_f H^\circ_m$ kJ/mol	$\Delta_f G^\circ_m$ kJ/mol	S°_m J/mol K	c°_p J/K mol
NH_4^+	aq	−132	−79	113	80
NH_4Br	s	−271	−175	110	96
NH_4Cl	s	−314	−203	95	84
NH_4I	s	−201	−113	117	82
NH_4OH	aq	−366	−264	181	l: 155
$(NH_4)_2SO_4$	s	−1180	−902	220	187
N_2H_4	g	95	159	138	50
NO	g	90	87	211	30
NO_2	g	33	51	240	37
NO_2^-	aq	−105	−37	140	−98
NO_3^-	aq	−207	−111	146	−87
N_2O	g	82	104	220	38
N_2O_3	g	84	139	312	66
N_2O_4	g	9	99	304	77
N_2O_5	s	−43	114	178	143
N_2O_5	g	11	115	356	84
NOCl	g	52	66	262	45
HNO_3	l	−174	−81	156	111
Na	s	0	0	51	28
Na	g	109	78	154	21
Na^+	g	611	573	148	21
Na^+	aq	−240	−262	59	46
$Na_2B_4O_7$	s	−3277	−3082	190	187
NaBr	s	−360	−347	84	52
Na_2CO_3	s	−1131	−1048	136	110
$NaHCO_3$	s	−949	−852	102	88
NaCN	s	−90	−82	125	69
NaCl	s	−411	−384	72	50
NaCl	g	−182	−201	230	36
$NaClO_4$	s	−383	−254	142	111
NaF	s	−574	−544	51	47
NaH	s	−56	−33	40	36
NaI	s	−288	−282	91	54
$NaNO_3$	s	−467	−366	116	93
Na_2O	s	−416	−377	73	68
Na_2O_2	s	−512	−451	95	90
NaOH	s	−427	−381	64	60
Na_2S	s	−373	−363	98	79
Na_2SO_3	s	−1091	−1002	146	120
Na_2SO_4	s	−1384	−1267	149	128
$Na_2SO_4 \cdot 10\,H_2O$	s	−4324	−3645	593	587
$Na_2S_2O_3 \cdot 5\,H_2O$	s	−2602			361
O_2	g	0	0	205	29
O*	g	249	232	161	22
O_3 (Ozon)	g	143	163	239	39
P_4 (weiß)	s	0	0	41	24
P_n (rot)	s	−18	−12	23	21
P (schwarz)	s	−39	−33	22	22
P_4	g	59	24	280	67
PCl_5	g	−375	−305	364	113
PH_3	g	5	13	210	37
PO_4^{3-}	aq	−1290	−1033	−222	–
P_4O_{10} (= P_2O_5)	s	−3008	−2725	228	212

Stoff	Zustand	$\Delta_f H^\circ_m$ kJ/mol	$\Delta_f G^\circ_m$ kJ/mol	S°_m J/mol K	c°_p J/K mol
$POCl_3$	l	−597	−521	222	139
H_3PO_4	s	−1286	−1126	110	106
Pb	s	0	0	65	26
Pb^{2+}	aq	−2	−24	10	
$PbBr_2$	s	−279	−262	161	80
$PbCO_3$	s	−699	−626	131	88
$PbCl_2$	s	−359	−314	136	77
PbI_2	s	−175	−175	175	77
PbO gelb	s	−217	−188	69	46
PbO_2	s	−277	−217	69	65
PbS	s	−100	−99	91	49
$PbSO_4$	s	−920	−813	150	103
S monoklin	s	0,3	0,1	33	24
S rhombisch	s	0	0	32	23
S_8	g	102	50	431	156
S*	g	279	238	168	24
S^{2-}	aq	33	86	−15	–
SF_6	g	−1209	−1105	292	97
H_2S	g	−21	−34	206	34
HS^-	aq	−18	12	63	–
SO_2	g	−298	−300	248	40
SO_3	g	−396	−371	257	51
SO_3^{2-}	aq	−635	−487	−29	
SO_4^{2-}	aq	−910	−745	20	−293
H_2SO_4	l	−814	−690	157	139
Sb	s	0	0	46	25
$SbCl_3$	s	−382	−324	184	108
SbH_3	g	155	148	233	41
Sb_2O_3	s	−720	−634	110	101
Sb_2S_3 schwarz	s	−175	−174	182	120
Sb_2S_3 orange	s	−147			
Se (schwarz)	s	0	0 (rot: 7)	42	25
Se	g	227	187	177	21
H_2Se	g	30	16	219	35
SeO_2	s	−225			
SeO_4^{2-}	aq	−599	−440	54	–
H_2SeO_4	s	−530			
Si	s	0	0	19	20
SiC	s	−65	−63	17	27
SiF_4	g	−1615	−1572	282	74
SiH_4	g	34	57	204	43
SiO_2 (Quarz)	s	−911	−856	42	44
Sn (weiß)	s	0	0	52	27
Sn (grau)	s	−2	0,1	44	26
Sn	g	302	267	168	21
SnH_4	g	163	188	228	49
SnO_2	s	−581	−520	52	53
SnS	s	−100	−99	77	49
SnS_2	s	−167	−160	87	70
Sr	s	0	0	53	26
Sr^{2+}	aq	−546	−560	−33	
SrCO3	s	−1220	−1140	97	81
$SrCl_2$	s	−829	−781	115	76

Stoff	Zustand	$\Delta_f H°_m$ kJ/mol	$\Delta_f G°_m$ kJ/mol	$S°_m$ J/mol K	$c°_p$ J/K mol
$Sr(NO_3)_2$	s	–978	–780	195	150
$SrSO_4$	s	–1454	–1341	117	
Tl	s	0	0	64	26
Tl^+	aq	5	–32	125	
Ti	s	0	0	31	25
TiO_2 (Rutil)	s	–945	–890	50	55
Xe	g	0	0	170	21
XeF_4	s	–251	–121	146	118

Stoff	Zustand	$\Delta_f H°_m$ kJ/mol	$\Delta_f G°_m$ kJ/mol	$S°_m$ J/mol K	$c°_p$ J/K mol
XeO_3	s	502	561	287	62
Zn	s	0	0	42	25
Zn^{2+}	aq	–154	–147	–112	46
ZnO	s	–348	–318	44	40
ZnS (Wurtzit)	s	–193			
ZnS (Zinkblende)	s	–206	–201	58	46
$ZnSO_4$	s	–983	–874	120	

Organische Verbindungen

Stoff	Zustand	$\Delta_f H°_m$ kJ/mol	$\Delta_f G°_m$ kJ/mol	$S°_m$ J/mol K	$c°_p$ J/K mol
Methan	g	–74,8	–50,8	186,3	36
Ethan	g	–84,7	–33	229,5	53
Propan	g	–104	–24	270	74
n-Butan	g	–126	–17	310	97
n-Butan	l	–148	–15	231	
n-Pentan	g	–146	–8	349	120
n-Hexan	g	–167	–0,3	388	143
n-Heptan	g	–188	8	428	166
n-Octan	l	–208	16	467	189
n-Nonan	g	–229	25	506	212
n-Decan	g	–250	33	545	235
Eicosan $C_{20}H_{42}$	g	–456	117	934	463
*Iso*butan	g	–135	–21	295	97
*Iso*pentan	g	–155	–15	344	119
Neopentan	g	–166	–15	306	122
Cyclopropan	g	53	104	237	expl.
Cyclobutan	g	27	110	265	expl.
Cyclopentan	g	–77	39	293	83
Cyclohexan	g	–123	32	298	106
Eth(yl)en	g	52	68	220	44
Prop(yl)en	g	20	62	267	64
1-Buten	g	–0,1	71	306	86
cis-2-Buten	g	7	66	301	79
trans-2-Buten	g	–11	63	297	88
1-Hexen	g		–42	87	385
Cyclohexen		–5	107	311	105
1,2-Butadien	g	162	198	293	80
1,3-Butadien	g	110	151	279	80
Isopren	g	76	146	316	105
Ethin	g	227	209	201	44
Propin	g	185	194	248	61
Benzol, Benzen	g	83	130	269	82
Benzol, Benzen	l	49	124,5	172,8	
Toluol, en	g	50	122	321	104
Ethylbenzol, en	g	30	131	361	128
o-Xylol, en	g	19	122	353	133
m-Xylol, en	g	17	119	358	128
p-Xylol, en	g	18	121	352	127
Naphthalin, en	g	151	224	336	
Brommethan	g	–38	–28	246	42
Tetrabrommethan	g	50	36	358	91
Chlormethan	g	–86	–63	235	41

Stoff	Zustand	$\Delta_f H°_m$ kJ/mol	$\Delta_f G°_m$ kJ/mol	$S°_m$ J/mol K	$c°_p$ J/K mol
Dichlormethan	g	–95	–69	270	51
Trichlormethan	g	–101	–69	296	66
Tetrachlormethan	g	–100	–58	310	83
Fluormethan	g	–234	–210	223	
Tetrafluormethan	g	–933	–888	262	61
Iodmethan	l	14	16	254	
Triiodmethan	g	211	178	356	75
R 22: $CHClF_2$	g	–502	–471	281	56
R 12: CCl_2F_2	g	–481	–441	301	72
Bromethan	g	–64	–26	288	65
Chlorethan	g	–112	60	276	63
Chlorethen	g	35	52	264	
Methanol	g	–201,2	–162	237,6	
Methanol	l	–238,6	–166,2	127	
Ethanol	g	–235	–168,5	282,7	
Ethanol	l	–277,7	–174,8	160,7	
Propanol-1	g	–258	–163	325	87
Propanol-2	g	–272	–173	310	90
Butanol-1	g	–274	–151	363	111
Ethan-1,2-diol	g	–389	–305	324	
Glucose	s	–1273	–910	212	
Phenol	g	–96	-33	316	104
Methanal	g	–116	–111	219	35
Ethanal	g, l	–166	–133	264	57
Propanal	g	–192	–131	305	
Propanon	g, l	–218	–153	295	75
Butanon-2, MEK	g	–238	–146	338	
Ethoxyethan	g	–216	–118	311	
1,4-Dioxan	g	–315	–181	300	
Ameisensäure	g	–379	–351	249	
Essigsäure	l	–487	–392	160	
Essigsäure	g	–435	–377	283	
Glycin	s	–529	–369	104	
Oxalsäure	s	–830	–701	120	
Bernsteinsäure	s	–941	–747	177	
Benzoesäure	g	–290	–211	370	
Salicylsäure	s	–585	–418	178	
Harnstoff	g	–246	–154	249	
Acetylchlorid	g	–244	–206	295	68
Acetanhydrid	g	–576	–477	390	
$HCOOCH_3$	g	–350	–297	301	
$CH_3COOC_2H_5$	g	–443	–328	363	

T

Tabelle 18: Daten zur Löslichkeit von Stoffen in Wasser

18a Wasserlöslichkeit einiger Stoffe bei Raumtemperatur (in g/l bzw. g/kg Wasser bei +20 °C/H_2O)

Stoff	Löslichkeit	Anmerkungen, Formel, Vergleichsstoffe	
Rohrzucker, Saccharose	2039 g/l	$C_{12}H_{22}O_{11}$	
Mangan-II-chlorid	1400 g/l	$MnCl_2$	ebensogut löslich: $MnCl_2$; $Ca(NO3)_2$: 1,2 kg/l
Ammoniumnitrat	1180 g/kg (0 °C)	bei +100 °C: 8710 g/kg H_2O	
Pottasche	1130 g/l	K_2CO_3	$NaNO_3$: 920 g/kg; $NaNO_2$: 820 g/l; NaN_3: 417 g/l
Formaldehyd	550 g/kg	also max. 55 m% HCHO	
Butanon-2	275 g/kg	„MEK“	Glyzin, $H_2N–CH_2COOH$: 250 g/l
Soda	216,6 g/l	Na_2CO_3	NaCl: 389, Na_2SO_4: 162; NaOCN: 110 g/l
Alanin	167 g/l	$H_3C–CH(NH_2)–COOH$	1-Butanol: 77 g/kg, Benzol: 0,70 g/l
2-Methyl-1-propanol	110 g/kg	*tert.* Amylalkohol	*Iso*butanol: 85 g/kg; Phenol: 82 g/kg
Diethylether	54 g/l	L: 75 ml/l H_2O	umgekehrt: max.15 ml H_2O/l Ether
Magnesiumhydroxid	9,0 g/l	$Mg(OH)_2$	$PbBr_2$: 5,0 g/l)
Saccharin	2,5 g/kg	$C_7H_5O_3NS$ (Süßstoff)	
Kohlendioxid	1,7 g/l	CO_2 (= 0,87 l Gas/l H_2O)	
Gips	0,2 g/l	$CaSO_4 \cdot 2\,H_2O$	gelöschter Kalk, $Ca(OH)_2$: 0,16 g/l
Kalk	0,014 g/l	$CaCO_3$	Malerweiß, $BaSO_4$: 0,0022 g/l = 2,2 mg/l
Kupfer-II-sulfid	0,00033 g/l	CuS (= 0,33 mg/l)	

18b Löslichkeit von Gasen (in l Gas/l Wasser bei Raumtemperatur und Normaldruck, gerundet)

Gas	Löslichkeit
CF_4	0,0038 l Gas/kg H_2O
SF_6	0,0056 l Gas/kg H_2O
He	0,0083 l Gas/l H_2O
N_2	0,0156 l Gas/l
H_2	0,0178 l Gas/l
CO	0,0227 l/kg H_2O

Gas	Löslichkeit
Ar	0,034 l/kg
CH_4	0,035 l Gas/l
O_2	0,31 l/kg
Luft	0,665 l/kg (ϱ = 0,32 l/kg)
N_2O	0,87 l/kg
CO_2	0,87 l/l

Gas	Löslichkeit
C_2H_2	1,047 l/kg
H_2S	2,582 l/kg
SO_2	39,4 l/kg
HCl	448 l/kg (ϱ = 1,543 g/l Gas)
HBr	532,1 l/kg (ϱ = 3,401 g/l)
NH_3	685,7 l/kg (ϱ = 0,72 g/l Gas)

18c Löslichkeitsprodukte (K_L-Werte) wichtiger Ionenverbindungen

(alphabetisch nach Kationen angeordnet, z. T. zu Vergleichszwecken mit Literaturwerten zur Löslichkeit bzw. Sättigungskonzentration in g/l oder mol/l gegenübergestellt; Angaben mit * in mol/l)

Feststoff-Formel	Löslichkeit (* = mmol/l)	K_L-Werte (mol^x/l^x)	pK_L
AgBr	ca. 10^{-7}	$6,3 \cdot 10^{-13}$	12,3
AgCl	$0,4 \cdot 10^{-5}$	$1,6 \cdot 10^{-10}$	9,7
AgI	$0,4 \cdot 10^{-8}$	$1,5 \cdot 10^{-16}$	16,1
AgOH	ca. 10^{-4}	$1,24 \cdot 10^{-8}$	7,82
Ag_2S		$1,6 \cdot 10^{-49}$	50,1
Ag_2SO_4		$1,7 \cdot 10^{-5}$	4,85
$Al(OH)_3$	ca. 10^{-8}*	$1 \cdot 10^{-33}$	33,00
$BaCO_3$	0,086*	$5 \cdot 10^{-9}$	9,3
$Ba(OH)_2$	0,2 mol/l	$8 \cdot 10^{-3}$	≈ 3,9
BaF_2		$1,7 \cdot 10^{-6}$	5,8
$BaSO_4$	0,0086 *	$1,1 \cdot 10^{-10}$	9,96
Bi_2S_3	fast 0	$1 \cdot 10^{-97}$	97,00
$Ca(OH)_2$	0,16 g/l ≈ 16*	$5,5 \cdot 10^{-6}$	5,26
$CaCO_3$	0,015 g/l	$8,7 \cdot 10^{-9}$	8,06
CaF_2		$3,4 \cdot 10^{-11}$	10,4
$CaSO_4$	0,2 g/l ≈ 15*	$2,4 \cdot 10^{-5}$	4,62
CoS	ca.10^{-10}*	$3 \cdot 10^{-26}$	≈ 26,2
$Cr(OH)_3$	ca. 10^{-7}*	$1 \cdot 10^{-30}$	30
CuI	ca. 10^{-6}	$5,06 \cdot 10^{-12}$	11,29

Feststoff-Formel	Löslichkeit (* = mmol/l)	K_L-Werte (mol^x/l^x)	pK_L
$Cu(OH)_2$		ca. $7 \cdot 10^{-20}$	19,3
CuS	0,00033 g/l	$8,5 \cdot 10^{-45}$	44,07
Cu_2S	ca. 10^{-20}*	$2,0 \cdot 10^{-47}$	46,70
CdS	ca. 10^{-14}	$4 \cdot 10^{-29}$	≈ 29,3
$Fe(OH)_2$		$4,8 \cdot 10^{-16}$	≈ 13,8
$Fe(OH)_3$		$3,8 \cdot 10^{-38}$	38,8
FeS	ca. 10^{-9}	$6,3 \cdot 10^{-18}$	17,20
HgS	ca. 10^{-23}*	$4 \cdot 10^{-53}$	≈ 52,8
$MgCO_3$	ca. 0,005	$2,6 \cdot 10^{-5}$	≈ 5,0
$Mg(OH)_2$	0,14*	$5,5 \cdot 10^{-12}$	≈ 11,0
$MgNH_4PO_4$		$2,5 \cdot 10^{-13}$	12,6
$MgSO_4$	2,8 mol/l		
$Mn(OH)_2$	ca. 0,01*	$1 \cdot 10^{-14}$	14
MnS	ca. 10–7	$1,4 \cdot 10^{-15}$	14,85
$NaHCO_3$		$1,3 \cdot 10^{-3}$	
$Ni(OH)_2$	ca. 0,01 *	$\approx 1,1 \cdot 10^{-17}$	17,2
NiS	10^{-12} mol/l	$1 \cdot 10^{-24}$	24
$PbBr_2$		$3,9 \cdot 10^{-5}$	5,7
$PbCl_2$		$2,12 \cdot 10^{-5}$	4,8

T

noch Tabelle 18 c Löslichkeitsprodukte (K_L-Werte) wichtiger Ionenverbindungen

Feststoff-Formel	Löslichkeit (* = mmol/l)	K_L-Werte (mol^x/l^x)	pK_L
$PbCO_3$	ca. 10^{-6}	ca. $1 \cdot 10^{-13}$	13,1
$PbCrO_4$	ca. 10^{-7}	$1{,}77 \cdot 10^{-14}$	13,7
PbI_2		$8{,}7 \cdot 10^{-9}$	7,85
PbS	ca. 10^{-14}	$1{,}3 \cdot 10^{-28}$	27,89
$PbSO_4$	$0{,}4 \cdot 10^{-4}$	$1{,}58 \cdot 10^{-8}$	7,80
Sb_2S_3	fast 0	$1{,}7 \cdot 10^{-93}$	92,77
$SrCO_3$	0,075*	$1 \cdot 10^{-9}$	9
$SrCrO_4$	5,9*	$4 \cdot 10^{-5}$	$\approx 5{,}2$
$Sr(OH)_2$	ca. 0,15	ca. 0,02	3,85
$SrSO_4$	0,6*	$3{,}2 \cdot 10^{-7}$	6,49
$Zn(OH)_2$	ca. 10^{-10}*	$2 \cdot 10^{-17}$	16,70
ZnS	$0{,}4 \cdot 10^{-12}$	$1 \cdot 10^{-24}$	23,80

18 d Dissoziationskonstanten anorganischer Säuren und Basen

Die im Folgenden zitierten Literaturwerte anorganischer Säuren und Basen (alphabetisch nach Elementsymbolen geordnet) gelten für Raumtemperatur (in der Regel +20 °C, z. T. auch für +18 °C oder +25 °C; geringfügige Abweichungen zum Lehrbuchtext zeigen exemplarisch mögliche Differenzen zwischen vorgefundenen Literaturwerten an):

Stoff (und ggf. Dissoziationsstufe, sofern $\neq$ 1.)	**Konstante** *c* in mol/l	**pK_s-Wert**
$Al(OH)_3$ bzw. H_3AlO_3	$6 \cdot 10^{-12}$	11,22
H_3AsO_3	$4 \cdot 10^{-10}$	9,40
H_3AsO_3 (in 2. Stufe)	$3 \cdot 10^{-14}$	13,5
H_3AsO_4	$5{,}62 \cdot 10^{-3}$	2,25
H_3AsO_4 (in 2. Stufe)	$1{,}7 \cdot 10^{-7}$	6,77
H_3AsO_4 (in 3. Stufe)	$2{,}95 \cdot 10^{-12}$	11,53
H_3BO_3	$5{,}27 \cdot 10^{-10}$	9,28
H_3BO_3 (in 2. Stufe)	$1{,}8 \cdot 10^{-3}$	12,74
HBr	107	< -7
$HBrO$	$2{,}0 \cdot 10^{-9}$	8,30
HCN	$4{,}79 \cdot 10^{-4}$	3,32
$HOCN$	$2{,}2 \cdot 10^{-4}$	3,66
$HSCN$	0,142	0,847
H_2CO_3	$4{,}31 \cdot 10^{-7}$	6,37
H_2CO_3 (in 2. Stufe)	$5{,}61 \cdot 10^{-11}$	10,25
HCl	10^{7}	< -7
$HClO$	$3{,}2 \cdot 10^{-8}$	7,49
$HClO_2$	$4{,}9 \cdot 10^{-3}$	2,31
$HCrO_4$	0,18	0,74
HF	$6{,}7 \cdot 10^{-4}$	3,17
HI	$3 \cdot 10^{-9}$	8,5
HNO_2	$7 \cdot 10^{-4}$	3,2
HNO_3	22	–1,34
H_2O_2	$1{,}78 \cdot 10^{-12}$	11,75
H_3PO_3	$1{,}0 \cdot 10^{-2}$	2,0
H_3PO_3 (in 2. Stufe)	$2{,}6 \cdot 10^{-7}$	6,59
H_3PO_4	$7{,}46 \cdot 10^{-3}$	2,13
H_3PO_4 (in 2. Stufe)	$6{,}12 \cdot 10^{-8}$	7,21
$H_4P_2O_7$	$1{,}1 \cdot 10^{-1}$	0,95
$H_4P_2O_7$ (in 2. Stufe)	$3{,}2 \cdot 10^{-2}$	1,49
$H_4P_2O_7$ (in 3. Stufe)	$2{,}7 \cdot 10^{-7}$	6,57
$H_4P_2O_7$ (in 4. Stufe)	$2{,}5 \cdot 10^{-10}$	9,62
H_2S	$8{,}73 \cdot 10^{-7}$	6,06
H_2S (in 2. Stufe)	$3{,}63 \cdot 10^{-12}$	11,44
H_2SO_3	$1{,}66 \cdot 10^{-2}$	1,78
H_2SO_3 (in 2. Stufe)	$1{,}02 \cdot 10^{-7}$	6,99
H_2SO_4	$> 10^{7}$	< -7
H_2SO_4 (in 2. Stufe)	$1{,}27 \cdot 10^{-2}$	1,90
H_2Se	$1{,}88 \cdot 10^{-4}$	3,73
H_2SeO_3	$2{,}88 \cdot 10^{-3}$	2,54
H_2SeO_4	um 3,0	um –0,5
H_2SeO_4 (in 2. Stufe)	$1{,}13 \cdot 10^{-2}$	1,94
H_2SiO_3	$3{,}1 \cdot 10^{-10}$	9,50
H_4SiO_4 ($SiO_2 \cdot 2\,H_2O$; +30°C)	$2{,}2 \cdot 10^{-10}$	9,65
H_2Te	$2{,}27 \cdot 10^{-3}$	2,64
H_2TeO_3	$3 \cdot 10^{-3}$	2,52
H_2TeO_4	$1{,}55 \cdot 10^{-8}$	7,81

Basen:

Stoff (und ggf. Dissoziationsstufe, sofern $\neq$ 1.)	**Konstante** *c* in mol/l	**pK_s-Wert**
$AgOH$	$1{,}1 \cdot 10^{-4}$	3,96
$[Ag(NH_3)_2]OH$	$3{,}31 \cdot 10^{-8}$	7,48
$Ba(OH)_2$	0,23	0,63
$Ca(OH)_2$	$3{,}74 \cdot 10^{-3}$	2,43
$Ca(OH)_2$ (in 2. Stufe)	$4{,}3 \cdot 10^{-2}$	1,37
$LiOH$	0,665	0,18
$Mg(OH)_2$ (in 2. Stufe)	$2{,}6 \cdot 10^{-3}$	2,59
NH_3 (bzw. NH_4OH)	$1{,}7 \cdot 10^{-5}$	4,77
$NaOH$	um 4,5	0,65
PH_3 (bzw. PH_4OH)	$4 \cdot 10^{-28}$	27,4
$Pb(OH)_2$	$9{,}6 \cdot 10^{-4}$	3,02

Hinweise: Elektrolyten, die in wässriger Lösung im Gleichgewicht mit ihrer festen Phase, dem Bodenkörper, stehen, gehorchen in einer solchen gesättigten Lösung dem Massenwirkungsgesetz (MWG): Aus dem Lösungsgleichgewicht ist die Zahl gelöster Moleküle bekannt: $c_A \cdot c_B / c_{AB} = K_{MWG}$ – im Falle ein-einwertiger Elektrolyte gilt dann: $K_{MWG} \cdot c_{AB} = c_A \cdot c_B = L_{AB}$. Dieser Wert L_{AB} – das Löslichkeits- oder Ionenprodukt – wird auch K_L-Wert genannt (vgl. Tabelle 18 c und d).

Im Falle von Protonendonatoren gibt der entsprechende K_s-Wert – ebenfalls eine Konstante in mol^x/L_x – Auskunft darüber, wie groß die Konzentration der H^+-Ionen in wässriger Lösung einer Anfangskonzentration von z. B. c_0 der Säure HB 1 mol Säure/l Lösung durch Eigendissoziation wird (Reaktionsschema allgemein: $HB \rightarrow H^+ + B^-$ bzw.: $HB + H_2O \rightarrow H_3O^+ + B^-$).

Der K_s-Wert sowie sein negativer, dekadischer Logarithmus pK_s sind somit ein Maß für die Stärke einer Säure. Mehrwertige Säuren H_nB weisen pro Dissoziationsstufe einen pK_s-Wert auf – insgesamt also *n* pK_s-Werte. Analog zeigt der pK_B-Wert einer Base deren Stärke an (für korrespondierende Säure-Base-Paare in wässriger Lösung gilt: $pK_s + pK_B = 14$).

Tabelle 19: Kationen- und Anionennachweise in der qualitativ-anorganischen Analytik

19a Einzelnachweise der Anionen

(Überblick, keine Versuchsvorschrift, inkl. Vorproben und Störungen)

Abkürzungen: US = Ursubstanz, SA = Sodaauszug, RG = Reagenzglas, Ssp. = Spatelspitze, Tr. = Tropfen, HAc = Essigsäure, NaAc = Natriumazetat, Nd. = Niederschlag

Anion	Nachweisreaktion bzw. -mittel (Einzelnachweis)	Produkt bei positivem Nachweis	mögliche Störungen des Einzelnachweises	Beseitigung der Störungen	Vorproben (und ggf. Anmerkungen)
F^- Fluorid	Wassertropfenprobe: US + SiO_2 + konz. H_2SO_4 in Pt-Tiegel, feuches, schwarzes Papier unter Deckel	SiO_2, weiß (aus SiF_4 + H_2O auf dem Papier)	durch H_3BO_3 und $S_2O_3^{2-}$ (Letzteres bildet Flecken von elementarem Schwefel)	Thiosulfat zuvor oxidieren, US auf Borate prüfen (vgl. unten)	Kriechprobe: US in RG mit konz. H_2SO_4 erwärmen, HF kriecht Wandung empor
Cl^- Chlorid	SA + HNO_3 + $AgNO_3$-Lösg.	AgCl, weiß Nd., lösl. in verd. NH_3	S^{2-}, OH- u. Ä. stören (Nd.)	SA ggf. mit HNO_3 oxidieren	keine
Br^- Bromid	a) wie Cl^-, b) SA + verd. H_2SO_4 + Cl_2-Wasser + Hexan, schütteln	a) AgBr, weißer Nd., lösl. nur in NH_3 konz., b) Hexan orange (Br_2)	a) wie Cl^-, b) I^- (Hexan violett) + Überschuss Cl_2 (entfärbt Hexan)	auf I^- prüfen (BrCl in n-Hexan weingelb, ICl_3 farblos)	US + konz. H_2SO_4 erhitzen: braune Dämpfe bei Br^- (I^- + NO_3^- stört)
I^- Iodid	a) und b) wie Cl^-/Br^- c) 1 ml HNO_3-sauren SA + HNO_3 + $Pb(NO_3)_2$-Lösg.	a) AgI-Nd. gelbweiß, unlösl., b) Hexan rosaviolett, c) PbI_2-Nd. gelb	a) und b) vgl. Cl^-, c) Br^- + Cl- ($PbCl_2$ weiß, lösl. in $H_2O_{heiß}$, $PbBr_2$ weißgelb)	auf Br^-/Cl^- prüfen, I^- mit Cl_2 oxidieren (bei Br^- Braunfärbung)	wie Br^-
S^{2-} Sulfid	US + verd. HCl + nasses $PbAc_2$-Papier an RG-Öffng.	dunkles PbS, Geruch (H_2S)	Thiosulfat kann stören	ggf. zuvor SA auf Thiosulfat untersuchen	siehe links (Einzelnachweis = Vorprobe)
SO_4^{2-} Sulfat	SA + HNO_3 + $Ba(OH)_2$-Lösg.	$BaSO_4$, weiß, säureunlöslich	CO_3^{2-}, SO_3^{2-} und $S_2O_3^{2-}$ stören	ansäuern, ggf. H_2O_2 zugeben	keine
$S_2O_3^{2-}$ Thiosulfat	„Sonnenuntergang“: SA auf pH = 7 + Überschuss $AgNO_3$-Lösung	Trübg., weiß, bildet **langsam** dunkles Ag_2S	S_2^- + OH- (bilden sofort schwarzes Ag_2S bzw. Ag_2O)	pH beachten, angesäuerten SA beobachten	SA pH < 7 bildet weißgelbe Trübg. (Schwefel)
NO_3^- Nitrat	Ringprobe: SA + H_2SO_4 + $FeSO_4$-Lösg., mit H_2SO_4 konz. unterschichten	brauner Ring von $[Fe(H_2O)_5NO]^{2+}$ zeigt NO_3^- an	Nitrit, Iodid und Bromid stören (Braunfärbung)	Halogenide ggf. mit Pb_{2+}-Lösg. abtrennen, erneut SA anfertigen	US + Zn-Staub + NaOH sieden: NH_3 zeigt reduziertes NO_3^- an
PO_4^{3-} Phosphat	a) SA + HNO_3 konz. sieden, Filtrat + HNO_3 konz. + verd. Lösg. von $(NH_4)_2MoO_4$ b) SA auf pH 8–9 puffern + $MgCl_2$- Lösg.	a) Ammonium-12-molybdo-1-phosphat, gelb, b) bei pH ca. 8–9 fällt weißer Nd. aus: $MgNH_4HPO_4$	a) S^{2-}, $S_2O_3^{2-}$, Sn^{2+} u. Ä. Reduktionsmittel (bilden Molybdänblau) b) pH > 10 $\rightarrow$ $Mg(OH)_2$ (weiß)	a) mit HNO_3 konz. erhitzen (Oxidation), ggf. AsO_4^{3-} entfernen, b) pH beachten	keine Vorprobe
CO_3^{2-} Carbonat	US + HCl konz., Gas in $Ba(OH)_2$-Lösg. leiten (= Vorprobe)	Gasentwicklung: CO_2, weiße Trübung: $BaCO_3\downarrow$	Sulfit stört (bildet $BaSO_3$)	Zusätzl. mit 1–2 ml H_2O_2 verreiben	(vgl. links)
Ac^- CH_3COO^- Azetat	a) vgl. Vorprobe b) US + H_2SO_4 konz. + C_2H_5OH für 15 min in Schälchen mit Uhrglas	a) Essiggeruch, b) obstartiger Geruch (Essigsäureethylester)	a) und b) Sulfid und Sulfit stören (Geruch)	a) und b) mit 1–2 ml H_2O_2 verreiben; zu b) vgl. auch Probe auf Borate	1 Ssp. US mit 2 Ssp. $KHSO_4$ verreiben
$C_2O_4^{2-}$ Oxalat	SA auf pH 4–5 puffern + KI_3-Lösg. bis Gelbfärbg, + Ca^{2+}-Lösg., Nd. + H_2SO_4 halbkonz. + $KMnO_4$-Lösg.	weißer Nd. von CaC_2O_4, lösl. in H_2SO_4, wird oxidiert zu $CO_2\uparrow$ + entfärbt $KMnO_4$	Sulfite und organische Säurerest-Anionen stören (würden von $KMnO_4$ oxidiert)	wie links angegeben KI_3-Lösung zugeben (oxidiert Sulfite, Thiosulfate usw.)	US mit H_2SO_4 konz. vorsichtig erhitzen, entweichendes Gas (CO_2 + CO) entzünden
CN^- Zyanid	SA + $FeSO_4$-Lösg., eindampfen, + je 1 Tr. HCl + $FeCl_3$-Lösg.	grüne Lösung bzw. Nd. von Berliner Blau	pH beachten (**Giftigkeit** des HCN)		Nachweis mit $FeSO_4$ + $FeCl_3$ u. U. auch zur Entsorgung geeignet
SCN^- Thiozyanat	SA + HNO_3 (verd.) + $FeCl_3$-Lösg. im Überschuss	Rotfärbung durch $Fe(SCN)_3$	Ag^+, Cu^{1+} sowie Cu^{2+} mit HSO_3^-	SA anfertigen	Nachweis mit $FeSO_4$ + $FeCl_3$

19 b Einzelnachweise einiger Kationen

Kationen (inkl. Vorproben und Störungen, in der Reihenfolge des Trennganges)

Kation	Nachweisreaktion (Einzelnachweis)	Produkt bei positivem Nachweis	mögliche Störungen des Einzelnachweises	Beseitigung der Störungen, Anm. zum Trenngang	Vorproben (und ggf. Anmerkungen)
Pb^{2+}	a) Chromat-/I^--Lösg. zugeben, b) S^{2-}- Lösg.	a) gelber Nd., b) schwarzer Nd.	a) Silber, b) alle Schwermetalle	HCl-Gruppe (ab)trennen	(PbI_2 ist in KI-Überschuss lösl.)
Bi^{3+}	a) neutrale Lösg. + alkal. Stannat-II-Lösg., b) Lösg. + HNO_3 + KI-Lösung, c) alkohol. 1%ige Dimethylgly-oximlösg. + NH_3	a) schwarzer Nd., b) schwarzer Nd., in KI-Überschuss gelb lösl.: $[BiI4]^-$, c) gelber, voluminöser Nd.	a) Edelmetalle, b) –, c) As, Sb, Ni, Co und Fe^{2+} stören, auch Cd + Co sowie Tartrat-Überschuss	a) Cu^+ mit KCN maskieren, HCl-Gruppe abtrennen, c) H_2S-Gruppe auftrennen	(keine)
Cu^{2+}	NH_3-Lösg. zuträufeln bis pH > 9	blauer Nd. wird tiefblaue Lösg.: $[Cu(NH_3)_4]^{2+}$	konz. Säuren stören	mit Lauge (ggf. neutralisieren)	Flamme mit Hal^- grün, Salzperle blau bzw. rot
Cd^{2+}	bei pH 2–7 + Na_2S_{aq}	gelber Nd.: CdS	Schwermetalle	Cu^{2+} mit KCN maskieren	(keine)
$Sb^{3+/5+}$	a) + Na_2S-Lösung, b) + Fe-Nagel + HCl	a) oranger Nd. b) schwarzer Nd.	b) Edelmetalle stören	b) HCl-Gruppe abtrennen	a) Salzperle/Cu^{2+}: rot, b) vgl. As
Co^{2+}	+ SCN^- + Amylalkohol, schütteln	blaue Etherphase: $Co(SCN)_2$	Eisensalze stören	Fe mit NaF oder KF maskieren	Salzperle blau
Mn^{2+}	a) + H_2O_2, Nd. mit $HNO_{3\ konz}$ + PbO_2 sieden, b) Oxidationsschmelze	a) violettes Filtrat: MnO_4^-, b) blaugrüne Schmelze + HAc violett	a) Ionen wie Halogenide und Peroxid stören (reduzieren Permanganat)	a) saure Lösg. mit H_2O_2 kochen, Ag-Halogenide abfiltrieren	Oxidationsschmelze mit Soda + KNO_3 blaugrün, + HAc ⟶ violett
Zn^{2+}	a) auf pH 4–5 puffern, + Na_2S-Lösg., b) auf pH 4–5 puffern + Lösg. von $K_4[Fe(CN)_6]$	a) weißer Nd. von ZnS, b) in Wärme schmutzigweißer bis beiger Nd.	a) und b) Schwermetalle, bei b) bes. Cd^{2+}, Mn^{2+}	a) und b) Trenngang durchführen	Rinmanns Grün: US-Lösg. + Soda, Nd. auf MgO-Rinne glühen + $Co(NO_3)_2$-Lösg.
Fe^{3+}	a) auf pH 4-5 puffern + SCN^--Lösg., b) + Lösg. v. gelbem $K_4[Fe(CN)_6]$	a) tiefrote Lösung von $Fe(SCN)_3$, b) Berliner Blau = $Fe[FeFe(CN)_6]_3$)	Eisen-II-Ionen bilden weißl. Nd., der zu Berliner Blau oxidiert	(stehen lassen)	Salzperle
Fe^{2+}	1 Tr. Lösg. v. rotem $K_3[Fe(CN)_6]$ zugeben	blauer Nd. von „Turnbulls Blau“	Eisen-III-Ionen: braune Färbung	–	wie bei Fe^{3+}
Al^{3+}	Nachw. mit Alizarin-S: $Al(OH)_3$ ausfällen, Filtrat + Lösg. von Na-Alizarinsulfonat + HAc	rotviolette Farbe geht bei HAc-Zugabe in Rot über (ca. 10 min)	Fe, Cr, Ti, Mg, Ca, Sr, Ba stören	–	als Thénards Blau: $Al(OH)_3$ auf MgO-Rinne + $Co(NO_3)_2$-Lösg.
Cr^{3+}	a) Lösg. in „alkalisches Bad“ gießen , b) kalte Lösg. + Ether + H_2O_2	a) Gelbfärbung, b) blaue Etherphase : CrO_5	b) V^{5+} (bei Zugabe von 1 Tr. H_2O_2 rotbraun)	–	Oxidationsschmelze gelb: CrO_4^{2-}
Ca^{2+}	+ $(NH_4)_2C_2O_4$-Lösg.	weißer Nd.	Sr und Ba stören	Trenngang	Flamme ziegelrot
Sr^{2+}	+ gesätt. Gipslösung ggf. erhitzen	weißer Nd. aus $SrSO_4$ (langsam)	Ba stört (Ca: **sofort** weißer Nd.)	Trenngang	intensiv rote Flammenfärbung
Ba^{2+}	+ gesätt. $SrSO_4$-Lösg., erhitzen	weißer Nd. aus $BaSO_4$ (langsam)	auch $PbSO_4$ und Ag_2SO_4 sind unlöslich	Sulfat-Löslichkeit: Ca > Sr > Ba	fahlgrüne Flammenfärbung
Na^+	Flammprobe	orangegelb	(keine)	–	s. links (589 nm)
K^+	a) Flammprobe, b) US + HCl erhitzen, Filtrat + $HClO_4$ konz.	a) Flamme violett, b) weißer Nd. von $KClO_4$ (in Hitze z. T. löslich)	Na stört , ebenso Ca, Ba, Sr, Li, Cu, ...	Spektroskop oder Kobaltglas benutzen	siehe links (K-Linie bei 768 nm, Rb 780, Cs bei 457, Li 671, Ca 622 + 533, Sr 650–600, Ba 524 + 514 nm)
NH_4^+	Kreuzprobe	UIP-Papier blau	–	–	siehe links
Mg^{2+}	+ HCl + $(NH_4)_2HPO_4$-Lösg. + NH_3, Wasserbad (5 min erwärmen)	weißer Nd. von $MgNH_4PO_4$	zweiwertige Erdalkali-/ Schwermetallionen	Trenngang	keine

T

Tabelle 20: Methoden und Ergebnisse der quantitativen und instrumentellen Analytik

20 a Nasschemische Methoden

quant. Methode	Durchführung und Auswertung	mögliche Maßlösung/ Reangentien	messbare Größe	Störungen und Probleme
Gravimetrie	Ausfällung, **Fällform** in **Wägeform** überführen, abwiegen, Umrechnung von $m_{gewogen}$ auf c_{Probe} bzw. m_{Probe}	vgl. Einzelnachweise, **Fällformen** z. B. $BaSO_4$, $PbSO_4$, $Fe(OH)_3$ aq usw.	$m_{Wägeform}$ wie Fällform oder als: SiO_2, Fe_2O_3, CaO usw.	Fremdionen und Komplexbildner
Säure-Base-Titration (Maßanalyse, Volumetrie)	unbekannte Konzentration durch Zugabe messbarer Volumina Maßlösung bekannter Äquivalent-Konzentration c_{eq} bestimmen, Umrechnung von $V_{Maßlösung}$ auf c_{Probe}: $n_{Probe} = c_{eq} \cdot V_{Titrant}/z_{Probe}$ (z = Wertigkeit, $c_{eq} = c/z$, $n = m/z$)	Maßlösung aus eingewogenem Titranden (p. a., getrocknet) bzw. durch Titration gegen **Urtiter** (z. B. Na_2CO_3 für Säuren) eingestellt	$V_{Maßlösg.}$ wird an **Büretten** abgelesen, der Endpunkt ÄP durch Farbumschlag; am ÄP ist Titriergrad **τ = 1,00**	mögliche **systematische Fehler:** Eichung, fettige Bürette, Ablese- und Ablauffehler; **statist. Fehler**
Fällungstitration (Fällungsanalyse)	ähnl. Säure-Base-Titration, nur wird hier gemessen, ab wann ein Nd. auftritt oder sich löst; Umrechnung von $V_{Fällungsmittel}$ zurück auf c_{Probe}, oft über pK_L-Werte	Maßlösung	wie bei Säure-Base-Titration, aber oft ohne Indikator	mögliche Fehler wie bei Säure-Base-Titration
Komplexo-/ Chelatometrie	ähnl. Säure-Base-Titration, nur wird hier gemessen, ab wann ein Komplex entsteht, Titerlösung = **Komplexbildner** bekannter Konzentration	Titer: z. B. Aminopolycarbonsäuren, EDTA, Alkan-1,1-Diphosphonsäuren u. Ä.	$V_{Titrand}$ wird abgelesen, Rückrechng. von $V_{Titrand}$ auf c_{Probe} bzw. m_{Kation}	mögliche Fehler wie bei Säure-Base-Titration
Redox-Titration redukto-/oxidimetrische Titration	volumetrisch wie oben, Titerzugabe bis zur messbaren Änderung des elektrochemischen **Potentials E**, Titrand ist Oxidations-/ Reduktionsmittel; **Rücktitration:** abgemessene Überschussmenge Titrand, unverbrauchte Menge wird volumetrisch bestimmt	Titranden z. B.: $KMnO_4$ (Manganometrie, $z = 5$), $KBrO_3$ (Bromatometrie, $z = 6$), $K_2Cr_2O_7$ (Dichromatometrie, $z = 6$), KIO_3/KI (Iodometrie, $z = 1$), $FeSO_4$ (Ferrometrie, $z = 1$)	vgl. Komplexometrie; Für $ox_1 + red_2 \leftrightarrow ox_2 + red_2$ gilt z. B. $c_{red1} = c_{ox2}$ und $c_{red2} = c_{ox1}$.	mögliche Fehler wie oben

20 b Elektrochemische Methoden

Methode	Durchführung und Auswertung	messbare Größe
Elektrogravimetrie	Elektrolyse, abgeschiedene Stoffmenge **n** (ausgewogen) ist proportional zur eingesetzten **Ladungsmenge Q**	nach Faraday gilt: $m = \frac{M \cdot Q}{z \cdot F}$
Coulometrie	Messung der **Leitfähigkeit $\varkappa$** einer Lösung, angegeben wird der **Leitwert L** = $1/R = \varkappa \cdot$ Elektrodenfläche A/Elektrodenabstand s, Umrechnung von $\varkappa$ über $\Lambda = F \cdot U$ auf Äquivalentleitfähigkeit $\Lambda_{eq} = \varkappa : (c/z)$, auf molare Leitfähigkeit $\Lambda^m = z \cdot \Lambda_{eq}$ und über $\Lambda \cdot \sqrt{c} = \sqrt{K_c} \cdot \Lambda_0$ und $\Lambda = \Lambda_0 \cdot \alpha$ und das Ostwald'sche Verdünnungsgesetz auf c_{Ion} des Elektrolyten.	**Ladungsmenge $Q = I \cdot t$**, Umrechnung über den Leitwert L auf c; **Ostwald'sches Verdünnungsgesetz: $\alpha^2/1-a = K_c/c_0$**; auch „coulometrische Titration"
Konduktometrie	vgl. Coulometrie, jedoch hier als **Leitfähigkeitstitration** mit Wechselstrom; Bestimmung der **Ionenleitfähigkeit** durch thermische Ionenwanderung (Temperatur-), Migration (Feld-) und Diffusion (Konzentrations-Gradient) bestimmt	**Widerstand R** oder **Leitwert $L = 1/R$**
Oszillometrie	wie Konduktometrie, jedoch Elektroden außerhalb der Messzelle, System bildet **Kondensator**, Resonanzfrequenz $\cong c_{Ionen}$	**Resonanzfrequenz ν** (= Hochfrequenz-Titration)
Potentiometrie	galvanisches Elementes, Potentialdifferenz der Indikatorelektrode $E_{Ind.}$ wird über Vergleichselektrode $E_{Referenz}$ gemessen: $\Delta E = E_{Ind} - E_{Referenz}$; Referenzelektroden z. B.: AgCl, Kalomel, I_2/Pt, H_2, Chinhydron, Glaselektroden; bei der Ag^+-Titration mit Ag-Elektrode gilt dann: $pK_L = (E^\circ - \Delta E)/0{,}03$, bei pH-Messung/$H_2$-Elektrode (bzgl. Kalomel): $pH = (\Delta E - E_{Kalomel})/0{,}059 - 0{,}5 \log p(H_2)$	Potentialdifferenz **ΔU** zur Indikator-/Bezugselektrode; pH-Definition über Standard-Pufferlösungen
Polarographie	Polarisation = Ausbildung einer Potentialdifferenz zwischen zwei Elektroden bei Anlegung einer äußeren Spannung	**Diffusionsgrenzstrom I** als Funktion von U
Grenzstromtitration	**Voltametrie:** ΔU als **Grenzstrom** zu einer polarisierbaren Elektrode messen (I = const. bei einigen µA; bei $I \neq 0$, denn bei $I = 0$ liegt eine Potentiometrie vor); **Amperometrie:** ΔI messen (U = const., ≈ 1 V)	Spannung U oder Stromstärke I als Funktion von c

20 c Chromatographische Methoden

(Dienen hauptsächlich der analytischen Auftrennung von Stoffgemischen und sind meistens halbqualitativ)

quant. Methode	Durchführung (stationäre Phase, Detektor etc.) und Auswertung	mögliche mobile Phasen (Fließmittel, Trägergase u. Ä.)	messbare Größe
Adsorptions-Chromatographie (allgemein)	Messung der sich aufgrund unterschiedlicher **Adsorption** beruhenden Stofftrennung und hieraus ergebender **Verteilung** zwischen einer ruhenden **(stationären)** und einer beweglichen **(mobilen) Phase** mit Adsorbens; **Chromatogramm zeigt** $c_{eluierter\ Stoff}$ in Abhängigkeit von **Retentionszeit t_R** an	Bei unpolaren Flüssigkeiten und Fließ-/Lösemitteln wählt man polare Träger (Al_2O_3), bei polaren und ionischen Lösungen unpolare Träger. Der Stoff A bleibt um Distanz s_A hinter Lauffront-Strecke $s°$ zurück; der Retentionsfaktor **$Rf = s_A/s°$** ist eine stoffspezifische Konstante	gemessen wird die Retentionszeit **t_R** oder das Retentionsvolumen **V_R** bis zum Ausschlag **(Peak)** im Messgerät

T

noch 20 c Chromatographische Methoden

quant. Methode	Durchführung (stationäre Phase, Detektor etc.) und Auswertung	mögliche mobile Phasen (Fließmittel, Trägergase u. Ä.)	messbare Größe
Verteilungs-Chromato-graphie (allgemein)	Messung der sich aufgrund unterschiedlicher **Teilchenbeweglichkeit** beruhenden Stofftrennung und -verteilung zwischen stat. und mobiler Phase	die **Verteilungsisothermen** beziehen sich hier auf zwei **nicht mischbare Flüssigkeiten**	wie oben
Flüssigkeits-Chromato-graphie (LC)	**feste** stationäre Phase/**mobile Phase flüssig** (Varianten: SC, DC, Papier-, Säulen-, Dünnschicht-chrom.; SC, DC)	für **Fließmittel** (Eluent) gilt die **eluotrope Reihe;** Ermittlg. v. **Retentionsfaktor** Rf aus Chromatogramm	$Rf = Rf = s_A/s°$ (vgl. oben)
high performance liquid chromato-graphy (HPLC)	ähnl. SC, jedoch Säulendurchmesser 2–4 mm/ Teilchengröße 3–10 µm; Apparatur besteht aus Pumpe, Einspritzsystem, Trennsäule und Detektor (= Hochdruck-Flüssigkeitschromatographie)	Elutionstechnik (bis Einstellung Gleichgewicht Sorption/Elution) oder bis Zusatzstoff die zu trennenden Stoffe wieder aus der stat. Phase verdrängt hat (Verdrängungstechnik)	Rf. wird mit Rf. einer Bezugssubstanz (**Rf_{St} =1**) verglichen
Dünnschicht-chromato-graphie (DC)	wie oben; Substanzgemisch läuft über beschichtete DC-Platten	Fließmittel s.o.; Varianten: **N-DC** (Adsorption), **R-DC** (reversed phase DC)	wie oben
Gaschromato-graphie (GC)	**feste** stationäre Phase/**mobile Phase** gasförmig; App. besteht aus Druck-/Strömungsregler, Injektor, Ofen mit Trennsäule, Detektor mit Schreiber und Trägergasausgang	mobile Phase (**Trägergas** H_2, N_2, He, Ar o. Ä. Inertgas), wird bei **ECD** (electron capture detector) am Ende durch einen β-Strahler ionisiert	Wärmeleitfähigkeit (WLD), Thermo- und Flammenionisation (TID = PND, FID), Elektroneneinfang (ECD)
Elektrophorese (EP), Amnosäureanalyse (ASA)	Nutzung **unterschiedlicher Ionenmobilität** unter Einfluss eines **elektrischen Feldes**	**Isoelektr. Fokussierung: Amphotere** wandern an die Stelle des pH-Wertes ihres **isoelektrischen Punktes** (als Zwitterion) – zur DNA-Analyse nutzt man die **HPCE** (high performance capillary EP)	

20 d Weitere analytische Methoden

(Dienen hauptsächlich der Bestimmung molarer Massen u. ä. Stoffeigenschaften)

quant. Methode	Durchführung und Auswertung	messbare Größe, Beispiele
Gefrier- und Schmelzpunkts-bestimmung	**Bestimmung des Schmelzpunktes** einer unbekannten Substanz (Schmelzpunktskapillare, -bestimmungsapparat nach Thiele, Metallblock-Apparat ...), zur **Gefrierpunktsbestimmung** ähnl. Geräte, aber mit Kühlmitteln/Kältebädern	Reinstoffe haben bei p = **const.** nach $\mathbf{d \ln p / d\, T = \Delta H_v / R \cdot T^2}$ (Clausius-Clapeyron'sche Gleichung) feste Schmelzpunkte
Siedepunkts-bestimmung	**Bestimmung des Siedepunktes** (Sdp., Bp. = boiling point, Kp. = Kochpunkt) einer Flüssigkeit bei einem bestimmten Druck p. Apparaturen: Glühröhrchen im Heizbad (nach Siwolbow), Schmelzpunktbestimmungsapparatur mit Kapillare (nach Emich)	mit der Polarität bzw. bestimmten funktionellen Gruppe und M steigt der Sdp., bei molekularen Verzweigungen fällt er
Gasdichte-bestimmung	**Bestimmung der molaren Masse** M nach **Viktor Meyer** (Wägung von V_{Gas} oder V_{Dampf} bei gegebenem $p + T$, Umrechnung in M	Nach $p \cdot v = n \cdot R \cdot T$ gilt: $M = \frac{R \cdot T \cdot m}{V \cdot p}$
Ebullioskopie	Messung der **Siedepunktserhöhung SPE** um ΔT in verdünnten Lösungen (T/t-Diagramm: Lösungen zeigen ein im Vgl. zum reinen Lösemitteln LM ein um ΔT erhöhtes Plateau)	Berechnung der **molaren Masse** M nach: $M = 1000\ K \cdot c/\Delta T$ mit: $K = R \cdot T_{LM}^2/1000\ H_{Verd.}$
Kryoskopie	Messung der **Gefrierpunktserniedrigung GPE** um ΔT verdünnter Lösungen (T/t-Diagramm; **Beckmann-Apparatur**). Kryoskopische Konstanten K sind größer und die Apparaturen weniger aufwendig als bei der Ebullioskopie	(Analog zur Ebullioskopie)
(Membran-) **Osmometrie**	**Messung des osmotischen Druckes** π. Über die Dichte ϱ_{LM} des Lösemittels und den auf $c = 0$ extrapolierten Wert für π/c (Koordinate) wird M dann graphisch ermittelt: $M = R \cdot T/(\pi/c) \cdot \varrho_{LM}$. Ähnliche Verfahren: Dampfdruck- und Kolloid-Osmometrie	Berechnung von M nach: $M = c \cdot R \cdot T/\pi$ **(van't Hoff'sches Gesetz).** Bei hochmolekularen Stoffen ist π abhängig von c
Viskosimetrie	Bestimmung des **Fließverhaltens** (der Viskosität η) von Stoffen, die relative Viskosität $\eta_{rel} = \eta_{Lösung}/\eta_{Lösemittel}$ besteht eine Beziehung zwischen M und Molvolumen. Bestimmg. der dynamischen Viskosität η in **Kapillar-, Fallkörper-** oder **Rotationsviskosimetern**	Beispiel Kapillarviskosimeter nach Ostwald: $\eta_2 = \frac{\eta_1 \cdot \varrho_2 \cdot t_2}{\varrho_1 \cdot t_1}$ η_2 = dynamische Viskosität der Prüfsubstanz, t_2 = Durchlaufzeit der Prüfsubstanz, ϱ_2 = Dichte der Prüfsubstanz; (η_1, ϱ_1, t_1 = entspr. Daten des Wassers)
optische Rotationsdispersion (ORD), Zirkulardichroismus (CD)	**Messung der optischen Aktivität** α (ORD) bzw. der unterschiedlich starken Absorptionsbanden von rechts- und links-zirkular polarisiertem Licht (circular dichroism, CD). Es existiert u. a. auch eine magnetische ORD (= „MORD") (vgl. im folgenden Tabellenabschnitt „Instrumentelle Analytik")	Messung der **spezif. Drehung** $\alpha^{20\,°C} = \frac{\alpha \cdot 100}{s \cdot c}$ (α = in °, s = Schichtdicke in dm, c in g/100 ml) oder der **molaren Elliptizität** $\Theta_m = \frac{3300\ M \cdot \Delta E}{s \cdot c}$

T

20e Methoden der instrumentellen Analytik und Strukturaufklärung

Einteilung: Nr. 1–19: optische Methoden, darunter Nr. 1–5: optische Methoden der Molekülspektroskopie, Nr. 6–10: Emissionsspektroskopie, Nr. 11–13: Absorptionsspektroskopie

Methode	Wie wird gemessen?	Was wird gemessen?	Rechnerische Auswertung der Messwerte und Beispiele
1. **MW-Spektroskopie**	Bestrahlung mit MW **(Mikrowellen, λ > 1 mm)**	MW-Absorption (zur **Rotation und Schwingung von Molekülen**)	Zuordnung von **Absorptionslinien** zu Art und Menge bestimmter Moleküle und Molekülbruchstücke; vgl. IR-Spektroskopie (ähnlich: Radarastronomie)
2. **IR-Spektroskopie** „nahes IR" λ = 0,8–2,5 μm „mittleres IR" = 2,5–50 μm „fernes IR" = 50–1000 μm	Probe wird mit IR = **Infrarotstrahlung, λ = 0,8–1000 μm,** bestrahlt und absorbiert diese messbar in bestimmten Banden	IR-Wellenlängen, die zur **Rotation und Schwingung von Molekülen** absorbiert werden; Zuordnung über Korrelationstabellen	Zuordnung absorbierter Wellenlängen zu Art und Menge bestimmter Moleküle und Molekülbruchstücke; **Beispiel:** Abdampfrückstand einer Wasserprobe, verrieben mit 0,1 g KBr und mit ca. 10^5 N gepresst, Bande für Nitrate z. B. bei Wellenzahl von 1390 cm^{-1} und 1600 cm^{-1} für H_2O
3. **VIS- und UV-Spektroskopie**	Bestrahlg. mit visuellem oder UV-**Licht** (VIS, λ = 400–800 nm, UV 10–400 nm)	Absorption durch Valenzelektronenübergänge absorbiert („Anregung")	Zuordnung absorbierter Wellenlängen zu Art und Menge bestimmter Moleküle und Molekülbruchstücke
4. Kernresonanz-, **NMR-Spektroskopie** (ähnlich: „Kernspin-Tomographie")	Bestrahlg. mit **Röntgen-/γ-Strahlung, λ < 10 nm,** rotierender Atomkern wird durch **Resonanzenergie ΔE** ins Torkeln gebracht (Präzessionsbewegung)	Messung der Resonanzenergie in Abhängigkeit atomarer Bindungsverhältnisse (**chemische Verschiebung;** γ-/Röntgen-Strahlung: auch für kernnahe Elektronenübergänge)	Zuordnung von Absorptionslinien zu bestimmten Atomkernen ungerader Protonen- oder Neutronenzahl: Das magnet. Moment μ des Atomkerns (**Spinquantenzahl** $\pm \, ^1/_2$) stellt sich im Magnetfeld parallel oder antiparallel; Rückfall in niedrigere Energie = Relaxation
5. Elektronenspinresonanz- oder: **ESR-Spektroskopie**	Probe im **Mikrowellenfeld** und variablem, statischen **Magnetfeld** ***H*** unterliegt einem mit dem **Umklappen des Elektronenspins** gekoppelten Elektronenübergang, es gilt: $E = h \cdot \nu = 2\,\mu_B \cdot H$ (μ_B = Bohr'scher Magnetton, h = Planck'sches Wirkungsquantum)		
6. **Fluorimetrie,** Fluoreszenzspektroskopie	Das Fluorimeter misst Fluoreszenz- bzw. Emissionsstrahlung wie ein Photometer, jedoch im rechten Winkel zur Richtung der Anregungsstrahlung (**Fluoreszenz,** z. B. bei Aromaten, konjugierte Doppelbindungen, Heterocyclen)		
7. **Nephelometrie**	Messung der **Lichtstreuung** mit optischen Geräten (Tyndallmeter, Nephelometer)		
8. **Flammphotometrie, Flammen-AES** – mit ICP: induktiv gekoppeltes Hochfrequenzplasma, DCP: Gleichstromplasma	thermische Anregung der Probe zur Emission von monochromatischem Licht (nach 10^{-8}–10^{-4} s, diskrete Linien)	gemessen werden **Resonanzlinien freier Atome** (nur bei homolytischer Dissoziation, keine Ionisation); Anregg. per Plasma; ICP, DCP	**Emissionslinien** werden Art und Menge der emittierenden Atome zugeordnet (Flamme selbst z. B. blau, da freie OH*-Radikale ebenf. emittieren), wichtige Emissionslinien λ in nm (Flammfärbungen): Na 589/K 766,5/Ca 422,7/Sr 460,7/Ba 455,4/B 518/Mg 285,2 (= UV) usw.
9. Emissionsspektralanalyse allgemein, **Atomemissionsspektrometrie (AES)**	siehe Flammphotometrie (UV/VIS) und RFA; Anregung: elektr. Bögen, Funken, Plasma, Laser	Emissionslinien ($E = E1 - E2 = h \cdot \nu = E/\lambda$) und ihnen zugeordnete Quantenzahlen	siehe Flammphotometrie und RFA (wichtige **Brenngase** z. B.: Leuchtgas/Luft 1800 °C, H_2: 2100 °C, Ethin: 2200 °C, Methan oder H_2 in O2: 2700°C, Ethin in O_2: 3100 °C)
10. **Röntgenfluoreszenzanalyse (RFA),** = Röntgenemissionsspektroskopie (RES)	atomisierte Probe wird „geröntgt" und emittiert ihrerseits Röntgenlinien	Emissionslinien durch Rückfall herausgeschlagener, kernnaher Elektronen	energiedispers: emitiierte Fluoreszenzstrahlung wird mit Halbleiter-Detektoren gemessen, wellenlängendispers (WDRFA): über Röntgenbeugung (Bragg'sches Gesetz)
11. **Kolorimetrie**	Bestrahlung mit **monochromatischem Licht,** Ausgangsintensität I° wird im Vgl. zu Standardlösung mit bekannter Konzentration $c°$ geschwächt	**opt. Durchlässigkeit** $T = I/I°$ bei bestimmter I (bzw. die **„Extinktion"** $A = -\log T$); es gilt: $c_{Abs.} = c° \cdot s°/s_{Lösg.}$ und nach Lambert-Beer gilt: $c° \cdot s° = c_{Absorber} \cdot s_{Lösg.}$	Für T gilt: $\ln (I/I°) = \ln T = -k \cdot s$ (s = Schichtdicke der Lösung, k = Konstante). **Die Extinktion** ***A*** ist proportional zu s $A = \log (I°/I) = \log (1/T) = a \sum s$ (Lambert'sches Gesetz), zudem gilt: $c_{Absorber}/A = \varepsilon \cdot c_{Absorber}$ (ε = molarer spektraler Absorptionskoeffizient). Umrechnung auf $c_{Abs.}$ nach: $A = \log (1/T) = \varepsilon \cdot c_{Abs.} \cdot s_{Lösg.}$ (Lambert-Beer'sches Gesetz)
12. **Photometrie,** Spektralphotometrie	wie Kolorimetrie, nur mit weißem Licht und im Vgl. zur Hg-Dampflampe	wie oben, Messung von T bzw. $A = -\log T$ zur Bestimmung von $c_{Absorber}$	wie bei der **Kolorimetrie,** über Filter- und Spektralphotometer möglich, auch als photometrische Titration
13. **Atomabsorptionsspektroskopie (AAS)**	Bestrahlung angeregter Atome in Gasphase	angeregte Atome absorbieren Licht in Abhängigkeit von ihrem Atomzahlenverhältnis N_a/N_0	Die Lichtabsorption ist bei N_0 = const. nahezu nur abhängig von der Anzahl angeregter Atome Na; es gilt die Boltzmann-Verteilung $N_a/N_0 = g \cdot \exp(-E_{Anregg.}/kT)$ und das Lambert-Beer'sche Gesetz
14. **Refraktometrie**	Probe wird durchleuchtet (meist mit Na-D-Linie λ = 589,3 nm), Messung der Lichtbrechung an Phasengrenze	**Brechzahl** ***n***, es gilt bezügl. Einfallswinkel α und Austrittswinkel β: $n = \sin\alpha/\sin\beta$ (bei I = const.)	Die **Brechzahl** ***n*** ist eine spezif. Stoffkonstante in Abhängigkeit von λ und T, die Abhängigkeit von λ wird **Dispersion** genannt. Es gilt: $n = c_{Vakuum}/c_{Medium} = \lambda_{Vakuum}/\lambda_{Medium} = \sin\alpha/\sin\beta$, z. B. $n^{20°C}_{Na\text{-}D\text{-}Linie}(H_2O) = 1{,}333$

Tabelle 20 e

Methode	Wie wird gemessen?	Was wird gemessen?	Rechnerische Auswertung der Messwerte und Beispiele
15. (Röntgen-, Elektronen- und Neutronen-) **Diffraktometrie**	Bestrahlung mit Röntgen, Elektronen oder Neutronen, **Beugung** der Strahlen	**Beugungswinkel,** lässt sich nach Bragg bestimmten Kristallgittern zuordnen	(Die **Neutronendiffraktometrie** ist nicht mit der **Neutronenaktivierungsanalyse** zu verwechseln, bei der Proben mit Neutronen beschossen werden, sodass Radionuklide entstehen – Genauigkeit bis in pg-Bereich)
16. **Polarimetrie**	vgl. oben unter ORD und ZD, Detektor: Photozelle)	**Drehwinkel**	vgl. oben unter ORD und ZD, bei Flüssigkeiten: $\alpha^{20\,°C}_D = \alpha° / s_{(dm)} \cdot \varrho^{20\,°C}_{(g/ml)}$
17. **Elektronenspektroskopie** zur chem. Analyse **(ESCA)**	„Elektronenspektroskopie" ist die **Sammelbezeichnung** für alle spektroskopischen Effekte, die auf Quantensprüngen der Valenzelektronen **(Spektralanalyse)** und bei Elektronen innerer Schalen **(Photo-Effekt)** beruhen.		
18. **Raman-Spektroskopie**	ähnl. IR-Spektroskopie, Anregung bei λ = 0,8–500 μm	Raman- und Streustrahlung im IR-Spektrometer	Grundlage: Modelle der harmonischen Normal-, Valenz- + Deformations-Schwingung, Hook'sches Gesetz
19. **Rayleigh-Spektroskopie**	Licht wird an Materie elastisch gestreut, und zwar kurzwelliges stärker als langwelliges Licht **(Rayleigh-Streuung).** Indirekt wird so die Anregung der Atome und Moleküle messbar (vgl. **Refrakto-/Diffraktometrie**)		
20. **Massenspektrometrie (MS)** – keine molekülspektroskopische Methode	Bildung von Molekülbruchstücken (Fragmente, vom elektr. oder magnet. Feld aufgetrennt)	Messung des **Verhältnisses der Masse *m* zur Ionenladung *z* (Massenfokussierung)**	tabellarische Zuordnung von *m/z* zu bekannten Massespektren, Strukturaufklärung von Molekülen; Magnetfeld weist massendispergierende Wirkung für Ionen auf, es gilt: $m/z = \mu_r^2 \cdot \mu_0^2 \cdot r^2/2 \cdot U$

20 f Typische Absorptionen in IR- und Raman-Spektren

(Valenz- und Deformationsschwingungen, Auswahl von Anhaltswerten nach Angabe der Bandenlage als Wellenzahl σ)

Gruppe	Bandenlage (σ in cm^{-1})
–OH	3650–3590 (frei, Valenz) (H_2O: um 3710)
$-OH_{H\text{-}Brücke}$; $-NH_2$	3600–3200; – bei 1620: N–H–Def.
–N–H (Amine, Imine)	3500–3300
NH_4^+; CN^-; SCN^-	3300–3030, Zyanate: 2100 (±100)
–C≡CH	um 3300, C–H, Valenz, um 2120, C≡C, Valenz
NRH_3^+ und NH_4^+	3130–3030, um 3000 und 2500
$C=CH_2$; C=CH–	3095–3070, Valenz; 3040-3010, als C=CH–
R–COOH	3000–2500, – gesättigt auch 1715
–CHO und $-CH_2Hal$	2900–2700, – insbesonders bei 2720
$-C-H_{tertiär}$	2890–2880
$-O-CH_3$	2850–2805
–C≡C–	2260–2150
$(R-COO)_2O$	1850–1800, 1790–740
R–CO–Cl	ca. 1800
R–COOR	um 1740 (gesättigt)
R–CHO	um 1730 (gesättigt)
R–CO–R	um 1715 (gesättigt)
Ar–CHO	um 1705 (aromatisch)
Ar–COOH	1700–1680 (aromatisch)

Gruppe	Bandenlage (σ in cm^{-1})
R–CO–NHR	1680–1670 (Amide, *N*-monosubstituiert)
Harnstoffderivate	um 1660 (Urethane bei 1740–1695)
$R-CONH_2$	um 1650
$R-O-NO_2$	bei 1630 und 1280 (Salpetersäureester)
$R-NO_2$	bei 1560 und 1350
$-C(CH_3)_3$	≈ 1470, Valenz/asymm., 1365, symm. Def.
Nitrosamine	1460–1430
Carbonate	1430 (±20)
NO_3^- (Nitrat-Anion)	1410–1340 und 860–800
–OH	1410–1260, Def.
C–F	1360–1120 (aliphatisch; Ar–F, aromatisch: 1270-1100)
$-O-COCH_3$ + $-CO-CH_3$	1385–1365 und 1360–1355
Ar–Cl / Ar–Hal	1100–1030 (aromatisch; Ar–Br: 1070–1030, Ar–I um 1060)
SO_4^{2-}	1105 (±25)
PO_4^{3-}	1050 (±50)
$RCH=CH_2$	940–900 ($R_2C=CH_2$: um 890)
$R_2C=CRH$	840–790
C–Cl	820–560 (aliphatisch, aromatisch: 1100–1030)
C–Br	680–615 (aliphatisch, aromatisch: 1070–1030)
C–I	ca. 500 (aliphatisch, aromatisch um 1060)

20 g Physikalisch-chemische Daten zur Viskosimetrie und Refraktometrie

(mit Dampfdrücken und spezifischen Verdampfungswärmen der Flüssigkeiten)

Die Tabelle enthält neben der dynamischen Viskosität η (in mPa · s) und dem Brechungsindex n_D (jeweils bei +25 °C, bei Markierung mit * für +20 °C) auch den Dampfdruck p_D (in hPa = mbar, bei +25 °C) und die spezifische Verdampfungswärme r (in kJ/kg) für einige wichtigste Flüssigkeiten (nach Trivialnamen geordnet).

Stoff	p_D	n_D	r	η
Aceton, Propanon	233*	1,3588	532	0,33*
Acetonitril, Ethannitril	797*	1,344*	800	0,345
Benzol, -en	101,0*	1,501*	393	0,65
1-Butanol	6,70*	1,399*	590	2,94*
2-Butanol	17,3*	1,395*	565	4,20*
2-Butanon	105*	1,379*	433	0,32*
Chlorbenzol	12,2	1,524*	325	0,79
Chlormethan	4100*	1,339*	427	0,183*
Chloroform	219	1,446*	245	0,56*
Cumol	5,3*	1,491*	313	0,78*
Cyclohexan	107	1,427*	361	0,94*
Cyclohexanol	1,3*	1,466*	423	4,6
Diethylether	587*	1,353*	359	0,23*
Dimethylamin	800*	1,355*	589	0,20*
Essigsäure	15,4*	1,372*	406	1,22*
Ethan	38190*		490	0,042*
Ethanol		1,361*	846	1,20*
Ethylacetat	97*	1,372*	368	0,441*
Ethylbenzol	9,3*	1,496*	333	0,68*
Eth(yl)en	41000*		483	0,059*
Ethylendiamin	12,9	1,457*	632	1,54
(Ethylen)-gylkol	0,061	1,432*	812	20,4 *
Glycerin/-ol		1,475*	826	954
n-Heptan	48*	1,388*	317	0,41*
1-Hexanol	1,03	1,418*	496	5,44*
1-Hexen	248	1,384*	336	0,28*
Isobutanol	12 *	1,396*	578	3,9 *
o-Kresol, -en		1,536*	434	9,56*
m-Kresol, -en		1,544*	438	17,0*
p-Kresol, -en		1,531*	440	19,0 *
Methanol	128*	1,329*	1100	0,59*
Methylamin	2000		830	0,21
Naphthalin	> 1*	1,400	336	
Nitrobenzol	0,2*	1,556*	330	2,03*
Nitromethan	47,8	1,382*	557	0,65
n-Octan	24,5	1,397*	300	0,542*
n-Pentan	573*	1,357*	358	0,24*
Phenol	40,7		510	11,4 *
Phenylacetat		1,509*		2,49*
Propan	7702	1,290*	426	0,10*
1-Propanol	26,4	1,385*	690	2,256*
Propanal	344*	1,364*	487	0,40*
Propansäure	2,90*	1,381*	436	1,102*
Pyridin, Azin	20,0*	1,509*	443	0,95*
Salicylsäure		1,565*		2,71*
Styrol, -en	6,1	1,547*	372	0,75*
Tetrachloreth(yl)en	19,5	1,505*	210	0,90*
Tetrachlormethan	158980		137	0,11*
Toluol, -en	29*	1,496*	360	0,59*
Trichlorethen	77*	1,477*	242	0,60*
Vinylchlorid, Chlorethen	663*	1,425*	270	2,65
Wasser, H_2O	23,0*		2257	1,002 *
Weinsäure$_{L+}$		1,496*		
o-Xylol	6,9	1,505*	348	0,801 *
m-Xylol	8,1		345	0,620*
p-Xylol	8,4	1,496*	339	0,648*

Tabelle 21: **Daten zur Ökologie** und zur Spurenanalytik von Schwermetallen u. ä. Schadstoffen

21 a Durchschnittliche Schwermetallgehalte europäischer Kulturböden (in mg/kg Boden bzw. ppm)

Schwermetall (Beispiel)	häufige Werte	kontaminierte Böden (mögl. Spitzenwerte)	tolerierbarer Wert
Cd	0,01–1	200	3
Cr	2–50	20000	100
Hg	0,01–1	500	2
Tl	0,01–0,5	40	1

21 b Pestizid-Gruppen (1991)

Pestizid-Gruppe	Anwendungsbereiche und Mengenangaben (Stand: 1985)
Herbizide*	gegen „Unkräuter" * – Einsatz weltweit: ca. 950000 Tonnen
Insektizide	z. B. Akarizide gegen Spinnmilben, Larvizide gegen Larven, ca. 500000 t
Fungizide	gegen schädliche Pilze (zumeist: Schimmelpilze), ca. 990000 t weltweit
Sonstige	Bakterizide (gegen Bakterien), Defolianten (zur Entlaubung), Molluskizide (gegen Schnecken und Muscheln), Nematizide (gegen Fadenwürmer), Rodentizide (gegen Nager, z. B. Ratten)

21 c Verschiedene Konzentrationsangaben für Nachweisgrenzen in der modernen Spurenanalytik

Maßeinheit	Definition, Größe	Veranschaulichung, Beispiel
1 Masse%	10 g/1 kg (ein Hundertstel)	1 Zuckerwürfel (ca. 2,7 g) in 2 Tassen Kaffee (270 ml)
1 ‰	1 g/kg (ein Promille = Tausendtstel)	1 Zuckerwürfel (ca. 2,7 g) in einer 2,7-Liter-Kanne
1 ppm	1 mg/kg (engl.: part per million)	1 Zuckerwürfel in ca. 5 Badewannen (2700 l)
1 ppb	1 µg/kg (engl.: part per billion, deutsch: ein Milliardstel)	1 Zuckerwürfel in einem Freibad-Wasserbecken (27 000 Hektoliter)
1 ppt	1 ng/kg (engl: part per trillion, deutsch: ein Billionstel)	1 ng / kg = 1 mg / Tonne, also z. B. 1 Zuckerwürfel in einem Stausee (1 Nanogramm (ng) = 10^{-9} g)
1 ppq	1 pg/kg (engl.: part per quadrillion = deutsch: ein Billiardstel)	1 Zuckerwürfel in 2,7 Bio. Liter Wasser des Starnberger Sees

21 d Nachweisgrenzen für das Seveso-Dioxin (2,3,7,8-TCDD)

Jahr	Nachweisgrenze	Anmerkungen zur Maßeinheit	analyt. Methode
1967	0,5 ng = 500 pg	1 Nanogramm (ng) = 10^{-9} g	GC/FID (gepackte Säule)
1976	200 pg	1 Picogramm (pg) = 10^{-12} g	GC/MS-SIM (Magnet, LKB, Kapillare)
1977	5 pg		GC/MS
1983	0,15 pg		GC/HRMS (VG 70e)
1992	0,005 pg	1 ppq (part per quadrillion) = 1 pg/kg	GC/HRMS (VG Auto Spec Ultima)

Die Tabelle zeigt, wie durch immer genauere Analysemethoden die Nachweisbarkeit kleiner Schadstoffmengen immer empfindlicher und genauer wird – die Grenzwerte einer täglich tolerierbaren Belastung werden von den Nachweisgrenzen unterschritten. Ein Schadstoff wird somit schon in Mengen nachweisbar, die u. U. unterhalb eines „Schwellwertes" liegt, die zum Auslösen einer den Organismus schädigenden Wirkung erforderlich wäre.

Die tägliche Aufnahme von Dioxin pro Erwachsener und Tag (abgeschätzt 1988) beträgt z. B.:
aus Lebensmitteln: ca. 0,1 ng (Säuglinge: ca. 60 pg/kg und Tag), über Milchkartons: ca. 30 pg, chlorgebleichten Kaffeefiltern: ca. 8 pg, aus der Luft: ca. 4 pg, über Zigarettenrauch: ca. 2–3 pg (bei 20 Zigaretten, aktiv oder passiv geraucht, täglich) und über Bodenpartikel: ca. 1–4 pg.

21 e Typische Schadstoffemissionen bei der Energiegewinnung (in g/MWh Endenergie)

Energieerzeuger	Stäube	SO_2	NO_x	CO	C_xH_y
Raffinerie	33	170	190	80	50
durchschnittl. Kohlekraftwerk	180	2180	1010	30	12
GFAV-Kohlekraftwerk	104	500	2100	315	12
Wirbelschicht-Kohlekraftwerk	104	320	520	60	12
Kohleveredlung	33	300	190	80	75
Müllverbrennungsanlage (MVA)	220	1500	575	750	670
Ölheizung	9	500	180	360	54
Gasheizung		3–4	108	252	5
Steinkohle-Ofen	1270	1585	180	36 000	1440
Gaswärmepumpe	0	4	36 000	700	540
Dieselwärmepumpe	90	500	2330	720	360
Atomkraftwerk *	0	0	0	0	0

*gelegentliche Emission radioaktiv belasteter Stoffe oder radioaktiver Strahlung möglich

21 f Legale Lebensmittelzusatzstoffe

Zusatzstoffgruppe	Beispiele
Farbstoffe	Ultramarin C 12 (Mineralpigment: $Na_8Al_6Si_6O_{24}S_2$), E160a α-Carotin ($C_{40}H_{52}$), E162 Beetenrot (natürl.), E102 Tartrazin (gelb), E172 Fe_2O_3/$Fe(OH)_3$ (rostbraun)
Überzugsmittel	Carnaubawachs ($C_{25}H_{51}COOC_{30}H_{61}$), Natriumoleat, Schellack (ein Schildlaus-Exsudat)
Süß- und Aromastoffe	Etylvanillin (süß-vanilleartig, maximal 250 mg/kg), β-Naphthylmethylketon (Orangenblütenaroma), 6-Methyl-cumarin (trocken-krautartig, max. 30 mg/kg)
Geschmacksverstärker	E620 L(+)-Glutaminsäure ($C_5H_9NO_4$), E632 Kaliuminosinat ($C_{10}H_{11}N_4K_2O_8P \cdot H_2O$), E621–623 Glutamate
Emulgatoren	E470 Na-Salze der Fettsäuren C_{10} bis C_{20}, E475 Polyglycerinester monomerer Fettsäuren
Geliermittel	E400 Alginsäure (Glucuronoglykan, ein Kohlenhydrat, mit Alkali aus Braunalgen extrahiert)
Verdickungsmittel	E415 Xanthan (ein Polysaccharid-Gummi), E410 Johannisbrotkernmehl
Konsistenzverbesserer, -stabilisatoren	Pflanzenstärken, acetyliertes Distärkephosphat, auch E333 Tricalciumcitrat als Schmelzsalz u. Ä.
Trennmittel	E553a Magnesiumsilikate, E570–72 Stearinsäure ($C_{18}H_{36}O_2$) und ihre Ca-, Mg-Salze
Polymere für Kaumassen	Wollfett (aus Wollwachsen, eine bei der Schafwollaufbereitung gewonnene, gereinigte, salbenartige Masse
Antioxidantien	E400 L-Ascorbinsäure ($C_6H_8O_6$), E311 Octylgallat ($C_{15}H_{22}O_5$), E220 SO_2 (Antioxidans)
Konservierungsstoffe	E200–203 Sorbinsäure und Sorbate, E214–219 PHB-Ester, E210–213 Benzoesäure und Benzoate, E221–227 Sulfite, E230 Biphenyl, E236–238 HCOOH + Formiate
Säureregulatoren	E334 Weinsäure ($C_4H_6O_6$), E290 CO_2, in Kakaobutter auch NaOH

21 g Zusammensetzung von Lebensmitteln – exemplarische Analysenergebnisse in mg/100 g

(Schwerpunkt: Minerale, Spurenelemente; Spalte 1: Wasser, Spalte 2: Proteinanteil, Spalte 3: Fette, Spalte 4: Kohlenhydrate, Spalte 5: Minerale insg.)

Stoff	1	2	3	4	5	Na	K	Mg	Ca	Mn	Fe	Co	Cu	Zn
Roggenbrot	38940	6220	1000	45750	1630	523	244	35	29	0,92	2,38	0,002	0,27	1,24
Tomate	94200	950	210	2600	610	3,37	242	13,57	8,53	0,131	0,55	0,009	0,06	0,168
Muttermilch	87500	1130	4030	7000	210	12,66	47,36	3,14	31,79	0,001	0,057	$1 \cdot 10^{-4}$	0,072	0,148

Stoff	Ni	Cr	Mo	P	Cl	F	I	B	Se	Br	Si	NO_3^-	V	Al
Roggenbrot	0,019	0,008	0,05	118,6	670,0	0,013	0,008	0,08	0,003	–	–	–	–	–
Tomate	0,004	0,005	–	18,0	30,0	0,024	0,001	0,115	$1 \cdot 10^{-4}$	-	2,7	5,0	–	–
Muttermilch	0,003	0,004	0,001	0,015	0,004	0,017	0,006	–	0,003	0,1	–	–	10^{-6}	

Hinweis: In bestimmten Lebensmitteln reichern sich über Stoffwechsel und Nahrungsketten spezielle Spurenelemente an, so enthält Milch zum Beispiel Bromid (0,224 mg/100 ml) oder Zink (0,38 mg/100 ml), 120 mg Kalzium/100 ml und 92 mg Phosphor – Hering jedoch 240 mg Phosphor, 0,05 mg Iodid und 0,93 mg Zink pro 100 g.

Tabelle 22: Produktionsmengen wichtiger Basischemikalien im Vergleich

Etwaige Weltjahresproduktion (WJP in Mio.t/a; Stand: um 1995/97; Elemente vgl. Tabelle 2a)

(Chemie-)Rohstoff	WJP
Kohle	3650
Erdöl	ca. 3200
Zement	1100
Eisen und Stähle	735
Weizen	600
Reis	490
Kartoffeln	300
Kunststoffe/Plaste	190–210
Phosphaterze	160–170
Ammoniak (NH_3)	120–130 (BRD: 14)
gebrannter Kalk (CaO)	117
Rohrzucker	110
Schwefelsäure	110

(Chemie-)Rohstoff	WJP
Saccharose/Traubenzucker	108
Sauerstoff (O_2)	100
Soja und Sojaöl	94
N-Dünger	88–90
Fette	80
Eth(yl)en (+ PE)	65–84 (30)
Schwefel	63
Prop(yl)en (+ PP)	50 (14)
Chlor (Cl_2)	49
Chemie-/Synth.-Fasern	44
Benzen / Benzol (C_6H_6)	33–35
Aluminiumoxid (Al_2O_3)	32,3 (1981)
Schwefeldioxid (SO_2)	ca. 30–60

(Chemie-)Rohstoff	WJP
Salpetersäure (HNO_3)	30–33
Phosphorsäure und P_2O_5	30 (1981)
Soda (Na_2CO_3)	28,3 (1983)
Erdnüsse und Erdnussöl	24
Methanol; Aluminium	je: 23-24
Chlorethen/Vinylchlorid	22 (PVC: 22)
Styren/Styrol	21
Baumwolle	18
Steinsalz (NaCl, Förderung)	14
Eth(yl)enoxid/Oxiran	13
Ethylbenzol	12–13
Seifen	11–12
Butadien; Kupfer	je: 10–12
Toluol und Xylol	je: 10–11
Salzsäure (HClaq)	> 9,0
Methanal/Formaldehyd	8,0
Ätznatron + Lauge (NaOH)	ca. 5–8
Kalziumkarbid (CaC_2)	5,5 (1983)
Essigsäure ($CH_3COOH_{konz.}$)	5–6
Phthalsäureanhydrid/PSA	5,0
Bioalkohol (Gärung)	5,0 (synt.: 2–3)

(Chemie-)Rohstoff	WJP
Hydroxybenzen/Phenol	4,5-5,3
Kautschuk (synthetisch)	4,0
Kautschuk (nat.); Butanole	je: 3,5
Titandioxid (TiO_2)	> 3,0
Ethanal und Butanal	je: 3,0
Tee	2,7
Propanon/Azeton	2,0
Di-2-ethylhexylphthalat/DOP	2,3
Isopren	1,8
org. Farbstoffe, Pigmente	1,4
Bioproteine	1,1
Kalkstickstoff ($CaCN_2$)	1,0
Ethin (C_2H_2); Anilin	je: 1,0
Naphthen / Naphthalin	0,7
Back- und Bier-Hefen; Glyzerin	je: 0,5
Aktivkohle	0,5 (Ruß: 4,5)
Vitamine, synthetisch	0,13
L-Glutaminsäure	0,02
Wolframcarbid (WC)	0,004 (TaC: 0,001)
L-Valin	0,000015

Tabelle 23: Haushaltschemikalien und andere Endprodukte

Exemplarische Inhalts-/Zusatzstoffe, nach Verbindungsklassen geordnet

23 a Elemente

Leichtmetalle	Mg, Al, Zn	für Blitzlichtpulver, Pyrotechnik-Produkte, basische WC-Reiniger
Buntmetalle	Ti, V, Cr, Mo, Mn, Co	Legierungsbestandteile in Stählen
	Cu, Ni, Zn, Al, Fe, Cr	Münzmetalle, Cu auch in elektr. Leitungen
Schwermetalle	W, Os/Ir	Glühbirnendrähte, Füllfederhalterspitzen
	Sb, Bi, Pb	niedrigschmelzende Legierungen (Sicherungen etc.)
	Au	Pigment (Cassius'scher Goldpurpur), Blattgold, Zahngold, Schmuck
Nichtmetalle	O_3 (Ozon), Cl_2	Trinkwasseraufbereitung und -desinfektion/Bleichmittel
	S (kolloidal, resubl.)	Gesichtswässer, Insektizide
	He/Ne, Ar, Kr, Xe	Ballongas/Füllgase in Leuchtröhren und Glühbirnen

23 b Binäre Verbindungen (Oxide, Halogenide usw.)

H_2O_2	Bleichmittel (Haare, Haut, Textilien), Desinfektions- und Enthaarungsmittel
MgO, ZnO	Schweißtrockner, Deodorantien, Salben, TiO_2 als Weißpigment
SiO_2	Rieselstoff, Scheuermittel (Zahnpasten, Seifen, Kochsalz, Waschpulver)
NaF, SnF_2	Karieshemmer in Zahnpasten

23c Basen, Säuren, Salze

NaOH, KOH	Beizmittel, Fleckentferner, Reinigungsmittel (Grill-/Backofen-, WC-Reiniger, z. T. zusammen mit $NaNO_3$ + Al, Zn), Rasierhilfsmittel (Dauerwellen-Fönen)
$Mg(OH)_2$, $Al(OH)_3$	Antazida (gegen Sodbrennen; ähnlich: Natron, $NaHCO_3$)
HCl	in sauren Metallreinigern, Ätz- und Reinigungsmittel, Neutralisationsmittel für Laugen
HF, H_3PO_4 / $NaHSO_4$	Entrostungs- und Metallpflegemittel/in sauren Sanitärreinigern
H_3BO_3	Urin- und Kalksteinlösemittel (früher in Keramik + Pudern, jedoch schwach giftig)
Na_2SO_4/ $KAl(SO_4)_2$	Waschmittel-Rieselstoff, Abführmittel/Gesichtswässer, Lederpflegemittel
K_2SO_4, $MgSO_4$	Düngemittel, $MgSO_4$ auch in Desodorantien
Na_2CO_3, $NaHCO_3$, K_2CO_3	Brausepulver, Wasch- und Spülmittel, Rohrreiniger, Neutralisationsmittel
$MgCO_3$, $CaCO_3$	Scheuermittel (Zahnpasten, Kinderpuder, Rieselstoff in Waschmitteln), $MgCO_3$ auch Düngemittel/Pigment „Kalkweiß" (auch: $PbCO_3$ + $Pb(OH)_2$ = Pigment „Bleiweiß") NH_4HCO_3, $(NH_4)_2CO_3$ Backtriebmittel (NH_4HCO_3 = Hirschhornsalz/ Salmiaksalz = NH_4Cl)
$NaNO_3$, KNO_3	Pökelsalze, Zugabe zu alkal. Rohrreinigern (oxidieren $H_{nasc.}$ zu NH_3)
$AgNO_3$	Trinkwasseraufbereitg., zusammen mit Fixiersalz + KJ als Haarfärber
Na_3PO_4/ NaH_2PO_4	Allzweckreiniger, Wasserenthärter, Desodorantien/Backtriebmittel (gibt $H_2O_{gasf.}$ ab)
Na_2PO_3F/$CaHPO_4$	Karieshemmer (MFP, Na-Monofluorophosphat)/Polierstoff (Zahnpasten)

23d Kohlenwasserstoffe, Chlorkohlenwasserstoffe (CKWs) und andere halogenierte KWs

CH_4, C_2H_6/C_3H_8, C_4H_{10}	Stadt-, Brenn-, Heizgas/Heiz- und Treibgas (Campinggas, Feuerzeuge, Spraydosen)
C_6H_{14}, C_7H_{16}, C_8H_{18}	Brennstoffe, Lösemittel, Kraftstoffzusätze, Testbenzin (Fleckentferner, Reiniger)
Höhere Alkane	Parraffinliquid = Abführmittel, Wachse + Paraffine = Hautpflegemittel
Xylol, Toluol	Lösemittel (Farben, Nagellacke etc.)
CH_2Cl_2	Löse- und Extraktionsmittel (Nagellacke, Haarfestiger, Beizmittel etc.), in Kunststoffklebern (löst PVC, Celluloseacetat; extrahiert Fette, Öle und Wachse)
C_2Cl_4, C_2HCl_3	Reinigungs- und Lösemittel (chem. Reinigung: PER + Trichlorethylen)
$C_2H_3Cl_3$	Lösemittel für Textkorrekturflüssigkeit (1,1,1-Trichlorethan)

23e Alkanale/Phenole/Alkanole

C_3H_7OH, C_4H_9OH, $C_5H_{11}OH$	Lösemittel in Lacken, Nagellacken, Farben, Haarfestigern etc.
Octanol-2/Glykole	Duftstoff/Frostschutz- und Lösemittel (z. B.: Propandiol, Polyethylenglykol ...)
Cetylalkohol	Emulgator in Kosmetika und Haarpflegemitteln (Thiole = Enthaarungsmittel)
Benzylalkohol/Glyzerin	Duftstoff/Hautpflege- und Gefrierschutzmittel
Phenole/Dihydroxybenzol	Hautbleichmittel/Hautfärbemittel (reagiert mit Aminosäuren)
Aminophenole	Haarfärbemittel (z.B.: 1-Methyl-2,5-Diaminobenzol, bilden Azofarbstoffe)
C_6H_5CHO	Aromastoff (Benzaldehyd), ähnlich als Duft- und Aromastoffe: Phenylacet-, Anis-, Zimt- + Terpinaldehyd, Methyl-nonylaldehyd, Citral)

23f Alkan- und Fettsäuren und ihre Salze/Derivate

C_2H_5COOH	Konservierstoff „Propionsäure" (ebenso: K-, Na-, Ca-Propionate)
Fettsäuren (allg.)	Öle, Lebensmittel (Streichfette), Lösemittel für Ölfarben (ebenso: deren Glyzerde = Fette), deren Salze: Stearate, Palmitate, Oleate: Seifen, Detergentien, Waschmittel (K-, Na-Salze), Zn-, Mg-Stearate: in Kinderpudern
Fettsäureester (allgemein)	in Kosmetika, Cremes, Seifen (z. B. Fettsäuremonoglyzeride, Fettalkohole u. Ä.)
Fettalkoholsulfonate, Alkylarylsulfonate, Alkalitoluolsulfonate	synthet. Detergentien (Syndets) in Waschmitteln etc./in Zahnpasten auch: $CH_3(CH2)_{11}OSO_3Na$ (= Natriumlaurylsulfonat)

23 g Weitere organische Stoffklassen

Maltose, Glucose, Lactose, Fructose	Süßstoffe (Malz-, Trauben-, Milch-, Fruchtzucker)
Sorbit, Xylit, Mannit:	Süßstoffe/Zuckerersatzstoffe, Abführmittel, Feuchthalte-/Hautpflegemitteln
Ninhydrin, 1,4-Naphthochinone	Hautfärbemittel (reagieren mit Aminosäuren)
Teer-, Anilin-, Azofarbstoffe	Pigmente in Kosmetika, Textilien, Lebensmitteln etc.
Cellulosenitrat	Filmbildner in Lacken, Klebstoffen, Haarfestigern, Dichtungs- und Füllmaterialien, als Polymerisate Füllstoffe z. B. in Allzweckreinigern und Waschmitteln (ebenso: Acrylate, Alkydharze, Vinylacetate, Acrylsulfonamidharze, Kondensate und Copolymerisate von Glyzerin + Phthalsäure, Acrylaten und Methacrylaten, Aldehyden + Aminen)

Tabelle 24: Pigmente/Farbstoffe

24 a Anorganische Farbstoffe, Auflistung/chemische Formeln

weiß	Titanweiß/TiO_2, Lithopone/$ZnS \cdot BaSO_4$, Zinkweiß/ZnO, Antimonweiß/Sb_2O_3
bunt	Zinkgelb ($K_2O \cdot 4\,ZnO \cdot 4\,CrO_3 \cdot 3\,H_2O$), Zinkgrün (Zinkgelb und Berliner Blau), Cadmiumgelb (CdS), Cadmiumrot ($CdS \cdot CdSe$), Cadmiumzinnober ($CdS \cdot HgS$, rot), Cadmopone ($CdS \cdot BaSO_4$, gelbrot), Ultramarine (Natriumalumino-silicatpolysulfide; grün/blau/violett/rot), Mennige (Pb_3O_4, orangerot), Chromgelb ($PbCrO_4 \cdot PbSO_4$, weißgelb) Chromgrün (Chromgelb + Berliner Blau), Chromoxidgrün (Cr_2O_3), Molybdatorange/-rot ($PbMoO_4 \cdot 7\,PbCrO_4 \cdot 2\,PbSO_4$), Berliner Blau, Eisencyanblau ($Fe_7(CN)_{18}$, blau), Eisenoxidgelb/-orange (FeOOH), Eisenoxidrot/-braun (Fe_2O_3), Mangan-violett ($NH_4MnP_2O_7$), Manganblau ($BaMnO_4 \cdot BaSO_4$), Cobaltblau, Thénards Blau ($CoAl_2O_4$), Neapelgelb ($Pb_3(SbO_4)_2$)
schwarz	Ruße, Graphit, Anilinschwarz (alles: C), Eisenoxidschwarz (Fe_3O_4), Mangan-, Kobaltschwarz ($MnOx(MnO_2)/CoO$), Antimonschwarz (Sb_2S_3)

24 b Einteilung der Pigmente:

a) Nach Farbton	(weiß, schwarz, bunt; man erkennt, wie viele Pigmente gleichen Farbtones zur Verfügung stehen, jedoch nicht Herkunft und Zusammensetzung),
b) Nach Verwendung	(für Kalkfarben, Wasserglasfarben, Leim-, Öl-, Dispersions-, Lackfarben usw.),
c) Nach Zusammen-setzung	(farbgebender Stoff wird zugrunde gelegt: Azofarbstoffe, Blei-, Chrom-, Mangan-, Quecksilber-, Aluminium-, Kadmium-farben etc.) und:
d) Nach Herkunft (DIN 55944 Farbmittel)	– natürlich-anorganische Pigmente (Erdfarben), – künstlich-anorganische Pigmente (Mineralfarben), – natürlich-organische Pigmente (Tier- und Pflanzenfarben), – künstlich-organische Pigmente (Teerfarben).

Bei der Einteilung nach Herkunft können alle Farbmittel systematisch und lückenlos eingeteilt und leichter überblickt werden. Ähnliche Zusammensetzung und Eigenschaften (Verwendungsmöglichkeiten) innerhalb der einzelnen Gruppen sind für Praktiker und Wissenschaftler (Chemiker) gleichermaßen von Vorteil. Bei den natürlich-organischen Farbstoffen unterscheidet man **Tierfarben** (z. B. Indischgelb: aus dem Urin indischer Kühe, gefüttert mit Mangoblättern, Karminlack: Cochenille-(Schildlaus-) Farblack auf Blanc-fixe oder Tonerde, Sepia: aus dem Tintenfisch-Tintenbeutel) und **Pflanzenfarben** (Schüttgelb: Farblack aus Kreuzbeeren und Gelbholz auf Kreide, Florentiner Lack: Farblack von Rotholz auf Kreide oder Leichtsat, Krapplack: Krappwurzel-Farblack auf Tonerde, Indigo: aus Indigobaum-Blättern, Kasseler Braun: Feinerdige Braunkohle, Asphalt: Natürliches Erdpech, Bister: Ruß aus Kienholz, Gummigutt: aus Gummiharz – Nutzung als Aquarell- und Öllasurfarben).

Die Teerfarbstoffe wurden 1837 von Runge entdeckt (aus dem seit 1681 bekannten Steinkohlenteer), später 1870 künstlicher Krapplack, 1897 künstlicher Indigo, 1902 Indanthrenfarbstoffe usw.).

Entstehung von Teerfarbstoffen:

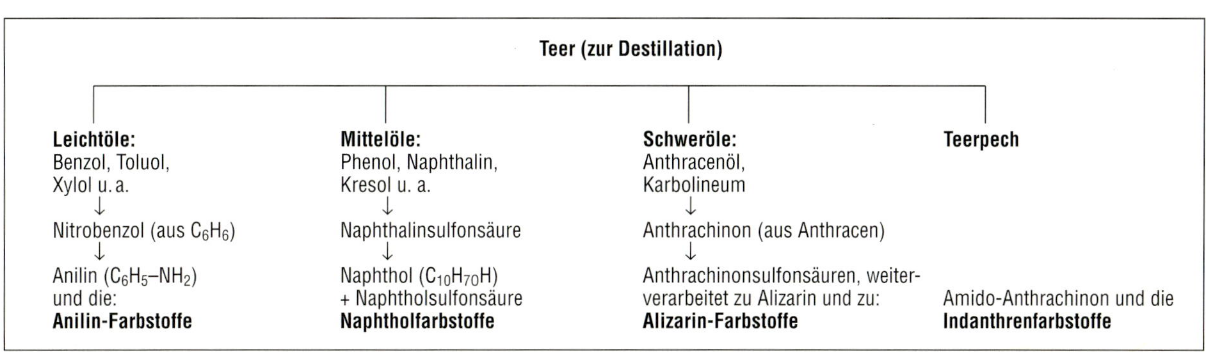

T

24c Azo-Farbstoffe

1) Anilinfarbstoffe:	basisch: Fuchsin, Auramin, Methylviolett, Viktoriablau, Brillantgrün; sauer: Säuregrün, Säureviolett, Lichtgrün, Alkaliblau
2) Naphtholfarbstoffe:	sauer: Naphtholgrün, Naphtholgelb / neutral: Pigmentgrün
3) Alizarinfarbstoffe:	Alizaringelb, Alizarinblau, Alizarin-S, Anthracenblau, Helioechtrosa, Helioechtblau
4) Indanthrenfarbstoffe:	Indanthrenblau, Indanthrengrün, Indanthrenrot
5) Azofarbstoffe:	sauer: Ponceau, Litholrubin, Orange II, Litholrot R, Lackrot C + P; Pigmentfarbstoffe: Helioechtrot, Tonerrot, Permanentrot R, Heliobordeaux B, Litholrubin BK, Pigmentbordeaux, Heliorot RMT, Permanentorange, -rot,-gelb, Hansagelb und -rot
aus Benzol gewonnen auch:	Eosin (sauer), Rhodamin (basisch). Handelsübliche Phantasienamen ohne Anhaltspunkt auf Herkunft oder Farbe auch: Kalkgelb, Neurot, Geraniumlack, Zinnoberersatz, Schilderviolett, Azurblau, Lichtblau, Maigrün, Anilinschwarz, Diamantschwarz usw.
Eigenschaften insgesamt:	sehr leuchtende Farbtöne, zumeist wenig lichtbeständig, von Wasser zumeist schwer benetzbar, z. T. wenig ölbeständig (Durchschlagen oder „Bluten" beim Überstreichen), z. T. stark trocknungsverzögernd (bei sauren Bestandteilen aus der Verlackung, z. B. β-Naphthol, Aluminiumsulfat)

24d Bindemittel

Bindemittel sollen das Pigment am Untergrund verhaften. Sie weisen Kohäsion und Adhäsion auf und wirken nach Verdunstung des Lösemittels, Teiloxidation, Polymerisation oder ä. Reaktionen.

Bindemittelgruppe	Beispiele
wässrige Bindemittel	Kalk, gelöschter Kalk, Zement, Wasserglas (Kaliumsilikat), Haut-, Leder- und Knochenleime, Kasein-, Gummi-, Stärke- und Celluloseleime, -kleister und Dextrin, Dispersionen
ölige Bindemittel	Leinöl, Dick- und Standöle, geblasene Öle und Standöle, Leinöl- und Wachsfirnisse
Lacke	Öl-, Harz-, Spiritus-, Alkydharz-, Tallalkydlacke, Fenster-, Heizkörper-, Polymerisatharzlacke, Phenol-, Harnstoff-, Epoxidharzlacke, Polyurethan-, Polyester-, Nitrocellulose-, Azetyl-, Benzyl- und Äthyl-Celluloselacke, Nitrokombinations-, Chlor- und Zyklokautschuklacke, Asphaltlacke und bituminöse Anstrichmittel, Bronzelackfarben, Mehrfarben-Beschichtungsmittel, Effektlacke, Aerosollacke, Rost- und Korrosionsschutzlacke sowie Antifoulings

Leinöle sind z. B. Fettsäureglyzerinester von Linolensäure, Linol-, Stearin, Palmitin- und Ölsäure (mit z. T. freien Fettsäuren). Sie trocknen durch Oxidation der ungesättigten Fettsäuren und Polymerisation (Linoxyn-Film); mit basischen Pigmenten (Blei-, Zinkweiß, ZnO, Bleimennige, -cyanamid etc.) tritt Seifenbildung ein.

„Lacke" sind Überzugs- und Bindemittel zugleich. Als Lackrohstoffe dienen **Filmbildner** (Lack-Öle, Harze, Wachse, Asphalte, Cellulosederivate, Kautschukderivate, Weichmacher und Zusatzmittel wie Trockenstoffe, Mattzierungs-, Schwebe-, Verlauf-, Anti-Haut-Mittel, Verdickungs- und Konservierungsmittel.

Beliebteste **Kunstharze und deren Bausteine** sind z.B.: Polyolefine, Vinylverbindungen wie PVC und Polyvinylazetat, -propionat, Maleinsäurediester, Polyvinylethylether, Acryl- und Methacrylsäure, Acrylester, Methacrylsäureester, Butylmetacrylat, Polystyrol, Butadien, Vinyltoluol, Polychlorbutadien = Chloropren, Polyethylen, chlorsulfoniertes PE, Xylol, Formaldehyd, Ketone, Phenole, Kresole, Xylenole, Alkylphenole, Terpenphenole, Harnstoff, Alkanole – vorzugsweise mehrwertige Alkanole bis hin zum Glyzerin – Stickstoffbasen, Carbamidsäureester, Melamin, Polyester, Phtalsäure, Adipinsäure, Maleinsäure, Fumarsäure, Ester dieser Carbon- und Hydroxycarbonsäuren, Fettsäuren, Harzsäuren wie Abietinsäure (= Kolophonium), Fettsäureglyzeride, Epichlorhydrin – mit Polyalkoholen z. B. umgesetzt zu Diphenylpropan , organische Aluminiumverbindungen, Polyamidharze, Polyamine, Polyisocyanate, Urethanalkyde, Silicone, Methyl- und Phenylpolysiloxane).

Diese Kunstharz(-komponenten) werden in **Lösemitteln** gelöst, zumeist in: Azeton, Äthylacetat, Äthylalkohol, Äthylether, Äthylglykol, Amylacetat, Benzin, Benzol, Benzylalkohol, Butylazetat, Butylalkohol, Butylglykol, Dekalin, Isopropylalkohol, Methylazetat, Methyläthylketon (MEK), Methylalkohol, Methylenchlorid, Methylglykol, Methylisobutylketon, Terpentinöl (= Pinen), Tetralin, Toluol, Xylol – sowie u. U. weitere Stoffe und Stoffgemische folgender Stoffklassen: Benzine, Benzole, hydrierte Kohlenwasserstoffe, Kohlenwasserstoffe, CKWs, Terpentinöle, Alkohole, Ketone, Ether, Ester).

„Sikkative" sind in Terpentinöl/Testbenzin gelöste, wichtige, die Trocknung durch Autoxydation katalytisch beschleunigende Trockenmittel für ölige Bindemittel. Sie stellen quasi „Seifen" dar, Verbindungen der Metalle Pb, Mn und Co (gelegentlich auch Ca, Zn und Fe) mit Fett-, Harz- und Naphthensäuren (Linoleate = Ölsikkative, Leinölseifen; Resinate = Harzsikkative, Harzseifen; Napthenate = Soligene, Naphthenseifen, Octoate = Oktanseifen, also die Salze der Oktansäure $C_7H_{15}COOH$).

Zu ihrer Herstellung werden Stoffe wie Bleiazetat, Mangansulfat, Kobaltazetat oder Metalloxide in Ölen oder Harzen gelöst (unter Erhitzen) oder es werden Öle und Harze durch Verseifen in Alkalien wasserlöslich gemacht und bei Zugabe von Metallsalzlösungen hieraus die Trockenstoffe als unlösliche Niederschläge ausgefällt, filtriert und zu grießigem Pulver vermahlen.

„Fluate" sind farblose Neutralisations-, Isolier- und Konservierungsmittel für Putz und Stein; hierzu werden Salze der Kieselflusssäure $H_2(SiF_6)$ genommen: Aluminium-, Magnesium-, Zink- und Bleihexafluorosilikat (fabrikmäßige Herstellung durch Auflösen der Metalloxide in o. g. Säure). Auch Aluminiumsulfat und Bakterizide wie Borate und Chromate werden zugesetzt (Fluate sind stets Gifte der Abteilung 2). Auch Insektizide kommen vor (z. B. Monochlornaphthalin, PCP, Phenylquecksilberoleat, Arsenate, Alkalifluoride, Tetrafluoroboratsalze, Hydrogenfluoride, Alkalibichromate und Dinitrophenole).

Sachwortverzeichnis

S

S

S

Abbildungsverzeichnis der inhaltlich wichtigsten Abbildungen (Auswahl)

S

Verfasser und Verlag danken allen Personen, Firmen und Institutionen, die Bildmaterial und Informationen zur Verfügung gestellt, oder den Verfasser bei der Aufnahme von Fotos unterstützt und beraten haben.

Fotos:
Michael Wächter, Münster.
Verlag Handwerk und Technik-Archiv, Hamburg.

Adolph-Kolping Berufskolleg, Münster:
1.2.1-1 (S. 5), 1.2.4-1 a + b (S. 10)
1.3.5-2 (S. 20), 2.2.3-3 + 4 (S. 78)
3.2.3-1 (S. 171), 3.2.6-1 (S. 174)
(S. 190) Abb. oben links, 3.4.2-3 + 4 (S. 202)
BASF Coatings AG, Münster-Hilltrup:
3.3.6-1 links (S. 181), (S. 306, Abb. 1–7)
Bayer AG, Leverkusen:
2.2.1-1 (S. 72), 2.3.3-10 (S. 109)
Abb. 3 (S. 206), 4.1.6-3 (S. 217)
Abb. 2 (S. 218), 5.1.3-1 (S. 277)
Abb. 7 (S. 287), 5.2.5-1 (S. 293)
5.2.5-3 (S. 294), 5.3.1-6 (S. 299)
5.3.1-8 + 10 (S. 300), 5.3.1-13 (S. 301)
5.3.1-15 + 16 (S. 302), 5.3.2-5 (S. 303)
5.3.2-10 (S. 304), 5.3.3-1 (S. 304)
Benckiser Deutschland GmbH, Ludwigshafen:
4.1.2-4 (S. 208)
Berufsgenossenschaft der chemischen Industrie (BG Chemie), Heidelberg:
1.3.1-1 (S. 13)
Deutsche Gold und Silber-Scheideanstalt (Degussa) AG, Frankfurt am Main:
1.2.1-2 (S. 5), Abb. 2-8 (S. 258)
Deutsche Presse-Agentur (dpa), Hamburg und Frankfurt:
1.5.9-1 unten (S. 59), 2.2.5-3 (S. 84)
2.5.9-1 (S. 146), 4.2.3-9 (S. 238)
4.3.8-4 (S. 260), 4.3.9-1 + 2 (S. 261)
5.1.6-5 + 6 (S. 289)
Deutsches Museum, München:
1.2.4-2 (S. 11), Abb. oben (S. 211)
(S. 262) Abb. 1, (S. 264) Abb. 7 + 8
Geamtverband des Deutschen Steinkohlebergbaus, Essen:
5.1.4-1 oben u. rechts (S. 281), 5.1.4-2 (S. 281)
Gesellschaft für Schwerionenforschung (GSImbH), Foto Achim Zschau GSI, Darmstadt:
1.2.4-4 (S. 11)
Globus Infografik, Hamburg:
5.3.9-3 (S. 320)
Greenpeace, Hamburg
2.5.13-2 (S. 151)
Hoechst AG/Commserv GmbH, Frankfurt:
5.3.3-3 (S. 307)
Institut für Rechtsmedizin, Münster:
Abb. 1-7 (S. 316/317), 5.3.8-2 + 3 (S. 318)
Landschaftsverband Westfalen-Lippe (LWL)/Westf. Museum für Naturkunde, Münster:
4.1.7-2 (S. 225), 4.1.8-7 (S. 229)
Linde AG, Höllriegelskreuth b. München:
4.1.1-4 (S. 204), 4.1.4-7 (S. 212)
Abb. 2-7 (S. 214)
Norddeutsche Affinerie, Hamburg:
4.3.7-4 + 6 (S. 256)
Plansee AG, Reutte/Tirol/Östereich:
4.3.11-4 (S. 268)
Ruhrkohle Bergbau AG, Essen:
5.1.4-1 unten links (S. 281), 5.1.4-2 S (S. 281)
Schott Glas, Mainz:
3.3.6-1 rechts (S. 181), 4.2.1-2 (S. 232)
4.2.1-7 (S. 233), 4.2.3-1 + 3 (S. 236)
4.2.3-6 + 7 (S. 237), 5.1.1-3 + 4 (S. 275)
Siemens AG, München
4.2.2-2 (S. 235)
H. C. Starck GmbH & Co.KG, Goslar:
1.2.4-3 (S. 11), 3.3.12-3 (S. 188)
4.1.1-5 (S. 204), 4.2.3-8 rechts unten (S. 238)
4.3.10-4 (S. 266), 4.3.11-2 (S. 268)
Südsee-Bad, Wietzendorf/ Soltau:
(S. 206/207) Abb. 1, 4, 5 und 7–17
Thyssen Krupp Stahl AG, Duisburg:
2.2.4-1 (S. 80), 4.3.4-1 + 3 + 4 (S. 249/250)
VEKA AG, Sendenhorst:
5.3.1-11 + 12 (S. 301)
Verband der Kunststoff erzeugenden Industrie e.V., Frankfurt am Main:
2.5.9-3 (S. 147), 4.1.4-5 oben links (S. 212)
5.1.5-2 (S. 284), 5.3.1-2 (S. 298)
5.3.1-5 (S. 299), 5.3.3-4 (S. 307)
Wacker Siltronic AG, Burghausen:
4.2.2-1 (S. 235)
Westfalen AG, Münster:
1.4.1-4 (S. 27), 2.5.3-1 + 2 (S. 136)
2.5.10-1 (S. 148), 4.1.1-2 + 3 (S. 203)
4.1.4-1–7 (S. 210/212), Abb. 1 (S. 214)
4.1.5-1 (S. 215), 4.3.1-1 unten rechts (S. 240)
Westf. Wilhelms-Universität, FB Chemie u. Pharmazie, Institut für Didaktik der Chemie, Münster:
2.2.2-2 (S. 74), 2.3.2-1 (S. 99)
4.3.11-9 + 10 (S. 273), 4.3.11–12 (S. 274)
Westf. Wilhelms-Universität, Mineralogisches Musem, Münster;
(S. 135 Chondrite), 4.1.2-5 (S. 208)
4.1.7-1 (S. 211), Abb. 2 (S. 223)
Abb. 4 (S. 262)
Wieland Edelmetalle GmbH & Co.KG, Pforzheim:
4.2.3-8 links (S. 238), 4.3.1-1 ob. rechts + Mi. links (S. 240)
4.3.6-4 + 5 (S. 254)

Grafiken:
Kerstin Ploß, Hamburg